U0238710

天 津 水 务 志 丛 书

天津水务志
（1991—2010年）

天津市水务局 编

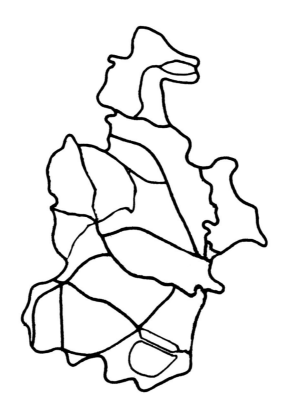

中国水利水电出版社
www.waterpub.com.cn
· 北京 ·

内 容 提 要

《天津水务志（1991—2010 年）》记述了 1991—2010 年天津市水务工作情况，包括水利环境、水文水资源、供水与排水、防汛抗旱、农村水利、规划设计、工程建设与移民迁建、工程管理、水法制建设、机构及队伍建设、水利经济、科技与信息化、治水人物等内容。

《天津水务志（1991—2010 年）》以全面、系统、翔实、可靠的大量珍贵资料，真实反映了天津水务（水利）的历史和现状。该书采用横排门类，纵述始末的方法，既有对自然规律的认识和工作决策的反映，又有对水务（水利）经验教训的总结，是覆盖全市的一部水利专业志书。该书的出版对天津水利事业，乃至社会经济的发展将起到"资治、存史、教化"的巨大作用。

图书在版编目（CIP）数据

天津水务志 ：1991—2010年 / 天津市水务局编. --
北京 ：中国水利水电出版社，2019.12
ISBN 978-7-5170-8010-7

Ⅰ．①天… Ⅱ．①天… Ⅲ．①水利史－天津－1991-
2010 Ⅳ．①TV-092

中国版本图书馆CIP数据核字(2019)第207791号

审图号：津 S（2020）008

书　　名	天津水务志丛书 **天津水务志**（1991—2010 年） TIANJIN SHUIWU ZHI (1991—2010 NIAN)
作　　者	天津市水务局　编
出版发行	中国水利水电出版社 （北京市海淀区玉渊潭南路 1 号 D 座　100038） 网址：www. waterpub. com. cn E - mail：sales@waterpub. com. cn 电话：（010）68367658（营销中心）
经　　售	北京科水图书销售中心（零售） 电话：（010）88383994、63202643、68545874 全国各地新华书店和相关出版物销售网点
排　　版	中国水利水电出版社微机排版中心
印　　刷	北京印匠彩色印刷有限公司
规　　格	210mm×285mm　16 开本　62.25 印张　1607 千字　8 插页
版　　次	2019 年 12 月第 1 版　2019 年 12 月第 1 次印刷
印　　数	001—800 册
定　　价	**480.00 元**

▲2009 年 5 月 7 日，天津市水务局成立暨揭牌仪式

▲2010 年 12 月 2 日，天津市水务局办公大楼剪影

▲2010年7月20日，永定新河军地联合防汛演习指挥现场

▲2005年8月8日，防潮指挥现场

▲2005年6月10日，大清河系防汛综合演习

▲2010年8月20日，市区（越秀路）应急排水

▲"96·8"天津市特大洪水抢险现场——解放军战士奔赴大清河抢险第一线

▲"96·8"天津市特大洪水抢险现场——东淀蓄滞洪区群众转移

▲天津　海河

▲海河驳岸景观

▲2010年6月，外环河河道景观

▲永定河堤防绿化

▲2003年9月，蓟运河堤防

▲2008 年 10 月，于桥水库

▲2010 年 6 月，北大港水库

▲1992 年经国务院批准的七里海古海岸与湿地国家级自然保护区

▲2004 年 4 月，老耳闸旧貌

▲2004 年 4 月，新建耳闸近景

▲2010 年 6 月，蓟运河闸建成生效

▲2004 年 7 月 6 日，潮白新河宁车沽闸

▲永定新河防潮闸

▲引滦入津分水枢纽闸

▲尔王庄水库

▲州河进水闸和节制闸

◀2002 年 10 月 31 日，山东位山
引黄闸开始向天津放水

▶2004 年 10 月 19 日，引黄济津
水头到达九宣闸

▲2008年11月17日，南水北调中线一期天津干线工程开工仪式

▲2006年8月23日，南水北调工程模板台车新技术应用

▲西河泵站调节池

▲天津南水北调市内配套工程曹庄泵站

▲曹庄泵站内景

▲2002年8月25日，引滦明渠试验段引进意大利车载式混凝土输送泵施工现场

▲2005年11月，北大港水库除险加固工程

▲2006年3月16日，海河堤岸改造二期

▲2006年6月2日，海挡一期工程开工

▲2009年3月，建设中的永定新河防潮闸

▲2003年6月，建设中的宁车沽闸

▲2006 年 8 月，潮白河里自沽蓄水闸

▲2007 年 4 月，蓟县州河裴家屯橡胶坝

▲武清重点县建设喷灌节水工程

▲2008 年 5 月，西青区滴灌节水项目

▲2007 年 8 月，蓟县山区塘坝

▲2009 年 5 月，天津市蓟州山区水土保持工程

▲2017 年 10 月 13 日，市水务局举办水务志评审会

▲2017 年 10 月 13 日，《天津水务志（1991—2010 年）》评审会与会人员合影

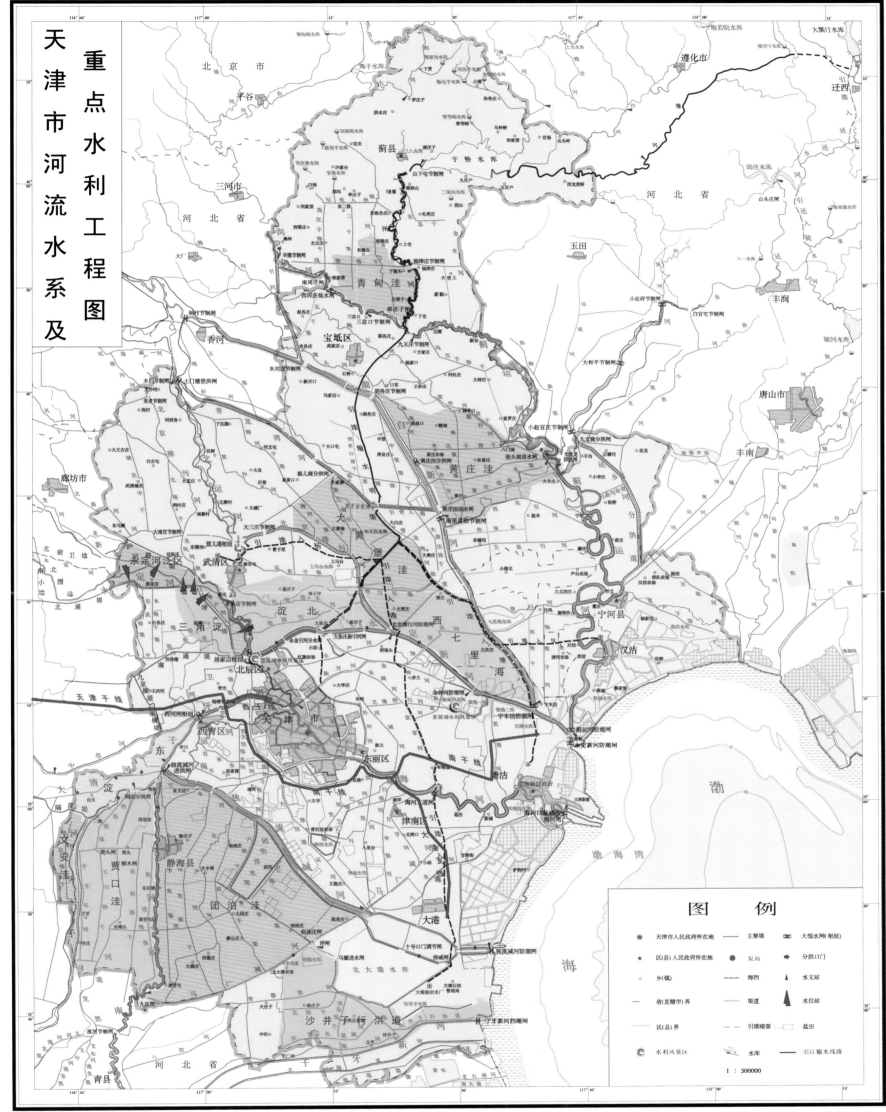

天津市河流水系及重点水利工程图

图例

行政界线仅供参考，不作法律依据。

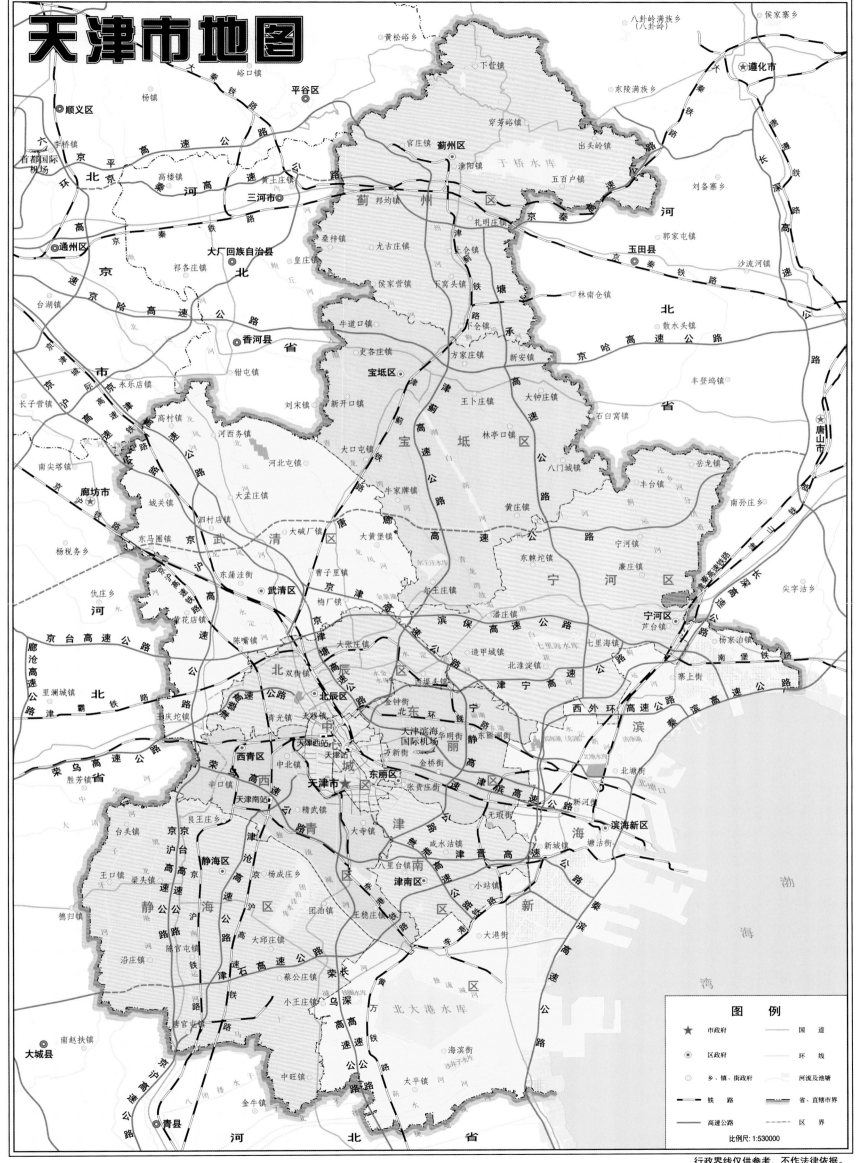

天津市地图

图 例

★ 市政府　　　　—— 国道
◎ 区政府　　　　—— 环线
○ 乡·镇·街政府　　河流及池塘
—·— 铁路　　　省·直辖市界
—— 高速公路　　—— 区界

比例尺: 1:530000

行政界线仅供参考, 不作法律依据。

《天津水务志（1991—2010年）》
编纂委员会

2009年3月至2010年6月

主　　　任	朱芳清			
副　主　任	张文波	于子明	丛　英（女）	
委　　　员	（以姓氏笔画为序）			

于文恒	王志高	王志强	王俊华
王维君	韦振宇	左凤炜	邢　华
刘广洲	刘学功	刘逸荣（女）	闫凤新
闫学军	安　宵	孙　津	孙胜亭
运如广	杜学君	李　雪	李义刚
李林海	杨玉刚	杨秀富	杨建图
时春贵	佟祥明	汪绍盛	宋志谦
张文涛	张绍庆	张贤瑞	张素旺
陈美华	金　锐	赵国强	赵燕城
赵翰华	柳瑞朋	骆学军	徐道金
唐广鸣	唐卫永	陶玉珍（女）	黄燕菊
康振河	梁　悦	梁宝双	董树龙
景金星	蔡淑芬（女）		

编办室主任　丛　英（女）

2014 年 9 月至 2016 年 7 月

主　　　任　　朱芳清

副 主 任　　张志颇　　　赵考生　　　丛　英(女)

委　　　员　　(以姓氏笔画为序)

于健丽(女)　王立义　　　王志华　　　王洪府

王朝阳　　　邢　华　　　朱永庚　　　刘　哲

刘　爽　　　刘凤鸣　　　刘玉宝　　　刘学功

刘学红(女)　刘福军　　　孙　轶　　　孙　津

闫凤新　　　闫学军　　　严　宇　　　杜学君

李　悦　　　李作营　　　杨建图　　　佟祥明

汪绍盛　　　宋志谦　　　张迎五　　　张绍庆

张贤瑞　　　张建新　　　张胜利　　　邵士成

范书长　　　季洪德　　　金　锐　　　周建芝(女)

孟令国　　　孟庆海　　　赵天佑　　　赵国强

赵宝骏　　　姜衍祥　　　骆学军　　　顾世刚

徐　勤　　　高广忠　　　高洪芬(女)　郭宝顺

唐卫永　　　唐永杰　　　陶玉珍(女)　黄燕菊

曹野明　　　梁宝双　　　董树本　　　董树龙

景金星　　　蔡淑芬(女)　端献社　　　魏立和

魏素清(女)

编办室主任　　丛　英(女)

2016 年 9 月至 2018 年 10 月

主　　　任　景　悦

副　主　任　张文波　　刘学功　　丛　英(女)

委　　　员　(以姓氏笔画为序)

王立义　　王志华　　王志高　　王丽梅(女)

王朝阳　　邓百平　　石敬皓　　宁云龙

冯新民　　邢　华　　刘　威　　刘文邦

刘玉宝　　刘志达　　刘学军　　刘瑞芳(女)

刘福军　　刘翠田　　孙建山　　李　悦

李云旺　　李玉敬　　李帅青(女)　李建芹(女)

李保国　　佟祥明　　汪绍盛　　张　伟

张化亮　　张凤云(女)　张迎五　　张林华

张绍庆　　张贤瑞　　范书长　　金　锐

周　军　　周建芝(女)　孟令国　　孟祥和

赵万忠　　赵天佑　　赵明显　　赵宝骏

顾世刚　　高孟川　　高雅双(女)　唐永杰

崔宝金　　康振红(女)　阎凤寨　　隋　涛

董国凤(女)　董树龙　　蔡　杰　　蔡淑芬(女)

樊建军

编办室主任　丛　英(女)

《天津水务志 (1991—2010 年)》
编 纂 人 员

总　　编　张志颜

副 总 编　张文波

编　　辑　丛　英(女)　艾虹汕(女)　侯　佳(女)　王廼杰(女)

　　　　　段永鹏　　张炳臻(女)　张亚萍(女)　王述华

　　　　　王振杰

版式设计　艾虹汕(女)

摄影编辑　高　群　　黄欣鹤

编图设计　周莉莎(女)　路永卫　何丽丽(女)

目录翻译　王娇怡(女)

总　　纂　丛　英(女)

评审人员　（以姓氏笔画为序）

　　　　　于子明　　丛　英(女)　刘学功　　关树锋

　　　　　严晔端　　李红有　　李彦东　　杨兰英(女)

　　　　　沙　洵　　宋铭月(女)　张　伟　　张月光(女)

　　　　　张文波　　张兆海　　罗澍伟　　谭汝为

编纂及资料收集人员

（以姓氏笔画为序）

于　谧(女)	于文恒	马树军	王占丰	王丽梅(女)
王学美(女)	王恩祥	尹　平(女)	孔昭沛	史　鹏
邢德龙	朱灿红	任四海	任铁如	刘凤民
刘伟忠	刘丽敬(女)	刘秀芹(女)	刘国芹(女)	刘建国
刘爱平(女)	刘海辰	刘润凯	闫　达	祁　娜(女)
许光禄	孙　智	孙鲁琪	杨　军(女)	杨　科
杨　健	杨　敏(女)	杨兰彬	杨应健	李　红(女)
李　清(女)	李长侠(女)	李建忠	李香华(女)	李胜第
李宪文	肖　艳(女)	肖　翊(女)	肖广慧(女)	肖承华
吴卓立	何　睦	何桂琴(女)	何雅丽(女)	宋　晶(女)
张艺龄(女)	张凤云(女)	张存民	张俊霞(女)	陆　阳(女)
陈　菁(女)	陈维华(女)	范书长	周　国	郑青年
郑裕君	赵金会(女)	施寒梅(女)	客　武	客立业
袁素梅(女)	贾士民	高旭明	高啸宇	高阔永
郭　江	陶　蕾(女)	黄艳清(女)	曹素华(女)	常守权
笪志祥	商　涛	韩民安	焦　娜(女)	谢冬梅(女)
靳　颖(女)	窦素芹(女)	樊建军	薄永占	薄俊辉(女)
魏　宏(女)				

凡　　例

一、《天津水务志（1991—2010 年)》（简称本志）以马克思列宁主义、毛泽东思想、邓小平理论、"三个代表"重要思想、科学发展观、习近平新时代中国特色社会主义思想为指导，按照《地方志工作条例》的各项规定依法修志。

二、本志上限承接前志下限，始于 1991 年，下限断至 2010 年，为保持叙述事物的连续性和完整性，可适当上溯和下延。

三、本志遵循国家有关部门的规定和志书的规范规定，记述地域范围以现行行政区划为准，客观系统地反映 20 年天津水利事业的发展过程与现状，跨越地区的河流适当记述。

四、本志采用述、记、志、传、图、表、录等体裁，以志为主，综合运用，结构为篇、章、节、目。大事记以编年体为主，辅以纪事本末体。图表编号排序为篇—章—节—序号，序号以全书为单位编排。

五、资料来源以档案及文献资料为主，外调材料、口碑资料为辅，坚持精推细敲，存真去伪。统计数字以各单位、各部门统计核定数据为准。

六、本志采用规范的语体文记述体。文字、标点符号、计量单位及数字的使用均以国家规定为准。高程系统采用大沽高程，其他高程随文记述。注释采用脚注。

七、本志中记述的机构名称和地名以记事年代为准，在志书中第一次出现时使用全称，括号内注明简称，再次出现时使用简称，如：国务院南水北调办公室（简称国调办）。地名不同时用括号加注说明。

八、本志人物记述坚持生不立传的原则，人物简介范围为局级以上领导（任职未满三年，不记载），正高级职称专业技术人员，省部级以上先进个人。省部级以上先进集体列表记述。

目　　录

Contents

Part 6　Planning and Design

Part 7　Project Construction and Resettlement

Part 11　Water Conservancy Economy

Part 12　Science and Technology and Informatization

Part 13　Outstanding Characters

Appendix

综　述

《天津水务志（1991—2010 年）》记述了天津水利（水务）事业 20 年的发展历程。

1991—2010 年，天津水利（水务）继往开来，与时俱进，跨入了科学发展的新阶段。这一时期，天津市全面建设小康社会进程不断加快，水利与工业化、城镇化和农业现代化的关联度日益增强。以"建设节水型城市，发展大都市水利"目标的确立为标志，天津水利发展理念、思路和治水实践发生深刻变化；以引滦入津水源保护工程及南水北调中线工程的兴建为标志，城市供水安全保障水平不断提高；以海河干流重点治理和城市防洪圈实现全线封闭为标志，城乡防洪、排涝、抗旱综合防御能力全面加强；以病险水库除险加固和农村人畜饮水解困工程基本完成为标志，民生水利全面发展；以农田水利基础设施建设投入大幅增加为标志，农村水利现代化进程加快；以城乡水务一体化管理格局初步形成（2009 年 5 月，天津市水务局正式成立）为标志，开启水务改革发展新篇章，实现全市涉水事务统一管理，水资源、水环境、水生态保护力度不断加大；以水务领域各项改革全面推进为标志，水务改革发展全面提速，促进水务科学发展的体制机制正在形成。20 年来，天津水务工作按照市委市政府决策部署和要求，解放思想，改革创新，拼搏实干，在传统水利向现代水利、可持续发展水务转变的历史征程中，不断创造新业绩。

一、覆盖城乡的供水体系逐步形成

1991—2010 年，芥园、凌庄子、新开河等大型产、供水厂相继完成改建扩建，津滨水厂等一批地域性水厂陆续兴建，使全市大、中、小型产、供水厂达到 31 座（2 个自建设施供水单位不在此记述）。供水管网长达 11717.94 千米，日综合供水能力 376.82 万立方米，较好地满足了全市生产和生活用水需求，为经济社会发展提供了可靠的水资源支撑。

引滦入津水源保护工程。2002—2007 年，投入 24 亿元，把原引滦输水所经州河段的天然河道改为暗渠输水，引滦明渠实行全线封闭管理。全面控制于桥水库周边污染物，库区运用生物技术，遏制菹草和茎藻增生，实施增殖放流和禁渔。利用网络技术、水质监测技术和输水过程可视化监控，提升引滦输水管理水平。1991—2010 年，引滦入津供水总量达 111.17 亿立方米，水质一直保持在 Ⅱ 类水的良好水平。

南水北调中线一期工程。2003—2014 年，南水北调中线干线工程完成。2006—2014 年，天津市内配套工程消纳南水北调中线一期工程设计规模的建设项目完成，与中线干线工程同步发挥效益，2014 年 12 月 12 日，南水北调中线一期工程通水；12 月 27 日，引江水自丹江口水库，经河南、河北进入天津，成为天津城市供水的第二条"生命线"，引江水的到来，不仅促使天津水资源保障能力实现了战略性突破，构架起了一横一纵、引滦引江双水源保障的城市供水格局，同时有效提高了天津城市供水水质，引江水质常规监测 24 项指标始终保持在地表水 Ⅱ 类及以上标准，并在水生态修复、水环境改善等方面发挥了巨大的综合效益。

引黄济津应急调水。为缓解供水压力，2000—2010 年，全市先后 6 次从黄河应急调水。其中 5 次从山东聊城的黄河位山闸引水，经河北省境内的临清渠等渠道进入南运河，通过九宣闸进入天津市境内，应急调水工程总长586千米。2010年，开辟了引黄济津第二条应急调水线即潘庄线，由山东省德州市潘庄引黄闸引水，经漳卫新河倒虹吸入河北省衡水、沧州市境内南运河至天津九宣闸，再分别由两条支线输入海河。这条输水线路，比黄河位山线路缩短48千米。6次引黄济津调水总量为22.81亿立方米，除2000年外，水质总体达到Ⅲ类水以上标准。

农村人畜饮水解困。1990年以来，天津春旱或全年性干旱几乎连年发生，农村人畜饮水出现严重困难。"八五"至"十五"期间，先后两次实施农村人畜饮水解困工程建设。1994年，蓟县山区人畜饮水解困工程启动，至1996年，市、县共同投资1408.34万元，建成各类机井52眼，安装机泵72台（套），新建水塔25座、水池86座、水窖75座、屋顶集水设施41处，架设高低压供电线路23.11千米，铺设输水管道229.2千米，使山区22个乡（镇）99个行政村、61759人、11330头牲畜的饮水困难得到解决，其中51个村实现了自来水入户。2002—2004年，全面开展农村饮水安全工程建设。市委、市政府作出利用两三年时间全面解决农村人畜饮水问题的决策，市政府把这项工程列入改善人民生活20项工作之一，纳入涉农区（县）政府目标考核内容。在工程建设资金筹措上，坚持争取中央财政补助、市级财政专列和区（县）自筹相结合，相继投入33318.75万元，铺设输水管道45.43万米，开凿更新机井2050眼，维修机井190眼，更新水泵155台，修建新井配电工程867处、小水窖10184座、集中供水项目30个，解决2613个村和小区271.27万人、18.14万头牲畜的饮水困难和隐患。其中一些区（县）还修建一批改水除氟站，农民饮水质量得到提高。

城市再生水开发利用。相继建成的纪庄子、咸阳路等8座再生水厂先后投产，日产再生水29万吨，主要提供居民生活杂用水、景观用水和工业用水。截至2010年，城区再生水管网达到391.79千米，通水管网120.46千米。此外，海水淡化、海水直用、雨洪拦蓄等非常规水源的开发利用也有较大进展，已成为全市供水水源格局的重要补充。

二、防汛抗旱工程措施总体到位

城市防洪圈建设。防洪圈由永定新河右堤、独流减河左堤、西部防线和防潮堤组成，全长250.75千米，保护范围为中心城区、环城四区和滨海新区大部分地区，保护面积达2700平方千米。截至2010年，防洪圈实现全线封闭。城市防洪标准由不足5年一遇提高到20年一遇，中心城区防洪标准达到200年一遇，防潮堤防洪标准一般达到20年一遇，重点段达到50年一遇。

主要行洪河道治理。自1991年起，相继完成了海河干流治理、永定新河一期治理、蓟运河下游段治理、蓟运河闸改造、金钟河闸重建等重点防洪工程。与此同时，投入3.53亿元，完成河道砌石、复堤、闸涵维护、安装汛情监测系统等应急度汛工程706项。1995年开始，对于桥、北大港、团泊注等病险水库全面实施除险加固，较好地实现了对洪水的有效防控。

蓄滞洪区安全建设。蓄滞洪区在防汛抗洪中起着削峰缓洪、减轻下游灾害的重要作用。蓄滞洪区在天津防汛抗洪史上多次运用。1996年10月，《天津市蓄滞洪区管理条例》颁布实施，对蓄滞洪区的通信与预报警报、人口控制、土地利用、避洪措施、撤离措施、建设项目资金等作出明确规定。根据防洪形势需要，天津市设立13个蓄滞洪区，分属于北三河系、永定河系和大清河系。1991—2010年，本着"突出重点，兼顾一般"的原则，分别在大黄堡、青甸洼、永定河泛区、三角淀、西七里海、东淀、文安洼、贾口洼、团泊洼九个蓄滞洪区实施安全建设。先后投资 2.98 亿元，建成安全台 7000 平方米，安全房 15.7 万平方米，安全楼 10535 平方米，撤离路 517.82 千米，购置救生船、通信、预警等避洪救生设施数千套，解决了 31.85 万人的安全避险问题。

城区排水系统。进入世纪之交，由强降雨造成的城区多地灾难性内涝，引起社会极大关注。随着天津危房改造、地铁和快速路修建、房地产开发等城市基础设施建设的推进，城区排水系统建设快速发展，雨、污水排放能力大幅提高，排水服务面积不断扩大，20 年间没有因城区积水发生重大灾害事件。期间，排水泵站从 1991 年的 128 座增加到 2010 年的 193 座，排水能力从 1991 年的 472.03 立方米每秒提高到 2010 年的 848.31 立方米每秒。截至 2010 年，城区污水排放划分为纪庄子、咸阳路、双林、张贵庄、赵沽里和北仓六大系统，管网服务面积达 246.36 平方千米，占城区面积的 87.99%，雨水污水排放划分为海河干流、永定新河、北运河、新开河、子牙河、南运河、外环河、陈庄子、北塘九大系统，管网服务面积为 218.18 平方千米，占城区面积的 77.92%。相比 1991 年，雨污水管网普及率分别提高 30.98% 和 28.85%。

为做好市区防汛工作，每年汛前，集中开展排水设施养管会战，特别对低洼、易积水地区的支管、水井进行养护，对排水明沟进行清挖，确保管道条条通、闸门个个灵、泵站台台转。入汛后，成立多个巡视、抢险和保障组，全天候处于值守状态，及时处置排水突发事件。2005 年 8 月 16—17 日，市区平均降雨量达到 167.93 毫米，市内多处积水，其中和平区大面积积水，南开区南大道地段积水最深达 80 厘米。经排水管理部门全员上岗，连续奋战 36 小时，这些地区积水全部排净。2009 年 5 月，市排水管理部门划归市水务局以来，排水工作承前启后，不断创新管理方法，拓宽服务渠道，受到市民广泛赞誉。

抗旱应急水源工程。1991—2010 年间，蓟县西龙虎峪水源地应急水源工程、武清区地下水源地应急开发工程、宁河北地下水源地应急开发工程相继建成。这些工程采取打井提升、泵站加压、管道输送的方式输水。西龙虎峪工程日出水量 8 万立方米，武清区工程日出水量 5 万立方米，宁河北工程日供水规模为 10 万立方米。此外，蓟县杨庄截潜应急水源工程、农村抗旱应急水源工程和七里海生态抗旱应急引水工程的兴建和投入使用，有效提升了全市抗旱减灾能力。

在防汛、抗旱、排涝工程措施总体到位的同时，非工程措施相继跟进。以历任市长任指挥、区（县）行政首长负总责、各级指挥机构工作制度健全为主导的防汛抗旱组织领导体制完善；以洪水调度、工程抢险、市郊区排涝、蓄滞洪区群众转移、水电交通保障为重点内容的防汛抗旱预案严密完备；以防汛机动抢险队和驻津部队、民兵预备役人员为骨干的各类抢险救灾、应急处置险情演练坚持经常；以市级专储、企业代储、区（县）自储为特色的防汛抢险物资储备类多量足；以电子、信息、计算机技术广泛应用为支撑的防汛、抗旱、排涝信息化建设取得重大进展。世纪之交，全市应对突发性汛情、旱情、涝情、险情、灾情的能力全面提高，战胜多次大暴雨和风暴潮袭击，实现了大汛、大旱、大涝小灾，小汛、小旱、小涝无灾。

三、水生态修复维护力度不断加大

水生态环境治理。2000 年开始，天津市全面提升水环境质量，连续实施水环境治理，陆续开展了市区二级河道治理、外环境综合整治、海河堤岸改造和清淤、三年水环境专项治理、三年清水工程以及三年清水河道行动等一系列工程建设。通过治理，基本清除了中心城区和周边地区的黑臭水体，实现"水清、水满、水流动"，全市水环境面貌得到显著改善，城市建成区实现水清岸绿景美，达到了"清一条河，建一道景"的治理效果。与此同时，扎实推进农村水环境治理。2001年，启动小城镇治污工程。编制了《天津市农村生活排水处理工程规划》，投资129.54万元，在蓟县青山岭村建成村镇生活污水处理及农田回灌示范项目，该项目在全市的实施，将有效改善农村环境面貌。

海河堤岸景观改造工程。工程起自北运河北洋桥橡胶坝，止于海河干流外环桥。海河干流两岸景观根据地域环境的差异，选用不同风格的设计方案。截至2008年，总长约20千米上游河道展现的"水清、岸绿、景美"风貌，极大改善了城区生态环境。为再现"北方水城"景观，进入21世纪，启动了以城区海河段为主轴线，以"河湖沟通、水系相连、水绕城转、水清船行"为目标的水生态环境建设，先后实施北运河、新开河等河道综合治理工程，初步实现了市区河湖水系的循环连通，部分河段达到了通航标准。北运河和平区河段治理工程被国家授予"中国人居环境范例奖"。

推进污水净化。1991—2010年间，纪庄子、咸阳路和东郊、北辰4个大型污水处理厂相继完成升级改造，污水处理能力大幅提升。纪庄子污水处理厂达到54万立方米每日，咸阳路污水处理厂达到45万立方米每日，东郊污水处理厂达到40万立方米每日，北辰污水处理厂达到10万立方米每日，出水水质全部达到一级B排放标准。截至2010年，全市新建污水处理厂44座，改造16座，新建配套管网798千米，日处理污水能力达到260万吨，城镇污水集中处理率达到85%，中心城区超过90%。经过处理污水，对恢复环境生态功能发挥了作用。

治理水土流失。天津水土流失主要发生在蓟县的山丘区，平原和滨海地区主要有轻微的水力和风力侵蚀。2003年以前，实施水土保持的重点地区在蓟县，2003年以后，这项工作扩展到了平原和城区。1991年，蓟县被列入全国水土流失重点治理区以后，截至2000年，每年投入180万元，集中治理于桥水库周边的燕各庄、望花楼、果香峪等小流域。通过修建梯田、防护林、小水库、蓄水池和沟渠治理，对水土流失形成层层拦截。2002年，蓟县被列为国家生态建设重点县，山丘区迅速实施植被恢复、退耕、禁牧、封育和飞播，有效提高了生物多样性，减轻了水土流失。与此同时，结合京津风沙源治理工程，投资6570.8万元，完成塘坝修建、梯田整修、机井开凿、污水处理、垃圾掩埋等一大批水保、环保项目。2003—2010年，加强平原区、城区水土流失预防监测。对全市水土流失面积、类型、程度和分布情况，开展平原、城区开发建设项目水土保持方案编报和审批行政执法工作，21个开发建设项目，水土保持方案总投资约3597万元，防治责任范围约2679公顷。20年间，全市累计治理水土流失面积46430公顷，项目区林草面积达到宜林宜草面积的80%以上。

四、农村水利全面发展

农田水利基本建设。根据不同时期经济社会发展需要，调整工作思路，明确重点任务，相继实施土地平整、中低产田改造、河道清淤整治、水利设施修护等建设项目。截至2010年年底，累计投入工日约34433万个，完成土石方81335万立方米，平整土地407610公顷，清淤河道和支渠

2304.22 千米，连片治理土地 212670 公顷，新建、维护各类配套建筑物 22935 座，改造中低产田 257200 公顷，为提高农业综合生产能力提供了可靠的水利保障。

灌区建设。20 世纪 70—80 年代，各区（县）结合本地自然条件，因地制宜建成多种规模不等的农田灌溉体系。1991—2010 年，全市在灌区建设初具规模的基础上，以加强渠系沟通疏浚、建筑物配套为重点，加大灌区建设投入，扩大灌区规模，开展灌区节水工程建设，有效提升和改善了灌区功能和生产条件。1998 年，位于宝坻区的里自沽灌区列入国家大型灌区蓄建配套与节水改造工程建设计划后，市水利局及时编制工程专项规划报告，按照工程建设项目法人制、招投标制等"四制"要求，精心组织施工。截至 2008 年，里自沽灌区建设累计投入 20692.77 万元，新增节水工程控制面积约 8000 公顷，新建涵洞、渡槽、节制闸等配套设施上千座，灌溉水利用系数从改造前的 0.45 分别提高到 2000 年的 0.52 和 2008 年的 0.58。截至 2010 年，已建成万亩以上灌区 65 个，节水灌溉增效示范区 30 多个。

中小型蓄水工程建设提速。为开发农田灌溉水源，天津市从 20 世纪 70 年代开始，先后兴建了一批平原水库和小型蓄水工程。截至 1991 年年底，91 座中小型水库蓄水能力达 46326 万立方米。1991—2006 年，中小型蓄水工程建设加快。16 年间，新挖扩挖排沥河道 34 条，新建小型水库 32 座、塘坝 53 座。截至 2010 年，全市农田中小型蓄水工程实际蓄水能力达到 63778.19 万立方米。其中排沥河道 11118.29 万立方米，中小型水库 40523 万立方米，深渠 10920.9 万立方米，坝塘 1216 万立方米，确保了天津市在连续多年干旱的情况下农田冬春用水。

国有扬水站和大型泵站更新改造。国有扬水站承担着全市村镇、区（县）经济开发区、工业园区和铁路、公路等设施和大面积易涝耕地的排涝任务。由于扬水站大多建于 20 世纪 50—60 年代，到 20 世纪 90 年代，机电设备陈旧老化失修，大部分河道淤积土建工程破损严重，造成运行指数下降，排沥能力大幅衰减，急需实施维修改造、重建和新建。1991—2010 年，分三个阶段对部分三类扬水站 54 座和大型泵站三处 9 座装 60 台（套），总投资 5.53 亿元，进行了更新改造。其中扬水站改造 37 座、重建 11 座、扩建 3 座、新建 3 座，总投资 3.4 亿元；大型泵站维修改造 4 座机组 29 台（套）、重建 5 座机组 31 台（套），总投资 2.09 亿元。

农村国有水利工程管理体制改革。天津市农村水利工程实行区（县）、乡（镇）和村三级管理的模式，是 1990 年以前逐步形成的。由于受计划经济体制等诸多因素影响，管理中责权利界定不清、管养经费未列入财政预算、大量管理人员工资保障缺位、设备设施老化失修等问题相当突出。2002 年，全市开始对农村国有水管单位进行改革，市和区（县）分别成立由发展改革委和水利、财政、编办、人事等部门组成的体制改革工作领导小组，在广泛调研、试点先行的基础上，紧紧抓住水管单位的公益型或准公益型定性、管理职能理顺、工程养护经费和管理人员工资财政列支等三个环节，深入开展工作。改革至 2010 年基本完成。全市 12 个涉农区（县）的 44 个国有水管单位中，确定为公益型事业单位 39 个，准公益型事业单位 5 个，国有水管单位体制改革深化了农村水利工程改革。

五、水资源管理逐步规范

实施用水总量控制和用水定额管理。截至 2010 年，全市逐步实行自来水用水总量、地下水开采总量和用水户取水总量三个"总量控制"，工业、农业、服务业等各类用水和地热水、矿泉水纳入计划管理，各行业和生活用水定额标准相继出台。自 20 世纪 90 年代初，每年通过全市计划用水工作会议，根据总量控制指标，下达各区（县）、各系统年度用水计划。对用水总量达到或接近用水控制指标的，一般不予审批新增用水。对超计划用水的，按规定收取累进加价水费。多年来，用水计划执行情况良好，各类水源实际使用量程度不同地低于计划指标，超计划用水现象基本杜绝。与此同时，全面实施计划用水考核，1998 年全市用水计划考核户达到 6644 户。2005 年以来，考核范围逐步扩大，考核程序逐步规范。截至 2010 年，全市用水计划考核户达到 2700 余户。

严格取水许可和水资源论证。1995 年 2 月，《天津市实施〈取水许可制度实施办法〉细则》出台后，行政区域内直接从河道、渠道、水库和地下取水，全部实行取水许可管理。自 1996 年 6 月始，对 12 个区（县）所属用水单位和中央、外地驻津用水单位进行取水许可登记、发证，建立取水许可档案。其中 12 个区（县）发证 5446 件，批准用水量为 68064 万立方米。市属和中央、外地驻津单位发证 331 件，批准用水量为 10207.63 万立方米。宝坻、静海等区（县）把家庭作坊和洗浴设施取用浅层地下水纳入取水许可管理，取得良好效果。20 世纪 90 年代末，建设项目水资源论证制度逐步推行。市水利局出台水资源论证报告书审查、资质管理等政策和技术标准，区（县）编制区域发展规划和工业园区、产业园区规划，全面实施水资源论证，并报水行政主管部门审查。2009 年 2 月全国水资源工作会议后，对制定全市水资源开发利用控制、用水效率控制和水功能区限制纳污"三条红线"的指标体系、考核体系和保障体系进行调研和论证，开展了水功能区确界、纳污能力评估、入河排污口检查。截至 2010 年，市水务局会同规划主管部门对上百个建设项目的取水方案作出重大调整。

节水型社会建设。天津市是全国开展节水工作最早的城市之一。20 年间，逐步实现由自发、被动、单一的节水向全面建设节水型社会的转变。进入 21 世纪，节水型社会建设的各项指标要求、重点工作任务、制度规定和组织保证全面落实。在工业节水方面，结合调整产业结构，淘汰高水耗、高污染项目，在钢铁、纺织、化工、电力等高用水行业开展以清洁生产、工业水循环利用、污水回用与减排为重点的节水技术改造，稳步发展绿色低碳的大项目、好项目。在农业节水方面，因地制宜推广喷灌、微灌、滴灌、大口径低压管道输水等先进实用的节水灌溉技术。在生活节水方面，注重降低供水管网漏损率和提高节水器具普及率。为推进节水型社会建设常态化，自 20 世纪 90 年代初始，相继开展创建节水型企业、节水型社区和节水型区（县）活动。通过典型引路、分类指导、建立激励机制 3 个层面的节水型载体创建活动充满活力、成效明显。截至 2010 年，282 个企业、67 个社区和 3 个区（县）被市政府分别命名为"节水型企业""节水型居民小区"和"节水型区（县）"。节水型企业在全市覆盖率达到 28.6％，大幅超过国家节水型城市考核标准。20 年间，全市节水型社会建设取得重要进展。截至 2010 年年底，全市万元 GDP 用水量下降到 25 立方米，万元工业增加值取水量 11 立方米，工业水重复利用率达到 93.5％，城镇居民节水型器具普及率达到 98.6％，以用水总量的微增长支撑了全市经济社会健康快速发展。2005 年，天津市被评为全国节水型城市，此后，经过复查，这一荣誉保持至今。

创新节水宣传。为使水资源节约保护成为全社会的共识和自觉行动，20 年间，不断强化深化节水宣传。每年的"世界水日"和"中国水周"，开展大型节水系列宣传活动，编印青少年节水通俗读物，把水资源节约保护纳入公益宣传和中小学教学内容。开展"节水在我身边，共建美好家园"、节水主题实践等专题宣传教育活动。投资 5534 万元，修建 24982 平方米的节水科技园，打造宣传水环境保护和节水新科技、新知识的新平台。注重发挥各类媒体舆论导向作用，宣传全社会节约用水、文明用水的动态和经验，有效扩大了水资源节约保护宣传的覆盖面和影响力。

六、水利科技创新成果丰硕

新技术、新工艺研发。结合工程建设，开展堤防隐患综合探测、低压管道输水灌溉、地下非金属管道检测、海岸带大断面海挡工程植物护坡、温室滴灌施肥智能控制等多项技术开发，取得良好效果。海挡工程植物护坡技术 2003 年通过市级鉴定，2004 年度在大港区海挡工程建设中试验应用，面积为 1.5 万平方米，按照植物的生长习性、生物功能和海挡不同部位的防护要求，自上而下种植根系发达、茎秆坚韧、蔓延力强、耐淹抗浪的互花米草、柽柳、碱茅和狗牙根等植物，有效保护了坡面土体的稳定。这项达到国际先进水平的成果，不仅可以在水利、铁路、公路等工程中作为边坡防护措施加以运用，而且还能在盐碱地改造、滩涂开发中发挥绿色环保作用。获得国家发明专利的温室滴灌施肥智能控制技术，将灌溉与施肥有机结合，通过计算机控制，对作物的水肥需求精确供给，单系统控制面积达 10 公顷，节水、节肥和节电率分别达到 63%、30% 和 49%，价格比同类进口产品低 30%～40%，解决了该项技术长期依靠进口的问题。

新材料、新产品研制。20 年间，研制多种用于水工建设的新材料、新产品，取得良好的经济和社会效益。2004 年通过专家鉴定的环保型绿色混凝土，能够满足生物生长必需的水、肥、气等环境要求，解决了河道整治中堤防护砌安全与河道生态功能相融合的问题。这一产品技术先进，创新性强，获得国家发明专利，在北京、上海、山西等地的水利、市政等工程建设中广泛运用，获得用户好评。用于水利工程护坡的新材料——混凝土联锁板，1996 年立项，1999 年通过鉴定，截至 2010 年，先后开发了两大类 7 个品种。这种材料较传统的浆砌石护坡，具有体积小、重量轻、施工速度快、质量高、成本低等优点，获得天津市科技进步三等奖。

重大科研课题攻关。截至 2010 年，相继开展城市水环境改善与水源保护、风力提水灌溉、干旱地区水源开发利用、滨海近岸流浪潮特性、地面沉降对水利工程的影响、湿地生态保护中水资源保证等多个重大科研课题的攻关，取得重大成果。干旱地区水源开发利用研究课题，通过井汇、管汇和其他模型试验，结合农艺措施进行田间灌水测试，提出了咸淡水混合节水灌溉工程模式和浅层地下水文地质、灌溉工程设计等相关参数，这一成果对改善天津干旱地区农业生产条件，促进现代农业发展具有重大作用。获得国际先进水平的研究课题《天津市湿地生态保护水资源保障措施研究》，首次提出湿地生态干旱意义、判别指标等论点，确定了湖泊湿地生态干旱等级和不同季节、不同湿地的生态需水量，编制了天津市生态干旱监测规划和抗旱预案，为全市湿地保护工作提供了科学依据。

科技新成果推广。在收集、发布、交流国内外重大水利科技信息、开展技术服务的同时，水利科技成果推广转化力度不断加大，相继推广了低位抽真空加固吹填土、运动场地新型快速排水、水工混凝土建筑物病害治理、现代农业高效节水、排灌泵站节能测试、输水管道自动化监测等新成果新技术。2000 年，研发的运动场地新型快速排水系统，把暗管排水、负压疏干与反冲洗三项技术集成组合，排水疏干时间比传统重力排水快三倍以上，获国家发明专利。1999—2008 年，广东惠州超能足球场、国足香河基地球场、苏州体育中心主体育场、南京奥体中心主体育场、北京奥运会主体育场运用了这项技术。以后，这一运动场排水结构形式又分别被中国城市规划设计研究院、建设部建筑设计院、北京建筑设计研究院、国家体育总局建筑设计所等9家单位采纳。获市水利局科技进步二等奖的水工混凝土建筑物病害治理技术，运用钢筋再钝化、表面除防锈、裂缝填充、复式灌浆等工艺，对水闸、扬水站等多座建筑物病害混凝土进行治理，使其耐久性寿命至少延长20年以上。与此同时，一批国家级水利科技研发项目落户天津，中空纤维膜、污水再生回用、海水淡化等技术处于全国领先水平。

七、水利法制建设进程加快

法规、规章和规范性文件完备配套。1991—2010年，相继颁布《天津市实施〈中华人民共和国水法〉办法》《天津市节约用水条例》《天津市防汛抗旱条例》等8部地方性法规，发布《天津市引滦工程管理办法》《天津市取水许可管理规定》等5部政府规章，出台《天津市地下水资源管理暂行办法》《关于在全市加快淘汰非节水型产品的通知》等29部规范性文件，涵盖了水资源开发利用、用水节水管理、水利工程保护、防汛抗旱、城市供水排水等涉水事务的方方面面，为全市水利发展提供了良好的法制环境。在法规、规章和规范性文件的实施过程中，注重从发展变化的实际情况出发，与时俱进地加以修订、完善或废止。1994年颁布的《实施〈中华人民共和国水法〉办法》规定，对水资源实行统一管理与分级、分部门管理相结合的制度。这一规定实际执行起来，往往造成管理职责交叉，不利于水资源的合理开发和优化配置。为此，2006年9月，通过立法程序，对相关条款予以修订，使水资源统一管理体制从法律层面得到确认。对一些不适应经济社会发展需要的规章和规范性文件，及时加以清理废止。截至2010年，先后废止《关于加快我市水利事业发展的决定》等规范性文件8部。

水政监察队伍。随着水利法制建设的不断完善，水行政执法队伍经历了从无到有，逐步壮大的过程。2002年1月，批准成立市水利局水政监察总队。同年7月，市水利局下发通知，明确规定有执法任务的局属单位建立水政监察支队。截至2010年，相继在引滦工管处、节水中心、水文水资源中心等单位建立10支局属水政监察支队、20支大队。1988年开始，区（县）水利局也经当地编委审定，先后成立水政执法队伍。截至2010年，区（县）水利（水务）局成立监察大（支）队11支、中（大）队35支，全市拥有专兼职水行政执法人员1516名，基本形成以总队为龙头、支队（大队）为骨干、中队为基础的水行政执法网络。

水行政执法制度逐步建设和完善。2006年开始，全面实行行政执法责任制。通过梳理行政执法主体、执法依据和具体执法职权，市政府法制办确定水政执法主体单位3个，执行现行有效水法律、法规和规章65部，具体执法职权262项。在此基础上，把行政执法职权逐项分解落实到不同执法机构和不同执法岗位人员，对各执法机构和执法人员法定责任义务和过错追究加以明确。同时制定执法巡查、案件办理、自由裁量规范等制度，有效提高了行政执法水平。为确保水事活动依法有序进行，水行政执法逐步实现常态化，查处了多起典型水事违法案件。与此同时，针对不同时期出现的突出问题，开展专项执法检查，相继进行了海河阻水渔具清除、地下水超采、洗车洗浴用水申报、于桥库区违法采沙、隧洞周边违法采矿等专项治理活动。截至2010年，累计查处各类水事违法案件 11738 起，挽回直接经济损失 8396.25 万元。

行政许可审批服务提速。为提高行政效能，更好提供水利公共服务，2003 年开始，对水利行政许可事项进行全面清理、大幅调整削减。截至 2010 年，相继取消行政许可事项 26 项，减少审批要件 191 件，保留行政和非行政许可事项 31 项、配套服务事项 8 项。2004 年 7 月，设在水利科技大厦的行政许可审批服务大厅启用，统一办理水利行政审批事项。是年 10 月，市政府行政许可服务中心投入使用，水利行政许可服务随迁，设立专项窗口。市水务局行政许可处成立后，于 2010 年入驻市服务中心办公。审批服务坚持首办责任制，审批环节简化，办事条件、程序公开，办结时限明了。水利政务公开同步跟进，2004—2010 年，办结水行政审批事项 9551 件，办结率和满意率均达到 100%，服务窗口连续 6 年被市政府行政审批管理办公室评为优秀服务窗口。

八、水利各领域改革稳步推进

天津市水利改革从 20 世纪 80 年代以来所展现的探索起步、逐步深入、加快推进的阶段性特征比较明显，经过 20 年的实践，各领域改革逐步深化，富有活力和效率的体制机制正在形成和运行。

小型农田水利设施产权改革。20 世纪 90 年代初，大量小型农田水利设施出现建、管、用脱节的状态。自 1996 年开始，全市逐步推进小型农田水利设施产权制度改革。先后总结宁河、宝坻、武清等区（县）的改革经验，运用现场推动会等形式在各地推广。据不完全统计，截至 2010 年，全市实施"小水改" 27270 处，有一半以上机井、小扬水站点、小水库、小水窖、闸涵通过承包、租赁、股份合作、竞拍所有权、搞活经营权等形式，完成了产权或使用权的转移，既盘活了存量资产，又使工程效益得到充分发挥。2004 年以后，通过建立农民用水者协会，组织农民用水者自主参与灌溉管理、排灌工程投资投劳、灌溉用水计量收费等工作，较好地促进了供水用水关系的和谐。截至 2010 年，全市共有农民用水者协会 225 个，受益用水者达 36.5 万人。

水利投资体制改革。多年来，水利建设投入渠道单一，完全依赖农民投劳和财政预算拨款。世纪之交进行的水利投资体制改革，有效打破了这一模式。政府投资、国债、政策性贷款、水利建设基金、借用外资等多元化、多渠道融资格局初步形成。2002 年，实施的引滦入津水源保护、2005 年启动的永定新河治理一期等重点工程建设，除政府投资外，使用水利基金、银行贷款和境外融资的比重都很可观。这期间，塘沽、汉沽和静海等区（县）还探索了私营企业融资参与小型水利设施建设、农业灌溉有偿用水、村镇集中供水等方面的运作和管理办法。

水利工程建设和管理体制改革。建设监理制始自 1988 年，国家建设部在天津试点，1993 年在水利工程建设中全面推开。这种管理体制从工程质量、进度、投资到管理，对项目法人和建设单位进行约束和协调，确保建设项目按规划要求落实。1999 年 2 月实施的招标投标制，确保了水利工程建设市场交易的公开、公平、诚信、规范和廉洁。建设合同制于 1999 年实行，中标项目按统一标准和参考依据签订合同，相关管理部门对合同条款审查生效后，对执行情况跟踪检查，使之具有刚性约束力。世纪之交，水利工程建设和管理市场化运作的特点更加鲜明。项目法人责任制、招标投标制、建设监理制、建设合同制的普遍实行，健全完善了市场信用和质量监管体系。2000 年成立的市水利工程建设管理中心作为对项目建设质量终身负责的法人机构，破解了长期以来工程建设的责任缺位问题。截至 2010 年，实现工程质量合格率 100％，建设资金到位率 100％，安全生产零事故。

水务改革。为实现城乡水务统一管理，市水利局积极探索，市政府多次实施机构改革。2001 年 6 月，市水利局接管全市节约用水工作。2003 年 1 月，天津市控制地面沉降工作办公室划归市水利局。2009 年 5 月 7 日，天津市水务局揭牌成立，将水利、供水、排水进行整合，统一优化配置水资源，实现了全市涉水事务的统一管理。

水价改革。20 年间，天津市水价改革力度逐步加大，初步建立了既反映水资源稀缺程度又兼顾社会承受力的水价形成机制。按照不同区域、不同用途差别定价，回用农业、生态的再生水无偿提供，减免再生水生产企业税费，实施超计划用水累进加价，实行水价调整听证等，都是改革中的亮点。2005—2010 年，全市先后 4 次调整水价，城市居民生活用水由 2002 年的 2.20 元每吨提高到 4.40 元每吨；工业用水由 3.80 元每吨提高到 7.50 元每吨；特种行业用水由 9.00 元每吨提高到 21.90 元每吨，有效提高了水资源的利用效率和效益。

20 年间天津水利改革发展的历程表明，准确把握市情、水情和水利发展的阶段性特征，推进水资源合理开发、优化配置、全面节约、有效保护和科学管理，发挥水的资源功能、环境功能和生态功能，全面提升水利对经济社会发展的支撑保障能力，既体现着全市人民对水利事业的新期盼、新要求，也是天津水利在科学发展道路上不断开创新局面的关键所在。

天津水利风雨兼程二十载，距现代水利、可持续发展水利目标越来越近。面对“百尺竿头，更进一步”的机遇和挑战，必将再接再厉，奋发有为，不断续写科学发展的新篇章。

大事记

1991 年

2 月 4—6 日　市水利局党委召开扩大会议，传达市委五届七次全体（扩大）会议和市农村工作会议精神，研究 1991 年水利工作要点。副市长陆焕生出席会议。

2 月 12 日　市长聂璧初到尔王庄处慰问，并就水库托地问题进行座谈。

5 月 13 日　市政府召开防汛工作动员大会，副市长陆焕生作动员讲话。会议号召全市军民行动起来，落实防汛措施，做好防汛准备，确保安全度汛。

6 月 3 日　市水利局从河北区海河东路 71 号迁至河西区围堤道 210 号，防汛调度中心大楼。

6 月 19 日　引滦入港工程管理处成立，为市水利局直属处级事业单位。

7 月 17 日　天津市防汛抗旱指挥部（简称市防指）及天津警备区联合组织 5000 军民进行防汛演习。演练项目有抢险、群众转移、爆破分洪等，天津警备区司令员杨志华，市领导陆焕生、李振东、房凤友观摩演习。

7 月 28 日　中共中央总书记江泽民在中央书记处候补书记温家宝和市委书记谭绍文、市长聂璧初陪同下，视察海河防汛工程，听取了天津市防汛工作的汇报，并作重要指示。7 月 29 日，市水利局召开全局处级以上干部会议，传达学习江泽民的重要指示，并制定了贯彻意见。

10 月 3 日　引滦入港工程全线试通水成功。

11 月 11 日　市政府召开海河险工段整治动员会议，开始对海河干流险工险段进行治理。

11 月 30 日　天津市政府抗旱打井办公室、天津市水利局联合颁发《天津市凿井队管理办法》。

1992 年

1 月 9—11 日　水利部部长杨振怀检查水利工程和防汛准备工作。市长聂璧初、副市长陆焕生同杨振怀进行了座谈。

3 月 6 日　市政府宣布，2 月 12 日经国务院批准，天津市东郊区、南郊区、西郊区、北郊区改名为东丽区、津南区、西青区、北辰区，随即上述 4 区水利局分别更名为东丽区水利局、津南区水利局、西青区水利局、北辰区水利局。

3 月 7 日　市水利局在塘沽区远洋宾馆召开土地确权划界工作研究会。会上传达了水利部在西安召开的确权工作会议精神，塘沽区水利局汇报塘沽区确权划界工作进行情况。市水利局局长张志森做了重要工作指示。1993 年，天津市水利局《关于转发津政办发〔1993〕16 号文的通知》（《关于开展土地登记工作的安排意见》），要求各水管单位应根据《中华人民共和国土地管理法》《中华人民共和国水法》《天津市河道堤防管理暂行办法》以及国家土地管理局《印发〈关于确定土地权属问题的若干意见〉的通知》，国家土地管理局、水利部《关于水利工程用地确权有关问题的通知》文件的规定，开展水利工程用地确权。

3 月 11 日　武清县水利局王三庄泵站移交市引滦工程管理局，局责成尔王庄处负责管理。

6 月 26 日　市长聂璧初、天津警备区司令员杨志华检查永定新河清淤、分洪口门、海河东丽段等防洪工程。

7月9日　市政府召开大清河治理工程会议，按照水利部海河水利委员会（简称海委）对大清河治理工程的批复，开始对大清河台头段进行治理，即按改造方案低标准填筑大清河右堤，改造2座扬水站并修建2座过堤涵洞。

7月21日　市水利局出台《关于加快水利改革的实施意见》和与之相配套的财务、人事用工、工程管理、鼓励从事第三产业和水利行业养老保险等6项改革措施，全面加大水利改革力度。

7月22日　市委书记谭绍文到蓟县和北辰区检查防汛抗洪工作。副市长陆焕生、市政府顾问王立吉陪同检查。谭绍文实地察看了蓟县山区双安村和狐狸峪村山区群众的饮水状况及永定新河清淤情况。

8月12日　市水利局出台《关于实行干部聘任制的暂行规定》《关于实行工人劳动合同化管理的暂行规定》《关于实行职工养老保险基金统筹的暂行规定》《维修工程管理办法》等6项规定。

12月29日　海委、水利部水利管理司、水利部天津勘测设计院监测中心和市水利局有关部门在于桥水库管理处召开于桥水库大坝安全鉴定会。会议确定于桥水库大坝安全类别属一级坝。

1993 年

2月15日　设计院胡济民被天津市委、市政府授予天津市水工建筑设计专家称号。

3月19日　天津市海河二道闸建成以后，依据市长李瑞环的批示及天津市财政局、市水利局有关文件，对过往海河二道闸公路桥的机动车辆实施收取过桥通行费，为海河二道闸的管理和维护筹集资金。市水利局投资59.8万元修建海河二道闸通道式收费设施工程。

4月8日　《天津市河道、水库供水管理办法》经市政府批准，发布施行。

4月29日　水利部部长钮茂生到海河二道闸和上马台水库工地检查指导工作。市委书记高德占会见钮茂生部长，副市长陆焕生陪同，市水利局局长张志淼及武清县委书记梁文忠等参加检查。

5月8日　国家经贸委副主任石万鹏率国家防汛抗旱指挥部（简称国家防总）一行25人来津检查防汛工作。市委书记高德占、市长张立昌、天津警备区司令员杨志华、副市长陆焕生等会见了检查团一行。

5月19日　市政府召开防汛工作动员会议。副市长陆焕生出席并讲话。市水利局局长张志淼部署全市防汛工作。

6月5日　副市长陆焕生主持召开菜田供水紧急会议。会议决定海河水位在1.50米以下时，停止菜田供水。

6月17—18日　国务院副总理朱镕基、国务委员陈俊生来津检查防汛工作，视察了武清县落堡护路堤、屈家店闸、永定新河28+192分洪口门以及塘沽海河防潮闸。

7月2日　市政府再次召开全市防汛动员大会。市委书记高德占出席会议，市长张立昌作了动员讲话。

9月8日　市政府召开纪念引滦入津工程通水10周年大会，中共中央政治局常委、全国政协主席李瑞环致信祝贺，市长张立昌、水利部副部长严克强出席并讲话。市精神文明建设指导委员会授予引滦工程管理局"文明输水一条线"锦旗。同时，引滦各处获得"引滦文明输水单位"

荣誉。

11 月 6 日　市政府召开全市冬春农田水利基本建设动员大会。市委副书记、常务副市长李盛霖，副市长朱连康出席并讲话。

12 月，王耀宗任天津市水利局局长，免去张志淼天津市水利局局长职务。

1994 年

1 月 26 日　市第十二届人大常委会第五次会议审议通过《天津市实施〈中华人民共和国水法〉办法》，自公布之日起施行。

3 月 7 日　市中级人民法院在市水利局设立"天津市中级人民法院水利巡回庭"。

3 月 19 日　市计委主任陈皓东、副主任杨春明，市水利局局长王耀宗、副局长刘振邦一行 20 余人，实地勘察南水北调中线天津干渠工程现场。

4 月 7 日　水利部部长钮茂生在市政协副主席陆焕生等陪同下视察天津地区旱情。

5 月 3 日　常务副市长李盛霖、副市长朱连康、市政府副秘书长辛鸿铎在市水利局局长王耀宗陪同下到水利部汇报天津市关于解决潘家口、大黑汀水库移民问题的意见。水利部部长钮茂生、副部长周文智、办公厅主任李昌凡、计划司司长郭学恩、移民办主任赵人骧、海委主任张泽鸿、海委引滦局党委书记王继章等参加了汇报会。

6 月 8—9 日　国家防总副总指挥、财政部副部长项怀诚，水利部副部长严克强带领国家防总检查组到天津市检查防汛工作。

6 月 23 日　市政府召开防汛动员大会，部署 1994 年防汛工作。市长张立昌，副市长王德惠、朱连康，天津警备区副司令员李凤河出席并讲话。

同日　市防指召开紧急扩大会议，传达市委书记高德占、市长张立昌视察防汛工作时的讲话精神。市防指副指挥王德惠、朱连康、陆焕生、李凤河等出席并讲话。

7 月 9 日　市委书记高德占，市委常委、市委秘书长郑质英，市防指副指挥王德惠、朱连康、李凤河到永定新河左堤七里海分洪口门和海河防潮闸检查防汛准备工作，并听取市防指负责人关于天津全境防汛工作情况的汇报。

7 月 10 日　市长张立昌，副市长王德惠、朱连康及市防汛抗旱指挥部办公室（简称市防办）负责人，乘船实地察看海河干流狮子林桥至海河二道闸段的堤防加固、河道清障及打通防汛抢险通道等工作的落实情况，并协调解决防汛工作中一些急迫问题。

7 月 14 日　由于 7 月 13 日上游普降大到暴雨，北运河水位迅速上涨，14 日 2 时，青龙湾狼儿窝（曾用名狼尔窝，下同）分洪闸闸上水位达到 8.48 米，超过警戒水位。副市长朱连康、市水利局副局长刘振邦在狼儿窝分洪闸现场指挥调度。经科学调度，10 时 30 分，水位回落到 8.43 米，1994 年第一次洪峰通过。

7 月 29 日　市长张立昌听取市防办关于全市防洪和城市排沥预案汇报。副市长王德惠、朱连康，天津警备区副司令员李凤河及有关部门负责人一同听取了汇报。

8 月 6 日　全市普降大到暴雨，海河水位居高不下，部分地区积水严重。市长张立昌，市委秘书长郑质英，市政府秘书长张惯文下午到市防指，与正在指挥的副市长朱连康及市防办负责人一起分析雨情，指挥市区排水，研究排沥问题。

8月8日 16时30分，市防指召开紧急会议，紧急部署全市防汛抢险工作。市委副书记李建国出席并讲话。市委秘书长郑质英、副市长王德惠、朱连康，市政府秘书长张惯文，天津警备区副司令员李凤河参加。

同日 副市长朱连康带领市防办和东丽区、津南区、塘沽区负责人乘船查看了海河水情及险工险段情况。

8月13日 北运河、潮白河、蓟运河普降暴雨，降雨量达50～70毫米，致使北三河洪水猛涨，北运河土门楼闸水位由10.46米上涨到12.56米，洪水由青龙湾减河下泄，泄洪流量1540立方米每秒。

8月17日 海河水位达到3.85米，超警戒水位0.35米。0时20分，张立昌签署命令，市防指调集抢险队伍固守河东、河西、津南、塘沽4区海河段，以防漫溢或决堤，4500多名解放军和预备役官兵坚守海河险段。市领导张立昌、朱连康、李凤河连夜查看水情、部署抢险。

8月21日 引滦工管处与浙江省水文总站合作，在引滦沿线安装8台超声波流速流量仪。

11月4日 市政府召开天津市水利建设动员会，部署今冬明春全市水利建设任务。常务副市长李盛霖，副市长王德惠、朱连康，市政府秘书长张惯文，天津警备区副司令员李凤河及有关委办局、各区县、各局级单位、驻津单位、天津警备区、武警天津总队的负责人员参加会议。

11月15日 被列入市政府改善城乡人民生活二十件实事之一的1994年度引滦明渠尔王庄段护砌清淤工程通过验收。该工程10月5日开工，10月25日竣工，共完成清淤及削坡土方70206立方米，砌混凝土板7187立方米、护砌引滦明渠1.998千米。

1995 年

1月18日 天津市第十二届人民代表大会常务委员会第十三次会议审议通过《天津市实施〈中华人民共和国水土保持法〉办法》，并公布施行。

1月25日 市长张立昌签署市政府令，发布施行《天津市实施〈城市供水条例〉办法》。

2月14日 市长张立昌签署市政府令，发布施行《天津市实施〈取水许可制度实施办法〉细则》。

3月31日 天津市委以《关于王耀宗、张志淼任免的通知》任命王耀宗为天津市水利局（天津市引滦工程管理局）党委书记，免去张志淼天津市水利局（天津市引滦工程管理局）党委书记。

4月4日 市政府转发市水利局《关于1995年汛前海河干流蓟运河险工治理实施意见》，安排投资8674.4万元，对海河干流14段、11.61千米险要堤防进行整治，并打通海河干流市区段防洪抢险通道；安排投资1191.07万元，对蓟运河5段、8.973千米险要堤防进行治理。全部工程要求在6月30日前完工。

5月8日 刘振邦任天津市水利局局长，免去王耀宗天津市水利局局长职务。

5月10日 市长张立昌主持召开市防指领导成员会议，研究防洪工程建设和防汛准备工作。常务副市长李盛霖、副市长朱连康、天津警备区副司令员李凤河参加。

6月4—5日 国家防总副指挥、国家计委副主任陈耀邦等一行21人来津检查防汛工作，市领导张立昌、李盛霖、朱连康、张惯文等陪同检查并参加座谈。

6月7日 市政府召开防汛工作动员会。市长张立昌，常务副市长李盛霖，副市长王德惠、朱连康，市政协副主席陆焕生，天津警备区副司令员李凤河，市政府秘书长陈洪江出席。市长张立昌作重要讲话。

8月6日 全市普降大雨，局部出现暴雨。市委书记高德占、市长张立昌给市防汛抗旱指挥部打电话了解雨情。市防指副指挥李盛霖、朱连康、陆焕生到市防办研究引滦输水及排沥调度方案。

9月25日 市政府召开天津市1995年防汛工作总结表彰大会，表彰防汛工作做出突出成绩的市卫生局等100个先进集体和马文才等200名先进个人。

10月22日 市政府召开全市农村水利工作会议，副市长朱连康出席并讲话，市水利局局长刘振邦代表市政府安排部署今后一段时期市农村水利工作。

12月21日 引滦入汉工程举行奠基仪式，市委副书记房凤友、副市长王德惠、市政府顾问毛昌五等领导出席。

是年 市政府成立海河干流治理工程总指挥部，市长张立昌任总指挥，副市长朱连康、市水利局局长刘振邦任副总指挥，市水利局作为总指挥部办公室，负责日常工作，水利局副局长戴峙东任办公室主任。

1996 年

4月20日 北大港水库水面上出现近千只白天鹅等珍贵飞禽戏耍，这一壮观景象为近20年来所罕见。

5月6日 国务院副总理、国家防总总指挥姜春云在市委书记高德占、市长张立昌、副市长朱连康陪同下，检查了海河口清淤，海河干流治理塘沽段堤防工程。5月7日，姜春云听取了京津冀三省（直辖市）关于防汛工作的汇报，对确保海河流域安全度汛提出要求。

5月22日 市防指召开扩大会议，传达国家防总第一次会议精神，部署全市防汛工作。市长张立昌到会讲话，常务副市长李盛霖主持，副市长朱连康代表市防汛抗旱指挥部部署工作。

6月24—27日 市防指指挥张立昌，副指挥李盛霖、王德惠、朱连康、陆焕生、李凤河等带队分六路到各区（县），深入河系、排水泵站及工厂企业检查防汛措施落实情况。

6月27日 市防指发布第一号令，要求全市各地区、各部门、各单位充分做好抗大洪、排大涝、防大潮的准备，确保安全度汛。

6月30日 依照《天津市实施〈取水许可制度实施办法〉》细则》的规定，市地下水资源管理办公室及12个区（县）对所属用水单位和中央、外地驻津用水单位首次开展取水许可证登记、申请、发证工作。

7月20日 市委书记高德占和副市长朱连康听取市水利局、气象局负责人关于当前汛情和各项防汛准备的汇报，实地检查了海河干流治理工程。

7月29日 市防指指挥、市长张立昌主持召开市防指会议，强调全市防汛已进入关键时期，全市人民要积极行动起来，投入到防汛工作中去。

8月2—4日 受8号台风北上影响，于桥水库上游普降大到暴雨，3日18时，于桥入库流量达到1718立方米每秒，使得于桥水库水位上升至22.62米，超过10年一遇洪水水位（22.53米），是建库以来最高洪水位。8月5日，由于蓟县及河北省上游连降大到暴雨，于桥水库水位再次冲高，4时达到22.62米。蓟县马伸桥大街村西侧公路淹没，崔各寨、峰山等7个村成为水上孤岛。由于上游洪水下泄，宝坻、宁河、汉沽又降大到暴雨，6日、11日蓟运河两次出现洪峰，两岸农田发生严重沥涝，宁河县段遭受1969年以来最大洪水侵袭。

8月6日　市长张立昌主持召开市防指紧急会议，传达贯彻国务院总理李鹏对天津防洪抢险的指示精神，部署防洪抢险工作。常务副市长李盛霖，副市长王德惠、朱连康出席。

8月9日　市长张立昌到汉沽指挥防汛工作，并慰问抗洪抢险军民。

8月10日　市委书记高德占到市防指了解全市及上游地区的雨情和汛情，检查抗洪抢险准备情况。

8月11日　市长张立昌、副市长李盛霖，市政府秘书长张惯文到宁河检查指挥防汛工作。

同日　东淀第六埠水位达到6.0米，市领导做出重要决策，不破北堤向清北分洪，固守大清河南堤，高水位行洪充分发挥独流减河进洪闸的泄洪作用。

8月12日　市委书记高德占致电宁河县委，询问汛情，并对坚持在抢险第一线的广大干部群众表示慰问。市领导李盛霖、陆焕生、李凤河到汉沽检查指导防汛工作。

8月13日　受8月2—4日的8号台风的影响，河北省中部一带普降大到暴雨、大暴雨，12时静海县台头站水位达到6.78米，超过警戒水位0.78米，流量达到599立方米每秒。为减轻强降雨对河北省人民群众生产、生活的影响，天津市防汛抗旱指挥部决定大清河洪水分两路即独流减河和海河干流入渤海。

同日　上午，市长张立昌、副市长王德惠在市防指听取市防办关于本市及河北省的汛情汇报，察看海河干流堤防薄弱地段，部署抢险加固工作。下午，张立昌到西河闸现场主持召开防汛会议，决定当日19时开启西河闸，经海河干流分泄大清河洪水。8月15日，洪水通过海河干流市区段，海河沿岸堤防未出现险情。副市长朱连康、天津警备区副司令员李凤河参加会议。

8月14日　市委副书记李建国带领市委宣传部、市水利局负责人员到汉沽、宁河检查抗洪抢险工作，慰问抗洪大军。

8月16日　市领导朱连康、李凤河在西青区第六埠村召开大清河前线指挥部会商调度会，分析上游水情，部署大清河抢险加固和东淀洪水退水准备工作。

8月19日　市委、市政府召开会议，号召全市各级党委、政府和全市军民继续保持高度警惕，进一步动员起来，艰苦奋战，夺取抗洪抢险的全面胜利；切实做好抗灾工作，把损失减少到最低限度。市委书记高德占、市长张立昌就当前的抗洪抢险和抗灾救灾工作提出了明确要求。

同日　18时，为加快东淀泄洪速度，减少河北省的压力，位于西青区上辛庄口乡第六埠的分洪口门实施爆破。市防指指挥张立昌、副指挥朱连康、李凤河及海委负责人亲临现场指挥，张立昌下达爆破命令。

9月10日　天津市水利建设工程招标投标管理站成立，暂挂靠在基建处。

10月16日　《天津市蓄滞洪区管理条例》由市第十二届人大常委会第二十七次会议审议通过，公布并施行。2004年11月12日通过修改。

10月24日　市委、市政府召开防汛抗洪总结表彰大会，总结防汛抗洪工作，表彰防汛抗洪先进集体和先进个人。市领导高德占、张立昌、聂璧初、刘晋峰、罗远鹏、黄其兴、王德惠、朱连康、陆焕生、李凤河、张惯文出席。市委书记高德占作重要讲话，市长张立昌主持会议，副市长王德惠宣读市委、市政府关于表彰防汛抗洪先进集体和先进个人的决定，副市长朱连康总结防汛抗洪工作并部署下一步工作任务。

10月30日　市水利局召开防汛抗洪总结表彰大会。市防指副指挥、副市长朱连康，市政协副主席陆焕生出席并讲话。

11月20日　副市长朱连康带领市政府办公厅、市农委和市水利局100多名机关干部到静海县参加大清河水毁工程修复义务劳动。

是年　天津市春旱严重，7月下旬降透雨，为35年一遇的大旱。8月，海河流域又遇强降水，蓟运、潮白、北运、大清、子牙等河系入市水量达62.3亿立方米，天津市遇到1963年以来最大洪水。

1997 年

1月7—8日　国务院副秘书长刘济民率国家防总检查组一行13人来津进行汛前检查。检查组察看了永定新河28＋192处分洪口门、永定新河淤积情况、海河闸、南疆大桥处海河口淤积情况、海河干流河滨公园段堤防治理工程。副市长王德惠、朱连康，市水利局局长刘振邦等陪同检查。

3月20日　市水利局首次召开工作目标责任书递交大会，局属各单位党政一把手向党委书记王耀宗和局长刘振邦递交了1997年工作目标责任书。

3月27日　北京市水利局副局长刘汉桂、天津市水利局局长刘振邦在北京签订了京津水利合作会谈纪要。

4月15日　市水利局党委书记王耀宗与河北省水利厅厅长李志强在天津就两省市进一步加强合作、团结治水签订了会谈纪要。

5月24—25日　市水利局邀请当年参加引滦入津工程建设的解放军原66军副军长王嘉祥，原铁八师师长刘敏、政委张采嘉，原警备区副参谋长相应龙及老虎团代表等30多位老战士、功臣代表重访引滦线，并请他们对工程管理工作进行检查指导。局党委书记王耀宗陪同。

6月10日　市防指召开全市防汛工作动员会，传达国家防总黄淮海防汛工作现场会精神，部署1997年全市防汛工作。市长张立昌出席并讲话，常务副市长李盛霖主持，副市长朱连康作了动员讲话。

6月30日　作为本市改善城乡人民生活二十项工作之一的引滦入开发区输水管理工程竣工通水。该工程于1995年3月开工，分两期建设，管道全长51.23千米，日最大供水能力为20万立方米每日。

10月1日　被市政府列为1997年改善城乡人民生活二十件工作之一的引滦入汉工程竣工通水。该工程于1996年3月动土兴建，总投资近1.9亿元，近期可为汉沽日供水2万立方米，远期日供水5万立方米。

10月20日　于桥处历时140天，投资116.62万元，完成了库区地形外业测量任务，更新校核了库容曲线，经天津测绘管理处质检站验收合格。

10月21—22日　市政府召开农村水利工作会议，贯彻落实党的十五大精神和全国水利工作会议精神，总结近几年来农村水利工作，部署今冬明春和今后一个时期农村水利工作任务。

10月27日　市水利局设立政策研究室，其主要职责是：负责全市水利系统政策研究；拟订有关水利工作政策研究的课题并组织实施；对水利建设和管理工作中的重大问题组织调查研究，提出解决问题的建议；对深化水利改革、推进水利行业发展的重大问题进行调查研究，提出政策性措施和建议，为领导决策服务；参与重大决策及重要文稿的拟订工作。

10月29日　市政府召开会议，对本市海挡工程建设进行动员和部署。会议确定，从1998年开始，用两个5年左右的时间，对全市137.2千米的海挡进行大规模建设，使重点海挡段达到抗御100年一遇海潮的标准，一般海挡段达到抗御50年一遇海潮的标准。会议明确市水利局为海挡工程建设和管理的主管部门，对工程实行统一规划、统一设计、统一施工、统一监理、统一管理。

11月26日　由市水利局与天津日报社联合主办的"水的故事"征文大赛圆满结束。此次征文大赛从3月开始截至4月底，共收到海内外专业作家和业余作者的投稿约800余篇，最后评选出佳作奖12篇、优秀奖20篇。在颁奖会上，局党委书记王耀宗、局长刘振邦、副书记陆铁宝与市委宣传部、天津日报社的负责人一起为获奖者颁发了获奖证书。本市著名作家白金、柳溪、王家斌等出席颁奖会。

是年　全市年降雨366毫米，比多年平均值592毫米少38%；汛期降雨量仅240毫米，为多年平均值的50%，是自1956年以来降雨量最少的一年。由于春夏连旱，天津市城乡水源发生了严重短缺。

是年　潘家口水库汛期来水量仅7.3亿立方米，加上非汛期基流共12亿立方米，比正常年份21亿立方米少9亿立方米，致使城市水源十分紧缺。

1998 年

1月1日　天津市蓄滞洪区安全建设工作由水调处移交到工程处管理。2002年1月28日，又由工管处移交到水调处管理。

1月7日　天津市第十二届人民代表大会常务委员会第三十九次会议审议通过《天津市河道管理条例》，同日公布并施行。

2月12日　市政府召开国有扬水站三类站更新改造专题会议，决定从1998年开始，市投资5000万元，其余区（县）自筹，用5年时间对现有65座三类国有扬水站进行更新改造。

2月20日　市水利局成立《天津水利年鉴》领导小组，王耀宗任组长，何慰祖、金荫任副组长。同年，首卷43.5万字的《天津水利年鉴》出版。

3月19日　市水利局组建海河干流治理工程建设管理处和海挡工程建设管理处，代局行使海河干流治理工程项目责任主体和海挡工程建设项目责任主体的职能。

6月5日　市水利局下发《关于组建海河工程管理处筹备处的通知》。海河工程管理处筹备处与市河闸总所两块牌子，一套人马，负责海河工程管理处的筹备工作。

7月9—10日　市长李盛霖，副市长杨新成、王德惠、孙海麟，市政协副主席朱连康及天津警备区副司令员杨冀平等分赴防汛第一线，检查市防指7月5日发布的1998年一号令的落实情况。11日副市长孙海麟检查津南水库建设情况，14日检查蓟县及于桥水库防汛工作。

7月22日　水利部部长钮茂生率队来津检查防汛工作。市长李盛霖、副市长孙海麟会见了钮茂生一行。

9月8日　市长李盛霖主持召开水利专家座谈会，研讨全市防洪工程建设规划。市人大常委会副主任张毓环、副市长孙海麟参加了座谈。海委、天津水利水电勘测设计院（简称天津院）、天津大学和市水利局的专家出席。会议听取了天津大学、海委、天津院和市水利局水利专家对天津市防洪建设的意见和建议，研究了加快天津市水利基础设施建设步伐、提高城市防洪抗灾能力的办法和措施。会议原则同意市水利局拟订的防洪重点工程建设两年计划和五年安排意见。

9月11日　市政府召开庆祝引滦入津工程通水15周年座谈会。市人大常委会副主任张毓环，副市长孙海麟，天津警备区副司令员杨钧，老领导吴振、刘晋峰、陆焕生、王立吉以及曾参加引滦入津工程建设的老专家、老首长和有关方面的负责人及代表出席。

10月9日　市委、市政府召开防汛抗旱和支援抗洪救灾工作总结会。市长李盛霖、副市长孙海麟出席并讲话。

10月28—29日　水利部海河流域检查组来天津检查国家增量资金水利工程项目实施情况，检查了永定新河治理、海河干流治理、海堤加固等重点防洪工程施工现场。

11月6日　市政府在宁河县召开全市农田水利基本建设会议，部署冬春农田水利基本建设工作。副市长孙海麟出席并对农田水利基本建设工作作了部署。各有农业的主管区（县）长、水利局长参加会议。

1999 年

3月2—3日　水利部部长汪恕诚率队来津检查海河流域防洪工程和抗旱情况，实地检查了独流减河、西河右堤、永定新河清淤、海挡加固、海河干流治理等防洪工程。

3月18日　市防指召开第一次成员会议，明确全市防汛工作的主要任务是高标准建设永定新河应急度汛清淤、海河干流治理、海挡加固、城市防洪堤、永定河泛区右堤加固、蓟运河等除险加固、蓄滞洪区建设、河口清淤等8项防洪工程，落实各项非工程措施，确保2700平方千米城市中心区的防洪安全，并尽量减少分洪对城市以外地区可能造成的损失。市长李盛霖出席并做重要讲话。

3月19日　市财政局、地方税务局、水利局拟定的《天津市水利建设基金征收使用办法》经市人民政府同意，印发各有关单位。该办法自1999年1月1日起施行，1994年10月18日颁布《天津市防洪工程维护费征收使用办法》同时废止。

4月3日　天津市首例小型农田水利工程拍卖成功。宁河县小李乡李老村村委会委托宁河县公证处主持召开拍卖大会，拍卖该村集体所有的2座泵站。该村村民蒋跃成以43万元中标，取得了2座泵站的所有权和经营管理权，拉开了全市小型农田水利建设和经营管理制度改革的序幕。5月6日，宁河县水利局在岳龙镇召开小型农田水利设施管理与产权制度改革推动会。

4月6日   市水利局首次与区县水利局签订经济目标责任书。

4月28日   天津市水利工程建设交易管理中心举行挂牌揭幕仪式,成为全国水利系统首家建成水利工程有形市场的单位。

5月22日   市防指召开第二次扩大会议,检查各项防汛准备工作的落实情况,部署下步工作。会后市长李盛霖、天津警备区副司令员杨钧等分别视察了永定新河分洪口清淤工程、淮淀闸、淀北分洪区、七里海蓄滞洪区、蓟运河立原段至倒流段险工治理工程、海河干流治理工程东丽区段等。

同日   津南水库首次从天津市水产研究中心引进大型淡水经济鱼类匙吻鲟,这是天津市第一次在水库试养该鱼种。

6月3日   天津警备区司令员滑兵来、副司令员杨钧等视察了七里海蓄滞洪区分洪口,并询问了爆破方式和群众转移方案。

6月15日   "天津市水利局机关外部信息网"建成投入运行。实现了机关大楼内各处室间的计算机联网和与国际互联网的连接,开发、建立了网页,实现了机关各部门网上资源共享、部门文件传递及利用国际互联网进行辅助办公等功能。

6月18日   北京军区司令员李新良、政委杜铁环在天津市委书记张立昌、副市长孙海麟的陪同下检查了天津市防汛工作情况,听取了驻津部队、民兵防汛抢险部署准备情况汇报,实地察看了海河防潮闸和河口清淤情况,观看了舟桥某团抗洪抢险综合演练,现场察看了屈家店水利枢纽。

6月30日   副市长孙海麟到永定新河应急度汛工程现场慰问施工人员,并对二期工程建设提出具体要求。

7月5—10日   水利部水利工程项目京津冀巡视组对海河干流治理、海堤加固、蓟运河治理、永定河泛区右堤加固等工程项目进行重点检查,对全市水利工程建设质量、工程进度与资金管理给予了充分肯定和高度评价。

7月9日   市委书记张立昌主持召开市委常委会,专题研究防汛工作,听取市水利局局长刘振邦关于1999年防汛工作的汇报,部署1999年的防汛工作任务。

7月13日   市防办组织市水利局、安全局、警备区、预备役高炮师等单位的通讯部门在七里海蓄滞洪区举行了大规模通讯演习,国家防办副总工程师王秀英、水利部信息中心通讯处处长彭若能、市水利局副局长戴峙东等现场观看演习,市电信局局长宋玉德参加并组织配合了演习。

7月17日   市防指召开第三次成员会议,市防指指挥、市长李盛霖主持会议并讲话。会后发布了市防汛抗旱指挥部一号令。

7月20日   市防办组织警备区高炮预备役师1团、摩步196旅、天津武警总队、宁河县武装部、宁河县水利局等单位800人在永定新河左堤28+082分洪口门处举行大规模防汛分洪演习,警备区司令员滑兵来、副市长孙海麟、警备区参谋长崔立学和市防办的主要负责人等检阅了参加演习的部队。

8月3—4日   市长李盛霖、副市长孙海麟带领市有关部门负责人赴宁河、静海等地察看旱情,检查抗旱工作,要求市有关部门和有农业的区(县)在旱情十分严重的形势下,坚持防汛抗旱两手抓,在继续做好各项防汛准备工作的同时,采取切实可行的措施,尽最大可能减少旱灾损失。

8月23—26日   受国家计委委托,中国国际工程咨询公司对天津市引滦饮用水源保护工程

（预可研）进行评估，对天津市申报的引滦饮用水源保护工程项目给予充分肯定。

9月29日　市政府召开农田水利基本建设动员会，提出今后一个时期天津市农田水利基本建设的发展思路，确定了今冬明春全市农田水利基本建设总任务。副市长孙海麟出席并讲话，对农田水利基本建设工作进行了部署。

11月4日　市政府召开农田水利基本建设现场推动会，对今冬明春农建工作进行再动员、再推动。副市长孙海麟出席会议并对下步农建工作提出具体要求，市水利局副局长单学仪通报了当前农田水利基本建设进展情况。

12月6日　天津市水利工程建设交易管理中心互联网站（http：//www.tsjj.com.cn）开通，成为全国水利行业第一家实现网上招投标信息发布、网上招投标申请的管理单位。

12月27日　作为天津市79个首批"政府上网工程"单位之一的水利局，启动了"天津市水利局政府上网工程"建设项目，工程于2000年2月1日完成，标志着"天津水利信息网"网站的开通与运行，实现了与天津政务网、中国水利网等国内、国际互联网站的联通，在落实政府信息上网的同时，在互联网上设立了天津水利的宣传窗口，也为网上办公、服务公众开辟了新的、迅捷的途径。

2000 年

2月15日　市水利局与主管区（县）长、区（县）水利局局长共商2000年天津市水利发展大计。局党委书记王耀宗主持，局长刘振邦回顾1999年工作，通报了2000年水利工作计划。

4月13日　市水利局下发《关于成立天津市水利局市区河道改造泵站及枢纽工程建设指挥部的通知》，决定成立天津市水利局市区河道改造泵站及枢纽工程建设指挥部，负责工程建设的组织领导工作。副局长赵连铭任指挥，指挥部下设办公室、前期工作组、施工组织组。指挥部单设账号。市区河道改造泵站及枢纽工程完工后，指挥部及其下设部门自行撤销。

4月25—26日　水利部副部长张基尧率海河流域汛前检查组，到海河闸加固、永定新河清淤、永定新河右堤加固和屈家店水利枢纽工程现场检查指导防汛准备工作，并提出了具体要求。

5月8日　市政府聘请刘昌明院士、钱易院士、德国H·尼施教授、瑞典詹努兹·尼姆兹诺威斯教授为水利顾问。市长李盛霖向4位中外专家颁发聘书。

6月9日　市水利局召开机关全体人员和部分局属单位科以上干部参加的紧急会议，通报水情，传达市政府常务会、市防指会和市领导的指示精神，安排部署当前节水、抗旱等5项工作任务，成立了由主管领导任组长的4个节水工作小组，逐项研究分解任务，要求全局干部职工积极投入到节水抗旱、确保城市供水安全工作中去，为社会稳定和发展贡献力量。

6月12日　根据市委、市政府关于印发《天津市人民政府机构改革方案》精神，市水利局（市引滦工程管理局）加挂天津市节约用水办公室的牌子，自即日起启用"天津市节约用水办公室"印章。市节约用水办公室对外发布节水监督电话。

6月13日　受市长李盛霖委托，副市长孙海麟在市政府召集市水利局、公用局负责人研究城市供水问题。市水利局局长刘振邦汇报调水方案和应急启用地下水源方案，市公用局局长苏文利汇报开源节流工作。孙海麟要求，认真准备供水方案，科学测算供水时间，采取一切措施，确保现有水源用到 8 月底，确保居民生活用水。要抓紧召开全市节水会，市政府授权市节约用水办公室定期发布节水通告。市水利局、公用局各自提出供水方案。

6 月 15 日　市长李盛霖、副市长孙海麟专程到水利部，与部长汪恕诚共商天津城市供水对策。汪恕诚对天津市严峻的供水形势表示深切关注，对天津市已经采取的应急措施表示赞同，对天津市提出的外调水源建议表示理解和支持，并对天津市供水问题提出 9 条意见。

同日　市局机关和宜兴埠处、入港处、水文总站、水科所、设计院、物资处、水源处、地资办、北大港处抽调人员，对海河、新开河、子牙河、北运河的 20 处重点取水口门、泵站进行 24 小时蹲堵，制止沿河违章取水行为。

6 月 16 日　市政府向水利部发出《关于紧急请求解决天津市城市水源问题的函》。恳请水利部批准天津市紧急时刻动用潘家口水库死库容 1.5 亿立方米，并协调黄河水利委员会和山东省、河北省，提前启动引黄济津工程。

6 月 17 日　天津市委、市政府召开节水工作动员大会，通报水源形势，提出 26 条节水措施。号召全市人民动员起来，采取有力措施，开源节流，尽最大努力减少因水源紧张造成的不利影响。市委书记张立昌出席并讲话。市长李盛霖作节水动员报告。常务副市长杨新成主持会议。市领导夏宝龙、王文化、王德惠、孙海麟和天津警备区、武警天津总队负责人出席了会议。

6 月 22 日　市长李盛霖带领市政府副秘书长陈钟槐、水利局局长刘振邦、市政府研究室副主任杨金海到潘家口水库、大黑汀水库了解水源情况，慰问水利部海委引滦工程管理局干部职工。

6 月 28 日至 7 月 1 日　副市长孙海麟、副秘书长陈钟槐赴山东省和河北省，实地查勘了四女寺枢纽、位山闸、潘庄闸、潘庄干渠、沉沙池等历史上的引黄济津工程和新设想的调水线路（即从山东省聊城市东阿县位山闸引黄河水，经位临干渠至引黄穿卫倒虹，穿过卫运河后，进入清凉江，在泊镇附大近经绘彩于闸入南运河，在九宣闸进入天津市），搜集有关资料和数据，进一步摸清情况。

7 月 2 日　市长李盛霖带领市政府副秘书长刘红升、公用局、水利局负责人到海河沿线东丽区大郑泵站查护水第一线，检查海河查护水工作，慰问在查护水一线的武警官兵和水利职工，并送去防暑降温用品。

7 月 4—5 日　市防办经请示海委同意，自土门楼向北运河调水 307 万立方米，提前冲刷北运河河道，为运用北水南调一期工程相机向天津市南部地区调水做准备。

7 月 11 日　8 时，四女寺枢纽向南运河泄洪 50 立方米每秒，检验引黄河道输水能力，为今后实施引黄济津做准备。7 月 11—20 日，提前冲刷河道内积存的污物，并预先湿润河道以减少输水损失，趁上游降雨产水之机，第一次从漳卫南局四女寺枢纽南运河节制闸向天津市放水约 3600 万立方米。由于沿途干旱严重，河道蒸发渗漏大，这次放水水头只到达河北省泊头市代庄闸。7 月 31 日 18 时 54 分，海委下达调度令，第二次提四女寺枢纽南运河节制闸放水，预先润湿河道减少输水损失，冲刷河道积存污物，为实施引黄济津做好准备。

7 月 15—16 日　国务院副总理温家宝在水利部部长汪恕诚、国务院副秘书长马凯和市委书记张立昌、市长李盛霖的陪同下，考察天津市的水源地潘家口水库、大黑汀水库和于桥水库，听取天津市节水工作汇报并给予充分肯定。强调为确保城市长期供水安全，当前要提前抓紧做好引黄济津工程的各项准备工作。

8月12日   市水利局成立市引黄济津工作指挥部办公室。局长刘振邦兼任办公室主任，副局长戴峙东、李锦绣任副主任。办公室下设综合协调组、规划设计组、工程调度组、护水巡查组、宣传报道组和后勤保障组，由市水利有关处室和单位抽调人员组成。

8月12—17日   市长李盛霖率天津市委、市政府代表团在引黄济津工程沿线考察慰问，与沿途干部群众交流思想，沟通友谊。沧州、聊城等引水重点地区的党委、政府和干部群众表示要克服困难，确保天津用水。

8月15日   市委、市政府在天津宾馆中礼堂召开引黄济津工程建设动员大会。市委书记张立昌出席并讲话。副书记房凤友主持，市领导刘峰岩、刘胜玉等出席，副市长杨新成作动员讲话。出席大会的市党政军领导人还有滑兵来、邢军、罗保铭、夏宝龙、孙宝树、王文华、邢元敏、罗远鹏、王德惠、张好生、杨家杰等。市委、市政府各部办主要负责人，各区（县）委书记、区（县）长、分管区（县）长，有关局和局级企事业单位主要负责人，有关人民团体主要负责人，天津警备区、武警天津总队有关部门的负责人参加会议。

8月18日   国务院在河北省石家庄市召开部分省市抗旱救灾工作座谈会，副总理温家宝出席并讲话，强调引黄济津是解决天津市缺水问题的一项重要应急措施，同时也是天津市今后发展的第二水源。沿途各有关省市地区要从大局出发，对这项工程给予大力支持和密切配合。天津市副市长孙海麟、市水利局局长刘振邦参加。

8月27日   按照水利部《关于同意动用潘家口水库死库容的批复》精神，海委引滦工程管理局27日10时30分由潘家口水库向天津市供水，供水2亿立方米，以保证引黄通水前天津市城市用水和2001年2月底前开发区、保税区、塘沽区、入港各大企业用水。当日潘家口水库死库容3.76亿立方米，死库容以上0.45亿立方米，日均流量60立方米每秒。

8月29日   市水利局发出《关于动员职工捐资参加引黄济津义务劳动的紧急通知》后，全局广大干部职工积极响应，捐款总额达63680元。

9月1日   市水利局于1日16时开启位于津河源头三岔口引滦纪念碑下的"海河明珠泵站"，提升海河水入南运河，经三元村连通涵流入西墙子河，再沿红旗河、复康河、废墙子河流回海河，形成环流，为天津市增添一道靓丽的风景线。2日，市长李盛霖视察海河明珠泵站工程。

9月4日   市政府批准《天津市海堤管理办法》，发布并施行，该办法的出台明确水行政主管部门主管天津市海堤建设和管理的法律地位。

9月10日   国务院批准实施引黄济津。11日水利部向天津市、河北省、山东省水利厅（局），海委、黄委下发《关于做好引黄济津应急调水工作的通知》，指出由于华北北部地区连年干旱，天津市面临严重缺水局面，国务院已决定实施引黄济津应急调水工程。计划从黄河位山闸引水10亿立方米左右，于10月15日开始引水。这次引黄济津应急调水工作由海委具体组织实施。遵照国务院领导的指示，3省（直辖市）团结协作，认真组织做好引黄济津有关各项工作。落实分级、分段、分部门负责和行政首长负责制，做好每一个环节的工作。倒排工期保质、保量、按期完成工程施工，做好输水期间的管理工作，确保完成引黄济津任务。

9月15日   市委、市政府召开全市农业结构调整工作会议，部署今冬明春全市农建工作。会后，有农业的各区（县）纷纷认真贯彻市委、市政府会议精神，安排、部署本区（县）农建工作，全市农建工作陆续拉开序幕。

9月16日　市长李盛霖检查引黄济津天津段工程进展情况，先后实地察看了大清河打坝工程、南运河独流镇防渗工程和清淤清障工程、九宣闸消能防冲工程。并在静海县主持召开座谈会，听取工程进展情况汇报。强调引黄济津是天津市的第二水源，全市各区（县）、各部门都要按照党中央、国务院的要求，认真贯彻落实市委、市政府的安排和部署，克服各种困难，确保高标准、高质量地完成各项工程任务，实现按期送水。同时，认真落实各项节水措施，增强节水意识，珍惜来之不易的每一滴水。副市长孙海麟、秘书长陈洪江陪同检查。

9月25—26日　国务院在京召开全国城市供水节水与污染防治工作会议。副总理温家宝强调，引黄济津是一项政治任务，各有关部门要从大局出发，通力配合，确保调水工作的顺利实施。山东、河北要积极配合，沿途市、县必须落实水质保护措施，做好引黄管理工作，控制污水进入引黄渠道，防止跑水、漏水、抢水、偷水情况发生，减少输水损失。

10月12日　国务院副总理温家宝来南运河九宣闸检查天津市引黄济津工程建设情况，听取天津市关于引黄济津工作的汇报。指出当前北方地区严重缺水，党中央、国务院对此十分关心。这次引黄济津时间紧、任务重，3省（直辖市）顾大局、讲风格，广大干部群众连续奋战一个多月，确保引黄济津工程建设按时完成。这是社会主义制度优越性的生动体现。沿途各省（直辖市）要继续发扬团结协作精神，保证将黄河水按时、保质、保量送到天津。天津市要珍惜来之不易的黄河水，加强用水管理，抓好节水工作。国家计委副主任刘江、水利部部长汪恕诚参加检查。市长李盛霖、副市长孙海麟陪同检查。10月13日15时05分，副总理温家宝在山东省聊城市东阿县位山闸击键开启闸门，引黄济津工程开始向天津送水，放水量60立方米每秒。

同日　市政府向各区（县）政府，各委、局，各直属单位发出《关于封堵引黄输供水河道沿线口门的紧急通知》，要求所有引黄河道沿线两岸排水、引水口门必须全部进行封堵，确保引黄输水、供水期间不溢漏水，保证引黄水质。

10月18日　副市长孙海麟率市政府代表团到海委慰问，向海委赠送锦旗和牌匾；10月19日，到黄委慰问，向黄委赠送锦旗和牌匾。副秘书长陈钟槐、市农委主任崔士光、市水利局局长刘振邦、副局长李锦绣参加慰问。

10月21日　经过8天440千米的奔波，14时黄河水到达静海县九宣闸，比原计划提前9天。市长李盛霖、市委副书记房凤友、副市长孙海麟等市领导和国家防办副主任赵广发在九宣闸迎接黄河水到来。

10月23—25日　以市委副书记房凤友为团长、副市长孙海麟为副团长的天津市慰问团在山东省、河北省开展慰问活动，感谢山东、河北人民为引黄济津工程做出的贡献。局长刘振邦、副局长李锦绣参加慰问。

10月26日　晚，副市长孙海麟召集天津市节水办、城市节水办负责人在市水利局召开座谈会，向有关新闻单位通报节水工作情况，部署节水"严打"工作。

11月1日　天津市居民喝上黄河水。市长李盛霖带领秘书长陈洪江、副秘书长陈质枫、张俊屹和市建委、水利局、环保局、市政府负责人先后来到位于子牙河畔的自来水集团公司西菜园取水泵站和芥园水厂，检查引黄、引滦水源切换准备工作。9时36分，市长李盛霖按下西菜园取水泵站启动按钮，黄河水源源不断送到芥园水厂、新开河水厂和凌庄子水厂，进入天津市区百姓家中。李盛霖强调，黄河水来之不易，全市人民要倍加珍惜，要加强水质保护，确保水质不受污染。同日，市政府发布《关于引黄济津保水护水通告》，明确 12 项保水护水措施。

11 月 1—4 日　市水利局向石化公司 20 万吨聚酯项目水厂和大港油田水厂供水工程进行试送水，全面检验充水排气、冲洗、送水三个过程的工程设计水平，获得成功，具备向两家水厂正式送水的条件。

11 月 17 日　市水利局召开保水护水表彰大会，对在保水护水工作中做出突出成绩的河闸总所、于桥处、物资处三个先进集体和杨秀富等 142 名先进个人进行表彰。会议由书记王耀宗主持，局长刘振邦出席并讲话。

12 月 11 日　亚洲开发银行董事会批准了由财政部、天津市有关部门同亚行草签的贷款协议，引滦饮用水源保护项目已正式获准亚行贷款 1.038 亿美元。引滦饮用水源保护项目建设期 5 年，还款期 25 年（含 5 年建设期）。

12 月 18 日　引滦入津输水计量联网一期工程通过验收并投入运行。

12 月 20 日　市政府在北辰区北仓镇北运河畔隆重举行北运河防洪综合治理工程开工典礼。市长李盛霖出席并讲话，副市长孙海麟主持开工典礼仪式。市有关部门和工程沿线北辰、红桥、河北三区的负责人以及工程建设、施工单位与各界群众代表 300 余人出席开工典礼仪式。

2001 年

1 月 11 日　引黄济津输水河道流冰骤然增多且顺流而下，马圈进水闸严重冰塞，堆积厚度达 1 米多。险情发生后，市防办、局领导有关负责人员立即赶赴现场，组织有关单位和专业技术人员开展切实可行的疏冰及抢险工作。1 月 13 日驻津部队共出动 110 名官兵投入抢险，分别承担马圈进水闸闸室爆破疏通作业和搭建闸上 40 米处的钢管拦冰钢架任务。经过军民联手奋战，于 1 月 15 日，基本上排除险情，确保引黄济津安全输水。

1 月 17 日　水利部副部长张基尧视察引黄济津工程，并听取市水利局局长刘振邦关于冰期输水情况的汇报，市长李盛霖、市委副书记房凤友分别会见张基尧一行。18 日，张基尧在副市长孙海麟的陪同下视察北大港水库十号口门、排咸闸及马圈闸抢险现场，并慰问引黄输水一线的水利职工。

1 月 21 日　引黄济津输水结束。从 2000 年 10 月 24 日至 2001 年 1 月 21 日，天津市九宣闸共收水 4.01 亿立方米，引黄济津任务完成。2 月 2 日 10 时，位山闸关闭，历时 112 天的第 6 次引黄济津输水结束。

2 月 9 日　市水利局召开局属事业单位人事制度改革动员大会。局党委书记王耀宗讲话，局长刘振邦作动员，副书记陆铁宝主持会议。全体局领导、机关处室有关人员和 12 个局属事业单位科级以上干部参加。这次会议的召开标志着市水利局所属 12 个事业单位人事制度改革工作全面推开。

3 月 10 日　塘沽区、汉沽区、大港区、武清区、宁河县、蓟县、静海县水务局成立暨揭牌仪式在市水利局举行。副市长孙海麟、水利部副部长周文智出席仪式并讲话。水利部办公厅副主任张志彤、规划计划司副司长矫勇、政策法规司副司长王治、水资源司副司长刘伟平、经调司副司长郑通汉、水保司副司长张学俭、农水司副司长李仰斌、中国水利报社总编董自刚、发展研究中心副主任王海、国家防办副主任田以堂，7个区（县）政府区（县）长、主管区（县）长、水务局长、副局长，宝坻、东丽、西青、津南、北辰5区（县）主管区（县）长、水利局长参加揭牌仪式。26日，宝坻县水利局更名为宝坻县水务局。

同日　水利部副部长周文智在津与副市长孙海麟共商天津城市供水工作。市水利局局长刘振邦就天津城市供水形势和请调潘家口水库死库容水量问题作了详细汇报。

4月2日　副市长孙海麟带领市计委、建委、财政、规划、公安等部门负责人检查海河干流北运河防洪综合治理工程拆迁情况。

4月24日　市长李盛霖、副市长孙海麟及市政府副秘书长何荣林，市水利局局长刘振邦到水利部与水利部副部长张基尧及有关司局领导共同研究天津城市供水与农村抗旱工作。

4月28日　天津市国家水文数据库建成并通过了水利部水文局组织的专家评审、验收。

4月29日　市长李盛霖到市水利局专题研究供水和节水工作，听取引黄、引滦供水水源切换工作汇报并作重要讲话。

5月9日　市长李盛霖、副市长孙海麟在市政府副秘书长张俊屹、市农委主任崔士光、市计委副主任郝晓远、市财政局局长崔津渡、市水利局局长刘振邦的陪同下到北大港水库视察引黄济津工程。

5月13—14日　国务院副总理温家宝在市委书记张立昌、市长李盛霖、水利部部长汪恕诚、国务院副秘书长马凯的陪同下，察看海河干流治理工程北运河段堤防建设情况，专题听取本市抗旱防汛工作汇报，并充分肯定天津的抗旱防汛工作。陪同温家宝在津考察的还有国家计委副主任汪洋、财政部副部长张佑才、国家环保总局副局长汪纪戎、国家防办常务副主任赵春明等国家有关部门负责人和市委常委、市委秘书长王文华，副市长孙海麟，市政府秘书长陈洪江等市领导。

5月14日　市委、市政府在天津礼堂中剧场召开天津市引黄济津暨节约用水总结表彰大会。市长李盛霖出席并作重要讲话，副市长王德惠、孙海麟，市政府秘书长陈洪江，副秘书长何荣林，水利部海河水利委员会负责人出席。

5月18—22日　由水利部精神文明建设指导委员会办公室和中国水利文学艺术协会主办，海河水利委员会、天津市水利局承办，山西省水利厅协办的第二届全国水利集邮展览在天津举行，副市长孙海麟参加开幕式并讲话。

5月31日　市政府颁发《天津市节约用水管理办法》。

6月6日　市长李盛霖、副市长孙海麟与市计委、建委、农委、财政局、水利局等单位负责人在市水利局专题研究城市供水工作。

6月27日　市水利局局长刘振邦率市水利局有关处室负责人到宁河，对宁河县解决人畜饮水工作、实行水务一体化进程进行调研，县委书记张有会、县长窦俊华、副县长张春善、水务局局长靳宁生陪同。

7月26日　市水利局召开机关机构改革动员会，局机关机构改革开始实施。局长刘振邦作动员讲话。副书记陆铁宝主持会议。全体局领导，局属各单位处级以上干部、局机关全体干部参加会议。

8月31日　市水利局召开机关机构改革总结大会，标志着局机关机构改革工作结束。局党委书记王耀宗在会上讲话，局长刘振邦总结局机关机构改革工作，局党委副书记陆铁宝主持会议。全体局领导，局属各单位党政主要领导，局机关改革后全体上岗干部参加会议。

9月12日　北京市水利局局长刘汉桂一行来津调研政府机构改革后政企分开、政事分开工作。市水利局局党委书记王耀宗、局长刘振邦等与刘汉桂一行进行座谈。

9月19日　市政府第43次常务会议审议通过《天津市节约用水"十五"计划》，确定"十五"期间本市节水总体目标，该计划将被纳入《天津市国民经济和社会发展第十个五年计划》。

9月27日　9月宝坻县改为宝坻区，9月27日宝坻县水务局更名为宝坻区水务局。

9月28日　市委、市政府举行盛大典礼仪式，庆祝北运河防洪综合治理工程竣工。市委书记张立昌，市长李盛霖，市委副书记房凤友、刘峰岩、刘胜玉等参加庆祝活动并与各界群众一起饱览北运河的秀美风光。

10月11日　市政府邀请百名市人大代表、百名市政协委员视察北运河防洪综合治理工程。

10月15日　市政府召开农田水利基本建设动员会，部署今冬明春农田水利基本建设任务。副市长孙海麟出席并讲话，市政府副秘书长何荣林主持会议，市水利局局长刘振邦代表市政府部署今冬明春农田水利基本建设工作。

10月24日　市政府召开引滦入津水源保护工程新闻发布会。副市长孙海麟出席并讲话。市委宣传部副部长刘凤银主持新闻发布会，市水利局局长刘振邦介绍引滦入津水源保护工程基本情况并回答了记者的提问。

12月17日　天津市委印发《关于刘振邦同志任职的通知》决定刘振邦任天津市水利局（天津市引滦工程管理局）党委书记。同时印发《关于王耀宗同志退休的通知》，决定王耀宗不再担任天津市水利局（天津市引滦工程管理局）党委书记、委员职务。

2002 年

1月21日　市水利局召开海河二道闸安全鉴定工作审查会，专家组成员和市水利局有关处室负责人参加审查会。经专家组论证海河二道闸按规范类别评定为三类闸，需进行除险加固。

3月20日　市政府办公厅召开外环线外侧绿化带建设及打通外环河工程义务劳动动员会，市政府副秘书长何荣林出席并作动员讲话，市农委主任崔士光部署外环线外侧绿化带建设及打通外环河工程义务劳动任务，市水利局党委书记、局长刘振邦就打通外环河工程义务劳动任务作了说明。

3月22日　天津市节水成就展开幕式暨天津市水政监察总队授旗仪式在北运河畔滦水园举行，以此拉开第十届"世界水日"和第十五届"中国水周"纪念宣传活动的序幕。水利部副部长陈雷、市人大常委会副主任张毓环、副市长孙海麟、水利部海委主任王志民出席开幕式暨授旗仪式。陈雷、张毓环向新成立的天津市水政监察总队授旗。陈雷、孙海麟发表了祝贺讲话。市水利局党委书记、局长、市节水办负责人刘振邦介绍天津市建设节水型城市取得的成就和经验，提出了下一步节水工作的重点和措施。北辰区区长李文喜、市水利局有关领导及近千名有关方面人员和各界群众参加开幕式暨授旗仪式，并参观了节水成就展。

3月24日　市长李盛霖，副市长王德惠、孙海麟等领导视察外环线绿化带建设及外环河整治工程试验段工地。市水利局党委书记、局长刘振邦汇报了工程施工工艺、造价和工程进展情况。

3月30日　市政府召开实施农村人畜饮水解困工程工作会议。副市长孙海麟出席并讲话。市有关部门负责人和有农业的区（县）主要负责人参加会议。市水利局党委书记、局长刘振邦主持会议并代表市政府对各区（县）需要承担的工程任务作了部署。全市有农业的区（县）负责人向孙海麟递交解决人畜饮水困难责任书。静海县副县长魏宗靖、蓟县副县长郭春富先后发言。

4月18日　天津市第十三届人民代表大会常务委员会第三十二次会议审议通过《天津市引滦水源污染防治管理条例》，7月1日起施行。市政府1992年9月8日颁布的《天津市境内引滦水源保护区污染防治管理规定》同时废止。

5月4日　市长李盛霖与副市长孙海麟、市政府副秘书长何荣林及市计委、农委、财政局等有关部门负责人到市水利局研究南水北调工作。

5月9—10日　水利部总工程师何文垣带领水利部水利风景区评审委员会成员一行8人来津视察北运河防洪综合治理工程。市水利局党委书记、局长刘振邦会见何文垣一行，市水利局副局长戴崿东、李锦绣分别汇报了北运河防洪综合治理工程建设和后期管理情况。

5月11日　市长李盛霖、副市长孙海麟在市水利局局长刘振邦和市计委、财政局有关负责人的陪同下，察看南水北调中线工程天津干渠河北省白沟大清河倒虹枢纽、牤牛河倒虹枢纽和天津市王庆坨水库、天津干渠末端——外环河，检查了外环河综合整治试验段工程。局长刘振邦汇报有关情况。

5月23—24日　国家防总副总指挥、财政部副部长张佑才率国家防总海河流域防汛抗旱检查组来津检查防汛抗旱工作，查看耳闸、新开河、北运河防洪综合治理工程、潮白新河宁车沽闸、永定新河清淤和海河闸清淤等工程。市长李盛霖、副市长孙海麟分别会见检查组一行。

6月6日　市防指召开2002年第一次成员（扩大）会议。市长李盛霖主持并作了重要讲话。会议主要传达国家防汛抗旱总指挥部《关于大江大河、重要病险水库、主要蓄滞洪区、重点防洪城市防汛责任制的通报》，通过了《天津市2002年防汛抗旱工作安排意见》。

6月8日　副市长孙海麟率市计委、农委、林业、财政、水利、信访、公安等部门有关领导视察杨庄截潜工程。

7月8日　天津市城市节约用水办公室由市建委划归市水利局（市节约用水办公室）管理。

8月7日　市委书记张立昌在市委秘书长王文华，副市长王德惠、孙海麟，市委副秘书长吴敬华、乔富源、曹达宝，市政府副秘书长陈质枫、何荣林陪同下到市水利局调研，专题听取市水利局关于中心城区河湖水系沟通与循环规划和利用海水改善滨海新区水环境规划汇报。市计委、建委、农委、市容委、财政局、园林局、市政局、滨海新区管委会、塘沽区、旅游办等主要负责人及市水利局党委书记、局长刘振邦，副局长赵连铭、戴崿东、王宏江参加了调研汇报。

8月15日　市政府召开节约用水工作会议，总结节水工作经验，部署节水工作任务。副市长孙海麟出席并讲话，市政府副秘书长何荣林主持会议。市水利局党委书记、局长，市节水办负责人刘振邦代表市政府总结近几年全市节水工作的开展情况和取得的成效，分析节水工作面临的形势，部署今后一个时期的节水工作任务。

8月20日　市长李盛霖到市水利局，与市水利局、财政局、气象局负责人研究城市供水工作。市水利局党委书记、局长刘振邦汇报了城市水源和供水调度情况。

8月27日　市政府召开农村人畜饮水解困工作推动会，副市长孙海麟出席并讲话。市政府副秘书长何荣林主持会议。市水利局党委书记、局长刘振邦代表市政府总结全市农村人畜饮水解困工作进展情况，安排部署下一阶段工作任务。

8月28日　市长李盛霖、副市长孙海麟在市政府副秘书长何荣林和市计委、财政局、水利局负责人陪同下，赴北京与水利部副部长张基尧、国家防办主任鄂竟平商谈天津城市供水问题。市水利局局长刘振邦，副局长戴崎东陪同赴京。

9月1日　天津水利内部办公广域网建成并投入运行。网络了覆盖局机关每个公务员和局属各单位、区（县）水利（务）局的内部办公系统，局机关和部分单位主要实现了网上公文运转、档案管理、信息发布，全市水利系统实现了网上公文传递。

9月3日　水利局完成首次全市机井普查，建立了全市市、区（县）两级机井工程数据库。

9月5日　引黄济津南运河节制闸工程开工。该闸是调节南运河分水流量的控制性工程，设计流量30立方米每秒，设计闸上水位7.5米。

9月6日　市委书记张立昌主持召开市委常委（扩大）会议，专题研究城市供水问题。市水利局党委书记、局长刘振邦作了关于天津城市供水形势及应对意见的汇报。会议提出，解决天津水的问题要立足当前，着眼长远；要着力抓好开源节流，立足于自身挖潜；进一步加大调整经济结构的力度，通过经济、科技、行政的多方面措施，尽快把天津市建设成为节水型城市。

9月9日　国家防办召集海委、市水利局研究天津城市供水方案。国家防办副主任赵广发主持会议。水利部海委副主任田友，市水利局党委书记、局长刘振邦和副局长戴崎东参加。会上，国家防办提出了立足引滦挖潜和应急引黄保证天津城市供水的解决方案。

9月11日　市长李盛霖主持召开第56次市政府常务会议，研究城市供水方案和节水措施。市水利局党委书记、局长刘振邦作了关于城市供水形势及应对意见的汇报。

9月13日　市水利局召开城市供水工作紧急动员会，贯彻落实市委常委扩大会议、第56次市政府常务会议关于城市供水工作的指示精神，紧急部署城市供水、节约用水各项工作任务。市水利局党委书记、局长刘振邦在讲话中强调，千方百计、想尽一切办法保证城市供水万无一失是市水利局当前压倒一切的中心任务。

9月26—27日　国务院副总理温家宝在天津考察节水抗旱工作。在市委书记张立昌、市长李盛霖、水利部副部长张基尧、财政部副部长廖晓军等陪同下，察看了东丽区军粮城镇人畜饮水解困和除氯改水工程，视察了天津三星电机有限公司企业节水工作，现场察看了月牙河、丽苑小区等市容环境建设和居民小区建设情况，专题听取天津市节水抗旱工作汇报。温家宝对天津市的节水工作给予高度评价，肯定天津市的节水工作卓有成效，节水指标在全国名列前茅，推动了技术改造和结构调整，促进了社会文明建设。张立昌主持汇报会，李盛霖汇报了天津经济发展总体情况、城市供水形势和农村旱情及所采取的措施。市委副书记房凤友参加了汇报会。陪同考察和参加汇报会的还有常务副市长夏宝龙、市委秘书长王文华、副市长孙海麟等。市水利局党委书记、局长刘振邦，副局长单学仪等参加视察。

9月30日　国务院总理朱镕基，副总理李岚清、温家宝在水利部向国务院报送的《关于实施引黄济津应急调水的请示》上分别作出重要批示。温家宝批示："报镕基、岚清同志批示。最近我同水利部、国家计委、财政部负责人一起到天津作了调查，天津严重缺水，需早作准备。经协商一致同意引黄济津 3 亿～4 亿立方米水，按照先生活后生产、先节水后调水的原则解决当前困难。目前天津综合水价已提至 3.3 元每吨。"李岚清批示："除采取应急措施和南水北调工程外，我曾告盛霖同志，应将所有的有效节水技术和海水淡化技术集中于天津施行。这不仅对天津，对其他缺水的沿海城市均有重要意义。"朱镕基圈阅同意。

同日　2002 年引黄济津工作办公室成立，负责组织实施第七次引黄济津工作。召开引黄津济津工程建设技术交底会，市水利局局长、引黄济津办公室主任刘振邦主持并讲话。副局长、引黄济津办公室副主任戴崎东、李锦绣出席。静海、大港、东丽、津南、西青、北辰等 6 个区（县）水利（务）局负责人及有关技术人员参加。

10 月 2 日　市防指召开 2002 年第二次成员（扩大）会议暨节水动员大会，研究部署引黄济津及节水工作。市长李盛霖主持并讲话。副市长王德惠、孙海麟、崔津渡，市政府副秘书长何荣林，市水利局局长刘振邦，市防指顾问陆焕生、杨钧及市防指全体成员出席。市经协办、自来水集团和东丽区、津南区、西青区、北辰区、大港区、静海县政府负责人列席。孙海麟传达了副总理温家宝对解决天津城市供水问题及市委书记张立昌关于落实副总理温家宝指示的要求，通报了当前城市供水的严峻形势及农业旱情，部署了引黄济津工作任务。刘振邦传达了水利部引黄济津工作动员会精神。会后，刘振邦立即召集市水利局副局长戴崎东、李锦绣及有关部门负责人，部署相关工作。

10 月 8 日　市长李盛霖主持召开第九十次市长办公会议，听取市水利局局长刘振邦关于"引黄济津实施方案"的汇报。会议经研究，同意市水利局提出的引黄济津实施方案，并就建设引黄济津所需工程和做好各项准备工作进行专题研究和部署。

10 月 11 日　市长李盛霖主持召开第 57 次市政府常务会议，研究通过了《天津市引黄济津保水护水管理办法》，并予以公布，自 2002 年 11 月 11 日起施行。

同日　根据第九十次市长办公会议决定，市政府办公厅向承担引黄济津工程建设、保水护水任务的各区（县）、各部门下发了督查事项通知，决定由市政府办公厅、市防指组成联合督查组，对各有关区（县）、有关部门承担的引黄济津工作任务的进展情况进行联合督查，以确保完成第七次引黄济津。

10 月 14 日　市政府办公厅、市防指引黄济津工作联合督查组开始对引黄济津工作的进展情况进行督查。市水利局局长刘振邦，市政府办公厅副主任钱长龙，市水利局副局长单学仪、戴崎东、王天生、李锦绣，市水利局助理巡视员刘洪武带领有关人员，分成五路赴静海、大港、西青、北辰、东丽、津南和市有关部门检查引黄济津各项工作。

10 月 21 日　市长李盛霖在市政府副秘书长何荣林和市计委、建委、农委、财政局、水利局等单位负责人陪同下，检查引黄济津自来水切换、独流减河进洪闸挡水坝、南运河垃圾清理、南运河节制闸等工程，代表市委、市政府和市委书记张立昌向引黄济津工程全体参建人员表示慰问，对引黄济津下一步的工作提出要求。市水利局党委书记、局长、引黄济津办公室主任刘振邦，市水利局副局长、市引黄济津办公室副主任戴崎东参加检查。

10 月 24—28 日　以市长李盛霖为团长，副市长崔津渡为副团长的天津市代表团赴河北、山东两省学习考察，慰问引黄济津、引滦入津沿线人民。市水利局局长刘振邦和市有关部门负责人作为代表团成员参加学习考察和慰问活动。代表团返津后，市委书记、市人大常委会主任张立昌会见并慰问代表团全体成员。

10月31日　10时20分，水利部副部长张基尧按下位山闸启闭按钮，第七次引黄济津调水开始。山东省副省长陈延明、天津市副市长孙海麟、黄河水利委员会主任李国英、海河水利委员会主任王志民、天津市水利局局长刘振邦和国家防汛抗旱总指挥部办公室、水利部计划司、水利部水资源司、山东省水利厅、聊城市的负责人参加了放水仪式。此次引黄济津仍采用2000年引黄济津调水线路。

11月7日　市政府在津南区召开天津市农田水利基本建设动员会，部署今冬明春农田水利基本建设工作。副市长孙海麟作动员讲话。市水利局局长刘振邦代表市政府部署全市今冬明春农田水利基本建设任务。市农委主任崔士光、津南区区委书记郭天保、区长刘树起及市计委、农委、科委、财政局、卫生局、水利局、农业局、林业局、农机局、气象局负责人，有农业的区（县）主管区（县）长及有关部门负责人参加。

11月10日　10时20分，第七次引黄济津水头到达天津市静海县九宣闸。副市长孙海麟，海委负责人，山东聊城市水利局负责人，市计委、建委、农委、水利局、环保局、静海县负责人，以及静海县上千名群众，在九宣闸迎接黄河水的到来。

11月12日　13时10分黄河水进入北大港水库。

11月13日　根据海委和市环保局对引黄水质测验结果，引黄九宣闸断面水质已达到国家地表水Ⅲ类标准。国家防办决定，九宣闸从2002年11月13日8时计量。

11月18日　市政府印发《关于变更我市城市用水检查处罚主体的通知》，将城市用水检查处罚主体由原来的多个部门变更为市和区县节水主管部门。

11月19日　市自来水集团实施引黄引滦水源切换。9时，西菜园水厂从海河取水，并逐渐加大取水量；10时，引滦输水暗渠输水流量逐步减小。11月21日16时，完成引黄水与引滦水的平稳切换，自来水集团供水全部采用黄河水。

12月19日　市第十三届人民代表大会常务委员会第三十七次会议审议通过《天津市节约用水条例》，并予以公布，自2003年2月1日起施行。

12月24日　市水利局与天津信托投资有限责任公司在天信大厦举行了外环河综合整治工程集合资金信托计划签字仪式。这是市水利局首次利用集合信托资金建设水利工程，也是天津市首次利用信托资金建设市区城市基础设施。副市长孙海麟、崔津渡出席签字仪式。

2003 年

1月3日　市水利局党委书记、局长刘振邦主持召开党委扩大会议，传达市委书记张立昌1月2日听取海河两岸综合开发改造起步工作汇报时的讲话精神，部署海河改造工作任务，要求按照张立昌提出的装扮美化海河、让海河旧貌换新颜的指示开展深入广泛的研究。会议决定，成立市水利局海河改造工作领导小组，局长刘振邦任组长，副局长赵连铭、朱芳清任副组长。

1月12日　由于黄河干流潼关以下水质严重恶化，引黄济津沿线水质超标，市中心城区改由引滦供水。

1月13日　副市长孙海麟在市建委、水利局、环保局、自来水公司负责人陪同下，到南运河节制闸、北大港水库马圈进水闸、自来水公司新开河水厂实地察看引黄济津输水情况和自来水水源切换情况，慰问在输水第一线的水利和自来水厂干部职工，对引黄济津冰期输水和自来水供水提出要求。市水利局局长刘振邦、副局长戴峙东陪同检查，并汇报了引黄济津收水情况和冰期安全输水措施。

1月14日　国务院副总理温家宝在水利部报送的《关于引黄济津水质恶化情况的紧急报告》上批示："沿黄各地加大水污染防治工作力度是必要的。但冰冻三尺非一日之寒，短期难以奏效。水质如达不到要求，应暂停向天津供水。请水利部、国家计委、环保总局会同天津及沿黄各省研究并作出决断。"

1月15日　为认真贯彻国务院办公厅转发的《水利工程管理体制改革实施意见》，搞好天津市水利工程管理体制改革工作，市水利局发出《关于成立天津市水利局水利工程管理体制改革领导小组的通知》，决定成立市水利局水利工程管理体制改革领导小组，统一组织领导全市水利工程管理体制改革工作，局长刘振邦任组长，常务副局长王宏江、副局长单学仪任副组长，办事机构设在局工管处。

1月17日　市机构编制委员会办公室发出《关于天津市控制地面沉降工作办公室变更隶属关系的批复》，同意将天津市控制地面沉降工作办公室成建制由市建委划归市水利局管理，其单位性质、规格级别、人员编制等均不变。

同日　市水利局印发《关于成立天津市水利局南水北调工程办公室的通知》，主要负责南水北调前期工作管理，业务上受局规划处指导，编制暂按10人控制，人员从局有关单位抽调。

同日　市水利局启用西龙虎峪地下水源地，每日向于桥水库补水5万立方米。

同日　国家防办在北京召开引黄济津应急调水协调会，落实国务院副总理温家宝关于引黄济津水质问题的批示精神，研究下一步引黄济津调水和天津城市供水问题，提出了暂时停止引黄济津的建议，要求沿黄各有关省（自治区、直辖市）团结协作，确保引黄济津水质达到Ⅲ类水质标准。国家防办常务副主任张志彤主持，国家计委农经司副司长高俊才、国家环保总局污控司副司长樊元生、水利部水资源司副司长刘伟平、水利部黄河水利委员会副主任苏茂林、水利部海河水利委员会副主任田友、市水利局党委书记、局长刘振邦以及山东、河南、陕西、山西省水利和环保等部门的代表出席。

1月23日　国家防办向黄委、海委和天津市、河北省、山东省水利厅（局）发出《关于停止引黄济津应急调水的通知》。通知指出，鉴于2003年1月上旬以来，黄河干流潼关以下水质严重恶化，引黄济津沿线水质超标，沿黄各省及环保部门虽积极采取措施，加大黄河水污染防治力度，但水质仍然严重超标，已不符合入津水质要求，决定于当日12时停止引黄济津应急调水。12时，黄河位山闸关闭。第7次引黄济津应急调水结束，天津市九宣闸共收水2.47亿立方米。

2月10日　市委书记张立昌在市委秘书长王文华、市人大副主任王德惠、市政协副主席王家瑜、市人大秘书长乔富源陪同下到市水利局调研，专题听取市水利局关于海河堤岸改造规划方案的汇报。市计委、建委、商委、农委、市容委、财政局、规划局、房管局、文化局、园林局、市政局、旅游办及和平区、河西区、河东区、河北区、南开区、红桥区主要负责人参加。市水利局局长刘振邦及规划方案编制项目负责人就海河堤岸现状、规划原则、堤岸结构型式及河道清淤等问题，向市领导作了详细汇报。副局长赵连铭、戴峙东、朱芳清等参加了汇报会。

2月11日　副市长陈质枫、市政协副主席王家瑜在市水利局召开会议，贯彻落实2月10日市委书记张立昌到市水利局调研海河堤岸改造规划方案时的指示精神，部署海河两岸综合开发改造起步区工程建设任务。市建委、规划局、园林局、市政局、规划设计院、滨海公司主要负责人参加，市水利局局长刘振邦，副局长朱芳清参加。

2月13日　市长戴相龙、副市长孙海麟、市政府秘书长何荣林及市政府副秘书长张峻屹到市水利局调研，听取市水利局关于海河堤岸改造规划方案和水利工作情况的汇报。市水利局党委书记、局长刘振邦汇报了天津水资源概况及防洪、城市供水、节水、水利工程建设、南水北调等工作情况，设计院负责人汇报了海河堤岸改造规划方案。

2月18日　市水利局局长刘振邦赴水利部汇报海河清淤、新开河治理等工程施工情况，争取建设资金，水利部领导对天津市水利建设举措表示赞同和支持。

2月19日　国家防办在北京召集黄委、海委及山东省聊城市、河北省水利厅等有关部门，协调引黄济津投资分摊等事宜，并研究下一步天津城市供水问题。国家防办副主任程殿龙主持会议，同意通过挖掘潘家口水库1.0亿立方米左右死库容，以弥补引黄济津调水不足给天津城市供水造成的缺口，加上天津按比例分得的1.0亿～1.3亿立方米的引滦水量，可保证本水利年度天津城市供水安全。市水利局局长刘振邦带队参加了会议。

2月20日　建设部发出《关于公布2002年中国人居环境奖获奖名单的通报》，北运河防洪综合治理工程作为天津市河道改造项目内容之一，获"中国人居环境范例奖"。

3月5日　市水利局党委书记、局长刘振邦主持召开局党委扩大会议，传达市政府第一次全体会议精神，专题研究部署海河堤岸改造工作。会议决定成立天津市水利局海河改造工程领导小组，全面负责海河改造工程的组织领导。局长刘振邦任组长，副局长赵连铭、戴崎东、朱芳清任副组长。领导小组下设前期工作领导小组和工程建设指挥部两个部门。

3月6日　市政府发出《关于成立天津市建设节水型城市领导小组的通知》。领导小组组长由常务副市长夏宝龙担任，副组长由副市长孙海麟、陈质枫担任，成员由市计委、水利局、科委、经委、建委、农委、滨海新区管委会、财政局、规划和国土资源局、海洋局、物价局、市政局负责人组成。领导小组下设办公室，办公室设在市计委。市水利局局长刘振邦、常务副局长王宏江为领导小组成员。

3月18日　市政府召开天津市水利工作会议，副市长孙海麟出席并讲话，市政府秘书长何荣林主持。市水利局局长刘振邦代表市政府总结5年来天津水利工作情况，部署今后5年天津水利发展目标和2003年重点水利工作任务。市政府办公厅、计委、农委、财政局主管负责人及有关部门负责人；有农业的区（县）政府主管负责人，水利（务）局负责人；市水利局领导班子全体成员，引滦各处、北大港处党政主要负责人和其他局属单位全体负责人，局机关正、副处长参加。

3月27日　引滦工管处与天津市自来水集团公司签订了供水计量协议，解决了自来水集团公司单方提供计量数据的问题。

4月7日　市政府第六次市长办公会议决定，同意南水北调中线工程给天津每年10亿立方米的分水指标、实行容量水价政策，天津干线采用全管涵输水方式。

4月14日　市水利局发出《关于成立天津市水利局海河改造工程建设指挥部的通知》，决定成立市水利局海河改造工程建设指挥部，负责组织海河堤岸改造及清淤工程建设管理工作。副局长戴崃东任指挥，副局长朱芳清任副指挥。指挥部下设工程技术、计划财务、设计、造价管理、拆迁协调、质量监督、治安保卫和综合8个部门。

4月16—17日　水利部部长汪恕诚率海河流域检查组来津，检查天津市防汛抗旱工作。中共中央政治局委员、市委书记张立昌在驻地看望了汪部长一行。市委副书记、市长戴相龙会见了检查组一行，并同检查组进行了座谈。副市长孙海麟陪同检查并汇报了天津市防汛抗旱工作。检查组一行实地察看了屈家店枢纽和新开河综合治理、独流减河左堤复堤、海河干流清淤等水利工程，对天津市防汛和节水抗旱工作给予了肯定，对天津市今后的水利工作提出了要求。市水利局局长刘振邦，常务副局长王宏江，副局长戴崃东、朱芳清陪同检查和座谈。

4月24日　市防指领导成员检查永定新河清淤、宁车沽闸除险加固、海挡建设等防汛工程。检查后，市防汛抗旱指挥部在塘沽区召开2003年第一次成员（扩大）会议，安排部署2003年防汛抗旱工作。市防指指挥、市长戴相龙对防汛抗旱工作提出了书面要求。市防指全体成员和各区（县）主管防汛工作的负责人参加了会议。

5月3日　市水利局利用2002年引黄济津存蓄在北大港水库的余水向海河补水，确保海河两岸工业企业生产用水。此次补水历时12天，至5月14日结束。北大港水库共放水1709万立方米，经洪泥河防洪闸进入海河841万立方米。

5月23日　市长戴相龙、常务副市长夏宝龙、副市长陈质枫、市政府秘书长何荣林等市领导乘船自三岔河口出发，实地察看海河河道及沿岸现状、堤岸改造及清淤工程进展情况，调研海河开发工作。市水利局常务副局长王宏江，副局长戴崃东、朱芳清陪同调研并汇报。

5月29日　北京军区司令员朱启在市委常委、天津警备区司令员滑兵来、副市长孙海麟陪同下，视察天津防汛准备工作，重点察看了屈家店枢纽工程。天津警备区负责人和市防指办公室副主任、市水利局副局长朱芳清分别汇报了天津防汛形势、防汛准备情况和群众安全转移预案。

6月7—8日　水利部总工程师刘宁，水利部调水局副局长祝瑞祥、总工程师高安泽等一行7人，在市水利局常务副局长王宏江、副局长朱芳清陪同下，考察了南水北调中线工程天津干线情况。

6月18日　天津警备区召开驻津陆、海、空三军部队，武警部队和各区（县）人民武装部负责人参加的防汛工作动员部署会议。天津警备区司令员滑兵来，政委刘书才，副市长孙海麟，天津警备区副司令员俞森海，副政委李德顺，参谋长崔立学出席会议。市水利局常务副局长王宏江、副局长朱芳清参加会议。

同日　市水利局再次利用2002年引黄济津存蓄在北大港水库的余水向海河补水。此次补水历时5天，至6月23日结束。北大港水库共放水756万立方米，经洪泥河防洪闸进入海河325万立方米。

7月3日　市防指在永定河泛区黄花店镇包营村和解口村进行群众转移安置演习。市防指副指挥、副市长孙海麟，市政府办公厅副主任钱长龙和市防指成员及各区（县）防指负责人观摩了演习。

7月14日　市长戴相龙在副市长孙海麟陪同下，先后检查了耳闸重建及新开河综合治理工程、屈家店枢纽、西河右堤、独流减河进洪闸等防洪工程，并听取了市防办、市气象局关于防汛工作及气候分析预测汇报。水利部海委、市计委、财政局、水利局、气象局、市政工程局、海委下游局负责人参加了检查。

7月27日　副市长孙海麟及市政府办公厅副主任钱长龙冒雨到市防办检查防汛工作，要求继续密切关注雨、水情变化，严阵以待，做好防汛工作。市防办主任、市水利局常务副局长王宏江汇报了防汛工作情况。

7月29日　市节水办在和平区新兴街同安里举行节水型居民生活小区示范工程启动仪式。市节水办、和平区政府负责人出席，和平区、南开区部分居委会代表参加。

8月7日　连续干旱造成城市供水水源严重不足，于桥水库蓄水降至历史最低0.68亿立方米（接近死库容）。

8月19日　市政府向水利部发"关于紧急请求解决天津城市供水问题的函"，请求水利部再次安排应急引黄济津和开发利用宁河县北应急地下水源，以弥补天津城市供水缺口。市长戴相龙和副市长孙海麟赴水利部就解决天津市城市供水问题，与水利部部长汪恕诚、常务副部长敬正书进行商谈。市水利局常务副局长王宏江、副局长朱芳清陪同前往。

8月21日　市水利局召开城市供水专题会议，传达市领导赴水利部商谈城市供水情况，部署了当前引黄济津的各项工作任务，要求把城市供水作为全局工作的重中之重，全局上下紧急行动起来，坚决按照市委、市政府要求，扎实周密做好各项工作，保证城市供水安全。

8月25日　市水利局向汉沽、宝坻两区下发《关于暂停供应引滦水的通知》。自9月1日起暂停向汉沽区和宝坻区输送引滦水，两区用水由当地地下水解决。

8月27日　市防办召开引黄济津工作会议，部署2003年引黄济津工作任务，要求各项工程在9月1日前完成设计交底，9月15日前完工。市防办主任、市水利局常务副局长王宏江，市防办副主任、市水利局副局长朱芳清出席会议，静海、大港、津南、东丽、西青、北辰等区（县）水利（务）局负责人参加了会议。

8月29日　市委召开常委扩大会议，听取市水利局关于城市供水形势及应对措施的汇报，研究城市供水问题。市委书记张立昌主持并作重要讲话，市水利局常务副局长王宏江参加并作汇报。同日，市政府召开天津市节约用水工作会议，部署全市节水工作。市长戴相龙、副市长孙海麟出席并讲话，市各委、办、局及局级总公司、各区（县）分管负责人，天津警备区、武警天津总队有关部门负责人，部分用水大户主要负责人参加。

9月1日　引黄济津工程天津市内输水沿线闸涵封堵工程全线开工。9月18日市督察组视察引黄济津工程，下午市水利局组织验收，工程全部合格。

9月3日　市节水办向社会颁布《天津市城市生活用水定额》《天津市工业产品取水定额》和《天津市农业用水定额》。

9月8日　受市委书记张立昌和市长戴相龙的委托，以市委副书记刘胜玉为团长、副市长孙海麟为副团长的天津代表团赴山东省和河北省进行访问，感谢两省在引黄济津工程中的大力支持和帮助，并对工程沿途地区干部群众进行慰问。市水利局副书记、常务副局长王宏江、副局长朱芳清随团出访。

9月9日　天津市第十四届人民代表大会常务委员会第五次会议通过王宏江为天津市水利局（引滦工程管理局）局长。免去刘振邦天津市水利局（引滦工程管理局）局长职务。

9月10日　市水利局组织召开纪念引滦入津20周年座谈会，市水利局党委书记刘振邦主持，局长王宏江汇报了20年来引滦入津工程建设管理和配套情况，老领导吴振、陆焕生和当年引滦工程建设者代表分别发言。副市长孙海麟出席并讲话，充分肯定了引滦入津工程20年来为天津经济和社会发展做出的突出贡献，对今后的工程管理提出了明确要求。老领导刘晋峰、张毓环、毛昌五，武警天津总队副队长何理明、水利部海委主任邓坚、副主任任宪韶、海委引滦局、下游局、中水北方勘测设计研究有限公司、天津市政府办公厅、市计委、农委、财政局、物价局、环保局、北辰区委负责人及当年引滦建设者代表参加座谈会。

9月12日　国务院副总理回良玉按动电钮，山东位山闸提闸放水，2003年引黄济津开始。天津市市长戴相龙、副市长孙海麟出席仪式。市水利局局长王宏江、副局长朱芳清陪同参加。22日8时48分，黄河水抵达九宣闸。市政府举行了接水仪式，副市长孙海麟出席并讲话。国家防办副主任程殿龙和海委、山东聊城水利局等有关部门负责人及市水利局局长王宏江，副局长戴崎东、朱芳清参加了接水活动。24日，黄河水达到地表Ⅲ类水标准，天津市九宣闸开始计入市黄河水量。黄河水20时30分经马圈引河进水闸进入北大港水库。27日，黄河水经西河闸进入海河。

10月3日　天津市开始实施引黄与引滦水源切换。5日，引滦停止向市区供水，中心市区全部由引黄供水，滨海地区仍由引滦供水。

10月8日　北运河水利风景区、东丽湖风景区被水利部水利风景区评审委员会批准为国家水利风景区。

10月10—12日　天津市出现历史上汛后最大的一次大暴雨，其中市区降水达160.6毫米。与此同时，渤海湾形成风暴潮，塘沽等沿海地区海潮超过了警戒水位。在深秋时节大暴雨与风暴潮同时出现是天津市50年罕见的。

10月11日　副市长孙海麟率市有关部门负责人赶赴塘、汉、大三区，现场指挥防潮减灾工作。市水利局副局长戴崎东陪同并现场指挥。市水利局局长、市防办主任王宏江、局党委副书记陆铁宝、副局长戴崎东、王天生率市防办有关人员分别奔赴引黄输水、市区排水、塘沽区防潮、新开河工地等防汛抗潮第一线，指挥排水、防潮减灾和保护引黄水质工作。

同日　市委、市政府召开城市排水和防潮工作紧急会议，听取各区工作情况的汇报，对全市排除积水、抗击风暴潮工作提出了具体要求。市委副书记房凤友主持会议并作重要讲话。市领导王文华、孙海麟、陈质枫出席。市水利局局长王宏江及市有关部门负责人参加。

10月14日　12时，新开河耳闸堤埝出现险情。由于连续降雨，河北区、河东区、东丽区紧急排水，使得新开河水位迅速增高，新开河耳闸前水位比海河高出1.51米。新开河和海河水位落差很大，堤埝出现部分险情，为了保护好来之不易的黄河水不受污染，市水利局严防死守，昼夜奋战，出动千人和50台挖掘机、推土机进行紧急抢险，在长100多米、顶宽6米堤埝上，利用铺防渗布、抛石、抛土袋等方法，投入草袋6.5万条、土方9000立方米、石料2000立方米、木桩200多棵，加高培厚堤埝。天津振津工程集团有限公司等单位的职工冒着暴雨，紧急抢险，经过全力奋战，保住了堤埝，排除了险情，有效地保护了黄河水水质。

11月3—4日　由水利部建管司组织的申报国家一级水管单位考核验收审查会在引滦工管处召开，潮白河处通过水利部"国家一级"水管单位考核验收，晋升为"国家一级"水管单位。

11月13日　市委书记张立昌，市长戴相龙听取市水利局党委书记刘振邦、局长王宏江关于海挡建设及综合开发利用规划方案和北大港水库综合发展规划的汇报，对两个规划给予了充分肯定，并作了重要指示。市领导王文华、孙海麟、陈质枫、乔富源和市计委、建委、农委、财政局、规划与国土资源局、滨海委、市政局负责人参加。

11 月 14 日　市政府召开农业和粮食及农田水利基本建设会议，传达贯彻国务院农业和粮食工作会议及农田水利基本建设工作会议精神，市长戴相龙、副市长孙海麟出席并作重要讲话。

11 月 21 日　市水利局局长王宏江主持召开 2003 年第 12 次局长办公会。会议决定面向全市水利系统发行外环河综合整治工程第二期集合信托资金。

11 月 24 日　市水利局和市环保局联合发出《关于成立天津市 GEF 水资源与水环境综合管理项目办公室的通知》，决定联合成立天津市 GEF 水资源与水环境综合管理项目办公室，项目办具体办事机构由市水利局引滦水源保护项目办公室和市环保局治理工业污染基金办公室联合组成。

11 月 25 日　塘沽、大港区再次遭受风暴潮袭击，最高潮位达到 5.25 米，造成街区、厂区、虾池被淹、输电线路停电，油井停产，局部防潮堤被冲毁。

11 月 28 日　市水利局局长王宏江主持召开 2003 年第 13 次局长办公会议。会议决定，为理顺水利工程建设管理体制，将水利工程建设交易管理中心（简称建交中心）从基建处剥离，按处级事业单位报建；水利招标投标管理站为科级全额拨款事业单位，其人员编制独立；普泽工程咨询公司进驻建交中心并由其管理。

12 月 15 日　市政府第 12 次常务会议审议通过《天津市水利工程建设管理办法》。

12 月 18 日　市政府发出《关于印发〈天津市蓄滞洪区运用补偿暂行办法〉的通知》，颁布《天津市蓄滞洪区运用的补偿暂行办法》，即日实施。

12 月 22 日　天津市城市防洪信息系统通信工程正式建成并通过专家验收。

12 月 25 日　天津市杨柳青热电厂"以大代小"2×300MW 技改工程水土保持方案通过技术审查。是天津市组织编审报批的第一个开发建设项目水土保持方案。

12 月　历经 20 年编纂、修订的《天津水利志》由天津科技出版社出版发行。至此流合今古，覆盖全市水利事业的天津水利志丛书（共 17 卷）全部完成编纂出版工作。《天津水利志》是天津有史以来第一部水利专业志书，记述了上溯有文字历史可查的公元前 602 年（周朝），下至 1990 年，千余年来天津水利事业发展、源流和现状及社会、经济、人文、古迹等诸多方面内容，该书的出版对天津水利事业，乃至社会经济的发展将起到"资治、存史、教化"的巨大作用。

2004 年

1 月 1 日　原属塘沽区自来水公司的北淮淀泵站由市水利局接管，入港处代管。

1 月 6 日　第 8 次引黄济津调水结束。此次引黄济津历时 116 天，山东黄河位山闸放水共 9.25 亿立方米，天津市九宣闸收水 5.1 亿立方米，北大港水库蓄水 3.65 亿立方米。1 月 7 日，天津城市供水开始由北大港水库存蓄的黄河水供给。

1 月 7 日　西龙虎峪应急水源地建设通过天津市水利局专家组验收。

1 月 8 日　引滦工程管理信息系统建设项目启动大会在引滦工管处召开，引滦各处以及北京清华万博咨询监理公司的有关人员参加了会议。

1 月 9 日　市长戴相龙签署市政府第 15 号令，颁布《天津市水利工程建设管理办法》，自

2004 年 3 月 1 日起施行。2 月 29 日，召开新闻发布会，副市长孙海麟出席并讲话。

3 月 9—18 日　亚洲开发银行审核团对引滦水源保护工程贷款项目执行情况、资金使用贷款协议的落实情况及移民进展等工作进行中期审查，对工程机构管理、项目管理和环境保护等工作的总体实施情况表示满意。局党委副书记陆铁宝、李锦绣分别参加了审查活动。

3 月 16 日　市政府召开天津市海挡综合开发利用建设规划专家论证会。来自水利、环保等方面的 13 位专家在听取了规划编制汇报后，讨论形成了专家论证意见。副市长孙海麟主持会议并讲话。市水利局党委书记刘振邦，局长王宏江，副局长戴崿东、朱芳清参加会议。

3 月 18 日　市水利局召开深化事业单位人事制度改革工作会议。安排部署在事业单位全面推行人员聘用制、建立岗位管理制度和内部分配激励机制等工作。局党委书记刘振邦出席并作总结讲话，局长王宏江主持，局党委副书记陆铁宝作动员报告。

4 月 6 日　蓟运河险工治理工程开工。

4 月 7 日　外环河综合整治工程全线开工。

5 月 11 日　市防指召开 2004 年第一次防指（扩大）会议，部署 2004 年防汛抗旱工作。市防指指挥、市长戴相龙，副指挥、副市长孙海麟出席。市水利局局长王宏江作防汛抗旱工作汇报。市防办副主任李锦绣、朱芳清参加会议。

5 月 14 日　副局长朱芳清率队查勘永定河。查看了官厅水库、山峡地区、三家店拦河闸、刘庄口门、卢沟桥枢纽、大宁水库、永定河滞洪水库和永定河泛区分洪口门，并与北京市防办、官厅水库管理处、永定河管理处进行了座谈，掌握上游河道防洪工程基本情况。

5 月 15 日至 6 月 17 日　入塘一期、二期管线及入汉管线联通工程实施。

5 月 19 日　市政府第 27 次常务会议通过《关于修改〈天津市引滦工程管理办法〉的决定》和《关于修改〈天津市海堤管理办法〉的决定》。

5 月 26 日　天津市建成全国首家数字水文站——海河闸数字水文站。该站是海河流域第一个数字水文站，其高科技、智能化的水文测验手段和测验水平在海河流域处于领先地位，标志着天津市水文测验工作向现代化迈出重要一步，对提高天津市水文测报效率和精度，促进防汛抗旱科学决策和洪水科学调度具有重要作用。

5 月 28 日　市水利局在引滦入津展览馆举行著名画家纪振民、孙芳向引滦入津工程捐赠国画《饮水思源》仪式。

6 月 4—5 日　北大港水库安全鉴定成果复核会在北大港水库管理处召开，水利部大坝管理中心专家组、水利部天津水利水电勘探设计院设计组、局工管处负责人参加。水利部大坝管理中心专家组成员实地考察了水库东南围堤、东围堤、北围堤、十号口门过船闸、姚塘子扬水站出水闸、马圈闸等工程设施，并对相关内容进行了严格的复核，复核结果满足各项要求予以通过。

6 月 5 日　市长戴相龙到北大港水库考察调研，听取了大港水库综合开发规划情况汇报，详细询问了水库蓄水情况及北大港水库管理处职工生产生活情况，冒雨查看了水库排减闸、十号口门过船调节闸。在调研中，市长戴相龙充分肯定了市水利局关于北大港水库综合开发的思路，提出要抓紧充实完善北大港水库综合开发规划。市水利局局长王宏江陪同考察。

6 月 6—10 日　国务院副总理回良玉在京津冀检查防汛抗旱工作，并在天津主持召开海河流域防汛抗旱工作会议。期间，回良玉先后来到永定河、大清河和子牙河系等海河流域重要防洪工程，检查水库和堤坝安全状况、蓄滞洪区建设以及各项防汛抗旱准备工作。他还深入田间地头，了解夏收、夏种、夏管情况，并就农村政策落实和增收情况与农民亲切交谈。

6月14—15日　国家防办在津召开部分省（直辖市）城市抗旱工作座谈会。副市长孙海麟会见出席会议的国家防总秘书长、水利部副部长鄂竟平一行。市政府秘书长何荣林在座谈会上致辞。市水利局局长王宏江参加座谈会，副局长朱芳清作典型发言，来自14个省（直辖市）水利厅（局）和水利部黄委、海委等部门的负责人参加。

6月23日　国家防办举行2004年永定河防汛演习。国家防总秘书长、水利部副部长鄂竟平出席演习并讲话。国家防总、海委，北京、天津、河北3省（直辖市）防指有关人员参加演习。市水利局局长王宏江、副局长朱芳清参加演习。

7月14日　市委书记张立昌到市防指办公室检查防汛工作，听取防汛准备工作情况汇报。市长戴相龙，市领导段端武、王文华、孙海麟、陈质枫、杜克明、何荣林出席。市水利局局长王宏江汇报工作，副局长戴崎东、王天生、朱芳清参加。

7月15日　市防指在永定新河组织防汛综合演习。演习包括堤防渗漏、管涌封堵，永定新河左堤分洪口门爆破，七里海滞洪区造甲镇造甲村组织群众300多人转移等。市防指副指挥、副市长孙海麟指挥演习并作重要讲话。市防办主任、市水利局局长王宏江，市防办副主任、副局长朱芳清参加演习。

7月28日　市编委发出《关于天津市南水北调工程建设委员会办公室内设机构和人员编制的批复》，批准市南水北调工程建设委员会办公室的内设机构和人员编制。

8月31日　市长戴相龙、市政府秘书长何荣林赴京，与水利部部长汪恕诚、副部长鄂竟平商谈引黄调水事宜。市水利局局长王宏江汇报了天津城市供水情况。市政府办公厅副主任刘福寿、市水利局副局长朱芳清参加商谈。

9月2日　国家防办召开引黄应急调水工作会议，通报初步确定的引黄应急调水实施方案，初定10月10日前后黄河位山闸开闸放水，调水时间为120天左右，天津九宣闸按收水4.3亿立方米考虑，输水线路、调水管理模式和调水费用筹集、使用办法同2003年引黄调水一致。市水利局局长王宏江参加会议。

9月14日　天津市第十四届人民代表大会常务委员会第十四次会议审议通过修改后的《天津市实施〈中华人民共和国水土保持法〉办法》并公布实施。

9月15日　受北上低气压和北方冷空气共同影响，本市沿海地区连续两次发生风暴潮。即2时出现高潮位4.65米，最大风力达7～8级；当日16时44分出现最高潮位4.92米，超出警戒水位0.02米。灾情发生后，市水利局副局长朱芳清率市防办工作组赶赴汉沽区实地查看了灾情和海挡损坏情况，并现场指导抗潮救灾工作。

9月22日　国家防总发出通知，经国务院同意，天津市实施第9次引黄济津应急调水。

10月9日　9时，国家防办在山东省聊城市举行黄河位山闸开闸放水仪式，第9次引黄济津应急调水正式开始。国家防总秘书长、水利部副部长鄂竟平，山东省副省长张昭福，天津市副市长孙海麟，天津市政府秘书长何荣林出席仪式，市水利局局长王宏江、副局长朱芳清参加仪式。19日9时18分，黄河水抵达天津市九宣闸。22日11时36分，黄河水经马圈闸进入北大港水库存蓄。29日，黄河水与滦河水完成切换，市区供水全部改为黄河水。

11 月 2 日　市水利局局长王宏江、副局长张志颇前往国务院南水北调办公室（简称国调办），向国调办主任张基尧汇报工作，希望国调办将天津干线列入 2005 年开工项目。张基尧表示给予支持。

11 月 10 日　局办公自动化软件系统增加了政务公开、公文档案工作指南、昨日水利要情、机关各处室一周重要工作安排等多个栏目，并通过帧中继专线实现了与入港处、北大港处以及天津市行政许可中心网络互联，中心端网络带宽由 128K 升至 1M。

12 月 7—8 日　水利部副部长翟浩辉在副市长孙海麟、塘沽区副区长王政山的陪同下，视察了塘沽区胡家园农村饮用水除氟水厂。市长戴相龙在天津市迎宾馆会见翟浩辉一行，副市长孙海麟、市政府秘书长何荣林参加会见。市水利局局长王宏江，副局长王天生、朱芳清等陪同视察。

2005 年

1 月 18 日　天津市水利科学研究所召开建所 30 周年座谈会。市水利局局长王宏江出席并讲话，副局长朱芳清主持，市农委副主任王恒智，市水利局副局长戴峙东出席。

1 月 25 日　黄河位山闸闭闸，第 9 次引黄济津调水结束。此次引黄济津调水历时 108 天，黄河位山闸累计放水 8.99 亿立方米，天津市九宣闸收水 4.3 亿立方米。

3 月 24 日　《天津市河道管理条例》（修改稿）和《天津市节约用水条例》（修改稿）经天津市第十四届人民代表大会常委会第十九次会议审议通过，于当日公布施行。

4 月 5 日　国务院南水北调办召开南水北调工程征地移民工作会议，部署南水北调工程征地补偿和移民安置工作，并与南水北调工程沿线北京、天津、河北、江苏、山东、河南、湖北 7 省（直辖市）政府签订南水北调主体工程建设征地补偿和移民安置责任书。国务院南水北调办主任张基尧出席并讲话。天津市副市长孙海麟出席，市水利局局长、市南水北调办主任王宏江，市水利局副局长、市南水北调办副主任张志颇参加。

5 月 10 日　市区开始切换城市供水水源，截至 5 月 12 日 16 时，市区自来水厂全部切换完毕，城市供水由黄河水供给改为引滦水源供给。

5 月 18 日　市水利局所属滨海供水公司与汉沽区自来水公司合作组建的“天津龙达水务有限公司”揭牌仪式在汉沽区天华宾馆举行。市水利局党委书记刘振邦、汉沽区人大常委会主任刘汉瑞为天津龙达水务有限公司揭牌。市水利局、汉沽区有关方面负责人参加了揭牌仪式。

6 月 10 日　市防办组织大清河系防洪综合演习。演习由副市长孙海麟担任总指挥。市防办、市公安局、市民政局、市卫生局、市交通局、市防指通讯组、静海县防指、西青区防指、市防汛机动抢险队参加演习。天津警备区、海委负责人以及市防指全体成员、有农业的区县主管负责人观摩了演习。

6 月 15 日　引滦工管处将引滦暗渠出口输水计量设备的管理工作移交宜兴埠处。

6 月 29 日　于桥处与于桥水力发电有限责任公司进行于桥水库放水洞交接仪式。于桥水库放水洞是水库枢纽工程主要建筑物之一，1997 年确定于桥水库放水洞所有权属于桥处，使用及日常管理与维修归属于桥水力发电有限责任公司。为实现于桥水库附属设施一体化、规范化管理，市水利局决定将于桥水库放水洞移交于桥处管理。

7月27—29日　新建州河暗渠通水通过验收。8月12日10时至13日18时，引滦入津水源保护工程新建州河暗渠进行首次充水实验，充水实验平均流量为16.5立方米每秒，总充水量为160.38万立方米。

8月7日　市长戴相龙到市防办听取市水利局局长王宏江和市气象局局长王宗信关于近期重要天气预测情况和市防办关于防汛防潮准备工作情况的汇报。市长戴相龙在听取汇报后指出，全市各地区、各单位、各部门立足于防大汛、排大涝、防大潮，加强预报，科学调度，落实各项措施，积极做好应对9号台风的准备，确保人民群众生命财产安全。

8月8日　在9号台风"麦莎"侵袭的关键时刻，天津警备区政委任之通和副市长、市防指副指挥孙海麟亲临沿海地区指挥防潮工作，并在塘沽区召开防潮工作会议，部署防潮各项工作。市商务委、市气象局、塘沽区负责人和市水利局副局长朱芳清陪同检查并参加会议。

8月16日　市委书记张立昌冒雨到市防指市区分部检查市区防汛排水工作，听取了市防办主任、市水利局局长王宏江和市区分部负责人的汇报。市委副书记、市人大主任房凤友，市委组织部部长史莲喜，副市长陈质枫，市人大秘书长乔富源陪同检查。

同日　市长戴相龙、副市长陈质枫到市防指市区分部检查防汛工作。戴相龙强调防汛排水部门要发扬连续作战的工作作风，落实防汛排水各项措施，千方百计提高排水能力，尽快排除市区积水。各有关部门要紧急行动起来，加强电力、交通管理，全力保证群众出行安全和正常生活。市防办主任、市水利局局长王宏江参加检查。

8月23日　市水利局、市公安局和蓟县政府组成150余人的联合执法队伍，对于桥水库库区非法采砂进行全面清理。执法人员当场收缴大型推土机一辆、采砂管100余根。一些非法采砂户写下不再从事非法采砂作业的保证书。

9月2日　天津市水利局与泰达投资控股公司共同签署了《天津市海挡综合利用合作协议》。根据协议，双方将按照国家有关法律、法规，合理开发和利用天津海挡，共同推进海挡建设。

9月14日　副市长孙海麟赴蓟县检查于桥水库非法采砂治理工作并召开会议，专题研究治理问题。孙海麟要求，于桥水库非法采砂治理工作事关社会稳定和天津市防洪、供水安全，一定要抓紧、抓实、抓好，确保取得实效，并建立长效管理机制，实现长治久安。市水利局局长王宏江陪同检查。

9月23日　市政府召开天津市节水型社会建设推动会暨塘沽区节水型社会建设试点启动会。副市长孙海麟出席并讲话，水利部水资源司司长高而坤应邀到会讲话，市农委副主任王恒智主持。市水利局局长、市节水办主任王宏江就今后一个时期天津市节水型社会建设工作做了动员部署。塘沽区委书记刘长喜，市建设节水型社会领导小组成员单位等有关部门负责人，各区（县）政府和滨海新区、开发区、保税区、新技术产业园区管委会有关负责人以及区（县）节水办负责人参加。

9月30日　市水利局会同市公安局、蓟县政府对于桥水库非法采砂进行治理。此次联合执法共清理采砂船30艘，没收采砂管近千米。

10月27日　市水利局召开天津市河湖大典编纂工作会议，启动《中国河湖大典·海河卷》天津水利部分编纂工作。市水利局副局长张志颋出席并讲话，水利部《中国河湖大典》副主编郑连第就河湖大典的编写方法、编写要求以及撰稿中应注意的问题对编纂人员作了详尽的讲解。市水利局按时交稿，《中国河湖大典·海河卷》于 2013 年出版。

10 月 31 日　在首届中国城镇水务发展战略国际研讨会暨水处理新技术与设备博览会上，国家建设部、国家发展改革委专门举行授牌仪式，授予天津市"节水型城市"奖牌，副市长孙海麟出席授牌仪式。市水利局局长、市节水办主任王宏江参加。

12 月 6 日　市水利局和大港区共同研究北大港水库综合利用工作，双方签署了北大港水库综合利用合作框架协议。市水利局局长王宏江，副局长朱芳清、景悦和大港区委书记陈玉贵，常务副区长陈福兴，副区长邹俊喜，区委常委张庆恩，副区长曹纪华参加。

2006 年

1 月 11 日　市委农工委、市文明办在尔王庄处举行授牌仪式，为获得全国文明单位荣誉称号的引滦工程尔王庄管理处授牌。市文明办常务副主任沈志建、市委农工委副书记冷振修、局党委副书记陆铁宝出席并讲话。

3 月 9 日　水利部召开部长办公会，会上原则通过市水利局上报的《永定新河治理一期工程可行性研究报告》。

3 月 23 日　水利部、教育部和全国节约用水办公室联合举办国家首批节水教育基地命名授牌仪式，天津市滦水园被首批命名为"全国节水教育基地"。

4 月 12 日　市长戴相龙主持召开会议，专题研究南水北调配套工程规划方案及天津干线分流井至西河泵站输水工程外环线以内段应急实施问题。副市长孙海麟、市政府秘书长何荣林出席。市发展改革委、建委、财政局、水利局、国土房管局负责人参加。

4 月 29 日　市政府召开全市水利工作会议，传达市委书记张立昌对水利工作作出的重要批示，认真总结"十五"期间水利事业取得的成就，部署"十一五"和 2006 年的水利工作。副市长孙海麟出席并讲话。海委主任任宪韶、市农委主任段春华出席。市水利局党委书记刘振邦主持会议并宣读市政府《关于表彰"十五"期间防汛抗旱工作先进集体、先进个人的决定》。市水利局局长王宏江总结了"十五"期间水利工作，全面部署了"十一五"水利发展目标、任务和 2006 年的工作。

5 月 12—13 日　以全国政协副主席陈奎元为团长，全国政协文史和学习委员会副主任、浙江省政协原主席刘枫，全国政协文史和学习委员会副主任、北京市政协原主席程世峨为副团长的全国政协"大运河保护与申遗"考察团来津，全面考察了天津运河历史与现状、沿河文物保护等方面的情况，听取了对大运河申遗的意见和建议。市委书记张立昌会见了考察团全体成员。副市长孙海麟、市政协副主席王家瑜陪同考察。市水利局局长王宏江、副局长朱芳清参加会见。考察团在津期间，分别考察了武清区、西青区、静海县界内运河河道，重点察看了北洋园、三岔河口引滦入津工程纪念碑、百米浮雕和九宣闸等风貌建筑，参观了海河改造工程及杨柳青年画社等。

5 月 28—29 日　国家发展改革委副主任杜鹰率国家防总海河流域检查组来津检查防汛抗旱工作。检查组先后检查了屈家店工程枢纽、海河干流治理、永定新河 53 千米处挡潮埝、海河防潮闸等工程。市长戴相龙、副市长孙海麟会见了检查组一行。市水利局局长王宏江就天津市防汛抗旱工作作了专题汇报。

6月6—7日 天津警备区司令员王小京率天津警备区机关和预备高炮师等有关人员对天津市防汛地形及防洪重点工程进行实地勘察。196旅有关人员在永定新河分洪口处介绍了实施爆破方案。市水利局局长王宏江、局党委副书记李锦绣及市防汛指挥部办公室的负责人陪同勘察。

6月12日 市政府召开南水北调市内配套工程新闻发布会，宣布南水北调市内配套工程正式开工建设。副市长孙海麟出席并讲话，市政府新闻发言人、副秘书长张峻屹主持发布会，市水利局局长、市调水办主任王宏江，市水利局副局长、市调水办副主任张志颇介绍情况并回答了记者提问。

6月13日 市防指召开2006年第一次（扩大）会议，安排部署了2006年防汛抗旱工作。市防指指挥、市长戴相龙，副指挥、副市长孙海麟出席。市防部全体成员和各区（县）主管防汛工作的负责人参加会议。市气象局局长王宗信介绍了2006年汛期的气候趋势。市水利局局长王宏江汇报了天津市防汛抗旱准备工作情况。

6月20日 市防办在潮白河系组织了防洪综合演习。演习由副市长、市防指副指挥孙海麟担任总指挥。市防办、市公安局、市民政局、市卫生局、市交通集团、市防指通讯组、宝坻区防指、市防汛机动抢险队、宝坻区黄庄乡王木庄村的部分村民参加演习。天津警备区、海委的领导，市防指全体成员、有农业的区（县）主管负责人观摩了演习。

6月22日 引滦尔王庄枢纽大尔路闸15时提启，利用尔王庄水库水源补充海河。于桥水库加大放水流量，在保证城市正常供水的前提下，余量经引滦明渠向海河补水。

6月25日 北大港处与最后一家库区相邻村——甜水井村签订了土地划界双方议定书，至此，与库区周边相邻单位、村镇的土地确权前期认界工作全部完成。

7月4日 天津市水土保持生态环境监测总站分别与天津陈塘庄热电厂和天津市杨柳青热电厂签订了水土保持监测服务协议，天津平原区水土保持监测服务工作实现了零的突破。

8月18—20日 民建中央副主席路明到宝坻区、宁河县、静海县调研农民用水者协会建设运行情况。市政协副主席、民建天津市委会主委周绍熹，民建天津市委会副主委冯培英，市水利局局长王宏江，副局长王天生和有关区县政府负责人陪同调研。

8月23日 市调水办主任王宏江、副主任张志颇率市调水办、市水利工程建管中心、市水利工程建设交易管理中心负责人赴国务院南水北调办、南水北调中线建管局商洽天津干线委托建设管理问题。

9月7日 天津市第十四届人大常委会通过修订的《天津市实施〈中华人民共和国水法〉办法》，于12月1日公布施行。

9月12日 天津市出台《天津市大中型水库农村移民后期扶持人口核定登记办法》，于12月14日颁布施行。

11月3日 市政府批复《天津市农村饮水安全及管网入户改造工程规划方案》，天津市农村饮水安全及管网入户改造工程全面实施。

11月15—16日 由水利部组成的"国家一级水管单位"复查验收组一行8人，到引滦工程潮白河管理处进行复验工作，对工程管理、输水明渠、泵站运行、水闸启闭、档案资料等进行综合考评，通过了国家一级水管单位复验。

11月19日 市政府批转《天津市完善大中型水库移民后期扶持政策实施方案》。

12月11日　市水利局水管单位体制改革有了实质性进展，落实机构人员编制。市机构编制委员会《关于市水利局管理的水利工程管理单位机构编制调整问题的批复》批复：①同意将天津市河道闸站管理总所调整为天津市永定河管理处；②同意天津市水利局海河管理处更名为天津市海河管理处；③同意成立天津市北三河管理处；④同意成立天津市大清河管理处；⑤同意成立天津市海堤管理处。

同日　市水利局召开区（县）水利业务工作考核会议，首次对区（县）水利（务）局年度业务工作完成情况进行全面考核。副书记李锦绣主持并讲话。

12月18日　天津市水利局服务滨海新区办公室在天保国际商务交流中心举行了揭牌仪式。市水利局局长王宏江在揭牌仪式上致辞。滨海新区管委会、天津泰达投资控股有限公司、保税区管委会、天津天保控股有限公司、临港工业区管委会、天津滨海投资控股有限公司、塘沽区政府、大港区政府、东丽区政府、津南区政府和市水利局负责人参加了揭牌仪式。

12月31日　市政府召开农村饮水安全及管网入户改造工程建设动员会，全面部署市农村饮水安全及管网入户改造工程建设任务。副市长孙海麟出席并讲话。市政府副秘书长王维基主持。市发展改革委、农委、财政局、水利局、卫生局和有农业区（县）的负责人参加。

2007 年

1月4日　市水利局与汉沽区签署海挡外移工程建设合作协议，共同实施汉沽区海挡外移工程，助推滨海新区开发开放。市水利局局长王宏江和汉沽区委书记吕福春在签字仪式上分别致辞。王宏江与汉沽区区长刘子利代表双方签署了合作协议。

1月31日至2月1日　市水利局召开河道工程管理工作会议，局长王宏江出席并讲话。会议对水管体制改革各项工作进行了再深化、再落实，达到了统一思想、提高认识的目的。此次会议是继2006年12月下旬召开的水利工程管理体制改革座谈会后召开的又一次重要的水管体制改革工作会议。与会人员就河道管理单位管理范围和职责、维修工程管理办法、防汛管理工作、水资源管理和保护工作、水行政执法管理工作、岗位绩效工资制度、工管单位财务管理工作等进行了深入研究和充分的讨论，为新体制下河道（海堤）工程管理工作的全面展开奠定了基础。市财政局农财处，市水利局有关处室、各河系管理处，各区（县）水利（务）局、河道管理所负责人参加。

5月24日　市地方志办公室主任何志英到市水利局调研修志工作。市水利局局长、水利志编委会主任王宏江，局领导、水利志编委会副主任张文波与何志英一行座谈，局修志办及有关部门负责人参加。

5月31日　市南水北调办组织召开南水北调天津干线工程征地拆迁标准征求意见会，市水利局副局长、市南水北调办副主任张志颇主持，市发展改革委、财政局、国土房管局、物价局、农委、农业局、林业局、劳动和社会保障局、统计局等部门负责人参加。

6月4日　市水利局举行引滦入津输水文明线市级文明行业标兵授牌仪式。局党委书记刘振邦出席并讲话，局长王宏江主持授牌仪式，市委农工委副书记张胜利应邀出席仪式并讲话，市文明办副主任沈志建为引滦入津输水文明线市级文明行业标兵授牌。

6月22日　市防指召开2007年第一次成员（扩大）会议，安排部署天津市防汛抗旱工作。副市长、市防指副指挥只升华出席。市防指全体成员和各区县主管防汛工作的负责人参加了会议。

7月1日　引滦向海河补水结束，此次补水共分三次，总计 2778 万立方米。

7月2日　市委书记张高丽、市长戴相龙一行到海河进步桥（原通南桥）工地现场察看工程进展情况。进步桥工程是中铁十八局集团五公司承建的一项集桥梁、道路、排水及绿化景观为一体的天津市市政建设重点工程，总投资 1.3 亿元，桥梁由主桥、坡道桥和梯道桥三大部分组成，其中主桥为一座自锚式桁吊组合钢结构桥，桥宽 30.7 米，桥梁总长 180 米，桥梁面积 4985.2 平方米，工程全长 0.508 千米。该桥桥梁建筑设计由荷兰德和威咨询有限公司完成。

7月11日　州河暗渠建成通水，杨津庄、山下屯、三岔口闸管所移交市水利局北三河管理处管理。

7月24日　由浙江师范大学旅游与环境管理学院组织的"京杭大运河寻梦促申遗活动"小组一行 16 人骑自行车从杭州出发抵达天津。天津市水利局规划处、工管处、修志办、团委、海河处的负责人以及天津外国语学院的领导、老师和学生参加了欢迎仪式。

同日　市委书记张高丽和市委副书记邢元敏、市委秘书长段春华、副市长只升华等到武清区龙凤河八孔闸水利枢纽听取了市水利局和武清区负责人有关防汛工作的汇报，要求坚决克服麻痹思想，立足于防大汛、抗大洪，认真抓好各项准备工作的落实，确保有备无患、万无一失，确保全市安全度汛。

8月7日　市水利局与北辰区政府举行北辰区农村饮水安全惠民工程签字仪式。

8月8日　市政府成立天津市流域综合规划修编工作领导小组。副市长只升华任组长，市政府副秘书长李福海和市水利局局长王宏江任副组长，领导小组下设办公室，办公室设在市水利局，办公室主任由市水利局副局长朱芳清兼任。

8月10日　市水利局与开发区管委会举行引滦入开发区供水检修备用管线工程建设及管理签字仪式。

9月13日　天津市第十四届人大常委会第三十九次会议审议通过《天津市防洪抗旱条例》，于 12 月 1 日施行。

10月11日　市水利局召开水利工程管理体制改革座谈会议。会议传达水利部水管体制改革座谈会精神，部署了有关工作。

12月4日　由中国工程院院士、中国水利水电科学研究院教授级高级工程师王浩，中国科学院院士、吉林大学教授林学钰，中国工程院院士、武汉大学教授茆智，特邀专家、水利部总工程师刘宁及其随行人员组成的"海河流域节水减排与水生态保护"技术创新院士行一行 21 人来津考察。市水利局局长王宏江，副局长朱芳清、景悦分别会见专家并陪同考察。

12月11日　市水利局根据《中华人民共和国水土保持法》和《开发建设项目水土保持设施验收管理办法》的规定，对天津华能杨柳青热电有限责任公司四期工程水土保持设施进行了竣工验收。

2008 年

1月17日　水利部部长陈雷一行在津走访慰问基层水利职工，考察市农村饮水安全及管网入户工程。副市长只升华陪同慰问考察。市水利局和静海县有关领导陪同考察。

1月23日　市政府批复了《海河流域天津市水功能区划》，这对于加强市水资源保护，改善水环境质量，促进水资源可持续利用具有重要意义。

2月13日　水利部发出《关于公布全国饮用水水源地名录（第二批）的通知》，于桥水库水源地被列入。

3月25日　市国家基本水文站授牌挂牌仪式在屈家店水文站举行，市所属6个国家基本水文站获得授牌挂牌，至此，市23个国家基本水文站已全部获得授牌挂牌。副局长景悦出席授牌挂牌仪式。

4月1日　市水利局召开领导干部会议，宣布市委、市人大常委会关于天津市水利局（天津市引滦工程管理局）局长调整的决定。市委组织部常务副部长齐二木宣布了市委、市人大常委会关于朱芳清、王宏江的任、免职决定。经市委同意提名，并经市十五届人大常委会会议通过，任命朱芳清为天津市水利局（天津市引滦工程管理局）局长；王宏江不再担任天津市水利局（天津市引滦工程管理局）局长职务。经市委研究决定，朱芳清任天津市水利局党委副书记；免去王宏江天津市水利局党委副书记、委员职务。宝坻区委书记王宏江、市水利局局长朱芳清在会上分别讲话。局党委书记刘振邦主持并讲话。

4月10日　副市长李文喜赴水利部拜访水利部部长陈雷，并同陈雷和水利部有关司局负责人座谈，争取水利部在蓟运河治理、蓟运河闸除险加固、引滦水源保护等天津市水利工作给予支持。局党委书记刘振邦、局长朱芳清陪同。

4月15—17日　由市水利局主办、信息中心承办的以"水利信息资源开发与共享、数据中心建设和水利信息化建设和管理"为主题的2008年4个直辖市水利信息化工作交流座谈会在市水利局召开。局长朱芳清会见了应邀到会指导的水利部信息中心副主任蔡阳及与会代表、专家。副局长景悦出席并致词。四直辖市水利（务）局信息中心负责人和来自黄委、海委、山西省水利厅、河海大学等单位的专家参加了会议。

4月24日　市水利局局长朱芳清和天津生态城投资开发公司总经理孟群代表双方在战略合作框架协议书上签字。中新生态城是中国和新加坡政府继苏州工业园区之后合作建设的又一重大项目，该项目规划面积约30平方千米，规划用地多为盐滩荒地，毗邻蓟运河、永定新河和海岸线，涉及供水、排水、再生水利用、防洪、防潮、水环境整治等多项涉水事务。局领导张文波和局有关部门负责人出席签字仪式。

4月27日　水利部部长陈雷率国家防总海河流域检查组检查天津市防汛抗旱工作。天津市市长在迎宾馆会见陈雷一行，并与检查组就进一步做好防汛抗旱工作，特别是滨海新区水利建设交换意见。副市长李文喜、市政府秘书长李泉山和市水利局局长朱芳清陪同考察。检查组一行实地察看了天津市独流减河进洪闸，正在建设中的永定新河防潮闸、蓟运河防潮闸以及海河干流治理工程，听取了天津市政府关于防汛抗旱工作的汇报。陈雷充分肯定天津市防汛抗旱工作，并就下一步工作提出要求。

5月9日　中纪委驻水利部纪检组组长张印忠和水利部副部长周英一行在津检查水利工作，实地察看了永定新河治理一期工程、海河堤岸改造工程和LG渤海化学有限公司污水处理、废水回收情况，听取了塘沽区节水型社会建设情况的汇报。水利部有关司局负责人、海委主任任宪韶和市政府办公厅副主任董迎科、市水利局局长朱芳清、局纪委书记王志合陪同检查。

5月18日　龙达水务公司向中新生态城供水。3月20日，龙达水务公司日供水能力1.3万立方米的中新生态城供水配套工程建设完工。12月3日，龙达水务公司综合楼启用。

7月4日　国务院副总理、国家防汛抗旱总指挥部总指挥回良玉在津考察防汛工作，并主持召开北方防汛工作会议。市委书记张高丽及市政府主要领导，水利部、民政部、武警部队、发展改革委、财政部、国土资源部等有关部门和北方省市有关方面负责人随同考察或出席会议。

7月16日　市水利局局长朱芳清到东疆保税港区调研，与东疆保税港区管委会领导和相关负责人座谈。双方就东疆保税港区创新水资源管理模式，实施水务一体化管理，以及做好区域控制地面沉降等工作进行了交流。东疆保税港区管委会主任张爱国和局领导张文波出席并讲话。

8月19日　2008年度全市蓄滞洪区安全建设工程竣工，新建成全长55.5千米的15条蓄滞洪区撤离路，可确保武清区、静海县和蓟县4.8万群众第一时间安全转移。

8月21日　天津市水利局经济工作领导小组成立。朱芳清任组长，景悦、张文波任副组长。领导小组下设办公室负责日常管理工作，办公室设在局财务处。

9月19日　市水利局举行天津水利局政府门户网站——天津水利信息网开通仪式。市水利局党委副书记李锦绣出席并启动天津水利信息网开通按钮。

9月23日　副市长崔津渡召集市发展改革委、财政局、物价局、滨海委、水利局和市调水办负责人，专题研究天津南水北调水源工程投资有限责任公司组建方案，听取市水利局副局长、市调水办副主任张志颇关于南水北调水源公司组建方案的汇报。

9月27日　市政府召开天津市南水北调工程征地拆迁工作会议，全面部署天津市南水北调工程征地拆迁工作。副市长李文喜出席并讲话。

9月29日　天津市泽禹监理有限公司经水利部批准获得水利工程建设环境保护监理专业资质。

10月9日　市水利局局长朱芳清主持召开天津市水环境专项治理工程水利分指挥部暨天津市水利局水环境专项治理工程指挥部第一次全体成员会议，部署水环境专项治理工作。副局长景悦，局办公室、规划处、农水处、基建处和有治理任务的区（县）水利（务）局负责人参加会议。

10月22日　市水利局局长朱芳清与河北区副区长吴挺到天津市重大科研攻关项目"城市水环境改善及水源保护示范工程研究"示范基地考察，并邀请市科委原副主任姚学一同参观，市科委社发处和局科技处、水科所负责人陪同考察。

10月31日　市水利局局长朱芳清在北辰区调研水利工作，并出席滨海公司与北辰科技园区管委会的供水合作框架协议签字仪式。供水合作框架协议的签订，解决了北辰科技园区区域内饮用高氟水的历史，对控制地面沉降和促进区域经济发展有着重要的意义。北辰区委书记袁树谦、区长马明基、副区长张金锁和市水利局副局长李文运出席签字仪式，市水利局和北辰区有关部门和单位负责人陪同调研。

11月17日　南水北调中线一期天津干线工程开工。国务院南水北调办公室主任张基尧出席开工仪式并讲话，天津市市长宣布工程开工。国务院南水北调办公室副主任张野，水利部总工程师刘宁，滨海新区管委会主任、市人大常委会副主任孙海麟，副市长熊建平，市政协副主席何荣林出席。市政府秘书长李泉山主持开工仪式。市水利局局长、市南水北调办公室主任朱芳清汇报工程开工准备情况，西青区区长代表天津干线天津境内段工程沿线三区发言。

11月25日　市发改委印发了《关于天津市于桥、杨庄、尔王庄、北大港水库库区和移民安置区基础设施建设和经济发展规划的批复》。

11月27日　市水利局党委书记刘振邦，市水利局局长、市调水办主任朱芳清为市调水办以及市南水北调工程征地拆迁管理中心、市南水北调工程质量与安全监督站揭牌。市水利局副局长、市调水办副主任张志颇出席揭牌仪式。

同日　天津市机构编制委员会发出《关于天津市水利科学研究所更名的批复》，同意将天津市水利科学研究所更名为天津市水利科学研究院。更名后，其单位性质、主管部门、主要职责、等级规格、人员编制、经费渠道等均不变。

12月2—3日　国家计量水利评审组组长张曙光一行三人对"天津市水环境监测中心——于桥水库分中心"进行国家计量认证监督检查评审并通过。

2009 年

1月1日　根据《财政部国家发展改革委关于公布取消和停止征收100项行政事业性收费项目的通知》的规定和《中共天津市委关于印发〈关于当前促进经济发展的30条措施〉的通知》的要求，取消工程质量监督费、工程定额测定费、海河二道闸车辆通行费等3项行政性收费。按照市财政局《关于启用"天津市非税收入统一缴款书"的通知》的要求，将地表水资源费、水土保持设施补偿费、水土流失防治费三项行政事业性收费和水政执法罚没收入统一纳入全市非税收入收缴系统。

1月8日　天津南水北调水源工程建设投资有限责任公司完成注册工作，经市工商局核准正式成立。

3月4日　市政府召开天津市环外29条河道水环境专项治理工程暨农村水利基本建设现场推动会，部署河道水环境治理和农村水利工程建设任务。

3月11日　市水利局与市国资委召开会议，认真贯彻落实市政府完善国有资产监管体制工作方案。自4月1日起，市水利局局属企业天津水利工程有限公司、天津振津工程集团有限公司、汇成发展总公司、水利经济技术开发公司、天水科技发展公司、大禹机电贸易公司整建制移交市国资委监管。市水利局原持有的公司股权变更为市国资委持有。同时，天津市水利勘测设计院及局属事业单位所属的如水利投资建设发展有限公司等24户企业，暂由市国资委委托市水利局监管，随事业单位深化改革和国有资源整合重组需要，适时纳入国资委直接监管。

3月17日　天津市发展改革计划委员会主持召开天津市市级水管单位管理体制改革验收会，对海河管理处、北三河管理处、大清河管理处（北大港水库管理处）、海堤管理处水管体制改革工作进行了验收和评定。

4月3日　市水利局召开水利系统续志编纂工作暨年鉴总结会议。局长朱芳清出席并讲话，局领导张文波主持并总结了年鉴编纂工作，安排部署了全市水利系统续志（第二轮）任务，局工管处、水调处、宁河县水务局负责人作了典型发言。天津水利志编纂委员会委员和《天津水利年鉴》特约编辑参加了会议。

4月10日　第一次全国水利普查工作座谈会在天津召开。水利部规划计划司司长周学文出席并讲话，副巡视员张新玉主持。市水利局局长朱芳清出席。

5月5日　中共天津市委以《关于建立中共天津市水务局委员会及慈树成等同志任免职的通知》文件任慈树成为天津市水务局党委委员、书记，原天津市水利局党委局级领导成员职务自行免除。

5月7日　市委、市政府举行天津市水务局成立暨揭牌仪式。水利部部长陈雷、天津市副市长熊建平共同为天津市水务局揭牌并作重要讲话，建设部总经济师李秉仁、国务院南水北调办总工程师沈凤生出席仪式。局领导班子全体成员、各单位党政主要负责人和部分职工代表出席揭牌仪式。

5月12日　海河二道闸加固改造工程通过市水务局验收。海河二道闸加固工程于2004年2月10日开工，投资总额为1425.15万元。工程主要包括闸墩加厚，闸墩、翼墙裂缝化灌及防碳化处理，工作桥，工作桥T形梁防碳化处理，更换公路桥栏杆机液压系统、工作闸门、检修门改造等项目。

6月9日　市防指防潮分部召开2009年防潮工作会议，同时举行市防指防潮分部成立揭牌仪式。市防指副指挥、副市长李文喜出席并为防潮分部成立揭牌。市政府副秘书长于忠诚主持，市防指副指挥、市水务局局长朱芳清和防潮分部成员单位负责人参加。

6月10日　市水务局召开全市供水行业2009—2010年城市供水水质保障和设施改造规划项目申报工作会议，副局长陈玉恒出席并讲话，局规划处、供水处和10个区县供水管理部门、全市32家供水单位、2个规划设计单位、3个水质监测单位主要负责人及城市供水专家等70余人参加。

7月29日　南水北调中线天津干线河北境内工程开工建设，标志着天津干线工程全面开工建设。国务院南水北调办公室主任张基尧宣布工程开工，国务院南水北调办公室副主任张野、天津市副市长熊建平、河北省副省长张和出席开工仪式。

9月19日　市水务局召开2009年引黄济津工作办公室第一次例会，明确2009年引黄济津工作办公室工作职责，部署下一阶段引黄济津工作任务。市水务局局长朱芳清，副局长李文运出席，引黄济津办公室各组成员参加。

9月23—24日　副市长熊建平率市有关部门负责人赴河北和山东两省，分别与河北省副省长张和、山东省省长助理陈光等进行座谈，商谈引黄济津应急调水工作，寻求支持帮助，并现场查勘引黄济津工程线路。市发展改革委副主任杨振江、市财政局副局长陈庆和、市环保局副局长赵恩海、市水务局党委书记慈树成、局长朱芳清陪同，河北和山东两省有关部门负责人及聊城市政府领导分别参加座谈。

9月26日　2009年引黄济津天津市内应急输水工程开工。10月15日，主要工程完工。

9月29日　市政府召开引黄济津应急调水工作动员会，动员全市各方力量，充分认识做好引黄济津工作的重要意义，安排部署引黄济津各项工作任务，进一步落实责任，加大推动力度，确保引黄济津应急调水任务完成。副市长熊建平出席会议并作动员讲话，市政府办公厅巡视员董迎科主持会议，市水务局局长朱芳清通报了天津城市供水形势，安排部署了全市引黄济津应急调水工作任务。

12月17日　市水务局召开工程建设领域突出问题专项治理工作领导小组第二次会议。领导小组组长、局长朱芳清出席并讲话，领导小组副组长、驻局纪检组长丛建华主持会议。领导小组成员单位和水利工程派驻组负责人参加会议。

12月21—22日　国家防总秘书长、水利部副部长刘宁率国家防总检查组来天津市检查引黄济津应急调水工作。实地检查了南运河九宣闸、西河水厂和海河输供水工作，并听取了天津市引黄济津应急调水工作汇报。副市长熊建平会见刘宁，并就引黄济津应急调水工作进行座谈。市政府办公厅巡视员董迎科、市水务局局长朱芳清及市发展改革委、财政局、环保局负责人参加座谈。

2010 年

1月7日　市水务局在塘沽区水务局召开区（县）续志工作汇报会。局领导、水利志编委会副主任委员张文波出席并讲话，水利志编委会副主任委员于子明主持，各区（县）修志工作的负责人和撰稿人员参加。会议听取了各区（县）水务局关于本区（县）续志进展情况、存在问题、下一步计划和续志建议的工作汇报。编办室负责人介绍了全市水务系统续志工作开展的总体情况，并对区（县）志书的体裁、体例和编写方法进行了讲解。

1月25日　国家防总在津召开引黄济津济淀应急调水工作座谈会，总结前一阶段的调水工作，研究部署延长期调水任务。国家总副总指挥、水利部部长陈雷出席并讲话，国家防总秘书长、副部长刘宁主持，天津市副市长熊建平、山东省副省长贾万志、河北省副省长张和、黄委主任李国英、海委主任任宪韶出席，黄委、海委以及天津、山东、河北等省（直辖市）有关部门和水利（务）厅（局）负责人参加。

3月1日　市政府召开第45次常务会议，听取市水务局局长朱芳清关于南水北调中线通水前的天津城市供水形势、位山引黄线路存在的问题和新建潘庄引黄线路方案的汇报，同意实施新建潘庄至南运河引黄济津输水线路。

3月3日　8时，凌庄子水厂、芥园水厂陆续实施黄河水、滦河水源切换，引滦输水暗渠适时逐步加大流量，至14时全部切换完成，市区供水全部改为滦河水。

3月30日　市防办紧急组织的首批抗旱救灾物资启程运往贵州旱区，主要包括移动发电机14台、水泵50台，总价值计100余万元。

4月16日　青海玉树发生强烈地震后，局机关、市调水办干部职工十分关注灾情。迅速组织捐款，支援灾区人民抗震救灾，共募集捐款26200元，当日送往市救灾捐赠工作站。

4月24日　市水务局局长、市调水办主任朱芳清，市水务局副局长、市调水办副主任张志颇查看了天津干线工程廊坊市段第4、第5标段工程现场建设情况，并与工程参建单位进行了座谈。市水务局办公室，市调水办综合处、建管处，市水利建管中心及监理单位、施工单位负责人参加。

5月11日　9时，于桥水库将放量增至32立方米每秒左右，开始给尔王庄水库补库。补库调度过程将于5月19日左右结束，尔王庄水库蓄量增至4500万立方米。

5月22日　9时，实施2010年度首次引滦向海河补水，5月29日16时补水结束。此次补水历时8天，累计补水950万立方米。

5月31日　引黄济津潘庄线路应急输水工程——穿漳卫新河倒虹吸工程正式开工建设，工程投资11881万元。

6月12日　实施2010年第二次引滦向海河补水，6月17日结束。此次补水历时6天，累计向海河补水510万立方米左右。

6月17日　16时，于桥水库向尔王庄水库补库，6月24日16时结束，历时7天，补水约600万立方米。

7月6日　16时，于桥水库给尔王庄水库补库，17日9时结束。此次补库历时11天，补水约700万立方米。

8月2日　由市发展改革委主任张志强、滨海新区区长宗国英主持召开汉沽北疆电厂淡化海水送出工程协调会。之后，汉沽与北疆电厂、天津大学环境工程学院联合进行淡化水与自来水调值、掺混的动态试验，天津大学根据动态试验的结果得出了淡化水与自来水的最佳掺混比例为1：3。经过两个月的紧张施工与调试，淡化水终于在10月20日23时20分接入汉沽水厂制水流程，完成切换工作后，淡化水于10月21日1时30分正式进入供水管网，经监测水质完全达标。淡化水与自来水掺混后成功大面积管网输出，在国内尚属首次。

8月4日　18时，于桥水库向尔王庄水库的补库，14日9时结束。共向尔王庄水库补水867.45万立方米左右。

8月10日　地铁2号线在东南角站盾构始发穿越海河，两个月后到达海河对岸。其中90米长的隧道位于海河之下，这是天津市地铁工程第一次穿越海河干流。

8月　根据滨海新区区委、区政府《关于建立中共天津市滨海新区建设和交通局塘沽、汉沽、大港分局党组及姚景春等同志任免的通知》以及《关于区建设和交通局塘沽、汉沽、大港分局内设机构和人员编制的批复》，滨海新区建设和交通局塘沽分局、汉沽分局、大港分局成立，相关印鉴于2010年11月29日启用。

9月16日　9时，实施本年度第三次引滦向海河生态补水，19日12时结束。本次累计补水约500万立方米。

9月21日　水利部、全国节约用水办公室召开全国节水型社会建设经验交流会，授予天津市"全国节水型社会建设示范市"称号。

10月13日　市水务局召开引黄济津办公室第一次工作会议，安排部署下一阶段引黄济津工作任务。市水务局局长、引黄济津办公室主任朱芳清和副局长、引黄济津办公室副主任李文运出席并讲话，各组成员单位汇报引黄济津准备工作情况。

10月22日　9时，实施本年度第四次引滦向海河补水，11月3日工作结束。此次向海河补水1558.19万立方米（屈家店闸计量数）。

10月24日　引黄济津潘庄线路应急输水工程通水仪式在山东省德州市举行。水利部部长陈雷到会并讲话，天津市、山东省、河北省和黄委、海委等领导出席通水仪式，并共同启动穿漳卫新河倒虹吸进口闸通水按钮，2010年引黄济津应急调水正式开始。

10月26日　水利部召开天津市蓟县黄土梁子水土保持科技示范园区评定验收会议，该园区作为市第一处水土保持科技示范园区，通过水利部的验收评定。水利部水保司巡视员张学俭、市水务局副局长王天生、蓟县副县长郭春富出席，水利部科技推广中心、海河水利委员会、市水务局和蓟县水务局等单位的专家和负责人参加。

10月30日　16时，黄河水头到达九宣闸，标志着天津市引黄济津工作进入输水阶段。11月3日，南运河冲洗完毕，西河闸于11月3日20时4孔闸门全部提起，黄河水进入海河，瞬时流量30立方米每秒。11月7日，引滦引黄水源开始切换。截至11月8日16时，中心城区自来水厂全部切换完毕，中心城区供水全部改用黄河水。

11月2日　8时，引黄济津九宣闸断面水质达到地表水Ⅲ类水体标准，海河防总决定九宣闸断面开始引黄水量计量。

11月7日　水质监测结果显示，海河水质已达规定标准并稳定，自来水凌庄子水厂开始通过西河水源泵站从海河取水，天津市中心城区供水由引滦水源向引黄水源平稳切换。

12月28日 引黄入滨海新区关键工程——新引河与引滦明渠联通工程主体贯通，实现通水，为早日向滨海新区输送黄河水奠定了良好基础。

12月4日 9时，于桥水库以30立方米每秒左右的流量开始向尔王庄水库补水，11日9时结束。此次补库工作历时7天，共向尔王庄水库补水1261.87万立方米。截至12月13日8时，于桥水库蓄水量2.89亿立方米，尔王庄水库蓄水量0.386亿立方米。

12月10日 引滦明渠尔王庄防洪闸提启，引滦入汉、入塘、入开发区等泵站提取黄河水，开始向滨海新区首次引黄供水。

12月23日 滨海新区大港农村中心居住区引滦河水工程通水仪式在天津滨海水业公司港西输配水中心举行。

第一篇

水利环境

水利和环境之间相互影响密不可分，水利建设的根本任务就是减免水旱灾害，开发利用水资源，改善人们赖以生产和生活的环境条件。天津地处华北平原东部，海河流域下游，河网密布，水系支流众多，历史上天津的水量比较丰富。随着流域上游来水量的减少和天津市用水量的增加，加上地理位置和气候因素的影响，干旱缺水、城市内涝和风暴潮灾害日益频繁，损失惨重，水利环境不仅成为制约天津市经济社会发展的主要因素，而且决定了天津市水务事业发展的方向。

第一章　自　然　环　境

第一节　自　然　状　况

一、地理位置

天津位于北纬 $38°33'57''\sim40°14'57''$，东经 $116°42'05''\sim118°03'31''$。地处华北平原的东端，濒临渤海。北起蓟县黄崖关，南至大港翟庄子沧浪渠，南北长 189 千米；东起汉沽洒金坨以东陡河西干渠，西至静海县子牙河进庄以西滩德干渠，东西宽 117 千米。天津市域面积 11916.88 平方千米，疆域周长约 1290.8 千米，海岸线长 153 千米，海域面积 3000 平方千米，陆界长 1137.48 千米。

天津市地处海河流域下游、环渤海湾的中心，距北京市 120 千米，有"河海要冲"和"畿辅门户"之称。对内腹地辽阔，辐射华北、东北、西北 13 个省（自治区、直辖市），对外面向东北亚，是中国北方最大的沿海开放城市。

天津港是中国北方最大的综合性贸易港口，拥有全国最大的集装箱码头，与世界上 170 多个国家和地区的 300 多个港口保持着贸易往来。天津滨海国际机场有多条国际国内航线，是华北地区最大的货运中心。天津铁路枢纽是京山、京沪两大铁路干线的交汇处，中国北方铁路运输枢纽。天津公路四通八达，沟通了天津与东北 3 省、华北及上海、浙江、江苏、山东、广东、福建各省（直辖市）的公路交通往来，市内已建成以 3 条环线、14 条放射线为骨架的城市道路网。

二、地形地貌

地质、地形和地貌的变异比较复杂。距今约 19.5 亿年前的吕梁运动形成了燕山地区东西向的巨大拗陷地带，奠定了蓟县中上元古界地层发育的地质构造基础。由于受南北向构造的挤压，而形成一系列东西向断裂褶皱。距今约8亿年前的晚元古代末期的蓟县运动，形成中上元古界典型地质剖面的沉积。中生代侏罗纪末与白垩纪初的燕山运动，又形成了一系列北东向、北北东向构造。新生代第三纪后期的喜马拉雅运动，使燕山山脉沿三河—蓟县大断裂继续隆起，三河、蓟县大断裂以南地区下沉，造成了北高南低的地形大趋势。北部的燕山山脉，出露有太古界、中上元古界、寒武系地层和花岗岩长岩侵入体。南部平原皆为新生界沉积覆盖，以陆相沉积为主，第四纪晚期海水入侵，形成海陆相交互沉积。北部山区只约占全市总面积的5%，北大楼山山峰高1078.5米（大沽基石），自北向南倾斜。山前以外大部是辽阔的冲积平原，地面坡度为1/5000～1/20000。东南侧为海积平原和浅滩，地面高程1～4米。

天津的脱颖演进过程是河系水流长期冲积和海进、海退多次往复的过程。由于黄河和其他有关河流的几次较大的变迁和人为作用，使得海河流域逐步形成独立水系。经过漫长的沧海桑田，生态演化，而颖现其"九河下梢"河网之格局和陆地之轮廓。天津的形成、发展与"海河"有着不解之缘，与水息息相关。海河干流是一条多功能的河道，有利也有害。但人们首先认定海河是一条施惠于天津的河，天津因水而立，依水而兴，人们把海河称为天津的"母亲河"。

三、气候

天津市位于中纬度亚欧大陆东岸，主要受季风环流的支配，是东亚季风盛行的地区，属大陆性气候。主要气候特征：四季分明，春季多风，干旱少雨；夏季炎热，雨水集中；秋季气爽，冷暖适中；冬季寒冷，干燥少雪。天津年平均气温在11.4～12.9℃，市区平均气温最高为12.9℃。1月最冷，平均气温在−5～−3℃；7月最热，平均气温在26～27℃。天津季风盛行，冬、春季风速最大，夏、秋季风速最小。年平均风速为2～4米每秒，多为西南风。天津平均无霜期为196～246天，最长无霜期为267天，最短无霜期为171天。在四季中，冬季最长，有156～167天；夏季次之，有87～103天；春季为56～61天；秋季最短，仅为50～56天。天津年平均降水量为520～660毫米，降水日数63～70天，7月、8月降雨量约占全年的70%。在地区分布上，山地多于平原，沿海多于内地。在季节分布上，6月、7月、8月降水量占全年的75%左右。天津日照时间较长，年日照时数2471～2769小时，80%的年份太阳能年辐射总量达到5610兆焦耳每平方米。

第二节　自　然　资　源

一、土地资源

2010年，天津市土地面积为11916.88平方千米。其中农用地7153.29平方千米，包括耕地4437.04平方千米、园地312.28平方千米、林地561.8平方千米、其他农用地1842.17平方千米；建设用地3881.94平方千米，包括居民点及工矿用地3110.58平方千米、交通运输用地238.04平方千米、水利设施用地533.32平方千米；未利用地881.65平方千米，包括未利用土地837.26平方千米、其他土地 44.39 平方千米。全市的土地，除北部的山地、丘陵外，其余都是深厚沉积物上发育的土壤。在海河下游的滨海地区，有待开发的荒地、滩涂 1214 平方千米，可作为建设和生态用地。

二、矿产资源

天津市已探明的矿产资源 35 种，其中能源矿产 5 种，主要有煤、石油、天然气、地热、煤气层；金属矿产 6 种，主要有锰、铁、钨、钼、铜、金；非金属矿产 21 种，主要有重晶石、硼、硫铁矿、磷、含钾岩石、泥炭、白云岩、天然石英砂、石灰岩、页岩、黏土、大理岩、花岗岩、贝壳、麦饭石、石英岩、陶瓷土、辉绿岩、天然石油、海泡石黏土、透辉石；水气矿产 3 种，主要有地下水、矿泉水、二氧化碳气。已探明储量矿产 18 种，煤炭基础储量 2.97 亿吨，迄今没有开采，渤海湾海域石油储量 98 亿吨，天然气储量 1900 亿立方米。天津地热资源丰富，属中低温地热资源，具有埋藏浅、水质好的特点，水温在 30～90℃。已发现地热异常区 10 个，面积为 8700 平方千米，埋藏深度 1000～3000 米，温度 25～103℃；地下水水源地 13 处，年可开采资源量 8.32 亿立方米；矿泉水水源地 38 处，年可采资源量 2271 万立方米。

三、生物资源

天津滨海地带多耐盐碱植物。树木有白蜡、槐、椿、柳、杨、泡桐等；近年发展枣、杏、桃、葡萄、苹果等林果。积水洼地生长有芦苇、菖蒲及人工栽培的菱、藕。北部山地盛产油松、侧柏核桃、板栗、红果、柿子。陆上的坑塘、水库有淡水鱼类约计 30 种，产量较多的有鲤、青、草、鲢、梭等，还有泥鳅、鳝鱼、虾蟹等水生生物。渤海湾西部水域有鱼类 56 种，分别隶属 13 目，主要种类有鳓鱼、黄鲫、山黄鱼、白姑鱼、银鱼等。

天津所具有的自然和人为景观提供了鸟类迁徙、越冬及繁殖期的条件，特别是在春、秋季节，耐盐植物、宽阔的水面及其丰富的水生生物为大量迁徙鸟类提供了良好的栖息和取食环境。1996 年 4 月 20 日，北大港水库水面上出现近千只白天鹅等珍贵飞禽戏耍，为近 20 年来所罕见。由于库区相对受人类影响较少，食物丰富，一直是多种鸟类的良好栖息地，特别是在候鸟迁徙季节，水库有苍鹭、啄木鸟、柳山雀、黄鹂、灰喜鹊、大天鹅、小天鹅、白鹤、鸿雁、赤麻鸭、白鹭、白骨顶等约 100 余种数千只国家级保护鸟类。其中包括十几种国家一级、二级保护种类，如白鹤、天鹅、鸳鸯、大鸨、金雕、雀鹰、猫头鹰等。黑翅长脚鹬、鹤鹬、环颈、灰斑、反嘴鹬、弯嘴滨鹬、红腹滨鹬、大滨鹬 8 种涉禽数量达到国际重要意义标准。

四、海洋资源

天津海岸线位于渤海西部海域，南起歧口，北至涧河口，长 153 千米，所辖海域 3000 平方千米。海洋资源突出表现为：滩涂资源、海洋生物资源、海水资源、海洋油气资源。滩涂面积约 370 平方千米，正在开发利用。海洋生物资源，主要是浮游生物、游泳生物、底栖生物和潮间带生物。海水成盐量高，自古以来就是著名的盐产地，拥有中国最大的盐场。进行海水淡化，解决淡水不足的潜力很大。海洋油气资源丰富，已发现 45 个含油构造，储量十分可观。

第二章 社 会 经 济

第一节 行政区划及人口

一、行政区划

1991 年，天津市共辖 18 个区（县），即和平区、河东区、河西区、南开区、河北区、红桥区、东郊区、西郊区、南郊区、北郊区、塘沽区、汉沽区、大港区、蓟县、宝坻县、武清县、宁河县、静海县。1992 年 2 月 12 日，国家民政部批复东郊区、西郊区、南郊区、北郊区 4 个区分别更名为东丽区、西青区、津南区、北辰区。2000 年 6 月 13 日，撤销武清县，建立武清区。2001 年 3 月 22 日，撤销宝坻县，建立宝坻区。2009 年 10 月 21 日，撤销塘沽区、汉沽区、大港区，设立滨海新区。

截至 2010 年，天津市共辖 16 个区（县），即和平区、河东区、河西区、南开区、河北区、红桥区、滨海新区、东丽区、西青区、津南区、北辰区、武清区、宝坻区、静海县、宁河县、蓟县。

二、人口状况

从 1990 年 7 月 1 日（第四次人口普查）至 2010 年 11 月 1 日（第六次人口普查）期间，天津市的总人口由 878.54 万人增至 1293.82 万人。在天津市居住的民族由 40 个增至 49 个，少数民族人口由 20.26 万人增至 30.38 万人。2010 年年末，全市常住人口 1299.29 万人，其中城镇人口 1033.59 万人，农村人口 265.70 万人。

2010 年，天津市社会从业人员 728.7 万人，全市生产总值 9224.46 亿元，其中第一产业 145.58 亿元，第二产业 4840.23 亿元，第三产业 4238.65 亿元。城市居民人均可支配收入 24293 元，农村居民人均纯收入 11801 元。城市居民人均年消费支出 16562 元。全年工业生产增长较快，工业总产值突破 17000 亿元，达到 17016.01 亿元。

第二节 经 济 状 况

1991 年，天津市社会劳动者 479.67 万人，国民生产总值为 337.35 亿元，其中第一产业

29.26亿元，第二产业189.01亿元，第三产业119.08亿元。城市居民家庭平均每人年生活费收入1699元，农民家庭平均每人年纯收入1168元，城市居民家庭人均年生活费支出1586元，农民家庭人均年生活费支出796元，居民消费水平1453元。

2010年，天津市社会从业人员728.7万人，全市生产总值（GDP）由2005年的3905.64亿元，增加到2010年的9108.83亿元，其中第一产业149.48亿元，第二产业4837.57亿元，第三产业4121.78亿元。城市居民人均可支配收入24293元，农村居民人均纯收入11801元。城市居民人均年消费支出16562元。

一、工业

2010年，全市工业增加值完成4410.70亿元，比上年增长20.8%，拉动全市经济增长11.1个百分点。工业总产值达到17016.01亿元，比上年增长31.4%。其中规模以上工业总产值16660.64亿元，增长31.7%。在规模以上工业总产值中，轻工业2712.40亿元，增长23.6%；重工业13948.23亿元，增长33.4%。

工业生产增长较快，工业结构也进一步优化。航空航天、石油化工、装备制造、电子信息、生物医药、新能源新材料、轻纺和国防八大优势支柱产业完成工业总产值15268.58亿元，占全市规模以上工业的91.6%，比上年提高0.9个百分点。高新技术产业产值完成5100.84亿元，占规模以上工业的30.6%，提高0.6个百分点。新产品产值完成5019.25亿元，增长30.2%。企业效益大幅增长。全市规模以上独立核算工业企业主营业务收入完成17130.98亿元，比上年增长38.2%。实现利税总额1683.24亿元，增长58.7%。盈利居前的五大行业分别是石油和天然气开采业（540.47亿元）、交通运输设备制造业（157.37亿元）、通用设备制造业（74.92亿元）、通信设备计算机及其他电子设备制造业（49.45亿元）和化学原料及化学制品制造业（37.56亿元）。

二、农业

2010年，全市农业总产值完成319.01亿元，比上年增长3.5%。其中种植业产值167.23亿元，增长4.6%；林业产值2.18亿元，增长3.1%；畜牧业产值89.94亿元，增长2.4%；渔业产值50.21亿元，增长2.2%；农林牧渔服务业产值9.46亿元，增长2.8%。

2010年，全市粮食种植面积311780公顷，比上年增长1.7%；粮食总产量159.74万吨，增长2.2%，连续7年增产，创近11年来最好水平。设施农业建设提速，规划建设15个现代农业园区、20个现代畜牧养殖园区，发挥示范引领带动作用。

三、服务业

2010年，全市服务业增加值由2005年的1658.19亿元，增加到4121.78亿元，年均增长15.3%。商贸流通、交通运输等传统优势产业不断壮大，现代金融、文化创意、会展经济、服务外包等新兴服务业竞相发展。津湾广场、意式风情街等一批商贸聚集区、新型专业市场和特色街区相继建成。梅江会展中心一期投入使用，天津夏季达沃斯论坛、中国旅游产业节等重大活动成功举办。

第三章 河流、水库、蓄滞洪区及洼淀

第一节 河 流

天津市地处海河流域尾闾，素有"九河下梢"之称。境内共有主要行洪河道 19 条，河道全长 1095.1 千米，堤防长 1994 千米，这些河道担负着海河流域 75％洪水入海任务和天津市的供水任务，同时兼有灌溉调水、蓄水、航运、旅游等综合服务功能。境内河流自北向南分属蓟运河系、潮白河系、北运河系（合称北三河系），永定河系，海河干流，大清河系，子牙河系，漳卫南运河系和其他河流等。

一、蓟运河系

蓟运河系位于滦河以西，潮白河以东，由泃河、州河、蓟运河和还乡新河组成一单独入海水系。泃河发源于河北省兴隆县将军关外；州河发源于河北省兴隆县罗文峪；还乡河发源于河北省迁西县新集镇，均处于燕山山脉南麓。总流域面积 10288 平方千米，其中山区占 42％，平原占 58％。蓟运河系共包括一级行洪河道 4 条。

（一）蓟运河

蓟运河自宝坻区张古庄至蓟运河闸（新防潮闸），河道长为 157 千米，流域面积为 9950 平方千米，为平原河流，河道纵坡平缓，多弯。小河口以上河段 24 千米为单一河床，设计过流量 400 立方米每秒；小河口至江洼口段长 42 千米为复式河床；江洼口至闫庄段长 40 千米，河套地建有护麦埝；闫庄以下河段经过治理设计行洪 1188 立方米每秒。河道建有马营节制闸、张头窝退水闸、西关闸、孟庄闸、船沽闸、蓟运河闸等。

（二）泃河

泃河自蓟县红旗庄闸至张古庄，河道全长 55 千米。辛撞闸以下设计过流 250 立方米每秒。河道建有红旗庄闸、辛撞闸、南周庄闸、邵庄子闸、三岔口节制闸等。

（三）州河

州河自蓟县山下屯闸至张古庄汇流口，河道全长 48.5 千米，河道设计泄洪能力 400 立方米每秒。河道建有山下屯节制闸和杨津庄节制闸等。

（四）还乡新河

还乡新河又名还乡河分洪道，1973 年开挖，自宁河县丰北闸至闫庄，河道全长 31.5 千米。还乡新河设计行洪能力为上口 670 立方米每秒，下口 734 立方米每秒。还乡新河上建有西末闸和丰北闸等。

二、潮白河系

潮白河系位于蓟运河以西，北运河以东，上游由潮河、白河两大支流组成。潮河发源于河北省丰宁县，白河发源于河北省沽源县，两支于北京密云汇流后，称潮白河。总流域面积为 19354 平方千米，其中山区占 87％，平原占 13％。潮白河系天津境内包括潮白新河和引沟入潮 2 条一级行洪河道。

（一）潮白新河

潮白河吴村闸以下河道 1972 年调直、扩宽，至宁车沽闸称潮白新河。潮白新河在天津市境内自张贾庄至宁车沽闸，河道长 81 千米。设计流量：里自沽闸上 3200 立方米每秒，里自沽闸下 2100 立方米每秒。河道建有黄庄洼分洪闸、黄庄洼退水闸、里自沽闸、乐善闸、淮淀闸、张老仁庄闸、东白闸、俵口闸、十四户闸等。

（二）引沟入潮

沟河行洪能力由于上大、下小，自 1972 年冬至 1973 年春开挖引沟入潮，分泄沟河洪水入潮白新河。引沟入潮自河北省三河市埝头村东，经天津市宝坻区庞各庄村西，河北省香河县谭家务、魏各庄东，再经天津市宝坻区郭庄入潮白新河。自沟河辛撞闸闸上，至宝坻区郭庄，全长 19.24 千米，设计流量 830 立方米每秒。流经河北省与天津市地界交错，将该河分四段，第一、第三段位于河北省境内，第二、第四段位于天津市境内，天津市境内河段长 7 千米。

三、北运河系

北运河系位于永定河与潮白河系之间，曾称沽水、潞水、白河，至明末始称北运河。主要支流有温榆河、清水河、小中河、小坝河、通惠河、凉水河、龙凤新河等。北运河干流自通县北关节制闸向东南流经河北省香河县至西王庄村北庄窝闸进天津市武清区境内，再至北辰区屈家店闸上游与永定河相汇，过永定河在市区辛庄附近与子牙河汇流入海河。总流域面积 6166 平方千米，其中山区占 15％，平原占 85％。北运河系天津境内包括一级行洪河道 3 条。

（一）北运河

自武清区西王庄入境，至新红桥下与子牙河交汇入海河干流，天津市境内河道长 89.8 千米，其中屈家店闸以下段为 15.15 千米。屈家店闸以下北运河段担负分泄永定河洪水任务，设计流量为 400 立方米每秒。河道建有新三孔闸、筐儿港节制闸、龙凤新河分洪闸、筐儿港分洪闸、老米店闸、秦营闸。

2001 年，实施了北运河防洪综合治理工程：多年来由于北运河河道失修，河床污染，主河槽宽只剩下 50～80 米，过流能力由原设计的 400 立方米每秒下降到不足 50 立方米每秒，遇有大洪水时对两岸居民生命财产安全构成巨大威胁。2000 年，天津市投资 4.7 亿元，治理自屈家店闸至下游的子牙河、北运河汇流口，两岸堤距拓宽至 120 米，河道过流能力恢复至 400 立方米每秒。2001 年工程竣工。

（二）北京排污河

北京排污河全长 89 千米，1971 年疏浚开挖。天津市境内自武清区里老闸至东堤头防潮闸入永定新河，河道长 73.7 千米，是排放北京城市污水及大兴县、通州区沥水，分泄北运河洪水入永定新河的河道。东堤头防潮闸，排污水能力 50 立方米每秒，排沥水能力 325 立方米每秒。河道建有龙凤新河节制闸、穿北运河倒虹吸、北京排污河防潮闸、大三庄节制闸、大南宫闸、里老闸等。

（三）青龙湾减河

青龙湾减河是分泄北运河洪水入潮白新河的河道。自河北省香河县土门楼闸起，于八道沽以下原河道废弃，改道折向东，在里自沽闸上入潮白新河，总长 52 千米，天津境内自武清区刘皮庄村北至里自沽闸上止，全长 45.7 千米，设计流量为 1330 立方米每秒。青龙湾减河上段由于堤防为砂性土质，险工较多。河道建有狼窝分洪闸等。

四、永定河系

永定河系位于海河流域中部，东邻潮白河、北运河系，西邻黄河流域，南为大清河水系，北为内陆河，流域总面积为 47016 平方千米，其中山区占 95.8％，平原占 4.2％，行政区划分属内蒙古、山西、河北、北京、天津 5 省（自治区、直辖市）。永定河上游有桑干河、洋河两大支流，桑干河发源于山西省宁武县，经大同、阳原盆地进入石匣里山峡；洋河上游分东洋河、西洋河、南洋河三源，于柴沟堡汇流后称洋河。桑干河、洋河在怀来县朱官屯汇流后称永定河，注入官厅水库。在库区纳妫水河，经官厅山峡，于三家店进入平原。三家店以下中下游河道分为四段：三家店至卢沟桥段、卢沟桥至梁各庄段、永定河泛区和永定新河。永定河系天津境内包括一级行洪河道 2 条及西部防线堤防，河道流经天津市武清区、北辰区、宁河县和滨海新区塘沽。

（一）永定河

从武清区邵七堤入境至北辰区屈家店闸止，全长 29 千米，左堤长 21.7 千米，右堤长 32 千米。永定河泛区内地形自西北向东南倾斜，微地形变化大，河道纵坡具有上、下段较陡，中段较缓的特点，左右大堤堤距一般为 6～7 千米，最宽处达 15 千米，总面积约 500 平方千米，区间左岸有天堂河、龙河，右岸有中泓故道等沥水河道汇入。永定河洪水经泛区调蓄后，分两路入海，一路以流量 1400 立方米每秒洪水经永定新河入渤海；另一路以流量 400 立方米每秒洪水注入北运河经海河干流入渤海。

（二）永定新河

永定新河位于天津市区北侧，右堤是天津市城区北部的防洪屏障。河道开挖于 1971 年，西起屈家店闸，东至永定新河防潮闸入渤海，全长 66 千米，是以深槽行洪为主的复式河道，大张庄以上 14.5 千米为三堤两河，北河（永定新河）宽 300 米，南河（新引河）宽 200 米，大张庄以下合并为一河，河宽 500～600 米。设计深槽底宽大张庄以上南河 30 米，北河 130 米，大张庄以下河宽 180～200 米，河底比降上段 26 千米为 1/13000，下段 36 千米为 1/9000。屈家店处南北两河均设进洪闸与永定河泛区相连，南河（新引河）末端建大张庄节制闸及永金引河闸。永定新河左岸依次汇入机场排水河、北京排污河、潮白新河和蓟运河；右岸依次汇入金钟河、北塘排污河、黑猪河等。永定新河是海河流域北系永定、北运、潮白和蓟运河的共同入海尾闾河道。河口控制北四河流域面积 8.3 万平方千米。永定新河开挖建成以来，对天津市防洪、沿岸及支系河流排涝等均起到重要作用。河道建有屈家店枢纽、大张庄闸、永定新河防潮闸等。

（三）西部防线堤防

位于武清区和北辰区，包括南遥堤、九里横堤、十里横堤和方官堤，总长 27.215 千米。其中南遥堤自永青渠至大范口长 15.51 千米，九里横堤自大范口至四合庄长 5.678 千米，方官堤长 0.97 千米，十里横堤自四合庄至清北扬水站长 5.057 千米。

五、海河干流

海河干流是海河流域南运河、子牙河、大清河、永定河、北运河等五河汇流入海的尾闾河道，东流经天津市区、东丽区、津南区、北辰区及滨海新区，通过海河防潮闸入渤海，是一条以行洪为主，兼顾排涝、蓄水、供水、灌溉、航运、旅游等综合利用的河道。

（一）海河干流

从三岔河口金钢桥至入海河防潮闸，全长 72 千米，河道宽度在市区 100 米左右，市区以外至塘沽约 200～350 米，按水利部批准的天津市城市防洪规划，2000 年治理后河道设计泄洪流量 800 立方米每秒。河道建有海河二道闸、海河防潮闸等。

2003 年，天津市实施海河堤岸改造工程，综合开发改造海河两岸，重新确定海河两岸岸线和堤岸断面结构型式。2003 年 2 月 20 日，海河堤岸改造工程开工建设，2008 年全部完工。改造原则：河道水面宽度原则上不小于 100 米，尽量采用退台式护岸，体现亲水性，突出水面景观效果；根据海河两岸综合开发和现状条件，综合考虑水流平顺连接，制定河道拓宽方案；堤岸景观分层设置，既有近景可观又有远景可赏，形成高低错落有致、动静景物结合、富有整体韵律的亲水岸线，坚持防洪与景观相一致。

（二）外环河

外环河位于外环线外侧，始建于 1986 年，以排除外环线沿线 500 米绿化带及 50 米道路沥水为主的河道，是市区外围的一条主要水环境生态圈，河道全长 71.4 千米。

外环河建成后，河道没有贯通，水体不能循环，没有起到排沥和改善环境的作用，存在污水横溢、水污染、杂草丛生、环境脏乱等问题。2002 年，实施外环河综合整治工程以"贯通为主，治理脏乱，标本兼治"的原则，重点改善城市景观，兼顾提高周边地区排沥能力，实现外环河与海河干流、北运河、子牙河、新开河的联通水体循环流动。新建 3 座、更新改造 5 座补水和排水泵站，新建道路和河渠穿越工程，改造和重建严重破损及部分阻水严重的沿河建筑物，改造沿河受影响的农业灌排系统等，工程于 2005 年年底完工。外环河的河道整治，按过流 5 立方米每秒设计，排涝城区按 20 年一遇，农田按 10 年一遇标准设计。河口宽 30～35 米，边坡为 1:2.5，正常循环设计水位 2.0～2.5 米。岸坡采用双坡护砌，均为混凝土预制板和框格草皮相结合的护坡形式，下部为混凝土预制板护坡，上部为框格草皮，草皮宽 2～5 米。

六、大清河系

大清河系地处海河流域中部，西起太行山，东临渤海湾，北界永定河，南至滹沱河。流域总面积 43060 平方千米，其中山区占 43.3%，平原占 56.7%。上游分北支、南支。北支由小清、琉璃、胡马、拒马、白沟及易水等河组成，防洪标准为 10～20 年一遇，洪峰流量 5000 立方米每秒，经新盖房分洪道入东淀；南支由磁、沙、唐、府、漕、瀑等河组成，防洪标准为 5～10 年一遇，洪水均汇入白洋淀；经白洋淀后，进赵王河，流量 2700 立方米每秒，入东淀。大清河洪水通过东淀调蓄后经独流减河进洪闸下泄 3200 立方米每秒，经西河闸入海河干流，下泄 800 立方米每秒；当东淀第六埠水位达 8.0 米时，向文安洼、贾口洼分洪；若三洼联用后，水势续涨，则扒开南运河两堤，通过津浦铁路 25 孔桥向团泊洼、沙井子行洪道分洪。大清河系包括一级行洪河道 2 条，防洪堤 1 条。

（一）大清河

大清河在静海县台头镇入境，至独流减河进洪闸闸上与子牙河汇流，河道长 15.35 千米。设计流量 200 立方米每秒，校核流量 400 立方米每秒，校核水位 6.5 米（大沽）。河道建有老龙湾低水节制闸。

（二）独流减河

独流减河西起独流减河进洪闸，东至独流减河（工农兵）防潮闸入渤海，河道长 70.05 千米。始挖于 1953 年，1968 年冬至 1969 年春进行扩建，设计流量 3200 立方米每秒，规划设计行洪流量 3600 立方米每秒。2010 年行洪能力仅为 2000 立方米每秒。河道建有独流减河进洪闸、低水闸、独流减河防潮闸等。

（三）中亭堤

中亭堤为天津城市防洪圈的一部分，国家一级堤防。起于王庆坨扬水站，至西河闸，堤防长度 8.437 千米。

七、子牙河系

子牙河系位于海河流域的中南部，大清河系与漳卫南运河系之间。其上源有两大支流，北为滹沱河，南为滏阳河，两河在献县枢纽汇合后北支称子牙河、南支称子牙新河。子牙河由河北省献县流经河间、大城和天津市静海县、西青区、北辰区、红桥区入海河干流；子牙新河流经河北省沧县，于天津市大港马棚口下泄入渤海。流域总面积 46868 平方千米。子牙河系天津境内包括一级行洪河道 2 条。

（一）子牙河

子牙河自津冀交界处静海县小河村入境，至十一堡与南运河相汇，北流至西青区第六埠独流减进洪闸上口汇入大清河，下行至西河闸，经北辰区进入市区，至子北汇流口，河道长 76.1 千米。其中上段起自小河村，至独流减河进洪闸，河道长 43.1 千米，设计流量 300 立方米每秒，校核流量 600 立方米每秒，主要功能为排泄沥水；中段起自独流减河进洪闸，至西河闸，河道长 11.5 千米，设计流量 800 立方米每秒，校核流量 1100 立方米每秒，主要承泄大清河洪水；下段起自西河闸至子北汇流口长 21.5 千米。第六埠以下段俗称西河。河道建有八堡节制闸、西河闸等。

（二）子牙新河

子牙新河开挖于 1966 年冬至 1967 年春，为子牙河新辟入海通道。该河自河北省献县枢纽进洪闸至天津市大港子牙新河挡潮闸入渤海，河道长 143.35 千米，河道以漫滩行洪为主。子牙新河主河槽设计流量 600 立方米每秒，滩地设计行洪标准 50 年一遇，滩地设计流量 6000 立方米每秒，校核流量 9000 立方米每秒。天津市境内自静海县蔡庄子入境，至滨海新区大港子牙新河挡潮闸止，河道长 31.096 千米，左堤长 29.5 千米，右堤长 28.0 千米，分静海、大港两段，其中静海段由蔡庄子至董庄子约 3 千米，大港段由闫辛庄至挡潮闸约 28 千米。河道建有子牙新河挡潮闸、马棚口泄洪闸、北排河挡潮闸，此工程均由河北省水利厅管理。

八、漳卫南运河系

漳卫南运河系位于海河流域的最南部。由漳河、卫河、卫运河、南运河组成，地跨山西、河南、河北、山东、天津 5 省（直辖市）。流域总面积 37584 平方千米。南运河是京杭大运河的一部分，起自四女寺枢纽，流经山东省德州市、河北省衡水和沧州市，在九宣闸附近入天津市，天津境内包括一级行洪河道 2 条。

（一）南运河

天津市境内南运河起自河北省青县、静海县交界处梁官屯村，流经静海县、西青区、红桥区，止于天津市三岔河口，河道长 84.3 千米，其中静海县段长 44 千米，西青区段长 33.8 千米，红桥区段长 6.5 千米，与北运河同注海河干流，三水汇流处形成三岔河口。1951 年开挖独流减河，将南运河截断，在十一堡修建上改道节制闸，将南运河注入子牙河，此段为一级行洪河道，河道长 44 千米，设计流量 30 立方米每秒，兼有引黄供水功能。独流减河以北小口子闸至天津市区金钢桥段南运河为二级排沥河道，河道长 40.3 千米。南运河从九宣闸至上改道闸，河道建有南运河节制闸、上改道闸等。

（二）马厂减河

马厂减河位于天津市南部，开挖于 1881 年，属南运河水系，始于九宣闸，流经天津市静海县，河北省青县以及天津市大港区、津南区，于塘沽新城西入海河干流，全长 75 千米。1951 年开挖独流减河时，被分割为上、下两段，上段九宣闸至马厂减河尾闸，河道长 40 千米，为一级行洪河道，设计最大行洪能力 120 立方米每秒；下段独流减河尾闸至新城西关闸，河道长 33 千米，为二级排沥河道，设计流量为 50 立方米每秒。河道建有九宣闸、洋闸弧型闸、尾闸等。

九、其他河流

（一）新开河—金钟河

金钟河开挖于明天顺二年（1458 年），自海河干流左岸河北区陈家沟，至北塘注入蓟运河，全长 48.8 千米。具有泄洪、排涝、航运、灌溉等功能。至 19 世纪 80 年代，欢坨以上河道淤塞废弃，1918 年 6—9 月海海干流三岔口裁弯取直，金钟河失去了减水的作用。清光绪十九年（1893年），自北运河与子牙河汇流处左岸至欢坨重新开挖新河，与金钟河相通，称为新开河。1921 年在上口滚水坝中央建耳闸，1967 年河口建金钟河防潮闸，1972 年伴随开挖永定新河，金钟河尾闾改入永定新河。新开河—金钟河长 36.5 千米。根据水利部对《海河干流治理工程可行性研究报告》的批复，新开河的防洪规模为相机分泄海河干流 200 立方米每秒的洪水。新开河自耳闸至孙庄子，长 16.1 千米。孙庄子以下河段仍称金钟河。

（二）北水南调（卫河）

1999 年市政府决定实施天津地区北水南调（南北水系沟通，后称卫河）工程，将汛期北部地区的洪沥水引调至南部地区，缓解南部地区的干旱缺水问题。

该工程引水线路全长 106 千米，自北运河土门楼庄窝闸，沿北运河至屈家店闸上进入中泓故道，经永青渠、安光渠、安光新开渠、凤河中支，过津霸公路入上河头排水渠，再经大刘堡排干、杨柳青森林公园边沟、西青新开渠，穿过中亭堤，在西河闸上游进入子牙河，沿子牙河逆流上溯至独流减河进洪闸止。调水线路经过武清、北辰、西青、静海 4 个区（县）。

工程设计输水流量 30 立方米每秒，年调水 1.14 亿立方米。工程涉及的主要建设项目有：新挖、扩挖渠道 11.2 千米，新建、扩建各类跨河建筑物 23 座，维修、加固、改造沿河建筑物 45座，渠道护砌 20.6 千米。累计完成土方 242 万立方米、石方 6.8 万立方米、混凝土和钢筋混凝土4.6 万立方米。工程总投资 1.47 亿元。工程自 1999 年 12 月 10 日开工，至 2000 年 7 月 15 日具备通水条件。

（三）洪泥河

洪泥河起自独流减河，至海河干流（津南区生产圈村北），河道长 25.8 千米，堤防总长 51.6千米。设计流量 50 立方米每秒。主要功能是输水、分洪、排沥等，是引黄济津北大港水库向市区供水的通道。河道建有洪泥河首闸、洪泥河南闸、海河涵闸等。

天津市 19 条一级河道基本情况见表 1-3-1-1。

表 1-3-1-1　　　　　　　　　　天津市 19 条一级河道基本情况表

序号	河道名称	起始地点	河道长度/千米	河道宽度/米	河道面积/平方千米	左堤长度/米	右堤长度/米	设计流量/立方米每秒
1	州河	山下屯—张古庄	48.5	90～250	8.245	46	44	400
2	沟河	红旗庄闸—张古庄	55	90～160	6.875	35	17	辛撞闸以下250
3	引沟入潮	辛撞闸—郭庄	7	200～214	1.449	7.4	6.8	830
4	还乡新河	丰北闸—闫庄	31.5	200～300	7.875	31.5	30	670
	还乡河故道	丰北闸—江洼口	8					
5	蓟运河	九王庄—新防潮闸	157	300	56.7	107.7	156.63	九王庄400
6	潮白新河	张贾庄—宁车沽闸	81	420～800	49.41	80.6	80.2	柴家铺以上3320，以下2100

序号	河道名称	起始地点	河道长度/千米	河道宽度/米	河道面积/平方千米	左堤长度/米	右堤长度/米	设计流量/立方米每秒
7	青龙湾减河	刘皮庄—里自沽闸	45.7	250~272	11.928	30.4	45.7	990~1330
8	北运河	西王庄—子北汇流口	89.8			69.1	75.5	屈家店以上225，以下400
9	北京排污河	里老闸—东堤头闸	73.7			73.6	63	50~325
10	永定河	邵七堤—屈家店闸	29	1000~6000	101.5	23	25.7	1800
11	永定新河	屈家店闸—永定新河防潮闸	66	500~700	37.2	59.7	74.6	1400
12	海河干流	金钢桥—海河闸	72	100~350	16.2	77.1	77.5	1200(800)
13	新开河	耳闸—孙庄子	36.5			21.3	35.5	200
	金钟河	孙庄子—金钟河闸						
14	大清河	台头—进洪闸	15.35	73	1.095		15.35	200
15	子牙河	津冀交界—子北汇流口	16.1	80~150	8.752	51	72.8	进洪闸以上300，以下800(1000)
16	子牙新河	蔡庄子—子牙新河挡潮闸	31	2280~3600	85.26	29.5	28	6000
17	南运河	九宣闸—十一堡	44	45~200	5.39	47.8	49	30
18	马厂减河	九宣闸—南台尾闸	40	50~70	2.4	40	40	120
19	独流减河	独流减河进洪闸—独流减河防潮闸	70.5	685~850	53.955	70	70.1	3200(3600)

第二节　水　　库

一、于桥水库

　　于桥水库位于天津市蓟县城东的蓟运河左支流州河出山口处，距县城 3 千米，是以防洪、供水为主，兼顾农业灌溉、发电、养殖等综合利用的大（1）型水库。总库容为 15.59 亿立方米，正常蓄水位 21.16 米，汛限水位 19.87 米，死水位 15.0 米。控制州河流域面积为 2060 平方千米，州河由沙河、黎河、淋河三大支流汇合而成，流域内雨量充沛，多年平均年降雨量为 750 毫米，多年平均径流量为 5.06 亿立方米。该库始建于 1959 年，1960 年 7 月完成第一期工程（拦河坝、泄洪洞）。1965 年续建开挖溢洪道（实际只开挖至 23.0 米高程）。

　　于桥水库枢纽工程包括大坝、放水洞（即电站压力引水管道，由原泄洪洞改建而成）、溢洪道和电站。水库大坝为均质土坝，Ⅰ级建筑物，全长 2222 米，最大坝高 24 米。水库运用初期，曾出现过坝下游大面积沼泽化、管涌等现象，唐山大地震后，主河床附近坝段坝坡脚产生裂缝，坝基出现砂层液化现象。"75・8"河南大水后，水库被列为病险水库，因此按 1000 年一遇设计，最大可能洪水校核标准对水库进行除险加固，设计洪水位25.62米，洪峰流量为8327立方米每秒，校核洪水位27.72米，洪峰流量17960立方米每秒。为保证引滦工程输水，1982—1983年，对大坝实施了加高坝顶、加固坝坡及坝基截渗等工程措施。1995—1996年，采用高喷防渗墙结合坝后压重的方法再次对大坝进行了局部加固处理。2001—2003年，再次对大坝进行加固处理（包括420米的防渗墙、高压喷射灌浆、补喷、接触灌浆、现浇混凝土防浪墙、减压沟回填、坝后压重、迎水坡护砌）。

二、北大港水库

北大港水库地处滨海新区大港境内独流减河下游右岸，占地面积163.5平方千米，为大（2）型平原水库，设计库容5.0亿立方米，蓄水面积149平方千米，主要引蓄大清河、子牙河、南运河来水，担负着分洪、滞洪、以蓄代排以及为工农业生产及城市生活供水等多重任务，是天津市重要水源地之一。该水库始建于1974年，历经多年陆续修建蓄、引、输、排水等配套工程，至1980年初步建成，在城乡防洪、城市供水、农业灌溉、水产养殖等方面发挥了巨大作用。水库经多年运行后，由于地面沉降、堤身裂缝、迎水坡风浪冲蚀严重、局部堤基存在地震液化的可能、部分穿堤建筑物存在整体抗滑稳定及结构强度不满足规范要求等问题，致使水库工程存在诸多不安全因素。2002年4月对北大港水库进行首次安全鉴定。同年10月水利部大坝安全管理中心核定水库大坝为三类坝，需进行除险加固处理。

2002年11月，天津市北大港水库管理处委托水利部天津水利水电勘测设计研究院（后更名为中水北方勘测设计研究有限责任公司，简称"中水北方"）编制完成《天津市北大港水库除险加固工程初步设计报告》。12月市水利局以《关于北大港水库除险加固工程初步设计报告的批复》，对水库除险加固工程初设进行了批复，同意工程实施，核定工程投资18500万元。

2004年3月，海委组织有关专家召开《天津市北大港水库除险加固工程初步设计报告》审查会，根据审查意见，中水北方修订完成《天津市北大港水库除险加固工程初步设计报告（修订稿）》。2004年5月，海委对报告进行审查，并以《关于北大港水库除险加固工程初步设计报告审查意见的函》出具了审核意见。2004年6月，市水利局以《关于北大港水库除险加固工程修订初步设计的批复》批准工程初设方案，按照2004年第一季度价格水平，核定工程总投资16015万元，原《关于北大港水库除险加固工程初步设计报告的批复》同时废止。由于除险加固工程投资大、内容多，同时考虑到资金到位情况，北大港水库除险加固工程分两期实施。

2005年3月，中水北方勘编制完成《北大港水库除险加固工程实施方案（Ⅰ期）设计报告及附图》，5月市水利局以《关于北大港水库除险加固工程施工设计方案（Ⅰ期）的批复》，同意工程实施，核定工程投资9001.8万元。Ⅰ期工程从2005年10月3日开工，2007年9月20日完工。其主要完成建设内容有：坝基处理1540延米，裂缝处理374条；围堤加固29.3千米，砌石护坡22.8千米；新建管理用房834.34平方米，马圈闸、姚塘子出水闸、十号口门过船调节闸下首闸改造及工程观测设施建设等。

2006年11月，中水北方编制完成《北大港水库除险加固工程实施方案（Ⅱ期）设计报告及附图》，2007年2月12日，市水利局以《关于北大港水库除险加固工程施工设计方案（Ⅱ期）的批复》文件对北大港水库除险加固工程实施方案（Ⅱ期）设计进行了批复，同意工程实施，核定工程投资 7013.2 万元。Ⅱ期工程 2007 年 4 月 12 日开工，2008 年 3 月 20 日完工。其主要完成建设内容有：围堤加固 24.51 千米，林台迎水坡护砌 12.956 千米，主堤一级坡护砌 13.81 千米，混凝土路面 38.01 千米，泥结石路面 13.81 千米以及工程观测等。

通过除险加固，提高了堤基、堤防的安全等级，对应的堤段的安全稳定性、抗堤基液化、抗风浪能力得到较大提高，闸门的安全性、可靠性得到了保证，且整个工程面貌得到了较大的改善，可确保水库蓄水位 5.5 米，相应库容 4.03 亿立方米时的蓄水安全，满足了近期调度运用和引黄济津应急调水的需要。

三、团泊水库

团泊水库位于天津市静海县东 15 千米，独流减河南，运东大三角地区。水库总占地面积 57.01 平方千米，蓄水面积 51 平方千米。水库始建于 1977 年，设计库容 0.98 亿立方米。1993 年水库进行增容，增容后正常蓄水位 6 米，水库库容为 1.8 亿立方米，其中兴利库容 1.42 亿立方米，死库容 0.38 亿立方米。水库围堤为碾压式均质土堤，围堤总长 33.221 千米，其中北堤长 7.296 千米（独流减河桩号 19＋195～26＋491），东堤长 9.828 千米，南堤长 3.512 千米，西堤长 12.585 千米。东、南、西三主堤顶宽 10 米，顶高程 8.5 米，内外边坡均为 1：4，北堤顶宽 8 米，坡比为 1：4。库内防浪平台顶高程 6.5～7.5 米，北堤宽 30～50 米，其余三堤宽 10 米。

（一）水库配套建筑物

小团泊扬水站 1 号涵闸。位于水库东围堤最北端的东侧，建于 1994 年，设计流量 20 立方米每秒，共 2 孔，闸底板高程 1.50 米，单孔净宽 3 米。钢筋混凝土结构。2010 年除险加固对此闸拆除重建。新建涵闸为钢筋混凝土 2 孔方涵，箱涵净尺寸为 3 米×3 米，设计流量 20 立方米每秒，底板高程 1.5 米。

胡连庄引水闸。位于水库东围堤最南端，建于 1978 年，设计过流量 40 立方米每秒，共 2 孔，闸底板高程 2.5 米，单孔净宽 6.5 米。开敞式钢筋混凝土结构。2010 年除险加固对此闸拆除，复堤。

大邱庄扬水站机蓄闸。位于水库南围堤，建于 1978 年，设计过流量 40 立方米每秒，共 2 孔，闸底板高程 2.5 米，单孔净宽 6.5 米。开敞式钢筋混凝土结构。2010 年除险加固对此闸拆除重建。新建涵闸为钢筋混凝土 3 孔方涵，箱涵净尺寸 4.4 米×2.5 米，设计流量 40 立方米每秒，底板高程 0.5 米。

管铺头机蓄闸。位于水库西围堤最北端，建于 1978 年，设计过流量为 24.3 立方米每秒，共 1 孔，闸底板高程 2.5 米，单孔净宽 6.5 米。开敞式钢筋混凝土结构。2010 年除险加固对此闸拆除重建。新建涵闸为钢筋混凝土 2 孔方涵，箱涵净尺寸为 3 米×3 米，设计流量为 24.3 立方米每秒，底板高程 1.5 米。

管铺头低水引水闸。位于水库西围堤北端，建于 1980 年，设计过流量为 10 立方米每秒，共 1 孔，闸底板高程 1.5 米，单孔净宽 2 米。钢筋混凝土箱涵结构。2010 年除险加固对此闸拆除重建。新建涵闸为钢筋混凝土 1 孔方涵，箱涵净尺寸为 3 米×3 米，设计流量 10 立方米每秒，底板高程 0.00 米。

小团泊低水引水闸。2010年除险加固水库设计底高程降低，水库需增设泄水闸，在小团泊扬水站南侧设低水引水闸1座，设计流量为10立方米每秒。新建涵闸为钢筋混凝土1孔方涵，箱涵净尺寸为3米×3米，设计流量为10立方米每秒，底板高程0.00米。

水库围堤护砌。1996—1998年对水库上游坡部分采用浆砌混凝土板护坡。完成护砌长13.8千米，未护砌长19.421千米。

（二）水库除险加固

2005年5月，静海县水利局委托中水北方对团泊水库进行安全鉴定。11月23日，该大坝鉴定为三类坝。2007年11月28日，水利部大坝安全管理中心下达《关于团泊等三座水库三类坝安全鉴定成果的核查意见》，同意三类坝鉴定结果。2009年8月10日，市发展改革委批复团泊水库除险加固工程的初步设计报告，原则同意实施该工程，批复工程投资6935万元，资金由静海县自筹。2010年3月12日，市发展改革委同意工程的设计变更内容，批复投资5108万元，资金来源不变，3—10月，实施了水库除险加固工程，水库最高设计水位4.30米，水库浚深1.2米，最低库底高程0.5米，边线宽度为100米，围堤堤顶高程降至6.5米，相应最大库容为1.80亿立方米。

四、尔王庄水库

尔王庄水库位于天津市宝坻区南端，隶属于天津市引滦工程尔王庄管理处，是一座以调蓄为主，兼有蓄水作用的中型平原水库。水库1983年建成投入使用，由14.297千米的围堤大坝围成，坝体为亚黏土均质碾压土坝，水库水面面积11.03平方千米，设计水位5.5米，死水位2.0米，库底平均标高1.40米，总库容4530万立方米，有效库容3868万立方米，死库容662万立方米。建有1号、2号涵闸，周边有截渗沟、小白庄排干渠和引滦输水明渠。

2005年9月前，州河作为引滦供水河道期间，尔王庄水库在每年汛期引滦水中断时承担继续向天津市供水的任务，春汛期或当输水明渠来水浑浊时，可随时调用水库储存水量，通过尔王庄泵站及暗渠向市区水厂供水，以改善水质；在丰水年可利用水库储水，提高城市供水保证率；当城市用水临时加大或减少时，水库可起调节作用；引滦入津工程是长途输水，沿途建筑物较多，在某建筑物在运行中发生故障检修影响供水期间，尔王庄水库的水将作备用水源之用。

尔王庄水库大坝于2003年1月被鉴定为三类坝。2004年6月市水利局对尔王庄水库大坝除险加固工程初步设计作了批复，批复工程总投资8137万元。水库除险加固工程于2004年7月至2006年8月实施，2008年1月通过验收。

第三节　蓄滞洪区及洼淀

蓄滞洪区在海河流域整个防洪体系中不仅起到缓滞洪水的作用，而且有利于引蓄部分中小洪水开展雨洪水的开发利用。

　　天津市有蓄滞洪区 13 个，面积为 2964.13 平方千米，占天津市面积的 25%，设计蓄滞洪水量 55.71 亿立方米，涉及 9 个区（县）、102.03 万人、148700 公顷耕地。天津市 13 个蓄滞洪区分属于北三河系、永定河系、大清河系。其中大黄堡洼、黄庄洼、青甸洼和盛庄洼分别为北三河系中北运河、潮白河、蓟运河的蓄滞洪区；永定河泛区、三角淀、淀北、西七里海为永定河系的蓄滞洪区；东淀、文安洼、贾口洼、团泊洼、沙井子行洪道为大清河系的蓄滞洪区。

　　2009 年，国务院批复的《全国蓄滞洪区建设与管理规划》确定海河流域规划蓄滞洪区 28 处，涉及天津市有 10 个，其中永定河泛区、东淀、文安洼、贾口洼为重要蓄滞洪区，大黄堡洼、黄庄洼、青甸洼、盛庄洼为一般蓄滞洪区，团泊洼、三角淀为蓄滞洪区保留区。

　　1991—2010 年，天津市先后出台《天津市蓄滞洪区管理条例》（1996 年 10 月 16 日颁布实施，2004 年 11 月 12 日第一次修正，2010 年 9 月 25 第二次修正）、《天津市蓄滞洪区运用补偿暂行办法》等地方性法规，蓄滞洪区建设和管理体系不断完善。2008 年，根据国家防总编制的《蓄滞洪区运用预案编制大纲》，市防办编制了《天津市蓄滞洪区运用预案》，并每年进行修订工作，蓄滞洪区采取分级、分类调度管理，对于跨省市的永定河泛区、东淀、文安洼、贾口洼 4 个重要蓄滞洪区和团泊洼，由国家防总统一调度，其余蓄滞洪区的洪水调度和启用，由市防指负责。

一、北三河系蓄滞洪区

（一）大黄堡洼

　　大黄堡洼蓄滞洪区位于北运河中下游青龙湾减河与北京排污河之间，地处天津市宝坻区、武清区和宁河县境内。北起筐儿港北堤，东至青龙湾减河右堤和青龙湾故道左堤，西以黄沙河左堤及北京排污河左堤为界，南到津榆公路，总面积约 277 平方千米。区内地势西北高、东南低，地面高程 2.9～4.5 米。区内广布着鱼池，芦苇地、沟渠纵横交错，由柳河干渠、清污渠、大尔路、九园路、西杜庄干渠等隔堤划分为 I、II、III、IV、V 共 5 个滞洪分区。I 区范围为筐儿港堤以南，龙凤河、闫杜渠以北，柳河以东、大尔路以西，面积 81 平方千米；II 区范围为筐儿港堤以南、龙凤河以北，柳河以西，黄沙河干渠以东，面积 26 平方千米；III 区范围为闫杜港以南、大尔路以西，龙凤河以东、青污渠以北，面积 83 平方千米；IV 区范围为青污渠以南、龙凤河以东、青龙湾故道以西、津榆公路以北，面积 52 平方千米；V 区范围为大尔路以东，青龙湾减河以西，包括尔王庄水库，面积 35 平方千米。天津市武清区境内有 I、II 2 个区，面积 97 平方千米，宝坻区境内涉及 I、III、V 3 个区，面积 114 平方千米。宁河县境内有 III、IV 2 个区，面积 66 平方千米。

　　大黄堡洼设计蓄洪水位 4.5 米，设计蓄洪水位下蓄洪量 2.9 亿立方米，运用机遇 5 年一遇至 20 年一遇。大黄堡洼蓄滞洪区涉及武清区、宝坻区和宁河县，共 8 个乡（镇）、67 个村，45670 人，耕地面积 11855 公顷，固定资产 15.2 亿元。

　　大黄堡洼运用原则：当土门楼以上来量超过 900 立方米每秒时，青龙湾减河全力下泄，北运河相机分泄；武清区、宝坻区应对土门楼以下青龙湾减河右堤全力防守（包括省市交叉堤段），大黄堡洼做好分洪准备；当狼儿窝闸上水位达 8.1 米且持续上涨，提开狼儿窝分洪闸向大黄堡洼分洪。狼儿窝分洪，按市防办《关于修订大黄堡洼分洪问题的协商纪要》执行，即大黄堡洼首先利用 I 区蓄洪，当陈赵庄水位达到 3 米（黄海高程）且继续上涨时，按照 I 区向 II 区、I 区向 III 区、

Ⅲ区向Ⅳ区、Ⅰ区向Ⅴ区顺序依次分洪。

（二）黄庄洼

黄庄洼蓄滞洪区位于潮白新河下游和蓟运河之间，地处宝坻区和宁河县境内，潮白新河以东，蓟运河以西，西关引河和江洼口深渠以北，黄庄洼北围堤和箭杆河以南地区。东西长31千米，南北宽25千米，总面积约339平方千米。区内地势为西北高、东南低，地面高程为1.9～4.5米。蓄滞洪区内广布着稻田，沟渠纵横交错，由九园公路将黄庄洼分为Ⅰ、Ⅱ2个区。

黄庄洼设计蓄洪水位为4.5米（控制地点为大刘坡），设计蓄洪水位下蓄洪量5.14亿立方米，运用机遇5年一遇。黄庄洼蓄滞洪区涉及宝坻区、宁河县，共5个乡（镇）、1个农场、131个村、74871人，耕地面积为19060公顷，固定资产93.42亿元。

黄庄洼运用原则：当黄白桥水文站水位达到6.14米（黄海高程）且继续上涨时，开启黄庄洼分洪闸向黄庄洼分洪。黄庄洼运用首先向Ⅰ区分洪，当Ⅰ区战备闸水位达到3米（黄海高程）且水位继续上涨时，扒开Ⅰ区分洪口门向Ⅱ区分洪。

（三）青甸洼

青甸洼蓄滞洪区位于天津市蓟县西南部的州河、沟河汇流处，东临州河右堤，南倚沟河左堤。区内地势为北部高、南部低，地面高程3.8～4米。青甸洼蓄滞洪区分为本洼、南洼、东洼和西北洼，总面积150平方千米，其中本洼36.8平方千米，南洼19.8平方千米，东洼48.4平方千米，西北洼45平方千米。区内交通便利，津蓟高速公路、蓟宝公路在区内穿过，仓桑公路、侯三路分别在蓄滞洪区的东部和南部边界通过。

青甸洼蓄滞洪区设计蓄洪水位为7米，设计蓄洪水位下的蓄洪量1.83亿立方米，其中本洼7090万立方米，东南西北洼1.12亿立方米（东洼与西北洼之间的隔堤已不存在），启用机遇为10年一遇至20年一遇。青甸洼蓄滞洪区涉及蓟县4个乡（镇）、72个村，耕地面积10331公顷。需要人员转移的村66个，人口63161人。

青甸洼运用原则：辛撞闸下沟河与鲍丘河洪水遭遇，南周庄分洪闸处河道洪峰流量大于250立方米每秒时，开启南周庄分洪闸向青甸洼分洪，分洪水位11.6米；当九王庄闸上流量大于400立方米每秒或水位达到9米且继续上涨时，九王庄闸控泄400立方米每秒，其余洪水经邵庄子分洪闸分洪入青甸洼；沟河遭遇20年一遇以上洪水，当辛撞闸上流量大于1330立方米每秒或水位达12.41米（黄海高程）且继续上涨危及两岸堤防安全时，在辛撞和桑梓之间扒开沟河左堤（沟河左堤桑梓村南600米处）向青甸洼分洪。

（四）盛庄洼

盛庄洼蓄滞洪区位于还乡河下游右侧，地处河北省玉田县、天津市宁河县境内，东南临还乡河及还乡河故道右堤，西倚蓟运河和双城河左堤，北至九丈窝防洪堤。地势东北高、西南低，总面积12.5平方千米，其中天津市宁河县境内面积1.13平方千米，平均地面高程3.20米。

盛庄洼蓄滞洪区设计蓄洪水位为5.90米（九丈窝分洪闸控制水位），设计蓄洪量2600万立方米，其中天津市宁河县境内设计蓄洪水位下蓄滞洪量270万立方米，启用机遇为10年一遇至20年一遇。盛庄洼只涉及宁河县丰台镇西村的113公顷耕地，不涉及常住人口。

盛庄洼运用原则：当还乡河九丈窝分洪闸上流量大于670立方米每秒或水位达4.95米（黄海高程）且继续上涨时，开启九丈窝分洪闸向盛庄洼分洪，并督促河北省抢堵盛庄洼南围堤缺口。

二、永定河系蓄滞洪区

（一）永定河泛区

永定河泛区位于永定河下游，上起河北省固安县梁各庄，下至天津市北辰区屈家店枢纽止，全长 67 千米，北以新北堤、护路堤和北运河左堤为界，南以北遥堤、增产堤和南遥堤为界，总面积 522.65 平方千米（包括西北部新北堤内一般洪水不受淹面积 22.65 平方千米），设计蓄洪水位为 8 米，设计蓄洪水位下的蓄洪量 4 亿立方米。地跨河北省廊坊市安次区、永清县和天津市武清区、北辰区。天津市范围为西起武清区黄花店邵七堤，东至北辰区北运河左堤到屈家店，长 31.4 千米，北为护路堤，南为北遥堤、增产堤和南遥堤，境内地势为西北高，东南低，地面高程 5.5～10.5 米。在天津市境内面积 113 平方千米，其中武清区面积 96.06 平方千米，北辰区面积 16.94 平方千米。

永定河泛区在天津市境内设计蓄洪水位下的蓄洪量 2.09 亿立方米，启用机遇为 3 年一遇至 50 年一遇。永定河泛区涉及武清区和北辰区，共 4 个乡（镇）、35 个村、1 个镇直、51548 人，耕地面积 7621 公顷。

永定河泛区运用原则：当卢沟桥拦河闸下泄流量超 300 立方米每秒时，且后续来量继续加大，永定河泛区天津市境内新龙河右埝及北前卫埝以南地区应做好群众安全转移准备；当卢沟桥拦河闸下泄 800 立方米每秒时，武清区防汛抗旱指挥部应做好在北前卫埝黄四公路下 1000 米处破口准备，武清区、北辰区同时完成相应泛区群众安全转移工作；当屈家店闸上水位达 7.25 米时，提请海委充分运用泛区，同时注意防守护路堤、老米店以下北运河左堤、北遥堤、增产堤。

（二）三角淀

三角淀蓄滞洪区位于永定河下游右侧，地处天津市武清区、北辰区境内。北倚永定河泛区北遥堤、东临永定河增产堤、南靠南遥堤、西接陈嘴二支渠以东。蓄滞洪区总面积 59.8 平方千米。区内地势北高南低，地面高程 8.5～6.5 米。

三角淀设计蓄洪水位 8.65 米，控制地点为大旺村（北排干），设计蓄洪水位下蓄洪量 5710 万立方米，启用机遇为 50 年一遇。三角淀蓄滞洪区涉及武清区和北辰区，共 4 个乡（镇）、9 个村、1 个镇直、1 个工业区、1 个园林场，17097 人，耕地面积 4524 公顷。

三角淀运用原则：经永定河泛区调蓄后的洪水，在永定新河、北运河充分泄洪且七里海临时滞洪区已分洪运用情况下，若屈家店闸上达到校核水位 6.5 米（黄海高程）且继续上涨威胁天津市城区防洪安全时，如运用三角淀分洪区可以滞蓄超额洪量，则运用大旺村或北排干口门向三角淀分洪区分洪；如运用三角淀分洪区不能滞蓄超额洪量，则在北运河左堤汉沟至朗园处扒口分洪。

（三）淀北

淀北是海河流域永定河水系的临时蓄滞洪区，位于永定河下游，北运河以东，杨北公路、运东干渠以南，北京排污河以西，永定新河左堤以北地区，在天津市武清区和北辰区境内。总面积 215 平方千米，其中武清区 82 平方千米，北辰区 133 平方千米。蓄滞洪区内地势西北高东南低，地面高程 2.5～5 米。历史上为沉沙放淤之地，区内广布着鱼池，沟渠纵横交错，京山铁路、京九铁路联络线、京津公路、京津塘高速公路、津围公路等国家级骨干道路纵贯南北，津蓟铁路位于西北角，杨北公路、九园公路横穿淀北区，津蓟高速公路、引滦入津输水明渠斜穿东南角。

淀北设计蓄洪水位 5.65 米，设计蓄洪水位下蓄洪量 3.86 亿立方米。淀北蓄滞洪区涉及武清区和北辰区，共 6 个乡（镇、街）、82 个村庄、1 个镇直、2 个居住区，10.7 万人，耕地面积 11022 公顷，固定资产 104.01 亿元。

淀北运用原则：当屈家店闸上水位超过 8 米，严重威胁市区安全时，经国家防总批准后，适时启用三角淀或破郎园口门向淀北分洪，并加强对三角淀南围堤、永定新河右堤的防守，确保城市防洪安全。

（四）西七里海

西七里海蓄滞洪区位于宁河县、滨海新区塘沽和北京市清河农场境内，永定新河左堤以东，112 国道以南，青龙湾故道右堤和潮白新河右堤以西，总面积 192.2 平方千米，其中宁河县面积 141.75 平方千米，滨海新区塘沽面积 19.95 平方千米，北京市清河农场面积 30.5 平方千米，该蓄滞洪区历史上属于天然洼地，分洪区内地势较为平缓，地面高程 1.5～2.8 米，区内广布着鱼池、芦苇地、沟渠纵横交错，有北京市清河农场，并且由津唐运河、津芦公路、津汉公路、唐津高速公路、津唐引渠、小西河等隔堤划分为Ⅰ、Ⅱ、Ⅲ 3 个滞洪分区。1990 年确定为临时滞洪区后，为了减少损失采用分区滞洪的指导方针，1992 年修建导流堤和防浪墙，1993 年修建南、北围堤，并将滞洪区划分为 3 个小区。

西七里海蓄滞洪区设计蓄洪水位 5 米（Ⅱ、Ⅲ区为 4.5 米），设计蓄洪水位下的蓄洪量 3.5 亿立方米（其中Ⅰ区 1.13 亿立方米、Ⅱ区 2.02 亿立方米、Ⅲ区 3500 万立方米），启用机遇为 10 年一遇至 20 年一遇。西七里海蓄滞洪区涉及宁河县 4 个乡（镇）、15 个村，50616 人，耕地面积 6280 公顷。

西七里运用原则：当永定新河 28＋192 断面处水位达 5.84 米时，西七里海临时分洪区应做好分洪准备，宁河县防汛抗旱指挥部开始扒除区内阻水隔埝。当预测后续来量较大时，首先利用 32＋100 处的造甲船闸分洪；如水位继续上涨，威胁堤防安全时，在左堤 28＋082 处破口分洪。同时淀北、三角淀分洪区做好分洪准备。

三、大清河系蓄滞洪区

（一）东淀

东淀蓄滞洪区位于大清河系下游，地处河北省霸州市、文安县和天津市静海县、西青区境内，为大清河系南北支洪水和清南、清北沥水的总归宿，是大清河南北支洪水汇流后的缓洪滞沥区，洪沥水滞蓄后由独流减河和海河干流入海。淀区西接新盖房分洪道，北靠中亭河，南界千里堤、子牙河右堤、西河堤，东至西河闸枢纽，东西长 66 千米，南北宽 7 千米左右，是一个南北窄东西长的行滞洪区。东淀蓄滞洪区总面积 377.26 平方千米，设计蓄洪量 10.25 亿立方米。东淀在天津市境内范围为北靠中亭河，东为子牙河，西北与河北省霸州市接界，面积为 100 平方千米。区内地势平坦、低洼，属河流冲积平原地貌，温带大陆季风气候，总地势西南高、东北低，地面高程 4～5 米。

东淀在天津市境内设计蓄洪水位 8 米，设计蓄洪水位下的蓄洪量 3.41 亿立方米，启用机遇为

3 年一遇至 5 年一遇。东淀蓄滞洪区涉及静海县和西青区，共 5 个乡（镇），44 个村，47865 人，耕地面积 7674 公顷。

东淀运用原则：当第六埠水位达到 6 米且后续仍有来水，并危及台头村安全时，进洪闸、独流减河防潮闸充分泄流，西河闸适量分泄；同时提请海委运用东淀滞洪。河北省按规定在东淀上游大清河扒口分洪滞洪，天津市也相应在台头村西扒开北埝向大清河深槽以北滞洪。当东淀水位继续上涨，第六埠水位达 7 米时，应在大清河南埝五堡扬水站东扒口向大清河深槽以南滞洪。

（二）文安洼

文安洼蓄滞洪区位于河北省文安县、大城县、任丘市及天津市静海县境内，西靠千里堤、隔淀堤，东倚子牙河左堤，南至津保公路南线，总面积为 1489.24 平方千米，设计蓄洪量 33.87 亿立方米。洼内地势西南高、东北低，地面高程 2.4～7.0 米。文安洼在天津市境内北起千里堤、南至大城县界、东至子牙河左堤、西至文安县界，面积 59 平方千米，平均地面高程 4.5 米。

文安洼在天津市境内设计蓄洪水位为 8 米，设计水位下蓄量为 1.42 亿立方米，启用机遇为 10 年一遇至 20 年一遇。文安洼蓄滞洪区涉及静海县的 2 个镇、21 个村，29071 人，耕地面积 3604 公顷。

文安洼运用原则：当东淀全部滞洪、第六埠水位达 8 米、上游水位持续上涨时，提请海委运用文安洼滞洪。

（三）贾口洼

贾口洼蓄滞洪区位于东淀南侧、黑龙港河下游、子牙河与南运河之间。地处天津市静海县和河北省大成县、青县境内，总面积约 773.7 平方千米。在天津市范围为子牙河右堤以东、南运河左堤以西、东淀周边堤以南、南以河北省青县接界，面积为 402 平方千米。地势低洼，属河流冲积平原地貌，温带大陆季风气候，总地势西南高、东北低，地面高程 2.4～7.0 米（沿庄镇小河村），平均地面高程 4 米。

贾口洼在天津市境内设计蓄洪水位为 8 米，设计水位下蓄量为 11.05 亿立方米，启用机遇为 10 年一遇至 20 年一遇。涉及静海县 9 个乡（镇），118 个村，14.35 万人，耕地面积 25201 公顷。

贾口洼运用原则：当文安洼水位达 8 米，上游水势仍持续上涨时，经提请海委同意，向贾口洼分洪。

（四）团泊洼

团泊洼蓄滞洪区地处天津市静海县和滨海新区大港管委会辖区境内，西起南运河右堤，北及东北以独流减河右堤为界，南及东南边界至马厂减河，是一个三角形封闭洼淀，也称为运东大三角地区，总面积 755 平方千米。区内地势是西南高、东北低，地面高程在 2.4～6.0 米。有大（2）型平原水库 1 座，即团泊水库，蓄水量 1.8 亿立方米。

团泊洼蓄滞洪区设计蓄洪水位为 6 米，设计蓄洪量 14.62 亿立方米，运用机遇为 100 年一遇。团泊洼蓄滞洪区涉及静海县和滨海新区大港管委会辖区，共 13 个乡（镇）、195 个村、1 个油田生活基地，32.45 万人，耕地面积 30822 公顷。

团泊洼运用原则：当东淀、文安洼、贾口洼三洼充分运用，第六埠水位仍超过 8 米，危及市区安全时，经提请海委同意，在静海县府君庙乡王家营村附近破开南运河两堤，使洪水沿导流堤之间经津浦铁路 25 孔桥向团泊洼滞洪。团泊洼分洪后，在小王庄附近破马厂减河左右堤，洪水经北大港水库南侧、子牙新河北堤之间的沙井子行洪道入海。

（五）沙井子行洪道

天津市沙井子行洪道是海河流域大清河水系的临时蓄滞洪区，西北部与团泊洼毗邻，地处滨海新区大港管委会辖区境内。以独流减河右堤、北大港水库西南围堤、沙井子北防洪堤及子牙新河左堤为隔道堤防，面积301平方千米，占整个滨海新区大港管委会辖区总面积的三分之二。行洪道内地势低洼，属河流冲积平原地貌，地势平缓，东北低西南高，地面高程2.3～3.5米。

沙井子行洪道设计蓄洪水位5.5米，设计蓄洪水位下蓄洪量5.29亿立方米，运用标准为100年一遇。行洪道内有大港农场、港南农场及5个乡（镇）、53个村，65344人，耕地面积10632公顷。

沙井子行洪道运用原则：当大清河等水系发生特大洪水，东淀、文安洼、贾口洼和团泊洼均已充分运用。在小王庄附近破除马厂减河双堤；破除沙井子水库东、西两堤，洪水进入沙井子行洪道，并经沙井子行洪道下泄入海。

第四章　自　然　灾　害

第一节　洪　涝　灾　害

"洪"与"涝"本不是一个概念，但由于两灾往往同时发生，难以划分清楚，故合并记述。天津市夏季降雨量集中，雨量大，易在当地产生沥涝，沥涝积水超过作物的耐淹水深和耐水时间，造成作物的减产或绝收，也会造成房漏屋塌。再加之上下游地区普遍降雨，上游沤沥下泻，使河流水位抬高，造成漫溢或决口入侵，致使农作物淹泡歉收或绝产。1991—2010年，天津市出现不同程度的洪涝灾害，而且有不同程度的损失。

1991年，天津市年平均降水量609.9毫米，属平偏丰年，全市受涝灾害面积12703公顷，成灾面积7750.07公顷。

7月21日，宝坻县普降大雨，袁罗庄乡降雨116.1毫米，欢喜庄乡降雨100毫米，其余各乡（镇）降雨均在50毫米左右，并伴有短时大风，雨后农田积水深度200～300毫米，积水面积10156.7公顷。

7月28日，大港区普降20年一遇的暴雨，平均雨量146毫米，本次降雨造成全区受灾面积5400公顷，占积水面积的44.5％，其中严重减产1333公顷，绝收201333公顷，粮食减产750万千克，油料75万千克，全区受损民房168间，其中40间部分倒塌，直接经济损失折合人民币691万元。

7月28日，大清河上游普降大到暴雨，河北省雄县降水量达264毫米，造成西青区子牙河第六埠水位不断上涨，7月31日8时水位上升到5.62米。8月1日水位缓降，这次来水淹没子牙河滩地农田273公顷，直接经济损失73.8万元。

9月1日夜，塘沽区突降暴雨，雨量达86.7毫米。雨量最大在新城乡，达101毫米，仅1小时降雨60毫米。新华路积水40厘米；永久里、花园里、南大街、向阳街的居民区受淹泡达5小时之久，290户居民家进水。菜田积水面积达111公顷；水稻倒伏115公顷。

1991年，蓟县夏涝，全县受灾面积753.33公顷，成灾面积240公顷。

1992年，天津市年平均降水量441.2毫米，属于枯水年份，全市受涝灾害面积2027.53公顷，成灾面积532.93公顷。其中武清县受灾最为严重，受灾面积1443公顷，成灾面积130.73公顷。

1993年，天津市年平均降水量436.5毫米，属于枯水年份，全市受涝灾害面积598.33公顷，成灾面积280.33公顷。其中宝坻县受灾最为严重，受灾面积350公顷，成灾面积70公顷。

1994年，天津市年平均降水量637.6毫米，属于偏丰年份，全市受涝灾害面积61243公顷，成灾面积40443.8公顷。

7月12—13日，天津市降大到暴雨，最大降雨量在武清县高村349毫米。加之河北省三河县、大厂县、香河县也普降大暴雨，三河县最大降雨量530毫米，造成部分农田积水、被淹，武清县22200公顷、蓟县1500公顷、宝坻县1140公顷、静海县200公顷，共计25040公顷。

8月5—8日，天津市普降暴雨，截至8月6日20时，市区降雨量113毫米，海河水位居高不下。8月7日20时，海河二道闸闸上水位达3.95米（海河闸大沽冻结），超过警戒水位0.45米，为1985年12月建闸以来最高水位，造成双桥河镇、葛沽镇等多处堤防出险。持续高水位造成无法向海河排沥，致使部分农田淹泡。由于邻区加大排泄量，大沽排污河水位超过警戒线，造成八里台镇大孙庄西排河倒灌，村庄耕地淹泡，100公顷鱼池冲毁。8日凌晨，洪泥河与上游排污排咸河接壤处堤埝冲毁，决堤40米，百米堤埝漫溢，大量沥水涌进洪泥河，造成沿河万亩农田淹泡。是年，津南区受涝面积1462.93公顷，成灾面积788.8公顷。此次降雨造成市区39片低洼居民区出现积水，有些居民家中进水；为了确保城市安全，沿河各区的农田不能及时排沥，给农业带来一定损失。

1994年，蓟县夏涝，7—9月降雨632.8毫米，占全年降水量的87%，是年全县受涝灾面积10247公顷，成灾面积4518.73公顷。

1995年，天津市年平均降水量730.2毫米，属于偏丰年份，全市受涝灾害面积30916.27公顷，成灾面积17000.6公顷。大港区夏涝，全区受涝面积3409公顷，成灾面积2396公顷。宝坻县夏涝，全县受灾面积4514公顷，成灾面积1792公顷。蓟县夏涝，全县受灾面积6365公顷，成灾面积2704.7公顷。

1996年，天津市年平均降水量595.8毫米，属于平水年份，全市受涝灾害面积85318.07公顷，成灾面积59849公顷。

8月，海河流域发生了自1963年以来的最大洪水。8月19日8时，第六埠淀内水位（第六埠口门临时水位）超过河道水位近30厘米，19日18时第六埠口门爆破，水高庄口门和西河闸口门21日分别扒开泄洪，22日在静海县老龙湾破口行洪。此次洪灾，静海县大清河以北被淹，农作物受灾面积4787公顷，绝收面积3711公顷，减少粮食16011吨，经济作物10650吨。被淹房屋34

间，破坏公路 4.4 千米，损坏输电线杆 174 根，长 13.8 千米。损坏水闸 10 座，桥涵 262 座，扬水点 28 个，机井 196 眼，堤防 6.6 千米，淡水养殖损失 40 公顷、产量 600 吨，造成直接经济损失 6213.4 万元。西青区造成的直接经济损失达 1.5 亿元，淹泡淀内农田 2720 公顷，成灾面积 2600.13 公顷。大港区 8 月 16 日凌晨，子牙新河行洪滩地洪水进入大港区致使津歧公路马棚口段路面水深达到 70 厘米，交通中断。汉沽区洪灾造成损失总计达 4175 万元。

1996 年，蓟县夏涝，7—8 月降雨 670.9 毫米，超过常年降水值（676.4 毫米）111％，全县受灾面积 30249.7 公顷，成灾面积 24222.4 公顷。宝坻县全年受灾面积 17546.4 公顷，成灾面积 7897.8 公顷。宁河县全年受灾面积 8366.47 公顷，成灾面积 5690.7 公顷，其中有 4100 公顷农田绝收，造成直接经济损失 1.42 亿元。

1998 年，天津市年平均降水量 589.3 毫米，属于平水年份，全市受涝灾害面积 39010 公顷，成灾面积 25230 公顷。其中静海县受涝灾害面积 33180 公顷，成灾面积 19980 公顷。

2003 年，天津市年平均降水量 586.0 毫米，属于平水年份，全市受涝灾害面积 16000 公顷，成灾面积 11470 公顷。

7 月 27 日，塘沽区暴雨，10—15 时，平均降雨 69.1 毫米。闸上站（位于新港）最大降雨量为 92 毫米，该站 1 小时降雨近 50 毫米，上海道、新港街等地段积水严重，大沽街部分居民屋内进水。

2003 年 10 月 10—12 日，天津市受较强冷空气和暖湿气流的共同影响，遭遇 50 年来同期最大的一场大暴雨，平均降雨 126 毫米，降雨造成天津市农村房屋倒塌 197 间，漏雨、坏损 8395 间，淹泡农田 54667 公顷、待收棉田和菜田等 22987 公顷，数个商家、企业被淹泡，多处鱼池串水污染，多处堤埝出现险情；市区积水 38 处，给工农业生产和人民生活造成影响。暴雨造成农村直接经济损失 14744 万元；抢险、排水投入费用 3461 万元。

此次大暴雨正是 2003 年引黄济津刚刚开始之时，为保护引黄水不受污染，禁止海河沿岸口门向海河排水，造成东丽区沥水无出路，积水面积达 12100 公顷，其中农田积水面积 9300 公顷，积水深 30 厘米以上的近 6700 公顷；城区积水面积 2800 公顷；受灾人口 22 万人，直接经济损失超亿元。津南区平均降雨量 119 毫米，最大降雨量达 155 毫米，造成全区农田大范围受灾，积水深在 10～50 厘米的农田共有 5740 公顷。区内二级河道出现持续高水位，最为严重的是八里台镇大韩庄、团泊段，大沽排污河水位高出地面近 4 米，而且多处发生管涌。全区农田受灾面积 5740 公顷，成灾面积 3540 公顷，经济损失 1382.41 万元，其中农田经济损失 1344.0 万元，堤防抢险 10.46 万元，农田排水电费 27.95 万元。宁河县平均降雨 103 毫米，全县 314 公顷农作物受灾，成灾面积 180 公顷。

2004 年，天津市年平均降水量 608.7 毫米，属于枯水年份。

9 月 6 日，宁河县东部地区大雨，大北涧沽镇降雨 118 毫米。全县农作物受灾面积 4931.3 公顷，成灾面积 3926.4 公顷。

2005 年，天津市年平均降水量 517.1 毫米，属于偏枯年份。

8 月 16 日，东丽区普降暴雨，平均降雨量达 80.4 毫米，其中大毕庄镇降雨量达 171 毫米，造成东丽区农田积水 1064.8 公顷，受灾人口 3.2 万人，成灾人口 2.8 万人。宁河县境内普降大雨，平均降雨量 78.9 毫米，县气象站降雨量为 105 毫米，造成全县农作物受淹面积 7334 公顷，150 座扬水站点及时开车排沥，仍有 2115.3 公顷农田成灾。

2006 年，天津市年平均降水量 468.1 毫米，属于偏枯年份。

7 月 13 日凌晨至 14 日下午，宁河区全境遭暴雨袭击，平均降雨量达 127.1 毫米，全区 14 个乡（镇）中有 12 个乡（镇）的降雨量超过 100 毫米，降雨量最大的是东棘坨镇，降雨 217.5 毫米，造成全县 19200 公顷农田积水。全县开动 113 座扬水站（点）排沥，到 16 日下午县境内 18000 公顷农田的积水排除，还有边远低洼地块 1200 公顷农田积水，17 日基本排除，仅有 79 公顷的农田绝收。

2007 年，天津市年平均降水量 512.4 毫米，属于偏枯年份。

8 月 26 日 2—8 时，塘沽区暴雨，平均降雨 113 毫米，中心桥站最大降雨量 171 毫米。杭州道街积水最深处达 800 毫米，1202 户居民家中进水，部分居民家中进水深及床铺位置，因积水造成家中电器直接损失的居民 203 户；向阳街 12 个社区积水较深，金福里等 5 个社区部分居民家中进水；解放路街 20 个楼道不同程度进水；大沽街的塘捕新村 40 户居民家中进水，渔丰里三排居民住宅少量进水；北塘街 100 余户居民家中进水，转移危房居民 21 户；胡家园街 515.6 公顷农田受淹泡，积水深度 200～500 毫米；新城镇 66.67 公顷农田受淹泡，转移危房居民 2 户。

8 月 26 日 2 时 30 分，东丽区突降强暴雨，全区平均降雨量 120 毫米，最大降水量达 204 毫米，成灾面积 3059 公顷，受灾人口 33036 人，直接经济损失 4495 万元。

8 月 26 日凌晨，津南区普降大到暴雨，部分地区出现大暴雨，全区平均降雨量 86.5 毫米，双月泵站地区最大降雨量为 127 毫米，全区累计积水面积达到 2108.07 公顷，其中棉田 708 公顷，大田 611.67 公顷，园田 788.4 公顷。平均积水深度在 200～400 毫米。此次强降雨过程造成双港、辛庄、咸水沽、双桥河、葛沽、小站等 6 个镇的农田严重积水。双港镇积水面积 336 公顷，均为园田；辛庄镇积水面积 673.33 公顷，其中棉田 266.67 公顷，大田 186.67 公顷，园田 220 公顷；双桥河镇积水面积 120 公顷，均为大田；葛沽镇积水面积 350.67 公顷，其中大田 168 公顷，园田 182.67 公顷；小站镇积水面积 46.67 公顷，其中棉田 20 公顷，大田 26.67 公顷。另外，此次降雨也造成咸水沽、葛沽镇区部分街道短时积水，最大积水深度约 600～800 毫米。

2008 年，天津市年平均降水量 640.7 毫米，属于偏丰年份。

6 月 27 日至 7 月 4 日，宝坻区降雨频繁，降雨量达到 103.1 毫米，致使新安镇、口东镇、大白庄镇、郝各庄镇 4 个乡（镇）农田出现积水。7 月 14—15 日，全区普降暴雨，降雨量 44.3 毫米，造成大唐庄镇、大白镇、尔王庄乡 3 个乡（镇）农田积水。

7 月 1 日、5 日、14 日 3 次降雨，宁河县局部达 100 毫米以上，因土壤含水量基本饱和，致使全县 16700 公顷农田积水，各乡镇开车排沥，只有部分乡镇发生沥涝。

7 月 4—5 日和 7 月 14—15 日，津南区经历了两次强降雨过程，造成津南区辖段水位高达 3.3 米，超过最高警戒水位 0.4 米，致使沿河 6 处堤墙出现漫溢，部分险段频临决口的危险。

2008 年，西青区大沽排水河受下游河道排水能力所限和河道淤积影响，7 月城市沥水不能得到及时排除，连续多日处于高水位运行状态，7 月 6 日发生污水泵站下游 200 米右堤决口，8 月 13 日发生污水泵站下游 2300 米右堤管涌险情，经及时处理，西青区没有造成任何淹泡损失。

2010 年，汛期未出现集中降雨和突发性天气，全市没有出现涝情和农田积水。

第二节 旱   灾

天津市春季降水偏少，气候干燥，蒸发量大，土壤含水量大幅度减少，地下水位大幅度下降，河水干枯，地表和地下水资源大量减少，春夏连旱、夏秋连旱，乃至全年干旱、连年干旱时有发生。因此，干旱灾害已成为天津市主要自然灾害之一。1991—2010年，天津市不仅连年发生春旱，而且还出现了 1992—1994 年、1997—2003 年两次持续时间较长的严重干旱年份。其中1997—2003 年连续 7 年严重干旱，全年春、夏、秋连旱，农业损失严重，给农村生活造成极大影响。2004—2010 年，虽然每年春季因降水偏少，遭受了气象干旱，农田短期内受旱，全市没有出现旱灾。

1991 年，天津市受旱面积 1888.13 公顷，成灾面积 712.67 公顷。其中旱情较为严重的静海县受灾面积 584.67 公顷，成灾面积 266.33 公顷，武清县受灾面积 411.67 公顷，成灾面积 277.67 公顷。

1992 年，天津市受旱灾害面积 101807.2 公顷，成灾面积 60677.8 公顷。是天津市自 1889 年有气象记录资料以来的第 4 个大旱年。津南区 1—5 月降雨量仅为 50 多毫米，全年农田受灾面积 11074.9 公顷，成灾面积 2000 公顷，1346.67 公顷粮食作物减产 3～5 成，260 公顷减产 5～8 成，713.33 公顷减产 8 成以上。西青区遇到了 40 年不遇的特大干旱，受灾面积 1530.67 公顷，成灾面积 505.87 公顷，依靠自备水源、及时调水及引水灌溉等有效措施，缓解旱情。北辰区 1—5 月，降雨 33.4 毫米，是历年平均雨量的 50％，6 月降雨 69.1 毫米，与历年平均值持平，7 月降雨 9.5 毫米，是历年平均值的 8％，受旱灾面积 2.67 公顷，其中麦田 3000 公顷，麦收后勉强种上，苗不齐补种几茬，小苗不出窝，减产 8 成，大田春播 9333.33 公顷，减产 3 成，稻田 1666.67 公顷，因缺水秧苗不齐，果树受灾 2666.67 公顷，虫多果不长，受灾经济作物 2666.67 公顷，西瓜减产 3～4 成，棉花受灾 333.33 公顷，毁种 3 成。粮食产量比 1991 年减产 40％。宝坻县 1—5 月，平均降雨量 39.7 毫米，比大旱的 1972 年同期还少 0.8 毫米，河渠干枯，地下水位下降，大部分农田失墒欠墒，是年受旱灾面积 1837.13 公顷，成灾面积 813.33 公顷。武清县累计平均降雨 441.1 毫米，造成全县受旱灾面积 26267 公顷，成灾面积 14060 公顷。蓟县春旱，全年受旱灾面积 8683.4 公顷，成灾面积 2160 公顷。

1993 年，天津市受旱灾害面积 73777.4 公顷，成灾面积 49492.53 公顷。津南区四季连旱，无自备水源，1—5 月降雨量仅为 18 毫米。全区农田受旱灾面积 2159.73 公顷，成灾面积 1259.73 公顷，814.27 公顷粮食作物减产 3～5 成。大港区受旱灾害面积 10464.6 公顷，成灾面积 9375.53 公顷。武清县汛期累计平均降雨 339.7 毫米，比多年同期平均少 116.1 毫米，造成失欠墒面积达 10000 公顷，因旱而春转夏 1100 公顷，缺苗断垄 172.67 公顷，播种后未出苗 266.67 公顷，是年受旱灾面积 5732.93 公顷，成灾面积 3846.27 公顷。宝坻县 1—4 月平均降雨量 16.3 毫米，比大旱的 1972 年同期减少 35％，全县受灾面积 8510 公顷，成灾面积 5390.67 公顷。静海县受旱灾害面积 30566.27 公顷，成灾面积 19935.93 公顷。蓟县春旱，受灾面积 7660 公顷，成灾面积 3327

公顷。

1994年，天津市受旱灾害面积51929.13公顷，成灾面积31167公顷。津南区先旱后涝双灾并重年，1—5月降雨量仅为43毫米，严重干旱造成农田受灾面积达2267.4公顷，1621.33公顷粮食作物减收，进入8月春旱转为夏涝。静海县受旱灾害面积37436.6公顷，成灾面积23958.6公顷。蓟县春旱，受灾面积3646.67公顷，成灾面积2333.33公顷。

1996年，天津市受旱灾害面积15325.67公顷，成灾面积8575公顷。津南区遭受35年来罕见的特大干旱，春、夏连旱，进入7月仍无有效降雨，二级河道水质咸化，海河二道闸至双洋渠泵站段水质含盐量高达4‰，给大田播种、水稻育苗、插秧及正常农业生产造成严重影响，致使994.4公顷农田减产、欠收，全年受旱灾面积1701.53公顷，成灾面积998.4公顷。宁河县春旱，董庄、廉庄子、板桥、大贾庄4个乡（镇）局部受灾，是年农作物受旱面积654.2公顷，成灾面积566.67公顷。

1997年，天津市受旱灾害面积132040公顷，成灾面积99060公顷。东丽区遇50年未遇的特大干旱，全年降雨量350.9毫米，全区受灾面积1010公顷，成灾面积830公顷，造成直接经济损失1015.65万元。西青区因旱受灾面积6667公顷，成灾面积4667公顷，主要是玉米、高粱和大豆。津南区春夏连旱，6月降雨量仅为常年降雨量的20%，全区春播农作物11200公顷，其中6666.67公顷旱作物土地欠墒，1333.33公顷稻田缺水影响生长，严重干旱造成7559.6公顷农作物受灾，6704.4公顷成灾，6652.87公顷粮田减产20807吨。北辰区春旱连伏旱，受灾面积9333.33公顷，大田作物减产50%，晚茬作物减产40%。武清县是自1949年以来第2个干旱年，夏旱连伏旱，伏旱连秋旱，造成72000公顷农作物受灾，减产，秋粮成灾面积25467公顷，其中减产3～7成22133公顷，绝收面积3333公顷。宁河县特旱，1—5月累计降雨量60.3毫米，除6月初有少部分降雨外，至29日一直无雨，农田失墒面积达4000公顷，水稻受旱面积达6666.67公顷，7月中旬遇历史上罕见的持续高温少雨天气，并且无有效降雨，任凤、大辛、丰台、小李庄、岳龙、板桥、大贾庄7个乡（镇）受灾，最严重的是岳龙、丰台、大贾庄3乡（镇），岳龙镇400公顷大田减产80%；地下水位连年持续下降，部分机井抽空吊泵，全县4.50万人、2.10万头大牲畜的人畜饮水出现困难，农田受灾面积8583.13公顷，成灾面积5088.60公顷，经济损失3050万元。蓟县大旱，全县受灾面积8533.33公顷，成灾面积3786.67公顷。

1998年，天津市受旱灾害面积1930公顷，成灾面积1380公顷。塘沽区春夏连旱。津南区秋冬连旱。宁河县春旱，小李庄乡成灾，受灾面积66.67公顷，成灾面积40公顷。武清县降雨量偏少，旱情发展恶劣。

1999年，天津市受旱灾害面积194280公顷，成灾面积147970公顷。汉沽区6—9月仅降雨238毫米，是年平均值的60%，作物受旱面积430公顷，成灾面积260公顷，损失粮食0.15万吨，经济作物损失2600万元。大港区特大干旱，年降雨量306.3毫米，1—3月没有降雨，4月、5月平均降雨量33.3毫米，全区农作物因干旱受灾面积10390公顷，成灾面积10390公顷，全年粮食总产5303吨，不足一般年景的十分之一，其中夏粮2430吨，秋粮2873吨，种植业总产值0.36亿元，比1998年下降73.7%。东丽区春旱，汛前降雨仅71毫米，农作物受灾严重，受灾面积4826公顷，造成直接经济损失5900.36万元。津南区连续第三个干旱年，全年降雨量395.6毫米，为多年平均降雨量的 71%。严重的连旱，使全区 2929.6 公顷农作物受灾，成灾 1884.6 公顷，粮食减产 4244 吨。西青区连续三年干旱最严重的一年，6 月初，鸭淀水库干库，是建库 22 年来的第二次干库（1987 年第一次干库），大寺、王稳庄两镇旱情更为严重（其中大寺镇 267 公顷、王稳庄镇 400 公顷），全区共有 6333 公顷旱田减产二成、有 3333 公顷晚庄稼减产五成、有近 333 公顷农田麦收之后无墒撂荒。是年全区受灾面积 5950 公顷，成灾面积 3870 公顷。北辰区百年历史上第三个大旱年，6—8 月降雨 119.3 毫米，是 1958 年以来第二个大旱年，各类作物因旱凋萎，缺苗、死苗严重，河道干涸，是年受旱灾面积 7080 公顷，成灾面积 6540 公顷。宝坻县 6—9 月，降水 198.7 毫米，比多年平均值减少 59.2%，全县受灾面积 7220 公顷，成灾面积 1780 公顷。武清县主汛期降雨量小，没有形成径流，河道无洪沥水发生，因干旱造成受灾面积 49533 公顷，成灾面积 39870 公顷，绝收 6533 公顷，粮食作物减产 6156 千克，直接经济损失 1880 万元。宁河县特旱，导致蓟运河沿岸 7 个乡镇稻田死苗面积 1400 公顷，黄缩苗面积 4330 公顷，旱田欠墒面积 12700 公顷，芦台、董庄、桥北、大北涧沽、南涧沽、俵口、宁河、廉庄、苗庄、丰台、小李庄、后棘坨、岳龙、板桥 14 个乡（镇）受灾，受灾面积 10700 公顷、成灾面积 8286.07 公顷。蓟县特旱，冬无雪、春无雨，6 月 22 日至 7 月 5 日持续 11 天高温天气，使土壤墒情严重不足，干旱程度超过 100 年一遇，春播作物在 9 时左右就出现萎蔫，山区果树出现落叶、落果现象，蓟县有 275 个村，3.08 万户，10.60 万人，0.68 万头大牲畜出现饮水困难，农田受灾面积达 38866.67 公顷，成灾面积 26240 公顷。

2000 年，天津市受旱灾害面积 217950 公顷，成灾面积 171780 公顷。塘沽区春夏干旱高温持续时间过长，粮食作物受到严重影响，减产三成的面积为 318.27 公顷，减产七成的为 1610.27 公顷，绝收面积为 1338.27 公顷，减产粮食 2260 万千克，经济损失 2205 万元，因潮白新河无水，塘沽 3 座中型水库和 16 座小型水库均未蓄上水。汉沽区春旱，1—6 月降雨不足 60 毫米，作物受旱面积 3733 公顷，轻旱 933.33 公顷，重旱 2667 公顷，干枯 133.33 公顷。大港区特大干旱，1—3 月平均降雨 6.4 毫米，4—6 月平均降雨 34.5 毫米，土壤严重失墒，农作物播种面积 5499 公顷，因旱受灾面积 4413 公顷，成灾面积 4413 公顷，全区粮食总产量不足一般年景的十分之一，种植业总产值 0.47 亿元，比 1999 年下降 2.1%。是东丽区百年不遇的特大干旱年，春季未降一场有效雨，汛期降雨 299.5 毫米，相当于多年平均汛期降雨的 64%，作物生长期内严重缺水，致使 3720 公顷水稻减产，大田作物及经济作物损失严重，造成直接经济损失 7900.36 万元。是津南区自 1997 年来第四个持续干旱年，由于有效降雨少，无径流产生，给农业生产用水造成极大影响，秧苗枯死现象严重，部分农村人畜饮水出现困难，酷旱造成全区农田受灾 7058.87 公顷，成灾 5505.53 公顷，4981.8 公顷粮食作物灾情严重，减收 18489 吨。西青区 1—6 月累计降雨量仅为 56.56 毫米，比 1999 年同期减少 40.77 毫米，比 1998 年同期减少 183.58 毫米，因旱受灾面积 6890 公顷，成灾面积 960 公顷。北辰区气温偏高，降水偏少，上游无来水，河床干涸，6 月开始，天津市停止对菜田引滦供水，全年受旱灾面积 14000 公顷，成灾面积 13180 公顷，其中绝收 2600 公顷，夏粮减产 1 成，秋粮减产 6 成。武清县旱情严重，全区农作物受灾面积达 85680 公顷，占武清县农作物播种面积的 93%，其中成灾面积 42667 公顷，绝收 13333 公顷。宝坻县 6—9 月降水量 210.6 毫米，比多年平均值减少 56.8%，全县农作物减产或绝收成灾面积 36520 公顷，其中粮作物 27140 公顷，全年粮食总产量 2.76 亿千克，比 1999 年减产 2.53 亿千克，其中秋粮减产 2.49

亿千克。宁河县春旱、秋旱，全县降雨不均，6—9月，俵口、岳龙、东棘坨3乡不足150毫米，赵本乡仅为128.6毫米，由于1999年汛末没蓄水，2000年春季调整农业种植结构，水稻种植面积减至6510.67公顷，6月中旬全县失墒、欠墒面积达16700公顷、芦台周边乡镇出现抽空吊泵机井230眼，出水量减少50%以上的机井250眼，71个村、5万人生活用水出现困难，桥北、任凤、南涧沽、北淮淀、宁河、赵本、丰台、小李庄、后棘坨、苗庄、潘庄、大贾庄12个乡镇受灾，受灾面积18500公顷、成灾面积14800公顷。蓟县春旱、夏旱、伏旱，11条二级河道及27条蓄水深渠于3月底基本干枯，山区的11座小水库及73座塘坝于5月中旬全部干枯，7800多眼机井大部分出水不足，中、浅井干枯590眼，吊泵1130眼，时抽时停900眼，平原洼区的小井和压把井103780眼，干枯72650眼，蓟县有76个村，1.02万户，3.75万人，0.47万头大牲畜出现饮水困难，农田受灾面积24500公顷，成灾面积14313.33公顷。

2001年，天津市连续第5个干旱年，受旱灾害面积126160公顷，成灾面积81540公顷。塘沽区干旱少雨，农田作物干旱面积3233.33公顷，其中成灾面积1553.33公顷（包括绝收面积200公顷），造成粮食损失99.8万千克，经济作物损失979.5万元。汉沽区春旱，1—6月降雨18.7毫米，不足多年平均降水3成，据统计，有2.12万人发生饮水困难，双缺户（即缺粮、缺钱户）400余户，涉及1200多人，缺粮3.4万千克，由于连续五年较大干旱，地下水位持续下降，机井正常出水的只占一成，农田灌溉水源严重不足，导致葡萄大幅度减产，棉花等大田作物苗情不好，缺苗断垄现象严重，土壤缺墒严重，有400公顷旱田无法播种。大港区遭受中度干旱，全区年降雨量435.4毫米，春季连续无降雨日43天，作物播种面积14245公顷，农作物因旱受灾面积1378公顷，农作物因旱成灾面积1378公顷，全年粮食总产18639吨，不足一般年景的二分之一。东丽区旱情尤为严重，全区农业及人畜饮水经受了严峻的考验，入春以来，全区降雨极少，2—5月降雨量平均为16.5毫米，仅为2000年同期的20%，特别是进入5月后，持续高温，空气干燥，蒸发加剧，土地严重失墒，地面可用水源骤减，干旱少雨，二级河道干涸，污水河断流，小水库、坑塘大多数接近死库容，全区6个乡（镇）14万人不同程度地出现人畜饮水问题，已播种作物受旱情况较为严重，全区受旱灾面积达6670公顷，干旱造成少种农田面积达320公顷，造成直接经济损失超亿元。津南区连续第五年遭受干旱，由于2000年全区降水偏少，农业蓄水严重不足，加之入春以来，持续干旱，气温回升迅速，而且大风扬沙天气时有发生，至5月上旬，全区平均降水量仅为1.3毫米，旱情极为严重，部分地块干土层达30厘米，全区6666.67公顷大田普遍失墒，农作物难以按时播种，秧苗死苗严重，人畜饮水出现困难，干旱造成全区农田受灾面积6326.4公顷，其中成灾面积4522.47公顷。北辰区春旱严重，河道干涸，地下水位下降，作物出苗率低，汛期总降水量374.6毫米，区内58个村、7.8万人、6000余头大牲畜相继出现饮水困难，旱情造成旱灾面积7933.33公顷，成灾面积6400公顷，春旱严重，应播10800公顷，实播7493.33公顷，出苗率低，仅60%。58个村人畜饮水困难。宝坻区1—5月降水量24.7毫米，比大旱的1972年同期减少39%，干旱造成全区农作物受灾面积8913.33公顷，成灾面积4373.33公顷，有329个村20.45万人生活用水困难。宁河县1—5月累计降雨24.1毫米，地下水位以每月3～5米的速度下降，全县370眼机井抽空吊泵，导致19个乡（镇）、105个村、8.35万人、2.21万头牲畜不同程度地出现饮水困难，蓟运河海水倒灌，水含盐量8‰～14‰，全县耕地普遍失墒欠墒，36400公顷各类作物普遍受旱凋萎，11800公顷农作物不同程度死苗，全县除苗庄镇外全部受灾，农田受灾面积21000公顷，12个乡（镇）成灾，成灾面积10600公顷。蓟县大旱，为持续干旱第五个年头，春旱、夏旱、末伏旱，由于连年干旱地上水源严重不足，导致地下水超量开采，加之地下水未得到及时补充，致使机井水位急剧下降，山丘区机井水位最大降幅34.60米；平原、洼区机井水位平均下降5～10米，全县103780眼压把井及小井全部干枯；7438眼机井大部分出水量不足，有400眼干枯，2000眼机井时抽时停，全县有13.07万人、1.76万头大牲畜出现饮水困难，农田受灾面积2700公顷，绝收面积2000公顷。

　　2002年，天津市受旱灾害面积145840公顷，成灾面积97270公顷。塘沽区受旱面积2460公顷，成灾面积1853.33公顷，灾害损失760万元。是大港区特大干旱年，年降雨量371.9毫米，农作物播种面积10924公顷，农作物因旱受灾面积10248公顷，农作物因旱成灾面积8959公顷，全年粮食总产4520吨，不足一般年景的十分之一，种植业总产值0.45亿元，比2001年下降41.6％。东丽区连续干旱，全区受旱灾面积3443公顷，成灾面积2419公顷，造成直接经济损失2957.47万元。津南区连续第六年遭遇干旱，1—5月累计降水量28.3毫米，其中1月、2月没有降水，2001年冬气温较常年高4℃，由于降水较少，农业蓄水严重不足，土壤失欠墒严重，部分地块干土层深达40厘米，河道水源匮乏，水质恶劣，春季农业生产受到严重影响，全区大田6666.67公顷不能按时播种，干旱造成全区农田受灾面积8463.67公顷，成灾面积6409.13公顷。西青区区辖10条二级河道基本干枯，农业用水严重短缺，全区受旱灾面积6580公顷，成灾面积2770公顷。北辰区汛期总降雨量263.8毫米，整个汛期没有径流，各主要行洪河道均无到水，河道干涸，地下水位下降，水库接近死库容水位，是年，受旱灾面积4560公顷，成灾面积4000公顷。宝坻区严重干旱，5月底统计资料显示，农作物失墒面积5000公顷，欠墒面积28200公顷，旱灾面积2627公顷。宁河县再遇特旱，地下水位连年持续下降，机井抽空吊泵现象十分普遍，汛期河道没有来水，蓟运河防潮闸漏咸，致使河水含盐量在10‰～13‰，七里海东海水库在春天第一次干库，全县9.80万人，3.40万头大牲畜饮水出现困难，除岳龙镇、廉庄子乡外，12个乡（镇）农田受灾，受灾面积26400公顷，8个乡（镇）成灾，成灾面积12700公顷，经济损失7642.44万元。蓟县大旱，为持续干旱第六个年头，地表无蓄水，地下水资源可采取量由1997年的2.7亿立方米，减少到1.8亿立方米，蓟县耕地受灾面积25760公顷，成灾面积9280公顷，粮食减产2.5万公斤，水果减产187万公斤。

　　2003年，天津市受旱灾害面积120000公顷，成灾面积80000公顷。北辰区各类蓄水工程蓄水严重不足，受旱面积3866.67公顷，成灾面积3533.33公顷，1733.33公顷受灾减产3～5成，1200公顷受灾减产5～8成，633.33公顷减产8成以上。宁河县春旱、夏旱，除潘庄、造甲城镇外，12个乡（镇）农田受灾，受灾面积11500公顷，11个乡（镇）成灾，成灾面积7883.73公顷。

　　2004年，宁河县春旱，俵口、苗庄两乡镇受灾，受灾面积3203.67公顷，苗庄镇成灾，成灾面积2627.47公顷。

　　2005年，宁河县春旱，板桥镇受灾面积60公顷，成灾面积33.33公顷。

　　2008年，蓟县春旱，受灾面积81.33公顷，成灾面积37.53公顷。

　　其他年份没有出现旱灾。

第三节　风　暴　潮

　　风暴潮是沿海地区非常恶劣的一种自然灾害，是由天文潮汐与气压巨变和强风作用形成的高浪潮导致海面异常的升降现象，也称之为风暴海啸。天津地处渤海岸边，是风暴潮多发地区。风暴潮主要发生在春、夏、秋三季，其中春、秋以冷空气影响为主，而夏季则主要受热带气旋北上影响而形成，也是风暴潮发生频率最高的季节。1991—2010年，比较严重的风暴潮灾害有1992年、1997年、2003年。

　　1992年9月1日，受16号强热带风暴和天文大潮的共同影响，天津市遭受了一次自1949年以来最严重的强海潮袭击，渤海海面东北风7～8级，阵风9级，塘沽六米潮位站17时50分测得最高潮位5.98米（海图基面），海河闸17时55分出现最高潮位6.14米（大沽冻结）。有近100千米海堤漫水，防潮堤决口13处，被海潮冲毁的海堤40处，大量的水利工程被毁坏，沿海大型企业及塘沽、大港、汉沽、津南均遭受严重损失。

　　天津新港临海港区库场、码头、客运站全部被淹，新港港区码头水深达1米；有2400余个集装箱被淹泡，其中进水1219个；新港船厂、北塘修船厂、天津海滨浴场遭淹泡；北塘镇、塘沽盐场、汉沽盐场、八一盐场、大港电厂、大港石油管理局等10余个单位的部分海堤被潮水冲毁。天津海河闸受到较重损坏；港口和盐场的30余万吨原盐被冲走；大港油田的69眼油井被海水淹泡，其中31眼停产；大港石油管理局滩海工程公司正在修建的人工岛，其钢板外壳被风暴潮和大风大浪撕开60多米长的口子。大港区南部马棚口一带海潮上岸，津歧公路约两公里被海潮淹没，防浪土堤被冲垮。沿海三个区3400户居民家庭进水，倒塌民房19间，部分企业围墙被冲塌；有1200多公顷养虾池被冲毁；冲毁闸涵462座，损坏机电井21眼，损坏机电泵站190座；有20万平方米路面被冲坏；交通、电力、通信等设施受到不同程度的损坏，一些企业也因此而停产。虽然没有造成人员伤亡，但直接经济损失达3.99亿元。

　　1994年8月15日22时，由于受台风影响，大港区沿海发生风暴潮，最高水位达4.4米（黄海高程），超过警戒水位。8月16日10时4分，最高潮位达4.65米（黄海高程），子牙新河防潮小埝被冲毁四分之三，部分堤段有浪花越过。

　　1997年，受第11号热带风暴和北方冷空气的共同影响，渤海海面发生了风暴潮，同时与天文大潮相遇，8月19—20日天津沿海出现3次高潮位。19日16时10分、20日4时、20日16时10分潮位分别达到4.72米、4.86米、5.46米。海水沿海河闸漫溢，最大流量67立方米每秒，倒灌时间3.5小时左右。此次风暴潮给天津市沿海造成直接经济损失约1.22亿元。其中损坏海水养殖面积778公顷，损失养殖虾613吨，直接经济损失1410万元；造成2个工矿企业部分停产，水淹气油井735眼，直接经济损失为3940万元；损坏堤防40千米，决口3.89千米，损坏水闸18座，直接经济损失为2024万元；损失原盐10000吨，直接经济损失为196万元；造成港务局直接经济损失为4586万元。

　　2003年10月10—12日，受强冷空气与南方暖湿气流北上，同时渤海湾受东北9～11级大风和天文大潮共同影响，11日凌晨天津沿海发生风暴潮，3时42分超警戒潮位430毫米，风暴潮给天津沿海港口、油田、渔业等造成不同程度的损失。大港油田14条高压线路停电，油田停产1094井次，盐场进水损失盐15.34万吨，新港船厂设备被淹，部分企业停产，损毁海堤7.3千米，泵房13处，损坏房屋545间，车辆60台，未造成人员伤亡，风暴潮造成沿海地区直接经济损失9924万元。受冷高压南下影响，11月25日，塘沽区、大港区再次遭受风暴潮袭击，最高潮位达到5.05米，超警戒水位150毫米，造成街区、厂区、虾池被淹、输电线路停电，油井停产，局部防潮堤被冲毁，造成塘沽区直接经济损失531万元，大港区新增损失100万元。

2004年9月15日，汉沽区沿海村镇遭受强风暴潮的袭击，大神堂等沿海村海挡损坏严重，村里进水，由于各项准备工作充分，险情及时得到控制和排除，没有造成人员伤亡。

2005年8月8日15时，台风"麦莎"侵袭汉沽区，潮位高达5.18米，日降雨60毫米，双桥至大神堂段1530米未治理海挡冲淘进堤身2～3米，堤埝多处坍塌。海潮造成直接经济损失600万元。

2009年大港区风暴潮频繁，较常年偏高。全年共发生风暴潮21次，其中4月15日，受恶劣天气影响，沿海发生风暴潮，南港工业园区遭受严重损失，6时30分出现最大潮位5.17米，为是年最高潮位。

第四节 其 他 灾 害

一、雹灾

天津所处的特殊地理环境极易出现降雹天气，且常常有大风雨和强雷电出现，对农业生产造成较大的灾害。只是由于降雹历时短，笼罩面积小，从全市范围看，危害只是局部的、短时的，影响不算太大。从机遇上，天津都有地区出现。

1991年6月24日17时40—53分，津南区辛庄乡遭受雹灾。冰雹最大直径10毫米，一般直径5毫米，最大密度每平方米1000粒，667毫米厚。受灾面积533.33公顷，成灾225.1公顷，减产5～8成。同日17时43—58分，双港乡7个村突降冰雹，最大直径10毫米，一般直径5毫米，最大密度每平方米1000粒，一般密度每平方米700～800粒。雹灾面积266.67公顷，119.03公顷农田减产5～8成。

1991年9月1日20时2—22分，津南区葛沽镇596.2公顷菜田及农田遭受雹灾。冰雹最大直径10毫米，一般直径5毫米，密度为每平方米1000粒左右，造成521.87公顷农作物减产3～5成。

1991年6月24日，北辰区霍庄子、西堤头、双街3乡（镇）19村受雹灾面积3560公顷，直接经济损失1543万元。

1992年7月21日11时40分，强烈飑风袭击武清区下朱庄、聂庄子两乡的14个村庄，持续时间达30分钟，造成52根电杆倒地和133.33公顷早玉米、93.33公顷晚玉米、6.7公顷棉花倒伏，305米院墙倒塌，损坏渔船6条，房屋608间，伤2人，死亡奶牛26头，直接经济损失103万元。

1993 年 8 月 19 日，大风冰雹袭击北辰区双街、北仓、霍庄、西堤头等乡，受灾面积 1333.33 公顷。双街最严重，200 公顷大白菜毁种，133 万公顷秋菜绝收。

1995 年 6 月 22 日 18 时 17 分至 19 时 10 分，津南区自西向东长青、双港、辛庄、南洋、咸水沽、双桥河、葛沽 7 个乡（镇）先后降冰雹。津沽公路北侧严重，南侧较轻。双桥河乡持续降雹时间最长，达 23 分钟，葛沽乡持续时间最短，为 3～4 分钟，一般为 10～15 分钟。最大雹径 70～80 毫米，一般直径 40 毫米，最大密度每平方米 400 粒，一般密度每平方米 200～300 粒。2688 公顷农作物受灾，其中长青、双港、辛庄、南洋、咸水沽 5 个乡（镇）灾情严重。1400 公顷菜田受灾，739.87 公顷菜田损失较重，直接经济损失 2924.7 万元。冰雹损毁蔬菜品种有西红柿、黄瓜、茄子、豆角等，仅蔬菜大棚薄膜及架材损失为 1100 万元；果园受灾面积 100 公顷，86.67 公顷葡萄、苹果、桃树损失较严重，直接经济损失 250 万元；大田受灾 1188 公顷；28100 间民房受到不同程度的损坏。

1995 年 6 月 22 日，北辰区受雹灾面积 9866.67 公顷，涉及 5 个乡（镇），经济损失 8000 万元。

1997 年 6 月 19 日 12 时 50 分至 13 时，津南区西小站、潘家洼、传字营、中义辛庄等村突降冰雹。最大雹径 10 毫米，一般直径 2～3 毫米。降雹范围东西长 4 千米，南北宽 1 千米，致使玉米、高粱倒伏，叶片成条，西瓜破裂。双闸乡 3 个村受灾 176 公顷，其中青菜 84.67 公顷，玉米 66.67 公顷，豆类 22.67 公顷，西瓜 2 公顷；北闸口村、传字营村受灾 86.67 公顷，其中高粱 58 公顷、果园 10 公顷，蔬菜西瓜 14 公顷。造成大田作物减产 3 成，瓜菜水果减产 6～7 成。

1998 年 5 月 20 日 3 时 10 分，津南区小站、双闸、北闸口三个镇突降冰雹，其中双闸镇损失较重。冰雹最大直径 8～10 毫米，每平方米 30～40 粒。23.33 公顷大豆损失 3 成，5.07 公顷西瓜损失 7 成以上。因冰雹伴有阵雨大风，近 26.67 公顷小麦出现倒伏。同年 6 月 17 日 0 时 30 分至 1 时 10 分，葛沽镇突降冰雹，持续 40 分钟，密度为每平方米 350 粒，同时降雨 90 毫米。雹灾成灾面积 1666.67 公顷，其中中度灾情面积 226.67 公顷；重度灾情面积为菜田 253.33 公顷、西瓜 66.67 公顷、水果 13.33 公顷；沥涝受灾面积 286.67 公顷，其中重度面积为菜田 160 公顷、粮田 33.33 公顷。

1998 年 6 月 16 日，北辰区雹灾面积 4180 公顷，成灾面积 2126.46 公顷，绝收 236.66 公顷经济作物，造成经济损失 8155 万元，粮食减产 3164 吨。

1999 年 4 月 19 日，北辰区从双口至西堤头有 6 个镇降下冰雹，最长时间达 30 分钟，冰雹最大直径达 50 毫米，降雹最多地块厚度达 100 毫米。受灾面积 3407 公顷，其中 553.3 公顷绝收，经济损失 351.7 万元。是年 7 月 17 日，霍庄乡 3 个村 140 公顷大豆受灾。

2000 年 5 月 17 日，北辰区内 11 个镇受雹灾面积 466.67 公顷，经济损失 8626 万元。是年 10 月 5 日，有 6 镇 2400 公顷作物再受雹灾，经济损失 2650 万元。

2001 年 6 月 27 日，北辰区青光、双口、双街、大张庄、南王平、小淀、天穆、北仓、宜兴埠 9 镇均遭受狂风冰雹袭击，冰雹直径 5～30 毫米，阵风 9～10 级，受灾面积 434000 公顷，造成直接经济损失近 5600 万元。

2001 年 6 月 13 日、27 日、29 日和 9 月 4 日，武清区 4 次遭遇飓风、冰雹袭击，累计 29 个乡镇 29.09 万人、9500 公顷次农田受灾。其中粮食作物受灾 3610 公顷，减产 2.07 万立方米，经济作物绝收 3270 公顷，蔬菜、果树等受灾 2620 公顷，倒塌房屋 734 间，毁坏通信线路 24.1 千米。全区 34333 公顷灾害造成减产 47895 立方米。

2002 年 5 月 10 日，北辰区小淀、大张庄镇受狂风和冰雹袭击，冰雹直径 5～30 毫米，阵风 9～10 级，果树、蔬菜、小麦等受灾面积 666.66 公顷，其中重灾 200 公顷。

2004 年 6 月 22 日，武清区普遍遭受暴风雨袭击，部分乡镇遭受冰雹袭击，致使全区大部分乡镇农作物、树木、果园受灾。受灾总面积 8375.9 公顷，成灾面积 6683.1 公顷。其中粮食作物受灾面积 3433.1 公顷，成灾 2301 公顷；经济作物受灾面积 4942.8 公顷，成灾 4382.1 公顷。倒塌房屋 5237 间，电线杆 903 根。直接经济损失达到 8550 万元。

2005 年 7 月 10 日，北辰区内有 6 个镇降雹，最大直径 20～30 毫米，密度为每平方米 200～1200 个，粮食、经济作物、果树、瓜类均遭雹灾，受灾村 37 个，受灾面积 1513 公顷，经济损失达 4724.5 万元。

2005 年 7 月 9 日和 8 月 7 日，武清区的白古屯、崔黄口等 9 个乡（镇）遭受风雹袭击，受灾总面积 64099 公顷，成灾面积 3376 公顷。其中粮食作物受灾面积 3369 公顷，成灾 2860 公顷；经济作物受灾面积 729.33 公顷，成灾 516 公顷。折断树木 386 棵，电线杆 6 根。直接经济损失达到 2768.08 万元。

2006 年 6 月 25 日，北辰区天穆、宜兴埠、小淀、西堤头、青光 5 镇降雹，冰雹最大直径 20～30 毫米，密度每平方米 200～600 个，造成粮、菜、瓜、果等农作物受灾面积共 866.67 公顷，经济损失 753 万元。

2008 年 5 月 3 日，塘沽区冰雹（直径约 6 毫米）。冰雹对农业造成轻微损失。

2009 年 7 月 22 日，北辰区降雹持续 30 分钟，密度每平方米 50 粒，受灾面积达 1720 公顷；西堤头镇大棚塑料、帘、结构受损，青储饲料被淹泡；天穆镇刘房子花卉园艺场 5.70 万盆花全部受淹泡。共造成经济损失 3551 万元。

二、虫灾

天津易发生的虫灾主要是蝗虫，蝗虫暴发成灾主要是由气象、农作物及害虫天敌三方面因素决定，它对农作物危害最大。还有一类不容忽视的就是外来生物的入侵，并且这种灾害给我国的农林牧业生产和人民的生活造成了严重影响。

历年来蝗虫在北大港都有不同程度的危害，个别年份还相当严重，是当地灾难深重的虫害之一。1991—2010 年除治蝗虫工作实录见表 1-4-4-2。

表 1-4-4-2   **1991—2010 年除治蝗虫工作实录**

发生年份	发 生 情 况	发生面积/公顷	防 治 情 况
1991	夏蝗一般密度每平方米 0.3 头，最高密度每平方米 3～4 头	8000.04	飞机除治 13333.4 公顷，人工除治 3333.35 公顷
	秋蝗一般密度每平方米 0.1 头，最高密度每平方米 4～5 头	9066.71	

续表

发生年份	发生情况	发生面积/公顷	防治情况
1992	夏蝗一般密度每平方米 0.2 头，最高密度每平方米 5～6 头	2186.68	飞机除治 16666.75 公顷，人工除治 5333.36 公顷
	秋蝗一般密度每平方米 0.2 头，最高密度每平方米 4～5 头	5386.69	
1993	夏蝗一般密度每平方米 0.4 头，最高密度每平方米 6～7 头	9333.38	人工防治 2000.01 公顷
	秋蝗一般密度每平方米 10 头，最高密度每平方米 300 头	5000.03	
1994	夏蝗一般密度每平方米 350 头，最高密度每平方米 6000～10000 头	13333.40	人工防治 39333.53 公顷
	秋蝗一般密度每平方米 100 头，最高密度每平方米 2000 头	16000.08	
1995	夏蝗一般密度每平方米 100 头，最高密度每平方米 1000 头	4000.02	人工防治 8266.71 公顷
	秋蝗一般密度每平方米 0.5 头，最高密度每平方米 120 头	5000.03	
1996	夏蝗一般密度每平方米 0.2 头，最高密度每平方米 6～8 头	3866.69	人工防治 666.67 公顷
	秋蝗一般密度每平方米 0.4 头，最高密度每平方米 8～10 头	2666.68	
1997	夏蝗一般密度每平方米 0.2 头，最高密度每平方米 1～2 头	1200.01	
	秋蝗一般密度每平方米 0.1 头，最高密度每平方米 3 头	1666.68	
1998	夏蝗一般密度每平方米 10 头，最高密度每平方米 100 头	6666.70	人工防治 3466.68 公顷
	秋蝗一般密度每平方米 0.2 头，最高密度每平方米 3～3.5 头	9666.72	
1999	夏蝗一般密度每平方米 280 头，最高密度每平方米 6800 头	10000.05	人工防治 11733.39 公顷
	秋蝗一般密度每平方米 2～3 头，最高密度每平方米 10～15 头	6666.70	
2000	夏蝗一般密度每平方米 130 头，最高密度每平方米 8000～10000 头	16000.08	人工防治 18266.76 公顷
	秋蝗一般密度每平方米 30 头，最高密度每平方米 300～350 头	13333.40	
2001	夏蝗一般密度每平方米 2～4 头，最高密度每平方米 8000～10000 头	2666.68	飞机除治 2000.01 公顷，人工除治 666.67 公顷
	秋蝗一般密度每平方米 20～30 头，最高密度每平方米 250～300 头	3000.02	

发生年份	发生情况	发生面积/公顷	防治情况
2002	夏蝗一般密度每平方米 3～6 头，最高密度每平方米 4000～5000 头	6666.70	飞机除治 3333.35 公顷，人工除治 1000.01 公顷
	秋蝗一般密度每平方米 10～15 头，最高密度每平方米 100～150 头	2333.35	
2003	夏蝗一般密度每平方米 0.4～2 头，最高密度每平方米 3 头	666.67	
	秋蝗一般密度每平方米 0.1 头，最高密度每平方米 1.5～2 头	333.34	
2004	夏蝗一般密度每平方米 0.5～1 头，最高密度每平方米 1～3 头	1000.01	人工防治 666.67 公顷
	秋蝗一般密度每平方米 0.1 头，最高密度每平方米 2.5～3 头	666.67	
2005	夏蝗一般密度每平方米 0.1 头，最高密度每平方米 1 头	1000.01	人工防治 333.34 公顷
	秋蝗一般密度每平方米 0.1 头，最高密度每平方米 1.5 头	1666.68	
2006	夏蝗一般密度每平方米 0.6 头，最高密度每平方米 6～7 头	5333.36	人工防治 133.33 公顷
	秋蝗一般密度每平方米 0.5 头，最高密度每平方米 8～10 头	6666.70	
2007	夏蝗一般密度每平方米 1.5 头，最高密度每平方米 10 头	5333.36	人工防治 3000.02 公顷
	秋蝗一般密度每平方米 0.3 头，最高密度每平方米 3～4 头	11000.06	
2008	夏蝗一般密度每平方米 ＞10 头，最高密度每平方米 1000 头	12000.06	人工防治 14198.07 公顷
	秋蝗一般密度每平方米 3 头，最高密度每平方米 15 头	8000.04	
2009	夏蝗一般密度每平方米 2～3 头，最高密度每平方米 500 头	9333.38	人工防治 5533.36 公顷
	秋蝗，最高密度每平方米 60 头	9333.38	
2010	夏蝗一般密度每平方米 0.5 头，最高密度每平方米 1～1.5 头	6333.37	人工防治 5133.36 公顷
	秋蝗一般密度每平方米 8 头，最高密度每平方米 15 头	4333.36	

第二篇

水文水资源

天津市受地理位置和大气环流变化等自然环境的影响，自产水资源量化特征为降雨量和径流量年际变化大且季节性强，区域分布不均，冬、春季旱灾机遇多，枯水期长而水蒸发和渗透量叠加大。随着全市人口不断增加、经济不断发展，水资源需求量不断增长，天津市水资源短缺问题日益突出。1991—2010 年，天津市采取跨流域、跨区域调水及非常规水资源利用等措施，优化水资源配置，最大限度地保证水资源供给。同时，实行最严格的水资源管理制度，强化水资源管理"三条红线"刚性约束，大力压缩地下水开采，严格实行计划用水管理和用水总量控制，综合运用法律、行政、经济手段管水、用水、节水，推进节水型社会建设。水文装备不断完善，水文技术和监测能力不断提高，为全市防汛抗旱提供了技术支撑。科学开发和有效利用水资源，促进经济社会可持续发展，对天津城市建设和工农业发展发挥了重要作用。

第一章　水资源条件

天津市多年平均水资源总量 156991 万立方米，2010 年水资源总量 9.2 亿立方米，其中地表水资源量 5.58 亿立方米，地下水资源量 4.45 亿立方米，地表水与地下水资源重复计算量 0.83 亿立方米。2010 年年底，全市户籍人口 984.85 万人，按此计算，全市人均水资源量 159.41 立方米每人，仍维持在 160 立方米每人的水平上，加上入境和外调水量，人均占有量仅 370 立方米。天津市属资源型缺水城市。

第一节　分区及水资源量

一、水资源分区

2002 年 6 月，水利部、国家计委下发《关于开展全国水资源综合规划编制工作的通知》，要求在全国开展水资源综合规划编制工作，市水利局开展了 1956—2000 年的天津市水资源调查评价工作。

根据海河流域水资源综合规划要求，天津市分列在海河流域的 3 个水资源三级分区（又可称为计算单元）中，海河北系即北三河山区、北四河下游平原和海河南系大清河淀东平原 3 个水资源三级分区。

评价工作执行《全国水资源规划技术大纲——水资源调查评价》《海河流域水资源综合规划工作大纲》《海河流域水资源调查评价技术细则》的规定，以 2000 年为基准年，采用 1956—2000 年的系列资料，开展天津市的水资源评价工作。同时，在海委的统一指导、安排下进行了流域评价成果汇总与协调。于 2006 年 6 月完成《天津市水资源调查评价报告》。水资源三级分区对应行政区划面积见表 2-1-1-3。

表 2-1-1-3　　　　　　　　天津市水资源三级分区对应行政区划面积　　　　单位：平方千米

水资源分区			地级分区	计算面积	其中：平原面积
一级	二级	三级			
海河流域	海河北系	北三河山区	蓟县	727	0
		北四河下游平原	蓟县	863	863
			宝坻区	1510	1510
			武清区	1574	1574
			宁河县	1431	1431
			汉沽区	442	442
			北辰区	160	160
			塘沽区	79	79
	海河南系	大清河淀东平原	北辰区	319	319
			塘沽区	679	679
			市区	168	168
			大港区	1056	1056
			东丽区	479	479
			西青区	564	564
			津南区	389	389
			静海县	1480	1480
合　计				11920	11193

北三河山区。北三河山区天津市境内，基本沿 20 米等高线伸展，即沿蓟县的李庄子、蓟县城南、翠屏山、别山等地向东进入河北省。该区由于包括了天津市境内的全部山区和山前丘陵区，在天津市境内的地理面积为 727 平方千米。

北四河下游平原。北四河下游平原天津市内北部与北三河山区接界。其南部边界的位置自南遥堤经屈家店、沿永定新河至入海口结束。该区在天津市境内的全部地理面积为 6059 平方千米。

大清河淀东平原。大清河淀东平原天津市境内北部与北四河下游平原接界，其南部是天津市界。该区包含了天津市境内永定新河以南的全部平原区，在天津市境内的地理面积为 5134 平方千米。天津市水资源分区见表 2-1-1-4。

表 2-1-1-4　　　　　　　　　　天津市水资源分区表　　　　　　　　　　单位：平方千米

水资源分区			总面积	计算面积	其中：平原面积
一级	二级	三级			
海河流域	海河北系	北三河山区	727	727	0
		北四河下游平原	6059	6059	6059
	海河南系	大清河淀东平原	5134	5134	5134
合　计			11920	11920	11193

二、水资源量

本节所指的水资源量指本地水资源量，是通过本地降水、地表径流量、地下径流量 3 个水资源要素来描述的，不包含入境水量及非常规水量。

数据采用水文水资源中心于 2002 年 6 月开展的 1956—2000 系列年的天津市水资源调查评价工作，2006 年 6 月完成的《天津市水资源调查评价报告》中的结论数据。

（一）降水量

1991—2010 年，受地理条件和大气环流变化影响，天津市年降水不均，旱涝变化较大。20 年中有 10 年的年平均降水量低于多年平均值，处于 20 世纪 80 年代后的枯水期。特别是 1999 年全市平均年降水量仅为 347.3 毫米，折合水量 39.26 亿立方米，排列于自 1956—2000 年 45 年资料系列的第 44 位，对应 2006 年完成的《天津市地表水资源评价》近于 100 年一遇的枯水年份。1991—2010 年天津市年平均降水深及降水总量见表 2-1-1-5。

（二）天然径流量

在水文水资源调查评价中，天然径流是所推求的地表水资源量。

水资源区天然径流量。依据 1956—2000 年的系列资料，天津全市的多年平均天然径流量为 106534 万立方米；3 个水资源分区的多年平均天然径流量分别为北三河山区 18116 万立方米，北四河下游平原 46729 万立方米，大清河淀东平原 41688 万立方米。

表 2-1-1-5　　**1991—2010 年天津市年平均降水深及降水总量表**

年份	年平均降水深/毫米	年降水总量/亿立方米	年份	年平均降水深/毫米	年降水总量/亿立方米
1991	609.9	68.95	2001	465.6	52.64
1992	441.2	49.88	2002	362.1	40.94
1993	436.5	49.34	2003	586	69.85
1994	637.6	72.08	2004	608.7	72.55
1995	730.2	82.55	2005	517.1	61.64
1996	595.8	67.36	2006	468.1	55.8
1997	367.3	41.52	2007	512.4	61.08
1998	589.3	66.62	2008	640.7	76.37
1999	347.3	39.26	2009	604.3	72.03
2000	424.4	47.98	2010	470.4	56.07

（三）地下水资源量

天津市地下水包括浅层和深层地下水，深层地下水未纳入水资源量统计范畴，未开展水资源评价。

天津市浅层地下水资源量多年平均值 57142.2 万立方米每年，其中山丘区地下水资源量

8202.1万立方米每年，平原区浅层地下水资源量53136.06万立方米每年。山前侧向补给量2329万立方米每年，河川基流量形成的地表水体补给量1867万立方米每年。

平原区浅层地下水资源量中，北四河下游平原区资源量47937.32万立方米每年，占90.22%，大清河淀东平原区资源量5198.74万立方米每年，占9.78%。

天津市浅层地下水可开采量主要集中在北部全淡水区，南部有咸水区浅层地下水可开采量较小，故多开采为深层地下水。

天津市北部全淡区浅层地下水指第一和第二含水组地下水，底界埋深80～100米；天津市南部有咸水区浅层地下水指第一含水组地下水，底界埋深30～50米。

平原区浅层地下水多年平均可开采资源量41610.45万立方米每年。其中北四河下游平原区可开采资源量37893.51万立方米每年，占91.1%，大清河淀东平原区可开采资源量3716.94万立方米每年，占8.9%。根据20世纪80年代科研成果评价，天津市深层地下水可开采为多年平均18700万立方米每年。

第二节　出　入　境　水　量

一、入境水量

天津市地处海河流域下游，除受上游地区暴雨泄洪影响外，还受上游地区水利工程建设和水资源开发的影响，入境水量随之增加或减少。1991—2010年天津市实测入境水量见表2-1-2-6。

表2-1-2-6　　　　　　　**1991—2010年天津市实测入境水量表**　　　　　　单位：亿立方米

年份	总计水量	天然入境和引滦、引黄调水量			按水资源分区水量		
		天然入境水	引滦入津调水	引黄济津调水	海河北系山区	海河北系平原	海河南系
1991	31.30	26.01	5.29	0	9.08	18.33	3.89
1992	16.83	7.52	9.31	0	10.13	6.70	0
1993	15.74	7.51	8.23	0	9.88	5.86	0
1994	37.98	33.65	4.33	0	10.23	24.35	3.40
1995	43.24	39.86	3.38	0	9.66	20.83	12.74
1996	87.43	83.81	3.62	0	11.78	28.85	46.80
1997	25.98	17.48	8.50	0	9.82	13.79	2.37
1998	29.07	22.75	6.32	0	9.53	19.54	0
1999	17.54	10.05	7.49	0	7.82	9.72	0
2000	14.79	6.64	4.88	3.27	5.23	6.32	3.24
2001	13.42	7.43	4.90	1.09	6.28	6.05	1.09
2002	12.05	5.43	4.50	2.12	4.46	5.47	2.12

续表

年份	总计水量	天然入境和引滦、引黄调水量			按水资源分区水量		
		天然入境水	引滦入津调水	引黄济津调水	海河北系山区	海河北系平原	海河南系
2003	18.26	12.17	4.40	4.98	4.55	8.22	5.49
2004	18.00	10.24	3.89	3.87	4.24	7.86	5.90
2005	14.97	10.15	4.21	0.61	4.66	9.57	0.74
2006	17.45	10.44	7.01	0	7.09	10.22	0.14
2007	16.63	10.50	6.13	0	6.48	9.89	0.26
2008	16.85	12.44	4.41	0	5.53	10.10	1.22
2009	18.32	11.27	5.29	1.76	5.77	10.31	2.24
2010	19.34	10.57	5.08	3.69	5.29	9.51	4.54

注　资料来源《天津市水资源公报》。

二、出境、入海水量

据 1956—2000 年系列资料分析计算，多年平均沟河出境水量为 8637.1 万立方米。天津市的出境水量除蓟运河山区沟河流入北京市外，其他均注入渤海。2010 年全市出境、入海水量合计为 9.46 亿立方米。其中沟河出境水量为 0.06 亿立方米，入海水量 9.40 亿立方米。

入海水量的变化既反映了流域内的径流丰枯情况，也反映了流域内水资源利用程度。

天津市 20 世纪 50—60 年代经常出现年入海水量超过 200 亿立方米的情况，随着上游地区国民经济的发展，兴建了大量蓄水工程，逐步发展为现在有的年份已无水入海。

入海水量的计算是指流域的地表径流扣除流域内各种人类活动影响和天然损失之后排入海洋的水量。因此，由于受水资源开发利用等因素的影响，入海水量不能全面反映天然的状况。

2006 年完成的天津市地表水资源调查评价，依据 1956—2000 年系列资料分析计算，45 年中全市入海水量为 480584 万立方米。按流域分区划分，海河北系 210746 万立方米，海河南系 269838 万立方米。天津市分区入海水量见表 2-1-2-7，1990—2010 年天津市实测出境、入海水量见表 2-1-2-8。

表 2-1-2-7　　　　　**天津市分区入海水量表**　　　　　单位：亿立方米

年份	全市合计	海河北系	海河南系
均值	48.0584	21.0746	26.9838
1956—1959	148.9475	54.7725	94.1750
1960—1969	80.8292	24.3059	56.5233
1970—1979	44.3959	26.6822	17.7137
1980—1989	9.6013	7.7749	1.8264
1990—2000	19.8703	12.8759	6.9944

表 2-1-2-8　　　　　**1991—2010 年天津市实测出境、入海水量表**　　　　单位：亿立方米

年份	出境水量	入海水量	年份	出境水量	入海水量
1991	0.58	17.41	2001	0.49	0
1992	0.34	1.40	2002	0.05	1.34
1993	0.59	1.34	2003	0.02	4.97
1994	1.34	29.27	2004	0.34	9.23
1995	0.83	49.89	2005	0.12	6.75
1996	1.67	82.57	2006	0.09	6.23
1997	0.15	5.41	2007	0.07	7.37
1998	0.76	18.76	2008	0.31	16.26
1999	0.0039	1.43	2009	0.18	12.60
2000	0.28	0	2010	0.06	9.40

第二章　水资源开发利用

　　天津市降水特点是降水量年际变化大、丰枯交替发生也有连续发生、年内分配不均、地区分布不均。为了缓解水资源短缺问题，1991—2010 年，天津市采取开源与节流并举的措施，充分利用引滦水和当地水资源，大力提倡节约用水，推广节水技术，提高水资源利用效率和效益；充分开发各种非常规水源，加大利用力度，拓展水源渠道，保障供水安全，实现水资源优化配置，用有限的水资源支持天津社会经济可持续发展。

第一节　外　调　水

一、引滦入津调水

　　1983 年 9 月，天津引滦入津跨流域调水工程竣工通水，滦河水从潘家口水库经大黑汀水库抬高水位，由分水枢纽闸分水穿引滦隧洞到黎河，顺流而下至于桥水库，出于桥水库后循州河天然河道南下入蓟运河，再经引滦明渠、暗渠入天津海河及自来水水厂，在潘家口可分配水量19.5 亿立方米的条件下，建议分配给天津城市的全年毛水量 10 亿立方米，为天津提供一个较为可靠的水源。2007 年，天津市实施引滦入津水源保护工程，将引滦输水所经州河改为暗渠，

州河暗渠与引滦专用明渠对接，引滦专用明渠又实行全封闭管理，提升引滦入津输水安全和整体管理水平。

1991—2010 年，引滦入津工程为天津安全调水 111.17 亿立方米，见表 2-2-1-9。

表 2-2-1-9　　　　　　　**1991—2010 年引滦入津水量表**

年份	1991	1992	1993	1994	1995	1996	1997	1998	1999	2000
水量/亿立方米	5.29	9.31	8.23	4.33	3.38	3.62	8.50	6.32	7.49	4.88
年份	2001	2002	2003	2004	2005	2006	2007	2008	2009	2010
水量/亿立方米	4.90	4.50	4.40	3.89	4.21	7.01	6.13	4.41	5.29	5.08

二、引黄济津应急调水

天津市于 1972 年、1973 年、1975 年、1981 年、1982 年实施引黄济津应急调水。1983 年引滦入津工程通水后，天津市生活用水和工业用水有了基本保障。自 1997 年后，海河流域持续干旱，滦河水量减少，2000 年潘家口水库只剩下 3 亿立方米死库容，于桥水库可用水量仅 1.6 亿立方米，不得不再次实施引黄济津应急调水工程。

2000 年 10 月至 2009 年 10 月，天津实施了 5 次引黄济津应急调水，均从山东省聊城市东阿县的黄河位山闸调水，经位山三干渠到临清市引黄穿卫枢纽，进入河北省境内的临清渠、清凉江、清南连渠，在泊镇市附近入南运河，通过九宣闸进入天津市境内，之后再分两条支线进入市区。北线沿南运河、子牙河经西河闸进入海河干流，全长 60.5 千米；南线由马厂减河、马圈引河进入北大港水库存蓄，再经十里横河、独流减河北深槽、洪泥河进入海河干流，全长 85.4 千米。引黄济津应急调水工程总长 586 千米，其中天津市境内 145.9 千米。5 次调水，天津市共收水 18.47 亿立方米。

2009 年，引黄济津应急调水位山输水线同时承担河北省引黄入白洋淀、衡水湖、大浪淀水库供水任务，受河道输水能力限制和河北省用水量的增加，天津市九宣闸收水大幅度减少，不能满足天津用水要求。2010 年，天津市引黄济津输水新辟潘庄线路应急调水。引黄济津应急调水潘庄线路由山东省德州市潘庄引黄闸引水，经潘庄干渠至漳卫新河倒虹吸，入河北省衡水、沧州市南运河至天津市九宣闸，再分两条支线输入海河。一条经南运河、子牙河入海河调蓄后，由自来水厂西河泵站取水向中心城区自来水厂输水；另一条经马厂减河、马圈引河入北大港水库存蓄，经十里横河、独流减河北深槽、洪泥河进入海河。引黄济津应急调水潘庄线路境外全长 392 千米，比位山输水线路缩短 48 千米。

为有效利用黄河水，经北运河、新开河，穿越新建新引河与引滦明渠联通闸进入引滦明渠，上溯至引滦明渠尔王庄段，通过引滦入汉、入塘、入开发区等泵站加压向滨海新区供水。

2010 年 10 月至 2011 年 4 月，天津市九宣闸共收黄河水 4.34 亿立方米。2000—2010 年调黄河水 6 次，计 22.81 亿立方米，有效缓解天津用水紧张局面。

2000—2010 年引黄济津水量详见表 2-2-1-10。

表 2-2-1-10　　　　　　　　　**2000—2010 年引黄济津水量表**

序号	调水起止时间	放水闸	天津九宣闸收水量/亿立方米
1	2000 年 10 月至 2001 年 2 月		4.01
2	2002 年 10 月至 2003 年 1 月		2.47（其中 0.45 水质较差）
3	2003 年 9 月至 2004 年 1 月	位山闸	5.10
4	2004 年 10 月至 2005 年 1 月		4.30
5	2009 年 10 月至 2010 年 2 月		2.59
6	2010 年 10 月至 2011 年 4 月	潘庄闸	4.34
合　　计			22.81

三、南水北调中线调水

南水北调工程于 2002 年 12 月 27 日全线开工，2014 年 12 月 12 日 14 时 32 分，南水北调中线一期工程通水。12 月 27 日引江水由南干线（含曹庄泵站）向津滨水厂及滨海新区供水；2015 年 1 月 28 日，通过西干线（含西河泵站）向天津市区新开河水厂、芥园水厂、凌庄子水厂三大水厂供水。按计划完成 2014—2015 年度 3.88 亿立方米调水任务，供水 3.13 亿立方米，全部用于城市供水。全年水质常规监测 24 项指标一直保持在地表水 Ⅱ 类标准及以上。南水北调的通水使天津的供水形成了一横一纵、引滦引江双水源保障的供水格局，为建设美丽天津提供了有力的水资源保障。

第二节　地下水开发利用

一、西龙虎峪水源地

1997 年后，海河流域持续干旱，2000 年天津引滦水源地潘家口水库和于桥水库蓄水量严重不足，不能完全满足天津地区生活生产用水。2000 年 8 月，市计委下发《关于西龙虎峪水源地应急水源工程可行性研究报告（代项目建设书）的批复》，批准投资 3165.7 万元兴建西龙虎峪地下水源地。水源地位于蓟县于桥水库东出头岭乡西代甲村，10 月底完成凿井工程的施工。共开凿机井 12 眼，日出水量 8 万立方米，经凿井抽水，通过输水管线送水至果河，自流到于桥水库补充水库水源，全部工程于 2002 年完成，由于桥处管理。在天津地表水不能满足城市正常供水的情况下，西龙虎峪应急水源地可作为天津供水的备用水源，但自建成后至 2010 年并未启用。

二、宁河北地下水源地

为缓解天津市滨海新区用水紧张，2001 年，市发展改革委批准实施宁河北地下水源地应急开发及天津经济技术开发区供水工程。宁河北地下水源地应急开发工程位于宁河县岳龙镇，占地面积 1 公顷，2002 年 5 月开工建设。2002 年 6 月至 2005 年 5 月凿井 18 眼，其中深1100 米井、540 米井、398 米井为三眼观测井，其余 15 眼井深约 760 米，为生产井，实际单井出水量最小 349 立方米每小时，最多为 1370 立方米每小时。每井配套安装 300JQS350 - 60 - 3 型潜水泵。天津经济技术开发区供水工程由加压泵站和供水管线组织，加压泵站工程坐落在宁河县丰台镇东林托村北，供水管线从加压泵站开始经宁河至滨海新区水厂，长 69.601 千米，工程由天津市水利工程建设管理中心代建，于 2006 年建成验收，移交天津泰达水务有限公司管理，2006 年 7月向泰达自来水净水厂供水，2009 年 4 月向天津中新生态城能源公司供水，2009 年 11 月向汉沽垃圾焚烧厂供水，截至 2010 年年底，向滨海新区供水 4134.79 万立方米。

第三节　非常规水源开发利用

一、海水淡化水水源

天津市海水淡化开发利用起步于 20 世纪 80 年代，1988 年，大港电厂引进美国环境公司多级闪蒸海水淡化系统设备两台，单台淡化水产量为 3000 吨每日，1990 年正式投产，供电厂锅炉用水。由于大港电厂连续采用节能降耗措施，锅炉补水率不断降低，淡化海水出现剩余，大港电厂开始开发海水淡化的民用途径，于 2001 年成立了海德润滋食品有限公司，生产"海德润滋"牌纯净水向社会销售。截至 2010 年，滨海新区大港电厂年海水直接重复利用近 15 亿吨。2006 年 12月，天津开发区万吨级海水淡化示范工程建成投产，总规模 2 万吨每日，一期规模 1 万吨每日，采用低温多效海水淡化技术，该示范工程的大型海水淡化主体设备均由国内加工制造，填补了国内空白。2009 年 6 月，新加坡凯发集团投资兴建天津大港新泉海水淡化有限公司建成，总规模15 万吨每日。一期产能 10 万吨每日，采用反渗透海水淡化技术，于 2010 年投产供天津大乙烯项目用水。北疆发电厂一期 20 万吨每日海水淡化项目是国家循环经济试点项目，采用低温多效海水淡化技术，即"发电—海水淡化—浓海水制盐—土地节约整理—废弃物资源化利用"循环经济模式进行建设，2010 年 4 月，已建成 10 万吨每日并投产使用，2010 年年底，一期工程建设全部完成并投产使用。

大港新泉 10 万吨每日海水淡化项目、北疆电厂 20 万吨每日海水淡化项目已建成投产。

天津市有资料记录的非常规水利用量统计始自 2003 年，至 2010 年天津市历年非常规水利用量见表2-2-3-11。

表2-2-3-11　　**2003—2010年天津市非常规水利用量统计表**　　单位：亿立方米

年份	再生水	海水淡化	海水直用及重复利用
2003	0	0.02	14.04
2004	0.08	0.02	14.04
2005	0.08	0.02	14.45
2006	0.08	0.02	14.00
2007	0.08	0.02	15.62
2008	0.08	0.02	15.40
2009	0.12	0.03	15.40
2010	0.17	0.22	15.40

二、再生水水源

2010年，天津市已建污水处理厂52座，在建15座，总设计日均处理能力298.78万立方米。建成并运行的52座污水处理厂，日均处理能力240.88万立方米。污水处理厂出水主要用于农业灌溉及河道补水，多余部分排入渤海，天津市中心城区污水处理厂出水主要通过大沽排水河和北塘排水河供沿线东丽区、西青区、津南区及滨海新区农业灌溉。

再生水是指污水经再生工艺处理后达到不同水质标准，满足相应使用功能，可以进行使用的非饮用水，包括污水处理厂达标再生水和深处理再生水。在2005年完成的《天津市再生水资源利用规划大纲》的基础上，推动城市和农村再生水利用开发工作有序开展。2006年编制完成《天津市再生水资源利用规划》。

截至2010年年底，天津市已建再生水厂8座，处理规模29万吨每日，对外供水6座，供水量5.6万吨每日，主要用于工业、城市杂用及景观环境。中心城区已建再生水厂4座，即为纪庄子再生水厂、咸阳路再生水厂、东郊再生水厂、北辰再生水厂（至2010年未使用），总处理规模19万吨每日，中心城区已建再生水管网427千米，实现连通150千米。环城四区已建再生水厂1座，即北辰科技园再生水厂，处理规模0.5万吨每日，主要供水范围为北辰科技园。滨海新区已建再生水厂3座，即泰达新水源一厂、空港再生水厂、大港港东油田再生水厂（2010年建成试运行，未对外供水），总处理规模9.5万吨每日，主要供开发区工业企业及景观环境用水。2010年全市深处理再生水实际利用量为2053.1万吨，见表2-2-3-12，6座深处理再生水厂供水范围及用户见表2-2-3-13。

通过水资源论证配置杨柳青电厂、军粮城电厂使用再生水年指标25万立方米。另有在建的深处理再生水厂3座，包括中心城区1座（处理能力为4万吨每日）和滨海新区2座（处理能力为6.5万吨每日）。

深处理再生水管网建设。截至2010年年底，中心城区环内区域铺设深处理再生水管道427千米，其中通水长150千米；滨海新区通水的深处理再生水管道长37千米。

表 2-2-3-12 **2010 年全市深处理再生水厂规模及利用量**

分区	座数	建成时间	再生水厂名称	规模/万吨每日	实际利用量/万吨
中心城区	4	2004 年 12 月	纪庄子再生水厂	7.0	763.0
		2008 年 12 月	咸阳路再生水厂	5.0	8.1
		2010 年 2 月	东郊再生水厂	5.0	466.0
		2009 年 9 月	北辰再生水厂（未供水）	2.0	0
环城四区	1	2008 年 12 月	北辰科技园再生水厂（凯发）	0.5	14.0
滨海新区	3	2002 年 10 月	泰达新水源一厂	4.0	400.0
		2007 年 12 月	空港再生水厂	1.5	402.0
		2010 年 12 月	大港港东油田再生水厂（未供水）	4.0	0
全市总计	8	合　计		29.0	2053.1

表 2-2-3-13 **2010 年深处理再生水厂供水范围和用户**

再生水厂名称	利用方向	供水范围	主要用水户
纪庄子再生水厂	工业	河西区、南开区及西青津南环内部分地区	陈塘庄热电厂、体院北供热站、华士化工
	城市杂用		梅江居民区、时代奥城、海天新苑、华夏未来、国家安全局、奥体中心
	景观绿化		堆山公园、体育公园、大沽南路沿线绿地
咸阳路再生水厂	城市杂用	西青区、红桥区	海泰科技园
东郊再生水厂	工业	东丽区、河东区	东北郊热电厂
凯发再生水厂	景观绿化	北辰科技园区	北辰科技园区
泰达新水源一厂	景观绿化	天津经济技术开发区	泰达人工湖
空港再生水厂	工业	空港航空城	空港航空城

三、雨洪水资源

2002 年 7 月，编制《天津市雨洪水利用调水预案》，于 2003 年 4 月通过审定。2003 年 3 月在制定《天津市雨洪水利用调水预案》的基础上，通过工程与非工程措施建立起洪水管理体系，实现雨洪水资源化。2003 年 8 月，由水调处、水科所和农水处共同承担的《天津市雨洪利用调度分析系统》项目启动，项目主要根据市防办多年的调度经验及河道与水利设施现状情况划分天津市雨洪水利用的调度系统，按照各河系来水情况及防洪控制要求，适时适度地抬高河道水位，主动引雨洪水到一些损失小的湿地或跨河系调水，达到在防洪安全前提下，以蓄代排，合理利用雨洪资源。以蓟运河系、北运河系来水频率较高、调水可能性大的河系作为此次雨洪水调度系统的重点调研对象。分别研究输水线路沿线河道最大限度发挥防洪作用、调水作用、洪水资源化作用的调度运用方案。于 2005 年 12 月完成，2006 年 1 月 13 日通过验收。自 2004 年，武清区、宝坻区、塘沽区、汉沽区、宁河县利用中小水库和河道坑塘抢蓄雨洪水资源达 5.84 亿立方米。之后，2005年抢蓄雨洪水资源 1.1 亿立方米，2006 年抢蓄雨洪水资源 1.46 亿立方米，2007 年抢蓄雨洪水资源 2.26 亿立方米，2008 年抢蓄雨洪水资源 1.89 亿立方米，2009 年抢蓄雨洪水资源 2.12 亿立方米，2010 年抢蓄雨洪水资源 3.5 亿立方米。

四、供水用水量

在非常规水统计中可见，深度处理的污水回用由 2004 年的 0.1 亿立方米，逐步加大至 2010年的 0.39 亿立方米。1991—2010 年天津市供水量统计见表 2-2-3-14。

表 2-2-3-14　　　　　　　　**1991—2010 年天津市供水量统计表**　　　　　　　单位：亿立方米

年份	总量	其中				
		地表水	地下水	再生水	海水淡化	海水
1991	22.35	15.02	7.33			
1992	23.31	16.01	7.30			
1993	21.29	14.13	7.16			
1994	21.39	14.47	6.92			
1995	22.27	15.34	6.93			
1996	23.35	16.80	6.55			
1997	24.14	16.97	7.17			
1998	21.53	14.78	6.75			
1999	25.52	18.44	7.08			
2000	22.64	14.42	8.22			
2001	19.14	11.17	7.97			
2002	19.96	11.74	8.22			
2003	20.53	13.37	7.14		0.02	14.04
2004	22.06	14.89	7.07	0.08	0.02	14.04
2005	23.1	16.02	6.98	0.08	0.02	14.45
2006	22.96	16.10	6.76	0.08	0.02	14.00
2007	23.37	16.46	6.81	0.08	0.02	15.62
2008	22.33	15.96	6.14	0.08	0.02	15.40
2009	23.37	17.21	6.01	0.12	0.03	15.40
2010	22.42	16.16	5.87	0.17	0.22	15.40

为加强水环境治理和保护，防治水污染，保障水源供给，本市加大了生态环境保护方面的用水。自 2005 年，在用水分类统计中对湿地保护、园林绿化的生态环境用水单列为生态用水。1991—2010 年天津市用水量统计见表 2-2-3-15。

表 2-2-3-15　　　　　　　**1991—2010 年天津市用水量统计表**　　　　　　单位：亿立方米

年份	总量	生产	生活	生态
1991	22.35	19.38	2.97	
1992	23.31	20.53	2.78	
1993	21.29	18.46	2.83	
1994	21.39	17.91	3.48	
1995	22.27	19.31	2.96	
1996	23.35	20.09	3.26	
1997	24.14	21.09	3.05	
1998	21.53	17.95	3.58	
1999	25.52	21.10	4.42	
2000	22.64	17.42	5.22	
2001	19.14	14.46	4.68	
2002	19.96	15.21	4.75	
2003	20.53	16.33	4.20	
2004	22.06	17.38	4.68	
2005	23.10	19.55	3.10	0.45
2006	22.96	19.35	3.12	0.49
2007	23.37	19.70	3.16	0.51
2008	22.33	18.57	3.11	0.65
2009	23.37	18.94	3.34	1.09
2010	22.42	17.71	3.49	1.22

第三章　水资源管理

第一节　取水许可管理

一、取水许可审批

1990 年之前，天津市水资源管理未实行取水许可制度，只有《天津市地下水资源管理暂行办法》和《天津市地下水资源费征收管理办法》等法规。1993 年 8 月 1 日，国务院发布《取水许可制度实施办法》。1994 年 8 月，市水利局起草《天津市实施"取水许可制度实施办法"细则》（简称《细则》）。1995 年 2 月 14 日，经市政府批准施行。《细则》规定：凡在市行政区域内直接从河道、渠道、水库或者地下取水的单位和个人，都应当依照本实施细则申请取水许可证并依照规定取水。市水行政主管部门授权城市建设行政主管部门负责外环线以内和塘沽区、汉沽区、大港区的城市规划控制范围以内直接取用地下水的取水申请审批、发证。

1996 年 6 月 30 日，依照《细则》规定，市地下水资源办公室及 12 个区（县）地下水资源管理部门对所属用水单位和中央、外地驻津用水单位，首次开展取水许可证登记、申请、发证工作。市水资源管理开始执行取水许可管理制度。市属单位和中央、外地驻津单位发证 331 户，批准用水量 10207.63 万立方米；12 个区（县）发证 5446 户，批准用水量 68046 万立方米。

2005 年，市政府决定将市建设行政主管部门负责水务的机构及其职能合并纳入市水行政主管部门，实施天津市地下水取水许可实现一体化管理。之前，根据《关于天津市地下水资源管理暂行办法补充规定的通知》文件精神，天津市区地下水资源管理规划控制范围，以外环线为界，外环线以内的由市公用局负责管理；外环线以外的由市水利局负责管理。塘沽、汉沽、大港区的城市范围内，由所在区节水办负责管理；城市规划控制范围以外地区，由市和所在水利局负责管理。为此，《细则》原规定的市水行政主管部门授权城市建设行政主管部门负责外环线以内和塘沽区、汉沽区、大港区的城市规划控制范围以内直接取用地下水的取水申请审批、发证工作，改由水文水资源中心负责。

水文水资源中心对外环线以内和塘沽区、汉沽区、大港区的城市规划控制范围以内直接取用地下水的用水户逐一进行了取水许可证审核，对取水申请审批要件不齐全、不规范的单位，重新进行取水许可登记，建立了完善的取水许可档案。同时，对新生用水项目水源热泵、矿泉水的用水户，进行取水许可登记、申请、发证。

2006 年 12 月 1 日，依据《天津市实施〈中华人民共和国水法〉办法》的规定，依法推进水资源统一管理，完善地热水、矿泉水取水许可管理工作。办法中规定："取用已探明的地热水、矿泉水的单位和个人，应当依法向市水行政主管部门办理取水许可证。按照国家有关规定，凭取水许可证向市地质矿产行政主管部门办理采矿许可证，并按照水行政主管部门确定的开采限量开采"。水文水资源中心在开展地热水、矿泉水取水许可专项执法检查的同时，规范了地热水、矿泉水的用水单位和个人依法取用地下水的申报、审批程序，落实取水许可管理制度。

2009 年，在全市范围内对用水户进行了取水定额核实及取水许可证书换证工作。依据当前企业生产规模和节水设施改造情况，重新核定了许可水量。

2010 年共办理取水许可申请 98 件，办结 98 件。其中新办证 14 件（地热 8 件），增加许可水量 362.86 万立方米（地热 204.04 万立方米）；注销许可证 5 件，削减许可水量 81 万立方米；延展 70 件，削减许可水量 100.755 立方米；增加许可水量 1 件，增加水量 3 万立方米；更名 4 件；补办许可证 3 件；不予办理 1 件。完成 2009 年全市取水许可集中换证工作。对未办理取水许可延展的 62 家取用地下水的单位进行核查，按照实际情况对机井进行封存或回填，对已拆迁办理和今后确实不再使用地下水的单位吊销取水许可证。

二、水资源论证

2002 年 3 月 24 日，国家计委与水利部联合颁发《建设项目水资源论证管理办法》，办法于

2002 年 5 月 1 日起实施。经市水利局局长办公会议（2002 局长办公会议纪要第三期）研究决定，成立天津市的水资源论证机构，由水文水资源中心在 2002 年 7 月 31 日组建的"天津市龙脉水资源咨询中心"具体承办。2002 年完成《天津市军粮城电厂水资源初步论证意见》《天津市盘山电厂二期扩建工程水资源论证报告》《团泊洼水库生态环境保护工程水资源论证报告》等 10 个建设项目的水资源论证工作。由此天津市的水资源论证工作进入常态化状态。2006 年与市发展改革委联合下发《关于进一步加强水资源论证工作的通知》，规范了论证工作，提高了水资源论证工作水平，促进了水资源的合理开发，为水资源的优化配置提供科学依据，实现了多水源联合利用优化设置，累计完成军粮城电厂、开发区净水厂等 30 多项建设项目水资源论证工作。2010 年，共审批水资源论证报告 11 项，在管理方面以推动规划水资源论证为重点，严格取水许可制度。加强工业园区水资源论证管理，联合市规划局下发《关于开展区县示范工业园区水资源论证工作的通知》；开展使用自来水建设项目用水论证工作，起草《天津市用水报告书编制导则》，建立用水报告书审查制度；完善了现有的水资源论证管理制度，起草《建设项目取用水论证管理暂行规定》，协调了南港工业区、中俄 1300 万吨炼油项目等重点区域和重点项目的用水问题；对区（县）审查的论证报告开展抽查，促进提高水资源论证报告书质量。

第二节　地表水资源管理

天津市地表水资源管理，以水功能区管理、引滦水源地保护和河道水环境治理为主要内容。

一、水功能区管理

1998 年 10 月，水利部水资源水文司发出电函《开展水功能区划技术研究与工作试点的函》，全国各省（自治区、直辖市）和流域机构相继开展了辖区内水功能区划的研究和实践工作，由水规总院作为全国水功能区划工作技术的总牵头单位。各省（自治区、直辖市）按照水利部布置的统一进程，相继完成了各自辖区内的水功能区划工作，并上报流域机构。

水利部组织各流域管理机构和全国各省（自治区、直辖市）开展水功能区划的汇总工作。于 2002 年 3 月编制完成《中国水功能区划（试行）》，并在全国范围内试行。

水功能区划是依照流域水资源条件和水域环境情况以及社会经济发展需要，考虑水资源开发利用现状和经济社会发展对水量及水质的需求，按照流域综合规划、水资源保护规划的要求，在相应水域划定的具有特定功能并执行相应水环境质量标准的区域。

水功能区划分为两级体系，即一级区划和二级区划。一级水功能区分 4 类，即保护区、保留区、开发利用区、缓冲区。二级水功能区是将一级水功能区中的开发利用区具体划分为饮用水源区、工业用水区、农业用水区、渔业用水区、景观娱乐用水区、过渡区、排污控制区 7 类。一级区划在宏观上调整水资源开发利用与保护的关系，协调地区间关系，同时考虑持续发展的需求；二级区划主要确定水域功能类型及功能排序，协调不同用水行业间的关系。

天津市共划分了 73 个一级水功能区，其中有 4 个保护区、22 个缓冲区、47 个开发利用区，境内不设保留区；在 47 个开发利用区中共划分了 76 个二级水功能区，见表 2-3-2-16 和表 2-3-2-17）。

表 2-3-2-16　　　　　　　天津市水功能一级区划功能区统计表

水　系	保护区	缓冲区	开发利用区	合计
海河干流（含引滦）	1	0	18	19
北三河	2	14	13	29
永定河	0	1	3	4
大清河	0	3	7	10
子牙河	0	2	2	4
漳卫南运河	1	0	2	3
黑龙港及运东地区	0	2	2	4
合　计	4	22	47	73

表 2-3-2-17　　　　　　　天津市水功能二级区划功能区统计表

水　系	饮用水源区	工业用水区	农业用水区	景观娱乐区	渔业用水区	过渡区	排污控制区	合计
海河干流	5	3	2	13	0	1	2	26
北三河	1	5	14	0	1	0	0	21
永定河	0	1	4	0	0	0	0	5
大清河	3	2	8	0	0	0	0	13
子牙河	1	0	3	0	0	0	0	4
漳卫南运河	2	1	2	0	0	0	0	5
黑龙港运东	0	0	2	0	0	0	0	2
合　计	12	12	35	13	1	1	2	76

规划的近期水平年为 2010 年，远期水平年为 2020 年。在上游来水水量满足"海河流域水资源综合规划"所预测的河道内生态环境需水量、水质满足省界缓冲区水质目标且天津市境内各水功能区的入河污染物小于各自的水体纳污能力的情况下，2010 年应达到"近期（2010）水质目标"；2020 年应达到"远期（2020）水质目标"即水功能区水质标准。

2003 年 5 月 30 日，水利部颁布了《水功能区管理办法》，于 2003 年 7 月 1 日起实施。市水利局随即开展了水功能区水质监测工作，并予以常态化。

2004 年，水利部下发了《关于开展水功能区确界立碑工作的通知》。市水利局围绕水功能区划，开展了相关的工作，其中功能区确界立碑工作于 2009 年全部完成；全市入河排污口登记工作于 2010 年完成；水功能区纳污能力和主要污染物限排总量的核定工作，于 2012 年完成，2013 年通过验收。

2007 年 11 月 12 日，市水利局和市环保局联合向市政府上报了《关于报请市政府批准海河流域天津市水功能区划报告的请示》。2008 年 1 月 23 日，市政府以《关于对海河流域天津市水功能区划的批复》予以批复同意。

海河流域水功能区管理实行流域管理和区域行政管理相结合的原则。

海委对全流域水功能区管理的执行情况进行监督，对海委直接管理的河道（水库）、流域内的所有缓冲区、重要水源地、跨流域调水等重要水功能区实施监督管理。

天津市境内的水功能区由市、区（县）水行政主管部门和环境保护行政主管部门按照《天津市实施〈中华人民共和国水法〉办法》《天津市河道管理条例》和《天津市水污染防治管理办法》所规定的权限分别进行市、区（县）两级管理。

2009 年，水利部下发《关于开展 21 世纪前 10 年地表水功能区水资源质量变化调查评价通知》。根据通知精神，水文水资源中心开展了天津市 21 世纪 2000—2009 年 10 年地表水资源质量变化调查评价工作。于 2010 年编写完成了调查评价报告，编制了天津市纳入全国水功能区划的名录范围。在天津市总计 73 个一级水功能区中有 39 个一级水功能区纳入"国家重要江河湖泊海河区一级水功能区划名录"，其中有保护区 3 个，开发利用区 20 个，缓冲区 16 个；在天津市总计 76 个二级区内有 29 个二级水功能区纳入"国家重要江河湖泊海河区二级水功能区划名录"，见表 2 - 3 - 2 - 18 和表 2 - 3 - 2 - 19。

同时还组织完成了《天津市水功能区限制纳污红线实施方案》（初稿）。

2010 年 11 月，由水规总院主编的国家标准《水功能区划分标准》（GB/T 50594—2010）颁布实施。2011 年 12 月，国务院批复了《全国重要江河湖泊水功能区划》。

二、引滦水源地保护

2002 年 4 月，《天津市引滦水源污染防治管理条例》由天津市第十三届人民代表大会常务委员会通过并公布实行。条例界定了引滦水源保护区的范围，规定了以水利为首的 8 个市级职能管理部门的责任，明确了任何单位和个人都有责任保护引滦水源环境，有权对污染引滦水源的行为进行监督、制止和检举。条例的出台增强了全民保护水源环境的意识。

市水行政主管部门始终高度重视引滦水源保护工作，深入推动引滦水源保护工程建设。一是实施引滦水源保护工程。2002—2007 年，投资 24 亿元实施引滦水源保护工程，新建 34.14 千米州河暗渠工程，对于桥水库以下实施了封闭管理。安排了水库周边水土保护工程；彻底清除了库区网箱养鱼。二是实施于桥水库周边污染源治理工程。2009—2012 年，投资 2 亿元实施于桥水库周边污染源治理工程，有效消减了于桥水库周边水源污染。先后实施了库区水体生态恢复工程、村落治理工程、污水多级沟塘处理工程、黎河治理示范工程、库区周边鱼池清除工程、水质监测设施完善工程、科学研究、湖滨带生态防护林工程、垃圾处理场工程、黎河支流治理工程等，明显改善了于桥水库周边水生态环境，有效降低了入库污染，水库水质得到有力保护。三是标本兼治，六大举措全面保护水源地。2013 年第 7 次市长办公会研究加强引滦水源保护的工作，提出未来 3 年内实施库区移民迁建、调整种植结构、开展养殖技术改造、建立生态补偿机制、加强预警监测执法，以及实行库区 22 米高程线以下区域全封闭等 6 项具体措施，并成立由常务副市长任组长，副市长任副组长的引滦水源保护工作领导小组。

表 2-3-2-18　天津市列入国家重要江河湖泊海河区一级水功能区划名录登记表

序号	原序号	一级功能区名称	水系名称	河流、湖库	范围		长度/千米	面积/平方千米	水质目标	省级行政区
					起始断面	终止断面				
1	34	潮白新河冀津缓冲区	北三河	潮白新河	牛牧屯	朱刘庄闸	42.0		IV	冀、津
2	35	潮白新河天津开发利用区	北三河	潮白新河	朱刘庄闸	宁车沽闸	76.4		按二级区执行	津
3	37	北运河京津冀缓冲区	北三河	北运河	牛牧屯	土门楼	12.5		IV	京、冀、津
4	38	北运河天津开发利用区 1	北三河	北运河	土门楼	屈家店节制闸	74.3		按二级区执行	津
5	39	北运河天津开发利用区 2	海河干流	北运河	屈家店节制闸	三岔口	14.1		按二级区执行	津
6	40	蓟运河天津开发利用区 1	北三河	蓟运河	九王庄	新安镇	21.0		按二级区执行	津
7	41	蓟运河冀津缓冲区	北三河	蓟运河	新安镇	江洼口	76.4		IV	冀、津
8	42	蓟运河天津开发利用区 2	北三河	蓟运河	江洼口	蓟运河闸	91.6		按二级区执行	津
9	46	沟河冀津京缓冲区	北三河	沟河	源头	海子水库入库口	20.0		III	冀、津、京
10	49	沟河冀津缓冲区	北三河	沟河	三河	辛撞	20.0		III	冀、津
11	50	沟河天津开发利用区	北三河	沟河	辛撞	九王庄	54.8		按二级区执行	津
12	52	还乡河冀津缓冲区	北三河	还乡河	篓洛沽	丰北闸	15.0		IV	冀、津
13	53	还乡河天津开发利用区	北三河	还乡河	丰北闸	蓟运河	8.0		按二级区执行	津
14	55	北京港沟河（北京排污河）京津缓冲区	北三河	北京港沟河（北京排污河）	马头	里老闸	10.0		IV	京、津
15	56	北京排污河（北京港沟河）天津开发利用区	北三河	北京排污河（北京港沟河）	里老闸	东堤头闸	73.7		按二级区执行	津
16	59	引滦专线天津水源地保护区 1	北三河	黎河	引滦隧洞出口	于桥水库入库口	57.6		II	津、冀
17	60	淋河冀津缓冲区	北三河	淋河	龙门口	于桥水库入库口	20.0		II	津、冀
18	62	沙河冀津缓冲区	北三河	沙河	水平口	果河桥	33.0		III	冀、津
19	63	于桥水库天津水源地保护区	北三河	于桥水库		于桥水库库区		113.8	II	津
20	64	引滦专线天津水源地保护区 2	北三河	引滦入津渠	九王庄	大张庄	64.2		II	津

续表

序号	原序号	一级功能区名称	水系名称	河流、湖库	范围		长度/千米	面积/平方千米	水质目标	省级行政区
					起始断面	终止断面				
21	67	永定河京冀津缓冲区	永定河	永定河	辛庄	永州大桥	66.0		Ⅳ	京、冀、津
22	68	永定河天津开发利用区	永定河	永定河	东州大桥	屈家店闸	22.0		按二级区执行	津
23	69	永定新河天津开发利用区	永定河	永定新河	屈家店闸	永定新河防潮闸	62.0		按二级区执行	津
24	92	大清河冀津缓冲区	大清河	大清河	左各庄	台头	15.0		Ⅲ	冀、津
25	93	大清河津开发利用区	大清河	大清河	台头	进洪闸	12.6		按二级区执行	津
26	104	独流减河天津开发利用区	大清河	独流减河	进洪闸	工农兵闸	70.3		按二级区执行	津
27	108	北大港水库天津开发利用区	大清河	北大港水库	北大港水库区			149.0	按二级区执行	津
28	110	子牙河冀津缓冲区	子牙河	子牙河	南赵扶	东子牙	21.5		Ⅳ	冀、津
29	111	子牙河天津开发利用区1	子牙河	子牙河	东子牙	西河闸	51.6		按二级区执行	津
30	112	子牙河天津开发利用区2	海河干流	子牙河	西河闸	子北汇流口	17.0		按二级区执行	津
31	114	子牙新河冀津缓冲区	子牙河	子牙新河	周官屯	太平村	30.0		Ⅳ	冀、津
32	115	子牙新河天津开发利用区	子牙河	子牙新河	太平村	子牙新河主槽闸	21.2		按二级区执行	津
33	134	北排水河冀津缓冲区	黑龙港及运东地区	北排水河	齐家务	翟庄子（西）	9.0		Ⅳ	冀、津
34	135	北排水河天津开发利用区	黑龙港及运东地区	北排水河	翟庄子（西）	北排河防潮闸	20.0		按二级区执行	津
35	137	沧浪渠冀津缓冲区	黑龙港及运东地区	沧浪渠	孙庄子	窦庄子（西）	16.0		Ⅳ	冀、津
36	138	沧浪渠天津开发利用区	黑龙港及运东地区	沧浪渠	窦庄子（西）	沧浪渠防潮闸	25.4		按二级区执行	津
37	141	青静黄排水渠冀津缓冲区	黑龙港及运东地区	青静黄排水渠	青县	大庄子	30.0		Ⅲ	冀、津
38	162	海河天津开发利用区1	海河干流	海河	三岔口	二道闸上	33.5		按二级区执行	津
39	163	海河天津开发利用区2	海河干流	海河	二道闸下	海河闸	38.5		按二级区执行	津

注　1. 原序号是指在《全国重要江河湖泊水功能区划（2011—2030年）》附表3中海河流域登记表中的序号。

2. 本表的水质目标中凡涉及"按二级区执行"的"开发利用区"的均属下一级水功能区划名录登记表，请查阅"天津市列入国家重要江河湖泊二级水功能区划名录登记表"。

表2-3-2-19

天津市列入国家重要江河湖泊海河区二级水功能区划名录登记表

序号	原序号	二级功能区名称	所在一级水功能区名称	水系	河流、湖库	范围 起始断面	范围 终止断面	长度/千米	面积/平方千米	水质目标
1	13	潮白新河天津渔业用水区	潮白新河天津开发利用区	北三河	潮白新河	朱刘庄闸	里字沽闸	36.0		Ⅲ
2	14	潮白新河工业、农业用水区	潮白新河天津开发利用区	北三河	潮白新河	里字沽闸	宁车沽闸	40.4		Ⅳ
3	16	北运河天津农业用水区1	北运河天津开发利用区	北三河	北运河	土门楼	筐儿港节制闸	41.4		Ⅳ
4	17	北运河天津工业、农业用水区	北运河天津开发利用区	北三河	北运河	筐儿港节制闸	屈家店节制闸	32.9		Ⅳ
5	18	北运河饮用、工业、景观用水区	北运河天津开发利用区2	海河干流	北运河	屈家店节制闸	三岔口	14.1		Ⅲ
6	19	蓟运河天津农业用水区1	蓟运河天津开发利用区1	北三河	蓟运河	九王庄	新安镇	21.0		Ⅳ
7	20	蓟运河天津农业用水区2	蓟运河天津开发利用区2	北三河	蓟运河	江洼口	芦台大桥	47.0		Ⅳ
8	21	蓟运河天津工业、农业用水区	蓟运河天津开发利用区2	北三河	蓟运河	芦台大桥	蓟运河闸	44.6		Ⅳ
9	25	沟河天津农业、工业用水区	沟河天津开发利用区	北三河	沟河	辛撞	九王庄	54.8		Ⅳ
10	27	还乡河天津农业用水区	还乡河天津开发利用区	北三河	沟河	丰北闸	蓟运河	8.0		Ⅳ
11	29	北京排污河（北京港沟河）天津农业用水区	北京排污河（北京港沟河）天津开发利用区	北三河	北京排污河（北京港沟河）	里老闸	东堤头闸	73.7		Ⅳ
12	33	永定河天津农业用水区	永定河天津开发利用区	永定河	永定河	东州大桥	屈家店闸	22.0		Ⅳ
13	34	永定新河天津工业、农业用水区	永定新河天津开发利用区	永定河	永定河	屈家店闸	大张庄	14.5		Ⅳ
14	35	永定新河天津农业用水区1	永定新河天津开发利用区	永定河	永定新河	大张庄	金钟河闸	28.9		Ⅳ
15	36	永定新河天津农业用水区2	永定新河天津开发利用区	永定河	永定新河	金钟河闸	永定新河防潮闸	18.6		Ⅴ

续表

序号	原序号	二级功能区名称	所在一级水功能区名称	水系	河流、湖库	范围		长度/千米	面积/平方千米	水质目标
						起始断面	终止断面			
16	59	大清河天津农业用水区	大清河天津开发利用区	大清河	大清河	台头	进洪闸	12.6		Ⅲ
17	67	独流减河天津农业用水区1	独流减河天津开发利用区	大清河	独流减河	进洪闸	万家码头	43.5		Ⅳ
18	68	独流减河天津饮用水源区	独流减河天津开发利用区	大清河	独流减河	万家码头	十里横河	11.0		Ⅲ
19	69	独流减河天津农业用水区2	独流减河天津开发利用区	大清河	独流减河	十里横河	南北横河	9.7		Ⅳ
20	70	独流减河天津工业用水区	独流减河天津开发利用区	大清河	独流减河	南北腰闸	工农兵闸	6.1		Ⅴ
21	73	北大港水库天津饮用、工业、农业用水区	北大港水库天津开发利用区	大清河	北大港水库	北大港水库库区			149.0	Ⅲ
22	75	子牙河天津农业用水区1	子牙河天津开发利用区1	子牙河	子牙河	东子牙	八堡节制闸	31.6		Ⅳ
23	76	子牙河天津饮用、农业用水区	子牙河天津开发利用区1	子牙河	子牙河	八堡节制闸	西河闸	20.0		Ⅲ
24	77	子牙河饮用、工业、景观用水区	子牙河天津开发利用区2	海河干流	子牙河	西河闸	子、北汇流口	17.0		Ⅲ
25	79	子牙新河天津农业用水区	子牙新河天津开发利用区	子牙河	子牙新河	大平村	子牙新河主槽闸	21.2		Ⅳ
26	101	北排水河天津农业用水区	北排水河天津开发利用区	黑龙港及运东地区	北排水河	翟庄子（西）	北排河防潮闸	20.0		Ⅳ
27	103	沧浪渠天津农业用水区	沧浪渠天津开发利用区	黑龙港及运东地区	沧浪渠	窦庄子（西）	沧浪渠防潮闸	25.4		Ⅳ
28	128	海河饮用、工业、景观用水区	海河天津开发利用区1	海河干流	海河	三岔口	二道闸上	33.5		Ⅲ
29	129	海河天津过渡区	海河天津开发利用区2	海河干流	海河	二道闸下	海河闸	38.5		Ⅴ

注　本表是对一级区名录中凡涉及"开发利用区"分区名录的一个二级功能分解和细化。

三、河道水环境治理

2008 年，天津市启动了河道治理工程，治理内容包括沿岸排污口门的封堵，建设排水管网使污水集中收集，新建、改建、扩建污水处理厂使其扩大污水处理能力、提高污水处理标准。

截至 2010 年年底，用三年时间治理中心城区 10 条河道和污染较严重的大沽排水河以及 29 条农业河道。基本消除中心城区和周边地区的黑臭水体，增强河道景观功能，实现河道功能性、生态性、景观性的统一，实现水清、岸绿、一河一景的治理效果，达到治理和保护水环境的预期。

第三节　地下水资源管理

一、机井建设

1991 年 11 月 30 日，天津市政府抗旱打井办公室、天津市水利局联合颁布《天津市凿井队管理办法》。该办法规定了凿井工程建设实施阶段对施工单位的技术要求和凿井企业技术资质标准。以保障科学开发地下水资源，规范机井建设。2004 年，针对水资源紧缺形势，再次修订《天津市凿井队管理办法》，以从源头加强水资源的有效利用和保护，提高深层地热井建设施工质量标准，规范凿井企业的机井建设施工设备和技术资质标准。

机井建设立项前的水资源论证。2004 年开展对申请机井建设单位拟于新打或更新机井的区域进行水文地质条件、水资源利用现状、地下水动态储量等方面的水资源论证，论证报告由具有水资源论证资质的专业部门出具。水行政主管部门在论证审查的基础上再进行凿井审批。

2005 年，举办由机井建设管理单位和建设施工单位共同参加的贯彻《机井技术规范》（SL 256—2000）的学习班。组织凿井企业技术责任人学习地源（水源）热泵设施、设备的技术原理，了解掌握与之配套的井工程建设的关键技术，针对天津市地质构造，研讨了凿井技术工艺。

1991—2010 年随着社会经济发展，设施农业的普及、地热水资源的开发以及非自来水特殊工业的发展，全市机井建设规模呈上涨趋势，2000 年突破 3 万眼，见表 2 - 3 - 3 - 20。

表 2 - 3 - 3 - 20　　　　　　**1991—2010 年天津市机井建设规模表**

年份	机 电 井		机 配 井	
	眼数	装机容量/千千瓦	眼数	装机容量/千千瓦
1991	27176	340.70	363	3.43
1992	27448	345.46	363	3.32
1993	27595	350.37	258	2.33
1994	27705	354.88	257	2.32
1995	27621	336.90	236	2.12
1996	28195	372.82	234	2.06

年份	机 电 井		机 配 井	
	眼数	装机容量/千千瓦	眼数	装机容量/千千瓦
1997	27812	366.91	171	1.35
1998	28491	370.02	171	1.35
1999	28619	359.91	171	1.35
2000	30110	381.21	146	1.14
2001	30853	402.19	113	0.90
2002	31638	401.97	113	0.83
2003	32775	419.62	84	0.67
2004	33365	432.92	53	0.40
2005	33702	439.18	53	0.40
2006	33842	444.39	11	0.12
2007	34545	445.54	11	0.13
2008	34760	448.44	11	0.13
2009	35120	457.06	11	0.13
2010	36099	468.00	11	0.13

二、机井管理

1997年，地资办成功研发了"天津市地下水动态资料整编系统"，1998年投入应用，对1995年动态资料进行微机整编，结束了多年以来手工整编的状况。

根据《天津市凿井队管理办法》的有关规定，从1998年8月中旬起，对全市凿井队开展每两年一次的凿井许可证资质审核工作。市抗旱打井办公室负责对全市一级、二级凿井队进行现场审核和资质评定，各区（县）地资办负责对各自管辖的三级、四级凿井队资质进行审核，并将审核结果报市地资办，由市抗旱打井办公室批准发证。

从1998年开始，对新打和更新机井的单位先进行技术论证，在论证的基础上进行审批，提高了成井质量。

2001年4月，根据市水利局《关于开展全市机井工程普查工作的通知》文件精神，开展以2000年12月31日为基准日的机井普查工作。本次普查采取边培训、边实地调查、边整编资料的办法。4月起，对各区县参加机井普查工作的人员进行了统一培训；2001年5月，进入实地调查阶段；2002年5月，完成机井资料的整编和修订工作。2002年8月，完成与普查工作相配套的机井工程数据库及《机井管理信息系统》的研发工作。本次机井普查是天津市有史以来最系统、最全面、技术性最强的一次，除市建设行政主管部门负责的外环线以内城区和塘沽区、汉沽区、大港区的城区外，摸清了全市214个乡（镇）、26563眼机井的工程现状。对蓟县、武清区、宝坻区1603个村的207022眼压把井也进行了调查。建立起了市、区（县）两级机井工程数据库系统，并在水文水资源中心和各区（县）而后的地下水管理工作中予以应用。

2004年，修订《天津市凿井队管理办法》，规范凿井企业的机井建设施工的资质标准。并举办一期《机井技术规范》（SL 256—2000）学习班。

2004 年，在全市进行废井调查，在宝坻区、东丽区、大港区、津南区、蓟县、宁河县等区（县）开展了废井回填实验技术研究，当年共封填废井 89 眼，在武清区地下水超采区封闭机井 4 眼。此后，该项工作进入常态化状态。

依据 2004 年 9 月 23 日市水利局颁发的《关于同意筹备成立天津市凿井行业协会的批复》文件的精神，成立天津市凿井行业协会。该协会由水行政主管部门主管，采取行业自律管理，实施地下水资源科学开发和保护的非营利性社会团体。

2005 年 3 月，市社会团体管理局以《行政许可决定书》文件，批准成立天津市凿井行业协会。2005 年 5 月，凿井行业协会召开第一届会员代表大会。2005 年对外环线以内的 120 个取用地下水的单位的机井，进行使用现状调查，共检查了解 161 眼机电井的工作状态和运行规律。

2006 年完成《天津市地下水开采量自动计量传输系统项目工作大纲》，开展了地下水用水单位用水自动计量传输系统建设；完成东丽区、津南区、西青区、汉沽区、大港区、宝坻区、武清区、宁河县、静海县 9 个区（县）共 43 眼废井的回填工作；制定了《天津市凿井行业企业技术等级管理办法》。

2007 年对 123 眼地热井和矿泉水井进行了调查并追加办理了取水许可证，核定了取水量。此后，该项工作进入常态化状态。

2010 年，为提高地下水开发利用效率，严格控制地面沉降，继续规范钻井施工建设，严格审批程序，要求申请新打和更新机井的单位必须进行水资源论证。在论证的基础上全市 2010 年新开凿机井 684 眼，全部竣工并通过水行政主管部门验收。

第四节 控 制 地 面 沉 降

一、控制地面沉降管理

1985 年 7 月，市政府办公厅下发《天津市控制地面沉降三年实施计划》，要求对现有地下水井严格控制，不准随意开采。为保证控沉工作有序开展，市建委组织四个专业协调组，市规划局牵头组织地沉监测措施协调组、市公用局牵头组织外环线及城市规划控制区内开源节流措施协调组、市地矿局牵头组织地沉勘查与机理分析措施协调组、市水利局牵头组织城市规划控制区以外开源节流措施协调组。至此，天津市控制地面沉降工作有序开展。

1996 年，天津市控制地面沉降工作办公室（简称控沉办）成立，负责全市控沉管理工作。

2003 年 1 月，控沉办划归市水利局，控沉与地下水统一管理。2004 年 9 月，形成了以控沉办和各区（县）控沉机构组成的天津市控制地面沉降的工作网络。塘沽区和汉沽区分别在 2005 年 6 月和 10 月、宝坻区在 2006 年 1 月、东丽区在 2007 年 5 月，分别成立了控制地面沉降办公室，区（县）一级控沉管理组织得到加强。

2008 年，控沉工作纳入区（县）工作目标考核体系。控沉办向各区（县）下达年度地面沉降控制工作考核指标，建立区（县）控沉指标考核制度，以考核促管理的方式，确保了控沉工作落到实处。

随着控沉工作的不断深化，加之引滦入津工程缓解了天津市水资源紧缺的状况，市中心区等地实施水源转换，严管、严控地下水的开采，全市地面沉降速率逐步降低至30毫米每年，控制地面沉降工作取得明显效果。截至2010年，天津市地面沉降布网监测范围覆盖全部沉降区，全市监测点总数为1742个，监测总面积达10000平方千米。

二、天津地面沉降分布

1985—2010年中心城区及滨海新区年均沉降量变化曲线如图2-3-4-1所示。

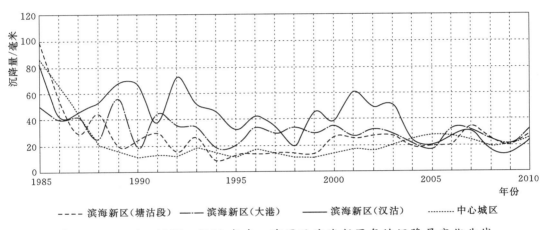

图2-3-4-1　1985—2010年中心城区及滨海新区年均沉降量变化曲线

2010年，全市沉降量大于10毫米的区域覆盖了宝坻城关以南的大部分平原区，面积为8660平方千米。沉降量大于30毫米的区域覆盖了天津市中南部除市内六区以外的大部分地区，面积为4064平方千米。沉降量大于50毫米的区域主要分布于环城四区和静海县，面积为1877平方千米。沉降量大于70毫米的区域主要分布在津南区双桥河镇和东丽区新立街、无暇街交界处；静海县大丰堆镇、团泊镇和杨城庄乡；北辰区和武清区交界处，面积为537平方千米。天津市地面沉降区面积统计见表2-3-4-21。

表2-3-4-21　　　　　　　　**天津市地面沉降区面积统计表**

沉降量	地面沉降区面积/平方千米		主要分布范围
	2009年	2010年	
大于10毫米	6766	8660	宝坻城关以南的大部分地区
大于30毫米	2979	4064	天津市中南部除市内六区以外的大部分地区
大于50毫米	1274	1877	环城四区和静海县
大于70毫米	258	537	津南区、东丽区、北辰区、静海县和武清区

全市最大沉降量96毫米，分别位于北辰区双口镇岔房子附近（XQ007）和津南区八里台镇八里台中学内（C150）。

1959—2010年累计监测结果显示,全市最大累计沉降量为3.378米,位于滨海新区(塘沽)上海道与河北路交口一带(不424A),已低于平均海平面1.038米。

三、地面沉降危害

降低河道防洪和航运能力。自1959—1999年,天津市区段海河河道累计沉降量为1.2~2.5米,海河下游段河道累计沉降量1.6~2.6米。海河河道沉降造成海河泄洪能力急剧下降,泄洪能力从原设计的1200立方米每秒,最低降到200立方米每秒。经过治理后只恢复到400立方米每秒。

降低城市排水系统能力。1959—2005年,地面沉降造成城市排水能力降低的权重为41%,经济损失达到10.22亿元,而排水管线的直接物理破坏而增加的维修费用达到2.89亿元。

风暴潮危害。1992年9月1日特大风暴潮,新港码头直接经济损失3.99亿元。由于地面沉降和海平面上升,造成天津港灾害性强潮重现频率,由1958年的50年一遇,增加到1992年后的4年一遇。天津港地面累计下沉0.6米,防潮堤沉降0.7米。

1993—2010年天津市防潮堤沉降情况如图2-3-4-2所示。

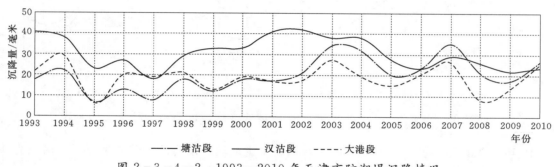

图2-3-4-2 1993—2010年天津市防潮堤沉降情况

天津市防潮堤标高,按50年设计,需因地面沉降多加高1~2米。地面标高资源的不可逆损失,在天津滨海地区造成的危害最为严重。因为滨海地区的平均地面标高为1~3米,在地面沉降和海平面上升的双重原因作用下,已经有局部地区的地面标高低于海平面。

破坏公共设施地下管线。供水、供气、供热等公共设施埋在地下,所在地面产生局部不均匀沉降,导致管线的开裂,造成资源泄漏,影响正常的供应。特别是大口径的管线,单根长度短,接口多,最容易发生问题,并且一旦出现问题,就会造成大面积供应中断。对无压的下水管道,不均匀沉降会造成下游管道抬高,使管道自然排泄的功能丧失。

房屋道路开裂。不均匀沉降超过一定限度可以造成房屋和道路的开裂。造成此类现象的沉降一般漏斗范围更小,降幅更大。如集中开采的地下水水源地以及直接由潜水位大幅下降造成小范围土体沉陷。

导致测绘成果失真。城市基础设施管理,规定是5年统测一次,可以满足基础设施建设对标高的要求。但在地面沉降严重的地区,不但会产生工程设施危害,也会造成基础测量的标高数据成果失真,影响城市建设发展。

四、控沉措施

（一）地面沉降分区管理

2003—2005 年，为有效地控制地面沉降，根据取用地下水引发地面沉降的危险度和地下水的开发利用程度，将天津市划分为地下水禁采区和限采区，不同沉降分区采取不同管理措施。

禁采区：南水北调通水前，地表水（引滦）已到达的地区严禁新打开采井，现有开采井取水量要按计划逐年压采；无地表水（引滦）水源的地区，严格控制新的耗水量大的建设项目上马。南水北调通水后，已有地表水（引滦、引江）供水的地区严禁新打开采井，现有开采井取水量要按计划逐年压缩，5 年内达到不超采；无地表水（引滦）水源的地区，严格控制新的耗水量大的建设项目上马。

限采区：在地表水（引滦、引江）供水区域内，原则上严禁新打开采井，已批准开采的单位，严禁新增许可水量，并随企业停用和开采量的自然衰减逐步减小开采量；无地表水（引滦）供水的区域内，严格控制新的耗水量大的项目上马。

2008 年，将天津市划分为四级沉降控制区，并分区制定了相应的管理措施，明确了工作层次与重点，有的放矢的开展控沉工作。

一级管理区包括中心城区、滨海新区、环城四区、静海县东部以及重要铁路沿线，巩固中心城区和滨海新区控沉效果，努力减缓环城四区、静海县东部及京津城际铁路沿线地面沉降，严禁新增地下水开采井，逐步封停现有机井，推行地下水禁采，涵养修复地下水环境。

二级管理区包括静海县西部、武清区中南部、宁河县中南部和宝坻区南部，严格控制地面沉降发展，限制地下水的开发利用规模，积极推进水源转换工作，逐步实现采补平衡。

三级管理区包括武清区北部、宁河县北部和宝坻区中部，以预防地面沉降为主，加强地下水资源管理，做好节水工作，做到优水优用。

四级管理区包括宝坻区北部和蓟县，无地面沉降现象，在加强节约和保护的前提下，鼓励地下水资源的开发利用。

（二）实施水源转换

根据天津市地面沉降现状，在地面沉降较为严重的地区压缩地下水开采量，实施水源转化方案。控沉办在 2004 年年底完成西青区、武清区、汉沽区水源转换方案，并在 2005 年将方案进一步完善、细化。方案工作范围选取在建制镇周边，依托已有集中供水管网，制定了分阶段的水源转换目标。

随着城市改建工程的推动以及武清北水源地的投入使用，武清区已经逐步完成了市区的水源转换工作。西青区控沉主管部门在水源转换实施方案的基础上又制订了更加具体的西青区 2005 年度控沉压采方案工作计划，到 2005 年年底已经完成了相应的工作任务。汉沽区控沉主管部门在水源转换方案的指导下，提高了现有集中供水管网的利用率，从原来的约 5000 立方米每日提高到 8000～10000 立方米每日，即减少地下水开采量 3000～5000 立方米每日，约合 110 万～170 万立方米每年。此外，静海县、西青区也已封存了水厂的地下水自备井。

（三）地面沉降综合控制

对地下水取水项目范围内的地面沉降现状和可能造成的影响进行审查评估。在综合该区域内多年沉降量和趋势预测及当地地下水开采总量控制指标等重要衡量指标后，经控沉办技术委员会研究对该项目提出控沉预审意见，对于现期沉降量超标的取水项目实行一票否决。2004—2010年，经对 65 个地下水取水项目进行了审核，其中同意取水项目 54 项，否决 9 项，要求继续论证2 项。

以地下水开发利用总量的控制来推动地下水压采工作。"十一五"期间，选取地面沉降较为严重的武清区杨村镇、汉沽城区、西青区杨柳青镇、静海县大邱庄和津南区葛沽镇编制和推动落实了专项地下水压采实施方案。2009 年较 2005 年天津市地下水开采减少 1.002 亿立方米。

结合天津市地面沉降监测网络优化工作，2009 年在京津等高速铁路沿线两侧 200 米范围内加密监测，建立了高速铁路地面沉降监测网，及时全面掌握高速铁路地面沉降动态。同时，控沉办会同水文水资源中心、武清区地资办和北辰区地资办，开展了京津城际铁路周边地下水开采调查工作，摸清了铁路沿线 3 千米范围内的所有市属和区属地下水开采井分布及运行情况，共调查机井 3165 眼，全面掌握了地下水开采状况，并着手制定了区内地下水压采方案，为保障京津城际铁路的安全运行服务。

深基坑排水的地面沉降管理。2010 年，对重要工程、深基坑开挖区域、沿线及其周边地区地面沉降和地下水动态严密监测，并通过现场调查，增埋监测点加强监控。与市建交委沟通协商，共同加强对基坑排水地面沉控制管理，依据《天津市实施〈中华人民共和国水法〉办法》的有关规定，全力推动深基坑（大于 5 米）开挖地面沉降防治措施方案备案制度的建立工作。

五、监测技术应用

天津市在大地水准测量，分层标自动监测、GPS 测量以及合成孔径雷达干涉测量（Interferometry Synthetic Aperture Radar，InSAR）技术等方面都有了长足的发展。为地面沉降机理研究、地面沉降分析预测以及地面沉降防治治理提供了较成熟的应用技术。

（一）大地水准测量

大地水准测量是最成熟、运用最广泛的地面沉降监测技术手段。天津市大规模地利用大地水准测量技术监测地面沉降始于 1985 年，每年监测一次，监测范围从中心市区逐渐扩展到海河中下游、滨海新区和环城其他区（县），还覆盖了宁河县、静海县和武清区部分地区。2004 年将武清北部纳入地面沉降监测范围，2005 年将静海西部纳入后，天津市地面沉降监测范围覆盖了天津市主要沉降区。2008 年加密了京津城际铁路监测网，2009 年在东疆港等填海区布设地面沉降监测网。

截至 2010 年年底，天津市地面沉降监测网共有水准点 1742 个，监测路线长度 6951.7 千米，监测总面积达 10000 平方千米。严重沉降区和京津城际天津段等重点地区水准点平均距离 2 千米，次级地区 3～5 千米。

1985—2010 年天津市地面沉降监测网基本情况见表 2-3-4-22。

表 2 - 3 - 4 - 22　　　　**1985—2010 年天津市地面沉降监测网基本情况**

年份	水准监测点个数	监测面积/平方千米	一级、二级水准测量长度/千米	覆 盖 范 围
1985		1310	3155	中心城区、塘沽区、汉沽区、大港区、海河两岸
1990		1300		中心城区、塘沽区、汉沽区、大港区、海河下游及官港
1995	1394	1635	3488	中心城区、塘沽区、汉沽区、大港区、海河下游、中塘地区
2000	1328	1635	3495	中心城区、塘沽区、汉沽区、大港及中塘地区、海河下游及官港
2005	1654	5500	5459.3	中心城区、滨海三区、环城四区、静海、宝坻、宁河、武清杨村、蓟县部分地区
2010	1742	10000	6951.7	宝坻城关以南的全部地面沉降区，包括中心城区、滨海新区、环城四区、武清区、宝坻区、宁河县和静海县

（二）分层标监测

分层标是一种监测不同深度处地层沉降和各含水层水位、孔隙水压力的装置。2010 年天津市共有 15 座分层标，每月人工观测一次，见表 2 - 3 - 4 - 23。其中西青、大直沽、三大街、军粮城和大港分层标安装了电子自动监测系统，可每小时观测一次，并经过通信设备远程连接到数据存储中心。

表 2 - 3 - 4 - 23　　　　**2010 年天津市分层标及基岩标情况表**

类别	地点	标名	建标年份	最大深度/米	标数/个	长观孔数/个	孔压数/个	现状 标数/个	现状 长观孔数/个	现状 孔压数/个
分层标	市区	大直沽	1980	305.5	12	6	17	12	6	0
		陈塘庄	1980	180.3	11	4	18	10	3	0
		北宁公园	1979	180	10	4	16	已被破坏		
	塘沽	碱厂	1981	295.2	12	4	12	12	2	10
		河滨公园		650	1			1		
		临港工业区	2007—2008	420	1	13		1	13	
		华北院分层标	2009—2012	1200	9	5	5	9	5	5
	汉沽	制药厂	1987	330.4	9	3	9	9	0	3
		汉沽城区	2008—2009	800	1			1		
	大港	石化东	1993	545.7	7	7	4	3	3	4
	西青区	郑庄子村	2003	566.27	5	5	3		5	3
	东丽区	军粮城	1985	274.7	11	2	12	11	2	11
	开发区	一大街	1988	58.9	3	1	2	3	1	2
		三大街	2001	50	11		13	11		13
		七大街	2000	36	11		11	11		11
基岩标	市区	李七庄	1988	1088	1			1		
	宝坻区	棉纺厂	1968	159.61	1			1		
合　计					116	54	122	96	40	62

天津市地面沉降监测曾采用宝坻基准（深度 159.61 米），为减少基准点与沉降区的连测距离，提高地面沉降监测精度，于 1989 年在市区建成李七庄基岩标，李七庄基岩标位于天津市李七庄西

南约 1.5 千米的天津市测绘院南院内。1988 年 8 月 27 日至 10 月 12 日完成钻探，12 月 7 日完井成标，主标杆深度 1087.53 米。

大地水准测量即从基准点起，连测出水准点的高程，两期高程之差就是地面沉降量。

（三）GPS 测量技术

天津市地面沉降 GPS 监测网络的精度定位在 C 级，由两部分组成：一级网和二级网。一级网作为主干网，对全区的测量精度进行控制，二级网则附合在一级网上，对局部地区进行详细测量。在进行一级网点布设时，按照《全球定位系统（GPS）测量规范》（CH 2001—92）和《全球定位系统城市测量技术规程》（CJJ 73—97）的技术要求，引用已知的国家水准点，在空白区进行补建，点的建设上要求基础稳定，作为永久设施保存。一级网由参考基准点和坚固永久性监测点组成，以此作为"天津 GPS 地面沉降监测网络"的基本框架。在天津蓟县县城附近，建有 1 座国家级 GPS 基准站，2003 年，在塘沽区建成 1 座 GPS 基准站，在宝坻基岩标附近、中心城区李七庄基岩标附近、北辰区、塘沽区、大港区、宁河区、武清区（2 座）、静海区（2 座）建设 10 座常年不间断监测基准站，共同组成天津 GPS 地面沉降监测参考基准网。在全市按平均边长 10 千米的标准，共布设 110 个网点组成 GPS 一级网，达到 1∶50 万控制精度。

截至 2010 年，控沉办共出资建设 4 座基准站，其中武清区 2 座、静海区 2 座。4 座基准站均投入使用。

（四）合成孔径雷达干涉测量技术

合成孔径雷达（Synthetic Aperture Radar，SAR）是一种空间对地观测技术，被广泛用于获取地面起伏的信息，利用 SAR 获取的信息通过干涉测量技术 InSAR 和差分干涉测量技术 D‐In-SAR 可进一步获取地面高程模型和地面高度的变化。

角反射器是新型 InSAR 技术所必需的关键设备，它可以将卫星信号反射回卫星的信号接收器，在反射条件不佳的地区提供强反射点，进而在图像中形成特征点，为进一步获取形变信息提供必要的条件。

控沉办已分别在天津水利科技大厦院内、西青区杨柳青、南河镇、津南区咸水沽水利局院内及津南开发区等地对安装的 5 个角反射器进行了调试工作，具备了反射卫星信号的条件。

附：天津地面沉降演变

天津陆地是在多次地质构造运动的影响下，经海退陆进形成，成陆时间大致在宋代，大部分是冲积平原和海积、冲积平原。地层松散层厚，欠固结。在新构造运动中形成的缓慢地地面沉降，每年沉降量约 1.0～2.0 毫米。在地层尚未达到最终固结状态地区，也产生微量的地面沉降。天津市东部广大平原区，尤其是滨海新区一带，多年平均值为 13.3 毫米每年。

天津市开发利用地下水资源始于 1923 年，随着天津经济发展，地下水开采量也越来越大，尤其是 1963 年海河流域进行大规模治理后，上游地区兴修大量水库，控制了天津市的入境水量，天津市被迫超量开采地下水，致使天津市的地面沉降问题变得越来越严重。

1950—1957 年，天津市开始发生地面沉降，尤其是中心城区的多年平均地面沉降速率为 7～12 毫米每年；1958—1966 年间多年平均地面沉降速率为 30～46 毫米每年，逐步形成不同规模的沉降漏斗中心；1967—1985 年间多年平均地面沉降速率达到 80～100 毫米每年，宝坻城关以南

8000 余平方千米的平原区不同程度地面沉降，市区南部及滨海地区地面沉降尤为明显，已与河北省的沉降漏斗区连成一片，天津市成为中国地面沉降最严重的城市之一。

天津市控制地面沉降工作办公室和天津市水利科学研究所在 2006 年 12 月完成的《天津市滨海新区水源转换实施方案》报告中，引用了由中国地质环境监测院牵头组织编织的《华北平原地面沉降调查与监测重要进展》报告中显示的"华北平原地面沉降立体示意图""华北平原地下水位对比立体示意图（1980—2002 年）"，形象地反映了天津市地面沉降情况与华北平原周边地区相比较以后的严重程度，具有强烈的警示意义。

第四章 节 约 用 水

天津市是资源型缺水城市，尤其是 20 世纪 60 年代上游地区兴建水库后，天津入境水量逐年减少，城市用水日趋紧张，城市节水工作提上日程。1973 年 9 月，市自来水公司成立"节水小组"推动节水工作。定员 50 人，重点对工业用水大户进行用水情况调查，协助企业改进生产工艺，降低消耗，研究设计循环用冷却水塔，并开展节水试点工作。1981 年 3 月，市政府颁布《天津城市节约用水暂行规定》。6 月，"节水小组"划归市公用局，负责市中心城区节水工作。

1983 年，市政府下发《关于调整节水办公室的通知》批准成立"天津市城市节约用水办公室"（简称城市节水办），主管城市节水工作。

1986 年，市政府发布《天津市城市节约用水规定》，明确：天津市城市节约用水办公室是天津市政府管理城市节约用水工作的办事机构。

1989 年 6 月，市政府颁布《关于调整天津市节水办公室成员的通知》，明确市建委主任刘玉麟任主任，市建委副主任石晓成、市公用局副局长汪贵新任副主任。实行市建委、市公用局双重领导负责制。10 月，市编委《关于天津市城市节约用水办公室机构设置的批复》，明确：天津市城市节约用水办事机构为天津市城市节约用水办公室，设在市公用局内，为该局下属处级事业单位，负责城市规划控制范围内节约用水的组织、宣传、推动等项工作。规定编制人员暂定 55 人。11 月，机构设置为管理科、技术科、深井科、区县科、行政科。

1990 年，市编委先后批复南开区、河北区、和平区、红桥区、河东区成立区节约用水办公室。随后河西区、塘沽区、汉沽区、大港区及四郊五县先后成立区（县）节约用水办公室，至 1991 年，各区（县）节约用水办公室已全部建成。

2001 年 6 月，市委办公厅下发《关于印发〈天津市水利局（引滦工程管理局）职能配置、内设机构和人员编制规定〉的通知》，明确市水利局是主管全市水行政的市政府组成部门，加挂天津市节约用水办公室（简称市节水办）的牌子，统一负责全市节约用水工作。天津市城市节约用水办公室划归市水利局，更名为天津市节约用水事务管理中心（简称节水中心），各区（县）水利局相继挂牌成立节约用水办公室。

2002 年，天津市城市节约用水办公室由市建委划归市水利局。各区（县）节约用水办公室并入区（县）水利局，市内 6 个区因未设水利局机构，6 个区节水办仍留在建委。至此，由市节水办主管城市节水工作的管理网络正式形成。

第一节　节水法规建设与执法

1981 年 3 月，市政府颁布节水法规性文件《天津城市节约用水暂行规定》，自 1990 年后，相继发布节水法规多项，为全市节水工作给予有力支撑。

一、天津市节约用水法规

2002 年 12 月 19 日，由天津市第十三届人民代表大会常务委员会第三十七次会议通过《天津市节约用水条例》，自 2003 年 2 月 1 日起施行。2005 年 3 月 24 日，天津市第十四届人民代表大会常务委员会第十九次会议通过了关于修改《天津市节约用水条例》的决定，修订后的条例共六章、五十二条。条例规定：本市实行计划用水、节约用水、科学开源、综合利用的原则，全面提高水的利用率，建设节水型城市；用水实行总量控制和定额管理相结合的制度；用水户在用水过程中，应当采取循环用水、一水多用等节水措施，降低水的消耗量，提高水的重复利用率等。

2005 年 7 月 19 日，天津市第十四届人民代表大会常务委员会第二十一次会议通过《天津市城市排水和再生水管理条例》，修改后的条例共九章、六十八条。条例规定：在再生水供水区域内，再生水水质符合用水指标，应当使用再生水。自建再生水利用设施处理的再生水，应当符合国家和本市规定的规范和标准，保证用水安全。

2006 年 5 月 24 日，天津市第十四届人大常委会第二十八次会议通过《天津市城市供水用水条例》，2006 年 9 月 1 日施行，条例共九章、六十三条。条例规定：工程建设需要临时使用城市供水的建设单位应当在办理用水指标后与供水企业确定临时用水协议。

二、政府规章

1998 年 1 月 6 日，市政府以政府令 126 号发布修订《天津市取水许可管理规定》，规定：凡在本市行政区域内直接从河道、渠道、水库或者地下取水的单位和个人，都应当依照本规定申请取水许可证并依照规定取水。

2001 年 5 月 31 日，市政府下发《天津市节约用水管理办法》。办法规定：进一步提高全社会节约用水意识，各级政府和各用水单位要加强对节水工作的领导，层层建立节水责任制。各级水行政主管部门要加强计划用水、节约用水管理工作。宣传部门、新闻媒体要加大节水宣传力度，增强全市人民爱惜水、保护水、节约水的意识，形成人人节约用水的良好风尚。

2002 年 6 月 25 日，市政府下发《批转市节水办关于在全市深入开展节水工作实施意见的通知》，规定：开展专项治理，加大执法检查。以全面落实 26 项节水措施为重点，开展好 4 个方面的节水专项治理活动。一是加大对冲车业的检查治理，规范冲车用水行为；二是加大对建筑施工临时用水的检查治理；三是加大对社会公共用水的检查治理；四是加大对计划用水考核户的管理。

2003年12月9日，市政府下发《天津市建设项目用水计划管理规定》，规定：凡在本市行政区域内新建、扩建、改建的建设项目，办理项目审批时，应当办理取水许可或申请用水计划指标。未办理取水许可或申请用水计划指标的，其建设项目不予审批，建设项目应当采用节水型工艺，使用节水型设备和器具，建设相当的配套节水设施。

2007年3月6日，市政府下发《关于在全市加快淘汰非节水型产品的规定》，规定：为加强对此项工作的领导，建立由市节水办牵头，市发展改革委、市经委、市建委、市质监局、市工商局等部门参加的市淘汰非节水型产品工作联席会议，负责全市淘汰非节水型产品的总体协调和推进工作，市联席会议办事机构设在市节水办。对未按照《节水型生活用水器具》（CJ/T 164—2014）和《节水型产品技术条件与管理通则》（GB/T 18870—2002）规定的指标进行设计的项目，建设行政主管部门要依据《中华人民共和国建筑法》《建设工程质量管理条例》等有关法律法规进行查处。

2008年，市政府下发《天津市超计划用水累进加价水费征收管理规定》，规定：市节水办统一管理全市超计划用水累进加价水费征收工作，并负责由市节水办公室管理的以及天津经济技术开发区、天津港保税区、天津新技术产业园区的非生活用水户（统称市管用水户）的超计划用水累进加价水费征收工作。

三、节约用水执法检查

城市节水办为做好节水执法工作，1992年6月，派48人参加了国家建设部委托市建委举办的执法培训，经考核合格后颁发了"建设执法证"。

1999年6月，市政府法制办公室对城市节水办执法人员进行了专业培训，经执法考试，64人（城市节水办46人，市内六区18人）取得执法证，组建"天津市城市节约用水执法中队"，对偷接消防栓用水、园林绿化出现的长流水等浪费水现象从行政管理检查步入执法检查。

2002年，原天津市城市节约用水执法中队编入了市水利局水政监察大队第二支队。

2003—2004年，节水中心对园林绿化、道路冲洗、等季节性用水、洗浴用水、游泳场所用水等特殊行业用水进行重点检查，检查了380个冲车点营业合法性和节水措施、设备，624个建筑施工现场临时用水指标和节水器具，120个游泳场所和523家洗浴中心的节水设备、用水器具的安装与使用。全市共查处节水违法案件1204起，挽回经济损失224万元，调整日用水指标1291立方米，更换用水器具586个。

2005—2007年，节水中心连续3年对全市中水冲车、基建临时用水、游泳场馆用水、景观用水等项进行了专项检查638次，查出各类水事案件106件，办结率为100%。

2008—2009年，节水中心对全市开放公园用水、市区景观、道路绿化、道路冲洗、锅炉用水等特殊性用水和日常跑、冒、滴、漏，超计划用水进行了节水执法检查1103件，其中专项执法331件，举报、信访62件，办结率100%。

2010年，节水中心建立和完善节水日常巡查机制，制定《节水中心执法巡查制度》《执法巡查记录》《执法巡查分类登记表》《执法巡查情况统计表》以及《超计划累进加价执法流程》。大规模开展了市管地下水、地热水和矿泉水用水户专项执法检查活动，重点检查了取水许可、计划指标办理及节水器具、机井设施等情况，共巡查 498 家，其中集中执法 207 件，受理举报、信访 40 件。对有问题的单位进行了检查整改。

　　2000—2010 年，共检查 4516 个用水户，其中受理举报信访案件 2182 件，水政执法检查巡查 1714 件，专项执法检查 620 件。在执法中现场查处水事违法案件 261 件，下达限期整改通知书 137 件，上报市水务局立案查处 11 件，办结率均达 100%，挽回直接经济损失 125 万元。

第二节　计　划　用　水

　　1981 年，天津市对生活用水大户实行计划用水管理。1986 年，对用水量 2000 立方米以上的单位纳入计划用水管理范围。1990 年，全市纳入计划管理的用水单位有 11477 个。1998 年，对用水量 500 立方米以上的单位纳入计划用水管理范围。2010 年，全市计划用水管理单位有 12525 个。

一、计划用水指标编制与调整

　　1991 年，天津市城市用水节水计划纳入国民经济考核指标。市计委发布《关于下达我市 1991 年用水节水各项指标计划的通知》，文件确定天津市用水计划的总量（含自来水、井水、河水）、用水指标、节水指标等，按系统、按行业和单位分解下达，超计划实行累进加价制度。考核管理实行"日指标，月考核"。天津市是全国首个将用水节水计划纳入国民经济考核指标的城市。

　　天津市计划用水指标编制的原则是实行总量控制和定额管理相结合。城市节水办根据市年度水资源可供应总量，在编制各用水单位下一年度计划用水量时，根据自来水厂产、供水能力，本着优先保障居民生活用水的前提下，实行"先城市后农村，先生活后生产，先工业后农业"的原则，利用加权平均方法，结合用水单位三年的用水量均值、节水现状评价、节水潜力改造、用水定额现状水平、新建项目的运营、年度生产任务的情况等因素，与市发展计划委员会按区（县）、局（公司）进行用水单位计划指标的编制工作，在每年年底前下达。各区（县）、局（公司）按核定的用水计划平衡，分配到所属单位。各用水单位按照分配的指标计划用水。

　　计划用水指标调整。2000 年是天津市连续经历的第 4 个干旱年，潘家口水库不得不动用死库容向天津市供水，用水形势十分严峻，市政府连续发布 3 个《关于加强节约用水管理的通告》，全市日供水指标由 157 万立方米，压缩到 142 万立方米。为落实压缩后的供水指标，开始对全市用水单位、用水行业实行指标核减工作。核减用水指标 13.922%（工业系统核减 14.277%，城市大生活系统核减 13.566%）。各区县、委办局、驻津各单位等都分别按照核减计划，进行了用水指标的调减工作。

　　2003 年，计划用水指标再度压缩，全市年计划用水指标为 4.44 亿立方米，比 2002 年减少了 0.06 亿立方米，压缩了 1.3%，其中自来水压缩了 1.1%，井水压缩了 2.3%。市节水中心对 72

个系统 2283 个考核户进行了用水计划指标压缩。市管单位计划用水指标为 2.1639 亿立方米，比 2002 年减少了 0.1366 亿立方米，压缩了 5.94%，其中自来水为 1.984 亿立方米，减少了 0.0851 亿立方米，压缩了 4.1%；井水为 0.1798 亿立方米，减少了 0.0515 亿立方米，压缩了 22%。

为了强化用水计划管理，适应市场经济发展的需求，2006 年市更新计划指标核定程序，改变了以往的计划指标核定方式，从过去按使用率核定全年计划，平均分配为日指标，按月考核，改为按用水户近 3 年的用水情况，核定年度基本计划指标，用水户按自身用水规律，将年度计划指标分解到 12 个月。按月细化分解计划，日常实行动态管理，按照市场需求，及时变更计划指标，改变了用水计划指标过量下达、平均分配、基本不变的状况，转变成为对用水户核定基本指标，设立各级管理部门机动指标，对用水户根据实际需要及时审批调整用水计划指标的方式。新的核定方式使用水计划更加接近实际用水状况，提高了用水计划的科学性、合理性。

二、计划用水管理范围

为了不断提高计划用水考核率，1998 年开始对月用水量在 500 立方米以上的单位纳入计划用水管理。1998 年，全市计划考核户达到 6644 户，考核水量为 3.37 亿立方米，其中工业用水户 1684 户，其他考核户为 4960 户，全市计划考核率为 91%，重复利用率为 81.86%，万元产值取水量为 38.19 立方米，年节水量为 5000 万立方米。计划用水考核管理单位范围的扩大，提高了计划用水的管理水平，国家考核的各项指标均达先进水平，节约用水成效显著。

2010 年，全市计划考核户达到 2700 余户（市管户）。

三、特殊行业计划用水管理

随着行业管理的进一步拓展，1999 年天津市成立天津市游泳场馆开放领导小组，与市体委、市公安局等部门联合加强对全市游泳场馆实行统一管理；与市供热办联合加强对集中供热用水管理，对 74 个供热单位进行了用水评估；与市环保局联合加强了对冷却塔的管理，1360 台登记颁证纳入管理。此后，全市建筑工程、市政园林、游泳场馆及锅炉供热等社会性、季节性的城市用水均纳入了计划管理。

2006 年，市政府连续发布 3 个《关于加强节约用水管理的通告》后，6 月，市节水办为落实通告精神，对特殊行业用水单位进行强化用水管理工作。

四、完善计量配置

1991 年，城市节水办重点对用水单位健全和完善 2～3 级计量水表的配置工作进行管理，目的是对用水量大的单台设备和设施、用水量大的生产单元进行准确计量、实现细化管理，达到在生产单元中，单台机组每小时耗水量在 2 立方米以上的用水部位，都安装了二级、三级、四级分水表，实行计量指标考核；对特殊行业的用水，厂内绿化、景观用水、游泳场馆、洗浴场所、企业食堂等都单独配置计量水表实行定额考核；对临时用水配置了移动式计量水表，实行指标考核。

从此，天津市计划用水管理步入了一级、二级、三级水表的分级计量管理阶段，实现了指标细化分解考核，完善了考核机制。

为确保考核效果，保证用水单位一级水表的完好率，1999年在考核中发现水表错、停、坏和企业水表号变更、增加等问题，城市节水办和市自来水公司联合每年对全市用水单位一级水表进行全面校对，校对范围涉及54个局、78个系统、2864个单位的6480个水表注册号，在时效内进行校改。至2010年，用水单位一级表的完好率由1998年的86%提高到98.5%以上。

五、制定用水定额

1991年4月，市建委、市经委、市计委、城市节水办联合组成天津市编制用水定额领导小组，确定对市冶金局、市化工局、石化公司、市纺织局、市电力局五系统的重点产品编制用水定额工作。编制后按照定额进行试考核。1993年完成了用水定额46项，并进入试考核阶段。1999年，城市节水办依据1999年制定的46种用水定额的试考核基础上，根据用水管理需要，又编制了78种工业主要产品用水定额并纳入地方标准，由市技术监督局颁布执行《工业产品用水管理标准》（DB/T 101—1999）。

2002年，随着天津市城市用水量和用水结构发生了重大变化，新产品、新工艺不断涌现，许多工业产品设计逐步与国际接轨。市节水办组织节水中心、水科所技术人员编制工业产品用水定额、城市生活用水定额、农业用水定额，并列入市科委和市技术监督局年度项目计划。2003年完成后由市技术监督局颁布《工业产品取水定额》（DB12/T 101—2003）《城市生活用水定额》（DB12/T 158—2003）《农业用水定额》（DB12/T 159—2003）3个方面404项定额。其中冶金、电子、纺织、石化等主要产品用水定额达到国内先进水平。2004—2010年期间，天津市在编制全市计划用水指标工作中，用水定额指标已列入重要的参考依据。

六、水平衡测试

1991年，城市节水办组织科技人员开始制定《天津市城市生活水平衡测试标准》，下发开展水平衡测试工作的通知，要求超计划用水的企业都必须进行水平衡测试工作；测试单位与被测试单位要相互配合，依据标准认真进行测试工作，完成规范的报告书上交市节水办；市节水办组织专家对报告书进行评审，经专家评审合格的报告书，企业对提出的合理化建议要立即落实整改意见，对没有整改的核减用水指标；各行业要有计划安排企业进行水平衡测试工作，每3~5年进行一次。同年7月，城市节水办与市经委共同研究，对市经委隶属的12个能源测试站下达1991—1992年度98个用水大户的水平衡测试计划，规定了执行国家建设部颁发的测试标准，成立了审批水平衡报告书专家组，并开展工作。1991年度完成水平衡测试单位58个，提出合理化建议245条，整改178条建议，日节水量约5.8万立方米。从此，水平衡测试工作步入常态化。1992年8月，《天津市城市生活水平衡测试标准》通过专家验收并获得天津市科技进步三等奖。

2003年，节水中心负责水平衡测试的日常管理工作，实行统一管理。天津市的水平衡测试工作纳入规范化阶段。2007年，市节水办发布了《天津市水平衡测试管理办法》，使水平衡测试管理步入有法可依、依法管理的良性机制。管理办法中规定了月均取水量 1000 立方米以上（含 1000 立方米）的主要用水户按规定进行水平衡测试，月均取水量 2000 立方米以上（含 2000 立方米）每 3 年进行一次；月均取水量 2000 立方米以下 1000 立方米以上（含 1000 立方米）每 5 年进行一次。为提高天津市水平衡测试单位的测试水平，自 2007 年，市节水办每年召开全市水平衡测试管理工作会议，对测试单位下达测试计划，部署工作任务。2006—2010 年，对 1177 个用水单位进行了测试工作。

七、节水"三同时"管理

1998 年 2 月，依据市建委《关于加强城市节水工作"三同时"管理有关规定的批复》的文件精神，城市节水办积极参与对新建、改建、扩建项目初设项目的审核工作，协调天津化工设计院、天津华北设计院、天津化工研究院、天津水泥设计院、机械工业部第五设计院等单位，严把初设阶段节水"三同时"设计关，增加节约用水设计篇，使节约用水"三同时"工作落到实处。同年 10 月，城市节水办参加了天津市医学院牙科医院的初设项目审查会议，在项目的审查过程中完全按照节水"三同时"的要求进行审查工作。从此，城市节水办被列为项目初设审查参会单位。

2002 年，节水中心依据《天津市节约用水条例》公布第二十二条规定，对新建、扩建、改建项目节水"三同时"管理工作进行了规范。组织专业技术力量，组建"节水三同时"工作组，开展了对建设项目节水论证工作。在立项阶段，严把设计关，审查节水篇中节水项目设计的合理性。施工阶段，严把基建临时用水管理关，检查用水器具的配置和完好情况。竣工阶段，严把取水许可关，验收节水设备实施、节水器具性能是否处于良好。通过计划用水指标核定，确保节水"三同时"的落实。

第三节　节水型系列创建

1991 年，天津市开始实行节水型企业（单位）命名活动。2005 年，天津市被国家建设部命名为"节水型城市"，被水利部确定为南水北调东中线受水区全国第一个省级节水型社会建设试点城市。为巩固天津市节水型城市创建成果，加快节水型社会建设步伐，天津市先后制定出《天津市节水型企业（单位）标准》《节水型居民生活小区标准》《天津市节水型生态校园标准》《天津市节水型区县标准》等地方标准，建立了节水型企业（单位）评选专家库，制定了考评制度和创建评选标准，把节水型系列创建向多元化方向发展，在全市广泛持续开展了节水型系列创建活动。

一、节水型企业（单位）

1991 年 6 月，市政府办公厅转发《关于开展命名节水型企业（单位）活动的意见》，按照"组织落实、管理严细、设施完好、计量达标、指标先进"5 个方面的评选标准。在全市开展节水型企业（单位）创建活动。市节水有关部委及专业技术人员组成评审委员会，按照评审标准，对用水单位总分达 90 分以上企业、单位，由市政府命名并颁发荣誉证书。1991 年，获市政府命名节水型企业（单位）称号的共 48 家，涉及 12 个系统，23 个行业。天津市以"开展创建节水型企业（单位）活动，组建市级评委会，节水型企业（单位）经市政府命名"的"三项举措"为全国首创。1991 年和 1995 年，天津市分别被建设部、国家计划委员会、全国总工会评为全国节约用水先进城市。

2000 年，天津市创建节水型企业（单位）活动已开展 10 年，市政府命名的节水型企业（单位）达到 121 个。为提高创建活动的质量，对已被市政府命名的 121 家节水型企业（单位）复查，有 8 家企业因行业系统重组原因，已取消节水型企业荣誉称号。

2005 年，天津市在 9 所高等院校完成智能 IC 卡淋浴系统改造。2007 年 7 月，天津市发布实施了《节水型生态校园标准》（DB12/T 331—2007），推动高等院校节水活动。该标准界定了节水型生态校园技术指标、综合评定范围，规定了基本指标及水环境指标，确立了节水型生态校园创建的评定办法，将节水型企业（单位）延伸到高等院校。

2006 年，节水中心对《天津市节水型企业（单位）评选标准》进行修订，并下发了《关于进一步规范节水型企业（单位）评选活动的通知》。通知中，除提高了节水型企业（单位）标准外，还规范了申报、评选程序，市、区（县）、局（集团）职责范围，申报材料上报要求，评审合格后对节水型企业激励机制等。2007 年，节水中心按照新修订的评选标准，对 136 家节水型企业（单位）进行了复查，对 36 家节水型企业（单位）的申报进行了评审。复查的企业（单位）除存在关、停、并、转的 7 家取消了节水型企业（单位）称号外，129 家全部保留称号；申报的 36 家节水型企业（单位），均达到节水型标准，被市政府命名为节水型企业（单位）。

二、节水型居民小区、区（县）

2006 年 9 月，天津市在全国率先制定出《节水型居民生活小区标准》（DB12/T 274—2006），并纳入地方标准。该标准界定了节水型居民生活小区的适用范围、规定了节水管理及节水技术两项指标内容，确立了节水型小区创建的评定办法，提出了节水型生活用水器具普及率达 100% 等项节水相关指标。2007 年，天津市开始开展节水型居民小区创建工作。截至 2010 年，市政府命名节水型小区 67 个。

节水型区（县）。2010 年 6 月，市政府批转下发了由市节水办、市发展改革委、市经济和信息化委、市农委联合上报市政府的《关于开展节水型区县创建活动的实施意见》，用以完善节水载体创建体系。节水型区（县）标准中规定了节水型区（县）考核基本条件、基础管理指标、技术考核指标、鼓励性指标、综合评定、附录（考核标准表）等 6 部分。严格按相关标准开展创建工作，提高了节水载体质量，增强了节水载体的示范作用。2010 年，和平区、西青区和蓟县被市政府命名为节水型区（县）。

三、国家级节水型城市

2004 年 10 月 15 日，市政府办公厅向建设部、国家发展改革委上报《关于申请参加国家节水型城市评审的函》。同年 12 月，国家发展改革委、建设部联合组织评审专家验收，市水利局局长、市节水办主任王宏江向建设部、国家发展改革委专家验收组做了《天津建设节水型城市经验和体会》专题汇报。专家组进行了材料验收和现场工业节水、城市大生活节水、科技节水、城市居民生活节水情况验收后，一致同意天津市通过申报国家级节水型城市。2005 年，在全国城市节约用水大会上，天津市被建设部命名为"2004 年度全国节水型城市"并颁发了奖牌。同年，水利部审查通过《天津市节水型社会建设规划》，天津市建设节水型城市领导小组改称天津市节水型社会建设领导小组，召开"天津市节水型社会建设推动会暨塘沽区节水型社会建设试点启动会"。天津市也被水利部确定为南水北调受水区全国第一个省级节水型社会建设试点。2006—2008 年，全面启动节水型社会试点建设，工业节水水平提高，万元工业增加值取水量 11 立方米，重复利用率达 91.6%。用水效率在全国处于先进水平。2008 年，住建部对全国节水型城市进行了复验，天津市继续保留全国节水型城市称号。2010 年，通过南水北调中线受水区节水型社会建设试点验收。

1991—2010 年，经市政府命名的节水型企业（单位）282 个，节水型居民小区 67 个，节水型区（县）3 个（和平区、西青区和蓟县）。天津节水型企业（单位）在全市覆盖率达 28%，远超节水型城市考核标准 15% 的指标。

第四节　城市生活节水

一、改造供水管网及抄表入户

城市生活节水工作的重点工作之一是降低城市供水管网漏损率，1991 年，为提高城市生活供水、用水、节水整体功能，针对城市供水管网及三井（消防井、闸井、水表井）系统中，因腐蚀严重、破损、爆管现象频发，造成跑、冒、滴、漏，浪费水资源的现状，加快旧供水管网改造，市政府决定对天津市老城区使用 50 年以上的旧自来水供水管网进行更新改造，被列为市政府 20 件民心工程。每年更新改造 100 千米，解决"跑、冒、滴、漏"问题。1991—2006 年，完成更新改造 750 千米，城市节水办（市节水办）每年拨付 50 万元，用于水表井的改造提升费用，城市供水管网漏失率下降 2 个百分点，年节水量约在 1.2 亿立方米。2007—2010 年，全市每年改造城市供水管网 200 千米，城市管网漏失率降至 15.21%，达到国家对大型城市的考核标准。

抄表入户。2001 年，针对居民计量水表与市自来水公司考核一级水表存在的较大幅度计量误差和居民计量水表不准确的状况，市政府在中心城市范围内投资约 4 亿元，启动"抄表入户工程"，改变了一栋楼一块总水表，然后由楼长收取水费的程序，直接由抄表员入户抄表或使用 IC卡。"抄表入户工程"更换旧式或计量误差较大的水表 130 万具，部分居民采用 IC 卡水表，使居民生活用水户表完好率达 100%，入户抄表率达 100%。抄表入户工程的实施，准确反映城市生活用水水平，减少城市生活用水抄表误差，降低了供水管网漏失率。

二、高校用水智能控制

2005 年，市教委系统实行计划用水考核的院校有 36 家（含分校），其他系统院校约 50 家，总用水量达 1260 立方米，约占全市生活用水量的一半以上（居民用水量除外）。自 2002 年，节水中心针对大专院校学生用水管理已有的问题，在天津财经大学试点安装了智能 IC 卡节水控制系统，将节水的责任量化到每一个学生身上，对学生饮用水、洗浴等进行计量。推广期间，通过在财经大学、南开大学、科技大学、民航大学、天津大学等 34 所院校中实际应用，用水量由改造前的 1260 立方米下降至 689 立方米，年节水量为 105 万立方米，由此产生的经济效益达 2287 万元。

2010 年，对天津市 21 所高等院校的用水情况，研究了综合用水定额制定的科学方法，确定了用水定额基本核准值和定额标准值，并引入调节参数，对不同类型院校用水定额进行调整。对各院校用水定额指标和实际用水量进行比较，使确定用水定额量具有合理性和可操作性，对天津市高校系统实施用水定额管理具有重要的指导作用，可为制定其他行业综合用水定额提供借鉴和参与。

三、节水器具

市自来水公司于 1983 年 6 月开始组建城市节水领导小组并开始组织技术人员研究治理方案，制订治理计划，决定对用水龙头的皮钱、手轮式开关、闸门进行治理。同年 10 月，研制了铜质锥形双密封式皮钱，防止水龙头漏水，得到市科委的支持并获得天津市科技进步三等奖。对手轮式开关更换成铜质球式开关、水箱式卫生洁具采用放置砖头节水措施等都取得较好的节水成果。研制的延时自闭水龙头和节水阀，高低位水箱、加氯隔膜冲洗阀、转芯脚踏淋浴器等节水器具，先后制成样机后在城市生活用水系统内进行了免费安装使用。1984—1989 年，天津市安装使用各种节水型器具、节水型配件、卫生洁具、节水设备达 60 万件套以上（其中节水皮钱 50 万个），在国内引起反响。天津市是全国第一个提出使用节水型器具的城市。

1991 年 6 月，城市节水办召开全市节水型器具推广与应用工作会议，部署了年内完成企业、单位节水型器具更换工作安排。随后，颁布《天津市卫生洁具及配件监督管理办法》，由市建委负责对居民生活小区用水器具制定逐年更换计划。重点更换铸铁上导式水龙头、手轮式开关等淘汰用水器具。截至 1991 年年底，城市节水办与市技术监督局、市经委、市建委等有关专业技术人员对全市各用水单位进行了全面检查，仅经委系统就更换节水型水龙头近 130 万只，更换延时自闭阀、脚踏式便器开关等卫生洁具近 14 万个，节水型器具普及率达 81% 以上。

1992 年 5 月，城市节水办与市建材局、市技术监督局联合组成专家组，对全市用水器具、设备的批发市场、商业网点、家装商城等 49 家企业进行节水型器具产品鉴定检查，禁止继续出售明令淘汰的上导向、直落式便器水箱和配件系列产品，查处销售伪劣节水型器具的网点。据不完全统计，家装商城没收伪劣产品近 14 万个，停业整顿了天津市先锋用水器具批发市场，确保天津市节水型器具市场销售高性能、高质量、高标准。有力加大节水器具推广力度。

1997 年 8 月，城市节水办与市环保局为规范冷却塔市场，加强对冷却塔的使用管理，提高节水水平，防止噪声对环境的污染，联合发布了《天津市加强冷却塔市场及使用管理规定》。规定凡是进入天津销售的冷却塔的生产厂家，产品的技术性能必须符合《玻璃纤维增强塑料冷却塔》（GB 7190—87）标准，应持有国家检测中心的检测报告和天津市城市节水办审定合格产品，凡不符合产品性能指标要求的一律不准进入天津市场销售。凡新建、改建、扩建项目需安装使用冷却塔的项目，要实行"三同时"并由城市节水办和市环保局共同验收后方可使用。从此节水型设备的选型纳入了规范性管理。

1998 年 1 月，城市节水办下发《天津市节水器具监督管理办法的通知》，重申凡本市及外埠在津生产销售的节水器具必须符合国家标准并经节水产品监测部门检测合格，方准进入市场销售，依据有关规定，制定《天津市节水器具推广产品目录》。同年 5 月和 8 月，市建委下发《关于加强城市节水工作"三同时"管理有关规定》和《关于我市建筑工程禁止使用铸铁下水管材等有关产品的通知》，规定凡新建、改建、扩建的工程项目，在进行可行性研究和设计时，必须按照市计委、市经委、市建委联合转发《关于基本建设和技术改造工程项目可行性研究报告增列节能篇的暂行规定》要求，编制节能篇。配套的节水措施作为一项重要条件，需经市节水办审查同意，否则不能立项，不准开工。2002—2010 年，市节水办每年会同市质量技术监督局向社会发布《天津市节水型产品名录》，天津市节水型器具、设备市场的管理实现了规范化。

1999 年，市建委下发《关于我市建筑工程用水器具及设备实行准用证管理的通知》，明确规定用水器具及设备目录、计量水表、冲洗阀、便器水箱、泳池水处理设备等，规定了申报程序与审批、准用证的使用与审批、申报条件与时间等，规定了日常工作由城市节水办负责。城市节水办负责对进入天津市场的节水型器具，组织技术专家进行技术性能的认定和选型工作，认定合格后，发放准入证，可在天津市场进行销售，可进入建筑市场进行安装。当年城市节水办受理申报办理节水型器具准入证的企业 58 家，广东恒洁卫浴有限公司生产的坐便器、辉煌水暖集团有限公司生产的节水龙头等 32 家企业通过了认定。

2000 年 5 月，为加大节水型器具推广和使用力度，城市节水办与市科委在天津市北方科技推广中心举办 2000 年天津市节水技术及设备展示宣传会。参展节水产品包括光电式节水龙头、高压提升泵等 14 大类、上千种。宣传会举办了陶瓷片式水龙头、涡流式卫生便器技术交流会，生产厂家与用水单位进行了业务洽谈，意向合作项目达 16 项，展销了节水型龙头、卫生洁具 4758 个（套）。全市各行业、各系统、驻津单位、部队、院校等近万人参观了展览。展览结束后，展牌在全市各区（县）、有关院校、局系统循环展出 4 个月。

2000 年 8—9 月，城市节水办开展"服务月活动"期间，聘请节水型器具生产厂家技术人员举办居民家庭节约用水咨询讲座，参观节水器具实物展览，现场解答有关更换节水器具的安装、维修、保修等问题，设立专门服务电话，解答有关节约用水的事项。服务月期间，节水器具生产厂家为居民家庭免费上门更换节水器具。和平区新兴里居民小区参加了节水服务月活动，免费安装节水器具 1000 件（套），500 户居民受益。全市免费上门更换节水型器具的居民生活小区 14 个，受益 54869 个居民家庭，安装各类节水型器具 147826 个。

2003—2005 年，进行"智能型节水控制系统推广应用"和"居民生活小区节水型器具改造工程"。为加大全市居民生活用水器具更换节水型器具力度，开展了"节水型器具进万家活动"，对居民家庭用水器具免费进行更新、改造。2002—2008 年，完成市内 6 区（和平区同安里、河西区大营门、河东区春华街、红桥区丁字沽街、河北区宝兴里、南开区三潭西里）和塘沽崇文里等近 40 个居民小区的器具改造工程，改造器具总数累计达 37941 套，直接受益户达 19787 户。2008 年后，全市全部使用上了节水器具。

2007 年 3 月，为巩固国家级节水型城市称号，市政府发布《关于在全市加快淘汰非节水型产品的通知》，确定建立由市节水办牵头，市发展改革委、市经委、市建委、市技术监督局、市工商局等 6 个部门参加的全市淘汰非节水型产品工作联席会议制度。研究加快淘汰非节水型产品政策，公布符合节水要求的节水型生活用水器具，确认禁止生产、销售、使用的非节水型产品。6 月，全市展开节水型器具普查工作。节水中心组织专业技术人员对非居民用水单位节水器具进行抽查，委托天津市城市社会经济调查队，对全市 18 个区（县）的 3000 户居民家庭，按建筑年代、建筑面积、建筑户型和家庭收入等相关类别抽查用水器具使用状况。同时，抽查结果卫生洁具均达到了节水要求，节水器具的普及率、完好率均达 100%。普查期间共向社会发放调查表 40 万多份，选取了 5 个具有代表性的用水器具生产厂家的产品作为推广产品，更换用水器具 416366 件（套），节水型器具普及率达到 95%，提高了天津市节水型器具的普及率。2010 年，天津市城区（县）的节水型器具的普及率 98.6%，城市管网漏损率由 15.75% 降至 15.05%。

2009 年 6 月至 2010 年，天津市节水型产品纳入政府采购范围。对便器、水嘴及相关节水产品，以资格审查方式进行了招标采购，向社会公布《天津市节水型产品名录》中的 15 家企业被市政府采购办纳入政府定点采购范围，规定对新建、改建、扩建工程以及装修、修缮工程项目中涉及的便器、水嘴，各预算单位都应按照政府采购名录进行采购，否则责令其改正，拒不改正的将给予通报批评。《天津市节水型产品名录》在全国率先纳入政府采购范围。

第五节　节　水　宣　传

一、节水宣传多样化

1991—2001 年，每年的"城市节水宣传周"城市节水办都选择五大道、天塔湖畔、水上公园等户外公共场所举办主题节水宣传活动，利用天津市新闻媒体，在全社会创造节水氛围。2001 年城市节水办公室划归市水利局并更名为市节约用水事务管理中心后，每年的"世界水日""中国水周"和"城市节水宣传周"，节水中心均与团市委、市教委等部门联合举办形式多样的大型户外节水宣传系列活动，同时组织发动全市各个区县开展了各具特色的节水宣传教育等。每年天津市直接参与节水宣传活动人数达万余人次。

2003 年 3 月 15 日，《天津节水》创刊，由天津市节约用水办公室主办，天津市节约用水事务管理中心承办，用于全国同行业交流及天津市节水行业工作指导的内部资料性刊物，每季一期，每年出版 4 期，8 开 4 版，每期 4000 份，发至全国 33 个省会城市，至 2010 年停刊，共计出版 30 期。

2006年，节水中心与今晚报联合举办"生命之水"征文大赛后，从400余篇投稿文章、近百张图片中精选出99篇文章汇编成《生命之水》一书，并在天津图书大厦举办该书签字售发仪式。该书涵盖散文、随笔及知识小品等，内容谈古论今，讲述水与经济、水与文化、水与生活、水与民俗的关系。同年，编绘了全市第一套《天津节水条例图解》53幅。与市集邮总公司联合发行"节约用水个性专用邮折"，制作了以国家节水标志和天津水娃形象为主的节水个性化邮票，填补了邮票发行史上的空白。

2007年3月，与今晚报《动漫》专刊联合主办的"节约用水主题漫画大赛"的获奖及部分参赛作品集结成册，出版了《天津节约用水漫画大赛作品集》。同年7月28日晚，市节水办与市教委、市广电局等部门联合举办了节水动漫消夏晚会。通过节水主题舞台剧、节水吉祥物及现场秀表演，吸引了3000多动漫爱好者在动漫表演中感受节水文化，强化了市民的节水意识。2009—2010年，与今晚报《动漫》专刊联合主办"节约用水动漫剪纸大赛"。活动首次在国内将民间剪纸工艺、现代动漫元素和环保节水理念巧妙结合，在交流和展示剪纸独特的民族语言艺术魅力的同时，宣传、推广环保节水理念。共收到全国各地参赛作品620幅。

2008年4月26日，市节水办与市体育局等部门联合举办了本市第一届节水风筝节。千人参加竞技，并现场组织了轮滑、踢毽，空竹表演、摄影等活动，艺术与体育结合，提高了全民节水意识，营造良好的社会氛围。

2009年、2010年，连续两年与市水务局宣传中心联合开展了以"开源为津沽，节水为津城"和"发展节水产业，共建生态文明"为主题的"津沽节水行"系列宣传活动。集中组织新华社、人民网、经济日报、天津日报、天津电台等中央和天津市主要新闻媒体记者对全市工业、农业、生活等方面的节水新典型进行了现场采访报道。做到了报纸有报道、电视有新闻、电台有声音、网络有消息、社会有反响，进一步提高全民节水意识，营造节水型社会建设的良好舆论氛围。

二、青少年节水教育

自2006年，节水中心团员青年担任学校节水课外辅导员，深入学校循环讲解。并通过知识竞赛、观看节水宣传片等方式向广大学生及学前儿童宣传普及节水知识。

2007年暑期，市节水办联合市教委等部门组织了"节水在我身边　共建美好家园——青少年节水主题教育实践系列活动"。活动覆盖大、中、小学生，针对不同知识结构和不同年龄的青少年设置不同形式的内容。组织青少年代表参加节水夏令营，参观东丽湖雨洪水利用工程、梅江芳水园中水利用示范小区等。学生们通过亲身体验，了解了天津市水资源状况，保护水环境等方面节水意识。

2008年11月，节水中心与今晚报《动漫》专刊联合策划设计了"冬日温情、人水和谐"节水贺卡制作大赛和青少年节水科技创作及少年儿童节水Flash创作大赛。共收到自制贺卡作品1982件，以其公益、环保、深入人心的主题受到了广大读者的广泛关注和响应。800多名少年儿童现场创作节水动漫，46名青少年展示了发明节水科技制作作品。

11月29日，市水利局、市节水办联合主办的学龄前儿童节水教育读本《洁洁讲节水》举行天津首发仪式。此读本由市水利局和市节水办编写，面向学龄前和低龄小学生普及水资源保护知识。

全市 20 个区（县）的 500 多名低年级小学生和部分教师家长参加首发式。节水专家通过播放录像、现场演示等方式与小学生互动。活动中，5000 册节水教育读本免费发放给全市少年儿童。

三、科技馆宣传科技节水

2009 年天津节水科技馆建成，2010 年 3 月 20 日开馆。该馆集节水科技、知识和文化于一体，展区面积 1680 平方米，由"大自然的恩惠""日益珍贵的水资源""开源节流的时代"和"共创人与自然和谐的明天"4 部分组成。通过音乐水雾、悬浮的水滴、水的减震作用、3D 可视节水问答等互动模型及天津水系图、引滦入津等各种沙盘模型，突出"自然、人、水、科技"的主题，普及节水知识，推广节水技术。展馆还集中展现了天津节水的艰辛历程、近年来的节水成果，展望天津节水的美好未来。天津节水科技馆自开馆以来参观场面火爆，团体预约不断，已成为全方位展示天津节水文化、技术和成果的综合性展馆。截至 2010 年，共接待参观者 2 万余人。

四、单车骑行义务节水宣传

2001 年 10 月 1 日，由市水利局机关退休干部谷英涛、段永鹏、田平分、顾有弟、李莉玲等五人发起成立天津市节约用水义务宣传队（简称宣传队）。以骑自行车的形式宣传国家和天津市的水法规、节水、保护水、保护水环境和科学用水知识及相关科学技术知识，提高社会、全民节约用水、自觉保护水资源的意识。10 月 18 日，全国节约用水办公室对宣传队成立发了贺信。11 月 5 日，市水利局党委书记王耀宗为宣传队授队旗。

2001—2009 年，宣传队发展到 70 余人，分节水万里行骑行队和节水万里行文艺队，由总政委王耀宗和队长谷英涛组织，深入到天津市区（县）、乡（镇）、村、街道、社区及企事业单位、学校、军营，并到引滦沿线和南水北调中线地区进行节水宣传，骑自行车约 2.2 万千米，发放宣传材料 25000 余份，举行座谈、讲座、街头宣传和文艺演出等宣传活动 160 余场次，征集领导、专家、群众支持题词、签名 4500 余人次。

2002 年 5 月，宣传队与天津市佟楼中学共建"节约用水宣传教育基地"。2009 年 10 月与蓟县出头岭镇景兴春雷中学共建"节水型社会建设宣传教育基地"。将节约用水、建设节水型社会内容列入对学生进行德育教育的必修课。

2006 年 3 月，水利部副部长、全国节水办主任胡四一对天津骑行节水宣传活动给予鼓励，题词："宣传节水，辐射、带动社会节水！"5 月 18 日，92 岁的水利部原副部长级老领导屈健专程到天津，提出参加宣传队义务宣传活动的意愿，市水利局当即发给屈健荣誉队员证书，并赠古大洋基底蛇绿岩石刻《水魂》留念。

2007 年 5 月，美籍华人艺术家、海外中国文艺复兴协会会长林缉光在国务院发展中心中国企业评价协会副秘书长王国征的陪同下访问宣传队，就中华复兴和节水型、生态型社会建设进行座谈，并题词"海内存知己，天涯若比邻"。中国生态协会理事长、教授王如松，全球水伙伴中国区域主席、教授董哲仁，全球水伙伴中国委员会秘书长、教授郑如刚，哈尔滨工业大学教授孙德兴，全球水伙伴中国老伙伴协会理事长、全球水伙伴中国陕西理事长刘枢机，水利部副部长胡四一，浙江省人大副主任章猛进，河北省人大副主任白润璋，天津市老促会会长滑兵来，天津市副市长只升华，天津市政府秘书长何荣林，天津市委秘书长段春华为宣传队活动题词。

2008年，宣传队为扩大天津节水宣传力度，编辑印制了《节水万里行——天津市节约用水义务宣传队活动纪实图文集》，市节水办主任为图文集写了《踏遍青山人未老，只为节水更好》的文章。水利部部长陈雷为图文集题写书名，做了"天津市节水义务宣传队的同志们多年如一日，宣传节水，成效显著。向同志们致敬！"的重要批示。

第六节 节 水 技 术 应 用

一、工业节水技术推广示范项目

项目研究于2001年10月，2005年8月完成，8月19日通过市科委验收。该项目主要包括高性能水处理剂针对具体水质的配方高性能水处理技术和配套的在线智能化监控技术应用推广。通过高效阻垢分散剂、缓蚀剂的开发组成最佳配方，与智能化在线远程及监控技术进行有效集成，将普遍运行浓缩倍率的2～3倍提高到5倍左右，解决循环水水质因提高浓缩倍率而引起的严重结垢和腐蚀问题，从而提高水的重复利用率并最大限度地减少排污水量。该项目成功用于22个单位，涉及11个行业，其中在天津滨海能源发展股份有限公司滨能热电厂、天津大沽化工股份有限公司等单位的循环冷却水系统中成功实行了高浓缩倍率运行，年节水量140万立方米，年节约水费546万元。

二、节水、耐旱草坪实验研究项目

2006年7月7日，该项目通过了专家组的验收。该项目研究开发节水耐旱草坪基质和研制低成本的保水材料和草坪基质，可为草坪节约用水、中水利用提供有关技术支撑，实现天津市河道两岸节约用水绿化、水库堤坝节约用水绿化。通过对聚氨酯发泡材料等多种试验配方研究，开发了不同配比的复合材料组成的耐旱草坪基质，其特点具有吸水性、质地轻，对肥料、水分具有缓释作用。经过室内、外耐旱草坪试验，种植黑麦草的草坪耐旱时间达55天。本项目达到了规定的技术指标，并取得了阶段科研成果。

三、曝气生物滤池污水处理新技术研究与设备开发项目

项目于2004年9月研发，2005年12月完成，2006年12月通过市水利局验收。该项目开发的"曝气生物滤池中水处理设备"具有处理效果稳定、出水水质好、设备紧凑、投资少、运行费用低等特点。本项目分别在生物制剂去除重金属技术的理论基础、应用技术和装置3个方面进行了系统的研究和开发，对推动固定化生物制剂技术在天津市的发展做出了有益的开拓。

应用于天津市肿瘤医院洗浴废水再生回用工程中，出水水质经过检测满足《城市污水再生利用　城市杂用水水质》（GB/T 18920—2002）的要求。主要技术经济指标达到了合同规定数值。本项目提出的有机填料改性技术，能够促进填料表面上生物膜附着生长；对聚苯乙烯轻质填料曝气生物滤池和轻质陶粒曝气生物滤池的处理效能和影响因素的研究，为合理地设计处理设备提供了理论基础。

四、智能型节水控制系统推广应用

1999年，城市节水办开始研究将智能卡用于水领域。2002年在天津财经大学试点。项目于2006年12月开始，2007年12月完成，2007年12月18日通过市科委验收。在南开大学、天津大学等34所院校推广应用。智能型节水控制系统由计算机及配套用水控制管理软件和安装在冷热供水管路各个给水部位上的智能型节水给水器组成。该项目在用水器具上加入智能控制，实现控、用一体，并集各种用水信息于一卡，系统以月户卡为媒介实现用户登记、甄别，注册编码，用户卡加密、充值，月水量记录、统计，付费情况记录、统计，用水量、用水时间、用水次数设定，超限额用水加价处理，用水记录显示、查询、提示，非法身份报警等群体集中用水场合的用水控制与管理。该研究成果解决了群体集中用水场所用水不合理，浪费严重的问题，即方便用户，又增强了用水户的节水意识。

五、企业水平衡测试地方标准

2009年5月7日，该标准通过市质检局验收。本标准针对《节水型企业评价导则》（GB/T 7119—2006）与《企业水平衡测试通则》（GB/T 12452—2008）两个国家标准在深入研究的基础上，通过现场测试、专家咨询、广泛征求意见等方法，对两个国家标准进行细化、补充和完善，提出了企业水平衡测试计量方法、水平衡测试评价指标体系、水平衡测试审查验收方法、相关配套水平衡测试应用管理，专题内容全面，结构合理，具有很强的操作性和指导意义。

六、天津市生活用水器具节水评价技术

2010年4月9日，该课题通过水利部组织的专家验收。专题分析了天津市市场的各类水龙头和便器系统的传统用水产品现状和存在问题，在对国内节水型产品制定引出生产技术、生产工艺、技术水平进行广泛调研基础上定义了节水型产品概念，提出了节水型产品相应的质量保证和检测方法，起草了节水型产品地方标准，开展天津市生活用水器具节水评价技术研究有利于节水型器具、设备的推广和应用，对天津市节水器具市场具有规范作用。

七、天津市再生水利用准则及利用实施方案

2010年11月8日，该项目通过水利部专家验收。该项目根据天津市再生水利用专项规划

和建设、运营管理现状，细化了政府、再生水企业、用水户等各方面在规划、建设、运营、监督、管理、使用、宣传等环节的责任和规程，形成了一套再生水输送、贮存、使用的管理体系，建立了多个再生水水质指标控制体系，制定了再生水利用准则及实施方案，对天津市水资源合理配置、缓解水资源紧缺状况、实行最严格水资源管理，推动节水型社会建设具有十分重要的意义。

第七节　工　业　节　水

天津市工业较发达，工业用水量约为城市供水量的一半。1990 年，天津工业用水量达 6.25 亿立方米，天津市工业节水工作成为全市节水的重点。1991 年，天津市对工业耗水大户投资，实施节水工程。截至 1996 年，共完成节水工程 150 项。工程总投资 3566.73 万元，年经济效益 1519.33 万元。1997 年，加大工业节水工程投资，截至 1999 年，建节水工程 50 项，工程总投资 4562.2 万元，年节水资金约 2317.07 万元。2000 年，天津市用水紧张，日供水量由 220 万立方米压缩至 158 万立方米。天津市又被水利部列为节水试点城市，工业节水在冶金、化工、电力、电镀、纺织等行业实施工业节水项目。

一、化工行业节水

在 1993 年运用天津经纬针织洗染排放废水经深度加工后回收利用技术的基础上，2005 年推广污水再生利用节水技术。

2005 年，节水中心推广污水再生利用节水技术，采用膜处理工艺，对企业排放污水进行深度处理，水质达标后，按照工艺要求，实行优质优用、分质供水，合理配置到循环冷却系统补水或作为冲洗厕所、厂区道路、绿化等，减少取新水量，达到取用新水量的少量化，提高水资源的利用率。天津高新纺织工业园，通过统一专用管网接收棉纺、毛纺、色织、印染、家纺等 7 个项目排放的污水，集中进行工艺废水的深度处理，日深度处理纺织污水约 5000 立方米，水质达标后，作为循环用水的补水和园林绿化、卫生间用水。2007 年，万元产值取新水量达 5.58 立方米，由 2006 年的 15.89 立方米下降了 64.89%。

2000—2008 年，在中国石化股份有限公司天津分公司（简称天津石化公司）开发利用废污水回用示范项目。该公司是国家特大型炼油、化工、化纤一体化企业，是天津市工业用水大户，年用水量在 2100 万立方米以上。2000—2008 年，节水减排项目投资超过 1 亿元，节水项目下拨示范资金近千万元，共完成节水减排项目 17 项，涵盖了高温凝液回收及综合利用、化学正洗水回收、杂用水回用、膜法中水装置、高含盐水分流治理、循环水高浓缩配套完善、锅炉减排等 7 个方面节水工程改造，年节水减排贡献量超过 400 万立方米，累计节水 4200 万立方米，年新鲜水消耗减少 36%，废水排放量减少 49%，再生水回用量为年用水总量的 5.7%，2008 年万元产值取水量为 8.46 立方米，工业水重复利用率提高到 97.94%，循环水系统的浓缩倍率由原来的 3.0 提高到 5.0，具国内同行业先进水平。

2001 年，完成了对天津乐金渤海化学有限公司无机废水回用示范项目建设。年再生水回用量约在 12 万立方米，回收率提高到 30.6％。通过各项节水措施，年节水量 12 万立方米，在产量增加 27％的情况下，用水量只增加 1.8％，各项用水指标达到同行业先进水平。

2010 年，天津石化公司采用综合性节水先进水处理技术，整体提升循环水系统运行水平，浓缩倍率达到 5.0，万元产值取水量由 2001 年的 40 立方米下降至 2006 年的 9.28 立方米，工业用水重复利用率提高到 97.94％，年节水量超过 200 万立方米，废水排放量从 2313 万立方米下降至 1185 万立方米。

二、冶金电镀行业节水

2001 年，在天津钢管集团股份有限公司完成了用水节水管理规范的示范项目建设。该公司完善制度建设，健全节水机构，实行责任承包和节奖超罚制度，将用水指标纳入生产指标统一考核，实行能源监察制度、节约用水管理、冷凝水回收管理制度等 6 项管理制度。通过实施高浓缩倍率循环用水技术，生产补水梯级利用、改造制水工艺、再生水利用等科技节水技术，达到高效使用水资源效果。年再生水利用量 50 万立方米以上，水重复利用率为 97.72％，万元产值耗新水量 3.58 立方米，主要用水指标达国内先进水平，年节水量 200 万立方米。在生产能力翻一番的基础上，取新水量不及设计总量的一半，在全国冶金行业特钢系统中创造了三个"第一"，即万元工业产值降至 5.7 立方米，吨钢耗新水量降至 2.97 立方米，水重复利用率提高到 97.2％，由工业用水大户变为工业节水大户，成为全国冶金行业节水的排头兵。

2005 年，对电镀行业中"天津普林电路股份有限公司"漂洗用水工艺进行示范项目建设，该公司主营通信基板，主要耗水除循环用水外，集中在漂洗工艺用水，年用水量约 70 万立方米，是天津市电子行业的用水大户。项目依据生产用水性质，实现了分级供水、循环用水，在水冲洗部分都采取了多级逆流清洗、流量自动控制、清洗水本机循环使用、无板自动停机节水目标。2008 年工业用水重复利用率为 93.67％，较示范前提高了 0.87 个百分点，万元产值取水量为 31.68 立方米，年节水量约为 8 万立方米。

三、电力行业节水

2004 年，对发电行业进行示范项目建设，天津华能杨柳青热电有限责任公司是天津市电力行业用水大户之一，年用水量 1230 万立方米。节水中心与该公司共同组织实施了工业用水零排放处理系统、中水管道敷设、泥渣水处理系统、含煤废水处理系统等节水工程，冷却循环系统采用 5.0 倍高浓缩倍率节水技术，工业用水重复利用率达到 98.71％，单位发电用水量 1.73 千克每千瓦时，远低于国家定额标准，年节水量 438 万立方米，直接经济效益 464 万元。

2010 年，天津华能杨柳青热电有限责任公司结合设备的维修期，改造了冷却循环系统的补水流程和水质稳定设施，使循环冷却系统的利用率由改造前的 96.7％提高到现在的 98.6％，年节水量约为 250 万立方米，直接经济效益约为 315 万元。

四、交通装备行业节水

2007年，节水中心对天津机辆轨道交通装备有限责任公司实施非常规水收集和深化处理节水示范项目建设，建设储水量6930立方米的雨水利用工程，年回收利用雨水5万～7万立方米，回用再生水量3万立方米，用于生产循环水补水和厂区园林绿化及生活用水，仅雨水利用年节省自来水6.5万立方米，公司冷却水循环率为99.31%，工艺水回用率为97.44%，水的重复利用率为95.38%，为天津市雨水利用提供可借鉴的经验。

第五章　水　文　事　业

1992年8月10日，天津市水文总站获水利部颁发的《水文水资源资格认证证书（甲级）》，批准天津市水文总站具有地表水水量、水质和水能的勘测资格；水文情报、预报的资格；水文分析和计算及水资源调查的资格。同时，发挥大地测量方面的技术优势，开展水利工程测量工作，1999年7月22日取得了"国家测绘乙级资质"证书。

2003年9月5日，经水利部考核批准，天津市水文水资源勘测管理中心获得建设项目水资源论证甲级资质。10月30日，被评为全国首批水文、水资源调查评价甲级资质单位，并获得水利部颁发的甲级资质证书。

第一节　水　文　管　理

一、水文机构

（一）水文水资源勘测管理中心

1993年3月1日，为落实水利部水文司开展站队结合的规划，强化防汛抗旱监测管理职责，市水利局将市水文总站管理的水文测站按流域和行政区域相结合划分为4片，建立塘沽水文中心站、九王庄水文中心站、屈家店水文中心站和大港水文勘测队。水文中心站（水文勘测队）分别管理4～5个水文测站，为科级单位。

为落实国家水利指导方针由工程水利向资源水利的转变，1996年11月29日将市水利局农水处中地下水资源管理办公室独立出来，成立"天津市地下水资源管理办公室"（简称地资办）。地资办为市水利局处级事业单位，编制48人，承担全市地下水资源管理工作。

2001年，市水利局决定将地表水资源与地下水资源统一管理。8月8日，地资办与市水文总站合并组建"天津市水文水资源勘测管理中心"（简称水文水资源中心），历经两年，逐步建立起一整套完善的管理制度，水资源管理日益完善。

2003 年 4 月 23 日，市编办批复："同意将市水利局农田水利处（地下水资源管理办公室）分设，保留市水利局农田水利处，将分设的地下水资源管理办公室与市水文总站合并，组建天津市水文水资源勘测管理中心，为水利局所属全额拨款处级事业单位。中心仍保留天津市地下水资源管理办公室的牌子。"

（二）天津市水环境监测中心

1992 年 8 月 31 日，市水利局决定将市水文总站水质化验室更名为"天津市水环境监测中心"。由单一水质化验向水环境检测管理发展，主要开始开展河湖及排污口调查监测、供水水源水质调查监测、水库蓄水水质监测等水环境监测工作，提高了水环境评价和水环境保护预警的能力。

1994 年 11 月 24 日，由国家技术监督局和水利部计量办公室共同组成的国家计量认证水利评审组会同天津市质量技术监督局对天津市水文总站水环境监测中心的检定测试能力及其可靠性进行考核、评审。

1995 年 1 月 5 日，天津市水环境监测中心获得"中华人民共和国计量认证合格证书"。从此天津市水环境监测中心具有国家级计量认证合格单位技术资质。1999 年 7 月，市水利局批准成立天津市水环境监测中心于桥分中心。于桥分中心隶属于桥水库管理处行政管理，天津市水环境监测中心负责业务指导。

（三）天津市凿井行业协会

为贯彻落实《中华人民共和国行政许可法》和《中华人民共和国水法》，转变政府职能，强化水资源管理，创新凿井工程建设管理体制，责成水文水资源中心组建"天津市凿井行业协会"，于 2005 年 3 月经天津市社会团体行政主管部门批准成立。

协会是全市凿井企业实行水行政主管部门指导下的行业自律组织，实施对凿井企业技术水平、设备能力等企业经营资格、技术资质的认定，开展对凿井从业人员的技术培训，引导凿井企业依法、科学进行凿井施工建设，规范凿井市场。在全国首创市场经济条件下，新的国家资源管理的组织形式。

二、水文数字化建设

天津市国家水文数据库建设。1990 年 12 月 11 日，水利部在北京召开了全国水文数据库工作会议，原则通过了各省、直辖市、自治区、流域机构进行水文数据库建设的工作大纲和实施计划。市水利局根据会议精神，成立以主管水文工作的副局长为组长的天津市国家水文数据库领导小组和以天津市水文总站主要领导为组长的技术领导小组，开始实施天津市水文数据库的建设工作。建库工作分为两个阶段，即在 1995 年年底初步建成天津市国家水文数据库；2000 年年底达到基本建成标准。

1995 年，按期建成《天津市国家水文数据库》，并于 1996 年被水利部水文司、水利部水利信息中心评为初步建成合格标准。

1997 年，根据水利部《关于继续加强国家水文数据库建设》文件中"国家水文数据库验收标准"的规定，天津市水文总站购置了服务器、交换机建成工作站，组建了局域网网络环境。采用水利部水利信息中心研制的"国家水文数据库检索软件"，在服务器上创建了 Sybase 网络数据库系统环境下的天津市水文数据库。并于 2001 年 4 月通过了水利部水文局组织的专家小组评审、验收。

防汛水情、雨情信息纳入局域网。1991—1992 年市防办建立局域网，实施水情信息由单机运行升级为网络运行。1992 年 5 月 30 日，市水文总站承担的全市防汛水情分析预报工作，纳入市防办局域网。至此水文防汛水情信息从接受信息、水情分析、水情预报到提供汛情简报，开始完全数字化并由计算机完成。并实现了在局域网上进行水情、雨情处理查询。

超短波通信应用。1993 年 4 月，市水利局建成一点多址微波数字通信网络系统，该系统是集有线通信、无线通信、计算机网络于一体，覆盖全市的水利通信专用系统。天津市水文总站作为一级网在市水文总站、黄白桥水文站、金钟河闸水文站、万家码头水文站、宁车沽闸水文站、工农兵闸水文站建立防汛专用无线通信中继站或终端站，增强了水文防汛信息报送速率，提高了防汛预警能力。

市防办建设水情通信广域网。1996 年广域网正式运行，改变了过去报汛站一对多点的传统报汛方式，5 月 30 日始市水文总站的各水文报汛站只需向市防办一地报防汛水情，通过 unix 系统的水情接收转发平台，即可向国家防总、海委及海河流域其他省市防汛部门传输水情，实现了水情信息的共享。

计算机洪水预报系统。1998 年市水文总站开发了计算机单机版的"北运河洪水预报系统"，主要功能是根据输入信息完成北运河下段预报节点的洪水预报工作，实现洪水预报方案计算机程序化，使预报作业变得简单、快捷、方便。

电子版《天津市水情手册》。1999 年 8 月，市水文总站完成《天津市水情手册》（电子版）的编制工作，建成完全数字化的水情实时查询系统。通过该系统的操作，可以及时、方便地查询用于水情情报、防汛预报方面的基础资料，更好地为防汛水情情报、预报、防汛调度服务，便于防汛指挥决策。

水文资料整编实现微机化。1999 年 3 月，天津市水文资料整编全面实现由小型机（VAX 机）向微机转换，建成数字化计算平台，提升了计算速度，为达到水文资料测站整编、总站汇编奠定了基础。

海河闸数字水文站建设。水文水资源中心为逐步实现全市水文监测信息数字化，于 2003 年启动海河闸数字水文站建设，2004 年建成时成为全国首个数字水文站。

数字化办公系统建设。2003 年 6 月 6 日，水文水资源中心数字化办公系统投入运行，并与市水利局祯中继专线形成办公网络系统。

建立市、区（县）两级机井数据库。按照市水利局《关于开展全市机井工程普查工作的通知》要求，地资办 2001 年 4 月开展了全市首次机井普查工作。本次普查以 2000 年 12 月 31 日为基准日。除市建设行政主管部门负责的外环线以内城区和塘沽区、汉沽区、大港区的城区外，摸清了全市 214 个乡（镇）、26563 眼机井的工程现状，同时，在蓟县、武清区、宝坻区对 1603 个村的 207022 眼压把井也进行了调查。建立了市、区（县）两级机井工程数据库，于 2002 年 9 月完成。为深化地下水资源管理，控制地下水开采，提供详细的数据支持。

地下水监测系统建设。为提高地下水监测自动化水平，2004年12月在全市范围内启动实施国家级地下水监测站网项目建设。主要任务是完成天津市100眼地下水专用监测井、142个地下水自动监测终端、1个地下水监测信息中心和12个地下水监测信息分中心。实现全部地下水信息自动采集和无线传输。2009年9月30日随着塘沽区地下水自动监测设备安装调试完毕，天津市国家级地下水监测系统建设工程竣工。工程涉及12个区（县）共150个地下水监测终端，地下水监测信息将分别传送到市、区县两级数据库，经过分析模拟系统生成相应地下水信息成果。

三、水文标准化建设

水文测站标准化建设。2001年，市水文总站按部颁标准进行标准化建设，全市新建、改造测流缆道10座，水位自记井35座，气象场3处。为雨量站数据信息采集装备34套固态存储雨量计。所有基层水文测站配备了计算机，实现了计算机报汛。

启用新《水情信息编码标准》。2006年6月1日，水文水资源中心按水利部要求正式启用了《水情信息编码标准》，改变了原有水情5位码的旧有模式，升级为8位码。同时对原有《天津市防汛水情会商系统》进行了升级改造。

编制《天津市水文手册》。自1999年在市水利局立项，历经数年先后完成《天津市暴雨图集》《天津市洪涝手册》《天津市水资源手册》3个分册，3部分册总汇为《天津市水文手册》。水文手册系统的归纳分析了天津市区域暴雨、洪涝、水资源的区域特征和规律，可以作为天津市区域水文计算，水利工程及水资源规划的基础依据。2006年1月，《天津市水文手册》通过由海委和市水利局组织的专家组的审查。

（井）水源热泵系统应用后评价。2008年通过对天津地区（井）水源热泵（以地下水为水源，简称水源热泵，水利部又称为地源热泵）系统使用单位进行总体调查，总结天津市水源热泵系统在设计、运行、管理中的现状，分析全市水源热泵系统在井水计量、井水回灌率以及回灌温度、回灌水质、回扬水利用等状况存在的问题，制定出天津地区水源热泵系统管理指导意见和技术规范，为进一步规范管理水源热泵系统，提高井水利用效率提供管理依据。同时，为水利部《地下水保护行动》项目中《地源热泵系统地下水管理技术研究》专题提出了地下水水源热泵在地下水管理上的技术要求和管理政策。该项目已通过了水利部水资源中心的验收。

天津市地下水利用与保护规划。水文水资源中心按照水利部2007年9月全国地下水利用与保护规划技术大纲的要求，开展了天津市地下水利用与保护的规划工作。截至2009年年末，完成了《天津市地下水允许开采量、实际开采量和地下水超采现状及生态与环境恶化状况的调查》成果，同时完成《浅层地下水水功能区规划》成果。

天津市水资源公报。天津市水资源公报编制起自1986年，由市水文总站根据上年全市水资源变化实际情况编制，转年初刊布公示。1994—1997年参照《中国北方水资源公报编制大纲》及《中国水资源公报编制大纲》的要求，结合天津特点对《天津市水资源公报》进行调整和规范，1999年改版。新版《天津市水资源公报》分两类版式，其中技术版，报中国水资源公报编辑部；普通版，于社会刊布公示。

四、应急工程建设

（一）永定河泛区水文信息采集应急工程

2000年4月12日至6月25日，市水文总站实施永定河泛区水文信息采集应急工程建设，实现了泛区水情信息的自动测报和无线传输。7月11日，永定河泛区水文信息采集应急工程通过市水利局专家组检查验收。

（二）天津市城市防洪水文信息采集系统

在天津市城市防洪信息系统建设工程，水文信息采集系统建设分三年完成。

2001年4月19日，市水文总站成立了水文信息采集项目领导小组及办公室，制订了详细的水文信息采集系统建设工作计划。完成19个新建站点、新建气象场的设计；完成7个新建遥测站点的土建工程。

2002年完成全部水文遥测站主体土建工程；基本完成信息采集系统应用软件的初步研发。完成九宣闸3个断面，海河闸1个断面，初步安装并试运行信息采集遥测系统；完成工农兵、九宣闸水文站2座通信塔的建设工作，以及无线电测试及网络优化。

2003年水文信息采集系统建设全部完成，建成19个汛期水文观测站，包括19个雨量和42个水位、61个遥测项目，购置数据采集、巡测和测量设备，总投资720万元。

（三）天津市人畜饮水解困工程

自2001年，水文水资源中心承担了连续3年被列入市委、市政府改善城乡人民生活20件实事之一的人畜饮水解困的"民心"工程，会同有关部门先后编制了《关于解决我市农村人畜饮水困难的实施方案》《农村人畜饮水解困工程实施细则》。2004年6月，天津市三年人畜饮水解困工程建设任务提前半年全部完成，累计解决了全市2613个村、272万农民的饮水困难，为确保城乡饮水安全创造了良好的条件。

（四）西龙虎峪应急水源地建设

2000年为缓解天津市水资源短缺的紧张局面，补充城区供水不足，市水利局责成地资办应急开发蓟县西龙虎峪地下水，作为应急水源地。2000年4月开工建设，钻凿第四系机井8眼，日出水量8万立方米。经3年运行调整和地上配套工程建设，达到稳定投产标准，于2004年1月7日通过市水利局专家组验收。

（五）国家防汛抗旱指挥系统一期工程天津水情分中心项目

2005年9月，水利部下达了国家防汛抗旱指挥系统一期工程天津水情分中心建设项目。10月28日，水文水资源中心成立了国家防汛抗旱指挥系统天津市水情分中心工程建设项目领导小组及办公室。11月30日，水利部审批通过《国家防汛抗旱指挥系统一期工程天津市水情中心及分中心项目建设实施方案》，项目总投资907.13万元。主要建设1个水情分中心、31个中央报汛站的整体建设。其中雨量观测项目23处，水位观测项目78处，流量测验断面29处。由基础设施建设、报汛通信和系统集成3部分组成。

水文水资源中心根据市水利局下达国家防汛抗旱指挥系统一期工程天津水情分中心开工通知书的要求，于2007年8月27日开工建设。2008年主汛期基本建成，投入试运行。2009年

12 月 25 日，国家防汛抗旱指挥系统一期工程天津水情分中心建设项目建设完成，并由国家防办、水利部国家防汛抗旱指挥系统工程项目建设办公室、市财政局、市水利局国家防汛抗旱指挥系统工程项目建设办公室组成的项目验收组进行竣工验收，工程建设达到实施方案确定的标准，各项质量指标满足相关技术规范的要求。

五、水文行业管理

1998 年，制定《水文总站目标考核管理办法》和《天津市水文资料审定管理办法》，修订《测站管理办法》等各项管理制度。在测站管理、站网建设、业务培训、水环境监测等基础工作方面加强了制度化管理。

2008 年，修订完善《天津市防汛水文测报应急预案》《天津市防汛分洪口门水文测报预案》，完成了具备地图浏览查询、汛情实时查询、水情预警信息提示、防汛工程信息、水资源数据、手机通信应急指挥等多项功能的"天津市防汛信息移动查询系统"建设。

2000 年 6 月 15 日，成立引黄济津工作领导小组及办公室，制定"引黄沿线各水文站的水文测验及水质监测方案"，建立"引黄输水水量损失评估、引黄输水水质状况评估"等制度。历时 30 天，先后完成了马厂减河、洪泥河、马圈引河清淤工程 51.5 千米及纵横断面测量和大港水库库区 150 平方千米的地形测量。之后，至 2010 年，引黄济津应急输水工作，市水文总站抽调精干技术人员和非引黄水文站的部分测工深入引黄一线，全力投入输水测流工作。

2010 年，按照《中华人民共和国水文条例》，完成《天津市水文基础设施达标建设三年行动计划》《滨海新区水文巡测基地建设规划》的编写，并开展了省界、地市界水文监测断面以及全国中小河流水文监测系统相关规划工作。编制《2009 年度泥沙公报》（天津市部分）。

第二节　水　文　站　网

天津市水文站网是境内各流域布设的以国家基本站、专用站和巡测站形成的水文监测基本网络，负责测验、收集各类水文要素。天津市水文站网中有 9 处国家基本站被列为国家重点站。

一、基本站网建设

（一）地表水站网

站网建设按技术规范规定，每 5 年进行一次分析评定和调整。

天津市有基本水文站 28 处（水文中心测站 18 处、水文中心巡测站 5 处，海河处 1 处，引滦各管理处 4 处），其中国家重点水文站 9 处。

2010 年天津市水文站网基本情况见表 2－5－2－24。

表 2-5-2-24　　　　**2010 年天津市水文站网基本情况**

序号	主管单位	站名	站别	级别	性质	设站年份	设 站 目 的
1		九王庄	水文站	国家重点	全年驻测	1930	蓟运河上游来水控制站
2		黄白桥	水文站	国家基本	全年驻测	1973	潮白新河、青龙湾减河汇合后的控制站
3		罗庄子	水文站	国家基本	全年驻测	1974	海子水库入库站
4		张头窝	水文站	国家基本	全年驻测	1951	蓟运河入黄庄洼水量进出控制站
5		屈家店	水文站	国家重点	全年驻测	1932	北运河、永定河汇合后的总控制站
6		筐儿港	水文站	国家重点	全年驻测	1954	龙凤新河、北运河、筐儿港减河、分洪道总控制站
7		东堤头	水文站	国家基本	全年驻测	1971	北京排污河入永定新河控制站
8		耳闸	水文站	国家基本	全年驻测	1950	海河入金钟河控制站
9		海河闸	水文站	国家重点	全年驻测	1959	海河入海总控制站及潮位站
10		宁车沽	水文站	国家重点	全年驻测	1971	潮白新河入永定新河控制站及潮位站
11		金钟河闸	水文站	国家基本	全年驻测	1974	金钟河入永定新河控制站
12	水文水资源中心	新防潮闸	水文站	国家重点	全年驻测	1974	蓟运河入海总控制站及潮位站
13		万家码头	水文站	国家基本	全年驻测	1954	北大港水库调水入中心市区控制站
14		九宣闸	水文站	国家重点	全年驻测	1930	南运河、马厂减河控制站
15		马圈闸	水文站	国家基本	全年驻测	1963	北大港水库入库控制站
16		调节闸	水文站	国家基本	全年驻测	1973	北大港水库出库控制站
17		工农兵闸	水文站	国家重点	全年驻测	1970	独流减河入海总控制站及潮位站
18		十一堡	水文站	国家基本	全年驻测	1981	东淀、贾口洼分洪站
19		邵家庄	水文站	市级	巡测	1955	沟河向青甸洼分洪控制站
20		白毛庄分洪闸	水文站	市级	巡测	1985	潮白新河向黄庄洼分洪控制站
21		北里子沽退水闸	水文站	市级	巡测	1973	黄庄洼分洪控制站
22		狼儿窝分洪闸	水文站	市级	巡测	1984	青龙湾减河向大黄堡洼分洪控制站
23		八堡	水文站	市级	巡测	1949	东淀、贾口洼分洪站
24		引滦隧洞	水文站	市级	全年驻测	1983	引滦入津输水计量控制站
25	引滦工管处	前毛庄	水文站	市级	全年驻测	1960	黎河水量控制站
26		龙门口	水文站	市级	汛期驻测	1960	淋河水量控制站
27		于桥水库	水库水文站	国家重点	全年驻测	1960	于桥水库出库水量控制站
28	海河处	二道闸	水文站	市级	全年驻测	1986	海河干流防咸蓄水控制站

按测验项目划分有流量 48 处、水位 71 处、降水量 51 处、潮水位 4 处、蒸发量 7 处、泥沙 20 处、水温 10 处、固定点冰厚 13 处、辅助气象 11 处。

（二）地下水监测站网

　　天津市 2010 年有地下水常规监测井 515 眼（其中含 102 眼国家级专用监测井），控制着第 I、第 II、第 III、第 IV、第 V 及第 V 以下各含水岩组地下水动态，其中浅层监测井 119 眼，II 组水监测井 158 眼，III 组水监测井 115 眼，IV 组水监测井 58 眼，V 组水及 V 组水以下监测井 51 眼，基岩监测井 14 眼。2010 年天津市地下水监测站分布情况见表 2-5-2-25。

表 2-5-2-25　　　　　　　　**2010 年天津市地下水监测站分布情况**　　　　　　　　单位：眼

区（县）	浅层水	第Ⅱ含水组	第Ⅲ含水组	第Ⅳ含水组	第Ⅴ含水组	基岩水	合计
蓟县	9	19				11	39
宝坻区	27	29	8				64
武清区	18	2	6	3	1		30
宁河县	3	18	10	2	4		37
静海县	4	10	25	12			51
东丽区		11	3	3	4		21
西青区		5	9	7	8		29
津南区		6	17	14	9		46
北辰区		12	3	2			17
塘沽区	1	11	9	4	5		30
汉沽区		7	5	1	1		14
大港区			2	5	16		23
市区		2	1	2	1		6
国家级专用监测井	57	26	14		2	3	102
武清水源地			3	3			6
合计	119	158	115	58	51	14	515

（三）水质监测站网

　　水质监测站点的布设是沿水系河流梯级分布。1991 年水质监测站实有 53 处，2010 年地表水水质监测站设有 142 处。水质监测站在各水系分布情况见表 2-5-2-26。地下水水质监测井共 101 眼，分布于各区（县）所辖区域内，分布情况见表 2-5-2-27。

表 2-5-2-26　　　　　　　　**2010 年地表水水质监测站分布情况**

序号	水系	水质站数量/个	序号	水系	水质站数量/个
1	引滦沿线	19	6	子牙河水系	6
2	海河干流水系	41	7	漳卫南运河	5
3	北三河水系	44	8	黑龙港及运东	4
4	永定河水系	6	合　计		142
5	大清河水系	17			

表 2 - 5 - 2 - 27　　　　　　**2010 年天津市地下水水质监测站分布情况**

序号	区（县）		监测井数量/个
1	蓟县		9
2	宝坻区		14
3	武清区		17
4	宁河县		9
5	静海县		12
6	北辰区		5
7	西青区		5
8	津南区		6
9	东丽区		5
10	滨海新区	塘沽	6
11		汉沽	5
12		大港	8
合　计			101

注　2009 年 11 月，经国务院批准，天津市调整部分行政区划，撤销塘沽区、汉沽区、大港区，设立滨海新区，以原 3 个区的行政区域为滨海新区的行政区域。

二、国家重点水文站

天津市基本站网建设中被列为国家重点水文站的有 9 处。

1992 年 11 月 7 日，水利部以《关于发布〈重要水文站建设暂行标准〉的通知》文件公布全国重点水文站名单（第一批）。其中天津市市管水文站中于桥水库、九王庄、海河闸、宁车沽、九宣闸、屈家店、筐儿港和工农兵闸 8 处水文站被列为国家重点水文站。

1996 年 10 月 23 日，水利部公布第二批全国重点水文站名单。其中天津市新防潮闸（蓟运河闸）水文站被列为国家重点水文站。

第三节　水　文　测　验

一、水文测验设施设备

测验设施。流量测验从 1992 年已全部实现缆道化，随后历经逐年的建设，水位也全部实现了观测数据的自记化，水文测站和委托雨量站的降水观测，全部实现了雨量自记观测，部分雨量站还引进了雨量固态存储观测设施。至 2010 年，天津市水文监测系统测验设施完全达到自动测、报水平，进入遥测阶段。

测验设备。水文测站至 2010 年已陆续装备有走航式声波多普勒流量仪（ADCP）、电波流速仪、测深仪、手持式流量仪，以及全球卫星定位系统（GPS）、全站仪、电子水准仪等先进的测验设备。

数据采集和传输。各水文要素的采集、报汛基本实现自动采集、自动传输，水文通信和水文信息传递已初步应用局域网或广域网，测站通信得到了改善。

二、水文测验项目

天津市水文测验项目主要有：水位、流量、降水（含降雪）、悬疑质输沙率、颗分、水温、蒸发、目测冰情、冰厚、水文调查、辅助气象等水文要素。分别由水文站、水位站和雨量站实施测验工作。

（一）水文站、水位站测验项目

1991—2010 年天津市水文站、水位站测验项目见表 2-5-3-28。

表 2-5-3-28　　**1991—2010 年天津市水文、水位站测验项目**

站次	管理单位	站名	站别	级别	性质	测验项目（断面）/个									
						水位	流量	悬移质输沙率	颗分	水温	蒸发量	目测冰情	冰厚	水文调查	辅助气象
1	九王庄分中心	九王庄	水文站	国家重要	全年驻测	3	2	2	1	1	1	3	1	1	1
2		黄白桥	水文站	国家基本	全年驻测	2	1				1	2	1	1	1
3		罗庄子	水文站	国家基本	全年驻测	1	1	1				1		1	
4		张头窝	水文站	国家基本	全年驻测	2	1					1		1	
5	屈家店分中心	屈家店	水文站	国家重要	全年驻测	4	4	3	1	1		4	1	1	1
6		筐儿港	水文站	国家重要	全年驻测	5	6	6	1	1		1	1	1	1
7		东堤头	水文站	国家基本	全年驻测	2	1					2		1	
8		耳闸	水文站	国家基本	全年驻测	2	2			1				1	
9	塘沽分中心	海河闸	水文站	国家重要	全年驻测	2	1	1	1	1	1	2	1	1	1
10		宁车沽	水文站	国家重要	全年驻测	2	1	1	1	1		2	1	1	1
11		金钟河闸	水文站	国家基本	全年驻测	4	2					2		1	
12		新防潮闸	水文站	国家重要	全年驻测	2	1	1	1	1		2	1	1	1
13	大港分中心	万家码头	水文站	国家基本	全年驻测	4	2				1	4			1
14		九宣闸	水文站	国家重要	全年驻测	3	2	2	1	1	1	3	2	1	1
15		马圈闸	水文站	国家基本	全年驻测	3	2					3		1	
16		调节闸	水文站	国家基本	全年驻测	2	2					2	1	1	
17		工农兵闸	水文站	国家重要	全年驻测	2	1					2	1	1	
18		十一堡	水文站	国家基本	全年驻测	2	1					2		1	

续表

站次	管理单位	站名	站别	级别	性质	测验项目（断面）/个									
						水位	流量	悬移质输沙率	颗分	水温	蒸发量	目测冰情	冰厚	水文调查	辅助气象
19	巡测站	邵家庄	水文站	省级	巡测	2	1								
20		白毛庄分洪闸	水文站	省级	巡测	2	1								
21		北里自沽退水闸	水文站	省级	巡测	2	1								
22		狼儿窝分洪闸	水文站	省级	巡测	2	1								
23		八堡	水文站	省级	巡测	4	4								
24	引滦工管处	引滦隧洞	水文站	省级	全年驻测	1	1								
25		前毛庄	水文站	省级	全年驻测	1	1								
26		龙门口	水文站	省级	汛期驻测	1	1								
27		于桥水库	水库水文站	国家重要	全年驻测	5	3	3		1	1	5	1		1
28	海河处	二道闸	水文站	省级	全年驻测	2	1			1	1	2	1	1	1
	水文部门					61	41	17	7	8	5	39	11	16	9
	全　市					71	48	20	7	10	7	46	13	17	11

（二）雨量站测验项目

降雨量和降雪量测验是降水观测站主要观测项目。为补充防汛需要，汛期降雨量观测增设有专用站。雨量站测验项目见表2-5-3-29。

表2-5-3-29　　　　　　　雨量站测验项目　　　　　　　　单位：个

站次	站名	站类	站别		站次	站名	站类	站别	
			全年	汛期				全年	汛期
1	蔡家堡	雨量		1	9	邦均	雨量		1
2	黑狼口	雨量		1	10	上仓	雨量		1
3	俵口	雨雪量	1		11	宝坻	雨雪量	1	
4	大口屯	雨雪量	1		12	林亭口	雨雪量	1	
5	大白庄	雨量		1	13	板桥	雨量		1
6	黄崖关	雨量		1	14	张彪庄	雨雪量	1	
7	下营	雨雪量	1		15	芦台镇	雨雪量	1	
8	盘山	雨量		1	16	梅厂	雨量		1

续表

站次	站名	站类	站 别		站次	站名	站类	站 别	
			全年	汛期				全年	汛期
17	南山岭	雨量		1	35	东堤头	雨雪量	1	
18	武清	雨雪量	1		36	耳闸	雨雪量	1	
19	黄花店	雨雪量	1		37	海河闸	雨雪量	1	
20	王庆坨	雨量		1	38	宁车沽	雨雪量	1	
21	大寺	雨量		1	39	金钟河闸	雨雪量	1	
22	东子牙	雨量		1	40	新防潮闸	雨雪量	1	
23	坝台	雨雪量	1		41	万家码头	雨雪量	1	
24	大庄子	雨量		1	42	九宣闸	雨雪量	1	
25	小站	雨量		1	43	马圈闸	雨雪量	1	
26	蔡公庄	雨量		1	44	调节闸	雨雪量	1	
27	大丰堆	雨雪量	1		45	工农兵闸	雨雪量	1	
28	静海	雨量		1	46	前毛庄	雨雪量	1	
29	九王庄	雨雪量	1		47	龙门口	雨雪量	1	
30	黄白桥	雨雪量	1		48	于桥水库	雨雪量	1	
31	罗庄子	雨雪量	1		49	二道闸	雨雪量	1	
32	张头窝	雨雪量	1		50	杨柳青	雨雪量	1	
33	屈家店	雨雪量	1		51	第六堡	雨雪量	1	
34	筐儿港	雨雪量	1						

第四节 水 文 情 报 预 报

　　天津市地处海河流域九河下梢，地势低洼，极易发生洪、涝灾害。为保障城市安全，加强防汛情报、预报工作，减少水灾损失，水文水资源中心依据 1985 年水利部颁布的《水文情报预报规范》的要求，开展水文情报预报工作。2000 年水利部重新修订发布该规范。2005 年水利部颁布《全国水情工作管理办法》，规范防汛情报、预报的工作职责和任务。

一、防汛情报

（一）水情站网

防汛情报的收集主要依托分布在全市的水情站网获得。因此，天津市水情站网的布设依据水利部规定的《水文情报预报拍报办法》和《水情信息编码标准》，按4个性质站点分类为：

（1）按拍报项目：雨量站、蒸发站、水位站、流量站、泵站。

（2）按拍报级别：中央站、省（直辖市）级站、县级站。

（3）按拍报属性：水情站、旱情站、输水专用站。

（4）按拍报时限：常年站、汛期站、临时站。

2010年天津市的水情站点40处（93处报汛断面），其中中央报汛站33处。

各站水情信息内容由市防汛主管部门每年汛前根据需要进行调整下达的报汛任务确定，内容有：雨量、水位、流量、入库流量、蓄水量、闸门启闭、日平均流量、月平均流量、旬月雨量、特征值、特殊雨水情等。

（二）水情传输

1991年前，报汛方式主要是用电话从测站把水情电报用专用报汛密码通过电话传给当地区、县邮电局，再由邮电局报转给国家防总、市防汛指挥部等收报单位。通过人工译电，把水、雨情和各种信息做成简报、水情日报向有关单位发布。

1991年，随着计算机的普及，市水文总站购置微机（PC型），开始试运行微机接收处理水、雨情信息，但在发布水情简报、日报等信息时，采用人工译电和微机译电同步进行，以人工译电为主，确保信息准确。

1992年，市防办建立局域网，实施水情信息由单机运行上升为网络运行，接受信息，处理、打印简报由计算机完成（人工译电变为辅助手段），实现了水情、雨情处理查询均可在局域网上进行。

1994年，开始抛弃了人工译电，完全由计算机处理，但报汛站的报汛方式仍未改变。

1995年，根据中央水利信息中心的要求，市防办开始建设广域网。1996年运行，由过去报汛站一对多点的传统报汛方式，只需报市防办一处，然后通过unix系统的水情接收转发平台，向国家防总及其他省（直辖市）防汛传输水情，实现了水情信息的共享。

2000年，随着网络和计算机技术的发展，市水文总站购置了服务器和建立了Sybase实时水情数据库，对各种应用软件进行了升级。2001年完成了天津市水情电报专用网络系统的开发，所有的水情站均配备计算机，采用计算机发报，直接发送到市防办水情中心。该系统分为客户端和接收端。在基层水文站运行客户端，完成水情信息的发送、查询等工作。接收端在水情中心运行，完成水情信息的接收、向水利部广域网上转发信息等功能。2005年升级为GSM短信息系统。然后通过x.25广域网与水利部、海委、北京、河北等防汛部门连接，完成水情报文的互递。

2006年广域网主信道升级到SDH光纤专网，水利部信息中心提供水情电报处理系统，该系统具有从广域网上自动接收电报、电报入库、修改错报、电报接收实时监测等多种功能。数据库平台采用Sybase，数据库结构与水利部规定的国家防汛指挥系统数据库保持一致。

2007—2010 年，建立水情报汛站报汛质量自动监控平台，实现了错报、迟报等信息的监控和信息反馈，提高了水情报汛质量管理水平。

二、洪水预报方案

天津市洪水预报方案。20 世纪 80 年代初就已制定了《于桥水库产汇流预报方案》《永定河卢沟桥以下预报方案》《大清河东淀汇流预报方案》等，具备达到覆盖全市的应对各种险要水情的洪水预案。由于有了预案准备，在 1996 年蓟运河洪水中，采用于桥水库产汇流预报方案，成功预报了于桥水库的产流量和最高库水位，为防汛领导决策提供了依据。

1997 年，将大清河北支预报方案计算机程序化，改变了过去的手工翻阅图册的预报方式，使预报作业变得简单、快捷、方便。

1998 年，开发了单机版的北运河洪水预报系统，主要功能是根据输入信息，完成北运河下段预报节点的洪水预报预案。

2006 年，引进了中国洪水预报系统，实现了与水利部水文局、海委及流域其他水文部门的网络洪水预报信息共享。在该系统建立了统一的实时水情数据库、预报数据库，采用标准的输入和输出方式，在一个系统平台上完成了多种水文预报模型和方案的集成。同时，将《于桥水库实用预报方案》程序化后加入到该系统中，成为该系统的一个预报方案，可以完成洪水预报作业并可以通过专用局域网上传预报成果，同时可以浏览其他预报部门上传的其他预报节点成果，为洪水预报会商服务。

2007 年，结合新技术手段和河流水系造成的汛情变化，对《于桥水库产汇流预报方案》《永定河卢沟桥以下预报方案》《大清河东淀汇流预报方案》进行了整体补充和修正。

三、水情查询

2003 年，建立以实时水情数据库为核心、地理信息系统为平台的"天津市防汛水情会商系统"。系统采用浏览体系结构，在水情实时数据库的基础上补充图片、视频数据。将大量的水、雨情信息和相关的历史水情及统计分析结果，在网络环境下通过浏览器（IE）以 WebGis 的方式进行水情、雨情信息的查询、分析，发布各类水情、气象预报和云图，为防汛实时预报提供了高效、准确、完整的基础平台。

2008 年，建立天津市防汛信息移动查询系统，可以通过专用的移动终端设备查询最新的水情动态和汛情预报。

第五节   新 技 术 应 用

20 世纪 90 年代后，水文系统逐步应用现代通信技术、遥测遥感技术、互联网技术等，促进了水文自动化监测水平的迅速提高。

2003 年 6 月 6 日，数字化办公系统在水文水资源中心投入运行，并与市水利局祯中继专线形成办公网络系统。2007 年在天津市防汛综合演习中首次成功应用 GPS 地理信息系统观测水位、手持电波流速仪（SVR）施测流量，并在屈家店站、海河闸站流量测验断面应用声学多普勒流速仪（ADCP）进行流量测验。

2009 年，引黄输水期间，组织所属各水文站技术骨干，驻站九宣闸学习应用新测验设备声学多普勒流速剖面仪、电波流速仪（ADCP），从实践出发提高了水文测报队伍对高科技水文测报设施、设备的应用能力。在第 10 次引黄输水期间，天津市收水口九宣闸水文站水位监测部分采用了水位自动采集系统，并与自记水位计进行了比测；流量测验部分采用了 ADCP 声学多普勒流速剖面仪、电波流速仪施测，并与传统转子式流速仪作了比测，效果良好。

一、一点多址微波数字通信网络系统

天津市防汛通信一点多址微波数字通信网络系统于 1993 年 4 月建成并投入试运行，该系统是集有线通信、无线通信、计算机网络于一体，覆盖全市的水利通信专用系统。市水文总站作为一级网在市水文总站、黄白桥水文站、金钟河闸水文站、万家码头水文站、宁车沽闸水文站、工农兵闸水文站建立防汛专用无线通信中继站或终端站。增强了水文防汛信息报送速率，提高了防汛预警能力。

二、水情通信广域网

1995 年，广域网在市防办立项，1996 年广域网建成运行，改变了过去报汛站一对多点的传统报汛方式，5 月 30 日市水文总站的各水文报汛站只需向市防办上报防汛水情，通过 unix 系统的水情接收转发平台，即可向国家防总、海委及海河流域其他省市防汛部门传输水情，实现了水情信息共享。

三、天津市国家水文数据库

市水文总站购置了服务器、交换机建成工作站，组建了局域网网络环境。应用 Sybase 网络数据库系统，在服务器上创建了天津市水文数据库。并于 2001 年 4 月通过了水利部水文局组织的专家小组评审、验收。

四、天津市防汛水情会商系统

2003 年汛前，由水文水资源中心完成了"天津市防汛水情会商系统"建设。系统采用浏览体系结构，以实时水情数据库为核心，地理信息系统为平台，在水情实时数据库的基础上补充图片、视频数据。将大量的水情、雨情信息和相关的历史水情及统计分析结果，在网络环境下通过浏览器（IE）以 WebGis 的方式进行水情、雨情信息的查询、分析，发布各类水情、气象预报和云图。

五、地下水监测站网

2004 年，水文水资源中心为提高地下水监测自动化水平，在全市范围内启动实施地下水监测站网项目建设，于 2010 年全部建成地下水信息自动化系统。该系统建成后，将实现全市地下水监测信息自动采集和无线传输，并按照市、区（县）两级管理范围分别传送到两级数据库，经过分析模拟系统生成相应地下水信息成果。

第三篇

供水与排水

　　1991年年初，天津市有供水厂（净水厂）7座，主城区5座、塘沽1座、大港1座，日产水能力165.1万立方米，管网总长3386千米，供水面积377平方千米（中心市区为300平方千米）。此外，津南区咸水沽、小站镇及5个市辖县城关镇等也分别建设了集中式供水设施。截至2010年年底，天津市供水厂增加到29座，供水单位31个，日产水能力376.82万立方米，供水面积1094.67平方千米，供水人口652.78万人。1991—2010年，通过技术改造，巩固和提高供水设施生产能力，供水水源形成以引滦水源为主、引黄调水为辅、地下水源备用、海水淡化水和中水为补充的供水格局，保证了人民生活和城市发展的用水需求。

　　20世纪90年代前，天津排水管道养护以人力疏通掏挖为主，疏通掏挖养护机具主要为竹片、大勺、人力搅车、运泥手推车。1991年后，排管处不断研制、引进机械设备，提高机械化作业程度。1994年将研制成功的机动绞关车投入使用，将人力绞关改为机动绞关，节省了人力，提高了劳动效率，截至2010年，已有机动绞关车56辆；2000年购置多功能运泥车30台，吸泥车15台；2004年引进意大利RECYCLE污水循环再利用式管道疏通联合作业车，用于市中心繁华地区排水疏通养护；2006年引进CCTV车载式管道内窥检测设备；2008年购置了129台套现代化养护机械和监测、抢险设备，其中淤泥抓斗车、自卸式污泥运输车、直杆式管道检测仪、探地雷达、浮艇泵、检井泵都属首次引进，提高了科学化检测水平和专业化养护、维修、抢险能力。

第一章　供　　　水

第一节　行　业　监　管

　　天津市供水管理机构为天津市供水管理处（简称供水处），负责天津市供水行业监管工作。2010年，天津市供水行业共有供水单位31个，其中公共供水单位29个，自建设施供水单位2个。31个供水单位按经济性质划分：国有供水单位19个，中外合资合作经营供水单位5个，私营供水单位1个，其他性质6个。29个公共供水单位获得供水行政许可。天津市城市供水行业从业人员4610人。天津市供水行业资产总额达150.84亿元。天津市城市供水总量65741万立方米。其中主城区供水量为40825万立方米，滨海新区供水20936万立方米，二区三县供水3980万立方米。天津市城市用水人口652.78万人，人均日综合用水量247.64升，人均日综合生活用水量138.40升，人均日生活用水量95.04升。

一、供水机构沿革

1995 年，成立供水处，与城市节水办合署办公，隶属天津市公用事业管理局。2000 年，市政府决定撤销天津市公用事业管理局，供水处与城市节水办一并归属天津市建设管理委员会。2002年 7 月，供水处与城市节水办分署办公，城市节水办划归市水利局管理，供水处仍属市建委管理。2007 年 1 月，在蓟县、宝坻等 10 个区（县）建立了二级供水管理部门，对各自区域内的城市供水用水实施行政管理，初步形成了市、区（县）两级城市供水管理组织体系。2009 年 5 月，天津市为实行水务一体化管理，组建天津市水务局。2010 年 10 月，供水处整建制划归天津市水务局，由天津市水务局行使全市供水行业管理职能，供水处负责全市范围内的供水行业行政管理工作，滨海新区、武清区、宝坻区、蓟县、宁河县、静海县水务局负责本区域内的供水行政管理工作。

二、法规建设

为使供水行业健康、持续发展，供水处结合行业发展需要，起草制定了一系列供水用水法规和规章。2004 年结合《中华人民共和国行政许可法》的实施，市政府颁布了《天津市城市供水管理规定》，2006 年市人大颁布实施了《天津市城市供水用水条例》，截至 2010 年，先后制定了《国投天津北疆发电厂海水淡化水进入城市供水管网管理暂行规定》《天津市二次供水设施清洗消毒操作规程》等近 40 个供水行政管理规范性文件，并编制了地方标准《天津市二次供水工程技术标准》《天津市城镇供水服务标准》《天津市管道直饮水工程技术标准》《天津市管网叠压供水技术规程》以及《二次供水工程技术规程》《低阻力倒流防止器应用技术规程》等行业标准。

为规范城市供水经营行为，市政府法制办批准在天津市行政许可服务中心设立城市供水行政许可窗口，供水处于 2007 年 2 月进驻办公。对城市供水经营行政许可、歇业停业、降压停水超过12 小时审批及三项行政管理事项的申报条件、程序、应提供的要件等进行修订和完善，并建立起许可事项窗口受理、初审、专家评审、领导审批等内部管理程序，明确了职责。2008 年 10 月，城市供水行政审批实现网上办理，运转效率提高。

第二节 水 质

一、源水水质

天津市自 1983 年 9 月引滦工程竣工通水后，水源质量大幅度改善。1991—2010 年，实施引黄济津期间，供水水质总体也能保持良好状态。

（一）引滦水源水质

引滦输水沿线 1991—2010 年水质状况良好。隧洞出口断面的高锰酸盐指数变化范围在 2.0~3.8 毫克每升，氨氮变化范围在0.03～0.50毫克每升，皆达到Ⅱ类水质（图3-1-2-3）。尔王庄水库断面的高锰酸盐指数变化范围在2.9～4.9毫克每升，氨氮变化范围在0.09～0.35毫克每升，也达到Ⅱ类水质（图3-1-2-4）。从水质变化总体看，引滦沿线多年水质状况变化不大，走势平稳，一直保持在Ⅱ类水的良好水平。

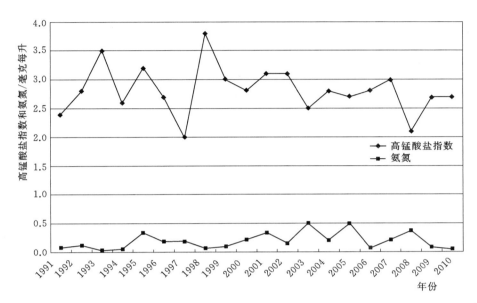

图3-1-2-3　1991—2010年引滦沿线隧洞出口高锰酸盐指数、氨氮变化趋势

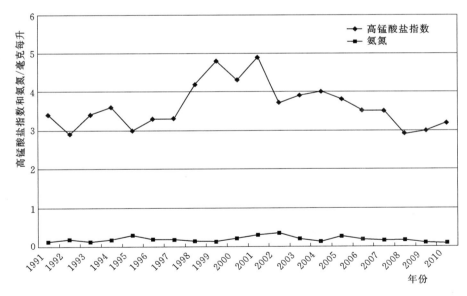

图3-1-2-4　1991—2010年引滦沿线明渠尔王庄高锰酸盐指数、氨氮变化趋势

1991—2010年引滦沿线水质监测年均值详见表3-1-2-30。

（二）引黄水源水质

1991—2010年，天津市共6次实施引黄济津工程从黄河引水，除2002年第2次引黄水质稍差外，其他5次水质都能达到Ⅲ类水质标准。

表 3-1-2-30   **1991—2010 年引滦沿线水质监测年均值**

年份	隧洞出口		明渠尔王庄	
	高锰酸盐指数 /毫克每升	氨氮 /毫克每升	高锰酸盐指数 /毫克每升	氨氮 /毫克每升
1991	2.4	0.08	3.4	0.12
1992	2.8	0.12	2.9	0.19
1993	3.5	0.03	3.4	0.14
1994	2.6	0.05	3.6	0.18
1995	3.2	0.34	3.0	0.29
1996	2.7	0.18	3.3	0.18
1997	2.0	0.19	3.3	0.18
1998	3.8	0.06	4.2	0.15
1999	3.0	0.10	4.8	0.13
2000	2.8	0.21	4.3	0.22
2001	3.1	0.34	4.9	0.31
2002	3.1	0.15	3.7	0.35
2003	2.5	0.50	3.9	0.20
2004	2.8	0.20	4.0	0.12
2005	2.7	0.49	3.8	0.27
2006	2.8	0.06	3.5	0.18
2007	3.0	0.21	3.5	0.16
2008	2.1	0.37	2.9	0.17
2009	2.7	0.08	3.0	0.10
2010	2.7	0.038	3.2	0.087

注 《地表水环境质量标准》（GB 3838—2002），高锰酸盐指数：Ⅰ类 2 毫克每升、Ⅱ类 4 毫克每升、Ⅲ类 6 毫克每升。氨氮指数：Ⅰ类 0.15 毫克每升、Ⅱ类 0.5 毫克每升、Ⅲ类 1.0 毫克每升。

九宣闸断面在第 2 次引黄高锰酸盐指数的年均值为 6.4 毫克每升，超过了Ⅲ类水质标准（符合Ⅳ类），其他几次变化范围为 3.6～5.2 毫克每升，达到Ⅲ类水质。氨氮变化范围在 0.15～0.94 毫克每升，达到Ⅲ类水质，如图 3-1-2-5 所示。

红卫桥断面在第 2 次引黄氨氮的年均值为 2.67 毫克每升，超过了Ⅲ类水质标准（符合劣Ⅴ类）；其余几次的高锰酸盐指数变化范围为 3.5～6.0 毫克每升，氨氮变化范围为 0.18～0.64 毫克每升，达到Ⅲ类水质，如图 3-1-2-6 所示。

6 次引黄水质监测结果，水质呈现渐好的趋势。除第 2 次引黄水质没有达标外，第 1、3、4 次引黄为Ⅲ类水，第 5、6 次引黄，水中污染物含量呈下降趋势，达到Ⅱ类水的标准。

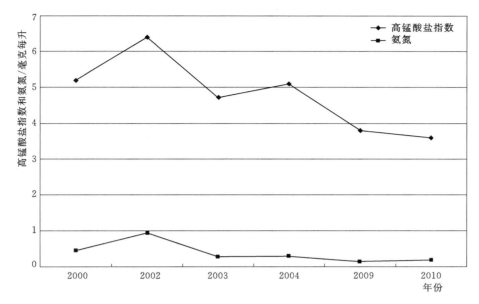

图 3-1-2-5　1991—2010 年引黄济津输水南运河九宣闸高锰酸盐指数、氨氮变化趋势

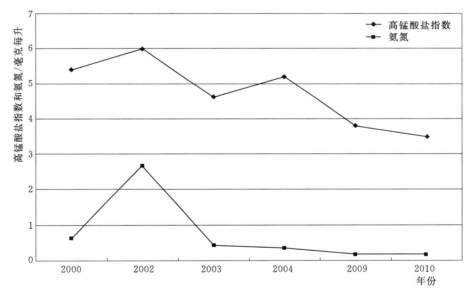

图 3-1-2-6　1991—2010 年引黄济津输水子牙河红卫桥高锰酸盐指数、氨氮变化趋势

二、供水水质

　　为构建国家供水水质监测网，2000 年 3 月天津市自来水集团有限公司（简称市自来水集团）水质监测中心成立了天津监测站，共有 25 人，其中检测人员 20 人，具大本学历及中级以上职称人员占总人数的 80% 以上。水质监测中心有大、中型先进设备 60 余台（套），设备、人员监测领域覆盖物理、有机化学、无机化学、物理化学、生物化学、微生物、水生物、放射学等。能满足《生活饮用水卫生标准》（GB 5749—2006）中 106 个限制参数的监测。为更好的服务于市自来水集团水处理和应急需要，水质监测中心还开发了地表水（101 项）、地下水（全参数）、瓶（桶）装

饮用水及净水药剂监测。总计具有检测能力 255 个参数，并于 2009 年 9 月通过了计量认证和实验室认证两个资质的二合一换证评审。

天津市水质检测人员经过专业培训，并获得初、中、高级检验工证书，具有水质检验工作上岗资格。化验室已按《检测和校准实验室能力认可准则》（CNAS－CL01）的要求建立质量管理体系，通过了中国合格评定国家认可委员会的批准。

为保证成品水水质安全，2000 年 2 月，成立天津市供水水质检测网滨海监测站，12 月通过市技术监督局评审，成为天津市供水水质监测网的成员。2008 年 12 月，经住房城乡建设部城市建设司批复，天津市供水水质监测网滨海监测站为国家城市供水水质监测网的成员。

2007 年，天津市建成了由国家水质监测网天津监测站、天津滨海水质检测站、大港油田水质检测站组成的天津城市供水水质监测网，受供水处委托对供水单位的水质进行抽样检测。

自 2004 年，天津市对城市供水水质开展定期督查。2007 年，市建委下发《天津市城市供水水质管理暂行规定》，按新国标对原水 29 项、出厂水 42 项、管网水 42 项进行全面监测与公示，使天津市的城市供水管理进入了一个新的阶段。

在提高出厂水水质方面，针对天津原水中含藻状况及季节性变化规律进行试验研究，建立了藻类分析方法及高藻期水质检测方法，投加 HCA 和三氯化铁共同使用来处理高藻水，调整出厂水 pH 值等一套技术方案，确保了出厂水的稳定性。该项目是以确保优质供水为目标的综合性研究，在国内同领域处于领先水平。1991—2010 年，经对供水水质监测，引滦原水供水水质符合地表水 Ⅲ 类水标准，供水未发生水质安全事故。自来水出厂水质浊度标准从 1.5NTU 到现在的 0.3NTU，管网水质浊度标准从 3.0NTU 到 1.0NTU。

三、净水新技术

膜法饮用水处理技术研究及示范工程。针对天津市的水源水质特点，2006 年开展了膜法饮用水处理技术研究及示范工程。采用系统化的研究模式，以技术的系统集成和示范工程为核心，以关键技术突破为重点，将实验室试验研究、现场中试研究、示范工程应用研究等有机结合。建立了两套 300 吨每日的帘式膜和柱式膜法饮用水处理中试试验平台。在两套试验平台上进行了各种膜工艺参数优化的研究、强化去除有机物的研究、膜工艺系统安全保障技术研究、膜污染和劣化及其防治研究、经济性评价及配套自动控制等方面的研究；形成了适合微污染水源水的混凝—帘式膜工艺技术、混凝—柱式膜工艺技术和膜系统集成技术。确定了示范工程的最佳膜工艺方案及设计参数，在天津杨柳青水厂建立了 5000 吨每日膜法饮用水处理示范工程，并制定了相应的技术规范。示范工程是中国首例应用于市政饮用水领域的较大规模水处理工程。系统出水水质满足《生活饮用水卫生标准》（GB 5749—2006），其中产水浊度不大于 0.10NTU 的保证率为 99.5%，产水 CODMn 为 1.6～2.9 毫克每升，产水余铁不大于 0.09 毫克每升，水回收率 98.02%。该项目以企业为实施主体，针对供水企业亟须解决的技术问题，通过产学研有机结合进行研究与开发，并使成果及时得到应用转化，充分体现了企业作为创新主体发挥的重要作用，为膜法饮用水处理技术的推广应用提供了有力的技术支持和借鉴，对提升供水行业自身科研开发能力，促进经济和社会的可持续发展具有十分重要的意义。

对微滤膜的处理工艺及净水机理、微滤膜处理工艺参数优化、膜污染的清洗和防治措施。2008 年，采用技术可提高原水有机物、浊度、色度、藻类、细菌等去除率。微滤膜的组合处理工艺对原水浊度、色度、藻类、细菌、大肠杆菌及氨氮均有很好的去除效果，出水水质满足《生活饮用水卫生标准》（GB 5749—2006）的要求；采用预氧化—混凝—微滤膜工艺，有效改善混凝效果，去除率 COD 可达到 49％，出水浊度基本保证在 0.14NTU 以下。

该项处理工艺比常规处理工艺流程短、投药量低，适合于中小型水厂净水推广应用。研究成果达到国内先进水平。

第三节　水　　厂

1981 年天津实施引滦入津，配套建设的新开河水厂一期、二期工程分别于 1987 年、1996 年竣工，总产水能力 100 万立方米每日。1990 年建成塘沽开发区泰达自来水公司，天津城区总产水能力达 228 万立方米每日。随着区域经济发展，又陆续兴建了一批地域性小型水厂，至 2010 年，天津市公共供水水厂增加至 29 座（1 座未启用），自建设施供水单位 2 个（不在此记述），供水管网长 11717.94 千米，综合供水能力 376.82 万立方米每日，供水面积 1094.67 平方千米。

一、主城区水厂

天津市主城区（市内六区及环城四区）共有芥园水厂、通用水厂（凌庄）、新开河水厂、津滨水厂和杨柳青水厂共 5 座，均以滦河水为水源，设计产水能力 251.5 万立方米每日。

（一）芥园水厂

隶属天津中法芥园水务公司，位于红桥区小西关大街，清光绪二十九年（1903 年）建成。经多次改造扩建，形成设计日产水能力 50 万立方米，向红桥区、和平区、南开区及西青区、北辰区部分区域供水。

2002 年 8 月，芥园水厂实施了市场化改革。市自来水集团与美国泰科亚洲投资有限公司合作，成立了天津泰科水务有限公司，对芥园水厂产水设施进行改造，新建了气浮净化车间，并于 2007 年 6 月 19 日通水。2009 年 4 月，美方股权转让（退出），市自来水集团与法国苏伊士环境有限公司共同投资，成立了天津中法芥园水务有限公司，合作期限 14 年。

（二）通用（凌庄）水厂

隶属天津通用水务有限公司，位于南开区李七庄凌宾路，1959 年开工建设，1962 年建成。经多次扩建，1985 年供水能力 50 万立方米每日，向河西区、南开区及西青区部分区域、静海县主城区及团泊新城等区域供水。

1997 年凌庄水厂进行了市场化改革。市自来水集团和法国威立雅水务集团签订期限为 20 年的股权转让合同，成立了天津通用水务有限公司，使凌庄水厂成为委托合营公司改造并经营老水厂的供水项目。

1991—2010 年，水厂进行了一系列的改扩建及挖潜工作，主要包括：1999 年，新建硫酸铜与 PAM 投加系统；2006 年，改建送水泵房配电间；2008 年，新建聚合铝投加系统，并增加三氯化铁投加系统投加能力；2008 年，新建变电站；2008—2009 年，斜板沉淀池改造；2008—2010 年，新建污泥处理工程；2010 年，新建活性炭投加系统，提高了水质处理能力。

（三）新开河水厂

隶属天津津滨威立雅水业有限公司，位于河北区八马路，坐落于新开河右岸。设计产水能力为 100 万立方米每日，向河北区、东丽区、北辰区的部分区域供水。

水厂总体分两期进行建设，一期始建于 1984 年，1986 年投产运行。一期工程的完工通水，供水能力 50 万立方米每日，缓解了市区供水不足，改善了河北、河东等地区的供水状况。1989 年开始二期工程施工，1996 年全部竣工，供水调节能力提高了 6000 立方米。

2005 年 4 月 15 日，为完善净水处理工艺后道尾水处理工序、提高可利用泥水回收率和节省水资源，修建污泥处理系统，2006 年 4 月投产运行。2009 年 3 月 26 日对一期滤站的 12 组滤池进行升级改造，8 月 18 日投入运行。2010 年 4 月 15 日对加氨系统进行改造，6 月 30 日完成并投入运行。2010 年 10 月 31 日对加药系统进行改造，2011 年 2 月完成并投入运行；2010 年 11 月对加氯系统进行改造，2011 年 2 月完成并投入运行。

（四）津滨水厂

隶属天津津滨威立雅水业有限公司，位于东丽区津塘二线军粮城发电厂西侧，海河北岸。水厂于 2006 年 5 月开工，一期产水能力 50 万立方米每日。2008 年 5 月完成了各类构筑物的建设，从 2011 年 5 月 11 日，津滨水厂进入全面的产水调试阶段，6 月 1 日并网试运行。津滨水厂建成后向滨海新区供引江水。

（五）杨柳青水厂

隶属市自来水集团，坐落在西青区杨柳青镇子牙河南岸，于 1980 年建成。以滦河水为原水水源。设计产水能力 1.5 万立方米每日，向西青区杨柳青镇及周边区域供水。

二、滨海新区水厂

滨海新区共有公共水厂 10 座（其中 1 座 2010 年 10 月关闭）。设计能力 77.2 万立方米每日。

（一）塘沽地区水厂

塘沽地区水厂由新河水厂、新区水厂、新港（海）水厂 3 座水厂组成，新河水厂 1984 年建立，坐落在塘沽西部地区，设计产水规模 13 万立方米每日；新区水厂 1999 年建立，坐落在塘沽东北地段，设计产水规模 10 万立方米每日；新港（海）水厂 1988 年建立，于 2010 年 10 月关闭。3 座水厂隶属塘沽中法供水公司，以滦河水为原水水源，总设计产水能力为 31 万立方米每日，向塘沽地区和天津港保税区供水。

2008 年，为保证自来水供应的长期稳定，塘沽中法供水公司自来水厂使用三氯化铁等药剂自动化、液氯吸收自动化系统，在天津市尚属首家，其在长期稳定的优质供水、安全供水、降低物耗。

（二）市经济技术开发区水厂

市经济技术开发区的泰达自来水公司有泰达水厂1座，隶属天津泰达集团，以滦河水为原水水源。产水能力15万立方米每日，向市经济技术开发区供水。

水厂调节池储水能力为65万立方米。水厂分一期、二期、三期建成，总设计产水能力30万立方米每日。一期建成于1995年10月，设计规模为7.5万立方米每日，实际产水5万立方米每日；二期建成于1999年6月，设计规模为10万立方米每日；三期于2009年7月竣工试运行，工程设计产水规模为15万立方米每日。

水厂采用国际先进的给水处理工艺技术，达到全过程自动化控制和无人值守水平。

（三）汉沽地区水厂

汉沽地区的天津龙达水务有限公司（简称龙达水务公司）有龙达水厂1座，隶属天津市滨海水业集团有限公司（简称滨海水业），坐落于汉沽区西北部，东临京山线，南靠蓟运河。龙达水厂以滦河水为原水水源，日供水能力15万立方米，向汉沽地区供水。

2005年4月，由滨海水业与汉沽区自来水公司共同出资组建龙达水务公司。主要供应生产用水和生活用水。龙达水务有净水厂、粗质水厂、配水中心、供水服务中心和水质检测中心，是国内第一家运用调值、掺混技术，将淡化海水大面积输配到市政管网中的供水公司。

龙达水厂具备使用滦河水源及岳龙地下水水源的双水源能力，原水的供应和水质可得到保障。生产工艺以常规水处理工艺为基础，注重生产运行工艺的管理和技术改造，节能减排，在原有工艺上增加了在国内属于领先水平的气浮工艺，并具备活性炭水处理设施可应对突发水质事件。

（四）大港地区水厂

1991年9月实施引滦入港工程，大港地区大部分水厂以滦河水为原水水源。引滦入港工程的修建缓解了大港区工业、城区生活缺水问题。

大港油田水厂。隶属大港石油管理局，坐落在大港油田三号院，是1985年大港区的建成的第一座自来水水厂，设计供水能力8万立方米每日，引滦入港工程建成后，以滦河水为原水水源，向大港生活区、生产区供水。

大港供水厂。隶属大港区水务局，坐落在大港区南侧，1996年建成，设计能力1万立方米每日。以滦河水为原水水源，向大港中心城区供水。

石化乙烯水厂。隶属天津石化公司，坐落在大港城区南侧的石化工业区。1996年建成，以宝坻区地下水为原水水源，设计能力为6万立方米每日，向50万吨乙烯生产项目和大港中心城区居民住宅区供水。

安达水厂。隶属滨海水业，坐落在大港中心城区西侧，2004年建成。以滦河水为原水水源。设计能力1.2万立方米每日，向大港经济开发区东区、西区及中塘镇、古林街等131家企业及13个居民生活小区供水。2004年1月，由滨海水业与天津市大港水利工程公司共同出资组建，设有1个制水车间、1个输水泵房和1个现代化实验室。水厂的最大供水面积约95平方千米，供水方式为双水源、双管网同时供水。生活用水系利用引滦入聚酯供水管线中的滦河水为水源，经公司内的净水装置处理合格后，向开发区生活用水管网输送。

天津德维津港水业有限公司（简称津港水业）。隶属滨海水业，2006年5月，由滨海水业与大港区供水站、海洋石化科技园区服务中心共同出资组建。津港水业供水规模不断增长，供水量由成立初期的 30 万立方米每年，到 2010 年逐步增加至 145 万立方米每年，主要向天津海洋石化产业园供应自来水。津港水业有加压泵站 1 座，加压泵 4 台，出水量 160 立方米每小时，承担海洋石化园区内的生产、生活、绿化及消防用水供应。

三、区县水厂

天津市两区三县有水厂 15 座（其中 1 座至 2010 年未启用），产水能力 42.5 万立方米每日。

（一）武清区

武清区共有水厂 3 座，设计产水能力 7 万立方米每日。

武清龙泉供水公司水厂隶属武清区水务局，1995 年建成。以地下水为水源，坐落在武清区下伍旗镇，设计产水能力 5 万立方米每日。通过管网输送到武清中心城区—杨村镇，通过武清区河东、河西 2 个自来水供水站向杨村镇主要区域供水。

武清开发区水厂隶属武清开发区，1997 年建成。以滦河水为原水水源，坐落在武清逸仙园工业区，设计产水能力为 1 万立方米每日，向区内外资企业供水。

逸仙园水厂隶属天津泰达自来水公司，1997 年建成，以滦河水为原水水源，坐落在武清开发区，设计产水能力为 1 万立方米每日，向逸仙园工业区内企业供水。

（二）宝坻区

宝坻区共有水厂 2 座，设计产水能力 15 万立方米每日。

泉州水务有限公司水厂隶属滨海水业，以滦河水为原水水源，坐落在宝坻城区林黑路西，1984 年建成，2010 年 5 月，滨海水业与天津市宝坻区自来水管理所共同出资，成立天津市泉州水务有限公司，管理宝坻城区生活和生产用水的供给，原宝坻水厂同时更名为泉州水厂。重组后公司分两期进行改扩建，供水能力达 10 万立方米每日，供水区域涵盖整个宝坻城区。

宝坻东山水厂。隶属天津华永房地产开发公司（外资企业）。以滦河水为原水水源，坐落于津蓟高速公路以西、柴家铺排灌区以北、赵辛庄村南侧，2007 年 8 月建成。设计供水规模 5 万立方米每日。供水范围为京津新城珠江温泉城、大学城、九园工业园区、京津金融服务外包园区、石材城以及潮白河以南 9 个乡镇农村用水户。

2008 年 5 月 20 日，引滦工管处代表天津市水利局与天津华永房地产开发有限公司签订了引滦供水协议，从 6 月 1 日起，每日向京津新城东山自来水厂供水 1.6 万立方米。协议明确规定了水价、取水许可审批总量、设备管理、水量计量、税费收缴方式等内容。

（三）宁河县

宁河县有水厂 5 座，供水能力 16 万立方米每日。

宁河供水站水厂隶属于宁河县水务局，1979 年正式成立，有 4 个水厂，坐落在宁河芦台镇。均以地下水为原水水源，设计能力为 6 万立方米每日，供水范围覆盖宁河县中心城区。

芦台第一水厂于 1994 年建成运行。设计供水能力为 0.5 万立方米每日。

芦台第二水厂于 1999 年年底建成运行，设计供水能力为 1 万立方米每日。与一水厂供水干管对接，城区供水方式由分片各自定时供水改为每天 5 时到 22 时定时集中供水。2002 年县政府投资 1960 万元对芦台城区的供水管网进行全面改造。2003 年 6 月，供水模式改为 24 小时供水。

芦台第三水厂 2008 年建成，设计供水能力为 3 万立方米每日。

芦台第四水厂 2010 年建成，设计供水能力为 1.5 万立方米每日。

岳龙水厂隶属滨海水业，坐落在宁河县岳龙镇，2003 年建成，地下水源，设计产水能力 10 万立方米每日，以原水方式供应龙达水务、泰达水务公司。

（四）蓟县

蓟县有水厂 5 座，以地下水为原水水源，设计能力为 9 万立方米每日，供水管网总长度为262.48 千米。

蓟县自来水管理所隶属蓟县水务局。有 4 座水厂，为蓟县一、二、三、四水厂，以地下水为原水水源。

蓟县一水厂坐落在城关，1995 年，实施改建工程设计能力为 1 万立方米每日。

蓟县二水厂坐落在县城西北部，1994 年设计能力为 2 万立方米每日。

蓟县三水厂坐落在县城东，建于 1998 年设计能力为 2 万立方米每日，建成后至 2010 年未启用。

蓟县四水厂坐落在县城东北部，设计能力为 3 万立方米每日。

蓟县开发区水厂隶属蓟县开发区，坐落在蓟县开发区内。设计能力 1 万立方米每日，以地下水为原水水源。向开发区内的企业供水。

（五）静海县

静海县没有独立的自来水厂，用水由市自来水集团管网向静海县城区、团泊新城、大邱庄镇等区域供水。

第四节　服务管理与工程改造

一、供水服务

（一）供水量

1991—2010 年天津中心城区、环城四区、滨海新区及部分周边地区供水量和供水价格呈现逐步增加的趋势。其变化情况见表 3-1-4-31、表 3-1-4-32。

（二）供水服务标准

1995 年 1 月 25 日，编制的《天津市实施供水条例办法》，经市人大审议批准，予以试行。2004 年正式实施《天津市供水行业服务标准》；2007 年建设部颁布了《供水行业文明服务标准》和行业标准《供水行业服务标准》；2008 年，供水处对《天津市城市供水服务管理标准》进行修订，于 2010 年发布实施；2010 年，建设部编制完成《城镇供水服务》（CJ/T 316—2009）行标，于 2010 年 6 月 1 日颁布实施。

表 3-1-4-31　　**1991—2010 年供水量变化情况**

年份	产水能力/万立方米每日	供水总量/万立方米	每5年供水量变化情况
1991	171.8	53031.58	
1992	174.8	53726.51	
1993	176.8	54641.24	1995年比1991年增幅6.1%
1994	179.4	56075087	
1995	190.4	56274.57	
1996	240.4	58945.17	
1997	240.4	60029.13	
1998	240.4	57947.57	2000年比1995年降幅15.5%
1999	259.4	54553.21	
2000	260.4	47567.43	
2001	265.4	44706.72	
2002	265.4	42292.27	
2003	265.4	42274.11	2005年比2000年降幅4.9%
2004	265.4	42234.99	
2005	269.6	45254.44	
2006	275.3	49130.98	
2007	275.3	52107.80	
2008	276.3	54587.78	2010年比2005年增幅34.3%
2009	296.3	56491.64	
2010	302.8	60792.98	

表 3-1-4-32　　**供水价格变化表**　　单位：元每立方米

时间 / 用水项目	2001年1月	2002年10月	2002年1月	2004年1月	2005年1月	2007年	2009年4月	2010年4月	2010年11月
生活用水	2.2	2.2	2.6	2.9	3.4	3.4	3.9	3.9	4.4
机关行政	3	3.6	3.6	4.4	5.6	6.2	6.7	7.5	7.5
工业交通	3	3.8	3.8	4.6	5.6	6.2	6.7	7.5	7.5
商业	3	3.8	3.8	4.6	5.6	6.2	6.7	7.5	7.5
建筑金融	3.4	3.8	3.8	4.6	5.6	6.2	6.7	7.5	7.5
宾馆娱乐	5	5	5	5.6	5.6	6.2	6.7	7.5	7.5
特种行业	6	9	9	18	20	20.6	21.1	21.9	21.9

（三）服务网点建设及便民服务

从1986年开始，中心城区按行政区设供水服务站，服务站负责供水维修服务工作，并设有一个营业厅办理营业业务。水费采取用户自行轮值抄收的方式，随着供水区域的不断扩大，2005年开始，探索"营管合一"的营销管理模式，2007年按计量区域，全部实行了"营管合一"的区域营销公司管理体制。在每个营销公司确保一个主厅的基础上，不断增建集户内维修、抄收服务、卡表售水为一体的小型服务网点，2008年，中心城区小型服务网点达到21个。2009年，为方便群众办理购水业务，中心城区采取了区企联谊共建的方式，建立便民服务的10

个社区综合网点。

2010年，随着一户一表居民户的不断增加，维修范围的不断延伸，在户内维修上实行属地化管理，减少路途时间，提高抢修速度和效率，并推行以成本费用定额服务为主要内容的管理考核机制。与工商银行、一卡通公司、大爱春风超市等合作增加售水业务，在192个工行网点开通了"IC卡表自助售水系统"，满足群众购水需求。

1998年，市自来水集团首先建立起"23149999"一个号码对外的报修热线，2008年4月1日，塘沽中法水务公司客服中心对社会公布。天津泰达自来水公司及天津周边地区小型供水企业建成投产的同时，均对外公布24小时服务热线。供水企业将热线建成信息集纳中心、指挥督办中心、监督考核中心、管理评价中心。市自来水集团、塘沽中法水务公司两级客户服务信息系统，制定了信息受理、转派、落实、回访的"一条龙"处理流程，形成了"前面一张网，后面一条链，服务零距离"的管理模式，使社会各界的信息通过所属基层8个支持系统予以落实，实现从信息接报到督办落实、从结果反馈到用户回访的全过程"闭环式"管理机制，体现了一条热线贯穿集团产供销各个方面的整体工作。近10年来，供水热线共受理解决了各类信息110万件次，做到了"事事有回音，件件有答复"，用行动践行着百姓"打一个电话解决一个问题"的服务承诺，户内维修回访做到100％，群众满意率达到99.7％。截至2010年年底，市内6区以海河干流为界，海河干流以南区域6个分公司共有服务网点22个，以北区域4个分公司共有服务网点8个。同年，塘沽设2个营业厅，其中烟台道营业厅实行业务受理"一站式"办公，"4006518822"服务热线全天候受理咨询、报修、投诉及预约服务等业务。

2009年，应用无线远程集中抄表系统，实现户内远传表指数数据和运行状态数据直接传输到自来水公司数据中心，形成实时抄读、有效监控。该项目应用到市自来水集团无线远传水表的抄表管理工作中，并完成了19个小区的16948具水表的远程集抄改造。通过不间断的数据采集测试运行，系统运行稳定，数据采集可靠，分析功能强大，为营业作账管理、水表及管网运行监控提供有效支持，成果达到国内先进水平。

（四）收费方式

2001年前，居民计量水表与市自来水公司考核一级水表存在计量误差较大。2002年，为改变传统长期沿用的按总表计量收费、群众轮值抄收的方式，市政府在中心城区范围内投资约4亿元，启动"抄表入户工程"。更换旧式或计量不准的水表130万具，在有条件的区域全面实施工作人员抄表到户服务。重新安装了水表150万户，近200万具。完成对智能型水表的全面调研、技术论证、造型设计，在小范围实验安装；2006年IC卡水表和远传水表等56万具计量科学的多形式传输智能型水表被用于实际，计算机信息技术走进自来水营业的管理。2010年，居民生活用水户水表完好率100％，入户抄表率100％。

二、管网改造

1990年，天津市区配水管网总长3386千米。1991年，为提高城市生活供水、用水、节水整体功能，针对城市供水管网及三井（消防井、闸井、水表井）系统中，因腐蚀造成跑、冒、滴、漏问题，市政府决定对老城区使用50年以上的自来水管网更新改造，每年更新改造100千米。

1991—2006 年，每年投资 50 万元，用于水表井提升改造，降低城市管网漏失率。截至 2010 年年底，完成 10369 千米自来水管道改造工程。

天津市供水管网 2000 年采用的主要新管材有 PE 管、PCCP 管、ABS 管、UPVC 管、球墨铸铁管等。在分析天津市供水管网水质和管网漏失状况的基础上，针对天津市水源水质特点，将水质提升和管网漏失控制技术有机结合，研究开发保障饮用水安全的先进实用、高效经济的管网漏失控制技术，建立了管网水质在线监测系统，实现饮用水的安全输配，为用户提供符合最新颁布的水质标准的安全饮用水。

三、服务管理

（一）抢修队伍

截至 2010 年，市自来水集团在市内 6 区共有抢修单位 9 个，全部执行 24 小时值班抢修制度。其他区（县）的供水管理部门以及供水单位均配有管网维修队，配备抢修、维修机具设备和车辆，实行 24 小时备勤待命，及时、妥善地进行抢修服务。维修抢险车辆车身均喷成黄色，车帮处注明"供水抢修"字样。抢修的要求是"小漏不过天，大漏连续干""接到报漏后，40 分钟内到达现场"。

为了确保施工人员在施工过程中的安全，要求维修抢修队必须配备警示灯、警示牌、警示防护栏以及安全帽等安全设施，为夜间维修配备照明设备。

（二）应急预案

遵循"以人为本、预防为主、分级管理、快速反应、依法规范、依靠科技"的总原则，为应对突发事件，为切实维护好社会治安，确保天津市稳定安全优质供水，全市各区（县）供水管理部门以及各供水单位结合各自供水实际，制定相应的应急预案，建立分级管理、分级响应、条块结合、分段管理的应急管理体系。加强应急处置队伍建设，建立联动协调机制，形成统一指挥、反应灵敏、功能齐全、协调有序、运转高效的应急管理系统。每年至少对应急预案进行两次演练，以保证该预案的有效性。

滨海水业及其控股公司先后制定了《滨海供水突发事件应急预案》《安达供水突发事件应急预案》《泰达水务突发事件应急预案》《龙达水务突发事件应急预案》《服务部供水突发事件应急预案》《津港水业泵站突发事件应急预案》《泵站应急预案》和《引滦输水管道突发性供水安全事故应急处置抢修预案》，成立事故应急管理领导小组，制定标准化、规范化和精细化管理措施，为保证安全供水提供重要制度依据。

根据突发事件的性质不同，滨海水业还分别制定了《供水调度应急预案》《管道抢修应急预案》《水质应急预案》《6 级以下地震应急预案》和《重点安全部位应急预案》等预案，确保及时、快速、高效、有序地应对各类突发性供水事件，保证安全供水。

（三）岗位培训、持证上岗

关键岗位包括泵站操作管理、电工上岗操作、水质化验、净水生产、操作规程，规范生产管理等，培训由各供水单位内部相关部门负责。要求净水工、机泵运行工、供水调度工、电工、水质检验工等工种，必须持证上岗。2004—2010 年，对 1.9 万人进行了岗位培训和持证上岗发证考核。

　　另外，各岗位、工种有相应的工作考核办法；考核结果与评比先进挂钩、与干部业绩考核挂钩、与"双优"评比挂钩。

第五节　引滦供水管线

　　引滦入津工程通水后，为保证天津重点企业生产、生活用水水源，1986年1月，市政府决定，向天津无缝钢管公司、天津联化公司、军粮城发电厂、铜冶炼项目、大港油田5个大型重点企业和大港区供滦河水，并由市水利局负责该项工程的建设及今后的管理。1988年10月筹建引滦入港工程指挥部，1989年5月始建引滦入港工程，工程总投资14200万元，设计年供水量2600万立方米，1991年10月工程竣工。

　　1991年6月，市编委下达《关于市水利局建立引滦入港工程管理处的批复》文件批复建立引滦入港工程管理处（简称入港处），为市水利局所属处级事业单位，编制为122人，主要承担引滦输水工程管线的运行管理任务。截至2010年，入港处共有在职职工68人，主要职责：负责向大港区、汉沽区、塘沽区、开发区、武清逸仙园区等区域和引滦输水管线沿途市重点企业供水；负责输水管线供水工程的安全保障、运行监控、维护维修、计量收费等管理工作；负责输水管线保护措施的组织实施。

　　自成立入港处，为适应天津市的供水需求，分别建设了引滦入开发区供水管线工程、引滦入汉供水管线工程、引滦入逸仙园供水管线工程、引滦入聚酯供水管线工程，还接管了引滦入塘供水管线。2008年，建设开发区供水检修备用供水管线后，共管理8条原水管线。至2010年，入港处供水范围已覆盖滨海新区及永定新河以北区域，承担着滨海新区全部的原水供应，共建成8座专用原水输水泵站，8条原水输水管线，原水输水管线总长约475.85千米，1991—2010年供水量总计143357万立方米。

　　2001年7月，成立滨海供水管理有限公司。面对投资巨大的原水管线供水能力闲置和客户对用水的迫切需求，入港处提出"立足滨海、服务大局、拓宽领域、协调发展"总体思路和工作定位，顺应水务改革的大局、供水市场变化，实践并运行了管理机制由统一管理向管养分离转变；工程维护由重抢修向抢修和预防并重转变；工程建设由一般标准向高标准建设、高水平管理转变；输水调度由被动供水向主动服务转变；业务范围由单一供水管理向供水产业化转变；文明窗口建设由单一供水服务向系统水文化建设转变；职工素质建设由行为规范管理向自觉自律转变的管理模式。为做大做强供水产业，从2006年起公司积极探索供水产业企业管理新模式，主动参与激烈的供水市场竞争。2009年11月，滨海供水管理有限公司改制为滨海水业集团股份有限公司，全面实现了与事业单位的剥离和股份制改革，同时IPO与借壳上市全面启动。截至2010年年底，拥有9个控股公司、1个参股公司，公司资产规模达到了9.9亿元。2009年，滨海水业入选全国20个知名水务企业（公司运营管理在第十一篇水利经济中详细记述）。

一、引滦供水泵站

引滦供水共有 8 条原水管线，在输水管线始端尔王庄水库，建有 6 座一级泵站，即引滦入港小宋庄泵站、引滦入逸仙园泵站、引滦入开发区泵站、引滦入汉泵站、引滦入塘泵站和引滦入聚酯泵站。一级泵站（除入塘泵站）自建站开始由尔王庄处代管。小宋庄泵站自建站始由尔王庄处代管，入港处负责对机电设备日常维修、大修项目维修改造经费预算审核、泵站运行管理、年度考核等进行管理。建有二级加压泵站 2 座，即东嘴泵站和北淮淀泵站。两泵站管理工作于 2009 年 7 月 1 日交由尔王庄处托管。

1991—2010 年一级泵站累计输水总量为 233720 万立方米，见表 3-1-5-33。

表 3-1-5-33　　　　　　　　　**1991—2010 年一级泵站输水量统计表**　　　　　　　单位：万立方米

年份	1991	1992	1993	1994	1995	1996	1997	1998	1999	2000
入港小宋庄泵站	190	110	1350	1560	1760	1850	1880	1810	1610	1500
入聚酯泵站										
入逸仙园泵站										490
入开发区泵站							620	1130	1160	1220
入汉沽区泵站							480	1250	680	370
入塘高庄户泵站	5300	5300	5840	6870	7430	7680	9340	8960	8400	8600
泵站合计	5490	5410	7190	8430	9190	9530	12320	13150	11850	12180
年份	2001	2002	2003	2004	2005	2006	2007	2008	2009	2010
入港小宋庄泵站	810	1500	860	860	1040	960	990	1020	1220	1570
入聚酯泵站	2280	1630	1970	1780	1950	2040	2000	1880	2230	2440
入逸仙园泵站	530	700	650	700	740	740	750	740	820	940
入开发区泵站	1480	1980	2050	1270	3880	3470	3010	3390	4020	4130
入汉沽区泵站	170	80	80	310	290	600	530	810	1090	1760
入塘高庄户泵站	7260	6500	6640	6130	6230	6350	6380	6060	6980	7710
泵站合计	12530	12390	12250	11050	14130	14160	13660	13900	16360	18550

（一）一级泵站

1. 小宋庄泵站

该泵站位于引滦明渠尔王庄水库下游，是引滦入港工程的源头取水泵站，1991 年建成通水，设计流量为 0.96 立方米每秒，泵站装有 5 台双吸式离心泵，扬程为 48 米。主要用水单位有天津无缝钢管厂、军粮城发电厂、第三煤制气厂、天津石化公司乙烯厂、大港油田和大港区。建有 35 千伏变电站 1 座，变电站采用双电源供电，装有容量为 2000 千伏安的变压器 2 台。

2008 年，开展小宋庄泵站维修改造立项工作。对泵站主副厂房及附属管理用房和场区给排水系统装修改造，改造工程总建筑面积为 2447.5 平方米；更新 35 千伏开关柜 11 面、6 千伏开关柜 24 面，更换机组 5 台、改造电气照明设施，更新改造原变电站、原泵站控制设施；增设计算机监控系统及视频监视系统。2009 年 3 月 23 日开工，12 月 15 日改造工程完成。改造后，泵站设计流量提高到 1.145 立方米每秒，扬程 55.93 米。

2. 入聚酯泵站

1998 年 7 月 6 日，市水利局开始建设聚酯（含大港油田二期）输水工程，管线全长 95.5 千米，始端建有聚酯供水一级泵站，设计年供水量 2800 万立方米，承担着为大港油田、天津石化公司聚酯工程的供水任务。该泵站共设泵位 12 个，装有 4 台双吸式离心泵；预留 8 个泵位，土建部分一次建成，2001 年建成输水。

3. 入逸仙园泵站

1993 年 5 月，天津经济技术开发区逸仙科学工业园成立，园区规划面积 10 平方千米，因当地地下水含氟量较高，不能满足投资环境需要。1998 年 4 月，开发建设逸仙园供水工程，由尔王庄水库附近的引滦明渠输入到该区。工程包括 1 座泵站和 32 千米的输水管线，设计供水能力 10 万立方米每日。泵站装有 4 台双吸式离心泵；建有 10 千伏变电站 1 座，变电站采用单电源供电，装有容量为 500 千伏安的变压器 2 台。

4. 入开泵站、入汉泵站

入开、入汉泵站于 1995 年建设，两泵站共用一个取水口，两个泵站共用变电站，设计供水规模 40 万立方米每日，其中入开泵站 30 万立方米每日，入汉泵站 10 万立方米每日，入开泵站前期建设供水能力 10 万立方米每日，入汉泵站前期建设供水能力 5 万立方米每日。

2005 年 6 月 18 日至 7 月 30 日，实施了入开泵站机电设备应急改造工程，该工程投资 270 万元，新安装机组 3 台，更换机组一台，安装电器柜 13 台，敷设高压电缆 800 米，安装电磁流量计 3 台、蝶阀 9 台、止回阀 3 台、钢管 92 米及管件等，改造后入开泵站供水能力达到 15 万立方米每日。2009 年 4—10 月，实施了入开泵站机电设备增容改造工程，更换机组 6 台，使供水能力达到 30 万立方米每日。

5. 入塘泵站

泵站于 1984 年投入运行，原设计输水规模为 6300 万立方米每年，流量 3 立方米每秒，扬程 39 米。入塘泵站初始所属塘沽自来水公司，市水利局于 2004 年 1 月 1 日接管。

2006 年 9 月投资 1339.37 万元，实施入塘泵站改造工程，在保证正常输水的情况下，对入开、入汉变电站主变增容，更换变压器 2 台，更新 18 台套电器柜，更新 6 台双吸离心泵，配套电机更换为 Y 系列电机；更换进出水管路 137 米、水压阀 24 个和 2 台套真空泵，更换止回阀 6 台，进出口检修阀 12 台、拦污栅 2 片、排水系统 1 套、电容 2 组。

（二）二级加压泵站

1. 东嘴泵站

泵站位于津南区双桥河镇东嘴村南侧海河北岸，占地面积约 6600 平方米，1991 年 10 月建成并投入运行。东嘴泵站由入港处管理是引滦入港工程二级加压泵站，水源经入港小宋庄泵站通过管道供至东嘴泵站调节池，再由东嘴泵站加压送至大港区各用水户。东嘴泵站装有 4 台机组，单机输水量 468 立方米每小时。2009 年 7 月交由尔王庄处托管。

泵站运行。引滦入港管线在试通水完成后，在东嘴泵站进、出水口端连接一条"旁通管"，在大港区需水量不大的情况下，自流将引滦原水送到大港用户，在大港区用户需水量增加时开机加压运行。1992—1997 年，机组设备试运行正常，1998 年泵站开机运行 190 台时，输水量 13.7 万立方米；2000 年泵站开机运行 117 台时，输水量 10 万立方米。

泵站维护和保养。1997年检修设备10项，1998年泵站对站内的供水装置进行技术革新改造，实现自动控制；1999年完成4台主泵大修；2000年完成机电设备维修工作17项；2001年设计制作站内供水过滤装置，完成9个设备维修项目；2002年改造供水过滤设备，检修4台电机柜的自动开关、4台电动蝶阀二次回路控制系统、排污泵、两台真空泵、机房内天车、高压设备刀闸操作机构；2003年检修设备故障16项；2004年对高低压配电设备和附属设备按时维护保养；2005年完成对泵站供水设备7个专项大修和日常及维修任务；2009年完成了2台真空泵及电控柜的维修、2台机房排水泵及电控柜的维修、4台机组管道止回阀的检修、4台机组电动蝶阀的调试检修、4台机组电磁流量转换器的调试检修、2组高压辅助开关的调试维修、2台主变吸潮剂的更换补充、2台主变油池内铺设鹅卵石工作、开关室252号进线柜指示灯的维修，完成高低压设备清扫工作、天车控制电缆更换及维护工作，设备联动试验12次。

2. 北淮淀泵站

泵站坐落在宁河县北淮淀村北，潮白新河与津唐运河相交处南侧，1984年12月建成，是引滦入塘工程二级加压泵站，为塘沽区中法供水有限公司供水。泵站设置6台水泵，4台工作2台备用，电压6千伏。供水泵站设计流量3立方米每秒。2004年由入港处代管，2009年7月交由尔王庄处托管。

泵站运行与输水。2004年开机运行140台时，输水量50万立方米；2005年开机运行1360台时，输水量327万立方米；2006年开机运行4320台时，输水量764万立方米；2007年开机运行8799台时，输水量2375万立方米；2008年开机运行5231台时，输水量1214万立方米；2009年开机运行4855台时，输水量1238万立方米；2010年开机运行10472台时，输水量2775万立方米。

泵站维护与检修。2004年4月，北淮淀泵站制作安装了站内用水过滤设备；2004年10月至2005年4月，投资120万元，更新改造北淮淀泵站办公楼；2004年12月5—26日，投资57.2万元，更新改造北淮淀泵站26台闸阀；2005年5月17—30日，投资26万元，检修北淮淀泵站机电设备及二次线；2006年4月15日至5月21日，投资35.2万元，改造北淮淀泵站调节池；2006年3月27日至9月30日，投资120万元，整修改造北淮淀泵站主副厂房、院区、进出站阀室、汇流阀室；2008年9月16日至11月5日，投资128万元，更新改造北淮淀泵站电气设备；2009年11月15日，投资81.5万元，改造北淮淀泵站高低压电缆。泵站改造后满足了大流量输水时供水可靠性、安全性和灵活性。

（三）泵站专业化管理

运行数据汇总分析。运用数据汇总和分析测试泵站之间联合运行情况。利用2005年度和2006年度运行数据汇总，完善了聚酯泵站改造方案。利用2007年供水数据汇总，完善了高庄户泵站与北淮淀泵站联合运行测试结果分析。调整了《泵站专业考核办法和评分标准》，编制了工程专业规范化管理手册纲要，确保工程管理规范有序。

泵站节能改造。为解决天津石化公司管道阶段性供水致使水泵长期处于最不利运行工况条件下，存在较严重的憋阀运行现象，造成电能严重浪费，亟待对泵站现有机组进行节能改造。经过走访、调研、比选、确定改造方案，采用哈尔滨九州电气设备制造有限公司的内反馈串级调速电机非常适于该项目。该项目基本原理是将电动机部分转子能量取出以改变电动机转差律来实现调速，并将这部分能量经变换后反馈给该电动机的调节绕组，再利用已产生拖动转矩使主绕组从电网吸收的能量大幅度下降来实现节能。该调速方式具有传统串级调速的全部优点，而且没有逆变变压器和向电网馈电所需的高压操作柜，使整个系统的投资更少、体积更小。通过对聚酯泵站 5 号水泵采用内反馈串级调速方式进行调速节能改造，并根据实测数据计算和分析，经调速后的节电效果每年可节约电量 460320 千瓦时，节约电费 243970 元。

专业化管理。1998 年重新修订整理并完善了泵站各部位各岗位规章制度，按照达标标准整理图纸档案实现规范管理；开展岗位目标考核工作，执行谁主管谁负责原则，由站长与职工签订年度目标考核责任书，泵站负责人与处长签订安全责任书。对责任书内容进行定期检查考核；坚持开展创建文明闸站和争做文明职工活动，把创建活动考核内容纳入岗位目标责任制。2007 年，制定了《东嘴泵站规范化管理手册》，全面阐述了管理标准体系，管理制度体系以及岗位责任体系。2007 年 4 月 16 日，各泵站分别编制了泵站规范化管理手册。按照泵站规范化管理要求，各泵站建立完善岗位职责、岗位目标和岗位考核机制，建立完善泵站维修改造计划措施办法。

二、输水工程管理

引滦原水输水管线总长约为 475.85 千米，其中引滦入港管线长 112.36 千米，引滦入聚酯管线长 95.5 千米，引滦入塘管线（双）总长 88.85 千米，引滦入开发区管线长 51.3 千米，引滦入开备用管线 51.36 千米，引滦入汉管线长 44.48 千米，引滦入（武清）逸仙园管线长 32 千米。管线承担无缝钢管公司、军粮城发电厂、天津联化公司、大港区水厂、大港油田和天津经济技术开发区、塘沽区、天津逸仙科学工业园、武清区杨村镇生产生活用水的供水任务，由于供水管线长，地形、地貌复杂，且常年输水不能间断，因此维修、维护任务十分繁重。1991—2010 年，实施管道切改保护重点工程 38 项，及时处理管道漏水事件 66 起，确保了管线输水安全。

（一）引滦输水工程

1. 引滦入港供水管线及支线

引滦入港输水工程，主要解决天津市无缝钢管公司、军粮城发电厂、大港油田、乙烯工程等大型重点企业和大港区的生产、生活用水。1988 年 10 月筹建引滦入港工程指挥部，1989 年 5 月破土动工，1991 年 10 月 3 日竣工通水。工程总投资 14200 万元，设计年输水量 2385 万立方米。

引滦入港工程建有小宋庄、东嘴两个泵站，干支管线全长 112.36 千米，设有闸阀井、排水闸阀和气阀井。主干线自小宋庄泵站起，经东嘴泵站至大港北围堤止。分支管线由主干管线分水点至各用水单位。干、支管线横跨宝坻、宁河、北辰、东丽、津南、大港 6 个区（县），穿永定新河、金钟河、海河、马厂减河、独流减河、北塘排污河、大沽排污河 7 条河道和农业渠道，以及多处电缆、吹灰管、排水管和公路。在河道及构筑物穿越、管道转角处及复杂地段均铺设钢管，其他部位埋设预应力混凝土输水管。

引滦入港输水工程共分南、北干线及 6 条支线。北干线由宝坻区小宋庄泵站至东丽区无暇街的天津市无缝钢管公司首闸止，南干线由无缝钢管公司首闸至北大港水库北围堤公路止，具体情况见表 3-1-5-34。

表 3-1-5-34   引滦入港输水干支管线表

工程项目名称	施工时间	长度/千米	管径/毫米	建设单位
引滦入港管线建设工程	1989 年 6 月 2 日至 1991 年 9 月 5 日	北干线 43.96	1200	天津市滨海供水管理 办公室
		南干线 24.2	800	
入港管线油田支线建设工程	1991 年 3 月 19 日至 7 月 30 日	17.5	600	天津市滨海供水管理 办公室
入港管线无缝支线建设工程	1991 年 3 月 20 日至 8 月 30 日	1.94	1000	天津市滨海供水管理 办公室
入港管线军电支线建设工程	1992 年 1 月 1 日至 6 月 5 日	9.6	600	天津市滨海供水管理 办公室
入港管线乙烯支线建设工程	1992 年 6 月 5 日至 7 月 31 日	9.0	600	天津市滨海供水管理 办公室
天铁供水工程（入港支线）	2007 年 4 月 5 日至 11 月 5 日	1.66	1200	腾飞公司
东北郊热电厂供水 支线建设工程	2007 年 11 月 30 日至 12 月 19 日	4.5	400	腾飞公司

在输水工程管理上采取了主管与代管相结合，即在实行全方位管理的同时，委托供水管道沿线各乡水利站代管，并签订护管协议，约定看护管理范围、内容、要求及费用等条款，并按照护管工作考核办法对托管单位进行考核。

2. 开发区供水检修备用管线

为了保证开发区用水需求，提高安全供水保证率，入港处承担建设了开发区供水检修备用管线工程。该工程由天津经济技术开发区投资建设，总投资为 25200 万元，由管线部分、入开泵站改造部分、拆迁赔偿部分、环境保护及水土保持工程投资组成。该工程主要功能用于原开发区供水管线事故备用，起点为尔王庄水库东南侧的引滦入开发区输水泵站，终点为开发区净水厂原水调节池，全长 51.36 千米，管径为 1.4 米，输水能力为 15 万立方米每日。其中包括预应力混凝土管线 41.32 千米、钢管 7.59 千米、玻璃钢夹砂管 2.45 千米，以及穿越永定新河、津山铁路、塘汉公路大型穿越工程 3 处和 60 处小型建筑物等。

2007 年 6 月，由设计院编制的《关于天津经济技术开发区供水检修备用管线工程可行性研究报告（代项目建议书）》经市计委审核后，以《关于天津经济技术开发区供水检修备用管线工程可行性研究报告（代项目建议书）的批复》文件批复。10 月 26 日，市水利局下发《关于天津经济技术开发区供水检修备用管线工程初步设计报告的批复》，同日下达《关于下达天津经济技术开发区供水检修备用管线工程投资计划的通知》。11 月 26 日，开发区供水检修备用管线工程监理招标开标、评标。工程共分 7 个标段，自 2008 年 1 月开工，2009 年 5 月竣工。6 月 17 日，工程验收，评定该工程为优质工程。2009 年 6 月 26—30 日，供水检修备用管线工程进行试通水，2009 年 9 月 1 日，开发区管委会、泰达投资控股有限公司在开发区净水厂举行隆重的"天津经济技术开发区净水厂三期工程暨引滦入开备用管线工程竣工典礼"。

3. 天铁供水工程

天津天铁冶金集团钢板有限公司（简称天铁集团）新建冷轧薄钢板厂位于东丽区空港物流加

工区二期地域内，根据市水利局《关于天津天铁集团钢板有限公司新建冷轧薄钢板厂用水的批复》，由入港处承担天铁供水管线建设，管线起点位于引滦入港管线空港物流加工区纬七路分水口，终点为冷轧薄钢板厂，设计年供水能力 336 万立方米，工程投资 706 万元。2007 年 3 月 6 日，入港处与天铁集团签订天铁集团冷轧薄板厂供水管线建设工程总承包合同，管线建设长度 1.66 千米，工程全部由天铁集团筹资。

天铁供水工程于 2007 年 4 月 5 日开工建设，共分三期施工。一期工程于 4 月 29 日完工，铺设钢管 623 米；二期工程于 7 月 13 日完工，铺设钢管 890 米；三期工程于 11 月 5 日完工。2007 年 12 月 10 日 10 时为天铁集团冷轧薄板厂供引滦原水，标志着天铁集团供水工程全部完成。

4. 天津东北郊热电厂供水工程

天津东北郊热电厂供水工程是城市供热发电工程的配套工程，该工程由金钟河石滩地至东北郊热电厂区，管线全长 4.5 千米，主要用于满足热电厂工程施工期用水。入港处承担该供水管线与引滦入港干管的连接，铺设直径 400 毫米钢管 80 米，安装流量计 1 台，建流量计室和闸阀井各 1 座。2007 年 11 月 28 日入港处与天津国电津能热电有限公司就东北郊热电厂供引滦原水工程签订施工合同，天津市腾飞建筑工程有限公司（简称腾飞公司）于 11 月 30 日进场施工，2007 年 12 月 19 日为东北郊热电厂正式供引滦原水。

（二）管线切改及保护工程

1991—1999 年，由于管线沿线工程建设规模不大，占压管线不多，基本没有出现需切改的情况。1999 年以后，随着天津市经济发展速度的不断加快，入港处共完成重点管线切改保护工程 38 项，其中包括：2005 年 4—8 月，组织实施空港物流加工区入港管线、入聚酯管线改线迁移一期工程，由空港物流加工区筹资，对影响空港物流加工区规划用地的入港管线、入聚酯管线进行改线迁移，长 12.5 千米（其中入港 6380.1 米，聚酯 6160.1 米），工程投资 4944 万元；2007 年 11 月至 2008 年 4 月，国道 112 高速公路建设占压入港、入聚酯、入塘（双线）、入开、入汉管线，入港处与国道 112 高速公路工程项目部签订占压 6 条引滦管线保护改造工程协议，工程总投资约 689 万元；2008 年 4 月 1 日，占压入港管线、入聚酯管线保护改造工程完工；2008 年 10 月 13 日，占压入开管线、入汉管线和入塘管线（双线）的保护改造工程完成，腾飞公司负责施工；2009 年 9 月 25 日，入港处与天津市高速公路集团有限公司津宁高速公路工程项目经理部签订合同，由高速公路集团负责筹资，入港处组织实施津宁高速公路占压引滦入汉、引滦入开、入开检修备用管线、引滦入塘一期管线、入塘二期管线、引滦入港、入聚酯供水管线改造工程，投资约 680 万元，腾飞公司负责施工；2010 年 10 月，引滦入港、入聚酯管线切改保护工程完工，引滦入汉、引滦入开、入开检修备用管线、引滦入塘一期管线、入塘二期管线切改工程时间与高速路集团协商后确定；2010 年 6 月 2 日至 8 月 13 日，空港物流加工区环河北路、环河东路占压引滦入港、入聚酯管线切改工程，由天津市空港城市管理局出资，投资 1377 万元，腾飞公司负责施工；2010 年 7 月 12 日至 9 月 29 日，空港物流加工区二期规划用地占压引滦入港、入聚酯管线改造工程，长 4288.92 米，由天津市空港城市管理局出资，工程投资 3100 万元，腾飞公司、天津港航工程有限公司负责施工。

重点管线切改工程及其他各项工程具体情况见表 3-1-5-35。

表 3－1－5－35 **重点管线切改工程及其他各项工程**

序号	时 间	项 目	所属管线	切改地点	工程投资/万元	工程施工情况
1	1999 年 1 月 27 日至 7 月 12 日	津滨高速公路占压人港管线切改保护工程	引滦入港管线	东丽区	447	津滨高速公司出资，人港处组织实施，改换钢管 1100 米
2	1999 年 6 月	引滦入港管线津南支线迁改工程	引滦入港管线	津南区	70	工程由天津市蓟南铁路责任有限公司投资，将引滦入港输水管线由原斜交改为津南支线正交，人港处负责施工
3	2002 年 9 月	引滦入港管线油田支线与大港永明路相交换管工程	引滦入港管线	大港区永明路与引滦入港管线相交处	30	该段入港管线乙烯支线的混凝土管更换为钢管，人港处组织宁河县小李乡水利站配合施工
4	2002 年 4－5 月	津滨轻轨项目桩基础 E 标段引滦输水管线切改工程	引滦入港管线军电支线	东丽区	258.061	铺设直径 500 毫米钢管 1025 米，并对需要拆除的顺行管道管井重建，人港处组织施工
5	2003 年 1 月 15－28 日、2003 年 5 月 29 日至 6 月 7 日	津蓟高速公路占压人港、人聚酯、引滦入开、人汉管线的切改保护工程	引滦入港、人聚酯管线、引滦入开、人汉管线	宝坻区尔王庄乡	245	将原有承插口管改为钢管，设置相应的保护和配套设施，人港处工程科组织宁河县小李乡水利站配合施工
6	2003 年 7 月 8－10 日	大港区南环路下水管道施工占压人港管线乙烯支线切改保护工程	引滦入港管线乙烯支线	大港区南环路附近	13	由大港区建委投资，人港处工程科组织宁河县小李乡水利站配合施工，将 30 米（双线）混凝土管改为钢管
7	2003 年 7 月 15－21 日	津汉公路改造占压入港管线、人聚酯管线切改保护工程	引滦入港、人聚酯管线	东丽区贯庄粮库北、津汉公路南	60	由天津市公路管理处投资，人港处工程科组织宁河县小李乡水利站配合施工，共改造钢管 116 米
8	2004 年 1 月 7－13 日	大港开发区在八米河建斩占压人聚酯管线的切改保护工程	引滦入港、人聚酯管线	大港区津港公路西侧八米河旁	15.5	将 25 米混凝土管更换为钢管，人港处工管科对人港处工程队施工进行全程监管
9	2004 年 6 月 21 日至 11 月 9 日	人港管线三煤气支线实施一期切改保护工程	引滦入港管线	天钢集团厂区内	344	天钢集团规划用地，由天钢集团出资
10	2005 年 2－8 月	人港管线三煤气支线实施二期切改保护工程	引滦入港管线	天钢集团厂区内	168	天钢集团规划用地，由天钢集团出资
11	2005 年 4－8 月	空港物流加工区人港管线、人聚酯管线改线迁移一期工程	引滦入港、人聚酯管线	空港物流加工区内	4944	由空港物流加工区筹资，对影响空港物流加工区规划用地的人港管线、人聚酯管线进行改线迁移，人港处负责组织建一期工程的实施，改线长度 12.5 千米（其中人港 6380.1 米，聚酯 6160.1 米）
12	2005 年 9－12 月	京津高速公路辅道、杨北公路北塘水库段拓宽占压人开管线切改保护工程	引滦入开管线	杨北泵站南侧	113	经协商，由高速公路投资发展有限公司出资，人港处组织实施人开管线切改保护工程，改造长度 48.7 米

序号	时间	项目	所属管线	切改地点	工程投资/万元	工程施工情况
13	2006年10月9—15日	宁武公路建设占压入逸仙园管线切改保护工程	引滦入逸仙园管线	入逸仙园管线距京津公路约300米处	68	武清区路网工程指挥部筹资，腾飞公司负责施工，改造长度107.8米
14	2007年4月29日至5月25日	京津高速占压引滦入港、入聚酯、入逸仙园管线切改保护工程	引滦入港、入聚酯、入逸仙园管线	东丽区东堤头村东京津高速公路下	330	由天津京津高速公路有限公司筹资，腾飞公司负责施工
15	2007年9—10月	空港物流加工区纬七路占压引滦入港、入聚酯管线保护改造工程	引滦入港、入聚酯管线	空港物流加工区纬七路	298.12	由天津空港物流加工区建设办公室筹资
16	2007年11月至2008年1月	黄万铁路建设占压入聚酯管线保护改造工程	引滦入聚酯管线	大港区中塘镇大安村八米河南岸	300	与天津铁路集团公司协商最终达成一致意见，签订管线保护改造工程协议；2008年1月7日，工程完工，大港区水利工程公司进场施工，改造长度354米，入港处与天津铁路集团公司组成验收组进行验收
17	2007年11月至2008年4月	国道112高速公路占压入港、入聚酯、入塘、入开、入汉管线保护改造工程	引滦入港、入聚酯、入塘、入开、入汉管线	宁河县潘庄青龙湾与国道112线相交处	689	与国道112高速公路工程项目部签订占压六条引滦管线保护改造工程协议；2008年4月1日，压入港管线、入聚酯管线、入汉管线、入塘管线，入汉管线开工，2008年10月13日，占压入港管线（双线）的保护改造工程完成，腾飞公司负责施工
18	2008年1月7—17日	天津站改扩建新建东南环联络线工程占压入港、入聚酯管线保护改造工程	引滦入港、入聚酯管线	东丽区赤土乡北环铁路劳	158.846	腾飞公司负责施工
19	2008年4月	集疏港公路桥梁工程占压入开管线保护改造工程	引滦入开管线	塘沽区塘汉路北侧货场内	65	4月11日施工，14日完工，切改长度50米
20	2008年5月至2009年3月	津汉公路汉沽区段改造工程三处占压入汉管线保护改造工程	引滦入汉管线	汉沽区大田镇	330	与汉沽区建委经过协商达成一致意见，签订管线保护改造工程协议，在汉沽区建委完成征地协调工作后，分别由海拓水利工程公司和腾飞公司负责施工，2008年10月23日工程第一、第二段保护改造工程完成，2009年3月26日第三段保护改造工程完成，切改总长度317.7米
21	2008年6月	黄万铁路建设占压入港管线、油田二支线改造保护工程	引滦入港管线	八米河以南、港塘路西侧	130	6月16日完工，腾飞公司负责施工
22	2008年5—8月	华明新家园进场道路无占压入港、入聚酯管线切改保护工程	引滦入港、入聚酯管线	东丽区华明镇	370	入港管线切改521.49米，腾飞公司负责施工；聚酯管线切改250.21米

续表

序号	时间	项目	所属管线	切改地点	工程投资/万元	工程施工情况
23	2008年9—11月	武清区城区东外环道路及翠亨路建设占压引滦入逸仙园管线保护改造工程	引滦入逸仙园管线	武清区东外环；武清开发翠亨路	东外环道路占压投资150万	入港处与武清区公路建设指挥部经过协商最终达成一致意见，签订管线保护改造工程合同；2008年10月28日翠亨路建设占压入逸仙园管线切改工程完成，原地换管80.55米；2008年11月5日城区外环道路建设占压切改工程完工，切改136.94米，腾飞公司负责施工
24	2009年3—7月	塘承高速公路一期工程占压入汉管线占压保护改造工程	引滦入汉管线	宁河县七里海镇	130	3月31日，与塘承高速公路项目部经协商最终达成一致意见，签订工程协议；7月17日工程完工，改线长度122.64米，腾飞公司负责施工
25	2009年4月	蓟港铁路扩能改造工程占压入港管线保护改造工程	引滦入港管线	海河特大桥53号、54号桥墩处	75	4月7日，与天津铁路集团经过多次协商达成一致意见，签订工程协议；4月16日完工，腾飞公司负责施工
26	2009年5月	津港高速公路桥梁工程占压引滦入聚酯管线保护改造工程	引滦入聚酯管线	津港高速公路工程8合同段入米河与板港路交口处	95	由天津公路投资建设发展有限公司筹资，腾飞公司负责施工
27	2009年5月	集疏港公路桥梁工程占压入开发区管线二次切改保护工程	引滦入开管线	塘沽区塘汉路北侧货运场	57	5月15日开始施工，6月24日完工，切改长度为46.5米，腾飞公司负责施工
28	2009年10月20日至2010年1月28日	天津大道占压引滦入港、入聚酯管线切改工程	引滦入港、入聚酯管线	津南汉港路与津沽公路交汇处	643	天津城市道路管网配套建设投资有限公司筹资，腾飞公司负责施工
29	2009年8月	津秦铁路客运专线工程占压引滦入港管线改造工程	引滦入港管线	东丽区京山铁路与蓟港铁路联络线处	90	中铁十八局集团津秦铁路客运专线项目经理部筹资，腾飞公司负责施工
30	2009年9月至2010年10月	津宁高速公路占压引滦入汉、引滦入开二管线、入塘一期管线、入塘二期管线、入聚酯供水管线改造工程	引滦入汉管线	宁河县北淮淀乡乐善村	680	2009年9月25日签订合同，天津市高速公路集团有限公司津宁高速公路工程项目经理部筹资，腾飞公司负责施工。其中引滦入港、入聚酯管线切改保护工程已完工，引滦入汉、入开二管线、引滦入塘一期管线、入塘二期管线切改工程时间与高速公路集团协商后确定
			引滦入开管线、引滦入塘一期管线、入塘二期管线	宁河县北淮淀乡南淮淀扬水站附近		
			引滦入港、入聚酯管线	东丽区华明街		

续表

序号	时　间	项　目	所属管线	切改地点	工程投资/万元	工程施工情况
31	2010 年 4 月 1 日至 5 月 14 日	津滨高速拓宽津北跨线桥工程占压引滦入港、入聚酯管线改造工程	引滦入港、入聚酯管线	苗街西，津北路跨津滨高速桥	456.3	改造长度 624.43 米，出资方为津滨高速，腾飞公司负责施工，该工程主体已完工
32	2010 年 4 月 11—18 日	津芦南路潮白河大桥占压引滦管线改造工程	引滦入塘管线（一期）入开（2 条）入汉	淮淀泵站前津芦公路东侧	105	改造长度 91 米，出资方为宁河交通局，腾飞公司负责施工
33	2010 年 5 月 28 日至 8 月 6 日	穿港路拓宽占压引滦入港油田支线改造工程	引滦入港管线油田支线	大港水库南侧穿港路	430	改造长度 1640 米，出资方为大港油田，腾飞公司负责施工
34	2010 年 6 月 2 日至 8 月 13 日	空港袁河永久调线（津汉公路段）规划河道占压入港、入聚酯管线保护改造工程	引滦入港管线	空港物流加工区内	382.95	2009 年 8 月与空港物流加工区建设办公室经协商达成一致意见，签订施工协议，改造长度 620.2 米，出资方为空港城市管理局，腾飞公司负责施工
35	2010 年 6 月 2 日至 8 月 13 日	空港加工区环河北路、环河东路占压引滦入港、入聚酯管线切改工程	引滦入港管线	起点与津汉公路切改终点相接至杨北公路，杨北公路路边	1377	改造长度 1794.19 米，空港城市管理局出资，腾飞公司负责施工
36	2010 年 7 月 3 日至 8 月 16 日	九园公路拓宽占压引滦入港暗涵改造工程	引滦入港、入聚酯、入汉、入开、塘五泵站	九园公路与引滦五泵站之间	132	改造长度 103.5 米，宝坻交通局出资，尔王庄管理处负责施工
37	2010 年 7 月 12 日至 9 月 29 日	空港物流加工区二期规划用地占压引滦入港、入聚酯管线改造工程	引滦入港、入聚酯管线	纬七路（现为纬八路）切改附近至津京塘高速穿越前	3100	改造长度 4288.92 米，空港城市管理局出资，水利公司中标，港航公司负责施工
38	2010 年 9 月 24 日至 10 月 20 日	大港油田开发道拓宽占压油田二期管线改造工程	引滦入聚酯管线油田支线	穿港路与开发道交口	55	改造长度 49 米，大港油田出资，腾飞公司负责施工

（三）管线漏水抢修工程

入港处管理的管线长度长，管理范围大，漏水事件时有发生，如果不能及时有效地处理，将威胁管线供水安全，为规范管线漏水抢修的程序和步骤，及时做好输水管线工程抢修工作，确保输水安全，入港处制定了工程抢修管理工作的规范化流程，并加强管线日常维修管理，积极应对各种突发事件，先后组织完成管线漏水抢修66次，见表3-1-5-36。

表 3-1-5-36　　　　　　　管道漏水抢修工程汇总

序号	漏水时间	所属管线	漏水地点	抢修情况
1	1992年9月24日	引滦入港管线	北干线赵温庄境内	工程科组织宁河县小李乡水利站配合施工，抢修时间：9月25日13—22时
2	1992年11月26日	引滦入港管线军电支线	东丽区新袁庄	新袁庄加油站施工导致管道严重受损，入港处工程科组织宁河县小李乡水利站配合施工，东丽区李庄乡水利站协助施工。抢修时间：11月26日至12月3日，用时192小时
3	1993年3月20日	引滦入港管线	南干线大沽排污河架空管处	入港处工程科组织宁河县小李乡水利站配合施工。抢修用时4小时
4	1993年4月5日	引滦入港管线	北干线赤土乡金钟河北堤	入港处工程科组织宁河县小李乡水利站配合施工。抢修时间：4月7—12日
5	1993年7月6日	引滦入港管线	油田支线种鸡场	处工程科组织宁河县小李乡水利站配合施工。抢修时间：7月6—10日
6	1993年7月26日	引滦入港管线	军电支线务本一村	工程科组织宁河县小李乡水利站配合施工。抢修时间：7月26日至8月2日
7	1993年11月26日	引滦入港管线	北干线军粮城加油站内	现场采用内补法焊接，工程科组织宁河县小李乡水利站配合施工。抢修时间：11月31日至12月2日
8	1994年1月5日	引滦入港管线	北干线无缝首闸	更换新闸阀后恢复供水，工程科组织宁河县小李乡水利站配合施工，当日完成
9	1994年1月15日	引滦入港管线	南干线气阀井内闸阀	更换闸阀后恢复正常。当日抢修用时6小时
10	1994年2月25日	引滦入港管线	乙烯支线闸阀	闸阀冻裂漏水，经现场抢修更换后恢复正常。抢修时间：2月25—26日
11	1994年3月20日	引滦入港管线	南干线东尼沽仓库以南约100米处	现场采用打外包箍方法抢修，入港处工程科组织宁河县小李乡水利站配合施工，当日恢复供水
12	1994年5月15日	引滦入港管线	南干线东尼沽仓库院内	采用打外包箍方法抢修，入港处工程科组织宁河县小李乡水利站配合施工，当日抢修完成
13	1994年10月5日	引滦入港管线	南干线大港区上古林村津岐公路南300米处	现场经过开挖实施焊接后恢复供水，入港处工程科组织宁河县小李乡水利站配合施工。抢修时间：10月12日
14	1994年12月16日	引滦入港管线	军电支线硫酸厂门前	现场开挖实施焊接后通水，入港处工程科组织宁河县小李乡水利站配合施工。抢修时间：12月16—17日
15	1995年4月5日	引滦入港管线	军电支线务本一村小公路东侧（钢管穿越处）	采用内部焊接的施工方法抢修后恢复供水，入港处工程科组织宁河县小李乡水利站配合施工。抢修时间：4月5—7日凌晨
16	1995年11月25日	引滦入港管线	北干线赤土工具厂以南90米处	现场采用打外包箍的方法进行抢修，入港处工程科组织宁河县小李乡水利站配合施工。抢修时间：11月26—28日
17	1995年11月29日	引滦入港管线	赤土铸造厂北约20米处	现场采用打外包箍方法抢修，入港处工程科组织宁河县小李乡水利站配合施工。抢修时间：11月30日至12月3日

续表

序号	漏水时间	所属管线	漏水地点	抢 修 情 况
18	1996 年 1 月 5 日	引滦入港管线	军电支线吹灰场门前	现场采用外部焊接的方法进行抢修，入港处工程科组织宁河县小李乡水利站配合施工。抢修时间：1 月 5 日，用时 6 小时
19	1996 年 1 月 30 日	引滦入港管线	军电支线杨台储运场门前	经排水调整柔口螺栓后恢复正常，入港处工程科组织宁河县小李乡水利站配合施工。抢修时间：2 月 2 日
20	1996 年 3 月 8 日	引滦入港管线	南干线大港区北围堤以北	现场采用打外包箍处理后恢复供水，入港处工程科组织宁河县小李乡水利站配合施工。抢修时间：3 月 10—12 日
21	1996 年 10 月 23 日	引滦入港管线	南干线新袁庄附近	现场采用打外包箍的方法抢修后恢复供水，入港处工程科组织宁河县小李乡水利站配合施工。抢修时间：10 月 23—24 日
22	1997 年 1 月 22 日	引滦入港管线	北干线无缝首闸附近气阀井内	闸阀冻裂漏水，经抢修后恢复供水，入港处工程科组织宁河县小李乡水利站配合施工，当日完成抢修
23	1997 年 2 月 19 日	引滦入港管线	北干线赤土北环铁路附近	经抢修后恢复供水，入港处工程科组织宁河县小李乡水利站配合施工，抢修时间：2 月 19—20 日
24	1997 年 6 月 20 日	引滦入港管线	苗街木器厂门前	经抢修后于当日恢复供水，入港处工程科组织宁河县小李乡水利站配合施工
25	1997 年 12 月 1 日	引滦入港管线	赤土四站处	经抢修后恢复供水，入港处工程科组织宁河县小李乡水利站配合施工。抢修时间：12 月 1—5 日
26	1998 年 1 月 5 日	引滦入汉管线	淮淀段	经抢修后于当日恢复供水，入港处工程科组织宁河县小李乡水利站配合施工
27	1998 年 2 月 1 日	引滦入港管线	赤土金钟河南岸	经抢修后恢复供水，入港处工程科组织宁河县小李乡水利站配合施工。抢修时间：2 月 1—3 日
28	1998 年 2 月 1 日	引滦入港管线	赤土造纸厂南50 米处	经抢修后恢复供水，入港处工程科组织宁河县小李乡水利站配合施工。抢修时间：2 月 6—7 日
29	1999 年 3 月 29 日	引滦入港管线	军粮城一村段	因津滨高速公路建设需对管道切改线，切改现场因塌方漏水，经抢修后恢复供水，入港处工程科组织宁河县小李乡水利站配合施工。抢修时间：3 月 29—30 日
30	1999 年 12 月 23 日	引滦入港管线	阎东干渠南侧	经抢修后恢复供水，入港处工程科组织宁河县小李乡水利站配合施工。抢修时间：12 月 23—24 日
31	2000 年 1 月 4 日	引滦入港管线	北干线永定新河右堤 78 米处	现场采用打外包箍的方法施工，经抢修后于当日恢复供水，入港处工程科组织宁河县小李乡水利站配合施工
32	2000 年 1 月 5 日	引滦入港管线	北干线宁河县大贾乡清污渠以南 500 米处	现场采用打外包箍的方法施工，经抢修后于当日恢复供水，入港处工程科组织宁河县小李乡水利站配合施工
33	2000 年 1 月 14 日	引滦入港管线	南干线港塘公路石料厂院内	现场采用打外包箍的方法施工。经抢修后恢复供水，入港处工程科组织宁河县小李乡水利站配合施工
34	2000 年 2 月 14 日	引滦入港管线	东堤头段管线气阀井内	蝶阀冻裂漏水，经抢修后于当日恢复供水，入港处工程队施工
35	2000 年 2 月 21 日	引滦入港管线	赤土乡贯庄村粮库附近	经抢修后恢复供水，入港处工程队施工。抢修时间：2 月 21—22 日
36	2000 年 3 月 2—5 日	引滦入港管线	北干线军粮城段	因入聚酯管线建设施工造成两处漏水，经过抢修于 3 月 5 日恢复供水，入港处工程科组织宁河县小李乡水利站配合施工
37	2000 年 10 月 5 日	引滦入港管线	军粮城一村附近	气阀井推倒造成漏水，经抢修后于当日恢复供水，入港处工程科组织宁河县小李乡水利站配合施工
38	2001 年			全年未发生管线漏水事件
39	2002 年 3 月 18 日	引滦入港管线	军电支线硫酸厂门前	轻轨建设施工造成漏水，经抢修后于当日恢复供水，入港处工程科组织宁河县小李乡水利站配合施工

续表

序号	漏水时间	所属管线	漏水地点	抢 修 情 况
40	2002年11月9日	引滦入聚酯管线	宝坻区尔王庄段	经抢修后恢复供水，入港处工程科组织宁河县小李乡水利站配合施工。抢修时间：11月9—21日
41	2003年1月9日	引滦入聚酯管线	宝坻区尔王庄段	津蓟高速公路建设施工造成漏水，经抢修后恢复供水，入港处工程科组织宁河县小李乡水利站配合施工。抢修时间：1月9—10日
42	2003年1月21日	引滦入逸仙园管线	上马台鱼池段	经抢修后于22日凌晨恢复供水，入港处工程科组织宁河县小李乡水利站配合施工
43	2003年2月9日	引滦入逸仙园管线	徐官屯天元工贸公司院内	经抢修后当日恢复供水，入港处工程科组织宁河县小李乡水利站配合施工
44	2003年7月25日	引滦入港管线	津塘高速公路北侧	经抢修后于当日恢复供水，入港处工程科组织宁河县小李乡水利站配合施工
45	2003年8月18日	引滦入港管线	军电支线	因轻轨建设施工造成管线漏水，经抢修后于当日恢复供水，入港处工程科组织宁河县小李乡水利站配合施工
46	2003年10月24日	引滦入港管线	油田支线油田水厂附近	经抢修后于当日恢复供水，入港处工程科组织宁河县小李乡水利站配合施工
47	2004年6月6日	引滦入港管线	三煤气支线	天津市地质工程勘察院在勘探地质时造成漏水，经协商，天津市地质工程勘察院出资，入港处组织抢修，至11日抢修完成后恢复供水
48	2004年12月6—7日	引滦入塘管线	二期俵口段	经前修后恢复供水，腾飞公司负责施工
49	2005年12月29—31日	引滦入港管线	空港物流加工区部队驾校院内	经抢修恢复正常，腾飞公司负责施工
50	2006年1月17—18日	引滦入塘一期管线	潮白河滩地北淮淀段	施工中运用管道快速封堵新技术，抢修后恢复供水
51	2006年12月14—15日	引滦入港管线	油田一期支线独流减河滩地段	抢修完成后于15日13时恢复供水，腾飞公司负责施工
52	2007年10月24日	引滦入逸仙园管线	武清区上马台镇段	经抢修后于当日21时30分恢复供水，腾飞公司负责施工
53	2007年11月23日	引滦入聚酯管线	空港物流加工区纬七路段	经抢修后于24日22时恢复供水，抢修期间使用入港管线与入聚酯管线联通工程为两管线上的所有用户供水，腾飞公司负责施工
54	2007年12月22日	引滦入塘一期管线	宁河青龙湾段	经抢修后于23日20时恢复供水，腾飞公司负责施工
55	2008年3月15日	引滦入塘一期管线	于家岭大桥东桃树园附近	经抢修后于当日恢复供水，腾飞公司负责施工
56	2008年4月30日	引滦入聚酯管线	大港区段	经抢修后于当日恢复供水，腾飞公司负责施工
57	2008年11月12日	引滦入塘二期管线	国道112高速公路交口处	经抢修后于当日恢复供水，腾飞公司负责施工
58	2008年11月26日	引滦入开管线	国道112高速公路交口处	经抢修后于当日恢复供水，腾飞公司负责施工
59	2008年12月16日	引滦入港管线	大港上古林段	当日进行抢修，腾飞公司负责施工
60	2009年2月28日	引滦入开管线	于家岭大桥南2千米处	当日进行抢修，腾飞公司负责施工

序号	漏水时间	所属管线	漏水地点	抢修情况
61	2009 年 3 月 18 日	引滦入逸仙园管线	K1+500 处	当日进行抢修，腾飞公司负责施工
62	2009 年 4 月 20 日	引滦入港管线	军电支线K0+150 处	经抢修后于当日恢复供水，腾飞公司负责施工
63	2009 年 6 月 7 日	引滦入塘一期管线	于家岭大桥北 1.5千米处	经抢修后于当日恢复供水，腾飞公司负责施工
64	2009 年 7 月 11 日	引滦入塘一期管线	北淮淀桥公路南穿越 1 千米处	经抢修后于当日恢复供水，腾飞公司负责施工
65	2009 年 7 月 29 日	引滦入汉管线	末端汉沽水厂前2 千米处	抢修于当日完成，腾飞公司负责施工
66	2009 年 9 月 21 日	引滦入塘二期管线	宁河县潮白河河滩地预留口附近200 米处	经抢修后恢复供水，腾飞公司负责施工

通水检修内容包括施工工艺、抢修材料、施工机械等，要求可操作性强，抢修方案应于 2 小时内完成，情况复杂的可适当延长时限，但最多不能超过 4 小时。施工单位完成抢修后，工程管理部门组织验收，确认抢修成功后恢复通水，并完成后续资料整理工作。

（四）日常维修、养护及专项工程

为规范管线日常维修、养护及专项工程管理的程序和步骤，制定了《日常维修养护工程管理流程》：工程管理部门根据管线及附属设施实际情况，提出日常维修养护要求，并编制计划，其中维修方案包括维修项目的范围、具体内容、费用、工期、质量要求等信息；立项方案包括立项报告、设计方案、招投标方案，监理合同、质量监督手续等。重点维修、养护及专项工程项目见表 3-1-5-37。

表 3-1-5-37　　　　　　　**重点维修、养护及专项工程项目**

序号	时　间	项　目
1	1999 年 8 月 27 日	入港管线金钟河北堤段，管线加装节制闸阀
2	2004 年 3 月 15 日至 4 月 29 日	入塘管线末端杨北泵站院内安装流量计、蝶阀、建流量计室，入港处工程队施工
3	2004 年 5 月 15 日至 6 月 17 日	入塘一、二期管线及入汉管线联通工程
4	2006 年 5 月 12 日至 7 月 20 日	入开管线末端流量计安装及流量计室工程，安装流量计 1 台及信号传输设备、蝶阀 3 台、钢管 38.4 米，建流量计室一座（二层），铺设电缆 1200 米、光缆 1200 米，腾飞公司负责施工
5	2006 年 9 月 20—28 日	大港油田二期支线流量计改造工程，安装流量计 1 台，建流量计井 1 座，腾飞公司负责施工
6	2006 年 11 月 1—25 日	入开管线与永定新河斜拉桥管道贯通工程，敷设钢管 287 米，安装蝶阀 7 台，砌筑阀井 5 座，腾飞公司负责施工
7	2006 年 11 月 1 日至 12 月 8 日	入塘管线与永定新河斜拉桥管道贯通工程，敷设钢管 193 米，安装蝶阀 6 台，更换蝶阀 3 台，安装气阀 6 台，腾飞公司负责施工
8	2007 年 2 月 2 日	组织验收入港管线在津南区邓岑子村段的管顶覆土（应急）工程，工程由天津市金龙第六分公司负责实施
9	2008 年 5 月 16 日	工管处、财务处等有关部门组成的工程验收组，对入港处 2007 年度输水工程日常养护工程及 2005 年度入开管线专项工程进行验收

（五）工程管理标准

为提升工程管理质量，加强工程规范化、精细化管理，按照引滦工程管理标准，编制了《工程管理标准》《输水管线专业规范化管理手册》等，使工程管理规范有序，设施设备稳定运行。《工程管理标准》其应用范围包括输水管道、附属设施及泵站、调度中心的专项工程维修、工程抢修、工程改造等，根据单位实际管理情况，2008 年，工程管理部门对管理标准进行了修改和完善。标准共分 5 个部分，其中输水管道管理标准包括管道工程设施及设备管理、工程抢修管理、管道工程巡视管理、供水管理、自动化管理；管道施工管理标准包括预应力混凝土管制作、橡胶密封圈、钢管制作、钢管外防腐、开挖及垫层、预应力混凝土管安装、钢管安装、回填、管线勘定及埋设标志桩牌；泵站管理标准包括主机泵管理、辅机系统管理（包括起重设备、风机、真空设备、排水系统）、电气设备、水工建筑物及站容站貌；工程资料管理标准对归档工程文件的内容、类型及尺寸等规范性要求做了详细规定；工程管理细则包括管道维修维护管理、泵站维修管理、工程抢修管理、水调管理、输水自动化管理、工程资料管理、设备等级评定管理、泵站工程观测管理、工程检查管理、工程安全鉴定管理。

工程项目维修库。2006 年，编制完成 2006—2010 年工程维修项目库，包括日常维修工程项目和专项维修工程项目两类，每 5 年编制一次，每年进行调整，由工程管理部门牵头组织编制。至此，入港处工程维修项目从项目库中直接提取进行审批，维修工程的计划性得到增强。

三、引滦供水水质

1991—2010 年，先后与天津军粮城发电有限公司、天津钢管集团股份有限公司、天津天铁炼焦化工有限公司、中石化股份有限公司天津分公司烯烃部、天津市大港区供水站、大港油田集团有限责任公司供水供电公司、天津市安达供水有限公司、天津泰达自来水公司逸仙园科学工业园分公司、天津市武清开发区自来水有限公司、天津市泰达津联自来水有限公司、天津龙达水务有限公司、天津塘沽中法供水有限公司、天津鞍钢天铁冷轧薄板有限公司（原天津天铁冶金集团钢板有限公司冷轧薄钢板厂）、天津国电津能热电有限公司 14 个用水户签订了供水协议书，明确取水水源为引滦原水。

2004—2009 年，先后建立了天津市泰达水务有限公司、天津市安达供水有限公司、天津龙达水务有限公司、天津宜达水务有限公司、天津德维津港水业有限公司、天津市泉州水务有限公司 6 个供水控股公司，成立了滨海供水服务部，配合北疆电厂实施海水淡化等项目。

引滦原水水质监测。自 2002 年，尔王庄处每半月向入港处提供水质化验报告，当因水源切换（水库与明渠）可能导致水质发生变化时，由尔王庄处及时向入港处传递水质化验分析结果，入港处及时通知用水户做好应对准备，确保供水水质安全。在此基础上，2005 年成立了水质检测中心，2007 年投资 400 多万元进行了扩建改造；2008 年申请成立天津滨海水质检测站；2009 年 10 月滨海水质检测站实验室通过资格认定；2009 年 12 月经天津市质量技术监督局批准，颁发了《天津滨海水质检测站资格认定书》，为天津市城市供水行业的水质监管提供技术支持和服务。1991—2010 年各输水管道供水水质符合地表水Ⅲ类水质标准，未发生供水水质安全事故。

（一）滨海水质检测站

检测站 2010 年有职工 16 人，实验室用地面积 500 平方米，检测仪器设备 45 台（套），拥有美国珀金·埃尔默 AA800 型火焰和石墨炉一体化的原子吸收光谱仪、北京吉天 AFS－930 型原子荧光光谱仪、美国珀金·埃尔默 Clarus 500 气相色谱仪、美国珀金·埃尔默 Lambda25 型紫外分光光度计、综合毒性分析仪以及各类小型和便携式检测仪器等高端技术设备和使用功能。可检测生活饮用水、地表水、地下水、净水剂等 4 个类别，物理、化学、生物类 103 项参数。

经营范围。主要接政府主管部门下达的水质检测任务；接待并处理水质检验服务投诉；承接社会水质检测业务。

检测标准。执行卫生部颁布《生活饮用水卫生标准》（GB 5749—2006）中规范的各项检验和试验工作要求开展检测工作，确保公司供水运行符合新标准的要求，按照《地表水环境质量标准》（GB 3838—2002）、《生活饮用水水源水质标准》（CJ/T 3020—1993）、《生活饮用水卫生规范》（2001 年修订版）、《城市供水水质标准》（CJ/T 206—2005）、《生活饮用水用聚氯化铝》（GB 15892—2009）、《水处理剂氯化铁》（GB 4482—2006）、《生活饮用水卫生标准》（GB 5749—2006）、《城镇供水厂运行、维护及安全技术规程》（CJJ 58—2009）制定具有天津市供水水质检测的《质量检查计划》，规定水厂化验室和天津市滨水水质检测中心的检测项目范围及检测频次，适用于净水材料、原水、净水过程、出厂水、管网水的质量检测。

检测手段。2008 年实行"三级水质检测体系"，即第一级班组自检，能够在第一时间内发现水质异常情况，及时作出应急响应，并迅速通知水厂化验室，对水质进一步检测，使水质监测工作更加的及时、有效；第二级水厂化验室检测，对该水厂原水、出厂水、管网水水质数据全面了解，绘制水质情况曲线，有效地掌握水质变化情况，若水质发现异常，能够及时向上级反映，迅速作出应急响应；第三级滨海水质检测站，采用定期月检与不定期抽检相结合的监督体系，对各个水厂的水质情况全面掌握，避免水质事故的发生，保障供水安全。坚持水厂班组自检、各控股公司化验室检测和滨海水质检测中心月检、抽检，并实行公司检测和行政监督相结合制度。实行"三级水质检测体系"管理，改变了单一化验室检测模式，有效克服了水质管理与检测工作的脱节现象，预防水质突发事件的发生。

（二）制度建设及规范化管理

按照国家《生活饮用水卫生标准》（GB 5749—2006），高标准、严要求的生产及检测供水水质，优化水质标准，确保供水水质和供水安全，2008 年 6 月，制定并执行了《天津市滨水水质管理制度》，规定水质检测项目达到了 78 项（国家标准内 65 项），建立监管部门，保证各项指标检测到位；2008 年 5 月，接受滨海供水管理有限公司委托，制定并执行了《滨海供水管理有限公司水质措施》，该措施在建立各控股公司水厂班组检测、化验室检测双控机制的基础上，坚持监控分析和水厂水质日报制，委托滨海水质检测站进行月检和抽检，严控从原水到客户终端的每个生产环节；2008 年 6 月，接受龙达水务公司委托，制定并执行了《水厂管理考核办法》，统一水厂规范化管理手册、设备管理、水质管理、安全管理、综合管理等考核标准，实施原水水质在线监测，对原水水质做到了实时分析、实时掌握，严控原水到客户终端的每个环节；2008 年 5 月，按照主管部门关于供水安全管理的要求，制定了《滨海供水突发事件应急预案》《安达供水突发事件应急预案》《泰达水务突发事件应急预案》《龙达水务突发事件应急预案》《服务部供水突发事件应急预案》《津港水业泵站突发事件应急预案》《天津市安达供水公司水厂规范化管理纲要》《汉沽水厂规范化管理手册》《天津市滨海供水管理有限公司安全生产工作管理办法》，规范了管理纲要手册和安全生产工作管理办法。

（三）先进技术研发和利用

在原水管线上建设原水水质在线监测站，该监测站系统是一套以在线自动分析仪器为核心，运用现代传感器技术、自动测量技术、自动控制技术、计算机应用技术及相关的专用分析软件和通信网络技术所组成的综合性系统。满足无人值守，能够长期在线监测所需数据的要求。原水水质在线监测站可对 pH 值、温度、电导率、浊度、溶解氧、氨氮、ORP 等指标实现在线自动监测，保证供水安全。2008 年投资 400 多万元，对滨海水质监测站进行了扩建改造，增添了硬件设施，使自动化监控范围从对原水管线的监控扩展到对子公司自来水产品的生产监控，从对流量、压力等供水数据的监控扩展到对余氯、浊度等水质参数的监控，强化化验室检测质量、检测能力，保障供水的安全运行检测，为滨海供水的水质监管提供技术支撑与服务。

通过不间断运营试验和深入的技术论证，2008 年在岳龙水厂确定了以次氯酸钠发生装置替代氯气消毒的革新方案，使岳龙水源地水质得到保障。同时还在安达水厂、开发区化工区推广安装了这一设施。

2010 年 8 月与瑞典合作引进了一台水质微生物在线监测设备，即 Microtox Model 500 毒性检测仪，该检测仪是一个基于生物传感技术的检测仪器，测试技术的基础是使用一种发光细菌，该细菌进行新陈代谢时就会发光。毒性越强，对新陈代谢的抑制作用越强，发光被抑制就越强。毒性检测仪可精确快速地展现饮用水中毒的任何变化，提供了一种有效的供水卫生保障方法。国内通用的微生物检测方式 24 小时方能得出结果，即发现问题时，微生物污染水已被使用，该设备填补了国内在微生物监测领域的行业空白，可以实现微生物指标的在线监测和报警。毒性检测仪已应用于各控股公司的水质检验中，为供水水质安全提供了重要保证。

紫外线抑制蓝藻的研究。自 2007 年无锡太湖蓝藻暴发影响城市供水事件发生后，蓝藻问题被越发关注。蓝藻不仅影响景观，而且对供水安全危害极大。该科研课题"紫外线抑制蓝藻的研究"是水利科学研究所主持、入港处协作项目，2008 年立项，2009 年 12 月完成。该项目尝试使用物理方法控制藻类，采用的紫外线照射的方法控制蓝藻的生长，延缓其生长和暴发，降低出现蓝藻水华的风险。

四、引滦供水计量

《天津市实施〈中华人民共和国水法〉办法》规定："使用水工程供应的水，用水户应当与供水单位签订供用水合同，并缴纳水费""供水单位应当为用水户安装经检定合格的计量设施，其计量结果作为结算水费的依据"。截至 2010 年，已与 14 个用水户签订了供水协议，为供水单位安装计量结算水表，对各用水户计量工作均实行用水首端计量方法，用户用水量计算按年度请市技术监督局对各用水户的流量计进行校验结果为准。为了保证供水计量的准确性、公正性，2004—2010 年市技术监督局对供水单位的流量计进行校验，经历年对各用水户流量计校验后，14 个用水户流量计全部合格。

（一）签订供水协议

1991—2010 年，入港处与 14 个用水户签订了供用水协议，见表 3-1-5-38。在协议中，依照法律规定和程序要求，兼顾用户用水需求和附加条件，建立供水、用水计量服务管理体系，履行供水、用水各方的权利义务，保障水资源有效利用。

执行供水协议规定。供水计量的流量计发生故障，流量计故障期间的水量按故障前 5 天（或 10 天）水量的日均值计，水量出入较大时，双方另行商议。

表 3-1-5-38　　　　　　　　　　**与用水户签订供水协议情况**

序号	用水户名称	签订时间	供水量 /万立方米每年
1	天津无缝钢管工程指挥部（临时协议）	1991 年 11 月 28 日	182.5
2	大港石油管理局水电厂（临时协议）	1991 年 12 月 25 日	730
3	天津联合化学有限公司	1995 年	570～580
4	天津市大港区供水站	1995 年	40
5	天津军粮城发电厂	1995 年 9 月 1 日	180
6	天津市泰达津联自来水有限公司	1997 年 6 月 23 日	5025
7	天津市武清区卧龙潭净水中心	1999 年 7 月 23 日	
8	天津市第三煤气厂（临时协议）	2000 年 8 月 5 日	200
9	天津市安达供水有限公司	2004 年 5 月 25 日	365
10	天津塘沽中法供水有限公司	2005 年 4 月 25 日	
11	天津龙达水务有限公司	2005 年 4 月 1 日	1095
12	天津国电津能热电有限公司	2006 年 12 月 21 日	146
13	天津泰达自来水公司逸仙科学工业园分公司	2007 年 1 月 1 日	
14	天津天铁冶金集团钢板有限公司	2007 年 7 月 23 日	336

（二）调控水量保证供水

实施输水管线 24 小时实时监测及远程供水调度控制，坚持每日按时询问水情，每月下达水量通知单，根据用水户需求及时调节供需平衡，合理分配水量。为在管线抢修时，保证用户在突发事件中不间断用水，建议用水户建设蓄水池，并根据各用水户蓄水池能力和供水需求，调节用水量，使用户满意。用水户蓄水池能力显示见表 3-1-5-39。

表 3-1-5-39　　　　　　　　　　**用水单位蓄水池能力显示**

单位	蓄水池能力/万立方米	单位	蓄水池能力/万立方米
天津钢管公司	4.00	开发区水厂	60.0
军粮城电厂	0.35	逸仙园水厂	9.0
第三煤气厂	1.80	武清开发区自来水	35.0
中石化乙烯厂	6.50	汉沽区水厂	60.0
大港供水站	1.00	东北郊热电厂	0.4
大港油田	4.50	天铁厂	1.4

实施调水供受差分析。坚持对各原水泵站月供水量、用水客户月受水量进行供受差对比分析，对各原水泵站的能耗进行分析，及时制定调整供水管道联合调度方案，解决供水过程中存在的隐患和问题，确保管道不间断供水。

1991—2010 年各输水工程单位或用户用水量 141211 万立方米，见表 3-1-5-40。

表 3-1-5-40　　　　　**1991—2010 年各输水工程单位或用户用水量**　　　　　单位：万立方米

年份	1991— 2000	2001	2002	2003	2004	2005	2006	2007	2008	2009	2010
天津天铁冶金集团钢板有限公司									62	104	96
东北郊电厂									26	123	221
天津钢管公司	6541	470	534	625	565	729	643	705	793	824	928
天铁炼焦化工公司	59	302	308	354	324	299	286	229	221	185	214
天津军粮城发电有限公司	735	0	83	80	104	71	46	28	54	87	139
中石化天津烯烃部	2755	493	490	380	372	367	345	311	261	295	316
大港区供水站	395	158	154	154	182	211	202	224	245	350	446
大港油田一期	4565	369	393	371	361	377	346	384	401	390	424
大港油田二期	0	1061	983	883	865	970	1070	1042	1038	1022	1013
安达水厂						12	41	78	111	94	135
逸仙园水厂	308	175	227	259	285	264	260	186	151	83	91
武清开发区水厂	645	388	470	398	449	508	530	586	640	719	812
开发区水厂	4275	1604	2248	2167	2882	3766	3475	3014	3395	3854	3993
龙达水厂	2576	42	93	90	286	290	571	525	820	1065	1775
塘沽自来水公司					2688	6140	6446	6733	7232	7065	7565
用户合计	22854	5062	5983	5761	9363	14004	14261	14045	15450	16260	18168

实行供水调令实名制。根据用户用水需求，入港处实时予以尔王庄处水调科下达调水调令，调令包括调度时间、需调节泵站名称、调节前情况、拟调节内容，调令单下达时须由入港处调度人员签字生效，并有尔王庄处水调科值班人员接电话记录有效，实行供水调令实名制，使各调水单位责任到科到人。

（三）水费定价

引滦供水工程水费初始定价原则是"运营成本加管理费，不计盈利，不提折旧"。甲乙双方签定供水协议，协议规定：在市政府未批价前，暂按协议书约定价执行。1991 年市水利局组织开展引滦入港水费测算工作，1992 年与市物价局、市财政局共同完成天津市水利工程水费价格核定标准，上报市政府。1994 年市物价局批准，自 7 月 1 日起引滦入大港油田、乙烯厂供水水价由每立方米 0.65 元调至 0.87 元；无缝钢管厂、军粮城发电厂供水水价由每立方米 0.60 元调至 0.80 元。

2000 年实施"两部制水价"。依据市物价局《关于对引滦入港二期管线工程试行两部制水价的复函》文件和《引滦工程供水服务章程》，同用水户签定《水费结算协议书》，重新完善水价测算，在 2000 年创制了"两部制水价"办法，既容量与计量两部制计价。2000 年市物价局批准，自 1 月 1 日调整引滦入港处供水价格，其中引滦入汉供水水价由每立方米 0.88 元调至 1.03 元；天津钢管公司、军粮城发电厂供水水价由每立方米 1.18 元调至 1.33 元；大港石油管理局和天津联合化学公司供水价由每立方米 1.32 元调至 1.47 元；逸仙园和武清县供水水价由每立方米 0.90 元调至 1.05 元；开发区供水水价由每立方米 0.93 元调至 1.08 元；第三煤气厂暂定供水水价每立方米 1.40 元。

2010 年市物价局下发《关于调整引滦入滨海新区等管线水利工程供水价格的通知》，通知明确自 12 月 31 日引滦供水价格：塘沽中法供水公司每立方米 1.6 元、汉沽龙达水务公司每立方米 1.71 元、大港供水站与安达供水有限公司每立方米 2.00 元、泰达津联自来水公司每立方米 1.75 元、武清开发区自来水公司与逸仙园水厂每立方米 1.73 元；大港油田与石化乙烯公司、大无缝钢管公司与军粮城发电厂、天钢化焦厂与天铁冷轧薄板有限公司和天津国电津能热电有限公司统一调整为每立方米 2.20 元。

五、引滦供水安全

1993 年 2 月，经市政府批准颁布了《天津市引滦输水管道管理办法》。2004 年 7 月 1 日引滦输水管线工程管理纳入《天津市引滦工程管理办法》。办法规定引滦输水暗渠（管）管理范围为暗渠（管）覆盖面及由两侧外缘向外延伸 10 米范围，由管理范围外缘向外延伸 30 米为引滦工程保护范围。在引滦工程管理范围和保护范围内新建、扩建、改建项目，项目审批部门应当征求引滦工程主管部门意见。项目批准后，建设单位应按引滦工程安全管理的要求施工。因建设前期工程设施需要占用引滦工程设施的，应当给予补偿。需对引滦工程设施进行拆改的，应当承担相应费用；对引滦工程设施造成损坏的，应当进行赔偿。按照《天津市引滦工程管理办法》规定，入港处水政执法部门定期检查巡视工程设施，发现故障后协助工程部门进行及时抢修，确保了管线输水安全，无重大责任事故发生。

（一）护水机制

在输水工程管理上采取主管与代管相结合的方式，即在实行全方位管理的同时，委托供水管线沿线各乡水利部门代管单位（共有 19 个护管单位），双方签订代管协议，保证供水安全。

加强各护管单位的管理，定期对 19 个护管单位进行检查和调研。坚持开好护管工作座谈会，发现问题及时解决。

建立护管巡视工作管理标准。水政执法部门在部分输水管线沿线安装"巡查系统"，该系统监督护管人员对管道的巡视情况；制定《护管单位考核办法》，对护管单位每季度进行一次考核，使考核成绩与费用挂钩。

护管单位根据护管协议规定，巡线员在每 20 千米范围内设置 1 名专职护管人员，确保每周不少于 2 次巡视检查，发现管辖范围各种损失、丢失、移动水利设施的，必须在 24 小时内报主管单位。

落实管线巡查工作责任制，加大巡查和执法力度，及时处理管线违章占压施工，签署涉管施工承诺书，查处和制止违章建房取土。制定《水政人员执法手册》，实施施工保证金制度。

主管单位与各区（县）土地、规划、建设部门积极协调，对涉及输水管线安全事件较多的宝坻、武清、东丽等重点区（县）、乡（镇）等，采取多种形式进行宣传，联合护管单位在引滦管线沿线60余个村镇悬挂流动宣传横幅，张贴宣传画，发放执法联系卡片，提升了群众的管线保护意识。2007年3月22日，中国水周和世界水日期间，入港处在武清上马台乡政府进行现场宣传，发放水法宣传品；2009年4月20日，在卡博特天津有限公司进行法制宣传。实施管线突发事件举报制度，制定管线突发事件举报奖励制度并对社会公布。

（二）违法事件查处

1991—2010年，查处并妥善处理了各类重大违章、违法施工行为，营造了安全输水的和谐环境，重大违法事件见表3-1-5-41。

表3-1-5-41　　　　输水管线管理范围内查处重大违法事件汇总表

时间	地点	原因	处理结果
1998年3月12日	东丽区贯庄	村民因农田基本建设沿入港管线开挖一条长度近4米排水沟，最近段距离管线仅1.5米	入港处会同当地政府责成施工责任人恢复原状，验收合格，彻底消除隐患
2004年6月6日	东丽区	天津市地质工程勘察院在勘察地质时，钻破入港管线三煤气支线	经处置，天津市地质工程勘察院赔偿抢修费及违章处罚费共计2万元
2004年6月23日	津南区小站镇黄台工业园区	施工企业挖掘机挖断引滦入聚酯管线	对直接责任人天津市宏世兴橡胶有限公司罚款2000元，赔偿经济损失4000元
2006年10月	津南小站镇黄台工业产业园区	铺路施工中，造成入港管线裸露14米	责令停工，联系相关负责人，按照法律法规查处
2006年12月	东丽区空港物流加工区段	兰巢吊装机械有限公司在管线管理范围内违章取土	违章单位按要求将土回填，并按法律规定查处
2007年11月5日	东丽区军粮城镇唐山村津滨高速北侧	天津开发区泰达生态园林发展有限公司绿化施工导致入聚酯管线侧移漏水	经抢修，管线恢复原状，就漏水赔偿与建设单位协商
2007年11月23日	东丽区空港纬七路附近	自来水公司施工队私自施工导致入聚酯管线漏水	责令其恢复管线通水，并追究其赔偿责任

（三）应急抢修预案

为做好引滦输水管道突发性供水安全事故的防范与处置工作，使管道抢修工作高效有序进行，最大限度地减小对天津滨海新区供水的影响，保障引滦输水管道突发性事故处于可控状态，制定了《突发性供水安全事故应急处置预案》，预案在应急组织机构与职责、日常预防信息及行动、应急响应、应急保障等方面有详细规定和说明，并根据突发事件的性质不同，分别制定《供水调度应急预案》《管道抢修应急预案》《泵站应急预案》《水质应急预案》《6级以下地震应急预案》《重点安全部位应急预案》。

六、引滦供水客户管理

市水利（水务）局作为天津市引滦供水服务窗口单位，始终奉行"以水为源，服务为先，客户至上，质量第一"的服务宗旨，自1992年，每年坚持召开供水服务座谈会，采取发放供水服务调查表，以及组织各用水户学习交流等活动，听取意见和建议，分析原因，制定有效措施，改进完善工作。公开服务承诺，主动接受用户监督和批评，用水户与供水单位建立了和谐共建的工作关系。至2010年仅原水用水户已发展为14个，见表3-1-5-42。

表3-1-5-42　　　　　　　　**用户供水时间、用水指标**

序号	用 户 名 称	开始供水时间	用水指标 /万立方米每年
1	天津钢管集团股份有限公司	1991年10月26日	1200
2	天津军粮城发电有限公司	1992年8月1日	200
3	中石化股份有限公司天津分公司烯烃部（原天津联合化学有限公司）	1993年5月14日	400
4	大港油田集团有限公司供水供电公司（原大港石油管理局水电厂）	第一条管线：1991年10月3日，第二条管线：2001年1月1日	400
5	天津市大港区供水站	1995年11月17日	200
6	天津泰达津联自来水有限公司	一期：1997年6月26日，二期：2009年6月27日	10500
7	天津龙达水务有限公司	1997年9月23日	3500
8	天津市武清开发区自来水有限公司	1999年6月10日	2100
9	天津市武清区卧龙潭净水中心	1998年4月16日	1400
10	天津塘沽中法供水有限公司	1984年12月	6300
11	天津市第三煤气厂	2000年7月	380
12	天津天铁冶金集团钢板有限公司	2007年12月10日	336
13	天津国电津能热电有限公司	2007年12月19日	146
14	天津市安达供水有限公司	2005年1月	360

建立调度室值班制度。在日常客户服务工作中，设立并开通24小时畅通服务热线，及时受理和解决应急问题。建立定期联系制度，供水、用水单位确定专门联系部门、联系电话联系负责人，建立日常供水调度记录内容信息台账，针对用水户提出的各种问题和需要，及时与用水户沟通，合理安排泵站和管道运行方式，在保证输水管道安全、泵站经济运行的同时，保证用户合理的用水量。

建立用户回访制度。坚持定期回访用户，征求意见，按时与用户结算每月水量，及时为用户传递水量通知单，随时掌握并尽快解决用户提出的各种问题，及时向各泵站传输调令。共下达泵站操作调令353条，下达户入口电动阀门操作调令449条。

供水分析及技术调整。自为用户供水，坚持每年进行泵站及用户年度运行数据统计分析、泵站联合经济运行的数据分析，为用户提供技术支持和服务。

特殊时期应急供水调度。加强引滦入塘高庄户泵站改造期间的供水调度；引滦明渠施工及引滦信息工程施工期间入塘、入开、入汉泵站水情调度；被占压的管线保护工程施工期间的停供水调度事宜，以及节日期间的水情调度工作。每年供水特殊月份，增加引滦供水 24 小时服务专线，及时更新各用户调度人员的通信方式，保证调度的通信畅通。

1999 年 12 月，建设引滦入港输水管道自动监控系统，于 2000 年完成。2003 年 8 月扩展到其他引滦管线，扩充相应的功能，至 2004 年 12 月完成入聚酯管线、入塘管线（双线）、入汉管线、入开管线、入逸仙园管线的远程监控。2005 年输水管网自动化远程监控中心系统正式运行，并更名为天津市滨海新区智能化安全供水系统。2006 年投资 70 万元实施系统升级，实现了引滦各管线管道水情包括流量、压力、水位等数据的实时远程监控，及时准确地获取流量等各种数据；远程调控各用户的水量，提高用户的供水保证率；减少实地操作的工作量，节省了办公费用；系统及时发现并警示各种异常现象，如管道破裂、闸气阀渗漏等，为输水管线的安全维护提供了有力地支持。2007 年，采用引滦输水管网智能化远程测控系统，监测各泵站的出水流量、压力，各用户的进水流量、压力和原水池的水位。使输水测控系统实现了双管多用户环境下对指定用户进行远程供水量调节的功能，解决了用户自行调水可能引发的管线压力不稳定和影响其他用户用水量等诸多问题。

建立特邀监督员监督制度。1999 年，制定《关于聘任水利工程维护和供水服务特邀监督员的决定》，聘任供水服务特邀监督员。定期召开供水服务及特邀监督员座谈会，邀请市纠风办、市农委纪检组以及市物价局等部门领导参加会议指导工作。

"服务创名牌"活动。1996 年，开展了"服务创名牌"活动。主动向用水户公布服务承诺：努力实践"用户至上，服务第一"宗旨；坚持供水工程安全运行原则，坚持向用水客户提供优质服务的原则；及时公布供水工程运行情况，及时调节客户用水供需平衡，及时排除影响供水的各种因素；解决问题做到不卡、不拿、不要、不占，主动接受各用水户监督。

第二章 排　　水

第一节　机　构　人　员

一、排水机构沿革

天津市排水管理处（简称排管处）始建于 1962 年，为天津市市政工程局隶属的全额拨款事业单位。1991 年 1 月，排管处下属有 11 单位，分别是第一至第六排水管理所、泵站管理所、污水收费管理所、纪庄子污水处理厂、城市污水监测站、汽车队。12月，因泵站数量增加、管理规模扩大，将泵站管理所分为两个泵站管理所和一个机电安装维修所。新建立的泵站管理所以海河为界，海河以西为第一泵站管理所，海河以东为第二泵站管理所。撤销了汽车队。

1993年，成立东郊污水处理厂。

1994年，纪庄子污水处理厂和城市污水监测站调编为污水研究所。

1995年，增设四方无线电通信公司。

1996年，撤销污水研究所。恢复纪庄子污水处理厂和城市排水监测站，成立排水工程质量监理站、排水工程设计所、房地产管理所、排水公司、排水工程公司、排水服务公司。

1998年，成立退休职工管理所，对1335名退休职工实现统一管理。撤销第一和第二泵站管理所，所有泵站按属地划至6个排水管理所管理。

1999年，成立第七排水管理所和第八排水管理所。

2000年，排管处施行内部改革，排水公司、排水工程公司、中水有限责任公司、开源污水处理有限责任公司、城市排水监测站、退休职工管理所、房屋管理所为排管处直属单位；第一至第八排水管理所、城市排水收费所、排水质量监理站、开发建设分公司为排水公司下属单位；成立第一至第六排水工程分公司、机电维修分公司、九河市政工程设计咨询分公司，与四方无线电通信公司为排水工程公司下属单位。

2001年，第一至第八排水管理所、城市排水收费所、排水质量监理站改为排管处直属单位，撤销排水公司开发建设分公司。中水有限责任公司整建制划归天津市政投资有限公司管理。2001年1月，排管处所属纪庄子污水处理厂，东郊污水处理厂划归创业环保股份有限公司。转出干部117人，工人150人。

2002年，撤销质量监理站，组建第七排水工程分公司。在机电安装维修所的基础上成立开发区经纬设备安装有限公司，一套人马两块牌子。

2005年，撤销第一排水工程分公司。

2006年，成立第九排水管理所和第十排水管理所。撤销第二、三、五排水工程公司分公司，第四分公司更名为城东分公司，第六分公司更名为城西分公司，第七分公司更名为结构分公司。开源污水处理有限责任公司划归排水工程公司直接管理。

2009年5月，成立天津市水务局，实行水务一体化管理。排管处从市政工程局整建制划归天津市水务局管理，是全额拨款的事业单位。下辖10个排水所，设在市内六区，区排水部门仍属市政公路管理局负责，排水管理实行管养合一的管理模式。按照"统一管理、分级维护"的原则，排管处负责中心城区及部分环外区域的排水规划，负责干线以上道路及大部分支线道路排水管道、主要排水河道、排水泵站市属排水系统的养护维修、运行调度管理及市区防汛排沥工作；市区六区少部分支线道路上的排水管道及市政里巷排水设施由市内六区排水所负责养护管理；环城四区市政排水管道及排水泵站由环城四区市政所负责养护管理；居民小区及各单位内的排水设施由产权单位负责养护管理。市内六区排水所隶属于各区市政工程局，各区市政工程局行业上受天津市市政公路局指导管理；环城四区市政所除北辰区市政所隶属于北辰区容委，其他三区市政所隶属于区建委。至2010年，环城四区虽已成立了水务局，但排水设施仍由市政所养护与管理。

2010年，排管处机关设22个科室，有办公室、计划科、规划科、管理科（法制科）、调度中心（防汛办）、工程科、质量管理科、安全保卫科（武装部）、再生水管理科、科技科、劳动人事科、财务科、审计科、资产管理科、行政科、党委办公室、组织部、宣传科、纪检、工会、团委、机关总支。直属单位 20 个，分别是第一至第十排水管理所、机电安装维修所（天津开发区经纬设备安装有限公司）、排水公司、排水工程公司（下设城东、城西、结构、开源污水处理等四个分公司）、九河市政工程设计咨询有限公司、四方排水技术咨询服务公司、排水生产服务公司、城市排水监测站、城市排水收费管理所、房地产管理所、退休职工管理所。

二、人员

1991 年，排管处共有在职职工 3939 人；2010 年在职职工 2355 人。1998 年实行事业单位特殊工种退休，成立退休职工管理所，同年下水道养护工办理特殊工种退休 398 人。2001 年 7 月，办理职工内部退休 288 人。截至 2010 年共办理特殊工种退休人员 1028 人，见表 3－2－1－43。

表 3－2－1－43   **1991—2010 年排管职工人员统计表**   单位：人

年份	全员	离退休人数	在职职工数			技术职称				
			合计	干部	工人	合计	正高级	高级	中级	初级
1991	4573	634	3939	692	3247	458		6	67	385
1992	4612	668	3944	725	3219	544		9	98	437
1993	4674	698	3976	701	3275	435		7	70	358
1994	4656	746	3910	770	3140	607		8	82	517
1995	4721	802	3919	781	3138	707		35	146	526
1996	4755	859	3896	798	3098	712		37	152	523
1997	4804	910	3894	884	3010	730		40	172	518
1998	4894	1335	3559	880	2679	609		39	180	390
1999	4846	1403	3443	914	2529	737	3	34	189	511
2000	4674	1482	3192	888	2304	689	2	44	182	461
2001	4791	1527	3264	914	2347	787	0	46	180	561
2002	4647	1546	3101	812	2289	690	0	67	148	475
2003	4537	1605	2932	828	2104	659	0	59	159	441
2004	4525	1634	2891	842	2049	715	1	66	169	479
2005	4516	1702	2814	839	1975	678	3	75	198	402
2006	4487	1719	2768	851	1917	769	2	96	264	407
2007	4473	1813	2660	848	1812	681	5	93	232	351
2008	4466	1907	2559	859	1700	683	5	108	236	334
2009	4456	1999	2457	851	1606	708	5	132	254	317
2010	4430	2075	2355	848	1507	704	7	148	265	284

第二节　排　水　系　统

一、污水排水系统

1991 年，天津市中心城区有纪庄子、咸阳路、双林、赵沽里、张贵庄和北仓六大污水排水系统。截至 2010 年，六大污水排水系统有泵站 70 座，排水能力 166.92 立方米每秒，排水范围不仅包括天津市中心城区，又增加了环城四区的部分面积，排水出路为大沽排水河、北塘排水河及永定新河。污水管网服务面积 246.36 平方千米。

（一）纪庄子系统

收水范围为东北与海河交接、西至北门内大街、南开三马路、崇明路、津盐公路，南至外环线，东至小围堤道、尖山路以西 300 米、洪泽路、浯水道、解放南路，收水面积 5952 公顷，包括和平区全部、南开区和河西区的一部分。

共有污水泵站 10 座，排水能力 34.893 立方米每秒，其中终点泵站 7 座，分别为八里台桥、友谊路、越秀路、南京路、滨水新村、珠江道及潭江道泵站，排水能力 17.79 立方米每秒。

（二）咸阳路系统

收水范围为北至北运河、丁字沽三号路小区，南至宾水道，东至北门内大街、南开三马路、崇明路、津盐公路，西至华山南路，收水面积 7310 公顷，包括红桥区和南开区的大部分。

共有污水泵站 19 座，排水能力 29.48 立方米每秒，其中终点泵站 6 座，分别为咸阳路、密云路、五马路、靶档道、苏堤路及迎水道泵站，排水能力 20.42 立方米每秒。

（三）双林系统

收水范围为北至海河，南至外环线，东至外环线，西至尖山路、洪泽路、浯水道、解放南路，收水面积 2883 公顷，包括河西区的大部分。

共有污水泵站 7 座，排水能力 8.833 立方米每秒，其中终点泵站 4 座，分别为双林、财院东、浯水道及松江道泵站，排水能力 4.85 立方米每秒。

（四）张贵庄系统

收水范围为北至卫国道及程林庄路，南至海河中游段（下），东至外环线，西至海河中游段（上），收水面积 5045 公顷，包括河东区的大部分。

共有污水泵站 9 座，排水能力 34.951 立方米每秒，其中终点泵站 2 座，分别为张贵庄及南大桥泵站，排水能力 13.86 立方米每秒。

（五）赵沽里系统

收水范围为北至普济河道、泰兴路、新开河，南至程林庄路、卫国道以南，东至外环线，西至子牙河、海河，收水面积 6295 公顷，包括河北区全部及红桥区、河东区的一部分。

共有污水泵站 21 座，排水能力 53.13 立方米每秒，其中终点泵站 9 座，分别为赵沽里、增产道、桥园里、靖江路、万松、丹江东路、燕山路、程村庄及民权门泵站，排水能力 27.86 立方米每秒。

（六）北仓系统

收水范围为北至延吉道以北的外环线，南至普济河道、泰兴路、新开河，收水面积5915公顷，包括北辰区的一部分。

共有污水泵站4座，排水能力5.634立方米每秒，其中终点泵站2座，分别是北仓泵站和瑞景泵站，排水能力2.33立方米每秒。

二、雨水排水系统

1985年，天津市中心城区雨水排水系统分为海河、北运河、南运河、新开河、子牙河及外环河6个系统。1995年，雨水系统取消外环河系统，2004年雨水系统将中心城区分为永定新河雨水系统、北运河雨水系统、新开河雨水系统、子牙河雨水系统、南运河雨水系统、北塘排水河雨水系统、陈台子河雨水系统，2008年进行完善调整。海河干流是重要的行洪、排沥河道，是主要的雨水系统，永定新河、北运河、新开河、子牙河、南运河等分别以泵站服务区界划为雨水系统，陈台子河、北塘排水河出水不排入海河，也各自成为雨水系统。2010年，永定新河雨水系统没有雨水泵站；北运河雨水系统有11座雨水泵站，排水能力42.33立方米每秒；新开河雨水系统有10座雨水泵站，排水能力42.51立方米每秒；子牙河雨水系统有10座雨水泵站，排水能力31.99立方米每秒；南运河雨水系统有7座雨水泵站，排水能力39.08立方米每秒；北塘排水河雨水系统有9座雨水泵站，排水能力24立方米每秒；陈台子雨水系统有7座雨水泵站，排水能力58.08立方米每秒；外环河雨水系统有3座雨水泵站，排水能力27.77立方米每秒；海河雨水系统有59座雨水泵站，排水能力341立方米每秒。雨水管网的服务面积为218.18平方千米。

三、排水管道普及率

天津市排水系统建设结合市危房改造、地铁、快速路、海河开发、河道改造、旧路改造等重点工程，同步实施排水建设改造工程，积水区排水状况得到改善，部分排水空白区得到解决，扩大了排水服务面积。1991年天津市外环线内建成区面积约237平方千米，污水管网的服务面积为140.16平方千米，普及率为59.14%；雨水管网的服务面积为111.24平方千米，普及率为46.94%。到2010年天津市外环线内建成区面积约280平方千米，污水管网的服务面积为246.36平方千米，普及率为87.99%；雨水管网的服务面积为218.18平方千米，普及率为77.92%。相比1991年污水管网普及率提高了28.85%，雨水管网普及率提高了30.98%，见表3-2-2-44。

四、积水片

2003年编制的《天津市中心城区积水片改造项目建议书》正式提出了积水片的定义，当降雨

表 3-2-2-44　　　　　　　　　　　　**1991—2010 年管道普及率表**

年份	建成区面积/平方千米	排水设施服务面积/平方千米		普及率/%	
		污水	雨水	污水	雨水
1991	237	140.16	111.24	59.14	46.94
1992	240	140.58	111.38	58.58	46.41
1993	240	141.73	111.78	59.05	46.58
1994	240	142.47	115.8	59.36	48.25
1995	293.64	143.34	116.8	48.83	39.79
1996	260	143.45	117.31	55.17	45.12
1997	241	147.3	119.62	61.12	49.63
1998	242.53	148.33	120.52	61.16	49.69
1999	242.53	148.57	120.52	61.26	49.69
2000	245	149.69	121.58	61.1	49.62
2001	247	150.89	122.78	61.09	49.71
2002	251.25	153.14	125.03	60.95	49.76
2003	253	175	146.2	69.2	57.79
2004	257.18	179.03	151.96	69.61	59.09
2005	260	193.47	167.42	74.41	64.39
2006	264	206.1	178.72	78.06	67.69
2007	268	214.48	187.76	80.02	70.06
2008	272	225.09	193.43	82.8	71.1
2009	276	232	199.61	84.05	72.32
2010	280	246.36	218.18	87.99	77.92

注　排水管道服务面积是指通过排水管道排放雨、污水的区域面积。排水管道服务面积普及率是指区域内排水管道的服务面积占区域面积的比率。计算公式为：排水管道服务面积普及率＝（排水管道服务面积/区域面积）×100%。

强度不大于 30 毫米每小时，积水面积大于 2 公顷，道路路拱以上积水深度不小于 200 毫米，退水时间大于 1.5 小时的地区确定为积水片。

2003 年确定外环线内有 36 处积水片，随着重点地区以及排水工程的建设，积水片逐渐减少，至 2010 年，外环内还有 21 处积水片需要改造，见表 3-2-2-45。

表 3-2-2-45　　　　　　　　　　　**2010 年天津市外环线内积水片**

序号	名称	范　围	积水原因
1	广开四马路	黄河道、南开三马路、长江道、津河	雨水泵站未按规划实施
2	古北道一带	普济河道、南口路、榆关道、北运河	雨水泵站未按规划实施
3	涟源路一带	团结路、海源道、咸阳路、津浦铁路、红旗路、子牙河	地势低洼，雨水管网建设不完善
4	真理道	北塘排水河、泰兴路、卫国道、月牙河	排水设施空白区

序号	名称	范　　围	积水原因
5	南大道一带	西关街、广开三马路、黄河道、西马路	平房区，排水管道为合流管，排水能力低
6	北草坝一带	西湖道、简阳路、保山道、红旗路、天拖北道、华坪路	排水管网建设不完善，规划泵站尚未建成
7	南市一带	官沟大街以南、和平路以西、福安大街以北、荣业大街以东	地势低洼
8	小王庄一带	西货场支线铁路、天泰路、新开河、北运河	合流制地区，管网规模小，排水能力低
9	六纬路一带	赤峰桥、海河、东兴路、八纬路	排水设施规模小，缺少雨水泵站
10	西于庄一带	五中后大道、子牙河、北运河、红桥北大街	部分为合流制，管网排水能力低
11	李家房子一带	红桥北大街、东安道、北运河西路	大部分为合流制，管网排水能力低
12	杨庄子工业区	大明道以南、密云路以西、南岭道以北、营玉路以东	排水设施空白区
13	程林庄工业区	卫国道、香兰路、成林道、外环线	排水管网建设不完善
14	新开河工业区	新开河、外环线、金钟河大街、泰州路、杜鹃路、群芳路、墨菊路、泰州路	建昌道以北无完善的雨水管网，规划雨水泵站也未实施
15	金钟河大街以南	金钟河大街、外环线、昆仑路、上江路靖江路、月牙河	雨水管网空白区
16	中山路以北一带	新开河、律纬路、三马路、海河	合流制地区，管网规模小，排水能力低
17	西横堤一带	津浦铁路、外环线、南运河、密云路	排水设施空白区
18	丁字沽三号路两侧	龙阳道以南、辰远路以西、佳庆道以北、辰盛路以东	雨水泵站及部分雨水管网未建成
19	旱桥、西站一带	北门外大街、南运河北路、春雨路、子牙河南道	合流制地区，排水设施能力低
20	中国大戏院一带	河北路、赤峰道、大沽北路、滨江道	合流制地区，排水管网能力低
21	四面钟一带	甘肃路以东、长春道以北、和平路以西、多伦道以南	合流制地区，排水管网能力低

第三节　排　水　设　施

天津市排水设施由排水管道及附属设施、排水泵站和排水河道三部分组成。

一、排水管道及附属设施

天津市市区主干路排水管道由排管处负责养管，部分支线道路和里巷道路排水管道由各区排水部门负责养管。1991年排管处负责养管排水管道1693千米，其中雨水管道641千米，污水管道510千米，雨污水合流管道542千米。雨水井44888座，检查井38454座。市内六区负责养管排水管道1482千米，其中雨水管道160千米，污水管道1025千米，合流管道298千米。检查井129559座，雨水井15179座。随着市区范围逐渐扩大，排水管道也不断增加，至2010年排管处负责养护排水管道 3398 千米，其中雨水管道 1739 千米，污水管道 1263 千米，合流管道 396 千米。检查井 86355 座，雨水井 59434 座，沿河闸门 249 座。市内六区和环城四区排水部门负责养管排水管道 3323 千米，其中雨水管道 1397 千米，污水管道 1232 千米，雨污水合流管道 694 千米。检查井 178021 座，雨水井 83988 座。1991—2010 年排管处实有排水设施情况见表 3－2－3－46。

表 3－2－3－46　　　　1991—2010 年排管处实有排水设施情况

年份	排水管道长/米				附属设施/座	
	全长	其　中			检查井	雨水井
		雨水管	污水管	合流管		
1991	1692851	640636	510014	542201	44888	38454
1992	1721818	643241	531163	547414	46227	38889
1993	1787765	690940	549189	547636	47406	39526
1994	1921065	781823	586497	552745	50065	40511
1995	1930061	735281	608112	586668	53507	37830
1996	1976929	759049	634019	583861	54602	38430
1997	2084580	826557	682394	575629	57369	40451
1998	2157989	874721	714133	569135	59236	41954
1999	2214083	913987	742434	557662	60797	42578
2000	2300940	961899	797773	541268	63411	43460
2001	2389919	1013189	839206	537524	65330	44661
2002	2493972	1057501	900550	535921	67790	45541
2003	2554903	1092413	930084	532406	69328	46298
2004	2599485	1117321	949978	532186	70530	46972
2005	2623224	1133485	957869	531870	71270	47741
2006	2642337	1145657	964930	531750	71746	47991
2007	2687576	1189493	990170	507913	72419	49085
2008	2834873	1385147	1047079	402647	74336	52132
2009	2923578	1445780	1079375	398423	76999	53787
2010	3398145	1739393	1262622	396130	86355	59434

二、排水泵站

排水泵站分为雨水、污水、合流三类泵站，雨水泵站专门提升排放雨水，只是在雨季节运行；污水泵站专门提升排放污水，全年运行；合流泵站对同流入一条管道的雨水、污水进行提升排放，全年运行。

天津市市区地势低洼，排水泵站较多，随着城市建设规模的发展，泵站数量及排水能力也逐年增长。1991 年排管处负责运行的排水泵站有 128 座，其中雨水泵站 60 座，污水泵站 38 座，雨污水合流泵站 30 座，机组台数 535 台（套），排水能力 472.029 立方米每秒，装机总容量 45834.8 千瓦。至 2010 年，排管处负责运行的排水泵站增至 193 座，其中雨水泵站 120 座、污水泵站 55 座、合流泵站 18 座，机组台数 844 台套，排水能力 848.306 立方米每秒，装机总容量 93335 千瓦。1991—2010 年，雨水泵站增加 60 座，污水泵站增加 17 座，合流泵站减少 12 座，泵站总数增加 65 座，水泵机组增加 309 台套，排水能力增加 376.277 立方米每秒，装机容量增加 47500.2 千瓦。1991—2010 年天津市排水泵站统计见表 3-2-3-47，2010 年排管处所属泵站明细见表 3-2-3-48。

表 3-2-3-47　　1991—2010 年天津市排水泵站统计表

年份	合计/座	雨水/座	污水/座	合流/座	机组台数	排水能力/立方米每秒	装机容量/千瓦
1991	128	60	38	30	535	472.029	45834.8
1992	128	60	38	30	534	471.391	45765.8
1993	131	61	40	30	545	473.872	46176.3
1994	131	61	40	30	545	478.624	46572.3
1995	135	64	41	30	565	499.026	48627.8
1996	140	68	42	30	591	537.35	52429.3
1997	143	71	43	29	602	543.557	53700.8
1998	145	73	43	29	610	547.878	54152.8
1999	151	77	45	29	632	567.95	56164.3
2000	152	78	45	29	638	570.067	56468.3
2001	157	83	45	29	665	596.699	59133.3
2002	163	87	47	29	681	604.659	60084.3
2003	166	92	46	28	698	631.974	62953.5
2004	166	94	46	26	696	629.782	62923.0
2005	169	97	48	24	702	621.878	63114.5
2006	167	95	51	21	701	637.002	65511.5
2007	167	96	51	20	706	657.957	68413.0
2008	167	97	51	19	709	670.047	70102.0
2009	192	119	54	19	838	826.279	89855.0
2010	193	120	55	18	844	848.306	93335.0
20 年间变化	65	60	17	−12	309	376.277	47500.2

三、排水河道

至 2010 年，天津市市区内排水河道有子牙河、北运河、南运河、新开河、海河干流、永定新河、津河、复兴河、卫津河、月牙河、护仓河、长泰河、先锋河、北塘河、小王庄河、张贵庄河、陈台子河、外环河，见表 3-2-3-49。

1990 年年底，市区一级河道两岸共有 100 个雨水出口，当海河水位不高于 2.5 米时，总排水能力为 221.8 立方米每秒，占市区排雨水设施总能力的 75%。市区二级河道有 39 座出口，可向一级河道排水 105.99 立方米每秒。

2000 年 3 月，废墙子河改造工程开工。废墙子河西起八里台，东至解放南路，全长 4.8 千米，工程包括河道治理、河道冲洗、两岸绿化、照明 4 个部分。4 月，墙子河北线治理工程开工，包括

表 3-2-3-48

2010 年排管处所属泵站明细表

序号	泵站名称	管理单位	新建年份	地点	机组台数	装机容量/千瓦	排水能力/立方米每秒	本年实际耗电量/千瓦时	排水性质	全年总排水量/立方米	出水口或中途泵站
1	气象台路	一所	2010年改造	气象台路69号	2	310	2.700		雨水		津河
2	海光寺	一所	1996	南门外大街与南京路交口	6	640	7.780		雨水		卫津河
3	太原道	一所	2007年改造	太原道14号	4	620	6.800		雨水		海河干流
4	利顺德	一所	2009年改造	泰安道2号	3	165	1.800		雨水		海河干流
5	大光明桥	一所	1984	解放北路大光明桥旁	3	35	0.285		雨水		海河干流
6	大沽北路	一所	2005	大沽北路与兴安路交口	8	1814	12.400	160871	雨水	1470786	海河干流
7	水阁大街	一所	2005	水阁大街与海河西路交口	4	360	3.000		雨水		海河干流
8	保定桥	一所	2005	保定桥下	2	30	0.250		雨水		海河干流
9	海光寺	一所	2000	南门外大街南京路交口	4	180	1.192	197483	污水	4702964	南京路
10	双峰道	一所	2004年改造	双峰道与卫津路交口	7	262	3.860	43716	合流	1273076	卫津河
11	南京路	一所	1971年改造	南京路4号	7	960	10.920	1071889	合流	48960073	纪庄子污水处理厂
12	咸阳路	二所	2003	咸阳路与长江道交口	4	670	6.700	243600	雨水	2644500	陈台子排水河
13	密云路	二所	1971	密云路34号	6	930	10.632	329700	雨水	345495	陈台子排水河
14	长江道	二所	1965	长江道桥旁	2	290	2.700	271011	雨水	97200	津河
15	南丰路	二所	2003	南丰路兴华公寓底商	4	370	3.300	26448	雨水	21528	津河
16	天拖南	二所	1982	楚雄道6号	4	420	3.622	62890	雨水	82053	陈台子排水河
17	雅安道	二所	1985	红旗路与雅安道口	4	220	2.394	65412	雨水	56160	津河
18	西湖道	二所	1985	西湖道西头	4	420	3.860	41941	雨水	91548	津河
19	密云一支路	二所	1997	密云一支路地道西营门货场内	3	140	0.612	40125	雨水	130530	陈台子排水河
20	三元村	二所	1996	人民医院西侧	4	620	6.500	27374	雨水		津河
21	清化祠	二所	2000	清化祠大街与青年路交口	4	470	4.600	29789	雨水	75600	津河
22	城厢东路	二所	2000	城厢东路与东门内大街交口	4	610	6.800	84771	雨水	16560	海河干流
23	西南角	二所	2004	三马路33号	4	414	3.000	287280	雨水	7191000	津河
24	西姜井	二所	2007	芥园道地道旁	9	1032	9.280		雨水		南运河

续表

序号	泵站名称	管理单位	新建年份	地　点	机组台数	装机容量/千瓦	排水能力/立方米每秒	本年实际耗电量/千瓦时	排水性质	全年总排水量/立方米	出水口或中途泵站
25	咸阳路	二所	2003	长江道59号	6	540	3.000	1587760	污水	3614040	咸阳路污水处理厂
26	密云路	二所	2004年改造	密云路34号	6	450	3.000	513984	污水	15952600	咸阳路污水处理厂
27	西南角	二所	2004	三马路33号	4	180	1.400		污水		咸阳路污水泵站
28	苏堤路	二所	1985	苏堤路北头	3	90	0.619	14561	污水	4412850	咸阳路污水泵站
29	南大西	二所	1987	复康路荣迁东里15号楼旁	4	59.5	0.482	231474	污水	2759400	复康路泵站
30	广开四马路	二所	2000	长江道40号	4	74	0.332		污水		咸阳路污水处理厂
31	靶挡道	二所	2000	长江道40号	4	220	2.400	153100	合流	162000	津河
32	五马路	二所	1954	长江道6号	7	585	7.000	316215	合流	8855280	咸阳路污水泵站
33	金钟河路地道	三所	1999	新金钟河西街2号	5	141	1.240		雨水	359855	赵沽里泵站
34	北站	三所	1993	中山北路3号	4	180	1.090	63329	雨水	193875	新开河
35	古北道	三所	1966	古北道白瓷里18号	2	310	2.700	44591	雨水	32400	北运河
36	志成道地道	三所	2009	志成路24号桥旁	4	66	0.600	3797	地道	16417	新开河
37	大毕庄	三所	1976	津芦公路地道上坡	3	61	0.515	14400	地道	99000	无出路
38	杨桥街	三所	1981	杨桥街1号	4	220	2.400	10938	雨水	47340	新开河
39	增产道	三所	1982	海门路1号	4	670	7.340	6485	雨水	563814	北塘排水河
40	秦兴路	三所	1982	思源里64号	4	420	3.798	31178	雨水	93216	新开河
41	红星桥	三所	1970	新开河二道桥右侧	5	775	10.000	66733	雨水	1112400	新开河
42	金沙江路	三所	1986	金沙江路1号	4	420	3.860	41598	雨水	185136	北塘排水河
43	仓联庄地道	三所	1986	外环线京山铁路地道下	3	121	0.606	79.2	雨水	191259	新开河
44	盐坨桥	三所	1986	张兴庄新开河河旁	4	420	3.860	28101	雨水	79401	新开河
45	榆关道	三所	1995	榆关道地道旁	5	205.5	1.315		雨水	337950	北运河
46	南口路地道	三所	1989	南口路地道旁	3	132	0.653	62	雨水	156086	新开河
47	狮子林桥	三所	2004	望海楼南里	3	165	2.400	127963	雨水		海河干流
48	张兴庄	三所	2007	志成道与红光路交口	6	1320	12.000		雨水	166380	新开河
49	金纬路	三所	2000	金纬路沿河与沿路交口	4	620	5.320	60366	雨水		海河干流

续表

序号	泵站名称	管理单位	新建年份	地点	机组台数	装机容量/千瓦	排水能力/立方米每秒	本年实际耗电量/千瓦时	排水性质	全年总排水量/立方米	出水口或中途泵站
50	建国道	三所	2008	建国道金汤桥口	6	792	7.032	77061	雨水		海河干流
51	七马路	三所	2005	七马路41号	4	1120	8.000	5035	雨水		海河干流
52	育婴堂	三所	2007	志成道96号	6	930	7.500	19620	雨水		新开河
53	大沽桥	三所	2007	大沽桥头	2	21	0.162		雨水		海河干流
54	小树林	三所	2007	北斗星城小区旁金钟河大街新门牌2号	4	430	4.000		雨水		赵沽里泵站
55	南口路	三所	1989	南口路地道旁	5	225	2.316	635858	污水	16900615	赵沽里泵站
56	建昌道	三所	1981	建昌道37号	3	74	0.494	26894	污水	733870	赵沽里泵站
57	增产道	三所	1981	海门路1号	4	120	0.916	548280	污水	8374785	东郊污水处理厂
58	靖江路	三所	1985	民权门外靖江路	4	52	0.382	33327	污水	1761810	东郊污水处理厂
59	盐坨桥	三所	1986	张兴庄新开河旁	5	190	1.182	191134	污水	4394782	赵沽里泵站
60	张兴庄	三所	1990	张兴庄居民区	3	45	0.303	11354	污水	156220	盐坨桥泵站
61	轧钢三厂	三所	1988	红星路轧钢三厂旁	3	45	0.327	30372	污水	970790	赵沽里泵站
62	丹江东路	三所	1991	丹江东路1号	4	44	0.168	87837	污水	994365	东郊污水处理厂
63	桥园里	三所	1997	金钟河大街与沙江路交口	4	132	1.334	100977	污水	1723420	赵沽里泵站
64	小树林	三所	2007	北斗星城小区旁	4	44	0.280	55515	污水	6148044	赵沽里泵站
65	育婴堂	三所	2007	志成道96号	3	45	0.450		污水		赵沽里泵站
66	东六经	三所	1953	东六经路57号	4	154	1.450	77472	合流	2689200	赵沽里泵站
67	新货场	三所	1958	兴隆街8号	5	242	2.686	105183	合流	3169060	赵沽里泵站
68	民权门	三所	2006	王串场金钟河大街228号	6	1200	10.800	54506	雨水	534600	北塘排水河
69	赵沽里	三所	1958	民权门外	6	1164	9.912	2341806	合流	54280107	东郊污水处理厂
70	九经路地道	四所	1966	张贵庄路2号	4	168	1.111	62802	雨水	277830	海河干流
71	东风地道	四所	1986	新阔路与东风地道交口南侧	4	81.5	0.628	31173	雨水	522864	唐口泵站
72	昆仑路	四所	1986	昆仑路与盘山道交口	4	670	6.660	8662	雨水	318420	月牙河
73	虎丘路	四所	1986	虎丘路29号	4	420	3.860	18369	雨水	745956	护仓河

续表

序号	泵站名称	管理单位	新建年份	地点	机组台数	装机容量/千瓦	排水能力/立方米每秒	本年实际耗电量/千瓦时	排水性质	全年总排水量/立方米	出水口或中途泵站
74	月牙河	四所	1988	东兴桥东侧第六大道小区后	4	645	6.140	5653	雨水	203226	月牙河
75	郑庄子	四所	1989	北柴场大街60号	4	470	6.256	9956	雨水	487978	海河干流
76	卫国道	四所	1990	月牙河卫国道桥口	3	165	1.800	6217	雨水	95400	月牙河
77	沙柳路	四所	1991	博山道小二楼东北角	4	420	3.864	15299	雨水	77282	北塘排水河
78	程林庄地道	四所	1995	程林庄地道旁	3	78.5	0.695	57334	雨水	372000	唐口泵站
79	月牙河口	四所	1996	月牙河南路原第三炼钢厂内	6	1400	16.000	18100	雨水	207000	海河干流
80	大直沽五号路	四所	1997	大直沽中路刘庄桥旁	4	460	3.860	5752	雨水	285046	海河干流
81	卫国道地道	四所	2000	卫国道地道旁	4	129.5	0.665	23344	雨水	106632	井冈山泵站
82	金纬路地道	四所	2000	金纬路桥下	4	55	0.467	18922	雨水	95539	赵沽里泵站
83	大直沽	四所	1964	东兴路与光华路交口	3	435	4.050	14739	雨水	158760	海河干流
84	程林雨水	四所	2003	万辛庄大街与成林道交口	6	1080	12.000	10044	雨水	169338	月牙河
85	万松雨水	四所	2000	昆仑路与龙山道交口	4	860	8.800	9900	雨水	104904	月牙河
86	东兴立交桥	四所	2007	东兴立交桥下	4	101	1.090	21240	雨水	479566	南大桥泵站
87	赤峰桥	四所	2008	赤峰桥桥下	3	90	0.600		雨水	32508	海河干流
88	小张贵庄	四所	2006	津滨大道蓝天集团对面	3	90	0.384	17434	雨水	83609	唐口泵站
89	燕山路	四所	1985	燕山路与卫国道交口	4	108.5	0.716	199156	污水	4345029	东郊污水处理厂
90	津塘二	四所	1958	津塘路110号	5	475	2.009	779426	污水	22651680	张贵庄泵站
91	上杭路	四所	2002	顺达路环卫站坂运转运站站旁	4	118	1.200	2302	污水	12800	南大桥泵站
92	万松污水	四所	2000	祁连路与博山道交口	4	224	1.234	99918	污水	1707891	东郊污水处理厂
93	津塘一	四所	1958	津塘路59号	3	185	1.166	382268	污水	8133575	津塘二泵站
94	井岗山路	四所	1975	红星路114号	5	625	7.200	488892	合流	5479920	民权门泵站
95	唐家口	四所	1955	红星路张贵庄路口	4	570	5.721	184539	合流	8491560	南大桥泵站
96	南大桥	四所	1981	万新庄大街南口	8	1230	10.264	801836	合流	25082945	津诶污水泵站
97	李公楼	四所	1977	李公楼立交桥旁	5	425	3.820	40625	合流	401288	海河干流
98	大湖路	五所	2000	大湖路南头28号	3	495	6.000	3100	雨水	93960	复兴河

续表

序号	泵站名称	管理单位	新建年份	地 点	机组台数	装机容量/千瓦	排水能力/立方米每秒	本年实际耗电量/千瓦时	排水性质	全年总排水量/立方米	出水口或中途泵站
99	信号台	五所	1969	大沽南路981号	3	265	2.550	1400	雨水	46710	海河干流
100	体院北	五所	1982	体院北荣水南里64号	4	670	7.003	2800	雨水	80013	卫津河
101	西园道	五所	1995	西园道兴国学校对过	6	930	8.520	14000	雨水	442188	卫津河
102	光华桥	五所	1996	湘江道中环线口	6	1400	14.240	21000	雨水	657072	海河干流
103	谦德庄	五所	1998	河沿路南楼桥附近	4	220	2.400	6800	雨水	222480	津河
104	广东路	五所	1998	广东路东楼桥	4	220	2.400	5800	雨水	175680	津河
105	梅江泵站	五所	1999	友谊南路卫津河旁	6	990	8.700	4000	雨水	133110	卫津河
106	货场泵站	五所	1999	友谊南路延长线铁道下	4	180	2.000	600	雨水	19800	复兴河
107	解放南路	五所	1989	解放南路铁道劳	4	645	6.593	3700	雨水	118349	复兴河
108	新纪庄子	五所	2004	大润发超市门前	4	440	3.500		雨水		卫津河
109	语水道	五所	2006	解放南路水晶城后门	6	1500	12.900		雨水		卫津河
110	大沽南路	五所	2003	洞庭路立交桥下	6	1320	10.980		雨水		海河干流
111	潭江道	五所	2007	友谊路与潭江路交口	4	60	0.400		污水		纪庄子污水处理厂
112	珠江道	五所	1995	珠江道西头	4	148	1.276	90256	污水	2840844	纪庄子污水处理厂
113	友谊路	五所	1958	黑牛城友谊路东园4号	4	135	1.213	10173	污水	369600	纪庄子污水处理厂
114	八里台桥	五所	1999	吴家窑大街96号	4	220	2.400		污水		纪庄子污水处理厂
115	越秀路	五所	1998	西南楼越秀路12号	4	240	1.472	155472	污水	380250	纪庄子污水处理厂
116	大沽南路	五所	1989	大沽路922号	5	110	1.000	195250	污水	6678720	复兴路泵站
117	纪庄子	五所	1995	紫金山路南头	7	1185	12.050	632670	雨水	18336372	纪庄子排水河
118	西站前	六所	1980	西站公共汽车站内	2	110	1.200	174004	雨水	369600	南运河
119	大红桥	六所	1963	老红桥南	4	157	0.921	50156	雨水		子牙河
120	八一	六所	1983年改造	子牙河南路	4	220	2.400	84636	雨水		子牙河
121	咸阳桥	六所	1980	咸阳桥口	4	420	3.900	35934	雨水		南运河
122	曹庄子	六所	1968	曹庄子地道口	3	52	0.235	28530	雨水	520700	发电厂管道

续表

序号	泵站名称	管理单位	新建年份	地点	机组台数	装机容量/千瓦	排水能力/立方米每秒	本年实际耗电量/千瓦时	排水性质	全年总排水量/立方米	出水口或中途泵站
123	红旗地道	六所	1981	西青道红旗地道	3	167	0.736	62509	雨水	685975	子牙河
124	本溪路	六所	1982	丁字沽一号路本溪路口	4	670	6.840	18795	雨水	271512	北运河
125	芥园西道	六所	1997	芥园道天明桥口	4	300	2.400		雨水		津河
126	平津纪念馆	六所	1997	平津纪念馆劳	2	60	0.668		雨水		子牙河
127	红塔寺	六所	1982	丁字沽零号路桃花堤	4	670	6.840	36464	雨水	286848	北运河
128	红桥南	六所	1985	新红桥南	5	302	2.690	39825	雨水		子牙河
129	西子庄	六所	1986	西子庄子牙河北岸	4	620	6.660	162975	雨水		子牙河
130	红桥北	六所	1986	新红桥北头	2	110	1.200	44980	雨水		北运河
131	西站西	六所	1980	新春街38号	4	220	2.200	42641	雨水		南运河
132	柳家胡同	六所	2006	第二中心医院后门旁	6	1180	10.000	35702	雨水		津河
133	子牙河南	六所	2005	西河桥南	6	1110	7.920		雨水		子牙河
134	子牙河北	六所	2004	西河桥北	6	1110	7.920		雨水		子牙河
135	津浦地道	六所	2005	津浦地道东侧	4	120	0.648		雨水		子牙河
136	西青道	六所	2006	西青道地道	6	330	1.472		雨水		东场引河
137	西河	六所	1964	煤建东大道东才园8号增3号	3	52	0.267	119109	污水	855590	咸阳路污水泵站
138	千里堤	六所	1980	丁字沽三号路河边千里堤	4	190	1.441	202143	污水	6154000	密云路污水泵站
139	团结路	六所	2006	西横堤土产仓库劳	6	450	2.400	53652	污水		密云路污水泵站
140	光荣道	六所	1958	光荣道与丁字沽南大街交口	4	260	1.583	308032	污水	7990350	南口路污水泵站
141	杨庄子	六所	1997	杨庄子西横堤铁路下口	1	30	0.220	41939	污水		密云路污水泵站
142	西横堤	六所	1987	西青道跃升里19路车站	2	15	0.066	102767	污水	1813200	密云路污水泵站
143	新春街	六所	1988	红桥区公安分局劳	2	24.5	0.155		污水		咸阳路污水泵站
144	西营门	六所	1951	西营门大街80号	6	221	2.212	72447	合流	1135860	咸阳路污水泵站
145	旱桥	六所	1989	新河北大街131号	3	66	0.300	73780	合流	698500	咸阳路污水泵站
146	南仓	七所	1965	南仓中学劳	3	435	4.050	1993	雨水	4740	北运河

续表

序号	泵站名称	管理单位	新建年份	地　　点	机组合数	装机容量/千瓦	排水能力/立方米每秒	本年实际耗电量/千瓦时	排水性质	全年总排水量/立方米	出水口或中途泵站
147	四十七中	七所	1982	京津公路四十七中后	4	220	2.332	4607	雨水	0	北运河
148	南仓西道	七所	2003	南仓西道消防队旁	4	220	2.400	28505	雨水	184680	北运河
149	北仓北地道	七所	1995	北仓道铁东路交口	5	138.5	1.043	49744	雨水	873750	北丰产河
150	北仓北	七所	1996	北仓道铁东路交口	4	120	1.112		雨水		北丰产河
151	北运河北	七所	2006	北运河津京公路与咸阳路交口	10	1850	12.500	100425	雨水		北运河
152	电冰箱厂	七所	1987	津围公路小淀村	4	120	0.184		污水	895680	北辰科技园污水处理厂
153	北仓	七所	1960	北仓道铁路旁	5	375	1.931	660	污水		北仓污水处理厂
154	北仓外环	七所	1989	外环线铁东路	3	165	1.800		污水		北仓污水处理厂
155	顺义道	七所	1987	泰顺义道高峰路口	3	55	0.600	81893	污水	2939510	北仓污水处理厂
156	瑞景	七所	2004	北辰道与辰昌路交口	4	164	1.300	224802	污水	5520750	北仓污水处理厂
157	昆仑小区	八所	2002	程林庄路昆仑路小区内	2	110	1.200		雨水		月牙河
158	跃进路	八所	2007	跃进路南头崔家码头	6	1680	12.000		雨水		海河干流
159	沙柳路南	八所	2008	沙柳路南头海河北岸	6	1680	12.000		雨水		海河干流
160	崂山道	八所	2006	崂山道与外环线交口	8	2240	16.000		雨水		外环河
161	张贵庄	八所	2007	世纪大道与月牙河交口	4	300	3.000		雨水		月牙河
162	张贵庄	八所	2004年改建	跃进北路东丽公路管理局对面	6	990	3.600	1544000	污水	2785320	津滨污水泵站
163	新立新村	八所	1985	津塘路外环线三号桥津宾馆旁	3	82	0.817	1240400	污水	2808142	张贵庄污水泵站
164	昆仑小区	八所	2002	程林庄路昆仑北里铁道十六局宿舍旁	3	22.5	0.174	52834	污水	770805	南大桥污系统
165	东郊六厂	八所	1986	新立街津塘路铁道口向北1千米	3	135	0.417	155632	污水	754250	张贵庄污水处理厂
166	山岭子	八所	1977	山领子村北塘河东丽湖丽湖桥下	27	4405	54.000	1908600	合流	10879480	永定新河
167	小王庄	八所	1978	跃进路朱庄子村口	5	775	10.000	869670	合流	4891920	北塘排水河
168	程林庄	八所	1976	万新街卫国道延长线丽苑小区旁	4	220	2.400	67947	合流	624240	东郊污水处理厂
169	财院东	九所	1999	珠江道艺林路	2	110	1.166		雨水		先锋河

续表

序号	泵站名称	管理单位	新建年份	地点	机组台数	装机容量/千瓦	排水能力/立方米每秒	本年实际耗电量/千瓦时	排水性质	全年总排水量/立方米	出水口或中途泵站
170	外环河	九所	2001	海河与外环河交口	6	930	9.600	2985	雨水		海河干流
171	复兴门	九所	1984	大沽南路下河圈	7	2140	24.528		雨水		海河干流
172	财院东	九所	1999	珠江道艺林路	4	60	0.448	62634	污水	878870	浯水道污水泵站
173	复兴门	九所	1984	大沽南路下河圈	4	220	2.400	38005	污水	3240268	双林泵站
174	小海地	九所	1982	珠江道28号	3	75	0.583	61158	污水	907162	双林泵站
175	双林	九所	1982	珠江道与大沽南路交口	6	330	3.398	429029	污水	14203553	浯水道污水泵站
176	松江道	九所	1990	微山路与双林路交口	4	90	0.228	14674	污水	182196	浯水道污水泵站
177	陈台子	十所	1977	永红桥减河大堤	7	3120	32.000	186497	雨水	33699600	独流减河
178	宾水道地劳	十所	1999	宾水道公共汽车站后	4	88	0.565	21080	雨水	257184	外环河
179	华苑	十所	1999	宾水西道公共汽车站后	4	1000	11.200	88560	雨水	140400	外环河
180	迎水道地道	十所	2004	迎水道地道旁	4	84.5	0.620	77974	雨水	200800	陈台子排水河
181	王顶堤	十所	1985	迎水道西头	4	420	3.860	133648	雨水	70504	陈台子排水河
182	凌宾路	十所	2008	快速路与凌宾道交口	6	1680	13.020		雨水		四化河
183	崇明路	十所	2007	周邓纪念馆正门对面	4	1260	11.440		雨水		津河
184	王顶堤	十所	1986	迎水道西头	4	120	0.736		污水		迎水道污水泵站
185	滨水新村	十所	1990	宁家房子宁乐里	2	11	0.110	13129	污水	379764	纪庄子污水处理厂
186	复康路	十所	1963	复康路王顶堤铁道旁	4	148	0.912	18615	污水	7202880	迎水道污水泵站
187	迎水道	十所	2008	物华道与梓苑路交口	5	375	2.400	1298078	污水	14165984	咸阳路污水处理厂
188	师范大学	十所	2009	师范大学朝晖道与陈台子河交口	6	1890	13.000		雨水		陈台子排水河
189	理工大学	十所	2009	师范大学雨水泵站对面	6	1890	13.000		雨水		陈台子排水河
190	大学城	十所	2009	滨水西道西端	4	300	2.000		污水		咸阳路污水处理厂
191	明珠泵站	机修所	2007	三岔口引滦纪念碑旁	2	380	6.000	427400	雨水	52886000	南运河
192	四新桥	机修所	2002	光华桥旁	2	190	2.070	114623	雨水	6040808	津河
193	光华桥地道	机修所	2006	西新桥泵站院内	1	37	0.200		雨水		海河干流

注 泵站总计193座，其中雨水泵站120座，污水泵站55座，合流泵站18座。

表 3-2-3-49　　　　　**2010 年天津市排水河道、沿河闸门数量**

河系名称	起止地点	河堤总长/米		护坡长/米				沿河闸门/座	
				片石护坡		土坡			
		左岸	右岸	左岸	右岸	左岸	右岸	左岸	右岸
总计		108001	108001	90901	90901	17100	17100	126	117
子牙河								5	9
北运河								7	9
南运河	三岔口—密云桥	6490	6490	6490	6490			9	10
新开河								11	4
海河干流								26	24
永定新河								0	2
津河	三元村—复康路 红旗路—解放路	13740	13740	13740	13740			20	28
卫津河	海光寺—外环线	11471	11471	11471	11471			18	9
复兴河	纪庄子—复兴门	5800	5800	5800	5800			3	3
月牙河	新开河—海河干流	14200	14200	14200	14200			9	8
北塘河	赵沽里泵站—永和闸	32700	32700	20700	20700	12000	12000	3	7
陈台子河								5	0
张贵庄河	南大桥—东丽农机厂	4620	4620	4620	4620			0	0
小王庄河	东丽农机厂—北塘排水河	5100	5100			5100	5100	1	1
护仓河	郑庄泵站—大直沽泵站	5430	5430	5430	5430			4	1
长泰河	外环线—复兴河	4700	4700	4700	4700			0	1
先锋河	海河干流—外环线	3750	3750	3750	3750			0	1
外环河								5	0

复康河、红旗河、西墙子河和南运河三元村至三岔河口段，全长 14.8 千米。9 月 12 日，墙子河改造工程全线竣工并命名为"津河"，整个工程包括改造废墙子河、复康河、红旗河、西墙子河和南运河三元村至三岔河口段，全长 18.5 千米。

2001 年 2 月，卫津河改造工程全线开工，卫津河北起海光寺，南至解放南路外环河，全长 11.5 千米，9 月 26 日竣工。在治理的同时，对外环河（卫津至海河）进行了清淤和加大涵洞工程，在海河与外环河相交处新建 10 立方米每秒的排水泵站，必要时开泵排水入海河。

2002 年 2 月，月牙河、南围堤河改造工程开工。8 月南围堤河更名为复兴河。复兴河西端与卫津河相通，东至复兴门闸桥与海河相连，全长 5.8 千米。月牙河始于新开河红星桥泵站至月牙河口与海河相通，全长 14.2 千米，当年治理的是上游红星桥泵站至南大桥南 100 米处 9.9 千米河段。

2003 年 2 月，月牙河（二期）、四化河、北塘排水河综合治理工程全线开工。9 月北塘排水河综合治理工程完工，该工程西起赵沽里泵站，东至东郊污水处理厂四孔闸，全长 4.85 千米，并在河南岸修建直径 1800～2200 毫米截污管，污水直接进入污水处理厂，平时不再入河。10 月月牙河（二期）、四化河改造工程完工。月牙河（二期）改造工程主河道北起张贵庄路桥以南 100 米，南至海河口，长 4.32 千米。四化河改造工程东起纪庄子处的卫津河西至外环河，全长 5.9 千米。

2003 年，在建设津滨大道时，对张贵庄河进行了改造。张贵庄河（南大桥至小王庄河）长 4.62 千米，原是一条农业明渠，1970 年进行了整治（清挖、修涵洞等），作为南大桥泵站的排水出路，去向为小王庄河。

2003 年 12 月，长泰河改造工程提前开工，自复兴河至外环河，全长 4.7 千米，整治河道、砌石坡、两岸绿化、设置路灯、两侧开辟道路，相应解决排污问题，在过外环线处，采用顶管过路与外环河连通，并建闸控制（闸门均为 3 排、直径 2 米）。2004 年 1 月，陈台子河（一期）排水改造工程开工，主要改造环内段 5 千米及大沽排水河外环线至陈塘支线 2.2 千米段，总长 7.2 千米。2004 年 2 月护仓河改造工程开工，完工长 4.83 千米，其中新挖河道 260 米。2004 年 10 月，北塘排水河（二期）、月西河改造工程主体完工。北塘排水河（二期）自东郊污水处理厂至新跃进路下游 300 米，全长 4.7 千米，改造后实现河道上口宽 35 米，沿河绿地宽 10～20 米。月西河自月牙河至外环线，长 1.6 千米，改造后实现河道上口宽 19～25 米。

2005 年 10 月，南运河二期改造工程开工，自三元村至密云路桥，全长 1.68 千米。

2006 年 1 月，纪庄子河改造工程开工，东起卫津河西至外环线 12 号桥，全长 3.8 千米。由于修路影响，2009 年完成过路涵洞和下段的清淤护坡治理工程。

2007 年，完成津港运河改造工程，自津涞公路至外环线全长 3.26 千米。

2009 年，完成先锋河、北丰产河、南丰产河、东厂引河、小王庄排水河、大沽河（市内段）改造工程。先锋河自海河至外环线段，全长 3.75 千米，北丰产河自北运河至外环线全长 5.75 千米，南丰产河自津港运河至外环线全长 3.4 千米，东厂引河自南运河至子牙河全长 4.8 千米，小王庄排水河自张贵庄路至北塘排水河全长 5.1 千米，大沽河市内段自宝山西道至外环线全长 0.4 千米。

2010 年，完成改造八一明沟，自西横堤至外贸地毯厂全长 2.64 千米，将明沟改为直径 1.2 米的排水管道。

第四节　排水养护管理

天津市中心城区公共排水设施实行分级管理，里巷支管由区排水部门负责养护管理，河道、泵站及主干管由市排水部门负责养护管理。为了更好发挥统一管水、统一治水的效能，2009 年 5 月市排水管理部门（排管处）划归市水务局管理，区排水管理部门仍属市政公路管理局。

排管处管辖范围主要集中在外环线以内，但随着管网范围的扩大，延伸到了外环线以外一些地区，如东丽新立新村一带、华明镇一带、大毕庄一带、西青大学城和中北镇一带。随着排水设施的增多，排管处适时调整了管理养护机构，下属的排水管理所由原来的 6 个增加到 10 个。其中排水一所管辖范围：和平区和南开区南开三马路以东地区；排水二所管辖范围：南开区复康河以北地区，红桥区南运河以南地区及部分西青区；排水三所管辖范围：河北区和东丽大毕庄地道一带；排水四所管辖范围：河东区；排水五所管辖范围：河西区解放南路以西地区及部分西青区、卫津南路以东地区；排水六所管辖范围：红桥区南运河以北和部分北辰区；排水七所管辖范围：北辰区外环内和部分外环外；排水八所管辖范围：东丽区外环内和部分外环外；排水九所管辖范围：河西区解放南路以东复兴河以西及津南部分地区；排水十所管辖范围：南开区复康河以南地区和西青卫津南路以西地区。10 个排水管理所下设养护站组 160 个，对本辖区范围内的管网、泵站、河道进行养护，保持正常运行。

一、排水设施养护运行标准

（一）排水设施小修养护全年维修标准

排水设施小修养护每年维修指标为：管道养护疏通 100％；检井掏挖频率 10 次每年；雨水井掏挖频率 12 次每年；检井维修率 5％；雨水井维修率 10％；管道维修率 1‰；泵站机组维修率 35％，泵站挖池子 100％。每年第一季度完成全年养护指标不低于 25％，第二季度累计完成全年养护指标不低于 60％，第三季度累计完成全年养护指标不低于 80％，第四季度累计完成全年养护指标不低于 100％。

（二）排水设施管理标准

每年对排水设施做到巡视率 100％，信息反馈率 100％，污水外溢 24 小时内解决或采取措施，井盖丢失当日补齐，违章处理率 100％，在建的排水工程实施全程监管，并做好监管记录。

（三）泵站运行管理制度

1995 年，编制了《泵站管理工作规章制度》，明确规定了"五图五制五表一档卡制度"。"五图"即泵站工艺流程图、泵站高低压单线图、泵站启动柜原理图、泵站接线图、泵站管网图。"五制"即泵站岗位责任制、泵站经济核算制、泵站定期维护制、泵站日常维护制、泵站职工奖罚制。"五表"即泵站材料消耗台账表、日排水电耗成本核算表、月成本核算记录表、日维护巡视交接班情况记录表、机组运行记录表。一档卡即泵站机组检修记录卡。

（四）检查制度

排管处结合建设部养管标准，制定出排水设施必须达到、完成的养护质量检查标准：检、雨井井盖平稳、无缺损、无破裂、无占压，井墙无倾斜、无歪散、无大面积脱落，井口平整不松散、无缺损、不破裂。收水支管能大片顺利通过，卧泥检查井含泥量低于管底 5 厘米，无卧泥检井含泥量不超过管径 20％，卧泥收水井低于管底 2 厘米，无卧泥收水井含泥量不超过管径 20％。

泵站水尺无破损，格栅清捞及时无杂物，水位合格，机组外观无油垢，各种开关灵活可靠，电器运行良好、无异响、无破损、不漏油，电流电压温升正常，泵站内闸门启闭正常无锈蚀。

河道河堤干净整洁，片石无人为损坏，土堤平整，无乱泼、乱倒、乱占，水尺准确清晰、安装牢固，液位监视系统运行稳定。

按照上述标准各站组完成养护任务后要进行自检，各排水管理所每月检查一次或不定期抽查，排管处每季度检查一次，并对汛前和汛后的疏通会战进行检查，评出名次。

二、排水系统的科学调度、管理方法

2000 年，完成《天津市排水管理信息系统》的鉴定工作，该系统在排水管理定量化、信息化和网络化方面，填补了国内 GIS 技术在排水领域应用上的空白，其整体技术水平居国内领先。在此基础上自主开发了防汛调度信息管理系统并逐渐予以完善，该系统包括气象信息预测分析、河道液位远程监控、积水点和地道积水情况视频监测、泵站开停车远程监测、防汛调度视频会商、雨量自动采集等六大系统，信息采集点达到 174 个。为了充分发挥防汛调度信息管理系统功能，2009 年重新建设了技术先进、功能齐全、使用方便的新型防汛调度指挥中心，集防汛调度室、多媒体指挥会议室、专业机房、机房监控室、操作室于一体，占地 450 平方米。城市防汛排水科学调度指挥水平处于全国领先水平。

三、排水法规

天津市制定比较系统、完善的排水法规，在行政执法监督方面建立了一整套行之有效的配套监督制度，规范了执法行为，形成了比较完善的法规框架体系。1993 年对《天津市市区排水设施管理暂行办法》进行了修订，改为《天津市城市排水设施管理规定》，1998 年颁布了《天津市城市排水管理条例》，2003 年修订为《天津市排水和再生水管理条例》，2005 年再次进行了修订。1993 年出台了《天津市征收排放污水费暂行规定》，2000 年发布了《天津市污水处理费管理办法》。2000 年制定了《天津市津河等河道管理办法》，2008 年进行了修订。

第五节　污水处理和再生水利用

一、污水处理

天津市 1984 年就进行污水处理工作，2002 年开始污水处理回用。天津市污水处理依靠纪庄子、咸阳路、东郊和北辰 4 个污水处理厂。2010 年年底，天津市城镇运行污水处理厂达到 43 座，污水处理能力达到 208.68 万吨每日。外环线以外 5 千米范围内共建有污水处理厂 4 座，设计污水处理能力 140 万吨每日（分别为纪庄子污水处理厂 45 万吨每日、咸阳路污水处理厂 45 万吨每日、东郊污水处理厂 40 万吨每日、北辰污水处理厂 10 万吨每日）。再生水厂有 4 座，日供再生水能力达 19 万吨。一定程度上缓解了城市供水量压力。2010 年对纪庄子、咸阳路、东郊、北辰 4 座污水处理厂完成升级改造，4 座污水处理厂出水水质达到一级 B 排放标准。2010 年天津市在运行的城镇污水处理厂技术指标见表 3 - 2 - 5 - 50。

表 3-2-5-50　　**2010 年天津市在运行的城镇污水处理厂技术指标**

序号	区（县）	污水处理厂名称	坐落地点	污水处理能力/万吨	日污水集中处理量/万吨	排放标准
1	中心城区	纪庄子污水处理厂	河西区紫金山路 2 号	45.00	36.650	一级 B
2	中心城区	东郊污水处理厂	东丽区登州路 1 号	40.00	37.040	一级 B
3	中心城区	咸阳路污水处理厂	西青区海泰北道 2 号	45.00	32.510	一级 B
4	中心城区	北仓污水处理厂	北辰区外环线 28 千米处北辰污水处理厂	10.00	7.580	一级 B
5	津南区	环兴污水处理厂（一期）	津南区咸水沽镇周辛庄东侧	3.00	1.630	二级
6	津南区	小站镇工业园污水处理厂	小站示范镇工业园工一号路	0.20	0.200	一级 B
7	津南区	小站镇污水处理厂	小站镇综合执法楼旁	0.23	0.180	一级 B（回用景观）
8	津南区	津南经济技术开发区污水处理厂	经济技术开发区内	0.30	0.200	二级
9	津南区	葛沽（荣钢）污水处理厂	葛沽镇冶金工业园区	4.80	2.050	一级 B
10	西青区	大寺污水处理厂	经济开发区兴华七支路 8 号	3.00	2.840	一级 B
11	北辰区	北辰科技园区污水处理厂	科技园景云路 1 号	5.00	1.320	一级 B
12	北辰区	西堤头污水处理厂	西堤头镇	1.00	0.420	一级 B
13	滨海新区	开发区第一污水处理厂	南海路 188 号	10.00	7.760	二级
14	滨海新区	新河污水处理厂（一期、二期）	塘沽新河庄	7.00	6.700	一级 A
15	滨海新区	汉沽现代产业区污水处理厂	汉沽汉北路 18 号	0.20	0.200	一级 B
16	滨海新区	大港污水处理厂一期（环科）	大港迎宾街 1061 号	3.00	2.740	一级 A
17	滨海新区	大港经济开发区总公司污水处理厂（一期）	大港经济开发区安达工业园区	0.40	0.040	一级 A
18	滨海新区	中塘镇中花园污水处理站	大港中塘镇中塘村	0.15	0.090	二级
19	滨海新区	中塘镇栖凤里污水处理站	大港中塘镇栖凤里	0.10	0.090	二级
20	滨海新区	大港石化产业区污水处理厂	石化产业园区内	0.50	0.260	一级 A
21	滨海新区	空港纺织污水处理厂	空港经济区内	3.00	1.620	二级
22	滨海新区	开发区西区污水处理厂	开发区西区	1.25	1.240	一级 B
23	滨海新区	天津保税区扩展区污水处理厂	天津保税区京梅大道 288 号	0.50	0.330	一级 B
24	滨海新区	天津保税区起步区污水处理厂	天津保税区海滨二路与新港大道交口	0.50	0.260	一级 B
25	滨海新区	临港工业区一期污水处理厂	天津临港工业区黄河道 2328 号	1.00	0.560	一级 B
26	宝坻区	城南污水处理厂	城关镇南关大街南头	1.30	1.290	一级 A
27	宝坻区	宝坻新城第二（城东）污水处理厂	建设路东延	1.00	1.006	一级 B
28	宝坻区	宝坻经济开发区污水处理厂	经济开发区天中路北端	1.00	0.440	一级 B
29	武清区	武清第一污水处理厂	开发区泉和路	3.00	2.420	一级 B
30	武清区	武清第二污水处理厂	杨村镇建设南路	1.50	1.500	一级 B
31	武清区	武清第三污水处理厂	下朱庄街五间房村	2.00	0.460	一级 B
32	武清区	武清第四污水处理厂	武宁路君利搅拌站东侧	1.00	0.330	一级 A

续表

序号	区（县）	污水处理厂名称	坐落地点	污水处理能力/万吨	日污水集中处理量/万吨	排放标准
33	武清区	王庆坨污水处理站	王庆坨工贸园高王公路与津霸公路交口	0.10	0.100	一级 B
34	武清区	武清福源经济开发区污水处理厂	梅厂镇	0.25	0.120	一级 B
35	武清区	武清区石各庄镇污水处理厂	石各庄镇	0.10	0.067	一级 B
36	武清区	武清京滨工业园污水处理厂	天津京滨工业园四纬路 2 号	0.10	0.090	一级 B
37	宁河县	宁河县污水处理厂一期工程	经济开发区十三经路	3.00	1.790	一级 B
38	静海县	大邱庄污水处理厂	大邱庄百亿道北头青年渠南侧	1.50	0.610	二级
39	静海县	华静污水处理厂	津汉开发区天海道东侧	1.50	0.270	一级 B
40	静海县	静海新城西城污水处理厂	范庄子内	0.80	0.350	一级 A
41	静海县	天宇科技园污水处理厂	静海开发区南区	2.00	0.770	一级 B
42	蓟县	蓟县污水处理厂	渌溜镇北六里屯西 200 米	3.00	1.320	一级 B
43	蓟县	蓟县经济技术开发区污水处理厂	经济开发燕山路 1 号	0.40	0.120	二级

（一）纪庄子污水处理厂

纪庄子污水处理厂位于天津市河西区卫津河以西，津港运河以北，纪庄子排污河以南，市区西南部，1984 年投入运行，服务面积达到 5952 公顷，其厂外配套管线约 9.9 千米，主要接纳纪庄子排水系统污水。

2000 年进行扩建。原有普通活性污泥处理系统改建为 A/O 脱氮和 A2/O 两种工艺系统，并扩建了 A/O 除磷工艺系统。设计处理水量由 26 万吨每日增至 54 万吨每日。

2008 年 1 月双林排水系统污水进入该厂，铺设排水配套管道 4.4 千米。2009 年，原有的改建和扩建系统全部升级改造为分步进水多级 A/O 工艺。设计处理水量调整为 45 万吨每日，出水达到《城镇污水处理厂污染物排放标准》（GB 18918—2002）一级 B 排放标准。

2010 年升级改造工程全部完工。污水处理系统主要采用分段进水生物除磷脱氮工艺，出水水质仍为《城镇污水处理厂污染物排放标准》（GB 18918—2002）一级 B 标准。1991—2010 年纪庄子污水处理厂污水处理量见表 3-2-5-51。

表 3-2-5-51　　**1991—2010 年纪庄子污水处理厂污水处理量**

年份	COD 去除率/%			氨氮去除率/%			总磷去除率/%			日均处理污水量/万吨	污泥安全消纳量/吨每日
	进水	出水	去除率	进水	出水	去除率	进水	出水	去除率		
1991	347	76	78.10	34	16	52.74	6	3	45.88	25.85	40
1992	297	52	82.32	40	30	25.73	7	3	53.25	26.02	35
1993	302	44	85.55	39	30	22.42	5	2	54.81	25.84	24
1994	309	44	85.68	34	32	8.26	4	2	54.03	27.77	27
1995	347	55	84.13	34	24	29.65	7	1	78.47	28.14	23
1996	304	49	83.91	29	13	56.44	4	1	76.64	24.81	31
1997	443	43	90.24	36	14	61.55	7	1	81.45	25.08	30

续表

年份	COD去除率/%			氨氮去除率/%			总磷去除率/%			日均处理污水量/万吨	污泥安全消纳量/吨每日
	进水	出水	去除率	进水	出水	去除率	进水	出水	去除率		
1998	370	32	91.24	35	16	53.17	4	1	68.74	15.93	20
1999	365	43	88.30	39	17	56.65	5	2	70.27	11.99	13
2000	354	78	78.10	34	16	52.74	6	3	45.88	24.76	34
2001	303	54	82.32	41	30	25.73	7	3	53.25	26.85	48
2002	308	45	85.55	40	31	22.42	6	2	54.81	25.9	34
2003	315	45	85.68	35	32	8.26	5	2	54.03	24.93	32
2004	354	56	84.13	35	24	29.65	7	1	78.47	25.97	36
2005	310	50	83.91	30	13	56.44	4	1	76.64	23.47	37
2006	452	44	90.24	37	14	61.55	7	1	81.45	28.23	42
2007	378	33	91.24	36	17	53.17	4	1	68.74	31.58	49
2008	373	44	88.30	40	17	56.65	5	2	70.27	33.47	47
2009	404	40	90.16	44	22	49.38	6	1	84.33	33.78	46
2010	411	43	89.54	45.3	13.3	70.64	5.51	1.34	75.68	30.55	41

（二）咸阳路污水处理厂

咸阳路污水处理厂位于天津市外环线以西约1.8千米，第一煤制气厂以南，华苑科技工业园区以北，2002年开始建设，于2005年通水调试，服务面积达7310公顷，厂外配套管道、方涵共约18.53千米，主要接纳咸阳路排水系统污水。

此外，外环线外杨柳青、张家窝镇、中北镇、华苑产业园区、大学城等多路污水也进入咸阳路污水处理厂。该厂每日平均处理水量25.3万吨，污水处理采用A/O生物处理工艺，污泥处理采用中温消化处理工艺，所采用的自控系统、机械、电气设备具有国际先进水平；咸阳路污水处理厂干化车间现有美国USFilter公司干化机两台，总处理能力100吨每日，采用间接加热的传导干燥技术，产生含固率70%以上的干燥污泥颗粒。2005—2010年咸阳路污水处理厂污水处理量见表3-2-5-52。

表3-2-5-52　　**2005—2010年咸阳路污水处理厂污水处理量**

年份	COD去除率/%			氨氮去除率/%			总磷去除率/%			日均处理污水量/万吨	污泥安全消纳量/吨每日
	进水	出水	去除率	进水	出水	去除率	进水	出水	去除率		
2005	256	38	85.16	41	8	79.25	8	3	67.44	18.32	—
2006	438	49	88.81	45	12	72.56	8	2	80.73	20.04	27
2007	308	72	76.62	43	17	60.00	4	2	57.69	24.19	39
2008	335	63	81.19	43	16	62.37	4	2	58.64	25.37	46
2009	390	56	85.64	42	16	62.05	4	2	64.55	29.23	49
2010	470	56	88.04	49	16	68.28	5	2	68.95	30.55	54

（三）东郊污水处理厂

东郊污水处理厂位于天津市东丽区李明庄西北侧，外环线以内，占地 29.5 公顷。1993 年 4 月建成投产运行，服务面积达 7441 公顷，厂外配套管线约 5.7 千米，主要接纳张贵庄和赵沽里两个排水系统污水。

该厂日平均处理水量 36.2 万吨，污水采用传统活性污泥法处理工艺，污泥处理部分由 5 座消化池、1 座污泥脱水机房、1 座沼气锅炉及沼气发电机房组成。在污泥处理过程中副产沼气，供沼气发电机发电并网利用。1993—2010 年东郊污水处理厂污水处理量见表 3-2-5-53。

表 3-2-5-53　　　**1993—2010 年东郊污水处理厂污水处理量**

年份	COD 去除率/%			氨氮去除率/%			总磷去除率/%			日均处理污水量/万吨	污泥安全消纳量/吨每日
	进水	出水	去除率	进水	出水	去除率	进水	出水	去除率		
1993	487	63	87.12	38	25	33.52	—	—	—	17.00	—
1994	520	82	84.16	37	27	28.56	—	—	—	22.58	—
1995	458	98	78.56	33	25	24.75	—	—	—	32.21	—
1996	443	74	83.36	28	5	81.56	—	—	—	27.53	20
1997	424	86	79.80	30	5	83.61	—	—	—	32.00	21
1998	482	66	86.39	29	4	86.33	—	—	—	20.84	23
1999	735	70	90.45	33	5	84.63	—	—	—	17.54	21
2000	884	87	90.12	40	12	71.20	5	1	72.67	28.13	45
2001	721	81	88.74	47	16	66.57	8	1	85.38	33.12	55
2002	624	74	88.22	36	16	56.13	5	1	84.39	31.43	68
2003	589	72	87.69	32	15	52.09	3	1	72.61	34.84	75
2004	586	72	87.75	31	15	51.91	3	1	72.40	36.25	78
2005	693	68	90.15	41	26	36.75	5	1	82.10	33.58	80
2006	659	73	88.90	45	19	57.51	8	1	84.47	34.10	91
2007	556	67	87.94	56	26	52.98	7	1	79.76	34.35	79
2008	735	64	91.35	51	31	39.05	8	2	78.96	36.02	70
2009	561	69	87.74	46	24	47.94	8	1	84.57	37.85	53
2010	542	74	86.32	37	23	38.00	7	2	74.29	35.54	48

（四）北辰污水处理厂

北辰污水处理厂位于京山铁路西侧、南槽铁路以北、西至朝阳路、北临外环线，2001 年开始建设，2005 年年末完成土建工程并进行调试，2006 年 4 月正式投入使用。服务面积约 1793 公顷，厂外配套管网 18.9 千米，主要接纳北仓排水系统污水。

该厂日平均处理水量为 5.01 万立方米，污水处理采用改良 A/O 工艺（也称为倒置 A2/O 工艺），处理程度为具有除磷和部分硝化功能的城市污水二级处理。污泥的稳定化处理采用中温厌氧消化。采用沼气锅炉产生的热量对污泥进行加热后进行综合利用，剩余沼气采用火炬燃烧。2007—2010 年北辰污水处理厂污水处理量见表 3-2-5-54。

表 3-2-5-54　　　　　　**2007—2010 年北辰污水处理厂污水处理量**

年份	COD 去除率/%			氨氮去除率/%			总磷去除率/%			日均处理污水量/万吨	污泥安全消纳量/吨每日
	进水	出水	去除率	进水	出水	去除率	进水	出水	去除率		
2007	984	137	86.06	114	118	−3.58	7	1	84.66	3.1	6
2008	943	101	89.31	79	62	22.53	8	1	80.72	4.99	14
2009	768	72	90.67	75	54	27.48	6	1	85.01	6.8	20
2010	910	61	93.30	81	42	48.08	7	2	76.13	7.22	9

二、再生水利用

天津市是严重缺水的城市之一，2002 年年底，国家计委选定和投资支持全国 5 个缺水城市污水处理回用示范项目之一的天津市纪庄子污水处理回用工程投入使用，标志着天津市污水处理回用进入大规模阶段。按照《天津市中心城区再生水资源利用规划》要求，污水处理厂作为再生水源产地，在规划建设城市污水处理厂的同时，一并规划建设城市公共再生水厂。

截至 2010 年，天津市中心城区已经建成的再生水厂 4 座，总供水能力 19 万吨每日。其中已运行再生水厂 3 座，其核心工艺为"混凝沉淀＋微滤/超滤＋部分反渗透＋臭氧"，日供水能力达 17 万吨，铺设再生水管网 391.79 千米，通水管网 120.64 千米。主要供水方向为城市生活小区的城市杂用水（含冲厕、绿化等）、景观环境用水以及工业用水等。

(一) 纪庄子再生水厂

纪庄子再生水厂是天津市第一座再生水厂，与纪庄子污水处理厂相邻，于 2002 年 12 月建成，处理规模 5 万吨每日，采用"CMF＋臭氧"处理工艺，出水水质满足《城市污水再生利用城市杂用水水质》（GB/T 18920—2002）、《城市污水再生利用景观用水水质》（GB/T 18921—2002）和《城市污水再生利用工业用水水质》（GB/T 18923—2005）。

纪庄子再生水厂的供水区域为外环线以内，北起宾水西道、吴家窑大街、马场道，南至外环线，东至海河、微山路，西至外环线及外环线以外 5 千米范围内，服务面积 6510 公顷。主要用于梅江地区、水上周边地区的城市杂用、景观用水及工业用水。2009 年 11 月 12 日向陈塘庄热电厂试供水。纪庄子再生水厂每日平均供水量约 2.0 万吨，其中向陈塘庄热电厂每日供水量约 0.8 万～1.0 万吨。

纪庄子再生水厂改扩建工程，建设单位为天津中水有限公司，2009 年 6 月开工，2011 年竣工并投入使用。在纪庄子再生水厂厂区内进行，原供水能力 5 万吨每日，增大处理能力 2 万吨每日，使供水能力达 7 万吨每日。改造后，生水厂核心工艺调整为"混凝沉淀＋微滤＋臭氧＋部分 RO 工艺＋消毒"。本次改扩建对滤站进行改造，新建臭氧接触池。

(二) 咸阳路再生水厂

咸阳路再生水厂，位于咸阳路污水处理厂内，处理规模 5 万吨每日，采用"MF＋RO"处理工艺，出水水质满足《城市污水再生利用城市杂用水水质》（GB/T 18920—2002）、《城市污水再生利用景观用水水质》（GB/T 18921—2002）和《城市污水再生利用工业用水水质》（GB/T

18923—2005）。2006 年 3 月开工建设，2008 年 12 月竣工完成。

咸阳路再生水厂供水区域为外环线以内北起月牙河、南至宾水西道、复康路、吴家窑大街，西起外环线、东至海河，及外环线以外 5 千米范围内，服务面积约 7260 公顷。2009 年 4 月开始向海泰科技产业园供水。咸阳路再生水厂每日平均供水量约为 0.11 万吨，其中向海泰科技产业园每日供水量约为 0.1 万吨。

（三）东郊再生水厂

东郊再生水厂位于东郊污水厂院内，处理规模为 5 万吨每日，采用"微滤＋部分反渗透＋臭氧＋液氯消毒"处理工艺。供水区域为外环线以内，北起新开河，南至海河，东自外环线，西至海河及外环线以外 5 千米范围内，服务面积约为 9800 公顷。2007 年 12 月开工建设，2009 年 10 月竣工完成。自 2009 年 11 月 19 日开始向东北郊热电厂试供水，平均日供水量 1.28 万吨。

（四）北辰再生水厂

北辰再生水厂位于北辰污水处理厂院内东北角，处理规模为 2 万吨每日，采用"混凝沉淀＋微滤膜（CMF）和超滤膜（UF）＋部分反渗透＋臭氧＋液氯消毒"处理工艺。2007 年 6 月开工建设，2009 年 11 月竣工完成。规划供水区域为外环线以内，北起外环线，南至子牙河、新开河及外环线以外 5 千米范围内，服务面积为 8330 公顷。由于北辰再生水厂外管网还未铺设，截至 2010 年年底，未实现对外供水，采用维护性运行方案，每日联动开机运行制水，保证设备正常运转。

第四篇

防汛抗旱

防汛抗旱历来是水利工作中的重要工作，天津市始终坚持以确保群众生命财产安全为核心，立足防大汛、抗大旱、除大涝、抗大潮、抢大险、救大灾，持续推进城市防洪圈、防潮堤等防洪抗潮骨干工程和大黄堡洼、永定河泛区、东淀等重要蓄滞洪区建设，加快应急度汛、抗旱应急水源、城市排水等工程建设和病险水库水闸除险加固步伐。与此同时，防汛、抗旱、除涝、抗潮非工程措施建设整体到位，以行政首长负责制为核心的各项责任制全面落实，责任督察和责任追究相继跟进；以拦、疏、排、引、蓄为重点的工程调度科学有序，水利设施的防灾减灾效益大幅提高；各类预案和应急响应机制逐步完善，防范应对灾害的针对性、科学性明显增强；以防汛机动抢险队、驻津部队官兵和民兵预备役人员为骨干的防汛抗旱队伍建设力度加大，各类训练演练形成常态；防灾抗灾的各类装备器材准备充分完备，物资支撑保障不断增强；防汛抗旱指挥系统信息化建设进程加快，雨情、水情、旱情、潮情监测预报能力和相关信息的自动化采集、传输和处理能力全面提升。防汛、抗旱、除涝、抗潮工作逐步形成统一指挥、部门协调、社会动员、军地联防、全民参与的新格局。

1991—2010 年，天津市坚持兴利除害结合，防汛抗旱并举，全方位地增强了城市的防汛抗旱能力，提高抗灾减灾效益，保障了天津市生产建设的快速发展和人民群众的生命财产安全。

第一章 防 汛

第一节 防 洪 工 程

一、城市防洪圈建设

根据市政府 1990 年第 47 次常务会议对城市防洪规划的指示精神和水利部 1990 年《城市防洪规划编制大纲》（修改稿）的要求，1993 年，市水利局编制出《天津城市防洪规划报告》，8 月，水利部审查批复了《天津城市防洪规划》，1994 年 6 月 4 日，市政府第 23 次常委会批准该规划，该规划为城市防洪建设和管理的基本依据。天津市防洪规划范围北至永定新河右堤、南至独流减河左堤、西至西部防线、东至防潮堤，包括中心城区、新四区、塘沽区、大港区及武清县部分地区，面积约为 2700 平方千米。天津城市防洪规划明确以已建的城市防洪体系为基础，建设城市防洪保护圈。

20 世纪 90 年代初，城市防洪圈存在无堤段，1998 年 11 月 16 日，市政府第 8 次常务会议通过《天津市防洪重点工程建设安排意见》：力争用 2～3 年的时间建设好城市防洪圈，用 5 年或稍长一些时间，在治理海河干流的基础上，再全面治理永定新河和独流减河，使天津市的防洪标准达到北可防御 1939 年型洪水，南可防御 1963 年型洪水。经筑堤封堵，2004 年形成封闭防洪圈，堤防总长度 248.83 千米。后经永定新河防潮闸等工程建设，堤防总长度变更为 250.75 千米。其中永定新河右堤为天津城市防洪的北部防线，由屈家店闸下至永定新河防潮闸，长 63.04 千米；独流减河左堤为天津城市防洪的南部防线，由独流减河进洪闸至独流减河防潮闸，长 67.88 千米；西部防线由永定河泛区南遥堤、九里横堤、方官堤、十里横堤和中亭堤、西河右堤组成，长 54.26 千米；城市防洪圈防潮堤北起永定新河河口，南至独流减河河口，长 65.57 千米。

1991—2010 年，天津市开展了城市防洪堤专项治理工程，并在河道综合治理工程、年度的应急加固工程和应急度汛工程中安排了城市防洪圈建设。防洪圈部分堤防达到了 200 年一遇洪水的设计高程，防潮堤重点段达到了 50 年一遇、一般段 20 年一遇的防潮标准。2008 年，针对部分堤段防汛通道不畅、堤顶超高不足等情况，市水利局组织编制了《天津市城市防洪圈完善工程实施意见》，本着"突出重点、分步实施"的原则将完善工程分三期实施。其中一期工程实施永定新河右堤完善工程，二期工程主要实施九里横堤、方官堤、十里横堤二期治理，三期主要实施西河右堤和南遥堤完善工程。

（一）永定新河右堤

永定新河右堤是天津城市防洪的北部防线，城市防洪规划按Ⅰ级堤防设计，堤防设计超高 2.5 米。

1991—1994 年，完成永定新河清淤配套工程。1997 年、1998 年、2000 年、2002 年、2004 年完成永定新河右堤应急加固工程和应急度汛工程，经多次治理，永定新河右堤 0＋000～14＋100、46＋300～59＋600，长 24.4 千米堤段已加高加固达到设计标准。2005 年完成 59＋600～62＋177，长 2.58 千米，无堤段在永定新河治理一期工程中进行了筑堤封堵，达到设计标准。

（二）独流减河左堤

独流减河左堤是天津城市防洪的南部防线，城市防洪规划按Ⅰ级堤防设计，东千米桥以上堤防设计超高 2.5 米，东千米桥以下堤防设计超高 2 米。

1992—1994 年，完成独流减河西千米桥以下左堤加固扩建工程；1999 年，汛前完成独流减河左堤填塘固基应急工程；2000 年，完成独流减河左堤大港段堤防防渗应急度汛工程；2001—2002年，完成独流减河左堤大港段应急度汛护砌工程；2002—2008 年，完成独流减河左堤复堤加固工程。截至 2010 年，独流减河左堤堤顶高程达到 5.48～8.28 米。

（三）西部防线

西部防线是为防止永定河、大清河洪水向清北地区分洪、威胁天津市区安全而设置的，由永定河泛区南遥堤、九里横堤、方官堤、十里横堤和中亭堤、西河右堤组成。城市防洪规划南遥堤、九里横堤、方官堤、十里横堤，按Ⅰ级堤防设计，200 年一遇设计洪水位 7.24 米，堤防设计超高2 米；西河右堤，按Ⅰ级堤防设计，200 年一遇设计洪水位 7.24 米，堤防设计超高 2.5 米；中亭堤，按Ⅱ级堤防设计，50 年一遇设计洪水位 6.44 米，堤防设计超高 2.5 米。

1998 年，按《永定新河治理建闸清淤方案可行性研究第一阶段报告》，南遥堤京福公路至屈家店闸上段修建了防洪墙；1999 年，完成九里横堤、十里横堤、西河右堤治理工程；2000—2001年，完成南遥堤（大范口至津永公路）险工治理工程；2000—2001 年，完成西河右堤治理工程；

2001—2002 年，完成中亭堤治理工程；2003 年，完成十里横堤、方官堤、九里横堤及南遥堤的连接堤堤顶防汛抢险路及排水工程。南遥堤的京福公路至屈家店闸上段、大范口至渔坝口段 18 千米及中亭堤 8.44 千米已达设计标准。

（四）防潮堤

天津市防潮堤全长 139.62 千米，其中城市防洪圈防潮堤长 65.57 千米，占全长的 46.96%。1991—2010 年，天津市建设完成"天津市防潮海堤 1996 年应急加固工程""天津市 1998 年海挡应急加固工程""天津市 1999 年海挡应急加固工程""天津市 2001 年海挡应急加固工程""天津市 2005 年海挡应急加固工程""天津市 2006 年海挡应急加固工程""天津市 2008 年海堤应急加固工程""天津市 2009 年海堤应急加固工程"，城市防洪圈防潮堤为重点建设堤段。1998—2002 年、2006—2009 年进行了城市防洪圈防潮堤应急加固工程建设，共治理防潮堤 33.60 千米，城市防洪圈防潮堤重点段达到了 50 年一遇、一般段 20 年一遇的防潮标准。

1991—2010 年天津城市防洪圈建设汇总见表 4-1-1-55。

表 4-1-1-55　　　　**1991—2010 年天津城市防洪圈建设汇总**

堤防名称	项目名称	主要建设内容	建设年份
永定新河右堤	永定新河清淤配套工程	永定新河右堤（桩号 14+5000～28+500）加高培厚	1991—1994
	永定新河右岸复堤工程	桩号为 32+200～32+270，38+220～40+120，41+000～122，津唐运河引堤 1550 米，复堤全长 8753 米	1997
	永定新河右堤应急加固工程	屈家店闸下至津塘运河段长 32000 米加高加固	1998
	永定新河右堤应急度汛工程	屈家店闸至大张庄闸（桩号 0+000～3+000，6+000～14+10），总长 11100 千米，堤基防渗水泥搅拌桩防渗墙，迎水坡采用复合土工膜、预制混凝土块护砌，堤顶采用 C20 现浇混凝土路面，两座穿堤建筑物更换铸铁闸门及两处填塘固基	2000
	永定新河右堤应急加固工程	右堤 53+300～59+300 段 6000 米加高加固，重建穿堤涵闸 5 座，倒虹 2 座	2002
	永定新河右堤应急加固工程	对桩号 14+100～32+048 段加固	2004
	永定新河一期治理工程	永定新河右堤治理完成加固堤防 2577 米（桩号 59+600～62+177），新建穿堤涵闸 8 座等	2005
独流减河左堤	独流减河西千米桥以下左堤加固扩建工程	对西千米桥下 960 米堤段及大港电厂区堤段防浪墙修筑，东台子至三号房 4270 米复堤加高，三号房至大港电厂 11500 米堤段复堤加固	1992—1994
	独流减河左堤填塘固基应急工程	左堤肩背水侧以外 25 米范围内修筑戗台（戗台顶高 3.3 米，边坡 1:3）；左堤肩背水侧以外 25～65 米范围内填塘，填塘高程 2.0 米	1999
	独流减河左堤大港段堤防防渗应急度汛工程	治理长 14570 米（46+116～60+687），采用深层搅拌水泥防渗墙，防渗墙厚度不小于 20 厘米，水泥渗入比为 13%，墙顶高程低于现状堤顶高程 0.5 米	2000
	独流减河左堤大港段应急度汛护砌工程	对独流减河左堤大港段长 7699 米（桩号 49+728～57+424）的迎水坡进行护砌	2001—2002
	独流减河左堤复堤加固工程	一期工程：独流减河左堤 25+400～60+687 段，长 35287 米加高加固，重建穿堤建筑物 4 座，加固穿堤建筑物 8 座；填塘固基 6600 米（桩号 25+400～32+000）；修建堤顶路面 863 米（桩号 42+942～43+805）	2002
		二期工程：完成左堤灌浆，加高 25400 米，堤顶路面 59824 米，上堤防汛路 11700 米，重建泵站 1 座，维修加固泵站 2 座	2005—2008

续表

堤防名称	项目名称	主要建设内容	建设年份
西部防线	南遥堤治理工程	京福公路至屈家店闸上 6600 米修建了防洪墙，墙顶高程 9.32 米	1998
	九里横堤、十里横堤、西河右堤治理工程	治理长度 6385 米，完成土方 24.90 万立方米，石方 1.14 万立方米，混凝土 0.07 万立方米	1999
	西河右堤治理工程	包括 11500 米的筑堤及 5 座穿堤涵闸。总工程量为土方 141.65 万立方米，石方 3.08 万立方米，混凝土 0.99 万立方米	2000—2001
	南遥堤（大范口至津永公路）险工治理工程	工程位于天津市武清县境内，总长 7767 米。工程由两部分组成，包括 7670 米复堤并做泥结石路面和重建两个穿堤涵闸（管）	2000—2001
	中亭堤治理工程	加高加固和防渗处理堤岸 8437 米。其中 2600 米（桩号 5＋400～8＋000）长堤段的堤身及堤基均做防渗处理，其余 5837 米长堤段做堤身防渗处理，重建大柳滩泵涵	2001—2002
	九里横堤至十里横堤治理工程	完成十里横堤、方官堤、九里横堤及永定河泛区南遥堤的连接堤堤顶防汛抢险路 11.433 千米及排水工程	2003
防潮堤	1996 年海挡应急加固工程	塘沽区北塘水产公司段 600 米石墙	1997
	1998 年海挡应急加固工程（一期）	海滨浴场段 3250 米、海滨浴场北海防路段 1632 米、拆船厂段 200 米，治理总长 5082 米	1997—1998
	1998 年海挡应急加固工程（二期）	海滨浴场段南段和海滨浴场段北段 14594 米	1998
	1999 年海挡应急加固工程	彩虹桥段 182 米、北塘段 212 米、天马拆船厂至保税区段 6024 米、白水头南至独流减河北 1718 米，治理总长 8136 米	1999
	2001 年海挡应急加固工程（一期）	市政泵站至轮船闸段 111 米、管线队段 382 米、北塘港至天马拆船厂段长 1154 米，治理总长 1647 米	2001—2002
	2005 年海挡应急加固工程（二期）	渔航道南至大沽排污河段 3053 米，塘沽大港交界至独流减河左堤段 166 米，治理总长 3219 米	2006—2008
	2008 年海挡应急加固工程	新港船闸至救助局段 321 米	2009

二、蓄滞洪区安全建设

蓄滞洪区在防汛抗洪工作中起着削峰缓洪、延长下泄时间、减轻下游灾害的重要作用。天津市在设计洪水标准内及非常洪水列入综合防洪体系规划的蓄滞洪区有 13 处，分别为北三河系的大黄堡洼、黄庄洼、青甸洼和盛庄洼，永定河系的永定河泛区、三角淀、淀北、西七里海，大清河系的东淀、文安洼、贾口洼、团泊洼、沙井子行洪道。1991—2010 年，天津市在实施蓄滞洪区安全建设的同时，加强了对蓄滞洪区的管理，解决了蓄滞洪区居民的安全避险问题。

（一）蓄滞洪区建设

针对蓄滞洪区人口增加、经济发展和分蓄洪水时区内居民的安全保障问题，1991 年，市政府将永定河泛区安全建设列入市政府为城乡人民办的 20 件实事之一，促进了蓄滞洪区安全建设工程的实施。之后，蓄滞洪区逐年安排建设工程，解决居民避险问题。

1991—1996 年，蓄滞洪区安全建设工程安排在大黄堡洼、永定河泛区、东淀、文安洼、贾口洼蓄滞洪区，共建成避洪安全台7000平方米、安全房73388平方米、安全楼7174平方米、楼代台4714平方米、台配套20871平方米、撤离路54.3千米，购置救生船54只，装备了部分通信预警系统。共完成投资5164.43万元，其中基建投资466万元，中央以工代赈投资400万元，市匹配投资650万元，县乡群众自筹3648.43万元。按"九五"期间标准，可安排3.77万人避洪及转移。

1997年，蓄滞洪区安全建设工程安排在大黄堡洼、青甸洼、永定河泛区、三角淀、西七里海、东淀、文安洼、贾口洼等蓄滞洪区，共涉及7个区（县）。安排工程项目20项，其中主要项目有：修筑围堤2538米，修筑及维修撤退路40.4千米，维修退水口门2座，建设安全房、安全台38388平方米等。项目总投资为1004万元。

1998年，蓄滞洪区安全建设工程安排在大黄堡洼、青甸洼、永定河泛区、三角淀、西七里海、东淀、文安洼、贾口洼等蓄滞洪区。主要建设项目有：建安全房45182平方米，安全楼3361平方米，修筑撤退路50.8千米，购置救生船31条、救生衣6200件、通信设施40台（套）。项目总投资为1400万元，其中年初安排资金600万元，下半年国家增量资金安排800万元（国家拨款200万元，天津市借款600万元）。可使近4万人安全避险。

1999年，在蓄滞洪区新建撤离路25.4千米，主要安排在分洪运用概率较大的大黄堡洼、西七里海、文安洼、贾口洼蓄滞洪区。完成国家补助资金200万元。可解决1.55万人的安全撤离。

2000年，完成蓄滞洪区安全建设12项。主要安排在分洪运用概率较大的青甸洼、永定河泛区、西七里海、东淀、贾口洼等蓄滞洪区，共新建撤离路12条34.85千米，其中混凝土路6条10.44千米，新建涵闸29座。共完成土方10.37万立方米，石方770立方米，混凝土9419立方米。完成总投资1518.89万元，其中中央预算内专项资金500万元，市水利建设基金500万元，地方自筹518.89万元。

2001年，天津市在大黄堡洼、永定河泛区、贾口洼、团泊洼蓄滞洪区修建撤退路6条，长23.871千米，路涵25座，完成投资933.98万元，其中市水利基金19.01万元，市财政专项447.98万元，区（县）自筹466.99万元。

2002年，投资1591.79万元，其中500.96万元用于2001年撤离路的续建，1090.83万元用于2002年17.1千米撤离路及一座桥梁建设。2002年完成的工程有：静海县贾口洼张大路5.83千米、大小路8.546千米、朱家村路2.838千米；武清区永定河泛区北安路3.944千米；宝坻县大黄堡洼尔于路0.676千米。

2003年，蓄滞洪区安全建设工程在大黄堡洼、永定河泛区、贾口洼蓄滞洪区，共完成5条撤离路，总长17.451千米，桥梁1座，完成总投资1029.99万元。

2004年，蓄滞洪区安全撤离路工程完成道路13条，总长37.82千米，涉及2个区（县），4个蓄滞洪区。其中武清区大黄堡洼2条，永定河泛区8条；北辰区永定河泛区1条；静海县贾口洼1条，团泊洼1条。完成投资1525.04万元。

2005年，蓄滞洪区安全建设工程完成撤离路18条，总长40.03千米，涉及2个区（县），4个蓄滞洪区。其中武清区永定河泛区5条，长6.27千米；大黄堡洼6条，长11.99千米；静海县贾口洼6条，长14.2千米；文安洼1条，长7.57千米。完成投资2011.1万元，其中国债资金1146.9万元，市筹145.7万元，区（县）自筹718.5万元。完成土方16.88万立方米，石方1446

立方米，混凝土 6413 立方米。

2006 年，蓄滞洪区安全建设工程完成撤离路 16 条，总长 54.06 千米，桥梁 7 座，涉及 4 个区（县）、6 个蓄滞洪区。其中武清区永定河泛区 3 条 4.64 千米，大黄堡洼 4 条 10.47 千米，桥梁（白楼桥）1 座；宝坻区大黄堡洼 2 条 19.8 千米，桥梁（西杜庄桥、李家河桥）2 座；蓟县青甸洼 2 条 5.6 千米，桥梁（柳子口桥、马营桥）2 座；静海县贾口洼 2 条 9.48 千米，文安洼 3 条 4.07 千米，团泊洼桥梁（郑庄桥、满意庄桥）2 座。完成投资 3415 万元，其中国债 1254.1 万元，市筹 998.9 万元，区（县）自筹 1162 万元。共完成土方 24.11 万立方米，石方 2151 立方米，混凝土 5676 立方米。

2007 年，蓄滞洪区安全建设工程完成撤离路 11 条，总长 38.72 千米，涉及 3 个区（县）、6 个蓄滞洪区。其中蓟县青甸洼 1 条 7.23 千米，武清区永定河泛区 1 条 1.17 千米，大黄堡洼 2 条 6.47 千米，静海县文安洼 1 条 7.68 千米，贾口洼 5 条 15.39 千米，东淀 1 条 0.78 千米，穿路涵 33 座。完成投资 2902.63 万元。共完成土方 30.58 万立方米，石方 1044 立方米，混凝土 17718 立方米。

2008 年，蓄滞洪区安全建设工程完成撤离路 17 条，总长 58.28 千米，涉及 3 个区（县）、6 个蓄滞洪区。其中武清区永定河泛区 3 条 11.902 千米，大黄堡洼 1 条 2.048 千米，静海县贾口洼 7 条 16.04 千米，东淀 2 条 3.05 千米，蓟县青甸洼 4 条 25.243 千米，穿路涵 24 座。完成投资 3810.1 万元。共完成土方 11.47 万立方米，石方 1200 立方米，混凝土 3.08 万立方米。

2009 年，天津市蓄滞洪区安全建设工程修建 18 条撤离路，总长 32.43 千米，安排避险转移人口 38611 人，涉及 5 个区（县）、6 个蓄滞洪区。其中武清区永定河泛区 1 条 1.7 千米，大黄堡洼 1 条 1.87 千米；静海县贾口洼 1 条 3.67 千米，东淀 1 条 2.13 千米；宝坻区大黄堡洼 4 条 2.53 千米；蓟县青甸洼 9 条 18.4 千米；宁河县七里海 1 条 2.13 千米，路涵共 19 座。完成投资 2571 万元。共完成土方 17.84 万立方米，石方 1200 立方米，混凝土 23400 立方米。

2010 年，天津市蓄滞洪区安全建设撤退路一期工程，安排蓟县青甸洼内修建撤离路 9 条，总长 9.42 千米。路面结构型式为水泥混凝土形式，路宽为 4～5 米，路肩宽度均为 0.75 米，路基宽为 5.5～6.5 米，路涵 5 座，完成投资 705 万元，安排避险转移人口 6822 人。

1991—2010 年，根据天津市防洪形势的需求，本着"突出重点，兼顾一般"的原则，分别在大黄堡洼、青甸洼、永定河泛区、三角淀、西七里海、东淀、文安洼、贾口洼、团泊洼 9 个蓄滞洪区实施了安全建设。截至 2010 年，蓄滞洪区安全建设累计总投资 2.98 亿元。共建成安全台 7000 平方米，安全房 15.7 万平方米，安全楼 10535 平方米，撤离路 517.82 千米以及购置了救生船、通信、预警设备等避洪救生设施，解决了区内 31.85 万人的安全避险问题。

（二）蓄滞洪区管理

1996 年，天津市颁布实施《天津市蓄滞洪区管理条例》（2004 年和 2010 年进行了修正），开始对蓄滞洪区加强管理。蓄滞洪区的安全、建设管理，实行市、区（县）、乡（镇）政府行政首长负责制。市和区（县）水行政主管部门负责日常工作；市和区（县）的计划、城建、规划、土地、农业、乡镇企业、计划生育、公安、交通、环保、卫生等行政主管部门，按照各自的职责，会同同级水行政主管部门对蓄滞洪区的安全、建设实施管理。并对蓄滞洪区的安全建设规划的编制、蓄滞洪区的土地利用、开发等作了具体要求。1997 年，市主管部门着手修订《天津市蓄滞洪区安全建设规划》。1998 年，对历年建设的安全房及安全楼统一制作标示牌，实行全市统一编号。1999 年，配合市财务、审计部门完成了国家对蓄滞洪区安全建设项目资金的审查工作。2000 年，天津市制定了《天津市蓄滞洪区安全建设工程管理办法》（试行），成立蓄滞洪区安全建设工程项目管理单位，自此工程建设严格按照基本建设程序执行，工程项目设计及工程调项、设计变更，均上报流域机构审查。同时，实行项目主管、项目法人、设计单位资质审查、工程监理、质量监督等各种责任制，严格控制，提高了工程的施工质量。2001 年，在工程建设实施前要求有关区（县）将自筹资金全部打入法人账户，专户存储，专款专用，由项目法人按施工进度拨款，保证工程的顺利实施和建设资金的使用安全。2001 年，根据国务院《蓄滞洪区运用补偿暂行办法》，结合天津市实际，完成了 13 个蓄滞洪区居民财产登记工作。2003 年，《天津市蓄滞洪区运用补偿暂行办法》颁布施行。为天津市蓄滞洪区运用后对居民合理补偿提供了依据。

三、应急度汛工程

应急度汛工程是对险段险工进行紧急的、临时性的工程处理措施，以力保水利工程能够安全度汛。天津市应急度汛工程适用范围为市管行洪河道、堤防、重要海堤以及沿河或拦河涵闸等。天津市应急度汛项目资金来源采取水利建设基金、中央下达的特大防汛补助费、受益地区自筹的形式，安排应急度汛工程。

1991—2010 年，共安排应急度汛项目 706 项，总投资约 3.53 亿元，使主要行洪河道堤防抢险的压力得到缓解，增强了天津市抗御自然灾害的能力。

1991—2010 年，天津市应急度汛工程记述如下：

1991—1996 年，主要安排的应急度汛工程建设项目有：海河、蓟运河、子牙河等重点河道砌石、复堤、三闸清淤（金钟河闸、宁车沽闸、蓟运河闸）、闸涵维修等项目，购置并安装防汛卫星云图、雷达终端、大屏幕显示屏、洪水预报系统等，总投资 4141 万元。这些应急度汛工程建设项目的实施，在抗御 "96·8" 洪水中发挥了重要作用。在高水位下，主要行洪河道无一处出现溃堤决口现象。卫星云图、雷达终端等在抗御 "96·8" 洪水中，为领导决策提供了及时、准确信息，为正确指挥 "96·8" 洪水调度赢得宝贵时间，减少了天津市洪涝灾害损失。

1997 年，完成应急度汛工程建设项目 42 项，总投资 1565.3 万元，工程量为土方 26.484 万立方米，石方 6700 立方米，混凝土 5700 立方米。工程项目有：蓄滞洪区水毁修复及安全建设工程 20 项，投资 1004.1 万元；应急度汛工程 19 项，投资 241.2 万元；特大防汛费工程 1 项（蓟运河闸水毁加固），投资 100 万元；中央水利建设基金工程 1 项（七里海围堤加固），投资 200 万元；其他工程 1 项（西河右堤加固 300 米）。这些工程的实施，使一批骨干行洪河道堤防抢险压力得到缓解，蓄滞洪区安全建设水平得到提高，增强了本市抗御自然灾害的能力。

1998 年，完成应急度汛工程建设项目 21 项，总投资 509.6 万元。其中应急度汛工程 20 项，投资 309.6 万元，项目包括中亭堤武清段护砌及十里横堤复堤、子牙新河左堤复堤工程、防汛资料归档、防汛办信息保障系统第二期工程、卫星雷达数据库、预报等运行维护、防汛通信网频道点用费一级网维护费、七里海分洪对策措施研究、蓟运河行洪能力分析计算、编印《海河流域 96·8 洪水分析》、北三河系河道图册、实时潮位监测系统、水情报汛电传机更新、防汛用图管理系统及图形软件购置、抢险实情统计信息保障系统培训班、防汛通信演习、培训班、永定河系蓄滞洪区水尺埋设、武清县荒凌庄抛石护险工程、蓟县防汛大屏幕会商系统补助费、宝坻县防汛应急抢险补助费、防办更新报废车一辆；中央水利建设基金 1 项，投资 200 万元，项目为蓟运河闸中深孔基础加固处理。这些工程使部分行洪河道堤防抢险压力得到缓解，保障了 1998 年安全度汛。

1999 年，天津市共安排应急度汛工程 35 项，总投资 4163.2 万元，其中中央水利建设基金 2250 万元，市水利建设基金 1173.6 万元，受益区县分摊 334.3 万元，市水利局自筹 80 万元，区（县）自筹 325.3 万元。工程量土方 70.5 万立方米，石方 5.49 万立方米，碎石 3600 立方米，混凝土 1.05 万立方米。主要安排了永定新河右堤 3＋000～6＋000 地段防渗处理和护砌、西河右堤 7＋700～11＋000 堤段铅丝笼护脚、独流减河左堤 19＋500～20＋500 堤段填塘固基和 47＋233～48＋333 堤段护坡等共 35 项工程。这些工程的实施，提高了天津市北部防线的防洪标准，消除了部分隐患；加固了天津市西部防线的堤防基础，提高了堤身的抗冲能力；提高了天津市南部防线的堤防防渗能力和抗冲刷能力，缓解了天津市城市防洪压力，为防洪工作奠定了一定的基础。

2000 年，完成应急度汛工程建设项目 25 项，总投资 2344.5 万元。其中市财政防汛费安排应急度汛工程 18 项，完成投资 414.5 万元，项目包括包括州河 0＋1000～0＋150 段筑堤护砌、防汛多媒体回报系统建设、防汛自动化信息网第一期建设和水情报汛计算机网络建设；市水利局、市财政局联合下达 2000 年应急度汛工程项目 7 项，工程总投资 1930 万元，其中中央水利建设基金 1530 万元，市水利建设基金 400 万元，项目包括海河干流应急处理工程、永定新河右堤淤背固堤示范工程、永定新河左堤复堤工程、子牙河锅底分洪闸应急加固工程、独流减河险工处理工程、市防汛机动抢险队设备购置补助费。

2001 年，完成应急度汛工程建设项目 32 项，总投资 2359.34 万元。其中市财政防汛费安排应急度汛工程 20 项，完成投资 476 万元，主要包括沟河小屯险工治理、蓟运河勾庄子涵洞修复、沟河和鲍丘河行洪能力计算及青甸洼分洪对策研究、水情信息分析系统、海河流域中部地区洪水预报研究等项目；市水利局、市财政局分三批联合下达 2001 年应急度汛工程项目 12 项，工程总投资 1883.34 万元，其中中央水利建设基金 1020 万元，市匹配 863.34 万元，项目包括永定新河左堤复堤工程、独流减河右堤复堤加固、永定河高楼险工护砌、潮白新河黄庄洼分洪闸应急处理、州河东赵各庄闸出现、于桥水库溢洪道闸门底板裂缝处理、北大港水库围堤应急加固、独流减河左堤复堤、独流减河左堤三箱涵洞拆除复堤、独流减河左堤堤防加固、蓟运河汉沽西孟村堤防加固、北运河十六孔分洪闸除险加固。

2002 年，完成应急度汛工程建设项目 40 项，总投资 2513.94 万元。其中市财政防汛费安排应急度汛工程 28 项，完成投资 650 万元，主要包括蓟运河右堤裂缝处理、独流减河右堤灌浆及左堤小卞庄闸应急加固、汉沽区海挡修复、宝坻引沟入潮复堤、青龙湾减河狼儿窝分洪闸上游清淤、舟桥 85 团钢木土石坝器材及防汛抢险片石购置、天津市防汛水情会商系统、天津市雨洪利用调度系统、青龙湾行洪能力计算等项目；市水利局、市财政局分三批联合下达 2002 年应急度汛工程项目 12 项，工程总投资 1863.94 万元，其中中央水利建设基金 700 万元，市匹配 1163.94 万元，项目包括青甸洼围堤应急加固工程、大港独流减河左堤护坡、西青独流减河左堤灌浆、北运河小王庄险工护砌、蓟运河左堤加高加固、沟河红旗庄闸维修、蓟运河西关闸、孟庄闸除险加固、青龙湾右堤复堤、独流减河右堤复堤、海河左堤填塘固基、海河右岸第六棉纺厂段护岸。

2003年，完成应急度汛工程建设项目50项，总投资2475.4万元。其中市财政防汛费安排应急度汛工程34项，完成投资773万元，主要包括沟河娘娘庙险工护砌、青龙湾减河东狼儿窝分洪闸上进洪道护砌、独流减河北台扬水站进水闸维修、独流减河左堤灌浆、金钟河抢险、耳闸挡水坝及永定新河挡潮埝抢险、补充防汛物资、天津市蓄滞洪区地理信息系统、实时水情网络系统维修维护、实时潮位监测系统维护、城市防洪预案编制等项目；市水利局、市财政局分三批联合下达2003年应急度汛工程项目16项，工程总投资1702.4万元，其中中央水利建设基金1200万元，市匹配454万元，区（县）自筹48.4万元，项目包括沟河孟家庄险工护砌、大港独流减河左堤护坡、沟河西四庄段复堤、永定河大旺村险工加固、永定新河潮白河故道河口封堵、大清河东风扬水站穿堤涵闸重建、于桥水库应急调度、秦营闸及渠道改造工程、东丽区海河抢险、津南区海河抢险、津南区大沽排污河险工加固、大港独流减河抢险、西青独流减河抢险、西青区大沽排污河险工加固、独流减河左堤灌浆、潮白河张老仁闸改造。因中央计划下达较晚，秦营闸及渠道改造、独流减河左堤灌浆、张老仁闸改造工程于2004年汛前完成。

2004年，完成应急度汛工程建设项目42项，总投资1617万元。其中市财政防汛费安排应急度汛工程29项，完成投资617万元，主要包括蓟运河芦台段抢险加固、独流减河穿堤涵闸维修、宁河通信塔迁建、兰泉河堤顶整修、潮白新河及青龙湾减河防洪能力核定、补充防汛物资、防汛演习、防汛业务培训、防汛信息系统建设、防汛一级通信网维护、天津市抗旱预案编制、城市防汛预案修订、水情信息发布平台、实时潮位监测系统维护等项目；市水利局、市财政局分两批联合下达2004年应急度汛工程项目13项，工程总投资1000万元，其中中央水利建设基金600万元，市匹配400万元，项目包括沟河三岔口险工加固、独流减河左堤护砌、北运河九百户险工加固、津唐运河田辛庄船闸加固、潮白新河玉米原种场穿堤涵闸维修加固、永定新河右堤灌浆加固、大清河左堤灌浆加固、蓟运河党校段应急加固、独流减河左堤应急加固、北大港水库围堤加固、天津市防汛机动抢险队应急建设；秦营闸及渠道改造工程、潮白河张老仁闸改造工程为2003年结转工程。独流减河左堤护砌工程因投资计划下达较晚，于2005年完成。

2005年，完成应急度汛工程建设项目48项，总投资2569.08万元。其中市财政防汛费安排应急度汛工程34项，完成投资937万元，主要包括金钟河右堤欢坨涵闸维修加固、潮白新河储庄闸维修加固、独流减河十米河南闸维修、筐儿港维修加固、城市防洪预案编制、蓄滞洪区财产登记补偿调查、大清河河道行洪能力核定、实时潮位监测系统改造等项目；市水利局、市财政局分两批联合下达2005年应急度汛工程项目14项，工程总投资1632.08万元，其中中央水利建设基金500万元，市匹配1096.02万元，区（县）自筹36.06万元，项目包括沟河段庄段护砌、北运河土城险工、永定新河左堤灌浆、大清河光明扬水站穿堤涵闸重建、独流减河右堤复堤、独流减河大港段护砌、子牙河右堤护砌、蓟运河应急度汛护坡、青龙湾减河中营桥加固、州河窦各庄段护砌、潮白新河黄庄洼退水闸加固、北京排污河赵庄子段加固、潮白新河淮淀闸加固、秦营闸及渠道改造工程。

2006年，完成应急度汛工程建设项目37项，总投资2639万元。其中市财政防汛费安排应急度汛工程22项，完成投资950万元，主要包括金钟河李场子涵闸拆除复堤、金钟河左堤二十七顷泵站维修加固、沟河西桥头险工加固、西河右堤填塘固基、独流减河复堤、蓄滞洪区财产登记补偿调查等项目；市水利局、市财政局联合下达 2006 年应急度汛工程项目 15 项，工程总投资 1689 万元，其中中央水利建设基金 500 万元，市匹配 1000 万元，区（县）自筹 189 万元，主要包括沟河下营段护砌、州河窦各庄段护砌、马白王嘴抢险路、沟河下午庄护砌、青龙湾减河吴打庄应急工程、独流减河管铺头排水闸加固、独流减河大港段护砌、子牙河右堤护砌、蓟运河后沽及粮食仓库险工加固、潮白新河黄庄洼退水闸加固、北京排污河赵庄子段加固、北京排污河右堤加固、潮白新河乐善闸加固、金钟河南孙庄节制闸加固、于桥水库水情遥测系统改造维护。

2007 年，完成应急度汛工程建设项目 17 项，总投资 1730 万元。其中市财政防汛费安排应急度汛工程 5 项，完成投资 200 万元，包括于桥水库水雨情自动测报系统通信铁塔改造、沟河右堤黄崖关险工、蓟运河左堤芦台段险工、海干右堤邢庄子段护砌、防潮口门建设；市水利局、市财政局联合下达 2007 年应急度汛工程项目 12 项，工程总投资 1530 万元，其中中央水利建设基金 500 万元，市匹配 1000 万元，区（县）自筹 30 万元，主要包括沟河西会段护砌、州河致富村段护砌、张头窝扬水站近水闸及泄水闸工程、海河干流右堤应急工程、独流减河右堤应急工程、子牙河右堤护砌、蓟运河汉沽区段工程、潮白新河俵口闸加固、北京排污河霍庄子段加固、永定新河左堤西辛庄段应急工程、永定新河右堤复堤及堤顶防汛路面工程、于桥水库太平庄护砌。

2008 年，市水利局、市财政局联合下达 2008 应急度汛工程项目 14 项，工程总投资 1410 万元，其中中央水利建设基金 500 万元，市匹配 850 万元，受益单位自筹 60 万元，包括州河桥头段险工应急处理、蓟运河红帽险工应急处理、船沽闸应急度汛加固、蓟运河留庄段应急度汛加固、永定河左堤应急度汛加固、北京排污河应急度汛加固、金钟河右堤应急度汛加固、海河南站应急度汛加固、大清河左堤应急度汛灌浆、西河右堤应急度汛护砌、于桥水库田各庄护砌、沟河段庄段应急度汛护砌、海河右堤邢庄段应急度汛加固、子牙新河用支六涵闸应急度汛加固。

2009 年，市水利局、市财政局分两批下达 2009 年应急度汛工程项目 27 项，总投资 2689.7 万元。其中特大防汛补助费 600 万元，市匹配 1950 万元，受益单位自筹 139.7 万元。主要包括蓟运河汉沽区孟瞿段应急度汛工程、沟河左岸大平安段应急度汛工程、青甸洼定福庄闸应急度汛工程、2009 年蓟运河宝坻区左家铺段应急度汛工程、蓟运河宝坻区李家口至苏庄段应急度汛工程、2009 年潮白新河左堤东白庄闸应急度汛工程、武清区北京排污河右堤应急度汛复堤工程、武清区秦营闸应急度汛工程、西河右堤应急护砌工程、大清河右堤应急度汛护砌工程、北京排污河右堤应急度汛工程、永定河左堤应急度汛复堤工程、海河右堤生产圈段应急度汛工程、于桥水库应急度汛工程等项目。

2010 年，市水利局、市财政局下达 2010 年应急度汛工程项目 20 项，总投资 2600 万元。其中特大防汛补助费 800 万元，市匹配 1800 万元。安排了蓟运河右堤九王庄险工护砌、蓟运河张辛村东段应急度汛工程、北京排污河左堤护砌工程、青甸洼秦庄子闸拆除重建工程、沟河小平安段河岸加固工程、永定河左堤 63+456～65+256 复堤工程、北京排污河右堤应急度汛工程、海河右岸应急度汛工程、西河右堤护砌工程、大清河右堤护砌工程、沿线口门封堵治理、于桥水库应急度汛工程等项目。

四、防汛信息化建设

天津市防汛信息化建设自 20 世纪 80 年代初起步，以有线通信和无线通信为主。20 世纪 90 年代计算机网络系统建设有了较大发展，建成了集有线通信、无线通信、计算机网络系统于一体的，覆盖全市绝大部分区域、技术设备较先进、性能可靠，功能齐全防汛通信网络，市防办可以语音通讯，接收和输出气象信息、实时水雨情信息等，在防汛工作中起到了重要作用。21 世纪初实施天津市城市防洪信息系统建设，与防汛计算机广域网相结合，形成较完整的防洪信息系统。并采用现代信息集成技术，把防汛调度中心改造成为以计算机网络信息系统为依托，水调、水情、网管部门配套的防汛会商音视频会议中心，提高了防汛会商的效率和防汛决策调度自动化水平。"十一五"期间根据《天津市防汛抗旱信息化建设近期安排意见》等文件精神，加强了防汛抗旱信息化基础工作，研发了于桥水库汛限水位动态控制系统、天津市雨洪资源利用管理信息系统、天津市主要行洪河道调度仿真系统等众多为防汛服务的应用系统，截至 2010 年，市防办实现了气象信息、实时水雨情和潮情信息、历史洪水信息等查询，实现了部分行洪河道和大型水库洪水预报调度，实现了防汛音视频会商等，提高了天津市防洪减灾的决策调度及管理水平。

（一）防汛信息化系统建设

防汛通信系统。防汛通信保障是天津市防汛工作的重要组成部分。20 世纪 90 年代，市水利局新建和改建了一点多址微波通信网、防汛一级网、防汛二级网和蓄滞洪区防汛信息反馈系统。在多次防汛演习中，提供了包括 800 兆数字集群、400 兆准集群、400 兆直呼等方式的可靠通信保障。特别是 2007 年永定河军地联合防汛演习中，完成了天津地区各演习场景的语音通信调度任务。防汛通信系统也是市防办与国家防办、有关省市防办、市防指成员、分部、有关委局、区县防办、市水务局各河系处、市水务局局属单位、有关闸站、新闻单位等业务往来必不可少的手段。

天津市防汛气象卫星云图接收处理系统。1991 年，由水利部和天津市共同投资 14 万元建成天津市防汛气象卫星云图接收处理系统，该系统采用计算机信息处理技术、卫星接收技术，接收处理 GMS 气象卫星云图资料。最初系统采用 C/S 结构，单机运行，2001 年改造为 B/S 结构，通过网络发布。该系统建成后，防汛调度人员可及时了解天气趋势，制定调度措施，在天津市的防汛抗旱业务工作中起到重要作用。

雷达资料接收显示系统。1993 年，市防办投资 20 万元建成气象雷达资料接收系统，该系统包括接收处理计算机、彩色打印机、调制解调器、不间断电源等设备，是通过 PSTN 远程登录到天津市气象台计算机网络中，把相关的气象雷达资料下载传输到市防办的接收机中显示打印。该系统专业性及实用性强，通过该系统市防办可以及时掌握天津市及相关地区的有关降雨信息及天气变化趋势，为天津市防洪调度，指挥决策提供重要的科学依据。

天津市防汛实时水情调度信息电子显示屏系统。1996 年，市防办投资 12 万元，组织市水利局水调处等相关部门，采用 LED 显示技术、计算机通信技术、单片机控制技术、网络技术，建成了天津市防汛实时水情调度信息电子显示屏系统。系统包括一块主屏显示防汛广域网上的天津市及相关流域主要报汛站点的实时水雨情信息、一块副屏显示单站的水雨情过程信息及重要防汛信息（以上两块屏设在市水利局防汛调度中心信息监视室）、三块远端屏（分别设在市水利局一楼电梯厅、二楼多功能厅、六楼电梯厅）显示重要的防汛信息。系统由一台连接防汛广域网的微机控制显示，并连接一台彩色打印机，可以输出过程线、调度通知等文档。在防汛调度、日常办公中发挥了重要作用。

天津市防汛信息保障系统。系统是市水利局水调处于 1997 年建成的防汛信息专用系统，该系统可使 12 个区（县）防办和市财政局、市水利局有关部门远程访问市防办服务器上的气象、卫星云图及实时水雨情等防汛信息。保障了防汛信息及时、可靠的接收与传递。该系统采用 X.25 通信技术及计算机网络技术，利用 Winodws（X.28）拨号接入与 X.25 技术结合，允许多个远程用户同时访问中心服务器。该系统中开发的应用软件系统具有可靠、运行费用低、保密性强、操作简便等特点。该系统建成后得到各区（县）防办及有关单位的广泛应用，提高了天津市防汛工作的效率和水平。

天津市城市防洪信息系统。2001 年开始建设，2004 年 10 月通过工程验收。主要包括水文信息采集子系统、通信子系统、计算机网络子系统和决策支持子系统 4 部分。系统总投资 6441.08 万元。

水文信息采集子系统以蓟运河水系各测站水文信息的采集、存储、传输为主，兼顾其他水系主要报汛站或主要监测断面，实现了各遥测断面水位、雨量数据的自动采集、存储及传输。系统共建设 1 个信息接收处理中心，19 个水文信息采集站点，实现 19 个雨量，42 组水位的自动采集、存储及传输。

通信子系统的建设内容为信息采集和网络联网提供传输信道，并提供防汛指挥命令下达信道。工程建设了覆盖天津市重点河道及蓄滞洪区的 800MHz 数字集群通信系统；覆盖北部地区重点部位的 PDH 数字微波通信系统和覆盖南部地区的小容量数字微波通信系统。

计算机网络子系统主要建设内容有：中心计算机网络系统、中心服务器及终端设备、中心网络系统辅助功能项目、于桥水库分中心计算机网络系统、机房建设、防雷系统、视频会议系统、软件系统。采用 Intranet 技术，建设覆盖水源调度处、水文水资源管理中心、于桥水库等有关业务部门的计算机网络系统，以提高防汛信息的收集速度和质量、扩充信息种类、监控突发事件，实现各级防汛部门信息共享，为防汛决策提供网络支持。本网络采用单独的网络布线系统，与水利局其他计算机网络是隔离的。

决策支持子系统主要建设了防汛综合数据库（Sybase）、信息接收处理、洪水预报和调度仿真模型以及系统的集成。防汛综合数据库通过 C/S 查询显示系统、B/S 查询显示系统的软件开发、天津市万分之一水利专题电子地图及市区影像图的制作、属性信息整理录入，实现了气象信息、实时水雨情信息（接收自水文总站水情科实时水雨情库和 19 个自动遥测站）、部分蓄滞洪区社会经济信息、部分防洪工程信息、历史洪水信息等查询。洪水预报和调度仿真系统采用丹麦水利研究所（DHI）的 MIKE11 洪水预报模型建立了蓟运河洪水预报和调度子系统，开发了具有实时校正功能的蓟运河流域降雨-径流模型、于桥水库上游流域的水文模型，实现了数据库（实时数据）与水文水动力模型的连接，形成蓟运河系洪水预报和调度子系统。

工程建设的完成使天津市初步形成了现代化水利通信网络。市水利局中心计算机网络和于桥水库水情分中心网络的运行，使天津市防洪减灾的决策调度及管理水平不断提高。2006年4月，天津市城市防洪信息系统工程被天津市人民政府信息化办公室评为天津市"十五"期间信息化优秀项目。

天津市防洪信息业务楼信息系统工程。工程于2005年5月建成，是一个包括防汛会商、会议报告以及多功能运用的综合系统工程。工程建设分为综合布线系统、计算机网络系统、UPS不间断电源系统、智能会议系统4个部分。该系统提高了视频会议的显示和控制能力，极大地提高了防汛会商的效率，为防汛会商提供了现代化信息平台。该系统在2007年永定河军地联合防汛演习中发挥了重要作用。

天津沿海实时潮位监测系统。系统始建于1998年，系统投资60万元。根据监控重点、便于管理、兼顾三区的原则，市防办建立了汉沽区李家河子泵站、大港电厂海泵房两个防潮系统监测站点。同时，经与国家海洋局塘沽海洋站协商，将其塘沽区东突堤监测点数据传输至市防办。2006年，市防办投资50万元，实施了沿海实时潮位监测系统改建项目，项目采用先进的雷达液位计监测潮位和GPRS无线传输方式，并将多项先进技术集成应用于该系统。改建后系统不仅运行稳定、可靠、精度高，而且维护管理方便、费用低，具有较高的技术水平。实现了沿海防潮信息的自动采集、传输，通过运行防潮系统中心控制软件，及时、准确地向市防办传输潮位信息，提高了天津市防潮预警水平，为天津市沿海地区防潮安全提供了保障。

天津市于桥水库汛限水位动态控制分析系统。该系统在不降低水库防洪标准的前提下，运用当代比较成熟的理论和技术手段，将于桥水库汛期划分为3个阶段；全面分析雨水情、工情、气象等综合条件，提出于桥水库合理的汛限水位动态控制方式；根据不同洪水预报模型制定合理调度运用方案，为水库科学调度，洪水资源化提供数据支持。该系统建于2006年，投资120万元。

天津市雨洪资源利用管理信息系统。根据天津市设计洪水、中小洪水调度方案，结合天津实际工况，以北运河、蓟运河水系为重点开展北水南调雨洪利用研究，通过水力学演算，计算两河系不同方案现状沿河水位、水量，为合理配置雨洪水资源，科学调度提供数据支持，并在汛期雨洪利用调度决策中得到多次应用。该系统建于2006年，投资39万元。

天津市主要行洪河道调度仿真系统。系统是根据天津市主要行洪河道的最新测量成果，通过引进丹麦水利研究所（DHI）的MIKE11水动力模型，结合天津市河道、地形、调度方案等具体情况，对河道在不同情况下的行洪能力进行调度仿真。2006年，市防办开始研发，2009年完成潮白新河、青龙湾减河的调度行洪能力演算。项目投资40万元。该项目以青龙湾减河、潮白新河水系为对象，研究开发天津市主要行洪河道洪水调度仿真系统平台；项目成果具有基于MIKE系列软件包和WebGis平台的洪水预警、洪水遭遇动态仿真模拟，基于电子地图的二维洪水实时动态飞行等仿真功能，实现现状河道不同工况下的行洪能力复核、河道堤防防御重点分析、蓄滞洪区洪水动态演进和模拟、不同调度方案对比分析、方案优劣评价。分析成果为调度决策、蓄滞洪区群众安全转移和河道防洪抢险方案的制定提供可操作性的技术支持。

天津市防汛通信应急指挥系统（防汛通信应急指挥车）。2008年，为应对水利工程大堤决口等突发事件，把现场不同角度的实况实时地传送到远程固定指挥中心，市水利局开展了防汛通信应急指挥系统项目建设，项目投资265万元。该项目采用现代化的卫星及图像等通信技术、计算机软/硬件技术、电子及自动化控制技术，建成一个先进实用、灵活机动的集现场实况信息采集传输与指挥于一体的通信应急系统。系统的主要信息流程：通过现场单兵视频采集系统将现场图像传输至应急车内，再由应急车载卫星设备将相应信息上传至水利部卫星地面接收站，同时通过光线通道将应信息传送至天津市水利局防汛会商平台，实现防汛决策部门对远端实况的实时观看和信息交互。应急车载短波系统可完成车辆方圆 5～10 千米范围内的语音调度指挥任务，提高了对突发公共事件的监测、监控、预测预警和高效处置能力，为市水务局处置突发应急公共事件提供了技术支撑。

国家防汛抗旱指挥系统一期天津定制项目。国家防汛抗旱指挥系统一期工程是由国家防总组织各省（自治区、直辖市）防汛部门统一开发的防汛指挥平台，2009 年建成并投入运行。国家防汛抗旱指挥系统天津项目建设分为信息采集系统、计算机网络系统、决策支持系统、计算机网络骨干网系统 4 个方面。2004 年根据水利部要求建设，和水利部专线连接，是以国家防汛抗旱指挥系统天津骨干网为核心，与天津市防汛部门和防汛设施互联形成的计算机专用网络系统，是水利部（国家防办）到各流域机构和省（自治区、直辖市）防汛抗旱部门的计算机骨干网络的重要组成部分，主要用于防汛抗旱指挥系统的运行。

国家防汛抗旱指挥系统决策支持系统。按照"两台一库"的系统架构完成了信息汇集平台、应用支撑平台、综合数据库的建设，以及水情会商系统、洪水预报系统、信息服务系统、业务管理系统、气象服务系统及抗旱管理系统等应用系统的建设。总投资 1400 万元。

蓟县山洪灾害监测预警系统。该系统是全国 103 个县级山洪灾害防治试点建设项目之一。项目自 2009 年 10 月开工建设，按照国家防汛抗旱总指挥部办公室山洪灾害防治试点建设工作要求，结合蓟县实际情况，进行了水雨情监测、预警系统和群测群防体系建设，整合了前期建设的自动信息采集系统，于 2010 年 5 月建设完成。通过山洪灾害防治试点建设。系统投资 225 万元。

（二）防汛抗旱信息化基础工作

天津市万分之一大比例尺水利专题电子地图。为了提高天津市防汛指挥调度水平，2004 年，市防办联合天津市测绘部门及各区（县）防汛部门制作了万分之一大比例尺水利专题电子地图。该项目包含在天津市城市防洪信息系统工程建设决策支持系统中，项目投资 87.6 万元。该项目以天津市测绘院"天津市 1∶10000 比例尺通用地形图"为基础，二次开发了天津市区域水利专题电子地图。内容涵盖河系、防洪工程、水工建筑、监测站点、蓄滞洪区、农田排沥、输水线路、地形地貌、植被等九大方面，74 个图层。万分之一水利专题电子地图在天津市水利规划、防洪决策、工程管理工作中起到重要作用。

天津市主要行洪河道测量及资料汇编。为了做好天津市的防洪调度，针对河道现状逐年开展了行洪河道断面测量工作，以便全面细致地了解天津市主要行洪河道的地形特征，取得基础数据，为天津市科学合理地进行防洪规划、工程管理、防洪减灾决策提供服务。2010 年，完成了天津市主要行洪河道以及堤防的测量工作，为天津市的防洪、防潮决策提供了第一手资料。在测量工作的基础上，安排了防汛基本资料整编工作，把气象、水文、河道、闸站、堤防、预案等防汛基础信息进行系统的整理与规范，为防汛抗旱指挥决策提供可靠的基本信息。

天津市防汛抗旱业务梳理工作。2010 年，防汛抗旱业务梳理工作从防汛抗旱的核心业务入手，经过业务目录梳理、业务流程节点分析、业务流程图绘制、信息源分析、标准制度整理等阶段，完成了防洪调度、城市供水、抗旱管理、工程管理、防汛检查、防汛队伍管理、预案及责任制管理、物资管理、防潮管理、信息化建设、行政办公等业务梳理内容，特别是从市级防汛抗旱管理部门、区（县）级防汛抗旱管理部门、河系管理部门等角度对业务的衔接及信息源需求进行了分析，为信息化建设与管理、信息共享打下基础。此次业务梳理共计梳理业务200多项，绘制流程图100多幅，整理信息源表单约1000个。此项工作不仅为开展防汛抗旱信息化建设打下坚实基础，同时为规范各项防汛抗旱业务工作，提高防汛抗旱业务工作的效率和水平提供了重要的依据。

天津市防汛控制闸站报汛水尺基点联测。因建设时间不同，天津市防汛控制闸站报汛水尺存在高程不统一的问题，给防汛调度指挥工作带来不利影响。为了解决这个问题，市防办组织实施了防汛控制闸站报汛水尺基点联测项目，完成了49个防汛控制闸站报汛水尺基点引测，并分别提出了报汛水尺基点冻结高程与2002年、2009年国家85高程的修正系数，为统一各闸站报汛水尺基点高程基准面，按实际高程修订水情报表提供了依据。

天津市主要行洪河道行洪能力分析计算。由于天津市的主要行洪河道多年没有来水，河道地形发生了较大改变；同时随着社会经济建设的飞速发展，地理环境变化也很大。通过引进国际先进的MIKE11系列洪水分析模型软件，结合河道测量工作，开展了主要行洪河道的行洪能力分析工作，通过计算，分析在不同的初始条件、堤防情况、调度策略下各条主要行洪河道的过流能力，为防洪减灾的决策调度提供了参考。

第二节　组　织　管　理

1991—2010年，天津市防汛抗旱工作实行各级政府行政首长负责制，统一指挥，分级分部门负责。各有关部门实行防汛岗位责任制。2007年9月13日，天津市第十四届人民代表大会常务委员会第三十九次会议通过《天津市防洪抗旱条例》，防汛抗旱工作进一步正规化、规范化。

一、防汛组织

市委、市政府高度重视防汛抗旱工作。1979年市政府设立天津市防汛抗旱指挥部，负责组织领导天津市的防汛抗旱工作。下设办公室，其办事机构设在市水利（水务）局。历任市长任指挥，常务副市长、主管城建副市长、主管农业副市长（主持日常工作）、天津警备区副司令、水利部海委主任、天津市水利（水务）局局长任副指挥，市有关委、办、局和武警天津总队主管领导任成员，天津市防汛抗旱指挥部办公室负责日常工作。天津市防汛抗旱指挥部下设市区分部、农村分部、防潮分部3个分指挥部。市区分部负责组织领导市区的防汛工作，农村分部负责组织领导农村的抗旱排涝工作，防潮分部负责组织领导沿海防潮工作。1991—2010年天津市防汛指挥部领导成员名单见表4-1-2-56。

表 4-1-2-56　　　**1991—2010 年天津市防汛指挥部领导成员名单**

年份	指挥	副 指 挥	顾 问
1991—1992	聂璧初（市长）	陆焕生（副市长）、李振东（副市长）、张绍宗（市政府副秘书长）、相英荣（天津警备区副参谋长）、张泽鸿（海委主任）、张志森（市水利局局长）	马驰（原市城建委主任）、马树魁（原市水利局党委书记）
1993	张立昌（市长）	李盛霖（常务副市长）、杨志华（天津警备区司令员）、王德惠（副市长）、朱连康（副市长）、陆焕生（市政协副主席）、张泽鸿（海委主任）、张志森（市水利局局长）	
1994	张立昌（市长）	李盛霖（常务副市长）、王德惠（副市长）、朱连康（副市长）、陆焕生（市政协副主席）、李凤河（天津警备区副司令员）、张泽鸿（海委主任）、王耀宗（市水利局局长）	
1995—1996	张立昌（市长）	李盛霖（常务副市长）、王德惠（副市长）、朱连康（副市长）、陆焕生（市政协副主席）、李凤河（天津警备区副司令员）、鄂竟平（海委主任）、刘振邦（市水利局局长）	
1997	张立昌（市长）	李盛霖（常务副市长）、王德惠（副市长）、朱连康（副市长）、陆焕生（市政协副主席）、李凤河（天津警备区副司令员）、鄂竟平（海委主任）、刘振邦（市水利局局长）	王耀宗（市水利局党委书记）
1998	李盛霖（市长）	杨新成（常务副市长）、王德惠（副市长）、孙海麟（副市长，主持日常工作）、朱连康（市政协副主席）、杨冀平（天津警备区副司令员）、张锁柱（海委主任）、刘振邦（市水利局局长）	陆焕生（原市政协副主席）、王耀宗（市水利局党委书记）
1999—2000	李盛霖（市长）	杨新成（常务副市长）、王德惠（副市长）、孙海麟（副市长，主持日常工作）、杨钧（天津警备区副司令员）、王志民（海委主任）、刘振邦（市水利局局长）	朱连康（市政协副主席）、王耀宗（市水利局党委书记）
2001	李盛霖（市长）	杨新成（常务副市长）、王德惠（副市长）、孙海麟（副市长，主持日常工作）、杨冀平（天津警备区副司令员）、王志民（海委主任）、刘振邦（市水利局局长）	陆焕生（原市政协副主席）、王耀宗（市水利局党委书记）
2002	李盛霖（市长）	杨新成（常务副市长）、王德惠（副市长）、孙海麟（副市长，主持日常工作）、俞森海（天津警备区副司令员）、何荣林（市政府副秘书长）、王志民（海委主任）、刘振邦（市水利局局长）	陆焕生（原市政协副主席）、杨钧（原天津警备区副司令员）、王耀宗（原市水利局党委书记）
2003	戴相龙（市长）	夏宝龙（常务副市长）、孙海麟（副市长，主持日常工作）、陈质枫（副市长）、俞森海（天津警备区副司令员）、邓坚（海委主任）、刘振邦（市水利局局长）	陆焕生（原市政协副主席）、杨钧（原天津警备区副司令员）、王耀宗（原市水利局党委书记）
2004—2005	戴相龙（市长）	常务副市长、孙海麟（副市长，主持日常工作）、陈质枫（副市长）、崔立学（天津警备区副司令员）、邓坚（海委主任）、王宏江（市水利局局长）	刘振邦（市水利局党委书记）
2006	戴相龙（市长）	常务副市长、孙海麟（副市长，主持日常工作）、陈质枫（副市长）、王建盈（天津警备区副司令员）、任宪韶（海委主任）、王宏江（市水利局局长）	刘振邦（市水利局党委书记）
2007	戴相龙（市长）	常务副市长、只升华（副市长，主持日常工作）、陈质枫（副市长）、王建盈（天津警备区副司令员）、任宪韶（海委主任）、王宏江（市水利局局长）	刘振邦（市水利局党委书记）
2008—2009	市长	常务副市长、熊建平（副市长）、李文喜（副市长，主持日常工作）、李德生（天津警备区副司令员）、任宪韶（海委主任）、朱芳清（市水利局局长）	刘振邦（市水利局党委书记）、董迎科（市政府办公厅副主任）
2010	市长	常务副市长、熊建平（副市长）、李文喜（副市长，主持日常工作）、杜克明（天津警备区副司令员）、于忠诚（市政府副秘书长）、任宪韶（海委主任）、朱芳清（市水务局局长）	慈树成（市水务局党委书记）

区（县）政府设立防汛抗旱指挥机构，在市政府防汛抗旱指挥机构和本级政府的领导下，执行上级防汛抗旱指令，统一指挥本地区的防汛抗旱工作。其办事机构设在区（县）水行政主管部门。和平区、河东区、河西区、河北区、南开区、红桥区的防汛抗旱办事机构的设定由各区政府指定。

有防汛任务的各部门，如交通、铁路、电力、电信、气象、卫生等建立了本部门的防汛组织机构，负责本行业的防汛工作。2006年，天津市成立河系处，由河系处负责所管辖河道、水闸、泵站等防洪工程的管理和相关的防汛、排涝日常工作。

防汛职责及工作制度。市防指制订了天津市防汛职责及工作制度，明确了各级人民政府行政首长防汛职责、各级防汛指挥部的防汛职责、天津市防汛抗旱指挥部各有关部门防汛职责（包括天津市防汛抗旱指挥部成员单位的防汛职责、天津市防汛抗旱指挥部各组的防汛职责、分指挥部的防汛职责）、天津市防汛抗旱指挥部办公室有关部门防汛职责（包括天津市防汛抗旱指挥部办公室主要职责、天津市防汛抗旱指挥部办公室专家组职责）、天津市防汛机动抢险队防汛职责；建立了防汛会议制度、灾情核查与上报制度、防汛抗旱总结制度、防汛工作逐级检查督办制度、汛期气象、水情报告制度、公文办理制度、防汛值班制度、防汛例会制度等。

市水利（水务）局作为防汛抗旱办事机构，根据各单位分工，制定了《天津市水利（水务）局防汛工作职责》；按照各有关单位和部门的职责制定了《天津市水利（水务）局防汛工作人员上岗及洪水处置工作制度》；为加强河道管理，做好防洪抢险工作，制定了《防洪工程查险抢险工作制度》；为了做好洪水预报、预测、预警工作，更好地为防汛工作服务，制定了《水文、情报预报工作制度》；为保障抗洪抢险和防汛救灾的需要，规范市级防汛物资管理与调拨，制定了《市级防汛物资管理与调拨制度》，做到了职责清晰，分工明确，提高了工作效率。

二、防汛预案

1994年，按照天津市领导的要求和防汛工作的实际需要，市防办与有关部门配合对天津市防洪预案进行了较大的修改补充工作。修订后的天津市防洪预案包括海河流域概况、10个分预案和4个河系预案。10个分预案分别为特大洪水调度预案；中小洪水调度预案；前线指挥部设置预案；堤防固守预案；行洪河道险工险段抢险预案；通信预案；蓄滞洪区群众转移预案；生活供应、救灾救济、卫生防疫预案；供水、供电、供气安全保障预案；企、事业自保指挥预案。4个河系预案包括潮白、蓟运河防洪预案；永定、北运河防洪预案；海河干流防洪预案；大清、子牙河防洪预案。1995年，预案再次补充完善，印刷成册。1997—1998年，针对"96·8"洪水中暴露出来的问题进行总结，并开展实地考察和专题研究，对防汛预案组织修订。天津市有关部门还制定出防洪应急预案，如市交通局制定了防汛抢险物资紧急运输组织实施方案；市劳改局制定了分洪区内劳改人员转移预案；天津市防汛抗旱指挥部市区分部制定了市区泄洪河道抢险预案；市内6区也分别制定了抢险及积水区居民转移、接收、安置预案。各区（县）和一些部门也分别制定了防汛工作预案，上述防汛预案对天津市的防汛工作发挥着重要作用。

1999年，根据国家防总《关于编制城市防洪预案的通知》要求，市防办组织有关部门编制了《天津城市防洪预案》，替代了原《天津市防洪预案》。《天津城市防洪预案》由总预案和11个分预案组成。11个分预案分别为《洪水调度预案》《天津市洪水调度规程》《洪水测预报方案》《防洪工程抢险分预案》《防潮分预案》《市区、郊区排涝分预案》《分洪口门开设和蓄滞洪区群众转移分预案》《重点企业自保预案》《生活供应、救灾、防疫分预案》《供水、供气、供电保障分预案》《交通、通讯保障分预案》。每年对天津城市防洪预案修订一次，不断补充和完善。2008年《天津城市防洪预案》经市政府第12次常务会议审议通过，批转天津市各有关单位执行。

三、抢险队伍

20世纪90年代，防汛抢险主要依靠部队和群众，1992年9月受第16号强热带风暴潮的影响，天津市塘沽、汉沽、大港三区遭受强风暴潮袭击，这次防潮共组织出动50000余人参加抢险。1994年汛期天津市遭遇洪水、沥涝、强潮的连续袭击，天津警备区出动4300名解放军和预备役官兵坚守海河险工险段，市政系统2000余名职工昼夜排水。1996年天津抗洪抢险调动了驻津部队3400名兵力投入防汛，全市有20余万名民兵投入抢险。

1997年，国家防总作出决定，在全国长江、黄河、淮河、海河、珠江、辽河、松花江七大江河和重点海堤着手组建具备先进抢险技术、先进抢险设备、丰富抢险经验、熟悉工程地形的防汛机动抢险队。1997年，天津警备区在汛前组建了50万民兵抢险队伍，各区（县）都组成了机动抢险突击队，并配备必要的交通工具、抢险器材和物资。6月4—6日，市防办在宁河县对抢险骨干进行了防汛抢险培训。同时，各区（县）也组织了相应的培训和抢险演练。1997年，天津渤海出现强潮，塘沽区、汉沽区、大港区及沿海有关单位及时部署抗御风暴潮抢险工作，共组织调动干部群众24500余人、部队官兵2560人进行防抢。

1999年，汛前天津警备区组建了48万民兵抢险队伍，抢险责任人到责任段认段并熟悉工作情况，落实抢险方案。7月20日组织了一次多方位出现险情、各有关区（县）和部队参加的大型综合演习。市委常委、天津警备区司令员滑兵来和副市长孙海麟任演习总指挥，警备区其他负责人和市防指领导分赴演练地区现场指导。各区（县）及市内重要企事业单位都组建了抢险队伍，并结合本地实际，组织了防汛抢险演习。

2000年，国家防办下发《关于防汛机动抢险队试点实施方案的批复》，天津作为全国第三批防汛机动抢险队试点单位之一，成立国家级防汛机动抢险队，下设第一分队（宝坻）、第二分队（大港）。国家投资150万元，天津市投资150万元，分别给两个分队增添机动抢险设备。经过成立组织，建立健全规章制度，购置防汛抢险设备，组织技术培训、演练等工作，于2001年9月率先通过国家防办组织的审查。2004年成立第三分队（西青）、第四分队（武清）。按照防汛抢险专业化、现代化水平的要求，天津警备区、各区（县）人武部组建了50万民兵的防汛抢险队伍。各区县成立了50～100人的机动抢险队伍，配备挖掘机和运输车等大型机动抢险设备，开展了防洪堤决口封堵等抢险演习，提高机械化抗洪抢险实战能力和水平。7月15日，市防指在永定新河组织了包括堤防查险抢险、蓄滞洪区群众安全转移安置、分洪口门爆破和通信保障等科目的防汛综合演习，针对蓄滞洪区启用时防汛调度、应急通信、群众撤退转移安置、交通、卫生、安全保障的各个环节工作进行检验，积累和提高防汛组织、指挥调度、抢险救灾的实战经验，增强全市防汛各部门之间的协同作战能力。部分区（县）抢险队伍也结合本区的实际情况，开展了抢险演习。

2005年成立市级防汛机动抢险队，下设天津市水利工程公司分队和天津市振津集团公司分队；同年6月，市防办组织了大清河系防汛综合演习，内容主要包括蓄滞洪区群众转移及异地接收安置，行洪河道堤防查险排险等。各区（县）针对可能发生的险情，开展了防汛抢险和群众转移实战演练。2008年成立蓟县、宁河两支市级防汛抢险队。

截至2010年，天津市防洪抢险力量主要包括驻津部队、民兵预备役以及天津市防汛机动抢险队。驻津部队和民兵预备役由天津警备区负责组织落实和协调指挥，协助地方政府做好抗洪抢险准备等。天津市防汛机动抢险队由600余人的专业技术人员和施工人员组成，分布在天津市防洪南系、北系和天津市中心城区，重点承担时间紧迫，需要迅速反应；险情处理技术难度大，需要专业化来支持；险情严重威胁堤坝安全，需要及时处理；出险工程或堤段非常重要必须全力确保安全的抗洪抢险任务。7月20日，市防办与天津警备区开展了2010年永定新河军地联合防汛演习。市委常委、常务副市长担任演习总指挥，市防指副指挥、副市长李文喜，市防指副指挥、市水务局局长朱芳清和天津警备区副参谋长王长兰担任演习副总指挥。海委主任任宪韶，市应急办主任周键，市水务局局领导张文波等，宝坻、宁河、北辰、武清主管防汛工作的区县长出席演习现场，各区（县）水务局负责人观摩演习。此次演习以永定河系持续降暴雨到大暴雨，官厅山峡区间出现10～20年一遇的暴雨洪水，洪水经永定新河下泄，市防指先后发布洪涝灾害Ⅲ级和Ⅱ级预警为背景，演练了预警启动、水文预报、洪水调度和综合措施、堤防抢险、分洪口门爆破及水文测流6个科目。此次演习策划严密，指挥得力、组织有序、效果突出，对防汛预案实效性和防汛应急抢险能力进行了全面检验。

防汛抢险实行地方行政首长负责制，各级防汛指挥部是防汛抢险的具体组织者。每年汛前要做如下工作：①各级防汛指挥部主动与当地驻军联系，介绍防御洪水方案，明确部队防守堤段和迁安救护任务，组织交流防汛抢险经验，并及时通报有关汛情和水情；②市防办聘请有防洪抢险和查险排险工作经验的专家对各区（县）的防汛抢险队伍进行专项培训，提高抢险队员应对复杂防洪情况的组织协调和应变能力；市防办与驻津某部队联合对水上救护分队进行操舟机手专项培训，使学员熟练掌握冲锋舟、橡皮船的驾驶技术和水上救生基本技能，增强天津市防汛抢险应急处置能力；③市防办组织开展防汛综合演习，比较大型的有2006年潮白河系防洪综合演习；2007年永定河军地联合防汛演习；2007年蓟县防洪综合演习；2009年永定河系洪水防御推演；2010年永定新河军地联合防汛演习，其中2007年永定河军地联合防汛演习由国家防办联合总参作战部组织实施。区（县）也因地制宜针对可能发生的险情，开展了防汛抢险和群众转移实战演练。市民防汛意识以及各有关单位与部队的协同组织能力不断提高，在抢险救灾和应急处置险情中取得成效。

四、防汛物资

（一）物资储备

20世纪60年代初，防汛物资储备主要靠计划安排，社会广泛储备，政府应急调拨的方式运作。1963年洪水后，市水利部门将用于抢险救灾的木船、桩木、铅丝、钢筋、块石、草袋等主要防汛抢险物资回收，分别存放在几个区（县）水利部门委托保管，这是较早形成的市级储备，又称区（县）代市级储备，由市防办统一调拨使用。

2005年，根据国家有关文件精神，市防办制定《天津市市级防汛物资管理办法》，规范了防汛物资的管理。同年，编制了《天津市防汛物资储备定额》，据此制定天津市防汛物资储备计划，并适时调整。2007年，按照国务院、中央军委颁布的《军队参加抢险救灾条例》的要求和天津市领导关于为驻津防汛抗洪值班部队配备必要防汛抢险物资器材的有关指示精神，市防办每年为防汛值班部队配备防汛抢险物资器材，进一步增强天津市防汛抗洪快速反应能力，为民兵预备役部队执行抢险任务创造条件。2009年，为加强企业代储物资的管理，出台《天津市企业代储防汛物资管理办法》，重新核定了储备物资的补贴标准。天津市扩建了储备仓库，防汛物资品种、数量都得到快速增长，满足了抗洪、抗御风暴潮、对口支援灾区、引黄输水等方面调用防汛物资的需要。

天津市防汛抢险物资主要采取市、区（县）两级储备。市级储备由市防办负责，分为市级专项储备和企业代储两种。市级专项储备是由市财政局筹措资金，市防办统一管理，市水务局杨柳青、珠江道两个物资仓库负责储备及日常管理，用于应急防洪抢险。主要包括砂石料、木材、编织物料、绑扎材料、油料、照明设备、防汛救生设备、排灌设备；根据河道堤防险工险段分布情况，为保证防洪抢险应急的需要，专储片石采取就近存放的原则，委托有关区县水利局河道部门负责代管。各企业冻结和储备的物资是市级专项储备的补充，每年汛前由市防办下达储备计划，市有关企业、集团公司，在汛期内承担部分物资的冻结储备，并在6月10日前备齐到位；为保证指挥畅通，建立了从市防指物资组到各企业集团、公司至物资仓库的领导岗位责任制和通讯网络。

截至2010年，市级专储物资包括：救生器材、抢险物资和抢险机具3大类40多个品种，其中救生物资包括：救生衣2万件、救生圈2800只、冲锋舟89条、橡皮船130艘、操舟机147台，抢险物资包括钢管342吨、铅丝84吨、土工布45000平方米、膨胀袋31200个、麻袋和编织袋22万条、桩木350立方米、编织布45000平方米，抢险机具包括发电机32台、照明车15台、应急照明灯1390只、打桩机14台、应急挡水子堤2450米、铁锹和铁镐9080把以及其他手动、电动防汛抢险工具。市级代储物资由市物资集团、市供销社等9个国有大型企业代储，包括：麻袋和编织袋60万条、砂石料2万吨、桩木150立方米、炸药45吨、排涝机泵257台（套）、维塑管3500米等。

按照防汛物资分级储备的要求，区（县）级防汛物资由各区（县）防汛主管部门负责，根据各区（县）河道及防洪责任划分区域储备所需抢险物资，主要储备有桩木、草袋、麻袋、编织袋、铁锹、铁镐等。

（二）防汛物资调拨

1992年9月，受第16号强热带风暴潮的影响，天津市塘沽、汉沽、大港三区遭受强风暴潮袭击。这次防潮抢险共出动抢险人员50000余人，抢险车辆570台，使用草袋15万条，编织袋14000条，片石700吨，木桩600根，木材36立方米。

1996年，为抗洪抢险，统一调用汉沽区、宁河县、宝坻县、蓟县等区（县）的防汛物资，集中使用了一部分桩木、草袋、编织袋、铅丝等物资，这部分防汛物资在抗洪抢险中发挥了重要作用。

在抗御 1997 年风暴潮中，共调用编织袋、麻袋、草袋 75000 条，运输车 3042 辆，挖掘机等机械 31 台，有效地发挥了抗潮减灾作用。

1998 年，长江、嫩江、松花江发生特大洪水，按照中央指示精神，在做好天津市防汛工作的同时，支援长江、嫩江、松花江流域抗洪抢险。市防办接到国家防总及有关单位调运抢险物资的传真或电话 21 次，每次都特事特办，立即组织实施。市防办的工作人员坚持 24 小时岗位不离人，做好协调调度。市防指物资组、交通运输组、安全保卫组和武清县、宝坻县防汛抗旱指挥部派人努力把防汛抢险物资运送到湖北、湖南、江西、安徽、吉林等 8 个省的目的地，8 月 4—18 日，市防办先后 3 次接到国家防总紧急命令，要求天津市防汛物资支援长江、松花江抗洪抢险，物资组在公安局、交管局等部门支持下，出动各种车辆 50 余部，昼夜兼程往返行程 8000 余千米，将编织袋 160 万条，救生衣 2000 件分别运往合肥、武汉和哈尔滨，完成了支援灾区运送抢险物资的艰巨任务。

2003 年 10 月 10 日中午，天津市开始降雨，随着降雨的不断加大，各河道水位上涨，市区多处积水，由于此次强降雨，致使市内新开河河道水位暴涨达 2.80 米，河水已经越过耳闸船闸闸门门顶，直逼上游围堰，而海河内流动的是来之不易的黄河水，一旦受到污染，将影响到全市人民的饮用水安全。为防止新开河污水外溢入海河，市水利局立即启动防汛抢险调拨预案，4 次紧急调运抢险物资袋 40000 条，铅丝 1 吨，土工布 1000 平方米，为抢险提供了必要的物资保障。

2008 年 6 月底、7 月初，天津市北部及上游地区多次出现强降雨过程，上游地区洪水下泄，本地河道沿岸集中排沥，造成蓟运河、潮白新河、永定新河等河道水位居高不下，蓟运河防潮闸上出现最高水位 3.48 米（大沽冻结高程），超过保证水位 48 厘米，蓟运河宁河、汉沽段堤防多处出险。为了保证蓟运河安全度汛，保护两岸人民群众生命财产安全，市防办决定对蓟运河宁河、汉沽段堤防采取抢搭子埝等多项抢险措施，同时实施蓟运河防潮闸上下、潮白新河防潮闸下以及永定新河紧急清淤。7 月 6 日晚，受持续降雨影响，蓟运河水位居高不下，蓟运河宁河县芦台镇曹庄段堤防出现坍塌、劈裂险情。宁河县防办立即组织防汛抢险技术骨干 200 人，动用车辆 20 车次、用土 500 立方米、木桩 150 棵、编织袋 2000 条进行堤防抢险。针对宁河县防办在抢险工作中出现的困难，市防办支援宁河县 2 艘冲锋舟用于防汛巡查和应急抢险。

2010 年调用挡水子堤、钢管、照明车、帐篷、打桩机等防汛物资；3 月底对口支援南方旱情严重地区抗旱发电机 14 台。

五、防汛部署（措施）

1991—2010 年，防汛工作立足事先防范，克服麻痹思想，落实好各项防御措施，主要包括汛前准备、汛期工作和汛后总结。

（一）汛前准备

1. 防汛部署

市防指每年汛前召开天津市防汛抗旱指挥部成员扩大会议。市防办每年汛前召开天津市防汛抗旱指挥部办公室会议，部署天津市防汛抗旱工作；市政府每年于汛前以津政发批转天津市防汛抗旱工作安排意见。

2. 汛前检查

每年汛前天津市领导率领有关单位负责人亲临防汛、排涝、抗潮第一线，检查防汛工程、防汛物资储备、市区排水、沿海地区防潮工作和山区小水库防汛措施落实情况，对防汛抗旱工作进行具体工作部署。到市防办听取气象趋势预测及防汛准备工作和城市供水形势情况汇报并协调解决防汛抗旱工作中存在的主要问题。

市防办每年组织市水利（水务）局领导带队分路对天津市各河系及各区（县）、大中型和山区小水库的防汛准备工作以及蓄滞洪区预警和安全避险设施逐一进行专项检查，对检查出的问题提出具体的处理措施，落实防汛责任。

农村分部、市区分部分别对农村和城区排涝设施进行检查，及时疏通排水河道和管网；水文部门加强水雨情测报设施的维护，保证及时准确报汛；通信部门对通信预警设施进行检查，保证通信畅通。

主汛期，市政府值班联络处会同市防办分路对各有关单位和区县防汛应急反应能力及值班情况进行检查，督促各区（县）、各部门和重点企业加强防汛值班，落实防汛综合措施，对个别单位存在的一些薄弱环节，提出整改意见。

各区（县）防汛责任人要按照防汛行政首长负责制的要求，分别带队检查防汛工作，解决工作存在的重点难点问题，督促各项措施落实到位。各区（县）防办也要按照防汛检查有关规范，对责任落实、工程建设、预案完善、队伍物资、薄弱环节处置、蓄滞洪区运用准备等措施进行督促检查，狠抓"组织、预案、措施、队伍、物资"的落实，对防汛检查发现的问题，要逐一采取有效措施加以解决，切实落实应急度汛措施，消除隐患。

3. 修订预案

每年汛前根据防汛工程变化和工作实际，市防办组织有关部门修订天津城市防洪预案等，完善有关防汛工作规程，并认真组织落实。

4. 物资检查

每年汛前结合本市实际情况，积极筹措资金，增加防汛物资储备；检查、维护、保养防汛抢险物资；落实防汛物资储备冻结计划；完善物资调拨预案。

5. 防汛抢险机动队伍培训演练工作

每年汛前实行军民联防，加强与当地驻军或武警部队的联系，通报防汛预案和情况，做好防汛准备。结合当地实际情况，组织开展形式多样的培训演练，增强应对各类险情的实战能力。

6. 河道清障及应急度汛工作

每年汛前重点组织对海河等19条一级行洪河道内阻水障碍物进行集中清理；滨海新区大港在主汛期到来之前完成独流减河313公顷苇障清除任务，保证河道行洪通畅。按计划完成应急度汛工程。

（二）汛期工作

汛期检查。按照"汛期不过、检查不止"的原则，组织对各个泵站、河道、水库做全面细致的检查，确保各项措施到位、确保人员全部到岗。对汛期在建工程责任单位进一步落实度汛预案，确保洪水下泄通畅和工程安全度汛。加强防洪工程管理维护，紧急情况下，安排增加巡堤查险次数,确保防汛安全。

防汛职守。加强防汛值班和领导带班,及时掌握和报告雨情、水情、险情,提高防汛信息报送效率。一旦发生洪水,各级防汛责任人和防汛有关部门要按照应急响应机制,迅速上岗到位,积极有效地组织指挥防汛抗洪、抢险救灾工作。

防汛指挥。发生强降雨、风暴潮时,各级领导和防汛责任人要深入一线靠前指挥调度。根据情况,听取水文、防汛等各有关部门的情况汇报,分析汛情发展趋势,做出正确的指挥决策。必要时派出工作组或专家组,深入市区、农村和山区等防汛一线地区,实地检查指导防汛排水工作。

洪水调度。密切关注上游雨情、水情和工情发展变化,加强防汛会商,严格控制主要行洪河道闸站和水库水位,加强河系联合调度管理,科学防控调度洪水,落实灾害防范措施,确保安全度汛。

(三) 汛后总结

汛后,各级防汛抗旱指挥部门对防汛进行全面检查总结,主要包括贯彻上级任务指示和完成情况、报汛工作、洪水调度的经验教训、抢险工作、物料供应,洪涝灾害统计分析工作等,并清查修复水毁工程,为第二年的防汛工作夯实基础。若发生较大灾情,及时组织做好灾后重建、生产自救等工作,迅速恢复灾区工农业生产。

第三节 汛 期 排 水

洪水调度的基本任务是确保防洪安全,合理调节洪水,最大限度地减轻洪水灾害,在保障防洪安全的前提下,充分利用雨洪资源,保护和改善生态环境。根据国家颁布的海河流域各河系洪水调度方案,1998年市防办修订的《天津市设计洪水、中小洪水调度方案》,在汛期实施调度工作中起到了重要作用。2003年为协调防洪与水资源利用和水生态环境改善等方面的关系,充分发挥中小洪水的综合效益,市防办再次组织修订《天津市设计洪水、中小洪水调度方案》,并经市政府批准执行。2007年为使各河系洪水调度方案具有可操作性,编制了《天津市一级行洪河道调度规程》。1991—2010年,天津市每年都有不同程度的洪水过程,经过精心部署,合理调度,在天津市各方面共同努力下,大水之年减少了洪灾损失,其余均安全下泄。

一、雨情、水情

汛期(6月1日至9月30日)天津市平均降水量462毫米,占全年降水量的80%左右。其中6月平均降水量79毫米,占全年降水量的14%;7月平均降水量185毫米,占全年降水量的32%;8月平均降水量150毫米,占全年降雨量的26%;9月平均降雨量48毫米,占全年降水量的8%。海河流域降雨量年内分配非常集中,汛期雨量占全年降雨量的75%~85%,全年降水量的多少常取决于一场或几场暴雨。暴雨主要发生在7月、8月,尤其是7月下旬至8月上旬为最多。

1991年，汛期天津市平均降水量452.6毫米，其中6月平均降水量83.5毫米，7月平均降水量221.8毫米，8月平均降水量64.5毫米，9月平均降水量82.8毫米。水情主要来自北京，汛期北京连降大到暴雨，雨洪水经天津市安全下泄。1991年入境水量12.89亿立方米，入海水量11.94亿立方米。

1992年，汛期天津市平均降水量326.2毫米，降水量偏少，属于干旱年份。其中6月平均降水量73.9毫米，7月平均降水量125.1毫米，8月平均降水量103.8毫米，9月平均降水量23.4毫米。各河系均未出现较明显的洪水过程。1992年入境水量1.749亿立方米，入海水量0.483亿立方米。

1993年，汛期天津市平均降水量373.3毫米，降水量偏少，属于干旱年份。其中6月平均降水量78.8毫米，7月平均降水量195.4毫米，8月平均降水量74.1毫米，9月平均降水量25毫米。各河系没有发生洪水过程，水情平稳。1993年入境水量5.988亿立方米，入海水量0.809亿立方米。

1994年，汛期天津市平均降水量546.6毫米，其中6月平均降水量40.7毫米，7月平均降水量224.8毫米，8月平均降水量209.4毫米，9月平均降水量71.7毫米。1994年入境水量26.457亿立方米，入海水量25.598亿立方米。

汛期天津市出现多年未有的较大汛情，7月12—13日凌晨，北运河、潮白河上游普降大到暴雨，造成北运河、潮白河、泃河上游洪水下泄，出现了青龙湾减河有史以来最大洪峰。还乡河等其他河系也出现小的洪水过程。8月5—8日，全市大范围降雨，海河二道闸超过警戒水位。针对汛期出现的洪水，沥涝、强潮的连续发生，1994年天津市实施防汛抢险。

1995年，汛期天津市平均降水量598.1毫米，其中6月平均降水量105.8毫米，7月平均降水量248毫米，8月平均降水量187.4毫米，9月平均降水量56.9毫米。1995年入境水量36.988亿立方米，入海水量51.917亿立方米。汛期由于市区及郊区大雨，造成雨水泄流不畅。

1996年，汛期天津市平均降水量470.7毫米，其中6月平均降水量73.7毫米，7月平均降水量140.5毫米，8月平均降水量203毫米，9月平均降水量53.5毫米。其中蓟县、宝坻县、武清县降水量偏大。6月1日至9月15日，蓟县累计降水量887.1毫米，比常年同期多55%，最大点雨量1188.1毫米。1996年入境水量62.3亿立方米，入海水量58.796亿立方米。

水情主要是8月初，受8号台风的影响，海河南系上游地区降了大暴雨，子牙河、大清河和南运河产生洪水，这3个河系的洪水总量110亿立方米，其中经由天津市境内的行洪河道渲泄入海的水量达58.796亿立方米。蓟运河系的于桥水库出现了自1960年建库以来的最高洪水位，水库下游蓟运河两岸发生了严重的洪涝。1996年，天津市实施抗洪抢险。

1997年，天津市汛期平均降水量277.25毫米，与常年同期相比，市区偏少47%，其他区（县）均偏少50%以上。其中6月平均降水量45毫米。降水量少，旱情趋于严重，武清县、汉沽区旱情最重。7月平均降水量72毫米，较常年偏少63%，津南区旱情最为严重，7月上、中旬降水量8.9毫米，较常年偏少91%，全月降水量23.5毫米。8月平均降水量95.65毫米，较常年偏少41%，武清县最少，只有64.9毫米。9月1—15日全市平均降水量64.6毫米。由于汛期降雨偏少，大多数河道水势平稳或干涸，只有潮白新河、青龙湾减河、北运河和引泃入潮及还乡河有径流过程，其他河道均未过水。汛期天津市入境水量5.834亿立方米，入海水量1.902亿立方米。

1998年，受"厄尔尼诺"现象和"拉尼娜"现象交替影响，降水时空分布不均。总量较常年略偏少，地区分布呈北多南少的格局；时间分布前期降水偏丰，中后期偏少。

1998年，天津市汛期平均降水量410毫米，较多年平均偏少1～3成。6月平均降水量115.4毫米，较常年多51％。7月平均降水量137.3毫米，较常年少29％，降水仍呈不平均分布，本市有5个区县降水接近常年或偏多，其中蓟县、宝坻县降水量在180毫米以上，其他区（县）均偏少，其中静海、北辰、宁河降水比常年少60％以上，尤其静海降水量仅40.9毫米，较常年少78％，为1959年以来历史同期降水量的极小值。8月平均降水量158.6毫米，与常年持平。9月平均降水量10.66毫米，较常年少77％，降水最多的东丽区26.8毫米，较常年少40％以上，宁河、北辰、大港为建站以来极小值，其他区（县）月降水量不足10毫米，均为历史同期所少有，加之气温异常偏高，土壤失墒很快，全市旱情均有不同程度的发生，静海等地旱情更为严重。

1998年，海河流域降水量接近常年，汛期流域内未发生大范围、高强度、长历时的降雨，也无台风登陆影响。降雨分别呈北系稍丰、南系稍枯的特点。汛期，蓟运河、潮白河、北运河有洪水过程，而流域南系天津入境站西河闸、独流减河新进洪闸、老进洪闸、南运河九宣闸汛期未过水。汛期入境水量16.034亿立方米，入海水量16.0776亿立方米。

1999年，境内汛期降雨偏少，旱情严重。汛期平均降水量210毫米，比常年同期偏少5成左右。其中6月平均降水量50毫米，比常年同期偏少3～4成；7月平均降水量62毫米，比常年同期偏少6～7成；8月平均降水量74毫米，比常年同期偏少5成左右；9月平均降水量24毫米。汛期入境水量4.0766亿立方米，出境水量0.7002亿立方米。

水情。7月12日8时至7月13日8时，北京地区普降中到大雨，导致7月13日22时26分土门楼站出现1999年最大的一次洪峰135立方米每秒。

1999年，天津市出现潮情。受第四号、第六号热带风暴的影响，分别在7月28日下午到夜间、8月3日夜间到8月4日夜，天津沿海的潮位比天文潮位高10～30厘米，塘沽海洋测潮站于7月28日17时和8月3日19时25分分别出现4.46米、4.45米的潮位，未出现超警戒水位的高潮位。另外受减弱低气压及偏东风的影响，渤海湾塘沽海域1999年8月10日下午发生明显增水，潮水逆海河闸顶漫溢，塘沽最高潮位5.03米（海洋基面，大沽高程下调1米），出现在14时54分。

2000年汛期，天津市境内降雨偏少，汛期平均降水量314毫米，比常年同期偏少3成左右。其中6月平均降水量9毫米，比常年同期偏少8～9成，创历史新低；7月平均降水量120毫米，比常年同期偏少4～5成；8月平均降水量170毫米，与常年同期基本持平；9月平均降水量15毫米。空间分布呈西北少、东南多的布局。汛期海河流域降水量比常年偏少，降水时空分布不均。主汛期流域内未发生大范围、高强度、长历时的降雨过程。汛期流域北系降雨比常年偏少4成左右；南系大部分地区降雨比常年偏少1～3成。汛期入境水量2.8726亿立方米，出境水量0.3287亿立方米。

2000年，天津市出现潮情。受台风影响，渤海湾塘沽海域发生增水现象。8月31日16时36分，海河闸闸下潮位达最高值5.27米（大沽冻结），最高时超过闸门顶0.07米，超高闸门时间持续30多分钟；塘沽海洋站潮位在8月31日16时35分左右达到最高，为4.77米（海图基面），在16时55分左右回落。

2001年，天津市汛期平均降水量365毫米，与常年同期相比偏少24％。6月偏多，7月、8月、9月偏少。其中6月平均降水量155.82毫米，较常年偏多104％；7月平均降水量117.48毫米，较常年少40％；8月平均降水量76.9毫米，较常年少52％；9月平均降水量14.2毫米，较常年偏少70％。

水情主要来自海河流域，7月24—25日，海河流域西北部地区普遍降雨，北京城区出现大到暴雨。受此影响，北运河产生径流，北关拦河闸、分洪闸均有洪水下泄。8月19—20日，海河流域发生一次较强的降雨过程，北京局部地区出现暴雨，北运河产生洪水下泄。汛期天津入境水量3.2305亿立方米，出境水量0.5915亿立方米。

2002年，天津市汛期平均降水量284.8毫米，与常年同期相比偏少40％。6月降水量略偏少，平均降水量69.17毫米，与常年同期相比偏少8％。7月平均降水量87.66毫米，与常年同期相比偏少54％；8月平均降水量100.34毫米，与常年同期相比偏少38％；9月平均降水量仅27.6毫米，与常年同期相比偏少41％。

水情来自北京。2002年7月底，受北京降雨影响，北运河有一次较明显的径流过程。汛期天津总入境水量2.2543亿立方米，出境水量0.4308亿立方米（海河防潮闸和蓟运河闸）。

2003年，天津市汛期平均降水量387毫米。6月平均降水量85.9毫米，降水量略偏多；7月平均降水量126.66毫米，降水普遍偏少；8月平均降水量112.38毫米；9月平均降水量62.2毫米，降水量部分地区明显偏多。汛期海河流域未发生大范围、高强度、长历时的降雨过程。由于流域降雨偏少，各河道汛期径流量远小于多年均值。汛期天津总入境水量2.6932亿立方米，出境水量0.4458亿立方米（海河防潮闸和蓟运河闸）。

2004年，天津市汛期平均降水量467毫米。6月、9月偏多，其中6月偏多47％，9月偏多188％；7月、8月偏少30％～40％。6月平均降水量113.9毫米，7月平均降水量112.9毫米。8月平均降水量102.56毫米，9月平均降水量137.71毫米。由于海河流域连续多年干旱少雨，加上主汛期7—8月降雨又偏少，大多数水库处于低水位状态，大部分河道基本处于干涸状态。汛期入境水量4.8665亿立方米，出境水量2.5370亿立方米。

汛期受降雨影响，北运河上游出现过洪水过程。

2005年，天津市汛期平均降水量393毫米，比常年同期偏少1.6成。6月平均降水量104毫米，比常年同期偏多3.5成；7月平均降水量139毫米，比常年同期偏少2.4成；8月平均降水量151毫米，接近常年同期值；9月天津境内无降雨。汛期入境水量5.21亿立方米，出境水量3.96亿立方米。

受2005年第9号台风"麦莎"的影响，8月8—9日，沿海地区出现强风暴潮。8月8日17时10分，塘沽地区出现5.19米（海图基面）最高潮位，超过警戒潮位0.29米。

2006年，天津市汛期平均降水量354毫米，比常年同期偏少2.3成。6月平均降水量62毫米，比常年同期偏少2成；7月平均降水量168毫米，比常年同期偏少0.9成；8月平均降水量122毫米，比常年同期偏少2.4成；9月天津境内基本无降雨。汛期入境水量5.1005亿立方米，出境水量4.1556亿立方米。

2007年，天津市汛期平均降水量280毫米。比常年同期偏少4成。6月平均降水量66毫米；7月平均降水量110毫米；8月平均降水量84毫米；9月平均降水量19毫米。汛期入境水量

3.2561 亿立方米，汛期出境水量 1.3884 亿立方米。

2008 年，天津市汛期平均降水量 477 毫米，比常年同期偏多 0.4 成。6 月平均降水量 137 毫米，比常年同期偏多 7.8 成；7 月平均降水量 163 毫米，比常年同期偏少 1.1 成；8 月平均降水量 100 毫米，比常年同期偏少 3.7 成；9 月平均降水量 76 毫米，比常年同期偏多 8.5 成。汛期蓟运河、潮白河、北运河有洪水过程。汛期入境水量 6.464 亿立方米，出境水量 10.847 亿立方米。

2009 年，天津市汛期平均降水量 453 毫米，接近常年同期。6 月平均降水量 127 毫米，比常年同期值偏多 6.5 成；7 月平均降水量 228 毫米，比常年同期值偏多 2.4 成；8 月平均降水量 85 毫米，比常年同期值偏少 4.6 成；进入 9 月至汛末平均降水量 13 毫米，小于常年同期值。

汛期内天津境内出现一次强降雨过程，7 月 22 日 8 时至 23 日 8 时，天津境内普降大到暴雨，局部大暴雨，个别站点特大暴雨。暴雨区集中在东部地区、市区，平均降水量 82 毫米。汛期入境水量 5.57 亿立方米，出境水量 6.07 亿立方米。

2010 年，天津市汛期平均降水量 311 毫米，比常年同期偏少 3 成，6 月平均降水量 70 毫米，比常年同期值偏少 1 成；7 月平均降水量 139 毫米，比常年同期值偏少 2 成多；8 月平均降水量 99 毫米，比常年同期值偏少近 4 成；进入 9 月至汛末平均降水量 3 毫米，小于常年同期值。

汛期内受区域降雨影响，北运河上游各闸多次相继提闸放水。汛期入境水量 3.977 亿立方米，出境水量 2.702 亿立方米。

二、洪水调度

天津市洪水主要受上游流域内降雨影响，经天津入海的洪水主要来自海河水系中的北三河系、永定河系、大清河系、子牙河系、漳卫河系、海河干流。

洪水多发生在 7 月和 8 月。天津市对洪水实施的调度与运用记述如下：

1991 年，汛期青龙湾减河有两次洪水过程，均经河道安全下泄。6 月 6—10 日，北京市连降大到暴雨，局部大暴雨，累计雨量在 80 毫米以上，使得青龙湾减河土门楼站于 6 月 11 日 20 时出现 358 立方米每秒洪峰，经青龙湾减河安全下泄。7 月 27—28 日，北京地区普降大到暴雨，累计降雨量为 80～100 毫米，使得青龙湾减河土门楼站于 29 日 22 时 33 分出现 369 立方米每秒的洪峰，经青龙湾减河安全下泄。

1994 年，汛期出现洪水、沥涝等灾害，天津市采取错峰调度，禁排分泄，降低水位等措施，使天津安全度汛。

7 月 12—13 日凌晨，天津市降大到暴雨，最大降雨在武清县高村 349 毫米。北运河、潮白河上游也普降大到暴雨，其中北京通州的杨镇 377 毫米、榆林庄 288 毫米、北关闸 304 毫米，造成北运河、潮白河、泃河上游洪水下泄。汛期天津市出现了多年未有的较大汛情。北运河北关拦河闸 7 月 13 日 8 时洪峰流量 490 立方米每秒，由于凉水河、通惠河的汇流及两岸排沥，杨洼闸在 7 月 13 日 16 时出现洪峰 775 立方米每秒，土门楼站于 7 月 13 日 17 时出现最大组合流量 1192 立方米每秒，相应水位 12.63 米程，由青龙湾减河下泄 1060 立方米每秒，狼儿窝分洪闸 14 日 4 时 30 分出现最高水位 8.52 米；泃河三河站 13 日 19 时洪峰流量 808 立方米每秒；潮白河吴村闸 14 日 5 时洪峰流量 598 立方米每秒；还乡河等其他河系也出现小的洪水过程。天津市适时提请北京市尽量将北京通县北关闸来水由北关分洪闸经运潮减河泄入潮白河，减轻北运河下游行洪压力；根据上游来量减小，水势趋缓，采取不分洪方案，青龙湾减河洪水泄入潮白新河；三河站来水由引沟入潮泄入潮白新河；采取错峰调度，潮白新河里自沽闸最大流量在 1790 立方米每秒，经宁车沽闸入海，宁车沽闸最大日均泄量达 694 立方米每秒。

7 月 11 日、12 日，市区大范围降雨，海河二道闸上水位已达 2.82 米（海河闸大沽冻结，下同，除注明外），海河闸上水位 2.56 米，超过二道闸上和海河闸上汛期控制水位。7 月 13 日 10 时，市防办通知津南区、东丽区、北辰区防办停止向海河排水，并利用陈台子泵站，将雨污水导入独流减河，同时利用耳闸分泄，金钟河闸赶潮提放，降低了海河水位。

7 月 12 日至 8 月 6 日，蓟运河系连续多次降雨，蓟县青甸洼频繁排沥，州河泄洪，九王庄引滦明渠进水闸关闭，城市供水改由尔王庄水库供给。

8 月 5—8 日，天津市大范围降雨，其中屈家店 112 毫米，耳闸 136 毫米，致使海河二道闸上最高水位于 8 月 7 日 20 时达 3.95 米，直接威胁天津市河东、河西、津南、东丽、塘沽等地区沿河两岸群众和企业的安全。市防办采取停止沿河两岸农田向海河排水，并及时安排西河闸倒流经子牙河至独流减河来降低海河水位。

1995 年，汛期天津市出现了洪水、内涝过程，天津市采取限排分泄、降低水位等措施，使天津安全度汛，并实施雨洪利用。7 月 14 日 8 时，青龙湾减河土门楼站出现洪峰，流量 520 立方米每秒，经青龙湾减河安全下泄。天津市区及郊区大雨，致使海河二道闸上最高水位达 3.65 米，海河闸最大日均泄量 84.3 立方米每秒，由于海河闸泄流不畅，二道闸上水位自 7 月 20 日至 9 月 15 日一直维持在 3 米以上。从 7 月 28 日限制区县向海河排沥，并由耳闸经新开河——金钟河分泄至永定新河以降低海河水位。

由于 8 月的降雨，大清河系白洋淀枣林庄闸 8 月 12 日 11 时 30 分提闸泄水。北大港水库、团泊洼水库视上游水情适时抢蓄，其后在确保防汛安全前提下，提启西河闸置换海河水，改善了海河水质。

1996 年，汛期受上游流域洪水下泄影响，天津市出现洪水过程，天津市实施抗洪抢险，保证了天津人民的生命财产安全。

汛期海河流域平均降雨量 615 毫米，降水偏多。降雨量主要集中在 7 月下旬和 8 月上旬。雨区主要分布在流域西南部的漳卫南运河、子牙河上游和大清河南北支，流域东北部的蓟运河、潮白河上游地区。7 月，天津市主要承泄了北运河上游洪水；8 月，海河流域发生自 1963 年以来的大洪水，天津市主要承泄了北三河、大清河和子牙河上游洪水。

7 月，青龙湾减河土门楼站发生两次洪水过程。7 月 9 日 23 时，最大流量 242 立方米每秒；7 月 31 日 8 时 30 分，最大流量 430 立方米每秒。经青龙湾减河安全下泄。

8 月初，受 9608 号台风的影响，海河南系普降暴雨，暴雨中心的河北省邢台县野沟门水库和平山县南西焦降雨量分别为 619 毫米和 651 毫米，天津市北部于桥水库以上地区平均降雨量达到 246 毫米，流域内除了永定河以外，其他河系均有较大的洪水过程，此次洪水最终汇集到天津市入海，蓟运河、潮白新河、独流减河、海河相继过水。8 月 9—10 日，于桥水库以上流域再降暴雨，平均降雨量 68.4 毫米。蓟运河洪水：汛期连续降雨，州河上游发生了 10 年一遇的洪水，于桥水库水位由 8 月 1 日的 19.23 米上升至 15 日的 22.62 米（建库以来最高洪水位，于桥水库汛限水位 19.87 米）。视上下游水情，于桥水库相机控泄，由 8 月 2 日的 52 立方米每秒加大到 5 日的 200 立方米每秒，8 月 11 日 20 时 50 分，于桥水库闭闸为下游错峰，10 小时后恢复泄量，限泄 52 立方米每秒，8 月于桥水库出库流量 3.696 亿立方米。于桥水库下泄洪水与州河两岸的蓟县、宝坻县、河北省玉田县的沥水以及鲍丘河的洪水和沟河辛撞闸至九王庄站区间入流经九王庄闸入蓟运河干流，九王庄闸上水位最高达 8.56 米，最大下泄量 307 立方米每秒，蓟运河支流还乡河有一次较大洪水过程，8 月 10 日 15 时，小定府庄站洪峰流量 177 立方米每秒，蓟运河防潮闸 7 月 30 日第一次逢潮提闸放水，汛末一直过水，汛期闸上最高水位 3.78 米，最大泄量 1000 立方米每秒，汛期下泄洪水 13.14 亿立方米。为保障洪水经蓟运河干流安全下泄，减少洪灾损失，在此期间沟河三岔口闸于 8 月 6 日 0 时提起泄洪，抢在州河洪峰到来之前通过九王庄闸下泄，同时蓟县青甸洼、太和洼采取限排措施，以减轻九王庄闸以下蓟运河干流行洪压力；为避免还乡河来水与蓟运河干流洪水遭遇，适时提请河北省唐山市邱庄水库控制泄量错峰；蓟运河干流两岸多次采取限制排沥措施，并封堵沿堤闸涵、豁口，组织抢险队伍上堤加高、加固堤防，加强防守；提开引滦明渠首闸分流；将蓟运河洪水导入潮白新河。大清河洪水：汛期大清河南、北两支均发生洪水，为加快洪水下泄速度，南北支洪水分别由大清河主河槽及滩地两路下泄。北支洪水 8 月 14 日进入天津境内静海台头至辛章公路，19 日 8 时第六埠淀内水位（第六埠口门临时水位）超过河道水位近 30 厘米，19 日晚第六埠口门爆破行洪，21 日水高庄口门和西河闸口门扒开泄洪，22 日静海老龙湾口门扒开行洪，22 日 8 时东淀淀内第六埠临时水位站最高水位 6.35 米，4 个口门的洪水连同中亭河及大清河的洪水一道经西河闸和独流减河进洪闸下泄，25 日口门最大流量 240～250 立方米每秒，8 月 19 日至 9 月 15 日，东淀洪水通过海河和独流减河泄洪约 3.0 亿立方米，淀内尚有 0.5 亿立方米。南支洪水入白洋淀调洪，由白洋淀出口枣林庄枢纽下泄，经赵王新河、东淀大清河主槽、独流减河入海，大清河台头站，8 月 6 日 20 时水位自 4.60 米起涨，13 日 12 时达到最高水位 6.78 米，16 日 14 时出现洪峰流量 599 立方米每秒，第六埠水位 8 月 13 日 18 时达到最高 6.39 米，截至 9 月 15 日台头站累计下泄 12.41 亿立方米。独流减河进洪闸 8 月 5 日提闸泄洪，13 日 8 时最大泄量 770 立方米每秒，截至 9 月 15 日，累计下泄 15.38 亿立方米。独流减河防潮闸自 8 月 5 日起赶潮提放，8 月 16 日 18 时 30 分最大下泄量 869 立方米每秒，至 9 月 15 日，累计下泄流量 10.40 亿立方米。进入 8 月中旬，为减轻大清河上游洪水压力，自 13 日 19 时 15 分提西河闸分泄东淀洪水，截至 9 月 15 日，经西河闸向海河分泄洪水 4.43 亿立方米。9 月 2 日 22 时海河二道闸最高水位达到 3.99 米（海河闸大沽冻结），海河闸昼夜提放，瞬时最大流量 325 立方米每秒，到 9 月 30 日经海河闸累计入海水量 6.13 亿立方米。子牙河洪水：8 月 4 日以后，子牙河系上游各大中型水库开始泄洪，大量洪水向下游倾泻。7 日 5 时左右到达献县枢纽，12 日 20 时献县枢纽最大洪峰 2019.5 立方米每秒，至 31 日 8 时献县以上共计来水 16.21 亿立方米，为避免子牙河洪水与大清河洪水遭遇，天津市提请河北省控制子牙河节制闸泄量，由节制闸向子牙河泄水 0.92 亿立方米，由泄洪闸和溢洪道向子牙新河泄水 15.29 亿立方米。北运河和潮白河洪水：8 月 6 日 5 时，青龙湾减河土门楼站出现洪峰流量 751 立方米每秒，由青龙湾减河下泄，下泄洪水与引沟入潮和潮白河来水经潮白新河里自沽闸至宁车沽闸入海，8 月 14 日潮白新河里自沽闸出现最大下泄量 1490 立方米每秒，到 9 月底，里自沽闸泄洪 15.16 亿立方米，自宁车沽闸入海累计水量 14.70 亿立方米。

1997 年：整个汛期，仅蓟运河、潮白河、北运河有洪水过程。

6月30日17时54分、7月4日8时、7月20日10时、8月1日12时青龙湾减河土门楼下泄量分别为38.2立方米每秒、185立方米每秒、535立方米每秒、287立方米每秒；沟河三河站来水由引沟入潮泄入潮白新河，7月20日8时、8月2日0时下泄量分别为96.4立方米每秒、87.9立方米每秒；潮白河吴村闸6月、7月、8月下泄潮白新河水量分别为0.881亿立方米、0.244亿立方米、0.303亿立方米；潮白新河里自沽闸、宁车沽闸适时控泄，8月9日8时54分里自沽闸闸门全关，9日11时18分月最高水位5.93米，里自沽闸上相应蓄水量0.595亿立方米，宁车沽闸上10日河干，汛期宁车沽闸累计过水1.424亿立方米。还乡河小定府站6月来水0.01亿立方米，7月平均流量0.77立方米每秒，8月平均流量1.60立方米每秒，来水0.043亿立方米。

汛期海河二道闸闸上最高水位为3.16米，通过引滦涵洞向海河补水0.528亿立方米，经海河闸下泄总水量0.4524亿立方米。

1998年：整个汛期，仅蓟运河、潮白河、北运河有洪水过程。

蓟运河：受7月12—14日流域上游较强降雨的影响，还乡河小定府庄站7月13日6时水位起涨，14日0时54分出现洪峰流量181立方米每秒。由于7月蓟运河上游降雨较充沛，于桥水库弃水，加上郊县排沥，九王庄闸于7月3日15时12分提闸泄水，15日16时九王庄闸最大泄量达到155立方米每秒。7月通过九王庄闸下泄水量1.334亿立方米，通过九王庄明渠向市区供水0.541亿立方米。蓟运河防潮闸7月7日6时6分起逢潮提闸放水，7月17日16时30分最大泄量610立方米每秒，汛期蓟运河防潮闸累计下泄水量4.0444亿立方米。

潮白河、北运河：受汛初较丰的降雨以及6月29—30日流域北系从上到下较强降雨的影响（最大降雨通县城关205.9毫米），北运河北关闸及青龙湾减河土门楼到潮白新河里自沽闸从6月29日23时至7月1日8时经历了一次洪水过程。北关拦河闸6月30日2时洪峰流量280立方米每秒；北关分洪闸6月30日18时提闸向运潮减河泄水，以减轻北运河的洪水压力。杨洼闸6月30日11时，出现最大洪峰流量464立方米每秒。青龙湾减河土门楼6月30日19时出现最高水位11.62米，最大洪峰流量770立方米每秒。狼儿窝7月1日2时出现最高水位6.90米，里自沽闸7月1日8时流量526立方米每秒。7月1日8时以后安全退水。7月5—6日，北京市及郊区普降大雨，局部暴雨，平均降雨量在50毫米左右。受流域上游降雨影响，北运河北关闸及青龙湾减河土门楼，潮白河吴村闸到里自沽闸从7月6日16时至7月8日8时经历了入汛以来第二次洪水过程。土门楼7月7日2时洪峰流量610立方米每秒。狼儿窝站7月7日9时最高水位达6.92米，此次土门楼洪峰比第一次小，但狼儿窝水位却比第一次高，出现这种现象是因为吴村闸流量较大，潮白新河水位较高对青龙湾减河洪水形成顶托（吴村闸过流情况：6日20时440立方米每秒，7日2时470立方米每秒、8日420立方米每秒），吴村闸、土门楼到里自沽闸洪水传播时间都是19小时左右。7月23—24日，北京城区及郊区降大雨，北运河产生第3次洪水，7月24日14时，土门楼洪峰流量610立方米每秒，狼儿窝7月25日22时达最高水位6.72米。潮白河吴村闸7月25日2时洪峰流量600立方米每秒，里自沽闸7月25日12时流量707立方米每秒。汛期宁车沽闸累计下泄水量10.2517亿立方米。

于桥水库：汛期于桥水库只有2次较大的入库过程。7月12日20时至7月13日14时，于桥水库以上平均降雨132毫米，于桥水库放量于7月13日17时40分加大到150立方米每秒，于桥水库入库洪峰出现在7月13日20时，洪峰流量为1043立方米每秒，水库水位涨至20.77米后即呈回落趋势。第 2 次入库洪峰出现在 7 月 24 日 12 时，入库洪峰流量 335 立方米每秒。

海河干流：汛期海河二道闸闸上最高水位为 3.29 米，海河闸闸上最高水位 2.93 米，经海河闸下泄总水量 1.7815 亿立方米。

2000 年：汛期洪水过程主要发生在北运河。

7 月 3—4 日，海河流域普降中到大雨，局部暴雨，北京地区也降了中到大雨，温榆河产流，北关拦河闸提闸下泄洪水。此次洪水经青龙湾减河、北运河安全下泄，青龙湾减河土门楼 7 月 5 日 22 时最大下泄量 372 立方米每秒，北运河土门楼 7 月 6 日 6 时最大下泄量 48 立方米每秒。

汛期海河二道闸闸上最高水位为 2.92 米，海河闸实测瞬时最大流量 292 立方米每秒。汛期经海河闸下泄总水量 0.2534 亿立方米。

蓟运河新防潮闸汛期下泄水量 0.0753 亿立方米每秒。

2001 年：汛期洪水过程主要发生在北运河。

7 月 24—25 日，海河流域西北部地区普遍降雨，北京城区出现大到暴雨。受此影响，北运河产生径流，北关拦河闸、分洪闸均有洪水下泄。北运河杨洼闸于 7 月 25 日 9 时 12 分第一次提闸，瞬时流量 129 立方米每秒（汛期最大值）；青龙湾减河土门楼闸 7 月 26 日 8 时最大流量 116 立方米每秒。8 月 19—20 日，海河流域发生一次较强的降雨过程，北京局部地区出现暴雨，北运河产生洪水下泄，北关分洪闸 8 月 19 日 23 时最大流量 213 立方米每秒，北关拦河闸下泄量较少。汛期青龙湾减河土门楼累计过水 0.4214 亿立方米；北运河土门楼闸累计过水 0.1373 亿立方米。

汛期海河二道闸闸上最高水位为 3.09 米，海河闸实测瞬时最大流量 318 立方米每秒。汛期经海河闸下泄总水量 0.4524 亿立方米。

2002 年：汛期北运河有一次洪水过程，天津市实施雨洪利用。

受 7 月底北京地区降雨影响，北运河有一次比较明显的径流过程。北关拦河闸 8 月 1 日 8 时提闸，流量 19.3 立方米每秒，8 月 5 日 8 时流量 31 立方米每秒；榆林庄 8 月 4 日 16 时到达峰值，流量 115 立方米每秒；杨洼闸最大流量发生在 8 月 4 日 16 时，流量 219 立方米每秒；北运河土门楼 8 月 4 日 22 时 48 分达到峰值，流量 110 立方米每秒。天津市相机实施北水南调，向静海县农业供水。土门楼来水经北运河至北辰区屈家店闸入中泓故道，经永青渠、安光渠、安光新开渠、凤河中支，过津霸公路入上河头排水渠，再经大刘堡排干、杨柳青森林公园边沟、西青新开渠，穿过中亭堤，在西河闸上进入子牙河（西河），沿子牙河逆流上溯到独流减河进洪闸。途径武清、北辰、西青、静海 4 个区（县）。8 月 5 日 12 时 30 分，北运河筐儿港枢纽北运河节制闸（新 3 孔）提起，日均放流 37.8 立方米每秒，8 月 7 日 8 时屈家店出现最高水位 5.92 米，8 日 0 时 52 分静海县争光渠泵站开泵流量 16 立方米每秒，截至 8 月 15 日，争光渠泵站共收水 1000 万立方米。

汛期海河二道闸闸上最高水位为 1.98 米，整个汛期未提闸放水。汛期海河闸排放咸污水，实测瞬时最大流量 214 立方米每秒。汛期经海河闸下泄总水量 0.3623 亿立方米（截至 9 月 30 日）。

2004 年：汛期北运河有洪水过程，天津市实施雨洪利用。

受 7 月 10—12 日、7 月 28—29 日降雨影响，青龙湾减河土门楼站 7 月 11 日 12 时、7 月 29 日 22 时 12 分分别出现洪峰流量 302 立方米每秒、172 立方米每秒，汛期土门楼枢纽累计过水 1.3852 亿立方米，其中北运河土门楼站累计过水 0.3 亿立方米，青龙湾减河土门楼站累计过水 1.0852 亿立方米。汛期潮白河吴村闸泄入潮白新河水量 1.1137 亿立方米。天津市实施潮白新河里自沽闸、宁车沽闸联合调度，及时引调洪水资源。汛期潮白新河里自沽闸累计提闸过水 1.5606 亿立方米，向塘沽区北塘水库、黄港水库和汉沽区营城水库调水，共计 6200 万立方米。经卫星引河、西关引河冲洗蓟运河，并将蓟运河闸闸上水位保持在 0.5 米（黄海高程），赶潮提闸泄水，蓟运河宁河段、汉沽段 65 千米河道水环境得到改善。汛期宁车沽累计提闸放水 0.1244 亿立方米。

海河二道闸闸上水位维持在 2.32～3.47 米，海河闸汛期累计放水 0.7769 亿立方米。

汛期北大港水库调节闸站累计放水 0.4988 亿立方米；期间西河闸逆向过水 0.1452 亿立方米。

2005 年：汛期北运河、潮白河有洪水过程，天津市实施雨洪利用。

汛期青龙湾减河土门楼站来水 1.24 亿立方米，潮白河吴村闸来水 1.20 亿立方米。利用潮白河、北运河部分沥水冲洗下游河道，向塘沽黄港二库、北塘水库引蓄雨洪水，共计 2500 万立方米。利用潮白河雨洪水资源 8500 万立方米经卫星引河、西关引河冲洗蓟运河，经冲洗后的蓟运河宁河段、汉沽段 65 千米河道水环境得到改善。

2006 年：汛期北运河、潮白河有洪水过程，天津市实施雨洪利用。

受汛期降雨及北京城区排沥影响，汛期青龙湾减河土门楼站累计过水 0.5302 亿立方米，北运河土门楼站累计过水 0.9958 亿立方米，筐儿港减河累计过水 0.7690 亿立方米，筐儿港分洪道累计过水 0.2001 亿立方米。汛期潮白河吴村闸累计过水 1.7869 亿立方米；潮白新河里自沽闸累计过水 1.5963 亿立方米，最大流量 162 立方米每秒，出现在 8 月 11 日 8 时，闸上最高水位 6.94 米，出现在 8 月 30 日 16 时，相应蓄水量 0.817 亿立方米；汛期宁车沽闸累计提闸放水 0.7366 亿立方米。6 月 29 日开始，武清区利用一级、二级河道，坑塘洼淀及中小水库，引蓄北运河雨洪水 8500 万立方米；7 月 10 日开始，市防办提启里自沽节制闸冲洗下游河道，7 月 18 日宁车沽防潮闸上水质达到农灌标准，塘沽区潮白新河泵站全力开车向北塘水库、黄港二库蓄水 4120 万立方米；8 月 26 日开始，宁河县利用北京排污河下泄水量，经青排渠导入潮白新河 2000 万立方米，增蓄农业抗旱水源。调引潮白新河雨洪水经卫星引河、西关引河进入蓟运河冲洗河道，调引水量 1.2 亿立方米。

为改善海河水环境，自 6 月 22 日 16 时 35 分至 6 月 29 日 17 时，经尔王庄下游明渠至大张庄泵站向海河补水，此次尔王庄水库下游明渠累计过水 0.0619 亿立方米，屈家店涵闸过水 0.0568 亿立方米。汛期海河二道闸闸上水位维持在 1.48～3.37 米，二道闸累计过水 0.0849 亿立方米；受台风影响 7 月 17 日 20 时 18 分海河闸闸下潮位达最高值 5.11 米，海河闸汛期累计放水 0.6789 亿立方米。

2007 年：汛期北运河、潮白河有洪水过程，天津市实施雨洪利用。

汛期北运河北关拦河闸累计过水 0.0854 亿立方米，北关分洪闸汛期累计过水 1.5882 亿立方米；汛期北运河土门楼闸一直处于开启状态，受 7 月 30 日至 8 月 2 日降雨影响北运河土门楼闸流量于 7 月 31 日 10 时 20 分起涨，起涨流量为 24.1 立方米每秒，于 8 月 2 日 19 时 30 分最大洪峰流量 73.1 立方米每秒，汛期北运河土门楼闸累计过水 0.9370 亿立方米；青龙湾减河土门楼闸汛期内没有提闸过水。汛期潮白河吴村闸累计过水 1.3079 亿立方米；潮白新河里自沽闸自 7 月 16 日 11 时 20 分提闸过水至 8 月 13 日 9 时 50 分闭闸，期间累计过水 0.6034 亿立方米，里自沽闸上最高水位 6.10 米（8 月 11 日 16 时），相应蓄水量 0.63 亿立方米；汛期宁车沽闸累计提闸放水 0.0327 亿立方米。在确保天津市防洪安全的前提下，市防办合理控制潮白新河、蓟运河、北运河水位，及时安排宁车沽闸、蓟运河闸、北京排污河防潮闸赶潮提放，冲污排咸，抢蓄雨洪水。共抢蓄雨洪水资源 2.26 亿立方米，其中武清区利用一级、二级河道，坑塘洼淀及中小水库，引蓄北运河雨洪水和本地沥水 6900 万立方米，向蓟运河调引雨沥水 4500 万立方米，利用潮白新河河道蓄水 9700 万立方米，塘沽区黄港一库蓄水 1500 万立方米。

尔王庄水库明渠于 5 月 29 日 16 时 50 分至 6 月 3 日 10 时 15 分、6 月 29 日 12 时至 7 月 1 日 11 时 10 分 2 次提闸通过大张庄泵站向海河补水，尔王庄水库明渠两次累计过水 0.08 亿立方米，其中汛期内过水 0.0446 亿立方米。汛期海河二道闸闸上水位维持在 1.83～3.84 米，汛期二道闸未提闸过水；海河闸汛期最大瞬时流量为 760 立方米每秒，汛期内累计放水 0.5402 亿立方米。

2008 年：汛期北运河、潮白河有洪水过程，天津市实施雨洪利用。

受 7 月 4 日降雨影响，温榆河北关拦河闸 5 日 6 时流量达到 380 立方米每秒；凉水河张家湾站 5 日 8 时流量达到 96 立方米每秒；北运河杨洼闸 5 日 8 时流量达到 282 立方米每秒；青龙湾减河土门楼 5 日 11 时 50 分第一次洪峰流量 461 立方米每秒，5 日 18 时第二次洪峰流量 435 立方米每秒。潮白新河里自沽闸自 7 月 3 日 9 时 12 分提闸控泄，下泄流量由 57.6 立方米每秒加大至 5 日 18 时达到 364 立方米每秒。潮白新河宁车沽闸逢潮提闸放水，宁车沽闸上 7 月 6 日出现汛期最高水位 4.28 米后缓慢回落。蓟运河新防潮闸 7 月 6 日闸上水位达到 3.48 米，河道经过清淤后，赶潮提闸放水，日均下泄流量 80～100 立方米每秒，7 月 24 日 16 时 18 分水位回落到 2.47 米。

受 7 月 14 日降雨影响，青龙湾减河土门楼 15 日 5 时 30 分第一次洪峰流量达到 141 立方米每秒，16 日 4 时第二次洪峰流量达 202 立方米每秒。引沟入潮三河站 7 月 15 日 20 时达到洪峰 20.2 立方米每秒。潮白新河里自沽闸 7 月 14 日 16 时 40 分提闸放水流量为 12.2 立方米每秒，15 日 21 时 50 分泄量加大到 238 立方米每秒，17 日 8 时闭闸。宁车沽闸赶潮提放，最大日均流量 316 立方米每秒。

受 8 月 9—12 日降雨影响，北关分洪闸 8 月 11 日 11 时 20 分下泄流量达到 345 立方米每秒，潮白河吴村闸 8 月 11 日 20 时下泄洪峰流量达 212 立方米每秒，北运河土门楼 8 月 11 日 19 时 25 分下泄洪峰流量 91 立方米每秒，青龙湾减河土门楼 8 月 11 日 20 时 20 分下泄洪峰流量 79.5 立方米每秒。

汛期内北运河北关拦河闸累计提闸过水 1.778 亿立方米，北关分洪闸累计过水 1.185 亿立方米，青龙湾减河土门楼累计过水 1.424 亿立方米，北运河土门楼累计过水 0.863 亿立方米。潮白新河里自沽闸累计过水 2.1759 亿立方米，黄白桥闸上最高水位 7.48 米（9 月 27 日 16 时），相应蓄水量 0.935 亿立方米。宁车沽闸放水 2.938 亿立方米，蓟运河防潮闸放水 3.298 亿立方米。在保证防洪安全的前提下，合理控制潮白新河、蓟运河、北运河水位，及时安排宁车沽防潮闸、蓟运河防潮闸赶潮提放，冲污排咸，抢蓄雨洪水。共抢蓄雨洪水资源 1.89 亿立方米，其中武清区中小水库及二级河道引蓄北运河雨洪水和本地沥水 3320 万立方米；潮白新河河道蓄水 1.21 亿立方米；塘沽区黄港一库蓄水 150 万立方米，北塘水库蓄水 785 万立方米；向蓟运河调引雨沥水 2500 万立方米。

尔王庄水库明渠于 6 月 17 日 14 时 35 分至 7 月 1 日 8 时提闸通过大张庄泵站向海河补水，累计过水 0.0809 亿立方米。海河二道闸闸上水位维持在 2.21～4.17 米，海河闸汛期最大瞬时流量

990 立方米每秒，汛期内累计放水 2.031 亿立方米。

2009 年：汛期北运河、潮白河有洪水过程，天津市实施雨洪利用。

受降雨影响，6 月青龙湾减河土门楼闸两次提闸放水，第一次提闸放水最大瞬时流量 243 立方米每秒，出现在 9 日 8 时 26 分，第二次提闸放水最大瞬时流量 121 立方米每秒，出现在 6 月 17 日 18 时 10 分，北运河土门楼闸 6 月 9 日 6 时 10 分出现洪峰流量 62.1 立方米每秒；7 月青龙湾减河土门楼闸四次提闸放水，提闸放水最大瞬时流量 342 立方米每秒，出现在 18 日 2 时 55 分。受降雨及上游河道放水影响，潮白新河河道水位升高，为降低河道水位，汛期潮白新河里自沽闸三次提闸过水，分别为 7 月 19 日 9 时 56 分至 7 月 29 日 16 时、7 月 31 日 9 时至 8 月 8 日 8 时 25 分、8 月 10 日 9 时 30 分至 8 月 11 日 16 时 20 分，最大瞬时流量 168 立方米每秒，累计过水 1.27 亿立方米；相应的宁车沽也多次提闸放水，汛期累计放水 1.18 亿立方米。

在保证防洪安全的前提下，合理控制潮白新河、蓟运河、北运河水位，及时安排宁车沽闸、蓟运河闸赶潮提放，冲污排咸，抢蓄雨洪水。共抢蓄雨洪水资源 2.12 亿立方米，其中武清区中小水库及一级、二级河道引蓄北运河雨洪水和本地沥水 7300 万立方米，潮白新河河道蓄水 1.18 亿立方米；塘沽区黄港一库蓄水 750 万立方米，北塘水库蓄水 1350 万立方米。

自 7 月 1 日 18 时 30 分至 7 月 8 日 8 时经屈家店涵闸向海河补给引滦水 0.051 亿立方米。汛期海河二道闸闸上水位维持在 2.35～3.99 米。汛期为降低海河水位，二道闸多次提闸过水，最大瞬时流量 465 立方米每秒，出现在 7 月 24 日 12 时，累计过水 0.42 亿立方米；汛期海河闸累计放水 1.46 亿立方米。

2010 年：汛期北运河、潮白河有洪水过程，天津市实施雨洪利用。

受降雨影响，北运河上游各闸多次相继提闸放水，7 月 9—10 日北运河、青龙湾减河、潮白河相继加大泄量，入境控制站土门楼枢纽和吴村闸在 10 日先后出现洪峰流量。其中青龙湾减河土门楼闸 18 时 05 分洪峰流量 226 立方米每秒，北运河土门楼闸 20 时洪峰流量 54.5 立方米每秒，潮白河吴村闸 15 时 45 分洪峰流量 102 立方米每秒。到 11 日 8 时，洪水已经回落。

受降雨及上游河道放水影响，潮白新河河道水位升高。为降低河道水位，汛期潮白新河里自沽闸 3 次提闸过水，分别为 7 月 12 日 15 时 12 分至 7 月 22 日 18 时 10 分、8 月 20 日 10 时 48 分至 8 月 25 日 11 时 25 分、9 月 4 日 9 时 40 分至 9 月 7 日 8 时，最大瞬时流量 120 立方米每秒。

汛期北运河土门楼闸过水 1.417 亿立方米，潮白河吴村闸过水 0.934 亿立方米，青龙湾减河土门楼闸过水 0.560 亿立方米，潮白新河里自沽闸累计过水 0.579 亿立方米，宁车沽闸多次提闸放水，汛期累计放水 0.157 亿立方米。永定新河新防潮闸放水 1.444 亿立方米，海河闸放水 1.258 亿立方米。

在保证防洪安全的前提下，合理控制潮白新河、蓟运河、北运河水位，积极安排宁车沽闸、蓟运河闸、金钟河闸及永定新河防潮闸联合调度，提闸放水，冲污排咸，抢蓄雨洪水。共抢蓄雨洪水资源 1.72 亿立方米，其中武清区中小水库及二级河道蓄水 7500 万立方米，潮白新河河道蓄水 9000 多万立方米，塘沽区北塘水库蓄水 700 多万立方米。

海河二道闸闸上水位维持在 3.12～3.96 米，汛期为降低海河水位，二道闸几次提闸过水，累计过水 0.026 亿立方米；海河闸汛期累计放水 1.258 亿立方米。

三、城市汛期排水

天津市区降雨主要集中在 7 月下旬至 8 月上旬，常年降雨量 450～550 毫米。每年汛前，对所辖排水设施进行疏通、掏挖和维修，特别对低洼、易积水地区的支管、检查井、雨井的维修和养护，清挖维护排水明沟，雨前实施降低泵站水位，腾空管道、腾空河道的"一低两腾空"措施。

每年入汛后，城市排水工作实行 24 小时值守状态；成立 6 个巡视组和多个保障组及 12 个应急抢险组，确保及时有效处置排水突发事件。同时与气象部门紧密合作，密切关注天气情况，随时做好排水准备。全市排水干部职工遇雨及时上岗、及时开泵、及时提闸，做到"雨情就是命令，排水就是战场"。雨中加强巡视，重点积水地区派专人负责，采取措施加快退水。雨后加强对排水设施的检查维护，对损坏的设施及时维修，确保设施完好，排水管道畅通。为确保防汛安全，加强防汛物资储备，按照分级分部门负责的原则，专用抢险设备 24 小时装车待命，排险做到随调随到。主汛期对一些关键部位，设备调运到现场，随时做好抢险准备。

2010 年，全年养护疏通管道 3167 千米，维修管道 3185 米，掏挖检查井 81 万座，掏挖雨水井 68 万座，维修检查井 4046 座，维修雨水井 5646 座，维修泵站机组 294 台。保证管道条条通、闸门个个灵、泵站台台转。

（一）汛期降雨量

1991—2010 年，汛期平均降雨量为外环线以内 6 个区平均降雨量，2000 年以前降雨量为排水 1～6 所部及机关共 7 个采集点的平均值，为更加准确记录降雨量，自 2000 年逐年增加雨量监测点，至 2010 年已有 26 个监测点，见表 4－1－3－57。

表 4－1－3－57　　　　**1991—2010 年天津市区汛期最大降雨量**

年份	汛期降雨量/毫米	汛期最大降雨量	
		日期	雨量/毫米
1991	514.50	7 月 28 日	100.70
1992	333.10	7 月 22 日	120.20
1993	307.80	7 月 9 日	70.20
1994	497.80	8 月 6 日	113.40
1995	609.30	8 月 16 日	94.20
1996	426.20	6 月 27 日	81.30
1997	259.90	8 月 31 日	62.50
1998	481.90	4 月 22 日	67.90
1999	291.90	8 月 9 日	44.10
2000	362.80	7 月 16 日	72.00
2001	423.08	7 月 3 日	93.60
2002	255.50	8 月 3 日	31.71
2003	320.91	6 月 22 日	68.30
2004	454.96	9 月 14 日	57.64
2005	575.97	8 月 16 日	167.93

年份	汛期降雨量/毫米	汛期最大降雨量	
		日期	雨量/毫米
2006	217.47	7 月 14 日	32.76
2007	238.40	7 月 30 日	39.08
2008	376.39	7 月 14 日	70.07
2009	492.52	7 月 22 日	96.82
2010	282.26	7 月 19 日	42.61

注　天津市区的平均降雨量是指外环线以内地区，时间为 6 月 1 日至 9 月 30 日。

（二）重点抢险

2003 年 10 月 10 日 12 时，天津市区普降大雨，为 50 年罕见，部分地区达到大暴雨，降雨历时 45 个小时，至 12 日 9 时降雨结束，市区平均降雨量达 143.8 毫米，占全年降雨量的 28%，最大降雨量 181 毫米，共产生积水 38 处。部分居民家中进水、商家淹泡。经过 2000 多名排水职工两昼夜的奋战，至 12 日 12 时市区街道成片积水退净。市内新开河成为接纳市区积水、区县沥水的主要河道，水位迅速飙升，耳闸上游施工围堰出现险情。河水越过耳闸船闸闸门门顶，直逼上游围堰。为防止新开河污水外溢流入海河，保证海河引黄水质不受污染，保证正在重建的新耳闸不受侵害，河闸总所立即启动防汛抢险预案，与施工单位联合作战，同心抢险。11 日下午，经市水利局领导紧急研究，决定在耳闸旧船闸下游增设一道围堰，以确保上游围堰安全，13 日下午，新围堰合拢，水位基本稳定。10 月 14 日上午，新开河水位再度攀升到 2.97 米，情况危急。市水利局领导及时赶到现场指导抢险，在老耳闸与旧船闸之间构筑与上游围堰相连的丁字坝，防止出现管涌和坝头绕渗造成围堰局部塌方；在新船闸前安装 4 台泥浆泵，加大排水力度。现场管理人员立即组织 300 余名施工人员，抢建丁字坝，并紧急调集抢险物资。至当日中午，丁字坝构筑完成。15 日 9 时，闸上游水位已降至 2.35 米，与闸下游水位相差 0.64 米，险情基本排除。

2004 年全市平均累计降雨量 567.59 毫米。主汛期平均累计降雨量 454.96 毫米。

8 月 12 日，天津市发生局部突发性强降雨，最大降雨量为东丽区 80.2 毫米，最小降雨量为红桥区 24 毫米。造成南市、吴家窑二号路、烟台道、四面钟、中国大戏院、浙江路音乐厅、南大道、烈士路、北草坝、扬桥街小王庄、王串场、北站刘家花园、六纬路、中山门、西南楼、福建路、土城、小海地、旱桥地道、五爱道、昌合里、西站、李家房子、南仓西道等地区积水。降雨停止后 2~3 小时积水基本退净。

9 月 14 日、15 日，天津市发生强降雨，最大降雨量为河北区 71.6 毫米，最小降雨量北辰区 50.1 毫米。造成南市、吴家窑二号路、烟台道、四面钟、中国大戏院、浙江路音乐厅、南大道、烈士路、北草坝、扬桥街小王庄、王串场、北站刘家花园、六纬路、中山门、西南楼、福建路、土城、小海地、旱桥地道、五爱道、昌合里、西站、李家房子、南仓西道等地区积水。除部分排水设施薄弱或空白区域，降雨停止后 2~3 小时积水基本退净。

2005 年全市平均累计降雨量 624.91 毫米。主汛期平均累计降雨量 575.97 毫米。

6 月 28—29 日，天津市发生强降雨，最大降雨量为红桥区 80.5 毫米，最小降雨量为河北区 35.2 毫米。造成南市、吴家窑二号路、中国大戏院、浙江路音乐厅、南大道、烈士路、北草坝、南大道、南大西、靶铛道、六纬路、郑庄子富民路、中山门、大桥道、西南楼、土城、小海地、西站、旱桥地道、五爱道、昌合里、南仓西道、中板厂路、程林庄工业区等地区积水。除部分排水设施薄弱或空白区域，降雨停止后7~8小时积水基本退净。

7月30日，天津市发生局部突发性强降雨，市区平均降雨量达55.66毫米，达到暴雨等级。最大降雨量为红桥区113.1毫米，最小降雨量为北辰区8.5毫米。造成南市、吴家窑二号路、烟台道、四面钟、中国大戏院、浙江路音乐厅、烈士路、小王庄、王串场、昆纬路、北站刘家花园、唐口新村、新开路、六纬路、郑庄子富民路、中山门、大桥道、唐口地道、西南楼、南北大街、信济里、福建路、土城、五爱道、李家房子、旱桥、西横堤、昌和里、西站、涟源路、程林庄工业区等地区积水。市区积水29处，红桥区李家房子积水最深达100厘米。排水职工全员上岗，在降雨结束6小时后，所有地区积水全部排净。

8月7日8时至9日8时，津南区平均降雨量96.8毫米，最大降雨量达156.5毫米。大沽排污河上游加大了排沥流量，使河道水位迅猛上涨达3米，比正常水位高出近0.9米。大沽排污河持续高水位，多处堤段出现险情。8月16—17日，津南区再次降雨，最大降雨量达85.3毫米，平均降雨量69.8毫米。二级河道水位持续升高，特别是大沽排污河水位持续上涨，至8月17日14时30分水位达3.29米，严重超过警戒水位。巨葛庄、东沽泵站全负荷排水，避免给沿河群众造成损失。

8月16—17日，天津市发生特大强降雨，市区平均降雨量达167.93毫米，降雨强度达到大暴雨程度且局部地区伴有大风，市区最大降雨量为和平区192毫米，最小降雨量为东丽区85.4毫米。南市、吴家窑二号路、烟台道、四面钟、中国大戏院、浙江路音乐厅、烈士路、小王庄、王串场、昆纬路、唐口新村、新开路、六纬路、郑庄子富民路、中山门、大桥道、唐口地道、西南楼、南北大街、信济里、福建路、土城、五爱道、李家房子、旱桥、西横堤、西站、涟源路、程林庄工业区等地区积水。其中和平区南市、八一礼堂、烟台道、小白楼、黄家花园地区大面积积水，南开区南大道地区积水最深达80厘米，经过全力排水，除部分排水设施薄弱或空白区域，5~6小时积水退净。

2006年全市平均累计降雨量285.63毫米。主汛期平均累计降雨量217.47毫米。

5月26—27日，天津市发生强降雨，最大降雨量为河西区59毫米，最小降雨量为和平区33毫米。造成南大道、北草坝、烈士路、涟源路、昌合里、西站、李家房子、旱桥地道、中山门、王串场等地区积水。除部分排水设施薄弱或空白区域，降雨停止后2~3小时积水基本退净。

8月25—26日，天津市发生局部突发性强降雨，最大降雨量为东丽区60.8毫米，最小降雨量为红桥区17.3毫米。造成南市、南大道、北草坝、南大西、小王庄、鸿顺里、王串场、昆纬路、六纬路、中山门、南北大街、涟源路、昌合里、西站、李家房子、旱桥地道、五爱道等地区积水。除个别地区，降雨停止后2~3小时积水基本退净。

2007年全市平均累计降雨量371.85毫米。主汛期平均累计降雨量238.4毫米。

8月7日，天津市发生局部突发性强降雨，最大降雨量为北辰区68.4毫米，最小降雨量为东丽区、河西区0毫米。造成五爱道、李家房子、昌和里、西站、南仓西道等地区积水。降雨停止后4~5小时积水基本退净。

8月26日，天津市发生局部特大强降雨，最大降雨量为双林地区146.3毫米，最小降雨量为和平区5.5毫米。造成中山门、西南楼、南北大街、中板厂路、程林庄工业区、小海地等地区积水。除部分排水设施薄弱或空白区域，降雨停止后6～7小时积水基本退净。

2008年全市平均累计降雨量497.98毫米。主汛期平均累计降雨量376.39毫米。

4月20—21日，天津市发生强降雨，最大降雨量为南开区55.9毫米，最小降雨量东丽区36.1毫米。造成吴家窑二号路、保定桥、北草坝、密云路、南大西、王串场、中山门、光华桥、西南楼、土城、体北、福建路、小西关、昌和里、西站、中板厂路、小海地等地区积水。除部分排水设施薄弱或空白区域，降雨停止后2～3小时积水基本退净。

7月14—15日，天津市发生强降雨，最大降雨量为双林地区89.6毫米，最小降雨量为东丽区43.6毫米。造成南市、吴家窑二号路、烟台道、四面钟、中国大戏院、浙江路音乐厅、烈士路、北草坝、南大道、南大西、小王庄、增产道、昆纬路、唐口新村、新开路、六纬路、西南楼、南北大街、体北、福建路、五爱道、李家房子、昌和里、涟源路、南仓西道、程林庄工业区、小海地、凌宾路等地区积水。除部分排水设施薄弱或空白区域，降雨停止后2～3小时积水基本退净。

8月11—12日，天津市发生强降雨，最大降雨量为双林地区61.8毫米，最小降雨量为南开区6.9毫米。造成小王庄、增产道、古北道、唐口新村、中山门、西南楼、南北大街、体北、宾馆南路、信济里、李家房子、五爱道、程林庄工业区、二号桥、小海地等地区积水。除部分排水设施薄弱或空白区域，降雨停止后2～3小时积水基本退净。

2009年全市平均累计降雨量575.76毫米。主汛期平均累计降雨量492.52毫米。

6月16日，天津市发生强降雨，最大降雨量为南开区83.5毫米，最小降雨量为河北区59.3毫米。造成烈士路、北草坝、南大道、南大西、西站、涟源路、小海地等地区积水，降雨停止后2～3小时积水基本退净。

7月22日，天津市发生特大强降雨，最大为红桥区133毫米，最小降雨量为河西区双林地区55.4毫米。造成南市、吴家窑二号路、烟台道、四面钟、中国大戏院、浙江路音乐厅、保定桥、烈士路、北草坝、南大道、密云路、南大西、小王庄、王串场、北站刘家花园、鸿顺里、增产道、昆纬路、唐口新村、新开路、六纬路、郑庄子富民路、中山门、光华桥、唐口地道、西南楼、南北大街、体北、宾馆南路、福建路、尖山、五爱道、李家房子、小西关、旱桥、西横堤、昌和里、西站、涟源路、小海地、浯水道、南仓西道、瑞景花园、程林庄工业区、中板厂路地区、凌宾路、水上等地区积水。除部分排水设施薄弱或空白区域，降雨停止后2～3小时积水基本退净。

9月26日，天津市发生强降雨，最大降雨量为河西区75.5毫米，最小降雨量为南开区华苑地区19.3毫米。造成南市、浙江路音乐厅、烈士路、南大道、南大西、王串场、六纬路、中山门、唐口地道、西南楼、尖山、体北、福建路、旱桥、涟源路、小海地等地区积水。除部分排水设施薄弱或空白区域，降雨停止后2～3小时积水基本退净。

2010年全市平均累计降雨量350.85毫米。主汛期平均累计降雨量282.3毫米。

7月12日，天津市发生局部突发性强降雨，最大降雨量为红桥区77.7毫米，最小降雨量为南开区华苑地区0毫米。造成南市、四面钟、小王庄、王串场、昆纬路、五爱道、昌和里等地区积水，降雨停止后2～3小时内积水基本退净。

8月20—21日，天津市发生强降雨，最大降雨量为东丽区80毫米，最小降雨量为和平区13.1毫米。造成南大道、六纬路、中山门、西南楼、程林庄工业区等地区积水，除部分排水设施薄弱或空白区域，降雨停止后2～3小时积水基本退净。

（三）防汛排水信息化建设

20世纪90年代末期，开始以信息化的方式提高防汛排水科技水平，主要以科研课题的方式进行探索，1998年市建委和市市政工程局立项《天津市排水管理信息系统》，在泵站基础资料数据、防汛调度模型、排水规划方案、维修计划等方面进行了初步的探索和研究。2000年完成《天津市排水管理信息系统》鉴定工作，该系统在排水管理定量化、信息化和网络化方面，填补了国内GIS技术在排水领域应用上的空白。2005年开始，逐渐加大信息化建设力度，不断提高科技信息技术的应用范围和水平，到2010年年底，逐渐建成防汛排水综合信息系统。主要包括气象信息预测分析系统、自动雨量采集系统；河道液位实时监测系统、泵站运行远程监测系统、积水片实时监测系统、防汛调度科学会商决策指挥系统等方面，使市区防汛排水科技水平有了显著提高。

自动雨量采集系统。在市区内设立26个自动雨量监测点，将市区各地降雨数据自动采集并回传调度中心，回传间隔可由中心控制，最小回传间隔不超过10分钟，同时，该系统可自动对数据进行分析统计，能及时准确了解市内各区域的实时降雨情况，为防汛的科学调度提供及时、准确的第一手资料，极大地节约了采集时间，提高了雨量采集的工作效率。通过雨量自动接收传输系统，可及时了解各地区降雨情况，对降雨量分布不均匀情况掌握更为准确，为市民出行提供了有益帮助。

河道液位实时监测系统。为及时了解河道水位的变化情况，全面建立了河道液位监测系统，该系统在全市所有的二级河道、排水河道及污水处理厂进水口安装了共26处河道水位监测设备。河道水位的数据通过网络实时传入调度中心，系统具备超警戒水位报警功能，可根据当时的水位数据自动计算出河道的调蓄量。根据雨情，防汛调度指挥中心可提前下达腾空河道的命令，提早准备人力，做好防汛抢险准备；根据一级、二级河道水位高程情况，及时远程调度启闭河道闸门，使河道的排水及调蓄功能得到充分发挥，在遇重大雨情时，在河道险段可及时投入存储的防汛物资，为安全度汛提供保障，为领导决策提供依据。

泵站远程监测系统。泵站是排水设施的重要组成部分，及时了解泵站的运行工况对防汛排水的科学调度起着重要的作用。截至2010年年底，根据泵站的排水规模、坐落地点及服务区域的重要性等因素在174座泵站安装了泵站运行远程监测设备，建立了泵站运行远程监控系统，基本实现泵站远程监测系统的全覆盖。通过泵站远程监测系统的建立，泵站运行数据通过网络实时传入调度指挥中心，调度指挥中心可实时地掌握泵站的进水池水位及机组运行状况，并可实现对历史数据的查询分析。根据雨情和实际需要及时指挥增减机组运行台数，最大限度地提高机组运行效率。同时，还可以及时发现故障机组，对故障进行报警，通知相关部门及时进行水泵机组及电力设施抢修，节约维修抢险时间，提高对突发事件的应急处置能力。

积水视频远程监视系统。为能够及时、直观、准确的反应积水地区的积水情况及积水对居民出行、交通道路的影响：一方面采取各排水所通过网络上报各积水片积水情况；另一方面为更直观了解积水现场情况，开发、应用了积水点视频远程监测系统，在主要积水片和地道安装了20处视频监测设备，实时将现场积水情况及时传送调度指挥中心，可以直接看到现场情况，改变了过去层层上报贻误时间、信息不直观的状况。通过积水片实时监测系统的建立，特别是对全市地道进行视频远程监测，能够及时了解积水排除情况，并将信息及时通报交管、公交、新闻媒体等，可对道路交通通行状况进行准确分析，公交线路根据积水情况进行行驶路线调整。

视频会议系统。在市防指市区分部与市防指、8个区防汛指挥部、10个排水所及机电安装维修所之间建立了防汛调度视频会商系统。在防汛调度指挥中心安装了MCU、电视墙、视频终端等必要的硬件设备，为各排水所、各区防汛指挥部配备了视频终端与电视机。与此同时，为了达到良好的视频画面与通话质量，该系统建立了中心端与各分支端之间的光纤专有网络。由于可以实时传送视频信息，防汛调度视频会议系统，通过电子网络把各分指挥部与中心调度室有机地结合起来，防汛指挥人员与工作人员能面对面交流，使指挥协调更加方便快捷。

气象信息预测分析系统。排管处与市气象局建立了气象云图、雷达、会商系统。该系统与气象局实时共享气象云图，通过气象云图系统可实时了解大范围内的气象变化趋势，通过气象雷达接收系统可实时了解天津及周边地区短时天气变化情况，并同步接收气象部门发布的天气情况分析。通过与气象部门建立的气象可视会商系统了解气象专家每日的气象分析会商，在降雨时段随时向气象部门进行天气变化趋势咨询。该系统进一步提高了对气象变化预测能力，能及时预测未来几天至几小时的市区降雨情况，按照防汛预案提前做好防汛准备工作。

第四节 抗 洪 抢 险

一、1994年抗洪

1994年汛期，天津市出现了较为严重的洪涝潮灾害，其特点是降雨面积广、强度大、水量集中，且上游客水多，使天津市区及蓟县、宝坻、武清、宁河、北辰、津南、东丽、塘沽、汉沽、大港等区（县）受到洪、涝、潮的威胁。经过全市人民的全力抢险，最大限度地减少了灾害损失。

7月10—12日，海河流域东北部普降大雨到暴雨，雨量一般为100～200毫米，以北京杨镇站415毫米，河北兴隆站309毫米，吴村闸站311毫米为最大，致使滦河、蓟运河、潮白河及北运河水系发生了不同程度的洪水。

7月11—12日，天津市区大范围降雨，海河二道闸闸上水位已达2.82米，海河闸上水位2.56米，海河水位居高不下。7月13日10时，市防办通知津南区、东丽区、北辰区防办停止向海河排水，安排市区分部将城市雨污水经南、北两大排污河下泄，尽量不向海河排水，并充分利用陈台子泵站，将雨污水导入独流减河。同时利用耳闸分泄，金钟河闸赶潮提放。

7月12日，受第6号台风和高空西风槽共同影响，天津市普降大到暴雨，最大降雨在武清县高村349毫米，加之上游来水，造成青龙湾减河、蓟运河、北京排污河、北运河、龙凤河、凤河西支、新龙河等河道同时产生洪水。7月13日凌晨，蓟运河水系上游的沟河最大流量达820立方米每秒。北运河系水势猛涨，洪水经北京通县北关闸，汇集通惠、凉水、凤港等河来水，于13日夜到达北运河津门入口土门楼，致使青龙湾减河最大流量达1060立方米每秒，潮白新河下泄洪水达到1770立方米每秒。北京排污河汇集了北京市区东南部的污沥水和沿途的沥水直接进入武清县，最大流量258立方米每秒。宝坻境内5条一级河道相继出现洪峰，多数大堤发生险情，一级河道堤防出现险情 16 处。宁河境内一级河道水势暴涨，各河水位居高不退。到 7 月 17 日进入天津市的水量 8.10 亿立方米，入海水量 4.80 亿立方米。按防洪调度预案，青龙湾减河上游来水超过 900 立方米每秒，或是狼儿窝分洪闸闸上水位达到 8.10 米时，可考虑向大黄堡洼分洪，此次上游来水达 1060 立方米每秒，水位最高达 8.52 米。市防指在分析上游水情、雨情，把握洪水来势，在通信顺畅基础上采取强迫行洪，不分洪的防御措施，减少了灾害损失。由于雨水较大，加上河北省上游来水，蓟县北部沟河水大流急，形成山洪，岸边的下营镇部分村庄进水，沟河沿线一些桥涵、庄稼、通信线路遭到不同程度损坏；部分区县农田积水、被淹。

外洪内涝，天津度汛形势严重，7 月 13 日，当青龙湾减河最大流量达 1060 立方米每秒的紧要关头时，迅速组成了由副市长朱连康任总指挥的前线指挥部赴现场指挥，在武清县协助下快速架设了 2 条通信线路，及时沟通了前方与后方、上游与下游的联系；武清、宝坻和宁河县按照各自的责任段，组织了由万余名基干民兵组成的抢险突击队上堤护守；在洪水到达警戒水位前，及时组织大黄堡洼 3300 多名群众安全转移；提开木厂闸，向北运河分流，减少青龙湾减河流量；关闭引滦涵洞，提屈家店分洪闸，导流入永定新河，避免洪水破坝进入海河，影响引滦水质。

当青龙湾减河狼儿窝分洪闸闸上水位达到预案规定的分洪水位 8.10 米时，市防指根据大堤后戗较坚固，历史上也曾出现过 8.92 米（1984 年）的高水位等情况，做出了水位达 8.50 米时再根据上游水情和大堤工情是否分洪的决定。当狼儿窝水位达 8.52 米时涨势已明显缓慢，市防指将采取加强沿河两岸护堤、不分洪的方案报市政府，经市长张立昌批准执行。7 月 14 日 5 时，水位回落 8.48 米，21 时水位已回落到 8.10 米以下，1994 年洪峰安全通过。

在北运河、蓟运河安全泄洪的同时，潮白新河顺利错峰，分泄了潮白河、运潮减河、引沟入潮和青龙湾减河四股洪水，黄白桥水文站最大流量达 1790 立方米每秒，经受住了考验。

8 月 5—8 日，受西来高空槽和副热带高压边缘暖湿气流共同影响，市区遭遇大暴雨，北辰区、西青区、大港区降雨量超过了 100 毫米。8 月 6 日 20 时，市区降雨量 113 毫米，强降雨造成市区积水，河道高水位。之前 7 月 12 日降雨，7 月 13 日 10 时，市防办通知津南、北辰、东丽区防汛办公室，停止向海河排水。此时海河流域蓟运河上游、南运河降中到大雨，其他各河系也都有降雨，各河系水量及区间入流汇入海河干流，加之海潮顶托，宣泄不畅，水位急剧上涨。8 月 7 日20 时，海河二道闸上水位达 3.95 米，为 1985 年建闸以来最高水位，直接威胁天津市河东、河西和津南、东郊、塘沽 5 个区沿河两岸群众和企业的安全。8 日，副市长朱连康带领市防办和东丽区、津南区、塘沽区负责人乘船查看海河水情及险工险段情况，16 时 30 分，市防指召开紧急会议，坚定了"固守海河堤防、确保万无一失"的原则，明确提出了加强气象、水情预报预测，按行政首长责任制坚决固实海河堤防，停止向海河排放农田沥水（包括向新开河、金钟河、永金引河、北运河屈家店闸以下河道排水）和各单位、各企业加强自保等 4 条措施。

市长张立昌多次深入现场，察看险情，指挥排沥抢险。天津警备区部署了 4300 名解放军和预备役官兵坚守海河险工段。市政系统 2000 名职工，冒雨奋战在排水第一线。沿河各单位和各企业紧急动员，加强自保，保证了国家财产不受损失。津南、东丽区乡、村群众识大体、顾大局，在农田和菜田大量积水被淹的情况下，为城市排水让路。市防汛调度部门及时安排西河闸倒流来降低海河水位。经过全市各方面共同努力，海河没有出现堤墙决口，沥水正常下泄，保证了市区安全。

　　蓟运河系 7 月 12 日至 8 月 6 日连续多次降雨，于桥水库受上游地区降雨影响，8 月 14 日水位达 21.14 米。对于出现的大流量、高水位，市防指精心调度，沿河区（县）动员组织群众上堤防抢，发挥了水库的防洪功能，使洪水安全通过。

二、1996 年抗洪

　　1996 年汛期，海河流域发生自 1963 年以来的最大洪水，蓟运河、潮白河、永定河、北运河、大清河、子牙河等各河系上游进入天津市境内的洪水总量 62.3 亿立方米，于桥水库出现建库以来最高水位 22.62 米，经东淀泄洪达 5.40 亿立方米，直接威胁蓟县、宝坻、宁河、汉沽、武清、静海、西青、大港等区（县）安全。在高水位行洪、拦洪与滞洪的紧急关头，天津市各级党政领导亲临一线，率领广大军民日夜奋战，全力抢险救灾，确保了河道堤防没有一处溃堤决口，大中小型水库无一垮坝，受灾地区无一人因洪涝而死亡，把洪涝损失降到了最低限度，并使上游洪水顺利下泄入海。

　　（一）组织领导

　　8 月 3—5 日，海河流域出现大范围的降雨，海河支流出现洪水。8 月 5 日，市防指在市水利局召开紧急会议，全面落实行政首长负责制和防洪抢险措施。要求全市各个方面都要在市防指的领导下，统一调度，统一行动，保证政令畅通；各区（县）、各部门、各单位要按照责任分工，做好防汛各项准备工作。市防指成立西河闸分泄洪水指挥小组，小组成员由朱连康、李凤河、刘英、刘振邦等 5 人组成，市防办派刘洪武、孙业勤、王继福到现场协调工作。"96·8"抗洪抢险期间市防指总指挥、各位副总指挥以及各指挥成员全部上阵亲临前线，现场指挥。市防办派工作组深入区（县），认真落实各项防汛抢险措施。

　　（二）工作部署

　　8 月 2—5 日，受 9608 号台风减弱成低气压及西风倒槽和冷空气的共同影响，海河南系普降暴雨，主雨区分布在太行山迎风坡滹沱河和滏阳河流域，雨带呈西南东北走向，超过 200 毫米的雨带南北长 250 千米，东西宽 90 千米，暴雨中心河北省野沟门水库，降雨量 619 毫米，降雨量主要集中在 8 月 4—5 日的 30 个小时内。河北省保定、石家庄、邢台、邯郸等市，沿太行山东麓一线先后下了大暴雨。天津市面临南部、北部、西部同时来洪水的威胁，市防指经过会商，制定以下措施：①密切关注于桥水库安全，对于库区防汛要立足于再下暴雨，立足于防御超过 22 米水位，认真做好防抢准备，确保人民生命安全，同时尽量保卫库区周边生产安全；密切关注蓟运河防汛安全，加强对河道堤防的巡查和护守，做好抢险准备；继续组织区县做好农田排涝工作，力争秋粮有好收成；②认真做好迎战西系、南系大水的各项准备，要求有关区（县）立即行动起来，加强堤防巡视和汛情传递，做好抢险准备，迎战可能出现的大洪水。商定大清河洪水调度原则为：独流减河充分下泄；北大港水库、团泊洼水库适时蓄水；海河在确保防洪除涝安全的前提下，视海河闸泄洪能力参加泄洪；充分运用东淀滞洪；力保台头围村埝不决口、清南地区不分洪。

　　蓟运河洪水最先到来。为控制于桥水库水位的过快上涨，同时避免与下游鲍丘河洪水及青甸洼沥水遭遇，8月5日17时10分，于桥水库泄量加大到200立方米每秒，同时关闭东赵闸，太和洼排沥减少50立方米每秒。

为控制从大清河、子牙河等南部来的洪水进入天津市，确保天津市的防汛安全，8月5日天津市提请海委将独流减河进洪闸全部提启，独流减河防潮闸赶潮提放。

8月6日，天津市南部子牙新河、西部大清河来水超过1963年，北部于桥水库入库洪水量达2.95亿立方米，水库水位上升较快，加之蓟县、宝坻县普降大到暴雨，蓟运河与农田排沥矛盾十分突出。市防指召开紧急会议，传达贯彻李鹏总理对天津市防洪抢险的指示精神，部署防洪抢险准备工作。市防指获悉大清河系上游水情紧急后，召开紧急会议，要求静海县和西青区树立全局观念，做好滞洪洼淀区内群众和物资的安全转移工作，破除阻水堤埝，使上游洪水顺利下泄，减轻河北省的压力。会后，西青区防汛抗旱指挥部率指挥部全体成员赴东淀，于第六埠村成立了防汛前线指挥部，并立即开始组织转移群众和物资。

8月8日，由于蓟运河上游泄洪量加大，蓟运河汉沽段水位高出汛期控制水位1米多，汉沽城区段全线漫溢渗水，汉沽区后沽村等4处出现决口现象，市防指签署命令，决定关闭三岔口闸门，停止向蓟运河排沥。

8月9日，大清河上游洪水以300立方米每秒的速度开始进入静海县和西青区，静海县建立了由驻军、预备役和民兵为主体的3万人的抢险队伍，组织人员日夜巡查河道堤防、闸涵，密切注意上游水情变化。在西青区东淀蓄滞洪区内，区委、区政府紧张有序地组织群众转移，解放军工程兵战士也已赶赴西河闸、第六埠等地，做好分洪爆破准备。

8月9—10日，蓟运河上、下游地区又降大到暴雨，为避免堤防决口，在做好库区22.6米高程以下群众安全转移前提下，充分发挥于桥水库的拦洪错峰作用。同时限制沿岸各区县排沥流量，并利用宁河县境内曾口河、卫星河、西关引河，从蓟运河向潮白新河导水。

8月11日，为确保河北省上游泄洪通畅，减轻河北省有关地区压力，按照国家防总和市防指命令，拆除宝坻县杨木庄村为抵御蓟运河洪水投资构筑的护村堤埝。同日，大清河东淀第六埠水位达到6.00米，决定不破北堤向清北分洪，而是固守大清河南堤，高水位行洪充分发挥独流减河进洪闸的泄洪作用。

8月12日，为保护蓟运河下游河北省玉田县及天津部分区县的安全，市防指决定停止于桥水库泄水，并停止蓟县、宝坻等两岸的排泄。

8月13日，大清河洪水进入天津市境内，12时，静海县抬头站水位达到6.78米，超过警戒水位0.78米，流量达599立方米每秒。同日上午，市防指指挥、市长张立昌，副指挥、副市长王德惠在市防指听取市防办关于及河北省的汛情汇报，察看海河干流堤防薄弱堤段，部署抢险加固工作。下午，市防指指挥、市长张立昌在西河闸现场主持召开市防指会议，决定当晚19时开启西河闸，经海河干流分泄大清河洪水，加快退水，有效地减少了河北省和天津市的损失。晚上，市防指向市内各区、东丽、西青、北辰、塘沽区防指、市区分部和海委、海河下游局发出紧急通知，要求在海河干流行洪期间，沿岸各区及有关部门要连夜做好海河高水位行洪准备，按照责任堤段，落实行政责任制，对薄弱的堤段及时加固，加强巡查，确保海河尤其是市区安全。15日，大清河上游洪水通过海河干流市区段，海河沿岸堤防没有出现险情。

8月15日6时，提开引滦明渠首闸分流50立方米每秒，利用潮白新河泵站排沥道将洪沥水导入潮白新河。

8月16日凌晨，子牙新河行洪滩地洪水进入大港区致使津歧公路马棚口段路面水深达到70厘米，交通中断。17日，独流减河进洪闸最高水位达6.39米、西河闸闸上水位达6.59米，东淀的洪水开始进入天津市。为尽快退洪做好准备，市防指下令，用机械削薄第六埠和西河左堤口门位置的堤埝，做好适时扒口泄洪的准备。

8月19日18时，东淀洪水位超过大清河主槽水位，当达到分洪水位时，市防指指挥张立昌现场下达分洪命令，驻津部队和预备役六团等官兵立即爆破了第六埠口门，同时用机械开挖了西河左堤口门。东淀内的洪水经口门下泄至独流减河和海河干流。

由于预案中设立的第六埠和西河左堤口门，未经洪水检验，所在位置淀内地势较高，泄水不畅。市防指邀请海委领导一起现场勘察，并决定增加2个退水口门，截至8月19日22时，分4次完成了200米分洪口门的爆破任务。又利用机械开挖了第六埠、水高庄、西河闸闸上左堤和老龙湾4个分洪口门，使淀内洪水经独流减河及子牙河急速下泄。大清河系来水17亿立方米顺利下泄，其中进入东淀的洪水7.57亿立方米，经东淀泄洪5.4亿立方米。于8月22日和25日分别在老龙湾和水高庄破堤退洪，加速了东淀的退水速度。东淀淀内第六埠临时水位站水位8月22日8时达到最高6.35米，4个口门的洪水连同中亭河及大清河的洪水一道经西河闸和独流减河进洪闸下泄，口门最大流量240~250立方米每秒，出现在25日，随着水位的回落，淀内退水的速度逐渐衰退，至9月6日，口门的泄水能力只有60~70立方米每秒。自8月19日至9月15日，东淀洪水通过海河干流和独流减河泄洪约3亿立方米，淀内尚有5000万立方米。此次洪水，静海县大清河以北被淹，9月20日东淀内洪水全部退完。

市防指下发《关于对恢复东淀泄洪口门报告的批复》，9月24日至10月23日，西青区完成第六埠、水高庄、西河闸闸上左堤3个口门的恢复任务。9月27日至10月5日，静海县完成老龙湾分洪口门的恢复任务。

汛期，市防指共发出各种命令100多项，其中包括闸涵的调度运用、洪沥相遇的为行洪让路的禁止沿河农业排水令、抢险物资调运令和分洪令等。

（三）抢险救灾

8月6日、8月11日蓟运河出现2次洪峰，蓟运河全段264.3千米堤防多处出险、漫溢，53333公顷农田积水、被淹。蓟运河最下游的汉沽段是险情最严重地区之一，天津化工厂段堤埝塌方长200米，崔庄泵站闸板冲毁，城区段堤防多处漫溢、渗水。8月6日21时，由于上游泄洪，蓟运河汉沽段水位骤涨，达2.13米（黄海）。汉沽区城区段全线漫堤、渗水，低洼段公路积水0.3~0.7米。清河四扬泵站、大田芦后村、后沽乡后沽村、桥沽村、西孟村，营城扬水站等处漫水、决口；天化泵站河水倒灌严重。8月7日1时，蓟运河左岸城区段3000多米告急，华新制药厂院内和大青码头段部分居民宿舍进水，天化老年活动中心、寨上大桥立交桥下、青年宫段路面积水最深处达0.7米，蓟运河农村段部分沿河闸涵被水冲毁，部分农田及养殖水面被水淹没。8月11日中午，蓟运河在高水位的情况下，持续上升，到15时28分时，水位高达2.41米（黄海），并持续45分钟以上，达到了蓟运河汉沽段水位的历史最高点。城区险段堤埝全线严重渗水、漏水。天化南泵房约200米最险段中，出现两处塌方，其中100米堤埝下沉开裂。农村段堤防沿河闸涵、泵站漏水、渗水。崔庄泵站闸板被冲毁，洪水大量涌进农田。汉沽区出动 2200 名干部群众和 400 名解放军战士及时进行了抢护，并组织 7000 多人，连续奋战 8 昼夜，用草袋 32 万条、木桩 300 根，对全区境内蓟运河 26 千米堤段全线加固筑子埝，17 时险情得到控制，抗住了洪水的袭击。蓟运河宁河县段 32 座闸涵出险，北埋珠村北、青泥村、田庄坨村、苗庄等堤防多处漫溢、劈裂、滑坡。宁河县出动 12.5 万人，车辆 1200 台次及挖掘机 8 台，使用麻袋、编织袋、草袋 50 万条，对出险闸涵进行了封堵，并对漫溢、劈裂、滑坡的 10 余千米堤埝进行了加高加固。蓟运河宝坻县段鲁沽村南滑坡 150 米，八门城滑坡、管涌 20 米，八门城扬水站压力池侧墙漏水，勾庄子渗漏 50 米，南燕窝外堤滑坡 80 米。宝坻县出动 710 人，车辆 22 台进行抢护。使用麻袋、编织袋 600 条，木桩 160 余根。蓟运河蓟县下仓段出险 4 处，南石庄外坡塌坡 30 米，康各庄堤段裂缝 50 米，少林口扬水站旧涵管渗水。蓟县马伸桥大街村西侧公路淹没，崔各寨、峰山等 7 个村成为水上孤岛。蓟县出动 3500 人，动用木桩 290 根，编织袋、草袋 2.5 万条，铅丝 150 公斤，土方 1100 立方米。为保证下游堤防不决口、不分洪，错峰排沥，确保蓟运河大堤，特别是宁河县、汉沽区的安全，蓟县于桥水库采取停泄、限泄措施，泄量从 230 立方米每秒逐步减少到 52 立方米每秒，库水位出现建库以来最高值 22.62 米，致使库区 2787 公顷粮田、662 公顷鱼池，298.73 公顷果树受淹泡，10 个乡（镇）、43 个村 1497 户进水，3086 户 1.23 万人搬迁转移。官场、西龙虎峪、宋家营、马伸桥等乡库区围埝多处出险。蓟县出动 1000 多名干部、近万名群众，以及 3000 多名解放军指战员进行加固抢护，动用木桩 3540 棵、草袋、编织袋、麻袋 32.5 万条，加固围埝约 3 万米。

在北京排污河上游来量大、下游出口泄量小的不利情况下，武清县防汛指挥部及时采取限排、错峰有效措施，避免大堤决口漫溢现象，沿河共限排 3 次，限排水量达到 3400 万立方米。

大清河超标准强迫行洪，南北大堤出现险情，几乎漫堤溢水。静海县委、县政府为保护堤防安全，及时组织县直有关 26 个单位的 3000 名干部和台头、北肖楼、独流三乡镇的 7000 多名群众紧急出动，上堤抢险，完成大清河右堤 15 千米、900 个土牛、1 万余土方的抢险任务。西青区防汛抗旱指挥部率指挥部全体成员赴东淀，于第六埠村成立了防汛前线指挥部，并立即开始组织转移群众和物资，经过 5 个昼夜的紧张抢运，对东淀内 102 户、364 名群众进行了妥善的转移和安置，共转移出草苫 420 万片、架材 200 万根、粮食 170 万公斤，化肥 60 吨等大量农用物资及企业产成品、原材料，总价值达 4000 多万元，最大限度地降低了损失。

8 月 4 日至 9 月 15 日大港区子牙新河、独流减河等承担了天津市泄洪任务的 70%。当洪峰到达时，大港区委、区政府紧急动员，先后出动 2100 人对 27 处穿堤建筑物和大堤险工进行除险加固，拆除阻水坝埝。在一个多月的时间内，复堤 7.2 千米，加固险段 1.6 千米，改造水毁工程 1 处，动土石方 52.72 万立方米，防汛抗洪总投资达 975.1 万元；出动防汛抢险人员 1.45 万人次。

天津警备区、驻津部队、武警官兵、公安干警、预备役军人和广大民兵在 1996 年抗洪抢险中始终处在第一线，为保住蓟运河汉沽段堤防，1500 多名解放军指战员和库区群众一起加固围埝。担任分洪爆破任务的 200 名官兵接到命令后，紧急出动赶赴大清河静海县台头镇指定地点，冒雨完成各项准备。承担西青区第六埠分洪爆破任务的部队官兵，连续作战，完成了分洪爆破任务。为确保防汛安全，天津市静海、西青、宁河、蓟县、汉沽、大港等区（县）的 4000 多名公安干警参加固守堤埝、封堵险段、疏散转移群众、维护社会治安等工作。据统计，驻津部队调动了 3400 名兵力投入防汛。天津市有 20 多万名民兵投入抢险，运用草袋、尼龙编织袋等

256 条、木桩 9848 根。

（四）灾害损失

1996 年天津市发生严重的洪涝灾害，共有 131 个乡、1523 个村、122.52 万人受灾，被洪水围困人数 8250 人，紧急转移人口 1.28 万人，1 个城镇进水，18 个城镇积水，损坏房屋 6184 间，倒塌房屋 1917 间。共造成直接经济损失 12.17 亿元。

全市受灾面积 998000 公顷，成灾面积 781000 公顷，绝收面积 351000 公顷，毁坏耕地面积 2100 公顷，减产粮食 25.6 万吨，损坏淡水养殖面积 7500 公顷共 1.60 万吨。农林牧渔业直接经济损失 8.60 亿元。

全市共有 54 个工矿企业全停产，38 个工矿企业部分停产，水淹气油井 9 口，公路中断 15 条，洪水冲毁公路桥涵 21 座，毁坏公路路面 195 千米，损坏输电线路 148 杆，长 42 千米，损坏通讯线路 432 杆，长 142 千米。工业、交通运输直接经济损失 1.15 亿元。

洪水损坏小（1）水库 1 座，损坏堤防 194 千米，共 42 处，决口长度 0.69 千米，损坏护岸 34 处，损坏水闸 264 座，损坏桥涵 773 座，损坏机电井 1626 眼，损坏管理设施 34 处，损坏机电泵站 54 座。水利设施直接经济损失 1.98 亿元。

（五）生产自救

在天津市上游洪水衰减后，市委、市政府召开会议，要求各级党委、政府和全市军民在做好抗洪抢险的同时，开展抗灾自救、恢复生产、重建家园工作。水利部门做好平原水库蓄水工作，为今秋种麦和明年农业生产提供水源保障。受灾区（县）做好灾后的生产恢复工作。加快农田排涝速度，加强田间管理，将秋粮损失减少到最低程度。增加蔬菜种植面积，发展冬季温室大棚，保证蔬菜生产的总量，确保市场供应，特别是加强大白菜管理，不能抢种的采取间苗移栽的办法加以补救。广开生产就业门路，增加农民的收入，做到遭灾不减收入。灾区群众开展各种形式的生产自救。

蓟县县委派出 100 名县直各机关干部赶赴灾区，逐户摸清受灾底数，并进行为期两个半月的组织生产自救工作。各有关职能部门分头深入到一线，将电力、通信、道路设施修复；各级农业部门为农民提供生产服务，县农机局调进各种农机具 500 多台（套），县农业、林业、畜牧等部门组织 200 多名科技人员向灾区农民传授生产技术。蓟县有 10 万群众开展生产自救工作。蓟县农田排涝 13330 公顷，追施肥料 4800 公顷，翻种蔬菜 1400 公顷，3000 多个农户发展起以养殖为主的庭院经济。

宝坻县各级领导赶赴险段亲自指挥防汛抢险的同时，组织干部群众抓紧排沥除涝。为夏玉米抢施扬花肥，为稻田防治病虫害，加强灾后田间管理，力争秋粮丰收。

静海县台头、独流、北肖楼 3 个受灾乡（镇）的 140 多家乡镇企业开足马力，加班加点，以挖潜改造、增加产量来提高经济效益。独流镇建筑公司安置 1000 多名农民当起建筑工人，减少农民的收入损失。台头镇党委、政府将联系的电子原件加工活分发到受灾农民的家中进行加工，以做到农业损失副业补。

西青区在东淀灾区当年播种冬小麦近 1340 公顷，园田种植 1072 公顷。

洪水过后，大港区受灾乡镇立即组织群众排除积水、恢复生产。为了抢种冬小麦，农民群众男女老少齐出动，人拉手捋犁沟犁，在刚刚退去的泥土上播种了近万亩小麦。

第二章 防 潮

第一节 组 织 管 理

一、组织机构

1979—1992 年，天津市防指负责天津市的防潮组织、协调、指挥工作，天津市防办负责天津市防潮的日常工作。

1992 年大潮后，天津市领导酝酿在天津市防汛抗旱指挥部设立防潮分部，1995 年天津市防汛抗旱指挥部防潮分部正式成立，办公室设在天津市口岸委。

2001 年机构改革市口岸委撤销，市防指不再设立防潮分部，原防潮分部工作职能划归市水利局，市防潮日常工作由市防办承担。

2006 年，市水利局实施局属水管单位机构改革后，成立天津市海堤管理处（简称海堤处）。管辖塘沽、汉沽、大港三区界内的共计 139.62 千米海堤工程。防潮日常工作由海堤处承担。

2009 年，为加强区域防潮统一指挥调度，5 月 4 日市防指恢复成立防潮分部。市滨海新区管委会王国良任指挥，市水利局张文波任副指挥，主持日常工作，塘沽区副区长罗家均、汉沽区副区长赵忠、大港区副区长李德林任副指挥，防潮分部办公室设在市海堤处，办公室主任由海堤处处长王维君担任。

天津市成立滨海新区后，2010 年 5 月防潮分部成员进行调整。滨海新区副区长蔡云鹏任指挥，市水务局副巡视员张文波、滨海新区建设和交通局局长王国良、滨海新区塘沽管委会副主任罗家均、滨海新区汉沽管委会副主任赵忠、滨海新区大港管委会副主任王学明任副指挥，市商务委会、市交通运输和港口局、市气象局、市海洋局等 24 个单位主管领导任成员；防潮分部下设办公室，办公室设在海堤处，负责防潮日常工作。

防潮职责。开展防潮保安工作、海堤工程管理、水政巡查执法等各项工作。负责所管辖海堤水利工程、河口及沿海岸的滩涂的管理；承担防潮日常工作；依据规程对所管水利工程进行检查、观测、运行；承担所管水利工程的日常维护、岁修、除险加固、维修项目的申报和组织实施；对入海的排水、取水口门及管理范围内的生态环境实行监督管理。

二、防潮堤

天津市防潮堤（海挡）北起涧河口，南至沧浪渠入海口，全长 139.62 千米（1998 年和 2007

年测量数据）。

为了保护海岸内的开发利用，早在 1941 年就开始修筑阻挡潮水的防潮堤。1949 年中华人民共和国成立后，逐年对防潮堤进行了加高、加固。1976 年地震，使防潮堤遭到严重破坏，1986—1988 年对防潮堤进行了修复；1992 年 9 月 1 日大潮，使防潮堤又受到严重破坏，1993 年对防潮堤实施加固重建。

为解决防潮工程始建以来缺乏统一的规划、设计和施工标准，维修和管理没有正常的资金渠道，堤防破损严重，存在多处险工险段，防潮能力已不足 5～10 年一遇等问题，1995 年市水利局组织完成了《天津市滨海地区防潮堤工程规划》，1996 年完成《天津市滨海地区防潮堤工程可行性报告》和《天津市防潮海堤 1996 年应急加固工程设计》（本次规划设计前防潮堤全长 155.23 千米，规划设计后防潮堤全长 137.169 千米）。1997 年 11 月 10 日市政府批转《关于搞好海挡工程建设的安排意见》。防潮工程开始实行统一规划、统一设计、统一施工、统一监理、统一管理，并按"谁受益、谁负担"的原则进行资金筹措。自此，海挡加固工程有序实施，海挡防潮能力逐步增强。

1997 年 3 月初至 7 月 15 日，建设完成天津市防潮海堤 1996 年应急加固工程；1997 年 8 月 20 日又遭大潮袭击，损坏堤防 40 千米，其中决口长度 3.89 千米。1997 年 11 月至 2002 年 7 月，完成天津市 1998 年海挡应急加固工程、天津市 1999 年海挡应急加固工程、天津市 2001 年海挡应急加固工程，共加固治理防潮工程长度 56.37 千米，总投资 2.81 亿元。

2006—2008 年，天津市完成 15.264 千米海挡应急加固工程，建成全线封闭的防潮堤，总投资 9798.84 万元。

2008—2010 年，天津市根据历年海堤加固治理工程和潮毁情况，完成海堤应急加固工程 4.623 千米，总投资 4986 万元。天津市防潮工程基本实现重点段海堤达到 50 年一遇标准，一般段海堤达到 20 年一遇标准。

三、防潮预案预测预报

专项防潮预案编制始于 1999 年。1999 年前，天津市没有专项的防潮预案，防潮预案内容在原《天津市防洪预案》分预案中涉及（堤防固守预案和企业自保预案）。1999 年开始，根据国家防办的要求编制的天津市城市防洪预案设专项防潮分预案，自此，市防办每年根据当年情况的变化组织修编防潮分预案。防潮分预案主要包括天津市防风暴潮工作预案，另有塘沽、汉沽、大港及各重点企业、重点部位分别制定各自的防潮预案。同时各有关部门要做好预案落实工作，充分了解预案、熟悉预案，一旦启用能够顺利执行预案；并建立起规范的预案启动和运行机制，完善了各部门的联络和沟通机制，确保潮灾发生时，能够根据预案有序有力有效的开展抢险救灾，最大限度地减少风暴潮造成的损失。

20 世纪 90 年代，天津市潮位观测信息主要通过电传、电话等通信设备上传下达。1998 年，市防办建设完成天津沿海实时潮位监测系统，总投资 60 万元。该系统以防潮分部为核心，采用无线传输方式，定时控制采集沿海各测站测量的实时数据，集中进行处理，然后将实时数据和潮汐分析结果发送市防办和沿海三区防办等部门。

2001 年 7 月，随着市防指防潮分部的机构改革，市防办对该系统进行重组，投资 15 万元。

系统重组后保留原有的汇集各测站实时采集的现场数据、预报分析、通过信息网发布实测数据和潮情资料，完成天文潮和风暴潮预测服务功能。

2005 年，由于系统设备严重老化不能正常工作，市防办再次对沿海实时潮位监测系统进行改建。9 月，改建方案通过了市防办组织的专家技术论证和市水利局的立项审批，2006 年 3 月建成，总投资 50 万元。系统设立 1 个防潮数据中心站（防汛办公室），通过运行防潮系统中心控制软件，具备防潮遥测数据采集、整理、入库，Web 数据发布等系统管理功能；新建大港电厂海泵房、汉沽盐厂海泵房 2 个防潮遥测站，选用先进可靠的数字雷达液位计进行监测，并对东突堤测站进行现代化改造；系统采用 GPRS 无线通信方式替换原有线拨号的通信模式。整套系统工作稳定，数据及时准确，为滨海地区防潮提供了有效的监测手段。

天津市海洋局、天津海事局、天津港务局、大港油田、塘沽区防办等单位建立起潮情监测系统，可随时掌握潮位信息。

市防办为加强与各单位的联系，有效整合了相关单位的气象预报预测信息、数字集群无线通信、图像监控系统等资源，初步建立起应对潮灾的应急组织体系，通过计算机和通信网络与各单位进行数据传输，交换信息，适时发布预警信息，使各单位迅速开展防御台风和风暴潮准备工作，为抢险救灾赢得时间，把损失降到最低。

建立起新闻发布机制，利用电台等媒体向天津市市民介绍防汛防潮形势和工作情况，大力宣传防汛防潮工作，督促各项工作落到实处。2005 年，在台风"麦莎"登陆天津市等关键时期，市防办多次组织召开防汛信息新闻发布会，发布防汛防潮通告，通过多种渠道向市民通报雨情、汛情，对公众及时了解情况、稳定民心起到了积极的作用。

第二节 防 潮 抢 险

一、1992 年风暴潮

受 16 号强热带风暴和天文大潮的共同影响，1992 年 9 月 1 日，天津市遭受 1949 年以来最严重的强风暴潮袭击，渤海海面东北风 8～9 级，阵风 11 级，塘沽六米潮位站 17 时 50 分最高潮位 5.98 米（海图基面，本节下同），海河闸 17 时 55 分最高潮位达 6.14 米（大沽冻结），超过警戒潮位 1.08 米，高出工作桥 0.5 米，持续时间 2 时 20 分，近 100 千米海挡漫水，塘沽、大港、汉沽三区防潮堤决口 13 处，被海潮冲毁的海堤 40 处，大量水利工程被毁坏，沿海企业及塘沽、汉沽、大港、津南均遭受严重损失。

塘沽区 9 月 1 日，最高潮位 5.93 米（塘沽海洋站水尺基面）。塘沽沿海全线告急，新港轮船闸、港口客货运码头、渤海石油公司、北塘修船厂、海滨浴场和宁车沽、驴驹河等地海堤漫溢。沿海企业设施被淹泡，盐场的数万吨原盐被冲失。塘沽区受淹面积 27.6 平方千米，其中东沽 0.3 平方千米，新港 1.5 平方千米，北塘 1 平方千米，港务局 0.5 平方千米，盐场 17 平方千米，虾池 7.3 平方千米。淹泡深度 0.5～1.5 米，淹泡最长时间 16 小时。沿海地区的居民家庭有 3100 户进水，其中 1650 户进水深达 1.0～1.2 米。倒塌土坯房屋 11 间。风暴潮对海堤工程造成严重破坏，造成各类险工段 26 处，总长 18029 米，其中倒塌 1740 米；毁坏进水闸 3 座，毁坏口门 25 处。风暴潮造成直接经济损失达 19865.3 万元，其中塘沽区属企事业单位直接经济损失达 6440.1 万元（渔农系统 5183 万元，贸易系统 175.5 万元，海滨浴场 384 万元；城建、人防、文教、街道以及公安等单位 697.6 万元）；中央直属、市属单位和部队单位损失达 13425.2 万元（塘沽盐场 5156.2 万元，海洋石油渤海公司 3160 万元，新港船厂 2500 万元，港务局 1134.2 万元，部队八一盐场 565 万元，其他单位 909.8 万元）。

汉沽区 9 月 1 日 15 时 30 分，汉沽沿海遭受强风暴潮的袭击，最高潮位 5.1 米（黄海）。全区 31.33 千米的海挡绝大部分漫水，土方流失，护坡毛石滑脱，石墙倒塌，12 处出现大面积决口，沿海虾池被冲，泵站被毁，盐田被淹，公路被泡，盐业和渔业生产设施普遍遭到破坏，沿海村庄普遍进水。直接损失达 1500 万元。沿海虾池受损面积 199.73 公顷，经济损失达 1917.6 万元；沿海乡镇企业被淹，经济损失达 1900 万元；沿海公路浸泡受损 20 平方米，损失达 800 万元；盐田、盐滩浸泡 625.32 公顷，损失原盐 57767 吨，损失达 837.6 万元；泵站、闸涵、渔船、码头、房屋及其他盐业和渔业生产各种设施等均遭到不同程度的破坏，损失达 986.2 万元。各项损失累计达 7991.4 万元。

大港区 9 月 1 日 17 时，特大海潮前锋达到马棚口村，子牙新河海挡被冲毁，海水灌入子牙新河，交通中断，受灾面积 35.2 平方千米，平均淹泡深度 0.26～1.2 米，其中沿海 300 公顷虾池被冲毁，经济损失 2671 万元。

津南区 9 月 1 日 17 时 36—40 分，海河闸最高潮位达 6.14 米（大沽冻结），高出工作桥 0.4～0.5 米，发生短时海水倒灌。5.80～6.14 米持续 2 小时 20 分钟，5.20～5.80 米持续 4 小时 30 分钟。特大风暴潮使大量水利工程设施受到损坏，特别是东沽泵站的围墙、护坡、路面及院内基土被水冲毁。站内绿化树木、花草、菜田无一幸存，土地盐碱化，直接经济损失达 17 万余元（包括应急抢修围墙、堤坝的工程费用）。

当天，市委书记谭绍文、市长聂璧初等市领导和天津警备区、市水利局领导及时赶到现场指挥抗灾抢险，国家防办连夜派出工程师包鸿谋等赶赴天津市指导抗灾。9 月 2 日，国家防办副主任卢九渊在天津市现场指挥抗灾。9 月 3 日，在市水利局召开防御风暴潮紧急会议，副市长张好生、陆焕生，天津警备区副参谋长相英荣及市水利局有关领导出席，部署 12 日前抢复潮毁工程工作。由于天津市指挥防潮工作得当，广大抗潮军民的共同努力，确保了天津经济技术开发区和保税区没有损失。

二、1994 年风暴潮

受第 15 号台风影响，1994 年 8 月 14—16 日天津市渤海相继出现了 3 次比正常潮位高出 37～108 厘米的海潮。8 月 14 日 19 时 46 分，潮位达到 4.92 米（信号台）（海图基面），超过正常潮位 0.37 米；8 月 15 日 20 时 40 分潮位达到 5.00 米（海图基面），超过正常潮位 0.59 米；8 月 16 日 10 时 15 分潮位达到 5.22 米（海图基面），超过正常潮位 1.08 米，是当年的最高潮位。

8 月 13 日，在收到国家海洋预报台风暴潮预报后，市防指立即通知沿海单位。14 日市口岸委紧急会议部署防潮工作。沿海三区及各单位立即行动，各级领导赶赴防潮一线检查险情，落实前线物资，集结抢险队伍，做好迎大潮的各项准备。市长张立昌等在迎战15日大潮的关键时刻，连夜赶往塘沽区，与一线指挥们分析海潮趋势，指挥抗潮工作，并察看淹泡情况和慰问抗潮一线人员。14日、15日海潮造成海河轮船闸、海河防潮闸、渔船闸出现海水漫顶倒灌及新港客运码头路面漫水。海潮过后，各单位及时组织力量对危险地段进行紧急抢险加固。

14日、15日大潮后，由于黄海潮水入渤海，致使渤海潮水受黄海涌入海水的顶托，潮水没有退净，16日上午又出现了5.22米（海图基面）的最高潮位，强潮造成港务局四公司地沟返水，个别化肥货垛底层受潮湿，采取了抢运和倒垛措施；八一盐场海挡、防浪墙原已倒塌，尚未恢复，千余名解放军指战员奋战抢险加固；大港区马棚口二村有4.73公顷虾池毁坏，损失虾80%；大港油田管理局井下石油2队"港7-2号作业区"40米砖墙被潮水冲毁。

由于国家海洋预报及时，各级领导高度重视，各单位迅速采取了应急措施，海潮基本上没有造成重大的损失。

三、1997年风暴潮

受第11号热带风暴和北方冷空气的共同影响，渤海海面发生风暴潮，风暴潮与天文大潮相遇，8月19—20日天津沿海出现三次高潮位。19日16时10分、20日4时、20日16时10分潮位分别达到4.72米、4.86米、5.46米（海图基面）。同时伴有8~9级偏东北风（海上阵风11级），形成仅次于1992年以来的第二次强风暴潮。海水沿海河闸漫溢，最大流量67立方米每秒，倒灌3.5小时左右。沿海海堤、码头货物、油田油井、养虾池、原盐等共损失直接经济损失约1.22亿元。

塘沽区防指接到风暴潮预报后，立即进入戒备状态并于8月19日14时30分发布第一号令，命令沿海单位提前做好防潮抢险准备。沿海各单位及时封堵了海挡口门，特运办、导弹营和中建六局的抢险队伍开赴北塘街、客运码头等地执行抢险任务。20日16时，最高潮位5.46米（塘沽防办测站数据），此次风暴潮塘沽区新港、北塘、东沽、海滨浴场等地遭到不同程度的损失，海挡工程遭到严重破坏。塘沽区民政局统计，经济损失1500万元。

汉沽区8月19日中午，接到市防指防潮分部风暴潮预报通知，20日12时30分，潮水上涨，并伴有9~10级东北风和降雨天气。15时20分，最高潮位4米，高潮位持续近45分钟，致使汉沽区31千米海挡大部分溢水。三处共890米险段出现决口，毁坏海挡17900米，土方流失31630立方米，石方损失24000立方米，毁坏泵站闸涵16座，淹泡泵站3座，挡外虾池几乎全部遭到浸泡，蛏头沽、土桥子、高家堡、大神堂等沿海乡村海挡损失严重，蔡家堡码头被淹，水深超过1米，大潮造成的直接经济损失807.8万元。

大港区风暴潮，冲毁了子牙新河海挡小埝1500米，土方12000立方米，冲走增殖站海挡土方1500立方米，冲毁砌石坡1100立方米，毁坏土工布2000平方米，冲走碎石200立方米，淹没马棚口一村、二村622.33公顷鱼虾池，毁坏闸涵100座，提水工具20件，倒塌房屋50间（鱼池管理房屋），大港油田油井被淹没，停产油井713口，影响产量1170吨，天然气18万立方米，并给唐家河防潮堤造成严重损失。潮水退后，因风暴潮造成停电，致使大港油田大批电机被毁，造成停产以及海滩头被淹等损失，经济损失达到4387.86万元（当年估算）。

接到 8 月 19 日、20 日、21 日天津沿海将出现超过警戒水位的风暴潮预报后，市防办及防潮分部及时部署抗灾工作。沿海塘沽、汉沽、大港三区和各有关部门和单位按照市领导精神做好防潮准备。副市长叶迪生、朱连康，天津警备区副司令员李凤河等市领导在大潮到来时，及时赶赴港口码头指挥抢险。朱连康在口岸委召集了紧急会议，研究抢险对策，随后与李凤河分别赶赴汉沽区、大港区查看险情，常务副市长李盛霖，副市长王德惠、朱连康等先后 6 次做出关于密切注视潮情动态、做出防潮减灾的批示，直接组织指挥防御海潮的工作。

市防办防潮分部、沿海三区和沿海单位的领导认真贯彻市领导的指示，大潮期间，市水利局局长刘振邦、副局长戴峄东到前沿指挥抢险。防潮分部指挥宋联新及防潮办全体人员连续两天两夜在防潮一线指挥抢险。

塘沽区领导孙海麟、于炳生、张家星、郝随亮、赵建国、焦再泉等分别赶赴各沿海地区指挥抗潮抢险。汉沽区区长古正义亲赴最危险地段蛏头沽、高家堡，组织部队官兵、公安干警、乡干部 200 余人，在风浪中及时封堵堤坝决口。大潮汉沽区共投入防汛物资 30.62 万元，其中投入草袋 41000 条、麻袋 500 条、编织袋 8300 条、木桩 130 根、铅丝 50 公斤、调土 1200 立方米、调用汽车 1792 台时、挖掘机 16 台时。

8 月 20 日下午，天津港务局把一线指挥部设在六米客运站，全局组织 3000 人抢险队伍投入抢险，共抢出和转移各种车辆 216 部，各种物资 2891 吨，机电设备 800 件，集装箱 1710 箱。大港油田集团公司的领导深入现场部署抢险，及时撤出了海上作业及沿海施工人员，保护了船只、贵重仪器设备，并指挥干部职工对进港靠泊的船只进行加固保护，避免了人员伤亡，减少了经济损失。开发区彩虹大桥工地上，正在施工的铁道部第十八工程局领导，在面临工程险口大的紧急情况下，迅速调集抢险队伍，果断采取措施，动用工程水泥百余吨，及时封堵了海挡险口，避免了北塘地区被海水淹泡。天津造船公司在大潮期间，组织抢险队伍 3000 余人封堵险口，保厂房提出了"人在厂房在"的口号，连续奋战 15 小时，拆卸抬高设备 400 余台，保护了大修轮船的安全，避免了经济损失。

塘沽区、汉沽区、大港区及沿海有关单位共组织调动干部群众 24500 多人，部队官兵 2560 人进行防抢，投入编织袋、麻袋、草袋 75000 条，运输车 3024 辆，挖掘机等机械 31 台，有效地发挥了抗潮减灾作用。

四、2003 年风暴潮

10 月 10—12 日，受强冷空气与南方暖湿气流北上，同时渤海湾受东北 9～11 级大风和天文大潮共同影响，11 日凌晨天津沿海发生风暴潮，3 时 42 分超警戒潮位 43 厘米，风暴潮给天津沿海港口、油田、渔业等造成不同程度的损失。大港油田 14 条高压线路停电，油田停产 1094 井次，盐场进水损失盐 15.34 万吨，新港船厂设备被淹，部分企业停产，损毁海堤 7.3 千米，泵房 13 处，损坏房屋 545 间，车辆 60 台，未造成人员伤亡，风暴潮造成沿海地区直接经济损失 9924 万元。

塘沽区 10 月 11 日凌晨，沿海发生风暴潮，陆地风力达 10 级，近海最大风力 11～12 级，最高潮位 5.54 米（塘沽信号台数据）。大潮时伴随暴雨，降雨量 96.4 毫米。港务局、新港船厂、渤海石油公司码头被淹泡。新港客运码头海水倒灌，新港街部分居民区被淹泡。塘沽盐场损失原盐 15 万吨。风暴潮过程中有 22 条渔船沉没，15 条渔船被推上堤岸，600 余户居民家进水。沿海企事业单位损失严重。据不完全统计，直接经济损失 0.603 亿元人民币（不含天津港务局的损失）。

汉沽区 10 月 11 日 2—4 时，海上风力达 10 级以上，最高潮位 5.62 米（黄海），并伴随暴雨，降雨量达到 112.2 毫米。强风暴潮撞毁损坏渔船 106 条，冲毁虾池 110 公顷，各项经济损失累计 2700 万元。11 月 25 日 2—4 时，又一次罕见的强风暴潮突袭汉沽区，海上阵风风力达 9 级，在 10 月 11 日潮毁后尚未恢复的海挡，再一次遭受严重的冲击，加重了海挡的损坏程度，大潮浸过海挡，沿海部分村民住宅涌进海水，最高潮位 4.2 米（黄海），直接经济损失约 600 多万元。

大港区 10 月 10 日，一场罕见的风暴潮和大暴雨突袭沿海地区，平均降雨量 94.3 毫米，加之受渤海高潮位的影响，造成海水回灌，沧浪渠、北排河、青静黄排水渠等河道告急，防汛形势十分严峻。经过两昼夜奋战，终于控制了险情。

受冷高压南下影响，11 月 25 日，塘沽区、大港区再次遭受风暴潮袭击，最高潮位达到 5.05 米，超警戒水位 15 厘米，造成街区、厂区、虾池被淹、输电线路停电，油井停产，局部防潮堤被冲毁，造成塘沽区直接经济损失 531 万元，大港区新增损失 100 万元。

第三章　除　　涝

第一节　除涝管理机制

天津市农村除涝工作遵循市、区（县）、乡（镇）街三级组织模式开展，实行行政首长负责制。历年按照防汛除涝责任制分工，逐级签订防汛除涝工作责任书。建立防汛除涝工作目标任务考核机制，区（县）、乡（镇）街防汛除涝工作人员全部参加除涝工作目标任务责任制考核，考核结果记入干部档案，并与个人工作政绩挂钩。

一、市级农村除涝机构

1991—1995 年，市防办下设排涝组，由市水利局农水处抽调人员组成，由农水处处长任组长，履行市级农村除涝工作职责，具体为：负责全市农村排涝的组织、协调工作，掌握农村排涝动态，反映农村排涝情况；监督检查区（县）管中型平原水库和山区小水库安全度汛方案的落实情况；综合汛期农村雨情、水情、农田积水、沥涝成灾情况；指导各区（县）汛期蓄水，掌握蓄水情况；协调区（县）间的农村排涝矛盾。

1996年6月成立天津市防汛抗旱指挥部农村分部。农村分部下设农村分部办公室，设在市水利局农水处，负责开展农村分部日常工作。农村分部总指挥由市农委副主任担任，副总指挥由市水利局副局长担任。农村分部办公室主任由市水利局农水处主要负责人担任。主要职责：督促检查指导各涉农区（县）农村除涝工作；召开农村除涝会商会议，安排部署农村除涝工作；启动、终止农村分部农村除涝应急响应；协调区（县）间排水矛盾；督促各涉农区（县）防指落实市防指限排、禁排等指令；督促有关区（县）落实中小水库安全度汛措施；指导区（县）防办完善和落实农村除涝预案；综合情况，采编信息，为全市防汛除涝提供决策参考依据。农村分部办公室按工作职责和责任区划分，设立综合组、外勤组和应急组，分别进行责任区内检查。各检查组明确责任和任务，落实检查人员责任制和责任追究制，坚持"谁检查、谁签字、谁负责"，确保及时发现问题和隐患。

二、区县农村除涝机构

1991—2010年，各区（县）农村除涝工作具体由本区（县）防汛抗旱指挥部办公室负责。防办主任由各区（县）水利局局长兼任，常务副主任由各区（县）水利局分管除涝工作的副局长担任，副主任由各区（县）水利局防办负责人担任，成员由各区（县）水利局防办科室人员组成。主要职责：全面具体负责本区（县）农村除涝工作；贯彻执行市防指，以及市防指农村分部的决定；召开本区（县）农村除涝会商会议，安排部署本区（县）农村除涝工作；启动、终止、落实本区（县）农村除涝应急响应；落实市防指限排、禁排等指令；指导各乡镇编制农村除涝预案，并做好本区（县）农村除涝协调、指导工作，确保农村除涝工作落实到位；及时掌握本区（县）汛情、旱情、灾情，并组织实施防汛抢险及抗旱减灾；做好洪水管理、调度工作，组织协调灾后处置等工作；及时向市防指，农村分部报告重大防汛除涝事项。

三、乡镇街除涝机构

1991—2010年，乡（镇）街政府负责当地防汛除涝工作的具体实施。乡镇长对农村除涝工作负总责，乡镇水利站负责农村除涝日常工作。主要职责：主管镇长负责本乡镇除涝工作，并逐一落实专用值班联系电话，同时各乡镇政府联系管辖范围内的各村党支部书记、村主任，负责所辖乡镇雨情、水情、灾情、堤防、闸站险情的信息上报工作，所辖乡镇防洪除涝工程的运行安全；充分发挥综合、协调、监督、检查、参谋职能；负责组织实施本乡镇除涝抢险，群众转移安置工作，配合区（县）防指做好区（县）除涝工作，及时向区（县）防指报告本乡镇除涝工作重大事宜。

第二节 除 涝 日 常 工 作

1991—2010年，每年4月、5月，组织汛前检查，由市防办排涝组或市防指农村分部对各区

（县）汛前准备情况进行检查。检查内容包括各区（县）落实防汛除涝地方行政首长负责制，按照分级管理原则，逐级落实除涝责任制情况；除涝调度方案和应急分析除涝各项预案、措施落实，防汛除涝抢险队伍建设情况；各区（县）除涝设施检查维修，特别是国有扬水站维修保养，骨干河道清淤和打通卡口，以及对中小型水库大坝、进出水闸门、溢洪道和泄水尾闸等工程检查维修情况；落实防汛除涝物资储备准备情况；重点对蓟县山区小水库安全检查，落实责任制做到每座小水库的值班人员、值班职责、值班制度、通讯报警设施落实到位。严格执行水库控制运用计划。储备一定数量的防抢物资，做到有备无患。

落实整改。汛前检查之后，要求区（县）在市级检查的基础上，进行自查自纠，确保除涝措施落实到位。自查整改：落实市、区（县）防指行政首长和领导成员，行政首长对汛前检查工作负总责。同时要求各区（县）根据本区（县）防指机构领导成员变动，及时更改领导成员名单，向社会公布区（县）防汛除涝领导干部、办公电话；各区（县）防办提前着手开展自检自查自纠工作，除涝检查情况向农村分部报告，并提出建设性意见和建议；督促各区（县）除涝预案自查自检，落实安全责任制。农村分部人员逐区（县）深入基层，了解情况，针对出现的新问题和新矛盾，提出修改意见。

汛期职守。1995年起，市防办排涝组规范了防汛除涝汇报制度、汛期值班制度、交接班制度。汛期值班人员全天24小时坚守岗位，做好值班记录。每天都有一名处级干部带班，一名技术人员和一名司机，不管发生什么紧急情况，保证都能够做到快速反应，直奔现场。按照1995年市水利局《关于建立雨情报告制度的通知》，规范了"农村降雨、农田积水、农田成灾、水库蓄水"报表表格，严格执行汛期降雨、积水、排沥等情况汇报制度，确定汛期每日、每月雨情统计制度。每日雨情统计为8时30分，用电传汇报前24小时时段各乡雨测点立即雨量情况；每月雨情统计为本月1号，分别上报前一个月累计降雨统计数。雨水集中时段，确保水情、雨情、工情、险情等信息的及时掌握和快速反应。区（县）隔4小时向农村分部报告一次雨情。农田发生积水和涝情时，各区（县）每隔6小时报告一次积水排除情况和涝灾发展程度。1998年，农村分部制定《农水处防汛排涝工作制度》，制度规定"一确定、四统一"汇报方式，即确定汇报专人，统一汇报时间、传报方式、传报用纸篇幅和传播报表格内容。2005年，按照市防办关于转发国家防办《关于做好洪涝灾情统计工作的通知》的要求，重新修订农田排涝及灾情统计表，要求各区（县）明确专人负责收集、汇总填报各有关统计报表，严格规定汛期情况的具体汇报时间。

一、区（县）防涝预案

（一）除涝预案编修

1991—1995年，各区（县）未形成规范的农村除涝预案。自1996年，全市建立起区（县）农村除涝预案报告制度。农村分部根据各年度雨情、水情汛情，定期深入区（县），组织区（县）根据各年度雨情、水情汛情、可能出现的突发天气和地区除涝重点部位等情况编制本区（县）农村除涝预案。农村除涝预案基本分为4类：年度突发天气应急排涝预案、水库汛期调度运用方案、群众转移预案和各项水利设施汛期调度预案。

2004年，农村分部组织全市有农业的各区（县）重新修订了农村防汛除涝预案。修订预案工作坚持"横向到边、纵向到底"原则,根据实际,明确重点;突出特点,措施具体。其中环城四区以确保天津市区排水安全为重点,制定确保市区排水安全同时兼顾本区排水顺畅的除涝预案;静海县、宁河县、大港区制定了以易涝地区应急排涝为重点的排涝预案;武清区、宝坻区、汉沽区制定了统一调度,确保不同天气全区排涝安全的排涝预案。蓟县以确保山区小水库安全度汛为重点,按照"确保水库安全和人民生命财产安全"的原则,编制了各年度水库安全度汛方案、水库防汛抢险预案、群众安全转移方案、突发泥石流灾害应急预案等除涝预案,确保水库和人民生命财产的安全;塘沽区在预案中对平原中小水库制定堤坝划分,落实防抢责任段、建立抢险队伍、做好物资的储备等措施。各区(县)预案编制重点突出了防范涝灾、快速减灾应对和突发天气造成灾害的减灾措施。特别对易涝地区应急抢险措施,明确了农田除涝工作由区防汛指挥部除涝分部负责,协调解决不同地区的排水矛盾,全面领导和指导各乡镇、街道办落实农田除涝措施,确保排沥畅通。各区(县)修订的除涝预案经各区(县)政府批准后,报市防指农村分部备案。

2005年,按照《中华人民共和国防洪法》有关规定和国家防办要求,农村分部推动各区(县)再次修订完善农村除涝工作预案。要求各区(县)要根据雨情、水情汛情、可能出现的突发天气和地区除涝重点部位等实际情况,在汛期前,对本区(县)农村防汛除涝工作预案进行重新修订完善,并报农村分部留档。是年,农村分部把全市12个区(县)的农村除涝工作预案装订成册。各区(县)农村除涝预案编修工作,为指导和推动科学治涝,进一步促进了除涝工作规范化、制度化进程起到了推动作用。

(二) 除涝预案执行

1996年农村分部成立之后,负责对区(县)农村除涝预案的监督执行。各区(县)也严格按照农村除涝预案,开展农村除涝各项工作。其中武清区在农村防汛排涝工作中,针对全区14个排水小区,发生涝情时及时启动易涝地区抢险预案、各排水小区除涝调度方案,突发性天气排涝预案,争取排涝工作主动权。各排水小区排沥及时,最大限度地减少、减轻了灾害损失;蓟县针对历年山区水库防汛中的突出矛盾,确定以县长为防汛除涝第一责任人,强化县、乡、村三级防汛机构职能,根据汛情及时启动《水库抢险预案》《群众安全转移方案》《突发泥石流灾害应急预案》,确保山区水库安全度汛;环城四区紧紧围绕统筹城乡排水,执行《市区禁排令下为市区排水让路调度方案》,顾全大局,合理调配,既保证了市区排水安全,又使本区排水通畅。

二、科学治涝

农村分部办公室成立后,为做好洪涝灾害突发事件防范与处置工作,使洪涝灾害处于可控状态,保证农村除涝工作高效有序进行,最大限度减少洪涝灾害损失,针对除涝工作实际,编制出一系列科学防范治涝预警响应规程、解决方案等治涝措施办法,用于指导除涝工作。

2002年,农村分部办公室根据天津市地理特点,编制出预警响应规程。预警响应规程把全市划分为4个排涝区域:北部区域(包括蓟县、宝坻区、武清区)、南部区域(包括静海县、大港区)、东部区域(包括宁河县、汉沽区、塘沽区)及环城四区。农村除涝按照紧急程度,编制四级防汛预警响应规程。

预警响应规程按四级划分:在本市某区域平均降雨量达20~50毫米或天津市气象台发布暴雨

黄色预警的基础上，且预计降雨将使本市平原区农田出现局部积水，为Ⅳ级预警；在本市某区域平均降雨量达 50～100 毫米或天津市气象台发布暴雨橙色预警的基础上，且预计降雨将使本市平原区农田出现成片积水，为Ⅲ级预警；在本市某区域平均降雨量超过 100 毫米或天津市气象台发布暴雨红色预警的基础上，且预计降雨将使本市平原区农田出现大面积积水，为Ⅱ级预警；当本市某区域平均降雨量达到 200 毫米，为Ⅰ级预警。

当预警级别为Ⅲ级、Ⅳ级时，预警响应规程启动Ⅲ级响应，即在市防指农村分部办公室主任主持召开会商会议的基础上，启动Ⅳ级农村除涝应急响应：①起草并下发Ⅳ级农村除涝应急响应通知；②通知Ⅳ级农村除涝应急响应相关人员上岗；③农村分部副指挥主持召开农村除涝会商会议，传达市防办会商会议精神，分析降雨、除涝形势，提出相应对策和要求；④督促检查各区（县）防办农村除涝应急响应工作开展情况；⑤及时收集整理全市农村除涝各有关单位工作情况，上报各级领导，并通报有关单位；⑥适时建议召开农村除涝会商会议；⑦起草下发农村除涝会商会议精神，并抓好落实；⑧做好扬水站开车排水及农田积水情况上报工作；⑨组织做好农村除涝检查工作；⑩及时通知蓟县防办做好山区水库巡查巡视；⑪组织做好农村除涝现场视频、图片等资料的采集整理。分部办公室及时将会商结果通报各区（县）防办，并报市防办；⑫向相关区（县）派出工作组，掌握一手信息反馈市防办，针对出现的险情，协调抢险技术指导组指导区（县）做好抢险工作；⑬各区（县）针对本区（县）制定的预警等级标准或接到农村除涝应急响应通知后，立即按照本区（县）农村除涝预案，启动本区（县）农村除涝应急响应，严格贯彻执行市防指的相关要求，并及时向农村分部办公室反馈信息。

当预警为Ⅱ级时，启动Ⅱ级响应，即在市防指农村分部指挥主持召开会商会议的基础上，启动Ⅱ级农村除涝应急响应。在Ⅲ级农村除涝应急响应的基础上增加以下内容：①起草并下发Ⅱ级农村除涝应急响应通知；②通知Ⅱ级农村除涝应急响应相关人员上岗；③提请市防办给予农村除涝抢险队伍调动和物资的调拨，抢险技术指导；④提请市防办给予协调天津警备区、武警天津总队帮助做好一线抢险和帮助群众转移；⑤各区（县）针对本区（县）制定的预警等级标准或接到农村除涝应急响应通知后，立即按照本区（县）农村除涝预案，对应启动本区（县）农村除涝应急响应，并严格贯彻执行市防指的相关要求，并及时向农村分部办公室反馈信息。区（县）防办及时向市防指反馈信息，适时请求支援。

当预警为Ⅰ级时，启动Ⅰ级响应，即在市防指指挥或副指挥主持召开会商会议的基础上，启动Ⅰ级农村除涝应急响应。在Ⅱ级农村除涝应急响应的基础上增加以下内容：①起草并下发Ⅰ级农村除涝应急响应通知；②通知Ⅰ级农村除涝应急响应相关人员上岗；③提请市防办启动市防指Ⅰ级应急响应；④建议市防指召开防汛除涝会商会议，研究部署农村除涝工作；⑤提请市防指给予物资、队伍支援，并做好相关工作；⑥提请市防指发布农村除涝动员令，动员社会各界力量参加农村除涝工作。预警响应规程的出台，对天津市除涝工作和各区县除涝预案落实，起到了科学指导和积极防范作用。

三、信息公开

1991—2000 年，防汛除涝信息随汛期实际情况及时发布。2001—2010 年，农村分部向全市发布防汛除涝工作简报 1620 期，信息 2450 条。在纪念世界水日和中国水周活动中，发放宣传资料、手册，播放宣传录像片等，还利用汛前检查时机，开展各种形式宣传动员活动，增强水患意识，克服麻痹思想，做到警钟长鸣。

第三节　农村除涝减灾

一、农村除涝

1991—1993 年，全市降雨属平偏枯年，全市汛期未出现大范围集中降雨，仅个别地区发生阵发性强降雨，市防办排涝组开展汛前检查，汛中现场指导，掌握雨情、水情等常规农村除涝工作。3 年累计受涝灾害面积 15330 公顷，汛期组织各区（县）开动国有扬水站开车排水，3 年累计开车 9.09 万台时，排除农田涝水 8.67 亿立方米。使成灾面积降至 8560 公顷。

1994—1996 年，全市降雨属平偏丰年，全市汛期出现连续集中强降雨，农田受涝面积较大。其中 1994 年全市受涝面积达到 61200 公顷；1995 年受涝面积达到 30870 公顷；1996 年受涝面积达到 85320 公顷。为应对严重的沥涝灾害，农村分部深入各区（县），指导各区（县）对中小水库、二级河道、国有扬水站检查维修；特别是对山区小水库适库检查，落实安全责任制，制订抢险和转移方案等；指导各区（县）在坚决执行市防办限排令的原则下，采取错峰排水，适时抢排等措施，全力排涝。其中 1994 年开动国有扬水站开车 13.11 万台时，排除农田涝水 9.25 亿立方米，使成灾面积降到 40400 公顷，仅为受涝面积的 66%；1995 年开动国有扬水站开车 15 万台时，排除农田涝水 10 亿立方米，使成灾面积降到 17000 公顷，仅为受涝面积的 55%。特别是 1996 年，虽然全市降雨属平水年，但 8 月，海河流域发生了自 1963 年以来的最大洪水。天津市汛期平均降水量达 415.7 立方米，占年降水量的 73%，海河、蓟运河、州河分别出现禁排或限排，导致农田沥水不能及时排除，农田沥涝成灾面积较大，且涝灾面积分布不均。农村分部副总指挥单学仪带队，组成 3 个排涝工作组，深入受涝严重的区（县），察看灾情，检查市级禁排令执行情况，指导各区（县）错峰排水。宁河县面对 30 年未遇的洪水侵袭，出动抢险人员 14.5 万人次，县武装部调动民兵 4.9 万人，动用草袋 113 万条、抢险车辆 1200 车次，动土 40 万立方米、开动扬水站 87 座，排农田涝水 2 亿立方米。武清区在北京排污河上游来水量大的情况下，及时采取限排错峰排水措施，最大限度地减少灾害损失。宝坻区在蓟运河上游及本区连降大到暴雨，乡镇防洪大堤 23 处出现险情的情况下，县指挥部及乡镇主要领导人带队奋战 20 多天抗洪抢险，组织排涝。1996 年全市受涝面积 85310 公顷，开动国有扬水站开车 23.75 万台时，排除农田涝水 20 亿立方米，使成灾面积降到 59800 公顷，为受涝面积的 70%。同时农村分部先后协调解决了武清与北辰的"王庆坨"排水矛盾、"机场排污河"排水矛盾、静海与大港的"青静黄"排水矛盾、东丽区与河东区排水矛盾，使除涝工作顺利完成。

1998 年，全市降雨属平水年，农村分部针对在 1996 年除涝工作中暴露出的除涝设施损毁问题，指导各区（县）结合水毁工程修复，对除涝工程设施在汛前进行了全面维修，并对除涝设施进行了全面检查，做好防大汛的思想准备和物质准备。是年 6 月 24 日，市防指农村分部在武清区召开大会，对农田排涝工作做进一步部署，并与各区（县）政府签订了农村排涝责任书。1998 年全市受涝面积 39010 公顷，全市开动国有扬水站排水，开车 16 万台时，排除农田涝水 12 亿立方米，使成灾面积降至 25230 公顷，为全市受涝灾害面积的 64％。

1999—2004 年，全市降雨属平偏枯年，全市汛期未出现大范围集中降雨，仅个别地区发生阵发性强降雨，造成局部排水不畅。农村分部派出工作组，深入各区（县），现场指导农田排沥，汛期组织各区（县）开动国有扬水站开车排水，6 年累计开车 10.36 万台时，排除农田涝水 7.68 亿立方米。

2005 年 9 号台风影响天津。2005 年 8 月 8—9 日，第 9 号台风"麦莎"北移并影响到本市。农村分部接到市防指关于防御 9 号台风的通知后，全员上岗，全力做好各项应对准备。8 月 8 日早，农村分部及时下发《关于做好农村防汛除涝工作的紧急通知》，要求各区（县）全力以赴做好迎战"麦莎"各项准备。针对环城四区与市区排水经常发生矛盾的现状，市防指农村分部会同市区分部查勘现场，研究完善城乡排水调度方案，并及时下发《关于降低有关河道水位的紧急通知》，要求环城四区提前降低有关河道、沟渠等的水位，适度腾空，协助做好市区排水安全进行。同时，分三路深入区（县），检查指导各项措施的落实。重点对蓟县山区小水库和南北两大排污河进行现场督察，确保不留漏洞，有关人员全部到岗，各项措施全部落实到位。

8 月 8 日，农村分部副指挥、市水利局副局长王天生带领农村分部人员赶到蓟县，同蓟县防指领导一同坚守在蓟县山区水库的防洪一线指挥，确保山区小水库防汛安全，直到防洪紧张形势缓解后才撤回。8 月 8 日、9 日，市水利局副局长张志颀带领农村分部人员，实地察看大沽排污河沿线水位及堤防情况；东沽泵站开车排水及 8 日下午出现的最高潮位；东沽泵站防潮准备情况；北塘排污河沿线水位及堤防情况；山岭子泵站前后池水位及开车情况，以及入永定新河河口工程状况。

8—9 日两天，农村分部办公室根据 3 个检查组和各区县防办反馈的信息，认真汇总分析雨水情等情况，两天内共编发信息 14 期，及时向领导反馈，为领导决策提供依据。

2008 年 6 月下旬至 7 月上旬，天津市连续多次发生较大降雨，造成部分区（县）河道水位偏高，部分农田积水。农村排涝形势异常紧张，农村分部办公室及时组织指导区（县），通过合理调度，全力做好排涝工作。各区（县）开动扬水站点 100 余处，机泵 300 多台（套），及时排除了大港、北辰、宁河、宝坻、东丽等区（县）13330 公顷农田积水。

6 月 27 日夜，北辰区普降大到暴雨，大张庄镇、双街镇、双口镇、北仓镇降雨量超过 100 毫米，达到大暴雨强度；上游地区武清南部梅厂镇、下朱庄镇降了特大暴雨，最大降雨量达到 170 毫米。暴雨造成机排河、郎园引河等二级河道水位暴涨，机排河水位达到 3.39 米，超过汛限水位（1.8 米）1.59 米。暴雨造成北辰区大张庄、双街、西堤头等镇 5.3 公顷农田积水，最大积水深度达到 0.6 米；机排河沿岸姚庄村、霍庄村、西堤头村河堤出现多处漫溢倒灌；双街镇、北仓镇部分居民区、村庄积水，开发区北区部分企业积水。雷电还造成大面积停电，部分泵站供电线路停电。灾情发生后，农村分部办公室负责人亲临武清灾情现场，协调武清区做好水源调度，为下游北辰区防汛抢险减轻压力。北辰区防指副指挥、常务副区长张金锁在第一时间赶到受灾较重的镇指挥防汛抢险工作。区人武部在 2 小时内集结了民兵 150 人，调集空军部队官兵 100 人及武警部队官兵 100 人，赶赴现场，进行防汛抢险。经过 3 个小时的奋战，共加高堤防 7 处，长 800 米，保证了人民群众财产安全。区防办全体工作人员分别赶赴抢险一线，了解情况，协调有关部门解决重点难点问题，并调集 11 台潜水泵和 1 台发电机，运往双街镇协助排水；调运防汛抢险物资编织袋 3 万条，铁锹 140 把，协助西堤头镇抢险；排灌站所属国营泵站全部开泵，昼夜排水；二级河道管理所及时提闸闭闸，确保排水畅通。各镇有关领导反应迅速，组织人员和设备开展本镇的排涝工作。由于 6 月下旬至 7 月上旬本市降雨是常年的 2～3 倍，致使大沽排污河连日高水位运行，沿河的险工险段随时面临着漫堤、溃堤险情。

7 月 6 日 18 时 30 分，西青区境内大沽排污河跑水洼泵站下游 200 米处河道右堤出现决口险情。驻津某部队 100 名官兵、民兵 50 名和区有关部门 50 余名干部职工紧急投入到堵口抢险的战斗。农村分部办公室人员及时赶赴现场指导抢险，协调西青防办及时关闭跑水洼泵站，调度闸涵泵站，将上游来水通过程村排水河和津港运河分流。7 日 0 时，决口终于被彻底封堵，确保了市区排水安全。

7 月 14 日 22 时至 15 日 8 时，东丽区普降大暴雨，12 小时平均降雨量达 90.2 毫米，最大达110 毫米。面对突如其来的大暴雨，区防办迅速向区委、区政府通报情况，并立即启动《防汛预案》，密切监视水雨情变化，关注气象卫星云图。按照《防汛预案》要求，水利系统干部职工立即上岗到位，全力提闸、开泵排水，组织抢险队伍、车辆、物资到位，随时做好抢险准备。市防指农村分部办公室常务副主任张贤瑞带领农村分部工作人员及时赴东丽区实地察看雨情、水情、灾情。东丽区长尚德来、副区长轧乃利等在第一时间迅速赶到区防指，听取区防办负责人简要汇报后，立即向各镇街乡、防指成员单位发出《关于加强排水除涝的紧急通知》，要求立即启动沿河泵站排水；各镇街乡、各单位立即全员上岗，组织排水；对危漏房屋，立即进行全面清查，该转移的群众立即转移，确保人身安全，并采取抢修措施；对化工危险品仓库进行深入检查，采取应急措施，确保不发生泄漏，不出现安全事故；发现问题及时上报。

2009—2010 年，全市降雨属平水年，开展常规农村除涝工作。

二、农村除涝排水

1991—2010 年天津市农村防汛除涝排水情况见表 4-3-3-58。

表 4-3-3-58　　**1991—2010 年天津市农村防汛除涝排水情况表**

年份	受涝面积/公顷	成灾面积/公顷	开泵/万台时	排水量/亿立方米
1991	12700	7750	7.59	7.42
1992	2030	530	1.2	1
1993	590	280	0.3	0.25
1994	61200	40400	13.11	9.25
1995	30870	17000	15	10
1996	84670	59800	23.75	20
1997	0	0	0	0

年份	受涝面积/公顷	成灾面积/公顷	开泵/万台时	排水量/亿立方米
1998	39010	25230	16	12
1999	930	920	0.8	0.6
2000	420	350	0.4	0.2
2001	550	520	0.5	0.35
2002	30	30	0.01	0.03
2003	16000	11470	8	6
2004	0	0	0.65	0.5
2005	0	0	0.15	0.15
2006	0	0	0.7	0.6
2007	0	0	0.6	0.4
2008	0	0	7.8	4
2009	0	0	8.5	6
2010	0	0	0	0
总计	249000	164280	105.06	78.75

注　表格中的受涝面积与成灾面积的数据依据为《天津市水利统计资料》。

第四章　抗　　旱

　　天津市是严重缺水城市之一，受特殊地理位置决定，汛期因水而忧，非汛期又因无水而愁。随着国民经济发展，上游地区用水增加，大量拦蓄河道径流，使本市入境水量急剧减少。如遇降水量偏少年景，自产水量减少，入境水量匮乏，极易发生干旱灾害。1991—2006年，抗旱日常工作由农水处负责，2006年改由水源处负责全市抗旱日常工作。

第一节　抗　旱　组　织　管　理

一、抗旱组织

　　天津市抗旱工作遵循市、区（县）、乡（镇）三级组织模式，在市委、市政府直接领导下，市农委、市计委、市商委、市水利局、市财政局、市农机局、市农资局、市电力公司等相关部门协同努力，由市水利局具体负责抗旱日常工作的推动；各区（县）农村抗旱工作执行行政首长负责制，建立以区（县）政府为领导，部门间联动，抗旱办公室具体组织；乡（镇）政府具体实施，形成一级抓一级，层层负责的抗旱组织工作体系，全面落实抗旱各项工作目标和任务。

（一）市级抗旱机构

1991 年至 2006 年 5 月，天津市抗旱工作由市水利局负责日常组织推动，农水处具体负责农村抗旱的日常工作。职责：按照市政府对抗旱工作部署，及时掌握各区（县）旱情动态、抗旱活动情况，推动区（县）编制抗旱预案，指导区（县）及时启动抗旱预案，做好抗旱发动、宣传、信息报道，抗旱工程审查立项并组织实施。

1994 年 5 月 18 日，天津市成立天津市南北抗旱专项工作领导小组。领导小组由市政府副秘书长陈钟槐任组长、市农委副主任张忠浩任顾问；市财政局副局长崔津渡、市水利局副局长单学仪和市计委一位负责人为领导小组成员。领导小组下设办公室，办公室设在水利局，市水利局副局长单学仪任办公室主任；市农委张仪园、王恒智，市财政局刘克增，市水利局侯长新、梁若英，市计委一位负责人为办公室成员。旱情严重的静海县、大港区和津南区相应成立以区（县）长为第一责任人，有关部门分工负责的抗旱节水工程实施领导小组，领导小组办公室设在各区（县）水利局。

2003 年 3 月，天津市成立由市农委牵头，市计委、市商委、市财政局、市水利局、市农机局、市农资局、市电力公司等部门参加的天津市农村抗旱工作领导小组，天津市水利局负责日常组织推动工作，局农水处具体负责农村抗旱的日常工作。领导小组主要职责：负责落实市政府农村抗旱工作部署，深入农村一线，组织指导全市抗旱工作；协调财政、农机、农资、电力等部门，保证抗旱资金及时到位和抗旱物资的及时供应。

2006 年 5 月，根据国家防汛办关于实现防汛抗旱统一管理的要求，本市抗旱日常工作，由农水处移交给天津市防汛抗旱指挥部办公室（水源处）负责。天津市防汛抗旱指挥部办公室为其办事机构，负责日常工作。有抗旱任务的天津市防汛抗旱指挥部各分部及成员单位按照职责分工做好各自的工作。各区（县）政府设立防汛抗旱指挥部，在天津市防汛抗旱指挥部和本级政府的领导下，执行上级防汛抗旱指令，统一指挥本地区的防汛抗旱工作。区（县）防汛抗旱指挥部办公室为其办事机构设，负责日常工作。有抗旱任务的各部门建立了本部门的抗旱组织机构，在当地政府抗旱指挥部和上级主管部门的领导下，负责本行业的抗旱工作。至 2010 年仍然保持此管理模式。

（二）区（县）农村抗旱机构

20 世纪 90 年代初，根据河北省承德市、唐山市等地区抗旱服务建设成功经验，国家防总在全国范围扶持、推广建设了一批抗旱服务组织，天津市于 1992 年扶持建设抗旱服务组织，1996 年财政部、水利部和国家防总颁布《抗旱服务组织建设管理暂行办法》，并按照暂行办法的要求，加强了抗旱服务组织的建设和管理。至 1999 年，天津市 12 个涉农区（县）全部建有抗旱服务队，基本形成了以区（县）级抗旱服务队为龙头，以乡（镇）抗旱服务分队为依托，以村级农民抗旱协会为基础的社会化抗旱服务网络。各区（县）抗旱服务组织利用每年市财政固定经费投入和自身抗旱有偿服务，保障了队伍的正常运行。1999 年后，随着机构改革、行政区划调整、原有扶持资金投入锐减，以至最后全部取消，各区（县）抗旱服务组织相继出现了人员流失、队伍转型等情况，各区（县）抗旱服务队原有抗旱服务功能明显减退。

各区（县）农村抗旱工作是以区（县）政府为领导，各区（县）农委、计委、商委、水利局、财政局、农机局、农资局、电力公司等部门联动，下设抗旱工作办公室。其中宝坻区、武清区、东丽区、津南区、大港区抗旱办公室设在区（县）防汛抗旱指挥部，由区（县）防汛抗旱指挥部办公室负责日常工作；蓟县、宁河县、静海县、西青区、北辰区、汉沽区抗旱工作办公室设在区（县）水利局农水科。区（县）抗旱工作办公室主任，由各区（县）水利局主管抗旱工作的副局长担任，区（县）抗旱工作办公室负责抗旱日常工作。区（县）农村抗旱工作主要职责为：组织做好农村抗旱工程设施维修养护，完成抗旱物资设备购置任务，合理调蓄水源，增加农业用水，组建抗旱服务组织等。1997—2003 年，各区（县）相继组建起以区（县）水利局、乡镇水利站为核心的抗旱服务组织，为农业生产和农民群众提供抗旱技术服务支持等。

（三）乡（镇）农村抗旱机构

天津各乡（镇）抗旱工作由乡镇政府作为本地区农村抗旱工作直接负责部门，责成乡（镇）水利站具体负责本地区农村抗旱日常工作，乡（镇）水利站作为最基层的农村抗旱服务组织，主要职责为：贯彻执行市、区（县）各级农村抗旱指挥部门要求，充分发挥综合、协调、监督、检查、参谋职能，配合区（县）抗旱办公室做好区（县）农村抗旱工作，负责组织配备必要的小型水利设备，为浇地困难群众排忧解难，提供抗旱技术服务支持，负责所辖乡（镇）灾情信息上报工作。

二、抗旱管理

自 20 世纪 90 年代，国家防办先后制定了一系列与抗旱相关的制度和办法，主要包括旱情统计和报告制度、旱情会商制度、旱情发布制度、抗旱经费和抗旱物资使用管理制度、抗旱总结制度、灾情核对制度。国务院、国家防总、水利部、财政部、中国气象局等部门还陆续出台了《特大防汛抗旱补助费使用管理办法》（1994 年暂行，1999 年修订）、《抗旱服务组织建设管理暂行办法》（1996 年）、《水旱灾害统计报表制度》（1999 年，2004 年修订）、《国家防汛抗旱应急预案》（2006 年）、《抗旱预案编制大纲》（2006 年）、《气象干旱等级》（2006 年）、《土壤墒情监测规范》（2007 年）、《旱情等级标准》（2008 年）等一批法律、规章、制度，国务院还于 2009 年 2 月 26 日正式颁布实施《中华人民共和国抗旱条例》。根据国家的要求，结合天津市实际情况，2007 年天津市出台了《天津市防汛抗旱条例》，加强和规范了防洪抗旱工作。

（一）抗旱规划

2009 年，市水务局编制《天津市抗旱规划》，合理确定了近期天津市工程和非工程建设方案，通过构建旱情监测预警系统、抗旱应急水源工程、抗旱指挥调度系统和抗旱减灾保障体系，逐步提升天津市抗旱减灾能力和水平，起到了很好的指导作用。按照国家防办要求，2009 年在市防办、区（县）防办安装了抗旱统计信息管理系统，市防办组织了抗旱统计信息管理系统培训工作。该系统集抗旱统计数据（包括农业、城市报表等）的录入、传输、汇总查询和报表输出功能为一体，实现了数据管理、数据上报、数据接收以及上下级之间的公文传输。

（二）抗旱工作预案

1991—1994 年，各区（县）未形成规范的农村抗旱预案。1995 年，根据不同年景旱情，对各区（县）建立农村抗旱预案提出意见和建议，并组织指导各区（县）逐步建立起抗旱预案。为了使农村抗旱预案更加规范、制度化，2004 年，根据国家防办《抗旱预案编制导则（试行）》精神和要求，结合本市实际情况，3月市水利局编印《区县抗旱预案编制指导书（试行）》，并以《关于印发〈区县抗旱预案编制指导书（试行）〉的通知》发至各区（县）防办，组织推动各区（县）编修《抗旱预案》工作。在分析抗旱形势和现状中，提出抗旱相应对策、办法和措施。2004年市水利局编制了《天津市农村抗旱预案》初稿并交各区（县）讨论，9月《天津市农村抗旱预案》编修完成。抗旱预案包括落实抗旱行政首长负责制，完善抗旱责任制和抗旱检查责任制；水源调配方案和抗旱应对措施；水源调配方案实行地上和地下水源统一调度；抗旱应对措施强化计划用水、节约用水等。市水利局按照《天津市农村抗旱预案》要求，组织指导各区县针对本地区当年气象、雨情、水情、土壤、墒情等因素和不同年份旱情程度，开展抗旱预案编制、修订和完善工作。2004年末，全市各区（县）完成了本地区农村抗旱预案编制工作。针对不同年份旱情程度，市水利局组织指导各区（县）对农村抗旱预案进行修订完善。2006年、2007年市水利局分别编制了《天津市城市抗旱应急预案》和《天津农村抗旱应急预案》，分析了天津市水资源状况及可能出现的旱灾风险，为减轻旱灾影响和损失，提高抗旱的应变能力和抗旱主动性，科学合理地制定防旱抗旱措施，在抗旱减灾工作中发挥了重要作用。如《天津城市抗旱应急预案》在2009—2010年、2010—2011年连续两个水利年度中应急启动，按照《天津市城市抗旱预案》，于2009年、2010年连续两年紧急启动引黄济津应急调水方案，确保了天津城市供水安全，保障了天津市社会经济又好又快的发展态势。

（三）区（县）抗旱报告制度

1991—1994年，各区（县）未形成规范的抗旱报告制度。1995年，根据不同年份抗旱工作重点任务，对旱情报告工作提出意见和建议，逐步建立起抗旱报告制度，区（县）抗旱工作办公室定期向市水利局农水处报送旱情，2002年，本市统一建立起市、区（县）《旱情、抗旱活动情况定期汇报制度》和《统计、会商、信息发布制度》，及时掌握各区（县）旱情动态、抗旱落实情况。2003年之后，按照国家防办要求，增添了《林业、牧业、水产养殖业及乡镇企业旱情灾情统计表》抗旱检测预报。

第二节　抗旱工程建设

一、城镇抗旱应急水源工程

（一）引黄济津应急水源工程

根据国家发展计划委员会、水利部于1998年12月下发的《关于颁布实施〈黄河可供水量年度分配及干流水量调度方案〉和〈黄河水量调度管理办法〉的通知》文件精神，河北省、天津市拥有正常年份黄河年度分配水资源量20亿立方米。引黄济津工程是天津市城市用水的补充水源，在引滦充分供水而城市仍然缺水时，应急启动引黄供水。

20世纪末以来，北方地区持续干旱，引滦供水不足，2000年、2002年、2003年、2004年、2009年、2010年先后6次启动引黄济津应急水源工程来满足城市供水。累计引入黄河水量22.36

亿立方米,为保障天津城市供水安全起到了巨大作用。

2000—2009 年的 5 次引黄济津利用位山闸线路,2010 年引黄济津启用新建潘庄线路。按照水利部统一部署,引黄济津工程由沿途各省市分别负责组织实施。天津市境内引黄济津工程主要建设内容有:南运河、子牙河、马厂减河、马圈引河、海河三闸间口门封堵;南运河清障、清垃圾;新建排咸闸、南运河节制闸;独流减河南北深槽 1 号、2 号、3 号、4 号打坝;十里横河、独流减河北深槽南小埝复堤加固;东丽、西青、津南、北辰排水掉头等。2000—2010 年,实施的 6 次引黄济津市内输水工程总投资 2.23 亿元。

1. 位山闸引黄济津输水线路

(1) 工程前期。针对天津市严重缺水形势的急剧发展,2000 年 6 月 15 日,水利部部长汪恕诚主持召开会议,听取了天津市供水形势的汇报,当日下午,与天津市政府就解决天津城市缺水问题进行紧急磋商。次日,市政府向水利部报送了《关于紧急请求解决天津城市水源问题的函》。汪恕诚指出,鉴于天津的缺水状况非常严重,要加大节水力度,进一步强化流域水资源管理,同时抓紧引黄济津应急调水前期工作。6 月 21 日,市水利局、市公用局联合向市政府报送《关于报送城市供水水源应急调度方案的请示》,提出供水指标、供水水源(其中包括引黄济津源头引水 10 亿立方米,九宣闸收水 4.0 亿立方米,可用水量 2.2 亿立方米)。7 月 1 日市长李盛霖批示:原则同意,择机出台。

6 月 23 日,水利部向国务院报送《关于天津城市供水应急措施的请示》,提出继续大力节水挖潜、调黄河水接济天津(包括调水路线、调水规模与时间、调水需要做的几项工作等内容,保证向天津市供水 4 亿立方米)、视供水量和水质情况及时动用潘家口水库死库容、实施人工增雨 4 项应急对策措施。7 月 18 日,水利部经与国家发展计划委员会、财政部、紧急协商又向国务院报送《关于引黄济津应急调水的请示》,就天津市缺水形势作出分析,提出引黄济津应急调水的初步方案和需要中央支持安排的调水经费。

9 月 10 日,国务院批准实施引黄济津应急调水工程。11 日水利部向天津市、河北省、山东省水利厅(局),海河水利委员会、黄河水利委员会发出《关于做好引黄济津应急调水工作的通知》。

(2) 工程选线。1983 年后,原引黄济津调水线路多年未用,沿线河床和水质情况有了较大变化。为此,调水线路的选择是本次调水的关键,通过考察提出 3 套输水线路方案。2000 年 6 月 28 日至 7 月 1 日,天津市副市长孙海麟、副秘书长陈钟槐赴山东省和河北省,再次实地查勘四女寺枢纽、位山闸、潘庄闸、潘庄干渠、沉沙池等历史上的引黄济津工程和新方案设想的调水线路。在对方案比较和征求有关方面意见基础上经协商海委向水利部推荐"清凉江单线输水"方案,即从山东省聊城市东阿县位山闸引黄河水,经位(山)临(清)干渠至引黄穿卫倒虹,穿过卫运河后,进入清凉江,在泊镇附近通过杨圈闸入南运河,在九宣闸进入天津市,全长 440 千米。黄河水到达九宣闸后,在天津境内分 2 条输水线路进入天津海河,供自来水厂取水。一是沿南运河、子牙河经西河闸进入海河干流,全长 60.5 千米,设计输流量 20 立方米每秒。二是从九宣闸沿马厂减河、马圈引河进入北大港水库存蓄,设计输水流量 30 立方米每秒。待引黄济津输水结束后,再从北大港水库的十号口门放水,经过十里横河、独流减河北深槽、洪泥河进入海河,该线路从九宣闸至洪泥河防洪闸全长 85.4 千米。计划调水 10 亿立方米,天津市宣九闸收水 4 亿立方米。

此次引黄济津应急调水,涉及山东省、河北省、天津市 4 个地区、16 个区(县)。输水沿线分布着 1386 处口门，跨河（渠）桥梁多处，主要工程建设任务是：河（渠）道清淤、扩挖、输水建筑物改造加固，沿河（渠）口门封堵等。9 月 14 日，水利部发布《2000 年引黄济津应急调水管理办法》对引黄济津应急调水的工程建设、输水管理、经费管理、分段分级负责制和黄河水量调度等作了明确规定。

（3）输水工程建设。2000 年 8 月 12 日，市水利局成立市引黄济津工作指挥部办公室。局长刘振邦兼任办公室主任，副局长戴峙东、李锦绣任副主任。办公室下设综合协调组、规划设计组、工程调度组、护水巡查组、宣传报道组和后勤保障组，由市水利局有关处室和单位抽调人员组成。8 月 15 日上午，市委、市政府在天津宾馆中礼堂召开引黄济津工程建设动员大会。市委书记张立昌出席并讲话。同日，引黄济津工程在天津市和山东省、河北省同时开工，拉开了天津市引黄济津工程建设的序幕。

山东省境内引黄济津工程全部在聊城市境内，是引黄济津应急调水工程的最上游，全长 105千米。8 月 20 日至 10 月 5 日，完成工程清淤和渠道衬砌施工，为按时送水提供了保障。

河北省承担着 681 处封堵口门和 335.47 千米输水工程维修、改造任务。9 月上旬全线开工，10 月 10 日全部完成。10 月 13 日通过海委投入使用验收。

天津市境内工程主要包括河道清淤、清障、清垃圾 58.77 万立方米，封堵大小口门 489 座、土方 21.56 万立方米，复堤、打坝、打子埝 52.24 万立方米，北大港水库新建 50 立方米每秒排咸闸 1 座，开挖排咸沟 9 千米、土方 46.2 万立方米，南运河堤防高喷防渗处理 500 米。天津市境内输水工程设计概算投资 6030.12 万元，管理及运行辅助费用 674.42 万元，合计 6704.54 万元。自来水厂水源调头改造费 3400 万元，总计 10104.54 万元。10 月 10 日天津段工程全部竣工，比原计划提前 5 天具备输水和接水条件。

此次引黄济津工程黄河水利委员会承担着位山引黄闸前后清淤、闸门维修、启闭设备维修改造、闸前拦冰工程、采暖防冻设施、测流测沙及报汛设施更新改造和陶城铺东闸维修改造等。海河水利委员会主要负责引黄立交穿卫枢纽清淤、修整、护坡接高加固处理和西河闸、独流减河进洪闸河道清淤，排泥场围堰修筑等。

2. 潘庄闸引黄济津输水线路

2000 年以来引黄济津应急调水，均利用位山闸引黄线路输水，主要解决天津市应急调水和河北省衡水、沧州等地用水。2009 年潘家口水库蓄水严重不足，天津市提出 10 亿立方米，河北省提出 7.3 亿立方米从位山闸供水的请求，远远超过该线路的供水能力。为缓解天津城市供水问题，党中央、国务院果断决策，批准实施 2010 年引黄济津潘庄线路应急调水，黄河潘庄闸放水 11 亿立方米，天津市九宣闸计划收水 5 亿立方米。

（1）工程前期。2010 年初天津市提出新辟引黄济津潘庄输水线路实施应急调水方案。3 月 1日，市政府召开第 45 次常务会议，听取市水务局局长朱芳清关于南水北调中线通水前的天津城市供水形势、位山引黄线路存在的问题和新建潘庄引黄线路方案的汇报，同意实施新建潘庄至南运河引黄济津输水线路。3 月 12 日，副市长熊建平率团就引黄济津工作赴山东省，与山东省副省长贾万志等进行座谈，征求引黄济津（潘庄线路）应急输水工程意见，市水务局党委书记慈树成、局长朱芳清等陪同。4 月 22 日，副市长熊建平率团就引黄济津应急调水工作赴河北省，与河北省省委常委、省纪委书记臧胜业等进行座谈，就加快启动引黄济津潘庄线路应急输水工程建设交换了意见，市水务局党委书记慈树成、局长朱芳清等陪同。9月28日，市水务局成立引黄济津办公室，负责引黄济津的组织实施工作，办公室主任朱芳清，办公室下设综合协调、规划设计工程、运行调度管理、护水巡查四个专业组。10月13日，召开引黄济津办公室第一次工作会议，安排部署引黄济津工作任务，引黄济津办公室各组成员单位汇报了准备工作情况。

4月30日，水利部向国务院呈报《关于新辟引黄济津线路实施应急调水的请示》。10月11日天津市政府向国务院报送了《关于实施引黄济津应急调水的请示》，建议使用新的潘庄线路调水。10月14日国家防总决定实施2010年引黄济津潘庄线路应急调水，根据海委、黄委、天津市、河北省、山东省水利厅（局）共同签订的《引黄济津潘庄线路应急调水协议》，制定了应急调水实施方案，计划10月21日潘庄闸放水，10月23日水头到达四女寺倒虹吸工程，10月29日九宣闸计量，预计2011年3月10日结束。输水时间共计140天。

引黄济津潘庄线路：从潘庄闸引水，经山东省德州市潘庄总干渠入马颊河，经沙杨河、头屯干渠、六五河，过漳卫新河倒虹吸后进入河北省衡水、沧州市南运河达天津市九宣闸，全长392千米，其中山东段151千米，河北段224千米，两省交界段40千米。途中新建4处倒虹吸穿越漳卫新河等有污水排放的河道，有效解决引黄水质污染、泥沙淤积等，减少与所经河道排涝、灌溉、行洪矛盾，确保了引黄济津水质水量。

（2）输水工程建设。经水利部水利规划设计总院审查，该线路工程建设投资（不含天津市境内投资）42421万元，其中穿漳卫新河倒虹吸工程11881万元，山东省境内14406万元，河北省境内14902万元，海委直属工程457万元，黄委直属工程775万元。总投资中中央补助建设投资12000万元，其余由收益省市分担。

2010年5月31日工程全线开工，10月17—19日，进行投入使用验收。10月24日，引黄济津潘庄线路应急输水工程通水仪式在山东省德州市举行。水利部部长陈雷到会并讲话，天津市市长和副市长熊建平，山东省省长姜大明、副省长贾万志，河北省副省长张和，黄委主任李国英，海委主任任宪韶等领导出席通水仪式。陈雷及各省市领导共同启动穿漳卫新河倒虹吸进口闸通水按钮，2010年引黄济津应急调水正式开始。

引黄济津天津市内段工程。8月3—10日市水务局水调处与规划处、设计院对引黄济津天津市内的南运河、子牙河、海河干流、马厂减河、独流减河、洪泥河等主要输水线路进行查勘。9月20日市发展改革委组织召开专家审查会，同意对2010年引黄济津天津市内应急输水工程开工建设。主要项目为封堵口门392座；南运河河底防渗8处；东丽、西青、津南、北辰排水掉头工程；闸站维修工程7座；九宣闸消能防冲设施；马厂减河大团泊扬水站倒虹吸防渗；南运河、马圈引河拦冰栅搭设；洪泥河、独流减河北深槽南小埝复堤；独流减河南深槽倒虹吸；清垃圾、清草、浮萍打捞等，工程概算总投资5330万元。

9月26日，市水务局召集有引黄济津市内应急输水工程建设任务的有关区（县）水务局和局属各有关单位负责人布置引黄济津工程建设任务。9月27日，引黄济津天津市内应急输水工程全线开工，10月27日，通水工程基本完成，具备通水条件。

（3）输水调度。10月30日16时，黄河水头到达九宣闸，11月2日8时，引黄济津九宣闸断面水质达到地表水Ⅲ类水体标准，海河防总决定九宣闸断面开始引黄水量计量。按照《2010年引黄济津（九宣闸以下）输水调度方案》，11月3日20时西河闸4孔闸门全部提起，黄河水进入海河，瞬时流量 30 立方米每秒。

11 月 7 日，水质监测结果显示，海河水质已达规定标准并稳定，自来水凌庄子水厂开始通过西河水源泵站从海河取水，天津市中心城区供水开始由引滦水源向引黄水源平稳切换。截至 11 月 8 日 16 时，中心城区自来水集团公司三大水厂（凌庄子水厂、芥园水厂、新开河水厂）全部切换完毕，中心城区供水全部改用黄河水。

11 月 28 日，提前完成引黄济津应急调水入滨海新区—新引河与引滦明渠联通工程。市水务局按照《2010 年引黄济津（九宣闸以下）输水调度方案》，安排引滦明渠大张庄泵站开泵，将北运河（屈家店闸至子北汇流口段）、新引河、引滦明渠底水排入永定新河。12 月 8 日水质监测结果显示，北运河（屈家店闸至子北汇流口段）、新引河水质符合国家地表水 II 类标准，向滨海新区输水河道冲洗完毕。12 月 8 日 16 时关闭大张庄泵站，黄河水由海河干流经北运河（屈家店闸至子北汇流口段）、新引河，穿新建新引河与引滦明渠联通闸进入引滦明渠上溯至尔王庄。12 月 10 日 13 时，提启引滦明渠尔王庄防洪闸，引滦入汉、入塘、入开发区等泵站提取黄河水，向滨海新区首次引黄供水。

（二）蓟县西龙虎峪水源地应急水源工程

鉴于 2000 年水源紧缺的趋势，天津市实施西龙虎峪水源地应急水源工程。西龙虎峪水源地位于蓟县东部，濒临于桥水库，应急水源开采工程开采区位于于桥水库东侧蓟县出头岭乡西代甲村东，布设机井 12 眼，设计日出水量 8 万立方米，开采高于庄组基岩岩溶裂隙水。西代甲井群分为东、西 2 组，每组 6 眼，井深 380～420 米。经深水电泵抽取后通过输水支管汇集到 2 个集水池中，集水池之间采用管道联通，然后通过输水干管将集水池中的水输送到于桥水库上游果河内，进入库区，管道全长 6027 米。2000 年 8 月，市计委下发《关于西龙虎峪水源地应急水源工程可行性研究报告（代项目建设书）的批复》，10 月底完成凿井工程的施工。工程投资概算为 3165.7 万元，其中凿井工程投资为 1169.69 万元，管线工程投资为 1996.01 万元。该工程于 2002 年完成。

（三）武清区地下水源地应急开发工程

武清区杨村镇城区规模不断扩大，人口增长迅速。杨村镇是地表水匮乏地区，由于持续干旱，城区供水十分紧张。2001 年 9 月，市发改委批复《武清区供水工程可行性研究报告》，总投资 8582 万元。在武清北部 30 千米的下伍旗、河北屯镇一带建设地下水水源地应急开发供水工程，向天津市开发武清区地下水源地向杨村镇供水。工程主要建设内容是新打机井 8 组，每组由深 300 米和 400 米 2 眼，共 16 眼组成，并铺管径 600 毫米玻璃钢夹砂集水管道 4 千米。供水规模为 5 万立方米每日。工程于 2002 年 3 月开工，12 月底竣工。

（四）宁河北地下水源地应急开发工程

由于连续干旱，天津城市出现供水紧张局面。为解决滨海地区尤其是开发区的应急供水问题，2002 年，天津市开发宁河北地下水源地向天津市经济技术开发区及宁河县城应急供水。宁河北地下水源地为宁河北丰台地区的地下奥陶系灰岩中岩溶裂隙水。应急开发工程通过打井提升、泵站加压、管道输送的方式供水。主要建设内容为开凿深井 18 眼，其中 800 米深井 7 眼，850 米深井 5 眼，1400 米深井 6 眼，达到开采地下水 10 万立方米每日，凿井工程于 2002 年 6 月 12 日开钻，到 2005 年 5 月 3 日凿井工作结束，历时近三年。工程泵站建设在水源地东侧，供水规模为 10 万立方米每日，供水压力约 0.75 兆帕，并设计采用远程控制方式将采站数据传输到天津经济技术开发区水厂控制中心。供水管线采用管径 1200 毫米或 1000 毫米钢管或混凝土管输水，供水规模为在宁河分水点前 10 万立方米每日，并分水 2 万立方米每日供宁河使用，分水点后为 8 万立方米每日。管线途径宁河、汉沽、塘沽，供水至天津经济技术开发区，全长约 69 千米，并 3 次经过蓟运河、永定河、还乡河、京山铁路，津汉公路、津榆公路等，为大型穿越工程。工程泵站及管线概算总投资 2.7 亿元。

（五）蓟县杨庄截潜应急水源工程

2002 年，天津市实施的蓟县杨庄截潜应急水源工程位于天津市蓟县北部山区的沟河罗庄子水文站上游 1.8 千米处，其目的是拦截沟河地下潜流，抬高水位，引水解决蓟县城区及北部山区 3 万多人的人畜饮水问题和部分农田灌溉问题。杨庄截潜工程总库容 2700 万立方米，兴利库容 2018 万立方米，属中型水库，年引水总量为 3300 万立方米。该工程是国家计委专项支持的"北方缺水城市应急工程"项目之一，工程总投资 2 亿元。2003 年 7 月底水源（水库部分）工程全部建成。

市内自备水井。1986 年，天津市开始实施控沉计划，对已有引滦水作替代水源的市区等采取压采闭井措施。2000 年为应对城市干旱，对备用、封存的 120 多眼井进行检修，以备城市应急供水。

二、天津市南部缺水地区抗旱工程

1993—1994 年，天津市南部静海县、大港区和津南区发生历史上罕见的农村春旱。1993 年 2 月，市长张立昌到旱区视察指出"南部缺水地区要立足长期抗旱、主动抗旱，要制定抗旱规划，逐年实施"。1993 年 5 月，静海县、大港区和津南区分别编制抗旱规划。市财政局、市水利局于 1993 年 6—12 月对其进行反复研究和审核，并原则提出《南部缺水地区抗旱节水工程实施计划的意见》。1994 年 1 月 31 日，市政府以《关于对实施我市南郊缺水地区抗旱节水工程规划的批复》文批复《南部缺水地区抗旱节水工程实施计划的意见》，工程实施后，在地面正常蓄水下，保浇面积可占南部（静海、津南、大港）耕地面积的 70% 以上。1994—1997 年，天津市相继建成静海小团泊、津南跃进河、大港区中塘 3 座泵站，团泊水库护砌 3.8 千米，津南区五登房平交闸和翟家甸倒等虹吸等 6 项骨干工程。累计新打深井 238 眼、浅井 770 眼，更新深井 11 眼；修建防渗暗管 655.9 千米、明渠 554 千米；新建喷灌工程 5 处 180 公顷；配套区系建筑物 732 座，建小型泵站（点）27 座。增加和改善灌溉面积 24550 公顷，新增节水面积 4570 公顷，实有地下水保灌面积达 29510 公顷，实有节水面积达 33000 公顷。在地上工程正常蓄水的情况下，保浇面积可占耕地面积的 70%，静海县小团泊扬水站建成，增强了团泊水库蓄、灌、排功能，从根本上解决了团泊、蔡公庄、胡连庄等乡 8000 公顷耕地灌溉、排沥问题；大港区中塘泵站建成，解决了处于封闭地区的中塘镇 1100 公顷农田灌溉，及 30.18 平方千米排沥问题；津南区五登房平交闸和翟家甸倒虹吸工程建设，从整体规划上解决了跨越南大排污河向南部地区送水问题；跃进河泵站兴建，解决了葛沽镇 2530 公顷农田排水问题。1997 年，南部缺水地区抗旱节水工程建设整体完成目标建设任务。该工程总投资 12570.13 万元，市补 3810.7 万元，区县财政 3881.6 万元，乡村自筹 4877.83 万元，新增或改善灌溉面积 24550 公顷，新增节水面积 4570 公顷。

三、农村抗旱工程

1991—2010 年，天津市农村抗旱工程主要采取新打机井、维修机井等措施，增加地下水的供给能力；兴建中小型蓄水工程，增加自备水源的调蓄能力；新建防渗明渠和地埋管道，购置喷滴灌设施，提升节水灌溉综合能力。1991—2006 年，天津市补助抗旱工程累计投入资金 113124.9 万元，新打机井（中浅井）7207 眼、更新维修机井 19377 眼、修建中小型蓄水工程（坑塘、塘坝）3819 处、新建防渗明渠 76622.5 千米、暗管 7579.9 千米、喷灌 3406640 公顷。全市新增各类节水工程面积 143060 公顷，节水灌溉面积达 262560 公顷，占有效灌溉面积的 76.2%。

四、农村人畜饮水解困工程

1991—1993 年，蓟县山区连续 3 年持续干旱少雨，加之山区人畜饮水设施较少，出现严重的人畜饮水困难，1994 年，蓟县实施山区人畜饮水工程，1996 年年底人畜饮水工程告竣，并超额完成饮水工程任务，1997 年通过天津市农村工作办公室组织的验收，人畜饮水工程使蓟县山丘区 22 个乡（镇）、99 个村、17216 户、61759 人、11330 头牲畜饮水困难得到解决，其中 51 个村实现自来水入户，9533 户、33990 人用上自来水。2001—2004 年，全市农村出现大范围的人畜饮水困难。全市 221 个乡（镇）中有 207 个乡（镇）、2735 个行政村，263 万人不同程度出现人畜饮水困难和隐患。2002 年年初，农村饮水解困工程启动。截至 2004 年，共完成投资 33318.75 万元，其中中央投资 3600 万元，地方投资 29718.75 万元。共修建人畜饮水工程 12580 处，其中新打、更新机井 2051 眼，维修机井 190 眼，更新水泵 155 台，修建新井配电工程 867 处，新建小水窖 10184 座，铺设输水管道 45.43 万米，建集中供水工程 30 处。解决了 2613 个村和小区 272.19 万人，18.14 万头牲畜的饮水困难和隐患。农村人畜饮水解困工程的完成，改善了农村群众生活条件，也促进了农村经济的发展，同时还促进了农村花卉业、园林业的发展。

第三节　抗　旱　措　施

一、城镇抗旱措施

1983 年 9 月引滦入津工程建成通水，天津城市供水有了相对保障。自 1997 年开始，海河流域遭遇自 20 世纪 60 年代以来最为严重的连续干旱，特别是汛期降水量明显减少，天津城市供水水源地潘家口水库来水急剧下降，天津城市供水水源出现严重不足。1991—2010 年，天津市曾发生过 7 次城市干旱，即 2000—2004 年连旱 5 年，2009—2010 年连旱 2 年。面对城市干旱危机，天津市实施的 6 次引黄济津，即 2000 年、2002 年、2003 年、2004 年、2009 年、2010 年。天津城市用水基本得到满足，没有造成明显的直接经济损失，但干旱缺水对天津城市仍造成不利影响。

1993 年 6 月 5 日，副市长陆焕生主持召开菜田供水紧急会议。会议决定海河水位在 1.50 米以下时，停止菜田供水。

2000 年，天津市特大干旱，6 月潘家口水库接近死库容。2000 年 7 月 1 日至 2001 年 6 月 30 日水利年度，引滦分配天津市用水指标仅为 8400 万立方米。2000 年 7 月、8 月、9 月潘家口水库总入库水量仅有 1.14 亿立方米，9 月 9 日 22 时 30 分到达死库容 3.31 亿立方米。天津市先后 3 次压缩城市日供水指标，由 200 万立方米压缩至 158 万立方米；引滦工程停止向近郊商品菜田、农业供水，但是仍不能渡过缺水难关。经水利部批准，海委决定，紧急调动潘家口水库死库容水量为天津市供水；国务院决策实施第 6 次引黄济津（1991 年前曾 5 次引黄），天津市九宣闸共收水 4.08 亿立方米。

2001 年，天津市中度干旱。4 月 30 日前，天津市中心城区供水全部由引黄水源供给，2001 年上半年潘家口水库蓄水严重不足，分别于 3 月和 6 月 2 次动用潘家口水库死库容向天津城市供水。天津城市供水严格执行计划供水，城市日供水指标严格控制在 158 万立方米以内；引滦工程停止向近郊商品菜田、农业供水。

2002 年，天津市严重干旱，全年潘家口水库及于桥水库没有高强度大范围的有效降雨，入库水量严重不足，潘家口水库全年入库水量仅为 4.03 亿立方米，相当于多年平均径流量的 16%，天津再次陷入城市供水危机。天津市人民政府常务会决定，10 月 1 日再次将城市日供水指标由 158 万立方米核减至 151.7 万立方米；引滦工程停止向近郊商品菜田、农业供水。国务院决策实施第 7 次引黄济津，天津市九宣闸共收水 2.49 亿立方米。

2003 年，天津市严重干旱。汛期潘家口水库及于桥水库地区没有发生大范围高强度的降雨过程，8 月 7 日于桥水库降至城市供水以来最低库容 0.68 亿立方米，导致城市供水水源严重短缺。实施第 8 次引黄济津，天津市九宣闸收水 5.1 亿立方米。城市日供水指标严格控制在 151.7 万立方米；引滦工程停止向近郊商品菜田、农业供水。通过引滦、引黄的联合调度，保证城市供水安全。

2004 年，天津市严重干旱，7 月 1 日潘家口水库蓄水量 3.51 亿立方米，较正常年份偏少近 17 亿立方米，城市供水水源严重短缺。国务院决策实施第 9 次引黄济津，天津市九宣闸收水 4.3 亿立方米。为保证水源的合理调配和利用，2004 年城市日供水指标仍然控制在 151.7 万立方米；引滦工程停止向近郊商品菜田、农业供水，同时在天津市范围内加大节水力度。

2009 年，天津市严重干旱。滦河潘家口以上区域降水严重偏少，于桥水库自产水也只有 1.57 亿立方米。随着天津市经济的快速发展，2009 年城市日供水指标增加至 180 万立方米，城市供水面临水资源严重短缺的局面。国务院决策实施第 10 次引黄济津，天津市九宣闸收水 2.59 亿立方米。引滦工程停止向近郊商品菜田、农业供水，同时在天津市范围内加大节水力度。

2010 年，天津市严重干旱。汛期潘家口水库入库水量仅为 2.39 亿立方米。2010 年城市日供水指标增加至 190 万立方米，天津城市供水形势异常严峻。国务院决策实施第 11 次引黄济津，新辟潘庄引黄济津输水线路向天津城市供水，天津市九宣闸收水 4.19 亿立方米。引滦工程停止向近郊商品菜田、农业供水，同时在天津市范围内加大节水力度。2000—2010 年天津市城市抗旱措施情况见表 4-4-3-59。

表 4 - 4 - 3 - 59　　　　　**2000—2010 年天津市城市抗旱措施情况**

年份	干旱等级	城 市 抗 旱 措 施
2000	特大干旱	多调引滦水量，并动用潘家口水库死库容。经与海委引滦工程管理局多次协商，上半年超计划调水 3000 万立方米；经水利部批准，海委挖掘潘家口水库死库容 1.00 亿立方米向天津供水。 强化计划用水和节约用水管理。市委、市政府高度重视城市出现的严重旱情，多次召开会议，研究部署天津市城市供水、节水工作，下大力采取节水措施，先后 3 次压缩城市日供水指标，由 200 万立方米压缩至 158 万立方米；引滦工程停止向商品菜田、农业供水。 积极推广节水新技术，加强节水宣传，增强节水意识。2000 年 6 月 17 日召开天津市节水工作动员大会，市政府先后颁布了 3 个节水通告，26 项节水措施。 启用城镇抗旱应急水源工程。主要包括引黄济津应急水源工程；蓟县西龙虎峪地下水源开采工程；对备用、封存的 120 多眼井进行检修，备城市应急供水。 加强保水护水工作
2001	中度干旱	动用潘家口水库死库容。于 3 月和 6 月分别 2 次动用潘家口水库死库容，共挖掘死库容 1.00 亿立方米向天津供水。 强化计划用水和节约用水管理。天津城市供水严格执行计划供水，城市日供水指标严格控制在 158 万立方米以内；引滦工程停止向商品菜田、农业供水。 加强保水护水工作
2002	严重干旱	启用城镇抗旱应急水源工程。实施引黄济津应急水源工程，后因黄河干流潼关以下水质严重恶化，导致引黄济津水质超标，被迫停止；实施武清区地下水源地应急开发工程；实施宁河北地下水源地应急开发工程；实施的蓟县杨庄截潜应急水源工程。 强化计划用水和节约用水管理。天津市除在天津市范围内大力推广节约用水，制定了各项节水措施外，根据市政府常务会决定，10 月 1 日再次将城市日供水指标由 158 万立方米核减至 151.7 万立方米；引滦工程停止向商品菜田、农业供水。 加强保水护水工作
2003	严重干旱	优化调水方案，动用潘家口水库死库容。从潘家口水库引水 3 次，2 次挖掘潘家口水库死库容。其中 3 月 9 日至 4 月 21 日引水 1.99 亿立方米，其中动用潘家口水库死库容 1.37 亿立方米。天津被迫于汛期 8 月 6—30 日期间引水 1.11 亿立方米，其中挖掘潘家口水库死库容 3900 万立方米。 启用城镇抗旱应急水源工程，实施了引黄济津应急水源工程。 强化计划用水和节约用水管理。城市日供水指标严格控制在 151.7 亿立方米；引滦工程停止向商品菜田、农业供水。 加强保水护水工作
2004	严重干旱	启用城镇抗旱应急水源工程，实施了引黄济津应急水源工程。 强化计划用水和节约用水管理。城市日供水指标严格控制在 151.7 亿立方米；引滦工程停止向商品菜田、农业供水。 加强保水护水工作
2009	严重干旱	2009 年从龙门口和上官水库引水 1500 万立方米向天津城市供水。 启用城镇抗旱应急水源工程，实施了引黄济津应急水源工程。 强化计划用水和节约用水管理。随着天津经济飞速发展，2009 年城市日供水量增至 180 万立方米，引滦工程继续停止向商品菜田、农业供水。 加强保水护水工作
2010	严重干旱	2010 年从龙门口水库引水 800 万立方米向天津城市供水。 启用城镇抗旱应急水源工程，实施了引黄济津应急水源工程。采用新建潘庄引水线路，并首次利用黄河水源，经新建引黄入滨海新区工程，向滨海新区供水。 强化计划用水和节约用水管理。2010 年城市日供水量增至 190 万立方米，引滦工程继续停止向商品菜田、农业供水。 加大非常规水利用力度。城市利用深处理再生水量由 2001 年的 60 万立方米增加到 2010 年的 1687 万立方米，海水淡化利用量由 2001 年的 200 万立方米增加到 2010 年的 2226 万立方米。 加强保水护水工作。为保证输水安全，引黄沿线各区（县）和相关单位按照市政府颁布的《天津市引黄济津保水护水管理办法》进一步落实分级、分段、分部门责任制，以及各项保水护水措施。 加强节水宣传，积极推广节水新技术。市政府及时向全社会发布《关于加强节约用水的通告》，动员天津市人民珍惜、节约、保护来之不易的黄河水。市水务局联合市游泳协会实行开池联审制度，68 家市管游泳场馆纳入节水考核；联合市技术监督局发布《节水型产品名录》；联合市采购中心将节水型产品名录纳入政府采购范围。编制完成《节水型区县考核标准》，建成专门的节水科技展览馆，在天津市高校系统全面推广普及了 IC 卡智能节水技术

1991—2010年，为应对城市干旱天津市采取了应急响应手段和措施。主要包括：

（1）优化配置城市抗旱水资源，优先保证居民生活用水，减少工业用水和中心城区河湖生态用水。

（2）强化计划用水和节约用水管理。

（3）挖潜潘家口水库死库容及置换河北省滦下农业供水指标。

（4）启用城镇抗旱应急水源工程。

（5）加强保水护水工作。

（6）建立节水法律法规体系，使天津市水资源管理和节水工作纳入法制化轨道。

（7）建立节水经济调节机制。为缓解城市旱情，按照国家有关供水价格政策，1997年以来天津市陆续调整居民和工业用水价格，对超计划用水实行累进加价收费，增强天津市市民节水意识。

（8）积极推广节水新技术。加强节水技术研制推广，科技节水投入和成果转化形成良性循环。通过采用新技术、新工艺、新设备、新器具，不断降低用水量。

（9）调整和优化产业结构。实行工业用水总量控制，限制高耗水工业发展，淘汰耗水量大、技术落后的企业和工艺，支持和鼓励企业开发高科技、低能耗产品，实现节水社会效益和经济效益双赢。

（10）积极开发利用非常规水源。建成了纪庄子、天津开发区再生水厂深处理再生水回用工程，启动了天津大港电厂、北疆电厂等海水淡化工程。按照全国的产业政策及"水质达标，安全利用"的原则下，对新建、改建、扩建设项目，鼓励利用非常规水源，弥补了传统水资源不足。

（11）加强节水宣传，增强节水意识，普及节水知识，在全社会形成了珍惜水、节约水、爱惜水的良好氛围。

二、农村抗旱措施

（一）应急手段和措施

1991—2010年，为应对农村干旱天津市采取的应急响应手段和措施主要包括：

（1）启用农村抗旱应急水源工程。

（2）制订春季抗旱水源调配安排预案，合理调配水源，强化计划用水、节约用水，干旱年份要保证农村生活用水。

（3）压缩高耗水作物种植面积。采取以水定稻措施，减少水田种植面积；积极推广各种农艺节水措施，结合农业结构调整，大力推广低耗水、耐旱的优良品种；充分利用农业机械，搞好深松，推广保护性耕作，秸秆还田、地膜覆盖、压耙保墒、水稻"浅、湿、晒"、旱地龙等农艺节水保墒措施。

（4）发挥基层抗旱服务组织作用，干旱年有效地化解了旱情，减少旱灾损失。

（5）2003年年初，天津市率先出台《天津市节约用水条例》，制订出农业用水地方标准及定额，把节约用水纳入法制化管理。

（6）天津市出台《天津市小型水利工程产权制度改革实施意见》，通过明晰工程所有权，放开建设权，搞活经营权，促进工程的长效运行；制订出《农村人畜饮水工程实施管理办法》，建立起责、权、利相统一，投入、管理、经营三位一体的农村生活用水长效运行管理新机制。

（二）调蓄水源保农业用水

每年汛末适时蓄水，在旱季到来前提前准备调蓄水源，以保证农业用水。主要做法：①充分运行现有水利设施，通过合理调度，联合运用扬水站、河道、水库、坑塘、闸涵等水利设施，汛末抢蓄沥水，1991—2005年，全市累计汛末蓄水总量为78.01亿立方米；②干旱年景通过协调流域上游省（直辖市），积极调蓄客水，为农业抗旱创造水源条件，1991—2005年，全市累计调蓄水源总量为39.09亿立方米。

（三）调整农业结构

抗旱年份减少水稻种植面积，推广棉花等耐旱作物。1991—1995年，全市菜田由30000公顷增加到80810公顷。2000—2003年，麦田面积种植面积由常年的133330公顷，压缩到113330公顷和100000公顷左右。水稻种植面积由常年的60000公顷，到2003年压缩到10000公顷。2004—2010年水稻种植面积始终保持在10000～13330公顷。新增蔬菜和棉花等耐旱作物种植。到2010年，棉花种植面积由30000公顷增加到55000公顷。

截至2010年，天津市共有大、中、小型水库28座，塘坝265座，水闸2623座（含橡胶坝），加上以蓄代排的深渠河网，农业抗旱蓄水能力超过8亿立方米，天津市现有固定排灌站3000多座，农用机电井27000眼，每年可为农业提供近12亿立方米水源。天津市有效灌溉面积已达344600公顷，其中旱涝保收面积为224600公顷，占有效灌溉面积的65%。同时随着天津市抗旱节水工程建设的深入开展，灌溉配套设施不断完善，天津市已发展节水灌溉面积262600公顷，农业年节水能力达7亿立方米，抗旱节水效益十分明显。为了充分发挥水利工程的灌溉效益，提高抗旱效率，各级水利部门进一步加强了用水管理，优化水资源的配置，合理调度，做到计划用水、科学管水，避免水资源的浪费，充分发挥水利工程的抗旱减灾效益。

三、生态抗旱措施

1982—1983年，北大港水库为引黄济津调蓄水库，之后至1988年处于干涸状态；1988年大清河系发生5年一遇以下洪水，静海县大清河台头过流400立方米每秒，北大港水库采取以蓄代排措施后，抢蓄洪水2.7亿立方米；1989—2000年北大港水库又一次处于干涸状态；2000年后，引黄济津把北大港水库再次作为调蓄水库，每次引黄济津留有部分底水，作为城市改善水环境用水和水库生态用水。

2000年，北大港水库作为引黄济津调节水库后，在保证天津城市供水的同时，恢复以往水生物、动植物的天堂；北大港水库是多种鸟类的良好栖息地，特别是在候鸟迁徙的季节，据调查有100多种，其中包括10余种国家一、二级保护种类，如白鹤、天鹅、鸳鸯、大鸨、金雕、雀鹰、猫头鹰等。主要经济鱼类有：鲫、鲤、白、鳊、草鱼、乌鲤和赤眼鳟等10余种，产量最多的是鲫鱼，还有自然生产的泥鳅、鳝鱼、虾等水生生物。

团泊洼水库在2000年后，通过引蓄引黄济津水头水和雨沥水以蓄代排，为动植物、水生物提供了良好栖息环境。数百种鸟类常年在此生息繁衍。据中科院、北师大及天津市有关专家调查，团泊洼地区有鸟类164种，其中国家重点保护的一级动物有黑鹳、白鹤、大鸨，二级动物有鸳鸯、白琵鹭。每年春天，还有成千上万的候鸟在此路过停歇。团泊洼地区鸟类主要为旅鸟和冬夏候鸟类，留鸟数量很少。据天津市林业局1996—1997年野外调查资料表明，团泊洼水库有鱼类25种，分别为草鱼、鲤、鲫、翅嘴红百。湿地两栖、爬行类动物有花背蟾蜍、大中华蟾蜍和黑斑蛙，乌梢蛇、五锦蛇、黑眉锦蛇、棕黑锦蛇。

第四节　抗　旱　减　灾

一、1999年农村抗旱减灾

1999年，天津市严重干旱。大港区特大干旱，年降雨量306.3毫米；西青区连续3年干旱最严重的一年，6月初，鸭淀水库干库是建库22年来的第2次干库（1987年第一次干库）；蓟县有275个村、3.08万户、10.6万人，0.68万头大牲畜饮水困难，农田受灾面积达38866.67公顷，成灾面积为26240公顷；北辰区百年历史上第3个大旱年，6—8月降雨119.3毫米，是1958年以来第2个大旱年；津南区连续第3个干旱年，全年降雨量395.6毫米，为多年平均降雨量的71%。严重的连旱，使全市受旱面积达到194280公顷。蓟县山区和宁河县、津南区等地307个村、12.9万人，0.68万头大牲畜出现饮水困难。面对旱情，天津市主动调整农业生产结构，有38000公顷春播转夏播，因旱少播种小麦26670公顷，22000公顷耕地秋粮未种，42670公顷耕地绝收。并利用现有水利设施，开动临时泵15000台（套）、机井16000眼、扬水站点580处、喷灌机350台（套）等，春灌麦田133930公顷，春灌春播地85860公顷，使成灾面积降到了147970公顷，为受旱面积的76%。

二、2000年抗旱减灾

（一）2000年城市抗旱减灾

1997年后，海河流域持续干旱，2000年6月潘家口水库仅剩3亿立方米死库容，于桥水库可用水量仅为1.6亿立方米。正常年份，城市工业和人民生活用水为12.4亿立方米，水源主要靠10亿立方米左右的引滦水和不到2亿立方米左右的地下水。城市水源只能维持到7月底。作为主要产水的汛期（7—9月），潘家口水库总入库水量只有1.12亿立方米，仅为多年平均径流量的5%，属特枯年份，水库多次降至死库容以下；于桥水库汛期也基本无蓄水，水源紧缺非常严重。天津市针对严重旱情采取了有效措施。

1. 节水措施

针对严重旱情和城市供水水源紧缺的严峻形势，天津市自1999年汛末就已开始采取节水措施，主要为：压缩用水指标，将城市日供水量由200万立方米压缩至183万立方米；停止于桥水库向农业供水；压缩了引滦向商品菜田供水。2000年6月14日，市水利局、市公用局提出的停止向菜田供水，将城市供水指标由183万立方米每日压缩到168万立方米每日，关闭所有洗车业，凡无节水设施的洗浴业暂停营业，严禁擅自动用地下应急后备水源，加大保水护水等应急措施要立即执行，开发西龙虎峪和下仓地下水源的措施要抓紧进行。

2000年，天津市旱情持续发展，4月18日市政府下发《关于严禁擅自引用引滦水的紧急通知》，4月20日市政府召开全市抗旱电话会议，副市长孙海麟部署当前和今后一个时期的抗旱工作，市政府副秘书长陈钟槐主持，号召全市各行各业千方百计采取节水措施，并调派武警官兵在引滦沿线和海河干流沿岸协助护水。6月5日，市政府召开第26次政府常务会，要求切实采取有效措施，加强全市节水工作，市水利局牵头提出应急外调水源预案。6月7日，市长李盛霖主持召开天津市防汛抗旱指挥部第一次会议，强调节约用水是一项长期任务，抗旱防汛两手抓。6月9日、6月17日、7月5日，天津市连续3次发布《关于进一步加强节约用水管理措施的通告》《关于进一步加强节约用水管理措施的通告》（第二号）、《关于进一步加强节约用水管理措施的通告》（第三号）。6月17日，召开天津市节水动员大会，在全市范围内提出了26项节水措施，强化全市计划用水、节约用水的管理工作，并设立监督电话，促使节水措施落到实处，以缓解全市用水缺口，主要措施为：

（1）严格执行计划用水管理，继续实行超计划用水累进加价制度。

（2）对城镇居民生活用水实行定额管理，大力提倡一水多用。

（3）停止向农业提供引滦水，严禁私自引水。

（4）菜田停止供水。

（5）关闭所有洗车业，规范行业用水。

（6）自2000年9月1日起，除供农业用水价格不作调整外，天津市全面上调引滦入津供水价格。

（7）压缩城市日供水指标：8月，城市日供水量压缩至168万立方米；9月，城市日供水量压缩至158万立方米。天津市一系列节水措施的落实，缓解了城市缺水的压力。

2．水源措施

（1）2000年水利年度（1999年7月1日至2000年6月30日），天津市在用完原分配指标8.01亿立方米的情况下多引调3000万立方米的水量。

（2）2000年6月16日，市政府向水利部报送《关于紧急请求解决天津城市水源问题的函》。恳请水利部批准天津市紧急时刻动用潘家口水库死库容，并提前启动引黄济津工程。8月27日10时30分，按照水利部《关于同意动用潘家口水库死库容的批复》精神，潘家口水库向天津市供水，供水2.00亿立方米，以保证引黄通水前天津城市用水和2001年2月底前开发区、保税区、塘沽区、引滦入港工程沿线各大企业用水。

（3）2000年6月21日，市水利局、市公用局联合向市政府报送《关于报送城市供水水源应急调度方案的请示》，提出了供水指标、供水水源和应急调度方案。6月22日，水利部向国务院报送《关于天津城市供水应急措施的请示》。9月10日，国务院正式批准引黄济津，水利部要求有关省和部门保证将黄河水按时、保质、保量送到天津。10月13日，山东省东阿县位山闸提闸放水，2001年2月2日引黄结束。位山闸累计放水8.71亿立方米，天津九宣闸收水4.08亿立方米。

（4）挖掘地下水源潜力，加紧蓟县西龙虎峪地下水源开采施工，对备用、封存的120多眼井进行检修，备城市应急供水。

（二）2000年农村抗旱减灾

2000年，天津市特大干旱，全市累计降雨396.6毫米，比常年偏少22.8%，上游河北、北京地区也发生干旱，基本无水流入天津市，全市水库等各类蓄水设施无水可蓄，天津市用水告急，农业严重缺水。3月至6月中旬，农田受旱面积为116670～148000公顷。3—5月，市政府组织市、区（县）机关干部近万名，发动农村干部群众100万人，开动机井1.75万眼，1.52万台（套）临时泵、382座扬水站、1500余台喷灌机，为93330公顷麦田浇水2～3次，为53300公顷大田浇补墒水，保障了80000公顷菜田用水需求。全市60个县乡两级抗旱服务组织充分利用3000台（套）抗旱设备，为缺少抗旱实施地区群众应急送水500万立方米。各级水利部门通过更新、改造、维修机井，更新机泵，组织运水人员和车辆，解决了蓟县、宝坻区、宁河县、静海县、大港区20万人的饮水困难。4月，市政府做出调整农业结构的决策，压减粮食种植面积，增加了蔬菜、瓜类、棉花和经济作物种植。尤其是粮食作物，压缩了耗水量大的麦田和稻田的播种面积。小麦和水稻分别由2000年的年均种植150000公顷、70000公顷压缩到110000公顷和20000公顷；棉花和菜田分别由2000年前30000公顷增加到55600公顷和80810公顷。6月中旬至8月上旬，全市降雨特少，受旱面积达到266670公顷左右，旱情最严重的7月上旬，全市受旱面积327000公顷；2000年全市因干旱少播种54670公顷，受灾面积250000公顷，成灾面积17880公顷，绝收面积70000公顷，损失粮食72万吨，经济作物及林、牧、渔业、损失12.52亿元，全市农村先后有近40万人、3万头大牲畜出现饮水困难。

（三）保水护水

2000年天津春夏连旱，居民生活和工农业用水紧张。为保护天津仅有的水资源，6月16日市公安局指挥中心向东丽、西青、津南、北辰4区的公安分局下达命令，命令分局一把手亲自组织实施保水护水工作，市武警部队派出20名武警战士加入保水护水队伍参加保水行动。市保水护水任务于10月21日前重点在海河干流、子牙河、北运河和新开河，10月21日引黄济津通水到达天津后，保水护水范围又增加了南运河和马厂减河。具体组织实施保水护水工作的是河闸总所。

从2000年4月11日开始，河闸总所每天出动4部巡查汽车，每车有2名护水人员和2名武警战士分两班轮流上岗，巡查西青、北辰、东丽、津南4区内新开河、北运河、子牙河、海河干流两岸150千米河堤。

为保证保水护水效果，6月14日市水利局召开查水护水紧急会议，紧急集中局机关、宜兴埠处、入港处、水文总站、水科院、物资处、地资办、北大港处、水调处、设计院10个单位抽调部分人员对海河干流、新开河、子牙河、北运河的20处重点取水口门、泵站进行24小时蹲堵，制止沿河违章取水行为。局机关负责子牙河左堤铁锅店村和李家房子村的保水护水工作。河闸总所再次加大人力物力投入，从机关科室和所属海河二道闸、耳闸等6个基层单位抽调司机和护水人员，巡查车由4部增至7部，6月15日开始组织总计400余人对28个重点泵站和闸涵实施蹲堵护守，24小时不离岗。自4月11日至10月20日，查水护水行动出动人力5644人次，制止私自违章引水100余起，节约水量4000多万立方米，使得海河水位由1.45米升至1.95米，多向市区供水30天，保证了城市居民生活用水和海河两岸工业企业的正常生产。

为缓解天津市城市供水紧张形势，国务院决策，2000年实施第6次引黄济津调水工程。引黄济津输水期间，天津市实行保水护水分级分段分部的负责制，行政首长负总责，引黄所经区（县）

对本行政区内护水工作实行分段定人、定岗、定责。天津市引黄济津指挥部办公室护水巡查组设在河闸总所，护水巡查组下设海河干流组、北运河组、南运河组和马厂减河组，并负责指导相关区县查护水工作。从 10 月 18 日开始，每天出动 5 部巡查车，巡视检查引黄输水河道安全，确保黄河水保质保量进入海河干流和北大港水库。截至 2000 年 12 月 31 日，引黄济津护水工作出动巡查车 740 余辆次，巡视长度 22.2 万千米，出动查护水人力 2220 人次，查处河水跑、冒、滴、漏、排污事件 20 起，解决了天津 2000 年用水燃眉之急。

三、2003 年农村抗旱减灾

2003 年是天津市连续干旱第 7 年。全市受旱面积达到 120000 公顷，有 11300 公顷大田春转夏，有 20000 公顷麦茬地夏季未播，80000 公顷受灾面积普遍减产 4～5 成。根据国务院"全国抗旱和农田水利基本建设电视电话会议"精神，天津市采取多项抗旱措施，积极应对旱情：①努力争取外调水源，总计调水 3 亿立方米；②编制春季农业抗旱水源调配预案方案，合理调配水源；③全市春季更新新打机井 721 眼；维修机井 591 眼；新建防渗明渠、暗管 257.7 千米；④新挖坑塘、水柜 32 个；⑤新增节水灌溉面积 2133 公顷，改善灌溉面积 10133 公顷。全市农村利用现有水利设施，开动临时泵 16500 台（套）、机井 13000 眼、扬水站点 1279 处、喷灌机 140 台（套）等，春灌麦田 73330 公顷，春灌春播地 78660 公顷，使成灾面积降到了 80000 公顷，为受旱面积的 66%。

四、2010 年对口帮扶

2010 年，云南、贵州、广西 3 省（自治区）遭遇百年不遇的特大干旱，给灾区人民生活特别是城乡居民饮水安全带来很大困难。3 月，国家防办下发《关于开展西南三省抗旱减灾对口帮扶工作的紧急通知》，要求天津市重点帮扶贵州省开展抗旱减灾工作，主要是提供抗旱机具设备和技术服务等。根据贵州省有关部门的具体安排，天津市对口支援旱情较重的毕节地区。

接到国家防办通知后，市防办高度关注贵州省旱情，主动与贵州防办取得联系，及时了解旱区受灾情况以及实际需求，根据贵州省毕节地区的受灾程度和实际需求，迅速落实了资金，多方联系物资生产厂家，在一天时间内，采购了价值 200 万元的旱区急需的发电机 14 台、水泵 500 台等抗旱机具，分为两批及时运抵旱区。3 月 30 日，首批物资包括发电机 14 台、水泵 50 台紧急启运，昼夜兼程 3000 千米，仅用了 46 小时就送达旱区。第二批物资包括水泵 450 台，也于 4 月 6 日运抵旱区；同时，市水务局各级党组织和广大党员踊跃捐款，两天捐款 22 万余元，支持了贵州省旱区的抗旱救灾工作。

第五篇

农村水利

1991—2010 年，天津农村水利围绕率先基本实现农业现代化目标，紧跟社会主义新农村建设步伐，完善排灌体系，引进、推广节水灌溉技术，开展基础设施改造和水利工程管理体制改革，初步实现了从传统农田水利向农村现代水利的转变。

1991—1995 年，重点实施骨干河道清淤整治，田间渠系配套，农业节水工程建设等项工程，进一步巩固完善农村排灌体系，同时，将农村居民生产生活的民生工程纳入建设计划，实现了从传统的农田水利向农村水利的转变。1996—2000 年，天津市农村水利建设重点推广节水灌溉工程，深化水利产权制度改革和水价改革，不断推动天津市农村水利建设管理水平的提高。

按照建设水利四大体系、统筹城乡发展精神，农村水利重点实施农村供水工程、农业节水工程、基础设施改造和水土保持及水生态环境治理四大工程。2001—2005 年，实施农村人畜饮水解困工程，并对水库、河道、泵站等农村国有水管单位进行改革，推动农村水利建设管理水平向高度发展。2006—2010 年，按照建设社会主义新农村要求和应对国际金融危机，实施防洪除涝、农村安全供水、农业节水、农田基础设施建设、农村水环境治理、非常规水利用等 6 项农村水利重点工程。截至 2010 年，全市农村水利投入累计资金 75240.69 万元。使农村水利建设和管理水平得到全面提升，农村抗灾减灾能力进一步增强。

第一章 农村水利工程建设

1990 年，天津市已初步建立起农村水利灌排体系，为农业生产提供排水供水保障。随着农村经济的发展，90 年代，开始实施山区人畜饮水工程和人畜饮水解困工程、农村饮水安全工程等，实现了由传统的农田水利向农村现代水利的转变，农村水利建设走上全面深入的发展道路。

第一节 农村人畜饮水工程

天津市农村人畜饮水困难和饮水含氟超标问题历来是各级政府关注的民生问题，经过对农村饮水设施的长期建设，20 世纪 90 年代农村日常饮水困难得到初步解决，含氟超标饮水得到有效改善，但当遭遇特大干旱或持续干旱等异常气候状况，影响村民生产和生活的情况仍会发生。为更深入、更全面地解决农村人畜饮水难题，天津市从 1994 年开始连续两次实施农村人畜饮水工程建设。2006 年在全市实施农村饮水安全及管网入户工程建设，有效改善了农村人畜饮水环境，使农村人民的生产、生活得到有效保障。

一、蓟县山区人畜饮水

　　1991—1993 年，连续 3 年蓟县山区持续干旱少雨，加之山区人畜饮水设施较少，致使蓟县山区出现严重的人畜饮水困难。村民用水需要翻山越岭去几千米外的地方找水，山区人畜饮水告急。1991 年 10 月 15 日，市政府为人民办的二十件实事之一的蓟县山丘区人畜饮水工程全部竣工并通过验收。该工程投资 795 万元，解决了 86 个自然村、27702 人和 5894 头大牲畜的饮水困难。1993 年 4 月，市长张立昌带领市农委、市水利局等有关部门视察山区人畜饮水状况，并责成市农委、市财政局、市水利局等有关部门抓紧研究解决山区人畜饮水问题。

　　1993 年 5 月，蓟县水利局编制出《山区人畜饮水规划设计报告》，在此基础上，市农委、市财政局、市水利局联合向市政府上报《关于蓟县山区人畜饮水规划设计（代号 G399G 工程）实施意见的报告》。报告确定实施为解决蓟县山区人畜饮水困难的解困工程，工程实施时间为 1994 年至 1996 年年底。工程总投资 1408.34 万元，其中市投资 600 万元，其余 808.34 万元，由蓟县自筹解决。1993 年 10 月市政府批复工程实施意见，1994 年开始实施蓟县山区人畜饮水工程。

　　为确保蓟县山区人畜饮水工程的顺利实施，天津市采用以下措施作为施工保障：

　　（1）成立两级政府领导小组。由市农委、市计委、市财政局、市水利局等有关部门组成南北抗旱专项工程领导小组，办公室设在市水利局，负责组织工程实施。蓟县成立由主管县长负责，有关部门参加的工程领导小组，办公室设在蓟县水利局，负责工程实施的日常工作。

　　（2）工程实行项目责任制。蓟县政府向市政府签订责任书，确保工程如期完成和效益目标的实现。

　　（3）年度计划的编制与下达。蓟县于每年 10 月底完成下年度实施计划报市水利局，市水利局审核后报市领导小组审定，于转年预算资金安排后下达。

　　（4）资金管理。由蓟县设立专门账户，任何部门不得挪用，县筹资金至少有 50％存入银行，市补资金预拨 80％，工程验收合格后，再将剩余资金拨齐。

　　（5）施工管理。市负责的水源工程委托市水利建设质量监督中心站负责质量监督，县及有关乡（镇）负责的饮水管道，水塔、水池、水窖及屋顶接水等工程所用原材料，施工工艺委托县质检部门实施质量监督。

　　（6）工程质监和验收制度。市领导小组对工程质量工程进度等随时进行检查，每年 11 月，市领导小组依据各年度竣工验收报告，对工程进行验收。

　　（7）工程形式。一是通过在地下水丰富的地区打井，开辟饮用水源；二是通过铺设铁管道、塑料管道、安装机泵、增设变压器、架设输电线路等措施向山区村庄输送饮用水源；三是通过建设水窖等储水设施，使山区村庄能够储备饮用水源；四是通过建屋顶接水工程，积蓄雨水。

　　截至 1996 年年底，蓟县山丘区人畜饮水工程告竣。1997 年通过天津市农委组织的验收。3 年累计建成各类机井 52 眼，其中深井 27 眼，中井 13 眼，大口井 12 眼。安装机泵 72 台（套），变压器 45 台（套），架高压线 17.96 千米，低压线 5.15 千米。新建水塔 25 座，水池 86 座，水窖 75 座，铺设铁管道 67.62 千米，塑料管道 161.58 千米。建屋顶接水工程 41 处，超额完成了饮水工程任务。饮水工程的建成，使山丘区 22 个乡（镇）99 个村、17216 户、61759 人、11330 头牲畜的饮水困难得到解决，其中 51 个村实现自来水入户，使 9533 户、33990 人用上自来水。

二、人畜饮水解困工程

20 世纪 90 年代，天津市连年遭遇干旱，农村人畜饮水困难逐步显现。2002—2004 年，天津市连续 3 年将全市农村饮水解困工程列为天津市改善城乡人民生活 20 项工作之一，利用两年半时间完成农村人畜饮水工程建设，解决了农村人畜饮水困难，使农村人民生活秩序恢复正常。

天津市自 1997—2001 年，由于连续干旱，致使全市农村出现大范围的人畜饮水困难。在全市 221 个乡（镇）中有 207 个乡（镇）、2735 个行政村、263 万人不同程度出现人畜饮水困难和隐患。较为严重的是蓟县、宝坻、武清 3 个区（县）使用压把井的 1122 个村，出现人畜饮水困难的有 947 个村。面对全市农村大范围发生人畜饮水困难的情况，市委市政府于 2001 年 5 月提出"要着眼长远，统筹规划，分步实施，力争经过两三年的努力，使全市农村在干旱之年不再出现农民饮水困难问题"的决策。6 月，市水利局按照"着眼长远，统筹规划、分步实施"的原则，编制出全市农村饮水解困工程实施方案，10 月由市政府批准转发。农村饮水解困工程自 2002 年年初正式启动。

为尽快把饮水解困工程落到实处，市、区（县）、乡（镇）三级政府均成立农村饮水解困领导小组，层层签订责任书，将饮水解困工作纳入各级政府目标考核内容。市发展改革委、农委、财政局、水利局组成市级解决农村饮水困难工作领导小组，市水利局作为工程建设主管部门，专门成立了农村饮水解困工作办公室，全面负责饮水解困工程建设的管理工作。各区（县）实行行政首长负责制，成立了由区（县）政府主要负责人挂帅的工程领导小组，各乡（镇）也都成立相应的领导机构；工程建设资金采取争取中央财政补助、市级列专项资金和区（县）自筹的办法来解决。乡（镇）、村自筹资金采取村民集资、对口支援、企业赞助、实行贷款、个人出资等多种形式做好资金的落实；为规范天津市饮水解困工程资金管理，市水利局和各区（县）均设立专用账户，实行专项资金专户管理，专项核算。在资金使用上坚持乡（镇）、村自筹资金先到位，然后区（县）财政补助资金到位，市级财政补助资金再到位的原则。市、区（县）审计部门组织对工程建设资金跟踪审计，做到工程款专款专用。在工程建设质量上，按照 2002 年 4 月天津市制定的《农村人畜饮水解困工程实施细则》和《天津市解决农村饮水困难工程项目竣工验收内容和评分标准》，严格把好施工队伍、设备材料、质量监督、工程验收"四个关口"，确保工程质量。

在实施人畜解困工程的同时，东丽区结合本地区地下水氟含量超标的特点，2003 年共投资 854.95 万元，完成改水除氟站 45 个，覆盖全区 80 个自然村，使 15 万余人喝上达标水，保障了村民的身体健康。

截至 2004 年，共完成投资 33318.75 万元，其中中央投资 3600 万元，地方投资 29718.75 万元。共修建人畜饮水工程 12580 处，其中新打、更新机井 2050 眼，维修机井 190 眼，更新水泵 155 台，修建新井配电工程 867 处，新建小水窖 10184 座，铺设输水管道 45.43 万米，建集中供水工程 30 处。解决了 2613 个村、小区 271.27 万人和 18.14 万头牲畜的饮水困难和隐患。

2002—2004 年天津市农村人畜饮水解困工程完成情况见表 5 - 1 - 1 - 60。

表5-1-1-60 **2002—2004年天津市农村人畜饮水解困工程完成情况**

| 年份 | 解决农村饮水困难人口/万人 | 完成主要工程建设内容 | | | | | | | | 完成投资/万元 | | | | |
		新打更新机井/眼	维修机井/眼	更新水泵/台	新井配电/处	新建小水窖/座	输水铁管道/万米	输水塑料管道/万米	供水工程/处	合计	中央	市财政	区(县)财政	乡(镇)、村自筹
2002	129.00	1030	52	39	409	5187	5.5	31.7	13	17553.85	2100	4660	5396.93	5396.92
2003	102.35	740	80	59	328	4997	5.43		1	12034.51	1254	2660	3840.31	4280.20
2004	39.92	280	58	57	130		2.8		16	3730.39	246	1030	1070.14	1384.25
合计	271.27	2050	190	155	867	10184	13.73	31.7	30	33318.75	3600	8350	10307.38	11061.37

三、农村饮水安全及管网入户改造

由于特殊的水文地质条件，农村一直存在着饮用高氟水、苦咸水的情况，为解决农村居民饮水不安全问题，2006年3月，水利部、国家发展改革委、财政部、农业部、卫生部等五部委联合下发《关于做好农村饮水安全工作的通知》。通知要求各省（自治区、直辖市）"要增强紧迫感，深入调研、科学论证，提出解决方案，报国家五部委审批，力争到2010年基本解决饮水不安全问题"。2006年11月，按照国家五部委的通知精神，天津市全面实施农村饮水安全及管网入户改造工程建设。

（一）农村饮水安全状况

20世纪90年代，天津市采取改高氟水源为低氟水源，配制饮水降氟罐等措施，农村饮用高氟水情况得到改善，但仍存在着饮水不安全的情况，饮水安全存在问题共涉及四郊、五县、三个滨海区3098个村，320.33万人。饮水现状如下：

（1）农村管网未入户，村民用水不便。主要在蓟县、宝坻有74.3万人自来水管网未入户。

（2）供水管网老化失修，跑、冒、滴、漏，供水压力不足，管网末端水量不足等，影响村民用水，涉及95.78万人，全市各区（县）均有分布。

（3）饮用水质不达标，涉及5.99万人（饮用水氟含量大于1.2毫克每升，溶解性总固体含量大于1.5克每升），分布在四郊、塘沽、大港。

（4）饮用水质不达标和管网未入户并存，涉及10.33万人，分布在蓟县和宝坻。

（5）饮用水质不达标和管网老化失修并存，涉及133.93万人，分布在全市12个涉及农区（县）。

（二）饮水改造工程

针对农村居民存在的饮水不安全状况，2006年10月，市水利局编制完成《天津市农村饮水安全及管网入户改造工程规划方案》。方案确定该工程的实施标准是："通过工程的实施，建立起保证工程良性运行的管理机制，使农村居民可持续地获得安全饮用水，其饮水水质达到国家农村居民饮用水卫生标准"。方案确定的该工程的任务是："到2010年末，将全面解决本市有农业的12

个区（县）、320.33万农村居民饮用水水质不达标、农村供水管网未入户或老化失修问题，农村自来水管网入户率达到100％"。

2006年11月19日，市政府批复了《天津市农村饮水安全及管网入户改造工程规划方案》，决定从2006年起利用5年时间（2006—2010年），总投资14.2亿元，解决天津市320万农村居民饮水不安全问题。

为便于对饮水安全工程的组织和管理，天津市成立市、区（县）两级农村饮水安全领导小组，市级领导小组由主管副市长为组长，市发展改革委、市农委、市财政局、市水利局、市卫生局等部门主要负责人为成员，统一领导全市农村饮水安全及管网入户改造工作。市水利局成立农村饮水安全工程建设管理办公室，具体负责全市工程实施的日常管理工作。农村饮水安全及管网入户改造工程实行区（县）行政领导负责制，区（县）政府主要负责人为责任人，对此项工作负总责。成立区（县）级农村饮水安全工作领导小组，区（县）水利（务）局作为工程项目建设单位，负责工程具体实施。

为确保工程资金足额到位，天津市各级政府多渠道筹措工程建设资金，确保资金足额到位。在资金使用中，严格按照资金管理使用的有关规定，专设账户，专款专用，专人管理，同时制定和强化财务监督检查制度，保证了资金使用安全。

为规范工程建设管理，市水利局于2006年12月出台《天津市农村饮水安全工程项目建设管理实施细则》，于2007年3月出台《天津市农村饮水安全及管网入户改造工程建设的实施意见》和《天津市农村饮水安全及管网入户改造工程有关建设要求》等政策措施，指导各区（县）工程实施；在工程实施中，因地制宜，合理确定工程布局和建设模式。主要做法：

（1）在饮用水氟含量超标、苦咸地区，采用反渗透膜等技术，建设除氟（降盐）供水站，对居民饮用水进行除氟（降盐）处理，使居民饮用水和其他生活用水实现分质供水，向居民提供符合饮用水标准的桶装水。并对已有管网的地区实施管网改造，确保管网入户。

（2）在供水企业自来水管网能够辐射或能够利用地表水的地区，实施管网改造。由供水企业自来水替换水源或新建以地表水为水源的自来水厂，实现城乡供水一体化，达到安全标准。

（3）在水文地质条件允许地区打低氟井，同时实施管网新建或改造，达到安全标准。

（4）在山区通过建设高位水池，铺设输水管道，建设单户及联户水窖，实现饮水入户。

天津市在工程建设中全面实行规划建卡、项目公示、主要材料设备招投标、资金专户管理、巡回监理、落实责任制和水价机制等6项制度，加强质量管理，打造阳光透明的精品工程。

2008年5月，市水利局及时下发《关于天津市农村饮水安全及管网入户改造工程水质检测工作有关事宜的通知》。要求各区（县）水务部门协调卫生部门，对供水水质定期或不定期地进行水质监测与检测，及时掌握水质状况。在规模较大的集中供水处设置了水质化验室，承担水质日常检测，以保证农村饮水安全工程水质达标。

工程自2006年实施至2010年12月底，累计完成投资15.18亿元，铺设管道4.17万千米，安装水表91.05万块，修建厂房及管理用房9.19万平方米，累计解决350.72万农村居民饮水不安全问题，扣除不同年度解决不同饮水安全问题重复人口，实际解决322.95万人农村居民饮水不安全及管网入户改造问题。

饮水改造工程后，主要是除氟（降盐）工程的实施，使农村居民的饮用水与生活杂项用水分开，农村居民喝上符合饮用水标准的清洁、卫生的安全水、放心水，农村饮水条件得到改善，大大降低或消除由于水质问题引发的各类地方病或传染病，提高了农村居民的健康水平；实现自来水入户，保证了供水水量，由限时供水提高到昼夜供水，同时部分农户可发展庭院经济，通过种植、畜禽养殖、农副产品加工等增加收入；工程实行装表计量，有偿供水，进一步改变农村用水观念，提高农民节水意识，据测算，工程每年可节约水近 1400 万立方米。

饮水改造工程的实施使天津市农村居民普遍受益，得到当地村民的支持，其中蓟县罗庄子村为天津市农村饮水安全建设办公室送锦旗，以"爱心化作及时雨，饮水连接千万家"来表达广大村民的心声。

2006—2010 年天津市农村饮水安全及管网入户改造工程完成情况见表 5-1-1-61。

表 5-1-1-61　　　　　　　　　2006—2010 年天津市农村饮水安全及管网
入户改造工程完成情况

年份	村数	人口/万人	投资/万元	除氟设备/套	灌装设备/套	消毒设备/套	恒压变频设备/套	厂房及管理房/平方米	蓄水池/座	供水管道/千米	饮水机/台	饮水桶/只	低氟井/眼	水窖/座
2006	612	73.65	15498.41	248	243	4	122	26933.72	69	2723.29	73820	149210	5	0
2007	669	74.19	28966.16	41	39	2	367	16804.26	80	8220.67	32121	64242	7	60
2008	795	83.76	35307.36	2	2	124	371	16231.3	85	8469.91	91712	157972	9	0
2009	1118	94.11	55280.61	7	1	521	806	24737	127	17353.7	76896	95651	10	0
2010	296	25.01	16772.09			83	200	7211	41	4977.29			22	
合计	3490	350.72	151824.63	298	285	734	1866	91917.28	402	41744.86	274549	467075	53	60

第二节　灌　区　建　设

至 20 世纪 90 年代初，天津市的灌区建设已初具规模。之后，日常的灌区建设主要是围绕加强渠系沟通疏浚、完善建筑物配套进行的，以保障灌排通畅，改善灌区生产条件，提高灌区排灌水平，灌区功能得到进一步提升。1998 年，国家安排专项资金用于里自沽灌区黄庄万亩节水工程建设，2000 年里自沽灌区列入国家大型灌区续建配套和节水改造工程建设计划，天津市以国家重点支持的里自沽灌区续建配套和节水改造为契机，推动全市灌区建设。

主要措施：①加大投入，农田水利专项资金的 50% 用于灌区巩固、完善配套，提高已有灌区功能，使灌区效益得到进一步提高；②各类工程如闸、涵、泵站、干、支渠配套工程、节水工程等工程项目，优先安排在灌区建设中，以扩大灌区规模；③在天津市连续干旱的情况下，在灌区内大力开展节水工程建设，使全市绝大多数灌区内工程节水面积达 50%～90%，提高灌水效率，扩大灌溉面积，促进了农业增效，农民增收。

一、万亩以上灌区建设

1991年初，天津市拥有万亩以上大中型灌区44处，有效灌溉面积达63570公顷。2001年，大中型灌区发展到45处，有效灌溉面积达76550公顷。至2010年，全市有万亩以上灌区65处，其中大型灌区（20000公顷以上）1处。工程节水灌溉面积129410公顷占有效灌溉面积203990公顷的63%。分布在塘沽、汉沽、津南、北辰、静海、蓟县、宝坻、武清、宁河等区（县），大中型灌区是天津农业生产的重要基地，对促进天津农业发展起到安全保障作用。2010年天津市灌区情况统计见表5-1-2-62。

表5-1-2-62　　　　　　　　　　**2010年天津市灌区情况统计表**

序号	所在区（县）	灌区名称	水源名称	设计灌区面积/公顷	有效灌溉面积/公顷	节水灌溉面积/公顷	占有效灌溉面积/%
1	汉沽	杨家泊灌区	蓟运河	1360	1360	760	55.9
2	大港	河西一灌区	独流减河	1320	1320	1270	96.2
3	大港	河西二灌区	独流减河	1100	1100	1060	96
4	津南	津南水库灌区	津南水库	2530	2430	1750	72
5	津南	马厂减河灌区	马厂减河	2300	2270	1010	44
6	津南	双桥河灌区	双桥河	1070	1010	510	50
7	津南	月牙河北闸口灌区	月牙河	1600	1530	880	58
8	北辰	卫河灌区	卫河	1870	1200	670	56
9	北辰	永青渠灌区	永青渠	3130	2130	1530	72
10	北辰	宜兴埠灌区	丰产河	670	330	330	100
11	北辰	丰产河灌区	丰产河	2130	1870	1600	86
12	北辰	芦新河灌区	丰产河	2270	2130	1870	88
13	北辰	郎园引河灌区	郎园引河	5530	5270	3530	67
14	北辰	北运河灌区	北运河	1800	1600	1200	75
15	武清	豆张庄灌区	龙河	3720	3330	670	20
16	武清	上马台水库灌区	龙凤河	7670	7400	3390	46
17	武清	大孟庄灌区	龙凤河	2920	2720	1800	66
18	武清	西柳店灌区	龙河	1080	980	490	50
19	武清	杨村灌区	北运河	6430	6270	1380	22
20	武清	城关灌区	龙河	11580	10540	3720	35
21	武清	港北灌区	北运河	12040	10710	5780	54
22	武清	路南灌区	永定河	12710	11010	3370	31
23	宝坻	里自沽灌区	潮白新河	27800	27800	12890	46
24	宝坻	潮南灌区	潮白新河	10210	10050	6820	68
25	宝坻	大中灌区	箭杆河	7210	7130	4130	58

序号	所在区（县）	灌区名称	水源名称	设计灌区面积/公顷	有效灌溉面积/公顷	节水灌溉面积/公顷	占有效灌溉面积/%
26	宝坻	中心灌区	青龙湾减河	820	750	1580	211
27	宝坻	王卜庄灌区	窝头河	1680	1570	1010	64
28	宝坻	新安镇灌区	李家口排干	2150	2050	1180	58
29	宁河	小辛灌区	蓟运河	2330	2200	270	12
30	宁河	林庄灌区	蓟运河	780	730	190	26
31	宁河	廉庄灌区	蓟运河	850	800	190	24
32	宁河	杨花灌区	蓟运河	1470	1400	1170	84
33	宁河	苗庄灌区	蓟运河	1290	1220	1170	96
34	宁河	潘庄灌区	青龙湾减河	2330	2170	970	45
35	宁河	潘庄西灌区	北京排污河	1510	1480	1030	70
36	宁河	造甲灌区	津塘运河	950	900	870	97
37	宁河	大王台灌区	津塘运河	770	730	670	92
38	宁河	八里灌区	西官引河	790	730	70	9.6
39	宁河	小芦灌区	西官引河	710	670		
40	宁河	马辛灌区	西官引河	720	670		
41	宁河	东白灌区	潮白新河	780	730	420	58
42	宁河	高庄灌区	西官引河	780	730	400	55
43	宁河	乐善灌区	潮白河	1560	1470	650	44
44	宁河	南涧灌区	潮白河	840	800	330	41
45	宁河	大北灌区	潮白河	930	930	510	55
46	宁河	北淮淀灌区	潮白河	1340	1270	590	46
47	静海	子牙灌区	子牙河	2640	2400	2390	99.6
48	静海	陈官屯灌区	前进渠	5130	4590	4490	98
49	静海	中旺灌区	幸福河	5050	4720	4610	98
50	静海	大邱庄灌区	青年渠	1130	1130	1090	96
51	静海	蔡公庄灌区	秃尾巴河	3730	3210	3080	96
52	静海	梁头灌区	黑龙港河	5140	4890	4770	98
53	静海	团泊灌区	七排河	2410	2410	2310	96
54	静海	双塘灌区	争光渠	1740	1670	1600	96
55	静海	大丰堆灌区	迎丰渠	1690	1590	1630	103
56	静海	沿庄灌区	王口排干	5620	5270	5040	96
57	静海	西翟庄灌区	生产河	3450	3410	3270	96
58	静海	良王庄灌区	运东排干	2270	2090	960	46

续表

序号	所在区（县）	灌区名称	水源名称	设计灌区面积/公顷	有效灌溉面积/公顷	节水灌溉面积/公顷	占有效灌溉面积/%
59	静海	杨成庄灌区	六排干	1780	1680	1610	96
60	静海	静海镇灌区	城关排干	2490	2400	2390	99.6
61	静海	唐官屯灌区	马厂减河	4680	4330	4240	98
62	静海	独流镇灌区	南运河	3460	3150	3110	98.7
63	静海	王口镇灌区	郑苗排干	4080	3700	3640	98
64	静海	台头镇灌区	大清河	3090	2860	2830	99
65	蓟县	红旗灌区	沟河	1070	1000	670	67
合　计				218080	203990	129410	63

二、大型灌区续建配套与节水改造

天津市大型灌区有里自沽灌区和团泊灌区。由于建设年代早，灌区管理薄弱，工程老化失修，灌排渠道不畅，严重影响工程效益的发挥，亟待进行改造。1998年，国家安排专项资金用于里自沽灌区黄庄万亩节水工程。1999年，水利部正式下达《关于开展大型灌区续建配套与节水改造规划编制工作的通知》，天津市将里自沽灌区和团泊灌区续建配套和节水改造项目实施方案报水利部。2000年3月，经水利部专家评审，确定里自沽灌区列入全国大型灌区改造计划。团泊灌区不在此列。

三、里自沽灌区

里自沽灌区于1970年建成。该灌区位于天津市东北部宝坻区潮白新河和引青入潮两岸，由里自沽南北两洼、尔王庄洼和黄庄洼4个大洼组成，涉及11个乡（镇），216个行政村，人口13.4万人。土地总面积560平方千米，总耕地面积31200公顷，有效灌溉面积27870公顷，耕地面积占全区耕地面积的40%，是天津市大型地表水灌区之一。灌区土地资源比较丰富，土壤肥沃，是天津市主要粮食和经济作物产区之一。灌区主要依靠潮白河来水，供灌区灌溉。因经由灌区的潮白河段缺少节制水源的设施，水源无法调节，导致灌区内50%耕地用水没有保证。为使灌区内耕地长期有水可用，1978年，在潮白新河下游建里自沽蓄水闸，拦蓄能力近1亿立方米，加上深渠河网坑塘蓄水，灌区水源开始有了基本保障。灌区经过多年运行后，由于工程老化失修，渠道淤积，灌排系统布局不合理，渠系建筑物不配套，灌溉制度不健全，节水工程少（只有2%耕地有节水工程），浪费水严重等问题，严重制约了灌区农业结构调整和农业经济的发展。

里自沽灌区改造。天津市自1997年遭遇严重干旱，为抗旱节水，有效对灌区实施灌溉，1998年10月12日开始，天津市在里自沽灌区实施黄庄万亩节水工程。2000年年初，遵照国家发展改革委、水利部关于对大型灌区实施续建配套与节水改造的精神，市水利局提出以发展节水改造工程建设为主的灌区改造总体思路，并委托具有甲级资质的水利部河北水利水电勘测设计研究院编制出《天津市里自沽灌区续建配套与节水改造工程规划报告》。2000 年 3 月，该规划报告通过水利部水规总院专家组的评审。依据《规划报告》，市水利局分别编制出 2001—2008 年度工程《可研报告》《实施方案》，经市发展改革委、市水利局等有关主管部门组成的专家组评审，市发展改革委、市水利局批准实施。

（一）工程建设

1998 年，投资 492.77 万元，其中中央 200 万元，区财政 200 万元，农民自筹 92.77 万元；节水改造灌区 700 公顷，涉及黄庄 1 个乡（镇）。主要包括衬砌防渗渠道 25.43 千米，新建节制闸 6座、生产桥 1 座。工程建成后，年节水 750 万立方米，新增粮食生产能力 50 万千克。

1999 年，投资 2000 万元，其中中央 800 万元，农民自筹 1200 万元；节水改造灌区 2470 公顷，涉及郝各庄、周良庄、尔王庄、大白庄、大唐庄、欢喜庄、黄庄等 8 个乡（镇）。主要包括衬砌防渗渠道 194 千米，新建节制闸 7 座、泵点 15 座，维修泵点 5 座。工程建成后，年节水 2000 万立方米，新增粮食生产能力 185.5 万千克。

2000 年，投资 1500 万元，其中中央 600 万元，农民自筹 900 万元；节水改造灌区 1650 公顷，涉及大唐庄、黑狼口、糙甸、欢喜庄、林亭口等 5 个乡（镇）。主要包括衬砌防渗渠道 39.2 千米，铺设低压管道 92.75 千米，新建泵点 30 座，维修泵点 7 座，清淤干渠 25.73 千米。工程建成后，年节水650 万立方米，新增粮食生产能力 124 万千克。

2001 年，投资 1000 万元，其中中央 400 万元，农民自筹 600 万元；节水改造灌区 1020 公顷，涉及大唐庄、尔王庄、八门城等 3 个乡（镇）。主要包括衬砌防渗渠道 55.97 千米，铺设低压管道35.19 千米，新建节制闸 1 座、泵点 3 座，维修泵点 6 座，维修农用桥 102 座。工程建成后，年节水 341 万立方米，新增粮食生产能力 76.5 万千克。

2002 年，投资 1000 万元，其中中央 400 万元，农民自筹 600 万元；节水改造灌区 1130 公顷，涉及黄庄、八门城等 2 个乡（镇）。主要包括衬砌防渗渠道 25.8 千米，铺设低压管道 14.8 千米，新建节制闸 17 座、泵点 5 座，维修泵点 6 座，清淤干渠 9.4 千米，维修农用桥 89 座。工程建成后，年节水 597 万立方米，新增粮食生产能力 84.5 万千克。

2003 年，投资 750 万元，其中中央 300 万元，农民自筹 450 万元，节水改造灌区 870 公顷，涉及林亭口、大白庄、八门城等 3 个乡（镇）。主要包括衬砌防渗渠道 31.65 千米，铺设低压管道23.41 千米，新建泵点 11 座，清淤干渠 8.5 千米。工程建成后，年节水 130 万立方米，新增粮食生产能力 65 万千克。

2004 年，投资 750 万元，其中中央 300 万元，农民自筹 450 万元；节水改造灌区 810 公顷，涉及八门城、黄庄等 2 个乡（镇）。主要包括衬砌防渗渠道 25.8 千米，铺设低压管道 26.14 千米，新建涵洞 4 座、渡槽 1 座、节制闸 36 座、泵点 5 座，清淤干渠 3.2 千米。工程建成后，年节水122 万立方米，新增粮食生产能力 61 万千克。

2005 年，投资 750 万元，其中中央 300 万元，农民自筹 450 万元；节水改造灌区 680 公顷，涉及八门城、黄庄等 2 个乡（镇）。主要包括衬砌防渗渠道 18.55 千米，新建涵洞 2 座、渡槽 2座、节制闸 12 座、泵点 3 座，清淤干渠 15.5 千米。工程建成后，年节水 511 万立方米，新增粮食生产能力 51 万千克。

2006 年，投资 750 万元，其中中央 300 万元，农民自筹 450 万元；节水改造灌区 860 公顷，涉及黄庄、八门城、大白庄等 3 个乡（镇）。主要包括衬砌防渗渠道 23.33 千米，新建涵洞 1 座、渡槽 18 座、节制闸 25 座、泵点 7 座，清淤干渠 4.95 千米。工程建成后，年节水 641.5 万立方米，新增粮食生产能力 64 万千克。

2007 年，投资 1500 万元，其中中央 500 万元，市财政 250 万元，农民自筹 750 万元；节水改造灌区 1490 公顷，涉及周良、大唐庄、尔王庄、黄庄、大白庄、八门城、林亭口等个 7 乡（镇）。主要包括衬砌防渗渠道 42.95 千米，新建节制闸 72 座、泵点 2 座，维修泵点 8 座，清淤干渠 44.01 千米。工程建成后，年节水 1121 万立方米，新增粮食生产能力 112 万千克。

2008 年，国家扩大内需增加水利投资，当年分 3 次共投资 10200 万元，其中中央 3400 万元，市财政 1700 万元，区财政 900 万元，农民自筹 4200 万元；节水改造灌区 6390 公顷，涉及大唐庄、尔王庄、黄庄、八门城等 4 个乡（镇）。主要包括衬砌防渗渠道 196.21 千米，铺设低压管道 7.4 千米，新建涵洞 18 座、渡槽 61 座、节制闸 418 座、泵点 41 座，维修泵点 4 座，清淤干渠 81.99 千米。工程建成后，年节水 4554 万立方米，新增粮食生产能力 459.5 万千克。

1998—2008 年，里自沽灌区节水改造，累计节水改造灌区 18070 公顷，衬砌防渗明渠 679.19 千米，铺设低压管道 173.55 千米，新建涵洞 26 座、渡槽 82 座、节制闸 594 座、泵点 122 座、生产桥 1 座，维修泵点 36 座、农用桥 191 座，清淤干渠 193.28 千米。灌区生产条件得到明显改善，效益显著。

灌溉水的利用率。灌区改造前（1998 年以前），灌溉水利用系数只有 0.45 左右。实施节水改造工程后，2000 年灌区灌溉水利用系数达到 0.52，2005—2008 年灌区灌溉水的利用率达到 0.58。

耕地利用率。经灌区管委会 2008 年实测 1553 公顷管灌工程增加播种面积 130 公顷，采用混凝土渠道防渗措施，提高耕地利用率 4% 左右，16500 公顷渠道防渗工程增加耕地 660 公顷，合计增加耕地面积 790 公顷。

渠道维护费减少。利用渠道采取衬砌和管灌措施后，工程运行安全，无跑、冒、渗水，减少了管理养护费。每公顷耕地最少节省 150 元管护费用，节水工程每年节省 271 万元维护费。

农业增效，农民增收。通过以节水为中心的灌区续建配套改造建设，实现科学用水、节约用水，使灌区农业灌溉保证率达到 55%，排涝标准达到 5 年一遇的标准，增强了灌区水源保障，促进农业种植结构调整，农民农业收入稳步提高。灌区 18070 公顷节水工程每年增加粮食产量 677 万千克，人均年收入由 2000 年的 2110 元到 2008 年人均年增加到 9158 元。

（二）资金投入与管理

里自沽改造工程，投资由国家、市、区（县）、乡（镇）四方承担。在工程建设中，资金管理严格，专款专用。里自沽灌区管理处作为建设单位，专门设立银行账户，一切财务支出委托区水利（务）局审计科跟踪审计，施工单位单独设账，一切开支保证票据齐全合理。同时，每年度工程竣工后，均由市财政局评审中心对工程财务决算进行评审，并委托具有资质的审计单位进行财务审计，各年度工程财务均符合国家相关要求。

1998—2008 年，里自古灌区节水改造，累计投资 20692.77 万元，其中国家支持 7500 万元，市财政补助 1950 万元，区财政筹措 1100 万元，乡村自筹 10142.77 万元，见表 5-1-2-63。

（三）建设程序（1991—2000 年）

2000 年，国家计委、水利部颁布《大型灌区节水续建配套项目建设管理办法》，项目建设要

表 5－1－2－63

1998—2008 年天津市宝坻区里自沽灌区续建配套与节水改造完成情况

建设年份	效益面积/公顷			建设内容											投资/万元				
	小计	防渗渠道	低压管道	混凝土渠/千米	管道/千米	涵洞/座	渡槽/座	新建节制闸/座	新建泵点/座	维修泵点/座	清淤干渠/千米	建农用桥/座	维修农用桥/座	建生产桥/座	合计	国补	市级	区级	自筹
1998	700	700		25.43				6						1	492.77	200		200	92.77
1999	2470	2470		194.00				7	15	5					2000	800			1200
2000	1660	790	0.87	39.20	92.75				30	7	25.73				1500	600			900
2001	1020	730	0.29	55.97	35.19			1	3	6			102		1000	400			600
2002	1120	990	0.13	25.80	14.80	1		17	5	6	9.40		89		1000	400			600
2003	870	670	0.2	31.65	23.41				11		8.50				750	300			450
2004	810	810		26.10		4	1	36	5		3.20				750	300			450
2005	680	680		18.55		2	2	12	3		15.50				750	300	250		450
2006	860	860		23.33		1	18	25	7		4.95				750	300			450
2007	1490	1490		42.95			51	72	2	8	44.01				1500	500	250		750
2008	1360	1290		23.30				32			8.00				1200	400	200		600
2008	2690	2690		74.50		18		186	23		50.15				4500	1500	750		2250
2008	2340	2340		98.41			10	200	18	4	23.84				4500	1500	750	900	1350
合计	18070	16510	1.56	679.19	173.55	26	82	594	122	36	193.28		191	1	20692.77	7500	1950	1100	10142.77

注　2008 年，因国扩大内需，分 3 次投资建设里自沽灌区续建配套与节水改造工程。

推行项目法人责任制、工程建设监理制和招标投标制。

天津市里自沽灌区管理处作为项目法人，负责灌区各年度节水改造工程建设管理。

推行工程招投标制。灌区管理处委托天津市普泽工程咨询有限责任公司编制出招标文件，1998—2000 年度项目采用邀请招标，选择综合得分较高的企业承担施工任务。2003—2008 年度采用公开招标实施工程。

为确保工程质量，各年度工程均委托天津市水利工程建设监理咨询中心承担施工阶段监理工作，实现了合同约定的工程质量、投资、进度目标。

为确保工程顺利进行，建设单位分别与设计单位、施工单位、监理单位签订《设计合同》《施工合同》《监理合同》，在建设主管部门备案登记。

（四）项目验收程序

项目竣工后，按照项目验收要求，各年度工程由市发展改革委、市水利局、市财政局组织验收专家组，采取查阅各种设计、建设、管理等文件资料，听取建设单位、施工、监理等汇报以及现场查看等形式，通过专家组打分，综合得分达到 70 分以上，方能通过验收。

第三节　国有扬水站、大型泵站更新改造

天津市农村国有扬水站大多始建于 20 世纪 60—70 年代，扬水站承担着全市农村排涝任务。部分扬水站还承担着为减轻中心城区排沥压力分流排水的任务。到 20 世纪 90 年代，多数扬水站机电设备老化，由于设备零配件已不再生产，致使一些扬水站机电设备长期失修，土建工程也破损坍塌，直接影响泵站安全运行城乡排沥排涝。截至 2007 年年底，共有国有扬水站 272 座，属于不能开车或不能正常开车的三类扬水站有 122 座，占总数的 44.9%，直接影响排水面积 263150 公顷（表 5-1-3-64）。由于工程能力下降，效益大幅度衰减，易涝地区的实际排涝标准不足 5 年一遇，已达不到设计标准。

表 5-1-3-64　　**2007 年天津市农村国有扬水站分布情况**

区（县）	国有扬水站/座	其　中		
		正常开车、基本正常开车一、二类站/座	不能正常开车三类站/座	影响排水面积/公顷
合计	272	150	122	263150
蓟县	15	10	5	7600
宝坻	30	20	10	62220
武清	45	23	22	65730
宁河	49	22	27	28880
静海	24	12	12	42750
东丽	18	10	8	7200

区（县）	国有扬水站/座	其 中		影响排水面积/公顷
		正常开车、基本正常开车一、二类站/座	不能正常开车三类站/座	
津南	12	9	3	8330
西青	22	10	12	18890
北辰	16	6	10	11800
塘沽	13	9	4	4400
汉沽	12	8	4	2380
大港	16	11	5	2970

截至 2010 年，全市有农业的区（县）共有国有扬水站 272 座，1345 台机组，总装机容量 21.09 万千瓦，设计提水能力 2511.2 立方米每秒，控制排水面积 874290 公顷，按照设计能力统计，排涝标准在 10 年一遇以上的有 308430 公顷，5 年一遇以上不足 10 年一遇的有 295230 公顷，不足 5 年一遇的有 270630 公顷。

一、国有扬水站更新改造

1991—2010 年，天津市分三个阶段对部分老化失修严重的三类国有扬水站实施更新改造。全市累计投资 33989.02 万元，更新改造国有扬水站 54 座，含新建 3 座。

（一）第一阶段（1991—1996 年）

1991—1996 年，全市共投资 6193.94 万元，更新改造国有扬水站 19 座，恢复（或增加）提水能力 273.3 立方米每秒，恢复（或改善）排水面积 94950 公顷，恢复（或改善）灌溉面积 41300 公顷。其中投资 1836.26 万元，更新改造泵站 10 座，恢复提水能力 152.3 立方米每秒；投入资金 514.22 万元，重建泵站 3 座，恢复提水能力 29 立方米每秒；投资 1140.96 万元，重扩建泵站 3 座，恢复（或增加）提水能力 44 立方米每秒；投资 2702.5 万元，新建武清县上马台水库站、塘沽宁车沽站、静海县小团泊站，增加提水能力 48 立方米每秒。1991—1996 年国有扬水站更新改造情况见表 5-1-3-65。

（二）第二阶段（1998—2006 年）

1998 年 2 月 12 日，市政府召开国有扬水站更新改造专题会议，决定从 1998 年开始，市总投资 5000 万元，其余由区（县）自筹，用 5 年时间对现有的 65 座（截至 1998 年）三类国有扬水站进行更新改造。由市水利局组织各区（县）实施国有扬水站更新改造。1998—2006 年，共计投资 10881.79 万元，其中市级资金 4810.3 万元，区（县）自筹 6071.49 万元。完成国有扬水站更新改造 23 座，恢复排水面积 68313 公顷。由于市级安排专项资金仅占工程总投资的 44%，补助标准偏低，区（县）自筹资金压力太大，工程自 2006 年以后停顿。1998—2006 年国有扬水站更新改造情况见表 5-1-3-66。

表 5-1-3-65　　**1991—1996 年国有扬水站更新改造情况**

更新改造类型	区（县）	扬水站站名	流量 /立方米每秒	投资 /万元	备　注
改造	蓟县	庞家场	18.0	416.50	
		秦庄子	28.0	135.51	
	宝坻	宝芝	16.0	152.00	
		老庄子	26.0	147.88	
		冯庄子	9.9	266.60	
	武清	王三庄	20.0	142.30	
	静海	良王庄	24.0	71.94	
	大港	中塘	4.0	378.00	
		远景二	4.0	45.93	
		甜水井	2.4	79.60	
重建	宝坻	牛家牌	20.0	57.20	
	汉沽	李自沽	6.0	244.12	
	大港	友爱	3.0	212.90	
重扩建	津南	双羊渠	10.0	586.20	原 3.6 立方米每秒
	宁河	张尔沽	24.0	74.90	
	大港	西部	10.0	479.86	
新建站	塘沽	宁车沽	3.0	141.70	
	静海	小团泊	21.0	1352.80	
	武清	上马台水库	24.0	1208.00	
合　计			273.3	6193.94	

表 5-1-3-66　　**1998—2006 年国有扬水站更新改造情况**

区（县）	扬水站 站名	流量 /立方米每秒	装机容量 /千瓦	台数 /台	投资 /万元	市筹 /万元	自筹 /万元
蓟县	甘八里	12	1120	4	469.00	232.8	236.20
宝坻	胡各庄	30	2475	15	604.00	306.0	298.00
	菜芽	20	1650	10	480.00	242.5	237.50
	八道沽	16	1320	8	619.00	307.0	312.00
	董塔	6	495	3	423.00	0.0	423.00
武清	拾梅	20.8	1900	12	634.00	313.5	320.50
	陈赵庄	20	1650	10	527.00	266.0	261.00
	大谋屯	14	1155	7	566.00	281.0	285.00
宁河	东棘坨	8	660	4	225.00	91.8	133.20
	小芦	6	465	3	156.00	63.6	92.40
静海	管铺头	18.6	1980	6	187.00	153.2	33.80
	大邱庄	40	4000	8	206.00	103.5	102.50
东丽	袁家河	20	1400	5	950.00	380.0	570.00

区（县）	扬水站站名	流量/立方米每秒	装机容量/千瓦	台数/台	投资/万元	市筹/万元	自筹/万元
西青	曹庄子	4	310	2	143.00	29.4	113.60
	郭村	4	310	2	153.00	30.4	122.60
	硫城	6	465	3	122.00	36.6	85.40
	宽河	16	1450	6	272.60	272.6	0.00
北辰	双街	4	275	5	196.00	38.8	157.20
	三号桥	10	775	5	303.19	100.0	203.19
津南	葛沽（1号）	16	1030	5	1100.00	440.0	660.00
	葛沽（2号）	16	1120	4	1413.00	630.0	783.00
汉沽	付庄	16	1290	8	306.00	121.6	184.40
大港	小王庄	8	520	4	827.00	370.0	457.00
合计		331.4	27815	139	10881.79	4810.3	6071.49

（三）第三阶段（2008—2010年）

为了尽快启动农村国有扬水站更新改造工程建设，2007年9月，市水利局向市政府上报《关于实施农村国有扬水站更新改造的请示》。11月29日，市领导对发展改革委《关于实施我市农村国有扬水站更新改造的意见》做出批示，明确提出由市水利局编制《农村国有扬水站更新改造专项规划》，由市发展改革委牵头负责审查。2007年市水利局委托市水利勘测设计院编制出《天津市农村国有扬水站更新改造工程专项规划》。该规划制定的本次国有扬水站更新改造的原则是："充分发挥原有排水设施的作用，因地制宜、突出重点、统筹兼顾、以需定功"。扬水站更新改造的目标为"二改一提高"即：改造扬水站老化的机电设备和建筑物设施；改革管理体制、减员增效。提高扬水站的运行可靠性和装置效率，恢复灌排能力。更新改造任务有：

（1）水工建筑物更新改造。包括泵房主体工程，进出水建筑物，上、下游翼墙及直接为扬水站服务的辅助水工建筑物，如进出水闸、排水闸等的维修加固、拆除或重建。

（2）扬水站机电设备更新改造。包括主电机、主水泵的大修或更新，扬水站管理的变电设备、主要控制电气设备、辅助设备的大修或更新等。

（3）扬水站工程辅助设施和金属结构的更新改造。包括扬水站拦污、清污设施、检修设施、起重设施等项目的大修或更新。

2008年2月18日市发展改革委委托政府投资项目评审中心对《天津市农村国有扬水站更新改造工程专项规划报告》进行评估审查。按照评估审查结果，市发展改革委召集农委、财政、水利等部门于2008年5月6日召开专题会议，提出以恢复和达到5年一遇为标准，选择在问题较严重、建设条件成熟、急需更新改造的扬水站，编制《2008年农村国有扬水站更新改造规划方案》，报市发展改革委批准实施。2008年确定在蓟县、宝坻区、武清区、宁河县、静海县和汉沽区率先启动，总投资控制在1.4亿元内，投资比例为市级0.6亿元，区（县）自筹0.8亿元。

改造工程于2009年启动。当年投资14615.79万元（市级投资5847万元，区（县）自筹8768.79万元），完成11座国有扬水站更新改造任务。维修更新水泵电机69台（套），装机容量12780千瓦，设计流量149.7立方米每秒。

2010 年，天津市国有扬水站更新改造项目，仅有宝坻白龙港（二）泵站列入更新改造计划。工程总投资 2297.5 万元，全部为区自筹，流量 16 立方米每秒，工程 2011 年汛前完成。

2010 年市水务局在原规划基础上，经修改编制完成《天津市农村国有扬水站更新改造专项规划》，并于 2010 年 5 月 11 日上报到市政府。2010 年 5 月 19 日市政府做出批示，"利用 6 年时间（2010—2015 年），投资 7.77 亿元，更新改造国有扬水站 61 座。"从 2011 年起相继实施国有扬水站更新改造工程。2009—2010 年天津市国有扬水站更新改造完成情况见表 5-1-3-67。

表 5-1-3-67   **2009—2010 年天津市国有扬水站更新改造完成情况**

年份	区（县）	泵站名称	完成内容				投资/万元		
			类型	流量/立方米每秒	装机功率/千瓦	装机台数/台	小计	市级	区（县）
2009	蓟县	嘴头	重建	30.0	2325	15	2031.71	813	1218.71
	宝坻	小套	改造	14.0	1085	7	1221.35	489	732.35
		箭杆河	重建	28.0	2170	14	1880.58	752	1128.58
	宁河	董庄子	改造	12.0	1250	5	1270.00	508	762.00
		苗庄	重建	10.0	900	5	1313.00	525	788.00
		赵庄	重建	8.0	880	4	1152.00	461	691.00
	武清	郎庄子	重建	6.0	465	3	842.84	337	505.84
		北夹道	重建	10.0	620	4	1134.51	454	680.51
	静海	八堡	改造	21.7	2310	7	1782.00	713	1069.00
	汉沽	下坞	改造	4.0	310	2	490.80	196	294.80
		东辛庄	重建	6.0	465	3	1497.00	599	898.00
2010	宝坻	白龙港（二）	改造	16.0	1650	10	2297.50	0	2297.50
合计				165.7	14430	79	16913.29	5847	11066.29

二、大型泵站更新改造

2008 年 11 月，国家为应对国际金融危机，扩大内需，决定在全国实施大型泵站更新改造。天津市为加快国有扬水站更新改造的步伐，决定在本市扬水站更新改造的同时，实施大型泵站更新改造。市水利局编制出《天津市大型灌溉排水泵站更新改造规划》，于 12 月 25 日上报水利部。2009 年 1 月，在全国大型泵站更新改造工作会议上，水利部将天津市 5 处大型灌溉排水泵站列入《全国大型灌溉排水泵站更新改造规划》。5 处大型灌溉排水泵站共包括 29 座单座泵站，271 台套机组，装机 58615 千瓦，流量 654.43 立方米每秒。当年率先启动 3 处大型泵站（运东泵站、北辰泵站、北运河东泵站）更新改造工程。

2009 年，投资 12153.85 万元，其中中央投资 4000 万元，市级 2076 万元，区（县）自筹 6077.85 万元，维修、更新水泵电机 37 台（套），装机容量 11450 千瓦，设计流量 140.2 立方米每秒。3 处大型泵站中，2010 年汛前完成的 5 座扬水站分别为：北辰淀南站、武清上马台站、洪庄子站、静海大邱庄站、良王庄站。2010 年大型泵站更新改造工程新安排投资 8762.62 万元，其中中央资金 2531 万元，市级资金 1344 万元，区（县）自筹 4887.62 万元，更新改造 4 座泵站：北辰温家房子泵站、静海钓台泵站、武清东汪庄泵站和蜈蚣河泵站，总流量 53 立方米每秒。截至 2010 年年底 4 座泵站均完成工程招投标，2011 年汛前完成工程。2009—2010 年天津市大型泵站更新改造完成情况见表 5-1-3-68。

表 5-1-3-68　　**2009—2010 年天津市大型泵站更新改造完成情况**

年份	区（县）	泵站名称	完成内容				投资情况/万元			
			类型	流量/立方米每秒	装机功率/千瓦	装机台数/台	小计	中央	市级	区（县）
2009	北辰	淀南	重建	28.0	2130	6	2900.51	955	495	1450.51
	武清	洪庄子	重建	25.0	1480	8	3601.31	1185	615	1801.31
		上马台	改造	21.0	1960	7	1015.62	334	174	507.62
	静海	良王庄	改造	24.2	2240	8	2159.46	711	369	1079.46
		大邱庄	改造	42.0	3640	8	2476.95	815	423	1238.95
2010	北辰	温家房子	重建	13.0	1500	6	2880.00	609	324	1947.00
	静海	钓台	改造	14.4	990	6	1863.65	609	323	931.65
	武清	东汪庄	重建	19.2	1480	8	2131.02	696	370	1065.02
		蜈蚣河	重建	6.4	480	3	1887.95	617	327	943.95
合　计				193.2	15900	60	20916.47	6531	3420	10965.47

第四节　中小河道治理及农用桥闸涵改造

一、中小河道治理

天津市的中小河道主要指天津市境内的二级河道，即排沥河道。历史上的排沥河道主要是天然河道，如漳河、箭杆河、龙河、还乡河等。大部分农田排水承泄区为境内洼淀，洼淀内常有淤泥积淀，故排水不畅的情况时有出现。为使排沥顺畅，从 20 世纪 60—70 年代开始，天津市不断加强排蓄工程建设，除对河道进行加固疏浚，又相继开挖一些人工排水河道，新建一批闸、涵、桥等配套建筑物，使全市排沥能力大大提高。截至 2010 年年底，全市排沥河道共有 111 条，其中有的河道途径两三个区（县），累计 120 条。河道长 1816.24 千米，沿河建筑物 366 座，设计排沥能力 12030.1 立方米每秒，蓄水能力 11118.29 万立方米（表 5-1-4-69）。全市的排沥河道和 272 座国有扬水站，形成天津市的农村水利灌排体系。

天津市的中小河道经过长年运行，部分排沥河道堤防损坏，河床淤积，建筑物老化。由于各区（县）治理河道投入不足，加之 2001 年农村取消"两工"（劳动积累工和防洪义务工）等因素制约，致使农村中小河道始终未进行全面有效地治理。使河道实际排沥能力较设计排沥标准有所下降，蓄排能力下降了 40%。1991—2002 年，对排涝矛盾突出的河道进行局部治理。2003 年以后，各区（县）分为三个阶段对中小河道进行治理。

表 5 - 1 - 4 - 69　　　　**2010 年天津市农村排沥河道分布情况**

区（县）	排沥河道			
	条数/条	长度/千米	蓄水量/万立方米	设计排水能力/立方米每秒
合计	120	1816.24	11118.29	12030.1
蓟县	12	145.83	631.34	7947.0
宝坻	8	148.87	530.80	412.0
武清	7	103.03	417.20	284.0
宁河	12	149.15	1958.06	1011.8
静海	26	393.44	1848.00	497.0
东丽	6	88.90	440.80	85.0
津南	14	237.66	818.70	231.0
西青	10	205.14	873.00	160.0
北辰	6	84.22	150.31	146.0
塘沽	9	57.33	190.58	213.0
汉沽	2	42.00	80.00	20.0
大港	8	160.67	3179.50	1023.3

（一）第一阶段（1991—2002 年）

此阶段各区（县）每年重点对排沥矛盾突出的个别河道局部进行治理。

1990 年冬至 1991 年春，西青区完成津港运河清淤工程，长 27.9 千米，土方 21.8 万立方米，南运河清淤 8.47 千米。1991 年清淤北辰机排河 13.2 千米，清淤土方 5 万立方米，投资 100 万元。1992 年清淤北辰丰产河 3.47 千米，清淤土方 11 万立方米，投资 40 万元。1992 年各区（县）重点对干支渠进行清淤，共清淤干渠 396 条，510 千米；支渠 2106 条，2010 千米。1992 年 11 月，市政府在西青区召开农田水利基本建设会议，总结并布置了全市农田水利基本建设工作。1992—1993 年各区（县）共清淤干渠 200 条，120 千米；支渠 900 条，1000 千米。1993—1994 年清淤干渠 251 条，371 千米；支渠 995 条，1249 千米。1994—1995 年清挖干支渠 2191 条，2444 千米。塘沽区 1991 年、1992 年、1996 年 3 年共投入资金 43.33 万元，对黑猪河、马厂减河以及其他排水河道进行了治理，清淤长度 2 千米，清淤土方 9.47 万立方米，复堤 0.9 千米，砌石墙 0.4 千米。1995 年西青区清淤南运河西青段长度 2.6 千米，清淤土方 4.2 万立方米。1999 年宝坻鲍丘河清淤长 3 千米，动土 3.6 万立方米。2001 年西青卫津河改造工程，清淤总长 7.13 千米，土方 14.73 万立方米，投资 401.5 万元。截至 2002 年，12 年间全市共清淤整治骨干河道 9 条段，长度 67.77 千米。清淤干支渠 7039 条，长度 7704 千米。

（二）第二阶段（2003—2008 年）

随着气候变化，突发性极端天气发生概率增高。其中 2005—2007 年汛期，相继出现几次突发性强降水，局部地区出现大面积积水不能及时排除的情况，农村排沥河道由于缺乏治理，水环境恶化，排水不畅的问题凸显，已经严重影响到城乡一体化和建设社会主义新农村战略的实施。

为全面解决中小河道排沥不畅的问题，从 2003 年开始，各区（县）按照现代化城镇规划布局，结合创建生态宜居城镇，在卫星城、中心城镇、主要交通干道周围的农村排沥河道，重点实施清淤、护砌、截污、绿化工程，使一些治理过的河道成为当地的自然景观，如武清区的北运河、西青区的南运河、西大洼排水河、大港区的环港河、津南区的月牙河、双桥河等。

2005—2007 年，津南区按照市水利局构建水利四大体系，营造人水和谐环境的要求，结合《津南区水利规划》，连续三年分别对区管二级河道双桥河、月牙河、马场减河进行整治。总投资 8472 万元，治理长度 50.57 千米，新增蓄水能力 200 万立方米，不仅改善了农业生产条件，而且减少了污水排放，水环境得到明显改善。

2007 年，东丽区结合津塘公路环境综合整治工作，对津塘公路与西河、中河、东河、东减河、三号桥小河、四号桥小河 6 个节点及西河南段景观河段实施治理改造工程，共治理河道长度 4.5 千米。

2007 年是天津 12 个有农业的区（县）排沥河道治理难度最大的一年，各区（县）共有 27 条段、106 千米河段进行了水生态环境治理。工程总投资 2.84 亿元，工程项目包括清淤、护砌、建筑物整修和景观建设。经治理的河道达到了水清、岸绿，水环境面貌焕然一新。

2007—2008 年，津南区又实施老海河故道综合治理工程。治理长度 3.5 千米，包括河道清淤、堤坡护砌、园林景观等工程建设。工程总投资 1.5 亿元。工程实施后，老海河故道已成为津南区人们休闲娱乐场所，同时也为津南区开发建设创造出优越条件。

此次河道治理在资金筹措上，采取区（县）财政，沿河各大企业出资和招商引资、结合开发等方式，确保改造资金及时到位和工程的实施。

截至 2008 年，全市共计投资 118258 万元，整治骨干河道 49 条段，长度 242.51 千米（表 5 - 1 - 4 - 70）。

表 5 - 1 - 4 - 70　　**2003—2008 年天津市各区（县）中小河道治理情况**

区（县）	治理年份	河道名称	治理长度/千米	主要治理项目	投资/万元		
					小计	市补	区（县）
总计			242.51		118258	500	117758
北辰	2003、2006	淀南引河	7.81	清淤	23814.3		23814.3
	2003、2005	丰产河	9.70	清淤	731		731
	2004、2005、2007	郎园引河	9.85	清淤 9.85 千米、土方 29.45 万立方米	180		180
津南	2005	双桥河	6.70	清淤 6.7 千米、护砌 800 米	398		398
	2006	月牙河	16.20	清淤、筑堤、浆砌石 1.67 万立方米、混凝土 0.4 万立方米	3706	100	3606
西青	2003	西大洼排水河	3.80	河道清淤和护砌工程	3600		3600
静海	2003	增光渠	2.00	清淤、护砌 2000 米	1404.8		1404.8
	2004	运东排干	12.50	清淤 12.5 千米，改造扬水站、维修闸涵 17 座	938.5		938.5
武清	2005、2006	北运河	5.60	城区段清淤护砌及景观建设	10500		10500

区（县）	治理年份	河道名称	治理长度/千米	主要治理项目	投资/万元		
					小计	市补	区（县）
宝坻	2006	百里河	1.86	清淤1.53千米、铺设管道330米	309		309
大港	2004	环港河	12.50	清淤护砌	1500	200	1300
蓟县	2007	沙河	2.35	清垃圾、扩宽卡口	90		90
	2007	幺河	3.30	清垃圾、扩宽卡口	75		75
宝坻	2007	窝头河	2.10	清淤2.1千米、护砌449米	1090		1090
	2007	西护城河	1.50	清淤	170		170
武清	2007	机排河	4.30	清淤、护砌、绿化4.3千米	1124		1124
	2007	夹道洼三支渠	0.80	填埋渠道	639		639
	2007	东排渠	3.40	渠道填埋、清淤	2516		2516
东丽	2007	津塘公路路河节点	4.81	清淤、护砌	5500		5500
津南	2007	马厂减河	27.45	清淤、复堤27.45千米、护砌7.4千米	4924		4924
西青	2007	自来水河	2.70	清淤护砌1.7千米、综合整治2.7千米	470		470
	2007	丰产河	1.80	清淤、护砌、绿化	2798		2798
	2007	新赤龙河	3.90	清淤	1090		1090
	2007	津港运河	0.80	清淤	150		150
北辰	2007	丰产河	4.00	清淤	143		143
大港	2007	兴济夹道	3.05	筑堤加固	140		140
	2007	沧浪渠	1.50	加固堤防1.5千米	486		486
	2007	十米河	1.05	清淤护砌1.05千米	312.4		312.4
	2007	青静黄排水渠	1.00	清淤	50		50
西青	2007、2008	东西排	7.90	清淤护砌	9000		9000
武清	2007、2008	五支渠	1.40	清淤护砌、绿化	1255		1255
静海	2007、2008	迎丰渠	17.12	清挖改造17.12千米、支渠调头11条	5165		5165
大港	2007、2008	长青河	1.24	清淤浆砌石护坡	927	100	827
蓟县	2008	沙河	3.60	清淤、疏浚、防渗	1039		1039
宝坻	2008	百里河	7.00	清淤	1734		1734
武清	2008	龙北新河	6.70	清淤	1500		1500
东丽	2008	袁家河	1.80	清淤、护砌、绿化	1030		1030
	2008	中河	2.00	清淤、护砌、绿化	2880		2880
西青	2008	丰产河	1.80	清淤、护砌、绿化	2798		2798
北辰	2008	永金引河	5.20	清淤	200		200
	2008	永青渠	9.35	清淤	540		540
	2008	淀南引河	2.00	清淤、护砌、绿化	2300		2300
塘沽	2008	北塘排河	2.50	清淤、护砌	5500		5500
	2008	粮油引河	1.60	清淤、护砌	8600		8600

区（县）	治理年份	河道名称	治理长度/千米	主要治理项目	投资/万元		
					小计	市补	区（县）
大港	2008	环港河	0.65	清淤、护砌	328		328
	2008	城排明渠	3.32	清淤、护砌	1757		1757
	2008	马厂减河	4.00	清淤、护坡、亲水平台	1443		1443
	2008	长青河	3.50	清淤浆砌石护坡、建桥一座	927	100	827
	2008	沧浪渠	1.50	加固堤防 1.5 千米、维修闸涵 17 处	486		486

（三）第三个阶段（2009—2010 年）

按照市政府水环境专项治理的部署，天津市农村中小河道治理（排沥河道治理）工程，各区（县）集中财力物力，开展了环外 29 条河道水环境专项治理。该工程共涉及蓟县、宝坻、武清、静海、东丽、津南、西青、北辰、塘沽、大港 10 个区（县），治理完成 31 条河道 309.535 千米，完成土方 1561.8 万立方米，护砌 103.4 万立方米，绿化 262.5 万平方米，投资 24.5 亿元。治理后的环外河道有效地提升天津市城镇河道水体质量和沿岸景观水平，城乡水环境面貌得到了明显改观。

二、农用桥闸涵维修改造

天津农田干支渠上的农用桥、闸、涵，大多数始建于 20 世纪 60—70 年代。由于建设标准低，又缺乏必要的维修养护，部分桥梁已成为危桥甚至坍塌，部分闸涵破损严重、运行使用困难，直接影响农业灌溉排涝、农村居民生产及出行。截至 2007 年，全市农田干支渠上的农用桥闸涵等配套建筑物共 13518 座，不同程度坏损 8419 座，坏损率为 62.3%。具体情况见表 5-1-4-71。

表 5-1-4-71　　　　　　　　**2007 年天津市农用桥闸涵损坏情况**

区（县）	各区（县）组数			桥闸涵损坏座数		
	桥	闸涵	合计	桥损	闸涵损	合计
蓟县	1116	776	1892	993	600	1593
宝坻	1480	204	1684	749	131	880
武清	1449	1678	3127	748	978	1726
宁河	375	2140	2515	267	1520	1787
静海	99	443	542	91	423	514
东丽	86	403	489	65	310	375
西青	186	962	1148	95	503	598
津南	6	17	23	6	17	23
北辰	151	749	900	12	75	87
塘沽	8	8	16	8	8	16
汉沽	21	272	293	14	185	199
大港	83	806	889	41	580	621
合计	5060	8458	13518	3089	5330	8419

2007 年 8 月，市委、市政府在《关于推进城乡一体化发展战略加快社会主义新农村建设的实施意见》中，把农用桥、闸、涵维修改造工程列为新农村建设的重要内容。为加快实施农用桥、闸、涵维修改造工程建设，2007 年市水利局、财政局决定，从 2007 年开始，安排财政专项资金，在农用桥闸涵数量多，损坏程度较重，对群众生产生活影响大的宝坻、武清两区启动农用桥、闸、涵维修改造试点工程建设，用五年时间，解决宝坻、武清两区农用桥、闸、涵坏损问题。同时，及时总结两区试点经验，在其他区（县）全面推开。

经过 2007—2010 年 4 年的工程改造，宝坻、武清桥闸涵改造完工。截至 2010 年年底，市水务局、市财政局在宝坻、武清两区累计下达投资 14600 万元，其中市级补助资金 8300 万元，自筹资金 6300 万元，完成维修改造农用桥闸涵 433 座，见表 5-1-4-72。

表 5-1-4-72　**2007—2010 年宝坻区、武清区农用桥、闸、涵完成情况**

年份	总座数	总投资/万元	武清						宝坻					
			合计		市级		自筹		合计		市级		自筹	
			座数	投资/万元	座数	投资/万元	座数	投资/万元	座数	投资/万元	座数	投资/万元	座数	投资/万元
2007	121	3500	74	2000	27	1000	47	1000	47	1500	28	1000	19	500
2008	100	3800	57	2100	25	1100	32	1000	43	1700	26	1200	17	500
2009	101	3600	56	2000	30	1000	26	1000	45	1600	23	1000	22	600
2010	111	3700	59	2000	29	1000	30	1000	52	1700	28	1000	24	700
合计	433	14600	246	8100	111	4100	135	4000	187	6500	105	4200	82	2300

宝坻、武清两区农用桥、闸、涵维修改造工程的实施，解决了两区 47 个乡（镇）、3 个街、33.82 万农村居民出行安全问题，促使宝坻、武清两区经济得到发展。在宝坻、武清两区桥闸涵改造典型引导下，其他区县也开始实施农用桥闸涵工程的改造。2010 年，各区（县）相继编制出《农用桥闸涵维修改造工程规划》，在此基础上，市水务局编制完成《天津市农用桥闸涵维修改造工程规划》，于 2011 年付诸实施。农用桥、闸、涵维修改造工程在全市有农业的区县全面展开。

三、农用桥闸涵施工管理

对农用桥、闸、涵的维修改造工程实施严格的管理，主要措施为：①2007 年市水利局、市财政局组织宝坻、武清两区，编制出《农用桥闸涵维修改造实施方案》，并经过专家审查；②对宝坻、武清两区农用桥、闸、涵维修改造工程项目实行严格的"一书、三图、一册"制度，即所有维修改造项目都要有项目建议书，有现状图、设计图、竣工图，有内容完整、整编成册的建设档案，使每一个项目都建设的科学、合理、质量可靠、资料完整，使建设资金发挥最大效益；③严格实行区（县）级报账制度，强化资金管理，确保资金安全；④严格实行招投标制和合同管理制，保证施工队伍资质要求、建设周期要求、工程质量要求和安全生产要求；⑤工程完工后，由宝坻、武清两区水务局及时向受益乡村办理交接手续，明确受益乡村负有管护责任、并落实维护资金渠道，从而保证工程长期安全有效运行。

第五节 农村水环境治理

20 世纪 90 年代，水环境治理仅局限在对排涝矛盾突出的河道进行局部治理。2001 年后，农村水环境治理工作提上日程，各区（县）开始广辟资金渠道，利用各种开发项目资金对部分骨干河道实施治理。2008 年，市政府在批准市水利局《关于加快我市农村水利发展的实施意见》中，农村水环境治理被列入农村水利建设计划。2009 年天津市实施了环外 29 条农村河道水环境治理工程。2009—2010 年，市水务局启动坑塘治理及小城镇治污两项工程的前期工作。

一、环外农村河道治理

天津市环外农村河道，长期未进行过系统治理，加之沿河居民私搭乱盖，乱泼乱倒，生活垃圾遍布河道，河水严重污染，水环境恶劣。随着新农村建设的深入，清除脏乱差，治理水环境工作提上日程。2008 年 9 月市政府做出用三年时间实施水环境专项治理工程的重大决策，确定用两年时间完成环外 29 条农村河道治理任务，并由市水利局负责组织推动区县完成治理任务。

环外农村河道治理工程采取由与 29 条河道有关区（县）承担治理任务的方法实施工程建设。2008 年 9 月 16 日，相关区（县）政府与市政府签订水环境治理工程目标责任书，按照要求，在 2009 年、2010 年内由静海、蓟县、宝坻、武清、东丽、津南、西青、北辰、塘沽、大港 10 个区（县）共同治理环外 29 条农村骨干河道，治理长度 267.5 千米。

2008 年 10 月，市政府成立"天津市水环境专项治理工程指挥部"，市水利局成立水利分部，朱芳清任水利分部指挥，景悦、王天生任副指挥，指挥部下设办公室、综合组、技术组和工程组。各部门落实责任，明确分工。水利分部指挥办公室设在农水处，负责环外 29 条农村河道水环境治理的日常工作。相关区（县）以区（县）政府主要负责人为第一责任人，区（县）水利（务）局具体负责实施治理任务。

根据 2008 年 12 月农水处与设计院编制的《环外 29 条农村河道水环境治理工程实施方案》要求，29 条河道的水环境治理是"按照建设现代化生态宜居城镇标准进行截污、河道清淤、岸坡护砌、建筑物维修改造及沿河绿化景观"等工程建设程序，选择技术过硬的施工队伍，坚持项目法人、招投标、质量监督、工程监理制，确保工程质量。围绕工程重点时期、重点部位、重点环节加大监管力度，严格实行建设质量责任追究制，全力打造"精品工程"。河道截污清淤，避免混凝土硬铺装，通过清淤、护砌、建筑物维修改造、生态性和景观性相统一，达到水清、岸绿、景美、一条清淤河、一道风景线的治理效果。按照实施方案的治理目标，各区（县）对各自辖内的每条河道的治理均编制出具体工程设计方案。

在环外 29 条农村河道治理准备的同时，2008 年静海县开始治理青年渠、港团河；塘沽区治理孟港排河，共完成治理河道 23.69 千米。

2009 年 3 月 14 日，市政府召开环外 29 条农村河道水环境治理工程实施推动会。3 月 24 日，市政府在西青区召开环外 29 条农村河道水环境治理工作现场推动会，并由市水环境治理工程指挥部水利分部组成 3 个推动组，分赴 10 个区（县）指导做好工程实施方案，落实工程实施的有关问题。

环外 29 条农村河道水环境治理工程资金由市财政投资 1.5 亿元，区（县）则采取区财政列支、贷款、沿河企业出资、引进外资、企业自筹等多种形式筹措资金。至 2009 年 4 月，区（县）均落实了工程资金和专业施工队伍，制定出工期和质量标准，严格按项目法人制、招标投标制、建设监理制、合同管理制实施工程建设，环外 29 条河道改造工程正式启动。

各区（县）在河道治理中，均采用先进生态治理技术，改善水体质量。在治理河道的方式方法上各具特色。

西青区在环外河道水环境治理中，与本区实施的"五河五路"改造工程相结合。全面改造提升本区河道水环境，让群众享受更多的经济发展成果。当年改造程村排水河、津港运河和南运河，完成治理 42.1 千米。

津南区改造月牙河、幸福河，两河完成治理 28 千米，其中在幸福河的治理过程中采取生态护坡技术，先在生态代内填放砂土、有机肥，然后将生态代层层垒筑成直墙，并在堤岸附近栽种各类水生及陆生植物，通过生物过滤方式净化水质，此种方法防止土坡因雨水冲刷造成的水土流失，可大幅提升水体质量。

武清区改造运东干渠、龙凤河，完成治理 25 千米。龙凤河治理 20 千米，在治理前，河道主槽淤积严重，滩地野草丛生，水环境和生态环境恶劣，此次河道水环境治理主要是对河道主槽进行清淤拓宽，利用河岸滩地及河道扩挖弃土，在河道两岸以水生植物和花灌木为主，广泛开展绿化建设，局部点缀景观石，工程完成后，龙凤河成为了城区西部和北部的绿色生态廊道，实现对城区整体形象的提升。

宝坻区窝头河未治理前河道淤积严重，部分断面被生活垃圾阻塞，河道水面漂浮物过多，水体污染严重，本次实施 3.8 千米窝头河治理工程，清除了多年河道淤积和生活垃圾，疏通了河道，构成了城区流动的河网水域，打造出城区路边有河、河岸有景、人与自然和谐的生态环境。

大港区的环港河是大港城区主要排水河道，河道以北是居民区，以南是大型企业和工业园区。治理前，生活污水随意排入河道，两岸垃圾遍地，水面漂浮塑料制品。此次 8.2 千米的河道通过截污切改，污水全部进入污水处理厂，有效改善了水质。河道南侧的湿地公园成为人们每天早晨锻炼的最好去处；河道以南为工业园区建设创造好的招商引资环境。

蓟县完成宾昌河、宾昌支河治理 4.7 千米；静海县完成七排干（干渠）治理 2.8 千米；东丽区完成西河、西减河、东减河治理 12.8 千米；北辰区完成丰产河治理 3.4 千米；塘沽完成黑猪河治理 4 千米。截至 2009 年年底，全市完成河道治理改造 133.1 千米。

2010 年河道改造继续实施。宝坻区窝头河 1.7 千米；静海县七排干 7.8 千米；东丽区西减河、东减河两河共计 17.2 千米；津南区幸福河 8 千米；宝坻区鲍丘河 2.6 千米；静海县南运河、迎丰渠、王口排干共计 34.4 千米；东丽区新地河 10.6 千米；西青区丰产河 23.045 千米；北辰区朗园引河 10.6 千米；大港区城排明渠、八米河、板桥河、马厂减河共计治理完成 36.8 千米。

截至 2010 年 12 月，全市环外农村河道治理工程共完成 31 条河道（段）计 309.535 千米，超额完成任务 41.995 千米。完成任务的 115.7%，累计完成清淤土方约 1469.13 万立方米、堤坡整修护砌约 59.38 万立方米、维修改造各类建筑物 31 座、绿化 122.89 万平方米，完成投资 126230.42 万元（表 5-1-5-73）。

表5-1-5-73

2008—2010年天津市环外农村河道治理

区（县）	河道名称	2008年完成治理长度/千米	2009年完成治理长度/千米	2010年完成治理长度/千米	完成总长度/千米	河道部分治理主要工程量					完成投资/万元
						清淤/万立方米	河道护砌/万立方米	建筑物/座	河道绿化	其他	
蓟县	蓟昌河		3.3		3.300	7.6800	1.7877			管道铺设603.4米	2668.61
	蓟昌支河		1.4		1.400	3.5968	0.0238			管道铺设2013.5米	840.77
宝坻	窝头河		2.1	1.700	3.800	20.9500	0.1000	1			797.50
	鲍丘河			2.600	2.600	21.8000					254.20
武清	运东干渠		5.0		5.000	24.0000	0.8700		6.58		3000.00
	龙凤河		20.0		20.000	120.0000			95.00	水平台及栈道0.9万平方米、园路及广场2万平方米	15000.00
静海	青年渠	10.30			10.300	41.0000					1723.00
	港团河	7.30			7.300	64.0000					1214.00
	七排干		2.8	7.800	10.600	69.5400	0.0620				2036.43
	南运河			7.700	7.700	64.8400					1481.00
	迎丰渠			13.200	13.200	26.5400	0.4830				2292.00
	王口排干			13.500	13.500	47.6000					1452.00
	西河		2.7		2.700	5.3400					2300.00
东丽	西碱河		4.2	7.900	12.100	21.9100					6289.00
	东碱河		5.9	9.300	15.200	50.5000		1	3.80		8862.00
	新地河			10.600	10.600	132.5000	6.0000		6.40		7638.00

续表

区（县）	河道名称	2008年完成治理长度/千米	2009年完成治理长度/千米	2010年完成治理长度/千米	完成总长度/千米	河道部分治理主要工程量					完成投资/万元
						清淤/万立方米	河道护砌/万立方米	建筑物/座	河道绿化	其他	
津南	月牙河		16.1		16.100	86.6600	8.6500				5645.49
	幸福河		11.9	8.000	19.900	63.5400	11.4000				18000.00
	程村排水河		12.0		12.000	60.0000	0.2273	18			4241.00
西青	津港运河		26.3		26.300	90.0000	0.1140	4			3890.00
	南运河		3.8		3.800	73.0400					2852.00
	丰产河			23.045	23.045	84.6200	0.2500	3		混凝土管道铺设103米	2891.20
北辰	丰产河		3.4		3.400	15.6000	3.7000				5156.00
	郎园引河			10.600	10.600	86.3000	9.5300	2			11392.00
塘沽	孟港排河	6.09			6.090	54.3900	1.4200				2568.96
	黑猪河		4.0		4.000	35.0000	7.1000				1800.00
	环港河		8.2		8.200	17.6000	1.2800	2	1.81		2030.00
大港	城排明渠			3.100	3.100	6.2000	4.9400		9.30		2171.35
	八米河			18.400	18.400	41.9000	1.4400				2172.68
	板桥河			11.300	11.300	30.4000					2053.22
	马厂碱河			4.000	4.000	2.0800					1518.01
合计		23.69	133.1	152.745	309.535	1469.1268	59.3778	31	122.89		126230.42

环外农村河道治理后，提高了防洪排沥调蓄水源的能力，充分发挥了河道原有功能，有效地提升了天津市城镇河道水体质量，改善修复了两岸生态环境，实现了工程水利、资源水利、生态水利的有机结合。

二、小城镇治污

天津市农村生活排水问题历来是农村水利建设的薄弱环节。长期以来，由于对农村排水工程建设投入较少，村镇污水处理设施严重不足，条件好的镇区中心虽有污水管网，但缺少污水处理设施。污水处理工程大都处于规划中。截至 2010 年，全市农村已建和在建村级污水处理厂（站）共 18 个，总设计能力每日 27.58 万立方米。其余村镇未有农村生活排水工程。其中武清区 2 个，分别为梅厂镇灰锅口村、梅厂镇周庄村；大港区 6 个，分别为小王庄田苑里、港西街阳光小区、中塘镇中心小区、中塘镇西凤北里、中塘镇中北花园北里、太平镇中心；北辰区 1 个，为赵庄子村；静海县 7 个，分别为沿庄镇东禅房村污水处理站、陈官屯镇西钓台村污水处理站、西翟庄镇安庄子村污水处理站、蔡公庄镇四党口村污水处理站、长张屯生活污水处理站、子牙镇子牙村、沿庄镇元蒙口；蓟县 2 个，分别为下营镇青山岭村、刘相营村。

全市有村镇污水处理工程的区（县）只占天津市有农业区（县）的 38%，绝大部分农村地区仍按传统方式处理排水。据调查，天津市农村生活污水排放方式分为集中处理排水、集中未处理排水、渗水井排水和直接泼洒四种排水方式。2010 年天津市部分区（县）排水方式见表 5-1-5-74。

表 5-1-5-74   **2010 年天津市部分区（县）排水方式**   单位：处

区（县）	集中处理排水	集中未处理排水	渗水井排水	直接泼洒
蓟县	2	70	37	589
宝坻		8	110	454
宁河		29		249
武清	2	88	89	416
静海	6	57	72	207
汉沽				33
大港		88		
合计	10	340	308	1948

按现行排水方式，全市绝大多数农村都是将未处理过的污水直接排入村边河道或坑塘。农户环保意识不强，将生活污水随意泼洒，严重污染环境。

21 世纪初，随着天津农村城镇化发展和新农村建设的深入，农村生活排水和处理工程建设开始纳入城市建设规划。2009 年，市政府在批复《关于加快我市农村水利发展的实施意见》中，明确提出"加快农村水环境治理步伐"的指导意见。

为尽快启动小城镇治污工程建设，市水务局在研究工程实施相关事宜：

工程规划。2009—2010 年，农水处、水科院联合编制出《天津市农村生活排水处理工程规划》。规划确定：从 2011—2020 年，利用 10 年时间，结合农村城市化和生态文明村、小城镇"314"工程建设，投资 107420.4 万元（含生活排水和管网建设），新建农村生活污水处理厂 419

座，配套生活排水系统与污水处理设施，实现生活污水达标排放，使处理后的水质达到农田灌溉水质标准。

示范工程建设。为做好农村排水工程建设，市水务局决定先在蓟县青山岭村实施村镇生活污水处理及农田回灌示范工程建设，该工程于 2009 年 10 月开始，市水务局批复总投资 129.54 万元，采用 A/O 法＋潜流生物滤床污水处理技术，建设日处理能力为 135 立方米的污水处理厂一座，控制灌溉面积 20 公顷。工程于 2010 年 6 月建成投入使用。该工程的建成使青山岭村生活污水实现有序排放。经处理的生活污水达到农田灌溉标准，解决了 20 公顷农田和果园灌溉用水问题，提高了村民健康水平和生活质量，极大地改善了农村水环境。工程的前期工作和典型示范为"十二五"期间全面实施农村生活排水工程打下坚实基础。按照规划工程于 2011 年在全市实施。

三、坑塘治理

天津市农村坑塘在平原沥涝系统中起调蓄作用，是农村水网的重要组成部分。农村坑塘整治属社会公益型工程，天津市始终未列入农村水利工程建管计划。自 1991 年以后，随着农村经济的发展，少数经济条件好的农村开始治理坑塘，如西青的水高庄、宝坻的大唐庄、静海的北五里和西双塘等。整治措施多为清淤和刚性护砌。治理后坑塘主要有两种用途：一种是景观建设，修筑亭台等绿色小品，成为周围居民休闲娱乐场所；另一种是清淤护砌后以承包形式租与个人用于渔业养殖或莲藕种植，取得一定的环境和经济效益。至 2009 年，共整治农村坑塘 33 座（表 5-1-5-75），仅占全市坑塘总数的 6%。多数坑塘未得到治理，致使闲置的坑塘处于管理无序状态。

表 5-1-5-75　　　　　　**1991—2009 年天津市农村坑塘治理**

序号	所在位置	整治措施	用途
1	蓟县邦均镇小孙各庄村	浆砌石齿墙、混凝土护坡	景观
2	宝坻区大白庄镇随家庄村	清淤、绿化	景观
3	宝坻区大白庄镇大刘庄村	清淤、绿化	景观
4	宝坻区大口屯镇石辛庄村	砌坡、护栏	养殖
5	宝坻区大口屯镇石辛庄村	砌坡、护栏	养殖
6	宝坻区大口屯镇大千佛顶村	砌坡、护栏	养殖
7	宝坻区周良庄镇辛庄村	清淤	养殖
8	宝坻区周良庄镇樊庄子村	清淤	养殖
9	宝坻区周良庄镇周良庄村	清淤	养殖
10	宝坻区周良庄镇马营村	护坡	闲置
11	宝坻区周良庄镇小庄子村	清淤	养殖
12	武清区南蔡村镇南蔡村	砌坡绿化	景观
13	武清区史各庄镇敖南村	砌坡绿化	景观
14	汉沽区大田镇小马村	清淤、水泥板护坡、路面水泥硬化	储水
15	大港区古林街工农村	毛石护坡	景观
16	大港区小王庄镇田苑里小区	砌衬	景观
17	东丽区新立街稻地村	清淤护砌	养殖

序号	所在位置	整治措施	用途
18	东丽区新立街务本三村	清淤	养殖
19	东丽区新立街宝元村	清淤护砌	养殖
20	东丽区新立街东杨场村	清淤	养殖
21	东丽区新立街卧河村	清淤护砌	养殖
22	东丽区新立街务本二村	清淤护砌	养殖
23	东丽区新立街中营村	清淤护砌	养殖
24	东丽区新立街新兴村	清淤	养殖
25	东丽区新立街大郑村	清淤护砌	养殖
26	东丽区华明镇永和村	清淤	养殖
27	东丽区么六桥窦家房子	清淤护砌	养殖
28	东丽区么六桥流芳台	清淤护砌	养殖
29	东丽区么六桥郭家台	清淤护砌	养殖
30	东丽区么六桥郭家台	清淤	养殖
31	东丽区么六桥双合	清淤护砌	养殖
32	东丽区么六桥骆驼房子	清淤护砌	养殖
33	西青区辛口镇水高庄村	清淤砌石护栏	栽藕

随着新农村建设的深入，为改变天津市农用坑塘治理滞后现状，2009 年，将农村坑塘治理纳入规划。至 2010 年，天津市农村共有坑塘 5629 个。按照有水时间分为常年有水、季节性有水和常年无水三种。其中常年有水坑塘 2122 个，季节有水坑塘 2939 个，常年无水坑塘 568 个。农村坑塘中，有 88％的坑塘由于缺乏水源，淤积严重而处于常年闲置荒废状态。2010 年天津市部分区（县）农村坑塘情况见表 5－1－5－76。

表 5－1－5－76　　　　**2010 年天津市部分区（县）农村坑塘情况**　　　　单位：个

区（县）	坑塘个数	按水源状况划分			按使用划分			
		常年有水	季节有水	无水	闲置个数	种植	养殖	其他
蓟县	1674	470	888	316	1464	0	210	0
宝坻	968	686	219	63	770	64	131	3
宁河	1564	186	1378	0	1553	0	11	0
武清	905	513	205	187	716	8	181	0
静海	258	59	199	0	258	0	0	0
汉沽	32	32	0	0	29	0	3	0
大港	110	75	33	2	107	1	0	2
东丽	41	35	6	0	3	0	33	5
西青	77	66	11	0	64	1	0	12
合计	5629	2122	2939	568	4964	74	569	22

按照市水务局加快实施农用坑塘治理工程要求，2009—2010 年，农水处、水科院联合编制出《天津市农村生活排水及污水处理工程规划》，提出农用坑塘治理标准、任务和实施安排。

第二章　农村水利管理

　　20世纪90年代初，天津市农村水利工程管理体系继续沿用市级宏观指导区（县）、乡（镇）、村三级具体管理的模式，区（县）管理骨干工程，包括大中型水库（部分小型水库）、骨干排沥河道及配套建筑物、国有扬水站等，乡（镇）管理的工程主要为跨村工程，村管工程主要为村直接受益的工程。长期以来工程设施产权不清晰、运行维护投入不足，致使农村水利工程老化失修，效益衰减。2002年，按照国务院体改办《水利工程管理体制改革依据》要求，天津市对农村国有水管单位进行改革，明确定性，理顺职能，截至2010年，全市12个有农业的区（县）44个国有水管单位中，定性公益型事业单位的39个，准公益型事业单位5个。国有水管单位体制改革，促进了农村水利工程改革的深化。全市5.68万余处小型水利工程有2.73万处采取承包、股份合作和租赁拍卖等形式落实了管护主体，建立农民用水者协会225个，其余约3万处工程也以集体管理方式落实了管护责任，使全市农村水利管理水平和能力得到提高。

第一节　乡镇水利站管理

　　乡镇水利管理站（简称水利站）为最基层的农村水利工作机构，天津市水利站始建于1982年，承担着与其对应的乡（镇）防汛抗旱、水利工程建设、工程设施管理、区域水资源规划、水资源配置、水环境建设与保护、农业节水技术推广、农村水利建设组织和行政执法等基层农村水利工作任务。水利站设立之初，为区（县）水利局的派出机构，实行区（县）水利局和乡镇政府"条块结合、以条为主"双重管理；随着乡（镇）机构多次改革，水利站管理隶属关系不断变化。市水利主管部门对水利站的管理始终是宏观管理。

一、乡镇水利站沿革

　　1982年，蓟县、宁河县等区（县）组建水利站。1986年，国家人事部、水利部颁发《基层水利水土保持管理服务机构人员编制标准》，全市各区（县）组建了以水利站为主要形式的农村水利基层服务体系。水利站为区（县）水利局的派出机构，实行区（县）水利局和乡镇政府"条块结合、以条为主"管理形式，区（县）水利局对水利站的人、财、物实行统一管理。

　　1988年，全市各区（县）水利站实行了定岗定编。至1990年，全市220个乡（镇）建立水利站218个，人员编定为1088人，其人员全部定为合同制工人。职责为：①统管本乡（镇）范围内除县管工程以外的所有水利设施，根据工程的规模、性质，建立群众性的专管组织，或实行专业承包；②负责乡（镇）水利规划和由乡（镇）代办工程的设计、施工；③按照市、区（县）相关规定，代收乡管范围内的灌区和乡（镇）企业的水费；④在保证工程安全、充分发挥效益的前提下，以主要工程为基地，充分利用水、土资源和设备、技术优势，开展综合经营，在经营管理上，各水利站与乡（镇）政府承包，建立经营实体，承包工程建设，积极创收。1988—1990 年，人员工资由市财政从小型农田水利补助费中解决。由于有固定的工资来源，水利站业务工作开展良好。从 1991 年开始，各区（县）财政不负担水利站所需经费，所需经费全靠水利站综合经营收入解决。

1996 年，全市水利站陆续划归到乡（镇）政府管理。由于乡（镇）政府无力全部解决水利站经费，水利站经营管理经费靠区（县）或乡（镇）少量补助，自身创收有限或无创收，人员工资无保障，人员不稳定，原来水利站资产如房屋、汽车、施工设备以及账户上的资金都被平调到乡（镇）政府，技术人员调到乡（镇）其他部门工作，导致水利站一度处境艰难，主要是经费不足，有编制而无经费，区（县）财政只安排部门人头费补助，不足部分需水利站自身创收；人员超编，水利站主要精力用于创收，无力发展水利工程的维护及功能的发挥，区（县）水利局对乡（镇）农村水利工作的指导难以到位。截至 2001 年年底，全市 218 个乡（镇）水利站，实有管理人员 970 名。

2002 年天津市实施农村乡（镇）改革，逐步形成水利站作为乡（镇）政府派出机构，由区（县）水利局进行业务指导的管理模式。蓟县、宁河县、东丽区、汉沽区的 57 个乡（镇）水利站人事及工作关系隶属乡（镇）政府，区（县）水利局对乡（镇）水利站进行业务指导，这种模式占全市水利站的 36%；静海县、北辰区、大港区的 34 个水利站已不再独立存在，职能合并到乡镇农办（委），在农办（委）设置了水利工作岗位，这种模式占到全市水利站的 22%；宝坻区、武清区、津南区、西青区、塘沽区的 65 个水利站成为乡镇农办（委）下属的单位，水利站独立存在，人事调动、工作安排虽由乡镇农办（委）管理，但水利站经济是独立核算的，占到全市水利站的 42%。

2006 年，天津市整合乡（镇）内设机构，将水利站并入农业服务中心，乡（镇）与水利相关的工作由农业服务中心承担。截至 2006 年年底，全市共有乡（镇）156 个。有管理人员 942 名，在岗人数 870 名，借调到其他部门的人数 72 名。

2009 年，随着全市各乡（镇）机构的不断变迁，保留水利站机构的基本执行两种管理模式：一种是宁河县等区（县）的水利站，由区（县）水利局和乡（镇）政府联合管理；另一种是武清区等区（县）的水利站，全部划归乡（镇）政府管理。另外，水利站作为独立的职能机构已不存在的，乡（镇）水利工作只是在乡（镇）政府设置一个水利岗位，区（县）水务局不对其管理。

截至 2010 年，全市有乡（镇）水利站 154 个，在岗人员 827 名，临时工 94 人。其中成为区（县）水务局直属科级单位的有宁河县、汉沽区的 18 个水利站，占全市水利站数的 11.7%；乡（镇）政府或乡镇农办（委）所属单位的有宝坻区、武清区、东丽区、西青区、北辰区、塘沽区、大港区的 77 个水利站，占全市水利站数的 50%；已不独立存在，只是在乡镇农办（委）或农业服务中心设置一个水利工作岗位，有蓟县、静海县、津南区、北辰区的 59 个水利站，占全市水利站总数的 38.3%。

二、联合管理水利站

宁河县各乡（镇）水利站自 1982 年建立，始终属于县水利局与乡（镇）政府联合管理，主要负责农业灌溉和水源管理。1987 年，县水利局按照天津市政府办公厅《关于解决乡镇水利管理站人员定编问题的复函》规定，在全县设立 22 个水利站，编制人员 103 人。1988 年 4 月 29 日，宁河县编制委员会（简称县编委）《关于确定乡镇水利站级别的批复》，水利站为县水利局局属科级自收自支事业单位。

2001 年，宁河县乡（镇）改革后，县水务局以《关于调整有关水利管理站设置的请示》，报县编委批准，乡镇水利站由原来的 22 个合并为 14 个。水利站为县水行政主管部门的派出机构，实行"条块结合，以条为主"的双重管理体制。县水利（务）局主要以"三权"管理为主（即人、财、物），水利站的党组织建设由乡、镇党委负责，水利站参与乡（镇）的水利（水务）中心工作。

水利站定编后，工作职能调整为：负责国家、市、县各级政府涉水法律、法规和方针政策的贯彻落实，依法治水、依法管水。管理国有乡（镇）管扬水站，协助乡（镇）政府制定水利规划，制定农田水利基本建设规划，组织乡（镇）水利工程建设施工，承担所在乡（镇）防汛抗旱日常工作，完成上级水行政主管部门和所在乡（镇）党委、政府交办的其他工作。制定和完善《乡镇水利站管理办法》《乡镇水利站规范化建设目标管理考核办法》等规章制度。

水利站正、副站长实行聘任制，受聘的水利站站长年初与水利（水务）局主管局长签订岗位目标责任书，年终县水利（务）局考核水利站岗位目标责任书各项指标完成情况。县水利（务）局每年定期召开水利站站长工作会议，指导工作，宣传政策，指明方向。适时举办财会人员、工程管理人员培训班，提高业务素质，增强工作能力。

水利站属自收自支事业单位，人员工资、办公经费，无稳定来源。20 世纪 90 年代开展综合经营，由于地理位置、人员素质、发展空间不同，各水利站经济发展不平衡，为弥补经费来源，县水利局给予扶持，在挖掘各乡镇水利站自身潜力下，主要给予政策上的倾斜和相对扩大经营发展空间。县水利局对乡镇水利站的财务、经济状况进行审计，监督工程项目资金的使用情况。

截至 2010 年，全县 14 个水利站在编职工 81 人，其中本科学历 9 人，专科学历 15 人，中专学历 20 人，中专以下学历 37 人。有技术职称的 33 人，其中高级技术职称 4 人，中级技术职称 4 人，初级技术职称 25 人。职工队伍年龄结构 35 岁及以下 26 人，36～45 岁 26 人，46～55 岁 26 人，56 岁及以上 3 人。

附：宁河县苗庄水利站

苗庄镇在宁河县东部，西临蓟运河，东临还乡新河与河北省丰南县隔河相望，辖区总面积 61 平方千米，耕地面积 2654.13 公顷，辖 30 个自然村，总人口 1.8 万人。

水利站位于苗庄镇政府北，占地面积 20000 平方米，成立于 1978 年。为宁河县水务局派出机构，隶属于宁河县水务局，接受县水务局、镇党委、政府双层领导。主要从事农村水利工程规划、勘测、设计、农村水利工程建设和管理、农村水利新技术推广、防汛抗旱、农业灌溉、水资源开发利用与节约保护、水利水保法律法规宣传等。

2010 年水利站有定编人员 6 人，实有 6 人，站长、副站长、会计、出纳、技术员、统计员各 1 名，各司其职，保证水利站的日常事务的开展。

水利站为自收自支事业单位，独立核算，自负盈亏，具有独立办公场所，有办公室 12 间、会议室 1 间、仓库 10 间；技术装备和办公设施配置齐全，有测量仪器经纬仪 2 台、水准仪 2 台、塔尺 4 根、花杆 5 根、皮尺 5 卷、钢卷尺 2 卷；办公计算机 5 台，复印机 1 台，传真机 2 台，电话 3 部、点钞机 1 台、支票打印机 1 台、办公桌椅 10 套、档案柜 6 组；交通车辆小车 1 部、农用运输货车 2 部、挖掘机 2 台。

苗庄水利站主要职责。苗庄水利站主要从事农村水利工程规划、勘测、设计、农村水利工程建设和管理、农村水利新技术推广、防汛抗旱、农业灌溉、水资源开发利用与节约保护、水利水保法律法规宣传等。具体为：负责全镇水资源开发利用与节约保护；负责全镇农田除涝，编制防汛预案和组织抗旱排涝应急抢险；负责组织开展农田水利工程规划、勘测、设计、农村水利工程建设与管理、水利新技术推广；负责全镇小型水利工程的运行管理、日常维护及供排水工作；负责节水技术、水利水保法律法规普及宣传；负责指导农村饮水安全工作；协调处理水事监督和水事纠纷；负责指导和管理农民用水者协会和村级管水员。

水利站在县水务局和镇党委、政府领导下，以贯彻落实"中共中央国务院关于加快水利改革发展的决定"为契机，弘扬水利行业"献身、负责、求实"精神，坚持"以人为本，科学规划，因地制宜，全面发展"的原则，以服务"三农"为宗旨，以提高农业综合生产能力为目的，以改善广大农村的生产、生活条件为重点，按照旱能浇、涝能排的标准进行科学规划，精心组织，科学实施，强化管理，注重实效的发展思路，全面推进农村水利发展，实施了水、田、路、林、电综合治理，实现了全镇水利跨越式发展。

在日常工作中，通过采取科学有效的工程管理措施，对全镇 2 座国有扬水站、72 座村级小型排灌泵点、14 条主干渠、137 条配套支渠、52 座农用桥、105 座农用闸、208 座农用涵、10.5 千米防渗明渠、21 千米低压管道、26.67 公顷微灌设施、30 处农村饮水安全工程，定期进行检查、维修、保养，发现问题及时解决排除，使现有水利工程综合效益得到充分发挥，对全镇的防洪、灌溉、抗旱、供水和水环境保护均产生了显著的社会、经济和生态效益。

三、区（县）政府管理水利站

武清县各乡镇水利站自 1987 年建立，为县水利局派出机构，受县水利局和乡政府双重领导，主要负责农业灌溉和水源管理。

1987 年，武清县水利局按照天津市政府办公厅《关于解决乡镇水利管理站人员定编问题的复函》规定，在全县设立 34 个水利站，编制人员 205 人。1988 年 11 月 20 日，武清县编制委员会《关于确定各乡水利管理站性质及待遇的通知》，同意将乡水利管理站列为事业单位，按局属科级待遇，设领导干部一职。

1996 年，武清县委、县政府《关于印发〈武清县水利局职能配置、内设机构和人员编制方案〉的通知》等文件，明确了涉农站（包括水利站）定为乡镇下属事业单位，归口乡镇农业办公室管理。为强化乡镇政府职能，这次机构改革中，以乡镇为主的管理体制，即人、财、物下放乡镇管理，县有关部门负责业务指导。根据武清县水利局印发《关于原水利局下属各水利管理站公章作废的通知》，明确自1997年1月1日起，原县水利局所属34个水利站归乡镇管理。

附：武清区白古屯水利站

白古屯乡在武清区西北部，东临一级河道龙凤河，北临二级河道凤河西支，总面积为51.9平方千米，耕地面积3533.33公顷，管辖21个自然村，总人口2.3万人。

水利站位于白古屯乡政府北，占地面积978.5平方米，成立于1988年。原是武清区水务局下设站所，隶属乡党委、政府和区水务局双层领导，自1996年10月归所在乡政府管理，行政上属白古屯乡党委、政府领导，业务上属区水务局指导。

2010年水利站定编人员6人，实有6人，站长、副站长、会计、出纳、技术员、统计员各1名，保证水利站的日常事务的开展。

白古屯水利站为自收自支事业单位，独立核算，自负盈亏，具有独立办公场所，有办公室21间、仓库10间、机房3间；技术装备和办公设施配置齐全，有测量仪器水准仪5台、塔尺10根、皮尺10个、钢卷尺2个；办公电脑4台、复印机2台、传真机2台、电话3部、投影机1台、录像机1台、多媒体1台、点钞机1台、支票打印机1台、档案柜5组；交通车辆小车1部、货车2部。

白古屯水利站主要职责。主要从事农村水利工程规划、勘测、设计、农村水利工程建设和管理、农村水利新技术推广、防汛抗旱、农业灌溉、水资源开发利用与节约保护、水利水保法律法规宣传等。具体负责全乡水资源开发利用与节约保护；负责全乡现场报汛，编制防汛预案和组织抗旱排涝应急抢险；负责全乡组织开展农田水利工程规划、勘测、设计、农村水利工程建设与管理、水利新技术推广；负责全乡小型水利工程的运行管理和日常维护；负责全乡供排水工作；负责全乡节水技术宣传普及和农村公共供水监管服务；负责全乡指导农村饮水安全工作；负责全乡水利法制宣传、水事监督和水事纠纷调解；负责全乡农民用水者协会和村级管水员的指导和管理。

乡水利站以提高农业抗御自然灾害能力为目的，以改善广大农村的生活条件为重点，以推进现代农业为总目标，实施水、田、路、林、电综合治理，按照旱能浇、涝能排的标准进行科学规划，精心组织，科学实施，强化管理，注重实效。通过日常采取有效的工程管理措施，对全乡5座国有排灌站（其中区管站1座）、7条长度32.7千米主干渠、61条长度65.1千米支渠、26座节制水闸、2座橡胶坝、142座农用生产桥、80座灌溉泵点，29.6千米节水明渠、91.8千米节水暗管、1座饮用水集中供水站等农村水利工程设施进行定期检查、维修、保养，及时发现问题，保证设施的良性运行，实现了现有工程综合能力的发挥，对该乡的防洪、灌溉、抗旱、供水和保护自然环境均产生了巨大的社会、经济和生态效益。

第二节　灌　区　管　理

天津市农业灌排模式一直沿用各区（县）在本地区统筹管理的灌排模式，天津市的灌区仅为相对集中成规模的农作物种植区域，没有形成独立灌排系统的灌区管理模式。直到2000年3月，宝坻区里自沽灌区列入国家重点大型灌区改造工程后，为了加强对灌区的建设管理，2000 年年底，在里自沽灌区建设管理办公室基础上，成立了里自沽灌区管理处，灌区管理走向正规化管理。天津市灌区管理情况主要指宝坻区里自沽灌区管理。

一、管理体制

里自沽灌区内水利工程管理一直采取分级分散的粗放型管理，部门之间各行其职，整个灌区发展缺乏统筹考虑。为改变这种粗放型管理模式，1998 年成立"宝坻县里自沽灌区管理办公室"，主要负责灌区续建配套与节水改造规划设计、组织年度工程实施，制定灌区管理改革方案等。因管理职责所限，灌区管理只在续建配套与节水改造工程建设方面得到加强，工程建设质量得到保障。但对灌区水利工程的综合管理还没做到统抓统管，一些政策和制度难于落实。为此，2004 年成立专门的灌区管理机构"天津市里自沽灌区管理处"，该处是灌区水利工程建设、管理的法人单位，负责灌区规划、工程建设、节水改造工程、水资源调度、灌溉、排水、水位水质监控、水利科技推广、水费征收及骨干灌排工程养护等。里自沽灌区管理处成立后，对灌区全面行使管理职能，不断加大灌区改革力度，健全和完善管理体制、提高管理水平。为加强对灌区内斗渠河道的维护，促进水利工程的良性运行，调动农民直接参与农田灌溉和工程管理的积极性，2005 年里自沽灌区成立以村为单位的农民用水者协会。协会有章程、工程管理制度、灌溉管理制度和财务管理制度。村民自愿加入协会和参与用水管理，至 2010 年，里自沽灌区成立 25 个农民用水者协会，以村为单位组建 216 个用水组，初步形成了灌区管理处、农民用水者协会、用水组三级水利管理体制。全方位对灌区实施综合管理。

二、灌区规划

灌区规划是灌区管理的重要内容，是灌区向现代农业发展的蓝图。1999 年，里自沽灌区开始对灌区改造工程、灌区种植结构及灌溉制度编制规划，指导灌区农业向节水、高效、集中、规模化发展。2000 年 3 月，经水利部专家评审，确定里自沽灌区列入全国大型灌区改造计划。

（一）灌区改造工程总体规划内容

1. 节水改造工程

灌区改造工程以节水灌溉为重点，大力发展渠道防渗工程，适当发展喷灌、微灌面积，节水灌溉不小于灌区耕地面积的 60%。

防渗渠道。渠道是灌区的主要输水手段，渠道防渗衬砌是提高渠系水利用率的主要措施。规划建设防渗渠道工程的耕地面积 18667 公顷，防渗渠道总长度 700 千米。里自沽灌区灌溉系统分为干渠、支渠、农渠三级或干渠、农渠两级，规划衬砌干渠、支渠两级渠道，其中衬砌干渠 140 千米，衬砌支渠 560 千米。由于干渠、支渠控制面积差别较大，干渠断面选定 D120 型 U 形槽，支渠选定 D80 型 U 形槽。

喷灌。喷灌技术是先进的节水、高效灌溉技术。规划在灌区内建设 5 处喷灌系统，每处约

133.33 公顷，共计约 666.67 公顷。其中 1 处为自动化控制的固定式管道喷灌系统，其余 4 处均为半固定式管道喷灌系统。

2. 示范区

规划在灌区内建设一个高标准节水灌溉示范区，示范区面积 200 公顷，示范区将建设蔬菜、瓜果、水果、花卉名特品种实验示范小区和 50 栋温室大棚，采用自动化控制的滴灌、微灌等先进节水灌溉技术，运用各种农业综合增产措施，建立节水农业新模式。

3. 稻田微机自动控制系统

随着经济的发展，水资源、能源的短缺及劳务成本的上升，越来越多的节水灌溉系统将采用自动控制。规划在黄庄乡黄庄村建设一个 667 公顷稻田灌溉微机自动化控制系统。控制系统内的各级渠道均采用混凝土防渗渠道。

4. 灌区配套完善和老化工程的更新及维修

灌区配套不完善和老化失修影响灌区正常使用，规划继续完善灌区配套，对老化失修工程进行更新、改造和维修，共计建节制闸 25 座，维修节制闸 16 座，新建扬水点 54 座，维修扬水站点 68 座。

（二）灌区种植结构及灌溉制度

1. 作物种植结构

里自沽灌区总种植面积 42667 公顷，其中常年水稻种植面积约占 25%，冬小麦种植面积约占 20%，大田早秋作物种植面积约占 30%，晚秋作物种植面积约占 25%（冬小麦收割后种植）。

2. 灌溉制度

水稻灌溉制度。里自沽灌区水稻灌溉普遍采用淹水灌溉，田间深层渗漏较大，造成灌溉水量和能源浪费，土壤中可溶性养分、矿物质随水流失，耕地环境恶化。规划在灌区推广"薄、浅、湿、晒"灌溉制度，建立节水灌溉模式，这种灌溉制度技术简明，农民易于掌握，便于大面积推广应用，根据有关调查资料，常年稻田灌溉净定额 $P=50\%$、75% 年分别为 8850 立方米每公顷、9300 立方米每公顷。

冬小麦、大田作物灌溉制度。根据有关节水灌溉资料，常年冬小麦灌溉净定额 $P=50\%$、75% 年分别为 2700 立方米每公顷、3000 立方米每公顷，早秋作物灌溉净定额 $P=50\%$、75% 年分别为 1500 立方米每公顷、2250 立方米每公顷，晚秋作物灌溉净定额 $P=50\%$、75% 年均为 1200 立方米每公顷。

三、灌区水资源管理

里自沽灌区浅层地下水为咸水或微咸水，不适宜灌溉。灌溉水源主要依靠潮白新河和青龙湾河上游的入境水和当地降雨产生的径流。根据实测资料统计分析，里自沽灌区保证率 50%、75% 年地表水资源量分别为 5.80 亿立方米、2.44 亿立方米。虽然水资源总量较大，但由于径流的年内分配极不均匀，7 月、8 月径流量一般占全年的 50%～80%，个别年份占 90% 以上，大部分无法利用而流向境外。灌区每年实灌面积仅维持在 18000～20667 公顷，占灌区总面积的

60％左右。

四、工程运行管理

（一）用水者小组职责

里自沽灌区节水改造工程完成后，产权归工程所在地村集体所有。灌区管理处根据灌区整体情况，指导制定出详细的维修养护及运行管理细则。由用水者管理小组具体实施，并做好如下工作：

（1）管理与使用管辖区内的灌排工程，保证完好能用。

（2）按编制好的用水计划及时开车，保证作物适时灌溉。

（3）按操作规程开泵提水，保证安全运行。

（4）按时记录开泵时间、停泵时间、水泵出水量、干支渠分水口门分水量、水泵能耗及灌溉面积。

（二）灌溉用水管理

1. 合理灌溉，计划用水

灌区管理处根据灌区试验资料和当地丰产灌溉经验，制定出各种作物的灌溉制度，结合水源可供量、作物种植面积、气象条件、工程条件，制定灌水次数、灌水定额，每次灌水所需时间及灌水周期、灌水秩序、计划安排。用水者管理小组在每次灌水之前根据当时作物生长及土壤墒情的实际情况，对计划加以修正，以达到节水、高效的灌溉效果。

2. 用水管理措施

灌区实行统一用水管理、统一浇地、计划用水、按方收费。

取缔传统的大水漫灌的落后灌水方法，推广节水灌水技术，实行小定额灌溉。

及时足额征收水费。实行以公顷定额配水，以水量收费，超额加价收费的用水制定。

定期对管理人员进行技术培训和职业道德教育。

3. 工程设备管理

工程设备管理的基本任务是保证水源、机泵、输水渠道的正常运行，延长工程设备的使用年限，发挥最大的灌溉效益。

水泵运行与维护。在开泵前对水泵系统进行一次全面、细致的检查，检查各固定部分是否牢固、转动部分是否灵活；开泵后应观察出水量、机泵运转声音及各种仪表是否正常，排除事故隐患。

防渗渠道工程的管理与维护。本着以防为主，防重于修的原则，做好防渗渠道的防护工作，防止工程病害的发生和发展，防渗渠道工程在放水前后或暴雨后，要进行全面检查、维修，达到周围无空穴、衬砌体无缝、错位、下滑、深陷、破碎、脱落、孔洞现象；伸缩缝和砌筑缝完好，不漏水；渠内无淤积、杂草，渠堤无陷穴、冲坑、裂缝和滑坡。定期进行变形观测，发现问题及时处理。渠道在运行过程中，出现局部决口时，应紧急停泵，同时用草袋或土工布织物袋装土堵塞，并辅以填土夯实等临时处理。待行水结束后，再进行正规处理。

五、建设管理

里自沽灌区自1998年实施黄庄万亩灌区节水改造工程始，至2008年整个灌区续建配套与节水改造工程完成，历经11年，在灌区工程改造过程中，严格按照相关部门的要求实施工程建设管理，使工程高质、高效、顺利完成。

工程资金管理。工程资金专款专用，里自沽灌区管理处作为建设单位，专门设立银行账户，一切财务支出委托区水务局审计科跟踪审计，施工单位单独设账，一切开支保证票据齐全合理。每年度工程竣工后，由市财政局评审中心对工程财务决算进行评审，并委托具有资质的审计单位进行财务审计，各年度工程财务均符合国家相关要求。

工程"四制"管理。灌区改造工程一律按"四制"（即项目法人制、招投标制、监理制、合同制）实施管理。2000年组建"天津市里自沽灌区管理处"后，即将灌区各年度节水改造工程建设管理落到实处。工程采取招投标制：灌区管理处委托天津市普泽工程咨询有限责任公司编制招标文件。2001—2002年采用邀请招标，选择综合得分较高的企业承担施工任务。2003—2008年度工程施工采用了公开招标。各年度工程均委托天津市水利工程建设监理咨询中心承担施工阶段监理工作，实现合同约定的工程质量、投资、进度目标。建设单位分别与设计单位、施工单位、监理单位签订设计合同、施工合同、监理合同，在建设主管部门备案登记。项目竣工后，经市发展改革委、市水利局、市财政局组成的验收专家组，采取查阅各种设计、建设、管理等文件资料，听取建设单位、施工、监理等汇报以及现场查看等形式，通过专家组打分，综合得分达到70分以上通过验收。灌区改造工程实施"四制"管理后，工程完成时间、质量均得到保证，促进了灌区的生产发展。

第三节　小型农田水利产权制度改革

小型农田水利工程包括机井、小型泵站点、支渠渠首以下桥、闸、涵等，是农村直接受益的水利基础工程，其产权分为国家和村集体两级所有。跨村工程由乡镇水利站统一管理，坐落在各村内工程由各村管理。管理原则是谁受益、谁负担。当工程损坏严重、资金实难自筹时，国家也给予适当补助。但小型农田水利工程在实际运行中，往往处于管理粗放，资金短缺，维修缺失的状态，主要表现为：建、管、用脱节，工程建设是乡村自筹、国家适当补助来实施，工程维修、运行管理全部由乡、村承担。承包土地的农户对自主经营土地上的水利设施没有自主权，故缺乏维护意识。这种情况造成乡、村对大量小型农田水利工程管不了，也管不好。受益的农户又只管用，不管修，致使相当一部分农田水利工程长期处于老化失修的状态，难以充分发挥效益。1995年后，天津市各区（县）开始对小型农田水利设施改革进行探索，以扭转小型农田水利设施单纯依赖国家、集体投资管理的模式，逐步建立起投入、所有、受益互为联系，责、权、利统一的新型管理模式，进一步推动小型农田水利工程效益的不断提升。

天津市小型农田水利设施管理体制和产权制度改革起步于宁河县，1996年下半年，宁河县后棘坨乡群众自愿集资打井，首开农民投资小型农田水利设施改革改制的先河。丰台镇北村开始试行"以井定地，相对稳定，报审用水，商品化用水"的管理模式，推动农村由无偿用水逐步向用水商品化转变。截至1998年年底，宁河县全县由群众自愿以联户、个人集资形式筹集15万元，新打井21眼。

1998年10月，中共中央下发《关于农业和农村工作若干重大问题的决定》指出"鼓励农村集体、农户以多种方式建设和经营小型水利设施"的新思路，宁河县小型农田水利设施改革向纵深发展。1999年4月3日，宁河县小李庄乡李老村公开向社会拍卖两座泵站，拍卖的水利设施是根据工程造价和灌溉能力确定底价，按照自愿、公平、竞争的原则，公开竞价拍卖水利设施的经营权、使用权或所有权。李老村一村民以4.3万元中标，两座泵站分别建于1995年和1997年，口径为300毫米和500毫米，此次拍卖是小型农田水利设施产权由集体向个人转变迈出的第一步。同年5月6日，宁河县岳龙镇小田村将两眼机井进行公开拍卖，小田村两村民分别以2300元和2700元中标买断。6月11日，宁河县大北乡将1座乡管中型扬水站向社会公开拍卖，这是宁河县自小型农田水利设施改革后进行的一次较大规模的拍卖，该扬水站由独立村一村民以15万元中标，宁河县小水产权改革的成功为全市推进小型农田水利设施改革积累了经验。

天津市小型农田水利设施改革主要有拍卖、承包租赁、联户办水利工程、井随地走承包到户、股份合作、零资产转让等多种形式。2000年2月4日市政府下发《关于小型水利工程产权制度改革意见的通知》，全面推动天津市小型农田水利设施产权的改革。各区（县）在借鉴试点经验的基础上，开始对本区（县）小型农田水利工程进行调查摸底，资产评估，产权界定，因地制宜地探索各种形式的产权制度改革，经营管理形式改革和多元化投资兴建农田水利工程等。

2000年，宁河县全年完成机井改制610眼，泵站（点）改制123座，盘活水利资产247.45万元，节省维修管护资金111.8万元，增加水利工程投入92.83万元，恢复废井35眼，恢复泵站（点）3座，节省资金52万元。

宝坻县全年共完成改制机井1802眼，占农田灌溉机井总数的57.7%。

蓟县全县2685眼机井中，实行个人承包租赁的有10眼，承包租赁即水利工程所有权归集体，依法签订合同，把水利工程有偿承包给经营者；实行联户打井的470眼，联户办水利工程，即个人或联户修建小型农田水利工程，产权和使用权归建设者所有；实行井随地走承包到户的有2205眼，井随地走承包到户，即以井划地，确定机井灌溉范围，机井产权归集体，管理和使用权无偿交给承包户。

静海县将东滩头乡双楼、王匡两个村的4眼深机井及设备出售给个人经营。

大港区全区有27眼机井实行承包管理制度，其中新井16眼，旧井11眼。

截至2000年年底，各区（县）小水产权改革已各具特色，且初见成效。全市小水改制9587处，涉及资金4600多万元。其中机井改制7299个，占全市机井总数的25.5%，涉及资金1750万元；扬水站点改制130个，占扬水站总数的3.6%，涉及资金337.5万元；小水库改制18个，占小水库总数的 19.4%，涉及资金 337.5 万元；其他工程如小水窖、节水工程、闸、涵等共 2140 个，涉及资金 2400 万元。

2001 年，全市小型农田水利设施产权改革继续深化，且改革内容有所扩大。大港区全区新打机井 19 眼，全部实行承包、租赁等新的管理模式，并在小王庄镇实施农村生活用水计量收费改革，具体做法为把机井承包给个人，家家户户安装水表，实行计量收费，超量加价，促使村民节水意识不断提高。

武清区全年共完成改制试点乡（镇）4 处，其中下朱庄乡扬水点 6 座，由个人承包。双树乡、高村乡 68 眼机电井由水利服务组织承包。大王古庄乡韩指挥营村采取股份合作制，即农民按照"谁投资谁收益"的原则，由农民联合在承包租赁的土地上，通过入股合作新建、购买或承包、租赁各种农田水利工程，不仅农民可以入股，集体和国家也可以入股，不仅资金入股，还可以以劳力、土地和技术入股，入股农民共同出资、共同劳动，共同拥有工程的所有权和经营权，既取得劳动报酬，又按股分红，一定程度上克服了资金、技术和人力等的不足。新打机井 18 眼。该村有 20 眼机井零资产转让。这些举措都极大地调动了群众投资建设管理水利工程的积极性。

宁河县全年完成机井改制 528 眼，泵站（点）改制 127 座，盘活水利资产 190 万元，其中承包、租赁资金 179.5 万元，拍卖资金 10.5 万元，节省维护养护费用 100.2 万元，增加水利投资 36.673 万元，小水改革不仅盘活了集体资产，且经营者在服务中受益，经济效益、社会效益日渐显现。

截至 2001 年年底，全市进行改革的小型水利工程共有 21808 个，涉及资金 17057 万元，主要是在中浅机井、扬水站点、小水库、小水窖以及其他农田灌排设施等小型水利工程上进行的改革。

2002 年 5 月，天津市水利局召开了小型农村水利工程产权制度改革现场推动会，各区（县）与会代表交流改制经验，并提出下一阶段小水改制想法。2004 年，天津市贯彻落实水利部《关于印发小型农村水利工程管理体制改革实施意见的通知》精神，要求各区（县）加快对现有小水工程的管理体制改革步伐。各区（县）围绕进一步明确所有权，继续增强经营管理活力这一重点内容，积极制定改制方案，推动小水改制工作不断向深度广度发展，以保证小水改制工作的顺利进行。宁河县先后出台"小水改制方案"和"实施细则"两个文件；宝坻区制定出"井灌区工程产权制度改革实施意见"，武清、静海、西青、津南、大港制定出"小水改制办法"。各区（县）按照小水工程特性，因地制宜地采取拍卖、承包、租赁、股份合作、用水者协会等形式实施改革，并收到实效。

截至 2010 年，全市小水改革共 27270 处，占现有小水工程的 48%，盘活资金 3358 万元。按水利设施类型分：其中机井共 15167 眼，占机井总数的 57.14%；扬水站点 1607 个，占扬水站点总数的 53.8%；小水库 49 座，占小水库总数的 49%，小水窖 6203 处，占小水窖总数的 42.01%；闸涵 4244 座，占闸涵总数的 34.13%。按管理形式分：其中采用承包形式的全市共有 5215 处，占改制工程总数 19.12%；采用租赁形式的全市共有 900 处，占改制工程总数 3.3%；采用股份合作形式的全市共有 2037 处，占改制工程总数 7.4%。采用拍卖形式的全市共 73 处，占 0.3%；采用用水者组织形式的全市共 44 处，占 0.2%；其他形式主要有个人投资、民营企业独立投资建水利工程，或由乡村水利服务组织集体管理等形式，全市共有 19001 处，占 69.68％。

　　10 余年的小农水改革，其成效显著。农民投资小型农田水利设施建设，参与工程管理，调动了农民生产积极性、责任感。在工程运行中将谁受益、谁负担真正落实到实处，减轻了集体负担。由无偿用水转变为有偿用水，增强了农民的节水意识。

第四节　农民用水者协会

　　天津市农村支渠以下的田间水利工程由乡（镇）、村负责管理，管理机构及管理制度不健全，经费没有来源，一直处于名义上有人管，实际上管不了的状态，农民用水要受乡（镇）、村两级制约，农民没有水权，造成工程老化失修，农田不能及时灌溉，水资源浪费没有制约措施，农民负担重，水事纠纷频繁发生。1996 年天津市水利局对部分小型农田水利工程进行管理体制改革，鼓励农民及个体私营企业进行承包、租赁、入股合作经营或购买产权，因农民及个体私营企业没有积极性，小型水利工程仍由乡镇或村集体管理，工程运行只能维持原有状态。为了探索更适合工程建设与运行管理新体制，在继续开展小型水利产权制度改革的同时，推行组建农民用水者协会，以破解田间工程管理无序的难题，这种农民自发的民间用水管水合作组织，充分发挥农民用水者在农田灌排工程建设管理和用水管水中的积极性。

　　农民用水者协会是小型农村水利工程或大中型灌区支渠、斗渠灌溉范围内的受益农户，在自愿的原则下，通过民主方式组建，依法成立的既是一个群体组织，又是具有法人资格，实行自主经营、独立核算的非盈利的法人组织。其职责是：自主管理使用协会辖区内的农田水利工程，自主安排辖区内灌溉用水的调度，合理调配辖区内水源，满足农户用水需求，自主安排工程维修、改善、更新、改造；推广先进的节水灌溉技术、核算内部成本和水费收缴；处理协会内部用水纠纷，化解矛盾和谐用水。通过制定相应规章制度，实行农民自主管理供水、自主维修工程、科学收取水费、协调用水关系等措施，优化水资源配置、提高用水效率，最大限度地满足了用水户的用水需求。

　　2004 年，天津市结合全球环境基金海河流域水资源和水环境综合管理（GEF）项目的实施，率先在宝坻区里自沽灌区曹家沽、于古庄、石辛庄、黄庄、大唐庄 5 个乡（镇）开展农民用水者协会组建试点工作。当年完成 5 个农民用水者协会试点准备工作。2005 年 4 月，经宝坻区民政部门批准，5 个试点正式挂牌成立并开展工作。

　　在总结试点工作经验的基础上，2004 年宁河县也开展了组建农民用水者协会工作。

　　2005 年 10 月，按照农业部《关于支持和促进农民专业合作组织发展的意见》和水利部、国家发展改革委、民政部三部委下发《关于加强农民用水户协会建设的意见》的要求，天津市加快了农民用水者协会组建工作步伐。到 2005 年年底，天津市已在宝坻区、宁河县组建农民用水者协会 17 个。共涉及 17 个乡镇、17 个行政村、5458 个用水户、19464 人、受益耕地 3760 公顷。其中涉及宝坻区 10 个乡镇、10 个行政村、3675 个用水户、12765 人、耕地 2420 公顷；

宁河县7个乡（镇）、7个行政村、1783个用水户、6699人、受益耕地1340公顷。17个用水者协会，均建立了协会章程和有关规章制度。按照"自我服务、自我管理、自我完善、自我发展"的要求，负责管理本协会灌区的集体水权、配水到户以及斗渠以下的灌排工程建设、管理、维修和水量计量、水费制订、征收等工作。经试行，农民用水者协会解决了田间小型水利工程管理无序的难题，深受群众欢迎。

2006年1月，天津市水利局将国家三部委《关于加强农民用水户协会建设的意见》转发各农业区（县），同时提出开展农民用水者协会工作的任务、目标等，指导全市全面开展用水者协会组建工作，并将此项工作列入各年度全市农村水利建设和强化水资源管理的重要建设内容和目标。市水利部门作为农民参与灌溉管理改革的技术指导者，各区（县）政府作为领导者、组织者和宣传者，各区（县）水利部门、乡镇政府、水利站及村委会等作为具体实施者，落实相应机构、相应人员，具体负责用水者协会组建工作。同时市水利局组织各区县赴河北省、北京市等地调研井灌区用水者协会组建运行、灌溉计量及水费征收等先进经验和做法，邀请世界银行专家授课培训、采取座谈会和下乡宣传等形式，推动组建用水者协会。还通过电视台、电台、报刊、信息网络等新闻媒体，宣传天津市农民用水者协会组建经验、成效等，扩大协会影响。为推动协会工作的开展，水利部门协助部分用水者协会对所在灌区灌排工程建设进行整体规划，对已成立用水者协会的灌区节水改造项目优先立项、重点扶持。截至2006年年底，全市已组建农民用水者协会59个，涵盖蓟县、宝坻、武清、宁河、静海、东丽、西青、塘沽、汉沽、大港10个区（县）；至2007年，农民用水者协会已覆盖全市。

截至2010年，全市农民用水者协会已扩大到225个，受益用水者约36.5万人，受益耕地面积43140公顷，涉及乡（镇）97个、254个村，发展协会会员99487人，用水者代表3492人，用水小组933个，协会管水区内发展节水面积24810公顷，管理408套泵（点）2488眼机井和1725座闸涵。

农民用水者协会为农村水利工程管理注入活力。农民用水者自主参与灌溉管理和节水意识得到明显提高。宝坻区黄庄乡黄庄村协会原仅管理耕地面积43330公顷，通过2006年一年的运行，该协会管理范围扩大到666.67公顷耕地。该村协会会员的范围，由20名扩大到了57名。该村的灌溉水费由被动征收变成了主动上缴，变化明显；经过协会的管理，各个协会做到了灌区工程有人管、有人修、有人保运行，保证了灌溉季节工程正常运行。用水者通过"一事一议"，自愿投资投劳建设灌溉工程的积极性明显提高。如宝坻区曹家沽村协会2005年春季筹措资金，检修防渗渠道和提水泵点，并翻建了两座农用生产桥；用水者协会自我管理农村水利工程，促进了灌溉用水计量和水费改革。如宁河县东淮沽灌区协会2007年筹措资金10000余元，购买机井磁卡自动收费装置6套，在全市率先对80公顷井灌区耕地，采取先缴费后供水、自动计量，以及一费制、终端水价的先进科学计量收费灌溉管理模式，具有非常典型的示范作用；用水者协会组建，进一步理顺了供水单位和用水者的关系，促进了科学灌溉管理。宝坻区11个协会于2006年制定了年度详细用水计划，使这11个灌区的水事纠纷大大减少，灌溉保证率得到提高，同时水费收缴工作受到群众支持，缴费工作非常顺畅。

2010年天津市农民用水者协会统计见表5-2-4-77。

表 5 - 2 - 4 - 77

2010 年天津市农民用水者协会统计

区（县）	协会数	涉及范围		协会所在地基本情况					水利工程设施				协会基本情况		
		乡镇街	村	村户数 /万户	受益人口 /万人	协会管理耕地面积 /×10³ 公顷	协会管理灌溉面积 /×10³ 公顷	节水面积 /×10³ 公顷	泵（点）	机井	闸涵	协会会员 /人	用水者代表 /人	用水组 /个
蓟县	28	15	54	1.68	5.68	5.4	4.13	3.82	7	375	63	9888	259	136
宝坻	42	22	45	1.48	5.17	8.5	7.63	7.06	97	332	2	14761	640	146
武清	25	11	25	0.73	2.21	2.6	2.46	1.93	40	238	14	15482	224	73
宁河	31	14	31	1.75	6.53	8.1	8.09	2.94	62	343	603	16065	240	128
静海	47	13	47	1.81	5.87	9.1	6.11	4.59	3	186	0	15859	1513	170
东丽	3	2	3	0.26	0.75	0.3	0.31	0.01	7	22	21	2615	62	40
津南	2	1	2	0.13	0.42	0.2	0.19	0.16	5	6	19	516	10	7
西青	17	6	17	1.27	3.75	3.8	3.61	1.32	61	753	469	10020	137	129
北辰	7	4	7	0.67	2.23	1.0	1.00	0.94	18	14	123	2521	158	19
塘沽	3	2	3	0.42	1.07	0.56	0.52	0.17	8	67	32	5056	41	14
汉沽	10	3	10	0.34	1.04	0.95	0.95	0.94	82	112	165	2979	101	14
大港	10	4	10	0.68	1.77	2.45	2.20	0.93	18	40	214	3725	107	57
合计	225	97	254	11.22	36.49	42.96	37.2	24.81	408	2488	1725	99487	3492	933

第三章 农业节水工程

天津市农业灌溉用水从传统的大水漫灌向修建防渗明渠、推广暗管输水等发展，发展较慢，至 1990 年，全市仅有节水工程面积 127890 公顷，占有效灌溉面积 37%。自 1991 年开始，以建设节水增产（增效）重点县建设和节水增效示范项目为重点，因地制宜，合理分区，加大资金投入，采取先进节水技术，大力发展农业节水工程建设。至 2010 年，全市新增节水面积 245920 公顷，是 1990 年全市节水面积的 2 倍，建成节水增效示范项目 31 个，节水增效示范县 7 个。

第一节 农业节水工程建设

天津市自 1991 年开始，制定天津农业节水工程建设方案，推行农业节水示范工程，加大投入，推广农业节水新技术。

一、农业节水工程建设规划

1991—1995 年，天津市根据干旱缺水状况，提出科技兴水，研究推广节水灌溉技术，发展明渠防渗，在井灌区推广暗管输水技术。规划每年新增 3330 公顷节水灌溉面积。确定将节水灌溉农田分为山区蓄水提灌区、津北平原井灌区、平原提水灌区三个节水灌溉分区。

1996—2000 年，天津市按照国务院"把推广节水灌溉作为一项革命性措施"的部署，调整政策，优先发展节水工程，采取因地制宜，分区规划，每年新增 6670 公顷节水灌溉面积。将原定三个节水灌溉分区调整为山丘区、井灌区、地面水灌区、旱作物区四个节水灌溉分区。

2001—2005 年，天津市围绕"建设节水型城市，发展大都市水利"的目标，提高农业用水效率，发展、巩固和完善渠系输配水节水体系。2001—2010 年，天津市规划每年新增 10000 公顷节水灌溉面积。2002 年 5 月 22 日，天津市首家节水灌溉技术试验研究中心在津南区落成。

2006—2010 年，在粮食主产区，重点发展低压管道和明渠防渗，支持粮食生产保障；在环城四区、滨海新区，重点围绕食用菌、花卉、蔬菜等设施农业区，重点发展低压管道和滴灌渗灌节水技术，适应农村不同层次的节水灌溉发展需求。

二、农业节水工程建设资金

1991 年，天津市农业节水工程建设资金投入相对不足，建设速度受限。1996 年之后，除市财政专项资金外，天津市每年从农业综合开发和粮食自给工程等支农资金拨出 30% 用于节水灌溉工程建设。从 2004 年开始，天津市加大农业节水灌溉工程的财政投入，节水灌溉项目市财政投资比例从总投资的 30% 提高到 50%，2007—2010 年，全市每年节水灌溉投资达到 1.5 亿元。

三、农业节水技术推广

1991—1996 年，天津农业节水技术措施以地埋管道和小断面防渗明渠为主，稳步发展喷灌，在温室大棚等保护地上适当发展微滴灌。1996—2005 年，开展渠灌区大口径低压管道输水技术，在全市推广面积达到 13330 公顷，每公顷年节水 1800 立方米，节电 30 千瓦时，增产粮食 2250 千克。2005 年，大港区中塘镇建成生活污水处理回灌农田工程，农村污水直接用于农田，缓解农业用水紧张状况。1991 年开始进行水稻"浅、湿、晒"节水灌溉技术实施，1999 年推广面积达 22670 公顷，至 2010 年，全市 66670 公顷稻田全部实施了"浅、湿、晒"节水灌溉技术。

四、农业节水示范工程

按照天津市农业节水工程规划，在不同类型地区建设相适宜的节水示范工程，逐步扩大农业节水工程面积，提高农田节水效益。

1991—1995 年，全市每年平均发展节水工程面积 6150 公顷。在蓟县李庄子、宝坻高庄子和牛道口、武清河西务和高村等井灌区建设了一批暗管输水节水示范区；在蓟县桑梓、西青南河镇和张家窝等地建设了防渗明渠节水示范区；在西青大柳滩建设了以防渗明渠结合移动式喷灌的万亩果园节水示范区；在武清大孟庄、宁河板桥发展"两高一优"农业节水示范区。示范区节水灌溉与传统地面漫灌相比，普遍节水 50%，增产 15%。

1996—2005 年，天津市先后在武清、宁河、静海、宝坻、西青、北辰、塘沽等 7 个区（县）重点建设节水灌溉工程项目，节水灌溉面积占本区（县）有效灌溉面积的 60% 以上，节水工程项目区内灌溉水利用率提高 20% 以上。至 2010 年，全市节水灌溉面积达到 262560 公顷，占有效灌溉面积的 76.2%，缓解天津农业干旱缺水的状况，提高了抗旱灾能力。

2008 年，全市节水灌溉水量 2.7 亿立方米，增产粮食 8.57 万吨、蔬菜 17.15 万吨、经济作物 10.29 万吨，节电 2000 万千瓦时，节约工日 500 万个，减少土渠占地 6800 公顷，增加经济效益近 4 亿元。

1991—2010 年天津市节水灌溉情况见表 5-3-1-78。

表 5-3-1-78　　　　　　　**1991—2010 年天津市节水灌溉情况**

年份	工程投资/万元			合计 /×10³ 公顷	防渗明渠		低压管道		喷灌 /×10³ 公顷	微灌 /×10³ 公顷	其他 /×10³ 公顷
	小计	市补	自筹		长度 /千米	面积 /×10³ 公顷	长度 /千米	面积 /×10³ 公顷			
1991	1023.90	450.50	573.40	4.72	40.54	1.23	182.02	3.03	0.46		
1992	971.40	408.00	563.40	7.08	82.00	2.48	255.17	4.25	0.35		

| 年份 | 工程投资/万元 | | | 合计 /×10³ 公顷 | 防渗明渠 | | 低压管道 | | 喷灌 /×10³ 公顷 | 微灌 /×10³ 公顷 | 其他 /×10³ 公顷 |
	小计	市补	自筹		长度 /千米	面积 /×10³ 公顷	长度 /千米	面积 /×10³ 公顷			
1993	1145.20	503.90	641.30	5.73	77.04	2.33	167.40	2.79	0.61		
1994	476.10	209.50	266.60	6.10	63.70	1.93	229.58	3.83	0.34		
1995	764.70	328.80	435.90	7.10	62.23	1.89	290.92	4.85	0.36		
1996	874.00	349.60	524.40	8.54	90.60	2.75	341.50	5.69	0.05	0.05	
1997	9645.00	3028.00	6617.00	6.75	264.00	4.20	313.00	2.55			
1998	9226.00	2302.00	6924.00	21.34	188.00	18.22	240.00	1.50	1.62		
1999	6708.00	2219.00	4489.00	18.00	526.00	8.47	489.00	6.69	0.15	0.05	2.64
2000	9645.00	2975.00	6670.00	18.00	522.00	8.40	607.00	9.25			0.35
2001	8014.00	2200.00	5814.00	23.84	341.00	8.53	905.00	8.78	0.44	0.11	5.98
2002	6278.00	1890.00	4388.00	10.87	197.00	4.93	1119.00	5.68	0.14	0.12	
2003	4730.00	1912.00	2818.00	11.50	83.00	2.08	985.00	9.42			
2004	3445.00	1762.00	1683.00	11.20	147.00	3.68	1051.00	7.52			
2005	8590.00	5008.00	3582.00	11.30	63.00	2.35	1001.00	8.86		0.09	
2006	12806.00	7105.00	5701.00	11.94	143.00	2.38	1150.00	9.55		0.01	
2007	13708.00	7454.00	6254.00	14.51	111.00	4.48	1174.00	9.74	0.26	0.03	
2008	17110.00	9330.00	7780.00	16.73	108.00	3.90	1518.00	11.85	0.13	0.85	
2009	24880.00	13775.00	11105.00	19.67	220.00	8.21	1653.00	10.72	0.21	0.53	
2010	17236.00	9610.00	7626.00	13.99	175.00	3.18	1428.00	10.02	0.59	0.20	
总计	157276.3	72820.3	84456	248.91	3504.11	95.62	15099.59	136.57	5.71	2.04	8.97

第二节　节水增产（增效）重点县

1996 年，国家计委、财政部、水利部、农业部、中国人民银行五部门决定在"九五"至"十五"期间，在全国建设 600 个节水增产（增效）示范县。节水增产（增效）示范县"九五"期间建设标准是，连续灌溉工程建设面积达 6670 公顷以上，或经五年建设，节水灌溉面积占全县有效节水灌溉面积的 60％以上；节水灌溉工程项目区内灌溉水的利用率提高 20％以上。"十五"期间建设标准是，水的利用率比 2000 年提高 5 个百分点以上，单位灌溉面积用水量下降 5％左右；新增节水灌溉工程面积 3330 公顷以上；基本建立全县农业用水总量与单位面积用水定额"两套指标"的强制节水控制体系。

天津市武清区、西青区、北辰区、塘沽区被列入"九五"期间（1996—2000 年）节水增产示范县；武清、宝坻、宁河、静海被水利部列入"十五"期间（2001—2005 年）节水示范县。

按照国家规定的重点县建设标准，各区（县）全面规划。结合冬春农田水利基本建设，制定平整土地，清淤整治干支渠等配套措施，确保工程效益发挥。同时，确定不同地区采取的节水模式和建设规模。武清区确定井灌区以发展低压管道为主，在渠灌区，发展大口径管道输水和混凝土明渠防渗技术；在棚室和经济苗木区发展微灌技术；在经济条件好的村发展喷灌。宁河县把节水工程建设放在稻田和棉花区内，体现出节水工程既灌水及时又节省了水源的优势，水稻棉花生产达到了节水增效；静海县把节水工程放在麦田区和经济作物区上，扩大井灌面积，保证麦田和经济作物在干旱情况下获得增产增收。

天津市制订了《建设节水增产（增效）重点县施工管理办法》，使工程质量符合国家行业有关规范和要求。

积极争取中央贷款，采取小水资金、农业综合开发、粮食自给工程、其他支农资金集中向节水增产（增效）重点县倾斜，保证工程建设资金及时到位，专款专用。

一、"九五"期间节水增产（增效）重点县建设

1996 年，经国务院批准，水利部决定"九五"期间在全国建设 300 个节水增产重点县，天津市武清、西青、北辰、塘沽 4 区（县）被列入建设计划中。"九五"期间，4 区（县）共投入 1.33 亿元用于节水灌溉工程建设，新增节水灌溉面积 26810 公顷，一般年份可节约灌溉用水 8000 万立方米以上、节电 80 万千瓦时、增产 1600 万千克，并可节省土地 800 公顷，各项指标均达到或超过部重点县的发展指标。

武清区新增节水灌溉面积 17790 公顷，超过新增 6667 公顷的建设任务。

西青区新增节水灌溉面积 4530 公顷，其中混凝土明渠灌溉面积 3890 公顷、管灌面积 410 公顷、喷微灌面积 220 公顷。1996 年西青区被列为全国 300 个节水增产重点县之一，1997 年在南河镇投资 300 多万元，在大、小南河村建设了 200 公顷节水示范田，达到干、支、斗渠三级防渗的建设标准，成为天津市以防渗渠道为主的节水示范区之一。

北辰区新增节水灌溉面积 3200 公顷，其中混凝土明渠灌溉面积 2640 公顷、管灌面积 520 公顷、喷微灌面积 40 公顷。

塘沽区新增节水灌溉面积 1290 公顷，其中混凝土明渠灌溉面积 1250 公顷、喷微灌面积 40 公顷。

西青、北辰、塘沽新增节水灌溉面积加上原有节水灌溉面积，分别达到有效灌溉面积的 63.3%、67%、60.2%，均超过节水灌溉面积达到有效灌溉面积 60% 标准。"九五"期间，四个节水增产重点县在 58860 公顷节水区域内。年均节水 1.06 亿立方米，扩大灌溉面积 23330 公顷，增产粮食 3800 万千克。西青区全区 9310 公顷节水工程，年均节水 1735 万立方米，增产粮食 1400 万千克；塘沽区 66.67 公顷节水示范区，年均节水 435 万立方米，节电 14.5 万千瓦时，增产稻谷 82 万公斤，年效益 218.8 万元；武清区双树乡万亩喷灌区年节水 135 万立方米，节地 20 公顷，节电 0.24 万千瓦时，增产粮食 20 万千克，年效益 57.62 万元。

2000 年 9 月 22 日，天津市"全国节水增产重点县"建设任务完成。

二、"十五"期间节水增产（增效）重点县建设

"十五"期间（2001—2005 年），武清、宝坻、宁河、静海四个节水增效重点县总计投资 6.30 亿元，新增节水灌溉面积 67740 公顷。

宝坻区投资 1.45 亿元，新增节水灌溉面积 26410 公顷。

武清区投资 0.60 亿元，新增节水灌溉面积 10530 公顷。

宁河县投资 0.31 亿元，新增节水灌溉面积 12600 公顷。

静海县投资 3.94 亿元，新增节水灌溉面积 18200 公顷。

四区（县）灌溉水利用系数分布由 2000 年的 0.65、0.69、0.6、0.55 提高到 0.75、0.86、0.73 和 0.70；单位灌溉面积用水量分别由 300 立方米、280 立方米、250 立方米、300 立方米下降到 250 立方米、240 立方米、200 立方米和 220 立方米。符合国家节水增产重点县标准。"十五"期间，四个节水增效重点县在 67740 公顷节水区域内，年均节水 1.22 亿立方米，扩大灌溉面积 26820 公顷，增产粮食 4370 万千克。

"九五"至"十五"期间，全市七个节水增产（增效）示范县建设，带动了其他五个有农业区（县）节水工程的发展。使全市农业节水工程得以持续快速发展。"九五"至"十一五"期间，全市分别发展农业节水工程面积 72630 公顷、68710 公顷和 76840 公顷，分别比"八五"期间提高了 1.36 倍、1.24 倍和 1.5 倍。

第三节 节水灌溉增效示范项目

国家计委、水利部决定从 1996 年起，在全国建设一批不同类型的节水灌溉增效示范项目。按照国家计委、水利部颁发的《节水灌溉增效示范项目建设管理办法》，天津市采取多种类型节水灌溉技术，加强项目建设管理和资金管理等一系列措施，确保节水灌溉增效示范项目起到典型示范作用，提高全市节水灌溉水平。

一、示范项目选项

重点选择水资源短缺、发展节水灌溉积极性较高、效益显著、经济实力强的农业种植区作为项目建设区，项目建设区土地相对集中、农业生产条件较好、农业种植结构调整力度较大，种植的作物具有较高的经济效益和较好的发展前景。为保证项目的设计水平，市发展改革委、市水利局组织由市水利局总工任组长的水利、财务等专家组，审查天津市节水灌溉增效示范项目建设实施方案，水利部门对实施方案进行批复，市水利局、市财政局联合下达项目明细投资计划，建设

单位严格按照明下达的细计划组织实施。1996—2010 年，天津市共建成节水灌溉增效示范项目31 处。

二、示范项目技术研究

"九五"期间，在统一实行水利服务的静海县西双塘镇和西青区张家窝镇、辛口镇引进国外先进的卷盘式喷灌机进行示范，以考察总结卷盘式喷灌机应用效果和推广前景；在以井灌为主，地面灌溉难度较大的蓟县官庄镇、武清双树乡发展半喷灌式喷灌，以考察总结半喷灌式喷灌和卷盘式喷灌不同应用效果，为全市推广喷灌，在喷灌设备选型上提供依据；在井灌区的东马圈乡发展低压输水管道，以进一步提高机井效益，总结节能节水的技术措施。在地面水源条件较好的塘沽区，发展稻田遥测计量综合节水技术，示范区内建设 U 形渠道防渗加遥测计量，配合水稻浅、湿、晒灌水技术推广，实现水、田、林、路综合治理，以提高地面水灌区节水灌溉的发展。

西青区张家窝镇节水灌溉示范项目。项目在张家窝镇董庄子村，按天津市计委和天津市水利局安排部署，1996 年 12 月完成《西青区张家窝镇高标准节水灌溉示范项目实施方案》的编制，1997 年初经清华大学、武汉大学水利电力学院、河海大学及水利部农水司有关专家评审，通过了该项目的实施方案。8 月该项目开工建设，1998 年 4 月工程全部竣工。示范区采用法国进口卷盘式自动喷灌设备实施灌溉，工程主要建设为：购置卷式喷灌机 5 台，修建中央供水加压泵站 1 座，新装 160 千伏安变压器，安装离心加压泵 3 台，铺设地下固定 PVC 高压输水管道 3272 米，工程投资 286 万元，其中国家补助 100 万元，市级补助 100 万元，自筹 86 万元。筹措方式均为现金投入的方式。1998 年 7 月 2 日，天津市水利局专家组对该工程进行了验收，经专家组鉴定，该工程各项技术指标均符合设计和有关规范要求，系统运行安全可靠。

项目建成后，作物灌溉有了保障，灌溉及时、增加了灌水次数，提高复种指数，小麦每公顷产粮食由实施前 5115 千克，增加到 6315 千克；小麦浇一次水由实施前的 10 天左右，每公顷灌溉用水 6000 立方米，到一次仅需 4～5 天即可完成浇灌任务，每公顷灌溉用水 2160 立方米，非项目区每公顷灌溉用水 3750 立方米，经实地测量，每年可节水 7.5 万元；喷灌工程可节地 7％，喷灌区节地 9.3 公顷。示范区的建设，可改善种植结构，可改善土地土壤环境，改善田间局部小气候，缓解水资源严重不足的现状，推动小型节水灌溉工程管理体制和运行机制的改革，同时普及了节水知识。

"十五"至"十一五"期间，在全市形成的 4 个节水分区内，建成的 20 个节水增效示范项目，有 16 个项目重点建设低压管道，其中，有 4 个项目区的经济作物和菜田实施了喷微灌等先进的节水灌溉技术。有 3 个项目区重点建设防渗明渠，有 1 个项目区建设喷灌工程。天津市形成了总体以低压管道为主，少数水源有保证地区适度发展防渗渠道，经济价值较高地区、设施农业区重点发展喷微灌的节水工程技术模式。

武清区上马台镇节水增效示范项目。项目在上马台镇西安子、大康庄、肖家庄 3 个村，工程于 2003 年 10 月 15 日开工，2004 年 6 月 30 日竣工，2005 年 4 月 2 日工程进行验收，综合得分9.08 分，达到合格工程项目，通过验收。项目完成投资 300.56 万元，其中国家补助 100 万元，区配套资金 200.56 万元。工程规划建设面积 253.33 公顷，新建虹吸水站 1 座，新建泵点 3 座，混凝土明渠 39.9 千米，大口径钢筋混凝土管道 1120 米，工程完成后灌溉水利用系数由 0.54 提高到 0.83。工程由武清区水利技术推广中心负责技术管理，工程严格执行"四制"原则，建成后经济效益明显，达到了节水增效的目的。

三、示范项目建设

所建项目均由所在区（县）水行政主管部门组建了项目法人，并配备了项目建设人员。推行项目法人制、监理制、合同管理制、竣工验收等建设管理程序。制定项目计划、合同、财务、技术、质量、安全等管理部门的规章制度，负责项目的建设组织、工程质量、工程进度、资金管理、生产安全以及工程验收等。项目法人选择具有施工资质和丰富农田水利工程施工经验的施工队伍，签订施工合同，明确双方义务和责任以及建设内容、施工质量等，并由项目法人派监理人员进行现场监理。工程各项技术指标，均达到了实施方案预定的目标及有关规范要求。

竣工项目经过 1~2 年的运行，工程质量确有保证，系统运行安全可靠，建立了合理、可行的工程长期运行管理制度和水费收缴办法，能够保证项目长期发挥工程效益，经水利局专家组考察合格。按程序进行正式验收；对于试运行期间，工程出现运行、管理问题的项目，提出整改意见限期整改，达到验收要求再进行验收。

四、示范项目管理及制度改革

2004 年，天津市通过学习借鉴外地先进经验，在宝坻区示范区内开展了农民用水者协会组建试点，实现由农民自主参与工程和用水管理。截至 2010 年，全市有 17 个节水增效示范区组建了农民用水者协会。共涉及 17 个乡（镇）17 个行政村 0.56 万个用水户、2.05 万人，受益耕地面积3800 公顷。同时，针对村集体经济相对脆弱、工程投入主体虚化、专业管理知识匮乏、灌溉不计量等因素，结合节水示范项目和农业末级渠系节水改造，在这 17 个灌区开展了农业用水计量收费试点，并建设农业集中供水工程，探索农业节水行业管理、专业经营模式，拓展水利产业服务领域。节水示范区运行更加顺畅，提高了经济效益。

武清区高村乡，宁河县后棘坨、蓟运河以东等 3 个项目区配合节水工程建设，由原来种植小麦、玉米、水稻为主，改种蔬菜，成为天津市重要蔬菜基地；塘沽区胡家园街项目区在盐碱地上建设了设施农业；蓟县杨津庄、宝坻区大口屯，武清区上马台、崔黄口、城关，宁河县板桥等以粮食作物为主，部分种植蔬菜。

从"九五"至"十一五"期间（1996—2010 年），全市累计投资 9344.65 万元，其中国家投资3090 万元，市级投资 435 万元，区（县）投资 442 万元，项目区群众自筹 5377.65 万元，建设节水增效示范项目 31 个。完成节水工程面积 9474 公顷。其中防渗渠道 2128 公顷、管灌 5054 公顷、喷灌 2210 公顷、微灌 82 公顷。灌溉水利用系数由原先的 0.45 左右，普遍提高到 0.8~0.85，年节水约 3000 万立方米。节水灌溉增效示范项目完成情况见表 5-3-3-79。

表 5 - 3 - 3 - 79　　　　　　　　　　节水灌溉增效示范项目完成情况

年份	项目名称	投资/万元					完成技术工程面积/公顷				
		合计	国家	市级	区（县）	自筹	合计	防渗渠道	管灌	喷灌	微灌
1996	静海县西双塘	330	100	20		210	133			100	33
1997	西青区张家窝镇	286	100	20		166	130			130	
1998	蓟县官庄镇	259.65	100	50		109.65	666			666	
	武清县双树乡	235	100	35		100	666			666	
	塘沽区中心区	445	100	150		195	866	866			
1999	武清区东马圈	390	130			260	600		600		
	津南区八里台	400	130			270	330	130		200	
	西青区辛口镇	399	130			269	330	130		200	
2000	津南区农业园	240	80			160	11				11
	宁河县苗庄镇	180	60			120	200	200			
	西青区南河镇	180	60			120	202		202		
2001	宁河县后棘坨乡	300	100			200	291		289		2
	大港区中堂镇	300	100			200	311		311		
	武清区高村乡	300	100			200	436		423		13
2002	塘沽区胡家园街	300	100			200	146		133		13
	汉沽区茶淀镇	300	100		42	158	270		270		
	宁河县蓟运河以东	300	100			200	250		250		
2003	宝坻区大口屯镇	300	100			200	248	22	151	69	6
	武清区上马台镇	300	100			200	250	250			
2004	蓟县杨津庄镇	300	100	20		180	303		299		4
	武清崔黄口镇	300	100			200	230	230			
2005	宁河县板桥镇	300	100			200	297		297		
	武清区城关镇	300	100			200	230		230		
2006	蓟县杨津庄镇	300	100	20		180	268		268		
	西青区西营门	300	100			200	179			179	
2007	宁河县丰台镇	300	100	20		180	255		255		
2008	蓟县下仓镇	300	100	50		150	269		269		
2009	宁河县岳龙镇	300	100	50		150	261		261		
2010	宁河县大北镇	300	100			200	300	300			
	蓟县上仓镇	300	100		200		279		279		
	蓟县尤古庄镇	300	100		200		267		267		
合计	31 个项目	9344.65	3090	435	442	5377.65	9474	2128	5054	2210	82

　　1991—2010 年，全市新增大口径输水管道及暗管输水面积 136570 公顷，明渠防渗 95620 公顷，喷灌 5710 公顷，微灌、滴管、渗灌等精准灌溉 10960 公顷。改变了 1990 年前以渠道防渗为主的单一模式，各类先进的节水灌溉技术已经形成规模。

第四章　水　土　保　持

　　天津市水土保持工作按照"预防为主，全面规划，综合防治，因地制宜，加强管理，注重效益"的方针积极开展。1991年6月《中华人民共和国水土保持法》颁布，1995年1月《天津市实施〈中华人民共和国水土保持法〉办法》经天津市人大常委会审议通过，至2003年，天津市水土保持工作重点围绕蓟县于桥水库周边进行小流域治理，先后实施了水源涵养、生态修复项目、京津风沙源治理工程、水源保护工程等山丘区水土保持及生态治理工程。2003年以后，水土保持工作扩展到平原区和城区。2004年，天津市第一次进行全市水土流失面积、水土流失类型、水土流失程度及水土流失分布情况的调查，在此基础上，2005年完成第一部《天津市水土保持规划》（2006—2020年），9月通过专家评审。依据水土保持相关法律法规，开展全市平原、城区、城市开发建设项目水土保持方案的编报、审批行政执法工作，水土保持工作走向规范化、法制化轨道。

　　1991—2010年，天津市投入水土保持项目资金8960万元，在蓟县建设各类水土保持设施12090处，累计治理水土流失面积46430公顷。项目区林草面积达到宜林宜草面积的80％以上，于桥水库综合污染指数明显下降，水库水质明显改善，饮水安全得到保障。全市完成63项开发建设项目水土保持方案的审批。水土保持方案总投资32517.86万元，防治责任范围9064.8公顷。

第一节　水　土　流　失　治　理

一、水土流失

　　天津市水土流失主要发生在蓟县的山丘区，平原及滨海地区有较轻微的水力侵蚀和一定程度的风力侵蚀。蓟县山丘区，陡坡面积比重较大，地形破碎，沟谷纵横，植被覆盖率较低，遇强降雨极易造成严重水土流失。1986年天津市水利局组织蓟县水土保持工作站对蓟县山丘区进行水土流失综合因子调查，调查结果：山丘区水土流失面积514平方千米，其中中度水土流失面积242.61平方千米，占47.2％；轻度水土流失面积115.65平方千米，占22.5％；强度水土流失面积61.68平方千米，占12％；其余为微度。2002年水利部组织全国进行第二次水土流失遥感调查时，天津市蓟县山丘区水土流失面积已减少到408.14平方千米。其中轻度水土流失面积312.6平方千米，中度水土流失面积86.57平方千米，强度水土流失面积8.97平方千米。2004年进行第三次全国水土流失遥感调查，天津市第一次进行全市水土流失面积、水土流失类型、水土流失程度及水土流失分布情况的调查。调查结果：天津市水土流失面积623.66平方千米（微度不计），占全市土地总面积的 4.39％。其中轻度水土流失面积 457.65 平方千米，中度水土流失面积 153.08 平方千米，强度水土流失面积 12.93 平方千米。

　　水土流失分布：全市水土流失最严重的是蓟县山丘区，水土流失面积 495.1 平方千米，占全市水土流失面积的 79.4％；大港水土流失面积 29.39 平方千米，占全市水土流失面积的 4.7％；塘沽水土流失面积 27.52 平方千米，占全市水土流失面积的 4.4％；静海水土流失面积 15.21 平方千米，占全市水土流失面积的 2.4％；其他区（县）水土流失面积共占全市水土流失面积的 9.1％。全市水土流失程度以中轻度为主，山丘区有中度侵蚀面积 111.74 平方千米，占全市中度侵蚀面积的 73％。山丘区局部存在着强度水土流失。平原地区、城区〔包括中心城区、区（县）所在地和开发区〕水土流失程度以轻、微度为主。随着市场经济的发展，开发建设项目增多，施工中乱挖、乱采、乱扔、乱倒现象严重，破坏了地表植被，造成新的水土流失。局部开发建设区存在中度、强度水土流失现象。天津市土壤侵蚀类型主要是水力侵蚀，平原地区、滨海地区在冬春季有风力侵蚀存在。2004 年天津市水土流失面积及其分布见表 5-4-1-80。

表 5-4-1-80　　　　　　　　　**2004 年天津市水土流失面积及其分布**　　　　　　　单位：平方千米

区（县）	水土流失程度			
	微度	轻度	中度	强度
蓟县	1039.63	370.43	111.74	12.93
宝坻区	1534.25	6.97	2.30	—
武清区	1605.03	1.31	—	—
宁河县	1322.42	8.22	—	—
汉沽区	399.62	12.34	—	—
东丽区	494.34	8.90	—	—
北辰区	487.78	3.37	—	—
静海县	1493.82	11.28	3.93	—
塘沽区	801.46	20.84	6.68	—
大港区	981.42	10.03	19.36	—
津南区	391.57	0.51	1.93	—
西青区	570.93	3.33	7.14	—
天津城区	173.79	0.12	—	—
合计	11396.06	457.65	153.08	12.93

　　天津市水土流失虽然不很严重，但潜在严重的水土流失危害。山丘区水土流失，使土壤厚度逐年减少，大量肥沃的表层土壤流失，土壤肥力下降，导致土地生产力降低，直至 2010 年蓟县许家台、逯庄子等乡（镇）部分山坡由于土壤沙化，土层变薄植树成活率不足 30％。山丘区地面产生水土流失的同时，一些地面污染物被一同带到水库和河流产生污染，尤其影响于桥水库水质，含有大量土壤养分，使于桥水库营养物质大量增加，造成富营养化水资源污染。

　　开发建设项目产生的弃土弃渣造成水土流失，导致水库、河道淤积，堵塞城市排洪管道，直接影响城市的排水系统，降低城市排洪防洪能力。大面积城市开发建设产生的裸露地表使空气含尘量增大，空气污染加重，严重影响到城市居民的生活环境。降低环境质量，直接影响到天津市的投资环境。

1991 年 5 月，水利部决定"天津市蓟县于桥水库周边水土流失治理工程"列入全国第十四片重点治理区，与滦河上游水土流失治理工程一并实施。1991—1995 年，国家共投入资金 200 万元，地方自筹 200 万元，治理控制面积 75 平方千米。

二、治理

（一）山丘区水土流失治理

天津市山丘区水土流失治理主要在蓟县，1991—2010 年，天津市累计投入水土流失治理资金 8960 万元，其中国家投入资金 2000 万元，市财政专项补助资金 2980 万元，蓟县自筹 3980 万元。完成水土流失治理面积 46430 公顷，其中基本农田 2450 公顷、经济林 4660 公顷，水保林 9680 公顷，封禁治理 29640 公顷。小型水保工程 12090 处。

1991 年蓟县被水利部列入全国第 14 片水土流失重点治理区，即滦河上游（包括于桥水库）水土流失重点治理区。天津市水利局农水处与蓟县水土保持工作站按照重点治理区的要求编制出《1991—2000 年于桥水库周边水土保持规划》，规划原则：山、水、林、田路综合治理，生物与工程措施并举，近期效益与远期效益结合，以乡为单位以小流域为单元集中连续治理。1991—1995 年，依据规划围绕于桥水库周边，集中治理了于桥水库南岸西龙虎峪燕各庄、五百户的望花楼、于桥水库北岸穿芳峪的果香峪等小流域。每年治理面积 20 平方千米，投资 180 万元，其中小型水利资金 50 万元、重点治理区投资 40 万元、蓟县自筹 90 万元。1996 年，重点治理区投资结束，但还需连续治理小流域。1996—2000 年山丘区的治理仍然依据《1991—2000 年于桥水库周边水土保持规划》与山丘区农田基本建设结合，冬春农建在山坡修建梯条田、挖鱼鳞坑，春天水土保持工程实施种植水土保持林，围绕于桥水库周边，以山坡建设梯田、防护林进行坡面治理，以浆砌堰坝、石谷坊为主治理沟道，以修建小水库、塘坝、蓄水池、建小型集雨微蓄水工程（小水窖）为水保防护保障，每年治理面积 8~15 平方千米的速度连续治理于桥水库南岸西龙虎峪燕各庄、五百户的望花楼、于桥水库北岸穿芳峪的果香峪等小流域。

1991—2001 年投资 1840 万元，新增治理水土流失面积 27150 公顷，其中基本农田 1350 公顷、水保林 5430 公顷、封禁治理 17640 公顷、经济林 2730 公顷；建谷坊 6100 条；蓄水水窖 76 座。

2001 年，国务院批复水利部编制的全国水土保持治理规划。规划中明确了全国重点治理片，提出各省（自治区、直辖市）每年治理任务。天津市的治理任务是每年治理水土流失 15 平方千米。按照全国水土保持规划，2001 年水土保持计划开始下达年治理水土流失 15 平方千米，治理投资由原来小型农田水利费中每年 50 万元提高到每年 100 万元治理速度稳步增长。

2001 年 7 月 31 日，水利部、财政部命名天津市蓟县西大峪小流域、黄土梁子小流域为"全国水土保持生态环境建设示范小流域"，并颁发证书。

2002 年，蓟县被国家列入生态县之一。天津市借国家建设生态重点县为契机，以在蓟县实施国家水保生态重点工程为机遇，加大治理力度。从 2002 年开始，在蓟县山丘区实施退耕、禁牧、封育、飞播等措施，保护大面积的植被。封禁区内的植被得到较快的恢复。水土保持工程在封禁区内植被得到恢复的小流域的下营乡的西大峪、马神侨乡的大峪、罗庄子乡的和兴南等小流域实施坡脚种植经济林、支沟干砌谷坊坝、主沟道浆砌谷坊坝生物措施与工程措施结合，水土流失形成层层拦截，提高了生物多样性，减轻了水土流失，使远山高山、近山水土流失都得到治理。

2003 年水土保持工程开始结合京津风沙源治理工程，至 2010 年完成小流域综合治理 6000 公顷，治理小流域 7 条。京津风沙源工程中，水利水保工程项目总投资 6570.8 万元，其中国家投资 6246.5 万元，蓟县自筹 324.3 万元。累计修建塘坝 80 座、水池和水窖 271 座、整修梯条田 34 公顷、建谷坊坝 666 条。打井 249 眼，总蓄水量达 1079.46 万立方米；铺设节水管道 157.4 千米，配套微灌设施 749 处，节水面积达 5280 公顷。

2006 年，在对京津风沙源治理同时，针对蓟县山丘区休闲旅游业发展迅速，农村污水、生活垃圾对水源的污染日趋严重，污水就地排放，垃圾大部分堆放在沟道、水渠等流水通道，汛期极易进入下游河床造成污染的情况，水土流失综合治理开始调整工作思路增加新内容，建设生态清洁型小流域。2006—2010 年建成黄土梁子、西大峪、果香峪等 3 个清洁小流域。主要治理措施为安装污水处理设施 2 套，建设垃圾掩埋厂 2 座，污水处理系统 4 套；配备垃圾箱 80 个；垃圾清运车 3 辆；村庄绿化 9250 平方米。

2002—2010 年投资 7120 万元，新增山丘区水土流失治理面积 19280 公顷；其中基本农田 1100 公顷、经济林 1930 公顷、水保林 4250 公顷、封禁治理 12000 公顷；维修兴建小型水保工程 5914 处。1991—2010 年蓟县山丘区水土流失治理面积及投资见表 5-4-1-81。

表 5-4-1-81　　　**1991—2010 年蓟县山丘区水土流失治理面积及投资**

年份	新增治理面积/公顷	治理工程项目					投资/万元			
		基本农田/×10³公顷	经济林/×10³公顷	水保林/×10³公顷	封禁治理/×10³公顷	小型水保工程/处	总投资	国家补助	市级补助	自筹
1991—2001	27150	1.35	2.73	5.43	17.64	6176	1840	300	620	920
2002—2010	19280	1.10	1.93	4.25	12.00	5914	7120	1700	2360	3060
合计	46430	2.45	4.66	9.68	29.64	12090	8960	2000	2980	3980

（二）平原区、城区水土流失治理

从 2003 年开始随着水土保持工作的深入，天津市水土保持由山丘区扩展到平原区、城区。平原区、城区水土流失治理内容是预防监督、控制减少新的水土流失。天津市水土保持工作站监督平原城区开发建设项目单位，按照编制的水土保持方案与主体工程同时实施生态措施、工程措施、临时措施等水土保持工程。2003—2010 年平原区、城区 21 个开发建设项目单位在建设中实施水土保持工程，水土保持方案总投资 13597.49 万元，防治责任范围 2679.53 公顷，详情见表 5-4-1-82。

表 5-4-1-82　　　**2003—2010 年平原区、城区水土流失治理**

序号	项　　目	水土保持方案总资金/万元	防治责任范围/公顷
1	天津市杨柳青热电厂"以大代小"2×300 兆瓦技改工程	108.73	34.76
2	天津陈塘庄热电厂三期扩建工程	76.64	23.28
3	天津市东北郊热电厂建设工程	127.91	70.79
4	南水北调配套工程天津干线分流井至西河泵站输水工程	502.49	132.17
5	天津东郊 500 千瓦变电所相关输变电工程	1262.60	16.26

序号	项　目	水土保持方案总资金/万元	防治责任范围/公顷
6	北疆电厂送出 500 千瓦输变电工程	421.39	38.04
7	天津军粮城发电厂五期扩建 2×300 兆瓦供热机组工程	163.37	49.94
8	华能绿色煤电	622.94	38.36
9	天津华能杨柳青热电五期扩建工程	494.73	50.84
10	天津东北郊热电二期扩建工程	258.45	26.65
11	天津陈唐庄热电厂"上大亚小"四期扩建工程	281.91	26.80
12	天津西南郊热电厂工程	700.50	45.46
13	北疆电厂送出 500 千伏输变电工程	421.39	38.04
14	南水北调中线配套工程王庆坨水库	991.81	683.15
15	南水北调中线滨海新区供水工程	1565.43	949.73
16	北塘热电厂一期工程	2778.28	58.34
17	大港油田子牙新河河道地区勘探开发项目	434.97	45.95
18	大港油田独流减河河道地区勘探开发项目	579.49	52.78
19	南水北调中线引滦沿线完善配套工程	495.50	223.01
20	天津国家石油基地储备工程	791.54	69.24
21	天津港保税区（海港）热电联产工程	517.42	5.94
	合计	13597.49	2679.53

第二节　水土流失预防监督

一、颁布法律法规文件

根据《中华人民共和国水土保持法》和国务院的精神，1993 年 3 月 8 日蓟县政府发布实施《蓟县贯彻〈中华人民共和国水土保持法〉实施办法》，9 月 14 日蓟县政府转发县水利局《关于办理水土保持许可证和缴纳水土流失防治费的意见》的通知。1995 年 1 月 18 日市政府颁布《天津市实施〈中华人民共和国水土保持法〉办法》，1997 年 11 月 13 日市政府批转市水利局拟定的《天津市水土保持设施补偿费、水土流失治理费征收使用管理办法》。2004 年 9 月，天津市重新颁布了修改后的《天津市实施〈中华人民共和国水土保持法〉办法》。

二、水土流失预防监督组织

市水土保持工作。天津市的水土保持工作由天津市水利局归口负责。2001 年 4 月，市水利局成立天津市水土保持生态环境监测总站。2004 年 12 月，经天津市编委批准成立水土保持工作站。水土保持工作站为天津市水利局农水处管理的科级事业单位，主要职责是：根据有关法律、法规规定，开展水土保持建设与管理和水土流失预防监督的具体实施工作。2005 年 9 月天津市水利局批准农水处成立天津市水政监察总队第八支队（水土保持监督管理支队），主要职责是：承办对管理范围内水事活动的监督检查、涉嫌水事违法行为的调查取证和立案申报、适用简易程序处罚的水事违法案件的查处工作；负责受理管理范围内涉嫌水事违法举报、投诉并查实；负责调处管理范围内的水事纠纷；承办局交办的其他水行政执法工作。2005 年 12 月 12 日，天津市水土保持生态环境监测总站获水利部水土保持监测甲级资格证书。

区（县）水土保持工作。20 世纪 80 年代蓟县的水土保持工作由蓟县水利局负责。1986 年蓟县成立水土保持工作站，为科级单位。1991 年 7 月 15 日，蓟县编委批准成立蓟县水利局水土保持监督检查站。水土保持工作站、水土保持监督检查站、水土保持实验站三块牌子一班人员。同时，在山区 22 个乡（镇）中建立水土保持监督检查分站，在 387 个村中，每村确定一名水保监督员，初步建立起县、乡、村三级监督网络。2006 年宝坻区继蓟县之后在区（县）成立第二个水土保持工作站。宝坻区水务局在成立水土保持工作站的同时，也取得"两费"，即水土保持设施补偿费和水土流失治理费的收费许可。2008 年塘沽区、北辰区相继成立水土保持工作站。其他区（县）也都将水土保持工作纳入日常工作，设专人负责。全市水土保持从业人员由 1991 年的不足 20 人，到 2010 年已发展到 700 余人。

三、预防监督

1991 年 6 月 29 日《中华人民共和国水土保持法》颁布实施后，天津市预防监督工作首先在蓟县山丘区开展。1998 年 12 月 28 日蓟县人民政府下发水土保持重点监督区、重点治理区和重点保护"三区"划分公告。水土保持监督检查站对全县山区 200 多个集体和个体矿山企业进行监督，查处违法案件，1998 年开始每年办理水土保持项目开发建管许可证，对开发建设项目和采矿业进行摸底、填表，办理水土保持许可手续。平时坚持做好水土保持"两费"征缴工作，重点抓好蓟县境内的大中型矿山企业、开发建设项目和电力企业的水土保持方案报告制度，审批了部分大中型矿山企业、开发建设项目和电力企业编报的水土保持方案，人为水土流失状况得到有效控制。

从 2003 年，天津市水土保持预防监督工作在全市范围开展。2004 年 12 月市水土保持工作站成立后，全市水土保持工作进一步深入。为了推动全市范围水土保持预防监督工作，天津市水土保持工作站有计划、有重点、分层次组织开展各种形式的水土保持宣传教育活动。每年的世界水日、《中华人民共和国水土保持法》颁布纪念日都举行大型的宣传活动，宣传水土保持工作，进行水土保持国策宣传教育。强化全社会水土保持国策意识和法制观念。以媒体宣传国策教育为主要手段，在《天津日报》《今晚报》等刊登水土保持成果性文章，在天津电视台设专题类节目。同时，积极采写宣传信息，在人民网、北方网、天津水利信息网、生态建设网等网络媒体上刊发。大力宣传"十一五"水土保持各项工作成效。全面展现全市"十一五"水土保持各项工作成效。配合 2010 年京津风沙源和北部山区生态建设等重点工程实施，对重点工程的建设情况、典型经验等进行宣传。配合科技周活动，印制和发放水土保持科技手册，开展水土保持科技宣传和推广活动。为加强预防监督工作，天津市每年举办 2～3 次培训班，讲授水土保持法律、法规知识及行政执法技术、技巧。同时开展水土保持监督工作经验交流，推广水保监督工作经验，提高区（县）

水土保持工作水平。

2003—2010年，天津市水土保持工作运用行政、法律及经济手段，加强预防监督。水土保持工作人员深入开发项目建设单位，通过执法检查等形式，对开发项目建设单位进行水土保持法律、法规落实情况进行监察，并现场指导开发项目建设单位开展水土保持工作，监督检查次数199次，查处违法案件10件，检查项目数量25项。

天津市水土保持工作站严格执行"一方案，即开发建设项目水土保持方案；两费，即水土保持设施补偿费、水土流失治理费；三权，即监督权、收费权、审批权；三同时，即同时设计、同时施工、同时验收投产使用"规章制度。

一方案。依据各类开发建设项目环境影响报告书中关于必须有水行政主管部门同意的水土保持方案的法规，对于开发建设项目不落实水土保持方案，不予审批的精神，约束开发建设项目单位执行水土保持工作制度，编制水土保持方案。全市水利、电力、电网、铁路、高速公路、冶金、轻工业、房地产、市政配套设施、休闲娱乐设施等10个行业从2003—2010年共编制水土保持方案63项，防治责任范围9064.8公顷，减少水土流失量198万吨。2003年，天津市杨柳青热电厂"以大代小"2×300兆瓦技改工程项目实施前，编制出天津市第一个建设项目水土保持方案，方案中水土保持投资108.73万元，防治责任范围34.76公顷，天津市水利局2004年1月15日批复。2004年天津市水利局审批开发建设项目水土保持方案5项；2005年审批9项；2006年审批11项；2007年审批6项；2008年审批10项；2009年审批11项，2010年审批11项。截至2010年，天津市编制的开发建设项目水土保持方案共63项，总投资32517.86万元，已全部完成批复并据此开展水土保持工作。水土保持方案的批复情况详见表5-4-2-83。

表5-4-2-83　　　　　　　　　天津市水土保持方案批复

序号	项　目　名　称	水土保持方案总资金/万元	防治责任范围/公顷	审批时间	建设地点	行业类别
1	天津市杨柳青热电厂"以大代小"2×300兆瓦技改工程	108.73	34.76	2004年1月15日	西青	电力
2	天津陈塘庄热电厂三期扩建工程	76.64	23.28	2004年4月22日	河西	电力
3	天津市东北郊热电厂建设工程	127.91	70.79	2004年8月16日	东丽	电力
4	天津市水泥石矿水土保持方案	183.62	236.9	2004年11月9日	蓟县	矿业
5	天津市宝坻区京津新城工业园扬水站工程	262.27	21.55	2004年12月31日	宝坻	水利
6	天津市津南区葛沽泵站扩建工程	53.48	3.43	2005年4月14日	津南	水利
7	天钢应急度汛排水工程	587.43	7.87	2005年6月9日	东丽	水利
8	天津大通建设发展有限公司蓟县湖地山庄房地产开发项目	123.11	12.32	2005年7月5日	蓟县	房地产
9	大港区小王庄泵站重建工程	23.55	5.79	2005年8月18日	大港	水利
10	天津大唐国际盘山发电厂建设工程	51.55	171.61	2005年8月30日	蓟县	电力
11	上马台水库	27.59	12.19	2005年10月17日	武清	水利
12	天津滨海国际机场改扩建工程	946.04	176.603	2005年10月17日	东丽	机场
13	黄港第一水库	140.75	63.57	2005年11月17日	塘沽	水利

序号	项 目 名 称	水土保持方案总资金/万元	防治责任范围/公顷	审批时间	建设地点	行业类别
14	天津国华盘山发电有限责任公司电厂建设项目（补做）	171.61	50.15	2005 年 12 月 20 日	蓟县	电力
15	天津东郊 500 千伏变电所相关输变电工程	1262.60	16.26	2006 年 1 月 24 日	东丽	电力
16	天津滨海国际机场外围配套项目西减河和排咸河改造工程	2389.35	57.76	2006 年 2 月 20 日	东丽	水利
17	南水北调配套工程天津干线分流井至西河泵站输水工程	502.49	132.17	2006 年 3 月 22 日	天津市	水利
18	郭家沟等四座山区水库除险加固工程	70.00		2006 年 3 月 27 日	蓟县	水利
19	宝坻区箭杆河泵站扩建工程	16.95	0.95	2006 年 7 月 13 日	宝坻	水利
20	天津市宁河县董庄泵站重建工程	31.22	3.43	2006 年 7 月 13 日	宁河	水利
21	天津市武清区北夹道泵站改扩建工程	10.62	0.18	2006 年 7 月 13 日	武清	水利
22	天津空港物流加工区袁家河临时改线工程	206.12	22.27	2006 年 8 月 3 日	东丽	水利
23	天津东北郊热电厂建设工程	255.18	66.32	2006 年 9 月 4 日	东丽	电力
24	津蓟高速公路延长线工程	771.72	190.29	2006 年 10 月 24 日	蓟县	高速公路
25	天津军粮城发电厂五期扩建 2×300 兆瓦供热机组工程	163.37	49.94	2006 年 10 月 30 日	东丽	电力
26	华能绿色煤电	622.94	38.36	2007 年 4 月 12 日	滨海新区	电力
27	松江高尔夫工程	56.95	99.28	2007 年 5 月 16 日	静海	娱乐
28	天津华能杨柳青热电五期扩建工程	494.73	50.84	2007 年 6 月 15 日	西青	电力
29	天津东北郊热电二期扩建工程	258.45	26.65	2007 年 6 月 25 日	东丽	电力
30	塘沽区塘于路泵站及配套设施工程	111.43	8.4	2007 年 8 月 1 日	塘沽	电力
31	天津临空产业区热电工程	247.07	26.04	2007 年 9 月 17 日	东丽	电力
32	天津陈唐庄热电厂"上大亚小"四期扩建工程	281.91	26.8	2008 年 1 月 3 日	河西	电力
33	天津西南郊热电厂工程	700.5	45.46	2008 年 1 月 3 日	西青	电力
34	天津市东丽区西河泵站更新改造工程	89.15	2.96	2008 年 3 月 10 日	东丽	电力
35	北疆电厂送出 500 千伏输变电工程	421.39	38.04	2008 年 5 月 9 日	塘沽	电力
36	亚泰轩豪公司一期 20 万吨电解铜项目	292.25	58.09	2008 年 7 月 17 日	津南	矿业
37	芳湖园项目	293.71	22.2	2008 年 7 月 18 日	静海	房地产
38	玖龙纸业（天津）基地项目	676.82	245.5	2008 年 8 月 13 日	宁河	纸业
39	天津市北辰区大张庄镇及西堤头镇供水工程	141.94	11.29	2008 年 9 月 1 日	北辰	水利
40	蓟运河中新生态城段治理工程	753.58	213.39	2008 年 9 月 18 日	汉沽	水利
41	年产 2 万吨金属镍项目	476.84	104.05	2008 年 10 月 16 日	津南	金属
42	南水北调中线配套工程王庆坨水库	991.81	683.15	2009 年 1 月 9 日	武清	水利

续表

序号	项　目　名　称	水土保持方案总资金/万元	防治责任范围/公顷	审批时间	建设地点	行业类别
43	团泊水库除险加固	243.24	1010.29	2009 年 1 月 20 日	静海	水利
44	南水北调中线滨海新区供水工程	1565.43	949.73	2009 年 3 月 2 日	滨海新区	水利
45	北塘热电厂一期工程	2778.28	58.34	2009 年 7 月 8 日	塘沽	电力
46	大港油田子牙新河河道地区勘探开发项目	434.97	45.95	2009 年 7 月 22 日	大港	石油
47	大港油田独流减河河道地区勘探开发项目	579.49	52.78	2009 年 7 月 22 日	大港	石油
48	南水北调中线引滦沿线完善配套工程	495.50	223.01	2009 年 9 月 2 日	宝坻	水利
49	新地河水库除险加固工程	79.04	1372.02	2009 年 9 月 25 日	东丽	水利
50	静海 500 千伏输变电工程	110.62	12.23	2009 年 10 月 13 日	静海	电力
51	天津大港沙井子风电场 49.5 兆瓦工程	235.54	30.00	2009 年 10 月 19 日	大港	电力
52	港北高压输气管道工程	296.57	40.22	2009 年 12 月 29 日	大港	气
53	天津国家石油基地储备工程	791.54	69.24	2010 年 1 月 12 日	天津南港	石油
54	天津港保税区（海港）热电联产工程	517.42	5.94	2010 年 1 月 19 日	天津港保税区	石油
55	天津市 2009 年农村饮水安全及管网入户改造工程	804.95	282.91	2010 年 2 月 13 日	天津市	水利
56	天津大港马棚口风电场 49.5 兆瓦工程	129.88	25.94	2010 年 3 月 8 日	大港	电力
57	于桥水库周边水污染源近期治理工程（一期）	136.23	162.01	2010 年 6 月 8 日	蓟县	水利
58	天津市南水北调中线配套工程王庆坨水库工程	779.11	453.67	2010 年 7 月 19 日	武清	水利
59	天津大港沙井子二期 49.5 兆瓦风电场工程	379.34	35.2	2010 年 8 月 11 日	大港	电力
60	天津市新地河调线工程（东丽湖段）及泵站工程	101.02	108.72	2010 年 10 月 26 日	东丽	水利
61	天津子牙循环经济产业区	4839.18	845.01	2010 年 11 月 11 日	静海	开发区
62	天津商业石油储备基地工程	1291.22	135.00	2010 年 11 月 29 日	天津南港	石油
63	天津市南水北调市内配套工程西河原水泵站工程	453.92	15.87	2010 年 12 月 4 日	西青	水利
	合　　计	32517.86	9064.8			

两费。开发项目建设单位在建设生产过程中造成水土流失的必须负责治理，损毁水土保持设施的，必须在限期内负责修复或者按照所需水土保持设施补偿费予以赔偿或缴纳水土流失治理费。2005 年，天津市杨柳青热电厂“以大代小”2×300 兆瓦技改工程交付水土保持设施补偿费 9 万元、天津陈塘庄热电厂三期扩建工程水土保持设施补偿费 8 万元，2003—2010 年，天津市共收缴补偿费征收 264.4 万元。

三权、三同时。2007 年，天津市水土保持工作站对各区（县）已编报水土保持方案的水保项目、在建的开发建设项目、2003 年后完建的但未验收的开发建设项目等进行监督检查，坚持用好监督权、收费权和审批权，保证水土保持工程与主体工程同时设计、同时施工、同时验收投入使用。2007—2010 年验收合格的水土保持项目 14 个（表 5-4-2-84）。

370

表 5-4-2-84　2007—2010 年天津市开发建设项目水土保持工程验收

年份	开发建设项目名称	水土保持方案总投资/万元	防治责任范围/公顷	减少水土流失总量/吨	应收水土流失补偿费/万元	实际缴纳/万元	方案审批文号	验收批复文号	监测单位	编号
2007	天津市杨柳青热电厂 "以大代小" 2×300 兆瓦技改工程	108.73	31.76	283.00	9.80	9.0	津水农〔2003〕14 号	津水审批〔2007〕241 号	监测总站	
2008	天津陈塘庄热电厂三期扩建工程	103.30	23.28	409.40	8.60	8.0	津水农〔2004〕8 号	津水审批〔2008〕170 号	监测总站	
2008	南水北调配套工程天津干线分流井至西河泵站输水工程	502.49	132.17	2428.21	33.22	0.4	津水农〔2006〕10 号	津水审批〔2008〕246 号	监测总站	
2009	天津东郊 500 千瓦变电所相关输变电工程	1262.60	16.26	752.28	24.04		津水农〔2006〕4 号	津水审批〔2009〕73 号	监测总站	
2009	北大港水库除险加固工程							津水审批〔2009〕102 号	监测总站	2010-1
	北疆电厂送出 500 千瓦输变电工程	421.39	38.04	825.33	32.46		津水审批〔2008〕110 号	津水审批〔2010〕86 号	监测总站	2010-2
	芦新河泵站除险加固工程							津水审批〔2010〕135 号	监测总站	2010-3
	黄港第二水库除险加固工程							津水审批〔2010〕145 号	监测总站	2010-4
2010	天津军粮城发电厂五期扩建 2×300 兆瓦供热机组工程	163.37	49.94	6000.00	28.40	28.4	津水农〔2006〕29 号	津水保〔2010〕6 号	北京金水工程设计有限公司	2010-5
	大邱庄泵站								津水保〔2010〕8 号	监测总站
	良王庄泵站								津水保〔2010〕9 号	监测总站
	八堡泵站								津水保〔2010〕10 号	监测总站
	新地河水库		1372.02					津水审批〔2009〕15 号	津水保〔2010〕12 号	监测总站
	团泊洼水库		1010.29					津水审批〔2009〕71 号	津水保〔2010〕13 号	监测总站

第三节　水 土 流 失 监 测

天津市水土流失监测工作始于 1984 年。1984—2006 年，天津市水土流失监测重点在蓟县。从 2006 年以后，平原城区逐步开展了水土流失监测工作。

一、山丘区水土流失监测

1984 年在蓟县境内建设了蓟县城关白马泉、下营乡西大峪、许家台乡田家岭、穿芳峪乡新水厂径流观测站，1989 年建设西龙虎峪乡燕各庄径流观测站。上述五处径流观测站控制面积分别为 0.120 平方千米、1.490 平方千米、0.390 平方千米、0.084 平方千米、0.380 平方千米。在白马泉观测站有四个面积为 100 平方米的径流小区和薄壁型三角堰、矩形堰、巴歇尔量水槽。各观测站（点）的监测设施主要是自记雨量计、自记水位计，在蓟县水保站设有理化性质化验室一处，可及时化验泥沙水样，分析泥沙资料。经 1984—1988 年五年对观测资料整编分析推算出蓟县山丘区土壤侵蚀模数为每年每平方千米 600 吨，入于桥水库的泥沙量为每年 300 多吨。1990 年以后天津市连年干旱，径流站产流次数减少，观测资料不完整。2000 年以后，新水厂径流站的林草植被覆盖率达到 60%～70%，小流域基本达到降雨不产生径流；2004 年田家峪径流站由于许家台乡开发建设项目开山采石活动遭到破坏；2005 年白马泉站由于蓟县城区改造被拆除。虽然各监测站（点）的监测人员始终坚守在岗位上，但搜集到的资料年限没有连续性，失去使用价值。推算蓟县山丘区土壤侵蚀模数，需要继续观测。

2000 年、2002 年、2004 年水土流失监测主要是通过遥感影像资料转化、判读等进行区域性土壤侵蚀情况的监测，并绘制土壤侵蚀强度分区图。在比较分析的基础上，掌握侵蚀面积、强度变化情况，分析水土流失的主要影响因素，提出不同区域水土流失治理措施。2002 年遥感调查结果是：蓟县山丘区水土流失面积已减少到 408.14 平方千米，其中轻度 312.60 平方千米、中度 86.57 平方千米、强度 8.97 平方千米。2004 年遥感调查结果是：蓟县水土流失面积 395.10 平方千米，其中轻度 370.43 平方千米、中度 11.74 平方千米、强度 12.93 平方千米。

2006 年，在蓟县山丘区已建的监测场（点）内进一步完善监测设施和设备配置。2008 年在试验区黄土梁子建一处径流观测站，观测站由 4 个面积为 100 平方米的径流小区组成。2010 年已具有一定规模。已建成使用的监测设施包括：水蚀监测点 5 个、风蚀监测点 1 个、径流小区 7 个、径流堰 5 个；拥有的监测设备主要是人工或半自动方式监测水蚀、风蚀和重力侵蚀以及背景因子的设备，能够开展降水、气温、蒸发、土壤水分等项目的观测，包括自记水位计、自记雨量计、雨量筒、积沙仪、GPS、全站仪等。各监测站能够初步开展水蚀、风蚀及重力侵蚀的常规监测、遥感监测、调查统计、巡测等工作。

二、平原区、城区水土流失监测

根据《中华人民共和国水土保持法》和《水土保持生态环境监测网络管理办法》，天津市于 2001 年 4 月成立天津市水土保持生态环境监测总站，天津市水土保持监测机构分为二级。天津市水土保持监测总站为一级站，负责组织开展全市水土保持监测工作。蓟县水土保持监测站为二级站，负责山丘区水土保持监测工作。2006 年，天津市水土保持生态环境监测总站获得水利部颁发的水土保持监测甲级资格证书，获甲级资质监测站，有资格在全国范围内开展各类生态建设项目水土保持监测工作，包括开发建设项目、水土流失生态治理项目、全国重点水土保持生态建设项目以及水土保持常规监测等工作。

依据水土保持法及水利部水土保持监测中心的要求每两年要发布水土保持公告，2004 年、2006 年，天津市发布了水土保持监测公报。公报主要内容是：天津市水土流失概况、水土保持预防监督、综合防治、生态修复和监测预报（包括站网建设）等方面所取得的成效和主要特点、国家重点工程实施情况、开发建设项目水土保持监测情况、重要水土保持事件。

平原区、城区水保监测工作重点是大中型开发建设项目水土保持监测。开发建设单位邀请有水土保持监测资质机构，按照开发建设项目水土保持方案确定的监测内容、方法、时段、频次开展监测工作。2006—2010 年先后对南水北调中线一期天津市内配套工程应急施工段、天津东郊 500 千伏变电所相关输变电工程、天津北疆电厂送出工程以及天津市北大港水库除险加固工程等 20 个项目进行了水土保持监测。开发建设项目水土保持监测针对工程施工或运行中易造成水土流失的弃土弃渣场、施工道路、土石料堆放处等部位，初始时段主要监测项目造成新的水土流失情况，建设项目占地和扰动面积、挖填方数量及面积、弃土弃渣及堆放，项目区林草覆盖率等；工程实施时段监测各类防治措施的数量和质量，林草措施的成活率、保存率、生长情况及覆盖率；项目竣工时段监测水土保持措施防治效果。监测工作的实施，促使开发建设单位重视边施工边治理水土流失工作，最大限度地控制了开发建设项目造成新的水土流失。监测机构将监测结果记录后编制出水土保持监测报告。

第六篇

规划设计

　　水利规划是水利建设和发展十分重要的基础工作，多年来，本市水利规划工作主要围绕建设"城乡供水、防洪减灾、水生态环境、水资源管理、农村水利和社会管理"水利发展六大体系开展工作，为水务建设和管理提供了较好的依据和支撑。在本市水利规划管理方面，为加强水务规划管理工作，提高规划编制质量，充分发挥规划作用，保障规划有效实施，制定和颁发了《天津市水务局规划管理办法（试行）》，水务规划实现了统一组织、分级分类负责的管理模式。随着经济体制改革的不断深入，天津水利设计工作顺应水务一体化发展趋势，发扬水利专业特长，取得了较好业绩，具有水利勘察、设计、测绘、工程咨询等国家甲级和市政给水、环评等国家乙资格（质）证书知名设计单位，承担了多项本市水利规划和水利勘测设计任务。

第一章　水　利　规　划

第一节　规　划　项　目

　　1991—2010 年，天津市水利（水务）局先后编制综合规划、专业规划、专项规划等各类规划报告 68 项，涉及水利发展、城乡供水、防洪减灾、水资源管理、水生态环境、农村水利、水务管理等方面。规划项目详见表 6-1-1-85。

表 6-1-1-85　　　　　　　　　　　规　划　项　目

项目类别	项　目　名　称	完成时间	承编单位
综合规划	天津市水利"九五"及天津市 2010 年水利发展规划纲要	1996 年	设计院
	天津市水利发展"九五"计划和 2010 年远景目标规划	1997 年	设计院
	天津市水利发展"十五"计划（修订）	2001 年	设计院
	天津市水利发展"十一五"规划	2005 年 10 月	设计院
	天津市水务发展"十二五"规划	2010 年 12 月	设计院
	天津市流域综合规划	2007 年	设计院为牵头单位，水文水资源中心、水科所、农水处和信息中心为协作单位

续表

项目类别	项 目 名 称	完成时间	承编单位
城乡供水	※天津市中长期供水水源规划	2004 年	设计院
	天津市城市饮用水水源地安全保障规划	2005 年	设计院
	天津市城市饮用水水源地安全保障规划	2006 年	水文水资源中心
	滨海新区供水规划	2007 年 10 月	滨海新区水务局
	天津市城市供水规划	2010 年	设计院
防洪减灾	天津城市防洪规划报告	1993 年 1 月	设计院
	天津市滨海地区防潮海挡工程规划	1993 年	设计院
	天津市城市总体规划排水专项规划	1995 年	市政设计院
	※天津市城市防洪规划修订报告	2000 年 11 月	设计院
	天津市中心城区排水规划	2004 年	设计院
	天津市中心城区及新四区排水规划	2004 年	设计院
	天津市山洪灾害防治规划	2004 年	山洪灾害规划编制组
	天津市蓄滞洪区围堤及分区隔埝整治规划	2004 年 5 月	设计院
	天津市海挡综合开发利用建设规划	2004 年	设计院
	天津市蓄滞洪区建设与管理规划	2005 年	设计院
	滨海新区排水规划	2007 年	滨海新区水务局
	天津市排水专项规划	2008 年	市政设计院
	※天津市抗旱规划	2009 年	设计院
	天津市排涝规划	2010 年 11 月	设计院
	天津市滨海新区防潮规划	2010 年	设计院
水资源管理	天津市水利滩涂开发治理规划	1997 年	设计院
	天津市地下水资源开发利用规划	1997 年	设计院
	天津市水资源保护规划	2000 年	设计院
	※天津市水资源综合规划	2004 年	设计院
	天津市海河下游水利综合规划	2004 年	设计院
	天津市"十一五"中型水库建设规划	2005 年	设计院
	北大港水库综合发展规划	2006 年	设计院
	※天津市节水型社会建设试点规划	2006 年 7 月	中国水科院、天津市水科院
	※天津市水系规划（2008—2020 年）	2009 年	设计院
	天津市水资源保护规划	2010 年	设计院
水生态环境	引滦工程整治规划	1997 年	设计院
	南北水系沟通工程规划	1998 年	设计院
	天津市外环河治理规划	2000 年	设计院
	天津市外环河整治工程规划	2001 年	设计院
	天津市中心城区河湖水系沟通与循环规划	2002 年 10 月	设计院
	天津市利用海水改善滨海新区水环境规划	2002 年 11 月	设计院、滨海新区水务局
	天津市河湖水系沟通与循环规划	2003 年	设计院
	海河综合开发堤岸改造规划方案	2003 年	设计院
	黎河综合治理规划	2005 年	设计院

项目类别	项　目　名　称	完成时间	承编单位
水生态环境	天津市控制地面沉降"十一五"规划	2006 年	控沉办
	京杭大运河（天津段）申遗保护规划	2007 年 11 月	天津市规划局
	天津市水系联通循环与水生态环境治理规划	2008 年	设计院
	引滦入津黎河综合治理工程规划	2008 年	设计院
	天津市中小河流近期治理建设规划	2009 年	设计院
	天津市地面沉降防治规划	2010 年	控沉办
农村水利	农村水利总体规划	1992 年	农水处、水科院
	桃花寺抽水蓄能电站规划报告	1994 年	农水处、水科院
	天津市农业现代化水利规划	1999 年	农水处、水科院
	纪庄子污水处理厂再生水灌溉农田规划	2000 年	水科院、设计院
	天津市大型灌区续建配套与节水改造规划	2000 年 4 月	农水处、水科院、设计院
	天津市再生水灌溉农田工程总体规划	2002 年	农水处、水科院、设计院
	天津市农村饮水安全及管网入户改造工程规划方案（2006—2010 年）	2005 年	农水处
水务管理	天津市水文事业发展规划（"十五"规划）	2000 年	水文水资源中心
	天津市水文事业发展规划	2001 年	水文水资源中心
	天津市水文水资源监测站网规划	2003 年	水文水资源中心
	蓟县于桥水库遗留问题处理 6 年规划	2004 年 9 月	水科院、蓟县库区经济发展办公室
	天津市水利信息化"十一五"发展规划	2004 年 12 月	信息管理中心
	滨海新区水文水资源监测站网规划	2006 年	滨海新区水务局
	天津市水文事业发展规划	2008 年	水文水资源中心
	天津市大中型水库库区和移民安置区基础设施建设和经济发展规划	2008 年 11 月	工管处、水科院
	天津市水文基础设施"十二五"建设规划	2010 年	水文水资源中心
	天津市水文事业发展"十二五"规划	2010 年	水文水资源中心

按照编制年份，重要规划项目有（表中标有※的项目）：天津市城市防洪规划修订报告、天津市水资源综合规划、天津市中长期供水水源规划、天津市节水型社会建设试点规划、天津市水利发展"十一五"规划、天津市水系规划、天津市水务发展"十二五"规划、天津市抗旱规划等。在相关规划的指导下，天津市防洪工程、供水工程、水资源保护及农田水利工程等水利基础设施建设有序开展，城乡供水、防洪减灾、水生态环境、农村水利保障体系不断完善，水资源、水环境、水安全保障能力不断提升，为全市经济社会又好又快发展提供了有力保证。

一、天津城市防洪规划修订报告

规划区域内主要河流有：永定河、北运河、大清河、子牙河、南运河、海河干流、永定新河、独流减河等。在主要骨干河道周边还分布有配套的蓄滞洪区，又称分洪洼淀。

中华人民共和国成立后，经过多年的治理，海河流域上游建设了大量的大、中、小型水库，控制了山区大部分洪水。在天津市境内对原有河道进行了疏浚，整修堤防，并新辟了独流减河、永定新河及子牙新河等入海河道，大大提高了尾闾的入海泄洪能力。对周围的分、滞洪洼淀进行整治，基本上形成了完整的城市防洪体系。这个防洪体系保护的范围以市区为中心，北至永定新河右堤，南至独流减河左堤，东至海岸防潮堤（即海挡），西至西部防洪堤（即西部防线），面积约 2700 平方千米。天津城市防洪体系由三部分组成：①主要入海行洪河道包括永定新河、独流减河、海河干流；②城市防洪堤包括永定新河右堤、独流减河左堤、西部防线、子牙河右堤，防潮堤，共长 248.83 千米；③蓄滞洪区和行洪道包括永定河泛区、三角淀、淀北、西七里海、东淀、文安洼、贾口洼、团泊洼等 8 个蓄滞洪区和沙井子行洪道。

1993 年 1 月，设计院编制完成了《天津城市防洪规划报告》。同年 5 月由水利水电规划设计总院和水利部海河水利委员会主持审查并通过，水利部于 8 月 12 日批准。1994 年市政府以《关于实施天津城市防洪规划的批复》批准实施。

该规划中城市防洪范围包括中心城区的 6 个行政区、东丽区、津南区、塘沽区的全部，以及西青区、北辰区、大港区，武清区、宁河县的部分地区。城市防洪标准为防洪 200 年一遇。

1999 年，天津市水利局以《关于尽快开展海河流域防洪规划工作的通知》，要求天津市水利勘测设计院进行《天津城市防洪规划报告》的修订工作，2000 年 11 月完成报告的编制。

本次修订规划，保持了原规划确定的城市防洪总体规划基本框架，主要修订的工作是：通过地质勘查，对城市防洪堤工程地质条件和堤身质量进行评价；根据完成的可行性研究、项目建议书和初步设计对有关城市防洪工程项目的措施规划进行修订；按照修改的投资、费用和效益，对工程的经济合理性进行评价。

本规划修订报告中城市防洪标准、规划范围、总体规划仍与原《天津城市防洪规划报告》保持一致。规划水平年为 1998 年，近期 2010 年，远期 2020 年。不同规划水平年防洪、排涝、防潮标准。防洪：近期 100 年一遇、远期 200 年一遇；排涝：市区 20 年一遇、郊区 10 年一遇；防潮：近期重要地区 100 年一遇、一般地区 20～50 年一遇，远期重要地区 200 年一遇，一般地区 50～100 年一遇。

天津城市防洪工程是以现有的城市防洪体系为基础，建设由永定新河右堤、独流减河左堤、西部防线、子牙河右堤和东部防潮堤组成的城市防洪堤，按照流域规划确定的永定新河、独流减河和海河干流总泄量，对三条河进行治理，并打通沙井子行洪道，运用城市周边的蓄滞洪区，采取工程措施与非工程措施相结合的方法，使城市防洪标准达到规划要求的标准。

规划修订报告中提出，天津城市防洪工程计划到 2020 年完成，分两个阶段。第一阶段（1991—2000 年）：重点治理海河干流（2000 年前基本完成），同时进行永定新河和独流减河治理，建设城市防洪圈（包括防潮堤），打通沙井子行洪道。第二阶段（2001—2020 年）：完成永定新河、独流减河治理，继续建设城市防洪圈（包括防潮堤），使其达到 200 年一遇防洪标准。根据流域规划治理蓄滞洪区，并建设必要的永久性管理设施。

本次规划修订，为了查清防洪堤的地质条件和堤身质量，补充了地勘工作和蓄滞洪区的地形测量。根据海委要求，本次还对设计洪水和设计涝水进行了复核。并根据已完成的海河干流的北运河郊区段推荐堤线调整（缩窄）方案、永定新河治理推荐清淤建闸下闸位方案、独流减河采用扩挖深槽结合灭苇方案达到设计流量 3600 立方米每秒的有关前期工作成果，将 3 条河河口治理纳入了城市防洪规划中。进一步完善了由永定新河右堤（北部防线）、独流减河左堤（南部防线）、西部防线、海挡组成的城市防洪堤规划。并提出了三角淀、西七里海、团泊洼、沙井子行洪道等蓄滞洪区和行洪道治理方案。对城区、郊区治涝规划也作了修改。

二、天津市水资源综合规划

随着经济社会迅速发展，对水的需求大大超过了区域水资源承载能力，造成供需矛盾突出、生态与环境恶化等一系列问题。如何充分利用本地资源，用好引滦、引黄水，实施南水北调工程条件下，在强化节水基础上做好本市水资源配置，以有限的水资源支持天津市经济社会可持续发展，改善生态与环境，成为天津水利面临的迫切任务。

2002 年 5 月，根据水利部、国家计委《关于开展全国水资源综合规划编制工作的通知》和《全国水资源综合规划任务书》的精神，在水利部和海委统一部署下，由设计院汇总、水文水资中心、水科所三家单位开展规划编制工作，于 2008 年 9 月完成。规划成果除本报告外，还包括《天津市水资源调查评价》《天津市水资源开发利用情况调查评价》《天津市水资源保护规划》《天津市滨海新区水资源专题规划》4 个附件。该规划报海委，已纳入 2010 年国务院批准的《全国水资源综合规划》。

天津市水资源综合规划是在对区域水资源量与质、开发利用和生态状况全面调查评价的基础上，采用长系列水资源供需分析，在海河流域水资源统一调配下进行编制的。针对水资源过度开发、生态与环境日益恶化的严峻形势，规划突出了地表水、地下水、外调水、非常规水统一配置，以及节水型社会建设、水资源保护、生态修复等内容，提出了水资源可持续利用的工程和管理对策。

整个规划分为两个阶段。第一阶段为水资源及其开发利用调查评价阶段，第二阶段为水资源配置阶段。水资源及其开发利用调查评价阶段完成了水资源量、开发利用、污染源和水质、生态状况等评价内容，形成了 1956—2000 年水资源系列。水资源配置阶段完成了经济社会发展与需水预测、节水规划、供水量预测、供需分析与配置、水资源保护规划，提出了水资源可持续利用对策及分期实施安排、规划效果评价、环境影响评价、规划实施措施保障等内容。

规划以 2006 年为规划基准年，2010 年为规划近期水平年，2020 年为规划中期水平年，2030 年为规划远期水平年。

该规划中确定的天津市总体用水格局是，北部山区以水资源保护、涵养城市水源地为重点，北四河平原区以强化农业节水、加强水资源开发利用为重点，南部大清河淀东平原区以加强城市节水、加大非常规水的利用为重点。规划中，对天津市水资源利用现状及三个规划年的供需平衡配置进行了分析。天津市水资源多年平均总可利用量 19.39 亿立方米，其中多年平均地表水可利用量 12.05 亿立方米，地下水可开采量 7.34 亿立方米。

2010 年增加南水北调中线工程，增加调水量 8.63 亿立方米。总配置水量 37.3 亿立方米，基本实现供需平衡。北四河平原缺水 2.46 亿立方米，为湿地生态缺水。2020 年在外调水量不变的情况下，通过加大非常规水利用等措施，总配置水量 43.3 亿立方米，基本实现供需平衡。北四河平原区、大清河淀东平原区分别缺水 1.91 亿立方米、0.60 亿立方米，为湿地生态缺水。2030 年增加南水北调东线工程，增加调水量 4.0 亿立方米。总配置水量 47.8 亿立方米，实现供需平衡。北四河平原区缺水 2.78 亿立方米，为湿地生态缺水。

针对天津市资源型缺水的特点，水资源综合规划重点研究水资源的承载能力，水资源配置，节约用水。坚持兴利除害结合、开源节流治污并重。促进人口、资源、环境和经济的协调发展。规划总目标是：以水资源总量控制为原则，在强化节水、挖潜和水质保护的基础上，做好南水北调工程实施条件下的水资源配置，达到供需水基本平衡。建立节水型社会，达到保障城乡供水安全、恢复和维系良好水生态环境，以水资源的可持续利用支持天津经济社会的可持续发展。实现高效用水和节水、水资源合理配置、水资源有效保护、水生态修复和加强水资源管理五大目标。

规划内容主要包括：区域概况及水资源分区；水资源及其开发利用现状；指导思想与目标任务；水资源供需分析与用水格局；水资源配置；水资源保护与水生态修复；滨海新区水资源专题规划、水资源管理制度建设；实施效果与环境影响评价；保障措施等。

三、天津市中长期供水水源规划

天津市是资源型缺水城市，人均水资源量仅 160 立方米，20 世纪 70 年代曾多次引黄济津。1983 年引滦入津工程建成通水后，除特殊干旱年外，基本缓解了城市用水压力。但随着经济社会的发展，引滦工程已经不能满足天津市的基本用水要求，截至 2003 年已实施三次调引黄河水以解决城市应急供水问题。针对天津市日益严峻的供水形势，2003 年 8 月 29 日，天津市召开市委常委扩大会议，听取了市水利局关于供水情况的汇报，针对天津市面临的缺水形势，提出尽快制定中长期的、长远的供水规划，作为支持天津市经济发展"三步走"战略的重要水资源支撑。据此，由市计委牵头，市水利局具体负责，市经委、市农委、市建委、市规划和国土资源局、市市政工程局、滨海新区管委会、市统计局等部门配合，安排开展《天津市中长期供水规划》（后更名为《天津市中长期供水水源规划》）的编制工作。

2003 年 12 月，设计院编制完成《天津市中长期供水水源规划》。该规划深入分析了天津水资源形势，考虑了供需水形势的变化，重点研究了城市供水保障问题，把以水资源的可持续利用保障经济社会的可持续发展作为编制规划的主线，坚持开源节流并重，通过水资源的合理开发、有效保护、优化配置、高效利用、综合治理和科学管理，促进人口、资源、环境和经济的协调发展。特别是在南水北调中线工程通水前，要考虑各种可能的开源节流措施，制定安全供水技术方案。规划以 2000 年为基准年，2010 年为近期水平年，2020 年为远期水平年。

规划提出的总目标：坚持开源、节流方针，依靠科技进步，深化节水措施，加强水资源统一管理、统一调度，合理配置水资源，实施南水北调工程建设，实现 21 世纪初期水资源供需平衡，保障天津市经济、社会的可持续发展。

2010 年目标：建成南水北调工程，实现水资源供需平衡，使城市生活、生产及河湖环境用水得到保证；合理开采地下水，有效控制地面沉降；加大海水利用和污水处理及再生水的利用力度。

2020 年目标：深化完善节水措施，进一步优化配置水资源，实现农业生产用水保障，进一步改善生态环境；进一步扩大海水综合利用领域；城市污水全部得到处理及多渠道的合理回用。

规划主要包括：水资源及开发利用情况、水资源需求预测、供水预测、节水规划、水资源供需平衡分析及水源合理配置、供水水源工程规划、特殊干旱期缺水和应急对策、水资源保护规划、工程投资与实施方案、工程管理及保障措施和建议等内容。

2004年2月9日，天津市发展改革委规划计划员会主持召开的有天津市建设管理委员会、天津市经济委员会、天津市农村工作委员会、天津市滨海新区管委会、天津市规划和国土资源局、天津市环保局、天津市市政工程局、天津市水利局和特邀专家参加的审查会，审查并通过了《天津市中长期供水水源规划》，5月上报市政府。

四、天津市节水型社会建设试点规划

2005年天津市被建设部和国家发展改革委等命名为"节水型城市"。在大力开展各行业节水的基础上，先后实施了引滦入津、引黄济津等外流域引水工程，一定程度上缓解了天津市的水危急，但国民经济缺水、生态环境缺水和地下水超采等问题仍然十分突出。

从市委八届三次会议提出的"三步走"战略目标所需的水资源支撑来看，实现天津市水安全保障的根本出路是在一定规模的外调水源的基础上，全面加速建设节水防污型社会。为此，结合全国节水型社会建设试点工作的进程，天津市积极申请并被水利部批准为南水北调东中线受水区节水型社会建设的试点地区。为指导天津市今后一个时期节水型社会建设工作，为东中线受水区探索和积累节水型社会建设的相关经验，根据水利部等国家相关部门关于开展节水型社会建设试点工作指导精神和相关文件，天津市水利局组织编制了《天津市节水型社会建设试点规划》。

2006年7月，该规划由市水利局组织中国水利水电科学研究院、天津市水利科学研究所等单位共同编制完成。

规划现状水平年为2003年，节水型社会建设工作分两阶段实施，其中2006—2008年为试点期，2009—2020年规划后期。2010年和2020年为近期和远期规划水平年。

该规划报告中明确提出了节水型社会总体建设目标、试点建设目标、远景规划目标。

总体建设目标：通过优化经济结构和布局，完善水资源配置和管理工程设施技术体系，不断提高水资源利用效率和效益，形成发达的节水型社会生产力；通过大规模的制度建设，建立良性自我运行的节水和保护内在机制，形成以人水和谐为核心的节水型社会生产关系；通过完善地方性水法规，提高公众节水的自觉性和自律性、培育特色水文化，形成与节水经济基础相适应的上层建筑，逐步构建一个安全、高效、现代、可持续用水的现代文明社会。

试点建设目标：力争到试点期末，中心城区、滨海新区和环城四区基本建成节水型城区，全市初步构建起节水型社会框架体系，整体节水水平处于全国较为领先水平。

远景规划目标：力争到2020年，全市范围内基本建设成节水型社会，整体节水水平居全国前列水平，实现与发展阶段相适应的人、水和谐目标。

规划中针对天津市主要水资源问题，围绕政府调控、市场引导和公众参与运行体系建设，结合国家对南水北调东中线受水区节水型社会建设试点要求，确定了节水型社会主要十个方面规划建设内容，分别为水权制度体系建设；水资源管理体系建设；节水型产业体系建设；经济调控体系建设；公众参与体系建设；多水源调配与利用体系建设；各业微观节水体系建设；水生态环境保护体系建设；节水法律法规体系建设；科技体系与节水产业建设。

规划内容包括：区域概况；水资源及其开发利用评价；规划指导思想和基本思路；水资源合理配置；节水型社会建设目标；节水型社会主要规划内容；试点示范项目建设与重点工作安排；建设项目资金估算；实施效果与保障措施；审查、验收与评价。

2006年7月13日，市政府以《关于同意天津市节水型社会建设试点规划的批复》予以批复实施。

五、天津市水利发展"十一五"规划

按照国家发展改革委关于开展"十一五"规划编制工作的部署和水利部《关于开展全国水利发展"十一五"规划编制工作的通知》要求以及天津市"十一五"规划工作会议的部署，市水利局于2005年5月依据水利部《全国水利发展"十一五"规划编制工作大纲》，编制天津市水利发展"十一五"规划，10月完成。

该规划编制紧紧围绕全面建设小康社会的宏伟目标和天津市"三步走"的战略目标，认真分析当前和今后一段时期国家宏观经济形势和发展趋势，以及天津市经济社会发展对水利发展的实际需求，立足于水利发展的客观实际，深入研究水利发展中的重大问题，以现代水利、可持续发展水利的治水思路和理念，广泛吸纳社会各方面有益的意见和见解，形成具有宏观性、战略性、实践性、创新性的新世纪新阶段天津水利发展规划。

"十一五"规划的主要内容有：分析了天津市水利发展的现状，总结了"十五"计划的执行情况、水利发展存在的问题及制约水利发展的主要因素；提出了天津市水利发展与改革的指导思想、总体思路；明确了"十一五"水利发展总体布局和主要任务，水利改革与管理的主要任务；对投资测算与分期实施计划进行了论证；分析了规划效果和规划实施保障的措施等。

在"十一五"规划中，详细阐述了水利发展的总体目标和专业领域规划目标，2010年的总体目标：主要行洪河道达到设计标准，城市防洪圈防洪标准达到100年一遇以上，海挡达到50～100年一遇，完成重点蓄滞洪区建设，初步建成防洪减灾体系；初步建立城市水资源供给保障体系；地下水超采得到一定控制，重点河湖水体环境初步恢复，城市节水与农业节水全面提高，污水处理与再生水利用、海水利用达到一定规模；2010年天津市区、滨海新区初步建立起节水型社会框架，新四区、塘沽区、汉沽区建成节水农业区；初步建成水利科技创新体系和水利信息化体系；水法规体系建设初步完善。2020年的总体目标：城市防洪圈防洪标准达到200年一遇，所有一级河道、海挡等防洪能力全面达标，全面完成蓄滞洪区建设，建成较为完善的防洪减灾体系；建立较为完善的城乡水资源供给保障体系；城市河湖水体环境全面恢复；各项用水指标与发达国家接轨，全面实现节水型社会目标，全市基本建成节水型社会；地下水超采得到全面控制；再生水利用、海水利用成为城乡供水的重要水源之一；建成完善的水利科技创新体系和水利信息化体系；建立起与水利建设发展相适应的水法规体系。

专业领域规划还分别从防洪减灾、供水、节水、水资源保护和生态治理、农村水利发展、水文、水利科技及信息化建设提出了2010年、2012年的6大目标。

水利改革与管理提出的目标：洪水管理目标；水资源管理目标；水资源保护目标；水土保持目标；节水型社会建设目标；水利改革目标。

围绕以上规划目标，从防洪减灾角度确定了"十一五"实施的建设规划有大江大河治理规划、行蓄滞洪区建设规划、海挡建设规划、防汛通信建设规划等。将水资源开发利用及配置、节水型社会建设、水资源保护与水生态修复、农村水利及水土保持建设、水文、水利科技与信息化建设也列入"十一五"主要任务。

为实现"十一五"水利发展目标，水利建设主要在防洪减灾、水资源、水土保持及生态环境、专项工程4个方面，各项工程估算总投资368.797亿元，其中防洪减灾工程投资221.530亿元，水资源工程投资101.826亿元，水土保持及生态环境工程投资43.461亿元，专项工程投资1.980亿元。

该规划水平年：近期2010年，远期2020年，现状水平年2005年。

2006年8月，天津市发展改革委以《关于印发天津市水利发展"十一五"规划的通知》批准该规划实施。

六、天津市水系规划

天津市河道水系是城市建设的重要基础设施和组成部分，既是城市防洪排涝的通道，又是建设生态宜居城市极为宝贵的自然资源。在天津市迈向国际先进、国内一流的大都市的进程中如何通过水系的合理规划和利用，提高水系的防洪排涝能力，为城市发展提供水源保障，同时加强水体的保护和提高其自我修复能力，改善水域生态系统，使水系为经济发展提供支撑。2009年，根据《天津市城市总体规划（2005—2020年）》，市水务局组织编制了《天津市水系规划（2008—2020年）》。

规划主要内容有：水系现状；天津市水系存在的主要问题；规划原则和目标；防洪体系规划；排水体系规划；供水体系规划；城市水环境规划；水系生态规划；水文化规划；水系功能定位；水系管理规划；近期实施计划等。

规划与城市总体规划相协调，确定规划期限为2008—2020年。近期2008—2012年，远期2012—2020年。

天津水系的特点：①天津水系位于海河流域下游，是海河流域洪水入海的重要通道，海河水系面积23.25万平方千米，其中从天津汇流入海的流域面积17.48万平方千米；②天津市水系具有河口水网的基本特征，一级、二级以上河道长约2900千米，河网密度每平方千米0.25千米；③湿地、平原水库多，生物多样性丰富。天津市各类水体面积1256.6平方千米，占天津市国土总面积的10.5%。

按照天津水系的特点，将水系划分为六类：第一为行洪河道19条，主要功能是承泄上游来的洪水；第二为排水河道110条，主要排泄境内城市雨水、农田沥水、达标处理后污水的河道；第三为大中型水库13座，用来拦截洪水和存蓄沥水；第四为蓄滞洪区2片，作用是临时滞蓄洪水；第五为其他水面面积132.43平方千米，包括小型水库、塘坝、洼淀、鱼池等；第六为供水系统，主要指为城市供水的渠道（河道）、水库等。

由于自然条件和人为因素的影响，河流的自然功能、社会服务功能退化严重，水系存在问题与天津城市发展及定位不相适应，水系现状主要存在四方面问题：防洪能力下降；排水出路不畅；

缺水问题严重；水体污染严重。

该规划针对上述存在的问题，根据城市总体规划，在对河道水系功能进行重新定位的基础上，统筹协调水系"防洪、排涝、供水、环境、景观、生态"功能之间的关系，通过建立防洪体系、排水体系、供水体系、水环境体系和水生态、水文化、水景观等城市环境建设相结合，使其综合效益得到最大限度地发挥。

"防洪体系"，继续完善防洪工程建设，确定在 2008—2020 年使城市满足防洪安全标准要求，防洪圈达到 200 年一遇，其他城区 50 年一遇；海挡重点区域 200 年一遇，其他区域 100 年一遇；永定河、永定新河 100 年一遇，独流减河、子牙新河、北运河、潮白新河 50 年一遇，蓟运河 20 年一遇，并确保发生 50 年一遇洪水不溃堤。

"排水体系"，调整排水格局，确保排水河道畅通，行洪河道安全。到 2020 年，城区一般地区达到市政 1 年一遇排水标准，重点地区达到市政 2 年一遇排水标准；农村地区达到农田 10 年一遇排涝标准。

"供水体系"，近期要确保城市生产、生活和环境景观用水，建成南水北调中线天津干线和市内配套工程；远期进一步开源节流，增加水库湿地生态补水。

"水环境体系"，强调开发保护并重，注重水生态修复，分区建设水系联通循环体系。规划期内，城市供水水源要达到Ⅲ类水质标准，其他水体要达到Ⅳ类水质标准，排污河道要达到一级 A 或一级 B 污水排放标准。在生态环境指标方面，水面率保持在 10％以上，湿地覆盖率达到 15％以上。

规划范围涵盖全市域，水环境规划重点为城区，包括中心城区及新四区、滨海新区全部；蓟县城区、宝坻城区、武清区、宁河城区、静海城区、西青区环外、京津新城、团泊新城内的河湖水面；水生态规划重点为湖泊、湿地和重要的生态廊道河流。

七、天津市水务发展"十二五"规划

"十二五"时期是天津市全面落实市委"一二三四五六"奋斗目标，加快推进天津滨海新区开发开放，实现天津城市定位的关键时期。科学制定和实施天津市水务发展第十二个五年规划，为天津科学发展、和谐发展、率先发展提供坚实的水务保障具有重要意义。

水利部于 2009 年 10 月 27 日召开了全国水利发展"十二五"规划编制工作视频会议，全面启动了全国水利行业"十二五"规划的编制工作。2009 年 11 月，市水务局下发《关于开展天津市水务发展"十二五"规划编制工作的通知》，开展《天津市水务发展"十二五"规划》编制工作。期间水利部相继下发了《全国水利发展"十二五"规划编制工作总体方案》和《全国水利发展"十二五"规划思路报告》等相关技术文件，指导全国水利行业"十二五"规划的编制工作。

2010 年 3 月 26 日市政府办公厅下发《关于开展全市"十二五"重点专项规划编制工作的通知》，通知列出了由市政府审批的重点专项规划共计 36 项，其中由天津市水务局承办的天津市水务发展"十二五"规划排序第 13 项。

2011 年 1 月 16 日，在天津市第十五届人民代表大会第四次会议审议并通过《关于天津市国民经济和社会发展"十二五"规划纲要》的报告，3 月 8 日市政府发布了规划纲要。3 月 14 日，第十一届全国人民代表大会第四次会议审议并通过了国务院提出的《中华人民共和国国民经济和社会发展第十二个五年规划纲要（草案）》，3月16日由新华社受权对外公开发布。

规划中明确提出了"十二五"时期天津市水务发展的总体思路、目标任务、建设重点、改革管理举措，是未来五年天津市水务发展的指导性文件。

"十二五"规划主要内容包括：全面总结评估"十一五"规划执行情况，认真分析了"十一五"规划目标、任务及投资完成情况，找出了存在的主要问题；提出天津市"十二五"期间的水务发展目标、发展思路、发展重点和对策措施；明确了水务管理和改革的主要任务；充分论证了"十二五"期间重大建设项目的必要性及资金来源的可行性，认真做好重大工程筛选，合理测算了资金需求。

规划报告阐述的"十二五"时期水务工作的总体思路是，以"建设节水型社会，发展现代水务循环水务民生水务"为总目标，着力加快水务基础设施建设，着力实行最严格的水资源管理制度，着力构筑城乡供水、防洪减灾、水生态环境、水资源管理、农村水利和社会管理"六大体系"，着力构建充满活力和富有效率的水务体制机制，确保供水、防汛、粮食和生态安全，在全国率先实现城乡水务统筹发展、率先建成节水型社会，为全市经济社会又好又快发展提供有力保障。具体目标：①水资源供给，引滦、引黄、引江联合调度，地表水、地下水、海水淡化和再生水资源优化配置，确保城乡生活和工业生产用水，努力解决农业和生态用水需求；②水环境治理，"十二五"末全市城镇综合污水处理率达到95%；中心城区主要河道水质全部达到地表水Ⅴ类以上标准、消除黑臭，环外及农村河道实现水清目标；③防洪减灾。城市防洪圈防洪标准达到200年一遇，外围区县城区达到20～50年一遇；永定新河、独流减河、蓟运河、新开河、金钟河达到设计标准；海挡重点段达到100～200年一遇防潮标准；④农村水利建设，恢复农业蓄水能力4200万立方米，新增农业蓄水能力1.45亿立方米；维修改造节水灌溉面积66666.67公顷，新建节水灌溉工程控制面积53333.33公顷，全市节水灌溉面积达到312000公顷，年新增节水能力1.62亿立方米，农业灌溉用水有效利用系数提高到0.72；⑤水资源管理，"十二五"末，全市用水总量控制在33亿立方米以内；城市供水管网漏损率控制在12%以下；万元工业增加值用水量控制在11立方米左右，工业用水重复利用率达到95%以上；节水型企业（单位）覆盖率达到50%以上；重点水功能区达标率提高到42%以上；在全国率先建成节水型社会；⑥水务管理与改革，基本建成符合天津市情、水情的较为完善的水务法规体系，水务执法能力显著提升，各行业规划、规范、标准健全完善，社会服务能力和意识明显增强。

"十二五"期间水务发展建设主要安排了防洪减灾、水资源开发利用与节约保护、农村水利、水土保持与水生态修复、行业能力建设共计52个项目，估算总投资880.47亿元。

2012年6月7日，市政府以《关于同意〈天津市土地资源开发利用"十二五"规划〉等11个市重点专项规划的批复》批准该规划实施。

八、天津市抗旱规划

为贯彻落实国务院办公厅《关于加强抗旱工作的通知》的精神，全面规划、统筹安排抗旱工作，提高抗旱减灾能力和抗旱管理水平，水利部办公厅以《关于开展抗旱规划编制工作的通知》，下达在全国范围内组织开展抗旱规划编制工作的任务。

该规划主要内容包括：干旱灾害基本情况调查评价；规划指导思想、原则和目标；规划布局；抗旱应急（备用）水源工程规划；旱情监测预警系统规划；抗旱指挥调度系统规划；抗旱减灾管理体系规划；投资估算和规划实施意见；规划方案效益分析；规划实施保障措施等。

据此天津市水利局 2009 年 1 月组织技术人员按照水利水电规划设计总院《抗旱规划技术大纲》的编制要求，开展《天津市抗旱规划》的编制工作，2010 年 4 月完成。4 月 11—16 日水规总院在北京召开全国抗旱规划汇总与协调会，根据会议精神和进度安排，对《天津市抗旱规划》报告予以补充、完善。

干旱灾害是天津市主要自然灾害之一，给城乡居民生活和工农业生产造成不同程度的影响，极大地制约天津市社会经济的正常运行。特别是 20 世纪 90 年代以来，干旱灾害表现出频次增高、范围扩大、持续时间延长和灾害损失程度加重等特点。

该规划范围：天津市全市 18 个区（县）的全部城镇及乡村区域。规划水平年：2007 年为现状基准年，2020 年为规划水平年。

该规划考虑了应急抗旱的需要，针对不同等级干旱确定具体的规划目标和重点保障的对象。规划到 2020 年，全市建立起较为完备的旱情监测预警系统、抗旱指挥调度系统和抗旱减灾管理服务体系，县级以上城镇基本具备良好的应急备用水源，全部具备针对遭遇各种干旱年的应急抗旱预案和措施。本次抗旱规划的目标是：发生中度干旱时，城乡生活、工业生产用水有保障，农业生产和生态环境不遭受大的影响，全市粮食产量基本稳定；发生严重干旱时，城乡生活、工业生产用水有保障，农业生产损失降到最低程度；发生特大干旱时，城乡居民生活饮用水和重点部门、单位和企业用水有保障，工业生产损失降到最低程度。通过规划的实施，使全市抗旱减灾能力得到显著提高。

规划的重点地区是天津市旱灾易发区和抗旱能力弱及以前曾经发生过人畜饮水困难的地区。

规划的重点内容是抗旱应急水源工程建设、旱情监测预警系统建设、抗旱指挥调度系统建设、抗旱减灾保障体系建设。

规划中根据调查的系统干旱历史资料、抗旱工程情况、抗旱减灾管理体系现状等，分析了干旱发生规律和发展趋势，综合评估现状抗旱能力、存在的主要问题及面临的形势，在此基础上提出了今后 10 年抗旱工程措施建设方案，主要包括已建抗旱水源工程配套设施挖潜、改造和新建抗旱应急水源工程等；抗旱非工程措施建设方案，主要包括政策法规、组织机构、旱情监测预警、抗旱指挥调度、抗旱预案制度、抗旱投入机制、抗旱服务组织、抗旱物质储备、抗旱减灾基础研究和新技术应用、宣传培训等；提出工程措施和非工程措施建设方案近期实施意见，逐步形成和完善天津市抗旱减灾工程与非工程体系，提升了天津市的抗旱减灾能力和管理水平。

规划还重点对城镇和农业应急水源工程和抗旱非工程措施进行了规划布局。

抗旱规划在引江通水前只能适当考虑城镇新建抗旱应急（备用）水源工程。城镇抗旱应急备用水源工程仍然主要依靠引黄济津工程外调水和地下应急（备用）水源。

农村抗旱应急水源工程分为农村饮用水抗旱应急水源工程和农业抗旱应急水源工程。生态应急补水工程用于保障干旱期间生态核心区基本生态用水。

本规划重点考虑在干旱易发区域的粮食主产区和有条件的地区进行农业抗旱应急水源工程的

规划布局和建设。

抗旱非工程措施包括旱情监测预警系统、抗旱指挥调度系统和抗旱减灾管理体系三部分。抗旱非工程措施也是抗旱的基础保障，是综合运用法律、行政、经济、科技、教育等手段，对抗旱工作进行组织和管理。抗旱工程措施与抗旱非工程措施的有机结合，可以充分地发挥水源工程效率，确保最大限度地降低因旱灾造成的损失，使抗旱减灾效益最大化。

第二节　项　目　审　批

1991—2010 年，水利部、海河水利委员会、天津市计委、天津市建委、天津市发展改革委、天津市水利（水务）局职能部门等对天津市水利工程建设项目审批 3307 项，涉及水利工程建设初步设计批复的为 606 项。

2003 年 10 月 30 日，水利部颁发了《水利基本建设投资计划管理暂行办法》，详细规定了水利基本建设项目前期工作报批程序中不同工作阶段（包括项目建议书、可行性研究报告、初步设计报告、开工报告等）、分级水行政主管部门（水利部、流域委办、省、自治区、直辖市）的报批程序和审批权限。另外，对水利基本建设项目类型、水利基本建设项目事权划分、年度投资计划管理、项目后评估等作了规定。

2010 年 6 月，依据市水务局党委《关于印发〈天津市水务局机关内设机构职责范围〉的通知》，除引滦沿线水利工程建设的初步设计仍由市水务局审批外，其他水利工程建设初步设计报告由市发展改革委负责审批。1991—2010 年，天津市水利工程重要审批项目如下所述。

一、主要工程建设项目审批

（一）海河干流治理工程

1997 年 7 月，水利部以《关于天津市海河干流治理工程初步设计报告的批复》，批复主要内容：各河段治理的规模，北运河屈家店至子北汇流口 400 立方米每秒；子牙河西河闸至子北汇流口 1000 立方米每秒；海河干流子北汇流口至耳闸 1000 立方米每秒，耳闸至入海口 800 立方米每秒。西河闸、海河闸分别按设计流量 1100 立方米每秒和 1200 立方米每秒进行加固。在南运河入海河口段建防洪与排水相结合的枢纽工程一座；对黑猪河防洪排水枢纽、双月泵站站前闸、马场减河西关闸及袁家河涵闸等口门加固；对西河闸、海河闸加固；对海河口清淤；批复投资 105963.60 万元。

2001 年 12 月 10 日，天津市发展计划委员会以《转发国家计委关于天津市海河干流治理工程调整概算的批复》，调整该工程概算投资。主要内容为：1991—1996 年实施工程总投资核定为 33084 万元；1997—2000 年实施工程总投资核定为 119434 万元。最终概算总投资为 152518 万元，其中中央安排 83466 万元；天津市安排 69052 万元。

（二）北水南调工程

1999 年 11 月 19 日，天津市城乡建设管理委员会以《关于天津地区北水南调工程原"天津市南北水系沟通工程"（一期）初步设计的批复》，批复主要内容：工程调水起点为北运河土门楼，至静海县独流减河进洪闸上，全长 107.96 千米。调水流量规模为 30 立方米每秒，引水方式为全线自流。河道工程有：部分渠段清淤、断面清草、边坡砌混凝土连锁板块等。建筑物有：新建、维修钢筋混凝土涵闸，新建增产河、中亭河、老龙湾橡胶坝，新建公路桥；批复投资 11768.74 万元。

2000 年 6 月 9 日，天津市城乡建设管理委员会又以《关于天津地区北水南调工程（一期）初步设计修改的批复》，批复主要内容：调水起点仍为北运河土门楼，终点为静海县独流减河进洪闸。调水线路津霸公路以北不变，穿津霸公路后，线路调整。工程全长 106.41 千米，调水流量规模不变；投资增加到 14734.76 万元。

（三）天津市外环河整治工程

2002 年 7 月 31 日，天津市发展计划委员会以《关于对天津市外环河整治未连通段打通工程实施方案的批复》，批复主要内容：新开挖外环河 5257 米；新开挖大沽排污河 910 米；新建长度 80 米双孔 2 米×2 米穿津涞公路方涵 1 处；长度 126 米双孔 2 米×2 米穿大沽排污河倒虹一处；批复投资 4143 万元。

2002 年 9 月 27 日，天津市发展计划委员会以《关于对天津市外环河整治工程 2002 年河道贯通与河水循环工程实施方案的批复》，批复主要内容：新建子牙河右堤、新开河左、右堤水循环泵站 3 座，更新改造海河左堤及堵口堤泵站 2 座；新建外环河穿津汉公路—北塘排污河等河倒虹 7 处；新建现有河渠穿外环河倒虹 6 座；新建外环河穿越引滦输水干管工程 1 处；在新开河新建橡胶坝 1 座；新建于明庄等跨外环河交通桥 7 座，维修跃进路等跨外环河现有涵桥 5 座；疏通、维修京山等铁路涵洞 4 处，津滨等公路涵洞 8 处、程林排污河倒虹等 6 处；批复投资 7436 万元。

2003 年 9 月 11 日，天津市发展计划委员会以《关于对天津市外环河整治工程河道扩挖及护砌工程初步设计报告的批复》，批复主要内容：外环河按过流 5 立方米每秒规模设计，对 59.2 千米河道进行清淤、整挖，并对 55.55 千米河道护砌；护砌形式为一般河段两岸采用预制混凝土板结合框格草皮的形式，边坡 1∶2.5，河底不护砌；对河道边坡土质较差、亏坡等地段采用浆砌石护坡或坡、墙结合的断面形式；新建 5 米和 9 米宽交通桥各 1 座；对沿河现有 47 座小型跨河涵桥进行清淤、挡墙维修、铺设混凝土路面及破损桥栏杆更新维修。新建于明庄跨河倒虹、武台村排污倒虹及热电厂吹灰管迁改等；批复投资 20254 万元。

（四）北运河综合治理工程

2002 年 5 月 28 日，天津市发展计划委员会以《关于对引滦入津展室楼初步设计的批复》，批复主要内容：在北辰区南仓津京公路西侧滦水园内，占地面积 6100 平方米，建设天津引滦入津展室楼，该工程规模按接待能力每日 2800 人设计。总建筑面积 7890 平方米，主体为二层，局部为四层框架结构；批复投资 2044.39 万元。

2002 年 5 月 30 日，天津市发展计划委员会又以《关于对北运河综合治理工程初步设计的批复》，批复主要内容：新建滦水园、怡水园、北运河雕塑、橡胶坝等工程。滦水园："鲤鱼跳龙门"

主雕塑 1 座；引滦入津微缩景观；以及景石、宣传标志、休闲设施、大门、配电等工程。怡水园：园内兴建水池 2 个；园内连锁砖铺装面积 0.55 万平方米；绿化面积 3.4 万平方米；兴建临时排蓄水泵站 1 座；园外清真寺广场联锁砖铺装面积 0.24 万平方米，绿化面积 0.6 万平方米，修建喷水池 1 座。北运河雕塑：在北运河沿岸北洋园、御河园、娱乐园中兴建 6 座雕塑。橡胶坝：在北运河北洋桥上游 130 米处，修建坝高 3 米，长 45 米，单向直墙式橡胶坝 1 座；批复投资 5396.49万元。

（五）天津市海河综合开发改造工程

2002 年 12 月 28 日，市水利局以《关于天津市海河综合开发 2003 年堤岸改造工程（北运河北洋桥至子北汇流口段下部结构）初步设计的批复》，批复主要内容：左岸桩号 0＋000～1＋260 和右岸桩号 0＋000～1＋174 采用重力式挡墙加木桩基础的结构型式进行护岸。左岸桩号 1＋260～1＋554 和右岸桩号 1＋174～1＋450 采用钢筋混凝土悬臂墙加灌注桩基础的结构型式进行护岸。左岸桩号 1＋554～1＋942.6 和右岸桩号 1＋450～1＋914.7 采用钢筋混凝土框架加灌注桩基础的结构型式进行护岸。左岸桩号 1＋520～1＋780、右岸桩号 1＋450～1＋815.8 和桩号 1＋876.3～1＋912 采用 M10 浆砌石护坡；批复投资 2716.3 万元。

（六）永定新河治理一期工程

2007 年 2 月 5 日，水利部以《关于永定新河治理一期工程初步设计报告的批复》，批复主要内容：新建永定新河河口（桩号 63＋041）防潮闸；对挡潮埝（桩号 52＋980）至潮白新河口（桩号54＋500）段河道按下泄 900 立方米每秒进行清淤，潮白新河口以下按下泄 3000 立方米每秒进行清淤；防潮闸以下按闸下（桩号 63＋041）水位 2.63 米和入海口（桩号 66＋000）水位 2.37 米控制进行清淤；在闸上游新建 650 米的左引堤，自彩虹桥下连接至防潮闸右岸防护段，新建 480 米右引堤，连接右堤与防潮闸右岸防护段；对右岸长 2577 米无堤防段（桩号 59＋600～62＋177）进行复堤；在闸下游沿永定新河右堤新建码头 1 座；批复投资 101119 万元。

二、防洪工程项目审批

（一）城市防洪堤工程

2001 年 9 月 4 日，天津市发展计划委员会以《关于对天津市海挡 2001 年应急加固工程实施方案的批复》，批复主要内容：海挡 2001 年应急加固工程，加固共计 5 段，总长 4.639 千米；重建交通口门 6 处，穿堤涵闸 4 座；批复投资 2920 万元。

2001 年 9 月 19 日，海委以《关于大清河治理中亭堤治理工程初步设计报告的批复》，批复主要内容：大清河治理中亭堤治理工程：桩号 0＋000～8＋437 堤段，加高加固 8.437 千米，堤顶设6 米宽混凝土路面，重建穿堤涵闸 1 座；批复投资 2916.47 万元。

2001 年 10 月 11 日，海委以《关于 2001 年永定新河左堤险工治理工程初步设计的批复》，批复主要内容：永定新河左堤险工治理工程：桩号 0＋000～14＋500 堤段，堤防加高加固 14.5 千米；穿堤建筑物加固 4 座，重建 1 座；批复投资 2201 万元。

2001 年 10 月 19 日，海委以《关于 2001 年永定新河右堤应急加固工程初步设计的批复》，批复该应急加固工程主要建设内容：永定新河右堤应急加固工程：桩号 53＋300～59＋600 堤段，堤防加高加固 6.3 千米；原址重建黄港水库倒虹、北塘水库倒虹、芦苇区排水闸、北塘河排水闸、宁车沽排水闸，以及道桥所引水涵闸；移址重建北塘水库泄水闸等；批复投资 3320 万元。

2001 年 11 月 5 日，天津市发展计划委员会以《关于对天津市 2001 年海挡（二期）应急加固工程实施方案的批复》，批复该实施方案主要建设内容为：加固工程共计 6 段，总长 9.379 千米。其中塘沽区 1.680 千米，汉沽区 5 千米，大港区 1.439 千米、渤海水产资源增殖站段 1.155 千米、津岐公路马棚口村段 0.070 千米，马棚口一村段 0.035 千米；批复投资 4179 万元。

2001 年 12 月 3 日，海委以《关于大清河治理独流减河左堤 2001 年复堤加固工程初步设计的批复》，批复主要内容：大清河治理独流减河左堤 2001 年复堤加固工程：加高加固左堤 35.287 千米（桩号 25＋400～60＋687）堤段；重建小泊泵站、小泊引水涵闸、薛卫台泵站、天津造纸厂泵站 4 座穿堤建筑物；加固二扬泵站、小孙庄泵站、三八闸、东台子泵站、洪泥河闸、中塘泵站、石化泵站、十米河引水闸、渔苇场泵站 8 座穿堤建筑物；填塘固基 6.6 千米（桩号 25＋400～32＋000）；修建堤顶路面 0.863 千米（桩号 42＋942～43＋805）；批复投资 3675 万元。

大清河治理独流减河左堤复堤加固工程。2005 年 2 月，海委以《关于批复大清河治理独流减河左堤 2004 年复堤加固工程初步设计的函》，批复主要内容：左堤加高工程 25.4 千米（桩号 0＋000～25＋400）；堤防灌浆 24.5 千米（桩号 9＋500～34＋000）；修建堤顶路面 59.824 千米（桩号 0＋000～42＋942、43＋805～60＋687）；上堤防汛专用道路 11.7 千米；重建泵站 1 座；维修加固琉城东、陈台子东泵站 2 座；大宽河泵站、小卞庄引水涵洞（新）、陈台子东泵站 3 座穿堤建筑物维持现状；批复投资 6690 万元。

（二）于桥水库安全加固工程

2001 年 6 月 21 日，天津市水利局以《关于"于桥水库安全加固工程初步设计报告"的批复》，批复主要内容有大坝加固工程：对上下游挡墙和混凝土路面进行全面加固；对迎水坡和背水坡护坡进行更新翻修；对 0＋700～1＋000 坝段下游增大压重厚度。泄洪洞加固改造工程：在泄洪洞出口原消力池内增设消能工；对洞内渐变段已冲蚀的冲坑、麻面进行补修等。溢洪道加固维修工程：对溢洪道陡槽及鼻坎段裂缝采用锚杆及灌浆等措施进行处理等。电气更新改造工程：对变配电系统、泄洪洞配电控制设备及大坝照明设施予以更新改造。大坝安全监测系统；批复投资 6650 万元。

（三）蓟运河防潮闸除险加固工程

2007 年 7 月 13 日，天津市水利局以《关于蓟运河防潮闸除险加固工程初步设计的批复》，批复主要内容：拆除并新建闸墩，对上游防渗底板和下游消力池底板进行灌浆处理，上、下游翼墙拆除重建，增设启闭机房，重建控制楼及启闭设备和金属结构更新，新建办公及管理用房 1180 平方米、仓库 228 平方米和闸区环境改造等；批复投资 4792 万元。

（四）天津市黄庄洼蓄滞洪区（Ⅰ区）分区滞洪围堤工程

2010 年 7 月 10 日，天津市水务局以《关于天津市黄庄洼蓄滞洪区（Ⅰ区）分区滞洪围堤工程初步设计报告的批复》，批复主要内容：黄庄洼Ⅰ区内修建围堤长 18.082 千米；新建南、北退水闸，设计退水流量分别为 30 立方米每秒、70 立方米每秒；新建南、北分洪口门，设计分洪流量分别为 407 立方米每秒、814 立方米每秒；批复投资 15795 万元。

（五）潮白新河宝坻城区段防洪治理工程

2010 年 12 月 21 日，天津市水务局以《关于潮白新河宝坻城区段防洪治理工程（10＋500～12＋000、14＋000～17＋770 段初步设计报告的批复》，批复主要内容：潮白新河宝坻城区段，起始桩号 10＋500～12＋000、14＋000～17＋770，长 5.27 千米。两岸堤防加固、主槽扩挖疏浚，与桥梁交叉段深槽防护等；批复投资 10122 万元。

（六）海挡治理工程

根据 1998 年测量成果，海挡全长 139.620 千米，其中汉沽区段长 30.614 千米，塘沽区段长 80.749 千米，大港区段长 28.257 千米。受海洋风暴潮破坏影响较大。为了抵御风暴潮的破坏，保护沿海设施和促进滨海地区经济发展，从 1997 年开始，每年按照"一般海挡段 20 年一遇，重点海挡段 50 年一遇"的建设标准治理，至 2010 年，审批治理总长度 150 千米；总投资 50938.48 万元。

（七）蓟运河险工治理工程

蓟运河是天津市和河北省的边界河道，河弯曲折，全长 157 千米。其中闫庄以上 110 千米为排沥骨干河道，设计过流能力 400～550 立方米每秒；闫庄以下 47 千米为行洪排沥河道，设计过流能力 1300 立方米每秒。蓟运河在根治海河时期没有进行过彻底治理，两岸的排水能力大大超过河道的排沥能力，标准普遍较低，地面和河堤沉降比较严重，1976 年唐山地震对建筑物破坏影响较大，沿岸洪沥涝灾害频繁，需要全面治理。水利部、天津市政府从 1992 年起，每年筹措部分资金用于蓟运河险段治理，治理标准按照防洪 10 年一遇，排沥自排 5 年一遇，机排 3 年一遇，至 2010 年，审批治理长度 145.05 千米；投资 46636.70 万元。

三、水源项目审批

（一）引滦入津水源保护工程

2001 年 6 月 18 日，天津市发展计划委员会以《关于对引滦入津水源保护工程初步设计的批复》，批复主要内容：新建 34.14 千米的州河段暗渠工程；现有明渠九王庄至大张庄泵站长 64.2 千米实施全断面衬砌治理；于桥水库水源保护工程，包括水土保持、库周村落和医院固体废物及污水处置工程、滨湖带生态保护及水质保护工程；新增管理用房 3350 平方米、建设通信和管理信息系统；批复投资 239940 万元。

（二）蓟县杨庄截潜工程

2002 年 4 月 29 日，天津市发展计划委员会以《关于对天津市蓟县杨庄截潜工程初步设计（水源部分）的批复》，批复主要内容：新建水库 1 座，大坝总长 550 米，泄水底孔 3 个，引水洞 1 孔；架设 1100 米 10 千伏线路及变电设施；批复投资 15328 万元。

2002 年 9 月 28 日，天津市发展计划委员会以《关于对蓟县杨庄截潜工程输水线路初步设计的批复》，批复主要内容：从水源工程至县城北部的三八水库，采用全封闭自流输水方案，总长 12025 米，设计输水流量 5 立方米每秒，批复投资 4670 万元。

第二章　设　　计

天津市水利工程的设计主要由天津市水利勘测设计院（简称设计院）承担，设计院成立于1975年7月，初期仅有40余人，只设规划、设计、勘测3个专业室队。在发挥传统专业优势的基础上，逐渐引进人才，拓展专业范围。1990年推行全面质量管理，1998年之后，设计院每年承担的勘测设计投资额都在10亿元以上。2010年，设水文水资源规划、水工设计、建筑设计、机电设计、生态环境、施工概算、勘测总队等专业所（队）。设计院已成为天津市水利系统唯一拥有国家甲级工程设计（水利行业）、工程测量、工程勘察、建设项目水资源论证、水土保持方案编制、工程资格（质）证书；国家乙级工程设计（建筑工程、市政公用行业给水、水力发电）、建设环境影响评价资格（质）证书的设计单位。

档案管理国家二级证书。通过了ISO 9001质量管理体系和ISO 14000环境管理体系双认证，其中水资源论证、环境评价、水土保持、自动化管理与通信、建筑防火、节能等专业为从无到有，由弱转强，在提高规划设计质量、开拓市场方面发挥了应有作用。

1991—2010年，水利设计工作转变治水思路，以服务大城市人民生活和经济建设为主线，特别是在向滨海新区和各高新技术开发区提供用水水源；在防洪、除涝、防潮、环境和生态建设等勘测规划设计方面，发挥超前意识，抢机遇、抓时机，取得了一个又一个辉煌成果，在此期间完成工程规划设计项目约700个，主要项目有37个（未包括南水北调各项目），见表6-2-0-86。

表6-2-0-86　　　　**1991—2010年设计院完成主要设计项目概况**

序号	工程名称	阶段、年份	工　程　特　性
第一部分　供　水　工　程			
一、引滦入津输水			
1	天津市饮用水源保护工程（包括大套排水站）	初设、2001	1.新建暗渠工程34.14千米，现浇3孔4.3米×4.3米钢筋混凝土箱涵，设计输水流量50立方米每秒；2.专用明渠治理工程长64.2千米；3.于桥水库水源保护工程；4.工程管理信息系统
2	引滦入津天津市内配套工程		共11项（包括2项地下水供水工程）
3	引滦入津隧洞补强加固工程	1991—2010	对病害部位进行了设计和实施：锚杆加固、拱顶回填混凝土及砂浆水泥浆、接触灌浆、固结灌浆、裂缝处理、底板处理、排水减压等
4	引滦入津黎河治理工程	规划、2008	2008年7月编报了《引滦入津黎河综合治理工程规划》，总结了以往治理经验，提出了进一步治理方案
5	于桥水库坝基处理	1982—2001	分三期进行了大坝坝基病险处理设计和实施，包括部分坝体和坝基设置混凝土防渗墙、残丘灌浆、接触灌浆、帷幕灌浆、高喷灌浆等
6	尔王庄暗渠泵站更新改造工程	初设、1999	1.更新机械电动全调节轴流泵10台、同步电动机10台、35千伏变电站2台主变压器及其他电气设备；2.增加安装超声波流量计；3.水泵出口溢流堰室改造等
7	引滦入塘高庄户泵站改造工程	初设、2005	1.对原高庄户泵站更新双吸离心泵及配套电机6台，2台1000千伏安主变压器增容至5000千伏安；2.厂区内与入开发区泵站、入汉沽泵站的建筑物进行统一的外立面和场区景观处理

续表

序号	工程名称	阶段、年份	工 程 特 性
8	大张庄泵站电气设备更新改造工程	初设、2000	1. 更新选用（Z）形金属铠装手车式开关拒，主要有 35 千伏电气互感器柜、站变柜以及避雷器柜、受总柜、母连柜等；2. 更新选用新型节能变压器主变压器 2 台、站变压器 35 千伏 1 台、6 千伏 2 台；3. 更新及增设泵站计算机监控系统、工业电视监视系统、计算机自动化管理系统等
9	大张庄泵站改造完善配套工程	初设、2002	重新划分了原有的建筑功能分区，改造工程体现了环境水利思想和水利管理部门的鲜明特点，建筑物的改建在满足功能要求下形成景观效果，起到提高环境质量的作用
10	宜兴埠水源泵站上游输水暗渠连接工程	初设、2002	原有的引滦宜兴埠水源泵站与市政部门新建的宜兴埠水源第二期泵站之间的连接工程，前段为 3.35 米×3.35 米钢筋混凝土涵闸及方涵，后段用内径 3.0 米钢管连接
		二、地下水源开发输水工程	
11	宁河北地下水源供水工程	初设、2005	向天津技术经济开发区供水，管线总长 70 千米。预应力钢筋混凝土内径 1000～1200 毫米
12	武清北地下水源供水工程	初设、2005	向武清城区供水，管线总长 37 千米。预应力钢筋混凝土内径 800 毫米
13	西龙虎峪水源地应急水源工程	初设、2001	打井 12 眼，日抽水 8 万吨，建集水支线管道共 5457 米，连接输入于桥水库
14	杨庄截潜工程	可研及初设、2002	兴建水库一座，总库容 2700 万立方米；建一条输水工程长 12.26 千米至蓟县城北三八水库，流量 5 立方米每秒
		第二部分　防洪、除涝、防潮工程	
		一、海河干流	
15	海河干流治理工程	初设、2000	海河干流治理包括屈家店闸、西河闸、海河防潮闸之间的北运河、子牙河、海河干流三河，河道总长 105.14 千米，治理工程主要有砌护长度 194.67 千米，改建加固中小口门 600 余座，河道清淤，以及市区景观工程等
16	耳闸重建工程	初设、2001	按设计泄洪 200 立方米每秒，新建分洪闸为钢筋混凝土结构开敞式共 7 孔，中间 5 孔为过洪孔，左侧边孔为非过流挡水孔，闸孔净宽均为 6 米。右侧边孔为船闸通行孔，按六级航道要求，新建船闸全长 72 米，闸室宽 8 米
17	新开河—金钟河治理工程	可研、2001	包括河道清淤，加高加固堤岸和口门，新建旅游码头和挡水橡胶坝，繁华市区的防洪、排涝、景观美化、交通等方面的综合治理工程
		二、城市防洪圈	
18	西部防线	初设、2000—2001	天津城市防洪圈堤防全长 249.83 千米，配合海河干流等河道治理，辅以外围洼淀的临时分、滞洪措施，天津城市的防洪标准可达 200 年一遇。其中西部防线包括西河右堤、中亭堤、九里横堤、方官堤、十里横堤及永定河泛区南遥堤，共长 54.26 千米
19	永定新河治理工程（堤防部分）	初设、2006	永定新河原设计 50 年一遇泄洪流量，屈家店闸下为 1400 立方米每秒，沿途加入各支流至入海口处组合流量为 4640 立方米每秒；相应 100 年校核流量 1800～4820 立方米每秒。已按设计标准逐年进行了河道清淤、复堤及口门改建加固、交通桥复建等
20	防潮堤（海挡，海堤）工程	初设、1996	天津市防潮堤全长 139.62 千米，设计中划分为重点段和一般段，重点段长约 66.9 千米，保护对象主要指港务局、保税区、开发区、新港船厂和海防路等；一般段约 54.9 千米，其余约 17.82 千米为河口等非工程措施段。防潮标准为重点段 50 年一遇，一般段 20 年一遇

续表

序号	工程名称	阶段、年份	工 程 特 性
三、北三河系			
21	蓟运河治理工程	可研、2003	蓟运河干流自九王庄节制闸下行至蓟运河防潮闸全长157千米，设计流量闫庄以上400~550立方米每秒，闫庄以下1300立方米每秒。一期治理工程闫庄以上377~498立方米每秒，以下994立方米每秒。天津市段包括蓟运河右堤长149.32千米，左堤长107.47千米，两堤共长256.79千米，已完成堤防治理112.31千米、护砌48.00千米、堤顶建道路45.82千米、口门改建加固75座
22	蓟运河中新生态城段治理工程	初设、2005	按照河道流量1300立方米每秒设计标准，已完成左堤12.393千米，右堤12.487千米的堤防及口门治理；对严重淤积的蓟运河防潮闸上3.0千米、闸下0.51千米的河段进行了清淤
23	宁河县蓟运河岳道口橡胶坝工程	初设、2000	蓄水量1042立方米。设计坝高5米，坝体总长115米，双向挡水，"橡胶坝建设史上的新突破"
四、地方防洪、灌排工程			
24	蓟县三八水库除险加固及综合治理工程	初设、2006	设计库容107万立方米，水库主副坝共长320米，粉质黏土斜心墙坝，最大坝高15.7米。主要加固工程有坝体加固、溢洪道扩挖和下游河道疏浚加固、泄水底孔改造加固、库区护岸、防渗处理、杨庄截潜引水至三八水库的连接段、水库向州河补充用水的输水渠道等综合利用工程
25	宝坻区东老口扬水站扩建工程	初设、2005	泵站设计提水流量20立方米每秒，共装6台1200ZLB-85型立式轴流泵，配套电机功率400千瓦
26	北辰区淀南水库泵站重建工程	初设、2009	新建泵站规模28立方米每秒，共装8台900ZLB2.4-4型立式轴流泵，配套电机功率310千瓦
27	北辰区温家房子泵站更新工程	初设、2009	设计排水流量13立方米每秒，扬程6.70米，选用6台900QZ-75G型潜水轴流泵，配套电机功率250千瓦
28	静海县大邱庄泵站更新改造工程	可研、2008	更新原有4台水泵为64ZLB-50/4型泵，另外4台ZLB2.4-4/4型水泵进行大修，总流量可满足42立方米每秒要求。对泵房、电气副厂房、室外变电站等维修
29	天津市环外29条河道水环境治理工程	实施方案、2008	对29条农村骨干河道的重点河段进行治理，设计总长267.54千米，计划土方开挖1504.6万立方米、护砌101.4万立方米、绿化178.6万平方米。实际完成30条，各项内容均有所增加
第三部分　景观、节水科技园工程			
30	北运河防洪综合治理工程	初设、2002	1. 筑堤、护岸及清淤，恢复河道过流能力400立方米每秒；2. 建挡水橡胶坝及码头；3. 环境建设；4. 沿河右岸修建了滦水园、北洋园、御河园、娱乐园、怡水园等5座大型公园，高达20米的鲤鱼跃龙门主雕塑，大型音乐喷泉，引滦入津工程微缩景观和展览室，以及寓意不同的雕塑。河道两岸建有30米宽的绿化带，新修道路20千米
31	海河两岸基础设施项目堤岸工程	初设、2003—2004	1. 原堤岸改造，建亲水平台和道路护岸；2. 石舫1座；3. 旅游码头三处；4. 文化广场2处和百米浮雕墙；5. 桥下连通桥1处
32	外环河整治工程	可研、2002	外环河总长约67千米，整治工程包括：1. 新挖打通河道约6千米，对原有河道清淤，全河护砌；2. 改造4座泵站，新建3座泵站，使河水能够分段双向循环流动；3. 新建和改建8座倒虹吸，7座交通桥；4. 在外环河与新开河交汇处的新开河上，建单向斜坡式挡水橡胶坝长110米，挡水高3.5米
33	洪泥河景观工程	初设、2009	对八里台镇长约1.0千米的河道护砌和整治，两端各建橡胶坝，坝高4.0米、长44米，形成景观河道
34	周恩来、邓颖超纪念馆景观水系工程	实施方案、2007	在馆区南侧和东侧，分别开挖"映景池"和"映厅池"，新挖"景观渠"，由水上公园抽水入渠连接两池，循环流淌。并设景观节点国旗台、跌水、亲水平台、树岛、小桥等

续表

序号	工程名称	阶段、年份	工程特性
35	节水科技园工程	初设、2005	1. 可研办公综合楼1座；2. 生产厂房3座；3. 生活区综合服务楼1座；4. 园区变电站、消防设施、节能制冷暖工程、雨污水沉淀排放系统、绿化等
36	长城黄崖关水关工程	设计说明书、1992	在河槽内的水关旧址新建5孔过水桥一座，每孔净宽11.5米，城门洞形，顶部以方砖铺路；在水关右岸设钢桥跨越津围公路。桥、路上部均筑城墙和垛口
		第四部分　援藏工程	
37	松达水电站	设计、配合施工、1994	为无调节径流引水式，落差120米，安装3台单机容量800千瓦机组，单机引用流量0.87立方米每秒，3台按总引水量3.2立方米每秒设计

第一节　供水工程设计

一、引滦入津输水

（一）天津市饮用水源保护工程

天津市引滦入津工程1981年兴建，1983年竣工并投入运行，受当时时间和资金所限，工程采取了"先通后畅，逐步完善"的建设方针。因此，在通水后补充完善、加固改造的工程设计和施工工作一直在有条不紊地进行着。随着社会经济的发展和人民群众生活质量的提高，对水环境保护进一步保证和提高饮用水水质的诉求日益高涨。

1996年12月25日，市政府向国家计委呈报《关于报送海滦河流域（天津地区）污染治理申请利用亚行贷款项目的请示》，1997年10月22日国家计委下达《国家计委关于利用亚洲开发银行贷款1998年准备谈判及新补充项目的通知》，将海滦河流域治理项目（河北省、天津市）列入新补充3个利用亚洲开发银行贷款的备选项目；继而经国务院批准，国家计委在1998年6月11日印发《国家发展计划委员会关于利用亚洲开发银行贷款1999—2001年备选项目规划的请示》的通知，将天津市海滦河水污染治理项目列入利用亚洲开发银行贷款1999—2001年备选项目。

1. 前期工作

（1）项目建议书。根据国家计委1998年6月11日通知精神，市计委于1998年8月4日发文《关于申报利用亚行贷款治理海河流域水污染备选项目》的通知，要求抓紧做好备选项目的前期工作，并及时上报项目建议书。1998年8月5日，天津市引滦工程管理局（天津市水利局）向市计委报送《关于报送海河流域天津污染防治引滦输水保护工程项目建议书的函》，报送了本治理工程的项目建议书。

1999年12月25日，中国国际工程咨询公司提交了《关于天津海滦河流域引滦输水环保工程项目建议书的评估报告》，建议国家和亚行批准立项。

2000年5月29日，国家计委以《国家计委关于天津引滦入津水源保护及北仓污水处理厂工程项目建议书的批复》，同意天津市利用亚行贷款建设引滦水源保护和北仓污水处理两个工程，要求及时编制可行性研究报告。

（2）环境影响评价。1999 年 7 月 13 日，国家环保总局发文《关于天津市饮用水源保护工程环境影响评价工作大纲审查意见的复函》，批复同意环评大纲。2000 年 1 月 11 日国家环保总局行文给水利部《关于天津市饮用水源保护工程环境影响报告书的批复》，同意环评报告的审查意见，该项目可以按拟建方案建设。

（3）资金保障。2000 年 1 月 18 日，国家开发银行提交《国家开发银行承诺为海河流域水污染防治天津市水源保护工程的函》。2000 年 12 月，亚洲开发银行总部发出准贷函，贷款号为 1797-PRC。2001 年 7 月 30 日，建设单位天津市水利局与国家开发银行签订了贷款合同。从而实现了国外资金、国家资金、地方资金在天津市水利行业合力进行资金保障的新局面。

（4）可行性研究。根据《国家计委关于天津引滦入津水源保护及北仓污水处理厂工程项目建议书的批复》的要求和中国国际工程咨询公司提交的《关于天津海滦河流域引滦输水环保工程项目建议书的评估报告》的评估意见，天津市水利局于 2000 年 6 月 8 日将编制完成的《海河流域水污染防治——天津市饮用水源保护工程可行性研究报告》报送天津市计委。

2000 年 12 月 27 日，国家计委以《国家计委关于天津市利用亚行贷款引滦入津水源保护及北仓污染处理工程可行性报告的批复》，批复通过了引滦入津水源保护工程可行性研究报告。

2. 设计阶段

（1）初步设计。2000 年 8 月 21 日，天津市饮用水源保护工程项目办公室（简称"引滦项目办"）（1999 年 5 月 7 日成立）给设计院下达《天津市饮用水源保护工程初步设计任务》。

2001 年 1 月 15 日，市计委以《关于转发"国家计委关于天津市利用亚行贷款引滦入津水源保护及北仓污水处理工程可行性研究报告的批复"的通知》要求抓紧编制正式设计文件，并报市审批。

2001 年 2 月 22 日，市水利局向市计委报送《海河流域水污染防治天津市饮用水源保护工程初步设计成果》。5 月 7 日向市计委报送《海河流域水污染防治天津市饮用水源保护工程初步设计成果》报告的补充报告，对初步设计做了重大修改。

2001 年 6 月 18 日，市计委以《关于对引滦入津水源保护工程初步设计的批复》文件，对天津市饮用水源保护工程初步设计进行了批复。批复明确了建设规模和主要建设内容，同意工程永久占地 114.667 公顷，临时占地 561.893 公顷，项目总投资 239940 万元（其中亚洲开发银行贷款 85900 万元，国家开发银行贷款 72800 万元，地方配套资金 81240 万元）。

2001 年 11 月 1 日，国家计委下发《国家计委关于下达 2001 年第九批基本建设项目新开工大中型项目计划的通知》，将天津市利用亚洲开发银行贷款的引滦入津水源保护工程及北仓污水处理工程列为新开工项目计划，主要建设规模包括：新建引滦输水明渠 34.14 千米，明渠改造 64.2 千米，于桥水库水源改造工程。

（2）2002 年 1 月 22 日，根据亚洲开发银行的要求，完成了引滦入津水源保护工程明渠、暗渠拆迁征地调查汇编和移民行动计划书。

（3）中期调整。亚洲开发银行原则上要求在项目中期应根据进展情况及时进行调整。

2003 年年底，根据实际需要，提出了中期项目调整，对管理信息系统、于桥水库、明渠综合整治依次进行调整。

2004 年进行了中期设计调整，并于 2004 年 10 月 29 日得到市发展改革委批复同意。中期项目调整后，各项工程投资分别为：于桥水库水源保护工程 4.59 亿元，新建州河暗渠工程 13.39 亿元，引滦专用明渠治理工程 4.82 亿元，管理设施和信息系统 1.20 亿元。

（4）终期调整。2009 年 3 月完成《天津市引滦入津水源保护工程终期调整报告》，并上报，4 月获批复。

3. 工程施工

2001 年 4 月 22 日，天津市饮用水源保护工程引滦明渠治理工程开工，标志着天津市饮用水源保护工程施工进入实施阶段。

2001 年 11 月 2 日，引滦明渠治理工程护砌试验阶段完成水下部分护砌任务。

2002 年 2 月 27 日，引滦入津水源保护工程开工。5 月 16 日，引滦输水明渠治理工程春季明渠护砌开始施工。

4. 验收竣工

2002 年 10 月 26 日，引滦专用明渠治理工程护砌施工进行输水线以下的工程验收工作。2005 年 9 月，暗渠工程通过通水阶段验收。2007 年 6 月，明渠工程完成通水阶段验收。全部工程于 2009 年 12 月竣工。

5. 设计工程布置

天津市引滦入津水源保护工程包括新建州河暗渠、引滦专用明渠治理、于桥水库水源保护工程和管理信息系统工程设计 4 个部分，各项工程概要如下：

（1）新建州河段暗渠。引滦新建暗渠进口闸如图 6-2-1-7 所示，暗渠出口闸如图 6-2-1-8 所示，暗渠箱涵施工如图 6-2-1-9 所示。

图 6-2-1-7　引滦新建暗渠进口闸　　　　　　　图 6-2-1-8　暗渠出口闸

引滦入津建成时，于桥水库出口以下至蓟运河九王庄节制闸利用原有州河河道输水，这一输水方式引发两大问题：一是受州河河道以及与州河相同的二级河道泄水水质的影响，引滦输送的饮用水源水质无法保证；二是在引滦输水期间需对州河河道进行冲洗，造成饮用水源的无谓耗费。为此，从于桥水库电站尾水处起，到蓟运河九王庄节制闸下游 400 米处止，新建 34.14 千米长的输水暗渠，将于桥水库的饮用水源与引滦专用明渠直接相接。

暗渠设计流量 50 立方米每秒，采用现浇 3 孔 4.3 米×4.3 米钢筋混凝土箱涵。在 9+250 桩号处设调节池一座，上段 9.25 千米为无压箱涵输水，下段 24.89 千米为有压箱涵输水。均为 3 孔混凝土箱涵，单孔净断面为 4.3 米×4.3 米，设计输水流量为 50 立方米每秒。

图 6-2-1-9 暗渠箱涵施工

其他主要建筑物包括：渠首枢纽工程（包括引水前池、州河节制闸和暗渠进口闸），暗渠
32.58 千米，调节池 1 座，穿越大型河道倒虹吸 2 座，检修闸 6 座，通气孔 9 座（兼进人孔），出
口闸 1 座，穿越铁路工程 3 座、穿越公路工程 4 座，另有其他小型工程（7 条较小河渠从暗渠下穿
越）若干，见表 6-2-1-87。

表 6-2-1-87   新建州河暗渠工程主要设计指标

项目名称	项目分部	设 计 内 容	单位	工程量
渠道枢纽工程	引水前池	全断面混凝土板护砌	万平方米	3.5
	州河节制闸	5 孔宽 4.5 米，$Q_设$＝150 立方米每秒	座	1
	暗渠进口闸	3 孔 4.3 米×4.3 米，$Q_设$＝50 立方米每秒	座	1
暗渠		3 孔 4.3 米×4.3 米，$Q_设$＝50 立方米每秒	千米	32.58
调节池		22 米×17.1 米×13.22 米（长×宽×高）闸孔：2×3 孔，4.3 米×4.3 米	座	1
出口闸		3 孔 4.3 米×4.3 米，$Q_设$＝50 立方米每秒	座	1
通气孔			座	9
检修闸		涵洞式 3 孔 4.3 米×4.3 米	座	6
倒虹吸	溢洪道倒虹吸	3 孔箱涵 4.3 米×4.3 米	米	90
	蓟运河倒虹吸	3 孔箱涵 4.3 米×4.3 米	米	360
铁路穿越	大秦铁路穿越	3 孔箱涵 4.3 米×4.3 米，无压流	米	107
	京秦铁路穿越	3 孔箱涵 4.3 米×4.3 米，无压流	米	96
	蓟林铁路穿越	3 孔箱涵 4.3 米×4.3 米，有压流	米	44
公路穿越	中昌路一次穿越	3 孔箱涵 4.3 米×4.3 米，无压流	米	148
	中昌路二次穿越	3 孔箱涵 4.3 米×4.3 米，无压流	米	122
	京哈公路	3 孔箱涵 4.3 米×4.3 米，无压流	米	96
	九园公路	3 孔箱涵 4.3 米×4.3 米，有压流	米	56

针对地质勘查发现的问题，暗渠地基采取了以下处理措施：在渠首闸闸基前端布设高喷防渗
墙，在闸底板下布设振冲碎石桩；在暗渠桩号 1＋298～2＋228 段，进行碎石桩挤密加固地基
处理。

（2）引滦专用明渠治理。引滦明渠自九王庄节制闸上的引水闸开始，至尔王庄水库长 47.3 千米，设计流量 50 立方米每秒，渠底宽 22 米；尔王庄水库至大张庄泵站 16.9 千米，设计流量 30 立方米每秒，底宽 11 米。两段总长 64.2 千米，设计水深均为 3 米、边坡 1∶3、纵坡 1/20000。

根据各明渠段现状，采取了不同的设计治理措施：

对总长 61.00 千米的明渠渠底和 27.65 千米的未护砌渠道边坡采用预制混凝土板护砌。对已有 34.19 千米长的石护坡予以翻修或加固处理。对渠水面变化部位的护坡进行防冻胀处理。

维修加固沿渠倒虹吸 5 座、闸涵 25 座、交通桥 40 座及对潮白新河泵站前后池加固处理。

封闭管理工程：①距渠堤外坡脚 10 米处及跨明渠各生产桥两侧建隔离网，共长 125.0 千米；在临近村庄段设截污沟并建防污铁艺隔离网墙 5.54 千米及防洪防污墙 1.50 千米；②封闭管理区分为内外两部分，共长 51.0 千米，其中封闭区内的巡视路在堤顶新建 3.5 米宽混凝土路面，连接原有混凝土路面形成全渠贯通的巡视道路，封闭管理区外的宝白路巡视道路 8.45 千米，混凝土路面宽 4.0 米；巡视道路与桥梁交叉处建立交口门 11 座；增建跨明渠交通桥 1 座（鲍丘河桥）；③种植乔木 3.7 万余株，绿化总面积 628.6 公顷，其中重点景观面积 18.1 公顷。

新建宝坻区大套泵站，设计流量 20 立方米每秒，泵站总装机容量 1620 千瓦，排水入潮白新河，解决宝坻区城关污沥水污染引滦明渠的问题。建成后成立管理所，隶属宝坻区水务局排灌站。

有关内容见表 6-2-1-88、图 6-2-1-10。

表 6-2-1-88　　　　　　　　　　引滦专用明渠治理工程特性

工程名称	项　目	单位	数量
渠道护砌工程	预制混凝土板护坡	千米	61.84
	预制混凝土板护底	千米	61.00
维修加固工程	倒虹吸	座	5
	闸涵	座	25
	交通桥	座	40
	潮白新河泵站前后池加固	项	1
封闭管理工程	新建巡视道路	千米	51.00
	新建交通桥	座	1
	新建立交口门	座	11
	新建隔离网	千米	125.00
	种植绿化带	公顷	628.6
宝坻区大套泵站	设计流量	立方米每秒	20
	装机容量	千瓦	1620

（3）于桥水库水源保护工程。工程在于减缓于桥水库富营养化的日趋严重以及库区周边对水库水质污染影响问题。采取从水库周边山上到库区进行湖滨带、村落治理、取消鱼池 3 个层次的水源保护工程治理。包括水土保持工程；库区周边村落污水治理工程；库区周边村落固体废弃物处置工程；库区周边医院污水、污物治理工程；水库湖滨带生态保护工程；水库水质保护与净化工程；工程管理等，见表 6-2-1-89。

图 6-2-1-10　引滦专用明渠治理工程鸟瞰

表 6-2-1-89　　　　　　　　**于桥水库水源保护工程特性**

序号	项　目	内　容
1	水土保持工程	荒山植被恢复工程 1850.47 公顷，梯条田埂培护工程 2316.33 公顷，沟道防护林 12485 米，水库南北两岸沟道治理 30 条，修建谷坊坝共 351 道
2	库区周边村落污水治理工程	涉及水库周边 68 个自然村，对 119 个坑塘进行清淤。涵管连接工程采用直径 500 毫米混凝土管连接村庄路边沟—坑塘—22 米截污，以形成截污净化系统，涵管总长 5480 米。村内道路改造和路边沟每村 2～3 条，混凝土道路 89601 米
3	库区周边村落固体废弃物处置工程	三家店示范工程，南擂鼓台禽畜处理堆肥厂
4	库区周边医院污水、污物治理工程	五百户村医院污水污物处理处置示范工程
5	湖滨带生态保护工程	截污沟、护栏网、防护林、陡岸护砌和重点区域的坝区改造、门庄子岛改造、鱼塘改造工程
6	水库水质保护与净化工程	水质净化、监测、曝气三种功能船各 1 艘；添置必要的水质监测仪器设备；实验楼与管理所共建
7	工程管理	设置管理机构，巡逻艇 3 艘

　　（4）管理信息系统工程设计。引滦入津水源保护管理信息系统包括：通信系统、计算机监控系统、GIS 系统（地理信息系统）与数据库系统、视频系统、引滦管理信息系统、公共信息服务、网络安全系统、系统管理、供配电系统等，综合利用计算机网络通信技术、先进的测量技术和最新管理功能软件实现引滦工程水质水情的信息高速、高效采集、输水的优化调度和经济运行，提高工程决策和运行管理水平。管理信息系统工程的主要设计内容见表 6-2-1-90。

　　6. 设计理念更新

　　天津市饮用水源保护工程的特点是输水线路长、流量大、自然落差小。在前期工作深入调查研究的基础上，对建高压泵站全压力管道输水及局部无压输水等多方案进行比较后，选定了本设计的分段治理措施，造价及运行费用较低，为争取亚行贷款打下基础。

表 6－2－1－90　　　　　　**管理信息系统工程的主要设计内容**

项　目	设计建设内容
信息中心改造	信息中心改造加盖第四层，建设调度监控中心及会商中心
大屏幕系统	建设 2×6 的大屏幕及相关附属设施
咨询监理	项目咨询、勘测设计及施工监理
系统集成	系统集成、项目管理、咨询管理、系统软件更新、软件开发
超声波流量计	在输水沿线 12 个监测断面安装 25 套超声波流量计
网络安全	网络安全、信息安全、管理安全
水质监测站	采、配水系统和控制系统的建设、远程控制接口、分析仪器、站房和采水栈桥建设
光缆敷设	于桥水库以下 416 千米光纤传输主干及分支线路的光缆敷设
网络交换机	构建覆盖中心、分中心、监测站、沿线各节点的网络平台
视频监控与视频会议	对沿线重要水工建筑物的视频监控，沿线 7 个管理处的视频会议系统
自动控制	自控网络平台，生产调度系统，数据采集与全线运行监控系统，尔王庄暗渠泵站计算机监控，于桥水库水文水情测报系统改建，供水点供水量统计与计费，整合关键水工建筑物的安全监测系统

　　设计工作采用了多项新技术、新工艺，确定的工程规模和结构形式安全经济、方便管理；建成运用后解除了原州河段、明渠段输水与当地泄洪排涝的矛盾，保护了水质、年减少输水损失约 2600 万立方米。

　　针对暗渠沿线不同种类的地质参数、埋深、运用工况，设计中引进了《SAP84 微机结构分析通用程序》，采用有限元框架单元进行内力计算，确定了各段的箱涵结构尺寸。

　　为适应地基不均匀沉降和较高的地下水压力，在箱涵分段处设计了加强的止水措施。

　　于桥库周边是丘陵山区，村庄多，污染源复杂的特点，治理中本着控源与生态恢复相结合的原则，采用生物措施、工程措施、和管理措施相结合，环境治理与当地群众利益相结合的新思路，新方法，创造了新的经验。

（二）引滦入津天津市内配套工程

　　1991—2010 年建 9 条（包括两条地下水源地供水工程），见表 6－2－1－91。输水管道长 385.6 千米，内径 0.6～1.8 米，新建泵站 5 座、扩建 1 座，总装机 8180 千瓦，总输水能力 9.436 立方米每秒。

表 6－2－1－91　　**1991—2010 年引滦入津天津市内配套工程及地下水源地**
供水工程输水管线和泵站设计表

工程名称	建设年份	管线设计				年供水量/亿立方米	泵站设计		
		流量/立方米每秒	根数	内径/米	长度/千米		名称	提升水头/米	装机容量/千瓦
引滦入汉	1996	1.157	1	1.2	44.0	0.36	引滦入汉泵站	17	2×185＋2×75＝520
开发区供水一期、二期	1996	1.740	1	1.4	51.0	0.55	开发区供水泵站	60	2×710＝1420
逸仙园、武清供水	1998	1.157	1	1.2	28.1	0.36	逸仙园供水泵站	39	4×220＝880
				1.0	2.8				

续表

工程名称	建设年份	管线设计				年供水量/亿立方米	泵站设计		
		流量/立方米每秒	根数	内径/米	长度/千米		名称	提升水头/米	装机容量/千瓦
石化公司60万吨聚酯及大港油田供水	2000	1.096	1	1.2	60.9	0.30	小宋庄泵站扩建	55	4×190=760
				1.0	34.7				
第三煤制气厂改线	2004	0.250	1	0.6	1.5	0.08			
空港物流加工区改线	2005		2	1.2	12.5				
武清区地下水源地供水	2002	0.579	1	0.8	25.0	0.18	八间房泵站	28～57	2×250+1×220=720
				其他	12.0				
宁河北地下水源地供水	2005	1.157	1	1.2	50.0	0.36	岳龙泵站	70	4×360+2×220=1880
				1.0	20.0				
尔王庄至津滨水厂供水工程	2010	2.300	1	1.4	32.3	20万吨每日	小宋庄泵站扩建	64	4×500=2000
		2.900		1.8	10.8	25万吨每日			
合计		9.436			385.6				8180

注　1. 尔王庄至津滨水厂的管线设计流量只计入小宋庄泵站出口的2.3立方米每秒。
　　2. 泵站装机容量不包括备用机组。

工程的共同特点是，管线地基多为海相沉积的软弱黏性土层及淤泥质黏性土层，地下水位高，地质条件差，土壤腐蚀性强。针对这些问题，设计的输水管材约80%采用了预应力钢筋混凝土管。其主要优点是造价低，仅为钢管的60%；缺点是对软土地基不均匀沉降适应能力差，为此，改进了管口接头设计，结合其他方面的技术创新，创造了在滨海地区使用大口径预应力混凝土管长距离输水的成功经验。

设计理念更新：改进预应力管管口设计，能适应更大的不均匀沉陷；在强腐蚀性土壤中，在使用钢管段时，一般采用牺牲阳极法作阴极保护设计，使用锌基阳极，当时在全国属首例；穿越大型河道的钢管敷设，采用了比较先进的水下沉管法、整体沉管法、弹性敷设法等；尔王庄至津滨水厂管线，在津塘公路地下9.1米处，用内径1.8米钢管顶管穿越长215米，属国内类似水利工程中的先例；各加压泵站均采取了大、小泵适当搭配，有的进行了水泵叶轮切削，以满足各种运行工况。

（三）引滦入津隧洞补强加固工程

引滦入津隧洞位于河北省迁西县和遵化县交界的滦河与海河流域的分水岭处，输水设计流量60立方米每秒、校核75立方米每秒。工程总长12.39千米，其中洞挖隧洞长9666米，为圆拱直墙型衬砌，净宽5.7米，净高6.25米；明挖埋管长1724米，采用净宽5.7米，净高6.25米的封闭式半圆拱直墙型及净宽5.7米，净高5.4～5.1米的方涵型两种钢筋混凝土结构；进出口工程1000米。

工程于1983年9月建成通水，1985—1986年开始出现底板及边墙裂缝，并逐步发展。设计院于1991年开始进行补强加固可行性研究，1993—1995年进行试验段施工，1996年编制了《引滦入津隧洞整体补强加固可行性研究报告》及修订补充报告，1997—2000年完成了补强加固一期工程，可归纳为：

锚。对裂缝密集段的拱墙和围岩进行系统锚杆加固。

灌。对7599米洞段拱顶回填混凝土或水泥砂浆，再辅以顶层与围岩接触部位的回填灌浆。对重点洞段中 f 值不大于2的特别软弱围岩进行固结灌浆。

填。采用"GB"胶封堵裂缝口，再补以灌浆封堵。对混凝土段止水断裂处用"GB"胶封贴。

排。补孔和疏通已堵塞的排水孔。

换。凿除隧洞已冲蚀部位，用水下不分散混凝土回填，并在底板更换部位表面抹防冲防渗耐老化的新材料——聚丙烯酸酯乳液砂浆。2006年又编制完成了《引滦入津隧洞二期补强加固可行性研究报告》，在一期工程的经验基础上，全面考虑了遗留和新发现的问题，采用比较成熟的新材料、新工艺进行设计，在一些重点洞段和部位增设外水压力监测设施等，2007—2010年实施。

（四）引滦入津黎河治理工程

引滦入津利用黎河天然河道输水段，自隧洞出口起，至黎河与沙河的汇合口止，全长57.6千米，设计流量60立方米每秒、校核75立方米每秒，按一级河道标准防洪。

由于黎河原为季节性行洪河道，引滦常年输水后，对黎河河道造成比较严重的河床下切、水流摇摆、岸坡冲刷等问题。

设计院于2008年7月编报了《引滦入津黎河综合治理工程规划》。工程主要是在河槽内连续筑低坝调整河底纵坡、局部扩展河道，使河床逐步稳定，其中1991—2009年增建跌水坝25座，扩建4座，河道扩宽12611米，复堤护坡17615米，以及修筑巡视道路、绿化等。并在2008年7月编报了《引滦入津黎河综合治理工程规划》上报。

（五）于桥水库坝基处理

于桥水库位于天津市蓟县城东4千米的州河上，总库容15.59亿立方米，为大（1）型工程。拦河均质土坝最大坝高24米，坝顶长2222米，宽6米。由于蓄水后相继发现在主河床坝段、坝肩部位及坝下游减压沟内出现多处渗水、砂沸，坝下测压管水位高出地面等现象，1975年水利部将该库定为大型病险水库。

坝基处理工程分三期进行。

第一期，1982—1983年，对大坝进行加高增容的同时，对主河床段坝基及坝肩渗透稳定问题进行处理：在0＋500～0＋700坝基进行残丘灌浆；在0＋700～0＋830坝基建造混凝土防渗墙厚0.8米，平均深度26.5米、最大深度30米；在0＋830～1＋930进行接触灌浆。

第二期，1995—1996年，在1＋250～1＋750坝段采用高喷灌浆，墙高8.5～14.5米，厚25厘米。

完成上述两期工程后，由于防渗措施之间仍呈间断状态，坝基渗透问题未根本解决，2000年6月，由水利部等组成专家组对大坝进行了安全鉴定，结论为三类坝，并要求对大坝基础透水层继续处理。

第三期，2001年，为形成全封闭的总体渗流控制，在0＋830～1＋250做混凝土防渗墙厚0.8米，平均深度35米，最大深度50米；在1＋250～1＋400做帷幕灌浆三排，最大深度30米；在1＋400～1＋500做补喷灌浆；在1＋750～1＋870做高喷灌浆，厚度0.25米，平均深度6～7米。

三期处理后，在0＋500～1＋900总长1400米的坝段形成全封闭的截渗幕墙。经观测资料分析，0＋900～1＋900 坝段截渗总体效果明显，大部分坝段渗流量减少 80％，有的已断流，渗流通道基本封闭。

（六）尔王庄暗渠泵站更新改造工程设计

尔王庄暗渠泵站是引滦入津工程中一座输水、补库兼用的泵站。至 1996 年，运行 13 年未进行过正规大修和更新改造，造成机组效率低、能耗大，存在多种隐患。

设计院承担了改造工程的设计工作，先后安排了新选水泵装置的模型试验、整体水工模型试验及主要设备的调研工作，分别编制了《尔王庄暗渠泵站改造工程水泵机组及微机监控设备的选型报告》等 4 个专题报告及改造工程初步设计报告，于 1997 年实施，主要项目有：①泵站原有水泵全部更新为 10 台 1400ZLQ6－7 型机械电动全调节轴流泵及配套电动机，单机设计流量 5.6 立方米每秒，设计扬程 7.5 米；②在输水暗渠和补库暗涵上分别安装 SJ－911 型超声波流量计及内装式换能器；③溢流堰室改造：原 2～6 号泵需经溢流堰室后入压力箱向外输水，水头损失较大。根据模型试验，改造方案选择在溢流堰中部开不同尺寸的方形孔过水，并经试验提出了各种运用工况下的各泵最优开机次序。

（七）引滦入塘高庄户泵站改造工程设计

引滦入塘工程是由尔王庄水库的明渠取水，向滨海新区塘沽区供水的水源工程。高庄户泵站是引滦入塘工程中的首级加压泵站，设计流量 3.0 立方米每秒，扬程 39 米。

自 1984 年投入运行以来，年久失修，设计院承担了该项工程的改造设计工作。2005 年 10 月 24 日，市水利局以《关于引滦入塘高庄户泵站改造工程可行性研究报告的批复》，12 月 26 日，市水利局以《关于引滦入塘高庄户泵站改造工程初步设计报告（含概算）的批复》，批复设计内容主要有：①建筑物及场区景观改造：将位置在一起的高庄户泵站与入开发区泵站、入汉沽泵站场区统一规划管理，对场区内建筑物进行外立面协调统一处理，重新建设道路交通及绿化景观布置；②水力机械改造：本次仍采用 24SA－10A 型双吸离心泵 6 台及电机、附属设备进行更新，4 用 2 备；③电气改造：取消高庄户泵站原有变电站，改由入开入汉泵站 35 千伏供电，专用变电站主变压器增容至 2 台 5000 千伏安，选用节能型产品，仍采用双电源 35 千伏架空线路供电，同时进行变电站以及高庄户泵站配电装置、继电保护等的改造。此外，还进行了计算机监控系统、金属结构、暖通、给排水等项改造。改造工程于 2006 年完成。

（八）大张庄泵站电气设备更新改造工程

大张庄泵站是引滦入津输水明渠终点的提升泵站，主要作用是向海河补水；或当大张庄泵站以上段暗渠不能输水时，可将明渠来水经本泵站提升后，直送宜兴埠泵站供天津市区用水；在汛期还可兼顾北辰区永定新河以北局部地区排沥。

引滦入津通水后，大张庄泵站运行至 1999 年，电气设备出现不同程度老化，并多属淘汰产品，为此，设计院承担更新改造设计工作，工程于 2001 年完成。主要项目：①更新设备：选用 35 千伏（Z）型金属铠装手车式开关拒共 5 面，以及避雷器柜、受总柜、母连柜等；选用新型节能主变压器 2 台，站变压器 3 台，以及 6 千伏高压配电及保护设备等的更新；②更新泵站计算机监控系统：对厂级操作员工作站和现地控制单元（LCU）进行了设备更新；在控制室增设彩色监视器，在泵站重要设备及关键部位安装摄像机，监视图像通过多媒体、网络通信等技术传送至管理处局域网；增设计算机自动化管理系统，将全处工程管理工作与泵站计算机监控系统有机结合，实现控管一体化；其他更新项目还有泵站自动化元件和设备、低压配电设备、励磁装置、保护测控装置、模拟屏以及相应的土建工程等。

（九）引滦输水暗渠检修加固工程

引滦输水暗渠是由尔王庄通往天津市区自来水厂的输水工程，起自尔王庄暗渠泵站，至宜兴埠泵站进口前池，全长 25.6 千米。

运行中，暗渠沿线多处出现不同程度的渗漏，托地受灾面积 154 公顷。

按照 1996 年 2 月 25 日市委、市政府会议加快引滦完善配套建设的精神，设计院编制了《引滦输水暗渠检修加固工程扩大初步设计》。工程于 1997 年实施，主要措施：①堵漏，该段共有伸缩缝 2034 条，首先处理洞内损坏严重的 1119 条，缝总长 14095 米，经多种技术方法现场试点比较，确定采用北京水科院 GB 胶止水材料，填充更换原有的表面橡胶止水板，在渗水严重的缝段加灌水溶性聚氨酯；②对暗渠外部渗漏严重地段，开挖后进行补强加固；③补强，对暗渠内部钢筋混凝土的缺陷、底板冲坑等，采用水下不分散混凝土补强技术及高压无气环氧原浆防碳化防污技术进行强度修补，局部裂缝采用化学灌浆处理；④对沿线检查孔 38 处、通气孔 23 处进行设备更新、加固、增设、孔口加高；⑤在暗渠出口处安装一套美国 O.R.E 公司生产的 7500 型超声波流量计；⑥其他还有变压器及电器设备大修、改造更新，清除暗渠内部淤积杂物等。

二、地下水源开发输水工程

（一）宁河北地下水源地天津经济技术开发区供水工程

宁河北地下水资源集中供水水文地质详查，是国家地矿部和天津市合作的重点勘察项目，经市地矿局组织专家评审，在宁河北车轴山向斜奥陶系石灰岩岩溶裂隙水中建水源地是可行的。对此，国土资源部批准宁河北地下水源地地下水可开采量为每日 10 万吨，并将其批准为天津市的地下水源地。2001 年 8 月 23 日，市计委以《关于对宁河北地下水源地应急开发工程可行性研究报告的批复》对可研进行了批复。

井群集水管线、集水池及加压泵站。根据市地矿局相关报告安排，水源地内打井 16 眼（其中工作井 12 眼），分两组排列。2005 年设计院承担输水工程设计，利用各井潜水电泵余压，通过井间连接管、集水支管和井组之间连接管汇流入集水干管，再送至集水池经泵站加压，通过供水管线送至开发区。集水管均采用钢管，内径为支管 250 毫米、井组间连接管 400 毫米接 600 毫米、干管 600 毫米。

供水管线。由加压泵站至开发区水厂，管线总长 70 千米。在 39.4 千米处设分水点向宁河县芦台水厂分水。设计流量在分水点前为 1.157 立方米每秒（10 万吨每日），分水点后 0.926 立方米每秒（8 万吨每日）。根据流量和压力水头不同，分段采用了预应力钢筋混凝土内径 1200 毫米的Ⅲ级管、Ⅱ级管，内径 1000 毫米的Ⅱ级管；部分地段施工条件差，采用了较轻的夹沙管。

穿越工程。管线沿途较大穿越工程有：还乡河分洪道穿越，在非汛期筑围堰施工；三次穿越蓟运河，深槽段均采用水下沉管法施工；永定新河，深槽段淤积严重，采用在规划断面河底下顶管施工；铁路及主要公路穿越用顶管施工。

工程于 2006 年全部建成。

（二）杨庄截潜工程

为有效缓解蓟县山丘区人畜饮水困难和农业水源紧缺问题，蓟县水利局拟在沟河上游罗庄子乡修建杨庄截潜工程。工程位于蓟县北部山区沟河上游，控制流域面积296平方千米。主要设计指标是：解决部分农村生活用水及补充蓟县城区用水，保证率95％年份年总用水量1000万立方米；农田灌溉用水，75％年份年总用水量2500万立方米；提高下游河道防洪标准。主要工程包括兴建水库1座，总库容2700万立方米，拦河坝长562米，其中混凝土面板沙砾石坝长342米，最大坝高33.5米，重力式混凝土溢流坝段长64米，混凝土挡墙及重力坝长156米。混凝土面板及重力坝基础均座在基岩上，并进行固结和帷幕灌浆防渗。坝后建输水工程长12.26千米至蓟县城北三八水库，流量5立方米每秒。

工程2005年全部建成。

三、引黄济津应急输水工程及北水南调工程

（一）引黄济津应急输水工程

1983年引滦入津工程建成通水，一度缓解了天津市水资源危机。但此后引滦入津水量明显减少，2000—2004年平均每年引滦水量只有4.5亿立方米，远低于潘家口水库分配天津城市用水10亿立方米的份额，缺水形势已严重影响天津市社会经济发展和人民群众的生活，不得不再靠引黄补充。2010年市政府第45次常务会议同意实施引黄济津潘庄线路应急输水工程并报水利部批准与协调。

引黄济津天津市外段输水线路。2000—2009年间5次引黄均由山东省位山闸放水，经位临干渠、清凉江、清南连接渠、南运河，最后到达九宣闸进入天津市。2010年改走潘庄线路，从山东省德州市境内的潘庄闸引水，经潘庄总干渠、马颊河等，通过倒虹吸穿越漳卫新河，最后到达九宣闸，线路总长392千米。市外段工程由当地设计院负责，但2010年潘庄线路中，漳卫新河倒虹吸由天津市水利勘测设计院设计。

天津市内段输水线路。在九宣闸后，分为直供线路、入库线路和回供线路，均由市水利设计院设计，输水规模20立方米每秒。直供线路：南运河（九宣闸）—子牙河，直供市中心水厂；入库线路：马厂减河（九宣闸）—马圈引河—北大港水库，线路长约36千米；回供线路：由北大港水库十号口门放水—十里横河—独流减河北深槽—洪泥河—海河，线路长约40千米。

引黄济津天津市内输水工程设计。引黄济津工程大多利用现有河道及建筑物输水，主要设计分临时工程和永久工程两部分。

临时工程有：封堵沿河灌排口门500余座，清污清障，闸站维修等。

永久性工程根据工程运行使用情况而实施，主要有：①南运河节制闸，右堤防渗处理，九宣闸分水坝；②北大港水库排咸闸，围堤裂缝改造，部分围堤段的林台护砌护坡；③津南区洪泥河两岸排水系统改造；引黄期间输水线路两侧村镇的雨、污水排水调头等工程。

（二）引黄漳卫新河倒虹吸工程

建设引黄济津潘庄线路的关键和控制性节点工程是新建穿越漳卫新河倒虹吸。该工程在山东省德州市境内，起于六五河牛角峪闸上游200米，止于南运河四女寺闸下游773米，建成后

避免了该段输水河道与所经河道的排涝、灌溉、泄洪的矛盾，以及对引黄入津水量的严重污染。倒虹吸全长 1429 米，设计流量 80 立方米每秒，其中管身段长 1292 米，为 3 孔 4.6 米钢筋混凝土方涵，出口闸后新挖明渠 366 米接南运河入津。

（三）北水南调工程

根据水文资料分析，一般年份汛期，海河流域北系各河尚有一定水量弃泄入海，当地也无适宜地点可建库存蓄，而南系地区现有水库容积较大，但上游河道来水甚微，每年干旱严重。为此，确定在天津市范围内修建北水南调（一期）工程。

"天津地区北水南调工程（一期）初步设计"于 1999 年 11 月 19 日经市建委批复。工程从北运河土门楼闸上开始，经武清、北辰、西青区至静海县，新挖部分渠段连通旧有河渠，建成长106.41 千米的自流输水渠道及建筑物，设计流量 30 立方米每秒，2000 年竣工通水。

第二节　防洪、除涝、防潮工程设计

一、海河干流

（一）海河干流治理工程

1. 前期设计

由于海河干流的堤防残破，汛期天津市区暴雨积水，造成工业生产和居民家庭严重损失。1991 年 11 月 11 日市政府召开海河险工险段整治动员会议，决定逐年对海河干流进行治理。

1993 年 4 月 11 日，设计院编制了《天津市海河干流治理工程可行性研究报告》，1996 年 9 月11 日国家计委批复同意列入国家计划。按照批复意见，该院又编制了《天津市海河干流治理工程初步设计报告》（1997 年 3 月报批稿），1997 年 7 月 21 日，水利部批复并对投资进行了安排，总工期为 1991—2002 年。

2001 年 5 月 28 日，水利部批复该院上报的《天津市海河干流治理工程调整概算报告》，核定工程总投资 15.69 亿元。2002 年以后，随着天津市海河两岸综合开发改造总体部署，该院分年承担了堤防加固和景观设计，列入天津城市基础设施项目。

海河干流治理工程原设计分工：设计院负责统筹协调、制定设计标准、水文计算、治涝规划、国民经济评价、报告汇总上报等，并具体负责各郊区及塘沽市区部分设计。天津市区部分由天津市市政设计研究院设计。天津院及下游局负责西河闸、海河防潮闸加固、河口清淤部分。

2. 治理工程内容、范围

海河干流治理工程主要为复堤加高加固、沿河灌排及交通口门改建加固、增建部分水闸、泵站等。治理范围包括屈家店闸、西河闸、海河防潮闸三闸之间的北运河、子牙河、海河干流三河，又分为天津市区、郊区（包括北辰、西青、东丽、津南四区及塘沽郊区）和塘沽市区三部分。

3. 设计泄洪流量和工程等级

根据实际情况经多方案比较后，海河干流段设计流量由原来的 1200 立方米每秒降为 800 立方米每秒，各河段治理设计泄洪流量：北运河屈家店闸下至子北汇流口 400 立方米每秒；子牙河西河闸下至子北汇流口 1000 立方米每秒；海河子北汇流口至耳闸 1000 立方米每秒，耳闸至入海口 800 立方米每秒，另 200 立方米每秒相机由耳闸分泄，经新开河—金钟河入永定新河。各河段治理工程等级为二等，其堤防、护岸及穿堤建筑物在天津、塘沽市区 2 级、各郊区 3 级。地震设计基本烈度均为Ⅶ度。

4. 设计涝水

沿河排涝总面积 1008.81 平方千米，设计标准是，天津和塘沽市区 20 年一遇、郊区 10 年一遇一日暴雨一日排除。

5. 河道水面线及堤顶高程计算

选择 1972 年 7 月 26 日的海河口潮位过程线（中潮）作为设计潮型，考虑向新开河—金钟河、永定新河分洪的情况，组合多种方案计算，确定了海河干流泄洪水面线。具体计算成果见表 6－2－2－92。堤顶高程按下式确定：堤顶高程＝设计洪水位＋风浪高＋安全超高＋10 年沉陷高（预计）。

表 6－2－2－92　　　　　　　　海河干流治理设计洪水位及堤顶高程　　　　　　单位：米

河系	断面名称	河中心线桩号	设计水位（子牙河 Q＝1000 立方米每秒，海河 Q＝800 立方米每秒）		堤顶超高	设计堤顶高程（左、右岸）	
			大沽	1985 国家高程基准		大沽	1985 国家高程基准
子牙河	西河闸	0＋000	6.42	4.83	1.60	8.02	6.43
	西河闸下	0＋640	6.40	4.81	1.60	8.00	6.41
	外环桥	9＋715	5.86	4.27	1.60	7.46	5.87
	红卫桥（自来水厂）	14＋225	5.39	3.80	1.60	6.99	5.40
					1.25	6.64	5.05
	子北汇流口	16＋540 0＋000	5.07	3.48	1.25	6.32	4.73
海河干流	耳闸	0＋264	5.04	3.45	1.25	6.29	4.70
	解放桥	5＋279	4.49	2.90	1.25	5.74	4.15
	海洋总公司	13＋061	4.20	2.61	1.25	5.45	3.86
					1.60	5.80	4.31
	市航道处码头	15＋221	4.15	2.56	1.60	5.75	4.16
	外环河桥上游	17＋862	4.10	2.51	1.90	6.00	4.41
	洪泥河口下	20＋954	4.04	2.45	1.90	5.94	4.35
	二道闸	34＋405	3.82 3.78	2.23 2.19	1.90	5.72 5.68	4.13 4.09
	塘沽郊区、塘沽市区交界处	57＋990	3.67	2.08	1.90 1.70	5.57 5.37	3.98 3.78
	海门桥	61＋890	3.66	2.07	1.70	5.36	3.77
		63＋118	3.65	2.06	1.70	5.35	3.76
	海河防潮闸	73＋450	3.62 3.85	2.03 2.26	1.70	5.32	3.73

河系	断面名称	河中心线桩号	设计水位（子牙河 $Q=1000$ 立方米每秒，海河 $Q=800$ 立方米每秒）		堤顶超高	设计堤顶高程（左、右岸）	
			大沽	1985 国家高程基准		大沽	1985 国家高程基准
北运河	屈家店	0+000	6.25	4.66	1.30	7.55	5.96
		0+930	6.17	4.58	1.30	7.47	5.88
	北仓桥（4+550）	4+610	5.76	4.17	1.30	7.06	5.47
	勤俭桥（11+670）	11+590	5.08	3.41	1.25	6.35	4.76
	子北汇流口	15+150	4.71	3.12	1.25	6.35	4.76

注　1985 国家高程基准＝大沽－1.587 米。

6. 复堤、护岸工程

各河段复堤后的堤长和上游侧护砌长度列入表6-2-2-93，有关问题说明如下：

表6-2-2-93　　　　　**海河干流治理设计堤防及护岸长度表**　　　　　单位：千米

河名	区　段	天津市区	塘沽市区	各郊区	合计
北运河	河长	4.52		10.63	15.15
	左堤 堤长/砌护长	3.02/3.02		12.02/11.46	15.04/14.48
	右堤 堤长/砌护长	5.78/5.78		9.16/8.20	14.94/13.98
	小计 堤长/砌护长	8.80/8.80		21.18/19.66	29.98/28.46
子牙河	河长	5.91		10.63	16.54
	左堤 堤长/砌护长	4.39/4.39		12.89/1.76	17.28/6.15
	右堤 堤长/砌护长	4.42/4.42		12.27/12.27	16.69/16.69
	小计 堤长/砌护长	8.81/8.81		25.16/14.03	33.97/22.84
海河干流	河长	15.21	15.46	42.78	73.45
	左堤 堤长/砌护长	13.75/13.75	15.52/15.52	46.07/43.86	75.34/73.13
	右堤 堤长/砌护长	15.90/15.87	14.67/13.84	45.24/40.53	75.81/70.24
	小计 堤长/砌护长	29.65/29.62	30.19/29.36	91.31/84.39	151.15/143.37
总计	河长	25.64	15.46	64.04	105.14
	左堤 堤长/砌护长	21.16/21.16	15.52/15.52	69.64/57.08	106.32/93.76
	右堤 堤长/砌护长	26.10/26.07	14.67/13.84	68.01/61.00	108.78/100.91
	小计 堤长/砌护长	47.26/47.23	30.19/29.36	137.65/118.08	214.10/194.67

注　表中河长、堤长系西河闸、屈家店闸、海河防潮闸之间的长度，是按《天津市海河干流治理工程调整概算报告》摘列。3 条河的河道分界在子北汇流口，即北运河15+150、子牙河16+540、海河干流0+000处。

（1）北运河郊区段。治理内容是将堤线移至靠近河槽的滩地上，计算堤距120米，把紧邻主槽的部分村庄迁到新堤外。新堤主要为筑土堤，上加浆砌石防浪墙高1米，上游坡设浆砌石或其他材料护坡。

（2）子牙河郊区段。右堤：加高培厚原堤背水坡，堤顶宽达到6米，上游砌护，下游渗透不稳定地段加作后戗；左堤：本次在河滩地上的外环线道路上游新筑土堤1.35千米，上、下游各与旧堤连接，用以保护外环线道路、商学院等重要设施，堤顶宽均为6米。左堤局部险工地段作砌石或模袋混凝土护坡。

（3）天津市区段。根据原有堤防护岸破损情况，分别采用了5种形式改建加固：立式钢筋混凝土板桩护岸长8.00千米；钢筋混凝土混合式护岸3.10千米，在水下打钢筋混凝土板桩或灌注桩，水上部分浆砌石护坡，堤顶设钢筋混凝土防浪墙；浆砌石混合式护岸12.80千米，水下部分作浆砌石重力式挡墙，上部浆砌石护坡，地基承载力不足时在墙底打梅花形钢筋混凝土短桩；钢筋混凝土悬臂式挡水墙19.96千米；浆砌石挡水墙3.37千米。

（4）海河干流郊区段。本次治理尽可能连接利用旧堤，局部调整形成一条完整的堤线，堤防断面达到设计标准。复堤段主要在旧堤背水坡填土加高培厚。位置重要堤段上游坡作浆砌石或其他材料护坡共长约19.09千米；一般堤段长约65.30千米，只护砌上游坡经常蓄水的下半部，上部仍为土坡。土堤顶宽6米，上、下游边坡均为1∶2.5。部分地段在堤顶设防浪墙，墙后保留土堤顶宽4米，形成一条巡视管理道路。另有局部堤段因距水边较远或地势较高，采用上游坡1∶3不作护砌。

（5）塘沽市区段。原有众多企事业单位紧邻海河两岸，所修建的防洪堤防形式多样，大多结构简单、标准低，年久失修，隐患极大。本次治理首先确定了合理可行的堤线位置，两岸堤长30.19千米，其中护砌29.36千米。堤防断面采用重力式浆砌石在迎水面加筑钢筋混凝土防渗层的防洪墙，悬臂式钢筋混凝土防洪墙，钢筋混凝土连续墙等10种组合形式，尽量不拆迁或少拆迁堤后已有建筑。对渗透性较强的堤基段落，采取了地下钢筋混凝土连续墙或高压旋（摆）喷防渗墙等措施长8.61千米。

7. 中小型口门工程

沿海河干流原有中小型口门数量繁多，设施简陋，主要是当地村镇和单位为灌溉排水所设，塘沽市区还有较多的生产交通口门。经与当地政府和有关单位协商，适当合并减少口门数量，按照规范规定逐个进行设计。较大的有：新建天津市区的南运河口防洪闸，设计流量50立方米每秒，配套的"明珠"泵站20立方米每秒；改建塘沽郊区黑猪河防洪排水枢纽等5座。其他小型口门共595座。

8. 河道清淤工程

在海河干流治理中，考虑到在天津市区段河槽内还有大量泥沙淤积，逐年倾倒裸露的垃圾污物，严重影响市容卫生。设计院进行了重点河段的清淤工程设计，经海委批准实施。为保持景观和便于施工，设计清淤断面底高程达到−1.0米。分两期清淤河段共长20.71千米，清淤量54.42万立方米，2002—2003年完成。两期清淤的弃土场均选在外环线外东丽区海河左岸的原有坑塘内，水路平均运距15～31千米。根据取样试验，本次清淤深度范围内淤积物重金属含量未超标，有机质和营养物质含量符合农用标准，因之弃土坑在清淤土填完后仍可种植。

9. 海河干流治理后的综合利用功能

（1）蓄水供水。海河二道闸上可利用河道容积2274万立方米，调蓄市区沿河工厂、企事业及郊区商品菜田用水。

（2）市容美化、航运及旅游。适当吨位的船舶可由海河闸上达二道闸下；游船可从天津市区出发，沿河到海口观光。

10. 设计理念更新

海河干流塘沽市区较多的河段堤防基础为软弱黏性土、砂层、碎石垃圾，甚至是大块抛石体，且河水深无法彻底清除，勘测、设计、施工三方紧密合作，针对不同情况经过实验研究，采取了深层搅拌、高压喷射注浆、低压灌稠浆，以及建造地下连续墙等方法，比较好地解决了堤基防渗和稳定问题。

天津市区海河主要河段两岸多为立式板桩护岸，在受地形地物限制地区改建加固或新建护岸时，基本采取两种形式：土层锚杆拉锚立式钢筋混凝土板桩；钢筋混凝土混合式护岸。两种形式均可保持水下坚固抗冲，水上岸线美观，并避免拆迁。市水利设计院还对土层锚杆进行现场试验，取得了科学实验及应用数据。

海河干流郊区部分河段利用吹填土筑堤试验取得成功。水下使用模袋混凝土护坡也获成功。

市区段清淤工程与施工单位一起调研使用了水陆两用挖掘机挖装、制造专用泥驳拖运、建临时码头、用抓斗挖掘机配合自卸汽车二次倒运的方法，属综合创新措施。

（二）耳闸重建工程

耳闸枢纽工程建于 1919 年，由于闸室沉降严重，设施简陋，安全鉴定意见按泄洪 200 立方米每秒重建。

重建闸位布置在原有分洪闸以下 60 米处，并将原有分洪闸和船闸作为历史建筑予以保留。市水利局以《关于对耳闸重建工程初步设计报告的批复》对设计任务进行了批复，重建工程在 2008 年建成。

新建分洪闸为钢筋混凝土结构开敞式共 7 孔，中间 5 孔为过流孔，左边孔为非过流挡水孔，闸孔净宽均为 6 米。右边孔为船闸通航孔，按六级航道要求，新建船闸全长 72 米，船闸闸室为钢筋混凝土 U 形槽宽 8 米。分洪闸底板、翼墙、船闸上、下闸室底板及空箱挡土墙下设钢筋混凝土灌注桩承重，桩长 20 米，桩径 0.6 米、0.8 米两种。

1. 自动化管理系统

分洪闸及船闸采用常规控制与微机监控两种方式。计算机监控系统采用全分布开放式结构，分计算机集中控制单元和现地控制单元（LCU）二层。上位机与各单元通信方式为以太网，传输介质为双绞线，可实现对耳闸电气设备、变电站内低压电气设备及闸门控制，运行事故时可自动停机保护。

监控系统可进行重要参数修改，包括自动调节精度、闸门行程上下限位及水位观测等，设 1 台数据服务器，对系统的所有数据及运行情况进行集中采集并送工控机，完成数据的备份，提供各种共享服务。另外在耳闸建立了视频监控系统，可对各项工程及管理设施的重要部位进行监控。

2. 设计理念更新

提出水工建筑学观点，体现了大都市水利工程。新建耳闸枢纽位于繁华市区，在外部造型上，勾勒出一艘极具时代特征的游轮融入周边水景之中。2008 年 6 月，以新、老耳闸水利工程为主题的耳闸公园全部建成开放。

耳闸重建工程地基为淤泥质土，地质条件差，为此在闸室上、下游翼墙中采用土工格栅提高地基承载力和减小土压力的新技术，取得成功经验。

在新建、改建工程中较早地实施了自动化管理和视频监控系统。

（三）新开河—金钟河治理工程

新开河—金钟河全长 36 千米，历史上是宣泄上游流域洪水的重要通道之一，由于上游耳闸地区地面下沉，下游防潮闸上、下河槽逐渐淤高，过流能力下降至耳闸日平均流量 15 立方米每秒。之后在国家计委批准的《天津市海河干流治理工程可行性研究报告》中规定，耳闸相机分泄海河干流流量 200 立方米每秒，经新开河—金钟河向永定新河宣泄。

2003 年、2004 年对新开河耳闸至曙光道、曙光道至外环线两段进行综合治理工程长 5831 米，涉及防洪、排涝、美化、交通等，治理工程：①清淤清污。各河段深槽清至底高程 -1.5～-2.0 米，底宽 39～60 米。②堤岸工程美化。在深槽上口边与河堤坡脚间设适当宽度的亲水平台，用粗料石、卵石等砌筑，后接土堤，以框格草皮护坡。③橡胶坝及码头。在新开河与外环河相交处设有挡水橡胶坝，其上游具备游船航行条件，故在本次治理段内设小型码头 10 处，船舶吨位 50 吨。④穿堤口门。加固保留 8 座，封闭 14 座。

（四）海河二道闸加固改造工程

海河二道闸原设计泄洪流量 1200 立方米每秒，新定指标为 800 立方米每秒，设计闸上、下游泄洪水位 3.82 米、3.78 米，正常蓄水位 1.0 米。闸室共 8 孔，每孔净宽为中间 6 孔 10 米、两边孔 13.5 米，左边孔为过船孔，其上设活动钢桥。中间孔闸墩长 23.5 米，控制段墩厚 2.0 米。原设计闸底板高程中孔 -5.6 米，边孔 -3.5 米，闸墩顶高程 5.0 米。闸墩上游段设汽-20 公路桥，桥面净宽 12.0 米。闸室各孔设平面工作钢闸门，均采用柱塞式液压启闭机启闭。

该闸建成后运行情况比较正常，2001 年，由设计、结构材料、工程检测、地勘等单位联合对该闸进行安全鉴定，评定为三类闸，提出了水工建筑、金属结构、电气、管理设施等存在的问题。

2002 年，设计院编制了《海河二道闸改造工程初步设计报告》，各项措施已实施，在此只叙述比较突出的闸墩裂缝处理。检查统计各闸墩普遍存在竖向裂缝，当时共发现 204 条，其中贯穿性裂缝 15 条，宽度 1～23.5 毫米。分析主要成因后采取的工程措施：①对闸墩裂缝采用亲水性 EA 改性环氧树脂灌浆。②对闸墩上部进行加固。在公路桥下各闸墩侧面水平加设工字钢梁与闸墩紧固，并挂钢筋网浇混凝土外包，梁下再粘贴一至二道碳纤维复合材料，使闸墩上部能抵抗较大的拉应力。③对闸墩混凝土表面采用丙乳砂浆进行防碳化、防腐蚀处理。处理水下部分裂缝时，因闸墩上游未留检修门槽，遂设计了一个大型浮体式移动钢闸门，可单孔封闭抽水，干场作业取得成功。

二、城市防洪圈

（一）城市防洪圈与西部防线

城市防洪圈。市政府于 1994 年 7 月 20 日批准了《天津城市防洪规划报告》，其中天津城市防洪圈堤防全长 249.83 千米，包括北部永定新河右堤长 63.00 千米、南部独流减河左堤长 67.00 千米、西部防线长 54.26 千米（包括西河右堤长 11.50 千米，中亭堤长 8.44 千米，九里横堤、方官堤、十里横堤合计长 12.42 千米，永定河泛区南遥堤长 21.90 千米）、东部为部分防潮堤长 65.57 千米，可保护天津中心城区、滨海新区核心地区及其他城乡地区共 2700 平方千米，配合海河干流等河道治理，辅以外围洼淀的临时分洪、滞洪措施，天津城市的防洪标准可达 200 年一遇。

西部防线工程。为防止永定河、大清河向清北地区分洪威胁天津市区安全，从而把旧有土堤连接加高加固成为西部防线，堤顶宽度 6 米、上、下游边坡 1：2.5。其中永定河泛区南遥堤、九里横堤、方官堤、十里横堤按 200 年一遇洪水位 7.24 米（1985 国家高程基准）设计，中亭堤按东淀 50 年一遇洪水位 6.44 米设计，均已建成，尚有少量遗留工程。

（二）永定新河治理工程

前期工作。永定新河紧邻天津市中心城区北侧，全长 66 千米，其右堤是天津市防洪的北部防线。由于该河关系到北系四河下游地区，特别是天津市城区及滨海新区的防洪安全，但因河道严重淤积、堤防失修等原因，泄洪能力锐减，因此近 20 余年来水利部、天津市连续投入大量资金，进行了河槽清淤、堤防加高加固、改建、新建沿堤涵闸等，缓解了永定新河洪水的直接威胁。根据历年治理成果和经验，中水北方勘测设计研究有限责任公司在 2004 年 12 月、2006 年 9 月分别编制了《永定新河治理工程可行性研究报告》和《永定新河治理一期工程初步设计报告》，据此进行永定新河治理工程。

河道设计及现状。永定新河按 50 年一遇洪水设计，100 年校核。在设计情况下，屈家店闸下永定新河泄流能力为 1400 立方米每秒，沿途加入各支流后，河口处组合流量为 4640 立方米每秒。全河是以深槽行洪为主的复式河槽，大张庄以上 14.5 千米为三堤两河，其中北河（永定新河）宽 300 米，南河（新引河）宽 200 米，大张庄以下合并为一河，河宽 500～600 米。经过历年治理，河道基本情况与原设计有了变化，参见表6-2-2-94。

河道淤积及清淤工程。永定新河建成后大部分时间几乎无径流下泄，并因河口未建闸，潮水可沿河上溯直达屈家店闸下，所含大量泥沙不断在河道内沉积，从屈家店闸下逐渐向下游推移，1997 年 10 月实测淤积末端下移至 62＋000 处，在 28＋192 断面处，河道泄洪能力由原设计的 1640 立方米每秒下降至 260 立方米每秒。为缓解防洪压力，1986 年、1999 年两度分别在永定新河 28＋192、54＋800 桩号处筑临时挡潮埝，在埝上进行河槽清淤，上游来洪水时扒埝泄洪，配合向临时分洪区分洪等措施，河道行洪能力可达 900 立方米每秒。

堤防治理。在清淤工程的同时，按照中水北方勘测设计研究有限责任公司编制的《永定新河治理一期工程初步设计报告》，对屈家店闸至新建的河口防潮闸（桩号 63＋041）之间的永定新河两岸堤防，按设计标准进行了加高加固，配合新建的防潮闸及闸上、下游清淤，以及临时分洪措施，可使永定新河防洪标准达 20 年一遇，泄洪流量在潮白新河口以上为 900 立方米每秒，以下 3000 立方米每秒。其中有条件地区利用清淤弃土加作土堤后戗；重要堤段迎水坡作浆砌石、预制混凝土等护坡；部分土堤基础加作了防渗工程；改建或新建了 50 余座穿堤涵闸。

清淤工程中的环境影响评价。1987 年初次进行永定新河清淤时，首先在河心取污水、污泥样品，在深槽取淤泥样品，在滩地取地下水样进行化验，参照当时的标准评判，结论是：淤泥弃土对环境影响不大，污泥弃土对环境影响较大，污水对环境影响更大。因三者在施工中无法分别处理，经计算，在河心污泥与河槽淤泥混合均匀条件下，其毒性低于允许浓度，污水毒性可在挖泥船施工中由清水稀释，排泥场中的水必须抽回河中。该次试验为全河清淤的排泥场布置、施工操作和环境保护措施打下了基础。以后对评价区内的工厂、部队多个深井的观测调查，未发现清淤弃土对深层地下水造成污染。

表 6-2-2-94　　　　永定新河河道基本情况表（黄海 56 高程系统）

桩号	地点	设计流量/立方米每秒		设计水位/米		设计河底高程/米	原设计堤顶高程/米		清淤后河道				
		P=1%	P=2%	P=1%	P=2%		左堤	右堤	深槽底高程/米	深槽宽度/米	边坡	河槽底比降	上口宽/米
0+000	屈家店	1800	1400	6.24	5.55	-0.20	7.50	7.50	-0.20	30/130	1:4		330
14+500	大张庄	1800	1400	5.38	4.81	-1.31	6.65	7.65	-1.31	180	1:4	1/13000	510
26+100	北京排污河口下	1820	1640	4.86	4.42	-2.21	6.00	7.00	-2.21	180/190	1:4		540
28+192	临时分洪口门	1820	1640	4.80	4.34	-2.44	5.92	6.92	-2.44	250	1:4	1/9000	506
32+200	津唐运河	1820	1640	4.65	4.18	-2.89	5.77	6.77	-2.89	250	1:6	1/6860	510
44+000	金钟河闸	1820	1640	4.31	3.82	-4.20	5.39	6.39	-1.17	230	1:6		480
52+966	挡潮埝上	1820	1640	4.11	3.60	-5.19	5.17	6.17	-1.17	230	1:6	平坡	505
53+030	挡潮埝下	1820	1640	4.11	3.60	-5.19	5.16	6.17	-1.17	230	1:6		505
54+500	潮白新河口下	4820	4640	4.09	3.58	-5.36	5.13	6.13	-2.03	260	1:10	1/1710	650
59+000	公路桥	4820	4640	4.02	4.02	-5.86	5.02	6.02	-3.00	40	1:7		584
62+100	蓟运河口	4820	4640	4.01	4.01	-6.00	5.01	6.01	-3.89	20	1:10	1/6190	715
63+041	防潮闸上/下	4820	4640	2.72/2.52	2.67/2.52	-6.00			-3.41	80	1:16		450
66+000	河口	4820	4640			-6.00			-3.81	70	1:16	1/7400	2390

（三）防潮堤（海挡、海堤）工程

1. 前期与设计

20 世纪 90 年代，天津市沿海接连发生强风暴潮，防潮堤残破不全，当地城乡淹泡损失惨重。1997 年设计院对天津市海挡全线进行了调查研究和勘测规划，于 9 月 8 日完成《天津市滨海地区海挡治理工程可行性研究报告》上报市政府。10 月 29 日，市政府会议确定，自 1998 年，用两个五年计划左右的时间，对全市的防潮堤进行大规模建设。

经过 10 余年治理，已建成一条比较完整的防潮堤工程，保护了滨海新区的安全。

2. 防潮堤长度及分类

天津市防潮堤起自市东北部与河北省交界的涧河口，止于市南边的沧浪渠入海口北堤，全长为 139.620 千米，包括汉沽区段长 30.614 千米，塘沽区段 80.749 千米，大港区段 28.257 千米。其中塘沽区段内的永定新河口至独流减河口段长 65.570 千米为天津城市防洪圈的重要组成部分。

设计中把全部防潮堤划分为重点段和一般段，重点段长约 66.90 千米，保护对象主要指港务局、保税区、开发区、新港船厂和海防公路等；一般段长约 54.90 千米，保护范围为盐池、虾池、农田以及人口规模较小的村镇等；其余长约 17.82 千米为河口等非工程措施段。

全长中含企业自保段 28.580 千米，堤顶与海防路结合段长 41.826 千米。

3. 防潮标准

根据市政府批复的"海堤工程建设安排意见"，一般段海堤达到防御 20 年一遇、重点段 50 年一遇海潮标准。市水文部门对各区段潮位分析成果见表 6-2-2-95。

表 6-2-2-95　　　　　　　　潮　位　分　析　成　果　　　　　　单位：米

重现期	汉沽	塘沽	大港
200 年	5.00	5.18	5.03
100 年	4.85	5.00	4.88
50 年	4.69	4.82	4.71
20 年	4.46	4.58	4.49

4. 工程等级和设计堤顶高程

全部防潮堤为 II 等工程，防潮堤及穿堤涵闸等为 2 级建筑物。堤顶高程按设计高潮位＋7 级风波浪爬高＋安全超高计算。经过模型试验，防潮堤可按堤顶允许越浪，取安全超高 0.4 米，则设计堤顶高程在一般堤段为 6.5～7.0 米，重点堤段 7.0～7.5 米。

5. 堤防断面设计

新建防潮堤设计断面以"三面光"为主，即迎海侧、堤顶和背海侧均加防护。护面型式以坡式为主，主要有预制混凝土板、混凝土联锁板、浆砌石和混凝土灌浆砌石等；路面以素混凝土为主。至 2010 年已加固防潮堤总长 48.20 千米。

6. 穿堤建筑物

防潮堤沿线共有穿堤排水闸涵、交通口门等 83 座，视情况随堤防建设而改建、重建、加固、封堵等。

7. 设计理念更新

防潮堤治理，曾选取永定新河—海河段进行现状风险分析，委托天津大学利用 VOF 方法进行了三维风暴潮洪水演进数学模型试验，并经物理模型试验分析，确定防潮堤按堤顶允许越浪，对堤防和护面型式也作了多种实验研究，顺利地完成了防潮堤的建设。

三、北三河系

（一）蓟运河治理工程

1. 工程背景

蓟运河是海河流域北系的主要河流之一，其上游为州河、泃河两支流，在九王庄节制闸上汇合后，下行至蓟运河防潮闸全长 144.54 千米，泄水经永定新河入海。

蓟运河及两岸堤防蜿蜒曲折、坡度平缓，沿途经蓟县、宝坻、宁河、汉沽、塘沽，由于长期未进行有效治理，加之 1976 年地震破坏、地面下沉等影响，堤防高度严重不足，河道过流能力普遍较低，汛期洪水对两岸人口密集的城镇和农田威胁极大。

2. 前期工作

1992 年 10 月，水利部天津水利水电勘测设计研究院（简称天津院）编制完成了《蓟运河干流治理一期工程可行性研究补充报告》，由水利部、天津市政府逐年筹集资金，按照该可研报告中的一期工程标准，于 1992 年起实施分段治理。

经"96·8"大水后，治理进度加快，为了尽快在总体上达到一定标准，2003 年 3 月，天津院编制了新版的《蓟运河干流治理一期工程可行性研究报告》（简称一期工程可研报告），仍按一期标准实施。

至 2006 年实施的宝坻段设计标准开始提高至流域规划原定标准。

3. 主要设计指标

治理标准、规模和工程级别。根据流域规划，蓟运河干流设计防洪标准 20 年一遇，闫庄以上以排涝为主，标准是自流排 10 年一遇、机排 5 年一遇，河道设计流量 400～550 立方米每秒；闫庄以下泄洪与排涝混合，河道设计流量 1300 立方米每秒。

一期工程可研报告中推荐采用方案的防洪标准为 10 年一遇，排沥为自流排 5 年一遇，机排 3 年一遇，河道设计流量：闫庄以上 377～498 立方米每秒，闫庄以下 994 立方米每秒。干流堤防级别均为 3 级。地震基本烈度蓟县、宝坻为Ⅶ度，宁河、汉沽、塘沽为Ⅷ度。

设计流量、水位和堤顶高程。2003 年 3 月编制的一期工程可研报告推荐的采用方案中，设计堤顶宽 6 米，上游坡闫庄以上 1∶3、以下 1∶4；下游坡均为 1∶3，高程为 1985 国家高程基准，见表 6-2-2-96。

治理概况。蓟运河右堤长 149.32 千米，左堤长 107.47 千米，穿堤建筑物 353 座。1992—2006 年，完成堤防治理 118.90 千米及所含建筑物，尚需继续治理。

（二）蓟运河中新生态城段治理工程

蓟运河中新生态城段治理工程包括堤防和河道清淤两部分。

1. 堤防

（1）背景及设计。2007 年 11 月 18 日，中国、新加坡两国政府签订《关于在中华人民共和国建设一个生态城的框架协议》。选定的中新生态城落址于天津滨海新区中的汉沽城区南部，紧邻蓟

表 6-2-2-96　　　　　　　　　　**蓟运河干流设计流量、水位、堤顶高程**

位　　置	桩号	防洪标准 20 年一遇，排涝标准：自流排 10 年一遇、机排 5 年一遇			防洪标准 10 年一遇，排涝标准：自流排 5 年一遇、机排 3 年一遇		
		流量/立方米每秒	水位/米	堤顶高程/米	流量/立方米每秒	水位/米	堤顶高程/米
九王庄大桥	0+000	400	7.34	8.84	377	7.08	8.08
新安镇	17+358	460	5.25	6.75	420	4.86	5.86
小河口	23+033	464	5.05	6.55	424	4.64	5.64
长沿	30+257	464	4.91	6.41	424	4.48	5.48
芝麻窝	32+825	503	4.84	6.34	477	4.42	5.42
柳沽	46+498				477	4.29	5.26
张头窝	49+355	519	4.76	6.26	477	4.28	5.28
江洼口	53+749	550	4.64	6.14	477	4.16	5.16
西关	70+978				498	3.70	4.89
闫庄	98+078	1300	3.91	5.41	994	3.39	4.89
船沽	107+970	1300			994	3.11	4.61
汉沽大桥	125+263	1300			994	2.71	4.21
茶店	130+413	1300			994	2.62	4.20
蓟运河闸	144+543	1300	2.26	4.20	994	2.10	4.20

运河口左岸，规划范围约 34.2 平方千米。

为配合中新生态城建设，2008 年市水利局安排设计院开展生态城建设的可研和初设报告的编制工作。2008 年 7 月 29 日，市水利局向水利部上报了《关于报审蓟运河中新生态城段治理工程可行性研究报告的请示》，同时抄报水利部海委，市发展改革委、市财政局。市发展改革委于 2008 年 11 月 26 日以《关于蓟运河中新生态城段治理可行性研究报告（代项目建议书）的批复》对可行性研究报告进行了批复。

2008 年 12 月 2 日，设计院完成《关于报送蓟运河中新生态城段治理工程（清淤部分）初步设计成果的报告》，12 月 26 日市水利局以《关于蓟运河中新生态城段治理工程（清淤部分）初步设计的批复》予以批复。12 月 24 日设计院完成《关于报审蓟运河中新生态城段治理工程（堤防部分）初步设计报告的请示》，2009 年 1 月 6 日市水利局以《关于蓟运河中新生态城段治理工程（堤防部分）初步设计的批复》予以批复。

蓟运河中新生态城段位于蓟运河干流汉沽城区以南，河道长约 12.2 千米，建设内容包括两岸堤防加高加固及其建筑物的改建或重建，于 2010 年完工。

（2）设计标准及规模。蓟运河中新生态城段治理工程按照 20 年一遇防洪标准，河道流量 1300 立方米每秒设计。堤防及穿堤建筑物工程级别 3 级，抗震设防烈度Ⅷ度。

在堤线和堤防型式方面，尽量利用现有堤防工程，局部地段进行优化后，左堤堤线长 12.393 千米，右堤长 12.487 千米。按照本段河道设计洪水位，上加堤顶超高值 1.50 米，另加预留 10 年的沉降量 0.30 米，设计堤顶高程为 4.13～4.62 米（1985 国家高程基准）。左、右堤堤顶宽均为 6.0 米，筑 4.0 米宽沥青混凝土路面。堤身断面为土堤，采用浆砌石、混凝土框格、植生袋、金属网石笼等材料护坡。

本次治理共涉及 11 座穿堤建筑物。其中左堤 7 座，根据《中新天津生态城基础设施专项规划—雨水专项规划》（2008 年 10 月），需新建 1 座排水泵站穿堤涵闸，设计流量为 20 立方米每秒；其余 6 座挖出后封堵。右堤 4 座均损坏严重，需拆除重建。

2. 河道清淤部分

根据河道行洪要求，对严重淤积的蓟运河防潮闸上 3.0 千米、闸下 0.51 千米的河段，清淤至防潮闸底板设计高程－6.03 米，并可改善生态环境和工程管理状况，本段清淤于 2009 年竣工。

3. 设计理念更新

河堤采取了植生袋护坡和金属网石笼护坡两种生态护坡示范段，可供今后工程借鉴。

（三）宁河县蓟运河岳道口橡胶坝工程

1. 背景及设计

该坝坝址位于蓟运河干流上，在芦台镇上游约 10 千米的岳道口处。建坝一方面可以拦蓄上游来水、也可通过二级河道与潮白新河相通，达到调剂水源，增加灌溉用水量的目的；另一方面还可阻止下游的污染水体和蓟运河防潮闸闸门渗漏的海水倒灌上溯，保护坝上游水质。

该坝于 2010 年建成，设计坝高 5 米，蓄水量 1042 万立方米。坝体总长 115 米，双向挡水。选用离心清水泵充水，坝袋排水采用自流和泵排结合的方式。坝袋在充水至设计高度情况下，经高水位、大水头差、冬季运行等考验，情况良好。

2. 设计理念更新

（1）坝高 5 米、单跨坝长 115 米，《中国水利报》曾刊文称之为"橡胶坝建设史上的新突破"。

（2）采用市水利设计院和中国水科院等单位共同研制的无搭接橡胶坝袋的技术成果，突破了以往现场粘接坝袋的惯例，缩短了制造和施工工期。

（3）改 U 形锚固为 V 形锚固，更接近理论计算中的假设边界条件。

（4）充排水主管道从基础底板中移到底板下，通过布置管道伸缩节以适应不均匀沉降，底板厚度减少 20 厘米。

四、地方防洪灌排工程

（一）蓟县三八水库除险加固及综合治理工程

三八水库紧靠蓟县城区西北部，在沟河支流白马泉河上，控制流域面积 7.38 平方千米，库底高程高出城区地面 10 余米，原设计库容 107 万立方米，是一座小（1）型水库，经鉴定为Ⅲ类病险水库。蓟县水务局委托设计院进行前期设计工作。治理工程主要有：

坝体加固：原水库主副坝为粉质黏土斜心墙坝共长 320 米，最大坝高 15.7 米，坝顶宽 5 米，上、下游边坡 1∶2.5、1∶2.0。设计新建上游浆砌石护坡，下设土工膜防渗；下游坡采用现浇混凝土框格草皮护坡；坝顶设混凝土路面，上游设防浪墙。

溢洪道扩挖及引水道工程：采用加深过水断面、加固和补建护岸使溢洪道达到500年一遇泄流182立方米每秒的能力，并在底部埋设内径1.8米的引水暗渠，流量5立方米每秒。

在原底孔放水洞表面衬砌钢筋混凝土，洞前建进水塔及控制闸门。

在水库常年蓄水深度约为3米的高程以下，对塌岸段建浆砌石护岸，砂砾石漏水岸坡及库底铺塑料膜防渗。

另外，还有从杨庄截潜水源地至三八水库的引水渠连接等。

（二）宝坻区东老口扬水站扩建工程

宝坻区周良庄旅游度假开发区（简称项目区）位于宝坻区东南部，地处里自沽排水区，是宝坻区招商建设的集教育、旅游、观光、度假和现代农业等产业于一体的综合开发区。随着项目区建设的不断发展，现有排水能力已不能满足要求。原有的东老口扬水站老站，位于周良庄项目区地势较低的南部地区，引青入潮左堤内侧，建于1975年7月，为排灌两用泵站，设计排水能力为20立方米每秒，灌溉能力为12立方米每秒。至2004年，扬水站运行基本正常，但存在设备陈旧，泵站主体建筑物损坏等问题，其灌溉引水涵洞因引滦输水明渠的兴建而被封堵，灌溉引水功能已丧失。根据《周良庄项目区给排水规划》，为避免周良庄项目区遭受沥涝灾害，项目区设计排水总流量为126.1立方米每秒，扣除原有泵站的排水流量，项目区需增加排水能力76.3立方米每秒。根据项目区工程建设的实际情况和建设周期，在充分利用现有扬水站的基础上，应逐步使该地区达到设计排水标准。东老口扬水站作为首期排水建设项目，拟扩建为设计流量40立方米每秒。

据此，宝坻区水务局委托设计院承担了设计任务。2004年9月13日，市水利局以《关于宝坻区东老口扬水站扩建工程可行性研究报告的批复》。同意在项目区下游低洼地区新建东老口扬水站，设计流量20立方米每秒，连同原有东老口扬水站20立方米每秒，可满足首先开发的32平方千米面积的排水要求。

宝坻区水务局向市水利局上报了《关于呈报天津市宝坻区东老口扬水站扩建工程可行性研究报告的请示》，以及根据审查意见修改后重新上报的《天津市宝坻区东老口扬水站扩建工程可行性研究报告》。2005年3月23日市水利局以《关于宝坻区东老口扬水站扩建配套工程初步设计的批复》对初步设计报告予以批复。

新建泵站位于引青入潮左堤内侧，由站前闸、主厂房、穿堤涵闸、出水闸、室外变电站、控制室和电气副厂房等组成。其中穿堤涵闸为3孔2.5米×3.0米钢筋混凝土箱涵，下游接出水渠道入引青入潮河道。泵站共装6台立式轴流泵，配套电机功率400千瓦，最大运行方式6台同时工作。连同老站和厂用电在内，变电站最大负荷5580千伏安，设1座35千伏变电站，新、老站各装主变压器1台。

（三）天津市环外29条河道水环境治理工程

遵照市政府2008年第14次常务会议对全市水环境工作的部署，市水利设计院和局农田水利处共同编报了《天津市环外29条河道水环境治理工程实施方案》，选择涉及卫星城、中心城镇、主要交通干道周围的水污染严重、对人民生活影响较大的29条农村骨干河道的重点河段进行治理。

治理内容包括河道清淤、护砌、建筑物维修改造、污水改道及重点区段的绿化。至 2010 年 10 月已超额完成治理河道 30 条（段），总长 302.6 千米，累计完成土方开挖 1504.6 万立方米、护砌 101.4 万立方米、绿化 178.6 万平方米。

第三节　景观、节水科技园工程

一、北运河防洪综合治理工程

北运河下段位于天津中心市区内，承担着泄洪、排涝、引滦输水、灌溉、通航等任务。由于多年失修，河道被大量泥沙及垃圾污物淤积，堤防下沉，部分堤顶变成了居民区，过流能力由原设计的 400 立方米每秒减至 50 立方米每秒，周边环境卫生状况恶劣。天津市委、市政府把北运河防洪综合治理列入 2001 年改善城乡人民生活 20 件实事之一，并得到了国家计委、水利部的大力支持。

主要设计内容：

筑堤、护岸及清淤工程。为减少居民搬迁，采用堤线内移，保持堤距约为 120 米的情况下，可满足河道泄洪要求。据此在两岸填筑新堤 11.1 千米，治理堤防总长 30.03 千米，清理淤积物 35 万立方米，考虑常年蓄水位及波浪壅高等，堤防 3.5 米高程（大沽）以下采用浆砌石护砌，3.5 米以上采用框格草皮护砌，增加绿化美观。

挡水橡胶坝及码头。为便于游船航行，在北洋桥上游修建天蓝色彩橡胶坝一座，与船闸一体布置。河岸边设置固定式与移动式两种码头共 18 座，移动式码头由停靠平台及浮箱组成，高程随水位变化。

环境建设和创意。在河道管理条例范围内的房屋均予拆迁。另对沿河右岸 4 段地区适当扩大拆迁范围，修建了滦水园、北洋园、御河园、娱乐园、怡水园等 5 座大型公园。在沿河景区显要部位建有体现天津跨越式发展高达 20 米的鲤鱼跃龙门主雕塑，直径 50 米的大型音乐喷泉，展示引滦精神的引滦入津工程微缩景观和引滦入津展览室，以及寓意不同的雕塑，集人文、科普、旅游、休闲为一体，既体现北运河两岸的时代气息，又表现出极强的地域文化特征。

河道两岸还建有 30 米宽的绿化带，新增绿地 90 万平方米，河道水面和绿化总面积 210 万平方米，新修道路 20 千米。河道过流能力恢复到 400 立方米每秒，阻断了沿河污染源，更好地保护了引滦水质，改善了两岸生态环境，被评为国家 A 级风景区，成为天津市第一个水利景观旅游区。

设计理念。北运河防洪综合治理工程是天津市转变治水思路，把工程效益、环境效益、经济效益高度统一，其总体布局和单项设计均为以后工程提供了成功先例。

二、海河两岸基础设施项目堤岸工程

海河两岸综合开发是天津市委、市政府为进一步加快天津发展做出的一项重大战略决策，并将海河两岸堤岸改造和水体治理工程列为先期实施的十大基础工程之一。设计院根据市水利局安排，于2003年1月迅速抽调有关人员成立项目组，并率先提出市区段堤岸改造的八种基本型式。2003年3月，天津市发展海河经济领导小组办公室确定，2003年起步工程范围为海河左岸慈海桥至北安桥，右岸南运河闸至北安桥及刘庄桥下游台儿庄路，其中河道堤岸工程由市水利局组织实施。至2004年上半年，起步工程全部建成。以后又分年进行了堤岸景观工程建设，合计已完成11段（包括起步工程）总长约11.318千米。

（一）工程设计原则

保持河道堤岸原设计的各项功能和标准。沿河岸上建筑物之间地段或道路，采用观景台、绿化带、路面抬高等措施来满足行洪、排涝的要求；对局部堤线安排专项重新规划设计。根据综合改造规划，海河堤岸采用退台式护岸设计，亲水平台设置在大沽高程2.0米，低于河道行洪排涝设计水位，在大汛时让路于水，退水后还地于民，使市民在大部分时间内能够亲水、赏水、嬉水。

（二）设计内容

原堤岸改造。包括亲水平台护岸和道路护岸设计，根据各段现状和景观设计高程，亲水平台的护岸主体结构设计有灌注桩基础、预制钢筋混凝土插板桩和地下连续墙等形式。道路护岸主要为钢筋混凝土悬臂结构。

石舫。石舫位于海河左岸耳闸与慈海桥间、距岸2米的河面上。石舫船体总长47.56米，总宽约12.0米，船高8.7~9.6米，船面可容纳200人。设计突出的特点：①船体结构为框架-剪力墙结构，外面镶挂专业雕刻的汉白玉石材；②船体造型空间曲面多，体现了雕塑美学，同时又满足施工要求；③建筑设计中采用了竖向分层剖切断面轴网的方法，对特征点形成三维坐标定位，是行之有效的方法；④该工程由于工艺等要求，结构为超长无缝设计，因此采用掺加膨胀剂类，配制高性能补强收缩混凝土的技术，达到了缩短工期、保证质量的效果。

码头。根据通航和景观节点需要，起步区布置了三处码头，按内河六级航道标准、参照载客200人船型设计。

文化广场和浮雕墙。在古文化街和大悲院位置建设文化广场，在大悲院广场下游布置百米浮雕墙展示海河漕运文化。

桥下连通桥。为减少对路面交通的影响，保持上下游景观的连续性，在金钢桥下两岸建有连接上、下游的人行通道。

上述河道堤岸工程中的各项设计，以人为本，把大都市中心地区水利工程的安全性和观赏性因地制宜地结合，成为全市主要的文化旅游、观光休闲地区之一。

三、天津市外环河整治工程

按照天津市委、市政府"三年城市环境大变样，一年见成效"要求，从2002年起开始建设外环线 500 米绿化带，并同时实施外环河整治工程。整治的原则是以贯通为主，治理脏乱，重点改善城市环境景观，兼顾提高周边地区的排沥能力。近期治理规模为兼顾排沥及河水循环，河道过流能力按 5 立方米每秒设计。

主要任务及建设内容：

河道治理工程，新挖打通河道约 6 千米；对原有河道清淤，对全部河段进行护砌，河道治理总长约 67 千米。河道衬砌重点考虑生态护坡，采用了混凝土预制六角板、联锁板或浆砌石等结合框格草皮护坡，既防止岸坡冲刷，也可改善河道景观，降低工程投资。

水循环及泵站工程，改造原有泵站 4 座，新建 3 座。新建泵站采用正向河床式布置形式的水循环泵站，形成泵站之间的四段河道，使河水能够双向流动、可补可排的水体循环。

新建外环河穿越公路及排污河等 8 座倒虹吸工程。其中最复杂的是津汉公路—北塘排污河穿越工程，在三路（外环线、津汉公路、津赤公路）、三河（外环河、北塘排污河、小王庄排污河）交汇处，为避免对现有工程的影响，设计将常规的外环线直线顶管改为曲线型顶管。顶管部分为 2 根内径 2.0 米的混凝土管，单线长 188.25 米，首尾两部分为斜直线顶管；中间为竖曲线顶管段长 75.3 米，管顶最大覆土厚度 11.0 米，曲线顶管在天津市水利工程中属首例，效果良好。

在外环河与新开河交汇处的新开河上，新建单向挡水橡胶坝一座，以保证外环河水体循环的取水水质。另外，新建和改建 7 座交通桥。

四、节水科技园工程

为促进节水工作，市水务局在西青技术开发区大任庄工业园区建设了一座集节水产品的研发、生产、检测、展示、推广、培训于一体的节水科技园。园区规划用地面积 35118 平方米（约 52.6 亩）。

可研办公区。为一幢综合办公楼，具有办公、研发和试验、产品质量标准检测及中试、先进设备及产品展示、会议研讨、商务洽谈、综合服务等功能，建筑面积 7790 平方米，建筑高度 20.4 米，主体 5 层，局部 6 层。临马路口还布置了两层椭圆形节水设备展示大厅，为钢结构外挂透空玻璃，丰富了感观。

生产区。为节水设备加工制造和储存用。一期建两座生产厂房，每座建筑面积 2509 平方米，主体 2 层，局部 3 层，高度 13.48 米；二期增建单层（局部二层）钢结构生产厂房 1 座，建筑面积 8440 平方米。

生活区。主要为钢筋混凝土框架结构三层综合服务楼，建筑面积 2876 平方米。园区建筑物耐火等级二级，容积率 0.7、建筑密度 40%、绿地率 27%，总体布局合理，建筑物立面设计简洁大方，同时考虑总体的协调，造型艺术突出建筑的时代感和信息工业化高科技气氛。

五、长城黄崖关水关设计

黄崖关水关是蓟县古长城的重要组成部分，其下为沟河河道，西侧为津围公路。考古发现该处原有水关一座，设五孔闸，抵御外侵和泄洪。

设计院承担了修复水关的设计，原则：满足 50 年一遇设计、100 年一遇校核的泄洪标准；工程安全坚固；外形仿古并与附近长城协调。建筑分水关和钢桥两部分。

水关。在河槽内设钢筋混凝土过水桥一座，5 孔每孔净宽 11.5 米，桥墩高 4.5 米，以上为半圆形拱圈，青砖砌拱圈表面，其上用浆砌石砌至路面，路两侧按长城形式筑城墙和垛口。混凝土及浆砌石表面镶贴花岗岩料石。

钢桥。在水关右岸设 15 米长钢桥跨越津围公路，桥上部亦筑城墙和垛口，全桥形式和色彩与长城一致。工程于 1992 年全部建成后，成为黄崖关景区的一个亮点。

第四节　援　藏　工　程

西藏松达水电站是落实 1994 年 8 月中央为庆祝西藏自治区成立 30 周年大庆援建的工程之一。松达河是澜沧江上游右岸的一条支流，水电站在该河与澜沧江交汇处以上 2 千米河段内，位于西藏昌都地区芒康县盐井以南，距县城 115 千米。

受市政府委托，天津市水利局选派骨干技术人员，全过程参加了水电站的设计、配合施工、通水验收等工作。水电站于 1995 年 4 月 18 日开工，1996 年 10 月 1 日竣工。1997 年 10 月 19—20日，市水利局会同中国水利水电第十四工程局和西藏昌都地区水利局的有关专家对芒康松达电站工程进行回访暨运行验收。回访小组分析了电站运行状况，认为已达到工程验收要求。

一、水电站设计

流量、水头和装机。松达河河道平均坡降 69‰，设计为无调节径流引水式，集中落差 120 米，安装 3 台单机容量 800 千瓦机组，总装机 2400 千瓦。单机流量 0.87 立方米每秒，3 台按总引水量 3.2 立方米每秒设计。

建筑物及机电设备布置。电站由首部枢纽、引水道、前池、压力管道、主副厂房、变电站、输变电工程、盐井生活区等组成。压力管道为内径 1.0 米、长 232.8 米的钢管 1 条，顺山坡明敷；3 条支管内径 0.5 米，分别与主厂房内 3 台机组进口阀连接。发电机组间距 8.20 米，尾水泄入澜沧江。3 台升压主变压器及 1 台厂变露天布置。

电站安装 3 台 HL100－WJ－60 型水轮机，配同轴连接的卧式发电机。水轮机配 YT－600 型调速器。电机采用 FKL－1 型可控硅励磁装置，配同轴永磁机。电站采用 1 机 1 变单元接线，选用 3

台 1000KVAS$_7$ – 1000/10GY11±5％/6.3KV 型主变压器，10 千伏母线上接 1 台 100KVA10/0.4KV 型厂变压器，并设备用柴油发电机。电站设 10 千伏出线 2 回，1 回自升压变电站跨澜沧江，向上、下盐井送电；另一回预留向澜沧江下游方向输电。在 214 国道与通往盐井公路的交叉口修建 1 座水电站建设纪念碑。

二、设计变更

该院参建人员以高度负责的精神，将原有设计的明渠引水道方案改为以隧洞为主、辅以暗渠的方案，对工程的圆满完成和安全运用做出了重要贡献。

第三章　勘　　测

天津市水利勘测设计院勘测总队（简称勘测总队）下辖勘察和测绘两个分公司，勘察分公司持有建设部颁发的勘察专业甲级资质证书。野外勘察工作可承担土层钻探，承载力、摩擦阻力、地震液化、压水或抽水等试验，原状土或扰动土取样、取水样等。室内可完成土样固结、压缩、渗透、直剪和三轴剪切、颗分等试验。

1991—2010 年，勘测总队先后完成了天津市引滦入津水源保护工程（亚行贷款项目）；海河干流、永定新河、蓟运河等大型河道治理；北运河综合治理；天津市区海河两岸基础项目堤岸等景观工程以及其他大、中、小型工程项目的规划、项目建议书、可研、初设、招标设计、施工图设计等阶段的工程地质勘察工作约 745 项。完成了各种比例尺工程地质测绘 651.01 平方千米，水文地质测绘 542.02 平方千米；地质钻孔 1.01 万个，其中静力触探孔（剪切波速）552个，钻探总进尺 14.69 万米，其中静力触探 7176 米，原位测试 18412 点 6124 米；进行遥感综合地质调查 302 平方千米，综合地球物理勘探 170 平方千米，完成探坑、探槽勘察取样 412 个，各种物理力学试验 13.29 万组，水样分析 913 组。对南水北调中线天津干线土层样品进行 C^{14} 检测试验 16 次，对施工所需的砂、石料场调查 18.2 平方千米，土料场调查 29 平方千米。

重点工程主要勘察工作量见表 6 - 3 - 0 - 97，主要勘察设备、试验仪器见表 6 - 3 - 0 - 98。

1991—2010 年，勘察专业从弱到强，勘察技术、设备和成果质量逐步提高，为设计提供了可靠的基础资料，先后有多个项目获得市建委颁发的优秀勘察奖。

1991—2010 年，设计院优秀设计获奖项目见表 6 - 3 - 0 - 99。

据资料分析，除北部山区少数工程外，大多数工程勘察在平原地区，建筑物和输水管道地基持力层大部分以海相沉积的黏性土为主，土质较软，地基承载力一般 90～130 千帕；各河上游地区地质条件较好的可达 140～180 千帕；近海局部为淤泥质土，呈流塑状，高压缩性，地基承载力仅为 40 千帕。设计中对不满足要求的地基都进行了处理。

以下选择部分重点工程加以说明，南水北调中线天津干线工程见有关章节。

表6-3-0-97　　　　　　　重点工程勘察主要工作量（未包括南水北调各项目）

序号	工程名称	勘察阶段	完成年份	地质测绘、调查/平方千米	钻探/米每孔	标贯	静力触探/米每孔	室内试验						建材调查/平方千米	备注
								常规/组	剪切/组	三轴剪/组	压缩/组	渗透/组	水质/组		
1	天津市饮用水源保护工程	初设	2001		1987/133	426米/77孔	90/3	843	348	16	332	158	7	1.12	包括大套排水站
2	引滦入开发区供水一、二期管线工程	初设	1994		385/53			178							高庄户泵站资料
3	引滦入开发区供水泵站工程	初设	1995		153/9	33次		66							
4	引滦入汉供水工程	初设	1995		121/15			71							
5	逸仙园、武清供水工程	初设	1997		257/30			167							
6	石化公司聚酯及大港油田供水工程	初设	1999		810/94			536							
7	尔王庄水库至天津滨水厂供水管线工程	实施方案	2009		276/19	21次	45/3	151	34			52	16		
8	于桥水库坝基加固工程	可研、初设	1991—2007	8.5（1:5000）、490（1:50000）	4054.7/197	压、抽、注水试验 共57孔159段		473	233	58	385	270			
9	于桥水库上游分流道工程	项目建议书	2008	15.78（1:10000）	285/11	82次/7孔		48	20		25	14	5		另有闸位0.36平方千米（1:500）
10	宁河北地下水源地向天津经济技术开发区供水管线工程	初设	2005		712/74	205米/10孔	107/12	375	88		271	98			
11	宁河北地下水源地向天津经济技术开发区供水泵站工程	初设	2005		113/6	17段次		56	28		31	25	2		
12	杨庄截潜工程	可研、初设	2002	18.9（1:2000）	2290/55	压水试验251段次		岩石265组、砂3组					20		另有初设阶段校测6.4平方千米（1:2000）
13	引黄济卫新河倒虹吸工程	初设	2009		350/14	145米/10孔		95	37		95		4		
14	引黄潮咸流倒虹吸工程	可研	2004	1.8	796/40	54次/25孔		576	404	5	478	191	7		

续表

序号	工程名称	勘察阶段	完成年份	地质测绘、调查/平方千米	钻探/米每孔	标贯	静力触探/米每孔	室内试验						建材调查/平方千米	备注
								常规/组	剪切/组	三轴剪/组	压缩/组	渗透/组	水质/组		
15	北水南调工程	初设	2000		745/29	24次	2/48	229							部分建筑物统计
16	海河干流治理工程	可研、初设	2000		3642/241	125次/10孔		2822							因设计历时较远，有些项目未能统计
17	耳闸重建工程	初设	2001		477/13	10段/4孔	22/1	50	50	8	8	7	3		
18	新开河—金钟河治理工程	可研	2001		476/42			320	60		60	45			
19	金钟河防潮闸重建工程	可研	2001		264/13			163	60	68	68	26			
20	西部防线	初设	2000—2001		640/47	27		326						1.00	包括南遥堤、九里十里横堤、中亭堤
21	西河右堤	初设	2000		484/41	6次		207	变形试验4组　钻孔压水试验15次、探坑注水试验1次						
22	永定新河治理工程（堤防部分）	初设	2006		1859/148	26段/5孔	68/8	820	469	5	408	207	2	4.50	
23	防潮堤（海挡、海堤）工程	初设	1996	1.6	1940/246	62段次	107/9								
24	蓟运河治理工程	可研	2003	320.00（1∶5000）	8446/546	770段次		4754	3404	82	2667	2034	27	3.00	
25	蓟运河中新生态城段治理工程	初设	2005		1749/117	147段次		1092	514		781	354	10	1.50	

续表

序号	工程名称	勘察阶段	完成年份	地质测绘、调查/平方千米	钻探/米每孔	标贯	静力触探/米每孔	室内试验						建材调查/平方千米	备注
								常规/组	剪切/组	三轴剪/组	压缩/组	渗透/组	水质/组		
26	潮河治理工程	可研	2009	11.9	1142/83	110段次		779	310		362	179	9	1.60	土料场调查
27	宝坻区东老口扬水站扩建工程	初设	2005		156/5	35次		88					3		
28	北辰区淀南水库泵站重建工程	初设	2009		125/5	20次/5孔		68	28		42	20	2		
29	东丽区袁家河第二泵站	可研	2008		134/5	36次/3孔	45/2	119	67		60	18	2		
30	海河两岸基础设施项目堤岸工程	初设	2003—2004	36.1	3833/217	245	125/8	1659	182		994	470	21		
31	外环河整治工程	可研	2002		445/24			296	121		192	88	20		
32	洪泥河景观工程	初设	2009		145/11	33米/5孔		74			55	21	3		
33	节水科技园一期工程	初设	2005		430/27	100米/6孔	140/11	187	79		105	25	1		
34	长城黄崖关水关工程	设计说明书	1992		42/4										

表 6 - 3 - 0 - 98　　　　　　　　　　　**主要勘察设备试验仪器**

序号	技术装备名称	数量	型号规格	主要性能
1	车载钻车	4	BT5083DPP - 100	钻探
2	静力触探车	1	LTC5081TCT20A	原位测试
3	静力触探仪	1	YDG - 1	原位测试
4	静力触探孔采集仪	1	JT - 1	原位测试
5	管线检测仪	1	950RH	管线无损检测
6	波束测井仪	1	KG - 1	测井
7	高压固结仪 KTG 系统	1	KTG - 98	测土的压缩系数、压缩模量
8	低压固结仪	5	KTG	测土的压缩系数、压缩模量
9	电动直剪仪	2	DJY - 4	测土的抗剪强度
10	三轴剪力仪	2	SJIA	测土的抗剪强度
11	渗透仪	10	ST - 55	测土的渗透系数
12	筛洗机	1	ST - 55	筛分土颗粒
13	数字化仪	1	AC	数字化

表 6 - 3 - 0 - 99　　　　　　**1991—2010 年设计院优秀设计获奖项目**

序号	获奖项目名称	获奖类型及等级	获奖年份	颁奖单位
1	于桥水电站工程（设计）	天津市优秀工程设计二等奖	1991	天津市城乡建设委员会
2	天津市城市防洪规划	天津市优秀工程设计一等奖	1995	天津市城乡建设委员会
3	天津经济技术开发区供水工程（设计）	天津市优秀勘察设计二等奖	2000	天津市建设管理委员会
4	天津石化公司聚酯供水及大港油田供水工程（设计）	天津市优秀勘察设计一等奖	2002	天津市建设管理委员会
5	天津地区北水南调（一期）工程（设计）	天津市优秀勘察设计二等奖	2002	天津市建设管理委员会
6	宁河县蓟运河橡胶坝工程（设计）	天津市优秀勘察设计二等奖	2002	天津市建设管理委员会
7	海河干流治理北运河防洪综合治理工程（设计）	天津市优秀勘察设计一等奖	2003	天津市建设管理委员会
8	武清区地下水源地供水工程（设计）	天津市优秀勘察设计二等奖	2004	天津市建设管理委员会
9	城市水源合理配置规划	天津市优秀工程咨询成果二等奖	2005	天津市工程咨询协会

序号	获奖项目名称	获奖类型及等级	获奖年份	颁奖单位
10	天津市海河两岸基础设施项目海河堤岸一期结构工程	天津市优秀勘察设计二等奖	2006	天津市建设管理委员会
11	海河流域水污染防治天津市饮用水源保护工程可行性研究报告	天津市优秀工程咨询成果一等奖	2006	天津市工程咨询协会
12	天津市蓟县杨庄截潜工程初步设计报告	天津市优秀工程咨询成果二等奖	2006	天津市工程咨询协会
13	天津市海河两岸基础设施项目刘庄桥—光华桥段结构部分	天津市优秀勘察设计二等奖	2007	天津市建设管理委员会
14	天津市引滦入津水源保护工程新建州河暗渠工程	天津市"海河杯"优秀勘察设计一等奖	2008	天津市建设管理委员会
15	天津市海河两岸基础设施项目堤岸工程（光华桥—海津大桥下段）结构部分	天津市"海河杯"优秀勘察设计二等奖	2009	天津市建设管理委员会
16	天津市蓄滞洪区建设与管理规划	天津市优秀工程咨询成果二等奖	2010	天津市工程咨询协会
17	于桥水库水污染防治及水环境保护方案报告	天津市优秀工程咨询成果一等奖	2010	天津市工程咨询协会
18	天津市2006年海挡加固工程	天津市"海河杯"优秀勘察设计二等奖	2010	天津市建设管理委员会
19	天津市海河两岸基础设施项目堤岸工程——石舫工程	天津市"海河杯"优秀勘察设计二等奖	2010	天津市建设管理委员会
20	现代调水工程水力控制理论及关键技术研究	水利部大禹水利科学技术一等奖	2010	水利部

第一节　供水工程勘察

一、引滦入津输水

（一）天津市饮用水源保护工程

天津市饮用水源保护工程的地勘工作包括新建州河暗渠、专用明渠治理和大套排水泵站三部分，2001年完成初设阶段钻探133孔，进尺1987米，高程采用1985国家高程基准。

1. 新建州河暗渠工程

暗渠全长 34.14 千米，为现浇 3 孔 4.3 米×4.3 米钢筋混凝土箱涵。初设阶段对暗渠全线和交叉建筑物进行了地勘工作。

暗渠沿线地质概述。沿暗渠线路勘探深度范围内揭露的地层有第四系上更新统和全新统松散沉积地层，上更新统地层只分布于暗渠渠首一带，工程全线基本坐落于第四系全新统上段冲积层（alQ$_4^3$）和第四系全新统中段冲、湖积层（al＋lQ$_4^2$）上，由上至下可划分为 5 层：①人工堆积层；②全新统上段冲积层；③全新统中段冲、湖积层（al＋lQ$_4^2$）；④全新统下段冲积层，以上各层分别有黏土、粉质黏土、粉土、粉砂、细砂、中砂（夹粗砂）等分布；⑤上更新统坡残积层，岩性以角砾为主，充填黏性土。

工程地质条件及评价。根据地基土质的不同，地勘报告把暗渠沿线分为 5 段和 13 座建筑物，分别给出了各种土层的物理力学指标建议值，其中地基承载力标准值一般为 110～180 千帕，以及工程特性评价、设计注意事项和建议。

区域地质构造、水文地质及地震。根据《中国地震动参数区划图》，地震基本烈度为Ⅶ度。地勘中判定在暗渠桩号 1＋298～2＋228 之间的粉砂层及上部中砂层在强震时为轻微液化地层。工程区地下水质化学类型均为淡水，对水泥无腐蚀性。

天然建筑材料供应与试验研究。粗骨料方面从开采运输条件、质量、骨料碱活性、对成品混凝土的质量影响等进行大量的试验研究，最终采用骨料碱活性较低的人工骨料场方案。细骨料各料场皆为慢膨胀型碱硅酸反应，最终确定了施工条件较好的料场方案。为此进行了碱活性抑制试验，最终选择采用低碱普通硅酸盐水泥、掺 20％～25％的粉煤灰，混凝土总碱含量控制在 2.5 千克每立方米以下的措施。

2. 引滦专用明渠治理工程

引滦专用明渠总长 64.2 千米，治理措施主要为渠道边坡护砌，维修加固建筑物；在堤顶新建巡视道路等。

明渠沿线地质、地震概述。钻探范围内划分为人工堆积层、全新统上部陆相冲湖积层、全新统中部陆相冲湖积层、全新统中部海相沉积层、全新统下部陆相冲积层、上更新统上部冲积层等 6 层。工程区域基底构造复杂，新构造活动强烈，地震基本烈度为Ⅶ度。专用明渠两侧普遍分布粉土及砂土，试验判别在Ⅶ度地震时无液化现象。

水文地质。明渠沿线揭露的含水层为潜水与微承压含水组，水质无明显差异，与明渠水互为补排关系。根据市环境地质研究所资料，桩号 0＋000～16＋720 间浅部地下水为淡水区，矿化度小于 1 克每升；桩号 16＋720～18＋700 间为淡、咸过渡带，以下为咸水区，矿化度 3～8 克每升。初设阶段对渠水、沟水、地下水取水样 19 组作简化分析，大多数地段水质对混凝土无侵蚀性，局部有碳酸盐中、弱腐蚀。

3. 大套排水泵站

勘探深度 50 米内揭露的地层均为第四系全新统地层，由于地基允许承载力不满足要求，且无较强的持力层，设计根据地勘报告中给出的各土层物理力学指标和建议值，以及水文地质条件等，对泵站采用摩擦钢筋混凝土灌注桩基础，桩长 15 米、20 米两种各 20 根。

（二）引滦入开发区供水一、二期输水管线工程

本项工程的起点是引滦尔王庄水库南侧的开发区供水泵站，终点是天津市技术经济开发区净水厂，全长 51.47 千米。主要工程是铺设内径 1.2～1.4 米的预应力钢筋混凝土管、钢管等。

地质钻探表明，所经地区均为第四系全新世地层，按土质可分两层，第一层为陆相沉积的表层黏性土层，其中上段在地表以下深 1.8～2.5 米，主要为亚黏土，其次为黏土及少量轻亚黏土层，土质较为密实；下段为黄褐色黏性土层，厚 1.1～1.3 米，土壤含水量较高。第二层为管线地基持力层，上段以海相沉积的黏性土为主，饱和、软塑—流塑状，土质较软；下段为海相沉积层，基本为淤泥质土，大部分呈流塑状，高压缩性，平均含水量 50.9％、孔隙比 1.409、压缩模量 2.34 兆帕、地基承载力仅为 40 千帕，说明本段管线持力层条件均较恶劣。根据实测，本工程沿线土壤电阻率仅为 0.5～2 欧姆·米，属极强腐蚀性土。根据地勘资料，设计分段进行了管道地基加固和基槽开挖加固，采取了管道防腐措施。

（三）天津石化公司聚酯供水及大港油田供水工程

天津石化公司聚酯供水及大港油田供水工程（简称聚酯及油田供水工程）的干、支线管道总长度 95.6 千米，输水管为内径 1.0～1.2 米的预应力钢筋混凝土管。

地勘查明沿管线的地层可分为三层。第一层为人工堆积层；第二层为第四系全新统上段冲积层（alQ_4^3）；第三层为第四系全新统中段海相沉积层（mQ_4^2），该层为管线的主要持力层，土质有黏土、粉质黏土、粉土、粉细砂、淤泥质黏土及淤泥质粉质黏土等。地质报告分 6 段提出了管基土层的物理力学性质，各段地基承载力标准值 75～119 千帕，以及地震液化的可能性。

沿线地下水水位较高，对钢管有强腐蚀作用，对混凝土腐蚀很弱。设计据此对地基条件较差地区进行了特别处理和沿线管道防腐处理。

（四）尔王庄水库至津滨水厂供水管线工程

管线起点是尔王庄水库南侧的聚酯泵站，终端是位于海河北岸的津滨水厂，全长 42.95 千米。采用 1 根预应力钢筋混凝土管内径 1.4 米，后接内径 1.8 米预应力钢筒混凝土管输水。

地质构造与地震。根据天津市地矿局编制的 1∶200000《天津市构造体系与地震烈度分区图》，工程区桩号 K20＋000～K29＋500 段地震基本烈度为Ⅷ度；其余各段为Ⅶ度。

输水线路工程地质概况及存在问题。根据输水线路的地质结构及不良土层如粉土、砂土、淤泥质土的分布特点，以金钟河北岸为中间点，将输水线路分为 2 段。上段长 18.90 千米，主要为黏性土、淤泥质土、粉土及粉砂多层结构；下段长 24.05 千米，主要为黏性土、淤泥质土、黏性土多层结构，局部夹粉土、粉砂。地勘报告中分别对两段给出了各土层土体的物理力学指标建议值，其中地基承载力值：淤泥质黏土为 60～70 千帕，淤泥质粉质黏土 65 千帕，其他各类土层一般为 110～130 千帕。上述资料说明淤泥质土地基承载力低，且地震时可能产生震陷；其他土体的承载力能够满足强度的要求，但多为中、高压缩性土，局部为低压缩性土，因此可能产生管道地基沉降以及不均匀沉降，建议设计时复核。

水文地质及地基土的腐蚀性。本区地下水为第四系孔隙水，勘察期间浅层地下水埋深 0.45～4.00 米，多为半咸水—咸水。依据规范分段进行环境水评价：输水线路大部分地下水对混凝土不具有腐蚀性，少部分具有弱腐蚀性，局部具有中等偏弱腐蚀性。地下水及部分河道地表水对钢结构具有中等腐蚀性。本次勘察中对地基土的电阻率进行了现场测试，对土的酸碱度（pH 值）和土

中氯离子含量等通过室内试验，综合判定工程区土体对混凝土无腐蚀性；对混凝土结构中的钢筋具有弱—中等腐蚀性；对钢结构为强腐蚀性。建议设计对输水管道采取必要的防止地下水、土的腐蚀措施。

（五）于桥水库坝基加固工程

1. 勘探工程量

于桥水库总库容15.59亿立方千米，为大（1）型水库。拦河均质土坝最大坝高23.75米，坝长2222米，坝顶宽6米。因蓄水后相继发现在主河床及坝肩等部位下游出现多处渗水、砂沸，坝下测压管水位高出地面等现象，1975年水利部将该库定为大型病险水库，为此陆续进行了大坝加固工程的勘探、设计、施工工作。其中在1991年7—9月，由水利部北京地质勘探基础处理公司完成坝基勘探钻孔17个，进尺288.7米，探槽2个，做管涌试验3组，取砂卵砾石样6组。1999年12月至2000年4月由天津市水利勘测设计院完成大坝安全鉴定钻孔25个，进尺238米，取土样265组。2007年完成1:5000地质测绘，面积8.5平方千米；1:50000地质测绘，面积490平方千米；钻孔155个，进尺3528米。

2. 地层岩性

坝址区除少部分出露基岩外，绝大部分被深厚的第四系冲洪积物所覆盖，覆盖层厚度一般为20~30米，最大达42米。钻孔揭露范围内地层自上而下共分为两大层，为第四系冲洪积层（al+plQ4）和中元古界蓟县系雾迷山组（JXW）地层：

（1）第四系冲洪积层（al+plQ4）。坝址区为冲洪积扇，呈复杂的透镜状结构，从上游到下游沉积颗粒由粗变细，岩性分布及特点如下：

1）砂层。呈透镜体分布，在主河床浅层部位主要为中砂、细砂、粉砂，中深层部位的大多属于极细砂—中砂。在钻探过程中遇砂层出现严重的涌砂现象。

2）淤泥质砂壤土和淤泥质壤土。分布在不同地段，属中等压缩性土。

3）砂卵砾石。主要分布在河谷底部和主河床右侧一带，一般厚度7~10米，最大厚度可达20米以上。砂卵砾石的不均匀系数为45.5~93.6。据抽水试验，砂卵砾石渗透系数在主河床右侧一带为1.74×10^{-1}厘米每秒（150米每日），谷底为1.46×10^{-1}厘米每秒（120米每日）。含壤土的砂卵砾石层为Ⅰ、Ⅱ级阶地上部的透水岩层，分布较广，此层以卵砾石为主，不均匀系数为88~1040。砂卵砾石沿水流方向厚度变化大，在上游坝脚处厚为2.1~2.2米，轴线附近厚为4.3~6.5米，而在下游坝脚前厚度仅有0.5~0.7米，且黏粒含量增多，渗透系数减小，使坝基渗漏水排除不畅，在坝后排水沟处通过表层黏性土的垂直裂隙和小孔隙排出地表。

4）黏性土层。主要有三层。

第一层岩性不均一，靠近主河床100米范围内，岩性为砂壤土—壤土。此层普遍分布于Ⅰ、Ⅱ级阶地表部，垂直小孔隙和裂隙发育，试坑注水试验渗透系数为2.31×10^{-4}厘米每秒（0.2米每日）。该层土原设计为坝前天然铺盖，但由于黏性土产状上游薄、下游厚且倾向下游，对坝下减压沟起的作用有限。

第二层和第三层均为壤土和黏土，分布部位不同。第三层下伏谷底砂卵砾石层，存在微弱承压水，水头接近或高出地面。通过多孔同时抽水试验，说明坝基上下层砂卵砾石水力联系密切。

5）含卵砾石壤土、黏土层。一般厚度3~5米，最大可达10米。卵砾石粒径一般3~5厘米，最大达 20 厘米，标贯击数为 30～50 击，属紧密状态。据抽水试验，含卵砾石黏土和壤土的渗透系数分别为 2.3×10^{-3} 厘米每秒（2 米每日）、4.63×10^{-3} 厘米每秒（4 米每日）。

（2）中元古界蓟县系雾迷山组地层（JXW）。上覆第四系冲洪积层。岩性主要由相间分布的硅质灰岩与泥灰岩组成。基岩面 2 米以下渗透系数为 $1.2 \times 10^{-6} \sim 9.07 \times 10^{-4}$ 厘米每秒（0.00104～0.784 米每日），为中等—微透水岩层。

防渗墙轴线上钻孔揭露的岩性主要有以下 4 种：①硅质灰岩，岩层薄厚不一，薄者仅数 10 厘米，厚者达 15 米以上，裂隙发育，有溶蚀现象；②泥灰岩，岩层厚度几十厘米到数十米不等，较软弱，露出地表后易风化；③大理岩，有溶蚀现象；④辉绿岩，为燕山期侵入脉岩，大部分结构已遭破坏，近似土状。

3. 地质构造与地震

根据《中国地震烈度区划图》及天津市建委的有关文件精神，地震基本烈度为Ⅶ度，考虑周边通县、宁河、三河、唐山等地历史上曾发生过Ⅶ～Ⅷ度地震，工程按Ⅷ度地震设防。

二、地下水源开发及输水工程

（一）宁河北地下水源地向天津经济技术开发区供水管线工程

宁河北地下水源工程是由水源地取水，经泵站加压，用管道输送至天津市经济技术开发区的供水工程。输水管径为 1.0～1.2 米，管线总长为 70 千米，包括穿越蓟运河、永定新河等工程。输水管线途经地区地势平坦，多为河滩地、沟渠、农田。勘探深度范围内揭露的地层均为第四系全新统松散堆积物，按地层岩性自上而下分为人工填土层、第四系全新统上部陆相冲积层、第四系全新统中部海相层。管线埋深为 1.8～2.0 米，地基持力层大多数坐落于第四系全新统上部陆相冲积层的黏土及粉质黏土中，局部在中部海相层的粉质黏土、淤泥质黏土或粉土中。上部陆相冲积层的粉质黏土及黏土承载力基本值 $f_0 = 85 \sim 110$ 千帕，可作为天然地基持力层。根据《中国地震动参数区划图》，地震基本烈度为Ⅷ度，局部地区Ⅶ度。

（二）天津市蓟县杨庄截潜工程

杨庄截潜工程位于蓟县北部下营村与杨庄村之间的沟河干流上，新建蓄水水库 1 座。2002 年完成了可研及初设阶段的勘察工作：1：2000 的地质测绘 18.9 平方千米，坝址钻探 5 孔、总进尺 190 米；库区钻探 15 孔、514 米等。

工程区为低山丘陵区，高程多在 300 米以下（1985 国家高程基准），为壶形谷地。出露地层岩性由老至新为长城系：团山子组、大红峪组、高于庄组；蓟县系：杨庄组和雾迷山组；第四系：中更新统、晚更新统及全新统松散沉积层。坝址区主要为杨庄组及第四系松散层，其他组分布于库区周边。本工程按Ⅶ度地震烈度设防。

勘察比较了 4 条坝轴线，选用第Ⅳ方案，位于西于庄村南约 500 米处的鸡冠砬子（右岸）附近至杨庄北的小山（左岸）之间，河流自北向南，坝址段谷底最窄处为 270 米，其上下游渐宽至 600～2000 米，利于建坝。

主要工程包括：兴建水库 1 座，总库容 2700 万立方米。坝型为砂砾石面板坝和混凝土重力坝，坝顶总长 562 米，最大坝高 33.5 米，坝址基岩均为白云岩、硅质白云岩或泥质白云岩，经探查和开挖，未发现基岩有地质断层。坝址区地下水为层间岩溶裂隙水，来源于大气降水补给，含水量极其贫乏，而泥质白云岩基本不透水，地下水多以地表径流排向河水。

勘探试验察明，混凝土重力坝段坝基为软、硬岩互层存在，各坝块基础软硬岩分布不完全相同，力学强度差异较大，故建议以泥质白云岩的抗剪强度参数 $f'=0.53$、$C'=0.25\sim0.30$ 兆帕作为坝基岩体的抗剪强度计算指标为宜。勘探中还对粒径 150 毫米以下的河床砂砾石，根据现场测得的资料配制试样进行试验，结论是：对渗透破坏为强透水层，破坏形式为管涌。为此，设计对重力坝及砂砾石坝的混凝土面板采取了全线灌浆防渗处理。

三、引黄济津工程

引黄济津潘庄线路。漳卫新河倒虹吸在山东省德州市西南部，全长 1850 米，主体为 3 孔 4.6 米×4.6 米的钢筋混凝土箱涵。工程区域属黄河中下游冲积平原，地势比较平缓，地面高程一般为 20.30～20.70 米（1985 国家高程基准），地震基本烈度Ⅵ度。

勘探深度内的地层为黄河冲积的第四系全新统的松散堆积物，以壤土和砂壤土为主，下部有细砂。倒虹吸段地层由上至下共分：砂壤土层厚度 1.0 米；壤土层厚 2.0 米；壤土和砂壤土层厚 11.8 米；细砂层厚 5.0 米。地下水为第四系孔隙型潜水，埋深较浅，对混凝土为结晶类弱腐蚀性，对混凝土结构中的钢筋具弱腐蚀，对钢结构具中等腐蚀。

倒虹吸涵洞、进口闸及出口闸地基坐落在壤土层上，计算地基应力最大值 238 千帕，相应持力层承载力修正值 444 千帕，工程基础是安全的。

第二节　防洪、除涝、防潮工程勘察

一、海河干流

（一）海河干流治理工程

此次海河干流治理工程中，全面完成了可研、初设、分段施工图等的地勘工作要求，以及海河中心市区清淤工程的地勘工作。《天津市海河干流治理工程初步设计报告》（1997 年 3 月报批稿）中的地质部分主要如下所述。

1. 地形地貌和地下水

工程区位于华北平原边缘，东临渤海，地势总趋势西高东低，坡降极微。区内主要为上游洪水泛滥和海洋潮汐交互作用沉积的第四系松散堆积物巨厚地层。浅层地下水以孔隙型潜水为主，局部微承压，水量极少，一般水位埋深为 0.5～3.0 米，受大气降水及附近河渠互补影响较大。潜水水质市区为 SO_4-Na、$Cl-Na$、HCO_3-Na 型水，除个别地段受工业废水污染，对混凝土有弱结晶性侵蚀外，一般不具侵蚀性。海河二道闸的潜水及河水均为 $Cl-K+Na$ 型，对混凝土无侵蚀性。

2. 地层分布

(1) 天津市区段。钻探深度 30 米范围内含有以下三层：

全新世晚期上部陆相层（alQ$_4^3$）。表层一般为杂填土、素填土，以及河道裁弯取直形成的新近沉积层，其下为天然土层。层厚 3.0～6.0 米，以粉质黏土为主，粉土和黏土次之，呈可塑—硬塑状态。

第四系全新统中组海相沉积层（mQ$_4^2$）。厚度 8.0～11.0 米，粉质黏土、粉土为主，夹少量黏土或淤泥质土，该层除底部工程性质较好外，土质一般。

全新世早期更新世晚期陆相沉积层（alQ$_4^1$ - alQ33e）。粉质黏土、粉土为主，局部夹黏土。本层顶部普遍分布一层厚 0.5～1.0 米的有机土，下部可见不同厚度的粉细砂层。该层呈可塑—硬塑状态，砂土密实度较好，可作桩基持力层。

(2) 郊区及塘沽市区段。钻探深度内有：

1) 第四系全新统人工填土层（rQ）。为各河道两岸堤高，其中海河干流郊区段堤高 1.0～3.2 米，多数堤段质量较差，部分地区未清基，含腐殖质、淤泥等。

2) 全新世晚期上部陆相层（alQ$_4^3$）。全区分布，层厚 0.5～5.9 米不等，岩性组成如下：

黏土，海河二道闸以上各郊区段为可塑状中压缩性土，土质较好；二道闸至塘沽市区以上段为大孔隙比可塑状高压缩性土，土质一般；塘沽市区段为大孔隙比软塑状高压缩性土，土质较差。

粉质黏土，二道闸以上各郊区段土质较好；二道闸至塘沽市区以上段为可塑状中压缩性土，土质好于黏土，塘沽市区段为软塑状中压缩性土，土质一般。

淤泥质黏土，为大孔隙比流塑状高压缩性土，土质差，强震时易震陷。

淤泥质粉质黏土，仅见于北运河郊区段，为大孔隙比流塑状高压缩性土，强度低，土质差。

粉土，仅见于北运河郊区段，中压缩性土，土质一般。

新近沉积层（alQ$_4^{3N}$），分布在塘沽市区段，为流塑状淤泥、淤泥质土，土质疏松、强度低、不宜直接利用。

3. 工程地质评价

地勘报告中根据钻孔和室内试验分析资料，把各河段划分为 8 段，各段堤防的主要计算指标建议值列入表 6－3－2－100 中，另外对较大的穿堤口门也作了详细勘探。

4. 地震及地基液化判别

此次勘探参照区内主要活动断裂位置，有关资料记载，根据《中国地震动参数区划图》规定，工程范围内的地震基本烈度为Ⅶ度。根据《建筑抗震设计规范》（GB 50011—2010），提出了可能发生地震液化的堤段分布，并对可能产生震陷的软弱堤基土层提出了处理建议。

5. 关于塘沽市区段堤防基础处理问题

塘沽市区海河两岸约 17 千米堤防基础坐落在建筑垃圾、杂填土上，漏水严重，堤防稳定性很差，治理采取了边勘探、边试验、边设计、边施工的方法，采用地下钢筋混凝土连续墙或高压旋（摆）喷防渗墙等加固地基，取得较好效果。

（二）耳闸重建工程

新建分洪闸为钢筋混凝土结构开敞式共 7 孔，中间 5 孔为过流孔，设计泄洪流量 200 立方米

表6-3-2-100　海河干流各段堤防基础持力层主要计算指标建议值

工程区段	成因代号	土层名称	抗剪强度		渗透系数	承载力标准值
			摩擦角	凝聚力		
			φ	C	K	f_K
			度	千帕	厘米每秒	千帕
北运河郊区段	rQ	素填土	15.0	22.0	2.59×10^{-5}	110
	alQ_4^3	黏土	8.0	30.0	7.93×10^{-5}	140
		粉质黏土	10.0	24.0	2.54×10^{-6}	150
		淤泥质粉质黏土	6.0	22.0	2.28×10^{-6}	80
北运河市区段	rQ	素填土	21.0	12.0		110
	alQ_4^3	黏土	14.0	12.0		140
		粉质黏土	15.0	10.0		150
		粉土	17.0	10.0		140
子牙河郊区段	mlQ	素填土	19.0	30.0	1.18×10^{-4}	
	alQ_4^3	黏土	8.0	28.0	6.10×10^{-5}	160
		粉质黏土	12.0	26.0	2.19×10^{-5}	150
		粉土	16.0	21.0	5.24×10^{-5}	140
		淤泥质黏土	2.0	15.0		80
子牙河市区段	alQ_4^3	黏土	11.0	9.0		160
		粉质黏土	14.0	9.0		150
海河市区段	alQ_4^3	黏土	14.0	10.0		
		粉质黏土	14.0	11.0		
		粉土	17.0	9.0		
海河市区以下至二道闸段	rQ	素填土	7.0	28.0		
	alQ_4^3	黏土	7.0	24.0	3.23×10^{-8}	140
		粉质黏土	7.0	13.0		140
		淤泥质黏土	6.0	16.0	3.78×10^{-7}	70
		淤泥质粉质黏土	13.0	17.0		70
二道闸至塘沽市区以上段	rQ	素填土	14.0	29.0		
	alQ_4^3	黏土	5.0	19.0	4.34×10^{-6}	130
		粉质黏土	7.0	19.0	7.27×10^{-5}	140
塘沽市区段	alQ_4^3	黏土	2.0	12.0	1.00×10^{-5}	110
		粉质黏土	2.0	11.0	1.53×10^{-5}	120

注　北运河市区段、子牙河市区段及海河市区段抗剪强度为固快建议值，其他各段为自快建议值。

每秒，左侧边孔为非过流挡水孔，闸孔净宽均为 6 米。右侧边孔为船闸通行孔，新建船闸全长 72 米，宽 8 米。

地层岩性。在揭露 60 米深度范围的土层，根据沉积年代和环境、岩性及工程地质特性，可划分为 11 层，各层土试验成果、物理力学指标、闸基钻孔灌注桩侧阻力与端阻力参数等建议值见表 6-3-2-101。

表 6-3-2-101　　　　　　　各地层划分及设计指标建议值

地层序号	地层代号	层底高程/米	层深/米	命名	地基承载力标准 f_k/千帕	抗剪强度		压缩模量 E_{s1-2}/兆帕	桩周土摩阻力 q_s/千帕	桩端土承载力 q_p/千帕
						C/千帕	Φ/度			
1	rQ_4^4	−3.95		人工填土	110	—	—		0	
2	alQ_4^3	−8.49	4.5	粉质壤土	90	25.0	12	6.0	15	
3	mQ_4^2	−13.89	5.4	砂质壤土	100	15.0	20	7.0	20	
4-1	alQ_4^1	−18.38	4.5	粉质壤土	110	10.0	22	7.0	20	
4-2		−21.39	3.0	砂质壤土	140	15.0	24	7.5	30	
5	alQ_3^3	−27.80	6.4	砂壤土	170	10.0	25	8.0	35	
6	mQ_3^3	−32.32	4.5	粉质壤土夹砂壤土	130	20.0	15	8.0	32	
7-1	alQ_3^2	−34.82	2.5	粉质壤土	180	25.0	12	8.0	35	
7-2		−40.70	5.9	砂壤土	220			9.0	—	450
8			11.4	粉质黏土				8.0		
9	mQ_3^2		2.7	粉质壤土				9.0		
10	alQ_3^1		3.6	黏土				9.0		
11			5.2	砂质壤土				9.0		

地下水。工程区内浅层地下水为孔隙潜水，局部地段具有弱承压性，主要赋存于第 6 层砂壤土中，根据地下水及河水取样试验，均为氯硫酸重碳酸镁钠钙水，对混凝土无腐蚀性。

桩基持力层和桩型的选择。勘察资料说明，本场区天然地基无法满足水闸及挡土墙基础承载力等的设计需要，建议采用钻孔灌注桩基础，采用第 7-2 层砂壤土作为桩基持力层。

二、城市防洪圈

（一）永定新河治理

永定新河全长 66 千米，两岸堤防总长 126.08 千米，堤高一般为 4~7 米。因河道严重淤积，堤防沉陷等造成泄洪能力锐减，1991—2010 年，水利部、天津市连续投资进行分段治理。

设计院承担了河槽清淤、堤防加高加固、改建、新建 50 余座穿堤涵闸等的勘测设计，本节主要对历年的堤防勘察工作进行记述。

1. 地质、地震

工程区位于华北平原北部海积冲积平原，属新华夏系第二沉降带北塘坳陷构造部位内，具有基岩埋藏深、第四系松散堆积物厚、地震活动性强的特点。地貌特征为滨海低地、泻湖洼地和海滩，地势低平。在最大勘探深度 50.6 米范围内，除堤防为人工填筑土外，其他均为第四系上更新统和全新统海陆交互相松散堆积物。依据《中国地震动参数区划图》，地震动峰值在上游段堤防（桩号 0＋000～24＋000）为 0.15g（相当于地震基本烈度Ⅶ度），下游段为 0.2g（相当于地震基本烈度Ⅷ度）。地震动反应谱特征周期，堤防中段（桩号 21＋000～52＋000）为 0.65 秒，其余段为 0.75 秒。

2. 堤防地质

在勘探深度 20 米范围内，两堤地质综合情况：

堤身：筑堤土为人工就地取土，土质较杂无规律，主要由粉质黏土、黏土、粉土组成，渗透差异性大，抗渗梯度小，干密度大部分低于质量控制要求，局部地段松散，饱水时堤身土体可能产生沉陷、渗透破坏、堤坡塌滑、洪水期运用或水位骤降时，局部可能发生失稳。勘察报告分别给出了两岸各段堤身土体干密度统计表，以及堤身物探隐患统计表。

堤基：堤基为第四系全新统上部陆相层（alQ$_4^3$）及全新统第 1 海相层（mQ$_4^2$），土层中的黏土、粉质黏土呈可塑状，属中—高压缩性土，抗剪强度较低；粉土在内外侧坡脚地带大面积出露，最大厚度为 5 米，透水性大，结构比较松散，黏粒含量少，存在渗漏、渗透稳定、不均匀沉陷和地震液化问题。此外，局部堤基表面上分布淤泥质土，应对其抗滑稳定进行复核。勘察报告给出了两堤堤基、堤身各段土体的主要地质参数，设计据以进行了不同堤段的地基、护坡等的处理措施。

地下水：分为两种类型：①孔隙潜水，赋存于上部陆相层和第一海相层壤土及砂壤土中；②承压水，赋存于中部陆相层及其以下的极细砂、砂壤土和壤土层中。堤防地段地下水埋深为 2～5 米，水化学类型属于 Cl-K$^+$＋Na$^+$ 型水，矿化度 20 克每升以上，属咸水。SO$_4^{2-}$ 含量为 591～780 毫克每升，对普通硅酸盐水泥具硫酸盐型强腐蚀性。

（二）防潮堤（海挡、海堤）工程

天津市防潮堤起自天津市东北部与河北省交界的涧河口，止于沧浪渠入海口北堤，全长 139.62 千米，沿线共有穿堤闸涵、交通口门等 83 座。1997 年设计院对天津市海挡进行了全线调查研究和勘测，于 1997 年 9 月 8 日上报了《天津市滨海地区海挡治理工程可行性研究报告》。之后，结合设计分年、分段对防潮堤沿线进行了地质勘察工作。

1. 地层岩性

海挡沿线海岸带一般揭露的地层为第四系全新统及上更新统的松散堆积物，自上而下分为：

第四系全新统人工填土层（rQ），土质不均，层厚为 0.60～2.80 米。

第四系全新统新近组故河道冲积层（alQ$_4^{3N}$），淤泥质黏土，流塑。

第四系全新统中组海相沉积层（mQ$_4^2$），岩性组成：淤泥质粉质黏土，流塑；淤泥质黏土，流塑；粉质黏土，软塑；粉土，中密。

第四系全新统下组沼泽相沉积层（hQ$_4^1$）：粉质黏土，可塑。层厚为 1.50～1.80 米，层底高程为 −16.66～−16.03 米。

第四系全新统下组陆相冲积层（alQ₄¹）：粉质黏土，软塑-可塑；粉土，密实。

第四系上更新统五组河床-河漫滩相冲积层（alQ₃⁵）：粉土，密实；粉质黏土，可塑。

第四系全新统下组陆相冲积层（alQ₄¹）：粉质黏土，可塑。各层中局部含有机质、锈斑、贝壳碎屑、粉质黏土、粉土薄层等。

2. 水文地质

地下水为第四系孔隙型潜水，地下水水位埋深较浅，年变幅较小。室内试验，各土层水平渗透系数多为 $A \times 10^{-6}$ 厘米每秒，属微透水层；淤泥质粉质黏土属弱透水层，淤泥质黏土为极微透水层。

典型水样分析，地下水矿化度为 23.03 克每升，属盐水；总硬度 236.96°H，为极硬水；pH 值为 8.02，侵蚀 CO_2 为零。环境水中一般 Mg^{2+} 及 SO_4^{2-} 含量超标，经评定为分解结晶复合类硫酸镁型弱腐蚀及结晶类硫酸盐型强腐蚀。

3. 主要工程地质问题及评价

地基土中的高压缩性土层呈流塑状态，工程性质较差，包括第四系全新统中组海相沉积层（mQ₄²）中的淤泥质粉质黏土和淤泥质黏土，平均液性指数 1.55～1.09，压缩系数 0.74～1.10 兆帕⁻¹，承载力建议值 70～65 千帕。

工程区内的饱和粉土层在地震时可能液化。

设计时应按有关资料分析确定因地面沉降的预留堤顶超高。

三、北三河系

（一）蓟运河干流治理工程

蓟运河天津市部分在蓟县、宝坻、宁河、汉沽境内，包括右堤长 149.32 千米，左堤长 107.47 千米，堤高 1.5～7.2 米，穿堤建筑物 353 座。

1. 地层岩性

区内发育有厚达数百米的第四系松散沉积物，根据钻孔揭露范围内的地层，在不同地区由老至新分布如下：

第四系全新统第Ⅱ陆相冲积层（Q_4^{lal}）。

第四系全新统中部湖沼相沉积层（Q_4^{2l+h}）。

第四系全新统第Ⅰ海相沉积层（Q_4^{2m}）。

第四系全新统第Ⅰ陆相冲积物（Q_4^{3al}）。

以上各层土质分别有粉质黏土、粉土、黏土、粉砂、细砂、淤泥质黏土及淤泥质粉质黏土等。

第四系人工堆积物（Q_4^r）。主要为大堤堤身，黏土和粉质黏土为主，局部有杂填土、垃圾等。

2. 地质构造及地震

根据《天津市邻近地区地震构造及震中分布图》，本区历史上发生的地震主要集中在宁河、汉沽境内，震级 6～7.9 级，时间较近，为此设计地震基本烈度蓟运河上、中游为Ⅶ度，中、下游Ⅷ度。

3. 水文地质条件

工程区地下水属孔隙型潜水，宝坻段及蓟县段均具有微承压性，勘察时地下水埋深 2.4～9.9 米。地下水类型以 Cl·HCO_3^-（Na＋K）及 Cl·SO_4^-（Na＋K）为主，除汉沽区以北对普通硅酸盐水泥具有结晶类硫酸盐型强腐蚀性外，其他地区对混凝土不具腐蚀性。汉沽区及宁河县段由于海水倒灌，河水对混凝土具有结晶类硫酸盐型强腐蚀性。

4. 堤基工程地质条件

地勘报告中以堤基地质结构为基本依据，同时考虑不良地层如粉土、砂土、淤泥质土的分布特点，把堤基工程地质条件左堤划分为 9 段、右堤划分为 11 段，按照堤基土的强度及变形、渗漏及渗透稳定、地震液化、抗冲刷等不同性能，分别评价各段工程地质条件，为各段堤防基础设计提供了依据。地勘报告中还对现有堤防质量及存在问题、筑堤土料场等的勘察资料分段说明。

（二）蓟运河中新生态城段治理工程

中新生态城地址在天津滨海新区中的蓟运河末端左岸。对该段左堤 12.452 千米、右堤 12.539 千米长的堤防及 11 座穿堤口门的加高加固以及防潮闸上下游清淤的地勘工作。文中的高程采用 1985 国家高程基准。

地质概况及水文地质条件。钻探揭露的地层均为第四系松散堆积物，属河流冲积相及海相沉积。地震基本烈度为Ⅷ度。地下水均为第四系表层孔隙潜水，与河水互为补排关系。室内试验，各土层水平渗透系数一般为 $A×10^{-8}～10^{-4}$ 厘米每秒，属中等-极微透水层。河水与地下水均为微咸-咸水，总硬度一般为极硬，中性-弱碱性。河水对普通水泥具结晶类型弱-中等腐蚀性，对混凝土中的钢筋具弱-中等腐蚀性。大部分地下水对普通水泥具结晶类型弱-强腐蚀，局部无腐蚀性，对混凝土中的钢筋具中-强等腐蚀性。土对普通水泥基本无腐蚀性，局部具弱腐蚀性，对混凝土中的钢筋具中等腐蚀性。

堤基工程地质条件与评价。以堤基地质结构为分段依据，同时考虑不良地层的分布特点，将堤基分为两类：黏性土-淤泥质土双层结构，工程地质条件较好；黏性土-淤泥质土-粉土多层结构，工程地质条件较差，分别给出了各土层的物理力学指标建议值，渗透、稳定问题的评价及处理措施建议。对已有堤防工程质量和筑堤土料场也分别进行了评价和建议。

第三节　工　程　测　量

1991—2010 年，实测完成工程测量项目主要内容：引滦入津输水系统及地下水源地开发输水工程；引黄济津及北水南调工程；城市防洪、除涝、防潮工程；地方防洪、除涝工程；景观及其他工程。共计完成测量工作量包括全球卫星定位系统 GPS 点 457 个，RTK 点 5515 个，五等电磁波导线测量 1602 千米，电磁波测距 760 千米，等级水准测量 3496 千米，纵、横断面测量 4092 千米，1∶10000 地形图调绘 1023 平方千米，1∶5000 地形图 96 平方千米，1∶2000 地形图 648 平方千米，1∶1000 地形图 32 平方千米，1∶500 地形图 139 平方千米，定线测量 770 千米，建筑物调查 530 座。主要项目见表 6-3-3-102。

表6-3-3-102　1991—2010年工程测量主要项目（未包括南水北调各项目）

序号	测量项目名称	实测时间	实测线路	完成测量工作量
1	天津市饮用水源保护项目"于桥水库周边治理工程"	2005年3月至2010年10月	于桥水库周边，线路长84千米	GPS点10个、RTK点348个、1:2000带地形261千米、横断面、1:2000带状地形18.8平方千米、1:500局部地形图3.51平方千米
2	天津市饮用水源保护项目"新建州河河暗渠输水工程"	1997年3月至2003年4月	于桥水库水电站出口至九王庄引滦暗渠，线路全长34千米	GPS点8个、五等电磁波导线34千米、四等水准44千米、1:500局部地形图13.6平方千米、1:2000带状地形图102千米、定线测量
3	天津市饮用水源保护项目"引滦明渠整治工程"	1998年12月至2002年10月	宝坻九王庄输水明渠首至大张庄泵站，线路全长64千米	GPS点12个、五等电磁波导线64千米、四等水准80千米、定线测量128千米、横断面96千米、1:500局部地形图19.2平方千米、1:2000带状地形2.1平方千米
4	天津市饮用水源保护项目"大套扬水站及引水渠工程"	2004年9月	宝坻区窝头河至潮白河，引水渠长3.5千米	GPS点4个、RTK点60个、四等水准8千米、横断面2千米、1:500局部地形图0.42平方千米、1:2000带状地形图2.1平方千米
5	天津市饮用水源保护项目"新建州河节制闸工程"	2002年4月		GPS点3个、五等电磁波导线3.3千米、四等水准5千米、横断面2千米、1:500局部地形图0.34平方千米
6	武清区泰营闸重建及引水渠工程	2004年1月		GPS点4个、五等电磁波导线6千米、四等水准8千米、横断面5.5千米、1:2000带状地形图1.6平方千米、1:500局部地形图0.2平方千米
7	引滦入汉供水工程	1994年9月至1996年4月	尔王庄水库至汉沽区水厂，线路长44千米	GPS点12个、五等电磁波导线44千米、四等水准58千米、1:500局部地形图13.2平方千米、1:2000带状地形图
8	武清开发区逸仙园供水工程	1996年12月至1997年10月	尔王庄水库至武清开发区，线路全长44千米	GPS点10个、五等电磁波导线45千米、四等水准48千米、1:500局部地形图13.2平方千米、1:2000带状地形图0.58平方千米
9	天津石化公司聚酯供水及大港油田供水管线工程	1997年12月至1999年12月	尔王庄水库至聚酯供水厂及大港区水厂至大港油田水厂，线路全长96千米	GPS点20个、五等电磁波导线96千米、四等水准116千米、横断面20千米、1:500局部地形图38.4平方千米、1:2000带状地形图2.6平方千米
10	引滦完善配套项目"尔王庄水库至天津滨水厂"	2008年9月至2009年2月	尔王庄水库至东丽区津滨水厂，线路全长43千米	GPS点10个、RTK点230个、四等水准58千米、横断面11千米、1:2000带状地形图17.2平方千米、1:500局部地形图1.6平方千米
11	引滦入津黎河治理工程	1991—1996年	险工险段，险垃	五等电磁波导线40千米、四等水准68千米、横断面36千米、1:500局部地形图1.8平方千米
12	引滦入津大张庄至官兴埠泵站连接工程	1996年9月	大张庄泵站至官兴埠泵站，线路长10千米	五等电磁波导线10千米、四等水准12千米、横断面3.4千米、1:2000带状地形图4平方千米
13	引滦入宁河、汉沽供水工程	2009年1—11月	尔王庄水库至宁河水厂、汉沽水厂，线路长48千米	GPS点12个、四等水准50千米、横断面12千米、1:2000带状地形图19.2平方千米、1:10000地形图调绘72平方千米、1:500局部地形图1.6平方千米
14	引滦入开发区备用管线工程	2007年1—7月	尔王庄水库至开发区水厂，线路长58千米	GPS点12个、RTK点260个、四等水准65千米、横断面15千米、1:500局部地形图23.2平方千米、1:2000带状地形图1.8平方千米

续表

序号	测量项目名称	实测时间	实测线路	完成测量工作量
15	宁河北岳地下水源地引水入天津开发区供水工程	2002年8月至2004年1月	宁河北岳地下水源地至天津经济技术开发区水厂，线路长75千米	GPS点16个，五等电磁波导线75千米，四等水准80千米，横断面16千米，1∶2000局部地形图30平方千米，1∶500局部地形图3.6平方千米。定线测量75千米
16	蓟县杨庄截潜水库	2001年6月至2002年5月		GPS点4个，五等电磁波导线10千米，三等水准30千米，横断面8千米，1∶2000地形图9.6平方千米，1∶500局部地形图1.2平方千米
17	引黄济津工程	2000年7月至2010年5月	路线一：南运河至西河，线路长60千米。线路二：马场碱河至海河，线路长76千米	GPS点16个，RTK点104个，五等电磁波导线128千米，四等水准136千米，横断面204千米，1∶1000地形图6平方千米，1∶500地形图0.57平方千米，1∶200地形图1.1平方千米，建筑物调查35座
18	天津市北水南调工程	1999年5月至2000年10月	武清至北辰至青至静海县，线路长106千米	GPS点16个，五等电磁波导线106千米，四等水准120千米，纵、横断面134千米，1∶2000带状地形图16平方千米，1∶500局部地形图3.2平方千米，建筑物调查40座
19	天津市海河干流治理工程	1991年5月至1999年10月	双林渠（市郊结合部）至海河防潮闸，线路长59千米	GPS点16个，五等电磁波导线60千米，四等水准130千米，绳尺量距86千米，纵、横断面130千米，1∶2000带状地形图23.6平方千米，1∶500局部地形图3.4平方千米，建筑物调查180座
20	天津市海河干流治理项目"西河段治理工程"	1993年5月至1995年10月	西河闸至子北汇流口，线路长17千米	五等点测波导线17千米，四等水准20千米，横断面17千米，1∶2000带状地形图3.4千米
21	耳闸重建工程	2002年12月		GPS点3个，五等电磁波导线3千米，四等水准5千米，横断面2千米，1∶500局部地形图0.3平方千米
22	新开河、金钟河治理工程	2001年5月至2009年1月	耳闸至金钟河防潮闸，线路全长36.2千米	GPS点10个，RTK点60个，五等电磁波导线36.5千米，四等水准40千米，横断面58千米，1∶2000带状地形图11平方千米，1∶500局部地形图3.2平方千米，建筑物调查35座
23	金钟河防潮闸重建工程	2003年3月		GPS点3个，五等电磁波导线3千米，四等水准2.3千米，横断面1.5千米，1∶500局部地形图0.28平方千米
24	天津城市防洪圈治理项目"西部防洪线"	1993年11月至1998年11月	西河右堤至中亭堤至九里横堤至十里横堤至南遥堤，线路长48千米	五等电磁波导线54千米，四等水准52千米，纵、横断面70千米，1∶2000带状地形图8.50平方千米，1∶500地形图1.2平方千米
25	天津城市防洪圈治理项目"永定新河右堤"（包括河道清淤部分）	1999年3月至2002年2月	南遥堤至永定新河右堤至北塘海挡公路，线路长78千米	GPS点10个，五等电磁波导线78千米，四等水准88千米，纵、横断面372千米，1∶2000带状地形图18.8平方千米，1∶500排泥场局部地形图3.2平方千米

续表

序号	测量项目名称	实测时间	实测线路	完成测量工作量
26	天津市海挡工程	1996年11月至2010年12月	北测洞河至南侧新马棚口，线路长139千米	GPS点26个，RTK点360个，五等电磁波导线140千米，四等水准152千米，1:1000带状地形图55.6平方千米，1:500地形图4.5平方千米，横断面208千米，1:2000地形图、1:200地形图0.85平方千米
27	天津市沟河治理工程	2009年7—12月	红旗庄闸至至抵九王庄，线路长49千米	GPS点8个，五等电磁波导线50千米，四等水准56千米，横断面测量54千米，建筑物调查10座
28	天津市州河治理工程	2009年7—12月	于桥水库至至抵九王庄，线路长47千米	GPS点6个，五等电磁波导线47千米，四等水准50千米，横断面43千米，建筑物调查9座
29	天津市蓟运河治理工程（包括中心生态城段治理）	1998年5月至2010年10月	堤防工程险段治理	GPS点24个，RTK点480个，五等电磁波导线135千米，四等水准152千米，1:1000带状地形图37平方千米，1:500地形图6.6平方千米，纵、横断面407千米，1:2000带状地形图3.7平方千米，建筑物调查98座
30	马厂减河治理工程	1991年5月	九宣闸至独流减河，线路长40.5千米	五等电磁波导线42千米，四等水准45千米，横断面81千米，1:2000带状地形图12.2平方千米，1:500局部地形图0.3平方千米
31	永定河三角淀蓄滞洪区	2003年3月至2010年9月	屈家店闸至天津市与河北省交界处	GPS点18个，RTK点150个，五等电磁波导线15千米，电磁波测距44千米，四等水准123千米，纵、横断面187千米，1:2000带状地形图8.3千米。1:500局部地形图1.0平方千米
32	黄庄洼蓄滞洪区	2005年3—6月	实测线路长94千米	电磁波测距94千米，四等水准95千米，横断面47千米
33	大黄堡洼蓄滞洪区	2005年3—6月	测线长81千米	电磁波测距81千米，四等水准85千米，横断面41千米
34	蓟县青淀洼蓄滞洪区	2005年3—6月	测线长34千米	电磁波测距34千米，四等水准38千米，横断面17千米
35	大黄堡洼蓄滞洪水库工程可行性研究	2000年6月至2001年10月	测量路线长46千米	GPS点10个，五等电磁波导线46千米，四等水准50千米，纵、横断面240千米，1:5000库区地形图80平方千米，1:500局部地形图8平方千米，像控点28个
36	北大港水库围堤整治工程	1991年底至2000年3月	水库围堤，实测线路长54.5千米	二等水准60千米，埋设二等水准标石10块，四等水准55千米，钢尺量距54.5千米，横断面54千米
37	北辰区淀南泵站	2009年2月		GPS点3个，RTK点30个，四等水准5千米，横断面2千米，1:500局部地形图0.34平方千米
38	北辰区温家房子泵站	2009年7月		GPS点3个，RTK点28个，四等水准5千米，横断面2.5千米，1:500局部地形图0.30平方千米
39	北辰区永青渠泵站	2009年2月		GPS点3个，RTK点32个，四等水准4千米，横断面2.5千米，1:500局部地形图0.35平方千米

续表

序号	测量项目名称	实测时间	实测线路	完成测量工作量
40	武清区大兴水库泵站	2009年7月		GPS点3个、RTK点40个、四等水准8千米、横断面2千米、1:500局部地形图0.38平方千米
41	西青区河道综合治理工程（程村排干、西大洼排干、津港运河、丰产河、南运河、东河引河等）	2008年3月至2009年1月	河道线路全长78.6千米	GPS点18个、RTK点218个、四等水准82千米、横断面79千米、1:1000带状地形图1.4平方千米、1:500局部地形图0.2平方千米、建筑物调查28座
42	东丽区袁家河治理工程	2006年3月至2008年10月	空港物流加工区内新建改建渠道，线路长38千米	GPS点6个、RTK点180个、四等水准40千米、横断面38千米、1:2000带状地形图15.2平方千米、1:500局部地形图0.86平方千米
43	东丽区袁家河泵站	2007年4月		GPS点3个、RTK点35个、四等水准6千米、横断面2千米、1:500局部地形图0.41平方千米
44	塘沽区北塘水库增容工程	2001年1月至2002年6月	水库围堤长11.6千米、引水渠长3千米	GPS点6个、五等电磁波导线15千米、四等水准15千米、纵、横断面34千米、1:5000地形图16平方千米、1:2000带状地形图4.2平方千米、1:500局部地形图0.3平方千米
45	塘沽区北塘水库提水泵站	2001年3—5月		GPS点3个、五等电磁波导线3.6千米、四等水准8千米、纵、横断面3千米、1:500局部地形图1.31平方千米
46	东丽湖水库增容工程	2002年11—12月	水库围堤长约8千米	GPS点4个、五等电磁波导线8千米、四等水准8千米、横断面（包括库区下断面）20千米、1:2000地形图1.6平方千米、1:500局部地形图0.12平方千米
47	海河干流北运综合治理工程（包括堤埂岸景观部分）	2000年10月至2004年5月	屈家店闸至子北汇流口、线路长15千米	GPS点6个、五等电磁波导线15千米、四等水准18千米、纵、横断面30千米、1:500地形图2.5平方千米
48	海河两岸基础设施项目堤岸工程及清淤工程（市区段、包括堤岸景观部分）	2002年3月至2006年5月	子北汇流口至海河外环桥、线路长16千米	GPS点8个、五等电磁波导线18千米、四等水准20千米、横断面32千米、1:500局部地形图6.5平方千米、1:2000带状地形图1.2平方千米
49	天津市外环河治理工程及农田水利配套项目	2001年9月至2008年10月		GPS点10个、RTK点280个、电磁波测距119千米、四等水准125千米、横断面99千米、1:2000带状地形图10平方千米、1:500局部地形图4.2平方千米、建筑物调查95座
50	海河流域三等水准测量	1992年4月至1993年1月		三等水准测量239千米
51	天津东北郊热电厂备用水源取水泵站及输水管线工程	2007年9—12月	东丽区西碱河至东北郊热电厂、线路长8千米	GPS点6个、RTK点80个、四等水准10千米、纵、横断面12千米、1:2000带状地形图3.2平方千米、1:500局部地形图2.2平方千米

勘测总队具有国家级甲级测绘资质，随着科学技术的飞速发展，特别是 1991—2010 年，高新空间技术和数字化技术的崛起，使得测绘技术与方式发生了巨大的变化。

一、GPS 卫星定位系统

GPS（Global Positioning System）静态定位测量，是利用 GPS 建立各种类型和不同等级的控制网，已基本上取代了常规的测量方法，成为测区首级控制的首选。

二、RTK 定位测量

RTK（Real Time Kinematic）是基于载波相位观测值的实时动态定位技术，能够实时地提供测点在指定坐标系中的三维定位结果。应用于地形图测绘；与测深仪配合水下地形测绘；工程放样测量；图根控制点测量等。GPS RTK 测量技术特点是：定位精度高、观测时间短、测站间无需通视、全天候观测等一系列优点，在各种测量工作中显示出了越来越明显的优势。

三、数字化测图技术

随着电子全站仪和电子计算机的普及，工程测量技术人员于 2004 年开始数字化成图技术，其优点是野外作业时间短、测量精度高、方便灵活、成本低、经济效益好，是传统作业方法无法比拟的。

1991—2010 年，测绘队伍结构更加知识化、年轻化。同时，增添了现代化测绘仪器和通信设备，详见表 6-3-3-103，为水利工程勘察设计提供了准确可靠的测量成果。

表 6-3-3-103　　　　测绘仪器购置情况

仪器名称	生产厂家	型号	仪器编号	购置时间
全站仪	南方测绘	NTS-352	S42149	2007 年 5 月
全站仪	南方测绘	NTS-352	S41406	2007 年 5 月
全站仪	莱卡	TC-1102	630197	2004 年 3 月
全站仪	莱卡	TC-702	667442	2004 年 3 月
全站仪	莱卡	TS06-2″	1317980	2009 年 12 月
全站仪	莱卡	TS06-2″	1318286	2009 年 12 月
全站仪	尼康	DTM-310	842128	2000 年 10 月
电子水准仪	蔡司	DINI11	110117	1999 年 3 月
测深仪	南方测绘	SDE-28+	D09280678	2009 年 12 月
GPS	南方测绘	北极星 9600	62023	2004 年 3 月
GPS	南方测绘	北极星 9600	62018	2004 年 3 月

续表

仪器名称	生产厂家	型号	仪器编号	购置时间
GPS	南方测绘	北极星 9600	62025	2004 年 3 月
GPS	南方测绘	北极星 9600	62047	2004 年 3 月
GPS RTK	美国天宝	5700	0220314639	2003 年 7 月
GPS RTK	美国天宝	5700	0220312030	2003 年 7 月
GPS RTK	美国天宝	5700	0220310433	2003 年 7 月
GPS RTK	美国天宝	R8	4548101707	2006 年 4 月
GPS RTK	美国天宝	R8	4602105451	2006 年 4 月
GPS RTK	美国天宝	R8	4507145608	2006 年 4 月

第七篇

工程建设与移民迁建

1963 年天津遭遇大洪水后，在毛泽东主席"一定要根治海河"的号召下，天津进行了大规模的水利工程建设，到 20 世纪末基本建成了防洪、除涝、蓄水和供水等水利工程体系。1991—2010 年，主要对防洪除涝工程体系治理、修复、补充、完善、改造和提升的建设，使其功能得以最大的发挥；蓄水供水方面在充分发挥现有水库作用同时积极开展雨洪水拦蓄工程建设，为农业和生态用水提供水源补充。与此同时，建设了南水北调天津供水以及配套工程，实现了外调水双水源（包括已建成引滦供水）供水体系，出台南水北调工程施工监理、建设项目档案、竣工文件编制指南等地方性标准，使得水利建设的制度、程序、造价、质量监督和投资管理更加完善，为天津市工农业和生态用水提供保障。

第一章　建　设　管　理

天津市水利建设管理是在改革中不断深化的。20 世纪 80 年代，水利基建管理实行投资包干责任制。90 年代，水利工程建设全面推行项目法人、招标投标、建设监理和合同管理的"四制"管理。1996 年，水利基建工程管理形成"一条龙"运作格局，一方面由市、区（县）、乡形成的三级工程指挥中心；另一方面在水利工程建设中实现规划、设计、建设、管理"一条龙"服务。2004 年 3 月 1 日，天津市以政府令形式出台的《天津市水利工程建设管理办法》实施，该办法对水利工程建设程序管理、招标投标管理、质量安全管理及所涉及的法律责任均做出详细规定。至 2010 年，逐步建立起水利工程建设管理的"六大体系"，即政策法规体系、质量保障体系、安全监管体系、资金管理体系、工程技术支撑体系和廉政保障体系，为天津建设优质工程、民心工程、廉政工程提供了制度保障。

第一节　建　设　管　理　机　构

一、天津市水利工程建设质量与安全监督中心站

1989 年，天津市水利基本建设工程监督中心站成立，为处级事业单位，挂靠在天津市水利基建管理处，主要负责全市基建工程质量监督工作。1991 年，在总结引滦明渠护砌等工程质量监督试点经验的基础上，12 个区（县）成立质量监督站，市属大、中型工程均成立项目站。

1992 年 5 月，为改进质量监督工作，在天津市水利基本建设工程监督中心站基础上，成立天津市水利建设工程质量监督中心站。7 月市建委同意该站行政隶属于市水利局，业务受天津市质量监督管理总站指导。该站作为市质量监督总站的水利专业监督站，代表水行政主管部门对水利

工程进行强制性质量监督。

2006年，市水利局下发《关于天津市水利建设工程质量监督中心站更名为天津市水利工程建设质量与安全监督中心站的通知》，将安全监督工作纳入中心站，主要负责全市新建、扩建、改建、加固等水利工程和城镇供水、滩涂围垦工程的质量与安全监督工作，参加所监督工程的单位工程验收、阶段验收和竣工验收。

二、天津市水利建设工程造价管理站

1998年，市水利局以《关于成立天津市水利建设经济定额站的批复》批准成立天津市水利建设经济定额站，挂靠在水利局基建处，负责制定水利工程建设造价管理制度，检查监督水利工程招标承包工程标价的合理性，负责全市水利建设经济定额的管理工作。2001年，市水利局同意将天津市水利建设经济定额站更名为天津市水利建设工程造价管理站，负责贯彻执行国家、市有关水利工程建设造价方面的法律、法规、政策，对水利工程建设全过程实行造价管理，负责研究拟订水利工程建设造价管理办法。

三、天津市水利工程建设交易管理中心

1999年，天津市水利工程建设交易市场和天津市水利工程建设交易管理中心成立。该市场对天津市范围内的工程设计、采购、施工、建设等实行"一站式"管理。2000年4月13日，海委批复"天津市水利工程建设交易管理中心"更名为"天津水利工程建设交易管理中心"。截至2010年，天津市规模和标准以上的水利建设项目施工、监理招投标率达到100%，全市招投标项目384项，招标批次390次，招投标总投资54.2亿元。

四、天津市水利工程管理协会

2004年7月，成立天津市水利工程管理协会，其人员、经费、办公地点与办公设施由基建处自行解决。2005年3月，市水利局以《关于同意成立天津市水利工程管理协会的批复》批复同意成立天津市水利工程管理协会，并同意该会第一次代表大会通过的《天津市水利工程管理协会章程》。协会负责参与工程建设管理、资信管理、咨询服务、人才培训、质量与安全管理、工程评优、交流合作、创办实体等工作。

2008年，市水利局下发征集协会会员通知，当年征集会员单位24家，个人会员334人；组织全市水利水电施工企业安全生产管理人员的培训考核工作，质量检验与评定规程、验收规程和建设管理法律法规等培训工作；召开2008年协会会员大会，通过了协会章程；受水行政主管部门委托，结合建设管理信息系统，对全市水利建设各类企业资质和人员资格进行规范管理，初步建立了天津市水利工程建设诚信体系；组织了天津市水利工程优质奖——"九河杯"的评选，经天津市水利工程优质奖评审组评审，天津市潮白新河宁车沽防潮闸加固、2007年第二期黎河中上游应急大修改造和大港区小王庄泵站重建三项工程获得天津市水利工程优质奖——"九河杯"。

2009 年，建立了天津市水利工程管理协会专家库、试题库和会员档案；组织了监理、施工技术等行业培训工作，累计培训 300 余人次；完成企业水利资质的专业初审工作，监理工程师、质量检测人员注册的审查工作。

2010 年，天津市水利工程管理协会召开会员大会，会上进行了换届改选，选举产生新一届协会理事会、会长、副会长、秘书长，审议并通过了新的协会章程。协会完成质量检测、质量评定表格、工程造价、财务、档案、验收等 6 门课程的培训材料的编写工作，受水行政主管部门委托，完成 2010 年水利工程建设监理单位资质等级和监理工程师注册的初审工作。举办了天津市水利工程质量与安全培训班。

截至 2010 年年底，天津市水利工程管理协会共有会员单位 38 家，个人会员 334 人。天津市已建立起 20 家施工企业、3 家监理单位、1762 名各类从业人员的基本信息和信用档案。

第二节　基础工作管理

一、建设程序审批

依据《天津市水利工程建设程序管理规定》和《天津市水利工程建设项目法人管理规定》，天津市为加强对水利工程的管理，严格履行基本建设程序，规范项目法人建设行为，落实建设审批制度。2006—2010 年项目法人责任制落实情况见表 7-1-2-104。

表 7-1-2-104　　**2006—2010 年项目法人责任制落实情况表**

年份	批复项目法人	办理报建备案	办理开工报告审批	备　注
2006			24 项	
2007	23 项	34 项	36 项	
2008	34 项	33 项	32 项	
2009	40 项	51 项	55 项	办理施工图审查备案 4 项
2010	24 项	36 项	39 项	办理施工图审查备案 5 项

二、体系管理

（一）政策法规建设

2004 年 3 月 1 日，《天津市水利工程建设管理办法》实施。2005—2008 年，又陆续出台《天津市水利工程建设项目稽察规定》《天津市水利工程建设程序管理规定》《天津市水利工程建设项目法人管理规定》《天津市水利工程建设质量管理规定》《天津市水利工程建设项目招标投标管理规定》《关于水利工程项目建设手续实行一站式服务的通知》《天津市水利工程建设项目档案管理规定》七部配套规定，编制出《关于实行天津市水利工程建设项目招标备案制度的通知》《关于执行天津市水利工程造价从业人员实行持证上岗制度的通知》《关于建立天津市水利工程建设质量与安全生产信息通报制度的通知》《转发市政府批转市建委等六部门关于建立防止建设领域拖欠工程款和农民工工资长效管理机制意见的通知》《关于水利工程施工图设计文件审查机构执业资格认定的通知》《天津市水利局水利工程建设项目施工图设计文件审查管理规定（试行）》《关于对天津市水利工程建设项目法人进行考核的通知》《关于加强天津市水利工程建设管理有关工作的意见》《天津市水利工程建设质量与安全事故应急预案》等 10 余部规范性文件，逐步完善了天津市水利建设管理政策法规体系，对项目法人管理、招投标管理、质量管理、档案验收、工程稽察等各个环节进行了规范。

（二）工程建设质量管理

为保证工程建设质量，水利建设主管部门逐步建立完善了主管部门监督、项目法人负责、设计单位服务、监理单位控制、施工单位保证的多层次质量保证体系。严格质量终身负责制，推行工程质量问责制、施工图审查制和质量检测制度，逐步加强工程质量控制管理。严格规范质量监督，对工程实施"全过程"监管，明确项目法人质量控制主体责任，加大对施工过程、质量评定和档案整理等关键环节的监督管理，强化对水利建设质量规范和强制性标准执行情况的监管。2006—2010 年，全市水利工程质量合格率达 100％，总体单元工程优良率达 71.3％。

（三）工程安全生产监管

在对工程安全生产监管中，不断强化项目法人、设计、施工、监理等单位安全生产主体责任，明确市、区（县）水行政主管部门的安全监督管理职责。编制完成《天津市水利工程建设质量与安全事故应急预案》《天津市质量与安全生产监督实施细则》。初步建立起市、区（县）两级监督模式。强化安全生产宣传教育，将"安全生产月""汛前安全生产大检查"制度化，通过监督检查、项目法人自查和各参建单位巡查，跟踪落实安全隐患整改措施，做到整改措施、资金、期限、责任人和应急预案"五落实"。尤其注重加强对员工的安全生产教育，严格执行安全生产管理条例的各项规定，各项重点工程全部建立质量与安全事故应急处置机制，重大安全事故应急预案，对高空作业、施工用电等容易出现事故的环节，提前做好专项预案，对发现的安全隐患及时进行整改，确保全市水利工程建设安全生产零事故。

（四）建设资金监管

2006—2010 年，共筹措贷款资金 147892 万元。为保证水利资金安全运行，严格实行合同备案制度，对建设单位在开工前和建设中签订的经济合同进行备案，对 126 个建设项目办理了备案手续，审查合同 478 份。编制完成《基本建设财务管理文件汇编》，严格执行《天津市水利基本建设财务会计报表管理及考核办法》，以及市财政性基本建设项目财务月报制度，及时掌握建设资金动态，下达投资 523155.2 万元，其中用于工程建设资金 332687.17 万元，用于还贷本息 190468.03 万元。共计完成 86 项工程的竣工财务决算评审工作。

（五）工程技术应用

在工程建设中，不断加大科研投入，研发新技术、推广新工艺，为降低水工建筑物造价、提高工程质量和保证工程安全提供重要技术支撑。

信息化在工程造价控制管理中的应用。2000 年以前，工程造价软件借助于 DOS 平台开发编制，软件运行受平台环境的影响，操作困难。为改善这种状况，2000 年开发研制出"天津市水利水电工程造价管理系统"，该系统采用国际上流行的 Windows95/98 平台，利用 VB 语言和 Access

关系型数据库,实现了水利水电工程造价全过程的管理和控制。2001年,该系统通过市水利局组织的专家鉴定,获得2001年天津市水利科技进步二等奖,同年获得天津市科技进步三等奖。该系统成果在南水北调工程、三峡工程和天津市海河综合开发工程等重点大型工程中得到应用和推广,在投资编制、评估审查以及招投标中发挥重要作用,实现了有效控制成本,减少资金流失的管理目标。

地面沉降控制在堤防治理工程中的应用。2004年,市水利局立项研究地面沉降对水利设施的影响及对策,由水科所、控沉办和基建处共同承担。该项目研究首次对水利工程沉降的有关问题进行全方位的深入探讨,结合天津市地面沉降控制工作的实际需要,全面分析总结了水利工程沉降的特点及严重性,对沉降严重的蓟运河中下游段堤防进行两年的二等水准测量;通过水力学数学模型和水工结构计算公式,计算了地面沉降对水利工程功能的影响;利用GIS系统,建立天津市地面沉降对水利工程影响程度评估体系,分5个等级进行评估;建立水利工程沉降灾害损失评估体系,提出评估原则、评估方法,估算1970—2003年水利工程沉降造成的经济损失;利用灰色理论建立沉降预测模型,估算控沉效益及沉降风险,并提出减少沉降损失的建议。该项研究成果获得2006年天津市科技进步三等奖及天津市水利科技进步一等奖。市水利局工管处利用该成果增加了地面沉降监测点,在重点地区和典型地段实施重点监控;在河道堤防的规划设计中考虑地面沉降的影响,预留沉降值;在沉降严重的区域,限制地下水的开采;对沉降严重的水利工程加强管理。该项目利用灰色理论建立的$GM(1,2,M,N)$模型对全市地面沉降规划预留量测算提供了技术支持。在2005年蓟运河1776米堤防治理工程中采用了该项研究成果,按照不同区域的沉降变化,做出相应的预留量,在一定时期内满足了防洪要求。

(六) 工程廉政建设

在重点工程建设中,以工地临时党支部为载体,层层签订廉政承诺书,把廉政建设融入工程建设的各个环节,逐步建立健全部门监督、特邀监督员监督和内部监督相结合、横到边纵到底的立体廉政监督体系,对招标投标、资金管理、质量安全等进行重点监督和跟踪检查。开展廉政文化进工地、廉政慰问演出、廉政专题讲座等廉政教育,筑牢各参建人员廉政思想防线。开展工程建设领域突出问题专项治理工作,2010年对55个项目进行监督检查,督促完成10项工程整改落实工作,对招投标、工程进度、质量安全、设计变更等关键岗位和重要环节进行廉政风险排查,制定风险防范措施,初步形成用制度管权、办事、用人的有效机制,实现了工程、资金、干部"三安全"。

三、四项机制

(一) 信息化机制

2006—2009年,研发并应用水利工程建设管理信息系统,以《天津市水利工程建设管理办法》及配套规定为依据,实施建设管理信息采集、远程数据上报、信息分类、信息处理、查询批复等功能,实现了在线管理和远程管理,规范了建设管理程序,形成了工程建设信息化管理机制。研发了《天津水利工程建设交易管理信息系统》,实现了招投标手续办理、资格业绩管理、招投标违法记录公告和投诉等远程信息共享,提高了有形市场的科学化建设水平。建立全市水务建设管理动态专栏，搭建了政策法规发布、规范管理及经验交流的信息平台。

（二）监督指导机制

截至 2010 年，编制完成《天津市水利建设工程质量监督程序》《天津市水利建设工程质量监督程序表式》《天津市水利建设工程质量监督实施细则》《天津市区（县）水利建设质量监督站工作细则》《天津市防汛工程质量等级评定标准（试行）的通知》《天津市水利建设工程质量等级核定办法（试行）》《天津市堤防工程施工技术要求及质量标准》《天津市水利建筑工程土工合成材料施工技术要求及质量标准》《天津地区北水南调工程质量监督办法》《天津市堤防工程项目划分及质量评定办法（试行）》《天津市水利工程建设质量监督工作规定》等规范性文件，出台"质量监督申请制度""项目划分确认制度""质量监督备案制度"和"质量评定核备（核定）制度"四项程序性制度和"质量监督责任人制度""质量监督工作计划制度""质量监督工作动态制度"三项规范性制度。先后对海河干流治理工程、海挡加固工程、引滦水源保护工程、北运河防洪综合治理工程、外环河整治工程、永定新河治理工程、芦新河泵站除险加固工程、蓟运河防潮闸除险加固工程、金钟河防潮闸拆除重建工程等 200 余项重点工程进行了质量与安全监督，有效控制了工程质量，确保安全生产零事故。2006—2010 年，全市水利工程质量合格率达 100%，总体单元工程优良率达 71.3%，重点工程单元工程优良率达 90% 以上。1995—2010 年水利工程监督项目（1000 万元以上）114 项，见表 7-1-2-105。

表 7-1-2-105　　**1995—2010 年水利工程监督项目（1000 万元以上）**

序号	工 程 名 称	总投资/万元
1	1995 年海河干流塘沽区治理工程	6585.00
2	1996 年海河干流治理应急工程（津南区）	1337.24
3	1996 年海河干流治理工程（东丽区）	1025.27
4	1996 年海河干流治理工程（塘沽市区段）	2320.02
5	1996 年海河干流市区段治理工程	8437.00
6	1997 年海河干流治理工程（东丽区）	1401.84
7	1996 年海河干流治理应急工程（津南区）	1375.30
8	1997 年海河干流治理工程（塘沽市区段）	1729.67
9	1997 年海河干流市区段治理工程	4376.00
10	海河干流 1998 年治理工程（东丽区）	1052.89
11	海河干流 1998 年治理工程（津南区）	1065.64
12	海河干流 1998 年治理工程（塘沽区）	3177.71
13	海河干流 1998 年治理工程（塘沽郊区）	1496.87
14	海河干流 1998 年治理工程（市区）	2090.00
15	1998 年海挡应急除险加固工程	7497.64
16	天津市蓄滞洪区安全建设工程（永定河泛区）	8529.38
17	天津市蓄滞洪区安全建设工程（七里海）	6944.12
18	1998 年海挡（二期）应急除险加固工程	6870.97
19	1998 年永定新河右堤应急加固工程	4074.70
20	1998 年永定河泛区右堤加固工程	2925.30
21	海河干流 1999 年治理工程（东丽区）	3982.92

续表

序号	工　程　名　称	总投资/万元
22	海河干流 1999 年治理工程（津南区）	2751.96
23	海河干流 1999 年治理工程（塘沽区）	3330.38
24	海河干流 1999 年治理工程（塘沽郊区）	2946.00
25	海河干流 1999 年治理工程（市区）	3494.88
26	1998 年蓟运河二期治理工程	2469.09
27	1999 年海挡治理工程	8338.51
28	1999 年永定河泛区右堤加固工程	7931.52
29	1999 年蓟运河险工治理工程	3630.81
30	1999 年蓟运河度汛应急工程	2116.50
31	1999 年永定新河应急度汛清淤工程	5440.61
32	1999 年永定新河应急度汛清淤（二期）工程	8000.00
33	2000 年永定新河应急度汛工程	6173.00
34	2000 年蓟运河险工治理工程	4716.00
35	2000 年永定河泛区右堤加固工程	7696.28
36	2000 年州河上段防洪险工治理工程	1665.08
37	独流减河左堤大港段堤身防渗应急度汛工程	1692.00
38	2000 年宁河县蓟运河橡胶坝工程	1235.39
39	2000 年永定新河应急度汛清淤工程	4142.00
40	2001 年海河干流子牙河段治理工程	5358.75
41	2001 年大清河治理中亭堤治理工程	2916.48
42	天津市海挡 2001 年应急加固工程	2920.00
43	2001 年永定新河左堤险工治理工程	2201.00
44	2001 年永定新河右堤应急加固工程	3320.00
45	独流减河左堤大港段应急度汛护砌工程	2360.00
46	永定新河 2001 年应急度汛清淤工程	5000.00
47	天津市 2000 年蓟运河（蓟县、宝坻县段）二期险工治理工程	2388.00
48	2001 年蓟运河险工治理工程	4349.00
49	西龙虎峪水源地应急水源工程	3146.38
50	于桥水库坝基补充加固工程	3307.41
51	引黄济津天津市内应急输水工程	5691.69
52	天津市蓄滞洪区 2001 年安全建设工程	1541.85
53	大清河治理中亭堤治理工程	2916.48
54	大清河治理独流减河左堤 2001 年复堤加固工程	3675.00
55	天津市宁河北地下水源地应急开发工程	4400.00
56	天津市外环河整治工程北运河—子牙河示范段	2945.00
57	天津市外环河整治未联通段打通工程	4143.00
58	2002 年海河干流治理工程	3928.04
59	天津市海河中心市区段清淤工程	2930.00
60	天津市 2001 年海挡（二期）应急加固工程	4179.02
61	天津市潮白新河宁车沽防潮闸加固工程	6067.00

序号	工　程　名　称	总投资/万元
62	武清区地下水源地应急开发工程	1600.00
63	武清区供水工程	6982.00
64	天津市塘沽区城市供水工程	9705.00
65	三岔口泵站、南运河口清淤及三元村联通涵工程	1480.28
66	于桥水库大坝2002年除险加固工程	6650.00
67	天津市城市防洪信息系统工程	2261.00
68	静海县争光渠城区段改造工程	1155.41
69	2003年大清河下游治理新开河耳闸除险加固工程	5721.11
70	天津市外环河整治工程2002年河道贯通与河水循环工程	7436.00
71	2002年蓟运河险工治理工程	3597.00
72	永定新河2003年应急度汛清淤工程	3634.00
73	2002年度引黄济津天津市内应急输水工程	2482.00
74	天津市引黄济津完善配套应急工程	2528.00
75	2003年于桥水库围堤整修工程	1000.00
76	武清区应急供水管网工程	3502.56
77	塘沽区应急供水管网工程	2300.00
78	宁河县城区供水改造工程	1960.15
79	2003年蓄滞洪区安全建设工程	1526.13
80	2003年度引黄济津天津市市内应急输水工程	3598.00
81	2003年大清河下游治理工程——新开河综合治理工程（耳闸—曙光道段）	5400.41
82	2004年海河干流治理工程管理设施	1125.27
83	尔王庄水库大坝除险加固Ⅰ期工程	1804.67
84	2004年蓟运河险工治理工程	3320.00
85	新开河综合治理工程（曙光道—外环线段）	3650.00
86	永定新河2004年永定新河应急度汛清淤工程	1060.00
87	塘沽区城市供水工程引潮三站及穿永定新河管道工程	2337.34
88	宝坻城区供水管网改造工程	1209.58
89	蓟县老城区供水管网改造工程	1160.58
90	尔王庄水库大坝除险加固Ⅱ期工程	6332.33
91	2004年蓄滞洪区安全建设工程	2011.10
92	静海县争光渠城区段改造工程	1404.82
93	天津市节水科技园建设一期工程	3501.02
94	永定新河2005年永定新河应急度汛清淤工程	1030.00
95	北大港水库除险加固一期工程	9001.80
96	2004年度引黄济津天津市市内应急输水工程	2525.00
97	天津市引滦入津展室楼	2357.33
98	大清河治理独流减河左堤2004年复堤加固	6690.00
99	★海河干流北运河段防洪综合治理工程	14326.98
100	★天津市蓄滞洪区安全建设工程（贾口洼）	22915.62
101	★天津地区北水南调工程（一期）	14734.76

序号	工 程 名 称	总投资/万元
102	★蓟县杨庄截潜工程	19998.00
103	★天津市外环河整治工程河道扩挖及护砌工程	20254.00
104	★天津市海河综合开发河道清淤工程	24480.00
105	★永定新河治理一期	101119.00
106	★海挡外移一期工程实验段	46776.42
107	★天津市黄庄洼蓄滞洪区（Ⅰ区）分区滞洪围堤工程	15795.00
108	★东丽区新地河泵站重建工程	15961.00
109	★天津市引滦水源保护工程于桥水库水源保护工程	239940.00
110	★团泊水库除险加固工程	17735.75
111	★于桥水库周边水污染源近期治理工程（一期）工程	15321.40
112	★宁河县潮白新河乐善橡胶坝上游河道蓄水工程	35773.00
113	★蓟运河中新生态城段治理工程	15413.00
114	★宁河县潮白新河乐善橡胶坝更新改造工程	18700.00

注　★标注工程为亿元以上工程。

（三）信用管理机制

开展市场主体资信确认管理，不断更新完善施工、监理、咨询等单位和人员的资信业绩档案，截至 2010 年，已建立拥有 20 个施工企业、3 个监理单位、1762 名各类从业人员的基本信息和信用档案。加强了水利工程建设市场主体信用信息管理和不良行为记录公告管理，不断强化市场准入，营造市场诚信激励、失信惩戒的良好氛围，大大促进市场信用体系建设，推动了水利建设市场健康发展。

（四）健全行业服务机制

充分运用水利工程管理协会行业培训、技术交流、工程评优等职能，更好地服务于水利建设。

建立全市水利工程管理协会专家库、试题库和会员档案信息平台，组织开展会员交流、专业培训和业务咨询，"十一五"期间累计培训 2000 余人次，从业人员取证率和持证率都大幅提升，业务素质明显提高。截至 2010 年，已发展会员单位 24 个，个人会员 334 人。

2007 年第二期黎河中上游应急大修改造工程、大港区小王庄泵站重建工程和 2008 年天津市潮白新河宁车沽防潮闸加固工程获 2008 年天津市水利工程优质（九河杯）奖。塘沽区黄港二库除险加固工程、北大港水库除险加固工程、宝坻区胡各庄橡胶坝工程、蓟县杨庄截潜工程获 2010 年天津市水利工程优质（九河杯）奖。

2006 年，根据水利部《关于开展 2006 年度水利系统文明建设工地评审工作的通知》，完成外环河整治工程、海河综合开发河道清淤工程、宁河北水源地加压泵站及供水管线工程等 5 项工程申报工作，经水利部水利系统文明建设工地评审委员会评审，外环河整治工程和海河综合开发河道清淤工程被评为 2006 年度水利系统文明建设工地。2007 年，根据市水利局《关于开展 2006—2007 年文明工地文明闸站（所）文明窗口和精神文明建设先进工作者评选工作的通知》，天津市海河两岸基础设施项目堤岸改造工程等 9 个工地被授予"2006—2007 年度天津市水利系统文明工地"称号。2009 年，市水务局下发《关于表彰 2008—2009 年度文明闸站（所）、文明工地和精神文明建设先进工作者的决定》授予永定新河治理一期工程第 18 标段等 9 个工地"2008—2009 年度文明工地";授予北三河处潮白河管理所等 28 个闸站(所)"2008—2009 年度文明闸站(所)"。

第三节　工程投资管理

一、水利建设投资

1991—2010 年,天津市水利建设完成投资为 201.87 亿元。按投资来源主要包括中央补助投资 37.07 亿元,占总完成投资的 18.36%;市财政专项 47.19 亿元,占总完成投资的 23.38%;市水利建设基金 13.6 亿元,占总完成投资的 6.74%;银行贷款 33.06 亿元,占总完成投资的 16.38%;局自筹 14.6 亿元,占总完成投资的 7.23%;企业自筹 20.24 亿元,占总完成投资的 10.03%;资本金 2.41 亿元,占总完成投资的 1.19%;区(县)自筹 33.7 亿元,占总完成投资的 16.69%。

1991—2010 年水利建设完成投资资金来源如图 7-1-3-11 所示。1991—2010 年投资完成情况如图 7-1-3-12 所示。1991—2010 年天津市水利建设投资完成情况见表 7-1-3-106。

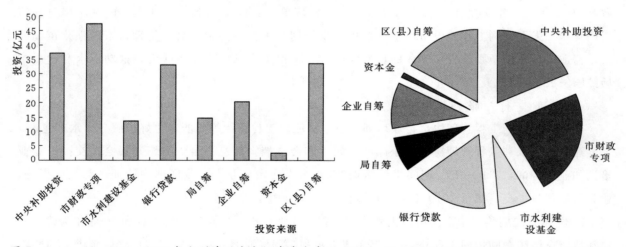

图 7-1-3-11　1991—2010 年水利建设完成投资资金来源　　图 7-1-3-12　1991—2010 年投资完成情况

表 7-1-3-106　　**1991—2010 年天津市水利建设投资完成情况**　　　　单位:万元

年份	中央补助投资	市财政专项	市水利建设基金	银行贷款	局自筹	企业自筹	资本金	区(县)自筹	合计
1991	2234	2398			2258			584	7474
1992	1317	1855			2448			2450	8070
1993	926	3043			1073			5750	10792
1994	1056	2618			1924			3845	9443
1995	2465	4103	2650		1884			6583	17685

续表

年份	中央补助投资	市财政专项	市水利建设基金	银行贷款	局自筹	企业自筹	资本金	区（县）自筹	合计
1996	2335	12476	5965		1021			2745	24542
1997	7904	11225	9119		4135			10513	42896
1998	15112	25498	7298		498			3085	51491
1999	35161	14639	11438	3209	1558			10095	76100
2000	34507	24312	8799	7666	1577			9295	86156
2001	33744	11381	11621	16990	19767			3552	97055
2002	42183	14597	7312	71832	27646			23044	186614
2003	14707	66940	9259	65051	26761			15670	198388
2004	10791	23710	6727	40265	2664		12500	11250	107907
2005	13086	8641	6614	25936	4900	2300	4915	12444	78836
2006	6485	9887	7745	29204	2587	23250	4870	18356	102384
2007	15609	26775	4898	22055	5173	7932	1778	28498	112718
2008	43422	22537	11030	20647	9298	48585		36410	191929
2009	44415	70735	10900	27789	15897	57010		71389	298135
2010	43210	114514	14653		12960	63369		61401	310107
合计	370669	471884	136028	330644	146029	202446	24063	336959	2018722

二、投资效益

1991—2010 年，以 1998 年大水和 2008 年扩大内需为契机，中央大幅度扩大水利基础设施建设投资，天津市抢抓机遇，开展了大规模的水利建设，逐步形成较完整的防洪体系、城市供水体系、水资源保护体系、农业灌溉除涝体系，充分发挥了水利的基础保障作用。

（一）城市防洪、城乡防洪排涝体系

1991—2010 年，完成海河干流治理、永定新河一期治理、蓟运河下游段治理、独流减河左堤加固、蓟运河防潮闸改造、金钟河防潮闸重建、海堤加固等重点防洪工程；初步建成了全长 243 千米，保护中心城区和滨海新区在内约 2700 平方千米的城市防洪圈；蓄滞洪区安全建设得到加强；实施了于桥、北大港水库、团泊洼、尔王庄、山区小型水库等 35 座病险水库全面除险加固工程。通过工程建设，永定新河潮白新河口以下河段行洪能力达到 3000 立方米每秒；蓟运河中新生态城段达到设计防洪标准；城市防洪圈实现全线封闭；开工建设中心城区排水空白区排水设施及合流制地区雨污水管网改造工程，完成了 11 片积水片改造工程，解决积水面积 14.49 平方千米；初步建成了城市防洪调度指挥系统，提高了防洪应变和决策能力；防洪工程体系得到完善和加强，防洪抗灾能力有较大提高。

（二）城乡供水体系

实施引滦入津水源保护工程，完成引滦明渠治理 64 千米，新建暗渠 34.14 千米，启动实施于桥水库水污染防治和水环境保护工程，引滦入津工程供水保障能力进一步提高；实施西龙虎峪应急水源工程、宁河北应急水源地工程、蓟县杨庄截潜工程及武清应急水源工程、塘沽城市供水等一批水源地工程，新增供水量1.3亿立方米；南水北调天津干线及市内配套工程全面展开，建成了宁河北水源地入开发区管线、尔王庄水库至开发区水厂备用管线，建成尔王庄至津滨水厂供水管线并通水，建设了东疆港保税区、中新生态城、南港工业区等功能区的应急供水工程，确保了滨海新区的供水安全；完成了农村人畜饮水解困工程，全市共解决2576个村、265万人的饮水困难，在此基础上，累计投入15.34亿元，解决了农村323万人饮水安全及管网入户改造问题，确保天津市农村饮水水质安全；连续组织实施6次引黄济津应急调水，在连续干旱情况下确保了城乡供水安全；全市供水管网总长达到9900千米，综合供水能力达到370万立方米每日。

（三）城乡水环境治理和水生态环境保护

1991—2010年，全面完成北运河综合治理、外环河综合整治和新开河综合治理工程，基本完成中心城区二级河道的改造，部分实现了中心城区河湖水系的沟通；根据市委确定的"三步走"的战略目标和五大战略举措，启动了海河堤岸改造、海河干流中心市区段清淤及新开河整治工程，海河上游29千米堤岸改造全面完成，城乡水环境得到明显改善；加大水环境治理投入力度，中心城区完成了大沽排水河等11条、长115千米河道的治理改造；启动环外河水环境治理工程，完成31条（段）、310千米河道的综合整治，改善了河道周边环境，提高了河道排水及调蓄能力；全市新建污水处理厂52座，总污水处理能力达到262.08万立方米每日；全面完成污水处理厂的升级改造，出水水质达到国家一级排放标准。

（四）农村水利基础设施建设

新建武清上马台水库、津南水库、蓟县杨庄水库3座中型水库；建成了天津市农业调水工程——北水南调工程，在30％的保证率条件下，可向南部缺水地区调水1.14亿立方米，相对缓解了天津市南部地区的缺水局面；进行了董庄子泵站、箭杆河泵站等70余座农业灌排扬水站更新改造；加强小型农田水利建设，全面完成里自沽大型灌区节水改造工程建设，建成4个全国重点节水增产示范县、30余个节水灌溉增效示范区，全市节水灌溉面积达到258670公顷，占有效灌溉面积的75％，灌溉水利用系数从0.60提高到0.65；维修改造农用桥闸涵805座；蓟县水土流失累计治理面积470平方千米，山区水土流失状况得到较大改善；各区县加快了以恢复河道灌排功能、改善水环境为目标的农村骨干河道综合治理，农村水环境得到明显改善。

三、投融资体制改革

1991年水利部提出投入机制改革，把过去水利主要由国家投入，农民投劳，逐步改变为多渠道、多层次集资、利用外资及采取农民劳动积累工等多种投入机制。

1993—1994年坚持走"水利为社会，社会办水利"的路子，按"谁受益，谁负责"的原则，探索受益单位出资的模式，同时研究和拟定建立适应市场经济的5个体系的具体实施草案，在防汛冬修水利中，正确处理减轻农民额外负担和大搞农建的关系，坚持和完善劳动积累制度，努力落实和拓宽资金渠道。在1993年的水利建设中，区（县）和有关部门自筹，以资顶工共3988万元，占固定资产总投资规模的37％，比1992年增长16％。1994年在原有水利投资来源的基础上，增加集资款 530 万元。

1994 年 10 月 22 日，市政府第 34 次常务会议制定了加强水利工作的八项政策和措施。1998 年 6 月 1 日，市政府下发《批转市财政局、市水利局拟定的天津市水利建设基金筹集和使用管理办法的通知》，初步建立了水利建设专项资金渠道，建立了水利建设基金投资渠道，水利建设基金的来源主要如下：

（1）从收取的政府性基金（收费）中提取 3%，作为水利建设基金收入。政府性基金（收费）包括：纳入预算管理的政府性基金（收费），即养路费、公路建设基金、地方分成的电力建设基金、征地管理费；未纳入预算的政府性基金（收费），即车辆通行费、公路运输管理费、交通及公安部门的驾驶员培训费、市场管理费、个体工商业管理费。

（2）自 1998 年起，每年从城市维护建设费中安排 1000 万元，作为水利建设基金。待新的城市维护建设费征收办法出台后，再另行研究确定出资额。

（3）根据市政府《关于发布〈天津市防洪工程维护费征收使用办法〉的通知》规定征收的防洪工程维护费，并入水利建设基金。

按照水利投资计划统一管理实施方案，自 2008 年，投资计划和统计口径增加了防汛经费类、小农水类、地下水资源费类项目。

2009 年 3 月 30 日，市水利局印发《水利建设投资计划统一管理实施方案》，初步实现了全局水利投资计划的统一管理。2010 年 9 月 30 日，市水务局印发《水务投资计划管理暂行办法》，规范和加强了水务投资计划管理，实现了全局水务投资计划的分类分级负责、集中统一管理。计划处负责全局水务投资计划（简称投资计划）归口、统一管理，其他各相关业务管理部门分工协作，做好计划管理工作。

投资渠道实现多元化。1991—2010 年，水利建设资金由 1991 年的中央预算内投资、市财政专项、局自筹、区（县）自筹 4 个投资渠道，发展至 2010 年的中央预算内投资、中央财政专项、中央水利基金、中央财政小型农田水利专项补助资金、国债、以工代赈、市财政专项、市筹、市水利建设基金、地债、地方政府债券、银行贷款、局自筹、建委、农委、发展改革委、防洪维护费、城市维护费、集资、义务工、资本金、受益单位投资、企业自筹、开发区投资、区（县）自筹等 20 多个投资渠道，逐步实现了水利建设投资渠道多元化的格局。

2009 年 5 月，市水务局挂牌，按照三定方案，自 2010 年城市排水建设项目正式纳入天津市水利建设投资计划。其他城市供水、污水处理厂网建设等尚没有纳入天津市水利建设投资计划，至 2010 年的投资完成中不含此部分投资情况。

第四节　四　制　建　设

20 世纪 80 年代，天津市属大中型水利工程由天津市水利基建管理部门负责组织施工。随着改革开放和市场经济的发展，水利工程建设逐步走向市场化。90 年代后，国家颁布一系列有关工程建设的法律法规，强制性地在建设项目管理上推行四项工程管理制度，将水利工程建设纳入法制轨道。此后，在水利工程建设中逐步落实四项制度。

一、项目法人责任制

项目法人是指以项目建设为目的，从事项目建设管理活动的法人，即责任主体。20 世纪 90 年代前期，水利工程建设基本上是以组建临时管理机构或工程指挥部的形式来实施工程建设管理。20 世纪 90 年代后期，开始推行项目法人责任制，项目法人对项目建设的全过程负责，对项目的工程质量、工程进度和资金管理负总责。

1995 年 4 月，水利部《水利工程建设项目实行项目法人责任制的若干意见》规定："今后新开工的经营性项目原则上都要实行项目法人责任制；其他类型的项目应积极创造条件实行项目法人责任制"。1997 年 9 月，国家计委会同水利部制定了《水利产业政策》。10 月，国务院下发《关于印发〈水利产业政策〉的通知》，明确规定"水利建设项目根据其功能和作用划分为甲、乙两大类"。工程项目在建设实施中都要组建项目责任主体，对项目建设全过程负责并承担风险。

根据《水利产业政策》和 1997 年国家计委《关于基本建设大中型项目开工条件的规定》，按照水利建设项目甲、乙分类，海河干流治理工程和海挡工程于 1998 年 3 月分别组建成立了海河干流治理工程建设管理处和海挡工程建设管理处，行使建设项目的责任主体职能，标志着天津市水利基本建设开始实行项目法人责任制。

1999 年 2 月，国务院《关于加强基础设施工程质量管理的通知》规定："基础设施项目，除军事工程等特殊情况外，都要按政企分开的原则组建项目法人，实行项目法人责任制，由项目法定代表人对工程质量负总责。凡没有实行项目法人责任制的在建工程，要限期进行整改"。这一通知，扩大了项目法人责任制的实行范围，包括堤防工程在内的防洪工程等其他非经营性基础设施建设都要实行项目法人责任制。根据通知要求，水利部于同年 2 月发布了《地方工程建设管理暂行办法》，其中明确规定："地方工程建设实行项目法人责任制""要按照报批的整体建设项目，明确项目责任主体，组建项目法人"。3 月 22 日，市水利局局长办公会研究决定，1999 年市重点防洪工程建设都要明确项目责任主体，组建项目法人。4 月 22 日，市水利局印发《关于组建防洪工程项目法人的通知》的要求，按照项目法人职责对市属重点工程组建了以市水利局为主的项目法人单位，其余工程分别由工程坐落区县水利局承担项目法人。

2000 年，根据水利部《堤防工程建设管理办法》有关规定，经水利部批准，市水利局《关于成立天津市水利工程建设管理中心的通知》，批准成立了独立法人的专业项目法人机构，负责市水利工程建设项目管理。

2010 年，成立天津市引滦工程建设管理中心，隶属市水务局，主要负责涉及引滦工程和水资源安全的各类项目的立项准备、规划设计、建设管理等项目法人管理职能。

天津市水利工程建设管理中心自成立至 2010 年，先后承担大、中型工程建设项目 40 多项，完成水利投资 43 亿元，工程合格率 100%，重点工程达到优质标准。主要工程业绩见表 7 - 1 - 4 - 107。

截至 2010 年年底，天津市引滦工程建设管理中心承担引黄入滨海新区输水新引河与引滦明渠沟通工程、潮白河倒虹吸出口至岔古村桥段引滦明渠护坡改造工程 2 项工程，涉及工程投资 2528 万元。

表 7-1-4-107　　　　　　　　　主 要 工 程 业 绩

序号	工 程 名 称	总投资额/亿元	建 设 年 份
1	海挡加固工程	2.620	1997—1999、2001—2002、2005—2007、2008、2009—2010
2	永定新河清淤工程	2.606	1999—2001、2003—2004
3	西河右堤工程	0.819	2000
4	独流减河防渗工程	0.183	2000
5	墙子河改造工程	0.148	2000
6	永定新河右堤工程	1.868	2000—2002、2004
7	北运河防洪综合治理工程	3.947	2001
8	北运河综合治理工程	0.953	2001—2002
9	外环河示范段工程	0.294	2002
10	外环河打通段工程	0.414	2002
11	独流减河左堤复堤工程	0.367	2002
12	中亭堤治理工程	0.291	2002
13	子牙河治理工程	0.535	2002
14	宁河北水源地工程	0.440	2002—2004
15	宁车沽闸加固工程	0.606	2002—2004
16	耳闸除险加固工程	0.572	2002—2004
17	引滦水源保护工程	23.994	2002—2007
18	外环河贯通工程	0.743	2003—2004
19	外环河护砌工程	2.025	2003—2004
20	海河清淤工程	2.741	2003—2004
21	新开河治理工程	0.905	2003—2004
22	海干配套设施工程	0.066	2004
23	永定新河应急度汛清淤工程	0.103	2005
24	引滦入津展览楼工程	0.219	2005
25	海河综合开发河道清淤工程	2.387	2004—2005
26	南水北调市内配套应急工程	0.958	2006—2008
27	永定新河治理一期工程	10.111	2007—2010
28	周邓纪念馆景观水系工程	0.049	2007
29	南水北调市内配套西干线工程	5.260	2007—2010
30	南水北调天津干线境内 1 段工程	12.163	2008—2010
31	蓟运河防潮闸除险加固工程	0.624	2008—2010
32	水利局老干部活动中心扩建工程	0.029	2008
33	蓟运河中新生态城段治理工程	1.541	2009—2010
34	外环河北辰区段完善工程	0.093	2009—2010
35	金钟河防潮闸拆除重建工程	0.940	2009—2010

续表

序号	工 程 名 称	总投资额 /亿元	建 设 年 份
36	蓟运河宁汉交界至李自沽闸段治理工程	0.603	2009—2010
37	洵河宝坻段治理工程	0.277	2010
38	迎宾馆五号桥桥梁工程	0.081	2010
39	南水北调市内配套尔王庄水库至津滨 水厂供水管线工程	5.170	2010

二、招标投标制

(一)水利工程建设招标投标

1984年，海河二道闸工程首次采用招标投标办法选择施工单位，通过邀请议标签订了5个承包合同，保证了施工质量和工期，节省了投资。1985年，原水电部《工程招标条例》推广了天津的做法，在基建工程项目中试行招标投标承包制。1989年《天津市水利工程施工招标投标办法》正式出台，进一步推动招标投标制落实。1997年年初，天津市水利建设工程招标投标管理站启动运行后，即在海河干流治理工程和海挡工程建设实行定项议标。1999年4月28日，天津市水利工程有形市场成立，加快了实施水利工程招标投标制的进程，开始对天津市新开工的100万元以上的水利工程建设项目均进行招投标。当年，30个建设项目中的139个标段，公开招标54个标段，邀请招标23个标段，议标62个标段，总投资6.29亿元。

2000年，天津市水利工程建设项目37个，69个标段，公开招标22个标段，邀请招标47个标段。当年，天津水利工程建设交易管理中心先后对18个建设项目，66个标段进行招标，招标率达到了100％。

2001年，按照国际国内招投标通行做法，完成当年工程监理单位的招投标工作，确定小浪底国际咨询监理有限责任公司，水利部天津水利水电勘测设计院监理公司，天津金帆工程监理公司，天津市华朔水利工程咨询监理公司为中标单位，4家监理单位在天津市水利工程建设中，首次进行的监理单位招投标工作。同时，对100万元以上的21个水利工程项目全部实行招投投标。

2002年，招投标工作更加广泛，在引滦入津水源保护工程中，所需原材料、仪表仪器设施及施工单位、监理单位，均采用国际国内公开招投标的办法组织实施，进行了新建州河暗渠Z1~Z4标段和CY6蓟林铁路穿越标的招投标工作，完成了第二批材料标的国际招投标工作和除O11~O14四个标段以外的所有明渠标段招标工作。

2003年，累计完成17个水利建设项目，70个标段的招标投标工作，其中公开招标38个标段，邀请招标32个标段，合计工程总投资70660.5万元。

2004年，按照国家有关法律法规，结合《天津市水利工程建设管理办法》和天津市水利工程建设实际，制定出《天津市水利工程招标投标监督管理规定》和包括招标计划、招标备案在内的全套文件和监督管理程序。2004年，共进行了28个工程项目，69个标段的施工招标27次，监理招标4次，采购招标3次，设计招标1次，中标合同价4.13亿元，总投资7.57亿元的招标监督管理工作。其中公开招标20个项目，公开招标率达到71.4％，公开招标率比2003年提高28.5个百分点。

2005 年，在水利工程建设招标投标中，坚持合理低价中标原则，引滦入津水源保护工程共有土建标 81 个，材料采购标 52 个，金属结构和设备采购标 16 个，为确保工程质量，节约建设资金，上述项目全面实行无标底招标和低价中标，只要投标方符合相应条件且报价最低，即可中标。

2006 年，全年共完成 30 个项目 71 个标段招标投标工作，中标价达 6.09 亿元，公开招标率达 87.9%。

2007 年，市水利局颁布《天津市水利工程建设项目招标投标管理规定》，招投标工作更加规范，全年完成 35 个项目 69 个标段的招标投标工作，中标价达 7.8 亿元，公开招标率达 95%。

2008 年，完成 49 个批次，58 个标段招标投标工作，中标价达 8.37 亿元，其中施工招标 47 个标段，监理招标 3 个标段，设计招标 1 个标段，采购招标 7 个标段，通过加大招投标监管力度，规模和标准以上的水利建设项目施工、监理招投标率达到 100%。

2009 年，市水利工程有 70 个项目 128 个标段，总中标价为 14 亿元。在基建工程全面实施招投标制的基础上，农村饮水安全和管网入户改造等项目也纳入招标投标工作。

2010 年，完成 72 个项目 102 个标段的招标投标工作，累计中标金额达到 17.7 亿元，其中施工 67 个标段，监理 18 个标段，设计 9 个标段，采购 13 个标段。

1999—2010 年天津市水利建设项目招标投标汇总见表 7-1-4-108。

表 7-1-4-108　　**1999—2010 年天津市水利建设项目招标投标汇总**

年份	建设项目 /项	总投资 /亿元	标段 /个	公开招标 标段数 /个	邀请招标 标段数 /个	备　注
1999	30	6.29	139	54	23	其余 62 个标段为议标
2000	37	9.08	69	22	47	
2001	34	30.58	113	34	79	
2002	34	8.33	106	55	51	
2003	31	8.65	84	43	41	
2004	27	8.39	74	28	46	
2005	28	11.49	101	86	15	
2006	24	12.38	109	73	36	
2007	33	18.57	79	74	5	
2008	41	8.80	72	71	1	
2009	51	21.16	137	121	16	
2010	36	12.43	107	94	13	
合计	406	156.15	1190	755	373	

（二）招标投标管理

20 世纪 90 年代，天津市水利工程建设招标投标活动主要由工程建设管理部门主持实施，没有统一的管理。1999 年 1 月 4 日，天津市普泽技术咨询服务中心成立，经营范围包括招投标咨询，自此，水利工程项目招标投标有了专门提供咨询的信息服务部门。1999 年 2 月，水利部下发《关于开展建立水利工程有形市场试点工作有关问题的通知》，根据通知精神，1999 年 4 月 28 日，天津市水利工程有形市场正式成立，天津市成为全国水利系统有形市场三个试点之一。有形市场成立后，天津市行政区域内 100 万元以上的水利工程及配套和附属工程（含新建、扩建、改建、续建和加固）建设项目的招投标活动统一划归在市水利工程有形市场内进行。1999 年 6 月 8 日，天津市水利工程建设交易管理中心成立，作为天津市水利工程有形市场的管理部门，开始对进入有形市场中的大型水利工程建设项目的招投标实施统一管理。1999 年 10 月 28 日，"天津市普泽工程技术咨询服务中心"改制为"天津普泽工程咨询有限责任公司"。1999 年 11 月 4 日，水利部批复同意天津普泽工程咨询有限责任公司作为水利水电工程招标投标代理机构。2000 年 8 月 12 日，天津市城乡建设管理委员会批复同意天津普泽工程咨询有限责任公司从事工程招标代理业务。有形市场内水利工程招投标代理业务形成。为维护水利工程建设项目招投标市场秩序，2004 年 5 月 10 日，天津市水利工程建设交易管理中心水利建设工程招标投标站成立。有形市场内有了专门受理有关天津市水利工程建设项目招标投标的投诉与举报，依法查处招投标活动中违法违规行为，对水利建设招投标活动实施全程监督与管理的部门，有力地维护了有形市场内水利工程招投标秩序。至 2010 年，天津市水利工程有形市场内的天津市水利建设交易管理中心、天津市水利建设工程招标投标管理站、天津普泽工程咨询有限责任公司三个单位对有形市场内的天津水利工程招投标实施有效经营和管理，促使全市水利工程项目的招投标活动依法实施，有效规范了市场交易行为，推动了水利工程建设的有序发展。

1. 市场准入登记

为防止不符合资质要求的投标企业进入市场交易，1999 年，天津市水利工程有形市场成立后，即通过建立资信业绩库，验证投标人的资信、业绩的方法，对入场交易的各类企业进行登记，并把资信业绩内容分类建档，动态更新。

至 2010 年，已建立近 300 家主体的资信、业绩档案。确认阻止了 5 家企业通过伪造资质证书、伪造信用证书等手段企图进入市场交易活动的行为，维护了招标投标交易环境。

2. 招标投标监督

为有效防范水利工程招标投标过程中出现的不正之风，确保招投标公开、公正、公平竞争，1999 年 3 月，根据水利部《关于开展建立水利有形市场试点工作有关问题的通知》的精神，制定了《天津市水利工程建设招标投标监督管理若干规定》，用以规范市场交易行为。2003 年 3 月 15 日，市建委制定《关于进一步规范建设工程招标投标监督管理的通知》，规范建设工程招标投标活动，严格防止虚假招标行为。

2004 年 5 月 10 日，天津水利建设工程招标投标管理站成立后，先后制定《关于落实天津市水利建设项目招标范围和规模的意见》《天津市水利建设项目招标投标管理规定》等一系列管理规定，并编制《水利工程招标投标工作指导手册》，规范和维护招投标活动的市场秩序。

招标投标管理站对招标投标过程实施全面监督，主要采取以下措施：①对招标信息发布、投标单位资格审查、招标文件备案、开标、评标、定标等环节进行全程监管，发现违法违规行为，坚决依法查处；②建立项目招标投标检查机制。除实施项目自查外，采取了定期不定期对招标人或招标代理机构的招投标档案材料进行检查，随时发现和查处招标投标存在的问题；③建立举报投诉受理机制。明确招投标投诉受理机构，制定出投诉受理工作细则，公布了受理机构和联系电话，对招投标投诉问题及时检查解决。

2009 年，按照中央《关于开展工程建设领域突出问题专项治理工作的意见》和《天津市水务局工程建设领域突出问题专项治理工作实施方案》的要求，招标投标管理站认真组织开展了专项治理工作，并牵头制定了《水利工程招标投标突出问题专项治理实施方案》，市建交中心牵头制定了《健全和规范天津水利有形市场实施方案》《市场中介组织突出问题专项治理工作方案》。规范了招标投标活动，促进招标投标市场健康发展；落实了经营性土地使用权和矿业权招标拍卖挂牌出让制度，规范市场交易行为；推进了决策和规划管理工作公开透明，确保规划和项目审批依法实施；加强了监督管理，确保行政行为、市场行为更加规范；深化了有关体制机制制度改革，建立规范的工程建设市场体系；落实了工程建设质量和安全责任制，确保建设安全。

3. 水利专家库

为满足日常评标工作需要，自 1999 年，天津市水利工程有形市场着手建立水利专家库相关工作。4 月 27 日，经市水利局批准，市建交中心建立了天津市水利工程建设项目施工招标投标专家库。首批入库专家 61 人，由本市水利系统、非本市水利系统、高等院校等相关单位的工程技术、经济、管理 3 个方面专业的专家组成。评标专家依据评标标准和方法对投标文件进行评审，择优推荐中标候选人，确保评标工作正常有序进行。

2001 年 11 月 14 日，市建交中心起草了《关于成立天津水利系统专家库的请示》。12 月 31 日，市水利局以《关于建立天津水利系统专家库的批复》同意建立天津水利系统专家库，并批复专家库的主要用途和《天津水利系统专家库管理办法》。

2006 年 4 月 5 日，市水利局修订《天津市水利系统专家库管理办法》。水利专家库由水利系统、大专院校、设计、科研、施工等单位组成技术、经济专家库，并按建设管理、水工建筑、机电设备及安装、工程造价等 20 个专业进行评标专家专业划分，存入专家管理信息系统。

2007 年，市建交中心制定了《评标专家抽取程序》，规范评标专家抽取程序。接受有关部门现场监督，通过计算机随机抽取，组成评标委员会，同时做到专机、专人抽取，确保评标专家抽取保密、及时。

1999—2010 年，水利专家库由最初的 61 人 3 个专业分类，扩展为涵盖 20 个专业，专家 994 名，基本满足了日益增长的水利工程建设评标需要，为水利工程评标工作顺利开展提供了坚实保障。

为加强对评标专家的培训，市水利局编写评标专家培训教材，从 2005 年开始对专家进行标前培训，2005 年 189 人次、2006 年 252 人次、2007 年 392 人次、2008 年 385 人次、2009 年 504 人次、2010 年 511 人次。评标专家标前培训内容主要是依据《中华人民共和国招标投标法》《中华人民共和国招标投标法实施条例》《水利工程建设项目招标投标管理规定》等法律法规进行编制的。其培训内容主要涉及评标专家廉洁制度、评标专家回避制度、评标专家纪律等方面。

同时加强对评标专家的考核工作，2007 年，市水利局制定了《关于印发天津市水利系统专家库评标专家考核管理暂行办法的通知》，对评标专家实施考核和动态管理，进一步规范专家评标行为，保证了评标的科学性、权威性、公正性。

4. 招投标网站

为使投标人准确获得招标信息，1999 年 12 月 6 日，天津市水利工程市场互联网站建立，网站

（www. tsjj. com. cn）向全国发布招标信息，公示中标结果，保证了投标人平等、便捷、准确地获得招标信息，了解最新法律法规等信息。"天津水利工程建设交易管理信息系统"实现了从项目报建、招标备案以及招标、投标、开标、评标、定标至开工报告审批等计算机信息储存与管理功能，为各方提供了计算机业务工作平台和行政监督部门远程信息共享，实现了规范化、程序化管理。

三、建设监理制

1988 年之前，水利工程建设活动由建设单位自行组织。建设单位既负责组织设计、施工，申请主要材料指标和设备的加工订货，也直接承担对工程建设的监督与管理。这种管理体制使建设单位在管理上缺乏制约机制，建设单位的管理人员往往缺少专业技术管理人员，不利于工程建设的管理。

1988 年 7 月 15 日，建设部颁发《关于开展建设监理工作的通知》，正式向全国各地方提出建立"建设监理制度"和开展"建设监理工作"的意见，同年确定在天津等市为期 4 年的试点工作，建设监理制与建设项目法人负责制、招标投标制、合同管理制共同组成了中国工程建设的基本管理体制。

在国家全面推进监理制的背景下，1993 年 3 月，经天津市城乡建设管理委员会批准，成立天津市金帆工程建设监理有限公司，为具有独立法人资格的全民所有制企业。

1995 年，经市水利局批准，在天津市水利基建管理处成立监理科，主要负责全市水利工程建设监理管理工作，指导全市水利监理工作，天津市水利工程施工管理推行建设监理制。1995 年 10 月，水利部下发《关于公布具备水利工程建设监理资格单位名单的通知》文件，批准了天津市水利工程建设监理咨询中心（现天津市泽禹工程建设监理有限公司）监理单位资格，系乙级监理单位、全民所有制事业单位，隶属于天津市水利基建管理处，主管部门为天津市水利局，主要从事全市水利工程建设监理。

1996 年 8 月 23 日，水利部颁布《水利工程建设监理规定》，明确"在我国境内的大中型水利工程建设项目，必须实施建设监理，小型水利工程建设项目也应逐步实施建设监理"。对天津市全面推行建设监理制起到重要作用。

1997 年，建设监理工作从侧重工程质量和工程进度控制拓展到"三控制"（质量、进度、投资），"二管理"（合同、信息），"一协调"。同年，依据《天津市水利工程建设监理实施细则（试行）》，对列入固定资产投资计划和按基建程序管理的 81 项水利建设项目实行了建设监理制，推进了水利工程建设监理制的实施。

1998 年，制定《关于加强和规范监理工作的意见》《海挡工程建设、海河干流治理工程建设监理制度》《聘用工程建设监理人员管理办法》等文件，对监理项目实行总监理工程师负责制、例会制、巡视制和异地监理制，采取挂牌上岗和旁站监理相结合，使工程质量、进度、投资得到有效控制，天津市水利监理市场基本形成。同年，对 15 个单元工程和 135 个分部工程进行质量评定，单元工程优良率 75%，分部工程优良率 61%。

1999 年 9 月，天津市水利工程建设监理咨询中心被水利部批准由乙级建设监理单位晋升为甲级建设监理单位，拥有注册监理工程师由 1998 年的 59 名增加至 98 名。

2002年，天津市金帆工程建设监理有限公司改制，成立具有独立法人资格的有限责任公司，成为天津市第一家民营监理单位。

2004年，推行了ISO 9002质量认证，采取旁站、巡视和平行检验等形式对工程实施监理，在海河综合改造工程、引滦水源保护工程等重点项目建设中，推行了监理单位招投标。

2004年4月，水利部下发《水利工程建设监理单位体制改革指导意见》，要求监理单位在2～3年内全部改制成产权明晰、政企分开，以股份制为主要模式的现代企业。2006年，天津市水利工程建设监理咨询中心改制为有限责任公司，更名为"天津市水利泽禹工程建设监理咨询有限公司"，标志着天津市水利工程监理企业改制工作完成。

2005年，《天津市水利工程监理实施细则》出台，成为天津市水利工程监理控制程序的一个范本。内容涵盖清淤、浆砌石、筑堤、混凝土、土方开挖、灌浆、基础处理、金属结构等水利工程建设项目。

2007—2010年，天津市水利工程建设监理咨询中心为水利施工监理甲级资质，天津市金帆工程建设监理有限公司在已有水利施工甲级监理资质基础上，又获水土保持监理丙级资质，天津市普泽工程咨询有限责任公司升级为水利施工监理甲级资质。

天津市拥有3家水利工程甲级监理单位：天津市金帆工程建设监理有限公司、天津市泽禹工程建设监理有限公司、天津市普泽工程咨询有限责任公司，其中天津市金帆工程建设监理有限公司拥有水利工程施工监理、水土保持施工监理、环境保护监理和工程咨询资质，2010年，该公司获水利协会信用评价最高级"AAA"称号。

1993—2010年，天津市金帆工程建设监理有限公司和天津市泽禹工程建设监理有限公司先后承接监理项目800余项。"十一五"期间，两监理公司承担了蓟运河治理工程、蓟运河闸除险加固工程、金钟河闸除险加固工程、海河堤岸景观工程、永定新河治理工程、南水北调天津干线工程、南水北调天津干线西黑山段工程、津滨水厂管线工程、海挡工程、于桥水库治理工程、团泊洼水库除险加固工程等共计382项工程，工程总投资近70亿元，其中国家级、省部级大型、重点工程项目200余项，工程合格率100%，优良率达到60%以上。其中海河堤岸二期景观工程获2006年度天津市建设工程"海河杯"金奖、宁车沽防潮闸等4项工程获天津市水利工程优质（九河杯）奖。

四、建设合同制

1998年1月15日，市水利局下发《关于印发〈天津市水利工程建设项目报建管理办法〉（试行）、〈天津市水利建设工程开工申请报告管理办法〉（试行）和〈关于天津市水利建设工程承包合同审查的实施意见〉（试行）的通知》，确定成立天津市水利建设工程合同管理办公室，规定凡列入天津市水利建设投资计划50万元以上（含50万元）的水利建设工程不论资金来源渠道及方式，统一由市水利合同管理办公室负责进行勘察设计和施工合同的审查；同时明确市水利合同管理办公室在市水利局领导下，挂靠在天津市水利基建管理处，人员不增编，设主任1人，工作人员2人。1998年1月11日，印发《关于成立天津市水利工程建设合同管理办公室的通知》，成立合同管理办公室。

1999 年，水利部召开全国水利建设管理工作会议，提出推行和实施四项制度，即在项目法人责任制、招标投标制、建设监理制的基础上，增加合同管理制。1999 年 3 月，市水利局《关于印发〈天津市水利工程建设项目管理办法〉等三个水利建设管理办法的通知》，通知中第五条规定：水利工程建设推行项目法人责任制、招标投标制、建设监理制、合同管理制和投资包干责任制。同年，在工程项目管理中推行合同审查制度，要求建设项目全部签订设计、监理、施工承包合同，并在海挡加固、海河干流治理、蓟运河治理及北水南调等工程中陆续规范水利工程建设合同的签订。

2000 年，水利部出台《水利水电土木建筑施工合同条例》，成为水利建设合同签订的统一标准和参考依据。市水利工程主管部门要求水利工程招标项目按照《水利水电土木建筑施工合同条件》的标准以"协议书"形式签订。合同管理办公室会同项目主管部门对建设合同条款、标底等内容进行严格审查，审查合格后方能生效。在项目实施过程中，通过联合检查和质量大检查，对各单位合同执行情况予以跟踪检查，有效控制了工程质量、投资、工期。

2001 年，结合建筑整顿市场秩序，加大合同管理力度，要求合同双方严格按规范文本格式签订工程合同，由市水利建设工程合同审查办公室不定期深入一线检查合同执行情况，维护了合同的制约性和法律性。

2002 年，市水利局制定《关于加强水利工程建设管理实施意见》，明确了建设管理层次、各级管理职责、区（县）水利（水务）局职责及其相关关系，要求各项目法人与中标单位签订工程承包合同的同时，签订廉政承诺书。实行了合同实施前审核和实施期间的跟踪检查相结合的形式。

2003 年，水利部要求《建设工程专业分包合同》和《建设工程施工劳务合同》的示范文本要与《水利水电工程施工合同》示范文本配套使用，强化水利工程施工分包管理和劳务分包管理。

2005 年，市政府颁布《天津市水利工程建设管理办法》，规定承揽水利工程应当签订书面合同，合同采用工商行政主管部门和水行政主管部门联合制订的示范文本。

2007 年 3 月 1 日，市水利局《转发市政府批转市建委等六部门关于建立防止建设领域拖欠工程款和农民工工资长效管理机制意见的通知》，通知强调加强合同管理，对水利建设工程实行合同备案制度。要求项目法人把与参建各方签订的合同，及时送到基建主管部门备案，基建主管部门组织专人对合同的合法性、合规性进行审查，防止项目法人随意变更合同。

2007 年 6 月，市水利局相继制定《天津市水利工程建设程序管理规定》和《天津市水利工程建设项目法人管理规定》，明确了合同在开工报告审批中的重要作用，要求规范使用合同示范文本，工程项目建设增项需要签订补充合同的，合同最终应以主管部门的评审结果为准。

2008 年 10 月，天津市水利基建管理处作为水利基建主管部门印发了《天津市水利工程建设程序办事指南》，要求项目法人在办理工程开工审批手续前，需要填写《项目经济合同备案登记表》，并提供合同等资料到基建处办理合同备案手续，待审批合格后，再提交开工报告申请。同年 12 月，天津市水利工程建设管理信息系统投入使用，系统中开发了合同管理和合同备案模块，使建设合同管理更加便捷、高效。"十一五"期间，累计完成 126 个建设项目备案手续，审查合同 478 份。

第二章　工　程　建　设

1990—2010 年，天津市累计完成水利工程建设投资 80.115 亿元，相继建成 48 项重点工程，初步形成了具有防洪、防潮、排涝、供水、生态、旅游等多项功能的水利工程体系，显著提升了防洪安全、供水安全、生态安全水平。

为加强城市防洪安全，天津不断加大防洪资金投入，实施大规模的防洪工程建设，以海河干流治理为重点，带动永定新河、独流减河、蓟运河治理、海挡加固等防洪工程全面开展。特别是 1998 年长江大水以后，国家加大对防洪工程的投资力度，天津市防洪工程建设进入高质、快速发展阶段。建成全长 248.83 千米、可保护 2700 平方千米 917 万人口市中心城区和滨海新区防洪安全的城市防洪圈，城市防洪标准由 5 年一遇至 10 年一遇提高到 20 年一遇，中心城区防洪圈大部分堤防已达到 200 年一遇洪水的设计高程，海挡重点段达到 50 年一遇、一般段 20 年一遇的防潮标准，初步构成了北系河道按 1939 年型洪水标准设防，南系河道按 1963 年型洪水标准设防的洪水防御体系。

2008 年，为应对国际金融危机，国家实施扩大内需保增长举措，水利工程开始新的建设高潮。总投资 10.11 亿元的永定新河治理一期工程、投资 1.54 亿元的蓟运河中新生态城段治理工程、投资 9400 万元的金钟河防潮闸枢纽拆除重建工程相继建设，城市防洪体系得到进一步完善。

为保证城市供水安全，引滦入津工程通水后，天津又陆续建成引滦入港、入开发区、入汉、入聚酯、入塘、入逸仙园、入杨村等 9 条、540 千米引滦供水管线，供水范围由中心城区逐步辐射到整个滨海新区和其他重点开发区域。2006 年，天津在全国率先开工建设南水北调市内配套工程。2007 年，引滦水源保护工程全面建成，实现了引滦输水全封闭式管理。2008 年开工建设南水北调中线一期天津干线工程，为构建一横（引江工程）、一纵（引滦工程）、五库联调（于桥水库、尔王庄水库、王庆坨水库、北塘水库、北大港水库）覆盖全市城市供水骨干网络打下基础。

按照"水清、岸绿、景美、游畅"综合治理标准，以海河为主轴线，打造"一轴、八射、六景、十环、十二园"的市区河湖水系沟通循环体系，构建"河湖沟通、水系相连、水绕城转、水清船行"的城市滨河亲水景观。先后实施北运河防洪综合治理，新开河、外环河综合治理和海河堤岸改造、河道清淤等水环境治理工程，初步实现了市区河湖水系的循环联通。北运河和市区河道治理工程被国家授予"中国人居环境范例奖"。1991—2010 年天津市水利基础建设主要工程见表 7-2-0-109。

表 7-2-0-109　　**1991—2010 年天津市水利基础建设主要工程**

序号	工 程 名 称	总投资额 /亿元	建 设 年 份
1	永定新河清淤工程	0.493	1990、1991—1993 （总投资有 1990 年结转）

续表

序号	工 程 名 称	总投资额/亿元	建 设 年 份
2	海河干流治理工程	2.249	1991—1996
3	援藏建设松达水电站工程	0.310	1995—1996
4	北京排污河治理工程	0.085	1997
5	海挡加固工程	3.546	1997—1999、2001—2002、2005—2007
6	海河干流治理工程	2.934	1999—2000
7	供水工程	3.032	1999—2000
8	蓟运河治理工程	2.856	1999—2004
9	北水南调工程	1.473	1999—2000
10	永定新河清淤工程	2.606	1999—2001、2003—2004
11	西河右堤工程	0.819	2000
12	独流减河防渗工程	0.183	2000
13	墙子河改造工程	0.148	2000
14	永定新河右堤工程	1.868	2000—2002、2004
15	北运河防洪综合治理工程	3.947	2001
16	北运河综合治理工程	0.953	2001—2002
17	外环河示范段工程	0.294	2002
18	外环河打通段工程	0.414	2002
19	独流减河左堤复堤工程	0.367	2002
20	中亭堤治理工程	0.291	2002
21	子牙河治理工程	0.535	2002
22	宁河北水源地工程	0.440	2002—2004
23	宁车沽闸加固工程	0.606	2002—2004
24	耳闸除险加固工程	0.572	2002—2004
25	引滦水源保护工程	23.994	2002—2007
26	外环河贯通工程	0.743	2003—2004
27	外环河护砌工程	2.025	2003—2004
28	海河清淤工程	2.741	2003—2004
29	新开河治理工程	0.905	2003—2004
30	海干配套设施工程	0.066	2004
31	永定新河应急度汛清淤工程	0.103	2005
32	引滦入津展览楼工程	0.219	2005
33	海河综合开发河道清淤工程	2.387	2004—2005
34	南水北调市内配套应急工程	0.958	2006—2008
35	永定新河治理一期工程	10.111	2007—2010
36	周邓纪念馆景观水系工程	0.049	2007
37	南水北调市内配套西干线工程	5.260	2007—2010
38	南水北调天津干线境内1段工程	12.163	2008—2010
39	蓟运河防潮闸除险加固工程	0.624	2008—2010

序号	工　程　名　称	总投资额 /亿元	建 设 年 份
40	水利局老干部活动中心扩建工程	0.029	2008
41	海堤加固工程	0.510	2008、2009—2010
42	蓟运河中新生态城段治理工程	1.541	2009—2010
43	外环河北辰区段完善工程	0.093	2009—2010
44	金钟河防潮闸拆除重建工程	0.940	2009—2010
45	蓟运河宁汉交界至李自沽闸段治理工程	0.603	2009—2010
46	沟河宝坻段治理工程	0.277	2010
47	迎宾馆五号桥桥梁工程	0.081	2010
48	南水北调市内配套尔王庄水库至津滨水厂 供水管线工程	5.170	2010

第一节　永定新河治理工程

永定新河西起天津市北辰区屈家店，东至塘沽区北塘镇入渤海，河道全长 66 千米，沿途纳入机场排水河，北京排污河、潮白新河和蓟运河等，是海河流域北系永定河、北运河、潮白河和蓟运河的共同入海尾闾河道，控制着北四河流域面积 8.3 万平方千米，关系京津冀地区的防洪安全。永定新河右堤作为天津城市防洪圈北部防线，对 2700 平方千米中心城区和滨海新区的防洪安全起着决定性作用。

永定新河开挖后，由于上游对径流的拦蓄，来水逐渐减少，河道长期被潮汐水流控制，至 1987 年潮水可直接上溯至屈家店闸下，海潮受河岸影响及潮水涨落的挟沙特性，使河道发生严重淤积。1971—1989 年，淤积总量达 2513.5 万立方米，年均淤积量 141 万立方米，淤积末端平均每年向下游推移 2.9 千米。严重影响行洪能力，对防洪安全构成严重威胁。1987 年天津市启动永定新河应急度汛清淤工程，至 1992 年 7 月，历时 6 年，投资 1 亿多元的永定新河清淤工程全部完成，共完成清淤土方 1654 万立方米，清淤工程从屈家店闸下起，到 28＋192 止，过流能力从 380 立方米每秒提高到 1100 立方米每秒，之后逐年分段实施应急度汛清淤工程。2006—2009 年，投资 10.11 亿元，实施永定新河治理一期工程，使永定新河上游 900 立方米每秒和潮白新河 2100 立方米每秒的洪水安全下泄入海，确保海河流域北四河中下游广大地区防洪防潮安全。

一、河道清淤

1987 年开始实施永定新河河道应急清淤，1991—1996 年清淤工程是经水利部批复同意建设项目。1991 年 1 月 29 日，水利部下发《关于永定新河 18＋000～28＋192 段清淤工程计划任务书的批复》。1991 年 11 月 19 日，水利部海河水利委员会下发《关于永定新河 18＋000～28＋192 段清淤工程初步设计的批复》对桩号 18＋000～28＋192 段河道按恢复原设计断面进行清淤，其中桩号 18＋000～26＋000 段已完成 60 米泄洪通道，拆除并新建李辛庄漫水桥 1 座，并在桩号 28＋192 处新建挡潮堰和临时排污节制闸 1 座。工程总投资 3327.33 万元。清淤量 640.3 万立方米。

1999 年，永定新河应急度汛清淤工程分两期实施，总计完成投资 1.3 亿元，清淤后河道过流量达到 900 立方米每秒。

一期工程对桩号 28＋192～39＋500 段 11.308 千米河道按 600 立方米每秒标准进行清淤。工程于 1999 年 5 月 1 日开工，采用泥浆泵及挖泥船交叉作业形式，投入挖泥船 9 条、挖掘机 17 台、推土机 35 台、自卸汽车 15 辆，完成清淤土方 351 万立方米，6 月 30 日全部完成任务，7 月 1 日通过工程验收。

二期工程对桩号 28＋192～43＋550 段按 900 立方米每秒标准进行清淤，投入推土机 98 台、挖掘机 30 台、自卸汽车 20 辆，于 7 月 10 日完成排泥场围堰施工，完成围堰土方 119.8 万平方米，挡潮堰土方 59662 立方米。施工布置采取泵、船交叉作业，累计投入 400 立方米每秒、350 立方米每秒绞吸式挖泥船各 1 条、200 绞吸式挖泥船 8 条、泥浆泵 597 台（套）。工程于 1999 年 7 月 11 日开工，9 月 15 日全部完工，实际清淤 21.0279 万立方米。

本期工程工期短、工程量大，出现挖泥船施工力量不足，施工用水紧张等情况，为此，指挥部采取以下措施，以保证工程按时完成。

（1）为保证工期，增加泥浆泵施工，采用泵、船结合施工解决工程矛盾。

（2）为保证施工用电，东丽供电局用 10 多天的时间完成 11 千米输电线路的架设及 27 台变压器和变台的施工任务，为泥浆泵的施工创造了必要条件。

（3）此工程由于施工设备增加及排泥相对集中，供水受潮汐所限，施工用水矛盾突出。根据设计院提供的资料，本期工程除原清淤段存有部分施工用水外，需供水 2200 万立方米，按泥塘回水 30％考虑，仍需补充水源 1500 万立方米。为保证施工用水，指挥部决定采用多种方式解决供水：①赶潮利用永河桥下游海水泵站通过左侧排水渠补充；②通过右侧永河桥排污闸赶潮提闸放水；③通过造甲水库补充水源，通过不同渠道解决供水，基本满足施工需要。

在清淤工程基本完工后，1999 年 8 月 16 日，永定新河右堤桩号 30＋940～43＋500 段，12.61 千米泥结石路面工程开工，工程量 12.03 万立方米，9 月 30 日竣工。

2001 年 12 月，按照海委《关于永定新河 2001 年应急度汛清淤工程初步设计的批复》对河道进行清淤。主要建设内容包括清淤河道长 3.7 千米（桩号 49＋800～53＋500 段）；新建挡潮闸 1 座（桩号 53＋500 处）；宁车沽闸下清淤 450 米，蓟运河清淤 400 米。该工程于 2001 年 12 月 7 日开工，2002 年 6 月 30 日完工，11 月 28 日通过初步验收，累计完成投资 4000 万元。

2003 年，根据海委《关于永定新河 2003 年应急度汛清淤工程初步设计的批复》和《关于下达 2003 年中央预算内专项自检（国债）投资计划的通知》精神，市水利局、市财政局联合下发《关于下达永定新河 2003 年应急度汛清淤工程投资计划的通知》，下达工程投资 3000 万元，资金来源为中央预算内专项资金。工程主要建设内容：新建堆泥场 3 个、排泥场 1 个，对永定新河长 8792 米河道和宁车沽闸下和蓟运河闸下进行清淤，清淤总量为 199.8 万立方米。工程于 2003 年 7 月 22 日开工，8 月 30 日完工。

2004 年，应急清淤工程总投资 1060 万元，按校核水位下永定新河行洪 900 立方米每秒实施，潮白新河口行洪 1500 立方米每秒实施，蓟运河河口行洪 500 立方米每秒规模进行清淤。

2005 年 6 月 22 日，海委下达《关于永定新河 2005 年应急度汛清淤工程初步设计的批复》，批复工程投资 1000 万元。2005 年 7 月 1 日开工，对 53＋015～54＋900 段按校核水位下行洪 900 立方米每秒实施，潮白新河宁车沽闸下 C0＋000～C0＋450 段按校核水位下行洪 1500 立方米每秒实施，蓟运河闸下 J0＋000～J0＋400 段按校核水位下行洪 500 立方米每秒实施。至 8 月 10 日，完成批复建设内容，累计完成投资 1000 万元。

二、堤防治理

永定新河右堤由北辰区延伸至塘沽区北塘镇，是距天津市区最近的北部重要防洪堤，堤防堤基和堤身土体，多由粉土和粉质黏土组成，且有细砂层分布，透水性较强，在高水位作用下，有可能产生渗透变形破坏；现状堤防高度普遍不足，堤身质量差、隐患多、穿堤建筑物老化破损，行洪时常有险情发生，严重威胁塘沽区、开发区及保税区的防洪安全。

1998—2005 年，分 6 项工程完成永定河泛区右堤桩号 0＋000～6＋590 段堤防加固工程，永定新河右堤桩号 0＋000～32＋038 段、46＋300～62＋177 段堤防加固工程；永定新河左堤工程桩号 0＋000～14＋500 段堤防险工治理，累计约完成土方填筑 149.66 万立方米、石方 12.44 万立方米、混凝土 14.45 万立方米，累计约完成投资 24755.91 万元。主要建设内容为：

1998 年，永定新河右堤应急加固工程（1985 国家基准高程，下同）。该工程采用"设计成果"推荐的防洪墙方案，堤防为 I 级堤防，治理全长 38.59 千米，其中屈家店闸下至津塘运河段永定新河右堤长 32 千米，屈家店闸以上的南遥堤，即永定新河泛区右堤屈家店至永青渠段 2.43 千米和三角淀滞洪区北堤永青渠段至京福公路段 4.16 千米。工程投资 4320.1 万元，1998 年 7 月 31 日开工，9 月 1 日完工。主要工程量：土方开挖 8.43 万立方米，土方回填 4.6 万立方米，石方 3.66 万立方米，混凝土 3.62 万立方米。

2000 年，永定新河右堤加固工程。右堤 0＋000～3＋000 段、6＋000～14＋100 段迎水坡堤基采用水泥搅拌桩防渗墙，迎水坡坡面为复合土工膜及 C20 混凝土预制块护砌，堤顶为 C20 混凝土路面，背水坡两处填塘固基及三座穿堤建筑物改造。

永定新河右堤 2000 年应急度汛工程。46＋300～53＋300 段堤防加固 7 千米，采用全断面复堤型式，边坡均为 1:3，迎水坡采用浆砌石护坡，背水坡防护为植物护坡，堤顶为 6 米宽 C20 混凝土路面，新建黑猪河排水闸、黄港一库泄水闸及养殖公司排水闸。

2001 年，永定新河右堤应急加固工程。53＋300～59＋600 段堤防加固 6.3 千米，迎水坡上部采用 C25 混凝土框格护坡，下部采用 C25 混凝土联锁板护坡，背水坡种植紫穗槐护坡，堤顶为 6 米宽 C25 混凝土路面，原地重建黄港水库倒虹、北塘水库倒虹、芦苇区排水闸、北塘河排水闸、宁车沽排水闸以及道桥所引水涵闸，移址重建北塘水库泄水闸。

永定新河左堤险工治理工程。桩号 0＋000～14＋500 段工程、0＋550～3＋800 段迎水侧堤脚采用黏土防渗，0＋000～4＋110 段迎水坡采用混凝土板护砌，其下铺设复合土工膜，坡脚处设 1.0 米×1.0 米混凝土齿墙，3＋250～4＋110 段建浆砌石防浪墙，4＋140～12＋500 段全断面复堤，12＋470～13＋073 段砌筑浆砌石防浪墙，13＋100～14＋500 段进行原防浪墙维修，重建涵闸

1座，更换闸门启闭设备维修4座。

2004年，永定新河右堤59＋600～62＋177段应急加固工程。该段为无堤段，在强海潮作用下，多次对塘沽区北塘地区形成淹泡，为此进行应急加固。工程设计堤顶宽8米，上部为20厘米厚简易泥结碎石路面，内、外坡比为1∶3。迎水侧高程3.0处设10米宽压戗平台，高程3.90米处设1米宽马道平台，平台以上部分采用干砌预制混凝土框格护砌，内填5厘米碎石，平台以下全部采用30厘米厚干砌石护坡。背水侧在高程3.50米处设2米宽马道平台。新建重建涵闸8座。该项目之后被列为永定新河一期治理工程，此段堤防与永定新河防潮闸引堤顺接。

三、永定新河治理一期工程

永定新河自1971年开挖后，由于河口未建挡潮闸，河道长期受潮水控制，泥沙不断淤积，行洪能力由原设计标准1400～4620立方米每秒降至现状的600～1500立方米每秒，导致永定河、北运河、潮白河和蓟运河洪水基本失去入海出路。为改变这种状况，国家决定实施永定新河治理工程。

（一）工程报批

1. 工程立项

2001年8月，水利部水利水电规划设计总院以《关于报送永定新河治理工程项目建议书审查意见的报告》通过项目建议书的审查。

2005年5月24日，国家发展改革委批复同意永定新河治理一期工程立项。

2006年7月5日，国家发展改革委以《关于永定新河治理一期工程可行性研究报告的批复》文件予以批复。12月8日，国家发展改革委以《关于核定永定新河治理一期工程初步设计概算的通知》核定工程初步设计概算投资101119万元。

2007年2月5日，水利部以《关于永定新河治理一期工程初步设计报告的批复》予以批复。工程主要内容包括按泄洪能力50年一遇设计、100年一遇校核标准在永定新河河口修建20孔防潮闸一座，闸下新建一座650米长的渔船码头，对永定新河右堤2.577千米无堤段进行复堤，新建480米防潮闸与右堤的连接堤，对彩虹桥至防潮闸翼墙段650米左堤进行筑堤；对挡潮埝至潮白新河河口段1.5千米河道按900立方米每秒规模、对潮白新河河口以下11.5千米河道按3000立方米每秒规模进行清淤。

2. 建设任务

工程建设任务是新建永定新河河口（桩号63＋041）防潮闸；对挡潮堰（桩号52＋980）至潮白新河口（桩号54＋500）段河道按下泄900立方米每秒进行清淤，潮白新河口以下按下泄3000立方米每秒进行清淤；防潮闸以下按闸下（桩号63＋041）水位2.63米和入海口（桩号66＋000）水位2.37米进行清淤；在闸上新建650米左引堤，自彩虹桥下连接至防潮闸左岸防护段，新建480米右引堤，连接右堤与防潮闸右岸防护段；对永定新河右岸2577米无堤段（桩号59＋600～62＋177）进行复堤；在闸下游沿永定新河右堤新建码头1座。

河口防潮闸设计标准按50年一遇洪水、校核标准100年一遇洪水进行设计，设计、校核流量分别为4640立方米每秒和4820立方米每秒。防潮闸为2级建筑物，右堤1级堤防，左堤2级堤防，穿堤建筑物与所在堤防级别相同。防潮闸防震设计烈度为Ⅷ度，地震动峰值加速度为0.2g。

3．招标与投标

永定新河治理一期工程共划分 37 个标段，其中施工标 27 个、勘察设计标 1 个、施工监理标 4 个、采购标 5 个。其中包括永定新河右堤 2004 年应急加固工程 4 个施工标，1 个监理标段。项目法人对 31 个标段实行公开招标，对 6 个标段采用邀请招标。永定新河治理一期工程按照水利工程建设招投标管理有关规定进行招标，招标信息在中国采购与招标网、天津招投标网、天津市水利工程建设交易管理中心网进行了公布。招标中标人确定后进行公示，审计部门对合同进行审计后，项目法人与承包人签订合同。永定新河治理一期工程施工招标汇总见表 7－2－1－110。

4．工程投资及计划下达

工程概算总投资 101119 万元，其中中央安排水利基建投资 50560 万元，天津市财政预算的水利专项资金中安排 50559 万元。永定新河治理一期工程投资计划（预算）下达情况见表 7－2－1－111。

（二）工程实施

2007 年 3 月 13 日，市水利局以《关于永定新河一期工程开工的请示》上报水利部；3 月 15 日，水利部下文市水利局同意永定新河治理一期工程开工。永定新河治理一期工程各施工标段开竣工时间见表 7－2－1－112。

临时工程。上、下游围堰分别于 2008 年 1 月 29 日和 2008 年 1 月 18 日合龙。导流明渠于 2008 年 3 月 30 日通水。

码头工程。于 2007 年 4 月 18 日开工，至 9 月 20 日全部完工。

防潮闸主体及左、右岸引堤工程。灌注桩工程于 2008 年 6 月 28 日开工，12 月 28 日完工。旋喷防渗墙工程于 2008 年 8 月 5 日开工，2009 年 1 月 17 日完工。真空预压工程于 2008 年 11 月 10 日开始抽真空，2009 年 2 月 28 日完成。防潮闸工程于 2008 年 10 月 15 日底板混凝土垫层浇筑，10 月 31 日底板混凝土浇筑施工，2009 年 4 月 5 日闸墩混凝土浇筑全部完成，5 月完成闸门安装，6 月 15 日，防潮闸水下部位工程完工，具备度汛条件后继续进行水上部位工程施工。2009 年 11 月 4 日，液压启闭机全部安装完成，12 月 23 日通过了防潮闸水下部位工程通水前阶段验收。2010 年 6 月完成启闭机、电气设备安装和初步调试，8 月 4 日，外网电源正式接入，10 月 30 日完成闸门、启闭机、电气设备联合调试。

左引堤堤身填筑 2009 年 8 月 15 日施工，至 2010 年 5 月完成，2011 年 5 月 20 日左引堤施工全部告竣。右引堤 2009 年 8 月 20 日开工，堤身填筑及砌石护坡 2010 年 6 月 20 日完成，框格护坡 2011 年 3 月 20 日完成，5 月 20 日右引堤全部告竣。

河道清淤工程。闸室清淤（9 标段）2007 年 8 月 23 日开工，2008 年 7 月 15 日完工。上游河道清淤（施工 5～8 标段）2008 年 4 月开工，2009 年 7 月 15 日完工。下游河道清淤（21 标段）2009 年 5 月 30 日开工，2010 年 7 月 28 日完成。

永定新河右堤 2004 年应急加固工程。2004 年 7 月 9 日开工建设，2006 年 7 月 5 日完工。为适应沉降堤防临河侧高程 3.90 米以下采取干（浆）砌石结构。涵闸工程分别采用水泥搅拌桩、灌注桩基础处理，满足设计要求后，进行基槽开挖、人工整平，测量放线，完成底板绑筋、支模、混凝土浇筑等，墩墙、机架桥完成后进行闸门安装。

永定新河右堤 2004 年应急加固工程为海委批复初步设计，建设有 8 座涵闸，其中 2 米×2 米两孔涵闸 2 座，1.5 米×1.5 米一孔涵闸 2 座，2 米×2 米一孔涵闸 3 座以及 2 米×2 米三孔涵闸 1 座。

表7－2－1－110　　　　　　　　　永定新河治理一期工程施工招标汇总

项目名称	施工标段	建设内容	中标单位	开标时间	签订合同时间
导流明渠	施工1标段	导流明渠*	天津振津工程集团有限公司	2007年3月2日	2007年3月13日
	施工2标段	导流明渠*	天津市水利工程有限公司	2007年3月2日	2007年3月13日
码头工程	施工3标段	新建渔船码头280米	天津振津工程集团有限公司	2007年3月2日	2007年3月13日
	施工4标段	新建渔船码头370米	天津振津工程集团有限公司	2007年3月2日	2007年3月13日
河道清淤工程	施工5标段	河道清淤（52+980～56+400段）	天津振津工程集团有限公司	2007年7月2日	2007年7月12日
	施工6标段	河道清淤（56+400～58+600段）	天津市中海水利水电工程有限公司	2007年7月2日	2007年7月12日
	施工7标段	河道清淤（58+600～60+400段）	天津市水利工程有限公司	2007年7月2日	2007年7月12日
	施工8标段	河道清淤（60+400～62+500段）	天津市水利工程有限公司	2007年7月2日	2007年7月12日
	施工9标段	防潮闸基础清淤（62+522～63+485段）	天津华北水利水电开发总公司	2007年7月2日	2007年7月12日
	施工21标段	闸下清淤（62+500～62+522段和63+485～66+000段）	天津华北水利水电开发总公司	2009年5月20日	2009年5月27日
围堰	施工10标段	上游围堰施工*	天津市水利工程有限公司	2007年7月31日	2007年8月13日
	施工11标段	下游围堰施工*	天津市水利工程有限公司	2007年7月31日	2007年8月13日
排泥场	施工12标段	1号排泥场*	天津市塘沽区水利工程有限公司	2007年7月31日	2007年8月13日
	施工13标段	2号排泥场*	天津市源禹水利工程有限公司	2007年7月31日	2007年8月13日
	施工14标段	3号排泥场*	天津振津工程集团有限公司	2007年7月31日	2007年8月13日
防潮闸工程	施工15标段	防潮闸基础处理（混凝土灌注桩）	天津振津工程集团有限公司	2007年7月31日	2007年11月23日
	施工16标段	高压旋喷防渗墙	天津市水利工程有限公司	2008年1月25日	2008年2月8日
	施工17标段	左岸深浅孔8孔及闸室护堤建筑和机电设备、金属结构安装	天津市水利工程有限公司	2007年1月25日	2008年2月5日

续表

项目名称	施工标段	建设内容	中标单位	开标时间	签订合同时间
防潮闸工程	施工18标段	右岸深浅孔12孔及闸室护堤建筑和机电设备、金属结构安装	天津振津工程集团有限公司	2007年1月25日	2008年2月5日
	施工19标段	防潮闸左岸引堤650米	天津市水利工程有限公司	2009年2月26日	2009年3月10日
	施工20标段	防潮闸右岸引堤480米	天津振津工程集团有限公司	2009年2月26日	2009年3月10日
	施工22标段	管理用房及水文站工程	天津市水利工程有限公司	2010年5月14日	2010年5月21日
水土保持	施工23标段	水土保持设施施工	天津市亚鹏园林工程有限公司	2010年11月10日	2010年12月6日
	闸门采购标段	闸门采购	天津振津工程集团有限公司	2008年4月24日	2008年7月2日
	启闭机采购标段	启闭机采购	武汉力地液压设备有限公司	2008年9月21日	2008年10月7日
设备采购与安装	电气一次设备标段	电气一次设备采购及安装	盛隆电气有限公司	2009年2月25日	2009年3月20日
	通信设备标段	通信设备采购及安装	天津市天深科技发展有限公司	2009年4月24日	2009年5月7日
	计算机直流设备标段	计算机监控系统、视频监控系统和直流系统设备采购	长沙华能自控集团有限公司	2009年3月26日	2009年4月10日
永定新河右堤2004年应急加固	复堤1标	本段堤防位于永定新河塘汉公路桥下游约500米处，下游与彩虹桥上游1999年新建海挡相接，总长2.577千米。新建或重建穿堤涵闸8座	天津市水利工程有限公司		
	复堤2标		天津振津工程集团有限公司	2004年7月2日	2004年7月4日
	复堤3标		天津华北水利水电开发工程总公司		
	复堤4标		天津市塘沽区利民工程有限公司		

注　*为临时工程。

表 7-2-1-111　　永定新河治理一期工程投资计划（预算）下达情况

序号	时　间	投资计划（预算）下达文件	下达金额/万元		
			中央资金	地方资金	小计
1	2006 年 5 月 15 日	关于下达永定新河右堤应急加固工程（59＋600～62＋177 段）资金计划的通知		2500.00	2500.00
2	2007 年 5 月 28 日	关于下达 2007 年永定新河治理一期工程第一批投资计划的通知		3000.00	3000.00
3	2007 年 9 月 3 日	关于下达 2007 年永定新河治理一期工程第二批投资计划的通知	3000.00	2000.00	5000.00
4	2007 年 9 月 14 日	关于下达 2007 年永定新河治理一期工程第三批投资明细计划的通知		10000.00	10000.00
5	2007 年 12 月 12 日	关于下达 2007 年永定新河治理一期工程第四批投资明细计划的通知	6000.00	2000.00	8000.00
6	2008 年 6 月 24 日	关于下达 2008 年永定新河治理一期工程第一批投资明细计划的通知	25000.00	5000.00	30000.00
7	2008 年 11 月 29 日	关于下达江河治理项目 2008 年新增中央预算内投资计划的通知	16560.00	16559.00	33119.00
8	2009 年 5 月 6 日	关于下达 2009 年永定新河治理一期工程投资明细计划的通知		9500.00	9500.00
合　计			50560.00	50559.00	101119.00

表 7-2-1-112　　永定新河治理一期工程各施工标段开竣工时间

施工标段	施工内容	实际开工日期	实际完工日期
3	码头工程（3、4 标段）	2007 年 4 月 18 日	2007 年 9 月 4 日
4		2007 年 4 月 18 日	2007 年 9 月 20 日
5	河道清淤（桩号 52＋980～66＋000 段）	2008 年 5 月 12 日	2008 年 11 月 28 日
6		2008 年 4 月 3 日	2009 年 7 月 1 日
7		2008 年 4 月 7 日	2009 年 4 月 21 日
8		2008 年 4 月 7 日	2009 年 7 月 15 日
9		2007 年 8 月 23 日	2008 年 7 月 15 日
21		2009 年 5 月 30 日	2010 年 7 月 28 日
15	基础灌注桩	2008 年 6 月 28 日	2009 年 1 月 17 日
16	旋喷防渗墙	2008 年 8 月 5 日	2009 年 2 月 28 日
17	防潮闸左岸深浅孔 8 孔及设备安装	2008 年 5 月 31 日	2010 年 11 月 10 日
18	防潮闸右岸深浅孔 12 孔及设备安装	2008 年 5 月 31 日	2010 年 11 月 16 日
19	防潮闸左岸引堤	2009 年 8 月 15 日	2011 年 5 月 20 日
20	防潮闸右岸引堤	2009 年 8 月 20 日	2011 年 5 月 20 日
22	管理用房及水文站	2010 年 5 月 21 日	2011 年 5 月 31 日
23	水土保持工程	2010 年 12 月 15 日	2011 年 6 月 24 日
复堤 1	永定新河右堤2004 年应急加固工程（桩号 59＋600～62＋177 段）	2004 年 7 月 9 日	2005 年 6 月 30 日
复堤 2		2004 年 7 月 21 日	2005 年 11 月 27 日
复堤 3		2004 年 7 月 21 日	2005 年 8 月 10 日
复堤 4		2005 年 1 月 15 日	2006 年 7 月 5 日

（三）工程新技术应用

永定新河防潮闸所处沿海地区，为避免地下水及地表水中硫酸盐、氯离子对混凝土的腐蚀，项目法人与水科院共同开展"永定新河防潮闸混凝土防腐技术及耐久性试验研究"，通过在混凝土中加入大掺量磨细矿渣等掺和料，降低了工程造价，提高了混凝土的使用寿命和抗氯离子、硫酸盐的侵蚀能力。

防潮闸上、下游地质多为淤泥质软土，不能满足地基承载力和沉降要求，针对这一特点，采用水科院低位真空预压专利技术对上、下游翼墙，空箱岸墙地基进行真空预压加固，对软基进行排水固结加固处理，与传统的真空预压技术相比，具有施工工艺简单、高效、节能、低成本、环保、工期短等优点。

混凝土表层采用聚合物防水防腐涂料，可有效提高混凝土抗渗性，提高混凝土抗氯离子、硫酸盐的侵蚀能力，提高混凝土的耐碱性。

永定新河防潮闸的启闭机活塞杆长期与海水以及"盐雾"接触，容易被腐蚀，为改善启闭机活塞杆的耐磨损和抗腐蚀性能，液压启闭机采用了具有陶瓷涂层的新材料活塞杆，解决了海水侵蚀问题，大大提高了启闭机工作的稳定性和使用寿命。

采用水力冲填模袋砂棱体坝施工工艺技术，解决潮汐对施工坝体的影响，以及堰基淤泥及淤泥质黏土层过厚对坝体整体安全稳定的技术难题。启闭机房 U 形玻璃结构新颖，美观大方。

（四）工程验收

1. 单位工程验收

2009 年 9 月 16 日至 2011 年 6 月 24 日，项目法人主持了各单位工程验收（码头工程、河道清淤工程、防潮闸基础灌注桩工程、高压旋喷防渗墙工程、闸主体工程 2 个单位工程、左引堤工程、右引堤工程、永定新河 2004 年右堤应急加固、管理用房及水文站工程），10 个单位工程 8 个优良，2 个合格（其中管理用房及水文站工程参照房屋建筑工程进行评定，只评定合格与不合格，不参加优良率统计）。

2. 阶段验收

2009 年 12 月 23 日，天津市水务局主持工程通水前阶段验收，验收委员会认为防潮闸水下部位工程质量优良，同意验收。

2011 年 12 月 28 日，水利部《关于印发永定新河治理一期工程水土保持设施验收鉴定书的函》批复永定新河治理一期工程水土保持设施验收鉴定书，结论为工程质量总体合格，同意通过竣工验收。

2012 年 1 月 11 日，天津市公安消防局以《关于永定新河一期治理工程消防验收合格的意见》通过消防专项验收。

2012 年 5 月 31 日，水利部办公厅以《关于印发永定新河治理一期工程档案专项验收意见的通知》，通过档案专项验收，综合评定达到优良等级。

2012 年 6 月 5 日，环境保护部以《关于永定新河治理一期工程竣工环境保护验收意见的函》通过环保验收。

2012 年 6 月 19 日，水利部办公厅以《关于印发永定新河治理一期工程征迁专项验收意见的通知》同意通过验收。

2012年4月13—20日，永定新河治理一期工程通过竣工技术验收。

3. 竣工验收

2012年8月3—8日，水利部会同市政府成立竣工验收委员会和竣工技术预验收专家组，对永定新河治理一期工程进行竣工验收。竣工验收委员会由国家发展和改革委员会、水利部、市政府、海委、质量与安全监督、运行管理等有关单位代表及竣工技术预验收专家组代表43人组成。项目法人、设计、施工、监理、竣工验收技术鉴定等单位的代表参加会议。

竣工验收委员会对工程质量的评价意见：永定新河治理一期工程质量评定按照《水利水电工程施工质量检验与评定规程》（SL 176—2007）的有关规定，经施工单位自评、监理单位复核、项目法人认定、质量监督站核定，永定新河治理一期工程10个单位工程全部合格，其中9个单位工程参与优良评定，码头工程、防潮闸基础工程、防渗墙工程、防潮闸主体工程（左岸8孔）、防潮闸主体工程（右岸12孔）、左引堤工程、右引堤工程、永定新河2004年右堤应急加固工程等8个单位工程施工质量等级为优良，优良率88.9％。经综合核定，工程施工质量等级为优良。

（五）工程效益

工程投入运行初期，汛期最大日均下泄流量1080立方米每秒，减轻了上游的防洪压力，发挥了较大的防洪作用；防潮闸的运用，拒海相沉沙于河口，避免了海沙淤积闸上河道；有效抵御了多次高潮位；改善了当地渔业生产条件及河口、沿岸的生态环境。

该工程获2011—2012年中国水利工程优质（大禹）奖，2012年天津市水利工程优质（九河杯）奖、天津市文明工地奖、天津市五一劳动先进集体。

第二节　外环河综合治理工程

外环河是在兴建外环线（1986年9月开工，1987年10月1日竣工通车）的同时在其外侧开挖的一条人工河道，规划全长71.4千米，是一条以排除沿线地区农田、外侧绿化带及部分沥水为主的河道，是市区外围一条重要的生态环境圈。昔日由于缺乏统一规划和管理，环境脏乱，河坡倒塌，建筑物破损，不少地段垃圾随意堆放，已成为城市卫生死角，环境污染越来越严重，治理外环河刻不容缓。

2002年，市政府将外环河整治工程列为改善城乡人民生活20件实事之一，外环河整治工程由天津市发展计划委员会批准，总投资34778万元，由北运河至子牙河示范段工程、未连通段打通工程、河道贯通与河水循环工程和河道扩挖及护砌工程4个部分组成。2009年3月增加外环河北辰区段整治工程，为后续工程，工程总投资933万元。

在外环河北辰区段整治工程中，特别注重新工艺、新技术应用。推行使用雷诺护垫技术。雷诺护垫是集抗冲和生态为一体的护坡形式，为钢筋石笼的一种，其特殊性：钢筋是经过特殊防腐镀层处理和特定工艺编制而成的钢筋笼。其特点是施工速度快，安装简便，对石料质量要求较低，节省了施工时间，也提高了工程的生态效益，符合可持续发展的要求。

一、工程治理项目

（一）北运河—子牙河示范段工程

工程计划投资 2945 万元，全长 6.232 千米，2002 年 2 月 26 日开工，5 月 31 日竣工。主要建设内容是河道清淤，河道两侧修坡，采用混凝土预制板结合框格草皮护坡和全断面联锁板护坡两种方式，同时对 2 座灌、排泵站设备进行更新改造，对 4 座涵桥重新修整。主要工程量包括土方开挖 146056 立方米，土方回填 5939 立方米，混凝土 6250.12 立方米，C25 混凝土联锁板砌筑 6748 立方米，C20 预制混凝土块砌筑 20268 立方米，碎石垫层 20120 立方米，浆砌石 7623.5 立方米，土工布铺设 143541 平方米。

外环河示范段工程共划分 2 个单位工程，16 个分部工程，102 个单元工程。其中单位工程优良率 100%，分部工程优良 11 个，优良率 68.75%；单元工程优良 59 个，优良率 57.84%。工程所需原材料经检测符合有关要求，保证混凝土强度、砂浆强度等均满足设计及规范要求，工程竣工资料齐全，外观质量综合得分率为 85.82%～86.21%，工程质量评定为优良等级。

（二）未连通段打通工程

工程计划投资 4143 万元，全长 9.6 千米，2002 年 8 月 15 日开工，12 月 16 日竣工。主要建设内容是新开挖河道 5257 米，其中东丽区李明庄打通段长 640 米，南淀段长 2511 米。两段河道底宽 9.5 米，边坡 1∶2.5。西青区辛院段 2106 米，河道底宽 12 米，边坡 1∶2.5。将原大沽排污河改道，埋设直径 2 米的钢筋混凝土管道，长 910 米，该段原大沽排污河进行清淤疏浚后改为外环河。新建双孔 2 米×2 米穿津涞公路方涵 1 座，双孔 2 米×2 米穿大沽排污河倒虹 1 处。原设计工程量：土方工程 344000 立方米，混凝土工程 1500 立方米，浆砌石工程 4900 立方米。实际完成工程量：清淤 52162 立方米，土方开挖 238254 立方米，复堤填筑（回填土）211288 立方米，混凝土 4610 立方米，浆砌石 2246 立方米。

未连通段工程划分 4 个单位工程，17 个分部工程，74 个单元工程。其中单位工程优良 3 个，优良率 75%；分部工程优良 10 个，优良率 59%；单元工程优良 42 个，优良率 58%。外观质量平均得分率为 90%，工程质量评定为优良等级。

（三）河道贯通及河水循环工程

计划投资 7436 万元，2003 年 3 月 1 日开工，9 月 30 日竣工。主要建设内容是新建泵站 3 座、倒虹 13 处、穿越引滦输水管 1 处、橡胶坝 1 座、交通桥 7 座；更新改造泵站 2 座、涵桥 5 座、涵洞 12 处、倒虹 6 处等 52 座建筑物。工程量：土方工程 19.08 万立方米，浆砌石 2.04 万立方米，混凝土 1.65 万立方米。

外环河河道贯通及河水循环工程划分 19 个单位工程，76 个分部工程，349 个单元工程。工程全部合格，其中优良率占 75%。工程竣工资料齐全，工程质量评定为优良等级。

（四）河道扩挖及护砌工程

工程计划投资 20254 万元，2003 年 3 月 17 日开工，2004 年 3 月 17 日竣工。主要建设内容是对外环河 59.2 千米河道进行清淤、扩挖，对 55.55 千米河道两侧进行护砌，新建交通桥 2 座、倒虹 2 处及管道切改 1 处，对沿河 47 座桥涵进行维修。工程量：土方工程 42.67 万立方米，浆砌石

8.03 万立方米，混凝土 16.09 万立方米。

外环河整治工程河道扩挖及护砌工程划分 14 个单位工程，209 个分部工程，2076 个单元工程。工程全部合格，其中优良率占 75%。工程竣工资料齐全，外观质量平均得分率为 90%，工程质量评定为优良等级。

（五）外环河北辰区段整治工程

工程总投资 933 万元。此段工程属于后续工程，不包含于 2002 年批准建设的总投资 34778 万元外环河整治工程中。2009 年 3 月 5 日开工，2010 年 3 月 31 日竣工。主要建设内容：对京津公路至北运河段 1 千米河道进行综合整治，包括原有河道清淤与护坡，约 200 米河道开挖与护坡，新建北运河老堤穿堤涵管，维修 3 座涵桥；对新开河至丰产河段 3.4 千米污染严重的河段进行清淤，对河坡进行清洗。主要工程量：清淤 52928.19 立方米；土方开挖 18978.27 立方米；土方回填 9840.89 立方米；雷诺护垫 13159 平方米；土工布 13159 平方米；雷诺护垫内填石 2284.02 立方米；框格草皮护坡 7848.63 平方米；混凝土 603.77 立方米；仿汉白玉栏杆 224.25 米；C25F150 混凝土路面 800.4 平方米；沥青混凝土路面 850.94 平方米。

外环河北辰区段整治工程分 5 个分部工程，合格率为 100%，单元工程共 62 个，合格率为 100%，工程质量等级评定为合格。

二、工程参建单位

（一）设计单位

设计院：派设计代表负责现场设计变更、参与重大技术问题的处理。

（二）施工单位

天津市水利工程有限公司：参与建设北运河至子牙河示范段工程；河道扩挖及护砌工程。

天津振津工程集团有限公司：参与建设北运河至子牙河示范段工程；河道贯通与河水循环工程；河道扩挖及护砌工程；外环河北辰区段整治工程。

天津市西青区水利水电建筑工程处：参与施工外环河整治工程未连通段打通工程；河道扩挖及护砌工程。

天津市东丽区水利工程建设管理处：参与施工外环河整治工程未连通段打通工程；河道贯通与河水循环工程；河道扩挖及护砌工程。

天津市第二市政公路工程有限公司：参与施工外环河整治工程未连通段打通工程。

天津市西青区水利水电建筑工程处：参与建设河道贯通与河水循环工程。

天津市武清区水利建筑工程公司：参与建设河道贯通与河水循环工程。

天津华水水利水电开发总公司：参与建设河道贯通与河水循环工程；河道扩挖及护砌工程。

天津市恒成建筑工程有限公司：参与建设河道贯通与河水循环工程。

天津市海拓建筑工程有限公司：参与建设河道贯通与河水循环工程。

天津市兴辰水电工程建筑安装有限公司：参与建设河道贯通与河水循环工程。

天津市中海水利水电工程总公司：参与建设河道扩挖及护砌工程。

天津市金龙建筑工程有限公司：参与建设河道扩挖及护砌工程。

天津市康泰建筑工程有限公司：参与建设河道扩挖及护砌工程。

三、工程效益

外环河综合治理工程建成后改善环境状况，同外环线外侧绿化带结合，成为环绕城区的一条生态圈，实现水系相连、水绕城转、水清岸绿的目标。

第三节　北运河防洪综合治理工程

北运河是集泄洪、引滦输水、调水等多功能为一体的重要河道。北运河屈家店至子北汇流口段长约 15 千米，流经北辰、红桥、河北三区。主要功能是分泄永定河洪水和导引滦水入海河。由于沿河两岸大量民房、工业厂房、临建及大量垃圾等占压行洪河道滩地及堤防，造成水质、环境恶化、河道弯曲，主河槽最窄只剩 50 米，过流能力由原设计流量 400 立方米每秒减至 50 立方米每秒左右，严重降低了河道行洪能力，需要综合整治。为此，市委、市政府将北运河防洪治理工程列入 2001 年改善城乡人民生活 20 件实事之一，对北运河实施防洪综合治理。治理后的河道过流能力恢复到 400 立方米每秒，铲除了沿线污染源，保护了引滦水质，改善了两岸生态环境，提高了人民生活质量。

一、立项审批

在海河干流综合治理工程实施中，考虑北运河在天津市所处的重要地位，按照 1998 年国家颁布的《堤防工程设计规范》，对北运河提出了综合治理。1999 年 10 月 26 日，市水利局向水利部上报《关于报送〈天津市海河干流治理工程初步设计修订报告〉的报告》。2000 年 1 月 21 日水规总院又听取了市水利局对该修订报告的汇报，根据水规总院意见，市水利局对修订报告进行修改，编制完成《天津市海河干流治理工程初步设计补充报告（报批稿）》上报水利部，水规总院提出审查意见。市水利勘测设计院根据水规总院的审查意见，编制完成《海河干流治理工程北运河郊区段堤防工程实施计划说明书》。2000 年 11 月 24 日，市水利局下发《关于海河干流治理工程北运河郊区段堤防工程实施设计说明书的批复》。设计说明书中提到对北运河屈家店至子北汇流口段的左、右岸堤防护坡进行修整改建，堤防防浪墙后增修混凝土路面，对该段两岸的绿化进行综合整治，使其达到过流 400 立方米每秒的标准，并将两岸改造成为河堤与园林绿化、交通、生活区相结合的风景带。

二、项目法人

北运河防洪综合治理工程是海河干流治理工程的一部分建设内容，工程实施时，项目法人为天津市海河干流综合治理工程建设管理处，资金来源于海河干流治理工程的专项资金。

2001年9月1日，市水利局下发《关于海河干流北运河综合治理工程部分景观项目变更项目法人的通知》，将海河干流北运河综合治理工程部分景观项目法人由天津市海河干流综合治理工程建设管理处变更为天津市水利工程建设管理中心。部分景观项目包括橡胶坝工程，主雕塑《跨越》，微缩景观及假山绿化，展览室，喷泉、大门及供电设施，北运河故河道南仓段（滦水园）拆迁、整治及回填种植土，其他六项雕塑，北运河故河道天穆段整治及绿化。

该部分景观项目不包含在国家审查批复的海河干流北运河综合治理工程项目中，故单独立项。2001年10月9日，市水利局编制《关于北运河综合治理工程申请立项的请示》上报市政府获批，市计委于2002年批复投资计划。

三、工程投资

北运河综合治理工程总投资4.7亿元，投资分两部分，其中使用海河干流治理工程投资4亿元，剩余款项来源为天津市自筹（集资和银行贷款）。

（一）专项资金

2001年1月30日，市水利局、市财政局联合下发《关于下达海河干流北运河段综合治理工程第一批投资计划的通知》，下达投资计划14245万元，用于拆迁及综合赔偿等，资金来源为中央财政预算内专项资金5935.62万元，水利部水利基建投资4586.38万元，市交行贷款3723万元。

3月10日，市水利局、市财政局联合下发《关于下达海河干流北运河段综合治理工程第二批投资计划的通知》，下达投资计划4920万元，用于拆迁及综合赔偿等，资金来源为中央财政预算内专项资金2143万元，市财政专项2777万元。

3月30日，市水利局、市财政局联合下发《关于下达海河干流北运河防洪综合治理工程第三批投资计划的通知》，下达投资计划1485万元，用于拆迁及综合赔偿等，资金来源为中央财政预算内专项资金。

4月3日，市水利局下发《关于下达海河干流北运河防洪综合治理工程预拨款计划的通知》，下达3500万元预拨款计划，用于堤防治理及绿化施工。资金来源：中央财政预算内专项资金1000万元，市财政专项2500万元，文件强调"据此办理有关手续，抓紧组织工程实施，待正式计划下达后，该预拨款计划即废止"。

6月20日，市水利局、市财政局联合下发《关于下达海河干流北运河防洪综合治理工程第四批投资计划的通知》，下达投资计划1900万元，用于拆迁及综合赔偿等，资金来源为市水利建设基金1600万元，市财政专项300万元。

9月5日，市水利局、市财政局联合下发《关于下达海河干流北运河防洪综合治理工程第五批投资计划的通知》，下达投资计划9326.98万元，用于完成北运河两岸29.33千米堤防加固、绿化、防汛道路及3座人行桥等建设，资金来源为中央预算内专项资金。

2001年8月7日，市水利局下发《关于北运河防洪综合治理工程红桥段绿化及桃花园桃诗园改造工程设计及概算审查意见》，文中核定投资276.86万元，工程由红桥区负责实施，资金由北运河工程中补助100万元，此补助款由市水利局、市财政局联合下发《关于下达2002年海河干流治理工程第一批投资计划的通知》中下拨。

8月9日，市水利局下发《关于北运河马庄人行桥、滦水园人行桥、柳滩人行桥初步设计报告审查意见》，文中核定投资 372.37 万元。

8月21日，市水利局下发《关于天津市海河干流治理北运河防洪综合整治工程（堤防工程部分）初步设计报告的审查意见》，文中提到工程概算按水规总院对《天津市海河干流治理工程初步设计补充报告（报批稿）审查意见》执行，工程投资 9282.87 万元。

8月31日，市水利局下发《关于北运河防洪综合治理工程绿化节水灌溉设计的审查意见》，文中核定投资 174.15 万元。

9月5日，市水利局下发《关于北运河防洪综合治理工程绿化工程设计及概算审查意见》，文中核定投资 3127.12 万元（不含滦水园绿化及御河园、娱乐园电气部分变压器及其以上外电的投资）。

2002年6月24日，市水利局、市财政局联合下发《关于下达北运河防洪综合治理屈家店水文水资源中心站房等工程投资计划的通知》，下达投资计划 379 万元，用于新建屈家店水文水资源中心站房 1088.91 平方米，改造北运河测流缆道和输水涵洞等。资金来源为市财政专项 379 万元。

同日，市水利局、市财政局联合下发《关于下达 2002 年海河干流治理工程第一批投资计划的通知》，下达投资计划 3250.63 万元，其中用于建设北运河防洪综合治理工程北洋园绿化 491.51 万元、红桥区段绿化补助 100 万元、新增项目 1345.8 万元，共 1937.31 万元，其资金来源为中央预算内专项资金 1037.33 万元，市财政专项 899.98 万元。

11月12日，市水利局、市财政局联合下发《关于下达 2002 年海河干流治理工程第二批投资计划的通知》，下达投资计划 286 万元，用于北运河防洪综合治理照明工程建设。资金来源为市财政专项拨款。

（二）自筹资金

2002年11月18日，市水利局、市财政局联合下发《关于下达北运河综合治理工程 2002 年投资明细计划的通知》，下达投资计划 7440.88 万元，用于新建引滦入津展览室及滦水园、怡水园、北运河雕塑、橡胶坝等工程。资金来源为集资 2050 万元，银行贷款 5390.88 万元。

四、工程施工

（一）2001 年建设内容

北运河综合治理范围自北运河屈家店闸至子牙河与北运河汇流口，河道全长 15.017 千米，两岸堤距达 120 米，实现河道行洪 400 立方米每秒的标准，满足防汛和引滦输水的要求，同时进行沿岸绿化和筑路，清除河内垃圾，拆迁河滩地区民宅、厂房等建筑物，使河道畅通。

2000年12月20日，市长李盛霖宣布工程正式开工，并为"海河干流北运河段综合治理工程"奠基。李盛霖在开工典礼仪式上强调"工程建设单位精心组织，周密安排，保证工程质量，确保明年10月1日向国庆献礼，向全市人民献礼"。于2001年9月28日工程全线竣工。治理后的北运河，具有防洪、输水、环保节水教育、绿化美化、旅游、休闲娱乐等功能。

主要建设内容有沿河新建桥梁 3 座、1 座橡胶坝和船闸。治理堤防 30.032 千米、排水口门 25 座、码头 18 个、道路 27.055 千米、护栏 23.851 千米。两岸新建 4 座主题公园（滦水园、北洋园、御河园、娱乐园），并以此为中心沿河进行带状绿化改造。

主要工程量：完成土方回填 80.815 万立方米、砌石 17.72 万立方米、混凝土 2.88 万立方米、沥青混凝土 11.56 万立方米、砌砖 0.2117 万平方米，清除垃圾 35 万立方米，拆迁 33.5 万平方米。四个主题公园（滦水园、北洋园、御河园、娱乐园）占地 30.18 万平方米。

参建单位包括：项目法人为天津市海河干流治理工程建设管理处，后变更为天津市水利工程建设管理中心；设计单位为天津市水利勘测设计院、天津市市政工程设计研究院、天津市九河市政工程设计咨询有限公司、水利部天津水利水电勘测设计研究院、天津园林规划设计院、天津市水利科学研究所、天津大学建筑设计研究院、天津大学建筑工程学院及天津市翰章艺术发展有限公司；监理单位为天津市水利工程建设监理咨询中心及天津市方正园林建设监理中心；施工单位为天津市华北水利水电开发总公司、天津市中海水利水电工程总公司、中铁第十八工程局建工处、中铁第十八工程局第五工程处、中铁第十六工程局第二工程处、天津第二市政公路工程有限公司、天津市水利工程有限公司、天津振津工程集团有限公司、天津市北辰区华联建筑安装公司、天津市兴辰水电建筑工程安装公司、天津市园林工程处、天津市河东区园林工程所、天津市格瑞园林发展有限公司、天津经济技术开发总公司园林绿化公司、天津市红港绿茵花草有限公司、天津市花卉管理处、天津市绿化工程处程林庄苗圃管理所、天津市绿化工程处刘园苗圃管理所、天津市绿化工程公司、天津市红桥区园林管理局、天津市北辰区园林绿化管理所、天津市水利科学研究所、天津大学建筑工程学院及北京市方禾羽环境艺术中心；质量监督单位为天津市水利建设工程质量监督中心站。

（二）2002 年建设内容

新建引滦入津展览楼及综合治理工程。

1. 天津引滦入津展览楼

总建筑面积 7890 平方米，框架结构，主体 2 层，局部 4 层，投资 2044.39 万元，2002 年 7 月开工，2003 年 8 月 25 日完工。该工程 9 个分部，优良率达 77.78％，单元工程 110 个，优良率达 63.64％，工程观感质量检测评定达到 92.7 分，经质量监督检查审核，单元工程质量等级综合评定为优良。

参建单位：项目法人为天津市水利工程建设管理中心；设计单位为天津市建筑设计院；监理单位为天津市金帆工程建设监理有限公司；施工单位为天津市水利工程有限公司；检测单位为天津市水利建设工程质量检测中心站；质量监督单位为天津市水利建设工程质量监督中心站。

2. 综合治理工程

综合治理工程包括滦水园、橡胶坝、雕塑和怡水园等补充完善工程，投资 5396.49 万元，2002 年 4 月开工，2003 年完工。主要完成滦水园、橡胶坝、雕塑和怡水园两个鱼池，建引水泵站 1 座，安装铁艺护栏，种植土回填及整形。

参建单位：项目法人为天津市水利工程建设管理中心；设计单位为水利部天津水利水电勘测设计研究院、天津市翰章艺术发展有限公司、天津大学建筑工程学院、天津市园林规划设计院、天津市水利勘测设计院及天津大学建筑设计研究院；监理单位为天津市水利工程建设监理咨询中心；检测单位为天津市水利建设工程质量检测中心站；施工单位为天津市水利工程有限公司、天津大学建筑工程学院、天津市绿化工程处刘园苗圃管理所、天津市北辰区华联建筑安装公司、天津振津工程集团有限公司及北京东方禾羽环境艺术中心；质量监督单位为天津市水利建设工程质量监督中心站。

五、滦水园水利史组雕园景工程

滦水园水利史组雕园景工程为北运河防洪综合治理工程的后续工程。2003 年，按照市领导把滦水园建成节水教育基地的指示精神，市水利局组建滦水园水利史组雕园景工程，局水利志编办室负责撰写文稿。组雕将雕塑、碑刻、书法、园景等融为一体，包括历代治水人物雕塑 22 块和象征天津七十二沽由历代书法家书写"水"字石刻 72 块。独具特色的水利史组雕丰富了滦水园的文化内涵，使游客在参观游览时，能深刻体会到水文化悠久历史的艺术精神享受。

（一）工程前期及投资

2003 年，由河闸总所报送的《关于报审滦水园水利史组雕方案的请示》，4 月 15 日市水利局批复并下发《关于滦水园水利史组雕方案的批复》，核定投资 513.42 万元。

（二）建设内容及主要工程量

建设内容：水利史组雕工程划分 3 个单位工程，5 个分部工程，22 个单元工程。雕塑单位工程包括基础、雕塑、碑刻；巨石题词碑刻单位工程包括巨石、题词、碑刻；配景单位工程包括西侧广场 1、2 分部，北侧带状分部，南侧带状分部，南侧水车，涌泉广场分部，水电安装分部。

主要工程量：人物雕塑 22 个，题词碑刻 7 块，土方 1178.87 立方米，石方 80 立方米，混凝土 646.17 立方米。

配景工程于 2003 年 4 月 20 日开工，雕塑工程于 2003 年 4 月 21 日开工，巨石题词碑刻于 2003 年 8 月 10 日开工，全部于 8 月 30 日完工。

（三）参建单位

建设单位为天津市河道闸站管理总所；设计单位为天津大学建筑工程学院、钱绍武文化艺术研究所；监理单位为天津市金帆工程建设监理有限公司；施工单位为天津大学建筑工程学院、北京钱绍武文化艺术研究所、河北曲阳宏州大理石工艺品有限公司；质量监督单位为天津市水利建设工程质量监督中心站。

北运河防洪综合治理工程是由国家计委和市计委立项的重点工程，获由国家建设部评选的2002 年度"中国人居环境范例奖"。

第四节　金钟河闸枢纽拆除重建工程

金钟河闸（原称金钟河防潮闸）枢纽位于东丽区永和村、金钟河与永定新河汇合处，是海河干流向永定新河相机分洪及海河干流以北地区农田灌排、城区排污、防潮蓄淡及航运交通的控制性工程。该闸建于 1966 年，经过多年运行，存在河道淤积，防潮闸铺盖、闸底板等部位下沉，多处混凝土开裂且剥落，钢筋锈蚀，排架柱顶端变形大等问题，2000年经专家鉴定，水闸安全类别评定为四类水闸，其运用指标无法达到设计标准，工程存在严重安全问题，故报废重建。

一、工程立项及投资

2009年1月4日，市发展改革委以《关于金钟河防潮闸枢纽拆除重建工程可行性研究报告的批复》文件批复。3月30日，市发展改革委联合市水利局以《关于下达天津市蓟运河治理等2009年重大水利项目新增中央预算内投资计划的通知》下达工程投资计划9400万元，其中中央预算内投资3143万元，地方投资6257万元。4月29日，市发展改革委以《关于金钟河防潮闸枢纽拆除重建工程初步设计的批复》核定工程静态总投资8956万元，总工期为13个月。

2012年4月22日，市发展改革委以《关于金钟河防潮闸枢纽拆除重建工程补充设计报告的批复》文件，批复工程概算444万元，资金由该工程投资计划确定的来源解决。

二、建设内容

拆除并重建防潮闸1座，主要包括拆除并新建闸墩、重建控制楼、更新启闭设备和金属结构、新建1331平方米办公及管理用房和220平方米的仓库、进行闸区环境改造等。新建防潮闸及船闸上闸首一体布置，闸位轴线与河道主流方向正交，设计流量200立方米每秒。防洪闸为开敞式结构，共7孔，其中间5孔为过流孔，左侧一孔为非过流挡水孔，单孔净宽8米；右侧一孔为船闸孔，净宽8米，闸室总宽度65米。闸底板中间过流孔采用分离式底板，由墩底板及小底板组成。两侧边孔为整体式底板。底板顶高程为−2.7米，基础采用混凝土灌注桩处理。闸顶高程为8.55米。闸底板长15米。

船闸按6级航道Ⅵ船闸设计，主要建筑物如上闸首为1级建筑物、下闸首及闸室为2级建筑物，导航、靠船建筑物为3级建筑物。

三、工程招投标

2009年6月9日，市水务工程建设管理中心完成工程建设项目报建备案并委托天津市普泽工程咨询有限责任公司为招标代理机构，负责该工程的招标投标。

6月19日，发布招标公告，通过公开招标的形式于7月16日确定天津市金帆工程建设监理有限公司为工程建设监理单位中标人。6月29日，发布招标公告，通过公开招标的形式于7月29日确定天津市水利工程有限公司为工程施工单位中标人。7月27日，发布招标公告，通过公开招标的形式于8月24日确定中国水利水电第五工程局有限公司为工程采购中标人。

2012年5月8日，发布补充设计工程施工的招标公告，通过公开招标的形式于6月8日确定天津市水利工程有限公司为施工单位中标人。

四、工程施工

（一）参建单位

金钟河防潮闸枢纽拆除重建工程采取建管结合的模式，由天津市水务工程建设管理中心与永定河处共同组建金钟河防潮闸枢纽拆除重建工程建设管理处（简称建管处）。建管处由处长、项目负责人、技术负责人及综合部、工程技术部、造价合同部、财务部及安全生产部构成。2009年6月市水务局根据市发展改革委对金钟河防潮闸枢纽拆除重建工程批复的精神，以《关于金钟河防潮闸枢纽拆除重建工程项目法人的批复》对项目法人的申请予以批复。

建管处成立后，编制工程建设实施方案，进行工程报建备案、招标申请、监理、施工及采购招标、质量监督备案等工作。

该工程项目法人：天津市水务工程建设管理中心。

设计单位：中水北方勘测设计研究有限责任公司。

监理单位：天津市金帆工程建设监理有限公司。

施工单位：天津市水利工程有限公司。

设备制造单位：中国水利水电第五工程局有限公司。

（二）建设时间

金钟河闸枢纽拆除重建项目于2009年8月20日开工建设，2012年8月11日全部完工。

（三）工程量

完成旋喷防渗墙1145平方米，浇筑混凝土2.218万立方米，制作安装钢筋1532吨，安装启闭机7台，安装电动葫芦4台，自动抓梁4台；完成混凝土防碳化1.4万平方米，清淤3.247万立方米，管理区及配套建筑1820平方米。累计完成投资9400万元，为总投资计划的100%。

（四）重大技术问题处理

采用抗硫酸盐外加剂替代抗硫酸盐水泥。本工程作为2009年国家拉动内需项目，工期紧、施工任务重，为解决抗硫酸盐水泥的周边生产厂家较少、供应不及时的情况，为保证工程进度，经过参建各方研究讨论，在保证工程质量的基础上，采用抗硫酸盐外加剂变更配比方式替代抗硫酸盐水泥，并严格按照设计要求控制其外加剂参量以保证工程质量。

基础回填的中粗砂变更为水泥土、土石屑。原设计中上下游护底、闸底板下回填中粗砂垫层，该方案将造成灌注桩施工速度缓慢，经过参建各方研究讨论，在保证工程质量的基础上，采用水泥土、土石屑作为替换材料进行回填，替换材料的施工速度快，压实效果好，从而在满足原设计的条件下有效地解决了工期紧张的问题。

保留原闸深孔部分上游铺盖和下游消力池底板。原闸深孔上游铺盖和下游消力池高程远低于重建上游铺盖和下游消力池的高程，经检测单位对原闸深孔部分的上游铺盖和下游消力池底板进行检测，证明其与地基土层接触良好，不存在脱空现象。因此保留原闸深孔部分上游铺盖和下游消力池底板。

打木桩加固砌石齿脚。经过对上下游砌石护坡齿脚位置土体进行钎探后，发现其均为淤泥质土，且淤泥质土较深，易滑坡，为保证工程质量及安全，对该部位齿脚处进行打木桩处理，并按照设计要求对木桩进行防腐处理。

五、工程验收

（一）单位工程验收

金钟河防潮闸枢纽拆除重建工程共划分18个分部工程以及2个子单位工程，其中基础工程、闸室段、上游连接段、下游连接段、闸门及埋件安装、混凝土防碳化6个分部工程已于2010年6月8日进行验收，管理区质量评定建设属于工民建范围，执行住房城乡建设部有关规定进行评定，该子单位工程不参加主体工程评定。

验收工作组通过查看工程现场，听取参建单位工程建设有关情况汇报，经过讨论，认为该单位工程已按批准内容全部完成，工程质量符合设计要求及有关规范标准，验收资料齐全。该单位工程达到优良标准，通过验收。

（二）主体水下部分阶段验收

2010年6月8日，金钟河防潮闸枢纽拆除重建工程完成水下部分阶段验收。水下部分阶段验收共6个分部工程。已按设计全部完成，达到设计标准，符合技术规范要求，资料齐全且符合要求，通过验收。

（三）专项验收

2011年5月，天津市水务局根据水利部《水利工程建设项目档案验收管理办法》对该工程档案进行验收，该工程档案资料达到完整、准确、系统的要求；较全面地记录和反映了工程施工过程，综合评定为93分。

六、工程效益

金钟河闸严格按照上级防汛主管部门的调度安排控制调节金钟河水位，为海河干流向永定新河相机分洪及海河干流以北地区农田灌排、城区排污、防潮蓄淡及航运交通的控制发挥了显著的综合效益。

金钟河闸自2011年6月移交天津市永定河管理处运行管理以来，水闸运行正常，工程运行能够达到设计标准。截至2014年8月6日，金钟河闸共提闸316次，累计泄量2.7729亿立方米。

第五节　新开河耳闸除险加固工程

耳闸枢纽工程建于1919年，位于海河干流左岸，为新开河首闸，由分洪闸、船闸及分水岛三部分构成，主要功能是挡水和通过新开河、金钟河分泄海河干流部分洪水入海。耳闸枢纽工程由于工程老化，闸底板沉降，早已失去挡水功能。2000年6月，经有关专家对耳闸进行安全鉴定，确定为四类闸，需拆除重建。

一、工程立项批复

根据水利部对《天津市海河干流治理工程可行性研究报告》的审查意见，耳闸应满足海河干流治理要求，承担相机向新开河、金钟河分泄海河干流200立方米每秒洪水的任务。

2002年11月30日，市水利局对天津市新开河耳闸除险加固工程施工设计方案进行了批复，核定工程静态总投资为5721.11万元。

2003年1月6日，市水利局对天津市耳闸除险加固工程闸位变更设计进行了批复。

2005年12月27日，市水利局对新开河耳闸除险加固工程设计变更进行了批复。

2009年9月13日，市水务局对天津市新开河耳闸除险加固工程管理设施及场区工程设计变更进行了批复。

二、建设内容及设计标准

耳闸除险加固工程位置在天津市河北区八马路和志成道之间，闸上为海河干流，闸下是新开河，并经金钟河、永定新河分泄海河干流洪水入海水道。根据《天津市防洪规划》和《天津市海河干流治理可行性研究报告》的要求，当西河闸（子牙河）来水1000立方米每秒，海河干流（子牙河、北运河会合口以下）泄流800立方米每秒；新开河、金钟河相机分泄200立方米每秒洪水。

依据报告，耳闸枢纽需满足平时挡水及西河来水1000立方米每秒时向新开河、金钟河泄水200立方米每秒，以满足海河干流行洪800立方米每秒要求。耳闸枢纽除险加固工程规模按200立方米每秒治理。耳闸船闸为6级航道，枢纽重建后其功能要满足挡水和通航功能。

耳闸按分洪200立方米每秒的规模、船闸按6级航道规模重建。西河闸泄洪按照1000立方米每秒，海河干流泄洪800立方米每秒，新开河相机分洪200立方米每秒设计，相应耳闸闸上水位为5.04米，耳闸闸下水位按4.55米控制。治理标准定为二等工程，主要建筑物为Ⅱ级，本地区地震基本烈度为Ⅶ度，主要建筑物按Ⅶ度设防。

三、工程投资

本工程原批准概算为5721.11万元，经过设计变更后增加工程投资1184.65万元，最终工程投资调整为6905.76万元。工程投资计划下达6905.76万元，资金来源为中央预算内专项资金2149.11万元，水利建设专项资金3572万元，市水利建设基金445万元，市水利局自筹739.65万元。

2003年4月9日，市水利局、市财政局以《关于下达2003年大清河下游治理新开河耳闸除险加固工程第一批投资计划的通知》下达投资计划5072万元，资金来源为中央预算内专项资金1500万元、水利建设专项资金3572万元。

2003年10月27日，市水利局、市财政局以《关于下达2003年大清河下游治理新开河耳闸除险加固工程第二批投资计划的通知》下达投资计划649.11万元，资金来源为中央预算内专项资金。

2010年3月3日，市水务局、市财政局以《关于调整新开河耳闸除险加固工程投资计划的通知》下达投资计划1184.65万元，资金来源为市水利建设基金445万元，市水务局自筹739.65万元。

四、工程招投标

根据天津市水利建设工程招投标管理站《关于耳闸除险加固工程采用邀请招标的批复》，同意天津市新开河耳闸除险加固工程监理、施工招标采用邀请招标。

天津市水务工程建设管理中心委托天津普泽工程咨询有限责任公司对天津市耳闸除险加固工程施工（包括围堰和主体2个标段）以及工程监理任务进行招标。通过对各投标单位投标文件的评审，最后确定天津振津水电工程有限公司为工程施工中标单位，天津市金帆工程建设监理有限公司为工程监理中标单位。

对耳闸管理设施及场区工程施工进行了公开招标，为1个标段，最后确定天津振津工程集团有限公司为工程施工中标单位。

五、工程施工

工程主要包括新建耳闸、船闸及对老耳闸枢纽改建等。

工程开完工时间：新开河耳闸除险加固围堰工程于2002年12月17日开工，至2003年1月7日完工。新开河耳闸除险加固主体工程于2002年12月25日开工，至2003年7月7日完成水下工程的施工，于2006年9月5日完成全部主体工程。新开河耳闸除险加固旧闸及旧船闸改造工程于2003年7月1日开工，至2006年4月26日完工。新开河耳闸除险加固工程管理设施及场区工程于2010年1月20日开工，12月30日完工。

参建单位：该项工程项目法人为原天津市水利工程建设管理中心（后改为天津市水务工程建设管理中心）。设计单位为天津市水利勘测设计院。监理单位为天津市金帆工程建设监理有限公司。监督单位为原天津市水利建设工程质量监督中心站（后改为天津市水务工程建设质量与安全监督中心站）。施工单位为原天津振津水电工程有限公司（后改为天津振津工程集团有限公司）。

六、工程验收

2006年9月14日完成主体工程、旧闸及旧船闸改造2个单位工程验收。2011年10月20日完成管理设施及场区工程验收。2003年7月15日完成水下部分阶段验收。2014年11月20日通过竣工验收。

工程建成后由天津市海河管理处接管。

第六节　北水南调工程（卫河）建设

北水南调工程（南北水系沟通，后称卫河）其主要功能是将北部地区河流汛期洪沥水调至南部严重缺水地区，以实现水资源优化配置。这项工程被市政府列入 1999 年为民办的 20 件实事之一。

该工程是将北运河汛期入境弃水调入独流减河进洪闸前，供静海缺水地区农业用水的引水工程。工程自河北省香河境内的北运河土门楼庄窝闸引水，沿北运河至北辰区屈家店闸上入中泓故道，从永青渠首闸进入卫河的永青渠、安光渠、安光新开渠、凤河中支渠，穿越津霸公路后，入上河头排水渠，再经大刘堡排干、杨柳青森林公园边沟、西青新开渠，穿中亭堤直接在西河闸上游入子牙河（西河），再沿西河逆流上溯至独流减河后顺流至进洪闸上。武清、北辰、西青、静海 4 个区（县）直接受益。

北水南调工程全长 106.413 千米，设计输水流量 30 立方米每秒，按 50% 保证率年调水 1.14 亿立方米。其中原渠道长 95.213 千米，卫河老河道与新挖或扩挖渠道 11.2 千米，渠道护砌 20.6 千米。修筑渠顶巡视路 10 千米。新建或改建跨河各类建筑物 24 座，其中闸涵 13 座、公路桥 5 座（3 座超汽-20、2 座汽-20）、农桥 6 座（4 座汽-15、2 座汽-10）、维修加固沿河排涵闸、泵站等建筑物 46 座，其中武清县境内 16 座、北辰区内 23 座、西青区内 7 座。

一、工程立项及投资

1999 年 11 月 19 日，天津市城乡建设管理委员会以《关于天津地区北水南调工程原"天津市南北水系沟通工程"（一期）初步设计的批复》文件批复工程概算总投资 11768.74 万元。由于工程改线，2000 年 7 月 3 日，天津市城乡建设管理委员会以《关于天津地区北水南调工程（一期）初步设计修改的批复》文件批复概算总投资 14734.76 万元。

投资来源：国家计委补助投资、市财政专项拨款、市农办拨款、市计委拨款、市水利基金及区（县）等单位自筹。

工程建设标准：北水南调工程为三等工程，主要建筑物为三级，次要建筑物为四级，永青渠渠首闸、中亭堤涵闸与相应堤防标准等同，定为二等工程，建筑物为二级建筑物。

二、工程施工及拆迁

工程自 1999 年 12 月开工，至 2000 年 7 月具备通水条件。参加工程建设的施工队伍 87 个，施工人员 7200 余名，动用各种大型机械及运输车辆 640 多台套。除直接受益的静海、西青、北辰、武清 4 个区（县）之外，全市 8 个有农业的区（县）、农口 9 个局（院）为工程提供了人力、财力支持。天津驻津各部队、武警部队出动 12000 多名官兵参加工程建设。

主要完成的工程量：土方 238.76 万立方米；浆砌石护砌干砌石及抛石 7.88 万立方米；混凝土浇筑 3.15 万立方米；钢结构制安 1723.2 吨；闸门及钢结构安装 338.07 吨；联锁板护砌 210162.9 立方米；框格草皮 136358.1 平方米；堤顶巡视路 51395.7 平方米。

本工程征地拆迁与工程施工中的土方开挖几乎同步进行，拆迁征地款项发放及时到位，并由市审计局跟踪审计。批准迁赔占地费用 1548.73 万元，实际发生迁赔占地协调费用 1497.22 万元。有关征地办理了土地使用证。

三、建设单位

工程建设单位为天津地区北水南调工程项目建设管理办公室；设计单位为天津市水利勘测设计院；监督单位为天津市水利建设工程质量监督中心站；监理单位为天津市金帆工程建设监理公司、水利部天津水利水电勘测设计研究院、天津市路驰监理事务所；施工单位为天津市源禹水利工程公司、铁道部第十六工程局第二工程处、山东黄河工程局、天津市津水建筑工程公司、天津市静海县水利建筑工程公司、天津市西青区水利水电建筑工程处、天津市公路局桥梁工程处、天津市武清县水利建筑工程公司、天津市第二市政公路工程有限公司、天津市兴良水利工程建设安装有限公司等。

四、竣工验收

2002 年 5 月 10 日，由市水利局主持召开地区北水南调工程竣工验收会，参加验收单位有：天津市发展计划委员会、天津市财政局、天津市农村工作委员会、天津市水利工程质量监督中心站，天津地区北水南调工程项目建设管理办公室、区（县）水利（水务）局、市水利设计院、水利部天津水利水电勘测设计院、天津市路驰建设工程监理事务所、天津市金帆工程建设监理公司，施工单位有：天津市公路局桥梁工程处、静海县水利建筑工程公司等。工程分 28 个单位工程，112 个分部工程，412 个单元工程。经验收，412 个单元工程全部合格，优良率 78%。该工程质量被评为优良等级，通过验收，交付使用。

2002 年工程验收后，移交水调处进行管理。2007 年工程以万达鸡场闸为界，上游部分移交永定河处管理，下游部分 3.3 千米河道移交大清河处管理。卫河两岸口门共 47 个，其中永定河处管辖范围内 35 个，大清河处管辖范围内 12 个。

第七节　海河干流综合治理工程

海河干流是海河流域南运河、子牙河、大清河、永定河、北运河五河汇流入海的尾闾河道，流经天津市市区、东丽区、津南区及滨海新区，通过海河防潮闸入海，从子北汇流口至入海口，全长 73.45 千米。承担着宣泄上游永定河、大清河洪水和市区沥水的任务，是一条以行洪为主，兼顾排涝、蓄水、供水、灌溉、航运等综合利用的河道。也是引滦入津、引黄济津的城市供水河道。20 世纪 90 年代，天津市对海河干流进行多次局部治理，不断提高城市行洪、防洪能力。2002 年，市委、市政府提出开发海河经济的战略目标，将对海河干流的治理由原来以防洪为主导，转移到以构造城市生活景观和经济发展环境为主导的方向。2003 年启动的海河堤岸改造工程在满足防洪要求的基础上，对河道清淤、堤岸景观、堤岸园林绿化和堤岸生态环境工程实施建设和改造。改造后的海河，既保留了最初源于三岔河口地区的天津历史风貌，又展现出现代天津都市的国际风范，海河沿线已成为独具特色的服务型经济带、文化带和景观带，成为造福于广大市民的城市名河。

一、海河干流治理工程

海河干流治理工程范围包括屈家店闸以下北运河段（长 16.60 千米）、西河闸以下子牙河段（长 16.54 千米）和三岔河口以下的海河段（长 72 千米），三段总长 105.14 千米。因河道堤防年久失修、地面沉降等因素，海河干流实际泄洪能力仅有 300 立方米每秒，远未达到规划 800 立方米每秒的要求。

海河治理指标：北运河段 400 立方米每秒；子牙河段 1000 立方米每秒；海河段子北汇流口至耳闸间按 1000 立方米每秒，耳闸至入海口按 800 立方米每秒，通过耳闸相机由新开河泄洪 200 立方米每秒入永定新河。海河干流治理工程等级为二等，其堤防、护岸天津市区、滨海新区内为二级，郊区为三级，穿堤建筑物与所在堤段同级。

海河干流治理工程根据堤线布置、堤基地质、水流特性、施工条件等因素，采用不同的堤防形式。针对软土层或透水层堤，分别采用深层搅拌高压喷射注浆、混凝土防渗墙和钢筋混凝土地下连续墙等办法，进行堤基防渗、加固处理。结合各区农田水利规划，现有灌排口门的数量尽量压缩，取消非法设置的灌排口门。

海河干流治理工程的设计单位为天津市水利勘测设计院，建设单位前期为工程所在的区水利局，后期为天津市水利建设管理中心。施工单位分别为相关区的水利工程施工单位、水利工程公司、振津管道公司。

自 1991 年，逐年对海河干流险工险段进行治理，至 1996 年共计投资 3.31 亿元。

1991 年，海河干流治理工程共完成 11 段，全长 6352 米，其中包括东丽区 3 段，长 1650 米，结构型式为砌石护坡筑堤；津南区 2 段，长 1850 米，结构型式为砌石护坡与砌石墙筑堤；塘沽区 3 段，长 2501 米，结构型式为石墙砌筑；天津市区 3 段，长 351 米，结构型式为钢筋混凝土板桩和钢筋混凝土防浪墙护岸。总投资 1050 万元，完成土方 16.14 万立方米，石方 2.57 万立方米，混凝土浇筑 0.06 万立方米。工程于 1991 年 3 月中旬开工，汛前完成主体工程，达到安全度汛要求，8 月全部完成当年治理工程。

1992 年，共完成 15 段，全长 10394 米，其中东丽区 3 段，1 座涵闸加固，结构型式为石墙砌筑；津南区 6 段，长 2281 米，结构型式为石墙或护坡砌筑；塘沽郊区 1 段、塘沽市区 3 段，长 2303 米，结构型式为石坡、石墙、筑堤；天津市区 2 段，长 4063 米，结构型式为石坡护岸。总投资 2103 万元，完成土方 37.16 万立方米，石方 4.8871 万立方米，混凝土浇筑 0.7176 万立方米。

汛前完成主体工程，8 月全部完成。

1993 年，共完成 3 段，全长 2398 米，其中东丽区泥窝上段 600 米，结构型式为石墙筑堤；塘沽区西沽街段长 1338 米，结构型式为石墙筑堤；天津市区棉纺四厂至毛纺厂段长 460 米，结构型式为石坡护岸。总投资 839 万元，完成土方 9.95 万立方米，石方 0.556 万立方米，混凝土浇筑 0.1125 万立方米，3 月中旬开工，汛前完成。

1994 年，共完成 8 段，全长 3250 米，其中津南区葛沽上下游段长 1300 米，结构型式为石墙护岸、土方筑堤；塘沽郊区 1 段、塘沽市区 3 段，长 1645 米，结构型式为石坡、石墙、护岸；天津市区 3 段，全长 305 米，结构型式为石坡护岸。合计投资 2012 万元。完成土方 29.38 万立方米，石方 1.88 万立方米，混凝土浇筑 0.489 万立方米。3 月中旬开工，汛前完成主体工程，达到安全度汛要求，8 月工程完工。

1995 年共完成 13 段，全长 11901 米，其中津南区柴庄子段长 460 米、葛沽上下游段上年结转完成，结构型式为石坡护岸、土方筑堤；塘沽区 8 段，长 9581 米，结构型式为砌石挡墙；天津市区 3 段，长 1860 米，结构型式为石坡护岸。合计投资 7974 万元。完成土方 32.39 万立方米，石方 7.42 万立方米，混凝土 3.99 万立方米。3 月中旬开工，汛前完成主体工程，年内完成全部工程。

1996 年，完成共 32 段，全长 23.83 千米，其中西青区恰合村段，长 2166 米；东丽区 7 段，长 6136 米；津南区 8 段，长 6450 米；塘沽区 16 段，长 9078 米。共投资 8514.1 万元，完成土方 112.61 万立方米，石方 12.34 万立方米，混凝土浇筑 8.05 万立方米，8 月底以前全部完成。

1997 年 7 月 21 日，水利部批复《天津市海河干流治理工程初步设计报告》，同意海河干流按规划标准进行治理，堤线治理总长度 220.67 千米，工程总投资 10.60 亿元。

1997 年，海河干流治理工程下达计划投资 1.2 亿元。主要建设项目为堤防加固加高 28.3 千米。工程共分 41 段，其中市区 10 段、东丽区 8 段、津南区 9 段、塘沽区 14 段。工程建设实际完成投资 1.27 亿元，完成土方 60.32 万立方米，石方 11.2 万立方米，混凝土浇筑 5.65 万立方米。工程于 1997 年 3 月 15 日开工，7 月底竣工。经天津市水利工程质量监督中心站核定质量等级为优良。

1998 年，海河干流（市区段）一期工程共治理长度 4267 米，主要结构型式为钢筋混凝土悬臂式挡墙、浆砌石混合式护岸和钢筋混凝土混合式护岸形式。完成计划总投资为 2122.42 万元，完成混凝土浇筑 1.12 万立方米。工程自 1998 年 4 月开工，6 月底全部竣工。

1998 年，海河干流（郊区段）一期工程，治理堤段总长 10.174 千米，跨东丽、津南、塘沽三区，完成闸涵 16 座，渡口 3 处。堤线结构型式以填土复堤为主，砌石护岸为辅，其中塘沽区邓善沽至北桃园段采用了吹泥填筑工艺（长 1700 米）。当年 4 月 4 日开工，7 月底竣工，总工期 120 天。完成主要工程量为土方 53.56 万立方米，石方 4.76 万立方米，混凝土浇筑 0.3 万立方米。工程总投资 3352.50 万元。资金来源为中央拨款与市自筹结合。

1998 年，海河干流治理工程新增项目安排资金 17000 万元，主要建设内容为 49.24 千米的堤防治理，总工程量土方 144.80 万立方米，石方 17.78 万立方米，混凝土 3.83 万立方米，工程建设单位为天津市海河干流治理工程建设管理处。工程项目自 1998 年 8 月 13 日陆续开工，截至 1998 年 12 月底，共完成筑堤护砌 17.35 千米，其余 31.89 千米的堤防护砌已完成工作量的 75%。

共完成土方 121.03 万立方米，石方砌筑 15.88 万立方米，混凝土浇筑 3.45 万立方米，完成投资 14345 万元，为计划的 84%。由于冬季施工工程质量难以保证，未完工程计划 1999 年 3 月初继续施工，汛前完成。

1999 年，完成投资 1.978 亿元，堤防治理 37.5 千米，当年 12 月中旬完工。共完成土方 226.45 万立方米，石方 18.49 万立方米，混凝土 3.99 万立方米。至 1999 年年底按设计标准已治理长度 135.5 千米。2000 年完成海河干流堤防治理 13.523 千米、新建洪泥河闸 1 座，堤防治理结构型式包括筑堤、浆砌石防浪墙、浆砌石护坡。完成土方 96.31 万立方米、石方 12.39 万立方米、混凝土浇筑 3.32 万立方米，完成工程投资 1.2 亿元。11 月底竣工。

2002 年，累计新建及加固堤防长度 203.77 千米，累计完成投资 138382 万元。水利部对天津市海河干流治理工程计划总投资增调到 142218 万元。海河干流治理包括干流段、北运河防洪综合治理、子牙河段等治理项目，按计划完成投资 6614.96 万元（含结转资金），实际完成 6164.96 万元，土方 59.57 万立方米，石方砌筑 12.10 万立方米，混凝土浇筑 1.57 万立方米，土工布铺设 1.1 万平方米。

干流段工程包括海河干流治理东丽段（结转工程），工程建设内容为月牙河泵站段加固堤防长 71 米，口门 2 座，投资 70.66 万元；新河船厂船坞段工程位于塘沽区新河船厂，工程建设内容为加固堤防 676.90 米，其中航道局船坞 513.30 米，新河船厂船坞 163.60 米，口门 11 座。工程于 2002 年 3 月开工，2002 年 10 月完工。按照《关于下达 2002 年海河干流治理工程第一批投资计划的通知》，工程计划投资为 406.22 万元，100% 完成下达的计划。对位于塘沽区一航局一公司至港船泵站之间长度 325 米（桩号 0+767～1+092）的堤基进行了处理。工程于 2002 年 3 月开工，7 月完工。按照《关于下达 2002 年海河干流治理工程第一批投资计划的通知》文件，投资 113 万元，100% 完成下达的计划。

北运河防洪综合治理工程新增项目有北洋园绿化及红桥区绿化等，工程内容：①新增小型穿堤建筑物 17 处、排水沟 14100 米、护栏交通门 11 处、沥青混凝土路面 3.50 万平方米、码头 6 处、码头清淤、亲水平台 1502 平方米、北洋桥下游打坝排水清理河道、绿化远调土 8.80 万立方米、增加种植面积及种植品种、污水切改、管理设施等；②北洋园绿化工程包括土建工程、中心广场、勤俭广场、泵房、老校门及团城修复、休息平台、码头及其他设施；③红桥区绿化涉及北运河沿河、北洋桥头、永川西里外侧绿化，桃花园和桃诗园改造，总绿化面积 4.28 万平方米。工程于 2001 年 5 月开工，2002 年 6 月完工，2002 年完成投资 737.33 万元。

子牙河段治理工程西起西河闸，东至子北汇流口，全长 16.54 千米，东淀沥水沿子牙河下泄至子北汇流口入海河干流。2002 年市水利局、市财政局联合下达投资计划 5358.75 万元，用于子牙河 25.158 千米的复堤护岸建设。其中左堤 12.893 千米（桩号 0+000～12+893），右堤 12.265 千米（桩号 0+000～12+265）。左堤主要结构型式为浆砌石墙土堤、干砌石护坡，其中桩号 8+700～10+050 段为新筑堤段，桩号 11+840～12+282 段采用浆砌石护坡，有 98 米抛石护岸改建加固口门 20 座，拆除重建口门 4 座，新建口门 3 座。右堤结构型式为浆砌石墙、浆砌石护坡，部分深槽段有抛石护岸，修筑沥青混凝土路面。子牙河治理工程共分 7 段，其中西青区 2 段，分别位于子牙河右堤（桩号 0+000～12+265）和子牙河左堤（桩号 0+000～1+340），长 13.605 千米；北辰区 5 段全部位于子牙河左堤（桩号 1+340～12+893），长 11.553 千米。工程主要内容：复堤

10944 米，新筑堤 1381 米，修筑防浪墙 16459.5 米，护岸挡墙 20091.5 米，干砌石护坡 4934 米，浆砌石护坡 9573 米，抛石护脚 4730 米，抛石护岸 948 米，修筑道路 10500 米。工程于 2002 年 3 月 19 日开工，10 月 20 日完工。共完成投资 5358.75 万元，土方 57.94 万立方米，石方 11.99 万立方米，混凝土浇筑 0.73 万立方米。

二、海河堤岸改造工程

2002 年 10 月，市委八届三次全会提出海河综合开发战略决策，计划用 3～5 年时间，将海河建成独具特色、国际一流的服务型经济带、文化带、景观带，发展海河经济，形成海河效应，使之成为世界名河，海河堤岸改造工程作为海河综合开发的重要组成部分由市水利局管理实施。2003 年 4 月，市水利局成立"海河堤岸工程建设指挥部"对堤岸工程进行统一管理，为理顺资金渠道等各方关系，10 月成立"天津津海水利建设开发有限公司"，作为代建单位，承担海河堤岸工程建设管理任务。

海河堤岸改造工程起自子北汇流口，止于海河外环桥，全长约 20 千米。工程于 2003 年 2 月开工，共分四期完成。一期工程从慈海桥到北安桥堤岸结构和景观建设；二期工程从北安桥到光华桥；三期工程从光华桥到海津大桥；四期工程从海津大桥到外环桥。建设内容包括：河道清淤、拓宽航道和两岸长约 40 千米的堤岸结构、景观工程。

（一）河道清淤

海河干流是承泄海河流域洪水的一条骨干行洪河道，承担着天津市排沥、航运和蓄水任务。河道全长 73.45 千米，按水利部批准的城市防洪规划，河道设计流量 800 立方米每秒。

经多年运行，海河干流从未进行过较大规模的清淤，河道断面情况各异。特别是 20 世纪后期，华北地区干旱少雨，海河上游来水基本枯竭，河道淤积十分严重。由于水体的自净能力差，严重影响河流的水质和水环境。

清淤设计原则：彻底清除严重污染层，河底清淤深度为 1～2 米；结合现状主槽边坡和河底宽窄不一的情况，清淤设计断面基本上以梯形断面控制，边坡 1:6，局部边坡较陡地段采取顺坡处理；河底纵坡控制在 1/20000 左右；考虑通航要求，满足水深 4.0 米的河底宽度不少于 60 米。

清淤范围：海河干流市区段，从北运河北洋桥上游橡胶坝至海河外环桥段，长度约 20 千米。设计清淤土方量为 310 万立方米，工程于 2003 年 2 月 18 日开工，施工总工期 2 年。

清淤方法：采用环保型清淤方法，水陆两用挖掘机和抓斗式挖泥船开挖，淤泥装入驳船由拖轮拖带至下游排泥场临时码头，再经自卸汽车转运至指定排泥场。排泥场设置在海河下游的东丽区和津南区，用于填埋海河大堤外侧的坑塘，淤泥固结后可起到填塘固堤和加宽培厚海河堤防作用。

2003 年，实施的清淤工程河段长 10880 米。其中北运河北洋桥上游橡胶坝至子北汇流口 1956 米，子北汇流口至北安桥 3795 米，海河大桥至外环桥 5129 米。完成清淤工程量 216 万立方米，完成投资 18700.77 万元。

2004 年，完成海河河道清淤 47.7 万立方米，完成投资 3338 万元。

2005 年，完成海河河道清淤 36.84 万立方米，完成投资 2441.23 万元。9 月 20 日，清淤工程全部完成。20.51 千米河道累计完成清淤土方 300.54 万立方米，完成投资 2.448 亿元。该项工程投资由市财政专项资金、市水利基金以及银行贷款构成。

清淤后，河道达到了行洪 800 立方米每秒的设计标准和载重量小于 500 吨位船舶的通航要求。海河主航道常年水深大于 7 米，河道最窄处宽度也大于 100 米，同时还完成 10 条过河管道工程设施的切改施工任务。

（二）堤岸结构

海河堤岸结构工程是市政府实施海河综合开发的重要基础性项目。据收集到的资料分析，海河两岸的堤岸结构除部分进行过应急治理简易改造外，其他部位堤岸结构仅在堤顶做过防浪墙加高和防渗处理，主体结构年久失修，工程安全存在隐患。结合景观带、景观园林设计规划岸线有的需依河后靠，有的则侵入河中且堤岸高程调整，故多数堤岸需重建。

按照市发展海河经济领导小组办公室的规划要求，2003 年计划改造海河两岸堤岸 11744 米。其中左岸 3842 米（北洋桥至子北汇流口 1956 米，慈航路至北安桥 1886 米），右岸 7902 米（北洋桥至子北汇流口 1934 米，南运河口闸至北安桥 2018 米，刘庄桥至海河大桥 3950 米）。

一期工程中海河堤岸改造示范段工程共分为 4 段：

左岸慈航路与金钢桥之间，全长约 540 米。堤岸结构型式采用退台式护岸，在 2.0 米高程处设计亲水平台，充分满足人们的亲水需求；景观设计在正对大悲院出口处的大台阶两侧设立浮雕，一侧是关于三岔口来历和天津形成的文字说明，另一侧是历史漕运浮雕，充分展示天津悠久的漕运文化；堤岸铺装设计以天然石材为主，大悲院堤岸平台选用新开河治理中挖出的清末民初建耳闸时遗留的巨型条石，保持原有镶嵌方式，并附以文字说明，增加堤岸凝重的水文化内涵。

金钢桥与狮子林桥之间，全长 701 米。堤岸结构型式以平台加直墙为主，中间设台阶，高程 2.0 米处设亲水平台，在岸边设置喷泉水景，供人们休闲观赏。

右岸狮子林桥与水阁大街之间，全长 615 米。堤岸结构型式与下沉式道路相结合，建设以绿化为主的亲水平台，与正在规划设计的海河文化广场相适应，并在狮子林桥桥头设观景台。

北运河北洋桥至子北汇流口，两岸改造长度 3890 米。堤岸结构型式将在保留原有防洪墙的基础上，建设亲水平台。

海河堤岸工程建设于 2003 年 2 月进场，由天津津海水利建设开发有限公司承建，工程总投资约 6 亿元。

一期工程于 2003 年 4 月开工，至 2004 年 5 月 1 日完成并投入使用。河段全长 4.22 千米，工程包括北洋桥至子北汇流口的北运河两岸、海河左岸慈海桥至北安桥及海河右岸南运河橡胶坝至北安桥。该工程被天津建筑业协会评为"海河杯"工程。

二期工程于 2004 年开工，工程包括海河北安桥至光华桥左右两岸，海河干流左岸耳闸至慈海桥、右岸子北汇流口至三岔河口。河段全长 11.57 千米，至 2006 年年底，已完成并对市民开放 6.2 千米。二期工程被天津建筑业协会评为"金奖海河杯"工程。

三期工程于 2006 年 7 月开工，工程包括海河光华桥至海津大桥左右两岸，河段全长 4.709 千米，2007 年"五一"前完成结构工程，"十一"前完成景观工程，并对市民开放。

至 2010 年年底，除海津大桥至外环桥段未开工外，共完成海河上游市区段 30 多千米的堤岸建设，改造沿线面积达到 243.7 万平方米。总工程量：亲水平台、堤岸挡墙、道路护坡、护栏

（含护栏的石礅）等项目，共计石材铺装地面 234000 立方米，木质地板铺装 10994 平方米，预制混凝土铺装 61091 平方米，绿化面积 217000 平方米，灯具安装 17291 盏。陆续完建的堤岸和景观工程项目，经验收后，陆续向游人开放，取得显著的社会效益和经济效益。

海河堤岸工程自 2003 年开工建设，共分四期实施。2010 年，一期至三期工程及景观雕塑工程全部完工并对市民开放，四期工程于 2011 年开工。截至 2010 年各段完工日期见表 7-2-7-113、表 7-2-7-114。

表 7-2-7-113　　　　　　　　海河堤岸（左岸）工程建设情况

施工段落	一期景观长度/米	二期景观长度/米	三期景观长度/米	四期景观长度/米	结构工程开、完工日期	景观工程开、完工日期
北洋桥至子北汇流口（北运河）	2000				2003 年 8 月至 2004 年 6 月	
耳闸至慈海桥		568			2004 年 10 月至 2008 年 3 月	2005 年 10 月至 2008 年 4 月
慈海桥至北安桥	2303				2003 年 4 月至 2004 年 3 月	2003 年 12 月至 2004 年 5 月
北安桥至大沽桥（和平节点）		649			2005 年 10 月至 2008 年 1 月	2007 年 12 月至 2008 年 8 月
大沽桥至解放桥		301				2005 年 7 月至 2006 年 3 月
解放桥至赤峰桥		795			2004 年 10 月至 2006 年 12 月	2005 年 10 月至 2007 年 4 月
赤峰桥至六经路		384				2005 年 10 月至 2007 年 4 月
六经路至大光明桥（南站节点）		891			2005 年 3 月至 2006 年 11 月	2006 年 5 月至 2007 年 9 月
大光明桥至光华桥		2513			2004 年 10 月至 2007 年 8 月	2006 年 3 月至 2008 年 7 月
光华桥至海津大桥			2634		2006 年 7 月至 2008 年 1 月	2007 年 3 月至 2008 年 4 月
海津大桥至外环桥				5000	2011 年开工—	2011 年开工—
石舫雕塑						2007 年 8 月至 2008 年 7 月
八仙过海雕塑						2007 年 8 月至 2008 年 7 月

表 7-2-7-114　　　　　　　　海河堤岸（右岸）工程建设情况

施工段落	一期景观长度/米	二期景观长度/米	三期景观长度/米	四期景观长度/米	结构工程开、完工日期	景观工程开、完工日期
北洋桥至子北汇流口（北运河）	2000				2003 年 8 月至 2004 年 6 月	
子北汇流口至三岔口（思源广场）		1400			2004 年 6 月至 2007 年 8 月	2007 年 7 月至 2008 年 8 月

续表

施工段落	一期景观长度/米	二期景观长度/米	三期景观长度/米	四期景观长度/米	结构工程开、完工日期	景观工程开、完工日期
橡胶坝至北安桥	2107				2003年4月至2004年10月	2004年10月至2005年10月
北安桥至大沽桥（和平节点）		782			2005年10月至2006年5月	2007年12月至2008年8月
大沽桥至解放桥		318			2004年10月至2005年9月	2005年7月至2006年3月
解放桥至合江路		170			2006年5月至2008年6月	2008年6月至2008年8月
合江路至赤峰桥（金融广场）		502			2006年5月至2006年12月	2006年11月至2007年8月
赤峰桥至大光明桥		1165			无结构	2005年3月至2006年4月
大光明桥至光华桥		2536			2004年10月至2006年4月	2005年3月至2006年8月
光华桥至海津大桥			2606		2006年7月至2007年8月	2007年3月至2008年4月
天津湾			821		2007年6月至2008年10月	2008年4月至2008年9月
海津大桥至外环桥				5000	未开工	未开工
驳岸景观墙						2007年8月至2008年4月

（三）堤岸景观

市区段海河干流堤岸景观装饰工程主要有堤岸胸墙装饰，地面石材、地砖铺装，景观座椅，电气系统（电缆敷设、驳岸高柱灯及特色堤岸藏墙灯的安装）等工程。

1. 石舫雕塑

该工程位于河北区海河东路与八马路交口处，紧邻耳闸下游北运河左岸河道内。石舫总长46.8米，总宽12米，总高15.1米，船头高9米，船尾高9.6米。石舫甲板与一、二分层船楼总面积约580平方米，可容纳200余人。石舫雕塑如图7-2-7-13所示。

2. 百米浮雕景观

工程位于北运河东岸慈海桥至金钢桥之间。河海要冲为天津发展水上运输提供了重要的自然条件，漕粮北运是元明清时期天津城市兴起、繁荣的主要支撑，而三岔口正是漕粮北运的必经之地和枢纽所在。景观工程将《潞河督运图》及《三岔河口记》以浮雕墙的形式予以复制于三岔口的北运河东岸。浮雕墙采用花岗岩和大理石，外框及浮雕基座石材选用进口绿色花岗岩，浮雕墙采用黑色大理石。浮雕墙全长100.6米，浮雕墙基座高0.6米，墙身高2.6米，呈弧形，倾斜10度仰角。浮雕墙全貌如图7-2-7-14所示。

图 7 - 2 - 7 - 13　"天子之渡" ——石舫雕塑

图 7 - 2 - 7 - 14　百米浮雕墙

3. 驳岸景观墙

工程位于海河右岸赤峰桥至大光明桥之间，长 1109 米，水面以上平均高度为 3.7 米，驳岸墙采用铜铸浮雕为主的欧式风格，雕塑主体为兽头，结合艺术喷泉及景观照明，使驳岸景观富于古典与现代相融合的气息。其中喷泉采用在海河取水喷送回海河的循环方式。通过兽头、圆形喷孔和喷水形态的变化，使河道景色更加美观。

4. 堤岸园林绿化

两岸栽植了大规格乔木和布局灌木大色块，种植各类适宜生长的植物品种，搭建了两岸绿色走廊，形成宏大的绿色景观效果。在大量栽种乡土树种的基础上，引进和培植了能适应天津生长的其他植物品种，植物绿化种类超过 100 种，其中新品种有 30 多个，呈现出植物种类的多样化。

（四）工程建设管理

1. 管理体制

海河堤岸工程建设管理体制框架图：

```
          工程实施单位                        领导　监管
    天津城市基础设施建设投资集团有限公司
                 ↓
    天津市海河建设发展投资有限公司    ←--    天津市政府及其相关部门
                 ‖                                    ↓
    天津津海水利建设开发有限公司      ←--    海河堤岸工程建设指挥部
          图例：══ 合同关系；←-- 管理、监督关系
```

主要各方职责：

天津城市基础设施建设投资集团有限公司（简称天津城投集团）。2004年11月对外挂牌成立，是国有资产授权经营的大型国有独资集团公司。

天津市海河建设发展投资有限公司，为天津城投集团子公司，海河堤岸工程项目法人/业主方，对海河堤岸工程负总责，并接受市政府相关部门的管理和监督。

海河堤岸工程建设指挥部。工程建设初期，负责工程实施相关工作。天津津海水利建设开发有限公司成立后，指挥部的功能主要用于协调工程对外建设条件，如征地拆迁等。

天津津海水利建设开发有限公司。受业主方——天津市海河建设发展投资有限公司委托，负责海河堤岸工程的建设管理任务。

2. 管理方式

（1）工程发包。业主方：天津市海河建设发展投资有限公司将工程建设管理，除工程款项支付和工程竣工验收之外的工作委托由天津津海水利建设开发有限公司完成。

天津津海水利建设开发有限公司，将结构工程、景观工程、绿化工程通过招标方式发包给承包人。其中结构工程、景观工程和绿化工程又分若干标段发包。

天津津海水利建设开发有限公司委托监理公司，对结构工程、景观工程和绿化工程承发包合同进行监督管理。

（2）工程招标。根据海河堤岸的工程特点和施工特点，海河堤岸工程招标方式采用公开招标和邀请招标两种形式。海河堤岸建设各期工程项目共招标20批次、109个标段，其中包括勘察设计标段、施工标段、监理标段、设备材料采购标段。海河河道清淤工程和一期结构、景观及二期结构工程，经市水利局批准后依法采用邀请招标，其余的工程项目均采用了公开招标。

（3）工程合同。海河堤岸建设中的各项工程实行合同管理制，它贯穿于整个工程建设全过程，是工程管理的核心工作。

合同管理内容：将海河堤岸工程建设目标以合同条款的形式规定下来，包括工程建设地点、合同项目建设工期、质量要求、建设费用控制等；海河堤岸工程建设合同是承发包双方一切活动的行为准则，工程建设中的合同双方均要按合同办事，全面履行合同所规定的权利、义务，以及承担所分配的风险。

合同种类：海河堤岸建设工程通过公开招投标确定中标单位后，代建项目法人津海公司根据工程的不同阶段、不同情况和特点与各中标的承包商在堤岸建设一期、二期、三期堤岸结构；景观；绿化；切改等工程中签订各种不同类型的建设合同。主要有勘察设计合同、工程施工合同、工程建设监理合同、工程配套切改工程合同、购销合同、咨询合同、征地拆迁合同。

合同变更管理：变更涉及的海河堤岸工程参建方很多，主要是发包人津海公司、监理人和承包人。涉及工程合同中的内容增加、减少、取消、改变、追加等变更时，均要通过此三方来处理。发包人津海公司或承包人要求变更时，都要通过监理人发布变更令来实施。没有监理人的指示，承包人不得擅自变更；监理人发布的合同范围内的变更，承包人必须实施；津海公司要求的变更，也要通过监理人来实施。

（4）工程质量、安全。为保证工程质量，海河堤岸工程建设实行代建方负责、监理单位控制、施工单位保证和政府监督相结合的质量管理体制。工程质量由代建方（建设单位）全面负责，监理、施工、设计单位按照合同及有关规定对各自承担的工作负责。

为加强工程的建设管理，根据 2003 年《关于成立天津市海河堤岸建设工程质量监督站的通知》要求，成立了"天津市海河堤岸景观工程质量监督站"，依法对工程建设进行监督检查。

第八节　引滦水源保护工程

引滦入津水源保护工程是在原有引滦入津工程的基础上，为保护天津市饮用水质量，改善沿线生态环境进行的一次最大规模的完善、配套和提升改造。

一、工程施工

工程从于桥水库库区开始，至大张庄泵站，沿线总长 124.34 千米。工程包括于桥水库水源保护工程、新建州河暗渠工程、引滦专用明渠治理工程、引滦工程信息管理系统工程四部分。工程自 2002 年 2 月 27 日开工，2007 年年底完工。总投资约 24 亿元，资金来源分 3 个部分：亚洲开发银行贷款 1.038 亿美元，折合人民币 8.59 亿元；国家开发银行贷款 7.28 亿元；财政资本金 8.124 亿元。其中用于于桥水库水源保护工程 4.59 亿元；新建州河暗渠工程 13.39 亿元；引滦专用明渠治理工程 4.82 亿元，管理设施及信息系统工程 1.2 亿元。

（一）于桥水库水源保护综合治理工程

工程只限于蓟县境内所辖库区 424.73 平方千米范围内，主要有水土保护、村落治理、水质净化、管理设施等工程。

1. 水土保护工程

荒山植被恢复工程。继 2003 年示范工程后，2007 年 3 月 28 日荒山植被恢复工程在库区周边全面铺开。在库区周边五百户镇、别山镇、西龙虎峪镇、马伸桥镇、穿芳峪乡、城关镇 6 个乡（镇）所辖地段的荒山、丘陵、植被较差的地段栽植树木。树种选用黄栌和火炬树两种。2008 年 9 月 17 日由业主、监理完成了荒山植被恢复的工程计量工作，荒山植被恢复黄栌 392.67 公顷、火炬树 258.67 公顷。

梯条田埂培护工程。对原有毁坏的梯条田埂进行修复培护，加高加固埂坝，以石埂加石培埂，土埂培土拍实护坝，修补残缺埂坝，工程涉及城关镇、别山镇、穿芳峪乡、西龙虎峪镇、五百户镇、马伸桥镇 6 个乡（镇），2008 年 3 月 28 日开工，2008 年 9 月 12 日由业主、监理共同计量并核定工程量，梯条田埂培护面积合计 2503.67 公顷。

沟道防护林工程。沟道防护林布置在沟道两侧的沟岸边，采取密集种植紫穗槐或洋槐，形成树篱带，防止沟岸侵蚀，阻滤河道两侧农田及村庄的污水污物，减少对沟水污染。沟道防护林地段涉及 6 个乡（镇），沟长 8305 米，共栽种 54732 株。2008 年 9 月 18 日由业主、监理完成沟道防护林的工程量计量合计 54732 株。

谷坊坝工程。涉及城关镇、穿芳峪乡、马伸桥镇、五百户镇 4 个乡（镇）31 条沟，分布在水库南岸和北岸。谷坊坝实施形式标准为坝顶宽 1 米，背水坡 1∶0.5，迎水坡 1∶0.1，基础埋深 0.5 米，谷坊坝溢流口高 0.3 米，宽 1.5 米，在溢流口下做宽 2 米、长 3 米、厚 0.4 米的抛石。2006 年 10 月 18 日施工，2008 年 8 月 20 日由业主、监理完成谷坊坝项目的工程计量，合计谷坊坝 288 条，开挖量 5680.85 立方米，垫层量 826.99 立方米，浆砌石 12228.16 立方米，干砌石 624 立方米，回填量 1654.36 立方米。

2. 村落治理工程

村落道路硬化。库周村落街道多为土路南北纵向分布，有小沟排泄污水，遇雨道路泥泞，畜禽在街道上乱踩，街道两侧的粪堆塌落。2006 年 9 月 22 日开始实施道路硬化工程，春节前竣工。工程涉及库区城关镇、穿芳峪乡、马伸桥镇、出头岭镇、西龙虎峪镇、别山镇、五百户镇 7 个乡（镇），79 个自然村，实际完成修筑混凝土路工程量为 256605 平方米。

村落厕所改造工程。水库周边厕所改造工程以补贴形式，配合市政府农村城镇厕所改造工程实施。工程涉及库区 7 个乡（镇）176 个村，施工队伍由各村组织的能工巧匠组成，统一标准，统一模式，统一施工，每支队伍以组为单位分散作业，由技术人员巡回指导检查。2003 年 7 月 10 日开工，2005 年 10 月 20 日完工，竣工后，由业主、监理完成水库周边厕所改造统计验收，合计完成改厕 26079 个。

垃圾站建设。本次垃圾站建设由原来的集中型改为小型分散型，涉及五百户镇 18 个村，建成垃圾箱 157 个，已投入使用。

沟塘清淤截流工程。库周南岸距荒山较近，且沟塘较多。因降水减少，村庄附近的沟塘变成了村民弃置垃圾的场所，形成较大污染源。当遇较大降雨时，沟塘中的垃圾随径流直接进入水库，导致水库水质恶化。本标段清除沟渠坑塘涉及 4 个乡（镇），清除沟渠垃圾 14 条，长 10996 米，坑塘清淤 35 个，沟渠坑塘共清淤垃圾及淤泥 204000 立方米。

3. 水质净化工程

为抑制于桥水库水体藻类的过度繁殖，减轻自来水厂对源水处理的压力，本工程采用多功能水质净化船"翠屏 02 号"，在藻类繁殖旺盛的水库下游区域实施水质净化。多功能水质净化船"翠屏 02 号"通过移动和固定两个方式向水中不同空间高速充氧和搅动，使湖水上下层对流交换，破坏微囊藻生成条件，抑制藻类繁殖生长，消除水底部缺氧状态，每天最大去除 BOD 为 3.287 吨。同时采用"翠屏 01 号"水质监测船，用于水库水质监测和防汛指挥。

4. 管理设施建设

淋河水文站建设是引滦水源保护工程 YQ-09 标段实施内容之一。工程位于蓟县马伸桥乡淋河村东淋河右岸，场区内主要建筑包括办公楼、附属用房。绿地面积 8700 平方米，绿化率 60%。

测流设施。包括缆道自计室、自计井房及自计井、标准的测流断面、测流缆道、观测路建设。缆道自计室 49 平方米，缆道跨度 85 米，测流断面左岸 150 米，右岸 265 米，护底长 145 米，断面均为浆砌石结构。其工程量为 1338 立方米，碎石垫层 272 立方米，测流断面位于蓟县马伸桥镇淋河村东，淋河下游与库区的入口处。

水库坝区建设。水库大坝保护区内的绿化工程分别在大坝的背水坡坡脚和大坝中南部的半岛及坝首部分，绿化以公园的形式布置，设有草坪 7250 平方米，多种乔木和各种花木 19021 棵。甬路为混凝土砖路面 4173 平方米，卵石路面 1069 平方米，石板路面 3917 平方米。在上坝路两侧和景观一侧建有护栏形式的透视围墙，并在大坝迎水坡半岛边修建了一座钢结构浮筒式随水位变化的升降码头，适应高水位时行船和停靠。

（二）新建州河暗渠工程

为了解决引滦输水长期占用州河、蓟运河等天然河道造成的与原河道泄洪、排沥、排污、蓄水灌溉等既有功能之间出现的矛盾，避免突发性污染造成的供水水质下降，故在原有引滦输水河道州河左岸新建州河暗渠工程，以代替原来占用州河输水功能。新建州河暗渠工程，起始于于桥水库电站尾水，至宝坻区九王庄穿蓟运河，在九王庄引水闸下游 800 米处与引滦专用明渠相接。全封闭输水暗渠全长约 34.14 千米，最大引水规模 50 立方米每秒，采用三孔单联式 4.3 米×4.3 米钢筋混凝土箱涵输水。该工程主要建筑物：渠首枢纽工程 3 座（州河节制闸 1 座、暗渠进水闸 1 座、前池 1 座），1 座调节池，6 座检修闸，2 座倒虹吸，3 座穿越铁路工程，4 座大型穿越公路工程，1 座出口闸等，共计 20 座。另有通气孔（兼进人孔）9 座。在进出口枢纽工程的建设过程中还增加了绿化工程与厂区景观建设。

新建州河暗渠主体工程自 2002 年 5 月 31 日开工，至 2005 年 6 月 28 日完工，工程施工工期历时 1123 天。本工程的特点为线形施工，混凝土浇筑量大，地下水位高等。该工程分 14 个主体土建标段（Z1～Z14 标段）和 7 个穿越标段（CY1～CY7 标段），以及渠首管理设施（Z15）、渠尾管理设施（Z16）、橡胶坝（Z17）、沙河导流（Z1 - SD）、安全监测系统 5 个附属工程。

新建州河暗渠工程主体土建标段和穿越标段工程量完成情况为：土方开挖 1137.74 万立方米、土方回填 822.64 万立方米、混凝土 104.93 万立方米、钢筋及金属结构安装 85219 吨。

新建州河暗渠工程承包商有天津市水利工程有限公司、山东黄河工程局、天津市振津工程集团有限公司、中国葛洲坝水利水电工程集团有限公司、北京市第一水利工程处与天津市水利工程有限公司联合体、南京市水利建筑工程总公司与天津振津工程集团有限公司联合体、天津振津工程集团有限公司与天津市宝坻区水利建筑工程公司联合体、中铁十九局集团有限公司、天津市津水建筑工程公司、中铁十六局集团有限公司等。

（三）引滦专用明渠治理工程

引滦专用明渠是为引滦工程专门建设的输水渠道，起始于蓟运河右岸的九王庄引水闸，至永定新河左岸大张庄泵站，全长 64.2 千米，途经宝坻区、武清区、北辰区。

引滦明渠为人工开挖的土质渠道，运行数年后，渠道出现坍塌、淤积现象。自 1984 年起，管理部门逐年对坍塌区段进行清淤和渠坡衬砌，共衬砌 32.6 千米，其中有早期修建的浆砌石护坡 18.03 千米，1992 年以后修建的预制混凝土板护坡 12.47 千米及浆砌石、预制混凝土板、模袋混凝土护坡试验段 2.1 千米。早期的浆砌石护坡已破损严重，预制混凝土板护坡坡面基本完好。此次，作为引滦水源保护工程子项目工程，对引滦明渠渠道进行了混凝土板护砌治理，治理长度约 64.2 千米。工程除了进行渠道护砌以外，还对明渠两岸进行了堤坡整治、绿化，封闭管理等完善配套工程，工程自 2001 年 4 月 22 日开工，至 2006 年 12 月 20 日陆续完工，历时 68 个月。

明渠治理工程主要有①渠道护砌；②维修加固工程：倒虹吸工程、交通桥的维修加固、潮白河泵站后池维修加固；③封闭隔离工程：在明渠两侧绿化带以外安装了长达 120 千米，高 2 米的通透式护栏网；④绿化工程：一般段的绿化为植树造林，重点段绿化为植树为主的园林景观，以及必要的标志物、甬路、喷灌等附属建筑物，明渠绿化总面积约 530 万平方米；⑤截污工程：窝头河倒虹吸进出口截污工程（对倒虹吸进出口采用摆喷高喷防渗墙截渗，高喷防渗墙总长194米），村庄截污治理工程包括里自沽农场、高八庄、九王庄、北何庄、高庄户村（明渠所侧）的截污治理工程、宝白路截污工程总长8.45千米；⑥管理区的改造：沿线有潮白河泵站、尔王庄水库、宜兴埠泵站三大管理处，结合明渠治理工程，对明渠附近的部分管理设施进行了拆除或修整，在此基础上对环境进行了绿化；⑦九王庄水文监测设施工程：包括蓟运河九王庄闸上水位流量监测断面、蓟运河九王庄闸下水位监测断面和九王庄引滦明渠水位流量监测断面的气象多参数自动测报系统；流量测验系统；水文信息接收处理系统；通信系统4部分的设备采购及土建工程等。

明渠治理工程共划分为38个标段。其中试验段、01～020标段为渠道护砌工程，021-F1～F6标段、022-R标段为明渠封闭管理工程交通部分及尔王庄泵站周边治理工程，022-LS、023-LS1、023-LS2标段为明渠封闭管理工程绿化部分，024标段为大套泵站工程，025-1～5标段是明渠治理调整增补工程，026标段为倒虹吸的维修加固。引滦专用明渠治理工程各标段完成主要工程量合计为土方开挖2884394立方米，土方回填1061603立方米，混凝土及钢筋混凝土490484.5立方米，碎石454163.4立方米，浆砌石22687.36立方米，植树1546710株，植草115146平方米，钢筋28.5吨。

明渠治理工程承建单位为天津市康泰建筑工程有限公司、天津市水利工程有限公司、天津振津工程集团有限公司、天津市宝坻区水利建筑工程公司、天津市津水建筑工程公司、山东黄河工程局。

（四）管理信息系统工程

该工程以引滦工管处为中心，建设包括引滦工管处、隧洞处、黎河处、于桥处、潮白河处、尔王庄处、宜兴埠处7个局域网在内的信息系统。

建设内容包括基础设施、业务平台、应用系统建设。

基础设施包括网络与通信系统的系统设计、设备采购、施工安装及调试；语音与视频系统设计、设备采购、施工安装及调试；远程监测监控系统设计、设备采购、施工安装及调试；计算机主机、存储设备系统设计、设备采购、施工安装及调试。

业务平台建设包括统一门户系统、地理信息系统（GIS）、工作流平台、数据中心及数据中心维护系统等应用系统的设计、开发、安装及系统调试。

应用系统包括生产调度系统、电子沙盘展示系统、信息服务系统、输水优化调度系统、水质分析预测系统、引水工程应急系统、水资源决策支持系统、工程项目管理、引水工程运行管理系统、人力资源管理系统、办公自动化系统、视频会议、安全系统等。

建设引滦管理信息系统工程，使引滦沿线单位在先进的通信和网络基础平台的支持下，实时采集引滦沿线各类信息，及时进行分析、处理，实现了全线的信息共享，使引滦工程管理水平和决策水平全面提高。

管理信息系统工程中标商有天津振津工程集团有限公司、宁波GQY视讯股份有限公司、清华万博有限公司、太极股份有限公司、南京南瑞集团、天融信科技有限公司、荣基科技有限公司、清华同方股份有限公司、天津海泰数码科技有限公司、武汉长澳大地工程有限公司、北京捷联设备有限公司、深圳特发信息股份有限公司、赛尔网络有限公司、天深公司、北京银河创新技术发展有限公司、中国建筑技术集团有限公司、天津广播电视网络有限公司、天津大学、天津市协盛科技实业公司。

二、项目建设管理

1999 年 2 月 9 日，市委、市政府召开专题研究保护引滦水质问题会议，议定了涉及引滦输水保护相关事宜及措施。1999 年 3 月，国务院批准《海河流域水污染防治规划》，把于桥水库及以下天津地区引滦工程治理列为优先安排项目。

1999 年 11 月，市水利局成立天津市饮用水源保护工程项目办公室（简称引滦项目办），为该工程项目法人，全面负责工程建设的实施、管理和组织协调。2000 年 4 月，市水利局明确引滦项目办主任王宏江（副局长）。2003 年 5 月 12 日"天津市饮用水源保护工程项目办公室"更名为"天津市引滦水源保护项目办公室"（仍简称引滦项目办）。职能不变。

2000 年 1 月 13 日，遵循基本建设程序和国际惯例，按市场经济运行规律，经市工商局批准，天津市引滦饮用水源保护工程有限责任公司成立。具体负责工程的策划、资金筹措、建设实施、运营管理、债务偿还、资产保值增值等事宜。2003 年 5 月 12 日"天津市引滦饮用水源保护工程有限责任公司"更名为"天津市引滦水源保护有限责任公司"。

为确保工程建设的顺利实施，采用了国际上通行的工程项目法人（业主）负责制、招投标制、工程建设监理制和合同管理制。

招投标制，整个工程建设合计招土建标 77 个，材料设备标 55 个。其中新建州河暗渠土建标 26 个，设备材料标 31 个；引滦专用明渠土建标 38 个（含试验段），材料标 9 个；于桥水库水源治理土建标 7 个（另有 3 个协议工程），设备标 3 个；管理信息系统建设土建标 6 个，设备标 12 个。在多批次的招投标中，建设单位全面实行无标底招标和最低评标价法中标制，将拟招用土建承包商、设备与材料供应商及监理单位等，全部纳入规范的市场运作进行公开招投标，其中所有材料设备如钢筋、水泥采用国际竞争性招标，土建工程采用国内竞争性招标，监理也在天津市水利行业首次进行公开招标。监理工作以总监理工程师为第一负责人，领导各专业监理工程师对各个标段的进度、质量、投资进行管理与控制，在施工现场全方位、全过程跟班督查，重点部位、关键工序监理人员旁站监理。

三、迁建移民

引滦入津水源保护工程建设，需征用永久占地，相应进行征地拆迁和移民安置。2001 年 6 月，市发展改革委以《关于对引滦入津水源保护工程初步设计的批复》批准工程永久占地 114.67 公顷，实际征用 105.33 公顷，其中征用宝坻 32.34 公顷，蓟县 72.99 公顷。引滦入津水源保护项目的征地拆迁和移民安置工作包括州河暗渠部分、引滦专用明渠部分和于桥水库水源保护部分。

州河暗渠实际永久征地 75.13 公顷，对由征地受庄稼和附属物损失的人群，由相关部门定额支付给受影响家庭，土地补偿费依法支付到村集体，再由村集体支付给受影响家庭。为减轻对受影响人的收入影响，采取以下 3 种方式保证受影响人群的生产和生活：①取消原准备在暗渠顶上建设一条 17 米宽的道路计划，允许受影响严重的农民继续在暗渠地上耕作，以增加部分收入；②在征地涉及的农户间重新调整承包土地，让全体村民共同承担土地减少带来的影响；③在暗渠工程施工期间，工地所用人工尽量从当地征过土地的村庄雇佣，每人每月按 1000～1500 元支付工资，以增加受影响人群的收入。

引滦专用明渠实际征地 27.53 公顷。征地分散在明渠两岸，对沿线村民影响不大。对其征地后的地上附属物及青苗补偿金支付到受影响户，将永久占地补偿金支付到相关农村，大部分村将 5%～30% 留于农村搞基础设施建设，剩余款项平均分发到村民，少部分村因征地面积较小，所得补偿金全部存留在农村。另外，工程建设时所需大量人工均从当地雇佣，为征地受影响的农民增加收入。

于桥水库综合治理项目实际永久征地 2.67 公顷。于桥水库的征地及移民安置工作重点在水库周边 22 米高程以下土地涉及的村庄。20 世纪 70 年代，市水利局已征用水库周边 22 米高程以下 1933.33 公顷土地，由于水库水位基本达不到 22 米水位，附近 98 个村的村民自行在这部分土地耕作或建造养鱼池。为确保于桥水库综合治理工程项目顺利实施，水库周边 22 米等高线下土地全部实行退耕还林和退渔还林，依照亚洲开发银行相关规定，对使用这些土地的原耕种和养殖户仍然进行补偿。水源公司将补偿金按标准支付到蓟县当地政府，当地政府将补偿金进一步支付到受影响的村，村再支付到农户。为减小村民经济损失，鼓励村民另谋生计，允许村民在规定区域内种植树苗，可得到种植树木补助 600 元，树苗售出还可得到收益，村民有一个较稳定的经济来源。

四、工程验收

天津市引滦入津水源保护工程严格按照《天津市引滦入津水源保护工程有关工程验收的规定》进行验收，验收分为：分部工程验收、单位工程验收和竣工验收。在完成分部工程验收的基础上，2005 年 7 月，新建州河暗渠单元工程通过通水阶段验收；2007 年 6 月，引滦入津专用明渠治理单元工程通过初步验收；2008 年 12 月，引滦工程管理信息系统单位工程通过验收；2009 年 6 月，于桥水库水源保护单元工程通过验收。截至 2010 年年底，引滦水源保护工程竣工验收待进行。

第九节　海　堤　建　设

天津市海堤（又称海挡）是滨海新区防潮的重要屏障，起自天津市东北部与河北省交界的涧河口，止于天津南部沧浪渠入海口北堤。自 1941 年开始，天津沿海修筑海堤。至 1991 年，天津市海堤工程总长 155.5 千米。1997 年，天津市对海堤加大治理力度，2006 年年底，天津市 139.62 千米海堤实现了全线封闭，其中汉沽段长 30.614 千米，塘沽段长 80.749 千米，大港段长 28.257 千米。在历年实施建设的过程中，各区海堤长度均有不同程度的调整，截至 2010 年，天津市海堤全长 139.62 千米，汉沽段长 30.271 千米，塘沽段长 80.571 千米，大港段长 28.778 千米。

一、工程施工

天津市海挡工程自 1941 年开始修建，由于当时缺乏统一规划，海挡各段防潮标准、断面结构型式各异。加之海挡维修和管理一直没有正常的资金渠道，致使工程年久失修，防御海潮能力极低。特别是近年来风暴潮出现频繁，潮势愈加猛烈。1997 年 10 月 29 日，市政府召开 1998 年海挡工程建设动员会，把海挡工程列为水利工程的重点。海挡治理标准为一般地段防潮能力是在 7 级风的作用下达到 20 年一遇的标准，设计潮位为 4.46 米，加上波高，防浪墙的顶高程为 6.00 米；重点地段防潮能力是在 7 级风的作用下达到 50 年一遇的标准，设计潮位 4.69 米，加上波高，防浪墙的墙顶高程为 6.50 米。海挡工程分两期进行，分别于 1997 年 11 月 15 日和 1998 年 9 月 1 日开工。海挡一期工程的资金由市财政拨款。一期工程建成后，水利部领导到天津检查，在二期工程中争取到中央专项资金 2000 万元。两期工程完成工程量为混凝土 11.21 万立方米，石方 28.41 万立方米，土方 46.88 万立方米。实际完成投资 14368.97 万元。竣工时间分别为 1998 年 6 月 30 日和 1998 年 11 月 30 日。

根据《天津市滨海新区城市总体规划（2009—2020 年）》，为保障滨海新区的防潮安全，自 2005 年开始，选取历年治理工程中有遗留问题的堤段或未达标段实施治理工程。

2005 年，海堤应急加固工程分两期实施。一期工程位于汉沽区大神堂村，长 1305 米，包括新建和拆除重建穿堤圆管涵闸各 1 座、修建 3 座引水路涵。二期工程位于汉沽区大神堂村码头船坞，长 1627 米，包括新建 3 孔 2 米×2.5 米大神堂挡潮闸 1 座、涵闸 2 处，拆除重建 1 孔 2.5 米×2.5 米路涵 1 座。两期工程结构型式均为灌砌混凝土结合防浪墙结构，设计高程为 6.5 米。

2006 年，海堤加固工程位于汉沽区大神堂村附近，治理长度共 9081 米。其中小五号排淡沟涵闸至大神堂村东段，长 5317 米，包括拆除重建 3 孔 2.0 米×2.0 米洒金坨东穿堤涵闸一座；大神堂码头至送水路东埝段，长 3764 米，结构型式为混凝土灌砌石结合防浪墙结构。截至 2007 年年底，共完成筑堤土方 7.87 万立方米，灌砌石 5.49 万立方米，混凝土 0.63 万立方米。

2008 年，海堤加固工程位于塘沽、汉沽、大港三区。其中汉沽区送水路东埝至送水路西埝吹填试验段，长 1565 米；塘沽区新港船闸至救助局段，长 321 米，含新建钢制挡潮门 1 处；大港区青静黄挡潮闸下游左堤延长段，混凝土灌砌石护坡，长 1224 米；大港区青静黄挡潮闸下游左堤段，长 800 米。

2009 年，海堤加固工程位于塘沽区永定新河防潮闸下游左堤富裕之路段，起点和天津滨海休闲旅游区临海新城规划边界连接，终点与永定新河新建防潮闸下游左堤翼墙连接。新建海堤 1721 米，堤身采用斜坡式结构，迎海侧用预制混凝土栅栏护坡，堤顶修建 20 厘米厚泥结碎石道路，背海侧为土工网植草护坡。

2010 年，市发展改革委以《关于天津市 2009 年海堤加固工程初步设计报告的批复》文件对工程初步设计报告予以批复，批复总投资为 2886 万元。市发展改革委联合市水务局以《关于下达天津市蓟运河治理等 2009 年重大水利项目新增中央预算内投资计划的通知》文件对工程下达投资计划 3000 万元，其中中央预算内投资 1000 万元，地方投资 2000 万元。工程于 2009 年 9 月 18 日开工建设。截至 2010 年年底，完成全部建设内容。累计完成土方 39.5629 万立方米，石方 2.19 万立方米，混凝土 4901.645 万立方米，累计完成投资 2886 万元，为概算批复总投资的 100％。

二、工程立项

市发展改革委和市水利局分别以《关于对天津市 2005 年海挡应急加固工程汉沽区大神堂村段实施方案的批复》《关于天津市海挡 2005 年（二期）应急加固工程实施方案的批复》《关于天津市 2006 年海挡加固工程初步设计的批复》《关于 2008 年天津市海堤加固工程实施方案的批复》《关于天津市 2009 年海堤加固工程初步设计的批复》《关于天津市水环境治理实施计划工作大纲的批复》，对 2005 年、2006 年、2008 年、2009 年、2010 年海堤加固工程建设进行批复，核定工程总投资 20549.19 万元。

三、参建单位

工程施工单位是天津市水利工程有限公司、天津振津工程集团有限公司；设计单位是天津市水利勘测设计院。

四、新工艺、新技术应用

2009 年，海堤加固工程是在软基滩地上新筑海堤，其护面结构采用栅栏板，该结构同时具有较强的消浪能力，可以减少越浪对堤后渤海石油路的影响。部分堤段在原有吹填段上进行填筑，故采用常用且比较成功的插塑料排水板后堆载预压的方法，竖向排水与水平排水相结合，形成完整的排水系统。排水板正方形布置，横纵排间距为 1.2 米，深 6 米，顶部铺 0.8 米厚粗砂垫层，上部分级填筑堤身，对地基进行堆载预压处理。

海堤作为天津市城市防洪圈的东部防线，自 1997 年启动海堤加固工程建设，累计投入资金 3.28 亿元，海堤重点段达到 50 年一遇的防潮标准，成为保障滨海新区经济社会发展及人民生命财产安全的重要基础设施。

第三章　移　民　迁　建

第一节　河　道　征　地　拆　迁

20 世纪 90 年代初，工程建设中所涉及的征地拆迁均未作为单项项目执行，而是与工程建设合并在一起。从 2000 年开始，水利工程概算、初步设计将征地拆迁单独列支，明确征迁范围及费用。

一、永定新河治理一期工程征地拆迁

工程征拆主管单位是天津市水利建设管理中心，由天津市塘沽区永定新河一期治理工程征迁办公室具体实施。

（一）征地范围

根据批复的初步设计报告，永定新河治理一期工程占地影响处理范围包括工程直接占地和间接影响处理两部分。其中工程建设直接影响涉及永久占地 20.63 公顷，企业 4 个，泵站 1 座，临时用地 869.67 公顷；间接影响涉及虾池 3329 公顷，企业 4 个。规划生产安置 11 人。

（二）征地补偿

征迁实施工作自 2007 年 3 月开始，至 2011 年年底全部完成。根据国家发展改革委核定征迁补偿费用为 21047.01 万元，实际征迁补偿费用为 23198.70 万元，比原批复增加 2151.69 万元，超出部分经天津市水务局批准动用征迁预备费。实际共完成永久征地 17.814 公顷，临时用地 579.25 公顷；直接影响的 5 个企业均完成补偿迁建，专项设施也完成迁改建。间接影响的 3511.83 公顷虾池完成了补偿和产业结构调整，7 个企业完成了补偿。实施过程中因土地使用权已变更给泰达海洋开发公司，土地性质由农用地变更为建设用地，故不再作为农用地处理，因此未发生生产安置。永定新河治理一期工程征迁实施与规划对比见表 7-3-1-115。

表 7-3-1-115　　　　**永定新河治理一期工程征迁实施与规划对比**

序号	项　目		单位	初步设计	实施
1	直接影响	永久占地	公顷	20.63	17.814
2		临时占地	公顷	869.67	579.25
3		专项设施	项	1	6
4		企业	个	4	5
5		生产安置	人	11	0
6	间接影响	建闸影响虾池	公顷	3329	3511.83
7		企业	个	4	7

注 1. 清淤工程实施过程中，结合周边围海造陆用泥需求，对 4 号排泥场进行了设计优化，减少临时用地约 300 公顷。

2. 由于 1 号、2 号、3 号排泥场调整，增加了间接影响虾池面积。

（三）拆迁验收

2012 年 1 月 12 日，天津市滨海新区塘沽管委会组织对永定新河治理一期工程征迁工作进行自验。

2012 年 6 月 11 日，水利部水库移民开发局会同天津市水务局对永定新河治理一期工程征迁进行了专项验收。水利部办公厅在《关于印发永定新河治理一期工程征迁专项验收意见的通知》中，同意通过验收。

二、引滦水源保护工程

引滦入津水源保护工程于 2002 年 2 月 27 日开工建设，2007 年年底完工。该工程的征地移民工作包括州河暗渠部分，引滦专用明渠部分，于桥水库水源保护3部分。

成立了由天津市水利局、天津市污水处理和水源保护项目管理办公室、水源公司、于桥水库管理处、天津市水利勘测设计院和河海大学移民研究中心共同组建的征地拆迁工作机构。

（一）暗渠征地及移民安置

（1）征地。暗渠征地及财产征用包括533.33公顷临时征地，永久征地70公顷，46处财产及各种基础设计。由于允许农民在暗渠地面17米宽的地上耕种，因此永久征地损失最终减低至约13.33公顷。

（2）补偿。为了减轻对受影响人的收入影响，补偿主要采取3种方式。

授予对永久性征用的土地的耕作许可。允许农民继续在暗渠地面17米宽的耕地上耕种，使永久征地的绝大部分土地可用于耕作，其土地征用只是暂时性征用，在很大程度上保证了农民的生产、生活不受或少受影响。

土地重组。工程征地涉及的不少村实行土地重组，即在农户间重新调整承包土地，将影响分散到整个村庄，让全体村民共同承担，大大减小了原少数承包户的受影响程度。

建设用工雇用。在一些村庄，承包商临时雇用村民进行工程建设，用工期为整个工程建设期。

（二）引滦专用明渠征地及移民安置

引滦专用明渠征地分散在明渠两岸64千米范围内，共计28公顷。2002年外部监测机构进行了一次外部监测调查，组织受影响村民进行小组讨论，最终确定补偿方式及补偿金额。地上附属物及青苗的补偿金全额支付给受影响户。永久占地补偿金支付款依村而变化，大部分村将5%～30%的补偿金保留用于农村基础设施的建设，而将余款平均分发给全体村民，其他征地面积较小的村将全部补偿金保留。

（三）于桥水库征地及移民安置

于桥水库征地共涉及1933.33公顷土地，其中17%为耕地，83%为鱼池。影响范围涉及98个村，其中40个村既失去耕地又失去鱼池，43个村失去鱼池，15个村失去土地。按当时的经营水平，每个耕地受影响家庭每年损失估计为700元，养鱼户为2.54万元。经过调研和现场查勘后确定补偿计划，并召开专门会议传达相关补偿政策和补偿金比率，最终签订补偿协议。

三、海河干流2000年（北运河郊区段）治理工程征地拆迁

（一）拆迁范围

拆迁区紧邻天津市区，属于城乡结合地区，拆迁涉及的北辰区北仓镇、天穆镇，由于距离京津公路比较近，两镇居民绝大部分为从事个体经营者和大集体从业者，只有部分居民仍然单一靠土体生活，村民生活比较富裕。

在外环线以内拆迁范围为堤防背水坡坡脚以外30米，外环线以外为堤防背水坡坡脚以外30米。该工程征地拆迁涉及北辰区北仓镇、天穆镇2个镇22个村，占地约94.06公顷。拆迁人口18741人，其中农村人口9309人、城镇人口9432人。各种园地32.04公顷，其中水浇地5.2公顷、旱地0.68公顷、商品菜地19.62公顷、河滩地3.6公顷、果园地0.67公顷、鱼塘地2.27公顷。

拆迁房屋总面积 55.35 万平方米，其中北仓镇 21.18 万平方米、天穆镇 34.17 万平方米。

拆迁工商企业共 8 个，具体为九龙食品有限公司、建明制本厂、长城电器厂、绿天使、远征运输队、自行车厂、天穆石碑厂、长城文教用品厂等。

（二）拆迁补偿

该工程补偿北辰区拆迁费用共计 25438.46 万元，其中居民补偿 24364.47 万元，工商企业迁建补偿 557.81 万元，专业项目补偿 516.18 万元，详见表 7-3-1-116。

表 7-3-1-116　**2000 年海河干流（北运河郊区段）治理工程征地拆迁投资补偿**

序号	补偿内容	补偿金额/万元
一	居民补偿费	24364.47
（一）	征用土地补偿安置费	1174.59
（二）	房屋及附属建筑物补偿费	22027.46
1	房屋	21566.65
2	附属建筑物	460.81
（三）	搬迁运输费	93.71
（四）	其他补偿费	325.02
（五）	宅基地征地费	743.69
二	工商企业迁建补偿费	557.81
三	专业项目部分	516.18
（一）	电信设施	73.00
（二）	广播电视设施	117.46
（三）	输变电设施	200.00
（四）	煤气管道	50.34
（五）	坟头	75.38
合　计		25438.46

第二节　水库征地拆迁

1991—2010 年，天津市修建的大中型水库涉及水库移民安置的只有 1 座，即蓟县杨庄水库。水库位于蓟县下营镇和罗庄子镇交界处，为中型水库，2002 年 5 月开工。该工程分水源工程和输水工程两部分。水库总库容 2700 万立方米，校核洪水位 186.95 米（国家高程，下同），设计洪水位 182.74 米，正常蓄水位 185 米，按此高程水库建设需淹没线以下 11 个自然村；输水路线总长 12025 米，涉及 8 个村。杨庄水库建设需征地移民。

一、水库征地

工程建设及水库淹没线以下征地。水库淹没线按设计要求确定为190米高程（1985国家高程基准）等高线，工程建设及水库淹没线以下征地，共涉及下营镇高富庄、营周庄、官地村、拱峪村、西于庄5个迁建村和罗庄子镇杨庄村、白峪村、王庄村及下营镇的下营村、张家峪村、东于庄6个占地村，总占地面积337.11公顷。

输水管线占地。共涉及罗庄子镇和城关镇的8个村，征用土地23.94公顷（其中永久性占地9.64公顷，临时性占地14.30公顷）。

移民新址征地。按照移民新区建设方案为5个迁建村征用新址建设占地及下营镇中营村、下营村和县供销社土地，共征用21.66公顷。

二、水库移民

水库建设征地需整体搬迁的村为下营镇的高富庄、营周庄、拱峪村、官地村和西于庄等5个村、391户、1415口人。共拆迁房屋2737间，4.70万平方米；拆迁集体与个体企业7个，建筑面积2887.63平方米；拆迁联办小学1座，建筑面积1480.93平方米。淹没各类树木109.67万株，其中果树36.01万株，柴树73.66万株。

三、移民安置

水库建设征地涉及的村民、单位等一律实施移迁新址安置。

（一）整体搬迁移民安置

2002年，根据《关于杨庄截潜工程移民新区规划选址征地问题的批复》文件的规定，确定了移民新区定位在下营镇津围公路以东，沟河以西，原下营工委以北，下营镇中营村以南，总征地面积21.67公顷，其中中营村17.78公顷，下营村3.25公顷，供销社0.64公顷。按照新区建设规划方案，5个村的房基地通过逐村抽签的办法全部确定到村，移民新区的小二楼区、平房区和起脊房区于2007年全部完工，库区移民已全部迁入新居。

（二）占地村移民安置

为解决杨庄水库失地农民的生活出路问题，2003年，蓟县政府出台了杨庄水库占地补偿款政策，即一次性每亩地9000元补助款，并在此基础上每亩地每年再补助500元作为失地农民的生活补助。此政策自2002年开始执行，连续补贴了5年。

为妥善解决水库移民生产生活困难，促进库区和移民安置区经济社会可持续发展，维护农村社会稳定，经国务院批准，自2006年7月1日起，对全国大中型水库农村移民实行统一的后期扶持政策，即不分水利水电工程移民、新老水库移民、中央水库和地方水库移民，均按照每人每年600元的标准，连续扶持20年。在杨庄水库占地生活补助费和水库移民扶持资金两种政策出台后，针对杨庄水库移民的特殊情况，2007年蓟县政府又出台了"就高不就低"的补助政策，即占地生活补助费和水库移民扶持资金二者就高选择其一。政策规定：不是移民的被占地户，继续享受每亩地每年500元生活补助政策；是移民的被占地户，该户移民扶持款如果高于占地生活补助款，只享受水库移民扶持政策，不再享受水库占地生活补助费政策；是移民的被占地户，该户移民扶持款如果低于占地生活补助款，享受水库占地生活补助费政策。即该户在享受移民扶持款的基础上，给予补足被占地生活补助款与移民扶持款的差额资金。

四、移民新区建设

修建3条商贸街。在新区西侧沿津围公路修1条南北向商贸街，由中营村至马营路修1条南北向商贸街，连接两条南北向商贸街中间修1条东西向商贸街。3条商贸街呈"工"字形。

建设4区。南部行政区，以原下营工委为中心建成镇政府办公楼，东西两侧为镇直单位；商贸区，沿"工"字形街两侧建成商业贸易区；小二楼区，南北向商贸街以西为移民居住的小二楼区；平房区，南北向商贸街以东至沟河西岸为平房区。

第三节　水库移民后期扶持

水库移民后期扶持涉及于桥水库、北大港水库、尔王庄水库和杨庄水库。

一、于桥水库移民后期扶持

2002年1月29日，国务院办公厅转发水利部等部门拟定的《关于加快解决中央直属水库移民遗留问题的若干意见》，按照文件精神，从2002—2007年，用6年时间解决中央直属水库移民因缺乏生产条件和基础设施而产生的贫困问题，资金由中央和地方共同承担。天津市没有中央直属水库。但于桥水库建库后，水库移民遗留问题较多，库区相对贫困，生产生活条件落后，遗留问题亟待解决，为了各地方政策平衡，水利部与天津市政府及国家有关部委协商决定，对从天津市销售电价提取的库区建设基金返还50%，用于解决于桥水库的遗留问题。当年，天津市政府决定将中央资金返回的资金全部用于于桥水库库区扶持，自筹部分由蓟县政府、受益乡镇和企业及个人承担，其中也可将市有关部门对其库区的正常投入部分列入自筹资金。把于桥水库移民遗留问题纳入了移民后期扶持项目中，并编制《中央水库遗留问题处理六年规划（2002—2007）》。

2004年9月，水利部水库移民开发局组织专家对《关于天津市蓟县于桥水库移民遗留问题处理2002—2007年规划审查意见的函》进行审查，同意规划项目安排投资13384.56万元，其中库区建设基金9000万元、地方配套资金4384.56万元。规划项目涉及打井工程、道路建设工程、农田灌溉建设工程、环湖葡萄带建设工程、果园基地建设工程、奶牛养殖小区建设工程、绿益公司扩建工程、齐玉公司建设工程、服务性产业建设工程等九大项目。规划项目实施按年度计划依次向后顺延，即2004—2009年。

2005 年 3 月，市水利局《关于下达天津市于桥水库移民遗留问题处理规划项目 2004 年度投资计划的通知》，批复项目投资 1163.65 万元，其中中央库区建设基金 574 万元，地方自筹 589.65 万元。主要建设内容如下：

（1）打井工程：涉及穿芳峪乡、五百户镇、西龙虎峪镇 3 个乡（镇）22 个村，数量 48 眼，其中深井 9 眼、中井 13 眼、浅井 26 眼。总投资 355.79 万元，中央库区建设基金 261.08 万元，地方自筹 94.71 万元。因西龙虎峪镇和穿芳峪乡地质条件较差，中、浅井很难成井，为此，市水利局将工程项目进行了调整。项目调整后，需打井 29 眼，包括深井 15 眼、中井 9 眼、浅井 5 眼，投资总额不变。

（2）道路工程：柏油路 14.3 千米，涉及城关镇、穿芳峪乡、马伸桥镇、出头岭镇、别山镇 5 个乡（镇）9 个村；水泥路 3.5 千米，涉及五百户镇、西龙虎峪镇 2 个镇 3 个村；砂石路 45.5 千米，桥涵 4 座，涉及出头岭镇、五百户镇、西龙虎峪镇 3 个镇 11 个村。总投资 696.87 万元，其中中央库区建设基金 232.92 万元，地方自筹 463.95 万元。由于出头岭镇的 6 个村修砂石路 30.5 千米，已不适合库区移民生产、生活环境需要，砂石路难以承载大型车辆运输，且使用年限短，铺设柏油路既美观又延年；别山镇 2 个村、城关镇 1 个村、穿芳峪乡 1 个村修柏油路工程，因村里街道宽窄不等，给施工机械设备碾轧带来困难，加之沥青价格上涨，加大柏油路成本。为此，市水利局将工程项目进行调整，项目调整后，需修柏油路 15.73 千米，水泥路 7.6 千米，砂石路 15 千米，桥涵 4 座。

2005 年 11 月，市水利局批复于桥水库移民村 2005 年度项目资金 1860.26 万元，其中中央库区建设基金 1319 万元，蓟县自筹 541.26 万元。共 6 大项，68 个小项目。主要建设内容如下：

（1）机井工程：364.46 万元，中央库区建设基金 276.94 万元，自筹 87.52 万元。涉及 4 个乡（镇）20 个村，需打井 27 眼，其中深井 14 眼、中井 13 眼。2006 年 5 月，市水利局批准，将别山镇田龙湾高压线工程调整为打深井 1 眼，资金 17.49 万元，为此，该项工程共计打井 28 眼，项目资金 381.95 万元。

（2）农田工程：169.04 万元，中央库区建设基金 128.48 万元，自筹 40.56 万元。涉及 6 个乡（镇）10 个村，安装变压器 3 台，架设高压线 8136 米，低压线 2009 米，铺设输水管道 3200 米，建温室大棚 3 座。2006 年 5 月，市水利局批准，将别山镇田龙湾 2100 米高压线项目调整为打深井 1 眼，资金 17.49 万元，管道 1785 米，资金 6.6 万元；别山镇锦华村高压线项目调整为铺设输水管道 1492 米，架设低压线 1000 米；出头岭镇李家仓高压线 500 米调整为低压线 814 米。2008 年 6 月，市水利局批准，将李家仓低压线 1094 米，何家堡低压线 500 米的项目资金全部调整为两个村的安装 2 台变压器专项资金。为此，该项目调整后，需安装变压器 3 台，架高压线 3436 米，低压线 2229 米，铺设输水管道 6477 米。至此，农田专项资金总额为 151.55 万元。

（3）道路工程：929.16 万元，中央库区建设基金 706.15 万元，自筹 223.01 万元。涉及 12 个乡（镇）35 个村，铺设柏油路 45.5 千米，水泥路 5.1 千米，机耕路 4.8 千米。2006 年 5 月，市水利局批准，将该项目 23 个村柏油路 32.8 千米、机耕路 4.8 千米调整为 4 米宽水泥路 27.12 千米，村及项目资金不变。为此，项目调整后，修柏油路 12.7 千米，水泥路 32.22 千米，项目资金数额不变。

（4）别山镇神农奶牛养殖中心：325.67 万元，其中中央库区建设基金 135.50 万元，自筹 190.17 万元。

（5）科技推广费：50.93万元。

（6）规划费：21万元。

2007年5月，市水利局批复于桥水库移民村2006年度项目资金2156万元，其中中央库区建设基金1325万元，蓟县自筹831万元，共8大项，44个小项目。主要建设内容如下：

（1）机井工程：207万元，中央库区建设基金156.48万元，自筹50.52万元。涉及4个乡（镇）11个村，需打井17眼，其中井深200米以上的3眼，井深150～200米以下的3眼，井深100～150米以下的3眼，井深100米以下的8眼。2008年6月，市水利局批准，将五百户镇仇店子村深井1眼，资金18.66万元调整为本村修4米宽水泥路850米。为此，该项工程调整后涉及4个乡（镇）10个村，需打井16眼，资金188.34万元。

（2）农田工程：97.94万元，中央库区建设基金74.4万元，自筹23.54万元。涉及5个乡（镇）6个村，安装变压器5台，架设低压线1150米，铺设输水管道3266米。2008年6月，市水利局批准，将孙各庄乡永春庄架设低压线372米，资金2.539万元调给出头岭镇西梁各庄葡萄带工程；将五百户镇南胖庄葡萄带工程11.5万元调整为本镇青池一村安50千伏安变压器1台，资金11.5万元。为此，该项工程架设低压线总数778米，安装变压器6台，专项资金总额106.901万元。

（3）葡萄带工程：96.03万元，中央库区建设基金72.96万元，自筹23.07万元。涉及5个乡（镇）9个村，安装变压器4台，架设低压线3070米，铺设输水管道5950米。2008年6月，市水利局批准，将孙各庄乡永春庄低压线372米，调给西梁各庄；将南胖庄变压器1台调给青池一村农田工程。为此，该项工程低压线总数3442米，安装变压器3台，专项资金总额87.069万元。

（4）果园工程：69.53万元，中央库区建设基金52.86万元，自筹16.67万元。涉及4个乡（镇），5个村，安装变压器1台，架设低压线325米，蓄水池1座，铺设输水管道8090米。

（5）道路工程：147.15万元，中央库区建设基金113.67万元，自筹33.48万元。涉及5个乡（镇）6个村，修4米宽水泥路6710米。2008年6月，市水利局批准，将五百户镇仇店子深井1眼、资金18.66万元调整为修水泥路850米。为此，该项工程修4米宽水泥路7560米，资金总额165.81万元。

（6）秸秆气化工程：185.60万元，中央库区建设基金141.05万元，自筹44.55万元。涉及1个乡（镇）1个村。需建设厂房、仓库、办公室等400平方米，主要设备秸秆气化机组两套，800立方米储气罐1座及供气管网设施安装。

（7）天津绿益食品有限公司改扩建工程：1244.17万元，中央库区建设基金605万元，自筹639.17万元。需要建饲料加工厂、种鸭场、屠宰加工扩建等，总建设面积7688米。

（8）科技推广项目：108.58万元。具体明细是：移民培训16万元；劳务输出30万元；黄牛胚胎移植技术推广31.12万元；鱼新品种引进14万元；林果新品种引进9.46万元；食用菌新品种引进8万元。

2007年10月，市水利局批复于桥水库移民村2007年度项目资金872.5万元，中央库区建设基金663万元，蓟县自筹209.5万元。共五大项，42个小项。主要建设内容如下：

（1）打井工程：56.65万元，中央库区建设基金43.06万元，自筹13.59万元。涉及2个乡（镇）3个村，需打井5眼，井深200米以上的1眼，100米的1眼，80米的3眼。

（2）葡萄带工程：2.1 万元，中央库区建设基金 1.6 万元，自筹 0.5 万元。涉及 1 个乡（镇）1 个村，铺设输水管道 700 米。

（3）农田工程：13.76 万元，中央库区建设基金 10.46 万元，自筹 3.3 万元。涉及 1 个乡（镇）1 个村，安变压器 1 台，铺设输水管道 820 米。

（4）果园工程：30 万元，中央库区建设基金 22.8 万元，自筹 7.2 万元。涉及 1 个乡（镇）1 个村，安变压器 1 台。架设低压线 2000 米，铺设输水管道 1890 米。

（5）道路工程：769.99 万元，中央库区建设基金 585.08 万元，自筹 184.91 万元。涉及 16 个乡（镇）36 个村，修 3 米宽水泥路 13.77 千米，4 米宽水泥路 24.77 千米，共 38.54 千米。

由于 2006 年 5 月，国家对水库移民出台了新的扶持政策，因此该规划只实施了 4 年。2005—2008 年，国家累计投入天津库区生产项目建设基金 3881 万元，在于桥水库 109 个移民迁建村中重点实施了机井、农田、道路、果园等项目工程，累计修柏油路 28.43 千米、水泥路 85.92 千米、砂石路 15 千米、打配机井 97 眼、铺设输水管道 26373 米、架设高低压线路 12210 米、安装变压器 15 台、建蓄水池 1 座、修桥涵 4 座。同时，对库区的科技开发、养殖小区的完善、秸秆气化等工程项目都给予了重点扶持。项目竣工后，使于桥库区 109 个移民村的村内道路得到改善，解决了 346.67 公顷农田和 186.67 公顷果园的灌溉问题，直接经济效益达到 2000 万元以上，人均增收 150 元。

在规划实施过程中，较大的项目有 4 项：

（1）别山镇神农奶牛养殖中心改扩建项目。2005 年 10 月，天津市水利局下发《关于于桥水库移民遗留问题处理——别山镇神农奶牛养殖中心工程扩初设计的批复》文件，批复项目总投资 325.67 万元，其中中央库区建设基金 135.5 万元，自筹 190.17 万元。中标施工单位为具有总承包三级资质等级的天津宏拓建筑工程公司，主要建设内容为：建牛舍 2205 平方米，挤奶大厅 341 平方米，青贮池 1100 平方米，饲料库 341 平方米及污水处理系统，购运奶车 1 辆，挤奶设备 1 套，保鲜奶罐 2 套。工程于 2006 年完成，并交付使用。

（2）天津绿益食品有限公司改扩建项目。2006 年 12 月，天津市水利局下发《关于天津绿益食品有限公司改扩建工程初步设计的批复》文件，批复项目总投资 1194.87 万元，其中中央库区建设基金 605 万元、地方配套资金 589.87 万元。由具有总承包三级资质等级的天津利安建筑工程有限公司中标并承担施工。新建 200 平方米鸭毛处理车间、137 平方米污水处理厂、1800 平方米饲料加工厂及种鸭孵化中心、432 平方米检验中心及附属设施。工程于 2008 年年底全部完成，并经市水利局验收后转为固定资产使用。通过改扩建，肉鸭年生产能力达到 300 万只，从而达到提高库区移民收入的目的。

（3）马伸桥镇张庄高桥秸秆气化工程。2007 年 1 月，天津市水利局下发《关于蓟县马伸桥镇张庄高桥村秸秆气化集中供气工程初步设计的批复》文件，批复项目资金 185.6 万元，中央库区建设基金 141.05 万元，自筹 44.55 万元。该工程由天津利安建筑工程有限公司承担施工。工程建设内容为生产车间、储料场、传达室及消防和净化水池，并包括两套气化机组，一座 800 立方米储气罐及供气管网等采购及安装。工程于 2008 年年底交付使用，改变了移民村传统的生活方式，提高了生活质量，大大减少了生活垃圾的排放量，保护了引滦水质，从而加快了新农村建设的步伐。

（4）科技开发项目。2005—2008 年，科技开发项目总投资 159.51 万元。为实施此项工程，蓟县库区办成立了专门的服务组织即库区科技培训中心，旨在通过对于桥库区移民种植、养殖业实用技术培训以及计算机应用与维修、电气焊、钳工、电工、氩弧焊等劳动技能培训，使每个参加培训的移民都能掌握一到两门专业技术，以提高库区干部群众科技文化素质，增强科技知识，达到依靠自身力量实现增收的目的。4 年来，共组织库区乡（镇）和移民代表外出参观考察 4 次，培训电焊工、电工、计算机等技术人员 320 人，培训劳务输出人员 6 期 1563 人，累计举办林果、食用菌等各类实用技术培训班 8 期，直接受训人员达 2000 人次，引进食用菌栽培、奶牛胚胎移植新品种 2 项，联合水产局向水库大水面投放鲢、鳙、草、斜颌鲴等优质鱼种苗 100 万尾，投放池沼公鱼受精卵 3 亿粒。

二、库区后期扶持

2006 年 5 月 17 日，国务院下发《关于完善大中型水库移民后期扶持政策的意见》，国家出台对水库移民新的扶持政策。天津大中型水库建设期涉及移民的有 4 座水库，即于桥水库、北大港水库、尔王庄水库和杨庄水库。截至 2005 年 12 月 31 日，天津市大中型水库共有移民现状人口 11.01 万人，2006 年 6 月 30 日前搬迁的水库原迁移民和原迁移民的非移民配偶及其后代（含合法收养人），均为现状人口，其中于桥水库 103300 人、北大港水库 5000 人、尔王庄水库 364 人、杨庄水库 1436 人，涉及区（县）中，蓟县库区移民人数最多，占全部移民的 95%。为将国家对水库移民新的扶持政策落实到位，2006 年 9 月 12 日，市政府下发《天津市大中型水库农村移民后期扶持人口核定登记办法》，11 月 19 日下发《天津市完善大中型水库移民后期扶持政策实施方案》，各区县水库移民主管部门均按要求制定了应急预案。

（一）人口登记

为了准确界定水库移民扶持范围和对象，确保后期扶持政策落实到位，根据国家《后期扶持人口核定登记工作的意见》精神，天津市人口登记办法对人口自然增长率，按扶持期内的死亡人口和农转非人口进行核减，对新增人口不再登记规定。

按照市人口核定登记办法的要求，天津市人口登记试点工作从蓟县开始，以点带面全面推开。至 2007 年 12 月，全市移民人口登记工作基本完成，涉及水库移民的有蓟县、宝坻、武清、宁河、静海、东丽、津南、西青、北辰、塘沽、汉沽、大港 12 个区（县），全市共登记移民人口近 12 万人，其中经核实符合人口登记政策的人数为 11.7 万余人，含外省（自治区、直辖市）自主迁入的水库移民，比中央确认天津市的水库移民数超出 7000 多人。超出人数主要是外省（自治区、直辖市）自主迁入天津市的外省（自治区、直辖市）水库移民，该部分人数在以往移民工作中未计入在列。

到 2008 年 8 月底，登记移民 117465 人，包括外省（自治区、直辖市）自主迁入天津市的移民。其中核实移民身份的有 117233 人。2008 年年底，天津市范围内水库移民身份工作已经完成，外省迁入天津市的还有 232 人移民身份待核定。

经过持续细致的核实工作，至 2009 年年底，天津市实际核定移民人数 117303 人，比中央核定资料多出 7103 人。其中蓟县水库移民 111140 人，占移民总数的 94.74%；全市直补人数为

112303 人，占移民总数的 95.74％。其余为项目扶持人数为 5000 人，占移民总数的 4.26％。2009 年除蓟县外，其他区（县）已核减 10 人。

至 2010 年，天津市实际核定移民人口 117307 人。直补人数为 112307 人，项目扶持人数为 5000 人。

（二）编制规划

根据国务院《关于完善大中型水库移民后期扶持政策的意见》精神，水利部分别于 2006 年和 2007 年制定下发《大中型水库移民后期扶持规划编制工作大纲》和《大中型水库和移民安置区基础设施建设和经济发展规划编制工作大纲》，在全国全面启动编制水库移民后期扶持规划及基础设施建设和经济发展规划工作。结合天津市实际情况，天津市移民后期扶持规划的编制以区（县）为单位，采取两种形式进行，在主要涉及水库移民的蓟县、宝坻、大港、西青四区（县）中，对于移民人数清楚，扶持政策能够落实到人的蓟县、宝坻区采用单独编制后期扶持规划的措施。对于大港、西青两区的 5000 名移民，因年代久远，移民情况复杂，已无法核实到村、到人的情况，经市水利局、市发展改革委研究决定大港、西青两区不再单独编制移民后期扶持规划，而采用在编制库区和移民安置区基础设施建设和经济发展规划时统一考虑的措施。2008 年天津市以区（县）为单位编制完成 2006—2010 年水库移民后期扶持规划及基础设施建设和经济发展规划。

2012 年 6 月，为继续落实国务院精神和国家发展改革委等十四部委《关于大中型水库和移民安置区经济社会发展的通知》精神，市水务局组织以区（县）为单位编制完成《大中型水库移民后期扶持规划及基础设施建设和经济发展规划（2011—2015 年）》，编制完成蓟县、宝坻区《大中型水库移民后期扶持规划（2011—2015 年）》。

（三）扶持措施

1．扶持方式

根据国务院《关于完善大中型水库移民后期扶持政策的意见》精神，在充分尊重移民群众意愿的基础上，结合天津市具体情况，天津市的扶持方式分为两类：一类是采用现金直补的方式，这部分人数为 112303 人，占移民总数的 95.74％；另一类是项目扶持方式，项目以公益和基础设施为主，扶持人数为 5000 人，占移民总数的 4.26％。主要是北大港水库移民。

2．扶持标准和期限

依照规定：凡纳入扶持范围内的水库移民每人每年补助 600 元。对 2006 年 6 月 30 日前搬迁的符合扶持范围的水库移民，自 2006 年 7 月 1 日起再扶持 20 年；对 2006 年 7 月 1 日以后搬迁的符合扶持范围的水库移民，从其完成搬迁之日起扶持 20 年。

3．扶持资金

大中型水库移民后期扶持资金由中央与地方共同承担。后期扶持资金分现金直补个人与项目扶持两种。

现金直补为中央水库移民后期扶持资金按年度划拨地方，下发到核定移民账户，实现了资金发放的常态化。

对于本市实际核定人数与中央核定人数差额 7103 人，每年产生的后期扶持资金缺口 426 万元，则由本市筹集的 0.5 厘电价解决。

项目扶持主要是于桥水库、杨庄水库、尔王庄水库、北大港水库的库区建设和移民安置区基础设施建设和经济发展，包括农田水利、人畜饮水、交通、供电、文教、医疗、通信、生态建设与环境保护、移民培训、生产开发等，其资金来源为：①销售电价每千瓦时提取 0.5 分钱筹集的水库移民后扶资金；②中央库区移民基金结余资金；③市财政每年安排用于库区的部分专项资金；④北大港水库核定的人口扶持资金。

4. 扶持项目

为了促进库区经济发展，尽快改善移民生产生活条件，天津市在库区基础设施建设和生态环境建设方面加强了扶持力度，经过努力，在通过移民直补资金发放解决库区移民生活问题的同时，2009 年，天津市大中型水库后期扶持基础设施建设和经济发展规划的实施，则使库区和移民安置区经济发展持续稳步增长，并取得一定成效。

附：天津市主要涉及移民库区及安置区基础设施建设简介

一、蓟县

蓟县库区村共有 390 个，涉及人口 30 多万人，依照规划安排，2009 年度扶持项目重点安排农田水利配套建设、村内道路交通、沼气池建设、供电等项目，工程共计 242 项。

农田工程。包括：①机井工程，新打 21 眼农田灌溉机井，项目涉及 21 个村；潜水泵安装工程，安装潜水泵 3 台（套），建井房 3 座，项目涉及 2 个村；②蓄水池工程，修建蓄水池 4 个，项目涉及 4 个村；③引水灌溉工程，铺设引水管道 22800 米，项目涉及 23 个村；④电气工程，架设低压输电线路 6900 米，安装变压器 17 台，项目涉及 27 个村。

道路工程。铺设道路共计 88.41 千米，项目共 156 项，涉及 154 个村。

沼气池工程。涉及 10 个移民村，以农户为单位，每户建设 10 立方米沼气池 1 座，共 1000 座（一户一池），每户补贴 1000 元。

科技教育培训。安排政策法规、项目管理知识、实用技术培训等 9 个班（期）次。

2010 年度扶持项目为农田工程、交通道路工程、沼气池工程等项目，工程共计 114 项。

农田工程。包括：①机井工程，新打 10 眼农田灌溉机井，每井新建井房一座，项目涉及出头岭镇、西龙虎峪镇、别山镇、白涧镇、东施古镇等 5 个乡镇共计 10 个村；②电气工程，架设 380 伏低压输电线路 600 米，安装 80 千伏安变压器 2 台，项目涉及西龙虎峪镇龙北村和小刘庄村。

交通道路工程。铺设混凝土路面 100.53 千米。项目涉及 18 个乡镇共计 94 个村。

沼气池工程。在穿芳峪乡、渔阳镇、出头岭镇、马伸桥镇 4 个乡镇共计 7 个移民村，以户为单位补贴建设 10 立方米沼气池 1000 座（一户一池），每户补贴 1000 元。

二、宝坻区

宝坻区尔王庄水库库区和移民安置区共涉及 10 个村庄，分属宝坻区 2 个乡（镇），占地 1700 公顷。总人口 8539 人，2008—2010 年，库区扶持项目有道路工程、机井工程、防渗管道工程、管道清淤工程、土地平整工程、管网入户工程、交通桥维修工程、扬水点工程等。

2008 年库区基础设施建设主要有 6 项，总投资 182.2 万元。

道路工程。涉及尔王庄村和黄花淀村，其中尔王庄村内街道硬化工程，混凝土路面宽度 4 米，长 1870 米，完成混凝土浇筑 1496 立方米；黄花淀村内街道硬化工程，混凝土路面宽度 6 米，总长度 550 米，完成混凝土浇筑 660 立方米。

土地平整工程。于家垫村平整土地291亩。

机井房建设工程。孙校庄村建机井房1间。

管网入户工程。尔王庄、黄花淀、西村庄、郑贵庄、中心台、大白庄、小白庄7个村管网入户。

交通桥维修工程。大白庄、高庄户两座交通桥维修。

2009年库区基础设施建设主要有6项，总投资243.93万元。

道路工程。涉及小白庄村、大白庄村、郑贵庄村3村。其中小白庄村内街道硬化工程，混凝土路面宽度4米，总长度1020米，完成混凝土浇筑816立方米；大白庄村内街道硬化工程，混凝土路面宽度4米，总长度2340米，完成混凝土浇筑1872立方米；郑贵庄村内街道硬化工程，混凝土路面宽度4米，总长度1310米，完成混凝土浇筑1048立方米。

机井建设工程。涉及西杜村和孙校庄村2个村，各打机井1眼，每眼井深240米。

农田防渗管道土方工程。于家垫村完成4000米防渗管道土方。

排水干渠清淤工程。孙校庄村清淤干渠长2200米，完成土方50606立方米。

2010年库区基础设施建设主要有4项，总投资109.35万元。

道路工程。涉及尔王庄乡西杜村和高庄户村两个村，铺设混凝土路面两段，长830米，其中西杜庄村680米，高庄户村150米，路面宽度4米。

管道清淤工程。于家垫村清淤管道40条，清淤总长12千米，其中支渠清淤长度1.56千米，斗渠清淤长度10.44千米。清淤土方共3.34万立方米。

扬水点工程。孙校庄村新建二分干渠扬水点1座。扬水点结构由上游段、泵房段、下游段组成。

三、大港区

北大港水库周边涉及行政村40个（含西青区王稳庄镇东台子村），其中迁建村11个（含西青区东台子村），库区占地村29个，总人口56166人。根据2007年市水利局在《关于北大港水库移民项目扶持资金额度的复函》批复，同意确定北大港水库移民后期扶持方式为项目扶持，确定扶持资金额为每年266万元，扶持20年（从2006年7月1日算起）。

2009年度北大港水库库区及移民安置区基础设施建设项目共13项，总投资1079.45万元。

道路工程。包括：新建太平镇乐福园小区道路硬化工程，长297米；小王庄镇前进路重建工程，长4500米；港西街沙井子三村农田道路硬化工程，长2610米；古林街上古林村道路硬化工程，长300米；薛卫台村道路硬化工程，长836米；小王庄镇战备路重建工程，长800米；古林街马棚口二村道路硬化工程，长500米。

机井工程。包括：太平镇刘庄村新打机井1眼，深600米；太平镇大苏庄村新打机井1眼，深650米；太平镇六间房村新打机井1眼，深650米。

沟渠开挖工程。港西街沙井子二村沟渠开挖工程，清淤支沟4226米、斗沟3324米、毛沟14818米，新挖斗沟12条、长3286米，新挖毛沟28条、长18948米。

泵站工程。中塘镇新建泵站1座，流量为2.5立方米每秒。

扬水站维修工程。太平镇远景二扬水站对泵房进行维修、新建管理用房、站区围墙维修、站区道路硬化、电机维修。

2010 年度北大港水库库区及移民安置区基础设施建设项目共 13 项，总投资 509.77 万元。

道路工程。港西街西围堤道南延道路硬化工程，长 800 米，宽 6 米。

农村排涝管道清淤工程。包括：北排干清淤工程，清淤管道长 3690 米；小王庄排河清淤工程，清淤管道长 3400 米及新建 3 处涵；小王庄镇李官庄农排渠工程，新挖 310 米，清淤 290 米。

机井工程。包括：太平镇前河村新打机井 1 眼，深 691 米；古林街马棚口一村新打机井 1 眼，深 609 米；中塘镇北台村维修机井 1 眼，更换潜水泵、洗井及井房维修。

更新改造泵站工程。包括：中塘镇开发区新建泵站 1 座，流量为 0.5 立方米每秒；维修万家码头泵站：闸门拆除重建、泵房及机泵设备维修；维修刘岗庄泵站：增加卧式轴流泵设备 1 套，节制闸重建，泵房维修，进、出水池挡墙维修，操作平台维修；维修大道口泵站：机电设备更换、泵房屋顶维修、出水池拆除重建。

更新改造闸涵工程。包括：重建向阳河与北排干相交闸：闸涵重建工程，进、出口八字墙和防冲板；维修北排干节制闸：闸门重建、更换挡墙上部砌砖结构、挡墙下部浆砌石结构处理。

（四）移民工作机构

为确保移民后期扶持政策顺利实施，2007 年天津市建立了天津市水库移民后期扶持工作领导小组，由主管副市长任组长，市政府副秘书长、市发展改革委负责人、市水利局负责人为副组长，市有关委办局和有关区（县）负责人为成员。领导小组负责水库移民后期扶持配套政策的拟订、有关政策的宣传解释、规划的审批等，同时建有天津市水库移民后期扶持工作委办局联席会议制度。领导小组办公室设在市水利局内，市政府明确市水利局为市水库移民主管部门。

为将水库移民后期扶持工作落实到位，根据要求凡涉及水库移民的区（县）均成立了水库移民工作领导小组，并设有相应的移民工作机构。2007 年蓟县水库移民管理中心成立，负责全县水库移民管理、人口核定、设计规划、资金监督等工作。宝坻区水务局加挂移民工作办公室牌子，大港区和西青区指定区水利局全面负责水库移民管理工作。

2007 年 10 月 10 日，根据市编委《关于市水利局（市引滦工程管理局）工程管理处加挂水库移民管理处牌子的批复》文件精神，市水利局内成立水库移民管理处，与市水利局工管处合署办公，全面负责全市水库移民的管理工作。

第四章　南水北调工程

1952 年 10 月，毛泽东主席在视察黄河时说"南方水多，北方水少，如有可能，借点水来也是可以的"，提出了南水北调的战略构想。经过 50 年的论证研究和勘测规划，2002 年 12 月 23 日，国务院批准《南水北调工程总体规划》。按照规划，南水北调工程分东、中、西三条调水线路，沟通长江、黄河、淮河、海河四大流域，构成以"四横三纵"为主体的总体布局，以利于实现中国南北调配、东西互济的水资源合理配置格局。南水北调工程规划到 2050 年调水总规模 448 亿立方米，其中东线 148 亿立方米，西线 170 亿立方米，中线 130 亿立方米，整个工程根据实际情况分期实施。

东线工程始于长江下游江苏省扬州市境内的江都泵站，利用泵站逐级提水北送，向江苏北部、山东、河北和天津供水，整个工程分三期实施。一期工程主要向江苏北部和山东供水。2002 年 12 月 27 日，南水北调工程开工典礼在北京人民大会堂和江苏省、山东省施工现场同时进行，时任国务院总理朱镕基宣布工程开工，标志着南水北调工程由规划论证进入建设实施阶段。2013 年 11 月 15 日东线工程通水。二期工程向天津市供水 5 亿立方米，截至 2016 年年底，工程处于补充规划阶段。三期工程向天津市供水增加到 10 亿立方米。

西线工程从长江上游调水入黄河上游，截至 2016 年年底，工程处于前期论证阶段。

中线工程从长江支流汉江中游的丹江口水库引水，库区位于湖北、河南两省交界处，水库水质优良。调水总干渠起自丹江口水库陶岔渠首闸（位于河南省淅川县九重镇），在郑州西穿过黄河，之后基本沿太行山东麓和京广铁路西侧北上，到河北省徐水县西黑山村分两支，一支向北至北京团城湖 1277 千米；一支向天津，至曹庄村北天津干线出口闸，天津干线 155.31 千米，全线自流到天津、北京。工程分两期实施，总调水规模为 130 亿立方米。其中一期工程调水规模为 95 亿立方米，天津市分配水量为 10.15 亿立方米（陶岔渠首枢纽计量），可收水 8.6 亿立方米。2013 年 12 月 30 日，南水北调中线工程在北京市、河北省境内开工建设。2014 年 12 月 12 日，建成通水。

国务院南水北调办公室的决定，天津市负责南水北调中线天津干线天津境内的征迁工作；天津干线天津市 1 段工程建设；天津市内配套工程的建设管理工作。

2014 年 12 月 12 日 14 时 32 分，南水北调中线一期工程通水。12 月 27 日，引江水经曹庄泵站加压后通过滨海新区供水工程输水管线进入津滨水厂，2015 年 1 月 28 日，天津市津滨、芥园、凌庄、新开河四大水厂全部完成引江、引滦水源切换，四大水厂供水范围内的中心城区、环城四区、静海区以及滨海新区部分区域 800 多万居民从中受益。截至 2015 年年底，引江累计向天津供水 3.98 亿立方米，全年水质常规监测 24 项指标一直保持在地表水 II 类标准及以上，全市形成了一横一纵、引滦引江双水源保障的供水格局，为建设美丽天津提供了水资源保障。

第一节　天津干线工程

一、工程规划

1987 年，长江水利委员会长江勘测规划研究院完成《南水北调中线工程规划报告》，该报告推荐在丹江口水库已建成初期规模的条件下，汉江中下游采取渠化和引江济汉工程，向北方年均调水 100 亿立方米方案，引汉总干渠选用高线新开渠、渠首设计流量 500 立方米每秒，全线自流到北京，焦作以南考虑通航要求。

　　1991 年，长江水利委员会提出《南水北调中线工程规划报告》修订报告，修订报告推荐丹江口大坝加高至最终规模，年均调水 145 亿立方米方案。总干渠渠首设计流量 630 立方米每秒、加大流量 800 立方米每秒，采用高线经河南、河北自流到北京、天津。全线均不考虑通航要求，为保护水质，总干渠与当地河流交叉全部采用立交。同年，长江水利委员会编制完成《南水北调中线工程初步可行性研究报告》，一同报水利部审查，原则通过。

　　1992 年，《南水北调中线工程可行性研究报告》完成，水利部组织各方面专家对可调水量、调度调蓄、穿黄工程、总干渠布置等主要专题进行了评审。在对可研报告按审查意见作了补充修改后，1994 年可行性研究报告通过审查。1995 年，《南水北调中线工程环境影响报告书》相继通过水利部的初审和国家环保局终审。

　　1995—1998 年，水利部和国家计委根据国务院指示，分别成立南水北调工程论证委员会和审查委员会，重点对中线工程加坝调水和不加坝调水的多个方案进行了补充研究。1995 年编制的《南水北调中线工程论证报告》，总体上与可研报告推荐的方案相同。论证审查期间，对总干渠线路、水头分配、建筑物形式、建筑物数量进行了较为深入的研究和布置，拟订了总干渠设计标准、渠道规模、设计条件，1997 年编制了《南水北调中线工程总干渠总体布置》，开展了部分初步设计工作。

　　2001 年，开展了南水北调城市水资源规划工作，在此基础上长江勘测规划研究院对中线工程规划再次进行修订，进一步作了更为深入、全面的研究论证。主要内容包括水源研究了从长江引水（三峡引江、大宁河引江、小江引水）和从汉江引水两大类方案；输水工程比较了不同引水规模；建设方式研究了分期建设、一次建成等方案；输水形式研究了全管涵、全明渠、明渠结合局部管涵等方案；结合穿黄工程的布置，对总干渠沿线水头分配再次进行了优化。

　　规划修订报告推荐丹江口大坝按最终规模加高（正常蓄水位 170 米）；汉江中下游兴建兴隆水利枢纽、引江济汉、部分闸站改造、局部航道整治 4 项工程；输水总干渠工程分期建设，一期工程年均调水 95 亿立方米、后期调水 120 亿～140 亿立方米。总干渠采用新开渠高线，一期工程渠首设计流量 350 立方米每秒，加大流量 420 立方米每秒，后期渠首设计流量为 630 立方米每秒，加大流量 800 立方米每秒；输水形式以明渠为主，局部采用管涵。按此方案实施可基本解决 2010 水平年与 2030 水平年受水区主要城市的缺水问题，缓解农业与生态用水，并可以保证水源区城市与农业用水，保护和改善水源区生态环境。

　　2002 年 12 月，国务院批准《南水北调工程总体规划》确定中线一期工程调水 95 亿立方米方案。其后，长江设计院相继完成《南水北调中线一期工程项目建议书》《南水北调中线一期工程总干渠总体设计》，并通过了水规总院的审查，项目建议书通过了中咨公司的评估，国家发展改革委 2005 年批复了南水北调中线一期工程项目建议书。

　　中线一期工程以 2010 年为规划水平年，供水目标以北京、天津、河北、河南等主要城市生活、工业供水为主，兼顾生态和农业用水。多年平均调水 95 亿立方米，相应渠首引水规模为 350～420 立方米每秒，其中天津干线渠首设计流量 50 立方米每秒、加大流量 60 立方米每秒。主体工程由水源工程、输水工程和汉江中下游治理工程组成。

　　中线工程总干渠从河南省淅川县陶岔渠首枢纽开始，渠线大部位于嵩山、伏牛山、太行山山前、京广铁路以西。渠线经过河南、河北、北京、天津 4 个省（直辖市），跨越长江、淮河、黄河、海河四大流域，线路总长 1431.95 千米，其中天津干线全长 155.31 千米。天津干线采用新开淀北线方案，渠首位于河北省徐水县西黑山村北，从总干渠分水后渠线在高村营穿京广铁路，在霸州市任水穿京九铁路，向东至终点天津市外环河。

二、项目审批

天津干线是南水北调中线一期工程的重要组成部分。自 1993 年以来，由天津市水利勘测设计院承担南水北调中线一期工程天津干线的勘测设计工作，于 2004 年 10 月完成《南水北调中线一期工程天津干线可行性研究报告》（送审稿）。2007 年 7 月 10 日，《南水北调中线一期工程天津干线可行性研究报告》通过国家发展改革委审批。

在可行性研究工作的基础上，于 2005 年 7 月编制完成《南水北调中线一期工程天津干线初步设计报告》，按照南水北调中线干线工程建设管理局的安排，长江水利委员会长江勘测规划设计研究院于 2005 年 9 月对初步设计报告进行了设计咨询。根据有关审查和咨询意见，2006 年年初，完成了初设报告的修订工作。

2006 年 9 月，由南水北调中线干线工程建设管理局（简称中线局）组织了天津干线的初步设计招标工作。按照《关于南水北调中线天津干线工程设计单元调整方案的报告》要求，天津干线工程划分为 6 个设计单元。天津干线初步设计招标划分为两个标段。第一标段（保定市 2 段）桩号为 XW60＋992～XW76＋107（可研桩号，下同），长 15.12 千米；第二标段（其他段）桩号为 XW0＋000～XW60＋992 和 XW76＋107～XW155＋531，长 140.42 千米。经过投标，中水东北勘测设计研究有限公司中标第一标段（保定市 2 段），天津市水利勘测设计院中标第二标段（其他段）。按照要求，天津干线分别按 6 个设计单元编制初步设计报告，并由设计院汇总编制天津干线初步设计总报告。天津干线设计单元划分和设计单位情况见表 7-4-1-117。

表 7-4-1-117　　　　天津干线设计单元划分和设计单位情况

序号	设计单元名称	桩　号	设计单位	报告名称	批复时间
1	西黑山进口闸至有压箱涵段	XW0＋000～XW15＋200	天津市水利勘测设计院	南水北调中线一期工程天津干线西黑山进口闸至有压箱涵段初步设计报告	2009 年 6 月 16 日
2	保定市 1 段	XW15＋200～XW60＋842	天津市水利勘测设计院	南水北调中线一期工程天津干线保定市 1 段初步设计报告	2009 年 6 月 16 日
3	保定市 2 段	XW60＋842～XW75＋927	中水东北勘测设计研究有限公司	南水北调中线一期工程天津干线保定市 2 段初步设计报告	2009 年 6 月 16 日
4	廊坊市段	XW75＋927～XW131＋360	天津市水利勘测设计院	南水北调中线一期工程天津干线廊坊市段初步设计报告	2009 年 6 月 16 日
5	天津市 1 段	XW131＋360～XW151＋021.365	天津市水利勘测设计院	南水北调中线一期工程天津干线天津市 1 段初步设计报告	2008 年 6 月 2 日
6	天津市 2 段	XW151＋021.365～XW155＋305.074	天津市水利勘测设计院	南水北调中线一期工程天津干线天津市 2 段初步设计报告	2008 年 6 月 2 日
7	天津干线	XW0＋000～XW155＋305.074	天津市水利勘测设计院	南水北调中线一期工程天津干线初步设计报告	各分段已批复

在初步设计工作中，根据有关审查、咨询意见，以及相继颁发的南水北调中线一期工程总干渠各专业技术规定，对以下几方面进行了补充、分析和论证工作。

水文：将水文系列延长至 2000 年，并采用最新暴雨图集重新进行了相应洪水的分析工作；对有实测泥沙资料的河流重新进行了分析；对全部交叉河渠，按河床质资料进行了冲刷深度计算工作；并对主要河流的施工洪水进行了分析、论证。

地质：根据线路和建筑物工程位置的调整，补充了相应的地质勘查工作；对沿线地下水位作了进一步的调查；对局部地段的工程地质条件进行了复核。

工程任务和规模：综合考虑了天津滨海新区的发展，对天津干线天津境内分流井以下工程规模进行了适当调整。

工程设计：结合 2004 年的实物指标调查情况，并根据沿线的实际情况，在原线路的基础上，进一步对局部线路进行了比选、优化和调整，主要是渠首、东黑山陡坡、曲水河段；南孙各庄至谢坊营砖厂段；大庄、北北里、北张段；大庄砖厂段；龙江渠段和天津市段，天津干线全长155.31 千米。针对全箱涵无压接有压全自流输水方案，对水头分配、箱涵内压和下段箱涵埋深较大问题，进行了 3 个方案的比选工作，并对推荐方案的无压段、有压段进行了进一步的方案比选和优化工作。根据水工模型试验，对进口闸、陡坡、调节池、保水堰等建筑物进行了优化和调整。根据交叉河渠的特点，对 11 座较大规模的河渠交叉建筑物进行了具体的设计工作。对地下水有硫酸根离子腐蚀性的地段，根据国内其他工程的经验和相关研究成果，进一步研究了防腐措施。为了满足工程运行要求，完善了安全监测设计。

施工：对交叉河流的施工导流标准、导流方案进行了进一步分析；根据天津干线的具体特点，对施工工区重新进行了划分；开展了料场的开采、加工等的设计工作。

工程占地及移民安置：进行了沿线实物指标的调查、复核工作；补充完善了移民安置和专项设计工作。

在机电、金属结构、环保、水保、经评等方面均进行了相应的补充、分析和调整工作。

另外对铁路、公路穿越，电力、通信、石油、燃气、自来水及污水管线的切改设计，委托了相应行业具备资质的设计单位进行设计；还与天津大学、河海大学、中国水科院、南京水科院等许多大专院校和科研院所合作，进行了天津干线水力学数学仿真计算研究以及进口闸、陡坡及消力池、调节池、保水堰、倒虹吸、连接井等水工模型试验，并进行了人工骨料碱活性试验、混凝土配合比试验专项研究和试验工作。

2007 年 7 月，天津市水利勘测设计院编制完成《南水北调中线一期工程天津干线天津市 1 段初步设计报告》和《南水北调中线一期工程天津干线天津市 2 段初步设计报告》（以下统称《天津市 1、2 段初设报告》），并通过中线局组织的初审。2007 年 8 月，将《天津市 1、2 段初设报告》上报国务院南水北调办公室。

2007 年 9 月，受南水北调工程设计管理中心（简称设管中心）委托，水利部水利水电规划设计总院（简称水规总院）于 2007 年 9 月 11—14 日对《天津市 1、2 段初设报告》进行了审查，基本同意该初设报告。根据设管中心《关于对南水北调中线一期工程天津干线天津市 1、2 段初步设计报告进行修改的函》的要求，对上述报告进行了修改和补充，编制完成了《天津市 1、2 段初设报告》。

2007年11月，国家发展改革委项目评审中心组织对《天津市1、2段初步设计概算》进行评审，2008年5月，国家发展改革委下发《关于核定南水北调中线一期工程天津干线天津市1、2段工程初步设计概算的通知》。

2007年12月，根据国调办及中水北方勘测设计研究有限责任公司（简称中水北方公司）对《南水北调中线一期工程天津干线初步设计阶段工程总布置报告》进行技术复核工作，于2008年3月编制完成《南水北调中线一期工程天津干线初步设计阶段工程总布置技术复核报告》和《南水北调中线一期工程天津干线初步设计阶段工程总布置西黑山水电站专题报告》。根据国调办《关于转发南水北调中线一期工程天津干线初步设计总体布置方案技术复核工作成果的函》，设计单位对中水北方公司的建议方案与原方案进行了更加详细的对比分析，编制完成《南水北调中线一期工程天津干线初步设计阶段工程总布置技术复核建议方案分析报告》。

2008年6月，国调办批复《南水北调中线一期工程天津干线天津市1、2段工程初步设计报告》。8月，按照要求，天津市水利勘测设计院和中水东北公司分别编制完成南水北调中线一期工程天津干线西黑山进口闸至有压箱涵段、保定市1段、保定市2段和廊坊市段初步设计报告（以下统称《天津干线第1～4单元初设报告》），并由天津市水利勘测设计院汇总编制完成《南水北调中线一期工程天津干线初步设计报告》。8月24—28日，中线局在天津组织召开会议，对《天津干线第1～4单元初设报告》进行初审，会议基本同意《天津干线第1～4单元初设报告》。9月，根据初审意见，设计单位对各单元的报告进行修改和完善，编制完成《天津干线第1～4单元初步设计报告》，天津市水利勘测设计院汇总编制了《南水北调中线一期工程天津干线初步设计报告》。

2008年10月24—30日，受国调办设管中心委托，水利部水规总院组织专家在天津召开会议，对《南水北调中线一期工程天津干线初步设计报告（二〇〇八年九月）》和《天津干线第1～4单元初设报告（二〇〇八年九月）》进行审查，会议基本同意《天津干线第1～4单元初设报告》。

2008年12月，根据中线局《关于转发南水北调中线一期工程天津干线西黑山进口闸至有压箱涵段、保定市1段、保定市2段、廊坊市段初步设计报告审查意见（初稿）的函》的要求，设计单位分别对各单元的报告进行了修改和完善，编制完成《天津干线第1～4单元初步设计报告》，天津市水利勘测设计院汇总编制了《南水北调中线一期工程天津干线初步设计报告》。

2009年3月20日，国调办批复南水北调中线一期工程天津干线西黑山进口闸至有压箱涵段、保定市1段、保定市2段、廊坊市段工程初步设计报告（技术方案）。4月，根据国调办的批复要求，为利于工程初步设计概算评审和核定批复工作的开展，设计单位依据初步设计审定概算，将初步设计审定概算投资还原测算为2004年第三季度价格水平年投资，分析说明工程初步设计审定概算与可研投资比较的变化及原因，编制完成《南水北调中线一期工程天津干线初步设计与可行性研究投资对比分析报告》。并按初步设计审定投资修订了2008年12月编制的《天津干线第1～4单元的初设报告》和《南水北调中线一期工程天津干线初步设计报告》的部分篇章。

2009年5月，国调办设管中心委托长江水利委员会设计院组织专家对《天津干线第1～4单元初步设计报告》进行概算评审。6月16日，国调办分别批复南水北调中线一期工程天津干线西黑山进口闸至有压箱涵段、保定市1段、保定市2段、廊坊市段工程初步设计报告（概算）。7月，设计单位编制完成《天津干线第1～4单元初步设计报告（审定稿）》和《南水北调中线一期工程天津干线初步设计报告（审定稿）》。

三、工程设计

　　南水北调中线工程天津供水区范围为永定新河以南地区，包括中心市区、西青区、塘沽区、大港区、东丽区、北辰区、津南区及静海县。除了上述天津市供水范围外，本工程同时承担天津干渠沿线保定市的徐水、容城、雄县、高碑店和廊坊市的固安、霸州、永清、安次等县的供水任务（供水规模为1.2亿立方米每年）。

　　天津干线全长155.31千米，设计引水流量按区段需求设置不同的引水规模，设计流量19.8～50立方米每秒，加大流量24～60立方米每秒。起点设计水位65.27米，终点设计水位0米，总水头差为65.27米。具体情况如下：

　　（1）天津干线首部引水规模。天津干线渠首西黑山分水口设计流量为50立方米每秒，加大流量为60立方米每秒。

　　（2）天津干线分水口门分水设计规模。根据河北省和天津市输配水规划，天津干线在河北省境内布设9个分水口门，分水总规模7.5立方米每秒，天津市境内为中心城区输水布设1个分水口门，其余水量送至天津干线末端，由市内配套工程输送至塘沽、大港等滨海新区，天津分水设计规模总计31立方米每秒，见表7-4-1-118。

表7-4-1-118　　　　　天津干线分水口门分水设计规模列表

序号	分水口门名称	分水设计规模 /立方米每秒	备注
1	河北徐水县郎五庄南分水口	1.0	
2	河北容城县北城南分水口	1.0	
3	河北高碑店市白沟分水口	0.7	
4	河北雄县口头分水口	0.5	
5	河北固安县王铺头分水口	0.1	
6	河北霸州市三号渠东分水口	2.1	
7	河北永清县西辛庄西分水口	0.1	
8	河北霸州市信安分水口	1.9	
9	河北安次区得胜口分水口	0.1	
10	天津分流井内共设置4个分水建筑物		
	（1）天津市西河泵站方向	27	为天津市中心城区输水
	（2）王庆坨水库分水口	20	与天津干线交叉运行
	（3）天津外环河出口闸方向	设计18立方米每秒， 加大28立方米每秒	为天津市滨海新区输水。下游工程仍属天津干线直至天津外环河出口闸
	（4）子牙河方向	5	事故退水，兼做相机引水
11	天津外环河出口闸	设计18立方米每秒， 加大28立方米每秒	工程末端，规模与分流井该方向分水口相同

（3）天津干线工程设计规模分段。根据天津干线沿线分水口门位置、规模及其供水对象的重要性，确定桩号 XW0＋000～XW87＋007 段设计流量 50 立方米每秒，加大流量 60 立方米每秒；桩号 XW87＋007～XW122＋611 段设计流量 47 立方米每秒，加大流量 57 立方米每秒；桩号 XW122＋611～XW148＋850 段设计流量 45 立方米每秒，加大流量 55 立方米每秒；桩号 XW148＋850～XW155＋531 段设计流量 19.8 立方米每秒，加大流量 24 立方米每秒。

天津干线采用全箱涵无压接有压全自流输水方案，其中调节池以上以无压流为主，称为无压输水段，调节池以下均为有压流，称为有压输水段。由于天津干线全长 155.31 千米，有压段长 144.6 千米，考虑到箱涵属低水头建筑物，为避免由于操作尾闸或中间闸门而引起箱涵内产生水击压力，危及箱涵安全，在纵断布置上根据地形条件并满足水力压坡线要求，采用分段阶梯状设置保水堰井，以保证在任何工况下，有压段箱涵均处于有压状态。

四、科技创新

针对南水北调中线天津干线建设中的实际问题，天津市积极开展技术攻关，大胆创新，解决了一系列技术难题。

天津干线工程引入新型水工建筑物"保水堰"。天津干线全长 155.31 千米，全线自西向东有 64 米的高程落差，但沿线地形是西陡东缓。64 米的高差主要集中在西部上段，前 20 千米高程落差为 47 米，尤其是前 1.5 千米落差达 21 米；中下段则地势平缓，后 135 千米高程落差仅为 17 米。设计中采用常规输水技术方案会造成水能利用不充分、增加工程投资的问题，也会增加工程运行的风险和成本。引入"保水堰"后，在工程布置上进行相应调整，从渠首开始上段 10 千米采用无压箱涵，以充分利用丰富的自然高程落差减小工程断面，减少工程量和投资，在后续 145 千米地形平缓地区采用低压箱涵，并分段阶梯式布置"保水堰"，在沿线退水建筑物的协同下，能够实现流量和水位的自然过渡和调整，既节省了建设加压泵站或设置机械消能设备的工程量和投资，也降低了工程运行成本，并使工程运行安全方便。"保水堰"作为"现代调水工程水力控制理论及关键技术研究"项目的重要创新内容，获得了水利部 2010 年度大禹水利科学技术奖一等奖，并获得 2 项国家发明专利。

大掺量磨细矿渣技术在天津干线工程中的研究与应用。该研究对碱骨料反应抑制效果和大掺量磨细矿渣混凝土技术对硫酸盐、氯离子侵蚀进行试验研究，进行了混凝土配合比优化及技术经济性分析。研究成果应用于天津干线工程箱涵工程施工。

南水北调工程（PCCP）输水阻力试验研究。该研究通过专用试验场对输水管线的输水阻力糙率系数实际测试，并对实测数据进行分析处理，确定 PCCP 输水阻力准确数据；对 PCCP 接口采用不同密封方式进行了现场试验。研究成果为合理确定配套工程布置方案、结构型式、工程规模等奠定了技术基础。这项成果获得了 2007 年度水利部大禹水利科学技术奖三等奖。

五、前期投资计划

（一）前期工作投资计划下达情况

1992—2007 年年底，全市累计下达南水北调中线干线工程前期工作费投资计划共 7503 万元。1992—2002 年定名为天津干渠，2003 年更名为天津干线。

资金来源。水利部 2910 万元，天津市配套 4593 万元。

逐年下达情况。1992—2002 年共计下投资达计划 3443 万元。1992 年下达南水北调中线干线工程前期工作费 20 万元，资金来源为市财政专项（市能交基金）；1993 年下达南水北调中线干线工程前期工作费 40 万元，资金来源为市财政专项（市能交基金）；1994 年下达南水北调中线干线工程前期工作费 500 万元，资金来源为中央预算内投资 400 万元，市财政专项 100 万元（市能交基金无息贷款）；1995 年下达南水北调中线干线工程前期工作费 400 万元，资金来源为中央预算内投资；1996 年下达南水北调中线干线工程前期工作费 900 万元，资金来源为中央预算内投资 500 万元，市财政专项 400 万元；1997 年下达南水北调中线干线工程前期工作费 500 万元，资金来源为中央预算内投资；1998 年下达南水北调中线干线工程前期工作费 200 万元，资金来源为中央预算内投资；1999 年下达南水北调中线干线工程前期工作费 833 万元，资金来源为市财政专项。2002 年下达南水北调中线干线工程前期工作费 50 万元，资金来源为中央预算内投资。

2003—2007 年共计下达计投资计划 4060 万元。2004 年下达南水北调中线干线工程前期工作费 2360 万元，资金来源为中央预算内投资 560 万元，市财政专项 1800 万元；2005 年下达南水北调中线干线工程前期工作费 1600 万元，资金来源为中央预算内投资 600 万元，市财政专项 1000 万元；2006 年下达南水北调中线干线工程前期工作费 64 万元，资金来源为中央预算内投资；2007 年下达南水北调中线干线工程前期工作费 36 万元，资金来源为中央预算内投资。

（二）前期工作投资完成情况

1. 累计完成投资情况

天津干渠阶段。1992—2002 年，天津市南水北调中线干线工程前期工作累计完成投资 3443 万元。占累计下达投资计划 3443 万元的 100％。

天津干线阶段。2003—2007 年年底，天津市南水北调中线干线工程前期工作累计完成投资 9256 万元，占批复总投资 14478.7 元的 63.9％，占累计下达投资计划 4060 亿元的 228％。

2. 逐年投资完成情况

（1）南水北调中线工程天津干渠总体设计：自 1994—1996 年，完成天津干渠部分水文规划和工程设计，主要项目有：天津干渠交叉河流历史洪水调查报告；天津干渠交叉河流设计洪水分析；南水北调中线工程天津供水方案比较意见；南水北调中线工程天津供水区缺水补充分析；南水北调中线工程入津总干线（涞水至西河闸）方案说明；天津干渠总体设计报告及图表；天津干渠工程补充可研报告；西黑山渡槽初步设计报告；中瀑河渠道倒虹吸初步设计；鸡爪河渠道倒虹吸初步设计；萍河渠道倒虹吸初步设计；兰沟河渠道倒虹吸初步设计；大清河渠道倒虹吸初步设计；牤牛河渠道倒虹吸初步设计；郑村渠道倒虹吸初步设计；百米渠渠道倒虹吸初步设计；王泊排干渠道倒虹吸初步设计；龙王跑排干排水倒虹吸初步设计；戊己台公路桥初步设计；廊大公路公路桥初步设计；典型建筑物大清河渠道倒虹吸简要报告；典型建筑物堂澜排水倒虹吸简要报告。

1992 年编制《南水北调中线入津线路及相应的天津市境内工程可研报告》。

1994 年，完成南水北调天津干渠 1/2000 带状地形测量 26 平方千米；E 段、F 段主控制及 1/2000 带状地形 4.8 平方千米主控制 40 千米；南水北调天津干渠中心线放线测量；协助长委中线办专家组进行中间检查工作。

1995 年，南水北调勘测任务全面展开；完成 E、F 段及大清河勘探任务；西黑山渠 1/500 局部地形测量 2 千米；白沟河地形 1/1000 测图；牤牛河 1/500 局部地形测量；水文大断面（22 条）测量。

1996 年，南水北调中线工程天津干渠建筑物大比例尺地形测量 4.2 千米。

1997 年，补测导线西黑山至外环河 154 千米，补测水准 154 千米，暗渠段 1/1000 地形测量 7 幅，4.75 平方千米。1/2000 地形图补测 3 幅，24 平方千米。断面 94 条，56.4 千米。

1998 年，南水北调中线工程继续进行渠道和建筑物的勘测设计，主要内容有河渠交叉断面的水文分析、渠道工程设计、河渠交叉、路渠交叉等建筑物的设计等。

2001 年，南水北调中线工程天津干渠初步设计及市内配套工程设计。

（2）南水北调中线工程天津干线总体可研设计：2003—2007 年，完成天津干线工程可行性研究报告编制。

2003 年完成天津干线的总体设计工作，经对不同输水形式的诸多方案比选，从中筛选出全管涵一级加压方案和全管涵二级加压方案报水利部长江水利委员会设计院。

2004 年经过对管渠结合方案和全管涵方案的比选论证工作以及全管涵方案中多种形式的方案比选工作，于 2004 年 10 月底编制完成了《南水北调中线一期工程天津干线工程可行性研究报告》（送审稿），推荐方案为全箱涵无压接有压全自流方案，2004 年 12 月底通过了水利部水规总院的审查。南水北调中线一期工程天津干线主要是给天津市供水，设计流量 50 立方米每秒，加大流量 60 立方米每秒，多年平均向天津市供水 8.63 亿立方米（口门水量）。在河北省境内布设 9 个分水口门，最大引水流量为 5 立方米每秒，向河北省供水 1.2 亿立方米（口门水量）。

2005 年 3 月，南水北调中线一期工程天津干线工程可行性研究报告通过中国国际工程咨询公司咨询。

2007 年，国家发展改革委批复南水北调中线一期工程天津干线工程可行性研究报告。

六、征地拆迁

天津干线天津境内工程段长约 24.10 千米，涉及武清、北辰、西青 3 个区、5 个镇、25 个行政村和 1 个国有农场，批复工程征地拆迁补偿投资 6.59 亿元。2008 年 9 月底，征地拆迁工作全面启动，至 2010 年 4 月，征地拆迁工作已基本完成。2016 年 12 月 28 日完成征迁安置市级验收工作。

天津干线天津境内段工程完成征迁主要包括：永久征地 5.72 公顷，临时占地 438.65 公顷；

拆迁房屋 26037.74 平方米；搬迁企事业单位及村组副业 14 家；搬迁人口 161 人，生产安置人口 66 人；砍伐零星树木 11.83 万株；迁移坟墓 3379 丘，拆除机井 23 眼；切改、迁建电力、通信、燃气、给排水等各类专项设施 136 条等。

武清区段工程涉及王庆坨镇的 9 个行政村，全长约 5.76 千米，征迁任务主要包括：永久征地 1.16 公顷，临时占地 101.91 公顷，拆迁房屋 125.30 平方米等。

北辰区段工程涉及双口、青光 2 个镇的 5 个村和红光农场，全长 7.24 千米，征迁任务主要包括：永久占地 2.23 公顷，临时用地 150.95 公顷，拆迁房屋 19849 平方米，搬迁工业企业 5 家等。

西青区段涉及杨柳青和中北 2 个镇的 11 个行政村，全长约 11.10 千米，征迁任务主要包括：永久征地 2.34 公顷，临时占地 185.78 公顷，拆迁房屋 6063.44 平方米，工业企业征迁 6 家、村组副业 2 家，行政或事业单位 1 家等。

七、工程建设管理

南水北调中线天津干线工程进水口位于河北省保定地区徐水县西黑山村西北（中线总干渠桩号 1098＋076），沿线经过河北省保定市的徐水、容城、高碑店、雄县，廊坊市的固安、霸州、永清、安次，天津市的武清、北辰、西青三区，终点至天津市西青区曹庄村北侧天津干线出口闸与天津市配套工程曹庄泵站相连接。全长约 155.31 千米，其中河北省境内长约 131.36 千米，天津市境内长约 23.95 千米。工程共划分 6 个设计单元工程，其中河北省保定地区 3 个（分别为西黑山进口闸至有压箱涵段、保定市 1 段、保定市 2 段）；河北省廊坊市内段工程 1 个；天津市境内 2 个（分别为天津市 1 段工程和天津市 2 段工程）。受国务院南水北调办的委托，天津市南水北调办负责天津干线天津市 1 段工程的监管工作。

天津干线天津市 1 段工程起点位于河北省霸州市与天津市武清区王庆坨镇王二淀村西南交界处，津保高速公路东侧（天津干线桩号 XW131＋360），终点位于天津市西青区西青道以南奥森物流东侧（天津干线桩号 XW151＋021.365），全长 19.661 千米。该设计单元工程于 2008 年 6 月 2 日经国调办批复初步设计报告，2008 年 11 月 17 日在杨柳青镇大柳滩村举行开工仪式。工程主要设计方案为 C30 地埋式钢筋混凝土输水箱涵，以子牙河北分流井（桩号 XW148＋657.141～XW148＋788.141，长 0.131 千米）为界，其上游段为 3 孔 4.4 米×4.4 米有压输水箱涵，长 17.297 千米；下游段为 2 孔 3.6 米×3.6 米有压输水箱涵，长 2.233 千米。2011 年 7 月底，天津市 1 段工程全部完工，主要建筑物包括王庆坨连接井 1 座、子牙河北分流井 1 座，子牙河倒虹吸检修闸 1 座，通气孔 9 座，穿越子牙河、卫河等河道倒虹吸 7 座，穿越京沪高速公路、津同公路、京福公路、西青道等公路涵 13 处，穿越京沪铁路涵 1 处。天津市 1 段主要工程量约为：土方开挖 651 万立方米，土方回填 505 万立方米，混凝土浇筑 61.6 万立方米，钢筋制安 5.4 万吨。

（一）项目法人责任制

根据国务院南水北调工程建设委员会《关于印发〈南水北调中线干线工程建设管理局组建意见〉的通知》，2004 年 7 月 13 日经国务院南水北调工程建设委员会办公室批准，并在国家工商行政管理总局登记注册，成立南水北调中线干线工程建设管理局，作为南水北调中线工程的项目法人负责工程的建设和运营。其主要任务是：依据国家有关南水北调工程建设的法律、法规、政策、措施和决定，负责组织编制单项工程初步设计，落实主体工程建设计划和资金筹措，对主体工程质量、安全、进度和资金等进行管理，为工程建成后的运行管理提供条件，协调工程建设的外部关系。

2006年12月7日，国调办批准中线局《关于上报南水北调中线干线工程天津干线项目管理划分方案的请示》，原则同意将天津干线廊坊市内段工程和天津市1段工程（第四、五设计单元工程）委托天津市管理建设，并明确中线建管局和天津市相关方面尽快落实具体管理单位，适时签订项目委托管理合同。依照《南水北调工程委托项目管理办法》的相关规定，天津市南水北调办公室明确天津市水利工程建设管理中心（简称建管中心）作为委托建设管理单位，承担天津干线委托天津市建设管理任务。2007年8月31日，中线局与建管中心在津签订建设管理委托合同，将天津干线廊坊市内段工程和天津市1段工程（第四、五设计单元工程）委托建管中心负责建设管理。

考虑到河北省南水北调办公室提出的将廊坊段工程委托天津建设管理存在以下几点问题：不利于工程征地拆迁工作的顺利开展、不利于维护工程建设环境、不利于工程顺利进行、不符合国务院南水北调办公室的有关规定等。经中线局与河北省南水北调办公室、天津市南水北调办公室协商，经天津市南水北调办公室请示天津市人民政府同意《关于南水北调天津干线工程廊坊市段建设管理问题的请示》。2009年4月13日，国调办下发《关于调整南水北调中线干线工程天津干线项目管理划分方案请示的批复》，将廊坊市内段工程的建设管理工作调整为中线局直接管理。

（二）质量监督

管理行为质量方面：天津市1段工程开工初期，质量监督机构按照《南水北调工程质量监督导则》的相关要求，着重开展了对建管单位质量管理体系、监理单位质量控制体系、设计单位现场服务体系、施工单位质量保证体系等建设情况的监督检查工作。主要检查了各责任主体现场管理机构的设立情况、各职能部门的设置情况，特别是质量检查部门的设置及人员配备情况是否满足工程建设需要，并对有关管理人员和特殊工种持证上岗情况进行监督检查；监督检查现场主要管理人员变更是否经过建管单位批准；监督检查施工现场质量领导小组建立情况，领导小组成员配备情况，质量领导小组工作是否按期召开，研究解决出现的质量问题；监督检查各责任主体现场质量管理制度和质量岗位责任制制定情况，对不满足要求的下达整改通知单，提出了完善和改进意见，并限期改正。对实施情况进行了监督检查。

工程实体质量方面：为了保证箱涵混凝土施工质量，质量监督机构对钢筋混凝土箱涵的主要工序都进行重点监督抽查。在监督检查中，注意检查施工单位的"三检制"的三检记录，监理单位对关键部位、关键工序的旁站记录，对单元工程施工单位的自评情况和监理单位的复核情况。发现问题及时提出并再次检查整改落实情况。还委托天津市南水北调检测中心对箱涵混凝土实体强度进行了二次抽查性回弹检测。7个施工标段共1300节钢筋混凝土箱涵按总体10%抽取回弹，共回弹检测275组。回弹检测结果箱涵混凝土强度都满足设计要求。2012年9月、10月，质量监督站还配合监管中心对天津市1段工程全部箱涵及其他水工建筑物进行了回弹检测。

（三）工程监理

通过公开招投标，建管中心最后确定天津市金帆工程建设监理有限公司和天津市泽禹工程建设监理有限公司作为独立第三方，分别负责天津市 1 段工程 TJ5－1～TJ5－4 和 TJ5－5～TJ5－7 标段的建设监理工作，其主要职责是：全面协助发包人选择承包人、设备和材料供货人，审核承包人拟选择的分包项目和分包人，核查并签发施工图纸，审批承包人提交的各类文件，签发指令、指示、通知、批复等监理文件，监督、检查施工过程及现场施工安全和环境保护情况，监督、检查工程施工进度，审验施工项目的材料、构配件、工程设备的质量和工程施工质量，处置施工中影响或造成工程质量、安全事故的紧急情况，审核工程计量，签发各类付款证书，处理合同违约、变更和索赔等合同实施中的问题，参与或协助发包人组织工程验收，签发工程移交证书，监督、检查工程保修情况，签发保修责任终止证书，主持施工合同各方之间关系的协调工作，解释施工合同文件。

通过实施监理工作，工程的质量安全处于受控状态，质量安全控制效果较好。进度控制符合总工期要求，在其他各方的帮助、协调下，施工单位克服种种困难，实现了业主要求的工期目标。严格按合同规定实施投资控制，要求工程量计量准确（包括合同外项目），使工程价款支付做到了有理、有据、有结，较好地控制了本工程投资。

（四）招标投标

根据《中华人民共和国招标投标法》《南水北调工程建设管理的若干意见》（简称《若干意见》）、《国务院南水北调办关于进一步规范南水北调工程招标投标活动的意见》（简称《规范意见》）和《南水北调中线干线工程委托项目招标投标管理规定》的有关要求，天津市 1 段工程招标投标情况如下：

招标文件编制单位：招标代理机构及设计单位。

招标文件审查单位：南水北调中线建管局、天津市南水北调办、建管中心等。

招投标监督单位：国务院南水北调办公室、天津市南水北调办公室和天津市水务局监察室。

按照《南水北调中线干线工程委托项目招标投标管理规定》有关要求，建管中心经认真比选研究，选择了具有招标代理甲级资质的天津普泽工程咨询有限责任公司作为天津市 1 段工程招标代理机构，承担工程招标代理工作，并上报中线建管局备案。2008 年 6 月 25 日，建管中心与天津普泽工程咨询有限责任公司签定了招标代理合同。

天津市 1 段工程分标方案分别于 2008 年 6 月 5 日、7 月 10 日经市南水北调办初步核准和中线局正式批复（其中国调办于 2008 年 6 月 30 日核准），批复天津市 1 段工程共计 7 个土建标、2 个监理标。

天津市 1 段工程招标工作全部采用公开招标方式进行，7 个土建标段和 2 个监理标段招标工作已于 2009 年 8 月前分三批组织完成；水机设备和电气设备采购标、安全监测仪器设备采购安装的招标工作也由中线局分两个批次组织完成。

2008 年 7 月 10 日，建管中心向市南水北调办与中线局分别报送监理招标工作计划，向中线局报送了监理招标公告，明确了采用国内公开招标方式进行监理招标工作，要求投标单位资质条件为水利水电工程监理或水利水电工程施工监理甲级资质。2008 年 7 月 16 日，监理招标公告分别在"中国南水北调网站""南水北调中线干线工程建设管理局网站""天津市水利工程建设交易管理中心网站""中国政府采购网站""中国采购与招标网""天津招标投标网"发布，于 2008 年 7 月 21 日开始发售监理招标文件，8 月 11 日开标，共有 8 家投标单位递交了投标文件。评标委员会共由 7 人组成，其中从国调办评标专家库随机抽取专家 5 人，项目法人和项目管理单位代表各 1 人。经过评标委员会评审推荐，评标结果在国调办和中线局网站公示无异议后，建管中心最后确定了天津市 1 段工程监理 1 标中标人为天津市金帆工程建设监理有限公司；天津市 1 段工程监理 2 标中标人为天津市泽禹工程建设监理有限公司，并向相关单位下发了中标通知书和中标结果通知书。招标结束后，建管中心及时向市南水北调办和中线局报送了监理招投标情况报告。并在监理合同签订后，建管中心向中线局报送了发布监理中标信息的报告。

天津干线天津市 1 段工程共 7 个施工标段，分三批次组织进行。招标公告分别于 2008 年 7 月 25 日、2008 年 10 月 29 日和 2009 年 5 月 27 日发布。招标范围为主体箱涵工程、临时工程、机电设备预埋件安装、金属结构制造与安装、水土保持（工程措施部分）等内容。招标前，建管中心向市南水北调办与中线局分别报送了施工招标工作计划，向中线局报送了施工招标公告，明确采用国内公开招标方式进行施工招标，要求投标单位资质条件为水利水电工程施工总承包一级以上（含一级）。第一、二批评标委员会分别由 9 人组成，其中从国调办评标专家库随机抽取专家 6 人，项目法人和建设管理单位代表共 3 人。第三批评标委员会由 7 人组成，其中从国调办评标专家库随机抽取专家 5 人，项目法人和建设管理单位代表共 2 人。经过评标委员会评审推荐，评标结果在国调办和中线局网站公示无议后，建管中心最后确定天津市水利工程有限公司等 6 家施工单位分别作为各标段的中标人，并向相关单位下发了中标通知书和中标结果通知书。

此外，安全监测采购安装标和水机设备、电气设备采购标也由中线建管局分别于 2009 年 3 月 13 日至 5 月 8 日和 4 月 30 日至 7 月 27 日按照招投标的有关规定组织完成。

监理中标单位为天津市金帆工程建设监理有限公司、天津市泽禹工程建设监理有限公司。

天津干线天津市 1 段工程共 7 个施工标段，中标单位为天津市水利工程有限公司、中铁十九局集团有限公司、中国水电基础局有限公司、中国水利水电第八工程局有限公司、中铁六局集团有限公司和天津振津工程集团有限公司联合体、中水北方勘测设计研究有限责任公司。

主要设备供应（制造）中标单位为许继电气设备股份有限公司。

（五）工程验收

天津市 1 段工程建成输水箱涵 19.7 千米，单元工程一次验收质量合格率达到 100％、优良率达到 92.3％。

受国调办委托，天津市南水北调办负责主持南水北调中线一期天津干线天津市 1 段设计单元工程（简称天津市 1 段工程）通水验收工作。按照国调办《关于印发南水北调中线一期工程通水验收工作方案的通知》和《关于做好天津干线天津市 1 段设计单元工程通水验收有关工作的通知》要求，2013 年 8 月 28—30 日，南水北调中线一期工程天津干线天津市 1 段设计单元工程通水验收会在津召开，会议由验收委员会主任委员张文波主持。

会议验收结论为：根据项目建管、设计、监理、施工等单位提供的资料和现场检查情况，本工程建设质量管理体系健全，施工规范。本次验收范围内工程建设内容已基本完工，工程形象面貌满足通水条件。本次验收范围已完工项目的水工建筑物、金属结构、机电设备及安全监测系统的设计、施工和制作、安装质量，符合国家和行业有关规范、标准的规定；施工和安装过程中出现的质量缺陷经处理后均满足设计要求；施工期安全监测成果表明建筑物工作性态总体正常。综上所述，验收委员会认为：天津市 1 段工程通过通水验收。

国务院南水北调办建管司、市南水北调办、中线建管局及天津直管建管部以及工程建设有关参建单位及质量监督机构负责人参加了会议。

2015 年 1 月 27 日，天津水利工程建设管理中心与南水北调中线干线工程建设管理局天津分局签定工程移交证书，完成天津市 1 段工程的移交工作。

验收主持单位：天津市南水北调工程建设委员会办公室

质量监督机构：天津市南水北调工程质量与安全监督站

项目法人：南水北调中线干线工程建设管理局

建管单位：天津市水利工程建设管理中心

监理单位：天津市金帆工程建设监理有限公司

天津市泽禹工程建设监理有限公司

设计单位：天津市水利勘测设计院

施工单位：天津市水利工程有限公司

中铁十九局集团有限公司

中国水电基础局有限公司

中国水利水电第八工程局有限公司

中铁六局集团有限公司和天津振津工程集团有限公司联合体

中水北方勘测设计研究有限责任公司

主要设备供应（制造）单位：许继电气设备股份有限公司

运行管理单位：南水北调中线干线工程建设管理局天津直管项目建设管理部

第二节 天津市内配套工程

2002 年 1 月 28 日，天津市第 75 次市长办公会决定，由市计委组织市有关部门编制《天津市南水北调中线市内配套工程规划》（简称《规划》）。按照会议要求，由天津市计委牵头，会同市水利局、市建委、市规划局、市物价局、市环保局、市财政局、市自来水集团公司和天津国际工程咨询公司共同编制。2004 年 4 月 26—30 日，市发展改革委委托中国国际工程咨询公司对《规划》进行了论证咨询。按照专家咨询意见，市发展改革委组织建委、水利、市政、物价等部门对《规划》进行了修改完善，并于 2005 年报市政府审批。2006 年 4 月 12 日，天津市市长、市南水北调工程建设委员会主任戴相龙主持召开会议，专题研究南水北调天津市配套工程规划方案，副市长、市南水北调工程建设委员会副主任孙海麟出席，会议原则同意《规划》。4 月 17 日，市发展改革委批复《天津市南水北调中线市内配套工程总体规划》，同意规划原则、目标和推荐的输配水方案。

《规划》主要包括四项内容：城市水源合理配置规划、市内输配水工程规划、水厂建设及供水管网工程规划和建设资金筹措和运行方案。《规划》以调节引滦水的于桥水库、尔王庄水库，调节中线水的王庆坨水库、北塘水库和调节东线水的北大港水库为城市供水安全调节保障体系，以新建中线天津干线到滨海地区的引江工程和现有的引滦主干供水工程连接5个水库和各个供水分区，为城市生活、生产和环境用水提供安全保证。

《规划》根据受水区需水量和城市水源可供水量的预测结果，考虑受水区和城市水源的空间位置以及受水区的重要程度，综合平衡划分出各个水源的供水区域。规划确定城市供水系统的空间布局为：引滦入津工程在天津市北部入境，供水范围以中心城区和北部、东部地区为主，包括中心城区及新四区、蓟县、宝坻区、武清区、宁河县、塘沽区、大港区、汉沽区；南水北调中线工程在天津市西南部入境，供水范围以中心城区、西部、南部和东部为主，包括中心城区及新四区、塘沽区、大港区、静海县；由于中心城区及新四区、滨海新区的塘沽区、大港区是天津市经济社会发展重点地区，采取引滦水、引江水、地下水、淡化海水、再生水等多水源供水。各水源配置的供水区域为：引滦水主要供蓟县、宝坻区、武清区、宁河县、汉沽区，以及中心城区、新四区、塘沽区、大港区；南水北调中线水主要供中心城区、新四区、塘沽区、大港区、静海县；地下水主要供大港区、塘沽区、蓟县、宁河县和武清区；淡化海水及海水利用主要用于塘沽区、汉沽区、大港区；再生水主要用于城市外围河湖环境，少量经深度处理后用于工业和市政杂项。

《规划》市内配套工程项目主要包括：新建天津干线分流井至西河泵站输水工程、天津干线末端至滨海新区输水工程，新建王庆坨水库和完善北塘水库，扩建现有引滦供水管线，新建、扩建自来水厂等。

2008年10月31日，市政府办公厅印发《关于印发南水北调中线一期工程我市投资筹措方案的通知》，此方案中市内配套工程静态匡算总投资125.27亿元，其中城市输配水工程73.14亿元，自来水供水配套工程12.36亿元，水厂及供水管网工程39.77亿元。其中水厂及供水管网工程投资39.77亿元由自来水企业原渠道解决，城市输配水、自来水供水配套工程所需资金85.5亿元（2006年价格水平）由市统筹解决。

为保证天津市配套工程与南水北调中线主体工程同时通水、共同发挥效益，市南水北调办遵循先急后缓的原则组织开展配套工程前期工作，积极推进各项工程的建设实施。截至2015年12月，天津干线分流井至西河泵站输水工程、滨海新区供水一期及二期工程、西河原水枢纽泵站工程、尔王庄水库至津滨水厂供水工程初步设计报告均通过审批，并建设完成，为保证天津市城市供水安全发挥了重要作用；王庆坨水库工程和北塘水库完善工程初步设计报告通过审批，并进入实施阶段。

截至2015年年底，天津市南水北调中线市内配套工程已批复初步设计（实施方案）10项：2006年，天津干线分流井至西河泵站输水工程外环线以内应急施工段实施方案批复。2007年，天津干线分流井至西河泵站输水工程初步设计批复。2009年，尔王庄水库至津滨水厂供水管线工程实施方案批复；尔王庄水库至津滨水厂供水加压泵站工程实施方案批复。2010年，滨海新区供水一期工程初步设计批复。2012年，滨海新区供水二期工程初步设计批复；西河原水枢纽泵站工程初步设计批复。2013年，王庆坨水库工程初步设计批复。2015年，北塘水库完善工程初步设计批复；宁汉供水工程初步设计批复（A＋000～A＋43＋850）。

截至 2015 年年底，天津市南水北调中线市内配套工程已批复总投资 98.71 亿元。2006 年批复投资 0.96 亿元，为天津干线分流井至西河泵站输水工程外环线以内应急施工段工程。2007 年批复投资 5.26 亿元，为天津干线分流井至西河泵站输水工程。2008 年批复投资 0.22 亿元，为天津干线分流井至西河泵站输水工程征地拆迁补偿资金调增。2009 年批复投资 5.17 亿元，为尔王庄水库至津滨水厂供水工程。2010 年批复投资 22.73 亿元，为滨海新区供水一期工程。2012 年批复投资 35.89 亿元，为滨海新区供水二期工程 20.52 亿元；西河原水枢纽泵站工程 15.37 亿元。2013 年批复投资 13.46 亿元，为王庆坨水库工程。2014 年批复投资 5.78 亿元，为王庆坨水库征迁费调增。2015 年批复投资 9.24 亿元，为宁汉供水工程（A＋000～A＋43＋850）7.35 亿元；北塘水库完善工程 1.89 亿元。

截至 2015 年年底，天津市累计下达南水北调中线市内配套工程投资计划共 90.39 亿元，占批复投资 98.71 亿元的 91.57％。

截至 2015 年年底，天津市南水北调中线市内配套工程累计完成投资 89.28 亿元，占批复总投资 98.71 亿元的 90.45％，占累计下达投资计划 90.39 亿元的 98.77％。

截至 2015 年年底，与中线一期工程通水直接相关的天津干线分流井至西河泵站输水工程，尔王庄水库至津滨水厂供水工程，滨海新区供水工程一期及二期工程，西河原水枢纽泵站至宜兴埠泵站原水管线联通工程（未批复 5.6 亿元），西河原水枢纽泵站工程等 6 项骨干输配水工程全部建成，王庆坨水库工程和北塘水库完善工程已启动建设，累计完成投资 94.88 亿元。已完成工程质量全部达到设计要求，单元工程一次验收质量合格率达到 100％、优良率保持在 93％以上，全部一次性通过通水验收。

一、天津干线分流井至西河泵站输水工程

本工程主要功能是南水北调工程通水后，通过西河原水枢纽泵站向中心城区的芥园、新开河、凌庄三大水厂输送南水北调原水，实现中心城区引江、引滦双水源保证。工程起自南水北调天津干线子牙河北分流井以南，终点至西河原水枢纽泵站前池，工程形式为 C30 地埋式双孔 3.8 米×3.8 米钢筋混凝土输水箱涵，工程全长 8.53 千米，设计流量 27 立方米每秒。其中由于工程与在建的快速路天平路立交桥和子牙河北路工程重叠，为避免重复建设和资金浪费，经市政府同意，市发展改革委批复应急实施天平路立交桥桥区段和子牙河北路部分路段的输水箱涵，起止桩号为 K6＋445～K8＋050，全长 1605 米。

（一）工程审批

2005 年，市南水北调办启动了南水北调中线一期天津市内配套工程天津干线分流井至西河泵站输水工程前期工作。考虑到本工程与当时正在建设的快速路太平路立交桥和子牙河项目的关联性，为避免重复建设和资金浪费，需先期实施该工程应急段工程，因此，市南水北调办组织设计院编制了《南水北调中线一期天津市内配套工程天津干线分流井至西河泵站输水工程外环线以内应急施工段实施方案》，并于 2006 年 4 月报送市发展改革委审批，同年 6 月，市发展改革委批复了该实施方案，该段工程概算投资为 0.96 亿元。2007 年 11 月，市发展改革委批复了《南水北调

中线一期天津市内配套工程天津干线分流井至西河泵站输水工程可行性研究报告》，同月，市南水北调办依据市发展改革委核定的工程概算批复了《南水北调中线一期天津市内配套工程天津干线分流井至西河泵站输水工程初步设计报告》，工程概算投资为 5.26 亿元（含工程征地折迁补偿资金 1.53 亿元）。2008 年 12 月，市发展改革委印发了《关于核定南水北调中线一期天津市内配套工程天津干线分流井至西河泵站输水工程征地拆迁补偿资金的通知》，批复投资核增 0.22 亿元。

（二）工程设计

工程起点为北辰区铁锅店村附近、南水北调中线一期工程天津干线分流井闸下、相应天津干线里程 148＋769.42，向南穿越子牙河防洪堤后，在河滩地内沿生产堤堤脚自西向东铺设，终点为西河原水枢纽泵站调节池。工程设计规模为 27 立方米每秒，采用 2 孔 3.8 米×3.8 米钢筋混凝土箱涵，线路全长 8.53 千米。

（三）投资计划下达情况

2006 年下达天津干线分流井至西河泵站输水工程外环线以内应急施工段 0.96 亿元。2007 年下达天津干线分流井至西河泵站输水工程 0.3 亿元。2009 年下达天津干线分流井至西河泵站输水工程 4.24 亿元。2010 年下达天津干线分流井至西河泵站输水工程 0.94 亿元。

（四）投资完成情况

2006 年天津干线分流井至西河泵站输水工程外环线以内应急施工段完成投资 0.96 亿元。2007 年天津干线分流井至西河泵站输水工程完成投资 0.3 亿元。2008 年天津干线分流井至西河泵站输水工程完成投资 0.87 亿元。2009 年天津干线分流井至西河泵站输水工程完成投资 3.14 亿元。2010 年天津干线分流井至西河泵站输水工程完成投资 1.17 亿元。

（五）征地拆迁

天津干线分流井至西河泵站输水工程起点为天津干线分流井，终点为西河泵站调节池，全长 8.53 千米，其中与天津干线平行起始段 441 米划入天津干线工程，征迁工作在天津干线工程征迁中一并解决，1.61 千米应急段由于施工已完成，因此本工程实际长度为 6.92 千米，其中北辰区 6.69 千米，涉及青光、天穆两镇，包括铁锅店、李家房子、刘家码头、韩家墅、杨嘴、刘家房子、西于庄 7 个行政村，红桥区段 0.23 千米，包括红勤桥西里居民房屋。该工程征地拆迁补偿投资 15343.11 万元，2010 年 2 月，征地拆迁工作全面启动，同年 8 月底，征地拆迁工作已基本完成。

天津干线分流井至西河泵站输水工程征迁任务主要包括永久征地 1.69 公顷（其中北辰区 0.57 公顷，红桥区 1.12 公顷），临时占地 74.02 公顷，拆除房屋 16870.91 平方米（其中居民房屋 1710.61 平方米，农村副业房屋 15160.30 平方米），农村副业 14 家，10 千伏输电线路 9 条，通信光缆 25 条，给排水、燃气管道 7 条，零星树木 3923 株，坟墓 72 丘，机井 10 眼，100 千伏安变压器 1 台，交通道路（土路 160 平方米、沥青路 367.5 平方米，碎石泥结路面 0.35 千米，混凝土路面 0.50 千米），灌排渠道 0.22 千米。

（六）工程建设

工程于 2009 年 6 月 1 日开工建设，2011 年 8 月主体工程完工（其中 2006 年 6 月 12 日，南水北调天津市内配套工程天津干线分流井至西河泵站输水工程应急施工段开工建设。2008 年 8 月，主体工程完工）。2014 年通过通水验收并与干线工程同步投入运行。

1. 招标投标

天津干线分流井至西河泵站输水工程（不含应急段）于 2007 年 11 月由建管中心组织招标投标，具体招标情况见表 7-4-2-119。

表 7-4-2-119　　　　天津干线分流井至西河泵站输水工程

施工标段名称	施工标段中标单位	监理标段名称	监理标段中标单位
施工（第 1 标段）	天津市水利工程有限公司	监理 1 标	天津市金帆工程建设监理有限公司
施工（第 2 标段）	天津城建集团有限公司与华北水利水电工程集团有限公司联合体		
施工（第 3 标段）	天津振津工程集团有限公司		

外环线以内应急施工段工程于 2006 年 5 月由建管中心组织招标投标，具体情况见表 7-4-2-120。

表 7-4-2-120　　　　外环线以内应急施工段工程

施工标段名称	施工标段中标单位	监理标段名称	监理标段中标单位
施工（第 1 标段）	天津振津工程集团有限公司	监理 1 标	天津市金帆工程建设监理有限公司
施工（第 2 标段）	中铁十六局集团有限公司		

2. 工程验收

2014 年 5 月 22 日，市南水北调办对南水北调中线一期天津市内配套工程天津干线分流井至西河泵站输水工程（含外环线以内应急施工段工程）设计单元工程进行了通水验收。本次验收前，市南水北调办组织成立了技术性初步验收工作组，已进行了技术性初步验收。通水验收委员会由市南水北调办、天津市南水北调质量与安全监督站、运行管理单位代表和特邀专家组成。项目法人、建设管理以及工程勘察设计、监理、施工等有关单位代表参加了会议。验收委员查看了工程现场，观看了工程建设声像资料，听取了工程建设管理工作报告、技术性初步验收工作报告和质量监督报告，查阅了有关工程资料，并进行了充分讨论，通过了验收，形成了《南水北调中线一期天津市内配套工程天津干线分流井至西河泵站输水工程设计单元工程通水验收鉴定书》。

天津干线分流井至西河泵站输水工程参建单位：

验收主持单位：天津市南水北调工程建设委员会办公室

质量监督机构：天津市南水北调工程质量与安全监督站

项目法人：天津水务投资集团有限公司

建管单位：天津市水务工程建设管理中心

监理单位：天津市金帆工程建设监理有限公司

设计单位：天津市水利勘测设计院

施工单位：天津市水利工程有限公司（1 标）

　　　　　天津城建集团有限公司

　　　　　华北水利水电工程集团有限公司（2 标）

　　　　　天津振津工程集团有限公司（3 标）

天津市国达测控技术有限公司

（安全监测标、中心控制系统标）

运行管理单位：天津水务投资集团有限公司

资产运营管理有限公司

外环线以内应急施工段工程参建单位：

验收主持单位：天津市南水北调工程建设委员会办公室

质量监督机构：天津市南水北调工程质量与安全监督站

项目法人：天津水务投资集团有限公司

建管单位：天津市水务工程建设管理中心

设计单位：天津市水利勘测设计院

监理单位：天津市金帆建设监理工程有限公司

施工单位：天津振津工程集团有限公司（1标）

中铁十六局集团有限公司（2标）

中水北方勘测设计研究有限责任公司

（安全监测标）

验收结论：南水北调中线一期天津市内配套工程天津干线分流井至西河泵站输水工程（除中心控制系统部分遗留不影响通水）及天津干线分流井至西河泵站输水工程外环线以内应急施工段工程已完工。根据技术性初步验收工作报告，水工建筑物、机电设备、金属结构及安全监测系统的设计、施工、制作及安装质量，符合国家和行业有关标准的规定；安全监测成果表明建筑物工作状态总体正常，工程形象面貌满足通水要求。综上所述，天津干线分流井至西河泵站输水工程通过通水验收。

二、尔王庄水库至津滨水厂供水工程

本工程主要功能是在南水北调工程通水前由尔王庄水库向津滨水厂输送引滦原水，通水后实现津滨水厂引江、引滦双水源保证，包括加压泵站和输水管线两项内容。加压泵站工程主要任务是在天津市南水北调实现通水前，由尔王庄水库向津滨水厂输送引滦原水，南水北调通水后，本工程泵站再恢复为向塘沽、大港输送引滦原水。工程主要形式为直径1400毫米预应力混凝土管、1800毫米PCCP管，以及部分直径1200毫米钢管。工程全长42.95千米，设计供水能力25万立方米每日。

（一）工程审批

2008年，市南水北调办启动了天津市南水北调市内配套工程尔王庄水库至津滨水厂供水工程前期工作。2009年，按照市政府《关于研究津滨水厂建设有关工作的会议纪要》精神，为加快推进尔王庄水库至津滨水厂供水工程建设，缩短前期工作时间，经市政府同意，市南水北调办将该工程可行性研究和初步设计两个阶段合并为实施方案一个阶段，并组织设计院编制完成该工程实施方案，于9月送市发展改革委审批。市发展改革委于11月和12月分别批复了《天津市南水北调市内配套工程尔王庄水库至津滨水厂供水管线工程实施方案》和《天津市南水北调市内配套工程尔王庄水库至津滨水厂供水加压泵站工程实施方案》，工程概算投资分别为 49885.66 万元和 1849.88 万元。

（二）工程设计

工程起点为引滦入聚酯泵站，终点为津滨水厂，包括加压泵站工程和供水管线工程。

加压泵站工程设计规模 25 万立方米每日，通过改造现有引滦入聚酯输水泵站后实现。改造工程主要包括：增容改造小宋庄 35 千伏变电站；聚酯泵站新安装 6 台水泵机组和相应辅机电气设备，改造原聚酯泵站电气设备；对小宋庄 35 千伏变电站、聚酯泵站及管理设施进行装修、设备改造，新建管理用房；对金属结构、暖通及给排水设施等进行大修或更换。

供水管线工程采用 DN1400 预应力混凝土管、DN1800 预应力钢筒混凝土管，局部穿越段、转角段等处辅以钢管。全长 42.95 千米。管线工程分为两段：第一段由起点至聚酯—津滨支线进水口（桩号 K32＋600），该段由聚酯泵站提供水源，供水规模为 20 万立方米每日，长 32.6 千米；第二段由聚酯—津滨支线进水口（桩号 K32＋600）至管线终点，长 10.35 千米，在进水口接受聚酯管线提供的 5.0 万立方米每日流量后，该段供水规模为 25 万立方米每日。

（三）投资计划下达

2009 年下达尔王庄水库至津滨水厂供水管线工程 2 亿元，尔王庄水库至津滨水厂供水加压泵站工程 0.19 亿元。2010 年下达尔王庄水库至津滨水厂供水管线工程 2.98 亿元。

（四）投资完成

2009 年尔王庄水库至津滨水厂供水工程完成投资 2 亿元。2010 年尔王庄水库至津滨水厂供水工程完成投资 3.17 亿元。

（五）征地拆迁

尔王庄水库至津滨水厂供水管线工程起点为宝坻区尔王庄乡小宋庄泵站，终点位于东丽区津滨水厂，途经天津市的宝坻区、宁河县、北辰区、东丽区和空港区，8 个乡（镇），26 个行政村，全长 42.95 千米。该工程征地拆迁补偿投资 14923.62 万元，2010 年 2 月，征地拆迁工作全面启动，同年 8 月底，征地拆迁工作已基本完成。

尔王庄水库至津滨水厂供水工程主要征迁任务：永久征地 0.14 公顷，临时占地 195.61 公顷；拆迁房屋面积 18052.31 平方米；搬迁人口 16 人；零星树木 19863 株；迁移坟墓 2083 丘；农村机井 5 眼；农村副业 12 家；工业企业 12 家；占压乡村道路 69 条，占压长 3.93 千米；占压灌溉渠道 182 条，占压长 15.01 千米；占压高压输电线路 37 条，占压长 2.22 千米，占压低压线路 17 条，占压长 0.75 千米；占压通信线路 23 条；占压供排水管道 24 条，占压长 1.82 千米。

宝坻区段长 4.22 千米，主要征迁任务：永久征地 0.01 公顷，临时占地 19.13 公顷；拆迁房屋面积 886.10 平方米；零星树木 8558 株；迁移坟墓 105 座；农村副业 2 家；占压乡村道路 4 条，占压长 0.25 千米；占压灌溉渠道 36 条，占压长 3.06 千米；占压高压输电线路 2 条，占压长 0.12 千米，占压低压线路 4 条，占压长 0.14 千米。

宁河县段长 10.49 千米，主要征迁任务：永久征地 0.01 公顷，临时占地 48.93 公顷；拆迁房屋面积 1918.30 平方米；搬迁人口 12 人；零星树木 844 株；迁移坟墓 778 座；农村机井 3 眼；农村副业 2 家；工业企业 1 家；占压乡村道路 34 条，占压长 1.72 千米；占压灌溉渠道 46 条，占压长 3.61 千米；占压高压输电线路 9 条，占压长 0.54 千米，占压低压线路 5 条，占压长 0.19 千米；

占压供排水管道 1 条，占压长 0.05 千米。

北辰区段长 4.07 千米，主要征迁任务：永久征地 0.01 公顷，临时占地 17.32 公顷；零星树木 542 株；迁移坟墓 270 座；占压乡村道路 4 条，占压长 0.19 千米；占压灌溉渠道 6 条，占压长 0.28 千米；占压高压输电线路 2 条，占压长 0.12 千米。

东丽区段长 17.94 千米，主要征迁任务：永久征地 0.08 公顷，临时占地 80.35 公顷；拆迁房屋面积 14837.78 平方米；搬迁人口 4 人；零星树木 9043 株；迁移坟墓 930 座；农村机井 2 眼；农村副业 7 家；工业企业 11 家；占压乡村道路 27 条，占压长 1.78 千米；占压灌溉渠道 94 条，占压长 8.15 千米；占压高压输电线路 24 条，占压长 1.44 千米，占压低压线路 8 条，占压长 0.42 千米；占压供排水管道 10 条，占压长 1.06 千米。

空港区段长 6.24 千米。主要征迁任务：永久征地 0.02 公顷，临时占地 29.89 公顷；拆迁房屋面积 189 平方米；零星树木 876 株；农村副业 1 家；占压高压输电线路 37 条，占压长 2.22 千米，占压低压线路 17 条，占压长 0.75 千米；占压供排水管道 13 条，占压长 0.70 千米。

（六）工程建设

泵站工程于 2010 年 1 月 27 日开工建设，2010 年 5 月 18 日主体工程完工；管线工程于 2010 年 3 月 23 日开工建设，2010 年 8 月 25 日主体工程完工。全部工程于 2011 年 5 月通水运行。

1. 招标投标

管线工程于 2009 年 11 月由建管中心组织招标投标，招标情况见表 7-4-2-121。供水加压泵站工程于 2009 年 12 月由普泽公司组织招标投标，招标情况见表 7-4-2-122。

表 7-4-2-121　　　　　　　**管 线 工 程 招 标**

施工标段名称	施工标段中标单位	监理标段名称	监理标段中标单位
施工（第 1 标段）	天津振津工程集团有限公司	监理 1 标	天津市金帆工程建设监理有限公司
施工（第 2 标段）	华北水利水电工程集团有限公司		
施工（第 3 标段）	北京金河水务建设有限公司		
施工（第 4 标段）	天津市水利工程有限公司		
施工（第 5 标段）	中国水电建设集团港航建设有限公司	监理 2 标	天津市泽禹工程建设监理有限公司
施工（第 6 标段）	天津振津工程集团有限公司		
施工（第 7 标段）	天津市水利工程有限公司		

表 7-4-2-122　　　　　　**供水加压泵站工程招标**

施工标段名称	施工标段中标单位	监理标段名称	监理标段中标单位
施工标	天津市水利工程有限公司	监理标	天津市金帆工程建设监理有限公司

2. 工程验收

2010 年 12 月 21 日，市南水北调办对天津市南水北调市内配套尔王庄水库至津滨水厂供水加压泵站工程进行通水验收。通水验收委员会由市南水北调办、市南水北调工程质量与安全监督站、运行管理单位代表和特邀专家组成。项目法人、建设管理以及工程勘察设计、监理、施工等有关单位代表参加了会议。验收委员查看了工程现场，观看工程建设声像资料，听取工程建设管理工作报告、技术性初步验收工作报告和质量监督报告，查阅有关工程资料，并进行充分讨论，通过验收，形成《天津市南水北调市内配套尔王庄水库至津滨水厂供水加压泵站工程设计单元工程完工验收鉴定书》。

　　验收主持单位：天津市南水北调工程建设委员会办公室

　　质量监督机构：天津市南水北调工程质量与安全监督站

　　项目法人：天津水务投资集团有限公司

　　建管单位：天津普泽工程咨询有限责任公司

　　监理单位：天津市金帆工程建设监理有限公司

　　设计单位：天津市水利勘测设计院

　　施工单位：天津市水利工程有限公司

　　运行管理单位：天津水务投资集团有限公司

　　验收结论：根据项目建管、设计、监理、施工等单位提供的资料和现场检查情况，本工程建设质量管理体系健全，施工规范。本次验收范围内工程建设内容已基本完工，工程形象面貌满足通水条件。本次验收范围已完工项目的水工建筑物、金属结构、机电设备及安全监测系统的设计、施工和制作、安装质量，符合国家和行业有关规范、标准的规定；施工期安全监测成果表明建筑物工作性态总体正常。验收委员会认为：尔王庄水库至津滨水厂供水加压泵站工程通过通水验收。

　　2010 年 12 月，市南水北调办对天津市南水北调市内配套尔王庄水库至津滨水厂供水管线工程进行了设计单元通水验收。通水验收委员会由市南水北调办、市南水北调工程质量与安全监督站、运行管理单位代表和特邀专家组成。项目法人、建设管理以及工程勘察设计、监理、施工等有关单位代表参加了会议。验收委员查看工程现场，观看工程建设声像资料，听取工程建设管理工作报告、技术性初步验收工作报告和质量监督报告，查阅有关工程资料，并进行充分讨论，通过验收，形成《天津市南水北调市内配套尔王庄水库至津滨水厂供水加压泵站工程设计单元通水验收鉴定书》。

　　验收主持单位：天津市南水北调工程建设委员会办公室

　　质量监督机构：天津市南水北调工程质量与安全监督站

　　项目法人：天津水务投资集团有限公司

　　建管单位：天津市水务工程建设管理中心

　　监理单位：天津市金帆工程建设监理有限公司

　　　　　　　天津市泽禹工程建设监理有限公司

　　设计单位：天津市水利勘测设计院

　　施工单位：天津振津工程集团有限公司

　　　　　　　天津市水利工程有限公司

　　　　　　　华北水利水电工程集团有限公司

　　　　　　　北京金河水务建设有限公司

　　　　　　　中国水电建设集团港航建设有限公司

　　运行管理单位：天津水务投资集团有限公司

　　验收结论：本次验收范围内建筑物已基本完工，工程形象面貌满足通水要求。根据项目建管、设计、监理、施工等单位提供的资料和现场检查情况，本次验收范围已完工项目的水工建筑物、金属结构、机电设备及安全监测系统的设计、施工和制作、安装质量，符合国家和行业有关标准的规定；施工期安全监测成果表明建筑物工作性态总体正常。验收委员会认为：尔王庄水库至津滨水厂供水管线工程通过设计单元通水验收。

三、滨海新区供水一期工程（含曹庄泵站工程）

工程主要功能是将南水北调中线原水从天津干线末端输送到津滨水厂，分为曹庄泵站工程和管线工程两部分，工程起自南水北调中线天津干线末端外环河出口闸，终点为东丽区津滨水厂东侧预留进水口处。其中输水管线工程主要建设内容包括双排直径 2600 毫米 PCCP 管道，津滨水厂支线采用单排直径 2200 毫米 PCCP 管道，线路全长 36.2 千米；曹庄泵站工程作为工程首端的一级供水加压泵站，土建工程按照远期一次到位，设置 8 个泵位。水泵机组和电气设备按照近期工程规模配置，设计流量 12.7 立方米每秒（其中津滨水厂支线设计流量 6.3 立方米每秒）配置 6 台水泵机组，4 用 2 备。

（一）工程审批

2006 年，市南水北调办启动了天津市南水北调中线滨海新区供水工程前期工作。2009 年，市南水北调办将设计院编制完成的工程可行性研究报告报送市发展改革委审批，同年 8 月，市发展改革委批复《天津市南水北调中线滨海新区供水一期工程可行性研究报告》。2010 年 12 月，市南水北调办依据市发展改革委核定的工程概算批复《天津市南水北调中线滨海新区供水一期工程初步设计报告》，工程概算总投资 227276 万元。

（二）工程设计

工程起点为南水北调中线一期工程天津干线末端出口闸，终点为津滨水厂，包括曹庄泵站工程和供水管线工程。近期设计规模 12.7 立方米每秒，远期设计规模 22.3 立方米每秒。

曹庄泵站设置在工程起点，近期设计规模 12.7 立方米每秒，远期设计规模 22.3 立方米每秒，工程包括调节池，溢流堰，进水池，主、副厂房，综合楼及变电站等。

供水管线工程包括输水干线和津滨水厂支线，输水干线沿外环线西南半环绿化带布置至里程 S28＋000 后沿海河右堤布置，在柴新庄附近处穿越海河至输水干线终点，采用 2 根直径 2600 毫米 PCCP 管，局部穿越段、转角段等处辅以钢管，全长 34.6 千米。津滨水厂支线由输水干线津滨分水口沿津滨水厂规划二期工程及已建成一期工程南侧、东侧至水厂东北角进水口，采用 2 根直径 2200 毫米 PCCP 管，局部辅以钢管，全长 1.62 千米。

（三）投资计划下达情况

2010 年下达滨海新区供水一期工程 2 亿元。2011 年下达滨海新区供水一期工程 10 亿元。2012 年下达滨海新区供水一期工程 10.73 亿元。

（四）投资完成情况

滨海新区供水一期工程 2010 年完成投资 2 亿元，2011 年完成投资 12.41 亿元，2012 年完成投资 8.11 亿元，2013 年完成投资 0.21 亿元。

（五）征地拆迁

滨海新区供水一期工程输水管线起点为西青区外环线六号桥附近新建曹庄泵站，终点为津滨水厂，途经天津市西青区、津南区、东丽区3个行政区，8个乡（镇），40个行政村，线路全长36.20千米。该工程征地拆迁补偿投资38363.68万元，2011年6月，征地拆迁工作全面启动，2013年6月底，征地拆迁工作已基本完成。

滨海新区供水一期工程征迁实施方案主要任务：永久征地15.22公顷，临时占地249.02公顷；拆迁房屋面积27105.78平方米；拆除砖围墙89.45平方米；砍伐零星树木12978株；迁移坟墓7522座；拆除村组副业10家；工业企业11家；单位3家；占压乡村道路4.452千米；占压灌排渠道13.449千米；切改（迁建）输变电线路2.645千米；占压通信线路64.619千米；占压各类管道0.563千米；拆除泵站6座。

西青区段长21.88千米，征迁实施方案主要任务：永久征地13.47公顷，临时占地138.31公顷；拆迁房屋面积17334.50平方米；砍伐零星树木3178株；迁移坟墓3563座；拆除村组副业4家；工业企业7家；单位2家；占压乡村道路2.103千米；占压灌排渠道5.082千米；切改（迁建）输变电线路2.23千米；占压通信线路238条，41.55千米；拆除泵站3座。

津南区段长12.63千米，征迁实施方案主要任务：永久征地0.86公顷，临时占地97.62公顷；拆迁房屋面积4268.82平方米；砍伐零星树木1092株；迁移坟墓3664座；拆除村组副业2家；工业企业3家；占压乡村道路1.844千米；占压灌排渠道8.024千米；切改（迁建）输变电线路0.385千米；占压通信线路46条，17.729千米；占压各类管道0.563千米；拆除泵站3座。

东丽区段长1.70千米，征迁实施方案主要任务：永久征地0.89公顷，临时占地13.09公顷；拆迁房屋面积5502.46平方米；拆除砖围墙89.45平方米；砍伐零星树木8708株；迁移坟墓295座；拆除村组副业4家；工业企业1家；单位1家；占压乡村道路0.505千米；占压灌排渠道0.343千米；切改（迁建）输变电线路0.03千米；占压通信线路5.34千米。

（六）工程建设

曹庄泵站工程于2011年9月16日开工建设，2014年10月14日主体工程完工；管线工程于2011年6月14日开工建设，2013年12月30日主体工程完工。

1.招标投标

曹庄供水加压泵站工程于2011年2月由普泽公司组织招标投标，招标情况见表7-4-2-123。输水线路工程于2011年2月由建管中心组织招标投标，招标情况见表7-4-2-124。

表7-4-2-123　　　　　　　　**曹庄供水加压泵站工程招标**

施工标段名称	施工标段中标单位	监理标段名称	监理标段中标单位
施工标	天津市水利工程有限公司	监理标	天津市金帆工程建设监理有限公司

2.工程验收

2014年10月21日，市南水北调办对天津市南水北调中线滨海新区供水一期工程曹庄供水加压泵站工程进行了通水验收。本次验收前，市南水北调办组织成立技术性初步验收工作组，已进行了技术性初步验收。通水验收委员会由市南水北调办、市南水北调工程质量与安全监督站、运

表 7-4-2-124　　　　　　　　　　输 水 线 路 工 程 招 标

施工标段名称	施工标段中标单位	监理标段名称	监理标段中标单位
输水线路工程施工（第 1 标段）	天津振津工程集团有限公司	监理 1 标	天津市金帆工程建设监理有限公司
输水线路工程施工（第 2 标段）	安徽水利开发股份有限公司		
输水线路工程施工（第 3 标段）	中国水电建设集团港航建设有限公司		
输水线路工程施工（第 4 标段）	天津市水利工程有限公司		
输水线路工程施工（第 5 标段）	天津振津工程集团有限公司	监理 2 标	天津市泽禹工程建设监理有限公司
输水线路工程施工（第 6 标段）	天津市水利工程有限公司		
输水线路工程施工（第 7 标段）	华北水利水电工程集团有限公司		
输水线路工程施工（第 8 标段）	天津城建集团有限公司		
输水线路工程施工（第 9 标段）	北京金河水务建设有限公司		
输水线路工程施工（第 10 标段）	中铁二十三局集团第八工程有限公司		
输水线路工程施工（第 11 标段）	天津第三市政公路工程有限公司		
输水线路工程施工（第 12 标段）	山东黄河工程集团有限公司		
输水线路工程施工（第 13 标段）	天津铁路集团工程有限公司		

行管理单位代表和特邀专家组成。项目法人、建设管理以及工程勘察设计、监理、施工等有关单位代表参加会议。验收委员经查看工程现场，观看工程建设声像资料，听取工程建设管理工作报告、技术性初步验收工作报告和质量监督报告，查阅有关工程资料，并进行充分讨论，通过验收，形成《天津市南水北调中线滨海新区供水一期工程设计单元工程（曹庄供水加压泵站）通水验收鉴定书》。

验收主持单位：天津市南水北调工程建设委员会办公室

质量监督机构：天津市南水北调工程质量与安全监督站

项目法人：天津水务投资集团有限公司

建管单位：天津普泽工程咨询有限责任公司

监理单位：天津市金帆工程建设监理有限公司

设计单位：天津市水利勘测设计院

施工单位：天津市水利工程有限公司

主要设备供应（制造）单位：上海凯泉泵业（集团）有限公司

运行管理单位：天津水务投资集团有限公司

验收结论：根据项目建管、设计、监理、施工等单位提供的资料和现场检查情况，本工程建设质量管理体系健全，施工规范。本次验收范围内工程建设内容已基本完工，工程形象面貌满足通水条件。本次验收范围已完工项目的水工建筑物、金属结构、机电设备及安全监测系统的设计、施工和制作、安装质量，符合国家和行业有关规范、标准的规定；施工期安全监测成果表明建筑物工作性态总体正常。验收委员会认为：曹庄泵站工程通过通水验收。

2014年10月23日，市南水北调办对天津市南水北调中线滨海新区供水一期输水线路工程进行了设计单元通水验收。本次验收前，市南水北调办组织成立技术性初步验收工作组，已进行技术性初步验收。通水验收委员会由市南水北调办、市南水北调工程质量与安全监督站、运行管理单位代表和特邀专家组成。项目法人、建设管理以及工程勘察设计、监理、施工等有关单位代表参加会议。验收委员经查看工程现场，观看工程建设声像资料，听取工程建设管理工作报告、技术性初步验收工作报告和质量监督报告，查阅有关工程资料，并进行充分讨论，通过验收，形成《天津市南水北调中线滨海新区供水一期输水线路工程设计单元通水验收鉴定书》。

验收主持单位：天津市南水北调工程建设委员会办公室

质量监督机构：天津市南水北调工程质量与安全监督站

项目法人：天津水务投资集团有限公司

建管单位：天津市水务工程建设管理中心

监理单位：天津市金帆工程建设监理有限公司

天津市泽禹工程建设监理有限公司

设计单位：天津市水利勘测设计院

施工单位：天津振津工程集团有限公司

安徽水利开发股份有限公司

中国水电建设集团港行建设有限公司

天津市水利工程有限公司

华北水利水电工程集团有限公司

天津城建集团有限公司

北京金河水务建设有限公司

中铁二十三局集团第八工程有限公司

天津第三市政公路工程有限公司

山东黄河工程集团有限公司

管材供应单位：北京韩建河山管业股份有限公司

新疆国统管道股份有限公司

天津市泽宝水泥制品有限公司

天津市水利工程有限公司

天津振津工程集团有限公司

运行管理单位：天津水务投资集团有限公司

验收结论：本次验收范围内建筑物已基本完工，工程形象面貌满足通水要求。根据项目建管、设计、监理、施工等单位提供的资料和现场检查情况，本次验收范围已完工项目的水工建筑物、金属结构、机电设备及安全监测系统的设计、施工和制作、安装质量，符合国家和行业有关标准的规定；施工期安全监测成果表明建筑物工作性态总体正常。验收委员会认为：滨海新区供水一期输水线路工程通过设计单元通水验收。

四、滨海新区供水二期工程

本工程主要功能是延续滨海新区供水一期工程向滨海新区核心区海河以北地区和配套调蓄水库（北塘水库）输送南水北调工程原水，近期设计流量 6.4 立方米每秒，远期设计流量 10.2 立方米每秒。工程线路全长 37.73 千米，工程主要形式为双排直径 2200 毫米 PCCP 管。

（一）工程审批

2010 年，市南水北调办启动了天津市南水北调中线滨海新区供水二期工程前期工作。2011 年 9 月，市南水北调办将设计院编制完成的工程可行性研究报告报送市发展改革委审批。2012 年 4 月，市发展改革委批复《天津市南水北调中线滨海新区供水二期工程可行性研究报告》，同年 9 月，市南水北调办依据市发展改革委核定的工程概算批复了《天津市南水北调中线滨海新区供水二期工程初步设计报告》，工程概算总投资 20.52 亿元。

（二）工程设计

工程是滨海新区供水一期工程的延续，起点为海河以北、津滨水厂以西，滨海新区供水一期工程终点处，终点为北塘水库。工程近期设计规模 6.4 立方米每秒，远期设计规模 10.2 立方米每秒。采用 2 根直径 2200 毫米 PCCP 管，局部穿越段、转角段等处辅以钢管，全长 37.73 千米。

（三）投资计划下达情况

滨海新区供水二期工程 2012 年下达 8 亿元，2013 年下达 12.52 亿元。

（四）投资完成情况

滨海新区供水二期工程 2012 年完成投资 8 亿元。2013 年完成投资 11.61 亿元。2014 年完成投资 0.91 亿元。

（五）征地拆迁

滨海新区供水二期工程管线起点津滨水厂分水口，终点北塘水库，途经东丽区、滨海新区 2 个区，4 个乡（镇），32 个行政村，线路全长 37.73 千米。该工程征地拆迁补偿投资 41614.59 万元，2013 年 5 月，该工程征地拆迁工作全面启动，2014 年 8 月底，征地拆迁工作已基本完成。

滨海新区供水二期工程征迁实施方案主要任务：永久征地 2.74 公顷，临时占地 289.47 公顷；拆迁房屋 67103.18 平方米；砍伐零星树木 1703 株；拆除机井 2 眼；迁移坟墓 776 座；拆除村组副业 8 家；工业企业 37 家；切改（迁建）输变电线路 75 条，占压长 8.396 千米；占压通信线路 353 条，占压长 22.964 千米；占压乡村道路 8.194 千米；占压灌排渠道 8.256 千米。

东丽区段长 15.88 千米，征迁实施方案主要任务：永久征地 1.24 公顷，临时占地 115.65 公顷；拆迁房屋 52327.74 平方米；砍伐零星树木 1170 株；拆除机井 2 眼；迁移坟墓 494 座；拆除村组副业 5 家；工业企业 22 家；占压乡村道路 3.065 千米；占压灌排渠道 5.763 千米；切改（迁建）输变电线路 39 条，占压长 4.17 千米；占压通信线路 310 条，占压长 20.100 千米。

滨海新区段长 21.85 千米，征迁实施方案主要任务：永久征地 1.50 公顷，临时占地 173.82 公顷；拆迁房屋 14775.45 平方米；砍伐零星树木 533 株；迁移坟墓 282 座；拆除村组副业 3 家；工业企业 15 家；占压乡村道路 5.129 千米；占压灌排渠道 2.493 千米；切改（迁建）输变电线路 36 条，占压长 4.226 千米；占压通信线路 43 条，占压长 2.864 千米。

（六）工程建设

工程于 2013 年 5 月 8 日开工建设，2014 年 8 月 30 日主体工程完工。

1. 招标投标

2012 年 9 月，滨海新区二期工程（滨海新区段）由建管中心及天津水务建设有限公司（原天津水利投资建设发展有限公司）组织招标投标，具体招标情况见表 7-4-2-125。

表 7-4-2-125　　　　滨海新区二期工程（滨海新区段）招标

施工标段名称	施工标段中标单位	监理标段名称	监理标段中标单位
施工（第 1 标段）	华北水利水电工程集团有限公司	监理 1 标	天津市金帆工程建设监理有限公司
施工（第 2 标段）	安徽水利开发股份有限公司		
施工（第 3 标段）	天津振津工程集团有限公司		
施工（第 4 标段）	天津市水利工程有限公司		
施工（第 5 标段）	中国水电建设集团港航建设有限公司	监理 2 标	天津市泽禹工程建设监理有限公司
施工（第 6 标段）	中铁十八局集团有限公司		
施工（第 7 标段）	中铁十九局集团有限公司		
施工（第 8 标段）	天津城建集团有限公司		
施工（第 9 标段）	天津市管道工程集团有限公司		
施工（第 10 标段）	天津第七市政公路工程有限公司		
施工（第 11 标段）	天津市雍阳公路工程集团有限公司		

2. 工程验收

2014 年 10 月 23 日，市南水北调办对天津市南水北调中线滨海新区供水二期工程（滨海新区段）进行通水验收。验收前，市南水北调办组织成立了技术性初步验收工作组，已进行技术性初步验收。通水验收委员会由市南水北调办、市南水北调质量与安全监督站、运行管理单位代表和特邀专家组成。项目法人、建设管理以及工程勘察设计、监理、施工等有关单位代表参加会议。验收委员经查看工程现场，观看工程建设声像资料，听取工程建设管理工作报告、技术性初步验收工作报告和质量监督报告，查阅有关工程资料，并进行充分讨论，通过验收，形成《天津市南水北调中线滨海新区供水二期工程（滨海新区段）通水验收鉴定书》。

验收主持单位：天津市南水北调工程建设委员会办公室

质量监督机构：天津市南水北调工程质量与安全监督站

项目法人：天津水务投资集团有限公司

建管单位：天津市水务工程建设管理中心

监理单位：天津市泽禹工程建设监理有限公司

设计单位：天津市水利勘测设计院

施工单位：天津市水利工程有限公司（施工 4 标）

　　　　　中国水电建设集团港航建设有限公司（施工 5 标）

　　　　中铁十八局集团有限公司（施工 6 标）

　　　　天津市管道工程集团有限公司（施工 9 标）

　　　　天津第七市政公路工程有限公司（施工 10 标）

　　　　天津市雍阳公路工程集团有限公司（施工 11 标）

　　运行管理单位：天津水务投资集团有限公司

　　验收结论：根据项目建管、设计、监理、施工等单位提供的资料和现场检查情况，本工程建设质量管理体系健全，施工规范。本次验收范围内工程建设内容已基本完工，工程形象面貌满足通水条件。本次验收范围已完工项目的水工建筑物、金属结构、机电设备及安全监测系统的设计、施工和制作、安装质量，符合国家和行业有关规范、标准的规定；施工期安全监测成果表明建筑物工作性态总体正常。验收委员会认为：滨海新区供水二期滨海段通过通水验收，可以投入使用。

　　2014 年 10 月 24 日，市南水北调办对天津市南水北调中线滨海新区供水二期工程（东丽区段）设计单元进行通水验收。本次验收前，市南水北调办组织成立了技术性初步验收工作组，已进行了技术性初步验收。通水验收委员会由市南水北调办、天津市南水北调质量与安全监督站、运行管理单位代表和特邀专家组成。项目法人、建设管理以及工程勘察设计、监理、施工、管材供应等有关单位代表参加会议。验收委员经查看工程现场，观看工程建设声像资料，听取工程建设管理工作报告、技术性初步验收工作报告和质量监督报告，查阅有关工程资料，并进行充分讨论，通过验收，形成《天津市南水北调中线滨海新区供水二期工程（东丽区段）设计单元工程通水验收鉴定书》。

　　验收主持单位：天津市南水北调工程建设委员会办公室

　　质量监督机构：天津市南水北调工程质量与安全监督站

　　项目法人：天津水务投资集团有限公司

　　建管单位：天津市水利投资建设发展有限公司

　　监理单位：天津市金帆工程建设监理有限公司

　　设计单位：天津市水利勘测设计院

　　施工单位：华北水利水电工程集团有限公司（施工 1 标）

　　　　安徽水利开发股份有限公司（施工 2 标）

　　　　天津振津工程集团有限公司（施工 3 标）

　　　　中铁十九局集团有限公司（施工 7 标）

　　　　天津城建集团有限公司（施工 8 标）

　　　　天津市水利科学研究院（安全监测标）

　　管材供应单位：宁夏青龙管业有限公司

　　　　　　　天津振津工程集团有限公司

　　运行管理单位：天津水务投资集团有限公司

　　验收结论：根据项目建管、设计、监理、施工等单位提供的资料和现场检查情况，本工程建设质量管理体系健全，施工规范。本次验收范围内工程建设内容已基本完工，工程形象面貌满足通水条件。本次验收范围已完工项目的管道工程及安全监测系统的设计、施工和制作、安装质量，符合国家和行业有关规范、标准的规定；施工期安全监测成果表明建筑物工作性态总体正常。验收委员会认为：滨海新区供水二期东丽段工程通过通水验收。

五、西河原水枢纽泵站工程

工程主要功能是向市区新开河水厂、芥园水厂和凌庄水厂输送南水北调工程原水，实现中心城区引滦、引江双水源互补，实现水资源的合理分配调剂，大大提高城市供水的可靠性和安全性。土建工程按照远期一次到位，设置 12 个泵位。水泵机组和电气设备按照近期工程规模配置，配置 10 台水泵机组。设计供水规模 225 万立方米每日。

（一）工程审批

2010 年，市南水北调办启动天津市南水北调市内配套工程西河原水枢纽泵站工程前期工作。2011 年 10 月，市南水北调办将设计院编制完成的工程可行性研究报告报送市发展改革委审批。2012 年 4 月，市发展改革委批复《天津市南水北调市内配套工程西河原水枢纽泵站工程可行性研究报告》，同年 11 月，市南水北调办依据市发展改革委核定的工程概算批复《天津市南水北调市内配套工程西河原水枢纽泵站工程初步设计报告》，工程概算总投资 153730 万元。

（二）工程设计

西河原水枢纽泵站工程为天津干线分流井至西河泵站输水工程终点，位于天津市红桥区红卫桥以西，子牙河南岸，原西河泵站西侧。主要功能是通过提升压力水头，为中心城区芥园、凌庄、新开河三大水厂输送引江原水。工程设计规模 225 万立方米每日，其中新开河水厂输送规模 100 万立方米每日，芥园水厂输送规模 50 万立方米每日，凌庄水厂输送规模 75 万立方米每日。工程包括调节池、泵房、引黄取水口、加氯间及氯库、加药间及药库、综合楼、机修间及干泥堆放场等。

（三）投资计划下达情况

西河原水枢纽泵站工程 2012 年下达 10 亿元。2013 年下达 3.41 亿元。2014 年下达 1.96 亿元。

（四）投资完成情况

西河原水枢纽泵站工程 2012 年完成投资 6.91 亿元。2013 年完成投资 6.5 亿元。2014 年完成投资 1.96 亿元。

（五）征地拆迁

西河原水枢纽泵站工程位于红桥区，东至西河泵站围墙，南至规划海源道道路红线外 10 米处，西至规划咸阳路道路红线外 120 米处，北至规划子牙河南路南侧道路红线外 25 米处。该工程征地拆迁补偿投资 105524.58 万元，2013 年 1 月，征地拆迁工作全面启动，2014 年 9 月底，征地拆迁工作已基本完成。

西河原水枢纽泵站工程征迁任务：永久征地面积 16.61 公顷；拆迁房屋 44768.67 平方米；企业 4 家；零星树木 162 株；沥青路面 3221.88 平方米；占压 10 千伏电力线路 1 条，占压低压线路 1 条；占压通信线路 14 条，占压通信塔 1 座等。

（六）工程建设

工程于 2013 年 1 月 6 日开工建设，2014 年工程完工并通过通水验收，与干线工程同步投入运行。

1. 招标投标

工程于 2012 年 11 月由普泽公司组织招标投标，具体招标情况见表 7 - 4 - 2 - 126。

表 7 - 4 - 2 - 126 **西河原水枢纽泵站工程招标**

施工标段名称	施工标段中标单位	监理标段名称	监理标段中标单位
施工标	天津市水利工程有限公司	监理标	天津市金帆工程建设监理有限公司

2. 工程验收

2014 年 10 月 21 日，市南水北调办对天津市南水北调市内配套工程西河原水枢纽泵站工程进行了通水验收。本次验收前，市南水北调办组织成立了技术性初步验收工作组，已进行技术性初步验收。通水验收委员会由市南水北调办、市南水北调工程质量与安全监督站、运行管理单位代表和特邀专家组成。项目法人、建设管理以及工程勘察设计、监理、施工等有关单位代表参加会议。验收委员经查看工程现场，观看工程建设声像资料，听取工程建设管理工作报告、技术性初步验收工作报告和质量监督报告，查阅有关工程资料，并进行充分讨论，通过验收，形成《天津市南水北调市内配套工程西河原水枢纽泵站工程通水验收鉴定书》。

验收主持单位：天津市南水北调工程建设委员会办公室

质量监督机构：天津市南水北调工程质量与安全监督站

项目法人：天津水务投资集团有限公司

建管单位：天津普泽工程咨询有限责任公司

监理单位：天津市金帆工程建设监理有限公司

设计单位：天津市华淼给排水设计研究院有限公司
　　　　　天津市水利勘测设计院联合体

施工单位：天津市水利工程有限公司

主要设备供应（制造）单位：上海凯泉泵业（集团）有限公司

运行管理单位：天津水务投资集团有限公司

验收结论：验收范围内建筑物已基本完工，工程形象面貌满足通水要求。根据项目建管、设计、监理、施工等单位提供的资料和现场检查情况，本次验收范围已完工项目的水工建筑物、金属结构、机电设备及安全监测系统的设计、施工和制作、安装质量，符合国家和行业有关标准的规定；施工期安全监测成果表明建筑物工作性态总体正常；机组启动试运行各项参数满足设计及规范要求。验收委员会认为：西河泵站工程通过通水验收，可以投入使用。

六、王庆坨水库工程

王庆坨水库工程是天津市南水北调中线配套工程的重要组成部分，是天津市的"在线"调节水库和事故备用水源。工程位于天津市武清区王庆坨镇西南，东靠九里横堤，北临津同公路，南至津保高速公路，西以天津市和河北省为限。水库轴线长 6570 米，总库容 2000 万立方米。主要建筑物由围坝、泵站、退水闸、引水箱涵（含津保高速穿越）等组成。

（一）工程审批

2006年，市南水北调办启动了天津市南水北调中线配套工程王庆坨水库工程前期工作，同年，组织编制了该工程项目建议书。2007年，市南水北调办将河北省水利水电第二勘测设计研究院编制的项目建议书报送市发展改革委审批。2008年3月，市发展改革委批复《天津市南水北调中线市内配套工程王庆坨水库工程项目建议书》。2009年，按照市发展改革委的要求，市南水北调办组织对王庆坨水库工程规模进行了重新论证，按照先建设一库、库容控制在2000万立方米的要求重新组织编制了可行性研究报告，并于9月报送市发展改革委审批。2013年5月，市发展改革委批复《天津市南水北调中线市内配套工程王庆坨水库可行性研究报告》。2013年11月，市南水北调办依据市发展改革委核定的工程概算批复《天津市南水北调中线市内配套工程王庆坨水库工程初步设计报告》，工程概算总投资134600万元。按照2014年9月印发的《天津市人民政府关于调整天津市征地区片综合地价标准的通知》的规定，天津市自2014年10月1日起，施行调整后的《天津市征地区片综合地价标准》，造成王庆坨水库工程永久征地补偿投资增加，同年9月，市南水北调办向市发展改革委报送《关于申请调增天津市南水北调中线配套工程王庆坨水库工程征迁永久征地补偿投资的函》，同年10月，市发展改革委印发《关于调整天津市南水北调市内配套工程王庆坨水库工程征迁补偿投资的复函》，核定工程征迁补偿投资由78878.88万元调整为136713.88万元，工程初步设计概算总投资由134600万元，调整为192435万元。

（二）工程设计

王庆坨水库工程位于武清区王庆坨镇西南，库区东北以王庆坨镇为邻，东靠王二淀村，北部至津同公路，南部至津保高速公路，西部以天津市和河北省界为限，总占地面积3.92平方千米。设计总库容2000万立方米，其中死库容500万立方米，调蓄库容1500万立方米。水库从天津干线引水，再回供到天津干线，入库设计流量18立方米每秒，出库设计流量20立方米每秒。工程包括围坝、截渗沟、泵站、引水箱涵、退水闸、退水渠等。

（三）投资计划下达情况

2013年下达王庆坨水库工程8亿元。2014年下达王庆坨水库工程6.31亿元。2015年下达王庆坨水库工程2.5亿元。

（四）投资完成情况

王庆坨水库工程2013年完成投资2.18亿元，2014年完成投资7.5亿元，2015年完成投资1.64亿元。

（五）征地拆迁

王庆坨水库工程位于天津市王庆坨镇，是南水北调中线一期工程天津干线的配套工程，是天津市的"在线"调节水库和事故备用水源。库址位于天津市武清区王庆坨镇西南，东靠九里横堤，北临津同公路，南至津保高速公路，西以天津市和河北省界为限，涉及7个村。

王庆坨水库工程主要征迁任务：工程占地453.03公顷，其中永久占地389.05公顷，临时占地63.98公顷。拆迁房屋424370.70平方米，其中农村房屋74.40平方米、农村副业养殖棚393930.48平方米、工业企业房屋30365.82平方米；工程占压树木1179276株；机井1244眼；坟墓3642座；工业企业24家均采取整体搬迁重建的方式进行安置，安置用地面积93266.67平方米；规划复垦临时占地 123793.33 平方米，均复垦为耕地。

（六）工程建设

工程于 2016 年 4 月 8 日开工建设。

1. 招标投标

王庆坨水库工程于 2016 年 3—7 月由建管中心及天津水务建设有限公司（原天津市水利投资建设发展有限公司）组织招标投标，具体情况见表 7-4-2-127。

表 7-4-2-127　　　　　　　王庆坨水库工程招标

施工标段名称	施工标段中标单位	监理标段名称	监理标段中标单位
施工（第 1 标段）	华北水利水利工程集团有限公司	监理 1 标	天津市金帆工程建设监理有限公司
施工（第 2 标段）	中铁十八局集团有限公司		
施工（第 5 标段）	天津振津工程集团有限公司		
施工（第 3 标段）	山东黄河工程集团有限公司	监理 2 标	天津润泰工程监理有限公司
施工（第 4 标段）	天津市水利工程有限公司		
施工（第 6 标段）	天津市水利科学研究院		

2. 工程验收

至本书出版工程尚未建成。

七、北塘水库完善工程

工程位于天津市滨海新区塘沽北塘镇西北约 2 千米处，为一平原水库，建成于 1974 年，蓄水面积 708 公顷，原有功能为保证农业灌溉及养殖需要。2001 年，天津市塘沽区城市供水工程实施方案（水源部分）启动，北塘水库主要功能改为塘沽城市供水调节水库。该实施方案对北塘水库围堤进行了加高加固，改造后堤顶高程 8.6 米，迎水侧防浪墙顶高程 9.6 米，设计高水位 7 米，死水位 2.8 米，相应库容分别为 3364 万立方米和 411 万立方米。2006 年，市发展改革委批复天津市南水北调中线市内配套工程总体规划，北塘水库被确定为南水北调市内配套调蓄及事故备用水库，调蓄库容为 2000 万立方米。

（一）工程审批

2013 年，市南水北调办启动了天津市南水北调中线市内配套工程北塘水库完善工程前期工作，2014 年 10 月，组织编制完成了工程项目建议书并报送市发展改革委审批，同年 11 月，市发展改革委批复《天津市南水北调中线市内配套工程北塘水库完善工程项目建议书》。2015 年 1 月，市南水北调办将设计院编制完成的工程可行性研究报告报送市发展改革委审批，同年 5 月，市发展改革委批复《天津市南水北调中线市内配套工程北塘水库完善工程可行性研究报告》，同年 8 月，市南水北调办依据市发展改革委核定的工程概算批复《天津市南水北调中线市内配套工程北塘水库完善工程初步设计报告》，工程概算总投资 18860 万元。

（二）工程设计

北塘水库为天津市南水北调中线市内配套调蓄及事故备用水库，调蓄库容为 2000 万立方米，主要功能是调蓄天津市引江来水的不均衡性，保证引江特枯年份天津市引江引滦两水源切换期间的城市供水。北塘水库完善工程主要包括新建引江入库闸（流量 10.2 立方米每秒）、新建塘沽水厂供水泵站（3.0 立方米每秒）、新建开发区水厂供水泵站（4.1 立方米每秒），以及东堤泄水闸等建筑物维修加固。

（三）投资计划下达情况

2015 年下达北塘水库完善工程 1.3 亿元。

（四）投资完成情况

2015 年北塘水库完善工程完成投资 1.4 亿元。

（五）征地拆迁

工程主要包括塘沽水厂供水泵站、开发区水厂供水泵站、引江入库闸等。

根据设计及施工组织要求本工程占地包括永久征地和临时占地。工程工期为 12 个月。临时占地包括基槽开挖、堆土占地、弃土占地、施工辅道等。工程永久征地为泵站占地。

本工程永久征地 1.27 公顷；临时占地面积 7.99 公顷；其中草坪 7546.67 平方米；鱼塘 18733.33 平方米；水域及水利设施用地 53600.27 平方米；线外影响鱼塘面积 11693.33 平方米；涉及副业 1 家为养猪场，占压猪舍 1014.40 平方米；罩棚 226.40 平方米；混凝土地面 343.50 平方米；围网 0.06 千米，输水管道 0.15 千米；集装箱 1 个；地磅 1 个；占压企业办公用房 196 平方米；混凝土地面 524 平方米；占压供水管道两条，占压长 0.09 千米；占压通信线路 1 条，占压长 0.02 千米。

（六）工程建设

工程于 2015 年 10 月 28 日开工建设。

1. 招标投标

北塘水库完善工程于 2015 年 9 月由天津水务建设有限公司（原天津水利投资建设发展有限公司）组织招标投标，具体情况见表 7-4-2-128。

表 7-4-2-128   北塘水库完善工程招标

施工标段名称	施工标段中标单位	监理标段名称	监理标段中标单位
第 1 标段	天津市水利工程有限公司	监理标	天津润泰工程监理有限公司
第 2 标段	天津振津工程集团有限公司		

2. 工程验收

至本书出版工程尚未建成。

八、宁汉供水工程

（一）工程审批

2014 年，市南水北调办启动了宁汉供水工程前期工作。2015 年 7 月，组织编制完成了工程项目建议书并报送市发展改革委审批，同年 8 月，市发展改革委批复《天津市南水北调中线市内配套工程宁汉供水工程项目建议书》。同年 9 月，市南水北调办将设计院编制完成的宁汉供水工程可行性研究报告报送市发展改革委审批。同年 11 月，市发展改革委批复《天津市南水北调中线市内配套工程宁汉供水工程可行性研究报告》。

（二）投资计划下达情况

2015 年下达工程投资 2.05 亿元。

（三）投资计划完成

2015 年宁汉供水工程完成投资 1.7 亿元。

九、科技创新

针对天津市南水北调中线市内配套工程建设中的实际问题，天津市积极开展技术攻关，大胆创新，解决了一系列技术难题。

南水北调工程投资控制与评审研究。主要研究内容包括：投资的编制（含项目管理预算的编制）可实现；投资评估审查（含项目管理预算的审查）可实现；合同管理可实现等。研究成果已应用于《天津干线工程设计概算》《南水北调中线工程京石段投标报价编制》以及多项工程的概算审查等。

北塘水库水质安全可行性研究。该研究论证北塘水库运行过程中的水质安全。研究成果应用于北塘水库完善工程设计。

输水箱涵伸缩缝止水检测设备开发应用研究。该研究开发了简易适用的伸缩缝止水效果检测技术，并应用于南水北调中线天津市内配套工程建设。

输水箱涵伸缩缝表层止水措施研究。主要研究内容包括：进行聚硫密封胶的施工工艺改进试验研究，界面剂及基槽形状止水效果试验研究；其他种类建筑密封胶密封对比试验；现成工程试验；综合技术经济分析等。该研究成果应用于天津干线工程箱涵工程施工。

PCCP 管道防腐技术研究。主要研究内容包括：针对 PCCP 工程结构特点，研究改进砂浆配合比，以提高保护层砂浆的抗裂性和耐久性；外防腐材料选择及涂装工艺研究；阴极保护试验研究；防腐效果指标及检测技术研究。研究成果应用于南水北调中线天津市内配套工程 PCCP 输水工程。

王庆坨水库工程防渗技术研究。主要研究内容包括：开展了 GCL 防水毯抗渗试验、筑坝材料饱和及非饱和渗流特性试验、二维及三维饱和渗流控制及坝体渗透稳定分析、建库后库周边地下水状态模拟及浸没控制研究。研究成果应用于王庆坨水库设计和施工。

南水北调中线天津市配套工程供水管线工程施工关键技术研究。主要研究内容包括：研究软土地基管线工程宜采用的沟槽回填施工工艺和适用于天津地区 PCCP 相对转角范围。研究成果应用于南水北调中线天津市内配套工程 PCCP 输水工程。

天津市南水北调工程项目群协同管理研究。主要研究内容包括：对现有南水北调工程项目管理的确认和分析、项目群的建立和优化、项目群的协同机理研究以及项目群协同管理信息平台方案建议。研究成果应用于南水北调中线天津市内配套工程建管单位工程管理中。

　　天津市南水北调中线滨海新区供水一期工程曹庄供水加压泵站工程"无缝隙"项目管理体系的构建与实践研究。主要研究内容包括：建立曹庄泵站工程无缝隙项目管理体系；无缝隙项目管理体系的组织保障系统；建立无缝隙项目管理体系的管理信息支持系统。研究成果应用于南水北调中线天津市内配套工程建管单位工程管理中。

　　引江通水城市供水水质保障研究。主要研究内容包括：南水北调中线工程引江原水水质检测及引江原水与引滦、引黄原水水质对比分析；南水北调中线工程引江原水送水过程中水质变化分析；水厂针对引江原水生产适应性研究；城市供水管网针对引江水适应性研究。该研究成果已应用于天津市城市供水，提出了适应长江水质特点的水厂工艺，提高了供水管网适应性，确保了南水北调中线工程通水后天津市城市供水水质合格和供水安全。

第三节　市内配套工程运行管理

一、日常管理

（一）建章立制

　　为提高天津市南水北调市内配套工程运行管理水平，参照国调办关于南水北调工程运行管理的有关规章制度，结合实际，天津市南水北调调水运行管理中心（简称调运中心）组织开展了天津市南水北调市内配套工程运行管理制度编制工作，先后编制完成了《天津市南水北调工程供水调度管理办法（试行）》《天津市南水北调工程防汛检查管理办法（试行）》《南水北调天津市配套工程巡视检查制度（试行）》《南水北调天津市配套工程管理考核办法（试行）》《南水北调天津市配套工程安全生产管理规定（试行）》等11项工程运行管理制度和办法。天津市南水北调曹庄管理处（简称曹庄管理处）、天津市南水北调王庆坨管理处和天津市南水北调北塘管理处根据各自运行管理工作实际编制完善了本单位的相关管理制度和办法，并在管理工作中严格执行各项规章制度，使南水北调市内配套工程各项运行管理工作的开展有章可依，运行管理工作的制度化、规范化水平不断提升。

　　2015年1月26日，市调水办专职副主任张文波主持召开天津市南水北调市内配套工程输水调度及工程管理交接协调会议，会上签订了《天津市南水北调市内配套工程输水调度及工程管理交接书》，天津市水务投资集团将工程的输水二级调度、工程管理、引江展览室等内容进行移交，曹庄供水加压泵站工程（简称曹庄泵站）、西河原水枢纽泵站工程（简称西河泵站）、天津干线子牙河北分流井至西河原水枢纽泵站输水工程（简称西干线）、曹庄泵站至北塘水库输水管线工程（简称南干线）交由各运管单位管理。

（二）泵站管理

　　2015年1月26日，曹庄泵站、西河泵站交由曹庄管理处管理后，由于曹庄管理处处于筹建阶段，人员配备不足，且管理移交前天津市水务投资集团与泵站代管单位天津市滨海水业集团有限公司、天津市引滦工程宜兴埠管理处（简称代管单位）所签订的代管协议未期满，曹庄泵站、西河泵站仍分别由管理移交前的代管单位天津市滨海水业集团有限公司、天津市引滦工程宜兴埠管理处管理。曹庄管理处于2015年7月分别与代管单位签订了《天津市南水北调市内配套工程委托管理协议书》，曹庄泵站、南干线由天津市滨海水业集团有限公司代管，西干线、西河泵站由天津市引滦工程宜兴埠管理处代管。代管单位严格按照各项管理制度开展泵站的日常管理和维修养护工作，根据曹庄管理处供水调度指令做好泵站的供水运行，接受曹庄管理处及其上级管理单位的管理检查和考核。

（三）管线管理

为保证南水北调市内配套西干线、南干线等工程设施的运行安全，根据《南水北调天津市配套工程巡视检查制度（试行）》规定，代管单位每天对所管理的箱涵、管线等工程设施进行巡查，各运管单位成立了专职巡查监管队伍，每周至少一次对代管单位的巡查情况进行督查，调运中心定期和不定期对巡查情况进行现场督查。通过巡视、督查，发现问题及时上报、处理，确保天津市南水北调市内配套工程安全运行。

调运中心组织研发了"天津市南水北调工程巡视巡查系统"，并用于工程巡查。2014年12月开始着手巡视巡查系统需求分析和方案设计等前期工作，2015年11月巡视巡查系统开发完成，并试运行。2016年1月1日起全面启用天津市南水北调工程巡视巡查系统，通过巡视巡查系统实现了巡查任务下达、内容设定、巡查路线记录、巡查发现问题上报及处理的信息化、标准化、便捷化，有效避免了巡查不到位、问题上报和处理不及时等情况的发生。巡视巡查系统的使用提高了南水北调配套工程的信息化管理水平。

（四）工程监管

调运中心负责指导监督全市南水北调市内配套工程的维护保养、运行管理等工作。主要通过以下方式实现对南水北调市内配套工程运行管理工作的监管。一是定期和不定期的现场检查南水北调市内配套工程安全运行管理情况；二是安排专人每天（节假日除外）通过巡视巡查系统进行督查，对发现的问题及时反馈给相关运管单位，并做好整改工作的跟踪检查；三是通过季度考核，检查运管单位南水北调工程运行管理情况；四是加强工程项目监管，从立项、建设管理、验收等环节层层把关，并建立工程项目月报制度，及时了解掌握工程项目进度情况，督促各项工程按计划实施，确保项目按时保质完成。

（五）考核管理

调运中心依据《南水北调天津市配套工程管理考核办法（试行）》成立工程运行管理考核小组，负责市内配套工程运行管理的日常考核工作，从组织管理、安全管理、运行管理、工程管理、环境管理、经济管理6个方面着手，采取日常检查、集中考核相结合的方式全面考核各运管单位工作完成情况，2015年进行了年中、年底两次集中考核。2016年根据实际运行情况对《南水北调天津市配套工程管理考核办法（试行）》进行了修订，调整为季度考核，并按季度开展考核工作。各运管单位负责对辖区工程管理部门和代管单位进行考核，将考核成果与支付代管资金相联系，加强对代管单位的监管。通过考核，进一步提高了工程管理的标准化、规范化水平。

二、工程项目管理

(一) 日常管养

2015年完成南水北调市内配套工程日常养护项目共计9项，主要包括曹庄泵站、西河泵站、西干线（8.53千米）及南干线（73.93千米）的日常维修养护、备品备件（配件更换）购置等，累计完成投资1823.47万元（含代管人员经费）。2016年完成南水北调市内配套工程日常养护项目共计12项，主要包括曹庄泵站、西河泵站、西干线（8.53千米）及南干线（73.93千米）的日常维修养护、南水北调配套工程业务费等，累计完成投资1961万元（含代管人员经费）。

运管单位对水面漂浮物打捞实行常态化管理。曹庄泵站调节池、西河泵站调节池由代管单位明确专人负责漂浮物打捞工作。运管单位加强2座泵站巡视巡查，密切关注水质变化并督查调节池漂浮物打捞工作开展情况。2015年共打捞漂浮物2.19万千克，其中曹庄泵站调节池打捞漂浮物1.49万千克，西河泵站打捞漂浮物0.7万千克。为方便吊运漂浮物及打捞船，2016年曹庄泵站调节池、西河泵站调节池各建设一台起吊设备，共打捞漂浮物0.38万千克，其中曹庄泵站调节池打捞漂浮物0.22万千克，西河泵站打捞漂浮物0.16万千克。

(二) 专项及应急抢险项目管理

2015年完成南水北调市内配套工程专项及应急抢险项目共6项，主要包括曹庄泵站和西河泵站调节池漂浮物打捞设备购置、曹庄泵站和西河泵站防汛物资购置、中心城区供水工程运行管理设施维修、曹庄泵站阀井电动头损毁更换项目、曹庄泵站和南干线一期尾闸管理用房安防项目、曹庄泵站院区草坪积水改造项目，累计完成投资164.91万元。2016年完成南水北调市内配套工程专项及应急抢险项目共10项，主要包括天津市南水北调工程巡视巡查系统运行维护、曹庄泵站清污设备改造、西河泵站清污设备改造、曹庄泵站办公楼低压配电箱安全隐患消除工程、滨海新区供水二期工程北塘流量计井管线抢修项目、西河泵站自控服务器和3号机组液压站应急维修项目、曹庄泵站东西两侧透视墙改造工程、曹庄管理处办公自动化系统、液压动力开关蝶阀系统购置、西干线标示桩和警示牌埋设工程，累计完成投资347.5万元。

(三) 涉外项目管理

涉外项目全称外部涉水项目，是指运管单位以外的单位在原水、供水设施管理以及保护范围内实施的建设项目，分为涉原水项目和涉供水管网项目。

运管单位加强对涉外项目的监督管理，要求涉外项目建设单位严格按照审批后的施工方案实施，并加强施工过程的监管，确保涉外项目不影响天津市南水北调市内配套工程设施的安全运行。2015年天津市南水北调涉外项目共5项，包括外环辅道给水配套工程穿越南水北调箱涵工程、外环线洞庭路立交工程、津沽高调站出站次高压燃气管道穿越外环河难点工程、煤改燃子牙河北道工程燃气管线沉管穿越子牙河项目、华苑供热所联网调峰工程一次线二标段建设项目。2016年天津市南水北调涉外工程项目共3项，包括引滦入港及入聚酯管线与引江供水管线应急联通工程、天津市水环境监测中心水质自动监测设备采购、全运村10千伏电源线工程。

三、安全管理

各运管单位以输水管线、泵站、闸门、变电站等工程设施安全运行为重点，落实安全生产责任制，并签订安全生产责任书。2015 年调运中心成立安全生产委员会，明确各部门责任，全面负责调运中心职责内的安全生产工作。2016 年 5 月因人员调整，重新成立安全生产委员会。各运管单位分别成立安全生产委员会，负责各责任区域内的安全生产工作。调运中心定期开展南水北调工程安全生产大检查，细化安全生产责任，规范安全管理档案，有针对性地组织安全教育培训，确保工程、水质、运行和人员"四个安全"。同时，为确保市内配套工程安全度汛，各相关单位编制了防汛自保预案，成立了防汛工作领导小组，建立了防汛抢险队伍，储备了防汛物资，对市内配套工程开展汛前、汛中、汛后检查及防汛应急演练，保障了 2015 年、2016 年南水北调市内配套工程连续 2 年安全度汛。此外，为应对南水北调供水各类突发事件，制定了《南水北调天津市配套工程供水突发事件应急预案》，进一步提高了南水北调市内配套工程运行管理的应急处置能力。

四、水质管理

2015 年 12 月，天津市水务局与南水北调中线干线工程建设管理局签订了《南水北调中线一期工程 2015—2016 年度供水合同》，调运中心与天津市自来水集团签订了《中心城区引江供水协议书》，明确双方水量计量断面、计量方法；组织计量设备厂家和中介机构对泵站出口、水厂进口水量计量设备进行了校核、率定。2015 年 6 月印发了《天津市南水北调工程引江水质监测管理办法（试行）》，市调水办联合相关部门成立了南水北调水质监测保护协调工作小组，建立了南水北调水质协调保护机制；调运中心制定出台了水质监测管理办法，天津市水文水资源中心制定了藻类监测方案。2015 年 6 月 1 日调运中心与天津市水文水资源中心签订《天津市南水北调工程引江水质监测技术服务合同》，从 2015 年 6—12 月由天津市水文水资源中心负责对重要节点原水水质进行监测。2016 年 1 月起天津市水务集团安排天津市自来水公司水质中心定期对重要节点原水水质进行监测，同时加强对监测数据的统计分析与管理，为南水北调水质保护工作奠定基础。

自 2016 年 1 月起南水北调水量计量与水质监测由市水务集团统一负责管理。

2016 年 5 月，天津市环保局在曹庄泵站开始建设水质自动监测站，11 月底建设完成并实现水质监测数据共享。水质自动监测站能连续、及时、准确地监测曹庄泵站调节池水质及其变化，可获得 24 小时连续自动监测数据，并自动上传监控中心，相关人员通过网络实时掌握水质及其变化。

五、运行管理

天津市南水北调工程供水实行三级调度。市防办为一级调度，调运中心为二级调度，现场运管单位为三级调度。一级调度统筹、协调全市调供水工作，组织执行国家防总、水利部、国调办有关指令，并监督执行；二级调度执行市防办调度指令，负责南水北调市内配套工程具体调度工作；三级调度执行二级调度指令，负责现地闸门、泵站的现场操作。各级调度部门上下联动、分工协作，不断优化输水调度流程，加强24小时调度值守，搭建沟通信息平台。

自2016年1月起二级调度职能由市水务集团统一负责。

2014年12月12日，南水北调中线工程正式通水，12月27日，引江水首先由南干线（含曹庄泵站）向津滨水厂及滨海新区供水。2015年1月28日通过西干线（含西河泵站）向天津市区新开河水厂、芥园水厂、凌庄子水厂三大水厂供水。按计划完成2014—2015年度3.88亿立方米调水任务，收水3.3亿立方米（天津分水口门计量），供水3.13亿立方米，全部用于城市供水；按计划完成2015—2016年度8.56亿立方米调水任务，供水8.39亿立方米，其中城市用水6.58亿立方米，环境用水1.81亿立方米。2016—2017年度计划调水9.04亿立方米。南水北调配套工程供水惠及天津市14个行政区，850多万人口。

2014—2015年度曹庄泵站安全运行7392台时，供水6834.75万立方米；西河泵站安全运行25320台时，供水24472.49万立方米，其中向新开河水厂供水5746.12万立方米，芥园水厂12659.65万立方米，凌庄子水厂6066.72万立方米。2015—2016年度曹庄泵站安全运行23136台时，供水15783.17万立方米；西河泵站安全运行37763台时，供水39845.88万立方米，其中向新开河水厂供水14498.77万立方米，芥园水厂12544.71万立方米，凌庄子水厂12802.40万立方米。

第八篇

工程管理

　　水利工程的运用、操作、维修和保护工作是工程管理的重要组成部分。工程管理的基本任务就是运用技术、经济、行政、法律的管理手段，保持水利工程建筑物和设备的完整、安全，经常处于良好的技术状况，充分发挥其防洪、灌溉、排涝、供水、水生态保护等综合效益。

　　天津市地处海河流域下游，境内河流众多，其中一级河道 19 条，河道长 1100.6 千米，堤防长 1994.2 千米。海岸线有 152 千米。已建成水库 28 座。1983 年，引滦入津工程建成通水，全长 234 千米。1998 年出台《天津市河道管理条例》（简称《条例》），依据《条例》一级河道的日常管理由市水利局委托区县水利局代管，至 2006 年市直属水利工程管理体制改革组建 5 个直属河道管理处，主要职责是负责 19 条一级河道、36 座大中型水闸和 1 座泵站等水利工程的日常管理工作。各河道管理处、引滦管理各处、水库管理处主要承担市直管河道、水闸、泵站、水库、引滦输水工程设施的日常监管、专项维修养护、除险加固等管理职能，是保障河道、水库、引水工程安全运行的重要管理部门。二级以下河道及中小型水库等水利工程由所在区县水务部门管理。

第一章　引滦入津工程管理

　　引滦入津工程兴建于 1982 年 5 月至 1983 年 9 月，为跨流域引水工程，工程穿越滦河、黎河分水岭的引水隧洞，出洞后流入河北省遵化县的黎河干流，顺流而下注入蓟县于桥水库，出于桥水库后再经州河和蓟运河（现已建成州河暗渠取代），在蓟运河马营闸上右岸九王庄处的渠首闸引入输水明渠，经宝坻区、武清区、北辰区直达永定新河左岸。在明渠上设置潮白河、尔王庄、大张庄三级提升泵站，在明渠的中部地区修建尔王庄调蓄水库一座。滦河水经潮白河泵站进行第一次提升，经明渠入尔王庄泵站在进行二次提升之后，分三路输水，第一路由尔王庄明渠泵房提升后通过明渠经大张庄三次提升注入永定新河南边毗邻的新引河，过北辰区屈家店涵洞，经北运河到市区入海河；第二路由尔王庄暗渠泵站加压提升，通过钢筋混凝土暗渠送至宜兴埠加压泵站，以输水钢管分别送至芥园、凌庄子水厂及西河预沉池和新开河水厂；第三路由滨海泵站向塘沽、开发区等地输水。引滦入津工程自大黑汀水库坝下引滦总干渠 0+500 处起，至天津市区西河水厂预沉池，输水线路全长 234 千米。2005 年州河暗渠通水后，输水线路由 234 千米缩短到约 203 千米。建有隧洞、泵站、水库、水厂、暗涵、明渠、管道、倒虹、桥闸、电站等工程 215 项。

　　1991—2010 年，引滦供水范围由中心城区逐步辐射到整个滨海新区和其他重点开发区域，陆续建成引滦入港、入开发区、入汉、入聚酯、入塘、入逸仙园等 9 条供水管线。2010 年，继续向中心渔港、玖龙纸业、汉沽高新技术产业园、大港区南港工业园、港西工业园等经济发展热点区域拓展。

　　1991 年 4 月，引滦工管处的化验室移交于桥处。同时，其他五个管理处（隧洞处除外）陆续建立水质监测和化验机构。1997 年形成了水质监测覆盖网络。1999 年 11 月，于桥处的化验室经国家计量认证，更名为"天津市水环境监测中心——于桥水库分中心"。2000 年，制定了《引滦水质监测管理办法》，对常规监测采样点的布设、监测项目和监测频率等进行了明确规定。从 2008年开始，于桥水库实行每年三个月（5—7 月）的休渔期，并向库内投放上千万尾食草鱼类，利用生物治理措施控制富营养化对水体的污染。引滦沿线还有 8 个水文站，随时监测洪水对引滦输水和水质影响的变化情况。2006 年，各水文站启用了微机水情报汛系统，水文和水质监测工作实现了自动化管理。2001—2009 年，市政府利用"亚行"贷款，投资近 24 亿元，实施了引滦水源保护工程，包括于桥水库水源保护工程、新建州河暗渠工程、引滦专用明渠治理工程和管理信息系统工程。从此，引滦工程管理借助信息化技术向现代化管理的更高水平迈进，引滦水源保护工作步入了新阶段。

1991 年以后，引滦沿线各管理处的保卫科改制为 6 个治安派出所，负责引滦输水期间的保水护水工作。1998 年，市水利局成立"水政监察总队"，于桥处率先成立水政监察科。2002 年 1 月，市编委批复同意建立"天津市水政监察总队"，第一支队设在引滦工管处，下设水政监察分队和执法大队。于桥水库库区的采砂旅游现象得到扼制，隧洞周围的采矿行为被取缔，污染河道、占压输水设施的情况也有好转。2009 年，推行水政、公安和工程管理人员三位一体的联合巡视执法机制，保水护水效果更加明显。

1991—2010 年，市水利（水务）局累计投资 3.2 亿多元，用于引滦工程的 3200 多个日常维修和完善配套项目，保证引滦工程运行安全。此外，1996—1999 年，市政府利用"引滦专项基金"投资 8819.99 万元，对引滦工程进行了大修改造，包括暗渠检修加固工程、暗渠泵站改造工程、引滦隧洞补强加固工程以及黎河重建两道跌水坝和混凝土联锁板护坡工程等。1995—1996 年，对于桥水库大坝 500 米段进行高喷防渗墙和坝后压重的方式加固处理。2001 年，又对坝基进行了补充加固。2002—2003 年，继续对于桥水库大坝实施除险加固工程，更新改造了大坝安全监测系统，并对溢洪道、泄洪洞进行安全加固，总投资 9957.41 万元，其中中央财政拨款 3300 万元，天津市投资 2207.41 万元，银行贷款 4450 万元。2004—2006 年，尔王庄处根据水利部大坝安全管理中心的鉴定结论，对国家列入病险水库专项治理规划的尔王庄水库进行了除险加固，投资 8137 万元。2010 年，为合理配置引黄水资源，投资 2508.71 万元实施引黄入滨海新区输水工程，11 月 28 日，引黄入滨海新区工程具备了通水条件，并实现向滨海新区供黄河水 3215.13 万立方米。

1991 年以后，引滦工程管理紧紧围绕着天津市的经济社会发展，相继制定了引滦发展规划，以便更好地为城市建设服务。1997 年，制定了《引滦入津工程阶段性目标（1998—2000年）》之后，编制了"十五""十一五"期间的引滦发展规划。2001 年，按照局党委确定的"建设节水型城市，发展大都市水利"的治水思路，引滦管理工作确立了"发展大都市水利，建设现代化引滦"的发展战略，提出了"引滦三大规划"，即引滦生态风景一条线规划、引滦管理信息系统规划和引滦人力资源发展规划。"三大规划"是实现引滦管理现代化的保障措施。现代化引滦的目标概括为以下六句话：良性运行的管理机制、完善可靠的基础设施、先进实用的信息系统、和谐优美的生态环境、安全高效的输水保障、与时俱进的引滦文化。这个目标到 2008 年已经基本实现。

2003 年 11 月，潮白河处首先通过水利部考核验收，成为国家一级水管单位。2006 年 9 月，宜兴埠处通过了水利部验收专家组的考核验收，成为国家一级水管单位。2010 年 10 月，尔王庄处和于桥处相继通过了考核验收，成为国家级水管单位。

第一节　隧　洞　管　理

引滦入津输水隧洞工程位于河北省迁西县和遵化市交界处的滦河和黎河分水岭下。隧洞主体工程包括分水枢纽、引水明渠、明挖隧洞、进水闸、洞挖隧洞、出口防洪闸及消能设施，全长 12.394 千米。其中明挖隧洞 1.724 千米，洞挖隧洞 9.666 千米，合计隧洞洞身长 11.390 千米，为无压涵洞，洞底纵坡 1/1200，设计水深 3.93 米，设计流量 60 立方米每秒。洞挖隧洞净宽 5.70 米，净高 6.25 米，断面呈半圆拱直墙型，采用模浇混凝土及喷锚钢筋混凝土衬砌。明挖隧洞采用钢筋混凝土结构，覆土厚度大于 5 米的，为封闭式半圆拱墙型，净宽 5.70 米，净高 6.25 米；覆土厚度小于 5 米的，为方涵形，净宽 5.70 米，净高 5.70 米。

隧洞工程由天津市引滦工程隧洞管理处（简称隧洞处）负责管理，管辖范围为引滦枢纽分水闸至遵化炸糕店桥下 20 米以上。隧洞处负责整个输水隧洞工程的维护、安全保卫、输水计量、水情测报等工作。截至 2010 年年底，共有在职职工 54 人，其中专业技术人员 29 人。隧洞处下属设工管科、信息科、水政科、财务科、工程养护中心、综合办公室、人力资源科、水管科（水文站）、后勤服务中心和出口管理所。

1991—2010 年，隧洞累计输水 57 次，累计输水天数 2440 天，累计输水量 110.58 亿立方米，平均流量为 17.4 立方米每秒。最大过水流量发生在 2010 年 12 月 13 日，流量 75.4 立方米每秒，水位 118.50 米，最大水深 4.15 米。

一、隧洞日常管理

（一）制度建设

隧洞的日常管理以科学化、规范化、制度化管理为目标，先后制订 7 项工程管理制度。1983 年隧洞工程建成通水后，经过近 10 年的运行，隧洞内部出现了不同程度的裂缝、渗水及底板麻面等问题。为随时掌握隧洞工程内部病害情况，保证输水工程的安全运行，必须对隧洞工程内部进行日常检查、定期检查和特殊检查。1992 年制定了《隧洞工程管理暂行办法》，1993 年进行修订，更名为《隧洞工程巡视检查制度》。

1989 年，针对检修闸和出口防洪闸管理不规范，开启和维修随意性较大的问题，制定《水闸运行操作制度》《水闸巡视检查制度》和《水闸维修保养制度》，严格规范水闸的启闭操作及设备的维护保养，保障了水闸的正常运行。1998 年结合工作实际，对 3 个制度进行修改。2002 年，对进出口闸门操作系统进行自动化改造后，对 3 个制度又进行了补充、完善、修改。

1998 年，从建章立制、规范程序入手，先后制定和修改完善《隧洞观测制度》《水闸管理制

度》《维修工程管理制度》等 5 项管理制度。随后，制定了《水文计量人员工作制度》《水文仪器
设备管理制度》等。

2005 年进行了管养分离的有益探索，即将原工程科所管辖的工程维修养护职能分离出来，成
立工程养护中心具体负责工程养护工作，进一步明确了工程管理和养护中心的职责，理顺了关系，
实现了内部管养分离。

2006 年实施精细化管理。从完善管理标准、考核实施细则等方面入手，以工程管理为重点，
把规范日常管理作为切入点和突破口，创新管理机制。进一步分解、细化、量化岗位管理标准，
把每一项细小工作落实到每个岗位，根据岗位职责变化情况，重新修订了科室职能和岗位说明书；
进一步完善修订了岗位考核体系及考核标准，使之更量化、细化、便于考核。同时，完成了管理
标准体系、管理制度体系和岗位责任体系三大体系建设工作，使精细化管理工作逐步深入，各项
管理工作更加规范。至 2010 年严格按照流程化管理。

（二）管理模式

1. 洞内管理

工程检查。每季度、汛前、汛后、通水前后分别对隧洞及附属建筑物进行全面检查。在全面
检查中若存在安全隐患，再对隧洞进行特殊检查分析。检查结束后，及时对发现的问题进行分析、
汇总，提出处理意见。

日常观测。利用洞内安装的温度计、裂缝观测计、收敛计、外水压力观测计四套观测设备，
对隧洞衬砌体温度、裂缝、收敛外水压力、洞体位移等进行重点监测。每两周对洞内温度观测一
次；停水期间，每一个月对外水压力、裂缝、收敛观测一次；特殊情况加密观测频次。水闸汛前、
汛后各观测一次。定期展开数据分析，以便全面准确掌握隧洞工程的运行变化状况和各项指标变
化情况。

2. 洞外管理

洞外管理主要是对洞线周边非法采矿和洞线占压的管理。

2003 年下半年，隧洞出口明渠周边新建了几家选矿企业，洞线两侧也先后出现了采矿点 34
个，大型挖掘机、装载机、运输车辆及掘井爆破产生的冲击波，都对隧洞工程的整体结构安全构
成威胁。针对这种情况，2003 年年底，隧洞处成立了水政执法大队，即引滦水政第六执法大队，
制定了水政监察工作制度，对隧洞地表洞线加强执法。

在日常管理中，一是坚持"三位一体"巡查机制，及时发现和制止影响隧洞工程安全的非法
采矿行为。除日常巡查外，重点地段重点监视，并增加夜间和节假日巡查次数，防止不法分子利
用夜晚和节假日偷采铁矿、弃渣，杜绝一切影响输水安全事件的发生。二是以"世界水日"和
"中国水周"为契机，出动宣传车，深入工程沿线村镇、厂矿巡回广播《中华人民共和国水法》和
《引滦工程管理办法》；同时与当地村委会座谈，和村干部一起到重点户进行耐心说服教育，增强
沿线村民和矿主对隧洞工程重要性的认识，自觉保护重点工程。三是与地方政府及国土、安监等
部门建立了洞线保护联席会议机制，强化联合执法，依靠当地政府力量，对隧洞工程有威胁的矿
井予以坚决关闭。四是加强隧洞工程周边企业及在建项目的监控，防止企业对洞线占压，并在厂
区内埋设界桩，树立宣传牌。五是对距洞线 150～300 米以内矿井开采的走向，实施动态监测，防
止采矿竖井向隧洞工程方向开采。

（三）测流计量

1983年9月，在隧洞进口建立了水文站，负责输水期间的计量、观测工作。输水期间根据水流变化，一是适时进行实测；二是利用自动观测仪器观测，再依据水位-流量关系曲线查出输水数据。1999年4月从美国进口了ORE7500超声波流量计，在引滦隧洞水文站安装并使用，实现了输水观测计量自动化。

由于引滦隧洞水文站和大黑汀水库水文站观测的流量数据差距较大，1994年8月，双方协商联合建立了国家二级水文站，即引滦隧洞水文站，在大黑汀枢纽闸下200米处建立了共用断面，改变过去的一点测流为二点测流，重新修订了统一的水位-流量关系曲线，作为引滦水费的结算依据，实现了输水观测计量数据的一致。2001年3月自行研制了"悬杆测流装置"，解决了原悬索测流钢索受水冲力导致测流铅鱼偏离测点的问题，提高了计量准确性。2008年，引滦信息化系统建设时，安装了瑞特迈尔超声波流量计，测流数据由自计和实测相结合的方法取得。

（四）工程观测

隧洞在建设期，内部设6个观测断面，埋设119条传感器，进行钢筋应力、外水压力、测缝、围岩压力、围堰温度5个项目观测。1999年，在隧洞衬砌体内部重新更换了温度观测计、裂缝观测计、收敛计、外水压力观测计共四套观测系统，对隧洞衬砌体温度、裂缝、收敛、外水压力、洞体位移等进行重点监测，并利用计算机建立了观测数据库，通过微机分析处理系统，全面分析掌握隧洞工程的运行变化状况。

温度观测：在隧洞内选取6个断面，共埋设52支温度计，用于洞内空气温度、衬砌混凝土温度与围岩温度的观测。

裂缝观测：在隧洞内设置9个断面，共埋设28个观测标点，主要观测混凝土衬砌体拱脚及边墙的裂缝情况。

外水压力观测：在隧洞内选取9个断面，共埋设52支仪器，对洞顶、边墙地下水的溢出进行长期观测。

位移观测：在隧洞内选择9个断面，每个断面埋设7个观测标点，用于观测隧洞整体的垂直位移和水平位移。

根据多年观测资料分析：

（1）隧洞内部温度受外界气温影响较小，最高气温出现在7—9月，最大值为28.70摄氏度；最低气温出现在1—4月和12月，多年最小值为1.25摄氏度，平均值为12.40摄氏度。

（2）裂缝多年最小值为0.01毫米、最大值为0.62毫米、平均值为0.05毫米。裂缝开度变化量不大。裂缝开度最大变化出现在12月、1月、2月，随着温度的降低裂缝增大。裂缝开度最小出现在夏季。裂缝的变化随温度的升高，裂缝减小。

（3）外水压力各断面多年最大值为0.315兆帕，最小值为0兆帕，平均值为0.017兆帕。

（4）各断面垂直位移多年最大值为3.41毫米，最小值为0毫米，平均值为0.45毫米。水平位移多年最大值为4.42毫米，最小值为0毫米，平均值为0.45毫米。隧洞经过多年的运行，认为位移变形基本稳定。

截至2010年年底，隧洞的位移及裂缝基本稳定，未对隧洞产生危害。隧洞属于安全运行状态。

2001年，采用加拿大洛克泰斯公司生产的光纤传感器，在国内首例将光纤技术运用到隧洞自

动化安全监测中。分别在 6 号洞、9 号洞和 15 号洞建立了 3 个监测站，隧洞处内设置监测中心，
2003 年 4 月 15 日竣工投入运行。

2002 年，对隧洞进出口闸门进行了自动化改造，包括闸门维修、闸体装修和闸室封闭。分别在
隧洞进口站和出口站建立了控制室，安装计算机监控系统和电视监视系统，2003 年 6 月投入使用。

（五）日常维修养护

为了保障隧洞工程的安全运行，隧洞处每年开展正常检查、定期检查和特殊检查三类工程检
查，对隧洞工程进行必要的日常维修和养护。1991—2010 年，累计投入资金 1292.96 万元，对工
程进行日常维修、完善配套、设施设备的维修养护和更新改造。隧洞日常维修养护费统计情况见
表 8-1-1-129。

表 8-1-1-129   **1991—2010 年隧洞日常维修养护费统计情况**

年份	项目数量	年度投资/万元	年份	项目数量	年度投资/万元
1991	3	4.17	2002	5	80.30
1992	5	47.71	2003	6	93.63
1993	8	45.63	2004	6	67.44
1994	2	2.00	2005	11	189.10
1995	7	31.46	2006	11	135.48
1996	5	14.48	2007	1	14.28
1997	3	23.00	2008	5	71.65
1998	7	29.65	2009	9	126.90
1999	5	34.67	2010	6	72.96
2000	10	67.80	合计	126	1292.96
2001	11	140.65			

二、专项维修工程

（一）隧洞补强

隧洞投入运行中发现洞壁和底板出现裂缝、底板出现麻面、冲坑及拱顶空洞等问题，成为
输水安全的隐患。1991 年，隧洞处与北京水利水电科学研究院、天津水利勘测设计院合作，在隧
洞边墙打了不同规格的 53 个钻孔，对病害原因进行了取样检测分析，并在问题严重的洞段进行补
强加固试验。1992 年，对逐年观测的洞内衬砌体渗压力、温度、钢筋应力变化的数据进行了综合
整理分析，并对裂缝开凿后进行表面封堵试验。1993 年 4 月，开展了隧洞病害治理与维修加固新
技术研究，采用水下不分散混凝土对出现的底板鼓起、冲坑、麻面进行了补强试验处理，并完成
了隧洞监测微机改造工程。1994 年，采用了四种方法进行补强加固试验，以探索维修加固新方
法。一是 SG 堵漏剂进行表面封堵；二是水下不分散混凝土加固；三是回填灌浆；四是锚杆整体
加固。1995 年，对隧洞工程进行了全面检查，发现侧墙和拱顶裂缝呈发展趋势，侧墙裂缝 1118
条、拱顶裂缝 8174 米，比 1992 年各增加 696 条、2925 米；混凝土侵蚀破坏严重部位 83 处、
368 平方米，比 1992 年增加 7 倍。检查结果引起市水利局和市政府领导的高度重视。1996 年年

初，隧洞处与南京水利科学研究院材料结构研究所合作，采用先进的技术设备和手段，对隧洞运行状况进行了全面评估。4月，双方技术人员进洞取样检测。5月底，编制完成了《隧洞工程病弊检测与评估分析》《隧洞工程混凝土衬砌体检测报告》《隧洞混凝土衬砌密度检测报告》《隧洞外水压力检测报告》，提出了全面补强加固的方法和建议。据此，编制了隧洞工程补强加固3年可行性研究报告。

隧洞补强加固工程是市政府确定的引滦大修改造工程一期项目之一，1996年4月至2000年1月施工，总投资3500万元。使洞内底板冲坑、鼓起、顶拱空洞和侧墙裂缝等问题得到了有效治理，工程运行状况得到了进一步加强。

2000年，委托中国水利水电科学院结构材料研究所对隧洞工程安全进行整体检测评估，并编写了《引滦入津工程引水隧洞安全检测评估报告》，对隧洞运行状况和补强加固工程的有效性做出了科学评价，对隧洞存在的问题及隐患提出处理方法和建议。同时发现，隧洞边墙水位以下衬砌体出现大面积粉化，多处钢筋外露、锈蚀等病害，随即采用磨细水泥灌浆、GB胶防渗封堵方法，对洞内2000米裂缝进行了处理，对5000多个排水孔进行了疏通，减小了外水压力。

2003—2004年，对因资金和技术原因未能治理以及新出现的隧洞病害治理方法进行了可行性研究，并做了加固试验。2005年，完成了隧洞二期补强加固工程的可行性研究工作。2006年，在多次检测、调研、试验的基础上，完成了隧洞二期补强加固初步设计报告。2007年6月至2010年12月，实施隧洞二期补强加固工程，总投资2786万元。自1996年以来的两期补强加固工程总计投资6286万元。

（二）其他专项工程

除隧洞补强加固工程外，其他专项维修工程共计完成44项，总投资975.41万元。隧洞专项工程维修费统计情况见表8-1-1-130。

表8-1-1-130　　　　　　　　隧洞专项工程维修费统计情况　　　　　　　单位：万元

年份	序号	项　目	投资
2002	1	隧洞8+000～8+600段底板处理	25.00
	2	隧洞自动化观测新建站房	6.00
	3	进出口闸门自动化改造	35.00
	4	15号支洞至出口电力线改造	15.00
	5	隧洞洞内水准点校测	12.00
2003	1	进口水文站悬挂测流系统自动化改造工程	14.90
	2	进口水文站水位流量关系研究	10.60
	3	隧洞出口明渠右侧整治及绿化工程	41.90
	4	出口尾水段黎河上游河口整治	5.20
	5	隧洞出口明渠右侧建防护网	15.80
	6	隧洞出口三角地整治及绿化工程	63.60
	7	进口站道路改造工程	8.20
	8	隧洞出口明渠左侧50米整治工程	8.82
	9	光缆恢复及隧洞观测站电配套工程	7.98
	10	进口水文站房改造工程	12.10

年份	序号	项　　目	投资
2004	1	2号支洞台阶及栏杆整治工程	13.00
	2	隧洞1+203段地面保护工程	15.00
	3	观测基准点校测	8.00
	4	9号洞纪念碑及道路整修	19.00
2005	1	引滦入津隧洞糙率原型观测工程	24.99
	2	3+300～6+000段拱顶排水孔疏通工程	30.67
	3	隧洞安全监测系统传输光缆改线	25.44
2006	1	隧洞2+500～3+000、10+100～10+400段裂缝处理	49.60
	2	隧洞观测资料分析	20.67
	3	2号、6号、9号、15号洞门改造及洞门环境整治	22.00
2007	1	隧洞进口纪念碑维修工程	12.64
	2	10号通风井口保护工程	14.18
	3	进口明渠底板治理工程	12.70
	4	6号支洞通风井改造	12.50
2008	1	出口明渠段环境整治	35.18
	2	通风井防护工程	7.00
	3	2号、6号、15号支洞口及其他支洞口封堵加固	8.50
2009	1	6号支洞治理工程	7.97
	2	潘、大水库库区水污染情况及隧洞周边矿井走向调查工程	32.50
	3	隧洞温度观测设施更新工程	44.12
	4	炸糕店桥下游25米处底板及齿墙修复工程	21.42
	5	隧洞明渠10+249～10+309.47段底板破损修复工程	29.68
2010	1	11号支洞保护工程	19.22
	2	隧洞明渠10+188～10+249段底板破损修复工程	39.60
	3	5号支洞护坡工程	17.60
	4	隧洞10+480～10+530段底板治理工程	28.44
	5	隧洞洞线保护范围测定	28.49
	6	隧洞7+109～8+385段占压治理	77.40
	7	引滦入津隧洞糙率原型观测工程	15.80
合计	44		975.41

注　2002年前专项工程维修项目与日常维修养护项目合并实施，已计入日常维修养护统计表。

第二节　黎　河　管　理

　　黎河位于河北省遵化市境内，属蓟运河系，发源于遵化市与迁西县交界处的燕山丘陵地区，自东北向西南，在蓟县与沙河相汇，注入于桥水库。是一条天然的季节性行洪河道，全长76千米，流域面积560平方千米，年均径流量1.46亿立方米，引滦入津工程利用黎河炸糕店桥至果河桥段河道输水。

黎河段输水工程由天津市引滦工程黎河管理处（简称黎河处）负责管理，管辖范围由炸糕店桥下 25 米处至果河桥桥下双河口处（黎河与沙河入口），全长 57.6 千米。河道作为输水渠道，设计流量为 60 立方米每秒，校核流量为 75 立方米每秒。

截至 2010 年年底，黎河处在职职工总数 70 人，其中专业技术人员 61 人。下设综合办公室、工程管理科、水管理科、水政监察科、财务与资产管理科、人力资源科、信息科、物业管理中心、工程养护中心。主要职责是：负责黎河 57.6 千米河道的综合治理和完善维修工程建设、工程管理、水文测报、水质监测、保水护水等工作。

建处初期黎河沿线设有 6 个管理站，对黎河进行分段管理。1995 年 3 月，撤销了 4 个管理站，只保留了上游的崔家庄管理站和下游的前毛庄水文站。

1991—2010 年年底，黎河共输水 54 次，累计输水天数 2185 天，输水总量为 95.52 亿立方米。

一、黎河日常管理

（一）制度建设

1991—2010 年，先后制定、完善《引滦入津工程巡视检查制度》《水利工程维修管理办法实施细则》《汛前准备及汛期检查工作制度》等 7 项工程管理制度，确保了黎河输水工程的正常运行。

（二）管理模式

坚持每日巡查制度，特别是在输水和国庆期间每日两次巡查河道，检查河道及其建筑物、堤防绿化树木有无破毁，禁止放牧、挖沙、取土、倾倒垃圾等现象，有问题及时处理或向上级主管部门汇报。春季利用停水期间对河道进行一次普查，观察河势、流势变化情况，对水工建筑物的运行情况作出详细记录，存入技术档案。

与地方建立共建共享机制，与周边 5 个村庄签订了生态文明共建协议，通过与村民、企业共建，黎河输水环境有了明显改观。

（三）应急管理

为建立起"信息畅通、反应快捷、处置有方、责任明确"的突发安全事故应急机制，制定了《黎河供水突发事件应急预案》，并于 2005 年成立了应急抢险小组，由 1 名组长、3 名副组长、41 名青壮年组成应急抢险队伍，适时开展突发事件及防汛应急演练，增强了突发事件的应急处置能力，以确保供水安全。

1. 安全度汛

自 1983 年引滦入津工程通水后，黎河就肩负起行洪、输水双重功能。为确保每年安全度汛，坚持做好以下两项工作。

（1）汛期河道管理。汛期主要对河道堤防、险工险段及水工建筑物进行全面度汛检查。加强河道工程的日常检查，每天对河道进行巡视检查，在遇有特殊情况要对河道内建筑物进行一次全面检查，及时排查输水及行洪安全隐患。备好防汛物资，开展防汛演练，确保河道防汛度汛安全。

（2）汛期输水管理。建立防汛指挥机构，明确防汛责任。汛期输水前对黎河河道输水工程运行情况进行详细检查，发现问题及时排除隐患，输水期加强河道工程跟踪检查。同时严密监视黎河流域降雨产汇流情况，及时分析上报相关部门进行输水流量调整，预防输水与洪水叠加造成黎河输水工程损坏。加强值班管理，做好输水计量，备好防汛物资，确保汛期输水安全。

结合实际制定了防汛预案，开展预案培训和演练，做好防汛物资储备和器具准备，开展汛前测流设施设备养护、检修，汛前、汛中、汛后河道检查，洪水过后对黎河水工建筑物进行翔实勘察，核实、分析水毁情况，及时上报有关部门。

2. 黎河水污染治理

为保护黎河水环境，黎河管理坚持工程措施与非工程措施相结合的原则，修建了标准支流口、实施了复堤护岸、植树造林等治理措施。制定了水污染事件应急预案，并开展预案培训和演练，提前做好水污染应急物资储备，明确应急抢险小组的成员分工。2008年12月，编制了《引滦入津黎河中上游环境治理工程项目建议书》《引滦入津黎河中下游环境治理工程项目建议书》，上报到市水利局。2009年2月，通过市水利局组织的专家验收。2009年4月，《引滦黎河水源保护示范工程项目建议书》也通过了专家评审。同年，在编制的《引滦黎河输水河道水源保护工程规划工作大纲》中明确了生态修复、污染源治理及水源保护的工程措施，为黎河环境水利建设起到指导性作用。

（四）日常维修养护

按照市水利局每年下达的维修工程计划，自2001年，每年安排日常维修工程，截至2010年共完成100项，完成投资1584.11万元。黎河日常维修养护统计情况见表8-1-2-131。

表8-1-2-131　　　　　**2001—2010年黎河日常维修养护统计情况**

年份	项目数量	年度投资/万元	年份	项目数量	年度投资/万元
2001	10	148.50	2007	10	167.22
2002	10	148.50	2008	10	173.82
2003	10	148.50	2009	10	173.82
2004	10	148.50	2010	10	178.80
2005	10	129.23	合计	100	1584.11
2006	10	167.22			

二、专项维修工程

1991—2010年，完成各类水毁工程维修、河道完善综合维修等专项工程共计153项，总投资3415.72万元。1991—2010年黎河专项维修工程统计情况见表8-1-2-132。

三、河道整治

黎河引滦输水段上宽下窄，弯道多，落差大，河道由宽浅型渐变为窄深型，河床构成由上游的卵石、砾石渐变为中下游的亚黏土和亚砂土。引滦通水后，上游12.34千米的整治段水流不稳，产生强变流速，造成堤岸坍塌，局部河床淤塞，致使其下游河段的河床严重下切。1990年以前，采用"固定河床，控制主流，集中消能，减缓流速"和"宽顺河槽，调整比降，减缓冲刷，逐渐稳定"的治理措施，在整治段上共修建跌水坝32道。坝体由抛置铅丝笼石坝，改进成浆砌石坝；

表 8-1-2-132　　**1991—2010 年黎河专项维修工程统计情况表**

年份	项目数量	年度投资/万元	工程量/万立方米		
			土方	石方	混凝土
1991	8	110.23	8.39	1.17	1.17
1992	8	112.70	10.72	0.74	0.02
1993	4	88.80	9.70	0.70	0.00
1994	5	195.03	6.88	2.09	0.02
1995	7	109.68	1.95	0.85	0.00
1996	10	131.70	5.62	1.02	0.02
1997	27	249.41	0.25	1.03	0.27
1998	8	214.05	4.69	1.23	0.19
1999	5	134.66	1.62	0.87	0.09
2000	5	204.42	0.80	1.04	0.09
2001	3	148.00	0.09	0.77	0.33
2002	4	98.00	—	—	—
2003	11	296.92	1.88	0.55	0.02
2004	5	90.16	0.18	0.12	0.10
2005	5	219.87	0.47	0.36	0.04
2006	8	187.71	7.73	0.19	0.17
2007	8	145.10	0.24	0.34	0.08
2008	6	208.75	0.32	0.24	0.18
2009	8	250.64	7.86	0.28	0.07
2010	8	219.89	7.86	0.28	0.07
合计	153	3415.72	77.25	13.87	2.93

为防坝体冻裂，又发展为混凝土预制块坝，工程效果越来越好。1990 年，黎河处委托水利部天津水利水电勘测设计研究院水利实验室对黎河输水存在的问题开展动床试验，并委托设计院编制了《引滦入津黎河综合治理工程可行性研究报告》，明确了上游河道修建跌水坝调整纵坡、中下游河道扩宽和弯道护砌相结合的治理方案。1996 年又在补充修订的报告中增加了巡河道路建设、弯道护砌挑流和中游固定水流建设防护堤等内容。1991—1996 年，在中上游河道修建跌水坝 14 道，扩宽河道 6 处。1997 年，黎河重建两道跌水坝和混凝土联锁板护坡工程被列入市政府确定的引滦大修改造项目。1998—2001 年，又修建跌水坝 10 道（其中 5 道重建）。同期，混凝土联锁板护坡工程启动，这项技术于 1995 年 6 月与市水科所合作研究。1996 年和 1997 年进行了两期试验施工。1998 年通过了市科委委托的专家组进行的科研成果鉴定。2000 年 11 月，在陕西杨凌举办的"第七届中国农业高新技术博览会"上，这项科研成果获"后稷"金像奖。

黎河综合治理 20 年，共建跌水坝 56 道，河道扩宽长度 12611 米，堤顶路面硬化长度 2496 米，复堤护坡长度 17615 米，其中采用混凝土联锁板护坡 17415 米，浆砌石护坡 200 米。黎河河道治理累计完成工程量 180.38 万立方米，主要有浆砌石护坡 28780.78 立方米，干砌石护坡 1461.53 立方米，混凝土联锁板护坡 2097 立方米，混凝土模袋护坡 456 立方米，工程总投资 8274.79 万元。1991—2010 年黎河河道整治统计见表 8-1-2-133。

表8-1-2-133

1991—2010年黎河河道整治统计表

年份	跌水 主要工程量/万立方米			跌水 投资/万元	河道扩宽 主要工程量/万立方米			河道扩宽 投资/万元	复堤护坡 主要工程量/万立方米			复堤护坡 投资/万元	堤顶路面硬化 主要工程量/万立方米			堤顶路面硬化 投资/万元	扩建 主要工程量/万立方米			扩建 投资/万元
	土方	石方	混凝土		土方	石方	混凝土		土方	石方	混凝土		土方	石方	混凝土		土方	石方	混凝土	
1991	1.83	0.30	0.34	157.50	—	—	—	—	—	—	—	—	—	—	—	—	—	—	—	—
1992	2.16	0.23	0.36	141.81	5.50	—	—	30.39	—	—	—	—	—	—	—	—	—	—	—	—
1993	1.40	0.27	0.24	—	7.80	—	—	—	—	—	—	—	—	—	—	—	—	—	—	—
1994	0.58	0.25	0.19	120.10	9.10	—	—	50.80	—	—	—	—	—	—	—	—	—	—	—	—
1995	0.21	0.09	0.10	97.82	10.59	—	—	49.93	—	—	—	—	—	—	—	—	—	—	—	—
1996	0.48	0.08	0.10	152.79	19.70	—	—	110.67	0.42	0.03	0.04	47.89	—	—	—	—	—	—	—	—
1997	0.77	0.23	0.24	161.28	—	—	—	—	0.60	0.05	0.06	76.41	—	—	—	—	—	—	—	—
1998	0.81	0.17	0.22	181.47	—	—	—	—	0.63	0.11	0.04	72.30	—	—	—	—	—	—	—	—
1999	0.84	0.19	0.20	178.00	—	—	—	—	0.05	0.83	—	69.30	—	—	—	—	—	—	—	—
2000	0.80	0.21	0.25	177.80	0.35	—	—	37.44	1.52	0.08	0.03	37.83	—	—	—	—	—	—	—	—
2001	0.41	0.19	0.25	196.82	—	—	—	—	0.82	0.17	0.05	91.71	—	—	—	—	—	—	—	—
2002	—	—	—	—	—	—	—	—	0.85	0.10	0.07	120.35	—	—	—	—	2.61	1.02	0.16	332.74
2003	—	—	—	—	—	—	—	—	5.14	0.44	0.19	287.32	—	—	—	—	—	—	—	—
2004	—	—	—	—	—	—	—	—	7.59	0.50	0.02	193.19	—	—	—	—	1.25	0.23	0.25	152.02
2005	—	—	—	—	3.16	—	—	—	10.14	0.84	0.37	—	—	—	—	—	—	—	—	—
2006	0.55	0.11	0.12	84.40	—	—	—	—	15.52	0.86	0.53	1053.90	—	—	—	—	—	—	—	—
2007	1.43	0.27	0.48	305.50	—	—	—	—	18.58	1.08	0.48	980.50	0.37	0.40	0.31	167.80	—	—	—	—
2008	—	—	—	—	7.80	0.160	0.13	—	9.26	0.89	0.31	855.00	—	—	—	—	—	—	—	—
2009	—	—	—	—	—	0.726	0.52	—	6.35	0.30	0.17	—	—	—	—	—	1.04	0.11	0.06	—
2010	—	—	—	—	10.57	—	0.65	1036.31	0.88	0.98	0.08	388.37	—	—	—	—	0.16	0.05	0.05	77.33
合计	12.27	2.59	3.09	1955.29	74.57	0.886	0.65	1315.54	78.35	7.26	2.44	4274.07	0.37	0.40	0.31	167.80	5.06	1.41	0.52	562.09

黎河治理是一个长期工程，2004 年 4 月，委托设计院编制完成了《引滦入津黎河综合治理工程规划》，几经修订后，于 2008 年由市水利局批复实施。该规划制订了分期实施方案，近期（2008—2015 年）治理以河道工程为主，辅以防护林建设，主要解决输水隐患，对岸坡坍塌、护岸破损及河床下切的主要河段进行全面治理，实施部分河段的河道扩宽工程，建设河道巡视道路，维修加固危及输水安全的跨河建筑物，使中下游河段处于基本稳定状态。对河道管理范围内的污染源进行治理，绿化河岸，建设河道两岸防护林，保证引滦水质安全和工程管理的顺利进行。远期（2016—2020 年）治理以生态环境工程措施为主，加大治理的科技含量，向着科学发展、和谐发展、可持续发展的方向迈进。

第三节　明　渠　管　理

明渠全称是"引滦专用输水明渠"，自宝坻区九王庄进水闸，至天津市北辰区大张庄泵站前池，全长 64.2 千米，减去沿线建筑物长度，明渠渠道净长 62.2 千米。明渠设计流速 0.5～0.55 米每秒，渠道纵坡 1/20000，糙率 0.0225。九王庄至尔王庄泵站段长 47.2 千米，设计流量 50 立方米每秒，渠底宽 22 米，边坡 1∶3，设计水深 3 米。尔王庄至大张庄泵站段长 17 千米，设计流量 30 立方米每秒，渠底宽 11 米，边坡 1∶3，设计水深 3 米。

1991—2010 年，明渠潮白河段多年平均过水流量 19.35 立方米每秒，平均水位 0.9 米，水深 3.5 米。最大过水流量发生在 1997 年 7 月 1 日，为 60.0 立方米每秒。

明渠除向天津市区供水外，还向武清区、滨海新区和其他重点开发区域供水。州河暗渠通水后，九王庄进水闸被暗渠出口闸取代。

明渠管理范围为征地范围。明渠坡脚以外征地范围不足 10 米的按 10 米划定，由此向外延伸 30 米为明渠保护范围。明渠管理由三个管理处分段负责，潮白河处管理 34.2 千米、尔王庄处管理 18.13 千米、宜兴埠处管理 9.98 千米。各管理处都设有专门的管理机构（管理所）负责明渠管理工作。在管理所下又将明渠分段设置若干个管理站，具体负责明渠及其附属水工设施的运行维护管理。明渠管理所情况见表 8-1-3-134。

表 8-1-3-134　　　　　　　　　　**明 渠 管 理 所 情 况**

序号	单位名称	河道所名称	人员数量	下设管理站数量	成立时间	管理范围（桩号）
1	潮白河处	明渠潮北所	16	1	2007 年 3 月成立明渠鲍丘河所，2008 年 10 月改为潮北所	0-100～34+674
2		明渠庄头所	9	无	2007 年 3 月	
3		明渠大五登所	14	2	2007 年 3 月	
4	尔王庄处	渠库管理所	13	无	1986 年 3 月	35+044～54+034
5	宜兴埠处	明渠所	14	无	1983 年	北京排污河至站前闸（10 千米）

一、明渠日常管理

明渠潮白河段、明渠尔王庄段日常管理工作主要有：①加强明渠工程设施、设备以及维修养护情况检查，每天由技术人员进行检查，将检查结果分别按照巡查内容、部位、发现的问题、处理结果等项内容填表，每周填写工程经常检查记录，对发现的问题要求在规定的期限内及时整改，使明渠的日常管理做到规范化、标准化；②加强冬季明渠安全输水巡视检查，保证明渠日常巡查次数，调整巡查的重点部位，确保冬季输水安全。潮白河段还加强了机电设备的维护保养，严格执行机电设备维护保养制度，每周进行一次保养。明渠水闸坚持"日清扫，周擦拭，月检修"的日常管理模式。明渠宜兴埠段坚持日常巡视检查和持久性的绿化管理相结合；2007年对明渠实施"日常养护、除草养护及林木养护"三种养护模式；日常养护安排4人，配备三轮车及必要工具，并制定了详细的日常养护标准，每日由渠道养护岗职工负责检查和管理。

（一）制度建设

1995年，对引滦明渠实行工程管理考核，三个管理处先后制定和完善了明渠的管理标准和管理制度。

1. 明渠潮白河段

1991—2010年，出台和修订《明渠管理岗位职责》《明渠管理所所长岗位责任》和《明渠管理所各班组岗位责任制》等8项管理制度。1996年1月，重新修订《明渠巡视检查制度》。2003年3月，按照建设引滦生态风景一条线的规划重新修订《林木养护制度》。2009年5月，潮白河处重新编制了《制度汇编》，对《明渠巡视检查制度》《林木养护制度》做了进一步的完善。

2. 明渠尔王庄段

1993年，制定了《尔王庄管理处明渠管理办法》，规定每年汛前、汛后、停水期和冰冻期对工程设施进行定期检查，遇到特殊情况进行特殊检查。检查要有详细记录，及时将检查结果上报渠库所。

1997年，按照天津市引滦工程管理处工程管理的检查考核要求、《引滦工程管理检查评比办法》《引滦工程评比办法实施细则（试行）》及《1997年工程管理检查考核工作计划》，结合尔王庄处的实际情况，在总结1996年经验的基础上对《工程管理检查办法》和《尔王庄管理处明渠管理办法》进行了修订完善。为进一步加强明渠工程管理和运行维护工作，确保水工设施的完好率，尔王庄处又制定了《明渠巡视检查制度》和《明渠运行维护制度》。

2004年7月，按照天津市水利局党委提出的建设引滦生态风景一条线的目标，尔王庄处实施了渠库工程全线重新绿化工程，对辖区沿线树木全部进行了更新、补栽，并在显著位置建成了绿化景点。为进一步加强绿化管理工作，确保苗木的成活率，制定了《绿化管理制度》。

为充分发挥工程效益，确保明渠运行安全，2004年7月，尔王庄管理处积极进行新的尝试，在明渠工程日常养护管理上，采取了承包管理模式，据此又对《明渠运行维护制度》进行了修改。

3. 明渠宜兴埠段

1999年，结合明渠管理弹性制，制定和修订了《明渠管理岗位职责》《明渠管理所各岗位责任制》和《管理明渠责任段管理标准》等5项管理制度。2004年，为了提高工程管理水平，宜兴埠处又制定了《明渠巡视检查制度》。

（二）管理模式

1. 管养分离

2004 年，市水利局党委决定将尔王庄处作为管养分离改革试点单位。自 2005 年起，在日常养护管理上，采取承包的管理模式，改变了由职能科室统一管理的模式，在全处职工范围进行竞聘，将日常养护管理工作交给责任心强的职工负责。职能科室依据日常管理的工作内容、管理标准，核定出养护定额，对养护情况进行多形式考核、兑现奖惩，减少管理成本。由粗放型管理向规范化、专业化、标准化和精细化管理转变。

2004 年，潮白河处结合人事制度的改革，实行岗位薪酬管理机制，成立了明渠养护队，具体负责 34.2 千米输水明渠机电设备的维护保养、树木管理、堤埝整治以及明渠护栏等工作。2005 年，在明渠工程日常养护管理上，采取了承包的管理模式，通过全处职工竞聘的方式，确定日常养护管理人员，职能科室负责根据养护情况进行多形式考核。2007 年，按照"国家一级"管理标准要求，根据明渠管理战线长、内容多，常年较大流量输水，社会治安综合治理和生态环境治理情况比较复杂的特点，进一步理顺管养分离机制。把明渠划为三段，建立鲍丘河、庄头、大五登三个所，充实明渠一线养护人员，由原来的十几个人增加到四十余人，承担了明渠所有水工建筑物的养护任务。转变了过去单一管理模式，走出一条集水体、水质、河道、堤埝、闸涵、道路、桥梁、植被绿化、封闭管理为一体的综合生态管理路子。

2006 年，宜兴埠处逐步充实明渠一线管理及养护人员，科室负责人由 1 人增至 3 人，明渠所职工由 8 人增至 16 人。为进一步理顺管养分离机制，将水、土、路、树实行综合治理责任制，采取总体承包的方式，按照责、权、利统一的原则，把工作量化到人，统管分包。建立起了长效管理机制，加强了明渠日常管护。

2. 和谐共建

为建立和保持"人水和谐"的明渠输水环境，本着"以人为本，和谐发展"的治水理念，明渠各管理处积极探索并实践水环境治理新机制，走出了一条以村、镇、处三方各尽其力、各尽其责、共建共享为依托的水环境管理与保护模式。潮白河处为明渠毗邻村庄修建了排水沟、集水井、垃圾池等，为实现短期建设长效管理，委托明渠各所负责共建共享工作的组织实施。通过协商，签订了《村处共建协议书》，并制定了管理考核标准，明渠各所与共建村庄共同承担环境卫生的维护工作，每个村庄聘用人员负责该村具体维护工作，明渠各所负责对村庄的维护情况进行监督管理。共建共享机制进一步深化，分清了村处责任、理顺了建管矛盾，维护了良好的水生态环境。尔王庄处针对辖区内村队多、从事农事活动多的特点，自 2010 年，确定沿线明渠、口门及距离引滦明渠较近的尔王庄村、尔辛庄村 2 个村队为环境共建共享试点单位。在距离引滦明渠较近处修建了 12 个垃圾池，同时还制定了管理规定，有效避免了各种生活垃圾进入明渠，原来垃圾乱扔乱弃，雨天积水、污水遍地现象完全消失，保护了明渠的水质安全。通过一个时期的管理实践证明，建立村处共建共享机制，使村民保护引滦水、珍惜水资源、维护水环境的意识进一步增强，使明渠周边环境得到了改善，为明渠水质安全提供了有力保障。

尔王庄处还与村队建立了定期例会制度，每年在"世界水日""中国水周"水法规宣传活动期间，都要组织毗邻辖区的 10 个村队领导召开专门的座谈会，通报水利管理工作的发展形势，沟通感情，赢得村民对水利工作的支持，打造了全新的水务工作管理模式。

（三）安全度汛

在汛期，按照防汛预案的要求，结合明渠工程管理工作的实际，制定《防汛工作安排》，明确责任人，落实好防汛物资，确定巡视检查重点，做到人员、检查、抢险物资三落实。严格汛期值班制度，坚持所长带班制，严禁空岗、脱岗。编制汛期检查台账，做好各责任段的雨前、雨中、雨后的巡视检查和记录工作。定期开展汛期应急演练，提高处置突发事件的能力。加强汛前、汛中、汛后巡视检查力度。

（四）日常维修养护

1991—2010年，引滦明渠渠道日常维修养护项目114项，总投资1700.17万元，其中潮白河处68项，投资1043.77万元；尔王庄处16项，投资443.93万元；宜兴埠处30项，投资212.47万元。1991—2010年明渠日常维修养护统计见表8-1-3-135。

表8-1-3-135 **1991—2010年明渠日常维修养护统计表**

年份	潮白河段		尔王庄段		宜兴埠段		合　计	
	项目数量/项	投资/万元	项目数量/项	投资/万元	项目数量/项	投资/万元	项目数量/项	投资/万元
1991	4	4.44	0	0	0	0	4	4.44
1992	2	3.20	0	0	0	0	2	3.20
1993	2	4.78	1	0.20	5	4.36	8	9.34
1994	2	2.00	0	0	1	0.35	3	2.35
1995	3	4.20	0	0	0	0	3	4.20
1996	5	28.15	1	7.73	1	6.00	7	41.88
1997	6	34.80	1	12.00	2	9.70	9	56.50
1998	4	17.70	1	4.00	2	5.70	7	27.40
1999	4	14.80	1	4.00	2	5.70	7	24.50
2000	3	22.30	1	8.00	4	11.70	8	42.00
2001	3	58.74	1	24.00	0	0	4	82.74
2002	3	58.74	1	24.00	1	12.00	5	94.74
2003	3	58.74	1	24.00	0	0	4	82.74
2004	3	58.74	1	24.00	1	15.27	5	98.01
2005	3	62.05	1	24.00	1	8.47	5	94.52
2006	3	114.38	1	54.60	1	16.43	5	185.41
2007	3	114.38	1	54.60	1	7.25	5	176.23
2008	3	114.38	1	54.60	1	27.03	5	196.01
2009	3	114.38	1	54.60	1	27.03	5	196.01
2010	6	152.87	1	69.60	6	55.48	13	277.95
合计	68	1043.77	16	443.93	30	212.47	114	1700.17

二、明渠专项维修工程

(一)渠道护砌

明渠是一条人工开挖的土质河道,投入运行后,水冲雨淋造成堤坡坍塌、渠底淤积,影响过水能力。明渠护砌成为明渠运行管理的重要内容和主要措施。1990年以前,采用浆砌块石、织物模袋(充填砂浆)、框格护砌、混凝土预制块等形式,进行护坡。1992—1995年,采用混凝土预制板新工艺,实施了大规模的明渠护砌工程。1992年,对北排河倒虹至机排河倒虹之间的5.22千米引滦明渠实施双侧混凝土预制板护坡。1994年,市政府将明渠护砌工程列入改善城乡人民生活的20件实事之一。1995年,完成尔王庄段双坡护砌2.91千米。2001年4月至2006年12月,天津市引滦水源保护工程的子项目——引滦专用明渠治理工程实施,采用混凝土预制板护砌技术,完成了剩余的27.63千米渠坡和全部渠底护砌工程。引滦明渠实现了全断面护砌。早期的浆砌石护坡由于运行多年,破损严重,2010年10月起,又投资1198万元,进行混凝土预制板护砌更新改造,明渠衬砌总计投资30293.72万元。明渠护砌统计情况见表8-1-3-136。

表8-1-3-136　　　　　　　　　明渠护砌统计情况

护砌年份	位置桩号	护砌长度/米	护砌形式	投资/万元	管理单位
1991	左岸64+000～55+000	8800	浆砌石护坡	823.00	宜兴埠处
	右岸64+000～55+000				
1992	左岸59+280～58+780	500	模袋护坡	49.21	宜兴埠处
	右岸64+000～59+280	4720	浆砌石护坡	893.66	
1993	左岸27+028～23+756	3272	预制板护坡	1439.00	尔王庄处
	右岸27+028～23+756	3272			
1994	左岸32+054～29+238	2816	预制板护坡	513.00	尔王庄处
	右岸30+254～29+238	1016			
1995	左岸23+756～20+847	2909	预制板护坡	698.00	尔王庄处
	右岸23+756～20+847	2909			
2000	机排河倒虹进出口		浆砌石护坡	4.77	宜兴埠处
2001	5+918.3～12+948.8	7030.5	浆砌石护坡、护底	3923.60	潮白河处
	5+154.4～5+472.4	641.9			
	5+472.4～5+796.3				
	41+219～41+019	200	水下不分散混凝土护底	100.00	尔王庄处
2002	0-060～0+267	4892.4	浆砌石护坡、护底	2730.30	潮白河处
	0+587～5+154.4				
	左岸47+677～53+504	5827	预制板护底	1398.00	尔王庄处
	右岸47+677～53+504	5827	预制板护坡		
	13+998～28+300	14302	浆砌石护坡、护底	7981.70	潮白河处

护砌年份	位置桩号	护砌长度/米	护砌形式	投资/万元	管理单位
2003	28＋300～34＋674	6374	浆砌石护坡、护底	3557.20	潮白河处
	35＋044～41＋219	9732	预制板护底	4860.00	尔王庄处
	43＋535～47＋092				
2005	左岸63＋000～59＋550	3450	浆砌石护底	62.92	宜兴埠处
	右岸63＋000～59＋550				
2007	左岸62＋820～63＋020	200	浆砌石护坡	61.36	宜兴埠处
	右岸62＋820～63＋020				
2010	13＋935～16＋600	2665	混凝土预制板护坡、浆砌石护底	1198.00	潮白河处

（二）其他专项维修工程

1991—2010年，明渠除衬砌工程投资外，其他用于明渠专项维修项目总计204项，投资5391.12万元。其中潮白河段140项，投资2271.06万元；尔王庄段17项，投资213.16万元；宜兴埠段47项，投资2906.90万元。1991—2010年明渠专项维修工程统计见表8-1-3-137。

表8-1-3-137 **1991—2010年明渠专项维修工程统计表**

年份	潮白河段		尔王庄段		宜兴埠段		合 计	
	项目数量/项	年度投资/万元	项目数量/项	年度投资/万元	项目数量/项	年度投资/万元	项目数量/项	年度投资/万元
1991	8	15.80	1	8.70	1	823.00	10	847.50
1992	3	3.50	0	0	2	942.87	5	946.37
1993	14	16.13	1	0.92	0	0	15	17.05
1994	4	6.80	1	0.50	1	0.80	6	8.10
1995	5	14.00	0	0	1	2.35	6	16.35
1996	5	11.8	1	18.00	2	11.00	8	40.80
1997	7	37.60	0	0	0	0	7	37.60
1998	3	18.00	0	0	1	150.30	4	168.30
1999	5	8.85	1	2.50	2	6.50	8	17.85
2000	9	53.23	1	4.00	0	0	10	57.23
2001	5	68.57	2	15.00	1	16.20	8	99.77
2002	11	244.82	0	0	0	0	11	244.82
2003	1	8.70	0	0	1	7.40	2	16.10
2004	12	432.02	0	0	1	71.01	13	503.03
2005	3	34.36	0	0	6	144.16	9	178.52
2006	12	386.88	0	0	3	40.53	15	427.41
2007	5	81.30	2	18.92	5	110.25	12	210.47

年份	潮白河段		尔王庄段		宜兴埠段		合　计	
	项目数量/项	年度投资/万元	项目数量/项	年度投资/万元	项目数量/项	年度投资/万元	项目数量/项	年度投资/万元
2008	10	233.54	3	57.89	4	110.41	17	401.84
2009	9	322.69	1	12.23	12	323.52	22	658.44
2010	9	272.47	3	74.50	4	146.60	16	493.57
合计	140	2271.06	17	213.16	47	2906.90	204	5391.12

第四节　暗　渠　管　理

引滦入津输水暗渠共有两段，第一段州河暗渠，渠首设在于桥水库电站尾水处，渠线沿州河左侧至蓟运河九王庄节制闸的下游 4000 米处，与引滦专用明渠相接，全长 34.14 千米，其中上段 9.25 千米为无压箱涵输水，下段 24.89 千米为有压箱涵输水，暗渠为 3 孔钢筋混凝土箱涵，单孔净断面尺寸 4.3 米×4.3 米，设计引水规模 50 立方米每秒。工程主要由渠首枢纽调节池、出口闸、6 座检修闸、2 座倒虹吸、9 座通气进入孔、32.85 千米的暗渠箱涵、3 座穿越铁路和 4 座穿越公路工程等建筑物组成。主体工程于 2002 年 5 月 31 日开工，至 2005 年 6 月 28 日竣工，同年 9 月 1 日正式通水，工期历时 1123 天，总投资 13.39 亿元，该工程是把原利用天然河道进行输水改用暗渠输水的一项大型水源保护水利工程，解决了天然河道污染水体及渗漏蒸发损失水源等严重问题。

州河暗渠由于桥处管理，设州河暗渠管理所，下设调压池管理站和暗渠出口管理站具体负责日常工作。2007 年 10 月，州河暗渠 6 号检修闸至九王庄暗渠 2.5 千米出口闸段移交潮白河处管理。

第二段由尔王庄暗渠泵房压力箱后至宜兴埠泵站前池，全长 25.97 千米，由暗渠泵站加压提升直接向自来水厂供水，也可抽水补库由尔王庄水库向暗渠供水。暗渠为双孔 3.35 米×3.35 米钢筋混凝土箱涵，设计流量 19.1 立方米每秒，沿途穿越二级以上河道 10 条和 4 条公路。暗渠设北排河、机排河、大张庄、小淀四处闸室，分为五段进行控制运行。暗渠顶部每 500～1000 米设有检查井（孔）和通气孔，共有检查井（孔）38 座，通气孔 27 处。第二段暗渠由尔王庄处和宜兴埠处分段进行管理。

尔王庄水库至宜兴埠泵站暗渠是引滦入津工程专用输水渠道，正常情况下单一向天津市自来水厂送水，在尔王庄水库水位较低时通过水库 1 号闸向水库补水。

一、暗渠日常管理

（一）制度建设

2005 年 9 月 1 日，州河暗渠工程正式投入运行，运行期间，于桥处暗渠管理所先后制定了

《暗渠管理所职能》《巡视检查制度》《冬季防冻巡视检查制度》《安全工作制度》《闸门启闭操作人员管理制度》《闸门启闭操作规程》《水闸维修保养制度》《水闸观测制度》《值班制度》等9项管理制度。2008年又对规章制度进行了修订。

尔王庄处于1997年1月，根据引滦沿线实施工程管理考核的要求，制定出台了《暗渠巡视检查制度》《暗渠运行维护制度》。2004年7月为加大暗渠工程日常养护管理，确保工程设施运行安全，又对《暗渠运行维护制度》进行了修改。

为加强暗渠管理，宜兴埠处于2004年出台了《暗渠巡视检查制度》。

（二）管理模式

由于暗渠工程深埋地下，管理以巡视检查为主。2005年以前按照引滦入津工程管理办法，坚持对暗渠工程进行定期巡查。2005年，制定了暗渠工程管理标准，按照经常检查、定期检查与特殊检查三类检查方式对暗渠进行巡视检查。经常检查由基层管理人员进行，每周不少于一次；定期检查由考核小组成员进行；特殊检查在融冰期、汛期和冰凌期进行。巡视检查内容包括地表建筑及覆土、三桩及宣传牌、挖沟、取土、修渠、建房、堆放物料、植树、修建坟墓、打井、钻探、爆破、开采地下资源、挖筑鱼塘、工程隐患等违法行为。

为使暗渠系统、设备、水工建筑物良好运行，检查工作固定时间、固定路线、固定人员。各管理站内每隔两小时进行一次检查，暗渠沿途的检修闸、进入孔每周进行一次全面检查，对暂时无法处理的带病运行的设备，根据不同情况适当增加检测次数，对检查情况做详细记录。对水工建筑物设立日常巡视检查、定期巡视检查和特殊巡视检查等项目，对水闸设立经常检查记录、定期检查记录和特殊检查记录。暗渠投入运行后沿线水闸运行状态良好，未出现故障性问题。

（三）日常维修养护

尔王庄处所辖暗渠段，2005年对防洪闸至闫皮庄生产桥段暗渠渗漏进行了治理，开挖土方8200立方米，回填土方6100立方米，埋设无砂混凝土管1700米，检查井砌筑60立方米。2006—2007年，对所有的通气孔和检查井（孔）进行了砖墙抹灰、孔帽刷漆处理，并对尔辛庄桥东西两侧暗渠渗漏进行治理，开挖土方566立方米，回填土方314立方米，埋设无砂混凝土管680米。

2006—2007年，完成了22个检查井（孔）砖墙抹灰和18个通气孔帽刷漆维护。完成了尔辛庄桥东侧、西侧暗渠渗漏治理，开挖土方566立方米，回填314立方米，埋设无砂混凝土管680米。

2008年，宜兴埠处所辖暗渠段结合保奥运安全输水工作，对暗渠19对通气孔进行了孔罩封闭加固工程，对永定新河以南8对通气孔混凝土墙体进行了重新修缮。

1991—2010年，如期完成每年下达的日常维修工程计划，工程项目共24项，完成投资245.31万元。

二、专项维修工程

暗渠通水以后，一直未能进行检修，致使暗渠沿线多处地段出现不同程度的渗漏和托地。1996年，市政府决定利用引滦专项基金实施引滦大修改造工程，其中包括暗渠检修加固工程。1996年3月，《引滦输水暗渠检修加固工程可行性研究报告》经批复同意，5—7月，进行了4.4

千米的试验段施工，并对可行性研究报告进行了补充，汛后继续施工，同年完成检修加固工程
9.25 千米。1997 年春、秋两季继续施工，完成伸缩缝全线治理 438 条，局部治理 118 条，对洞体
的蜂窝麻面进行补强加固处理 6025 平方米，加高了检查井，维修了闸室的机电设备等，累计完成
治理 22.2 千米。1998 年，实施了尔辛庄至闫皮庄段暗渠外部检修加固。2000 年 6 月至 2001 年 3
月，"引黄"期间暗渠停水，完成了余下的 3.8 千米暗渠内部检修加固施工。内容包括：对伸缩
缝、止水带、蜂窝麻面、底板等进行加固处理，对暗渠附属闸门启闭设备进行维修，对暗渠渗漏
托地予以补强等。

第五节　泵　站　管　理

引滦入津工程全线建有三大提升泵站：潮白河泵站、尔王庄泵站和大张庄泵站，分别由潮白
河处、尔王庄处和宜兴埠处负责管理，均设有泵站管理所。三大泵站主要作用是完成引滦明渠水
位的提升输送，确保为城市提供稳定的水源，同时兼顾汛期为地方排涝的任务。

潮白河泵站是第一级提升泵站，包括主机房、变电站、辅机房、排涝道与自流道。主机房安
装 18CJ－63 型立式轴流泵 7 台，其中 5 台运行，1 台事故备用，1 台检修备用，设计输水流量 50
立方米每秒，排涝设计流量 30 立方米每秒，单机流量 10.1 立方米每秒，扬程 6.3 米。

尔王庄泵站是第二级提升泵站，包括明渠泵站、暗渠泵站以及配套的 35 千伏变电站、净化水
厂各一座。

明渠泵站选用 18CJB－34 型立式轴流泵 5 台，其中有事故和检修备用泵 2 台，设计流量 30 立
方米每秒，单机流量 9.92 立方米每秒，扬程 3.4 米。

暗渠泵站选用 12CJQ－100 型立式轴流泵 7 台，其中有事故和检修备用泵 3 台，设计流量
19.1 立方米每秒，单机流量 6.5 立方米每秒，扬程 7.5 米。

大张庄泵站为终点提升泵站，设计流量 30 立方米每秒，选用 18CJ－63 型立式液压全调叶片
轴流泵 5 台，单机流量 10.1 立方米每秒，扬程 6.3 米。配备 TL900－24/2150 型立式同步电动机
5 台，单机功率 900 千瓦。

在潮白河泵站和尔王庄泵站旁边还建有两个自流道工程，当输水量分别在 20～30 立方米每秒
和 17～20 立方米每秒时，泵站可以停机，利用自流道输水。

三大泵站运行执行二级调度指令。各管理处水管科接到引滦工管处调度指令后，下达给泵站
管理所执行。泵站采用自流和开机两种输水方式。泵站根据调令要求，确定输水方式、输水流量
和水位。当自流不能满足输水任务时，施行开机输水，并按照输水流量的要求，确定开机台数及
机组号。1991—2010 年，潮白河泵站输水总量 122.03 亿立方米，其中自流道输水 95.68 亿立方
米，泵站输水 26.35 亿立方米。尔王庄泵站完成输水总量 102.71 亿立方米，其中自流道输水
12.51 亿立方米，向武清区和滨海新区供水 23.44 亿立方米。宜兴埠泵站开机向海河输水 21.23 亿
立方米。

一、泵站日常管理

（一）制度建设

为加强泵站机电设备运行维护管理，1991—1996 年，完成了三大泵站资料整编工作，制定了《机电管理规程》。1993 年，又对试行多年的《三大泵站技术管理规程》进行了补充修订，定名为《天津市引滦工程泵站技术管理规程》。2010 年，进行第二次补充修订，使该管理工程更加完善。

1995—1996 年，潮白河处开展了劳动管理体制改革，编辑了《岗位责任制汇编》，制定了《出入泵站安全防范制度》《泵站设备巡视检查制度》《泵站经常、定期、特别检查制度》《泵站设备检修维护工作制度》《泵站应急事故处理制度》等 16 项泵站管理制度，2009 年 5 月编制《制度汇编》时，又对泵站相关管理制度进行了修改和完善。

泵站运行初期，尔王庄处制定了包括运行、维护、检修、安全操作等项内容的各项制度。为强化对机电设备的巡视检查，确保及时发现问题，消除安全运行隐患，2005 年 1 月 1 日出台了《指纹打卡制度》，规范了泵站管理。

1994 年，宜兴埠处在原有泵站制度的基础上，制定了《泵房制度》《泵房交接班制度》《机排河闸站管理制度》等 13 项制度。2003 年 7 月，为加强泵站工程管理，细化了 9 项岗位责任并修订了 13 项制度，主要包括《泵站一日工作法》《泵站站长（总值班长）岗位职责》《泵站交接班制度》《泵站巡视检查制度》《泵站安全工作制度》等。2007 年 8 月，组织编制了《制度汇编》，在原有制度基础上，又增加了《泵站工程专业管理考核办法》《泵站值班长岗位责任制度》《运行人员岗位责任制度》等 9 项管理制度。

（二）运行管理

1991 年，引滦三座泵站运行管理实行"两票"（操作票、工作票）、"三制"（交接班制度、巡视检查制度、缺陷管理制度）的管理方式，一直沿用至 2010 年，即工作人员持工作票上岗，按照值班站长下达的操作票规定程序进行操作，严格执行交接班、巡视检查和缺陷登记制度。1993 年，按照市水利局下发的《天津市水利工程经营管理考核指标汇编》有关规定，进一步落实岗位责任制，年底经市水利局达标考核领导小组考核验收，三大泵站管理均达到标准。1994 年，进一步强化泵站的工程观测、检查和机电设备巡视养护，使之制度化、经常化、规范化。自 1995 年，泵站运行管理推行工作目标责任制管理，所与班组、班组与个人层层签订工作目标责任书，设备挂牌运行，专人负责管理，人员持证挂牌上岗，岗位责任制度上墙。1999 年，在泵站、变电站运行班组开展创建文明班组活动，开展了岗位练兵，实施了"每日一课""每月一考"的学习活动。自 2000 年，对变配电设备、开关柜内电气设备定期进行电气预防性试验，对电机进行绝缘电阻、泄漏电流、接地绝阻试验等。2001 年，在建立健全各项岗位责任制的基础上，开始对泵站进行以管理标准化、规范化和制度化为主要管理内容的专业化管理，执行百分考核制度。2002 年，修订了《关于加强泵站运行管理的有关规定》，进一步规范了运行人员的工作行为，落实责任、量化任务，并建立了考核制度、奖惩制度、抽查制度、整改制度和巡检打卡制度。自 2006 年，实施泵站精细化管理，结合岗位工作特点，推行"一日工作法"，对每人、每天、每个时间段的工作进行严格规定，规范了员工行为，提高了工作质量和工作效率。1991—2010 年，对三大泵站机电设备采取日常维修保养、定期检查维修和整体大修（机泵解体）相结合的管理方法，每年进行检查定级，制订下年度的维修计划，进行技术改造和设备更新。1991—2010 年三座泵站机组运行统计情况见表 8-1-5-138。

表 8-1-5-138　　**1991—2010 年三座泵站机组运行统计情况**　　　　　单位：台时

年份	潮白新河泵站	尔王庄泵站		大张庄泵站
		明渠站	暗渠站	
1991	9427.00	2490.00	30705.50	5455.00
1992	8073.00	3756.50	33015.20	6923.50
1993	6819.00	2285.50	32495.50	5252.00
1994	5035.00	3388.00	30950.00	4529.50
1995	890.00		32347.70	1866.00
1996	3961.00	1421.00	34435.30	2668.40
1997	5593.00	2404.80	15303.60	13365.34
1998	309.00		31778.00	1946.41
1999	4459.00	869.10	30371.50	2802.32
2000	3676.00		21660.00	2398.48
2001	1339.00		19173.30	184.10
2002	1408.00		22616.50	1127.23
2003	99.00		19603.00	9.25
2004	868.00		14092.80	127.90
2005	3378.00		17833.50	435.74
2006	2171.00		27017.00	535.28
2007	978.00	111.00	26976.80	749.47
2008	836.00		27308.00	502.49
2009	73.00		24774.00	659.00
20010	2624.00		20389.80	1513.72
合计	62016.00	16725.90	472192.20	54353.06

（三）日常设备维护

1991—2010 年，三座泵站完成日常设备维护项目 247 项，总计投资 2104.91 万元。其中潮白河泵站完成日常设备维护 58 项，投资 511.76 万元；尔王庄泵站完成日常设备维护 19 项，投资 807.60 万元；大张庄泵站完成日常设备维护 170 项，投资 785.55 万元。1991—2010 年三座泵站设备日常维护统计情况见表 8-1-5-139。

表 8-1-5-139　　**1991—2010 年三座泵站设备日常维护统计情况**

年份	潮白河泵站		尔王庄泵站		大张庄泵站		合　计	
	项目数量/项	投资/万元	项目数量/项	投资/万元	项目数量/项	投资/万元	项目数量/项	投资/万元
1991	2	6.99	1	3.10	21	20.92	24	31.01
1992	2	2.30	1	0.90	15	33.65	18	36.85
1993	2	1.16	0	0	22	30.66	24	31.82

年份	潮白河泵站		尔王庄泵站		大张庄泵站		合　计	
	项目数量/项	投资/万元	项目数量/项	投资/万元	项目数量/项	投资/万元	项目数量/项	投资/万元
1994	0	0	1	9.00	13	25.20	14	34.20
1995	4	9.50	1	4.30	8	14.40	13	28.20
1996	3	8.50	1	2.58	11	23.90	15	34.98
1997	1	3.99	1	8.00	7	42.68	9	54.67
1998	2	21.02	1	32.00	6	40.86	9	93.88
1999	5	28.60	1	31.30	8	62.04	14	121.94
2000	3	19.26	1	34.60	10	48.54	14	102.40
2001	3	33.81	1	54.51	5	36.52	9	124.84
2002	5	38.73	1	54.51	5	36.52	11	129.76
2003	4	37.11	1	54.51	4	27.60	9	119.22
2004	3	31.81	1	54.51	5	21.50	9	107.82
2005	3	31.81	1	54.51	5	37.50	9	123.82
2006	3	37.81	1	63.51	5	43.42	9	144.74
2007	3	38.81	1	63.51	5	43.42	9	145.74
2008	3	38.81	1	63.51	5	45.15	9	147.47
2009	3	38.81	1	63.51	5	50.83	9	153.15
2010	4	82.93	1	155.23	5	100.24	10	338.40
合计	58	511.76	19	807.60	170	785.55	247	2104.91

二、专项大修及更新改造

（一）设备完善配套与更新改造

1991—2010 年，三座泵站总投资 12579.29 万元，实施了泵站完善配套和更新改造工程。潮白河泵站：1991 年 10 月至 1992 年 4 月，投资 72.72 万元，实施前池捞草机安装工程。1999 年 11 月至 2000 年 3 月，投资 137.50 万元，实施泵站励磁设备更新改造工程。2000 年，投资 60 万元，进行泵站设备改造工程前期工作，包括泵站效率测试及机电设备性能测试鉴定、大泵冷却水重复利用技术研究和大泵抽真空技术研究等内容。2002 年 7 月至 2003 年 7 月，投资 1783.49 万元，实施潮白河泵站电气设备改造工程。2005 年 6—12 月，投资 585.44 万元，实施潮白河泵站 800 千伏安变电站改造工程。

尔王庄泵站：1991 年 10 月，投资 53.60 万元，实施尔王庄处明、暗渠泵站前池捞草机安装工程。1996 年，完成尔王庄暗渠泵站更新改造工程可行性研究报告和初步设计报告；1997 年完成改造施工任务，该工程是天津市政府确定的引滦大修改造项目之一，投资 2490 万元，对 10 台主泵和电气设备进行了更新，对部分电缆进行了更换，对金属结构和主厂房进行了改造。2003 年，投资 905.26 万元，实施尔王庄暗渠变电站电气设备进行更新改造工程。2008 年 7 月至 2009 年 6 月，投资 1141.63 万元，实施尔王庄泵站运行职工宿舍工程。2010 年，投资 1503 万元，实施尔王庄明渠泵站更新改造工程；投资 1502 万元，实施尔王庄明暗渠泵站水暖电管网改造工程，当年完成投资 724.77 万元。

大张庄泵站：1999 年 9 月至 2001 年 4 月，投资 1369 万元，实施大张庄泵站电气设备更新改造工程。2001 年 12 月，投资 135.49 万元完成大张庄泵站锅炉房改造工程。2003 年 2—9 月，投资 554.16 万元，实施大张庄泵站改造完善配套工程。2009 年 12 月，投资 286 万元，完成大张庄泵站前池排沥闸重建及渠道整治工程。

（二）大泵检修

1991—2010 年，潮白河泵站大泵检修投资情况见表 8－1－5－140；尔王庄明渠泵站大泵检修投资情况见表 8－1－5－141；尔王庄暗渠泵站大泵检修投资情况见表 8－1－5－142；大张庄泵站大泵检修投资情况见表 8－1－5－143。

表 8－1－5－140　　　　**1991—2010 年潮白河泵站大泵检修投资情况**　　　　单位：万元

年份	投　资　额							年度合计投资
	1 号	2 号	3 号	4 号	5 号	6 号	7 号	
1991	0	0	3.39	3.00	0	0	0	6.39
1992	0	1.50	0	0	0	0	0	1.50
1993	0	0	0	0	0	0	0	0
1994	0	0	0	0	0	0	0	0
1995	0	0	0	0	0	0	0	0
1996	0	0	0	0	0	0	0	0
1997	0	0	0	0	0	0	0	0
1998	0	0	0	6.50	0	0	0	6.50
1999	0	0	5.00	0	0	0	0	5.00
2000	0	0	0	0	4.50	0	0	4.50
2001	0	0	0	0	0	0	8.00	8.00
2002	0	0	0	0	0	4.70	0	4.70
2003	0	0	0	0	0	0	0	0
2004	6.00	0	0	0	0	0	0	6.00
2005	0	0	6.0	0	0	0	0	6.00
2006	0	0	0	0	0	6.00	0	6.00
2007	0	0	0	0	8.00	0	0	8.00
2008	0	7.00	0	0	0	0	0	7.00
2009	0	0	0	0	0	0	7.00	7.00
2010	0	0	0	7.20	0	0	0	7.20
合计	6.00	8.50	14.39	16.70	12.50	10.70	15.00	83.79

表8-1-5-141　**1991—2010年尔王庄明渠泵站大泵检修投资情况**　　　　单位：万元

年份	投资额					年度合计投资
	1号	2号	3号	4号	5号	
1994	0	3.20	0	3.80	0	7.00
1995	0	0	4.10	0	0	4.10
1997	4.74	3.50	0	0	0	8.24
1999	0	0	0	0	5.00	5.00
2000	0	0	0	0	4.00	4.00
2007	0	0	0	7.00	0	7.00
合计	4.74	6.70	4.10	10.80	9.00	35.34

表8-1-5-142　**1991—2010年尔王庄暗渠泵站大泵检修投资情况**　　　　单位：万元

年份	投资额										年度合计投资
	1号	2号	3号	4号	5号	6号	7号	8号	9号	10号	
1991	0	0	3.00	3.00	0	0	3.00	3.00	0	3.00	15.00
1992	4.30	4.30	0	0	0	0	4.30	0	0	0	12.90
1993	0	0	0	0	3.40	0	0	0	0	0	3.40
1994	0	0	0	0	0	0	0	0	0	0	0
1995	0	0	0	0	0	4.00	0	0	4.00	0	8.00
1996	0	0	0	0	0	0	0	0	0	0	0
1997	0	0	0	0	0	0	0	0	0	0	0
1998	0	0	0	0	0	0	0	0	0	0	0
1999	0	0	0	0	0	0	0	0	0	0	0
2000	0	4.00	0	4.00	0	4.00	0	0	0	0	12.00
2001	5.00	0	0	0	5.00	0	0	0	0	5.00	15.00
2002	0	0	6	0	0	0	0	6.00	6.00	0	18.00
2003	0	0	0	6.10	0	0	6.20	0	0	0	12.30
2004	0	0	0	0	0	6.00	0	0	0	6.00	12.00
2005	6.00	0	0	0	6.00	0	0	0	0	0	12.00
2006	0	6.00	6.00	0	0	0	0	6.00	0	0	18.00
2007	0	0	0	7.00	0	0	7.00	0	7.00	7.00	28.00
2008	0	21.00	0	0	0	0	0	0	0	0	21.00
2009	0	0	8.00	0	0	0	8.00	8.00	0	0	24.00
2010	0	0	0	8.00	8.00	8.00	0	0	8.00	0	32.00
合计	15.30	35.30	23.00	28.10	22.40	22.00	28.50	23.00	25.00	21.00	243.60

表8-1-5-143　**1991—2010年大张庄泵站大泵检修投资情况**　　　　单位：万元

年份	投资额					年度合计投资
	1号	2号	3号	4号	5号	
1991	0	0	0	2.60	2.80	5.40
1992	0	0	0	0	0	0

续表

年份	投 资 额					年度合计投资
	1号	2号	3号	4号	5号	
1993	0	0	0	0	0	0
1994	4.00	0	0	0	0	4.00
1995	0	8.60	0	0	0	8.60
1996	0	0	0	0	0	0
1997	0	31.00	0	0	0	31.00
1998	10.00	0	0	0	0	10.00
1999	0	0	9.00	0	0	9.00
2000	0	0	0	0	0	0
2001	0	0	0	0	0	0
2002	0	0	0	0	0	0
2003	0	0	0	0	0	0
2004	0	0	0	6.00	0	6.00
2005	0	0	0	0	0	0
2006	0	0	0	0	6.00	6.00
2007	0	7.00	0	0	0	7.00
2008	0	0	0	0	0	0
2009	0	0	0	0	0	0
2010	0	0	9.97	0	0	9.97
合计	14.00	46.60	18.97	8.60	8.80	96.97

三、滨海泵站

1991年以后，引滦供水区域不断扩大，尔王庄处由原来主要向市区和塘沽区供水外，增加了向大港、开发区（塘沽）和汉沽等地的供水任务，新建取水泵站不断增加。1998年，尔王庄处成立了"滨海新区供水泵站管理所"，负责管理入港泵站、入汉泵站、入开泵站和入杨泵站，2004年接管入塘泵站。2007年3月，"滨海新区供水泵站管理所"拆分为"滨海新区供水泵站管理一所"（简称一所）和"滨海新区供水泵站管理二所"（简称二所）。一所负责管理入大港泵站（简称入港泵站）、入聚酯泵站（简称入石化泵站）、入逸仙园泵站（简称入杨泵站）。二所负责管理入汉沽泵站（简称入汉泵站）、入天津开发区泵站（简称入开泵站）、入塘沽泵站（简称入塘泵站）。

入港泵站建于1989年，1991年10月建成并投入运行，建筑面积1712平方米。泵站供水范围为大港区、大港油田、无缝钢管工程公司、军粮城发电厂、聚乙烯厂等大型企业和人民生活用水。因泵站常年开机运行，设备老化较快，2009年3月经有关部门批准，对入港泵站、入港变电站进行改造。

入石化泵站建于 1999 年 3 月，2000 年 10 月竣工，2001 年 1 月正式投入运行，建筑面积 3455 平方米。泵站担负着为天津市石化公司供水的任务。

入杨泵站始建于 1997 年 3 月，1998 年 2 月建成并投入运行，建筑面积 2599 平方米，担负着为武清区逸仙园开发区和杨村镇人民生活供水的任务。

入汉泵站始建于 1995 年 2 月，1997 年 6 月 28 日建成并投入运行，占地面积 608.62 平方米，供水方式为地下管道输水。

入开泵站始建于 1995 年 2 月，1997 年 6 月 28 日建成并投入运行，占地面积 1182.93 平方米，供水方式为地下管道输水。2009 年 6 月 29 日 2 号地下管线试通水成功，并投入运行。泵站供水范围为天津经济技术开发区工业及生活用水。

入塘泵站 1984 年建成并投入运行，占地面积 840.45 平方米，供水方式采用地下铺设双排直径 1.2 米预应力钢筋混凝土管，向塘沽水厂输水。滨海泵站技术指标情况见表 8-1-5-144。

表 8-1-5-144　　　　　　　　　　滨海泵站技术指标情况

泵站名称	设计日供水量/万立方米	水泵机型	水泵数量/台	单机流量/立方米每秒	扬程/米	电动机型号	电机功率/千瓦	机组运行方式
入港泵站	10	KQSN500-M9	5	0.65	68	Y4501-6	450	3 台运行1 台检修1 台备用
		KQSN500-M19		0.55	24	YPT355-6	185	
入石化泵站	18	350S-75	10	0.35	75	Y400-4	400	7 台运行3 台备用
		KQSN500-M13				Y4006-4	500	
						YJTF4006-4	600	
入杨泵站	8	500S-35A	4	0.49	27	Y400-6	220	2 台运行2 台检修
入汉泵站	7	500S-22	2	0.56	22	Y355-6	185	1 台运行1 台备用
		350S-16	2	0.35	16	Y355-4	75	1 台运行1 台备用
入开泵站	30	LOSW400-540A	2	0.56	57.5	Y4005-4	450	3 台运行1 台检修1 台备用
		KQSN400-M13/481-F	2					
		KQS N500-M9/675-F	1			Y4501-6		
		KQSN600-M9/712（F）	3	0.91		Y5001-6	710	2 台运行1 台备用
入塘泵站	25	24SA-10A	6	0.75	39	Y4503-8	400	4 台运行2 台备用

（一）输水管理

滨海新区泵站输水执行二级调令，输水调度部门下达调令给尔王庄处水质水调科，水质水调科下调令给滨海新区泵站输水。1991—2010 年各泵站机组共运行 771263.0 台时，总输水量 23.436 亿立方米。滨海泵站机组运行统计情况见表 8-1-5-145；滨海泵站输水量情况见表 8-1-5-146。

表 8-1-5-145　　　　　**1991—2010 年滨海泵站机组运行统计情况**　　　　　单位：台时

年份	一 所			二 所			合计
	入杨泵站	入港泵站	入石化泵站	入塘泵站	入汉泵站	入开泵站	
1991		2675.0					2675.0
1992		9165.0					9165.0
1993		9905.0					9905.0
1994		7475.0					7475.0
1995		9535.0					9535.0
1996		8502.0					8502.0
1997		9405.0					9405.0
1998	2674.0	7263.0			12405.0		22342.0
1999	2311.0	9106.0			10811.0	6450.0	28678.0
2000	354.0	8588.0			11893.0	13144.0	33979.0
2001	4638.0	5611.0	25920.0		9397.0	9377.0	54943.0
2002	5638.0	7591.0	18684.0		11998.0	11309.0	55220.0
2003	4985.0	7013.0	23239.0		12600.0	10609.0	58446.0
2004	3211.0	9578.0	21007.0	27250.0	13749.0	10103.0	84898.0
2005	4853.0	6308.0	24985.0	13754.0			49900.0
2006	4140.0	7576.0	27459.0		3399.0	15398.0	57972.0
2007	7634.0	16160.0	41350.5	6381.0	5349.0	21255.0	98129.5
2008	4020.5	9021.5	14007.5	6623.0	4798.0	14909.0	53379.5
2009	4637.5	8573.5	15724.5	6942.0	5730.0	16682.0	58289.5
2010	4027.5	7912.5	15997.5	7043.0	8039.0	15405.0	58424.5
总计	53123.5	166963.5	228374.0	67993.0	110168.0	144641.0	771263.0

表 8-1-5-146　　　　　**1991—2010 年滨海泵站输水量情况**　　　　　单位：亿立方米

年份	入港泵站	入石化泵站	入杨泵站	入汉泵站	入开泵站	入塘泵站	年度合计
1991	0.019					0.530	0.549
1992	0.111					0.530	0.641
1993	0.135					0.548	0.683
1994	0.156					0.687	0.843
1995	0.176					0.743	0.919
1996	0.185					0.768	0.953
1997	0.188			0.048	0.062	0.934	1.232
1998	0.181			0.125	0.113	0.896	1.315
1999	0.161			0.068	0.116	0.840	1.185
2000	0.150		0.049	0.037	0.122	0.860	1.218
2001	0.081	0.228	0.053	0.017	0.148	0.726	1.253
2002	0.150	0.163	0.070	0.008	0.198	0.650	1.239
2003	0.086	0.197	0.065	0.008	0.205	0.664	1.225
2004	0.086	0.178	0.070	0.031	0.127	0.613	1.105
2005	0.104	0.195	0.074	0.029	0.388	0.623	1.413
2006	0.096	0.204	0.074	0.060	0.347	0.635	1.416

年份	入港泵站	入石化泵站	入杨泵站	入汉泵站	入开泵站	入塘泵站	年度合计
2007	0.099	0.200	0.075	0.053	0.301	0.638	1.366
2008	0.102	0.188	0.074	0.081	0.339	0.606	1.390
2009	0.122	0.223	0.082	0.109	0.402	0.698	1.636
2010	0.157	0.244	0.094	0.176	0.413	0.771	1.855
总计	2.545	2.020	0.780	0.850	3.281	13.960	23.436

（二）运行管理

1. 一所

2010年年底，一所职工人数53人，其中运行人员36人，技术人员和管理人员11人。一所下设4个站级单位，3座泵站、1座机电维修管理站，泵站运行工实行五班三运转，完成泵站的各项日常工作，机电维修人员按正常工作日轮流值班，负责泵站的维修养护工作。

2008年，一所推行精细化管理，配合处有关科室编辑并出版了《制度精细管理》《职责量化管理》《标准细化管理》《考评实证管理》《泵站精良管理》等管理丛书。采取了"三定"巡视法、阶梯式交接班制度，在维修养护过程中实行嵌入式安全管理，对不安全行为起到了很好的制约作用。

2009年，一所提出了集约式维修管理，通过集约式维修管理建立泵站运行人员与维修人员之间良好的协作关系，在充分利用一切资源的基础上，合理地运用现代管理和技术，充分发挥职工的积极性，在维修过程中提出零事故、零损失、零废品的要求。

2. 二所

2010年年底，二所职工人数55人，其中运行人员39人，技术人员和管理人员11人。二所下设4个站级管理单位，3座泵站、1座机电维修管理站。2007年5月，开始实行五班三运转的运行方式。2007年5月，二所对运行管理的5大类规章制度进行了重新编制，包括：泵站运行管理（泵站制度管理、泵站巡视检查管理、泵站应急管理、泵站设备档案管理、倒闸操作管理、泵站清扫检查管理）、泵站设备管理（设备管理标准、设备检查管理、设备维修管理）、考核管理（泵站考核管理、岗位考核管理、岗位培训）、日常管理（流程管理、资料记录表单管理、安全管理、后勤管理）、精细化管理（泵站运行管理、设备检查及维修管理、后勤管理、人员队伍建设）。

作为精细化管理的试点单位，2007年年初，二所全面实施了精细化管理。为保障精细管理化工作能够顺利推行，制定了4个标准体系，即《滨海二所制度体系》《滨海二所职工岗位责任体系》《滨海二所职工工作标准体系》《滨海二所工作考评体系》。其中《滨海二所制度体系》，是在原有37项制度的基础上增加了运行记录分析制度、清扫规定、卫生规定，修改完善了三级联查制度、巡视检查制度。根据该所岗位的实际情况，为避免工作上的交叉，又进一步细化、量化了《滨海二所职工岗位责任体系》《滨海二所职工工作标准体系》《滨海二所工作考评体系》。

为加强运行值班管理，泵站设有外来参观人员警戒线；设置每日值班人员标识牌，每季度评选星级员工和星级班组。对在工作中发现事故未遂情况按照相关流程进行认定评级后，给予奖励。泵站运行资料每10天上报、整理归档，使资料查阅方便高效。

（三）专项维修工程

1991—2010年，滨海泵站维修工程共计49项，投资46466.69万元。滨海泵站专项工程统计情况见表8－1－5－147。

表8-1-5-147　　　　　　　　　　滨海泵站专项工程统计情况

序号	工程名称	工程主要内容	开工日期	竣工日期	投资额/万元
1	小朱庄泵站扩建工程	新建取水口及引水箱涵、集水池、主副厂房，以及运行管理相配套的生产、生活用房、厂区道路，绿化及小朱庄变电站改造，安装采暖锅炉1套、铸铁平面闸门及螺杆启闭计8套、双吸离心泵4台套以及相应配套的机电设备等	1999年5月1日	2000年11月	2830.60
2	引滦入开发区、入汉泵站工程	新建两座泵站的取水口、桥、引水方涵、集水池、变电站、主副厂房以及相应套的机电设备，变电站安装4台卧式双吸离心泵及配套机电设备	1996年3月	1997年6月	28472.00
3	引滦入逸仙园（杨村）供水工程	新建入杨泵站的取水口、集水池、变电站，主副厂房以及相应配套的生产生活用房、厂区道路，绿化及跨引滦明渠交通桥等，泵站安装4台卧式双吸离心泵及配套机电设备	1997年2月	1998年6月	11500.00
4	引滦入港小朱庄泵站改造工程	装修改造原小朱庄泵站主、副厂房及管理用房；更换和改造水泵、电机、变电站及配套电设备，对泵站照明、防雷等设施进行更新改造；增设计算机监控系统及视频监视系统；对给排水系统进行更新改造	2009年3月	2009年12月	1818.00
5	引滦入塘泵站改造工程	入塘泵站变电站更新改造。机电设备更新改造。新建计算机监控系统和工业电视电数字监控系统，改造装修主、副厂房，阀控室、改造办公宿舍楼。新建办公宿舍楼及办公室绿化综合改造及绿化建设等	2006年8月3日	2007年6月28日	1339.37
6	综合布线工程项目	主要完成包括对入杨办公楼、入港泵站二层，入开办公楼、入汉办公楼及某库所办公楼进行综合布线信息点。配电箱进线并布设信息点，对各接触面的敷设安装以及必要的数位点布设后性能测试等	2007年5月10日	2007年9月28日	8.34
7	滨海泵站所7台机组大修工程	主要完成对滨海泵站所入开泵站3号、4号、5号的3台机组，入塘泵站1号、3号的2台机组，入港泵站1号机组1号，共7台机组解体大修，更换老化损坏的叶轮、盘根、轴承、轴套，对各泵进行调试等	2007年5月20日	2007年9月20日	14.00
8	入开、入汉泵站自来水管道改造工程	本工程主要完成购置铺设DN50 PVC管道1550米，开挖、回填管道沟槽930立方米，路面拆除、恢复320平方米，草坪恢复450平方米以及场地清理等	2007年5月20日	2007年6月20日	11.12
9	入港变电站直流屏改造工程	主要完成拆除并更换入港变电站直流屏2面（充电屏、电池屏），安装后进行调试	2007年5月25日	2007年6月20日	14.00
10	滨海泵站所真空系统维修工程	主要完成购置更新入港1号、入港2号、入汉1号真空泵，对入开、入汉和入港泵站排水泵进行维修，以及管道除锈刷漆等	2007年5月30日	2007年6月30日	9.62

续表

序号	工程名称	工程主要内容	开工日期	竣工日期	投资额/万元
11	人塘泵站取水口拦污栅制安工程	主要完成购置安装人塘泵站取水口拦污栅16.2平方米，包括槽钢1.4吨，栅条0.5吨，工字钢1.2吨，角铁0.36吨，扁铁0.1吨，铁件0.25吨，喷漆3.85吨	2007年11月20日	2007年12月20日	11.40
12	人港、人杨、人开、人汉泵站8台机组大修工程	主要完成对人港泵站1号、3号2台机组，人杨泵站2号、4号、5号3台机组，人汉泵站2号机组的解体大修	2008年5月15日	2008年8月31日	16.00
13	人杨泵站、锅炉房污水管网改向工程	主要完成将人杨泵站污水管道引至职工宿舍区污水管网，将锅炉房、职工宿舍区的污水引至管理处北侧化粪池，排入水库截渗渠；在锅炉房北侧新建一座623立方米垃圾填埋场	2008年5月15日	2008年6月15日	23.10
14	小宋庄泵站排水渠改造疏通工程	主要完成包括小宋庄泵站排水管道出口至场区外原有排水渠新开挖排水渠支渠、机械修坡，对下游排水支渠进行清淤疏通，机械挖土方4000立方米，机械清淤4350立方米	2008年5月15日	2008年6月14日	17.27
15	备用电源及照明、通信设施购置安装工程	主要完成在滨海二所，滨海一所厂区增加照明设施，金属卤素探照灯1000瓦15套，电缆（KVV2×4）200米，电缆（KVV2×2.5）350米，电缆（VV22-4×1.5）60米；购置75千瓦移动发电机1台，30千瓦移动发电机1台，2千瓦发电机1台，录音电话2部，传真机1台	2008年5月12日	2008年5月20日	43.96
16	报警设施安装工程	主要完成管理处各场加装红外对射探测器；10座闸室采用室内无线报警器监控；滨海所各泵站采用的场内室外采用红外对射探测器，人杨泵站采用室内红外对射探测器盒一报警机，办公楼及人汉变电站采用无线报警器；各门口采用室内无线报警器	2008年5月12日	2008年5月30日	10.52
17	人塘泵站流量计改造工程	主要完成拆除人塘泵站主管道上流量计，更新为SCL-600-S型流量计	2008年6月18日	2008年6月27日	8.30
18	引滦人塘高庄户泵站备件定制项目	主要完成向长沙水泵厂定制泵轴、轴承及联轴器等备件	2008年11月21日	2008年11月30日	19.60
19	人开、人汉、人杨泵站流量计系统更新工程	主要完成更换流量计13套，附属设备1项	2009年4月28日	2009年5月16日	40.00

续表

序号	工程名称	工程主要内容	开工日期	竣工日期	投资额/万元
20	滨海所泵站12台机组大修工程	主要完成12台机组大修	2009年5月4日	2009年10月28日	24.00
21	人开、人汉泵站排水机组更新工程	主要完成更新排水泵5台套，电缆240米，控制柜4台	2009年5月12日	2009年6月30日	12.00
22	人杨泵站真空系统及排水系统改造工程	主要完成更新真空泵2台，购置电机2台，镀锌钢管150米，气水分离器5台。购置安装真空引水控制器20个，截门28个。购置排污泵2台，接触器5块，继电器8块，动力电缆175米，控制电缆195米，其他铺料1项	2009年6月1日	2009年7月10日	28.00
23	人杨泵站综合楼整修工程	主要完成外墙处理1185平方米，女儿墙维修1.8平方米；更新防水380平方米；铺设广场砖38平方米。花岗岩板24平方米，雨水管63米。地砖900平方米，墙砖423平方米，内墙处理402平方米；PVC面层82平方米，合金门12平方米，合金窗138平方米，电气部分改造1项。线路更新1200米，有线电视分散热器576片；卫生洁具更换1项。电话插座2只，市电插座1只，空调插座1只、网络插座线箱1只，电话配线箱1只，动力配电箱2只，防雷接地和用电保护接地1项，电话插座1只，有线电视终端插座1只	2009年10月16日	2009年11月15日	86.25
24	人开泵站生活用水改造工程	主要完成钻井300米，下设钢管300米，安装钢筋骨架过滤器40米，开挖土方67.4立方米。混凝土路面12.5平方米，砌筑集水井2.7立方米，安装变频控制柜1套。购置潜水泵1台，敷设电缆230米	2009年10月20日	2009年10月31日	23.20
25	滨海所泵站11台机组大修工程	主要完成泵站机组大修11台套，更新止回阀5台，电动蝶阀5台，检修阀8台。检修蝶阀1台	2010年6月7日	2010年10月22日	49.60
26	人开和人汉泵站真空泵更新大修工程	主要完成对人开站2号真空泵更新1台套，对人汉泵站1号真空泵解体大修1台套	2010年6月21日	2010年7月30日	10.00
27	人开、人汉泵站综合楼供暖改造工程	主要完成DN80聚氨酯保温直埋管84米，DN80的PPR热熔管24米，DN50的PPR热熔管240米，DN32的PPR热熔管360米，DN20的PPR热熔管450米，散热器75组，截门24个，DN80截门2个，DN32截门2个、DN20截门12个，放气阀12个	2010年8月22日	2010年10月15日	16.64
28	人开、人汉泵站取水口安装清污机工程	主要完成安装清污机2台套，皮带传输机1台套，控制箱1个	2010年8月22日	2010年9月15日	9.80

第六节　管理与考核

　　1991—2010年，在输水管理、工程设施管理、项目管理等方面，建立了一系列规章制度，做到了有章可循，对提高引滦工程管理水平起到了规范和促进作用。

一、水环境保护

（一）绿化美化

　　1991年至2010年年底，在234千米的引滦线上实施堤坡绿化、闸站绿化、院区绿化等，引滦绿化起到防止水土流失、涵养水源、美化环境的作用。

　　自1998年，改变单纯下达绿化费和树木品种指标的做法，由园林专家对引滦沿线各处的绿化土质进行化验分析，提出绿化方案，统一规划，因地制宜，逐步绿化。在绿化上做到乔木灌木结合，观赏类和果木类以及藤、篱、花、草错落有致，科学配置，合理布局，提高绿化美化水平。

　　为加快黎河堤埝绿化步伐，采取社会化承包形式，将堤埝土地出租，由承包人负责栽树、管护。按照"谁绿化谁所有，谁投资谁受益，谁经营谁得利"的原则，建立了造林管护新机制，通过承包堤埝土地使用权，鼓励村民、企业投资植树，累计完成了堤顶绿化20千米，达到了绿化工程为主，生态效益、社会效益兼顾的目的，有效地改善了黎河生态环境。

　　1991—1996年，潮白河处在明渠堤埝植树3.31万多株，成活率85%左右。2004年3月，尔王庄处实施绿化工程，明渠共栽植乔木14.47万株，花灌木2.85万株，绿篱36.54万株，绿化面积达到101.1万平方米，实现了三季有花、四季常青，逐步向园林式管理单位迈进。宜兴埠处在明渠堤坡两岸种植以杨、柳、椿、槐为主的适宜生长的树种及少量灌木。林木总量达55000株，两侧种植灌木11万株，绿化覆盖面积达到90%以上。

　　明渠绿化对防止水土流失和保证输水安全起到了保障作用，成为明渠管理工作中的一项重要内容，植树品种不断增加，绿化形式多种多样，管理标准逐年提高。2001年提出的"引滦三大规划"中，把"引滦生态风景一条线规划"放在首位，为引滦明渠绿化指明了方向。2010年，潮白河处所辖明渠段，就拥有各种乔灌木37万余株，还有草坪、绿地、绿篱以及花卉园区，绿化面积约300万平方米，形成了环保型绿色文化长廊，明渠堤岸实现了绿化全覆盖。

（二）封闭式管理

1. 隧洞

　　2002年，按照市水利局实施ISO 14001环境管理体系认证工作的统一要求，制定了《环境管理手册》《环境管理体系程序文件》《环境管理作业文件》，确定了10项重要环境因素。同年11月26日，通过了北京环境科学院专家组的验收，全部达到了指标要求。

　　为加强隧洞的工程管理，2002年对隧洞出口明渠段实行了封闭式管理，同时，隧洞明渠两侧和三角地按照园林式标准进行了绿化。

2003年以后，隧洞出口明渠段周边新建了几家选矿企业，为保障输水水质的安全，加强了巡查值班，并与各企业签订了《禁止向引滦明渠排污协议书》。

2. 明渠

距明渠较近的几个村庄，经20年来的发展，村庄规模已扩大到渠边，且沿渠范围不断延长。村庄的生活污水和沥水通过地下渗流或直接流入引滦明渠，污染着引滦水质。沿引滦明渠的公路桥、生产桥，随着经济和社会的发展，交通流量加大，由于没有隔离设施，运输过程的散落物及人类活动对引滦水质造成不利影响。为了避免人类活动及点面污染源可能造成对引滦水质的污染，加强对明渠输水的管理，明渠全线采取封闭式管理模式，包括建隔离网、网内种植绿化带、隔离墙及沿明渠巡视道路工程。

专用明渠全线封闭隔离工程总长64.2千米（双侧计长128.4千米），主要以隔离网为主，在明渠两侧征地边界处埋设乳白、墨绿两种颜色，高度为1.8～2.14米的镀锌喷塑钢筋护栏网，桥梁两侧处埋设高1.6米钢筋护栏网，对整个64.2千米明渠进行全封闭管理。在村庄截污等处，局部设置了隔离墙。实现了引滦输水明渠全封闭式管理，防止人畜进入明渠管理范围内，确保明渠水质安全。

（三）明渠保水护水、水政执法

1. 潮白河处所辖明渠段

为确保引滦输水安全运行，在保水护水、水政执法中，从抓水政监察队伍建设入手，认真履行依法治水的职能，以主人翁的责任感和使命感，以"保障要有力、素质要提高、执法要规范、机制要创新"为目标，加强巡查，严格管理。自2009年以来，按照水利局党委的工作安排部署，严格落实"三位一体"执法巡查机制，不断完善查护水工作方案，形成了巡查执法联动机制，堵塞了巡查执法工作漏洞。针对每年各类违法行为的不同，开展了形式不同、内容不同的专项治理活动，有效震慑了不法分子，确保了输水安全。截至2010年，基本上制止了私自取土、乱砍树木及偷水事件，对放牧、钓鱼、游泳等违法事件也得到了有效的遏制。历年查护水720余次，出动车辆720余次，受教育人员100余人次，为确保安全输水，打造人水和谐环境奠定了基础。水法宣传历年出动宣传车辆50辆次，参加宣传人员210余人次，发放宣传材料20000余份，张贴宣传标语、宣传画4000余张，直接受教育群众24000余人次。经过历年水政监察人员每天的巡视检查和水法宣传，加大了执法宣传力度，从未发生过水事案件。

2. 尔王庄处所辖明渠段

1992年7月，尔王庄处成立了水政科。水政执法检查工作采取定期检查、不定期抽查、特殊检查3种形式。定期检查：水政人员每周二、周四在辖区范围内进行巡查，发现问题能解决的当场解决，不能解决的上报主管部门。不定期检查：水政人员与尔王庄处保卫部门联合检查。特殊检查：汛期或施工期间，水政执法人员对辖区进行特殊检查，对出现的问题及时解决。

为了增强明渠沿线村民的保水护水意识，水政部门到明渠沿线村庄张贴保水、护水标语；深入各乡、各村和干部、村民代表进行座谈，利用广播、发放宣传材料等方式广泛宣传保水、护水的重要性；1996年，水政执法部门制作了12块保水、护水宣传牌，设置在水库和明渠沿线显要位置，起到宣传警示的作用。

　　1993—1996 年处理了水事案件 7 起，其中最为严重的是 1994 年 11 月 28 日，八道沽村民在明渠左、右岸滩地偷砍杨树 160 棵，尔王庄处治安派出所和大白庄派出所进行了处理；1996 年 4 月 10 日，八道沽村民白学辉等人在明渠左堤取土，水政人员当场制止，对其进行了批评教育，责令其将左堤取土部分恢复原状，赔偿损失。

　　1997 年是干旱少雨之年，8 月 4 日，市水利局以明传电报下发"关于加强保护水工作的紧急通知"，按照通知要求，从讲政治的高度，自觉做好供水和保护水工作，抽调精兵强将，成立保水护水领导组织，增调了水政执法人员，同时与当地政府有关部门联系，形成了保水护水联防网络，划分责任区、协调配合，共出动护水人员 182 人次。在保水护水工作中，注重对《中华人民共和国水法》《中华人民共和国防洪法》《中华人民共和国水污染防治法》《中华人民共和国河道管理条例》等法规的宣传教育，深入输水沿线各乡、村，下发宣传资料，与乡、村干部共同做好沿线群众的政治思想工作。并且加大巡视检查频率，有效地减少引滦水的丢失。

　　1999 年，出动查水护水人员 345 人次，出动车辆 236 次，制止水事违法行为 25 次。

　　2002 年，成立水法宣传队，在"世界水日""中国水周"及"中国水法规宣传周"期间组织集中水法规宣传活动 3 次，出动宣传车 10 辆，出动人员 40 人次，深入到各村队镇企事业单位开展宣传教育活动，发放宣传资料 1200 余份，在沿线 8 个主要村（镇）及水工建筑物显要位置张贴标语 1000 余份。针对辖区丢水地段、时间的不同情况，制订出保水、护水重点工作计划，做到日常巡查和专项治理相结合，重点加强节假日和双休日期间的检查。水政执法人员放弃"五一"和"十一"长假，加强护砌施工段的巡查。全年巡查 845 次，出动人员 3818 人次，巡查车辆 845 次，累计行程 33800 千米。

　　2003 年，面对近年来旱情持续恶化，水资源严重短缺的局面，水政人员深入到沿线主要村（镇）、企事业单位、中心小学开展走访宣传教育活动，广泛向社会宣传新水法和《天津市节约用水条例》，出动宣传人员 30 次，发放宣传材料 3860 余份，张贴标语 420 条幅，在辖区显要位置悬挂宣传布标 16 幅，并向 1600 多名师生发放印有宣传口号的流动手提袋 800 多个。全年出动巡查 1031 次，出动巡查车 1031 辆次，出动人员 3923 人次。

　　2005—2008 年，每年都请沿线 10 个村庄的负责人，召开以"推进依法行政，实现依法治水""实现依法治水，促进社会和谐""保障饮水安全，维护生命健康"为主题的座谈会，并聘请他们为《引滦工程管理办法》及水法规知识进行宣传，增加与沿线村庄的沟通和联系，扩大水法规在社会上的影响，增强群众法制观念和保水、护水、节水意识。针对明渠沿线鱼池和承包土地户较多的特点，分别制定辖区及重点部位的保水护水方案，对明渠进行重点巡视，特别是加强夜间和双休日的巡视检查，同时把保水护水工作纳入分段承包责任人的职责范围，让承包管理人在工程养护维修的基础上，积极参与水质保护管理，及时制止水事违法行为和钓鱼、补鱼、放牧、燎荒等现象的发生，对于不作为者和发现问题不及时汇报的给予一定经济处罚。

　　2007 年，设立有奖举报电话，喷刷在沿线的宣传牌、警示牌、口门等部位；建立了水事纠纷排查，边界水事活动协商等工作制度，调解和处理了 3 起水事案件纠纷，维护了当地的社会稳定和正常的输水秩序。

2008 年，以"迎奥运、保安全、促和谐"为主题，用广播的形式在尔王庄集市向广大村民宣传水法知识，天津电视台对本次宣传活动进行了采访报道。

在日常执法工作中，做到执法管辖区域有图纸、重点部位有标识，污染源口门及工程设施有统计表，重点部位加强巡视检查。及时发现并制止盗窃变压器未遂案件 1 起，违法私自取水行为 3 次，及时发现车辆撞损防护网 2 次。特别是在奥运会和夏季达沃斯论坛期间，每天不间断地对水面及水利工程设施进行巡查监控，保证引滦水不丢失、无污染，水利工程设施安全运行。

3. 宜兴埠处所辖明渠段

1991—2010 年，每年查护水次数均为 820 余次，出动巡查车辆 920 余辆次，年受教育人达200 余人次。水法规、水知识宣传中，年出动宣传车辆 40 辆次，出动宣传人员 260 余人次，发放宣传材料 3000 余份，张贴宣传标语、宣传画 300 余张，直接受教育群众达 14000 余人次，有效杜绝了水事违法违纪案件的发生。

二、精细化管理

1991—2010 年，引滦工程管理始终以安全输水为中心，不断加大工程管理力度，探索科学管理模式，从初步的闸容站貌管理、岗位责任制建设，到借鉴当代企业运行管理模式，实施专业化、流程化、标准化管理；从初期的粗放型管理到现在的精细化管理；从单纯注重设施设备管理到人、水、环境、工程综合协调管理；从传统的人工管理到集视频监视、远程自控、优化调度为一体的现代化管理，逐渐探索出了一套具有引滦特色、先进适用的现代化管理方法和管理体系，工程基本实现了现代化管理，走在了全国同行业的前列。

2006 年，提出"细节决定成败，精细筑就精品"的管理理念，通过宣传树立精细化管理意识，营造精细化管理氛围，结合实施方案，让管理人员明确目标、责任与分工、具体措施、步骤和标准。首先进行试点，在开展精细化管理过程中，加强督查和总结，重点检查工作开展情况及方案是否实际。同时，对开展过程中出现的问题，及时研究对策进行改进。在试点的基础上，全面开展精细化管理。

2008 年，在引滦全线推广精细化管理，编辑出版了《岗位管理》《标准管理》《制度管理》《流程管理》《绩效管理》等引水工程现代化管理系列丛书，以此为基础，组织各专业的技术骨干整理出了一套系统、完整、全面、细致的精细化管理体系，建立了科学量化的标准和可操作易执行的精细化管理措施。对主要业务工作流程进行梳理和整合，优化出 66 个管理流程，理顺业务部门和岗位之间的业务链，强化科室、岗位和业务工作的衔接。对引滦现有的工作制度进行了全面的废、改、立。管理标准、管理制度、岗位责任、业务流程四大体系构成了引滦精细化管理的主体框架。并借助引滦管理信息系统这一科技平台，实现了各项业务工作简约化、流程化、定量化和信息化。

结合岗位管理的需求，建立一套系统的、比较完备的绩效奖惩机制，通过考核、检查、监督、奖惩等手段引导、培育、推进精细化管理，实现了由随意化管理向标准化、制度化、规范化管理的转变。引滦各处完善了《绩效考核实施办法》和《绩效考核评分标准》，采取定期考核与经常性抽查相结合方式对岗位进行全面、客观、公正的考核，并将工作绩效与工作目标考核、工程管理考核有机结合起来，保障了精细化管理落到实处。

三、工程考核

1991 年，全市水利管理工作会议上提出要在工程管理单位逐步建立和健全以承包责任制和量化考核为中心的工程管理新机制，并确定引滦输水一条线作为规范化考核的试点单位。按照水利部 1986 年颁发的《综合利用水利工程经营管理考核指标》的规定，引滦全线按山区水库、平原水库、输水隧洞、河道、提水泵站、输水明渠和闸涵 7 类工程进行考核并建立了相应的考核评分标准。1992 年，引滦各处在当地政府和土地管理部门支持下，完成了引滦工程的确权划界工作。1993 年，各处对档案室进行了标准化管理，引滦沿线 7 个工管单位陆续达到国家级档案管理标准。同年，制定出台《泵站技术管理规程》。1995 年，工作目标责任制替代以往的总体承包责任制，引滦工管处开始负责组织引滦工程管理考核工作，制定了《引滦工程管理检查评比办法》，开始实施以闸容站貌、岗位责任制、人员应知应会为主要内容的目标化管理考核，管理工作由粗放型向制度化、规范化方向转变。考核内容逐年增加，考核方式不断更新，到 2000 年，考核内容实现了全覆盖。

2001 年，推行专业化管理和专业考核，由引滦各处的技术骨干牵头成立了 11 个（维修、信息、隧洞、大坝、河道、闸站、明渠、泵站、水质、水政、水文）专业管理组，制定《专业管理考核办法及评分标准》和《引滦入津工程专业管理小组工作章程》，实施专业化管理考核，同时，编辑出版了《事业单位企业化管理》《引水工程管理标准》《引水工程管理考核办法和评分标准》。2003 年 6 月，聘请了咨询公司，对岗位、工作流程进行整合再造，实施了以业务链为核心的流程梳理，明确了岗位的工作标准，整合、优化了工作流程，使权责明确，关系顺畅，促进了管理的专业化、标准化、流程化。2004 年 6 月，引滦管理进行事业单位企业化管理改革，内部管养分离，把管理机构调整划分为管理部门、运行管理与操作部门、养护部门三大类，通过优化管理机构、实行竞争上岗、加强绩效考评等措施，推行现代人力资源岗位管理机制，形成了专业、处级和科室"三位一体"的管理考核体系。引滦工程管理逐渐向着精细化管理方式过渡。2006 年以来，按照引滦管理现代化的目标（建设良性运行的管理体制、完善可靠的基础设施、先进实用的信息系统、和谐优美的生态环境、与时俱进的引滦文化和安全高效的输水保障），实施了以"平安引滦、数字引滦、文明引滦、和谐引滦"为主要内容的文明输水线创建活动和国家级水管单位一条线创建活动，并将精细化管理引入水利工程管理。经过灌输理念、构建体系、进行试点、逐渐推广、提高效率几个环节的推动，并借助引滦管理信息系统这一现代化的技术平台，使引滦工程管理初步形成了以岗位管理为核心，以制度管理、标准管理为基础，以流程管理为链条，以信息化为技术支撑、以三级管理考核（工程管理考核、目标责任制考核、岗位绩效考核）为抓手的引滦现代化管理运行机制。2006 年，受水利部委托起草了《引水工程管理考核标准》，同年，中国水利协会、中国水利职工思想政治工作研究会联合向宜兴埠处颁发"全国水利企业文化优秀奖"奖牌。

第二章　水　库　管　理

第一节　于桥水库管理

于桥水库位于天津市蓟县城东 4 千米处，坐落在蓟运河左支州河上游，控制流域面积 2060 平方千米，占整个州河流域面积的 96％，总库容 15.59 亿立方米。主要建筑物有拦河坝、泄洪洞（兼发电洞）、溢洪道、坝后电站、州河暗渠等，属综合大型水利工程，具防洪、发电、供水多功能于一身，承担着城市供水和防汛拦洪的双重任务。

一、输水管理

1991—2010 年，于桥水库累计收引滦水 102.55 亿立方米，自产径流 45.60 亿立方米（含调引其他水源 0.58 亿立方米），入库总水量 148.15 亿立方米。同期出库总水量 148.12 亿立方米，其中城市供水 130.26 亿立方米，农业用水 4.20 亿立方米，工业用水 3.19 亿立方米，弃水 10.47 亿立方米（2000 年以后没有弃水和农业供水）。于桥水库平时调蓄引滦水，汛期进行拦洪蓄洪。1994 年，汛期最高蓄水位达到 21.14 米，为引滦入津工程通水以来的最高水位。1996 年，遭遇 100 年一遇的洪水，为了实现市委、市政府牺牲库区保下游的防汛抗洪运行方案，曾 4 次削峰，拦洪限泄，出现历史最高水位 22.62 米，超汛限水位 2.75 米。导致库区 2786.67 公顷良田、662 公顷鱼池、298.73 公顷果园被水浸泡，10 个乡（镇）、43 个村庄 1497 户进水，3086 户 1.23 万人口搬迁转移，但却免除了下游地区的 156826.67 公顷农田、23.622 万人口的生命财产损失，防洪效益达到 113784.73 万元。1997 年以后，华北地区持续干旱少雨，再也没有出现过这样的严峻形势。2000 年 6 月，于桥水库出现了供水量不足 1.5 亿立方米严重危机。7 月 15 日，时任国务院副总理温家宝到于桥水库视察蓄水和供水情况。经水利部批准，潘家口水库动用死库容为于桥水库补水 2 亿多立方米。党中央、国务院决定第六次引黄济津，引滦暂停向天津市区供水。为增加于桥水库蓄水量，自 2000 年，经市水利局同意从上关水库、般若院水库、龙门口水库引水，共计从以上三座水库引水 7 次，累计引水 0.762 亿立方米。同时，市政府决定实施蓟县西龙虎峪应急地下水源地工程，作为城市供水的应急战备水源。2003 年 5 月 28 日，西龙虎峪水源地交于桥水库管理处负责运行管理，成立了西龙虎峪应急水源地工程管理所。2005 年、2009 年、2010 年，因水源短缺，于桥水库三次向市区暂停供水。

二、运行管理

于桥水库属于从山区到平原过渡的浅碟型水库，汇入于桥水库的三条主要河流是沙河、淋河和黎河，均在河北省遵化市境内，沿途的工矿、企业、城镇、农田是造成流域水环境污染的重要来源。引滦水源水质已由通水初期的二类水标准降至当前的三类水标准，水库水体由贫营养过渡到中、富营养程度。为保障城市供水安全和于桥水库水源地的生态环境安全，在水质监测、水政执法、工程治理等方面采取了一系列有效措施。

1991 年 4 月，于桥处水质保护科成立，并接管引滦工管处的化验室。1991—1999 年，常规监测断面 8 个，常规监测项目 14 项。1999 年 6 月，化验室通过国家计量认证，更名为"天津市水环境监测中心——于桥水库分中心"。监测项目增加到 23 项（其中有 1 项藻密度汛期监测），监测断面增加到 13 个，每月监测 2 次，7 天内发监测结果简报。此外，还要完成上游引水监测、水库周边监测、州河暗渠入口断面监测等临时监测任务。2005 年完成第一次复查换证。2008 年 9 月于桥水环境监测分中心由办公楼搬迁到暗渠管理所一楼。1991—2010 年共进行常规采样 459 次，出化验结果 565986 个；临时水质监测 1157 次，出化验结果 11570 个。根据各断面水质监测化验结果显示，除果河桥、沙河桥的三氮、总磷超标，其余的各监测断面的水质基本符合《地表水环境质量标准》（GB 3838—2002）Ⅱ 级饮用水标准。

1992 年，按照《天津市境内引滦水源保护区污染防治管理规定》划定于桥水库水源保护区，包括警戒区、一级保护区、二级保护区，并对水库征地范围进行确权划界。1996 年 4 月，完成大坝北端凤凰山、于桥处办公楼、家属区等七宗土地认证。2003 年 6 月，对库周 22 米高程内以卫星定位划界，完成 138.8 千米、1388 个定位加密桩的埋设，各种确权手续已报上级主管部门，待确权发证。

1998 年，于桥处水政监察科成立，水政执法工作以日常宣传巡查为管理基础，以案件查处为保障，坚持宣传、巡查、执法并重的原则，当年取缔库内网箱养鱼。2000 年 4 月初，由水政科、派出所、四个闸所及天津武警部队组成 100 多人的联合执法小分队。武警部队与于桥处密切配合，坚持 24 小时巡查，深入到各乡（镇）宣传水法，宣讲市政府《关于严禁擅自引用滦河水》的紧急通知。2001 年 4 月，为加大水政执法管理力度，于桥水库水政监察大队正式成立，下设四个中队共 29 名水政监察员。2004 年 9 月，于桥处与当地水务、公安、交通、司法等部门组成 200 余人的执法队伍联合开展取缔非法采砂行动，使库区非法采砂得到有效控制。2005 年 9 月，新建州河暗渠通水，水政执法结束了州河、沟河两岸的查护水任务。工作重心向水资源保护工作转移，重点治理水库周边环境，确保水质安全。2007 年，在市水利局水政处、引滦公安分局等单位的协助下，开展了为期两个月的库区违法旅游船只清理行动。2008 年，推平了马伸桥镇部分村民私自开挖的鱼池 2.67 公顷。2009 年，建立水政、公安、工程管理人员"三位一体"的联合执法巡查机制，构建地方政府及相关部门参与的联合执法平台，对引滦输水暗渠 102 国道以南管理范围内的非法植树和违章建筑进行清理清除，并取缔库区旅游。

1998 年，全面取缔于桥水库网箱养鱼。2001 年天津市水利局会同蓟县政府共同实施清理推平库周鱼池工程，共推平鱼池 970.12 公顷，推平土方 937.14 万立方米。2002 年，天津市饮用水源保护工程全面启动。其中于桥水库水源保护工程以保护引滦水质、防治富营养化为目标，对于桥水库实施全方位综合治理，从库区周边山地到库区水面采取湖滨带、村落治理和取消鱼池、水体净化四个层次的治理措施。在水库周边沟壑上建谷坊坝和防护林削减营养盐入库，在水库周边近水区种植乔灌木与已有水生植物形成完整的湖滨带生物群落。对水库周边26.5米（1985国家高程基准）以下57个村落等进行了包括污水处理、粪便处理、废弃物垃圾处理、村庄路面硬化等综合治理。取缔高程在22米以下1600公顷鱼池。实施增殖放流，更新水质监测仪器，购置水草收割、水质监测、曝气等专用船只，进行水体净化。自2008年，于桥水库实施增殖放流生态修复工程，每年安排资金向于桥水库投放各类鱼苗，同时与蓟县水产局开展战略合作，实施为期3个月的禁渔管理（每年5—7月）。在禁渔期，于桥处与蓟县水产局联合组织水政监察、渔政管理、引滦治安分局于桥派出所等部门对放流鱼苗跟踪监控，联合查处非法捕捞行为。2009年，于桥处库区管理所成立。2010年，于桥水库水环境近期治理项目启动实施。

水库运行管理坚持"经常养护、随时维修、养重于修、修重于抢"的原则，每年对于桥水库运行情况定期检查，隐患整改及时到位，保证于桥水库的安全运行。1992年依据《天津市于桥水库经营管理考核指标》和水利部《国家大中型水库工程管理单位等级标准》中的工作任务和目标，按照《天津市大型山区水库管理考核达标实施细则》开展达标考核工作，制订达标实施计划，编制《规章制度汇编》《职责范围汇编》《档案管理制度汇编》，完成20份考核达标资料，12月29日，经各方面水利专家鉴定，于桥水库管理标准达市级水管单位标准。2010年3月，制定"争创国家级水管单位工作计划"，10月12日，被水利部专家组评定为"国家级水管单位"。2000年7月，实行事业单位企业化运行管理，制定随岗定薪标准，职工竞争上岗158人，待岗4人，提前内退22人。2004年，根据《天津市水利局关于深化事业单位人事制度改革的实施意见》，实行按需设岗、以岗定薪、岗变薪变、竞争上岗，实现了事业单位由身份管理向岗位管理转变。2007年借鉴企业"6S"（整理、整顿、清扫、清洁、素养、自检）管理模式，实行精细化管理。制定出台《岗位责任体系》《管理制度体系》《管理标准体系》以及《绩效考核方案》。2008年2月13日，于桥水库被列入水利部发布的《关于公布全国饮用水水源地名录（第二批）的通知》名单中，成为天津市唯一一家入选该名录的水库。

三、基建维修工程

1991—2010年，完成防洪除险、加固除险等基建工程92项，完成投资15098.99万元；维修工程788项（含2009年3项维修加固工程和4项应急度汛工程），完成投资9575.07万元。

（一）坝基除险加固

1992年，于桥水库大坝安全类别被评定为一类坝。1994年汛期水库最高水位21.4米，超过汛限水位1.53米，是建库以来出现的第二次高水位，在高水位运行过程中，致使部分坝段坝后出现明显渗流。在各方面专家多次论证的基础上，于桥处委托设计院编制了于桥水库坝基加固处理可行性研究报告及补充报告。根据1994年市水利局以《关于于桥水库坝基加固处理可行性研究报告及补充报告的批复》、1995年市水利局以《关于下达一九九五年于桥水库大坝坝基加固工程投资计划的通知》、1996年市水利局以《关于"于桥水库坝基加固工程扩大初步设计"的批复》，于桥处组织实施水利电力部基础工程公司及翠屏山水利站等负责施工，天津市水利局监理咨询中心负责监理，于桥水库大坝坝基除险加固工程于 1995 年 9 月 26 日开工，1996 年 10 月 15 日完工，工程针对地质情况，对不同部位，采用接触灌浆、帷幕灌浆、高压喷射、混凝土防渗墙等不同的加固措施对渗流进行了处理，总投资 496.3 万元。1996 年 10 月 16 日通过验收，工程质量达到合格。根据水利部建管司《关于组织好病险水库、水闸除险加固专项规划有关问题的函》要求，2000 年 6 月，市水利局组织专家召开于桥水库大坝安全鉴定会，对于桥水库大坝安全现状进行鉴定，被鉴定为三类坝。经专家反复研究论证后决定实施于桥水库大坝除险加固工程。2001 年，首先实施大坝坝基补充加固工程，3 月 20 日开工，10 月 31 日完工，先后完成高喷防渗工程、补充高喷防渗墙工程、接触灌浆工程、帷幕灌浆工程、防渗墙工程等项目。2002 年 1 月 10 日由于桥处主持验收，综合核定该工程为优良。2002 年，实施大坝除险加固工程，6 月 8 日至 2003 年 11 月 10 日对大坝、溢洪道、泄洪洞的安全进行加固，对大坝安全监测系统更新改造，先后完成坝顶上下游挡土墙和混凝土路面拆除重建、溢洪道加固工程、大坝上游预制板护砌工程、坝后压重、减压沟回填、泄洪洞加固工程、电气更新改造及大坝安全监测系统更新改造等主要项目的施工。于桥水库除险加固工程项目概算总投资 9957.41 万元。其中于桥水库坝基补充加固工程投资 3307.41 万元，大坝除险加固工程投资 6650 万元。工程投入运行后，各类工况正常，保证向天津市安全输水。

　　（二）水闸设施除险加固

　　山下屯拦河闸加固工程。该闸位于于桥水库大坝下游 4 千米州河河道上，是灌区配套灌溉拦洪功能的节制闸，由蓟县水利局管理，1983 年引滦通水后划归于桥处，是引滦大型水利建筑物之一。1994 年市水利局决定对山下屯拦河闸进行加固，工程由于桥处承建，河北省水利水电勘测设计院设计，1994 年 4 月 13 日开工，11 月 30 日竣工，工程投资 154.24 万元，工程质量核定等级为优良。2007 年 7 月 11 日，山下屯闸管所移交北三河处管理。

　　溢洪道启闭机房及电气设备更新改造工程。溢洪道是于桥水库枢纽的主要泄洪建筑物，为 8 孔敞开式堰闸型，净宽 80 米，最大泄洪能力 4138 立方米每秒。1980 年 3 月开工，1981 年 11 月竣工。至 2000 年该工程投入运行 19 年，为保证机电设备的正常运行，决定对启闭机房及电器设备进行更新改造。根据市水利局 2000 年下达的《关于下达于桥水库大坝安全鉴定工作第一批投资计划的通知》，该工程投资 353.35 万元，于 2000 年 8 月 28 日开工，2001 年 5 月 31 日竣工，2002 年 1 月 3 日通过工程竣工验收，被评为优良工程。

　　三岔口闸房除险加固工程。该闸位于州河、沟河汇流口以上 9 千米处，建于 1982 年，作用是防止引滦水向沟河倒漾，保证汛期沟河洪水下泄，1983 年 10 月建成并投入使用，主体建筑物在使用过程中运行良好，但电器设备年久老化，启闭机房及两侧配房材质老化，影响正常使用，闸室上游混凝土扭坡出现裂缝，闸门止水破损严重。2002 年，市水利局决定对该闸进行改造。2002 年 3 月，设计院编制完成《于桥水库三岔口节制闸除险加固工程初步设计报告》。5 月 8 日，市水利局以《关于于桥水库 2002 年三岔口节制闸险加固工程设计的批复》。5 月 12 日，天津振津工程集团有限公司开始施工，11 月 30 日竣工。完成主要工程有：闸室上游侧混凝土坡面维修；启闭机房、配电房重建；电器设备更新、闸门增加侧导向轮更换止水；上下游自计井重建；公路桥维修等。完成投资 158.4 万元。2007 年 7 月 11 日，三岔口闸管所移交北三河处管理。

（三）防洪除险工程

库区护岸。自引滦通水后，于桥水库长期承担引滦调蓄、供水任务，正常蓄水位由原来的18.65 米提高到 21.16 米。经过蓄水量的增高、风浪冲刷、冰挤撑压、库区的护岸坍塌严重，特别是进入 1996 年汛期，发生建库以来最高洪水位 22.62 米，库区围捻及岸坡多处坍塌，险象环生，直接影响库区两岸人民的正常生产及生活。1985—1990 年虽对库区两岸险段进行加固除险，但由于水位的变化和洪水的袭击，险段年年出现，为此自 1991—1999 年完成破坏较严重的岸段护砌 41 段，总长 9080 米，闸涵加固处理 4 座，完成投资 1309.96 万元。

州河、沟河防洪除险工程。1983 年 9 月 11 日至 2005 年 8 月 31 日，州河是引滦入津工程输水的主要河道。为保护耕地，提高输水和防洪能力，1991—1998 年，优先安排护砌破坏较为严重的堤岸共 26 段，护砌总长 3620 米。沟河于宝坻九王庄与州河汇合。引滦入津工程对沟河地段未加维护，护砌整治的较少，加之引滦输水使三岔口挡水闸下的沟河水位抬高，使险堤捻脚坍塌更加严重，不断向沿岸村庄推进。为保障两岸人民的生命财产安全，1992 年 9 月 7 日，市水利局对沟河进行实地勘察，共测出险段 17 段，总长 4400 米。1993—1997 年共护砌 4 段，总长 630 米。1991—1997 年，州河、沟河护砌总投资 678.3 万元。

1991—1999 年，完成防洪除险工程 75 项，全部工程都通过验收，优良品率在 90％以上，合格率 100％，完成总投资 1956.46 万元。1991—1999 年于桥水库防洪除险工程总量明细见表 8－2－1－148。

表 8－2－1－148　　**1991—1999 年于桥水库防洪除险工程总量明细**

工程项目	单位	工程总量	工程项目	单位	工程总量
护砌长度	米	12780	水泥砂浆勾缝	平方米	92763
土方开挖	立方米	136085	塑料排水管	米	11369
土方回填	立方米	48363	两毡三油伸缩缝	平方米	6512
水泥砂浆砌石	立方米	72093	水泥用量	吨	7929
碎石粗砂反滤	立方米	15798	用工	万个	14.84
水泥砂浆抹面	平方米	17103	总投资	万元	1956.46

第二节　北大港水库管理

北大港水库是一座大（2）型平原水库，位于天津市滨海新区大港境内，北倚独流减河，东临渤海，东南与大港油田毗邻。水库围堤全长 54.511 千米，库区占地面积 163.5 平方千米，设计堤顶高程 9.5 米，正常蓄水位 7.0 米，设计库容 5.0 亿立方米，蓄水面积 150 平方千米。主要配套建筑物有姚塘子扬水站，十号口门过船调节闸，马厂减河尾闸、洋闸（洋闸五孔闸、洋闸弧形闸）、马圈引水闸、马圈进水闸。此外，还设有北大港农场、刘岗庄、跃进、沙井子、赵连庄 5 座闸涵，以及大苏庄农场、用支三、大港油田、鱼种场 4 座虹吸管涵。经多年的运行，北大港水库曾出现坝体滑坡、管涌翻砂和坝基液化等现象，渗流稳定存在安全隐患；水库堤防由于多年雨水冲刷、水土流失及地面沉陷，坝体高度远远达不到设计要求，不能充分发挥工程效益。1991—2010年，对水库进行了多次维修加固。特别是2005—2008年分两期对水库实施了除险加固工程，完成工程投资1.6亿元，加固后，水库堤顶高程为8.8米，库容核定为4.04亿立方米，相应蓄水位5.5米。

作为南水北调的调节水库，北大港水库承担着引蓄大清河、子牙河、南运河来水，担负着分洪、滞洪、以蓄代排以及为工农业生产及城市生活供水等多重任务，在1991年、1996年两次抢蓄上游来水和历次引黄济津过程中发挥了重要作用。

一、调度运用

北大港水库的水源主要来自马厂减河和独流减河，前者通过马圈引河自流入库；后者经南闸引入泵站前池，通过姚塘子扬水站枢纽机扬入库。

经监测表明，水库东南侧水体氯化物含量较高，而西北部含量则较低。其原因一是由于北大港东南部临近渤海湾，受地下海水的影响较大；二是由于北大港原是受潮汐影响的盐碱地带，氯化物含量较高；三是由于水库的进水口和出水口的位置均在库区的西北部，东部地形最低的死水区不能对流和换水，致使库区东部地区氯化物累积。为改善库区水体状况，2000年，在库区东北部修建排咸闸1座，每次蓄水时将水库库区底水彻底排干，以降低库区蓄水的氯化物含量。

作为大港区防汛抗旱分指挥部成员单位，为明确防汛职责，北大港水库管理处成立了防汛领导小组、技术负责领导小组和防汛办公室，结合实际情况，先后编制了《北大港水库防汛抢险应急预案》和《水库大坝安全管理应急预案》，并逐年对预案进行修订完善；制定了防汛值班制度、巡视检查制度、应急处置制度、信息通报制度、会商制度、上岗制度、防汛联动制度、防汛抢险队工作制度等防汛工作制度。

1991年6月，为大港区、西郊区、大港油田供水750万立方米。1991年7月28日天津市普降大雨，平均降雨量达170毫米，致使马厂减河和青静黄排水渠的水位暴涨；7月29日0时25分，先后提起洋闸五孔闸和马圈闸，向水库内滞洪，同时提起洋闸弧形闸及尾闸，向独流减河排泄马厂减河沥水；7月30日3时，提起西南围堤刘岗庄闸和跃进闸，向水库内蓄水，协助大港区排沥。截至汛末，北大港水库共动用闸涵9座，姚塘子扬水站开车18480台时，抢蓄独流减河上游来水及本地区沥水共2.1亿立方米。

1994年7月18日，调漳卫南之水经马厂减河进洋闸蓄水存入水库。至7月28日调水结束，共历时10天，总调水量782万立方米，其中下泄64万立方米，途耗259万立方米，入库459万立方米。8月7日，接市防办开泵蓄水命令，姚塘子扬水站30台机组全部投入运行，历时40多天，开车17365.5台时，向库内机扬蓄水2.02亿立方米；利用河道水位差通过十号口门调节闸自流入库，蓄水5800万立方米，水库累计蓄水2.6亿立方米。同年，向大港区、津南区、大港油田供水165万立方米。

1995年8月19日，接市防办调度命令，姚塘子扬水站30台机组全部运行蓄水。至9月2日停泵，开车9832台时，向库内蓄水7079万立方米。年底水库库存水量为3.14亿立方米。同年向津南区、大港区、大港油田、大港农场供水总计 2667 万立方米。

1996 年 4 月 24 日起，通过闸涵向徐庄子乡供水 851.95 万立方米；向太平村镇供水 1133.45 万立方米；向大港农场供水 411.28 万立方米；向沙井子乡供水 446.06 万立方米；向赵连庄乡供水 71.17 万立方米；向油田供水 974 万立方米。5 月 23 日起，通过十号口门过船调节闸为津南区供水 2151.19 万立方米。当年供水累计 6039.1 万立方米。8 月大清河上游普降暴雨，形成较大洪水。接市防办调令，启动姚塘子扬水站 30 台机泵向库区蓄水，至 9 月 13 日止，抢蓄上游沥水 1.59 亿立方米；10 月 3 日第二次开泵向水库内蓄水，至 10 月 8 日停泵，蓄水 2651.7 万立方米，两次共蓄水 1.8552 亿立方米。8 月 6 日至 10 月 8 日通过十号口门过船调节闸、刘岗庄闸、跃进闸向库外排咸水 40251.7 立方米。年底库内存水 3.14 亿立方米。

1997—1999 年，上游没有来水，本地未发生汛情，水库无蓄水。在此期间，水库对外供水 4885 万立方米。

2000 年，为缓解天津市用水危机，国务院决定实施第六次引黄济津，自 10 月 24 日，通过马圈闸开始向库区蓄水，2001 年 1 月 21 日停止蓄水，共蓄水 25276.09 万立方米。

2001 年 2 月 1 日至 4 月 29 日向市内供生活用水 11510.41 万立方米；5 月 30 日至 6 月 22 日供工业用水 2154.7 万立方米；9 月 3 日至 9 月 24 日，供环境用水 2894.36 万立方米，共计供水约 16559.47 万立方米。

2002 年 10 月 11 日至 11 月 26 日北大港水库共排咸 1238 万立方米。2002 年 11 月 12 日实施第七次引黄济津，开始向库内蓄水，至 2003 年 1 月 23 日蓄水结束，共计蓄水约 11408.10 万立方米。

2003 年 5 月 3 日至 6 月 23 日累计向市内供水约 2414.8 万立方米。为保证水质，9 月 4—30 日开启十号口门过船调节闸进行库区排咸，累计排放库区底水约 1200 万立方米。同年 9 月 24 日至 12 月 25 日，实施第八次引黄济津，水库共蓄水 3.189 亿立方米。

2004 年 1 月 6 日起向市区供水，截至 5 月 21 日向市区供水 1.91 亿立方米。同年实施第九次引黄济津，自 10 月 22 日黄河水入库，至 2005 年 1 月 23 日引黄结束，共蓄水 2.7455 亿立方米。期间为保证蓄水水质，按照上级调度，开启水库排咸闸排放库区底水，自 8 月 21 日至 11 月 6 日北大港水库累计排出底水 1.16 亿立方米，其中向大港沙井子水库蓄水 600 万立方米，十号口门下泄 1.01 亿立方米（经津港运河向鸭淀水库输送农业水源 780 万立方米），排咸闸排出底水 904 万立方米。

2005 年 1 月 19 日至 5 月 12 日，向市区供水共计 16636.7 万立方米。6 月 16—25 日向海河及市区景观河道补水 1843.8 万立方米。2005 年，向市区供水共计 18480.5 万立方米。

2006—2008 年，上游没有来水，本地未发生汛情，水库无蓄供水。

2009 年 10 月 21 日至 2010 年 2 月 28 日实施第十次引黄济津，线路以南运河直供海河为主，入库黄河水量较少，水库蓄水 2585 万立方米。

2010 年 10 月实施第十一次引黄济津，黄河水头于 10 月 30 日 16 时到达九宣闸，11 月 2 日黄河水经马圈闸入库，截至 12 月 31 日水库共蓄水约 11241.39 万立方米。

1991—2010 年北大港水库蓄水、供水情况见表 8 - 2 - 2 - 149。

表 8－2－2－149　　　　　　　　　　1991—2010 年北大港水库蓄水、供水情况　　　　　　　　　　单位：亿立方米

年份	历年蓄水量			历年输供水量		
	自流入库	机扬入库	合计	居民生活	农业用水	合计
1991	0.3060	1.7940	2.1000	0.0750		0.0750
1992				0.2221	0.5150	0.7371
1994	0.5800	2.0200	2.6000		0.0165	0.0165
1995		0.7079	0.7079		0.2667	0.2667
1996		1.8552	1.8552	0.0974	0.5065	0.6039
1997				0.0758	0.2304	0.3062
1998				0.0794	0.0467	0.1261
1999				0.0555	0.0007	0.0562
2000	1.9763		1.9763	0.0400		0.0400
2001	0.5513		0.5513	1.6559		1.6559
2002	0.8782		0.8782			
2003	3.4516		3.4516	0.2415		0.2415
2004	2.3731		2.3731	1.9100	0.1380	2.0480
2005	0.3724		0.3724	1.8481		1.8481
2006						
2007						
2008						
2009	0.2585		0.2585			
2010	1.1241		1.1241			
合计	11.8715	6.3771	18.2486	6.3007	1.7205	8.0212

二、巡查维护

（一）工程巡查

对工程巡查工作始终做到认真负责，2007 年开始实行精细化管理，完善了工程巡视检查制度，规范了记录表格，明确发现问题→申报→审批→处理→复查→移交的管理运行维护程序，形成了管理闭环。

2010 年上半年，北大港处针对管理区域分散、线多面广的实际，从三个方面入手，对工程巡查机制进行了完善与创新。包括：①重新修订了工程巡查制度，明确了职责分工与上报流程。特别是针对滨海新区建设开发的实际，明确将盗土行为作为巡查监控的重点，建立了工程巡查的常态化机制；②探索巡查新模式，实行业务科室、基层管理所分级巡查机制。在基层管理所每周对所辖区域巡查两遍的基础上，工管科、水管科、水政科和安监办组成联合巡查组，由处领导带队每两周对河库进行一次全面巡查，检查基层所的巡查效果，及时发现并有效处置水库管理中存在的问题；③充分发挥考核对工程巡查的促进作用，将定期考核、不定期抽查与业务科室联合督查有机结合，明确将巡查费用与巡查效果直接挂钩，通过经济杠杆提高基层管理所参与巡查的积

极性。

（二）维护管理

1991—2008 年，水库堤防由基层站点职工按责任段划分进行日常维护，做到了"平时常修，雨后必修"，保证了堤顶平坦、堤坡平顺、无大的雨淋沟和狼窝，达到了市水利局要求的管理标准，保障工程安全运用。

2009 年，对水管单位管养分离的形式进行了初步探索，在水库日常养护工作中试行了部分堤防养护责任承包，由 11 名职工对 33 千米长的水库西围堤、北围堤进行专职养护，以养护考核达标为前提，对职工的养护时间实行弹性管理。通过一年的试行，取得较好的效果。

在此基础上，2010 年，将水库堤防养护承包范围扩大到了全部 54.5 千米堤段，并增加了林台树木、机电设备等养护内容，将堤防土方维修、堤肩、林台打草、树木管理、路面护砌保洁、工程设施管理等内容有机整合，实行统一管理。针对 2010 年养护范围广、养护内容增加的特点，设立了堤防养护队队长岗位。由堤防养护队队长负责对承包人员进行日常管理与督促，避免了管理漏岗。加强定期考核与不定期抽查的有机结合，在特定范围内公布考核结果，养护效果与承包人的收入直接挂钩，提高了养护人员的积极性。通过近半年的全面推行，使堤防承包实现了从"线"到"面"的转变，降低了成本、提高了效率，水库围堤整体效果更加美观。

1991—2010 年，共实施日常维修与专项工程 331 项，完成投资 2635.75 万元。保障了水库堤防、水闸、泵站等工程设施正常运行和安全运用。

（三）涉河项目管理

1991—2010 年，按照市水利（水务）局有关要求对库区管辖范围内的涉库项目实施管理与监督。

2009 年 10 月 20 日，根据《天津市市管河道管理范围内建设项目内部管理程序》的要求，制定下发《涉河项目管理办法》。办法规定，对辖区内的涉库项目实行初审意见会签制，由工管科会同水管科、水政科等职能科室对初审意见进行会签，结合职能科室意见进一步完善项目初审，并报主管处长审批；涉库项目经市水务局行政审批后，北大港处与项目建设单位、施工单位按照涉库工程管理规定签订各类补偿协议（含保证金协议）并落实资金，对工程建设后期堤防加固工程与建设单位签署相关协议、落实资金、安排施工按期完成；在涉库项目施工监管上，北大港处按规定向施工单位出具开工许可证，并由工管科组织处属基层所、建设单位、施工单位在工程现场进行技术交底并下发《涉库项目施工通知单》进行现场会签；工程施工中，由基层所负责具体管理工作，并填写涉库项目检查记录，工管科对在建项目进行不定期检查，并根据工程进度安排人员对工程进行数据检测；对于汛期施工的在建涉库项目，于汛前下发《关于做好涉库在建工程安全度汛工作的通知》，并安排人员对所有在建项目进行逐一检查，重点检查是否按规定制定了汛期应急预案，各项防抢措施是否落实到位；进入汛期后，定期由工管科、水管科、水政科组成联合巡查小组对在建涉库项目进行联合检查，发现问题及时下达整改通知书，限期整改，确保工程安全度汛；工程完工后，北大港处组织相关职能部门对完工项目进行现场验收，对满足验收条件的项目予以验收，对不满足验收条件的项目在施工单位按要求整改达到验收标准后再予以验收。全部工程结束后，工程资料及时整理归档。

（四）渔苇管理

1991年1月，由大港区政府与市水利局共同组建天津市北大港水库渔业联合管理站，对北大港水库渔业实行共管，利益均分。自1991年1月至1996年12月北大港水库渔业管理实施自然捕捞，效益不明显。为增加效益，1996年成立万亩的养殖示范区。1997年由渔业管理站和大港区房管局组成渔业轮捕轮放办公室，养殖面积5333.33公顷，投放草、鲢、鳙鱼苗种及扣蟹进行养殖。由于养殖示范区的带动，拦网养殖在北大港水库迅速发展，形成10666.67公顷的养殖规模，经济效益大大增加。

在处理渔苇矛盾上，依照大港区政府农委有关文件规定，有水则渔，无水则苇，即在水库有水的情况下以养殖捕捞为主，在干枯状态下各村镇以苇田为主的原则，协调渔业养殖和苇田生产的矛盾。同时，北大港处出台堤防临建、渔铺管理办法，对不符合工程管理要求的临建、渔铺进行拆除，规范了管理，改善了工程环境。

三、工程除险加固

北大港水库经多年运行，地面沉降、堤身裂缝、迎水坡风浪冲蚀严重、局部堤基存在地震液化的可能、部分穿堤建筑物存在整体抗滑稳定及结构强度不满足规范要求等问题，水库工程存在诸多不安全因素。2002年4月首次对北大港水库进行安全鉴定，6月召开水库安全鉴定会，经鉴定，水库大坝为三类坝。同年10月水利部大坝安全管理中心以《关于北大港水库三类坝安全签订成果的核查意见》核定水库大坝为三类坝，需进行除险加固处理。

2002年11月，委托水利部天津水利水电勘测设计研究院编制完成《天津市北大港水库除险加固工程初步设计报告》。12月市水利局以《关于北大港水库除险加固（一期）工程初步设计的批复》对水库除险加固工程初步设计进行批复，同意工程实施，核定工程投资18500万元。

2004年3月，水利部海委组织有关专家，召开了《天津市北大港水库除险加固工程初步设计报告》审查会。根据审查意见，水利部天津水利水电勘测设计研究院修订完成了《天津市北大港水库除险加固工程初步设计报告（修订稿）》。2004年5月，海委对报告进行了审查，并以《关于北大港水库除险加固工程初步设计报告审查意见的函》出具了审核意见。2004年6月市水利局以《关于北大港水库除险加固工程初步设计的批复》批准工程初设方案，按照2004年第一季度价格水平，核定工程总投资16015万元（市水利局《关于北大港水库除险加固（一期）工程初步设计的批复》文件同时废止），分两期实施。

（一）Ⅰ期工程

北大港水库除险加固Ⅰ期工程总投资9001.8万元。工程于2005年10月26日开工，2007年9月20日完工。该工程由中水北方勘测设计研究有限责任公司设计，天津市水利工程有限公司、天津振津工程集团有限公司施工，天津市金帆工程建设监理公司监理。主要工程建设内容有：坝基处理1540延米，裂缝处理374条；围堤加固29.3千米，砌石护坡22.8千米；新建管理用房834.34平方米以及马圈进水闸、姚塘子泵站出水闸、十号口门过船调节闸下首闸改造等。北大港水库除险加固Ⅰ期工程主要工程量见表8-2-2-150。

表8-2-2-150　　　　北大港水库除险加固Ⅰ期工程主要工程量

序号	工程项目	单位	批复工程量	实际工作量	工程量变化
1	土方开挖	立方米	1053690	746963	−306727
2	土方填筑	立方米	432729	303724	−129005
3	外调土方填筑	立方米	107675	157206	49531
4	M10浆砌石	立方米	108349	105748	−2601
5	高喷钻孔	米	49134	50135	1001
6	摆喷	米	11170	12705	1535
7	旋喷	米	13698	13937	239
8	裂缝钻孔	米	6680	6732	52
9	灌浆	米	6680	6732	52
10	马圈进水闸加固	项	1	1	
11	姚塘子泵站出水闸重建	项	1	1	
12	十号口门过船调节闸加固	项	1	1	
13	新建管理用房	平方米	600	834.34	
14	工程观测设施	项	1	1	

说明：管理用房总面积834.34平方米，其中工程配套600平方米，水文总站合建234.34平方米。

主要项目施工。北大港水库除险加固Ⅰ期工程分3个标段实施：

第1标段：由天津市水利工程有限公司施工，主要建设内容为围堤桩号1＋382～2＋187、22＋850～23＋165、53＋808～54＋228段共1540米围堤坝基液化处理及四围堤大坝裂缝处理等。该标段于2005年9月19日签订建设合同，同时进行施工准备工作，于10月1日完成了施工临时设施建设工作；10月3日开工，12月15日完成施工室内和现场试验；坝基液化处理2006年2月25日开工，4月30日完成；围堤裂缝处理2006年3月25日开工，4月30日完成；现场清理、恢复2006年4月25日至5月10日。

第2标段：由天津市水利工程有限公司施工，主要建设内容为围堤桩号13＋000～24＋000、28＋200～32＋500段围堤加高加固，13＋700～14＋026、24＋000～32＋500段林台迎水坡护砌及部分林台加高，马圈进水闸加固等。该标段于2005年9月19日签订建设合同，同时进行施工准备工作，10月25日完成施工临时设施建设工作；10月26日开工，10月29日完成施工放线；砌石护坡工程2005年10月30日开工，2006年6月15日完成；马圈进水闸加固工程2005年10月31日开工，2006年7月10日完成；围堤加固工程2006年3月25日开工，6月25日完成；混凝土板护坡修复工程2006年5月25日开工，7月1日完成；现场清理、恢复2006年7月11日至8月5日。

第3标段：由天津振津工程集团有限公司施工，主要建设内容有围堤桩号32＋500～46＋500段围堤加高加固（其中桩号43＋000～46＋500段堤顶维持现状不动），32＋500～46＋500段林台迎水坡护砌，姚塘子出水闸改建，十号口门过船调节闸加固，管理用房及工程观测设施建设等。该标段于2005年9月19日签订建设合同，同时进行施工准备工作，10月25日完成施工临时设施建设工作；10月26日开工，至3月14日完成施工备料和施工放线；砌石护坡工程2006年3月15

日开工，2007 年 7 月 15 日完成；十号口门过船调节闸加固工程 2006 年 3 月 15 日开工，12 月 20 日完成；姚塘子泵站出水闸改建工程 2006 年 4 月 10 日开工，11 月 9 日完成；围堤加固工程 2006 年 9 月 7 日开工，10 月 27 日完成；管理用房工程 2006 年 11 月 8 日开工，2007 年 8 月 20 日完成；工程观测设施 2007 年 6 月 30 日开工，8 月 10 日完成；现场清理、恢复 2007 年 8 月 21 日至 9 月 20 日。

工程质量评定。Ⅰ期工程项目划分为 3 个单位工程，其工程质量评定如下：

第 1 标段：单位工程划分为 8 个分部工程，176 个单元工程。根据《水利水电工程施工质量评定规程》规定，质量评定为 8 个分部工程全部合格，其中 5 个分部工程优良，分部工程优良率 62.5%，资料齐全，经综合评定该单位工程质量为优良。

第 2 标段：单位工程共划分为 5 个分部工程，232 个单元工程。根据《水利水电工程施工质量评定规程》规定，5 个分部工程全部合格，其中 3 个分部工程优良，分部工程优良率 60%，外观综合得分率 87%，资料齐全，经综合评定该单位工程质量为优良。

第 3 标段：单位工程共划分为 7 个分部工程，289 个单元工程。根据《水利水电工程施工质量评定规程》规定，7 个分部工程全部合格，其中 5 个分部工程优良，分部工程优良率 71.4%，外观综合得分率 81.15%，资料齐全，经综合评定该单位工程质量为合格。

工程验收。北大港水库除险加固Ⅰ期工程依次通过所有分部工程验收以及单位工程验收，2008 年 6 月 2 日通过工程档案专项验收，2008 年 7 月 18 日通过专家组验收。

（二）Ⅱ期工程

北大港水库除险加固Ⅱ期工程总投资 7013.2 万元，主要建设内容有：围堤加固 24.511 千米，林台迎水坡护砌 12.956 千米，主堤一级坡护砌 13.81 千米，混凝土路面 38.01 千米，泥结石路面 13.81 千米等。北大港水库除险加固Ⅱ期工程主要工程量见表 8－2－2－151。

表 8－2－2－151　　　　北大港水库除险加固Ⅱ期工程主要工程量

序号	工程项目	单位	批复工程量	实际工作量	工程量变化
1	土方开挖	立方米	534263	410757	－123506
2	土方填筑	立方米	512430	538878	26448
3	土方碾压	立方米		35721	35721
4	M10 浆砌石	立方米	91995	84397	－7598
5	混凝土路面	千米	18500	38.01	19511
6	泥结石路面	千米	33611	13.81	－19803
7	工程观测设施	项	1	1	

主要项目施工。北大港水库除险加固Ⅱ期工程分为 2 个标段实施：

第 1 标段：由天津振津工程集团有限公司施工，主要建设内容为围堤桩号 43＋000～54＋511 段堤顶加固工程，包括相应堤段的一级坡、二级坡护砌工程；围堤桩号 28＋000～54＋511 段堤顶混凝土路、泥结碎石路工程以及水库围堤观测设施改建工程。该工程于 2007 年 3 月 26 日签订建设合同，同时进行施工准备工作，4 月 11 日完成施工临时设施建设工作；4 月 12 日开工，4 月 19 日完成施工放线；围堤加固工程 2007 年 4 月 12 日开工，7 月 15 日完工；砌石护坡工程 2007 年 4 月 12 日开工，7 月 30 日完工；混凝土框格护坡工程 2007 年 7 月 20 日开工，8 月 15 日完工；混凝土路面工程 2007 年 6 月 15 日开工，12 月 30 日完工；泥结石路面工程 2007 年 11 月 1 日开工，11 月 15 日完工；现场清理、恢复 2008 年 3 月 10 日至 3 月 20 日。

第 2 标段：由天津市水利工程有限公司施工，主要建设内容为围堤桩号 0＋000～13＋000 段堤顶加固工程，包括相应堤段的一级坡、二级坡护砌工程；围堤桩号 0＋000～24＋000 段堤顶路面工程等。该工程于 2007 年 3 月 26 日签订建设合同，同时进行施工准备工作，4 月 11 日完成施工临时设施建设工作；4 月 12 日开工，4 月 19 日完成施工放线；围堤加固工程 2007 年 4 月 12 日开工，6 月 25 日完工；砌石护坡工程 2007 年 4 月 20 日开工，10 月 12 日完工；混凝土框格护坡工程 2007 年 7 月 18 日开工，10 月 21 日完工；混凝土路面工程 2007 年 8 月 15 日开工，11 月 3 日完工；泥结石路面工程 2007 年 9 月 15 日开工，12 月 8 日完工；现场清理、恢复 2007 年 11 月 5 日至 12 月 10 日。

工程质量评定。北大港水库除险加固Ⅱ期工程每个标段为 1 个单位工程，共划分为 2 个单位工程，其工程质量评定如下：

第 1 标段：单位工程划分为 7 个分部工程，313 个单元工程。根据《水利水电工程施工质量评定规程》规定，质量评定为 7 个分部工程全部合格，其中 2 个分部工程优良，分部工程优良率 28.6%。工程外观评定围堤加固工程应得 86 分，实得 66.4 分，得分率 77.2%；护砌工程应得 54 分，实得 46 分，得分率 85.2%。综合得分率 80.5%。经综合评定该单位工程质量为合格。

第 2 标段：单位工程划分为 6 个分部工程，457 个单元工程。根据《水利水电工程施工质量评定规程》规定，质量评定为 6 个分部工程全部合格，其中 3 个分部工程优良，分部工程优良率 50%。工程外观评定围堤加固工程应得 74 分，实得 60.2 分，得分率 81.4%；护砌工程应得 54 分，实得 43.4 分，得分率 80.4%。综合得分率 80.7%。经综合评定该单位工程质量为合格。

工程验收。北大港水库除险加固Ⅱ期工程依次通过所有分部工程验收、单位工程验收。2009 年 3 月 31 日通过环境保护验收，10 月 20 日通过档案专项验收，10 月 21 日通过水土保持专项验收，11 月 3 日通过专家组验收。

（三）竣工验收

2009 年 5 月，北大港水库除险加固工程项目管理处委托水利部、交通部、电力工业部南京水利科学研究院进行了水库蓄水前安全鉴定工作，10 月完成了《天津市北大港水库除险加固工程蓄水安全鉴定报告》。经专家论证，北大港水库除险加固工程设计符合规范要求，施工质量满足设计要求，可闭闸蓄水。北大港水库除险加固工程共划分为 5 个单位工程，单位工程合格率为 100%，综合核定该工程项目为优良。

财政评审后工程决算为建筑安装工程投资 13841.033 万元、设备投资 112.2695 万元、待摊投资 1655.34 万元、工程结余 406.3575 万元（含银行利息收入 46.2151 万元）。

北大港水库除险加固工程完工后，提高了堤基、堤防的安全等级，堤体的安全稳定性、抗堤基液化、抗风浪能力得到较大提高，闸门的安全性、可靠性得到了保证，整个工程面貌得到了较大的改善。水库可调节库容进一步增强，其调节库容由现状 2.8 亿立方米，增加到工程实施后 4.0 亿立方米。近期水库平均供水效益为 2020 万元，远期 2010 年计入南水北调东线供水，平均供水效益为 4980 万元。此外，工程实施后，对改善库区周边生态环境，促进环库地区经济发展，保持社会稳定，保障水库正常运用等具有重大意义。

四、基建维修工程

（一）堤防整修工程

1998 年，市水利局、市财政局以《关于下达 1998 年行洪河道除险加固工程市级第一批投资计划的通知》批复投资 132.14 万元，实施 24.8 千米的堤防土方整修工程（0＋000～24＋000 和 53＋700～54＋511 段）。通过招标，该工程由天津市大港亨源土方土建工程公司和大港宏达建筑队中标承建，6 月 1 日开工，11 月 25 日竣工，完成土方量为 7.56 万立方米。被天津市水利建设工程质量监督中心站评定为合格工程。

1999 年，实施西南围堤砌石护坡工程。由天津市水利勘测设计院设计、天津市水利工程有限公司施工，天津市水利工程建设监理咨询中心监理。该工程 6 月 11 日开工，7 月 21 日竣工，完成主要工程量：土方 17329 立方米，护坡砌石 1542.5 立方米。工程投资 104.90 万元。

2000 年，实施西南围堤 15＋726～16＋676 段砌石护坡工程。由天津市水利勘测设计院和水利部河北水利水电勘测设计院设计，天津振津工程集团有限公司、天津市水利工程有限公司施工，天津市水利工程建设监理咨询中心监理。该工程 6 月 15 日开工，8 月 24 日竣工，完成主要工程量：浆砌石 4333.4 立方米，预制混凝土板铺设 365.74 立方米，土方 4.93 万立方米。工程投资 314 万元。

2000 年，实施北大港水库围堤 48＋000～48＋560、10＋302～15＋726 段铅丝笼抛石护坡工程。由天津市水利勘测设计院设计，天津振津工程集团有限公司、天津市水利工程有限公司、大港宏达建筑队施工，天津市水利工程建设监理咨询中心监理。该工程 12 月 8 日开工，12 月 28 日竣工，完成主要工程量：石方 1.71 万立方米。

2001 年，实施西南围堤 12＋900～13＋700 段护坡工程。由水利部河北水利水电勘测设计研究院设计，天津市水利工程有限公司施工，天津市水利工程建设监理咨询公司监理。该工程 7 月 15 日开工，9 月 22 日竣工，完成主要工程量：浆砌石 2211.2 立方米，预制混凝土 1100 立方米，回填土方 46060 立方米。工程投资 299.4 万元。

2002 年，实施东南围堤 1＋800～2＋800、2＋800～3＋800、3＋800～4＋000 段背水坡防护实验工程。由天津市水利勘测设计院设计，天津市水利工程有限公司施工，天津市水利工程建设监理咨询中心监理。该工程 8 月 25 日开工，11 月 5 日竣工，完成主要工程量：砖网格护坡 1000 米，混凝土空心砖护坡 1000 米，固化土护坡 200 米。工程投资 85.3 万元。

2002 年，实施西南围堤 15＋156～15＋384 段护坡工程。由水利部河北水利水电勘测设计研究院设计，天津振津工程集团有限公司施工，天津市水利工程建设监理咨询公司监理。该工程 8 月 20 日开工，9 月 17 日竣工，完成主要工程量：预制混凝土板及铺砌 209 立方米，基槽开挖土方 2069 立方米，浆砌石 725 立方米。工程投资 53.9 万元。

2002 年，实施西南围堤 15＋384～15＋726 段护坡工程。由水利部河北水利水电勘测设计研究院设计，天津市水利工程有限公司施工，天津市水利工程建设监理咨询公司监理。该工程 8 月 15 日开工，10 月 30 日竣工，完成主要工程量：基槽开挖土方 9014 立方米，浆砌石 1087 立方米，混凝土工程 512 立方米，回填土方 7182 立方米。工程投资 80.9092 万元。

2003 年，实施西南围堤 14＋436～14＋871 段护坡工程。由水利部河北水利水电勘测设计院设计，天津市水利工程有限公司施工，天津市水利工程建设监理咨询中心监理。该工程 8 月 6 日开工，9 月 30 日竣工，完成主要工程量：预制混凝土板及铺砌 398 立方米，土工布 4199 平方米，C25 混凝土压顶 155 立方米，砂垫层 331 立方米，二毡一油伸缩缝 808 平方米，M15 砂浆勾缝 814 平方米。工程投资 100.8181 万元。

2003 年，实施西南围堤 14＋871～15＋156 段护坡工程。由水利部河北水利水电勘测设计院设计，天津振津工程集团有限公司施工，天津市水利工程建设监理咨询中心监理。该工程 8 月 6 日开工，9 月 30 日竣工，完成主要工程量：预制混凝土板及铺砌 261.25 立方米，土工布 2751.25 平方米，C25 混凝土压顶 102.50 立方米，砂垫层 216.25 立方米，二毡一油伸缩缝 530.00 平方米，M15 砂浆勾缝 532.50 平方米。工程投资 66.71 万元。

2003 年，实施西南围堤 14＋026～14＋436 段护坡工程。由水利部河北水利水电勘测设计院设计，天津振津工程集团有限公司施工，天津市水利工程建设监理咨询中心监理。该工程 10 月 1 日开工，11 月 25 日竣工，完成主要工程量：混凝土预制板及铺砌 327 立方米，土工布 3957 平方米，C25 混凝土压顶 146 立方米，碎石垫层 457 立方米，三毡二油伸缩缝 108 平方米，C25 细石混凝土灌缝 64.7 立方米，1 厘米厚沥青木板 120 平方米。工程投资 108 万元。

2004 年，实施东南围堤 6＋700～10＋400 段应急度汛林台加高工程。由河北省水利水电勘测设计研究院石家庄分院设计，天津市水利工程有限公司施工，天津市水利工程建设监理咨询中心监理。该工程 9 月 10 日开工，11 月 1 日竣工，完成主要工程量：土方填筑 50138 立方米，清基 12959 立方米。工程投资 133.3 万元。

（二）闸涵改造及加固工程

1996 年，市水利局以《关于下达一九九六年第一批农村水利固定资产投资建设项目明细计划的通知》和《关于大港水库沙井子及赵连庄虹吸管改建为引水涵闸初步设计的批复》批复实施赵连庄虹吸管改建涵闸工程和沙井子虹吸管改建涵闸工程。赵连庄虹吸管改建涵闸工程 9 月 12 日开工，11 月 30 日竣工，完成投资 105.1 万元，主要工程量：土方 0.86 万立方米，钢筋混凝土 0.06 万立方米，石方 0.04 万立方米。沙井子虹吸管改建涵闸工程 9 月 10 日开工，11 月 30 日竣工，完成投资 114.4 万元，主要工程量：土方 0.88 万立方米，钢筋混凝土 0.05 万立方米，石方 0.05 万立方米。

1997 年，市水利局、市财政局联合下发《关于下达一九九七年水毁修复工程第三批投资计划的通知》批准实施十号口门过船调节闸上首闸门改造工程，工程投资 124.9 万元（其中包括反向运用防冲工程 30 万元）。该工程 5 月 25 日开工，8 月 25 日竣工。经市水利局工管处等十几个单位联合验收，工程质量为优良工程。工程实际完成投资 174.46 万元，超出投资 49.56 万元，待 1998 年调增。

1998 年，市水利局、市财政局联合下发《关于下达 1998 年马厂减河马圈分洪闸更新改造工程基本建设投资明细计划的通知》批复实施马圈闸更新改造工程，工程投资 205.1 万元。由天津振津集团有限公司和大港宏达建筑队承建（宏达建筑队负责配套工程），5 月 12 日开工，10 月 30 日竣工，被天津市水利建设工程质量监督中心站评定为优良工程。完成工程量：开挖土方 1500 立方米；回填土方 800 立方米；完成混凝土 481 立方米、石方 168 立方米；安装启闭机 6 套；铺设 10

千伏电缆 135 米；架设 10 千伏电线 210 米；迁移变压器 2 台；安装控制柜 2 面；建启闭机房 72 平方米、管理用房 127 平方米。

1998 年，市水利局以《关于下达十号口门 10 千伏配电线路改造工程明细投资计划的通知》批复实施十号口门 10 千伏配电线路更新改造工程，工程投资 87 万元。由大港宏达建筑队承建，7 月 2 日开工，11 月 20 日竣工，被天津市水利建设工程质量监督中心站评定为合格工程。完成工程量：架设输电线路 9.818 千米；安装断路器 3 台、控保屏 1 面；迁移变压器 2 台。

1999 年，实施独流减河右堤马厂减河尾闸加固一期工程，1999 年 8 月 24 日开工，10 月 31 日竣工，由天津市水利勘测设计院设计，天津振津工程集团有限公司承建。完成工程量：钢筋混凝土 460 立方米，砌石 140 立方米，聚合物砂浆 575 平方米，防碳化处理 575 平方米。完成投资 98.12 万元。由于加固时发现洞顶有纵向裂缝，需进一步处理，经市水利局批准，洞顶混凝土计划推迟到 2000 年春天浇筑。独流减河右堤马厂减河尾闸加固二期工程，2000 年 3 月 20 日开工，5 月 10 日竣工，完成投资 51.45 万元，被市水利局工程竣工验收小组验收为合格工程。主要工程量：聚合物砂浆 1349 平方米；防碳化处理 1349 平方米；界面剂 2788 平方米；C20 混凝土护坡 1890 立方米。

2000 年，在水库围堤 53＋600 处兴建排咸闸工程。该工程 8 月 15 日开工，11 月 30 日竣工。完成主要工程量：土方开挖 4.5 万立方米，回填土 2.3 万立方米，混凝土 0.325 立方米，浆砌石 0.275 立方米。工程投资 1000 余万元。

2001 年，实施马圈闸 10 千伏线路更新改造工程。由天津市水利勘测设计院设计，大港宏达建筑队施工，天津市水利工程建设监理咨询中心监理。该工程 10 月 28 日开工，11 月 28 日竣工，完成主要工程量：对姚塘子供电站至马圈闸 7.87 千米线路进行更新，安装两台 LW3－10 型六氟化硫断路器，更换避雷器各一组，更新赵连庄闸（59－10kVA，10/0.4）变压器一台、kW4－10/50 跌开式熔断器一组、低压配电箱一个。工程投资 96.5 万元。

2001 年，实施独流减河右堤三闸电气设备改造工程。由天津市水利勘测设计院设计，大港宏达建筑队施工，天津市水利工程建设监理咨询中心监理。该工程 9 月 20 日开工，11 月 30 日竣工，完成工程量：对十号口门过船调节闸、南闸、尾闸的电器设备进行更新改造，包括更换变压器、控制柜、配电箱、配电柜、电缆以及部分部件。工程投资 65 万元。

2005 年，实施独流减河南岸进水闸维修加固工程。由河北省水利水电勘测设计研究院石家庄分院设计，天津市水利工程建设监理咨询中心监理，天津振津工程集团有限公司施工。该工程 2005 年 6 月 11 日开工，2006 年 11 月 20 日完工，完成主要工程量：闸门防腐 1600 平方米，新建启闭机房 150 平方米，更新止水带 150 延米，闸室及机架桥防碳化 2580 平方米，钢丝绳保养 1020 米，主轮维修 12 个。工程投资 91 万元。

（三）泵站改造及加固工程

1993 年，市水利局以《关于〈姚塘子扬水站更新改造可行性研究报告〉的批复》和《关于〈北大港水库姚塘子扬水站更新改造工程设计〉的批复》文件批复实施姚塘子扬水站更新改造工程。该工程从 4 月 18 日开始排水，6 月 20 日完工。工程总投资 82.5 万元。

1995 年，市水利局以《关于对北大港水库姚塘子扬水站拦污栅改造可行性研究报告的批复》和《关于对"姚塘子扬水站拦污栅改造工程初步设计"的批复》文件批复实施扬水站拦污栅更新改造工程。该工程7月1日开工，10月31日竣工，完成主要工程量：更新60片拦污栅。工程投资18.5万元。

1997年，市水利局以《关于"北大港水库姚塘子扬子站拦污栅更新改造工程可研"的批复》和《关于下达1997年姚塘子扬水站拦污栅更新改造工程投资计划的通知》批准实施扬水站拦污栅更新改造工程。该工程1997年9月开工，翌年4月竣工，完成主要工程量：更新120片拦污栅。工程投资44.7万元。

1999年，实施姚塘子泵站部分设备更新改造工程。由天津市水利勘测设计院设计，大港区水利工程公司和天津市天远建筑公司施工，天津市水利工程建设监理咨询中心监理。该工程8月19日开工，10月6日竣工，完成主要工程量：水泵主要部件更换15台，拆装电机15台；安装铝合金窗64樘；完成砌体75.3立方米；浇筑混凝土6.8立方米。工程投资74万元。

2000年，实施姚塘子扬水站110千伏变电站大修工程。工程由天津市水利勘测设计院设计，天津市三元电力兴华实业公司施工，天津市水利工程建设监理咨询中心监理。该工程7月11日开工，8月4日竣工，完成主要工程量：对110千伏变压器进行整体喷漆、油过滤、检查试验，更换部分部件。工程投资41万元。

2003年，实施十号口门到东卡口10千伏线路及姚塘子35千伏变电站应急改造工程。由天津市水利勘测设计院设计，大港水利工程公司施工，天津市水利工程建设监理咨询中心监理。该工程10月7日开工，12月7日竣工，主要施工内容：线路架设，安装一台10千伏六氟化硫断路器、隔离开关一组、35千伏六氟化硫开关一台、35千伏高压隔离开关三组、保护控制盘一台等。完成投资120.53万元。

2004年，实施姚塘子扬水站至南闸路面工程，由天津市水利勘测设计院设计，天津市金帆工程建设监理有限公司监理，天津市水利工程有限公司施工。该工程10月5日开工，11月15日竣工，完成主要工程量：土方0.4678万立方米，石方0.0913万立方米，混凝土0.0966万立方米。工程投资85万元。

（四）管理用房改造工程

1998年，市计委以《关于安排北大港水库防汛调度中心建设项目一九九八年基本建设投资计划的通知》、市水利局以《关于下达北大港水库防汛调度中心建设项目一九九八年基本建设投资明细计划的通知》和《关于北大港水库防汛调度中心扩初设计的批复》，同意建设北大港水库防汛调度中心。该工程由大港区房地产开发公司承建。建设地点于大港区北街与北围堤路交口处西侧，建筑面积3294平方米，占地0.333公顷，投资688万元。工程3月18日开工，11月24日通过竣工验收，被天津市建设工程质量监督管理总站评定为优良工程，12月3日正式投入使用。

2005年，实施北大港水库管理处办公楼外墙修缮工程。工程由天津市大港区艺豪美术工作室承担外观设计，天津港保税区中天建设咨询管理公司监理，天津振津工程集团有限公司施工。完成主要工程量：外墙瓷砖拆除并抹灰1894平方米，墙面贴铝塑板265平方米，墙面刷涂料1470平方米，钢结构制作安装19.39吨，钢结构包铝塑板866平方米。工程投资88.67万元。该工程2005年9月26日开工，2006年4月26日完工。

2009年，在沙井子闸西侧林台上新建管理用房工程，总用地面积875平方米，园区占地600平方米。完成主要工程量：土方开挖360立方米，土方回填2350立方米，浆砌石25立方米，混凝土 288 立方米，工程投资 69.0 万元。该工程 9 月 2 日开工，11 月 26 日竣工。

五、环境保护

（一）水生态环境

湿地自然环境。北大港水库为北大港湿地自然保护区的核心区，占地面积 16400 公顷，约占湿地总面积的 37%。由于水域广阔，水浅泥深，库区水生生物和植物资源十分丰富，生长快，蕴藏量大，是天津市淡水鱼的集中产区和造纸工业的原料基地。库内有天然形成的"草岛"多处，特别适合鸟类栖息和繁衍。1999 年 8 月 24 日大港区政府批复了大港区环保局关于建立天津大港古洼湖湿地自然保护区的请示，将大港水库和官港绿化基地建成区级"天津大港古洼湖湿地自然保护区"。2001 年 12 月 31 日，天津市政府批复了关于建立天津市北大港湿地自然保护区的请示。

水生植物资源。据调查，北大港水库水生植物有沉水型植物 11 种，浮水型植物 2 种，挺水型植物 7 种，隶属于 9 科 15 属，加上库边湿生及中生植物共 30 科，100 余种。水库库区内产大量水生维管束植物，其中尤以供工业原料用的挺水型植物芦苇和蒲草的产量最高。芦苇香蒲群落分布在水库南北两端沼泽化的淤泥中，生长高大茂密，覆盖度常在 90% 以上。芦苇群落分布在水库四周，从水深 50 厘米，直到湿土地带，或高出水面台地均有大量分布，生长非常旺盛，群落成分复杂，植株高度可达 2 米以上。

鱼类及水产动物资源。由于北大港水浅泥厚，水深仅 1～2 米，阳光可直射到底层，库底有很多腐殖质土壤存在，水域广阔，极有利于浮游植物和水生植物的繁茂生长，因而水草丛生，水质肥沃，是鱼类及水产动物栖息、生长繁殖的良好场所，历史上最高渔业产量在日产 10 万千克左右。主要经济鱼类有鲫鱼、鲤鱼、白鱼、鳊鱼、草鱼、乌鲤和赤眼鳟等 10 余种，最多的是鲫鱼。还有天然生长的泥鳅、鳝鱼、虾蟹等水生生物。

（二）水功能区划

（1）北大港水库水功能区划。按照海河流域天津市水功能区划规定，北大港水库水功能区划情况如下：一级水功能区为开发利用区，二级水功能区为饮用水源区、工业用水区、农业用水区。近期（2010 年）水质目标为日常 V 类，饮用水输水期间 III 类；远期（2020 年）水质目标为 III 类。

（2）水功能区确界立碑。为全面加强水功能区管理，保障水资源的合理开发利用，大力宣传水功能区划重要意义，按照市水利局要求，2008 年 11 月至 2009 年 4 月北大港水库管理处开展了水功能区确界立碑工作，在水库大堤上共立碑 6 座。

（三）水库环境整治

北大港处依据《北大港水库堤防管理规定》对库区周边环境进行严格管理。1991—2010 年，对水库周边堤防两侧的渔铺进行综合治理，规范了临时棚铺的搭建范围，对不符合规定的棚铺进行了整改，使水库周边的环境有了显著改善。

北大港水库各基层闸站，由于自然条件恶劣，且工程设施经过多年运行，已严重老化，造成闸站维护管理存在盲点，存在脏、乱、差等现象。1991—2010 年，通过加大对基层闸站的整治力度，投入专项维修资金，对基层闸站进行了整体规划与改造。先后对马圈闸、沙井子闸、扬水站

表 8 - 2 - 2 - 152　　　　　　　　北大港水库确界立碑情况表

序号	河　系	指定位置	立碑地点
1		0＋000	东卡口
2		13＋000	13＋000
3	北大港水库	23＋000	23＋000
4		28＋200	马圈闸
5		38＋000	西卡口
6		45＋970	十号口门

等基层闸站点的管理用房及相关厂房进行了整体改造，重新粉刷了管理用房，对各项工程设施进行了更新改造，并在闸站周边进行了大量的绿化建设，使闸容站貌焕然一新。北围堤管理所严重老化已不适合作为管理用房，又另选址建造了一处新的现代化管理用房，并加大绿化面积，成为"北围堤风景一条线"的一个重要组成部分。

（四）堤防绿化

北大港水库原设计要求在四围堤防浪林台顶部及其前沿堤坡上段植树造林作为堤坡防护措施。因此，水库自扩建以来，植树造林绿化地点主要是在环库周边四围堤防浪林台及其前沿堤坡上段，长达 40 多千米，应绿化面积 120 余公顷，已绿化 90 余公顷，种植各类树木 20 余万株，主要品种为刺槐、紫穗槐、白蜡树、椿树、枸杞树、苹果树、桃树、枣树等。另外，在各管理所、闸站以及处机关也进行了大量的庭院植树，绿化、美化环境。

在绿化方面近年投入 200 余万元资金，对原有枯死树木进行相应的砍伐与补栽。同时结合天津市滨海新区及北大港湿地自然保护区的建设推出了"北围堤风景一条线"的建设方案，将库区绿化及景观建设作为构建"平安大港、生态大港、和谐大港、活力大港"的河库建设新目标的一个重要组成部分。

针对土质盐碱情况，提出了深挖坑、换甜土，保水淋碱的方法。1992 年植树 3.6 万株，绿化堤防公里成活率 90％。1997 年植树 1.12 万株（墩），成活 9520 株（墩），成活率为 85％。其中乔木：白蜡树 1200 株，成活 780 株，占 65％；灌木：紫穗槐树 10000 墩，成活 8740 墩，占 81.4％。北大港水库四围堤累计植树 46.42 万株（墩），成活 37.07 万株（墩），成活率 79.85％。其中乔木：刺槐树 15.76 万株，成活 11.78 万株；白蜡树 0.96 万株，成活 0.8 万株；椿树 2.83 万株，成活 2.4 万株；果树 1.13 万株，成活 0.8 万株。灌木：紫穗槐 25.37 万墩，成活 20.92 万墩。2010 年存活树木 20 多万株（墩）。

1997 年 3 月 23 日，正值香港回归倒计时 100 天之际，市水利局组织机关全体职工，放弃公休时间到北大港水库参加义务植树劳动，当天共植树 1400 株。新增绿化总量，在主要行洪河道堤防及北大港水库围堤上共植树木 12.66 万株，超额 3.66 万株。其中植乔木 10.66 万株，灌木 2.0 万株。

1998 年，北大港处在水库东南围堤距东卡口 2 千米处植树 1.15 万株（墩）（其中紫穗槐 1.1 万墩，白蜡树 0.05 万株），成活率 95％。截至 1998 年年底，北大港水库辖区内存活树木 23 万株（墩）。

1999 年，在水库东南围堤植树总计 1.08 万株，成活率 90％。其中紫穗槐 10000 株，花灌木 200 株，柏树 350 株，护坡试验栽植紫穗槐 250 株。

2000 年，在处机关、扬水站、北所、东西卡口种植月季花木 1970 株，成活率 60％；种植花石榴树 30 株、三叶绿地 130 平方米,成活率均达 100%;委托大港区植树 1 万株,完成绿化投资 4 万元。

2002 年,由于水库东南围堤地质盐碱,不利于植物生长,致使水库大堤雨水冲刷十分严重,为此,北大港水库把绿化工作重点放在了植被护坡和闸站环境美化方面,采取了换新土再植被的方法,种植了地锦 3000 余株、马莲 600 余堆、虎刺 200 余株。同时对十号口门过船调节闸两侧及扬水站院内、洋闸院内补栽杜梨 100 余株、花石榴树 50 余株、三叶绿地 350 平方米。

2004 年,针对北围堤内侧的堤边空白点进行了重点投入,在西卡口至进水闸近 300 余米的路边种植馒头柳 160 株,在北围堤北所机关院西侧种植了白蜡树 170 余株;针对洋闸站点院内屡植不活的情况,进行了大面积的换土,共计换新土百余立方米,种植花石榴树 30 余株。另外,处机关大院院墙外种植藤本植物地锦 400 余株。

2005 年,北大港处重点对扬水站小公路两旁和北所十号口门过船闸东侧进行了植树绿化。在扬水站小公路两旁种植了馒头柳和国槐共计 500 余株,在北所十号口门过船闸东侧空地种植白蜡树 100 余株。另外,对扬水站院内的花池进行了树木补植,共计种植金叶女贞 100 余株、红瑞木 50 株。

2007 年,为了全面掌握河库绿化情况,组织有关人员开展了树木普查工作,建立了绿化现状资料档案。结合水库除险加固工程的实施,对水库北围堤、西围堤林台进行绿化,共植树 13663 株,完成投资 46.4 万元。当年针对美国白蛾在天津市大面积繁殖的灾情,积极开展防治工作,共出动 81 台次机动打药车、315 人次对水库发生虫害的树木打药进行防治,有效地控制了灾情。

2008 年,在除险加固工程实施过程中,对水库北围堤进行了树木补栽,累计种植树木 17953 株,成活率在 85% 以上,完成投资 59.33 万元。

2009 年,北大港处结合基层站点改造及环境治理工程,先后进行了姚塘子扬水站、水库所庭院绿化,堤防补栽 10.8 千米的树木,并在水库林台盐碱化严重的地段进行 1 千米绿化试验,共种植树木 29450 株,完成投资 225.87 万元。

2010 年,在水库围堤桩号 12+850~13+600 段堤防和姚塘子泵站处绿化植树 1181 株,完成投资 4.22 万元。

第三节 尔王庄水库管理

尔王庄水库位于天津市宝坻区东南部(尔王庄村西),于 1982 年 8 月兴建,1983 年 7 月竣工,是引滦工程兴建时修建的一座中型平原水库,占地面积为 13.03 平方千米,设计标准总库容 4530 万立方米,有效库容 3868 万立方米,相应水位 5.5 米(黄海),库底平均高程 1.4 米,水库围堤堤型为亚黏土均质碾压式土坝,围堤周长 14.297 千米,坝顶高程 7.04 米,设计平均堤高 5.44 米,设计坝顶宽 7 米。坝顶设有浆砌石防浪墙,防浪墙设计顶部高程 8.24 米,主要配套建筑物有水库 1 号和水库 2 号两个泄水涵闸。水库担负着调蓄和供水作用,当引滦专用明渠减少或中断供水时,启用尔王庄水库供水。

一、输水管理

尔王庄水库是引滦入津的备用、应急水源，正常情况下保持在有效库容的水位。由暗渠泵站通过连接井经暗渠过 1 号涵闸蓄水。在上游明渠不能来水的情况下，水库经 1 号涵闸可以通过暗渠向天津市自来水厂供水，可以通过尾水闸和大尔路闸向下游明渠放水经滨海新区泵站向滨海新区供水。1991—2010 年，尔王庄水库入库引滦水 17.06 亿立方米，出库 16.49 亿立方米，调节城市供水 82.18 亿立方米。

二、运行管理

尔王庄水库由尔王庄管理处渠库管理所负责管理，下设 4 个管理站（1 号涵闸管理站、西杜庄管理站、2 号涵闸管理站、黄花淀管理站）。主要管理内容是对水库砌石、坝坡、防浪墙、环库公路、树木、坝体渗漏监测设施的日常维护。1992 年，在水库周边发现 5 处渗漏问题并进行了应急处理。1993 年制定了《尔王庄水库管理办法》，规定每年汛前、汛后、停水期和冰冻期对工程设施进行定期检查。1994—1996 年，对水库大坝浸润线、沉降、渗流等观测数据进行了分析，绘制了水位-库容关系曲线和 1 号涵闸水位-流量关系曲线。1998 年，开展了水库冰凌观测，对 1 号涵闸、2 号涵闸的管理设施进行全面维修。1999 年，渠库管理所对 1000 米冰爬坡严重部位进行了处理，并与下设站点签订了责任书，实行工程管理考核自查打分。2000 年，对 1300 米冰爬坡严重的坝段集中进行了破冰处理。2001 年，修订了《水库巡视检查制度》《水库观测制度》等工程管理制度，并完成《尔王庄水库首次大坝安全鉴定工作大纲》，以及《现场检查报告》《运行管理报告》《水库 1 号涵闸、2 号涵闸检查报告》及《综合评价报告》4 个报告的编制工作。2003 年，实行百分考核制度。2004 年 7 月，因人事制度改革，原有的分段式管理被废止。渠库所负责管理，维修养护部门负责维护。2005 年 11 月，水库除险加固工程实施后，大坝浸润线及渗透水压力观测项目，由人工观测改为自动化观测，共 23 个断面，92 根测压管。2006 年，对水库采取承包的方式进行管理。将水库分段承包给邻近村民，与承包人签订承包协议书。2007 年，随着精细化管理的推进，将水库分两段与本处承包职工签订承包协议书，并建立三级监督制约机制。2008 年，重新修订了水库承包定额、工作内容、维护标准、考核办法及考核评分标准。制定了精细化管理的实施细则、运行维护制度、动物破坏堤防防治措施、树木防火措施、美国白蛾防治措施。2009 年，将水库工程存在安全隐患及工程缺陷进行信息化处理。2010 年，为保证水库水质和工程安全，提升水库综合管理水平，制定并实施了《尔王庄水库封闭管理规定（试行）》。

1991—2010 年，共完成尔王庄水库维修工程 59 项，完成投资 512.24 万元。

三、基建维修工程

尔王庄水库部分坝段防渗加固工程，2000 年 2 月 29 日市水利局下发《关于尔王庄水库部分坝段防渗加固工程扩大初步设计的批复》，该项工程委托天津普泽工程咨询有限公司进行招标，通过招标确定中标单位为天津市水利工程有限公司。2000 年 7—11 月施工，投资 310.27 万元，2001 年 10 月 29 日通过竣工验收，工程验收质量等级为合格。

　　尔王庄水库除险加固工程，2003 年 1 月，市水利局组织专家召开尔王庄水库大坝安全鉴定会，尔王庄水库被鉴定为三类坝病险水库。12 月，水利部大坝安全管理中心对鉴定结论进行了复核同意鉴定结论。2004 年 6 月，海委对《尔王庄水库除险加固工程修订初步设计》作出批复，核定工程总投资 8137 万元。工程招标委托天津普泽工程咨询有限责任公司进行，招标形式为国内公开招标，通过招标确定监理中标单位为天津市金帆工程建设监理有限公司，施工中标单位为天津市康泰建筑工程有限公司、天津市水利工程有限公司和天津振津工程集团有限公司。水库除险加固工程的主要内容包括围坝防渗加固处理；围坝裂缝处理；截渗沟清淤护坡；坝顶公路加固；水库迎水坡面护坡整修；围坝基础液化处理；水库 1 号涵闸、2 号涵闸机电设备更新改造；观测设施完善等内容，工程分为两期实施。Ⅰ期工程于 2004 年 7 月 8 日开工，2005 年 7 月 25 日竣工；Ⅱ期工程于 2005 年 4 月 21 日开工，2006 年 8 月 19 日竣工。2008 年 1 月 15 日，尔王庄水库除险加固工程通过了由天津市水利局组织的工程验收，工程验收质量等级为合格。2008 年 12 月 5 日，水利部稽查督导组对列入国家专项规划的尔王庄水库除险加固工程进行了稽查督导。

第四节　中小型水库管理

　　1991 年，天津市有中小型水库 91 座，其中中型水库 11 座，设计库容 3.5939 亿立方米；小型水库 80 座，总库容 1.0387 亿立方米。1991 年开始，经过对中小型水库改造、增建、除险加固、调整等级，至 2010 年，增建蓟县杨庄水库、武清上马台水库、津南水库，原中型水库团泊洼水库经扩容升级为大型水库，原中型水库钱圈水库和沙井子水库降为小型水库，报废一批小型水库。全市共有中型水库 11 座，总库容 35135 万立方米；小型水库 14 座，总库容 5388 万立方米。

　　1991 年，天津市中小型水库管理，以市水利局指导，水库所在区（县）为管理主体，小（2）型水库（库容小于 100 万立方米）由区（县）水利局指导，乡（镇）或村管理。2005 年，天津市实施中小型水库管理体制改革，按照水利部、财政部《水利工程管理定岗标准》和《水利工程维修养护定额标准》，对管理单位重新定性，人员定岗定编，落实工程经费，至 2010 年，天津市中小型水库管理机制健全、顺畅。

一、中型水库

尔王庄水库作为引滦供水水库，另立一节记述。

（一）团泊水库

位于静海县东 15 千米，独流减河南。1978 年建成，设计库容 0.98 亿立方米。1993 年，水库进行堤坝加高增容工程，设计库容增至1.8亿立方米，由中型水库升级为大（二）型平原水库，具有以蓄水、排涝、灌溉、养殖等多项功能。水库建成后成立了静海县团泊水库管理处管理水库。2002年5月22日，静海县编委明确静海县团泊水库管理处为县属副局级自收自支事业单位，归属静海县水利局管理。2005年，静海县水务局委托中水北方勘测设计研究有限公司对团泊水库进行安全鉴定。2006年3月，市水利局对鉴定结果进行复核，同意该水库大坝确定为三类坝。2007年11月，水利部大坝安全管理中心经过现场核查，确定该水库大坝为三类坝。2010年3月实施团泊水库除险加固工程，11月完成所有建设内容。

（二）杨庄水库

杨庄水库位于沟河上游蓟县罗庄子镇杨庄村，2002年5月开工建设，2003年6月竣工。水库控制流域面积296平方千米，总库容2700万立方米，主要功能是生活供水、防洪和农业灌溉。由蓟县杨庄水库管理处管理，隶属蓟县水务局。2005年9月，建成杨庄水库输水工程，水库水经11.76千米输水线路，流入蓟县城北的三八水库，作为蓟县供水水源。2007年，建成杨庄水库水源保护工程，安装护栏网23790平方米，将周边居民生活污染源与水库水源隔离，为蓟县使用安全水源提供保障。2008年，水库蓄水最多，达到2443.6万立方米。

杨庄水库设大坝位移观测点15个，安装远程自动化控制系统一套，实现现代化管理工程模式。

（三）上马台水库

上马台水库位于武清区上马台镇南，也称金泉湖。工程于1993年4月开工，1994年7月主体工程完成，总库容2680万立方米，当年蓄水2360万立方米，水库主要功能是水产养殖、农业灌溉，由武清上马台水库管理处管理，隶属武清区水务局。2008年4月，实施上马台水库综合治理工程，11月竣工，完成清淤造地115公顷，浆砌石护坡长8000米。2009年，水库库容达2730万立方米。水库建成后，促进武清淡水养殖业发展。

（四）七里海东海水库

七里海东海水库位于宁河县俵口、任凤、淮淀三乡之间，历史上是低洼的古泻湖，1980年5月建成，库容2400万立方米，主要功能为农业灌溉兼顾水产养殖和养苇，建成初期由宁河县七里海东海水库筹备处管理。1984年，在水库中修筑隔堤，将水库分为俵口乡库区、淮淀乡库区和七里海镇库区，所有权归所在村。1992年，七里海被列为国家级古海岸与湿地自然保护区，七里海东海水库自然地划入保护区。2005年2月，七里海东海水库改由宁河县七里海保护区建设管理委员会负责管理。

（五）新地河水库

新地河水库位于东丽区东北，1987年3月建成，设计库容2200万立方米，主要功能为农业灌溉、水产养殖。水库建成后由东丽区新地河水库管理处管理，隶属东丽区水利局。1985年6月，新地河水库又取名为东丽湖。1992年，在新地河水库建立东丽湖温泉度假旅游开发区，用水库水养殖银鱼、梭鱼、鲫鱼、甲鱼、河蟹、虾等。1996年4月，新地河水库加挂东丽区旅游局牌子，旅游局负责水库的开发管理，区水利局负责水库运行管理和防汛有关事项。2003年10月被水利部评为国家水利风景区。2004年，中水北方勘察设计研究院有限公司受东丽区水利局委托，对新地河水库进行安全鉴定。2005年3月，市水利局对新地河水库安全鉴定结论进行批复，同意鉴定结果确定该库大坝为三类坝。2009 年实施新地河水库除险加固工程，将原东丽湖改造为东湖，在原东丽湖西的赤土小水库扩挖改造，取名丽湖，新东丽湖由东湖和丽湖连通组成，总库容由原设计的2200 万立方米减至 1680 万立方米。新地河水库的主要功能为旅游度假和休闲娱乐。

（六）津南水库

津南水库位于津南区八里台镇东南，1998 年 9 月建成，总库容 2966.27 万立方米，主要功能为防汛、农业灌溉、水产养殖，由津南区津南水库管理处管理，隶属津南区水利局。1999 年 10月，完成 11 千米钢筋混凝土防浪墙、12 千米堤顶环引路、12 千米库区保护钢丝网和水库三个渡槽背坡反滤等建设。2000 年 1 月，津南区将津南水库及周边地区定名为"天津天嘉湖生态风景区"，津南水库也称为天嘉湖，2003 年津南水库管理处成立天嘉湖生态风景区开发有限公司。2007 年 1 月，在不改变水库原有功能的条件下，实施津南水库改造工程，降低围堤高程，浚深库底，库内筑岛，库容降为 2019 万立方米，9 月工程完工交付使用，10 月天津星耀投资有限公司取得津南水库岛屿开发资格，实施星耀五洲项目，在津南水库水上岛建设酒店、会展中心、万人文化广场、体育休闲馆等，津南水库成为集娱乐、购物、健身、休闲、度假为一体的水上城。星耀五洲项目 2008 年 4 月正式开工，至 2010 年还在建设中。

（七）鸭淀水库

鸭淀水库位于西青区王稳庄镇北，1977 年 7 月建成，设计库容 3150 万立方米，主要功能为调蓄沥水、农业灌溉和水产养殖。由西青区鸭淀水库管理处管理，隶属西青区水利局。2003 年，中水北方设计研究院有限责任公司受西青区水利局委托，对鸭淀水库进行安全鉴定，12 月提交《鸭淀水库安全鉴定综合报告》。2004 年年初，市水利局对该水库进行安全鉴定复核，同意该水库大坝评定为三类坝。2006 年 5 月，对鸭淀水库实施除险加固工程，开挖控水沟，库内清淤、筑岛，降低围堤，水库改造后，库容达到 3360 万立方米。2007 年 7 月完成护坡植芦竹 12 公顷、新建放水洞、重建进水闸、大坝内坡浆砌石护砌、船坞新建等，2007 年 8 月工程验收。

（八）黄港一库

黄港一库位于塘沽西北，黑猪河西岸，1971 年 11 月建成，设计库容 1130 万立方米，主要功能为农业供水、灌溉、水产养殖、城区绿化用水等，1990 年经增容改造，库容达 1295 万立方米。由排灌管理处管理，隶属塘沽区水利局。2004 年 8 月，对水库进行安全鉴定，结果为三类坝。2006 年 9 月，开始实施黄港一库除险加固工程，至 2007 年 6 月，完成水库围堤护砌，水库浚深，堤顶路面排水，部分生态园坡岸保护等。2009 年 6 月又完成泵站重建工程，当年蓄水 1700 万立方米。2010 年蓄水 1460 万立方米，库容达到 1792 万立方米。

（九）黄港二库

黄港二库位于塘沽西北，黑猪河东岸，1978 年 7 月建成，库容 3110 万立方米，1982 年进行增容，库容达到 4615 万立方米，由排灌管理处管理，隶属塘沽区水利局。2005 年 8 月，对水库进行安全鉴定，鉴定结果经市水利局复核为三类坝。2007 年，水库列入全国除险加固工程第三批计划，2008 年 10 月，实施黄港二库除险加固工程，于 2009 年 12 月完工，完成原围堤护坡拆除、出水闸拆除和桩基处理、苇台清基、堤内填土培厚加固、迎水坡混凝土灌砌块石与植苇台结合式加固、堤顶路面铺设沥青混凝土，出水闸重建，总库容再次增容到 6904 万立方米。2010 年年底，又实施黄港二库浚深筑岛垫地工程，将水库东堤外部分鱼坑填垫，与黄港一库别墅区外地坪一致，两库环堤更加协调。黄港二库除险加固后，成为南水北调工程滨海新区供水工程的后备水源水库。

（十）北塘水库

北塘水库位于北塘西北，原名大裂子水库，1974年9月建成，设计库容1360万立方米，1983年，经除险加固增至1580万立方米，主要功能为城区供水、防汛、农业灌溉和水产养殖。由排灌管理处管理，隶属塘沽区水利局。1998年，对水库进行除险加固，修复东埝1820米。2003年2月，再次增容改造，完成水库大堤及蓄水干渠迎水面护坡，大堤背水面贴坡反滤，堤顶混凝土路面、堤防防浪墙砌筑、湖心岛修建和北塘排水河改造等工程，水库库容增至3360万立方米。2005年，完成水库防浪墙混凝土、排水沟8500米。2006年，完成水库2.3千米南干渠改造。2010年，北塘水库蓄水3537万立方米，库容达到3977万立方米。

（十一）营城水库

营城水库位于汉沽南，是蓟运河裁弯取直所遗留故道形成的，1973年建成，设计库容1000万立方米，1988年扩建后库容增大到3043万立方米。主要功能是工农业供水和水产养殖，由营城水库管理所管理，隶属汉沽区水利局。1995年，完成水库东南围堤浆砌石护坡250米，1997年水库无水可蓄，1998年蓄水1000万立方米，此后水库蓄水不足。2001年12月，营城水库为发展经济，开发旅游项目，先后建立国际乡村俱乐部和高尔夫球场。2007年，营城水库周围建设中（中国）新（新加坡）生态城。营城水库所有设施按中新生态城的建设规划处置，水库不再保留蓄水功能，至2010年，水库原有设施均为中新生态城服务，营城水库管理所仍存在。

（十二）钱圈水库

钱圈水库位于大港西，1978年6月建成，总库容2700万立方米，主要功能为农田灌溉、水产和苇养殖，由钱圈水库管理所管理，隶属大港区水利局。2002年，实施三号闸除险加固工程；2005年，完成12公顷芦竹种植护坡。由于多年无水可蓄，2006年，钱圈水库降为小型水库，库容437万立方米。

（十三）沙井子水库

沙井子水库位于大港南，1978年6月建成，设计库容2000万立方米。2006年，沙井子水库降为小型水库，库容900万立方米。

二、小型水库

1991年，天津市小型水库有80座，较1990年增加了2座小（2）型水库。天津市小型水库有山区小型水库和平原小型水库。山区水库集中在蓟县。由于天津市小型水库大都建于20世纪70年代之后，受建设条件所限，建成的小型水库质量参差不齐。1991年后，经对小型水库除险加固、维修改造、降等报废，至2010年，天津市小型水库存有14座。

（一）山区小型水库

1991年，山区水库11座，其中小（1）型水库有官善水库、刘吉素水库、郭家沟水库、新房子水库、三八水库5座；小（2）型水库有穿芳峪水库、二里店水库、刘庄子水库、赤霞峪水库、西五百水库和田家峪水库 6 座。小型水库主要功能为防洪、供水、灌溉和养殖。1999 年，实施田家峪水库加固工程，经运行仍达不到标准。2001 年，田家峪水库降等为塘坝。蓟县小型水库保留 10 座，总库容 1251 万立方米。2003 年 7 月，天津市启动山区病险水库加固工程。2005 年，蓟县对 10 座小型水库进行除险加固，2007 年 10 月竣工。2009 年，西五百水库和二里店小型水库依据水利部《水库降等报废管理办法》，降格为塘坝，又对郭家沟水库、新房子水库、三八水库、刘吉素水库、穿芳峪水库 5 座水库实施除险加固完善配套工程，工程于 2010 年 3 月开工，11 月竣工。至 2010 年，天津市山区小型水库 8 座，总库容 1421 万立方米，水库运行正常。

（二）平原小型水库

天津市平原小型水库主要集中在东南部的东丽区、津南区、宁河县和滨海新区的塘沽，其他区（县）也有较少分布。1991 年，天津市平原小型水库有 67 座，均由区（县）水利部门管理。少数小（2）型水库由村镇管理，小型水库的主要作用是汛期以蓄代排、水产养殖、农业灌溉。

天津市平原小型水库 1991—1996 年，由 67 座增加到 94 座。1997 年平原小（2）型水库数量减少，平原小型水库总数为 80 座。2000 年后，由于天津地区旱情加重，天津市津南区等缺水的农业区（县）加大兴建平原小型水库速度。利用低洼地、烧砖取土遗留下的坑池建小型水库。至 2004 年，全市平原小型水库达到 118 座，总库容 15741 万立方米，津南区小型水库数量就达到 44 座，为平原小型水库最多的区（县）。2000 年之后天津市连续干旱，修成的水库蓄水严重不足，造成水库利用效益逐年下降，多数起不到蓄水作用，随之出现堤埝坍塌、淤积严重，配套设施损坏，天津市按照 2003 年 7 月 1 日水利部颁布实施的《水库降等与报废管理办法（试行）》有关内容，分批次对水库出现加固维修、报废、降等处理。2006—2008 年，仅宁河县报废 15 座，降为坑塘 12 座；2007 年 9 月，津南区的 44 座小型水库报废 22 座，降为坑塘 22 座。至 2010 年，平原小型水库 6 座，其中滨海新区钱圈水库库容 437 万立方米、沙井子水库库容 900 万立方米、于庄子水库库容 207 万立方米、北辰永金水库库容 804 万立方米、大兴水库库容 882 万立方米，武清区于庄水库（也称南湖）库容 737 万立方米。6 座小型水库以养殖为主，兼顾灌溉。

第三章 河 道 管 理

1990 年 2 月，市水利局职能调整，将与河闸总所合署办公的天津市水利局工程管理处（简称工管处）列为市水利局职能处室。1995 年 4 月，水源调度处工程管理科整建制划归河闸总所，负责三闸（西河闸、屈家店闸、海河二道闸）之间的水体管护管理工作。一级河道郊区、县段及河道上的 29 座大中型闸涵的主管工作划归局工管处负责，河道管理范围内建设项目审查及绿化管理一并由局工管处负责。

1998年4月24日，组建海河工程管理处（筹备处）和海河市区管理所，负责海河市区段日常管理工作。

根据国务院办公厅转发的《水利工程管理体制改革实施意见》，市水利局与市有关部门共同编制了《天津市水利工程管理体制改革方案》。2004年12月，市政府批转了市水利局、市发展改革委、市财政局、市编办拟定的《天津市水利工程管理体制改革实施方案》。2006年12月，市编委《关于市水利局管理的水利工程管理单位机构编制调整问题的批复》，批复了市管河道管理机构调整内容：全市19条主要行洪河道和主要水闸，由原来市水利局委托区（县）水利局管理模式，改为由市直属河道管理处直接管理模式。按河道水系设立了北三河处、永定河处、海河处、大清河处、海堤处，是市水利局直属的全额拨款事业单位。河道管理处全面履行水利工程、水资源水环境、防汛和水政监察"四位一体"的管理职责，初步形成了海河水系河务管理的基本框架。其主要职责是：负责所管辖河道、水闸、泵站、蓄滞洪区等水利工程的管理；负责防汛、排涝工作；负责管辖的水利工程检查、观测、运行，承担工程维修；负责市区河道的日常管理及水文水质监测、监控设施、其他附属设施的管理和保护。

2007年7月11日，按照市水利局直属水利工程管理体制改革方案及市水利局《关于海河管理处水利工程管理范围的通知》，划定了海河处管理范围。河道：海河干流（子北汇流口至海河防潮闸，河长73.45千米）、子牙河（西河闸至子北汇流口，河长16.54千米）、北运河（屈家店闸至子北汇流口，河长15.15千米）、新开河（耳闸至金钟河闸，河长35.46千米，其中海河管理处管理河道长6.2千米，即耳闸至外环线橡胶坝下游200米）；外环河（所有已贯通段，河长71.4千米）等5条河道；沿河堤防长300多千米。水闸：耳闸节制闸枢纽工程、海河二道闸枢纽工程及洪泥河闸（海河侧）等3座闸站。泵站：外环河上8座泵站和北运河、新开河上2座橡胶坝。管理方式：直属管理的河段、外环河、水闸、泵站由直属管理站（所）具体管理；其他工程按照行政区划由海河管理处委托各区水利（务）局具体管理。

2007年7月11日，根据市水利局《关于大清河管理处水利工程管理范围的通知》，划定大清河处管理范围。河道：大清河、独流减河、子牙河（西河闸以上）、子牙新河、南运河（独流减河以上）、马厂减河（独流减河以上，含马圈引河）、洪泥河、中亭堤，河道堤防长500多千米。水闸：九宣闸、低水闸、上改道闸、南运河节制闸、锅底分洪闸、八堡节制闸、中亭河节制闸、大清河节制闸、洪泥河南闸、洪泥河首闸、马厂减河腰闸，共11座。蓄滞洪区：贾口洼、团泊洼、文安洼、东淀、大港行洪道。管理方式：直属管理的河段、水闸、泵站由直属管理站（所）具体管理；其他水利工程各区（县）河道管理所、处直属管理单位；按照行政区域划分由直属河道管理处委托区（县）河道管理所具体管理；蓄滞洪区管理仍按照《天津市蓄滞洪区管理条例》有关分工实施管理，直属河道管理处负责掌握河系内蓄滞洪区的基本情况，对蓄滞洪区管理进行指导、监督、检查。

2007年7月11日，根据市水利局《关于永定河管理处水利工程管理范围的通知》，划定了永定河处管理范围。河道：北运河（武清区老米店闸以下至屈家店闸上）、北京排污河（北辰界内）、永定河、永定新河、新开河—金钟河（外环线橡胶坝以下）、西部防线，共6条，河道堤防长300多千米。水闸：蓟运河闸、宁车沽闸、大张庄闸、金钟河闸、造甲船闸、田辛船闸，共6座。其中直属管理4座：蓟运河闸、宁车沽闸、大张庄闸、金钟河闸。蓄滞洪区：淀北分

洪区、永定河泛区、三角淀、西七里海。泵站：芦新河泵站。2010 年 12 月，永定新河防潮闸
建成并移交永定河处管理。管理方式：直属管理的河段、水闸、泵站由直属管理站（所）具体
管理；其他水利工程各区（县）河道管理所、处直属管理单位按照行政区域划分由直属河道管
理处委托区（县）河道管理所具体管理；蓄滞洪区管理仍按照《天津市蓄滞洪区管理条例》有
关分工实施管理，直属河道管理处负责掌握河系内蓄滞洪区的基本情况，对蓄滞洪区管理进行
指导、监督、检查。

　　2007 年 7 月 11 日，根据市水利局《关于北三河管理处水利工程管理范围的通知》，划定了北
三河处管理范围。河道：蓟运河、州河、沟河、还乡新河、潮白新河、引沟入潮、青龙湾减河
（含引青入潮）、北运河（武清界内老米店闸以上）、北京排污河、西关引河、卫星引河、曾口河共
12 条河道，河道堤防长 1000 多千米。水闸：马营闸、三岔口闸、杨津庄闸、山下屯闸、红旗庄
闸、辛撞闸、南周庄闸、邵庄子闸、黄庄洼分洪闸、黄庄洼退水闸、张头窝退水闸、里自沽闸、
乐善闸、十四户闸、淮淀闸、丰北闸、魏甸闸、西关引河两座闸、卫星引河两座闸、曾口河两座
闸、狼儿窝分洪闸、筐儿港节制闸、筐儿港分洪闸、老米店节制闸、新三孔闸、龙凤新河分洪闸、
大南宫闸、大三庄闸、里老闸、北排河防潮闸、穿北运河倒虹、龙凤节制闸、新建的秦营闸共 36
座，大型 2 座，中型 34 座。其中直属管理 4 座：马营闸、三岔口闸、杨津庄闸、山下屯闸。蓄滞
洪区 4 处：青淀洼、盛庄洼、黄庄洼、大黄铺洼。管理方式：直属管理的河段、水闸、泵站由直
属管理站（所）具体管理；其他水利工程各区（县）河道管理所、处直属管理单位按照行政区域
划分由直属河道管理处委托区（县）河道管理所具体管理；蓄滞洪区管理仍按照《天津市蓄滞洪
区管理条例》有关分工实施管理，直属河道管理处负责掌握河系内蓄滞洪区的基本情况，对蓄滞
洪区管理进行指导、监督、检查。

第一节　河道运行管理

　　天津市市管一级河道 19 条，河道长 1095.1 千米，堤防长 1910.08 千米。经过 30 多年的运用，
河道堤防工程的自然老化，河道、海口淤积严重，加之 1976 年唐山大地震的影响，天津市河道堤防
不同程度上受到了损坏，局部变形、堤防沉陷、断裂，尤其以沿海河道堤防为甚。因此，河道泄洪
能力已大幅度缩减，普遍达不到原设计标准。虽已加大河道治理的投入力度，但从整体来看仍有很
多问题亟待解决，防洪任务仍然艰巨。

一、河道岁修经费

　　1991 年，市水利局《关于印发〈维修工程管理办法〉（试行）的通知》，规范了维修工程的立项、编
制工程设计和预算、呈报、审批的程序，规定工程施工、维修费使用和工程验收方面的各项责任和具体
要求。市财政局每年下达全市市管河道岁修管理费 120 万元。

　　1991—1994 年的河道岁修项目，由水源处安排，1995—1996 年由局工管处安排。1991 年下

达河道岁修费 114 万元，其他年度为 120 万元。

从 1995 年起，在全市范围内征收防洪工程维护费，征收的资金专项用于河道堤防的整治、维修、养护等工程。1995 年下半年，下达第一批防洪工程维修费项目 22 项，工程总投资 600 万元，用于行洪河道的堤防维修。

1996 年，下达 1996 年度河道工程岁修项目经费 120 万元，由水利事业费中列支；安排水毁工程 82 项，下达投资 3980.82 万元，其中涉及津南区海河干流右堤复堤一项，投资 176.50 万元。

1997—2006 年，堤防维修养护和应急度汛经费逐年略有增加，基本维持在 3000 万～4000 万元。

2007 年水利工管体制改革后，成立 5 个河道（海堤）管理处，维修工程项目法人改由各河道管理处承担。2007 年，市水务局共批复河道专项维修工程 20 项，投资 1015.5 万元，其中市水利基金 999 万元，区（县）自筹 16.5 万元。市水利局、市财政局以《关于下达 2007 年应急度汛工程投资计划的通知》联合下达了 2007 年应急度汛工程投资计划，共安排 12 项工程，总投资 1530 万元。按照市水利局《关于加强河道工程维修项目管理有关工作的通知》，各河道管理处认真履行职责，审查施工组织设计或施工方案，办理开工报告，建立施工质量保证体系，负责工程建设全过程管理，对质量、安全、进度、造价控制、资金管理负责。

二、管理制度建设

1988 年 6 月，《中华人民共和国河道管理条例》颁布，市水利局在河系管理过程中逐步建立与完善了各项规程与制度，主要有《河道巡视检查管理制度》《工程巡视检查制度》《堤防技术管理制度》《堤防绿化管理制度》《堤防维护养护制度》《事故处理报告制度》《水闸运行操作制度》《水闸巡视检查制度》《水闸维护保养制度》《水闸检修工作制度》《水闸安全生产管理制度》《水闸技术管理制度》《水闸消防管理制度》等。

1991 年，市水利局印发《关于印发〈维修工程管理办法〉试行的通知》，制定了《天津市水利局岁修管理办法》，将河道局部灌浆工程、隐患应急抢险工程、汛防及管理用房维护、公里桩等管理设施维护列入岁修范围；并提出岁修工程管理的具体要求，明确了岁修费维修工程计划的编制、上报时限、计划综合平衡、预算审核、批复的工程流程；明确规定工期和施工质量要求，规范了施工合同管理要求；工程完工后，要求及时整理工程技术档案，报请竣工验收。

1993 年，制定《天津市河道采砂、取土收费管理实施细则》。对于维护河道安全、防止随意乱挖、损坏防洪工程、杜绝砂土资源流失起到了积极作用。

1996 年 6 月，制定《除险加固工程建设管理办法》；2000 年 9 月，印发《关于规范除险加固工程竣工验收资料的通知》。

1997 年，在河道工程管理上，天津市水利局工管处加强了宏观管理职能，将河道的具体管理工作转移给天津市河道闸站管理总所。

1997 年 5 月，完成《天津市河道管理条例（送审稿）》的起草报审稿。1998 年 1 月 7 日，经天津市第十二届人大常委会第 39 次会议审议，《天津市河道管理条例》（草案审核修改稿）全票通过，并于同日公布施行。依据《天津市河道管理条例》，依法理顺天津市多部门管理河道的体制，实现由市和区（县）水行政主管部门对河道实行统一和分级管理，将 19 条行洪河道、28 座市管大中型水闸的日常管理工作，以委托书的形式分别委托给 12 个区（县）水利局，委托时限为两年，由市和区（县）水利局双方法人代表签字认定。

2002 年 12 月，市政府印发《天津市北运河综合治理工程管理办法》，明确河闸总所北运河管理所负责北运河综合治理工程的日常管理工作。2004 年，对北运河堤岸、防汛路实行了专人负责，与岗路物业公司签订了《河道管理委托协议书》《怡水园委托管理协议书》，并委托其对引滦入津工程展览馆实行了物业管理。与红桥区环卫局签订了《滦水园、北洋园委托管理协议书》，完善了物业管理协议的考核内容，细化了考核内容和奖惩标准。

2003 年，完成《水闸工程管理考核标准》编写工作，并经水利部批准实施。标准包括河道工程、水库工程及水闸工程考核标准，考核验收实施细则，申报、验收、复核的管理等内容，是规范和加强水利工程管理考核工作的指导性标准。

2007 年，制定《河道工程管理考核办法》及《关于加强河道工程维修项目管理有关工作的通知》两个规范性文件，明确了河道工程管理考核办法、考核标准、日常维护工程项目管理、专项（含应急度汛）维修工程项目管理、维修工程项目验收、维修经费管理等内容。

2008 年，制定《天津市市管水利工程管理范围内建设项目占用水利设施补偿标准》（草稿），并在各河系处和区（县）水利（水务）局范围内试用，取得了较好效果。

三、河道维护管理

（一）河道堤防维护管理

1991—2006 年，河道堤防日常养护及专项维修工程一直延续委托有关区（县）水利局管理，以地方行政区区界划分堤防管理范围，有关区（县）水利局由河道所负责实施日常维修养护工作。其管理经费依据实际需要，逐年编报日常及专项工程项目，资金由市水利局按批复计划直接划入各区（县）水利局。由河闸总所负责对各条河道堤防日常及专项工程施工、验收、考核监管。2007—2010 年，河道堤防日常养护费和专项维修费，按照各河道维修工程项目编报实施计划，经有关河系管理处审核、汇总后上报市水利（水务）局工管处。经平衡和实际需要进行批复，由相关河系管理处向河系相关区（县）河道所下达年度任务和资金。

1998—2009 年，在完成对全市主要行洪河道堤防调研的基础上，加强基础建设，按照市水利局《关于我市行洪河道布设公里桩的批复》精神，历时 10 年，对北运河、永定河、州河、泃河、独流减河、永定新河左堤、大清河、子牙河、子牙新河、马厂减河、南运河、北京排污河、金钟河、还乡新河、青龙湾减河、潮白新河等主要行洪河道堤防布设公里桩、界桩，统一了天津市行洪河道堤防公里桩，标明各区（县）界，为规范河道堤防管理做了深入细致的工作。

按照市水利局制定的考核标准，局属河系管理处每年分年中、年底两次对河系相关区县河道工程进行专业考核和管理考核。

（二）水闸维护管理

天津市境内水闸管理分为流域直属，市直属及区（县）所属三类。

流域直属：屈家店枢纽，独流减河进洪闸、独流减河防潮闸、海河防潮闸、西河闸枢纽隶属海河下游局管理，其日常维修，专项工程维修，以及除险加固工程均由海河下游局安排资金维护管理。

市直属：蓟运河闸、宁车沽闸、海河二道闸、金钟河闸、耳闸、大张庄闸、九宣闸（含南运河节制闸）、低水闸（含上改道闸）、芦新河泵站隶属于天津市水利局管理。市水利局出台了一系列对所属水闸水工建筑物、供配电设施、闸门启闭控制设备等检查、保养、维护措施。指导各闸站制定《技术管理实施细则》。并于1980年对所属水闸陆续开展原型观测、规定时间、规定路线，进行水平位移观测、垂直位移观测、基地扬压力观测、河床断面测量，对建筑物预留的伸缩缝采用三向位移观测，并及时对观测资料进行分析整编，编辑出版了《天津市水利局直属闸站观测资料汇编》第一册（1985—1989）、第二册（1990—1994）。

2000年市水利局按照《水闸技术管理规程》（SL 75—94）的规定，组织专家对宁车沽闸、蓟运河闸、金钟河闸和耳闸进行安全鉴定工作；2002年组织专家对海河二道闸进行安全鉴定；2006年组织专家对九宣闸进行安全鉴定。鉴定结果：宁车沽闸为三类闸，蓟运河闸为三类闸，海河二道闸为三类闸，九宣闸为三类闸，金钟河闸为四类闸，耳闸为四类闸，之后陆续进行更新改造。

区（县）所属：由各区（县）河道管理所负责日常维修养护工作。为了加强技术管理工作，1988年编制了《天津市水利局直属各闸站资料汇编》，汇集了八闸一站平面、立面、剖面图，技术指标以及闸门、启闭机尺寸、型号。随着各闸运行年限的增加及出现的各类工程问题，进入20世纪90年代后期，陆续对所属闸站开展了安全鉴定，并依据鉴定结论，对所属各闸站开展除险加固工程。

（三）涉河项目管理

1996年，规范天津市河道管理范围内建设项目，凡在本市行政区域河道管理范围内修建建设项目，必须执行水利部、国家计委联合发布的《河道管理范围内建设项目管理的有关规定》，凡未按规定在河道范围内修建建设项目，由市或区（县）水利局根据《中华人民共和国河道管理条例》《中华人民共和国水法》及有关规定予以处罚。

2004年，完成水利工程管理范围内建设项目审批65项。主要包括铁路、公路跨河建桥、电信、电缆、燃气管道穿越河道、堤防和码头兴建工程等。2004年7月1日《中华人民共和国行政许可法》正式实施，河道管理范围内建设项目作为市水利局行政许可审批事项之一进驻市政府行政许可服务中心。

（四）排水（污）口门管理

随着天津市经济建设的大幅度提速，自2008年，为加强河道排水口门的运行管理，北三河处、永定河处及海河处相继开展了对所辖排水（污）口门的调查，逐个口门进行登记、照相，并与沿河村镇进行了认定、盖章，签署了口门管理责任书，此项工作延续至2009年7月。

四、水利工程管理单位考核

1992年，市水利局印发《天津市市级水利工程管理单位评审办法》，同时，制定《天津市河道管理单位经营管理考核指标》《天津市综合利用水闸工程经营管理考核指标》《天津市水闸管理规程》《天津市引滦工程泵站管理考核与评分办法》等考核达标实施细则。自1992年第4季度，在全市大、中型水管单位开展市级水管单位达标工作。

1993 年 3 月，依据《天津市市级水利工程管理单位评审办法》，经全面考核，天津市海河二道闸管理所被评为市级水管达标单位，并获 1992 年天津市工程管理先进单位称号。5 月，市水利局颁发《水利工程管理单位综合考核暂行规定》《工程安全检查制度》《工程管理考核标准》《精神文明建设工作考核标准》。根据规定，市水利局与各工程管理单位签订了目标考核责任书。7 月，对工管单位贯彻落实情况进行全面检查。

1994 年，各闸站日常维修工程坚持做到主动、节俭、优质、高效、养护全部到位；市水利局下达的更新改造、应急加固、度汛清淤等专项工程全部按质量、按期限完成，并通过竣工验收；工程观测和基础资料整编符合规范要求，内容齐全，准确可靠。

1996 年，按照水利部《水利工程闸门及启闭机设备管理等级评定办法》，全部完成天津市水利系统 33 座大、中型水闸闸门和启闭机的评定工作。

评定结果：闸门和启闭机被评定为一类的闸有 3 座，占涵闸总数的 10.6%；闸门和启闭机被评定为二类的闸有 13 座，闸门和启闭机单项评为二类的闸有 8 座，二类闸占总数的 51.5%；其他为三类闸占总数的 37.9%。

1998 年，河道工程实行了委托管理与考核相结合的管理责任制，委托书一定两年。

2000 年，市水利局下发《天津市一级行洪河道日常养护管理考核标准》，对重点段和一般段分别制定项目下达和验收标准，加大了考核力度，每年由局工管处与河闸总所负责组织业务部门河道堤防管理的相关区（县）进行考核和评定，该考核制度一直延续到河系处正式组建的 2006 年。

2007—2009 年，依据考核标准每年分年中、年底两次对所辖区（县）河道工程、闸站进行专业考核，按照水利部制定的工程管理考核标准，结合各区（县）河道工程管理实际，推行工程日常维修养护考核制。2010 年，制定季度考核标准，考核突出重点，对被考核单位切实起到了督促作用，结果有奖有罚，使部门工作成效直接与经济利益挂钩，调动了积极性，提高了工作效能。

五、河道土地占用

1993 年 5 月，市水利局《关于转发津政办发〔93〕16 号文的通知》，要求各水管单位开展水利工程用地确权。在河道确权工作明确几个问题：

（1）河道工程占地范围。包括河道主槽占地、河堤占地和河滩地占地为国有土地，河堤占地包括堤压地和护堤地，有批准设计文件或征地手续的，按设计或征地界线确定，没有批准设计文件或征地手续的，按堤内、外坡脚向外延伸 5 米（以前权属已明确，并超过 5 米的不再变更，按实际宽度确权）范围确为国有土地，并申请使用权属水利工程主管部门。农民长期耕种的河滩地暂不确权，农民临时使用的或没有耕种的河滩地确为国有土地，并申请使用权属水利工程主要部门。市管河道的确权工作由委托代管的区（县）水利局向当地土地管理部门申报登记，土地使用权为水利局。

（2）水库、闸（泵）站等水利工程用地，有批准设计文件或征地手续的，按设计或征地界线确定土地使用权，没有批准设计文件或征地手续的属 1982 年《国家建设征地条例》颁布以前修建的，经征得所在乡同意，按现状申报登记土地使用权，1982 年以后修建的应办理征地补偿手续，补费标准按修建时期的补偿标准执行。

（3）引滦工程占地，按征地界线确为国家所有，使用权属市引滦工程管理局（水利局）。

（4）渠道护渠地范围，可由各区（县）水利局商当地土地局管理部门确定。

（5）外单位和个人占用水利工程使用范围内的土地，应请当地土地管理部门不给使用单位和个人确权。

（6）凡在同一区（县）内的河道、干支渠等水利工程用地，均作为一宗地，向所在区（县）土地管理部门申请登记。

（7）开展土地登记，确权工作，应注意档案材料的收集整理、立卷归档。

1998 年，市水利局印发《关于开展河道堤防占地情况现状调查的通知》，经调查汇总，形成《关于天津市河道堤防占地情况现状调查的报告》，调查范围包括两堤之间河道占地、堤防占地和背水坡按照管理范围划分的三个等级。按照管理范围规定划定的土地面积为 783.03 平方千米，未申报登记的 46.08 平方千米，无争议但文件丢失的 22.64 平方千米，被农民侵占的 0.25 平方千米，被定为侵占的 2.4219 平方千米，无争议但无划拨文件的 91.3649 平方千米，农民占用 386.91 平方千米，单位占用 76.02 平方千米，单位或个人占用已被其他单位确权的土地面积 4.68 平方千米。其中永定河按照管理范围的设计和规定标准应划定的土地面积为 121.44 平方千米，征地手续或划拨文件的土地面积为 11.47 平方千米，未申报登记 5.47 平方千米，无征地手续或划拨文件的土地面积无争议的 6 平方千米，农民占用 109.98 平方千米；永定新河按照管理范围的设计和规定标准应划定的土地面积为 36.93 平方千米，有征地手续或划拨文件的土地面积为 29.10 平方千米，已申报登记的 12.03 平方千米，未申报登记的 15.57 平方千米，单位侵占 0.20 平方千米，无征地手续或划拨文件的面积 7.44 平方千米，单位占用 0.085 平方千米，单位或个人占用已被其他有关部门确权的土地面积为 0.19 平方千米。

第二节　北三河河系管理

北三河河系由蓟运河河系、潮白新河河系、北运河河系组成（简称北三河）。

1991—2006 年，北三河河系由市水利局河闸总所委托相关区（县）管理，对受委托单位的工程设施运行、工程投资以及日常维护和管理经费等进行监管。2006 年 12 月，北三河处成立。北三河处作为北三河河系的主要管理单位，分管北三河系中的蓟运河、潮白新河以及北运河秦营闸至老米店闸段河道、堤防和北京排污河武清区界内河道、堤防及其相关控制工程，并承担着管理法人职责。北运河老米店闸至屈家店闸段河道，由永定河处管理；屈家店闸至子北汇流口段河道，由海河处管理。北京排污河北辰区界内河道由永定河处管理。部分河段和闸站委托有关区（县）代管，相关河系处对其管理工作进行指导和监督及考核。

日常管理养护实行管养分离管理模式，以管理养护合同内容为考核和监督依据，对合同执行情况采取日常、定期、抽查三种考核方式，考核结果直接与养护费用挂钩。对易发水事违法案件重点河道、堤段强化巡查，责任到人的承包责任制，做到量化管理，奖惩有据。对日常养护经费根据测算定额，管理单位按河道管理量化核定给付养护单位。

专项维修费主要用于行洪河道堤防维修和重点除险加固工程，包括堤顶灌浆、水毁工程修复、堤坡护砌、复堤、整治、堤防险工和重点闸涵加固等。专项维修项目实行项目法人责任制，执行招投标制度进行管理。

截至2010年，北三河河系共有水闸36座，分别坐落在宝坻7座，蓟县6座，宁河10座，武清13座。依所坐落位置由所在区（县）水利局负责日常运行与维修养护。水闸日常维修养护和专项管理费每年由市水务局直接下达至区（县）。各水闸运行管理依据水闸运行规程和管理标准与要求，对所辖闸涵组织开展汛前检查，启闭试验，按季节性运行要求进行清扫、养护、维修。对区（县）负责管理的水闸运行管理与维修养护情况，纳入专项考核，同时由河系处组成水闸考核组，逐年组织开展检查、考核，验收。

一、河道堤防管理

（一）河道堤防维修养护

1991年至2006年12月，北三河河系河道工程维修养护每年由市水利局按照区（县）水利工程计划，分轻重缓急下达年度管理费、岁修费和专项维修费，由区（县）水利局负责具体组织实施。2007年以后，区（县）按照工程项目报送工程计划，北三河处审核后编制报送，市水利局按日常养护费和专项维修费批复到相关河系处，再向区（县）河道所下达年度任务和资金。

1991—2006年，下达北三河系宝坻、蓟县、武清、宁河、汉沽五区（县）水利局一级河道管理费共计1235.63万元。主要用于区（县）水利局对所辖行洪河道堤防的日常维护管理与考核，开展堤防巡视检查，对重点堤防治理和整修，促进重点堤防达考核标准。下达岁修费计871.958万元，主要用于区（县）河道管理部门开展对所辖行洪河道、市管闸涵的维修、保养，确保度汛安全；堤顶整修与獾洞处理、宣传牌、拦路墩、管理房屋等设施建设。下达专项维修费27984.09万元，主要用于行洪河道堤防除险加固和应急度汛工程，重点项目包括堤顶灌浆、水毁工程修复、堤坡护砌、复堤、整治、险工险段除险加固、重点闸涵加固等，见表8-3-2-153。

从2007年年初，维修养护分为日常维修养护和专项维修两大类。

日常维修养护采取合同管理的模式。根据河道设施的实际运行情况及往年维修养护和资金使用情况，于每年11月底前向天津市水利局上报下一年度的日常维修养护计划。计划批复后，相关河系与相关区（县）河道所的维修养护队伍签订施工合同，并对日常维修养护项目的质量、进度进行监督检查，及时对工程项目进行完工验收。

专项维修采取计划管理的模式。根据河道范围内险工险段情况，结合管理的实际需要，编制专项维修工程三年项目规划，建立项目库。于每年9月中旬前从项目库中筛选的下一年度专项维修工程项目向天津市水利局上报立项计划。专项批复后，按照项目所在地择优确定施工单位，签订施工合同。工程施工中不定期抽查和日常监督检查。工程完工后，组成完工验收小组，对工程项目进行完工验收并向天津市水利局申请工程竣工验收。

2007—2010年，共维修养护堤防3000多千米，水闸36座；实施专项工程41项，治理险工险段56千米，维修改造水闸11座。完成总投资7433.2475万元，其中日常维修养护完成投资2154.7975万元，专项工程完成投资5278.45万元，见表8-3-2-154。

表8-3-2-153　　1991—2006年北三河系一级河道工程维修费统计表

单位：万元

年份	汉沽			宁河			武清			宝坻			蓟县		
	管理费	岁修费	专项维修费	管理费	岁修费	专项维修费	管理费	岁修费	专项维修费	管理费	岁修费	专项维修费	管理费	岁修费	专项维修费
1991	1.500	2.30		4.7000	4.80	2.20	4.7000	7.100	5.00	4.0000	6.00	5.10	3.5000	2.50	3.10
1992	1.500	1.50		4.7000	4.00	6.00	4.7000	9.500	3.60	4.0000	6.00	5.10	3.5000	6.50	5.10
1993	1.500	1.50		4.7000	5.20	9.40	4.7000	5.200	1.00	4.0000	3.20	4.50	3.5000	4.20	4.50
1994	1.500	2.00		4.7000	8.50	5.00	4.7000	6.000	2.00	4.0000	7.00	7.00	3.5000	7.30	1.50
1995	1.500	3.00		4.7000	7.00	40.80	4.7000	6.000	53.30	4.5000	7.10	46.50	3.5000	7.00	39.50
1996	1.500	3.00	70.00	4.5000	7.00	455.52	3.0000	39.140	666.34	7.0000	6.40	483.90	2.5000	7.00	746.45
1997	2.000	3.80	1069.00	4.5000	7.00	1300.90	3.0000	13.580	880.97	7.0000	7.80	1356.80	2.0000	7.00	1803.60
1998	2.000	4.70	426.60	4.5000	18.90	1100.80	3.0000	12.298	941.87	7.0000	8.00	464.42	2.5000	13.00	731.15
1999	12.496	5.80	18.90	20.7683	19.26	220.40	22.0909	12.700	614.40	18.9009	18.14	602.20	32.4977	13.13	690.50
2000	11.300	4.00	108.40	23.1700	14.56	322.10	32.2900	12.700	404.80	30.4600	14.20	579.80	22.0000	23.90	535.50
2001	12.650	4.20	238.57	30.1000	11.10	126.00	32.8000	13.000	915.94	38.2200	14.00	742.10	23.3600	22.50	450.20
2002	23.470	4.10	32.10	38.1600	19.10	127.00	40.5800	17.300	1009.80	43.5900	18.50	676.50	26.4700	14.40	186.90
2003	14.470	3.78	51.15	34.4200	15.65	112.27	38.4900	16.890	563.56	42.5000	17.47	791.53	23.3700	13.86	152.07
2004	5.470	4.08	146.76	32.5000	14.58	284.48	36.4900	16.400	1958.83	34.5000	16.66	111.66	25.2400	12.92	236.00
2005	11.640	6.00	51.50	37.1400	19.80	90.010	34.2900	22.700	316.10	41.2700	22.40	85.00	15.5800	17.00	212.91
2006	11.640	6.40	155.00	37.2100	19.32	282.53	45.9900	19.340	251.11	29.5700	23.94	498.09	19.6800	17.16	282.90
合计	116.136	60.16	2367.98	290.4683	195.77	4485.41	315.5209	229.848	8588.62	320.5109	196.81	6460.20	192.9977	189.37	6081.88

表 8-3-2-154

2007—2010年北三河处河道工程维修费统计表

单位：万元

区（县）	2007年 日常	费用	2007年 专项 项目	2008年 日常	费用	2008年 专项 项目	2009年 日常	费用	2009年 专项 项目	2010年 日常	费用	2010年 专项 项目
蓟县	24.70	282.73	州河右堤康各村应工维修加固 83.80 万元；杨津庄闸管理站房屋维修 23.93 万元；沟河西会段应急度汛加固 90.00 万元；州河康各村险工应急度汛加固 85.00 万元	115.5424	329	蓟运河左堤甘八里段灌浆加固 57.6 万元；州河右堤下游段堤顶复堤工程 71.4 万元；州河桥头段应急度汛工程 50.0 万元；沟河段庄段应急度汛工程 150.0 万元	131.4530	300	蓟运河左堤承安段灌浆工程 48 万元；沟河左堤宋庄段维修加固工程 91 万元；沟河左岸大平安应急度汛工程 67 万元；青甸洼定福庄闸应急度汛工程 45 万元；青淀洼张庄子闸应急度汛工程 49 万元	132.226	514.0	蓟运河左堤南石至甘八里灌浆工程 38.5 万元；沟河左堤桑梓至栗庄子堤顶整修工程 123.3 万元；青甸洼秦庄子闸重建工程 126.0 万元；沟河右岸小平安段挡墙工程 86.0 万元；兰泉河右岸小保安镇至水安庄堤顶整修工程 140.2 万元
宝坻	137.04	200.00	潮白新河左堤灌浆加固 60.00 万元；张头窝扬水站进水闸及泄水闸应急度汛加固 140.00 万元	121.2474	302.8	马营闸变压器、电气设备更新 125.2 万元；蓟运河红鞘段应急度汛工程 60.0 万元；青龙湾减河右堤 35+800～38+200 段复堤 117.6 万元	141.8930	460	蓟运河垫区宋家铺段应急度汛工程 120 万元；蓟运河右堤李家口南段应急度汛工程 150 万元；潮白新河右堤 35+500～40+500 段灌浆加固工程 64 万元；潮白新河左堤东白闸应急度汛工程 126 万元	142.634	289.0	三岔口闸交通桥引道修复工程 34.0 万元；潮白新河左堤 8+300～13+300 段加固工程 64.0 万元；蓟运河右堤九王庄险工护砌工程 191.0 万元

续表

区(县)	2007年 日常	2007年 费用	2007年 专项项目	2008年 日常	2008年 费用	2008年 专项项目	2009年 日常	2009年 费用	2009年 专项项目	2010年 日常	2010年 费用	2010年 专项项目
武清	157.34	80.00	青龙湾减河右堤复堤80.00万元	147.0634	118.4	青龙湾减河右堤复堤顶硬化118.4万元	160.8417	183	北运河筐儿港枢纽板电器设备及配电室改造工程88万元；武清区北京排污河右堤应急度汛复堤工程95万元	162.261	321.8	北运河中丰庄险工治理工程213.6万元；武清区青龙湾减河右堤（5+900~8+900段）堤顶硬化工程108.2万元
宁河	83.01	207.80	蓟运河于台段维修加固67.80万元；俵口闸应急度汛加固140.00万元	135.9022	187.1	蓟运河于台段堤防护砌工程42.1万元；蓟运河南湖村段堤防护砌工程105.0万元；船沽闸应急度汛工程40.0万元	143.0597	240	蓟运河左堤（0+000~0+150段）刘庄段护砌工程40万元；蓟运河右堤（0+000~0+620）曹庄段护砌工程200万元	144.546	454.0	蓟运河右堤张辛庄东段加固工程150.0万元；北京排污河左堤75+000~75+500段护砌工程185.0万元；蓟运河右堤西孟段险工护砌工程119.0万元
汉沽	19.49	252.42	蓟运河桥沽、后沽段维修加固62.42万元；蓟运河汉沽区段应急度汛加固190.00万元	17.0730	228.4	蓟运河芦前险工段（1+729~1+949段）治理58.4万元；蓟运河右堤9+588~10+588段应急度汛工程170.0万元	18.2417	328	蓟运河右堤西孟段堤防加固工程188万元；蓟运河汉沽区圈段应急度汛工程140万元	19.233		
总计	421.58	1022.95		536.8284	1165.7		595.4891	1511		600.900	1578.8	

（二）堤防绿化

北运河堤防绿化采取逐年按区（县）管辖的堤段核定指标，下达绿化任务，同时做好砍伐更新段的植树绿化，管理方式：由区（县）水利局河道所负责管理，采用承包的方式，任务下达到承包人，包栽保活。

至 2009 年 6 月，北三河处完成所辖北运河河道堤防绿化总长度 106.6 千米，栽植树木 169390 株；北京排污河河道堤防绿化总长度 151.6 千米，栽植树木 235526 株。

2010 年春，北辰区双街镇政府结合实施小街村旧村改造规划，拟对北运河 47＋850～48＋550 段堤防进行树木更新植树绿化，该段堤林树龄较长，枯死、老化树木较多。永定河处向市水务局上报《关于北辰区双街镇北运河 47＋850～48＋550 段林木采伐的请示》。市林业局于 2010 年 1 月 22 日对该段堤防林木砍伐发放了林木采伐许可证，证号为 2010 采字第 27 号，同意对堤防林木进行砍伐更新。砍伐更新量为：共砍伐榆树 915 株，并于 2010 年 4 月对该段进行了补栽，共栽种 107 速生杨 1638 株，堤防绿化 1400 米，绿化面积 11900 平方米。

二、闸站运行管理

1991—2006 年，马营节制闸、山下屯闸、杨津庄闸、三岔口闸隶属引滦工程处管辖，纳入专项考核，其余水闸，依所坐落位置由所在区（县）水利局负责日常运行与维修养护，其费用每年由市局工管处直接下达。2007 年 4 座闸由北三河处管理为直管闸站，对管理用房进行维修改造。2008 年完成 4 座露天闸室封闭，马营闸完成变压器、开关柜更新、栏杆更新，并对闸上 6 台启闭机组进行了除锈刷漆。同时通过对马营节制闸启闭运用调整，利用该闸优越位置拦水蓄水，以满足沿河村镇农业用水。

截至 2010 年，北三河处直管水闸 36 座，见表 8-3-2-155。

三、取排水口门管理

截至 2009 年 3 月，北三河取排水（污）口门 981 座，其中蓟运河系 419 座，潮白河系 321 座，北运河系 241 座。涉及 80 多个乡（镇），640 多个自然村，是河道堤防安全管理的重要组成部分。在上述各类穿堤建筑中，由于建设年代久远，管理不规范，年久失修，口门运用基本是地方自主控制，险工较多，给河道管理、行洪安全以及水污染防治等带来了严重影响。

为加强口门的运行管理，2008 年 10 月至 2009 年 7 月，对所辖排水（污）口门进行调查，逐一登记、照相，并和地方村镇各级政府进行认定、盖章，签署了口门管理责任书。

四、水功能区确界立碑

2008 年 11 月至 2009 年 4 月，按照市水利局要求，对所辖 9 条一级河道水功能区确界立碑工作，完成北三河立碑 43 座（表 8-3-2-156）。

表8-3-2-155　　北三河处直管水闸

序号	河道名称	闸涵名称	所在区（县）	设计流量/立方米每秒	孔数	闸室结构及闸门型式	建成时间	现　状	备注
1	泃河	邵庄子闸	蓟县	300	2	钢弧门	1955年秋	经两次大修，启闭设备笨重	
2		南周庄闸		150	3	钢筋混凝土平板	1957年春	设备老化，不能保证启闭自如	
3		红旗庄拦河闸		350	25	直升钢闸门	1983年7月	设备老化，基本可以保证启闭自如	
4		辛童闸		250	6	钢平板	1973年6月	设备老化，急需维修，1976年地震造成闸室错位，不能保证闸门启闭自如	
5		三岔口闸	宝坻	250	3	升卧式	1983年9月	设备运行良好，可以保证闸门启闭自如，管理到位	处直属
6	州河	山下屯节制闸	蓟县	200	6	直升	1975年7月	设备运行良好，可以保证闸门启闭自如，管理到位	
7		杨津庄闸		400	5	弧形	1978年7月	设备运行良好，可以保证闸门启闭自如，管理到位	
8	还乡河	丰北闸	宁河	80	1	钢筋混凝土平板	1975年7月	闸门启闭自如	
9	新河	魏甸闸		150	6	钢筋混凝土箱涵	1973年12月	设备运行良好，可以保证闸门启闭自如，管理到位	
10	蓟运河	张头窝退水闸	宝坻	500	6	滑动式平板钢闸门、滚摆式	1974年改建	设备运行良好，基本可以保证闸门启闭自如，管理到位	处直属
11		马营闸		500	6	滑动式平板钢门	1979年10月	设备运行良好，可以保证闸门启闭自如，管理到位	
12	青龙湾减河	狼儿窝分洪闸	武清	430	7	钢筋混凝土拱形直升门	1972年11月	设备运行良好，管理到位，具有自记设备	
13	曾口河	俵口闸［蓟］		60	3	钢筋混凝土开敞	1972年	混凝土闸门破损严重，漏水、闸室、翼墙、护坡、机架桥均损坏严重，机电设备老化	两边孔堵闭
14		船沽闸［潮］		40	1	钢筋混凝土开敞	1988年9月	闸门钢结构锈蚀严重，挡水墙、护坡均不同程度损坏，机电设备老化	
15	卫星引河	孟庄闸［蓟］	宁河	60	1	钢筋混凝土开敞	1975年1月	设备良好，基本可以保证闸门启闭自如	
16		东台庄闸［潮］		60	1	钢筋混凝土开敞	1975年3月	闸门钢结构腐蚀严重，挡水墙、护坡均不同程度损坏，机电设备老化	2003年出现启闭事故
17	西关引河	西关引河闸［蓟］		60	1	钢筋混凝土开敞	1977年	设备良好，基本可以保证闸门启闭自如	
18		张老仁庄闸［潮］		60	3	钢筋混凝土箱涵	1972年5月	设备良好，基本可以保证闸门启闭自如	两边孔堵闭

续表

序号	河道名称	闸涵名称	所在区(县)	设计流量/立方米每秒	孔数	闸室结构及闸门型式	建成时间	现　　状	备注
19		里自沽节制闸		2100	8	升卧式平板钢门	1978年7月	设备良好、管理到位、闸门启闭自如	
20		黄庄洼分洪闸	宝坻	1360	13	弧形钢筋混凝土闸门	1972年11月	设备良好、闸门启闭自如	
21		黄庄洼退水闸		110	5	滑动式平板钢闸门	1972年5月	设备良好、闸门启闭自如	有一孔封堵
22	潮白新河	十四户放淤闸		50	3	钢筋混凝土平板门开敞		闸门老化、不能保证启闭自如、无管理用房	
23		淮淀闸	宁河	200	3	钢筋混凝土平板开敞	1972年10月	设备老化、闸门可以保证启闭自如	
24		乐善闸		200	3	钢筋混凝土平板开敞	1972年10月	设备老化、闸门基本可以保证启闭自如	
25		里老闸节制闸		50	4	钢筋混凝土平板直升门	1971年建	设备良好、闸门基本启闭自如	
26	北京排污河	大南官节制闸		256	10	钢筋混凝土平板直升门	1972年10月	设备良好、闸门运行正常	
27		大三庄节制闸	武清	268	12	钢筋混凝土平板直升门	1971年8月	设备良好、闸门运行正常	
28		北排河防潮闸		325	6	升卧式钢门	1972年10月	设备良好、管理到位闸门运行正常	
29		新建秦营闸		50	3	铸铁闸门	2004年重建	设备良好、闸门基本启闭自如	
30		新三孔闸		86	3	升卧式钢门	1972年5月	设备良好、闸门运行正常	
31		老木店节制闸		160	7	边孔直升钢门、中孔升卧钢门	1972年9月	设备良好、闸门运行正常	
32	北运河	穿北运河倒虹	武清	50	2	钢直升门	1970年6月	设备良好、闸门运行正常	
33		筐儿港节制闸(六孔拦河闸)		65	6	钢筋混凝土平板直升门	1960年1月	设备良好、闸门运行正常	
34		筐儿港分洪闸(十六孔分洪闸)		256	16	钢筋混凝土平板直升门	1960年6月	设备良好、闸门运行正常	
35		龙凤新河分洪闸(十一孔分洪闸)		237	11	钢梁木板直升门	1960年1月	设备良好、闸门运行正常	
36		龙凤节制闸		86	3	升卧式钢门	1972年5月	设备良好、闸门运行正常	

表 8－3－2－156　　　　　　　　　　水功能区确界立碑统计

序号	所在区（县）	河系	左右堤	指定位置	立　碑　地　点
1	宝坻	蓟运河	右堤	九王庄	距马营闸 1000 米处（上游）
2			右堤	新安镇	距新安镇 60 米处
3	宁河		右堤	江洼口	距耀发福利轧花厂 12 米处
4			右堤	洛坡汀	距江洼口大桥 14 米处（下游）
5			右堤	宁河镇	距西关闸 18 米处（下游）
6			左堤	闫庄桥下	距津榆大桥 500 米处（上游）
7			右堤	芦台大桥	距芦台大桥 30 米处（下游）
8			右堤	津芦南线桥	距津芦大桥 18 米处（上游）
9	汉沽		右堤	汉沽大桥	距汉沽大桥 10 米处（下游）
10			右堤	蓟运河闸上	蓟运河闸上 500 米处
11	宁河	还乡新河	左堤	板桥	距板桥 15 米处（下游）
12			右堤	丰北闸	距丰北闸 20 米处（下游）
13	武清	北运河	左堤	南蔡村	南蔡村桥与左堤交口处（下游）
14			左堤	八孔闸	十六孔分洪闸左侧 15 米处
15			左堤	八孔闸	十一孔分洪闸右侧 50 米处
16			右堤	南环线桥	杨村南环桥与右堤交口处下游侧
17	武清	北京排污河	右堤	里老闸	里老闸右侧 10 米处
18			左堤	大孟庄闸	大孟庄杨店桥与左堤交口处（下游）
19			右堤	大南宫桥	大南宫闸右侧
20			右堤	京津路桥	京津公路桥与右堤交口处（上游）
21	宝坻		左堤	津围路桥	津围公路桥与左堤交口处（上游）
22				防潮闸	防潮闸上游 40 米处
23	宝坻	潮白新河	左堤	朱刘庄闸	距朱刘庄闸下游 30 米处
24				津围公路桥	距津围公路桥 15 米处
25				黄庄洼分洪闸	距黄庄分洪闸 30 米处
26				里自沽桥	里自沽闸
27				里自沽桥	距里自沽桥 5 米处
28				津榆公路桥	距津榆公路上游 50 米处
29	塘沽			于家岭大桥	于家岭大桥上游 50 米处
30				宁车沽闸上	宁车沽闸上 300 米处
31	宝坻	引沟入潮	左堤	黄家集大桥	黄家集扬水站上游 100 米处
32				朱刘庄闸	朱刘庄闸上游 100 米处
33	蓟县	州河	右堤	山下屯闸	山下屯闸上游 30 米处
34			左堤	杨津庄闸	杨津庄桥木材厂墙处
35			右堤	嘴头桥	嘴头村南公路边
36	蓟县	沟河	左堤	南周庄	南周庄扬水站墙外
37			右堤	三岔口	三岔口桥下游 10 米处
38			右堤	西四庄	西四庄村外
39			右堤	张古庄	张古庄村

序号	所在区（县）	河系	左右堤	指定位置	立 碑 地 点
40				大口屯	庞家湾扬水站
41	宝坻	青龙湾减河	左堤	津围公路	津围公路桥上游 5 米处
42				入潮口	宝白公路桥下游 10 米处
43			右堤	入潮口	入潮口

第三节 永定河河系管理

永定河河系由永定河、永定新河组成。

1991—2006 年，市水利局河闸总所负责直属金钟河闸、大张庄闸、宁车沽闸、蓟运河闸、海河二道闸、耳闸、九宣闸、低水闸（含上改道闸）、芦新河泵站等控制工程的管理，并设置管理机构；河道堤防委托相关区（县）管理，对区（县）受委托单位的工程设施运行、工程投资以及日常维护和管理经费等进行监管。2006 年 12 月成立天津市永定河管理处（简称永定河处），于 2007 年 6 月挂牌并与河闸总所办理移交工作。从此，永定河处作为永定河河系的管理单位，直管永定河和永定新河 2 条一级河道和相关控制工程，并承担着管理法人职责。对部分河段和闸站委托有关区（县）管理，永定河处对其管理工作进行指导和监督以及考核。2010 年 12 月接管永定新河防潮闸。

一、河道及堤防管理

（一）河道治理

1971 年，永定新河投入运行后，上游来水量较少，河道长期受渤海潮汐控制，海水挟沙量大，致使河道严重淤积，1971—1986 年，淤积河段长达 44 千米，淤积总量达 2100 万立方米。行洪能力大幅降低，由原设计流量 1400 立方米每秒降至 600 立方米每秒。1986—2005 年，市水利局对永定新河实施清淤工程。2007 年，启动了永定新河一期治理工程，建设防潮闸一座。治理后的永定新河设计标准为 4642 立方米每秒，校核 4820 立方米每秒。

（二）堤防治理

永定新河右堤是天津市区北部重要的防洪堤岸。堤防土体多由粉土和粉质黏土组成，且有细沙层分布，透水性强，在高水位运行下可造成渗透而破坏堤防。同时，堤防高程普遍不足，并经多年运行，年久失修，险工险段较多。因此，结合天津市城区防洪圈的建设，1998—2005 年，对永定河泛区和永定新河右堤进行治理。治理原则：对堤防高程不足部位采取新建路及浆砌防浪墙，使其满足防洪要求；对堤身薄弱处采取水泥搅拌桩防渗加固，对迎水坡上部采用混凝土框格，下部浆砌石护砌；堤顶新建及修复混凝土路面，对 46＋300～53＋300 段长 7 千米无堤段采取全断面复堤等。完成土方填筑 149.66 万立方米、石方 12.44 万立方米、混凝土 14.45 万立方米。工程的实施保证了城市防洪安全。

（三）堤防日常及专项维修养护管理

2007 年以前，堤防日常及专项维修养护管理一直延续天津市水利局委托有关区（县）水利（水务）局管理的基本模式。以地方行政区区界划分堤防管理范围，有关区（县）水利（水务）局河道管理所负责实施日常维修养护工作。其管理经费依据实际需要，逐年编报日常及专项工程项目，资金由市水利（水务）局按批复计划直接划入各区（县）水利（水务）局。局工管处、河闸总所负责对各条河道堤防、闸涵的日常及专项工程施工、验收、考核监管工作。

2007 年，水利工程管理体制改革以后，永定河处作为永定河河系管理单位，根据有关规定对所属河道工程项目工程计划，进行审核后汇总上报市水利局工管处，局工管处经平衡按日常养护费和专项维修费批复，由河系处向河系相关区（县）河道管理单位下达年度任务和资金。并对计划的执行情况进行检查和考核。

2009 年，按照工程类别制定了《河道堤防管理办法（试行）》，为工程管理规范化提供指导。

2010 年年初，重新修订了《永定河管理处工程管理考核办法》和《永定河管理处河道工程管理考核评分标准》，为以考核促管理奠定了基础。同时，设置了巡更点 65 个，全面覆盖了永定河道堤防。

相关区（县）河道日常巡视检查工作普遍落实到位，基本达到了"日巡查"要求，做到了及时发现问题及时处理，有效降低了违章、违法事件的发生概率。

（四）堤防绿化管理

河道堤防绿化管理。河道堤防绿化管理是河道管理的一项重要内容。1991—2010 年，河道堤防绿化工作以因地制宜、因害设防、突出重点，实行乔、灌结合，建立多品种、多层次、迎河防浪、背河取材、防风固堤的防护体系为指导思想。

1996 年，市水利局下发了《关于开展全市水利系统绿化考核工作的通知》，明确了考核对象为管理单位及局属各水利工程管理单位。考核内容：行洪河道堤防、市水利局直属的水库堤坝绿化及管理单位庭院绿化。定于每年 6 月到年底为考核时间；7 月、8 月对绿化任务完成情况进行自查并向市水利局上报自查报告。

1999 年，将城市防洪圈堤防绿化工程列为天津市绿化重点工程。为保证天津市城市防洪堤绿化重点工程任务的完成，加强绿化资金管理，市水利局制定了《绿化资金管理办法》。办法明确从 1999 年（包括 1999 年）3 年绿化计划。至 2001 年全河系基本完成了堤防绿化任务。

1991—2008 年全河系种植乔灌果树 72.94 万株，其中永定河 13.87 万株，永定新河 59.07 万株。2008 年完成可绿化堤防绿化率 100%。2008 年以后的主要任务以后期管理和树木更新为主。2009 年年初，永定河处编制了永定河系堤防绿化规划，并于 3 月 31 日出台了《永定河管理处堤防绿化管理办法》，规定了对堤防树木的栽植、砍伐、技术标准、监督管理等。

二、涉河建设项目管理

涉河建设项目严格按照市水利局《关于下发天津市市管河道管理范围内建设项目内部管理程序的通知》及《关于局直属河道管理处和区县河道管理所管理分工职责的通知》。明确监督管理职责，规范管理程序。加强现场管理，严格落实施工前与施工所在区（县）河道所、直属河道所共同开工放线，施工监管，竣工后及时组织验收，确保工程建设和河道管理与防汛安全兼顾。2010年5月，按照市防办《关于进一步开展2010年在建涉河建设项目安全度汛检查的通知》，编制了《在建涉河建设项目应急度汛预案编制大纲》并下发到各施工单位，截至5月31日，各项目《应急度汛预案》全部编制完成并报管理处审查。7月2日，组成涉河建设项目安全度汛检查组，对在建的中央大道跨永定新河桥、塘汉快速路跨永定新河桥、津秦客专跨永定新河桥、津宁高速公路跨永定新河桥、津芦公路永定新河桥、112国道跨永定河及泛区的28标和30标等重点的在建建设项目进行了安全度汛检查。

2000年、2007—2010年永定河处监管涉河建设项目21项。其中永定新河17项：临时破口1项、电力线路2项、气管线2项、油管线1项、热力管线1项、泵站1项、水管线1项、桥梁6项、风力发电1项、地方治理1项；永定河4项：桥梁3项、通信线路1项。

三、闸站运行管理

（一）直属水闸、泵站管理

1991年，按照水利部规定标准，修订了闸门启闭运用管理、闸门、机械设备、电气设备和观测仪器维护保养5项制度，水工建筑物观测、水闸冰冻期运行、柴油发电机使用维护和河道疏浚4项规定，维修工程管理、承包和考核评比3项办法，闸站防汛和破坏性地震2项应急预案，观测资料整编要求等15项有关规定。

1996年，为巩固管理规范化取得的成果，把管理工作引向深入，河闸总所自加压力，确定为闸站工程规范管理年。树立金钟河闸为工程规范化管理样板闸，内学金钟河闸，外学北京市水利局北运河管理所榆林庄闸，在金钟河闸召开"水闸管理规范化"现场会，研讨深化岗位责任制和全面提高闸站管理水平的措施和办法，层层签订《工作目标责任书》，并将工作任务指标量化。

2010年，永定新河防潮闸建成交付与建设单位办理了接管手续。在日常管理工作中严格按照《水闸工程运行管理办法（试行）》《芦新河泵站运行管理办法（试行）》（简称《办法》）进行管理，重新修订了各类工程设施的考核标准，通过月、季、年考核的方法，以考核促管理深入，以考核促水平提高。水闸的日常管理，实行了"日清扫、旬擦拭、月观测、季检修"的规范化管理模式。在运行上，泵站推行了"一日工作法"，规范了操作流程，操作用语。

1. 日常及专项维修养护

1991—2010年直属闸站日常专项维修和清淤投资情况见表8-3-3-157。

表8-3-3-157 **1991—2010年直属闸站日常专项维修和清淤投资情况** 单位：万元

年份	蓟运河闸		宁车沽闸		金钟河闸		大张庄闸		芦新河泵站	
	专项维修	清淤	专项维修	清淤	专项维修	清淤	专项维修	清淤	专项维修	清淤
1991	74.54	0	26.33	0	230.23	93.08	7.01	0	34.96	0
1992	65.73	30.07	21.99	4.00	19.09	8.00	3.34	0	36.90	0

年份	蓟运河闸		宁车沽闸		金钟河闸		大张庄闸		芦新河泵站	
	专项维修	清淤	专项维修	清淤	专项维修	清淤	专项维修	清淤	专项维修	清淤
1993	38.27	18.56	99.46	64.24	42.84	11.26	8.10	0	38.38	0
1994	83.52	17.50	61.21	18.90	50.92	15.05	154.29	0	53.19	0
1995	41.39	24.00	48.52	13.30	40.70	12.35	176.78	0	94.62	0
1996	82.83	30.00	80.50	15.00	35.74	25.80	6.14	0	93.48	0
1997	344.81	84.00	248.76	104.30	10.56	20.00	10.96	0	102.80	0
1998	428.81	60.95	39.34	39.26	27.68	49.79	15.17	0	8.06	0
1999	563.21	38.07	36.07	36.15	35.85	25.78	15.87	0	69.96	0
2000	64.95	42.00	72.50	48.90	65.04	0	19.96	0	30.14	0
2001	14.40	29.30	7.50	120.07	8.20	0	6.72	0	16.84	0
2002	23.59	100	22.94	0	7.94	0	7.87	0	3.00	0
2003	37.40	83.20	21.56	0	6.40	0	49.60	0	39.80	0
2004	33.78	69.81	18.02	0	50.64	0	8.17	0	43.50	0
2005	40.36	80.28	36.59	0	26.88	0	28.74	0	68.39	0
2006	124.11	10.96	0	0	0	0	0	0	20.95	0
2007	0	20.10	0	29.90	0	0	0	0	0	0
2008	0	30.27	0	39.44	0	0	0	0	0	0
2009	15.00	0	41.80	170.00	21.60	4.30	22.90	0	0	0
2010	36.00	0	86.50	0	15.00	4.30	23.00	0	0	0
合计	2112.70	769.07	969.59	703.46	695.31	269.71	564.62	0	754.97	0

2. 宁车沽闸除险加固

天津市宁车沽闸（原称宁车沽防潮闸）位于塘沽区宁车沽村西，潮白新河尾闾入永定新河处，1971年7月建成，由河北省设计院设计，廊坊地区海河工程指挥部施工，1974年移交天津市管理。该闸的主要功能为拦潮、蓄淡、泄洪、排涝、供两岸工农业用水。设计流量为2100立方米每秒，校核流量为3060立方米每秒，共22孔，过流20孔，开敞式闸室，分离式底板灌注桩基础。闸孔净宽8米，闸墩厚1.1米，闸室总宽199.1米，闸室长24米，上、下游侧设有交通桥和检修桥，桥面高程5.6米，交通桥桥面宽7米。防潮闸由于长期在海洋及盐雾环境下运行，加之1976年唐山地震破坏，水闸存在诸多安全隐患，水利部天津水利水电测设计研究院于1997年对该闸做了全面的质量检测，2000年6月，市水利局组织专家组对水闸进行了安全鉴定。经鉴定水闸安全类别评定为三类，需要进行除险加固。

2000年7月，市水利局下达《关于天津市潮白新河宁车沽防潮闸加固工程施工设计方案的批复》。2002年6月市水利局和市财政局联合下发《关于下达2002年天津市潮白新河宁车沽防潮闸加固工程投资计划的通知》对工程下达投资计划6067万元，资金来源为中央预算内专项资金（国债）2000万元，市水利建设资金731万元，市财政专项资金146.17万元，贷款3189.83万元。

建设内容包括将原闸拆除至底板，接长墩底板，增加灌注桩；闸室上、下游增设旋喷桩防渗墙；工作桥、交通桥改建；机电设备及金属结构设备更新；改建控制楼及增加轻型启闭机房；对闸上1200米及闸上300米全断面清淤；闸室上游浆砌石护坡翻修；新建管理用房。完成主要工程量：土方填筑6820立方米，混凝土浇筑1344立方米，浆砌石5200立方米。

2002年9月21日开工，2003年主汛期前具备通水条件，2006年11月9日竣工验收。同时，更名为宁车沽闸。

3. 蓟运河闸除险加固

蓟运河闸（原称蓟运河防潮闸）位于塘沽区北塘镇北，蓟运河入永定新河汇流处，主要功能是挡潮蓄淡，泄洪排沥。该闸始建于1973年，为河床式水闸，过流孔12孔，设计流量1200立方米每秒。1976年遭到唐山大地震的破坏，造成地面裂缝、桥头堡严重倾斜等，后经多年运用，工程趋于老化。2000年6月市水利局组织专家组对水闸进行了安全鉴定。经鉴定水闸安全类别评定为三类，需要进行除险加固。

2007年7月，市水利局下达《关于蓟运河防潮闸除险加固工程初步设计的批复》。2008年9月市发展改革委下达《蓟运河防潮闸除险加固工程初步设计的批复》。2008年11月，市发展改革委、市水利局以《关于下达江河治理项目2008年新增中央投资预算内投资计划的通知》下达该闸加固工程2008年投资计划6240万元，资金来源为中央预算内投资2000万元，地方投资4240万元。

工程主要建设内容包括：拆除并新建闸体，对上游防渗铺盖和下游消力池底板及上下游翼墙拆除重建，增设启闭机房，重建控制楼以及更新启闭设备和金属结构等。工程建设总工期13个月。闸上设计水位2.39米，闸下设计水位2.23米，设计流量1300立方米每秒，蓟运河闸为Ⅱ等工程。主要建筑物为2级，次要建筑物为3级。蓟运河闸共12孔，两边孔闸门为单扇闸门；中间10孔为上、下扉门；中间10孔下闸门采用2×400千牛固定卷扬式启闭机，每台启闭机设两台电机；两边孔和中10孔上闸门采用2×160千牛固定卷扬式启闭机，每台启闭机设两台电机，上游检修闸门和下游检修闸门启闭设备均为2×100千牛电动葫芦，通过2×100千牛自动抓梁进行操作。

2008年10月28日开工，2010年5月13日完成主体工程验收，2011年6月24日完成竣工验收。

4. 闸站绿化

2002年，各闸站绿化工作在保持已有绿化成果的基础上，进行更新品种，清理病虫害及枯老树木，适量栽植盆栽花卉，加强打药除虫和新树浇水等经常化管理，以增加环境美化效果。

1991—2006 年永定河系闸站绿化（美化）完成情况见表 8-3-3-158。

表 8-3-3-158　**1991—2006 年永定河系闸站绿化（美化）完成情况**

年份	蓟运河闸			宁车沽闸			金钟河闸			大张庄闸			芦新河闸		
	乔果/株	卉篱/株	草坪/平方米	乔果/株	卉篱/株	草坪/平方米	乔果/株	卉篱/株	草坪/平方米	乔果/株	卉篱/株	草坪/平方米	乔果/株	卉篱/株	草坪/平方米
1991—1996	232	370	80	451	103	232	157	141	160	433	533	250	347	56	1580
1997	232	370	80	451	95	232	193	141	160	433	535	250	347	56	1500
1998	70			100			25			180			5		
1999		300		100			99			50			83		
2000	110			250			50			150					
2001	15			5000			35			12		100			
2002	107			400			30				86		32		
2003	140	50	30				36			18	280		44		
2004	90			1200						1460			25		
2005	63			120									20		
2006	42			55									10		
合计	1101	1090	190	8127	198	464	625	282	320	1276	1434	600	883	142	3080

（二）流域直属屈家店枢纽管理

屈家店闸水利枢纽位于天津市北辰区，为永定河尾闾与北运河汇合和永定新河起点处，距北运河筐儿港枢纽 22.5 千米、距永定新河入海口 62 千米。该枢纽包括北运河节制闸、新引河进洪闸和永定新河进洪闸。

永定新河进洪闸始建于 1969 年，1999 年改建。隶属海河下游局管理，屈家店闸管理处为枢纽管理单位，负责日常管理工作，负有管理法人资格。

1. 确权划界

2006 年年底，完成所属工程管理范围的土地权属确认、勘测定界及部分界桩埋设工作，划界确权范围为永定新河进洪闸下游 600 米、新引河进洪闸下游 600 米，枢纽上游 400 米，划界确权面积 38.685 公顷，均已取得土地使用证。

2. 水利工程管理体制改革

2006 年 12 月 8 日，下游局水管体制改革工作通过海委总结验收。2007 年屈家店闸管理处全面完成单位定性、定责、人员定编、定员、定岗，工程管理养护全部实现了管养分离的管理模式。

历年岁修及管理养护经费完成情况：1982—2006 年，岁修经费 575.17 万元，2007—2010 年养护专项工程 45.3 万元，1996 年、2005 年、2007 年除险加固工程投资 47 万元。

3. 除险加固工程

20 世纪 90 年代末，下游局相继对北运河节制闸、新引河进洪闸和永定新河进洪闸实施除险加固，其防洪减灾效益得以进一步发挥。

（1）北运河节制闸改建工程。北运河节制闸建于 1932 年 5 月，主要功能为汛期控制永定河、北运河洪水进入海河，是天津市重点防汛工程之一。该闸原设计泄洪能力为 400 立方米每秒，分 6 孔，每孔净宽 5.8 米，闸室总宽 44 米。闸墩上下游侧分别设机架桥、交通桥。闸底板、闸墩、边墩、翼墙均为素混凝土结构，机架桥及交通桥均为钢筋混凝土结构。闸基础采用木桩基础，闸门为双扉平板钢闸门，闸下游设框格式消力池。

该闸经多年运用，严重老化，特别是 1976 年唐山地震致使运用工况改变，闸体结构损坏严重，直接威胁到天津市的防洪安全。为此，下游局委托水利部天津水利水电勘测设计研究院编制了屈家店北运河节制闸改建工程初步设计报告，并上报海委。1990 年 5 月，海委组织对该报告进行审查，并以《关于屈家店北运河节制闸改建工程初步设计的审查意见》批准了初步设计，批复工程总投资 520 万元。工程主要建设内容包括：金属结构及机电设备拆除，原闸室顶面以上的中墩、梯形小堰及其上部交通桥、启闭排架柱、机架桥等结构全部拆除，左、右岸边墩和上、下游翼墙部分拆除；实施基础灌注桩、闸室段和闸下消能设施建设，进行金属结构制作和机电设备安装。

按照海委下发的《关于屈家店北运河节制闸改建工程初步设计的审查意见》文件精神，改建工程在 1990 年 8 月下旬开工，次年 7 月下旬完成主体工程，节制闸具备启闭过水条件，1991 年年底如期完工。

（2）新引河进洪闸改建工程。该闸始建于 1932 年，经过长期运用，混凝土碳化破损严重，闸室破裂并出现不均匀沉降，闸门启闭机运转不灵，消能设施不能满足泄洪要求。为了安全宣泄永定河洪水，必须对该闸进行改建。

1995 年，经水利部《关于屈家店新引河进洪闸改建工程初步设计的批复》，批复概算投资 1394 万元。工程建设主要内容包括：旧闸拆除，保留闸底板、边墙，在原址建新闸。新闸底板接触灌浆、中墩、边墩、翼墙、消力池、海漫防冲槽和闸下游两岸浆砌石护坡，金属结构及机电制作安装，管理设施完善等。改建后的新引河进洪闸为 4 孔，每孔净宽 9.0 米，底板顶高程 -0.23 米（56 黄海高程），基础为直径 85 厘米的混凝土灌注桩，入土深度 15 米，闸室设平板定轮工作闸门，柱塞液压启闭机。

鉴于该闸在天津城市防洪中的重要地位，其建筑物设计为一级。50 年一遇设计泄量为 380 立方米每秒，百年一遇校核泄量为 480 立方米每秒，闸室下设二级消力池，公路桥宽 9.0 米，按汽-20、挂-100 设计。

工程建设单位为海河下游管理局，天津市水利工程有限公司等单位参与施工，工程于 1994 年 12 月开工，1995 年 6 月主体工程通过阶段性验收，1995 年年底竣工。该工程概算后经水利部《关于屈家店枢纽新引河进洪闸改建工程调整概算的批复》，调整为 1949 万元。

（3）永定新河进洪闸除险加固工程。永定新河进洪闸是永定新河的起点，同时是屈家店枢纽的关键性控制工程，其主要功能是宣泄永定河泛区洪水入海和上游排沥以及挡潮蓄淡。始建于

1968 年，为 11 孔，单孔净宽 10 米，设计泄洪流量 1020 立方米每秒，校核行洪流量 1320 立方米每秒。闸室为分离式底板，灌注桩基础，升卧式平板钢闸门，卷扬机启闭，下游采用消力池消能。

受当时条件局限，一些建筑物未能按设计图纸施工，工程先天不足。加之 1976 年遭遇唐山地震，造成严重破损，对天津市防洪安全构成严重威胁。

1998 年 11 月，专家组鉴定认为，该闸主要存在以下问题：闸体沉降约 1.1 米；闸室不稳定；混凝土结构腐蚀与碳化严重；闸门及门槽锈蚀严重；启闭机、电气设备老化；管护设施落后。专家组根据部颁标准，确认该闸属于三类闸，建议尽快进行除险加固。

为此，下游局委托天津水利水电勘测设计院编制了屈家店枢纽永定新河进洪闸除险加固工程初步设计报告并上报海委。1999 年 11 月，水利部组织对该报告进行初步设计审查，并以《关于屈家店枢纽永定新河进洪闸除险加固工程初步设计报告的批复》，批复工程投资 3536.60 万元。经水利部批准，实行建设项目法人责任制、公开招投标制、建设监理制和合同管理制的委属重点防洪工程项目。

该闸原设计为三级建筑物，根据除险加固初步设计审查意见，工程等级确定为一级，除险加固主要内容包括：拆除原腐蚀破损的闸墩、边墩、高翼墙及工作桥和交通桥，保留原有底板、灌注桩基础、上游钢筋混凝土防渗铺盖、下游消力池及河床护底。根据闸室稳定要求，向上游侧接长底板，其下补加 4 根钢筋混凝土灌注桩。工作闸门设在闸室上游侧，交通桥布置在下游侧，行车道宽 7.0 米，荷载标准为汽-20、拖-100。为节省投资，闸底板顶高程未恢复到原设计高程，仅上游侧工作门和检修门部位的底板抬高到 0.3 米高程。受原闸墩底板布置的限制，水闸的孔数（11 孔）和闸墩的位置与原设计相同。

根据对金属结构的鉴定结论，更换全部工作闸门和启闭设备，闸门改为直升式平板门，启闭采用固定式启闭机。更换用电设备和供电设施，对控制设施进行更新，实现双回路送电，配置闸门开度测量和水位自动测量系统。

该工程于 1999 年 6 月开工，2000 年 12 月竣工。

四、河口管理

2009 年 9 月，水利部《关于永定新河河口综合整治规划治导线调整报告的批复》对永定新河河口综合规划治导线进行了批复。调整后的永定新河河口治导线，在原规划指导线基础上将河口水域部分的治导线适当北移，右治导线自永定新河防潮闸右翼墙边缘开始，沿现有海挡岸线，经河北省水利厅拆船厂至塘沽第二拆船厂东北的码头处（X4327249，Y39564976，平面坐标系采用 1954 年北京坐标系，下同）向东偏南方向至闸下 7.46 千米处（X4326041，Y39568171），后以真北 114 度向外海延伸。左治导线自永定新河防潮闸至现状盐田边缘（X4329321，Y39563729）原规划治导线不变，其后以与右治导线相同的曲线向东偏南方向延伸至永定新河防潮闸下 6.70 千米（X4327594，Y39568862），与右治导线保持间距 1700 米，后平行右治导线向外海延伸。永定新河河口整治和开发工程建设均按照该治导线开展。

第四节　海河干流工程管理

海河主干河道是海河流域南运河、子牙河、大清河、永定河、北运河等五河汇流入海的尾闾河道。此节主要记述海河干流、新开河—金钟河、外环河工程管理。

1991—2006年，海河干流由河闸总所委托相关区（县）管理，对受委托单位工程设施运行、工程投资及日常维护和管理经费等进行监管。2006年12月，按照天津市水管体制改革方案，海河干流、外环河及新开河耳闸至橡胶坝段河道和耳闸、海河二道闸由海河处管理，橡胶坝至金钟河与永定新河汇流口河段（包括金钟河闸）由永定河处管理。部分河段和闸站委托有关区（县）代管，相关河系处对其管理工作进行指导、监督及考核。

一、河道管理

（一）海河干流管理

1. 海河干流河道管理

1998年，随着海河干流综合治理工程逐步分段完成，为加强治理后市区河道岸线管理，4月，市水利局组建了海河工程管理处和海河市区管理所（隶属市水利局河闸总所）。负责海河市区段日常管理工作，开展了对市区段河道进行详细调查，历时8个月，行程58.984千米，建立了北运河、子牙河、新开河、海河干流市区段4条行洪河道基本的基础档案资料。河道管理人员认真贯彻落实有关水事法规，建立并坚持每周三天堤防定期巡查制度，管理人员持证上岗，依法行政。

2004年2月，市水利局党委决定在河闸总所市区河道所的基础上，组建天津市水利局海河管理处，主动介入海河市区段堤岸日常管理。

2004年5月1日，海河堤岸改造一期市区景观岸线改造工程海河示范段完成，海河管理处相继办理了接管工作。同时向市民开放。为保证示范段5.34万平方米海河亲水平台及挡水墙、4200延米栏杆、2000多盏灯具、300多个座椅等设施完好及清洁。海河管理处实施了管养分离的管理模式，通过公开招标、签订合同等方式，选定具有相关资质的维护养护公司对海河堤岸设施和景观设施进行管理维修养护。编制了海河管理和养护技术规程、海河维修养护保洁定额，制定维护养护项目质量评定、检查监督、成本核算、经费管理等一系列配套规章制度，建立健全了日巡查、月考核等细则，以制度约束管理行为和规范操作程序。

2004年9月8日，市政府颁布《天津市人民政府关于加强海河环境管理的通告》，明确规定市水利局是海河河道管理的行政主管部门。

2005年，针对海河示范段设施丢失、损坏严重的问题，海河管理处筹资120余万元，建成了海河示范段智能化监控系统，分别在金钢桥、狮子林桥、金汤桥、北安桥安装了10个可旋转360度的摄像头，在沿岸设置了若干语音提示音箱和红外线探测器，对海河进行24小时实时监控。系统投入使用后大幅度提高了海河管理及时监控的效果，对维护海河示范段管理秩序、打击违法违规等破坏行为起到重要的震慑作用。当年监控系统发现、制止违法行为1364起，工程设施的丢失损坏和喷涂的现象大为减少，有效地维护了海河设施的安全。2006年，时任市长戴相龙在检查防汛工作时，对监控系统给予了高度的评价，要求进一步完善监控系统建设，实现管理的高水平。同年海河处接管海河干流示范段二期工程和慈航广场百米浮雕景观工程，9月30日介入海河右岸刘庄桥至台儿庄支路、大同道至彰德道两段工程的管理。是年，市水利局下达市区河道管理费70.3万元，通过招投标，确定河道养护保洁队伍，并与之签订《市区河道养护保洁管理协议书》。完善了河道管理人员《岗位责任制度》《堤防巡视检查制度》，加强对河道养护保洁工作的监督检查和考核。

2006年，市管水利工程管理体制改革方案批准后，12月31日，河闸总所负责的海河段和北运河、子牙河、新开河等市区段行洪河道管理工作全部交由天津市海河管理处（简称海河处）负责管理。

2009年10月31日，市城乡建设和交通委员会、市市容和园林管理委员会联合召开海河市区段沿线景观带绿化、设施和环卫保洁移交工作会议。会议确定从11月2日起，将从志成桥到海津大桥间的海河东路和海河西路围合的带状景观带54.4万平方米，其中包括绿地面积18.7万平方米、硬质铺装35.7万平方米（含亲水平台面积16.6万平方米，临河广场、临河步行街暂不含津湾广场和东站前广场），雕塑11个、栏杆22.8千米、座椅2147个；音乐、会师、天钢、思源广场、和平节点、耳闸公园6座公园（含公园内的所有雕塑、水景、座椅），面积14万平方米等景观带的绿化、环卫管理及景观带内商业经营和市容环境执法工作，按照行政区划，分别移交给市内六区政府。各区政府根据本区的实际情况，落实海河景观带的园林绿化、堤岸设施及环境卫生管理主体。按照市城乡建设和交通委员会、市市容和园林管理委员会《关于海河沿岸景观带绿化、设施和环卫保洁移交工作的会议纪要》精神，海河处不再对上述范围内的绿化、设施及环卫保洁等管理工作负责。

2. 堤防管理维修养护投资管理

海河干流河系堤防管理维修养护投资管理2007年以前一直延续市水利局委托各区（县）水利局管理的基本模式。河道以地方行政区界划分管理范围，各区（县）水利（水务）局由河道管理所负责实施日常维修养护工作。依据堤防行洪的实际需要，逐年编报日常及专项工程项目计划，经批准后资金由市水利（水务）局直接划入各区（县）水利（水务）局，按要求组织开展河道工程实施。局工管处、河闸总所负责行使对各条河道堤防、闸涵的日常及专项工程施工、验收、考核工作。

随着水利工程管理体制改革的实施到位，2007年海河处作为海河干流河系主要管理单位相继组建完成。河道堤防日常养护费和专项维修费，按照各河道维护工程项目编报实施计划，经有关河系管理处审核、汇总报局工管处，局工管处经平衡和实际需要进行批复，由相关河系处向河系相关区（县）河道管理单位下达年度任务和资金。

根据局工管处制定的考核标准，海河处每年分年中、年底两次对河系相关区（县）河道工程、闸站进行专业考核和管理考核。并结合各区（县）河道工程管理实际，推行工程日常管理管养分离的管理模式，以管理养护合同内容为考核和监督依据，对合同执行情况采取日常、定期、抽查考核三种考核的方式，考核结果直接与养护费用挂钩。对易发水事违法案件重点河道、堤段实行强化巡查，责任到人的承包责任制，做到量化管理，奖惩有据追究制度。

用于行洪河道堤防维修和重点除险加固工程项目，包括堤顶灌浆、水毁工程修复、堤坡护砌、复堤、整治、堤防险工和重点闸涵加固等专项维修费，按照单项项目投资参照基建工程管理办法实行项目法人制，执行招投标制度管理。

（二）新开河—金钟河管理

新开河—金钟河起自海河干流左岸的耳闸，至东丽区金钟河防潮闸入永定新河，全长 36.5 千米。担负着从海河干流向永定新河相机分洪和部分市区及两岸农田排涝的任务。新开河自耳闸至永金引河交汇处入金钟河，全长 16 千米，其中市区段从耳闸至外环线长 6 千米。由于河道淤积、堤防下沉、沿岸建筑物老化失修，致使河道泄流能力大幅降低，不能满足泄洪和排涝的要求。另外，市区段两岸污水直接排入河道，加之民房紧临河岸，生活垃圾等堆积河边，造成环境严重污染。根据水利部对《海河干流治理工程可行性研究报告》的批复，新开河的防洪规模为相机分泄海河干流 200 立方米每秒的洪水。排涝满足市区段 20 年一遇，郊区段 10 年一遇的标准。2003 年，新开河—金钟河综合治理工程经海委批复实施。工程分两期完成，一期为耳闸至曙光道段治理工程，投资 5400.41 万元；二期为曙光道至外环线段治理工程，投资 650 万元。

2007 年，海河处开展了新开河（耳闸至橡胶坝段）的踏勘及测量工作，对河道口门、堤顶、工程及景观设施等基础情况进行勘察，完善了新开河管理资料。由于沿河农村取排水河道渠系调整，赤土村北五线河、赤土村北六线河、李场子村东三处口门已经废弃，且年久失修，损毁严重，口门处堤顶有明显塌陷，严重危及堤防安全。2008 年，市水利局同意对三处口门进行拆除后复堤。

2009 年，为保证金钟河右堤堤防和行洪安全，市水利局同意对金钟河右堤欢坨村废弃闸涵进行拆除复堤，对南何庄段、孙庄段和欢坨段 50 个獾洞进行开挖后夯实回填的处理。

金钟河右堤欢坨村段，大量垃圾堆放于河道迎水坡和堤顶，已长达 20 余年，形成长约 5 千米的垃圾带，不仅污染水质、破坏环境，同时阻碍河道行洪。2009 年海河处通过多次协调东丽区水利局、河道管理所、欢坨村委会等部门，达成共识，分清了职责。从 5 月 10 日至 6 月 21 日，将 5 千米垃圾带彻底清除，清除垃圾 2 万余立方米，河道环境有了明显改观。同时指导沿河村镇建立起村民专职巡查员与河道所专业管理人员相结合的巡查队伍，使之形成了长效管理机制，保持了河道生态环境良性循环。

海军桥东废弃方涵位于东丽区海军桥东 50 米，金钟河右堤桩号 28＋600 处；赤土四线河废弃方涵位于东丽区华明镇赤土村北，金钟河右堤桩号 19＋900 处，由于沿河农村取排水河道渠系调整，两处口门已经废弃，且年久失修，损毁严重，堤防在高水位状态下，容易形成渗流通道，严重危及堤防安全。2010 年，市水务局同意对赤土四线河废弃方涵及海军桥东废弃方涵进行拆除后复堤。

（三）外环河管理

外环河始建于 1986 年，河道全长 71.4 千米，其中东丽段长约 18.3 千米、北辰段长约 21.5 千米、西青段长约 25.5 千米、津南段长约 6.1 千米。2002 年，实施外环河综合整治工程后，形成了四个水体循环段：北运河至子牙河段，长 6.3 千米（31＋568～37＋868），用北运河右堤或子牙河左堤泵站进行补水；子牙河至海河段，长 31.273 千米（37＋978～69＋251），用子牙河右堤或海河右堤泵站进行补水；海河至新开段，长 17.957 千米［69＋643～71＋400（0＋000）～16＋200］，用海河左堤泵站进行补水；新开河至新引河段，长 9.975 千米（16＋760～26＋735），用堵口堤泵站进行补水。岸坡均采用混凝土预制板和框格草皮相结合的护坡型式，下部为混凝土预制板护坡，上部为框格草皮。外环河上有各种交通桥涵 98 座，闸涵、口门 126 个（北辰区 46 个、东丽区 27 个、西青区 51 个、津南区 2 个），泵站 30 座。

2005 年外环河综合整治工程完工后，外环河管理工作由基建处移交给海河处管理。海河处按照行政区域将外环河各区段分别委托给北辰区、东丽区、津南区、西青区水利（水务）局进行管理，海河处对工程管理工作进行监督、检查、考核、验收。

2007 年海河处与环城四区水利局签订了《工程运行维护协议书》，将外环河的运行维护工作委托给环城四区水利（水务）局。海河处对外环河沿岸鱼池数量、面积、用水情况进行调查，收集相关区（县）农业用水资料，完善基础资料。

二、闸站运行管理

（一）直属闸站管理

1. 海河二道闸管理

海河二道闸于 1984 年 8 月开工，1985 年 10 月竣工。在运行管理工作中，严格执行水利部制定的水闸管理规范要求，不断提高本单位实际管理水平。逐步形成了科学化、制度化、规范化、标准化的管理体系。1993 年 3 月，依据《天津市市级水利工程管理单位评审办法》，经全面考核，海河二道闸管理所被评为市级水管达标单位。1996 年，海河二道闸闸门和启闭机均被评为一类工程。

2000 年，围绕市水利局水利工作全面上水平的总体要求，河闸总所选定海河二道闸作为闸站工程管理工作上水平的突破口，把海河二道闸建成集工程维护、职工培训教育、景点旅游和经营过桥收费为一体的闸站工程经营管理窗口单位。

2001 年，在绿化美化环境建设中，委托天津市城市规划设计院在原美化装饰设计基础上，对闸主体水工建筑物、水闸两侧塔楼外檐、内部门库进行维修改造和对庭院绿化进行提升完善，初步展示出现代大都市水利工程建设与管理的应有之韵。在管理措施上，管理所依据水利部行业标准《水闸技术管理规程》（SL 75—94），按照《海河二道闸技术管理细则》，对日常检查、观测、维修、养护及控制运行各项工作任务进行细化分解，责任落实到人。同时，率先完成并实施了闸门启闭命令票及操作票制度。在技术设备建设上，闸门启闭控制运用实现了 PLC 可编程控制，实现了对闸门启闭远程控制模式。

2005 年，在开展创建国家一级水闸工程管理单位工作中，管理所按照水闸工程管理考核标准，从组织管理、安全管理、运行管理、经济管理等方面入手，制订工作计划，完善、健全行政管理、工程管理、安全生产等各项规章制度 78 项。按考核要求整修档案室，系统整理历年工程技术资料和有关档案资料。2015 年年底，经天津市档案馆验收，管理所档案管理成为市水利系统第一个达到市级档案管理水平的科级单位。同年，完成了海河二道闸水利工程国有土地管理范围测绘、换领土地使用证等确权工作。

（1）海河二道闸安全鉴定。2002 年，市水利局对海河二道闸主体工程进行安全鉴定为三类闸。2003 年 3 月，市水利局批复《海河二道闸加固改造工程初步设计报告》，核定工程投资 1140 万元；7 月 24 日，批复《海河二道闸加固改造工程施工设计方案》；2005 年 4 月 15 日，市水利局以《海河二道闸加固改造工程变更设计批复》批复变更设计。海河二道闸加固改造工程由设计院承担设计；经招投标，确定水利工程公司承担建设任务；工程监理工作由天津市水利工程监理中心承担；工程质量监督工作由天津市水利建设工程质量监督中心站承担；建设单位的职责由海河二道闸加固改造工程项目管理处承担。

2008 年 12 月由天津市财政投资评审中心评审，工程总投资 1425.15 万元，在原批复的 1140.00 万元的基础上，因工程设计变更，增加投资 285.15 万元，全部投资均由海河二道闸管理所收取的机动车过桥通行费列支。2009 年 5 月通过验收，交付使用。

（2）机动车闸桥收费。天津市海河二道闸建成以后，为海河二道闸的管理和工程维护筹集资金，遵照时任市长的批示意见及依据市财政局、市水利局的文件精神，1985 年实施对过往海河二道闸公路桥的机动车辆收取过桥（闸）通行费（简称闸桥收费）。1993 年 3 月 19 日，市水利局投资 59.8 万元修建海河二道闸通道式收费设施工程。1996 年，依据市物价局、市财政局对过桥通行费收费标准重新进行了核定，所定收费标准一直沿用至收费站撤销。

闸桥收费管理工作由管理所主任全面负责，1 名副主任专管，收费人员共有 44 人，统一着装上岗，全天 24 小时不间断收费。收费款项每日送缴存入银行专户。在收费票据管理方面，建立健全了保管及领用手续，所用收费票据在市财政局集中印制及领用，定额票据使用后存根及时收回，经市财政局有关部门核准后集中销毁。在内部管理上，制订了 14 项收费管理制度，层层签订责任书，落实岗位责任。强化收费人员文明收费教育，经向过往车辆驾驶员及周边车主单位进行问卷调查，群众满意率在 85% 以上。收费站工作多次被市水利局评为"文明窗口"。

1998 年 10 月 19 日，市水利局《关于新增海河二道闸收费处监控设备及计算机管理系统工程的批复》，同意增设海河二道闸收费处视频监控设备及计算机收费管理系统工程。该项工程完成后，按照市公路站卡达标考核标准进行了配套完善，实施了过桥通行费计算机收费管理和视频监控，使收费工作实现了规范化、自动化、制度化，管理水平得到了进一步提高。

在收费标准上，严格执行上级的有关规定和市物价局、市财政局下发对过桥（闸）通行费收费标准。

2008 年，为落实天津市取消收费的要求，按照市水利局党委统一部署，12 月 31 日 24 时停止收取机动车过桥通行费。并根据国家有关政策，做好收费人员的思想安抚、资金补偿等，按规定于 12 月 31 日以前完成收费人员安置工作。收费站基础设施于 2009 年 3 月 19 日拆除完毕，恢复了此段公路交通。为确保公路桥安全运用，管理所委托有关单位进行了公路桥检测，根据检测结果，对海河二道闸公路桥实施了限重、限宽的限行措施。

2. 耳闸枢纽管理

耳闸枢纽始建于 1919 年，位于天津市河北区八马路和志成道之间，是新开河的首闸，由分洪闸、船闸及之间的分水岛构成。闸上游为海河干流，闸下游为新开河，并经金钟河、永定新河构成分泄海河干流洪水入海水道，是连接海河和新开河的关键性控制工程。2000 年 6 月，经安全鉴定，为四类闸，需拆除重建。本次改造方案鉴于耳闸枢纽修建年代久远，在天津市水利建设发展史上具有一定地位和研究价值，确定老耳闸和原有船闸作为历史建筑予以保留，在原址附近选址另建新耳闸枢纽。新建耳闸枢纽工程于2002年12月17日开工建设，2006年9月5日主体工程完工。在重建中应用了一系列现代管理技术，实现了闸站的自动化、科学化管理，成为天津市一座现代化的闸站。

（1）管理运行。2006年前由市水利局河闸总所所辖，设置有耳闸管理所。运行管理工作严格执行水利行业水闸管理规范，结合本枢纽特点逐步建成了较完善的管理体系。在管理措施上，依据水利部行业标准《水闸技术管理规程》（SL 75—94），开展日常检查、观测、维修、养护及控制运行各项工作任务。

（2）岁修和日常维修养护、专项工程投资管理。在管理区内1991—2000年岁修和日常维修养护、专项维修投资为68.29万元。

（3）管理区环境绿化美化。在管理区内种植乔果木370株；卉篱10株；草坪100平方米。

3. 金钟河闸枢纽管理

金钟河闸枢纽建于1966年，位于天津市东丽区永和村、金钟河与永定新河汇合处，是海河干流向永定新河相机分洪及海河干流以北地区农田灌排、城区排污、防潮蓄淡及航运交通的控制性工程，是永定新河右堤上的主要建筑物之一。

闸体岁修工程。1991年对低压电器进行改造，更换原有的旧低压电器设备；拆除闸上380米处土坝；维修中六孔闸门槽；重建混凝土护栏及铁栏杆；对机架桥梁及排架进行环氧补强；院内前排房屋改建成太阳能房；对节制闸桥头堡进行改造。1992年节制闸埋设测压管22个；更换船闸下闸门启闭机齿轮箱；机架桥新装照明灯；机架桥护栏加固。1993年由河北省水利勘测设计院重新引测院内水准点，并进行1∶1000地形图测量；节制闸机架桥面露空处铺设钢板；对院内高压线路改造。2000年节制闸叠梁加固14扇。2001—2009年，分年度安排对节制闸、船闸、叠梁、门槽钢板除锈刷漆，发电机大修，钢筋混凝土闸门边梁及梁格10毫米钢板焊接加固，启闭机罩安装制作，更新安装电动葫芦2台，变压器一次、二次线及配电箱更换，抱闸线圈更换，增设直饮水设施。

2009年原址重建金钟河闸。永定河处永定新河管理二所负责金钟河闸的管理工作。在金钟河闸拆除重建工程中，管理二所仍然利用金钟河老船闸进行泄水，同时与建设单位沟通，积极参与工程的建设。水下工程验收后，按照建设单位的要求，管理单位运行人员配合施工单位进行水闸的日常运行。为保证设备安全运行，永定河处邀请设备厂家技术人员就设备的操作和维护对操作人员进行了培训。2010年，管理二所共提闸35次，泄水1.15亿立方米，其中1—6月利用老船闸运行21次，泄水1.02亿立方米；利用新闸运行14次，泄水0.13亿立方米，满足了金钟河防洪的需要，保证了水闸的安全运行。

（二）流域直属海河防潮闸管理

海河防潮闸（原称海河闸）位于天津市滨海新区（塘沽）新港船闸右侧海河干流入海口，是海河干流洪水入海的重要控制工程。隶属水利部海委海河下游管理局，工程管理单位为海河闸管理所。1996年1月，由科级单位升为副处级单位，同时，更名为海河防潮闸管理处，负责日常管理工作并赋有管理法人资格。2007年，海河防潮闸管理处全面完成了单位定性、人员定编、定岗、定责。管理养护工作实现了管养分离的管理模式。

1. 确权划界

海河防潮闸管理处于 2004 年启动了管理范围的划界确权工作，至 2005 年年底完成了所属工程管理范围部分的土地权属确认、勘测定界及部分界桩埋设工作。海河防潮闸管理处已划界确权面积 68133 平方米，确权范围是从海河防潮闸闸室上游侧至河道 86 米和闸室下游侧 102 米以内的河道及两岸护坡和管理范围，其中闸区面积 56384 平方米，办公区域面积 11786.4 平方米，确权范围均已取得土地权属证明。

2. 岁修及管理养护

海河防潮闸管理处历年岁修及管理养护经费完成情况：1982—2006 年岁修经费 584.09 万元；2007—2010 年养护专项工程投资 205.63 万元。

3. 海河防潮闸加固工程

海河防潮闸主要功能是将海河干流洪水宣泄入海，并兼具排沥、挡潮、蓄淡、航运等。始建于 1958 年。该闸 8 孔，经多年运用，工程老化、碳化严重，闸体下沉、止水破坏，机电设备老化，严重影响工程的安全运行。为此，水利部和海委分别以《关于天津市海河干流治理工程初步设计报告的批复》和《关于海河干流治理工程海河防潮闸加固工程初步设计报告的批复》批准实施该闸加固工程。

工程建设单位为海河下游管理局，由水利部天津勘测设计研究院设计，施工单位有河北水利工程局、天津市中海水利水电工程总公司和郑州通达机电公司等。

工程主要建设内容包括：对启闭机、机架桥、闸墩混凝土、闸楼予以拆除；实施闸墩混凝土、机架桥预制混凝土浇筑；新建机架桥、启闭机房；对闸区护栏及观测设备进行修复完善；更换启闭机；对工作闸门止水及闸门埋件进行更新；对供电电源进行改造。

工程批复总投资为 1258 万元，1999 年下达 127 万元，2000 年下达 1131 万元。1999 年 10 月开工，2000 年 8 月按批复要求基本完成全部建设内容，2000 年 11 月竣工。

三、海河口清淤工程

1958 年，修建海河闸以后，其动力条件发生改变，加之河道径流锐减，致使河道严重淤积。据初步统计，从建闸至 1989 年，闸下 11 千米河道内淤积 1862 万立方米，闸上 3 千米河道内淤积 125 万立方米。

海河口清淤工作，自 1981 年由海河下游管理局接管至 2010 年，累计清淤 2269.8 万立方米，清淤工程总投资达 24098.4 万元。

第五节　大清河河系管理

大清河河系是指大清河、子牙河、漳卫南运河三大水系。在天津市境内有一级行洪河道 6 条，分别为大清河、南运河、子牙河、子牙新河、独流减河、马厂减河；防洪堤 1 条，为中亭堤。水闸 11 座，蓄滞洪区 5 个。

1991—2006 年，上述河道委托所在区（县）水利（水务）局管理，九宣闸、南运河节制闸、低水闸、上改道闸隶属市水利局河闸总所直管，其余闸涵，依所坐落位置由所在区（县）水利（水务）局负责日常运行与维修养护。2006 年年底，大清河管处成立，接管除子牙河（西河闸以下至子北汇流口）由海河处管理以外的上述河道及直管水闸。

独流减河进洪闸、独流减河防潮闸及西河闸枢纽工程由海河下游局管理。

一、河道堤防治理及闸站除险加固

（一）独流减河复堤加固治理工程

1992—1993 年，工程总投资 936.05 万元。工程内容：堤防加高培厚，在原堤顶高 8 米的基础上平均加高 1 米，达 8.93 米，顶宽 10 米，恢复河道原行洪流量 3200 立方米每秒的设计标准。该工程分为两期实施：第一期于 1992 年 12 月 1 日开工，至 28 日竣工；第二期于 1993 年 4 月 1 日开工，至 1993 年年底竣工。治理堤防长 43000 米，完成土方 60.74 万立方米。

（二）独流减河护砌加固治理工程

1994—2006 年，工程总投资 2827.95 万元。工程内容：堤防整修及迎水坡护砌。完成工程量：治理堤防长 26312 米，土方 59.6 万立方米，浆砌石 5.9 万立方米，混凝土 713.2 立方米。

（三）独流减河灌浆加固治理工程

1999—2007 年，工程总投资 708.96 万元。工程范围：独流减河左堤桩号 44＋400～57＋050 段、19＋000～28＋500 段、9＋500～13＋500 段及右堤桩号 19＋000～20＋500 段、20＋500～30＋500 段、30＋500～35＋500 段、35＋500～38＋600 段。工程内容：土方开挖、钻孔打眼、灌注泥浆、封孔回填。完成工程量：治理堤防长 45450 米，灌注土方 22.7 万立方米。

（四）独流减河除险加固治理工程

1998—2008 年，工程总投资 3017.60 万元。工程范围：独流减河左堤桩号 48＋039～48＋249 段、19＋500～25＋400 段、61＋685～67＋363 段、48＋400～54＋900 段、54＋900～60＋578 段及右堤桩号 21＋000～22＋000 段、18＋500～18＋600 段、23＋000～23＋300 段、14＋470～19＋400 段、23＋900～24＋200 段堤防及闸涵除险加固治理。主要工程内容：复堤加固、填塘固基、戗台加固、闸站改造等。完成工程量：治理堤防长 30596 米，更新改造闸站 3 座，土方 114.0 万立方米，石方 1590 立方米，混凝土 1231 立方米。

（五）子牙河（西河）右堤综合治理工程

1992—2010 年，工程总投资 3076.77 万元。工程范围：子牙河右堤桩号 0＋000～11＋500 段堤防。主要工程内容：堤防护砌、压力灌浆、铅丝笼抛石护脚、后戗加固、填塘固基、闸涵改造等。完成工程量：治理堤防长 11500 米，更新改造闸涵 1 座，砌石 74828.4 立方米，混凝土 2460.60 立方米，铅丝 32.5 吨，土工布铺设 3.8 万平方米，土方 24.3 万立方米。

（六）子牙河上游段综合治理工程

1992—2010 年，工程总投资 1167.11 万元。工程范围：子牙河右堤桩号 34＋500～34＋700 段、

34＋800～34＋970 段、0＋000～15＋000 段、1＋900～2＋000 段、2＋115～2＋225 段、35＋750～35＋850 段、23＋960～24＋240 段、12＋790～13＋010 段、14＋090～14＋290 段堤防及闸涵实施除险加固综合治理。主要工程内容：疏浚河道、复堤加固、压力灌浆、隐患处理、砌石护坡、分洪口门开挖加固处理及闸涵更新改造等。共疏浚河道长 370 米，治理堤防长 16325 米、更新改造闸涵 2 座。完成工程量：土方 22.2 万立方米，砌石 4928 立方米，混凝土 300 立方米，安装 4 扇 7～10 米升卧式平板钢闸门，配 4 台 2－25T 卷扬式启闭机。

（七）海河干流——子牙河治理工程

2001 年，经市水利局批准立项的海河干流子牙河治理工程，总投资 5358.75 万元，由国家及市财政拨款。子牙河治理工程的结构型式主要为浆砌石护砌、复堤填筑，其堤防级别为三级。治理后设计行洪流量为 1000 立方米每秒，达到 50 年一遇防洪标准。工程施工时间 2001 年 12 月 20 日至 2002 年 6 月 30 日，该工程自西河闸至子北汇流口，河道全长 16.54 千米。治理范围为子牙河左右堤郊区段，堤线总长 25.158 千米。其中左堤堤线长 12.893 千米，右堤堤线长 12.265 千米。主要结构型式：右堤结构为石墙、浆砌石护坡、部分深槽段抛石护脚；左堤结构为石墙、浆砌石护坡，部分治理段为新筑土堤，新建改建口门 25 座。工程内容包括浆砌石挡墙、护坡、抛石护脚、新筑土堤等。完成工程土方量 53.1 万立方米，石方砌筑 6.63 万立方米，混凝土浇筑 0.43 万立方米。治理后的子牙河，实现了河面增宽、堤坝坚固美观、防洪标准提高的目标。

（八）南运河综合治理工程

1991—2005 年，工程总投资 362.82 万元。工程范围：南运河右堤桩号 37＋370～37＋870 段、38＋200～39＋300 段、40＋000～49＋020 段及左堤桩号 38＋200～39＋300 段、24＋000～26＋000 段、37＋000～37＋370 段堤防。工程内容：复堤加固、隐患处理、高压喷灌及闸涵改造。完成工程量：复堤长 13170 米，土方 20.43 万立方米，石方 176.40 立方米，混凝土 32.50 立方米，高压喷灌 600 号水泥 500 吨。

（九）大清河综合治理工程

1992—2010 年，工程总投资 3495.85 万元。工程范围：大清河右堤桩号 0＋000～2＋650 段、1＋540～1＋970 段、2＋950～3＋010 段、8＋140～8＋170 段、10＋680～10＋750 段、11＋560～11＋620 段、5＋000～10＋000 段、10＋000～15＋000 段、6＋840～8＋400 段、11＋800～15＋000 段堤防。工程内容：疏浚河道、堤防整修、压力灌浆、碎石路面、砌石护坡、闸站改建等。完成工程量：疏浚河道长 41000 米，治理堤防长 45810 米，闸站重建 8 座，土方 65.7 万立方米，浆砌石 2.46 万立方米，浇筑钢筋混凝土 1254 立方米。

（十）子牙新河综合治理工程

1996—2010 年，工程总投资 1657.95 万元。工程范围：子牙新河左堤桩号 119＋860～124＋600 段、126＋700～127＋300 段、124＋600～126＋300 段、138＋400～139＋060 段、117＋000～118＋500 段、135＋400～136＋400 段、136＋400～137＋200 段、137＋200～138＋400 段、139＋000～140＋000 段、140＋800～142＋800 段、142＋800～143＋300 段、103＋102～106＋098 段、123＋600～130＋305 段、103＋102～106＋098 段、139＋100～143＋100 段及右堤桩号 119＋000～120＋225 段、120＋225～122＋000 段、122＋000～124＋000 段、124＋000～126＋000 段、130＋000～

139＋800 段、139＋800～141＋100 段、141＋100～141＋500 段。主要工程内容：堤防复堤、灌浆加固、隐患处理及闸涵改造等。完成工程量：治理堤防长 47901 米，更新改造闸涵 2 座，土方 75.5 万立方米，砌石 994.85 立方米，混凝土 173.41 立方米。

（十一）马厂减河综合治理工程

2002—2008 年，工程总投资 329.73 万元。工程范围：马厂减河右堤桩号 29＋200～30＋700 段、11＋000～25＋200 段、0＋000～3＋000 段及左堤 3＋000～6＋500 段。主要工程内容：复堤加固、泥结石路、獾洞处理。完成工程量：治理堤防长 22200 米、土方 13.1163 万立方米、石子 1792.5 立方米。

（十二）中亭堤综合治理工程

1991—2000 年，工程总投资 682.89 万元。主要工程内容：堤防整修、砌石护坡、獾洞处理。完成工程量：治理堤防长 8400 米、土方 4.26 万立方米、石方 550 立方米。

（十三）独流减河进洪闸除险加固工程

独流减河进洪闸位于西青区第六埠东淀下口大清河与子牙河交汇处，由两座大型水闸组成。北闸 8 孔，每孔净宽 13.6 米，弧形钢闸门 8 扇，于 1953 年建成。南闸 25 孔，每孔净宽 10 米，平面翻转式钢闸门 25 扇，于 1969 年建成。主要功能是调泄大清河、东淀和子牙河洪水进入独流减河的主要控制工程。历年岁修养护经费完成情况：1982—2006 年，岁修经费 572.58 万元；2007—2010 年，养护专项投资 36.84 万元。

1993 年，海委以《关于独流减河进洪闸除险加固工程初步设计的批复》文件，核定工程投资 335.34 万元，主要用于河道整治、护坡加固及管理设施建设。1993 年 6 月开工，12 月底完工。

2000 年 7 月，海委组织专家对该闸进行安全鉴定，为三类闸。2004 年水利部投资 13997 万元，用于两闸工程建筑、金属结构和电器设备的加固与改造等。2005 年 4 月开工，2008 年 6 月通过海委主持的竣工验收。除险加固后的独流减河进洪闸枢纽两闸总泄流能力由 3200 立方米每秒提高到 3600 立方米每秒。

（十四）独流减河防潮闸除险改建工程

独流减河防潮闸（工农兵防潮闸）位于独流减河尾闾，共 26 孔，过流孔 22 个，建于 1967 年，设计行洪能力为 3200 立方米每秒。该闸担负宣泄大清河洪水入海和防止海水上溯的控制工程。历年岁修养护经费完成情况：1982—2006 年，岁修经费为 508.63 万元。2007—2010 年，养护工程投资为 128.13 万元。

1993 年，水利部将独流减河防潮闸除险改建列入水利基本建设中，批复工程概算投资 6053.5 万元。主要建设内容：将原闸室向上游延伸 6 米，原闸部分混凝土及浆砌石拆除、闸室基础处理、闸墩接长及表面混凝土处理、闸室底板延长、工作桥、检修桥及交通桥的预制安装、观测设备埋设、启闭机与闸门金属结构制作与安装等。1993 年 8 月开工，1994 年 12 月竣工。工程建成后行洪能力达到原设计标准。

（十五）西河闸枢纽除险加固工程

该枢纽工程位于西青区杨柳青镇北，包括节制闸、船闸及拦河坝工程，始建于 1958 年。节制闸设计流量 1100 立方米每秒，校核流量 1260 立方米每秒，主要功能为节制和分泄大清河洪水和东淀沥水。历年岁修及管理养护经费完成情况：1982—2006 年，岁修经费 627.81 万元；2007—2010 年，管理养护专项投资 29.12 万元。

1991 年，海委以《关于海河干流西河闸枢纽加固工程初步设计报告的批复》，批准对西河闸实施除险加固，核定工程总投资 358.11 万元。主要建设内容：①节制闸弧形闸门偏低、侧水封结构不合理，闸门小开度启闭的振动引发闸室共振，危及闸体安全；②活动胸墙面板腐蚀失去挡水作用；③空箱岸墙淤积严重，底部排水孔堵塞使地基应力更加不平衡；④上游防冲设施薄弱，下游防冲槽局部被冲刷；⑤上游 3 号翼墙、下游 4 号翼墙整体抗滑安全系数偏低；⑥检修门及启闭设备不完整；⑦公路桥、机架桥、工作桥及闸墩混凝土表面出现碳化；⑧船闸公路桥主梁最大挠度严重超值；⑨船闸人字门及廊道门启闭机绳鼓不能正常发挥作用；⑩船闸上游左右岸干砌石护坡破坏严重。工程于 1991 年 12 月开工，1992 年 12 月竣工。

1994 年，该闸综合整治列入天津市海河干流治理可行性研究报告。1997 年，水利部以《关于天津市海河干流治理工程初步设计报告的批复》批准初设报告。核定工程总投资为 1965.44 万元。主要建设内容：①对节制闸、船闸上游总长 1287 米的护坡进行护砌；②对船闸公路桥进行加固和防碳化处理；③对节制闸闸墩止水及观测设备进行修复；④对节制闸电气设备进行改造更新；⑤对管护设施加以完善配套。工程于 1997 年 12 月开工，1998 年 12 月全部完工。

2000 年 6 月，海委组织召开节制闸安全鉴定会，鉴定为三类闸。2002 年 8 月，水利部以《关于西河闸除险加固工程初步设计报告的批复》批准实施西河闸除险加固工程，批复投资 3426 万元。主要建设内容包括对闸室、上下游翼墙、岸墙、消能防冲设施、金属结构及电气设备等进行加固与改造。工程于 2003 年 9 月开工，2004 年 12 月竣工。除险加固后的西河节制闸为 6 孔，每孔净宽 9.4 米，平板直升钢闸门，固定式卷扬启闭机，控泄流量为 1000 立方米每秒。

二、河道堤防管理

1991—2006 年，河道主要依托所在区（县）水利局负责养护管理。2007 年，大清河处成立后，实行精细化管理，修订完善了《工程巡查制度》，对各相关单位职责进行了细化，明确了责任、巡查内容、频次和检查路由。处机关组成"三位一体"联合巡控总队，对日常巡查进行监督、抽查，查处多起涉水违法行为，增强了震慑力。

2010 年上半年，重新修订了工程巡查制度，明确职责分工与上报流程。实行业务科室、基层管理所、区（县）河道所三级巡查机制。将定期考核、不定期抽查与业务科室联合督查有机结合，明确巡查费用与巡查效果直接挂钩。2010 年下半年，在巡查中引入了 GPS 定位系统，在巡查车辆上安装了 GPS 定位系统，实现对车辆运行轨迹随时跟踪定位的效果。通过 GPS 系统的引入，对巡查起到了约束作用，使巡查线路、时间安排都必须严格符合规定，巡查工作更加规范。全年累计出动巡查车辆 1300 余次，巡查人员 4300 人次，查处各类水事违法案件 184 起，河库管理秩序得到有效维护。

堤防管理。1991—2006 年，每年市水利局依据区（县）上报的水利工程规划，下达年度岁修费和专项维修费，区（县）水利局负责具体组织实施。期间，共下达岁修费 531.69 万元；专项维修费 11306.18 万元，见表 8-3-5-159。

表 8-3-5-159　　**1991—2006 年大清河河系一级河道工程经费**　　　　单位：万元

年份	西　青			大　港			静　海		
	岁修费	专项维修费	合计	岁修费	专项维修费	合计	岁修费	专项维修费	合计
1991	2.82	24.33	27.15	4.62	39.69	44.31	10.50	15.00	25.50
1992	5.43	13.93	19.36	1.48	5.70	7.18	14.00	44.36	58.36
1993	5.98	36.67	42.65	2.00	121.42	123.42	8.60	30.00	38.60
1994	9.20	51.51	60.71	4.10	40.00	44.10	16.50	6.00	22.50
1995	15.74	150.95	166.69	2.00	114.33	116.33	14.70	228.40	243.10
1996	10.32	320.55	330.87	2.00	20.00	22.00	28.80	442.35	471.15
1997	12.70	400.63	413.33	6.22	30.40	36.62	12.51	719.90	732.41
1998	30.50	145.00	175.50	6.89	296.82	303.71	11.20	502.20	513.40
1999	11.80	726.40	738.20	7.30	281.30	288.60	11.60	351.00	362.60
2000	9.04	67.87	76.91	9.45	355.50	364.95	11.00	316.10	327.10
2001	16.45	162.00	178.45	9.96	423.07	433.03	9.80	220.88	230.68
2002	6.00	154.25	160.25	4.90	331.80	336.70	15.60	237.81	253.41
2003	9.81	77.91	87.72	4.86	284.01	288.87	62.54	430.57	493.11
2004	10.90	144.95	155.85	4.68	282.74	287.42	14.38	418.35	432.73
2005	5.41	343.79	349.20	5.90	258.93	264.83	17.40	252.17	269.57
2006	8.30	221.40	229.70	8.40	622.89	631.29	17.40	540.35	557.75
合计	170.40	3042.14	3212.54	84.76	3508.60	3593.36	276.53	4755.44	5031.97

2007 年年初，区（县）按照工程项目报送工程计划，市水利局批复后，由大清河处向区（县）河道所下达年度任务和资金。大清河系的维修养护分日常维修养护和专项维修两类。

日常维修养护采取合同管理的模式。根据水利工程设施的实际运行情况，每年 11 月底前向市水利局上报下一年度的日常维修养护计划。审核批复后，与相关区（县）河道所的维修养护队伍签订施工合同。对日常维修养护项目的质量、进度进行监督检查，工程完工后组织工管、纪检、审计等部门组成完工验收小组，及时对工程项目进行完工验收。

专项维修采取计划管理的模式。根据管辖的河道险工险段情况，结合工程管理的实际需要，编制专项维修工程三年项目规划，建立项目库。每年 9 月中旬前向市水利局上报下一年度专项维修工程项目计划。专项工程批复后，择优确定施工单位，签订施工合同。施工中不定期进行抽查，河道所负责日常监督检查。工程完工后，组织工管、纪检、审计等科室组成完工验收小组，对工程项目进行完工验收。

在工程管理方面，严格执行《天津市河道管理条例》《关于加强河道工程维修项目管理有关工作的通知》要求，组织修订工程管理方面的制度、管理办法和考核标准，推进工程管理的制度化。

实施过程中，注重对巡视检查及维护质量复核两个环节的控制。在巡视检查环节中采取了处、基层所、区（县）河道所三级联查的模式，层层监督，确保巡查全面到位、问题发现及时；在维护质量复核环节中采取了多部门现场复核的方式，严格执行维护标准，对未达标的要求必须返工，确保了维护质量。由于采取了一系列有效措施，堤防维护做到了"平时常修，雨后必修"，保证了堤顶平坦、堤坡平顺、无大的雨淋沟和狼窝，达到了市局要求的管理标准，保证了工程安全有效运行；2010 年按精细化管理要求，重新制定了堤防、水闸及泵站的巡视检查记录表格，工程考核做到了定期与不定期相结合，处内部考核与市水务局考核相结合，工程管理水平有了较大的提高。

2007—2010 年，共维修养护堤防 1680 千米、水闸 15 座；实施专项工程 38 项，治理险工险段 30 余千米，维修改造水闸 8 座。完成总投资为 3855.72 万元，其中日常维修养护完成投资为 1301.40 万元，专项工程完成投资 2554.32 万元，见表 8-3-5-160。

三、涉河建设项目管理

1991—2006 年，涉河项目交由各区（县）地方水利局、河道所代管。由于历史原因，河道涉河项目代管期间存在例如工程资料不齐全、施工场地恢复不符合河道管理标准、堤防工程未按时完工等问题。

2007—2010 年，涉河项目由河系处管理，共审批涉河项目 95 项，已完工 44 项，在建 31 项，未开工建设 20 项。根据《天津市市管河道管理范围内建设项目内部管理程序》相关要求，结合所辖河道现状，制定《涉河项目管理流程》《涉河项目管理办法》对辖区内的涉河项目进行有效管理。涉河项目经市水利（水务）局行政审批后，河系处与项目建设单位、参建单位按照涉河工程相关管理规定签订各类补偿协议（含保证金协议），落实资金，并对桥梁建设后期堤防加固工程与建设单位签署了相关协议。

在施工监管上，向参建单位下发《涉河项目施工通知单》，明确任务、要求及控制指标，现场会签。工程施工中，坚持每周对涉河项目巡查不少于 2 次，对重点部位、工序施工进行拍照、录像。根据工程进度对各控制指标进行复测，对发现违反批复要求的施工及时下发整改通知，限期整改，对不限期整改的，采取停工处理，直到整改满足要求后方可复工。

对于汛期施工的在建涉河项目，每年汛前下发《关于做好涉河在建工程安全度汛工作的通知》，对所有在建项目逐一检查，对于河道中的阻水坝埝要求施工单位在 6 月 15 日前拆除并清运出河道管理范围，对确因施工进度不能拆除的，要有防抢措施和物资准备，制定 48 小时拆除预案，确保在紧急情况发生时坝埝能在 48 小时内及时拆除。工程完工后，及时组织对完工项目进行现场验收，符合验收条件的项目予以验收，对不满足验收条件的项目下达整改通知，工程验收合格后，退还河道安全保证金。

四、闸站运行管理

2010 年年底，大清河处管理的水闸共有 15 座，其中一级行洪河道水闸 11 座，二级排沥河

表 8－3－5－160　2007—2010 年大清河处河道工程经费

单位：万元

区(县)	2007年 日常	2007年 费用	2007年 专项项目	2008年 日常	2008年 费用	2008年 专项项目	2009年 日常	2009年 费用	2009年 专项项目	2010年 日常	2010年 费用	2010年 专项项目
大港	63.20	31.50	青静黄入海口拖淤工程 31.5 万元	33.70	193.90	青静黄险工段处理工程 15.8 万元；子牙新河左堤维修工程 14.1 万元；子牙新河左堤灌浆加固工程 54 万元	37.60	387.82	青静黄入海口拖淤工程 31.5 万元；子牙新河右堤浪窝处理工程 32.92 万元；子牙新河左堤灌浆加固工程 54 万元；子牙新河左堤雨淋沟及浪窝处理工程 69.7 万元；青静黄应急拖淤工程 199.7 万元	71.20	128.92	独流减河左堤大港电厂段堤顶路面硬化工程 34.4 万元；子牙新河左堤灌浆加固工程 64.5 万元；海防大桥独流减河防洪通道工程 30.02 万元
静海	208.29	114.00	子牙新河左堤维修加固工程 54 万元；独流减河右堤应急度汛复堤工程 60 万元	132.40	128.40	马厂减河右堤复堤加固工程 53.9 万元；马厂减河左堤灌洞处理工程 14.5 万元；大清河左堤应急度汛浆加固工程 60 万元	76.30	144.00	子牙河右堤泥结碎石路工程 51.26 万元；大清河右堤护砌工程 92.74 万元	160.70	281.22	子牙河八堡节制闸交通桥除险加固工程 121.8 万元；大清河右堤（1+000～1+400 段）应急护砌工程 133 万元；西琉城大桥独流减河防洪通道工程 26.42 万元

续表

区(县)	2007年			2008年			2009年			2010年		
	日常	费用	专项项目	日常	费用	专项项目	日常	费用	专项项目	日常	费用	专项项目
西青	63.10	190.00	西河右堤应急度汛护砌工程190万元	31.80	200.00	西河右堤应急度汛护砌工程200万元	35.60	163.00	西河右堤护砌工程103万元；西河右堤小口子闸塌陷应急回填工程42万元；中亭堤獾洞应急治理工程18万元	80.61	177.36	独流减河左堤东台子泵站段大堤裂缝处理工程34.2万元；西河右堤（10+390～10+790段）应急护砌工程116万元；西琉城大桥独流减河左堤防洪通道工程27.16万元
大清河处	66.30			72.30	340.20	老龙湾低水节制闸维修改造工程26万元；中亭河低水节制闸维修改造工程25.2万元；大清河管理所闸站维修改造工程59万元；保奥运西河右堤应急度汛护砌工程100万元；保奥运防汛安全西河闸枢纽部分缺口封堵工程130万元	50.33	37.00	马厂减河尾闸应急度汛工程37万元	117.97	37.00	上改道节制闸防碳化及裂缝处理工程37万元

道（卫河）水闸 4 座。1991—2006 年，上述水闸中的九宣闸、低水闸（含上改道闸）隶属河闸总所管辖，其余水闸，依所坐落位置由所在区（县）水利局负责日常运行与维修养护，其费用每年由市水利局直接拨付在区（县）日常维修养护和专项管理费中，各水闸管理人员负责实施运维工作。

2006 年 12 月至 2010 年年底，九宣闸（含南运河节制闸）、低水闸（含上改道闸）为直管闸，对委托区（县）负责管理的水闸，其运行管理与维修养护情况，纳入专项考核，同时由各河系处组成水闸考核组，逐年组织开展检查、考核、验收。在对直管闸的运行管理中，大清河处严格执行岗位责任制、交接班、巡视检查等制度，坚持做到"日擦拭、周清扫、月养护"。先后完成了直管闸站房屋的维修改造，闸门、启闭机除锈刷漆，南运河节制闸露天闸室封闭，低水闸变压器及泵站维修等工作，见表 8-3-5-161。

表 8-3-5-161　　　　　　　　　大清河处管理水闸情况汇总表

序号	河道名称	闸涵名称	所在区（县）	设计流量/立方米每秒	孔数/个	闸室结构型式	建成年份	备注
1	马厂减河	九宣闸	静海	150	5	开敞式	1880	三类闸
2	独流减河	低水闸	静海	100	22	涵洞式	1977	三类闸
3	子牙河	锅底分洪闸	静海	200	2	开敞式	1977	二类闸
4	子牙河	八堡节制闸	静海	400	4	开敞式	1977	二类闸
5	大清河	大清河老龙湾节制闸	静海	无设计流量	11	开敞式	2000	二类闸
6	中亭河	中亭河节制闸	西青	无设计流量	4	开敞式	2000	二类闸
7	南运河	上改道闸	静海	50	2	开敞式	1951	二类闸
8	南运河	南运河节制闸	静海	30	1	开敞式	2002	一类闸
9	洪泥河	洪泥河首闸	大港	70	5	涵洞式	1985	二类闸
10	马厂减河	马厂减河腰闸	津南	26	3	开敞式	1977	三类闸
11	洪泥河	洪泥河南闸	津南	20	1	开敞式	1970	二类闸
12	卫河	中亭堤涵闸	西青	30	3	涵洞式	2000	二类闸
13	卫河	王庆坨排干倒虹吸闸	西青	30	3	涵洞式	2000	二类闸
14	卫河	三街节制闸	西青	30	3	开敞式	2000	二类闸
15	卫河	万达鸡场闸	西青	30	3	涵洞式	2000	二类闸

五、水功能区确界立碑

为全面加强水功能区管理，保障水资源的合理开发利用，大力宣传水功能区划重要意义，按照市水利（水务）局要求，2008 年 11 月至 2009 年 4 月开展了管辖范围内水功能区确界立碑工作，在所辖 8 条河道、堤防立碑 39 座（不包括北大港水库 6 座），见表 8-3-5-162。

表 8-3-5-162　　　　　　水功能区确界立碑统计

序号	所在区（县）	河系	左右堤	指定位置	立碑地点
1	静海	大清河	右	3+280	台头桥
2			右	9+000	猴山扬水站
3			右	15+300	进洪闸上
4	静海	子牙河	右	7+942	子牙河桥
5			右	12+496	大邀铺桥
6			右	19+973	王口桥
7			右	35+600	八堡闸
8	静海	南运河	右	49+020	上改道闸
9			左	44+783	独流老桥
10			右	6+937	京沪高速桥
11			右	15+756	纪庄子桥
12			左	26+823	双塘桥
13			左	33+789	东方红路桥
14	静海	马厂减河	左	0+000	九宣闸
15			左	9+792	大十八户桥
16			左	19+805	弯头桥
17	大港		左	25+300	小王庄桥
18			右	31+195	洋闸
19			右	40+520	马厂减河尾闸
20	大港	子牙新河	左	123+050	工农大道桥
21			左	128+300	远景一桥
22			左	143+000	防潮闸上
23	大港	马圈引河	左	0+000	洋闸
24			左	5+300	马圈闸
25	西青	独流减河	左	0+000	进洪闸下
26			左	6+180	津浦路桥
27			左	9+500	西流城桥
28			左	28+400	团泊桥
29			左	43+000	西千米桥
30			右	54+700	十号口门
31	大港		左	46+000	洪泥河首闸
32			左	53+400	十里横河
33			左	60+200	南北腰闸
34			左	61+400	东千米桥
35			左	69+000	工农兵闸
36	西青	子牙河	右	0+200	进洪闸上
37			右	2+600	水高庄桥
38			右	11+000	西河闸上
39		中亭河	左	5+650	大柳滩

六、河道水环境综合治理

取、排水（污）口门管理。为加强对排水口门的监督管理，自 2008 年 11 月至 2009 年 8 月，大清河处开展了对所辖河道排水（污）口门的调查、登记工作，逐个口门进行测量、定位、照相，并和各口门管理单位进行了责任认定和登记表填写、登记，以提高对口门的监管。2009 年 8 月，入河排水口门登记情况统计，大清河处辖区内具有取、排水功能口门共约 550 个，其中排水（污）口门 199 个，包括大清河 8 个、子牙河 16 个、南运河 67 个、子牙新河 5 个、马厂减河 10 个、独流减河 41 个、卫河 6 个、西河 3 个、洪泥河 40 个、中亭堤 2 个和马圈引河 1 个。取、排水（污）口门是河道堤防安全管理的重要组成部分，在上述各类穿堤建筑中，由于建设年代久远，且大部分年久失修，管理也不规范，口门运用基本是地方各自为政，形成了多处险工，给河道管理、行洪安全及水污染防治等带来了严重影响。

南运河治理。2009 年、2010 年天津市引黄济津前夕曾对南运河环境进行了集中整治，2009 年拆除厕所 119 间，清除垃圾 9.9 万立方米，清除杂草 215.9 万立方米；2010 年完成南运河除草 215 万平方米，清垃圾 4.2 万立方米，同时，制定《南运河垃圾治理方案》，河道环境常态化管理。2010 年 10 月，南运河独流镇段引黄前期开展了独流镇截污工程，将独流镇沿河两岸产生生活污水通过管道排到镇区外的沟渠，保护南运河水质不受污染。

子牙河治理。2008 年对子牙河河道环境进行综合整治，公开招标清整队伍，对堤岸垃圾实施专业清整，从 6 月 24 日至 7 月 14 日，累计清除各类垃圾 1415 立方米。联合引滦公安分局，对子牙河滩地上阻水围栏进行了拆除，共清除菜地围栏 36 块，私搭乱建 2 处，清理竹竿、树枝 14 车次。对子牙河市区段及平津战役纪念馆附近共计 10 余千米河道内的杂草、工程垃圾进行了清除，共清理杂草 100 余立方米，工程废土 50 余立方米，出动清理人员 150 余人次。针对子牙河市区段左堤渔民村附近迎水坡垃圾成堆的问题，开展专项清理。2010 年 9 月，累计出动清理人员 66 人次，船只 8 艘次，共清除垃圾 400 余立方米。10 月，清理垃圾出动人员 47 人次，船只 2 艘次，清除垃圾 200 余立方米。清除垃圾后，对该堤段堤坡进行修整。

第六节　河　道　绿　化

一、堤防绿化

1991—1996 年，河道堤防绿化的指导思想为因地制宜、因害设防、突出重点，实行乔、灌结合，建立多品种、多层次、迎河防浪、背河取材、防风固堤的防护体系。全市河道堤防绿化总投资 119 万元，总植树 42 万株。

1996 年，市水利局下发《关于开展全市水利系统绿化考核工作的通知》，明确了考核对象为行洪河道管理单位及局属工管单位。考核内容：行洪河道堤防、市水利局直属的水库堤坝绿化及管理单位庭院绿化。每年 6 月至年底为考核时间，7—8 月对绿化任务完成情况进行自查并向市水利局上报自查报告。从 1996 年起对成绩突出的单位予以表扬和物质奖励；对一年没完成规定绿化任务的单位，给以通报批评，对连续两年没完成规定绿化任务的扣减其绿化费。

截至 1997 年 12 月，全市水利系统共植树 457.2 万株，树种主要为乔木、灌木。

1999 年，制定《绿化资金管理办法》，明确 3 年绿化任务，办法规定了河闸总所承担堤防绿化的监督、检查及资金管理，督促有关区（县）做好树木后期管理，根据绿化进度、成活率及管理状况拨付资金，组织有关部门验收等职责。有关区（县）落实重点堤防段绿化工程领导负责制，严格执行市水利局下达的绿化任务，制定管理方案，绿化管理有效期至 2001 年。自 1999 年，区（县）完成植树任务经检查达到合格后，拨付树苗费及种植费的 60％。汛后，市水利局有关部门验收，合格拨付树苗费及种植费的 40％；不合格，将根据成活率扣除相应的树苗费、种植费，并要求补植，达到合格后，补发扣留树苗费和种植费。自 1999 年汛后至 2001 年，每年应对树木上肥一次，浇水三次以上，做好修剪、除草、除虫等管理工作。第二、三年汛后，经市水利局有关部门检查，成活率在 85％以上且生长状况较好，拨付管理费的 50％，否则扣除未成活率树木管理费，并要求补植，达到合格后，发放扣留部分管理费。

城市防洪堤及海河干流堤防绿化已列为天津市绿化重点工程。西部防线、永定河右堤、永定新河右堤治理工程已基本完成，海河干流治理全线告竣。按市政府要求，其堤防绿化计划从 1999 年起 2～3 年内完成，所需绿化资金已列入相应治理工程投资计划，未治理堤防的绿化随堤防治理一并安排。绿化管理由局工管处负责绿化工程年度计划，监督检查绿化质量；河闸总所负责组织实施年度计划，确保绿化任务的完成。在绿化资金使用方面，基建处委托河闸总所完成绿化任务，并将绿化资金拨付河闸总所；河闸总所依据市水利局批复的年度计划，视树木成活率及绿化质量，将资金分期拨付区（县）。

二、美国白蛾防治

美国白蛾是国际上高度关注的检疫性有害生物，具有取食范围广、适生能力强、传播蔓延快、危害损失大等特点，美国白蛾是在 20 世纪 70 年代末，先在辽宁丹东、营口一带出现，然后在其他地区相继发现。1995 年，美国白蛾传入天津，天津市每年都要组织美国白蛾防治工作，力求降低虫口密度，最大限度地压缩疫情分布范围。

2008 年，北京奥运会举办期间，美国白蛾第二代幼虫危害的高峰期，天津市作为北京奥运会的协办城市之一，防治意义非常重大。国家林业局下达天津市美国白蛾防治任务。主要任务：全年防治任务 24000 公顷，防治作业面积 173330 公顷（次），全面降低虫口密度，最大限度地压缩疫情分布范围。其中奥林匹克中心体育场及周边地区和主要风景区要严密监控，及时发现，及时防治，不发生灾害；重点防控区有虫株率控制在 0.05％以下；外围防控区有虫株率控制在 0.1％以下。依照市政府办公厅防治工作要求，按照"谁的树，谁防治"和"突出重点，分区治理，属地负责，联防联治"的原则，实行条块相结合的分工负责制和行政领导负责的目标管理责任制。

市水利局机关和所属各处成立了美国白蛾防治工作领导小组。提出明确要求：对林木进行拉网式检查，切实落实责任制，筹措资金，购置药械，严格疫情报告制度，要求每周上报一次。科学防治，不留死角，务求成效。同时，与市、区（县）林业主管部门、乡（镇）政府及其他部门加强合作，搞好联防联治。

2010 年 9 月，天津市重大外来林业有害生物防控领导小组办公室组成检查验收组对防治效果进行验收，经检查验收，全市防治后平均有虫株率为 0.03%。其中重点防控区的蓟县、宝坻区、武清区防治后平均有虫株率 0.02%，一般防控区的静海县、宁河县、东丽区、西青区、津南区、北辰区、滨海新区防治后平均有虫株率 0.037%。低于国家林业局下达重点防控区关键部位防治后有虫株率在 0.1% 以下，一般防治区防治后有虫株率在 5% 以下的指标。

三、堤防树木更新

1997 年 1 月，天津市颁布《天津市实施〈中华人民共和国森林法〉办法》，根据其第三十二条规定，为加强全市河道林木采伐管理，控制林木资源消耗，市林业部门将河道林木更新的采伐权委托天津市水利局管理。其委托权限：①按照法定程序对本部门所属一级河道的护堤、护岸的更新采伐进行审核、发放林木采伐许可证；②在本市人民政府批准的采伐限额范围内审核、发放林木采伐许可证、一次采伐 200 株以下的，由市水利局审批；一次采伐 201 株以上的，由市林业行政主管部门审批。

林木砍伐统一使用市林业局提供的《天津市林木采伐许可证》。对于同一工程或同一地点林木的更新采伐，严禁化整为零进行审批，否则，给予通报批评、行政处罚、直至取消委托。林木更新采伐，按照有关规定向所在区（县）林业行政主管部门交纳育林基金，依照《森林采伐更新管理办法》的规定，林木采伐后，必须在当年或次年完成更新造林任务。

2010 年，经市林业局同意对东丽区金钟河右堤南何庄、欢坨、大毕庄段护堤林树进行砍伐、更新，并发放林木采伐许可证。实施砍伐榆树、槐树共计 2935 株，补栽 107 速生杨 3600 株，绿化长 3000 米，绿化面积 30000 平方米。

第四章　海　堤　管　理

天津海岸线全长 153.2 千米，其中滨海新区塘沽段 92.1 千米；滨海新区汉沽段 29.7 千米；滨海新区大港段 31.4 千米。

自 1941 年开始，天津沿海修筑海堤（俗称海挡）。1949 年起，天津相继修筑包括土堤、土堤加毛石护坡、重力式浆砌石墙等多种结构型式海堤，至 1991 年，天津市海堤工程总长为 155.5 千米。此后，天津海堤每年都有维修养护工作，但投入力度仍显不足，特别是经过 1992 年、1994 年等大潮侵袭后，堤防破损严重，防潮能力不足 5～10 年一遇。从 1997 年起，天津市对海堤加大治理力度。2005 年，天津市提出奋战两年，建成全线封闭防潮堤的目标，截至 2006 年年底，共加固海堤 75.94 千米，至此，北起河北省涧河口，南至河北省沧浪渠入海口，总长 139.62 千米的天津市海堤实现了全线封闭，重点段达到 50 年一遇、一般段达到 20 年一遇的防潮标准。

2006 年以前，市水利局委托塘沽区、汉沽区、大港区管理各自辖区内的海堤。2006 年 12 月，天津市机构编制委员会批复，成立天津市海堤管理处（简称海堤处），隶属于市水利局，主要负责所管辖海堤水利工程、河口及沿海岸滩涂的管理；承担防潮日常工作；依据规程对所管水利工程进行检查、观测、运行；承担所管水利工程的日常维护、岁修、除险加固、维修项目的申报和组织实施；对入海的排水、取水口门及管理范围内的生态环境实行监督管理；负责管辖范围内水政监察工作。

第一节　海　堤　工　程

海堤工程包括堤防、入海河口、口门及穿堤涵闸和上堤路四部分。

一、堤防

截至 2010 年，天津市海堤总长 139.62 千米，由海堤工程段、河口及行洪河道入海口段、企业自保段组成。海堤工程段总长 103.49 千米，其中滨海新区汉沽 30.27 千米，塘沽 58.90 千米，大港 14.32 千米。

河口及行洪河道入海口段总长 7.55 千米，其中蓟运河河口段 0.13 千米，海河河口段 0.23 千米，独流减河防潮闸段 1.55 千米，沙井子行洪道段 2.68 千米，子牙新河河口段 2.62 千米，北排河挡潮闸段 0.34 千米。

企业自保段总长 28.58 千米，其中滨海新区塘沽 21.31 千米，包括保税区 1.76 千米、天津港集团 16.89 千米、新港船厂 1.27 千米、渤海石油 1.39 千米；大港 7.27 千米，均为大港油田自保段。

二、入海河口

天津海岸河口汇集了永定新河、海河干流、独流减河、子牙新河、青静黄排水河、北排河、沧浪渠等河口及渠口，其中永定新河、海河干流、独流减河将天津海岸自然分成四段。20 世纪 80 年代之后，上游水量锐减，平均年入海水量仅为 9 亿立方米，入海泥沙量也随之减少。

三、口门及穿堤涵闸

2010 年，天津海堤沿线共有预留口门 85 座，其中滨海新区汉沽 29 座，塘沽 55 座，大港 1 座。穿堤涵闸 113 座，其中滨海新区汉沽 31 座，塘沽 34 座，大港 48 座，多为钢筋混凝土方涵和圆管形式。

四、上堤路

海堤沿线共有上堤路 53 条，其中滨海新区汉沽 13 条，塘沽 20 条，大港 20 条。

第二节　海　堤　治　理

天津市较大规模海堤工程治理从 1997 年开始。1997 年，市政府批准了《天津市海挡建设规划》，对海堤治理加固，同意村庄密集、企业较多等段海堤按 50 年一遇潮位，七级风标准，称为重点段；河口、港口等段海堤按 20 年一遇潮位，七级风标准，称为一般段。1997 年天津市沿海三区设计潮位见表 8 - 4 - 2 - 163。

表 8 - 4 - 2 - 163　　　　　　　**1997 年天津市沿海三区设计潮位**　　　　　　单位：米

重现期	汉　沽	塘　沽	大　港
20 年一遇	4.46	4.58	4.49
50 年一遇	4.69	4.82	4.71
100 年一遇	4.85	5.00	4.88
200 年一遇	5.00	5.18	5.03

根据《堤顶工程设计规范》，堤顶高程为设计潮位加堤顶超高，20 年一遇堤顶高程计算值 6.7～7.5 米，50 年一遇计算值为 7.5 米，在允许越浪的前提下，堤顶设计高程适当降低，20 年一遇 6.0～6.5 米，50 年一遇 6.5 米，设计采用临海面、顶面、背海面均加以防护的结构型式以满足设计防潮能力，俗称"三面光"。海堤工程治理分为应急加固工程、专项工程和应急度汛工程。

一、海堤应急加固工程

1998 年实施 28.36 千米，投资 14522.82 万元。一期工程长 13.766 千米，包括汉沽 1 段长 2.368 千米，塘沽 6 段（八一盐场至富裕之路交界处、生物吹填段、海滨浴场段、海滨浴场北海防路段、拆船厂段、彩虹桥段）共长 11.398 千米；二期工程位于塘沽海滨浴场南和北，全长 14.594 千米。防潮标准除八一盐场至富裕之路交界处 2.941 千米海堤为 20 年一遇外，其余均为 50 年一遇。两期工程主要工程结构型式有新砌石墙钢筋混凝土贴面，原砌石墙钢筋混凝土贴面、复堤工程、毛石灌砌混凝土护坡、预制混凝土块和混凝土板护坡、混凝土路面等多种结构型式。主要工程量包括土方 52.27 万立方米，石方 22.03 万立方米、混凝土 10.70 万立方米。

1999 年实施 14.161 千米，投资 6861.27 万元。其中汉沽蛏头沽村北路挡结合段 3444 米，汉沽盐场吹填土筑堤段 1874 米；塘沽拆船厂至保税区 5639 米、北塘段 212 米、白水头南至独流减河北 1792 米；大港电厂吹灰池段 1200 米。防潮标准除大港电厂吹灰池段为 20 年一遇外，其余都是 50 年一遇。该工程主要结构型式有浆砌石防浪墙、毛石灌砌混凝土护坡、预制块混凝土护坡、混凝土联锁板护坡、混凝土路面、复堤工程等多种结构型式。实际完成工程量包括土方 61.72 万立方米，石方 9.65 万立方米，混凝土 3.93 万立方米。

2001 年实施 13.80 千米，投资 7099.02 万元。一期治理长 4423.6 米，包括汉沽张家新沟至土桥子村西 2686 米，塘沽市政泵站至轮船闸段 113.4 米，塘沽管线队段 388 米，塘沽北塘港至天马拆船厂段 1188.5 米，塘沽八一盐场泵站段 47.7 米，防潮标准除汉沽段和八一盐场段为 50 年一遇外，其他段均为 20 年一遇；二期工程全长 9379 米，包括汉沽送水路西埝至张家新沟段 5000 米，塘沽青坨子石墙段 1680 米，大港电厂吹灰池段 1439 米，渤海水产资源增殖站段 1155 米，津歧公路马棚口村段 70 米，马棚口一村段 35 米，防潮标准除马棚口一村为 50 年一遇外，其余段均为 20 年一遇。两期工程主要结构型式包括新砌石墙钢筋混凝土贴面、原砌石墙钢筋混凝土贴面、新筑土堤、复堤、毛石灌砌混凝土护坡、联锁板护背水坡、干砌石护坡、混凝土路面穿堤口门和涵闸。主要工程量包括土方 23.4258 万立方米、石方 14.0211 万立方米、混凝土 1.8799 万立方米。

2005 年工程分两期实施，按 50 年一遇标准设计。一期工程在汉沽大神堂村段，总长 1305 米，投资 1203.84 万元，包括新建和重建穿堤圆管涵闸各一座，修建三座引水路涵，为灌砌混凝土结合防浪墙结构，设计高程为 6.5 米；二期工程在汉沽大神堂村船坞段和蔡家堡张家新沟段，全长 1627 米，投资 1176.35 万元，包括新建大神堂挡潮闸一座、涵闸两处、拆除重建路涵一座，结构型式为灌砌混凝土结合防浪墙结构。两期工程主要工程量包括土方开挖 3.5384 万立方米，土方回填 6.9338 万立方米，混凝土工程 0.6597 万立方米，灌砌石工程 1.1602 万立方米。

2006 年实施 9081 米，投资 4995 万元。该工程位于汉沽区大神堂，防潮标准 50 年一遇，在小五号排淡闸至大神堂村东段 5317 米海堤上建混凝土灌砌石防浪墙，拆除重建洒金坨东穿堤涵闸。主要工程量为土方开挖 7.9989 万立方米，土方回填 8.2223 万立方米，灌砌石 5.8114 万立方米，混凝土 1.7136 万立方米，抛石 2.3235 万立方米。

2008 年实施 3107 米，投资 2569.69 万元。对汉沽区送水路东埝至送水路西埝吹填试验段迎海侧采用 C25 混凝土灌砌石护坡，坡前抛石防护；塘沽区新港船闸至救助局段采用编织袋土围堰后回填土筑堤方式，堤肩设挡墙，侧护坡采用 C30 钢筋混凝土栅栏板，下铺设厚块石垫层，围堰迎海侧抛石防护；大港区青静黄挡潮闸下游左堤迎海侧进行 C25 混凝土灌砌石护坡，背海侧采用 C20 混凝土灌砌石护坡。

2009 年实施治理 1721 米，投资 2886 万元，新建永定新河防潮闸左堤至富裕之路段海堤，采用斜坡堤结构，坡脚用 C25 混凝土灌砌石外加抛石防护，坡面用 C30 钢筋混凝土栅栏板结构；迎海侧压顶采用 C25 混凝土灌砌石结构，堤顶巡视道路为泥结石路面，坡面为土坡。

二、海堤专项工程

1997 年投资 59.6 万元，维修加固大港马棚口一村防潮堤 750 米。防潮堤结构型式为浆砌石墙，迎水面为浆砌石护坡，墙顶高程 4.71 米。完成浆砌石 1140 立方米，土方 1.07 万立方米。

2004 年实施 13 项：①投资 118.74 万元，在大港段海堤建荒地河节制闸，设计流量按 45 立方米每秒，挡潮设计水位 3.39 米（1985 国家高程基准）；②投资 134 万元，完成子牙新河挡潮埝水毁修复工程，工程设计堤顶高程4米（黄海高程）。主要工程量包括挖方6.3万立方米，填方5.5万立方米；③投资100万元，实施大港区绿色环保型海挡实验工程，堤顶高程6米，滩地高程2.4米，土质缓坡坡面，种植柽柳，抑制海浪冲击。主要工程量完成土方8600立方米，浆砌石384立方米，抛石200立方米，种植柽柳4000株，护花米草6000平方米；④投资34.81万元，修复汉沽段海沿村段60米海堤，用C25混凝土灌砌石护坡，下设石屑垫层和土工布层。完成土方540.5立方米，灌砌石方290.4立方米，土石屑1347.1立方米；⑤投资6.15万元，修复蛏头沽码头东段20米海堤，修复后的海堤结构型式为墙堤组合式，邻海侧为浆砌石墙，背海侧为混凝土预制板护坡。完成土方73.3立方米，灌砌石83.6立方米，土石屑78.3立方米；⑥投资0.44万元，修复蛏头沽码头进水闸翼墙，拆除翼墙上部损坏部分，恢复成原浆砌石结构。完成土方40立方米，浆砌石10立方米；⑦投资6.56万元，修复蛏头沽村南及村西排水闸。拆除原浆砌石翼墙，新建C25钢筋混凝土U形槽式翼墙，更换排水闸门1扇，完成土方374.4立方米，浆砌石拆除104立方米，混凝土45.5立方米；⑧投资8.92万元，修复蛏头沽村南涵闸翼墙。拆除原浆砌石翼墙，新建C25钢筋混凝土U形槽式翼墙，完成土方693立方米，浆砌石拆除160立方米，混凝土71立方米；⑨投资6.15万元，修复蛏头沽村西30米海挡背水坡。设计结构型式为墙堤组合式，背海侧冲坑回填土石屑夯实，护坡按原设计恢复，完成土方13立方米，土石屑60.5立方米，混凝土63立方米；⑩投资18.23万元，修复李家河子东侧海堤护坡及防浪墙119.9米，新做浆砌石防浪墙和C25混凝土灌砌石护坡，主要工程量灌砌石方164立方米，浆砌石方151立方米，混凝土54立方米；⑪投资63.57万元，加固塘沽段海滨浴场段海堤，按20年一遇潮位，七级风的防潮标准设计，完成土方开挖194立方米，土方回填161立方米，混凝土382立方米，灌砌石115立方米，预制板拆除砌筑476立方米，拆砌毛石墙177立方米；⑫投资11.48万元，修复轮船闸段海堤70.5米，采用C25混凝土灌砌毛石对轮船闸两处长约65米的淘刷严重段进行加固，形成墙体稳定的戗台，利用C25混凝土结合毛石对局部石墙架空段进行填塞，用碎石屑对人行道现有冲坑回填，按原结构尺寸用M10浆砌石修复5.5米撞损段。完成灌砌石174立方米，砌毛石墙108立方米；⑬投资29.93万元，加固富裕之路段海堤119.5米和一座虾池进水闸，完成二八灰土199立方米，浆砌石372立方米，混凝土88立方米，预制混凝土管28米，安装铸铁闸门2套及3吨手动启闭机2套。

2005年实施6项：①投资29.28万元，加固大港电厂吹灰池段41米海堤，拆除原C20混凝土联锁板，新铺设土工布一层和碎石垫层，重新铺设混凝土联锁板，再进行C20细石混凝土灌缝，完成挖方2505立方米，人工夯填土方1637立方米，土工布铺设2046平方米，C20混凝土170立方米；②投资20.6万元，加固渤海水产资源增殖站段海堤，拆除原C20混凝土联锁板，新铺设土工布一层和碎石垫层，重新铺设混凝土联锁板，完成挖方320立方米，人工夯填土方1408立方米，土工布铺设1600平方米；③投资45.24万元，加固汉沽李家河子段101.9米海堤，完成灌砌石方547立方米，浆砌石方390立方米，混凝土灌砌40立方米；④投资24.09万元，维修加固塘沽段富裕之路虾场排水闸西侧段海堤119米，拆除原破损石墙，按照设计恢复加固。完成挖方343立方米，C20混凝土灌砌201立方米，C25混凝土灌砌213立方米；⑤投资11.97万元，维修加固工程塘沽段彩虹桥下游段海堤50米，采用土堤形式，回填土方1750立方米；⑥投资58.05万元，维修加固塘沽段青坨子二场闸。土方开挖800立方米，土方回填600立方米，C20混凝土灌砌447

立方米，C25 混凝土灌砌 53 立方米，更换闸门启闭机 2 台（套）。

2006 年实施 3 项：①投资 61.89 万元，维修加固塘沽段北塘排水闸，新建 1 号涵闸，接长 2 号涵闸并新建闸室，封堵 3 号闸，完成土方开挖 1099 立方米，土方回填 904 立方米，混凝土灌砌 206 立方米，灌砌石 219 立方米；②投资 78.78 万元，维修加固八一盐场段海堤。对冲刷严重的 300 米海堤迎水坡进行加固，完成土方开挖 2111 立方米，土方回填 3894 立方米，混凝土灌砌 382 立方米，灌砌石 1557 立方米，土工布铺设 3780 平方米，碎石垫层 147 立方米；③投资 98.15 万元，维修加固大港段渤海水产资源增殖站段海堤 400 米，大港电厂吹灰池段海堤 410 米，拆除预制混凝土板护坡，重新铺设一层土工布和碎石垫层，铺设混凝土联锁板，C20 细石混凝土灌缝，完成土方开挖 1073 立方米，土方回填 4306 立方米，C20 混凝土联锁板拆除 643.8 立方米，碎石垫层 268 立方米，C20 混凝土灌砌 535.6 立方米，土工布铺设 5365 平方米。

2007 年实施 3 项：①投资 75.27 万元，维修加固塘沽八一盐场冲刷最为严重的 350 米海堤迎水坡，完成土方开挖 4354 立方米，土方回填 1611 立方米，浆砌石 1576 立方米，灌砌石 24 立方米，土工布铺设 4630 平方米，碎石垫层 360 立方米；②投资 92.52 万元，维修加固大港段增殖站段 770 米和大港电厂吹灰池剩余段 1120 米背海侧海堤，完成土方开挖 1446 立方米，土方回填 2792 立方米，C20 混凝土联锁板拆除 837.6 立方米，碎石垫层 349 立方米，C20 混凝土联锁板铺设 6980 平方米；③投资 44.9 万元，维修加固汉沽段火神庙村原泵站一段长 40 米和蔡家堡码头一段长 88 米海堤，对该段海堤加高加固，在码头面上新建拱形 C20 混凝土路面。两项工程完成土方 1347.5 立方米，灌砌石方 301 立方米，混凝土 256.5 立方米。

2008 年实施 3 项：①投资 70.9 万元，维修加固塘沽段海堤 210 米。对海堤迎海侧陡坎亏坡进行回填，恢复堤坡后浆砌石护砌，堤顶铺设泥结石路面，主要工程量包括土方 3820 立方米，浆砌石 967 立方米，土工布铺设 2789 平方米，碎石垫层 229 立方米，泥结石路面 2116 平方米；②投资 63.96 万元，维修加固大港段海堤 258 米。对海堤原浆砌石防浪墙进行钢筋混凝土贴面、加高，迎海侧浆砌石护坡，完成土方 1824 立方米，石方 581 立方米，混凝土灌砌 123 立方米；③投资 41.9 万元，维修加固汉沽段海堤 510 米。对破损混凝土路面进行修复，新建 4.6 米宽、20 厘米厚混凝土路面，内部铺设钢筋网，完成土方回填 51 立方米，修复混凝土路面 2346 平方米。

2009 年实施 2 项：①投资 146.3 万元，维修加固塘沽段 2679 米海堤堤顶路面，完成混凝土浇筑 1793 立方米，土方回填 775 立方米；②投资 131 万元，维修加固汉沽段 1657 米海堤堤顶路面，完成土方开挖 344 立方米，土方回填 743 立方米，石方 1392 立方米，混凝土浇筑 1392 立方米。

2010 年，投资 107.5 万元，维修加固大港马棚口一村津歧公路段海堤 215 米。拆除 44 米旧挡墙，新建 M15 浆砌石防浪墙及压顶；防浪墙迎海侧浆砌石护坡和抛石护脚。主要工程量包括土方开挖 2070 立方米，土方回填 940 立方米，石方 2119 立方米，混凝土灌砌 99 立方米。

三、海堤口门封堵工程

海堤全线封闭后，仍有 67 个口门作为当地渔民和部分企业生产生活的通道，没有进行封堵，给汛期防潮减灾工作带来一定的隐患。为有效改变工程现状，保障防潮安全，经市防办批准，海堤处逐年组织对部分口门进行治理改造。

2007 年口门封堵工程。该工程对汉沽大神堂海堤西侧 2 号、3 号、6 号、7 号、8 号、9 号、10 号口门、高家堡码头口门及永定新河治理一期工程码头口门共 9 个口门进行治理，工程采用人字推拉门封堵，总投资 80 万元，2007 年 11 月 26 日开工，2008 年 4 月 20 日全部完工，主要工程量包括混凝土 160 立方米，金属结构闸门及埋件制作 43 吨。

2009 年口门封堵工程。按照《关于天津市海堤沿线口门封堵工程初步设计的批复》和《关于对 2009 年海堤沿线口门封堵工程设计变更的批复》的要求，该工程对汉沽洒金坨孵化场 4 个口门，大神堂码头进出通道 2 个口门及土桥子村下海通道口门等共 9 个口门制作并安装钢闸门，汉沽洒金坨孵化场一处口门永久浆砌石封堵，共计制作安装 17 道钢闸门，采用人字推拉门封堵。该工程总投资 100 万元，3 月 20 日开工，6 月 30 日完工，主要工程量为混凝土 94 立方米，金属结构闸门及埋件制作 45.5 吨。

2010 年口门封堵工程。按照《关于天津市海堤沿线口门封堵工程初步设计的批复》的要求，对大沽炮台南、高沙岭赶海、海防渔业码头、捕捞队渔网码头、塘沽海口船厂、驴驹河铜像等 9 个口门制作并安装钢闸门，北塘码头口门永久浆砌石封堵。该工程总投资 98 万元，4 月 22 日开工，6 月 30 日完工，主要工程量为混凝土 85 立方米，金属结构闸门及埋件制作 54.36 吨。

第三节　日常维护管理

1991 年，天津海堤日常维护均由企业在自保段进行。2006 年海堤处成立后，从 2007 年开始逐年进行海堤的日常维护管理。

一、企业自保段海堤日常维护维修

（一）大港油田

2001 年，投资 116 万元，对港 25 井防潮墙进行了重建。

2002 年，投资 120 万元，对港 25 井北段防潮堤进行了重建。

2003 年，投资 50 万元，对独流减河防潮闸闸下新建防潮墙长 600 米。投资 55 万元，对 5 号平台防潮墙进行维修。投资 100 万元，对遭到海潮冲击破坏严重的港 25 井海堤进行维修。

2004 年，投资 20.3 万元，重建了港 24 井海堤防潮闸。

2005 年，投资 400 万元，对港 25 井防潮堤进行了加固处理，主要建设内容是在防潮堤内侧新建毛石墙 2226.96 米，新建 3.5 米宽水泥道路 4890 米。

2007 年，投资 400 万元，对港 25 井防潮堤进行了维修，南段维修 704 米，北段维修 1580 米，东段维修 1604 米。

（二）渤海石油

2007 年，投资 65 万元，对渤海石油滨海新村双闸路 273 米海堤进行了维修加固。

（三）新港船厂

2004 年 12 月至 2005 年 4 月，投资 15 万元，对新港船厂防潮口门进行改造工程。

2005 年，投资 18 万元，对新港船厂 70 米半固定式防潮墙进行修建。

2006 年，投资 19 万元，对新港船厂防潮墙进行维修加固。

2007 年，投资 9 万元，对新港船厂防潮设施进行维护。

（四）天津市长芦汉沽盐场

1991 年，投资 68 万元，维修加固李家河子至永利段海堤 2700 米，完成土石方 13500 立方米。

1992 年，投资 81 万元，维修加固六号水门段海堤 3200 米，完成土石方 18500 立方米。

1993 年，投资 72 万元，维修加固高家堡段海堤 2200 米，完成土石方 17600 立方米。

1994 年，投资 87 万元，维修加固高家堡和土桥段海堤 3500 米，完成土石方 21000 立方米。

1995 年，投资 73 万元，维修加固高家堡和大神堂段海堤 2900 米，完成土石方 18100 立方米。

1996 年，投资 72 万元，维修加固三千米沟和永利段海堤 1980 米，完成土石方 19000 立方米。

1997 年，投资 175 万元，维修加固火神庙和双桥段海堤 2300 米，完成土石方 20800 立方米。

1998 年，投资 330 万元，维修加固火神庙和高家堡段海堤 3800 米，完成土石方 31000 立方米。

1999 年，投资 58 万元，维修加固李家河子至永利段海堤 3100 米，完成土石方 21000 立方米。

2000 年，投资 30 万元，维修加固盐场段海堤 2900 米，完成土石方 1700 立方米。

2001 年，投资 28 万元，维修加固盐场段海堤 2900 米，完成土石方 1800 立方米。

2002 年，投资 35 万元，维修加固盐场段海堤 2900 米，完成土石方 2500 立方米。

2003 年，投资 50 万元，维修加固盐场段海堤 2900 米，完成土石方 3600 立方米。

2004 年，投资 40 万元，维修加固盐场段海堤 2900 米，完成土石方 3100 立方米。

2005 年，投资 25 万元，维修加固盐场段海堤 2900 米，完成土石方 2100 立方米。

2006 年，投资 32 万元，维修加固盐场段海堤 2900 米，完成土石方 2800 立方米。

二、工程段海堤日常维修维护

2007 年，总投资 69.8 万元，主要包括 3 部分内容：

（1）完成 7.98 千米的三个养护重点段的治理工程，其中汉沽蛏头沽段 3 千米，塘沽海滨浴场段 2 千米，大港电厂及水产资源增殖站段 2.98 千米。主要养护内容为对破损墙体、护坡修补，路面清扫、垃圾杂草清理等。

（2）编制完成海堤沿线工程标志设置方案，对公里桩、界桩、宣传牌等进行详细设计，不同堤防断面，采用不同形式，并组织实施。

（3）完成 4.6 千米一般段治理（塘沽青坨子石墙段 3.1 千米，大港油田段上堤路 1.5 千米）。为局部墙体破损修补、压顶损坏修补，抛石及墙体护坡勾缝，修垫防潮抢险道路，设置路障、隔离墩等。

全年清理杂草 3390 平方米，清理杂物垃圾 72 平方米，修补封堵砌石护坡 185 立方米，混凝土封堵护坡 30 立方米，抛石 1070 立方米，勾缝 1200 平方米，制作安装公里桩 173 个，宣传牌 60

个，铺设泥结石路面 1.5 千米，设置路障、隔离墩 6 个。

2008 年，总投资 64.5 万元，主要包括 4 部分内容：

（1）一般段养护。养护总长 7.545 千米，其中汉沽三千米沟段 2.125 千米、塘沽亚旭堆场段 2.37 千米，大港油田段 3.05 千米。

（2）治理工程的达标维护。包括勾缝、堤坡修整、路肩修整、压顶修补等。

（3）宣传牌、公里桩存放、补装及补喷字。对海堤沿线宣传牌进行补装及双面喷字；对海堤沿线公里桩进行补装，并将由于建设项目原因未能及时安装的宣传牌及公里桩进行存放。

（4）海堤全线巡视检查及环境综合治理。包括防浪墙压顶修补 52 平方米，新建及修整混凝土路面 224 平方米，勾缝修补 490 平方米，路肩与背水坡裂缝修补 3930 米，护坡修整 25 立方米，抛石摆放 235 立方米，路肩铺碎石 122 立方米，路肩修整 6080 平方米，联锁板整修 500 平方米，联锁板与路肩砌石连接处抹砂浆 350 米，新建防潮墙 17 米，新建泥结石路面 1.08 千米，补装里程桩 14 块，宣传牌 5 块，制作隔离墩 10 组，海堤交通口治理 19 个。

2009 年，总投资 70 万元，主要完成以下 7 项工程：

（1）治理汉沽大神堂村管养分离段海堤 9 千米，修复混凝土路面，清理迎水坡和背水坡垃圾、弃土、杂物，保障闸门等防潮设施正常运行、维护及查护堤巡视等项工作。完成混凝土路面维修 8000 平方米、砌石坡面维修 32 立方米、防浪墙压顶修补 40 平方米、背水坡面平整 1000 平方米。

（2）汉沽段维修维护，完成日常养护项目及专项治理段维护、大神堂段防潮闸运行设施安装及海堤查护堤巡视等。

（3）塘沽段维修维护，实施碱渣山段修筑泥结石路面、皮带长廊至海滨浴场段海堤防浪墙压顶修复、制作安装隔离墩及环境综合治理等。完成铺设修复混凝土路面 2400 平方米、制作安装隔离墩 4 个、清理杂草杂物 6200 平方米、修复压顶 10 立方米、修补护坡勾缝 18 立方米。

（4）大港段维修维护，完成荒地排河闸两侧护砌坡面及压顶大面积沉陷、坍塌；制作拦路墩 2 组；维护闸门 4 套；购置安装启闭机电机 4 套。杂草杂物清理 400 平方米、防潮通道清理 4600 平方米、新建混凝土拦路墙 22 立方米、修复浆砌石护坡 48 立方米。

（5）公里桩宣传牌补装，修复、补装海堤全线破损公里桩、宣传牌。共计重新制作埋设混凝土公里桩 7 块、不锈钢牌 10 块、宣传牌 8 块；修复宣传牌 4 块。

（6）防潮责任牌（试点）制作安装，共制作安装责任牌 72 块，其中口门责任牌 32 块、涵闸责任牌 30 块、责任段责任牌 10 块。

（7）口门运行管理，对汉沽、塘沽段共计 9 个钢制防潮门进行日常管理及维护工作。

2010 年，总投资 78.9 万元，完成重点段海堤和一般段海堤共 22 项日常维修养护工程。

（1）重点段海堤维修养护工程长 40 千米，维修养护工程共 14 项：①大神堂村东至六号水门 5.5 千米养护，包括清理堤身范围内迎水坡垃圾、杂物，修复海堤 20 米破损压顶，清理堤顶路面破损处 200 平方米，用沙土进行回填后碾压、夯实；②送水路东埝至李家河子泵站 2.957 千米养护，包括重新制作海堤两处拐角混凝土路面，清扫海堤迎水坡工程废土，修整送水路段土坡背水坡；③汉蔡互通式立交桥东至蔡家堡村西 2.164 千米养护，包括清理堤顶路面及迎水坡，修补防浪墙压顶 20 米，修复背水坡路肩整平 100 米，清扫背水坡与海滨大道土路肩；④蔡家堡村西至塘汉交界 6.041 千米养护，包括清扫海堤的护坡、挡墙及路面，修复航母段海堤路面，清理八卦滩段海堤，清理蛏头沽村段 1.271 千米海堤背水坡杂草；⑤塘汉交界至八一盐场段吹填段 1.189 千米养护，包括清理塘汉交界至八一盐场吹填段迎水坡、堤顶路面及背水坡的杂草、杂物 500 平方米，修复背水坡路缘石；⑥八一盐场吹填段至富裕之路段 7.54 千米养护，包括清除堤身垃圾杂物；⑦东海路段 0.75 千米养护，包括清除海堤路面及路肩垃圾杂物 10 立方米，清除背水坡垃圾及废土 10 立方米；⑧轮船闸至救助站段 0.5 千米养护，清理海堤堤身及全年清扫垃圾；⑨海滨浴场 2.299 千米养护，包括混凝土路面裂缝修补 200 延米，清理三处堤顶路面堆土和背海侧垃圾及杂草，制作安装 2 扇 2 米×4 米的栅栏门；⑩制卤场泵站段路面 0.826 千米养护，清理堤顶路面、压顶及迎水坡堆土垃圾；⑪制卤场泵站南段 2.679 千米养护，修复 50 平方米破损压顶，清理堤顶路面及迎水坡 1000 平方米；⑫荒地排河闸段 0.158 千米养护，每周清扫一次堤身；⑬青静黄左堤（130＋500～133＋335 段）2.835 千米养护，包括剔除 1000 平方米塌陷海堤混凝土路面，重新浇筑混凝土路面，修补 20 平方米破损路肩，制作拦路墩 2 组；⑭马棚口一村 0.473 千米养护，清理海堤堤身垃圾。

（2）一般段海堤维修养护工程长 99.62 千米，维修养护工程共 8 项：①钢制防潮门管理及维护。对已安装的 33 个钢制防潮门进行日常的运行及维护，根据潮情开关闸门，定期对闸门进行上油，对千斤顶进行检查，保证闸门正常运行；②护栏制作及安装。在大神堂段海堤安装护栏 20 米，保证车辆通行安全；③环境集中治理。对新港船闸段、蛏头沽新建海堤段等 7 段海堤进行环境卫生专项整治（4—10 月进行清理）；④塘沽段口门、涵闸、责任段责任牌设计制作安装；⑤警示牌制作及安装。在荒地排河闸北（危桥）安装警示牌，提示此处为安全隐患；⑥建立海堤巡视巡查管理系统；⑦大神堂船坞 10＋391 处防潮闸门更换，对破损的钢制防潮门进行更换；⑧海堤全线公里桩、宣传牌及责任牌清洗，全年清洗 4 次。

第九篇

水法制建设

依法治水是推进水利可持续发展的重要基础和法治保障。1988 年 1 月 21 日，第六届全国人大常委会审议通过了《中华人民共和国水法》（简称《水法》）。《水法》颁布实施标志着中国水利事业进入了依法治水的新时期。为全面贯彻实施《水法》，天津市水利局不断完善水法规体系建设，颁布施行了与《水法》配套地方性法规 8 部、政府规章 5 部及规范性文件 29 部，涵盖了水资源管理、河道管理、工程管理、工程建设、防汛抗旱、供水排水等众多水行政管理领域内容，构建了较为完善的天津市水法规体系，为天津市水务事业健康发展提供了强有力的法制保障。

1991—2010 年，成功举办 20 届纪念"中国水周"的宣传活动，提高了全社会的水法制意识，营造了自觉遵守水法规和珍惜水、保护水的良好社会氛围；组织水利系统干部职工开展法律知识培训和法律知识讲座，增强了职工的法律素质，提升了依法行政的能力。组建了 10 支局属水政监察支队，20 支大队，组织区（县）水务局组建区（县）水政监察支（大）队 11 支，中（大）队 35 支，建立健全了水政监察规范化制度 15 件。深入贯彻实施水法律法规，以河道管理、水资源节约与保护、水工程保护为执法工作重点，累计查处各类水事违法案件 11738 起，挽回直接经济损失 8396.25 万元。

第一章　水法规体系建设

第一节　地方性法规

为贯彻实施《水法》，1992 年启动第一部地方性法规《天津市实施〈中华人民共和国水法〉办法》的起草，标志着天津市水行政管理开始逐步走向法治化道路，截至 2010 年，天津市共颁布施行《天津市实施〈中华人民共和国水法〉办法》《天津市实施〈中华人民共和国水土保持法〉办法》《天津市蓄滞洪区管理条例》《天津市河道管理条例》《天津市节约用水条例》《天津市防洪抗旱条例》《天津市城市排水和再生水利用管理条例》《天津市城市供水用水条例》8 部市水行政主管部门实施的地方性法规。

一、《天津市实施〈中华人民共和国水法〉办法》

1988 年，《中华人民共和国水法》颁布，全国水事管理有了法律依据，天津市多年来在水事管理上因历史原因在水资源、防洪排涝等方面存在多部门、分级管理的情况，极大阻碍了水利发展。为了加强城市水务管理，1992 年启动《天津市实施〈中华人民共和国水法〉办法》（简称《实施〈水法〉办法》）的起草工作，市水利局成立了由主管副局长任组长的起草小组。4 月，主管副局长带领由市人大、市财政局有关部门负责人组成的调研组赴广州、上海、南京调研《实施〈水法〉办法》起草事宜。5 月，向市领导汇报了制定《实施〈水法〉办法》的思路。经两年做大量协调工作，1994 年 1 月 26 日，市人大常委会第十二届第五次会议审议《实施〈水法〉办法》，47 名与会常委全票通过，市人大常委会以 1994 年第十一号公告予以公布，自公布之日起施行。该办法确立了天津市对水资源实行统一管理与分级、分部门管理相结合的制度，1988 年 8 月，市政府以《关于贯彻〈中华人民共和国水法〉的通知》明确"市水利局是我市水事行政主管部门，对全市的水事工作实施统一管理"。明确了市水利部门和市有关部门管理水资源的主要职责，规范了水资源的开发利用、用水管理、水资源保护、水工程保护、防汛与抗洪等内容，为市水利部门依法有效管理与保护水资源，发挥资源综合效益提供了强有力的法制保障，实现了水利部门地方性法规立法的零突破。

随着城市化进程步伐的加大，《实施〈水法〉办法》规定水资源实行统一管理与分级、分部门管理相结合的制度，各行政管理部门之间的水资源管理职责交叉，在实际管理工作中出现要么都管要么都不管的社会现象。2002 年 8 月，全国人大常务委员会对《水法》进行修订，强化了水资源的统一管理，对水资源的规划编制、开发利用、资源配置和节约保护作出明确的规定。为维护国家法制统一，经过深入的调研，在依据上位法的基础上，2006 年 9 月 7 日市第十四届人大常委会第三十一次会议审议通过新修订的《天津市实施〈中华人民共和国水法〉办法》，市人大常委会 2006 年第七十八号公告公布，12 月 1 日正式施行。修订后的《实施〈水法〉办法》明确了水资源由水行政主管部门统一管理、加强了水功能区划管理、实现了水资源优化配置、规范了水资源使用管理、加强了对水工程的管理和保护、明确了地热水、矿泉水管理权限划分。对取用已探明的地热水、矿泉水的单位和个人，应当依法向市水行政主管部门办理取水许可证；按照国家有关规定，凭取水许可证向市地质矿产行政主管部门办理采矿许可证，并按照市水行政主管部门确定的开采限量开采。新《实施〈水法〉办法》的颁布施行，标志着市的依法治水工作进入了从传统水利向现代水利转变的新阶段。

二、《天津市实施〈中华人民共和国水土保持法〉办法》

1991 年 6 月 29 日《中华人民共和国水土保持法》颁布实施，1995 年 1 月 18 日市第十二届人大常委会第十三次会议审议通过《天津市实施〈中华人民共和国水土保持法〉办法》（简称《办法》）市人大常委会 1995 年第三十六号公告公布，自公布之日起施行。《办法》明确了水行政主管部门主管全市的水土保持工作，明确了水土保持的重点防治区范围，建设项目过程中水土保持方案的报审程序等内容，《办法》的颁布实施对天津市预防和治理水土流失、保护和合理利用水土资源发挥了重要作用，进而规范了全市水土保持管理秩序。2004 年 7 月 1 日《中华人民共和国行政许可法》（简称《行政许可法》）正式施行，经过认真梳理，该《办法》的部分条款已经不符合《行政许可法》的相关规定，经过修改后，2004 年 9 月 14 日市人大常委会第十四届第十四次会议审议通过了关于修改《天津市实施〈中华人民共和国水土保持法〉办法》的决定，市人大常委会

2004 年第二十二号公告予以公布，自公布之日起施行。

三、《天津市蓄滞洪区管理条例》

天津市是洪涝灾害频发地区，为发挥蓄滞洪区的功能，减少分滞洪水淹没的损失，1996 年 10 月 16 日《天津市蓄滞洪区管理条例》（简称《条例》）由天津市第十二届人大常委会第二十七次会议审议通过，市人大常委会 1996 年第六十号公告公布，自公布之日起施行。《条例》明确了蓄滞洪区的范围，确定了蓄滞洪区的安全、建设与管理，实行市、区（县）、乡（镇）政府行政首长负责制的制度，它的颁布施行对加强天津市蓄滞洪区的安全、建设管理，发挥蓄滞洪区的功能，减少分滞洪水淹没损失，保障经济建设和人民生命财产安全，发挥了重要作用。2004 年 7 月 1 日《中华人民共和国行政许可法》正式施行，为此对该《条例》部分条款作了相应的修改，2004 年 11 月 12 日天津市第十四届人大常委会第十五次会议修改通过了《天津市人民代表大会常务委员会关于修改〈天津市蓄滞洪区管理条例〉的决定》，市人大常委会 2004 年第二十七号公告公布，自公布之日起施行。

四、《天津市河道管理条例》

1994 年《天津市实施〈中华人民共和国水法〉办法》经市人大审议通过后，对天津市河道管理提供了法律依据，因历史原因，城市河道管理存在以外环线为界情况，分别由水利部门和市政部门管理（即外环线以内由市政部门管理，外环线以外由水利部门管理），对于防洪、防汛、排涝、供水等河道管理带来诸多不便。1997 年 12 月 1 日市第十二届人大常委会第三十八次会议对《天津市河道管理条例（草案）》进行审议。1998 年 1 月 7 日，市十二届人大常委会第三十九次会议对《天津市河道管理条例》（草案审核修改稿）进行审议表决通过。市人大常委会 1998 年第九十二号公告公布，自公布之日起施行。条例确立了市水利部门是市河道行政主管部门，负责市河道管理工作，并负责管理行洪河道和城市供水河道。区（县）水利部门是区（县）河道行政主管部门，负责管理本行政区域内市管河道以外的河道的法律地位。确定了河道管理范围内新建、扩建、改建建设项目的审批程序；明确了河道管理范围和保护范围及在其范围内的禁止行为和经批准行为。

将第三十条修改为：在河道管理范围内进行下列活动，必须按照河道管理权限，报经河道行政主管部门批准：（一）在河滩地内采砂、采石、取土；（二）在河滩地内钻探、开采地下资源、进行考古发掘；（三）在河道内固定船只、修建水上设施。从事前款规定的行为，应当按照河道行政主管部门批准的范围和作业方式进行。

将第三十六条修改为：在河道管理范围内兴建建设项目临时占用堤防、河滩地以及利用河道、堤防、闸桥的，应当征得河道行政主管部门的同意，并给予适当补偿。

2004 年 7 月 1 日《行政许可法》正式施行，其部分条款已不符合《行政许可法》的相关规定，条例确定的河道管理制度已不适应新形势下河系管理的需要。2005 年 3 月 24 日，天津市第十四届人大常委会第十九次会议审议修改通过关于修改《天津市河道管理条例》的决定，市人大常委会 2005 年第四十二号公告予以公布，自公布之日起施行。对两项经批准的行为依据《行政许可法》

作出了调整。

　　将第三十条修改为：在河道管理范围内进行下列活动，项目审批部门应当征求河道主管部门的意见：（一）在河滩地内钻探、开采地下资源、进行考古发掘；（二）在河道内固定船只、修建水上设施。

　　从事前款规定的行为，应当按照准许的范围和作业方式进行，并接受河道行政主管部门检查监督；对工程设施造成损失的应当予以赔偿。"在河道管理范围内采砂、采石、取土的，由河道行政主管部门依照有关法律、法规的规定予以审批。"

　　将第三十六条修改为：在河道管理范围内兴建建设项目临时占用或者利用河道、堤防、河滩地、桥闸的，应当与河道行政主管部门协商一致，并给予适当补偿；对工程设施造成损坏的，应当予以赔偿。

五、《天津市节约用水条例》

　　2002 年 6 月 12 日，根据市委、市政府关于印发《天津市人民政府改革方案》精神，天津市水利局（市引滦工程管理局）加挂天津市节约用水办公室的牌子。为加强全市节水工作，2002 年 12 月 19 日，《天津市节约用水条例》（简称《条例》）由市第十三届人大常委会第三十七次会议审议通过，市人大常委会 2002 年第六十二号公告公布，2003 年 2 月 1 日起施行。《条例》是全国第一部统一节水管理的地方性法规，填补了节水法规的空白，确立了天津市节约用水办公室统一管理全市的节约用水工作的法律地位，改变了天津市多年来节水管理体制不顺畅的局面，推进了市水资源统一管理的步伐。2004 年 7 月 1 日，《行政许可法》正式施行，使之节水管理工作的不断规范，《条例》部分条款已不符合《行政许可法》的相关规定及不能满足节水行政管理的实际需要，2005 年 3 月 24 日，市人大常委会第十九次会议审议通过了关于修改《天津市节约用水条例》的决定，市人大常委会 2005 年第四十三号公告予以公布，自公布之日起施行。增加了一条：新增非生活用水户用水，应当向节水办公室申请用水计划指标。

六、《天津市防洪抗旱条例》

　　为进一步加强和规范天津市防洪抗旱工作，2007 年 9 月 13 日，《天津市防洪抗旱条例》（简称《条例》）由市第十四届人大常委会第三十九次会议审议通过，市人大常委会 2007 年第九十八号公告予以公布，自 2007 年 12 月 1 日起施行。《条例》是全国第一部将防洪与抗旱工作统筹规范的地方性法规。按照国家从控制洪水向管理洪水转变、从单一抗旱向全面抗旱转变的防洪抗旱工作思路，全面规范了天津市防洪抗旱工作。

七、《天津市城市排水和再生水利用管理条例》

　　2003 年 9 月 10 日，市第十四届人大常委会第五次会议通过《天津市城市排水和再生水利用管理条例》（简称《条例》），《条例》明确了市、区（县）排水管理部门负责本市、区（县）城市排水系统的管理工作。为加强市城市排水和再生水利用管理，确保城市排水和再生水利用设施完好及正常运行发挥了重要作用。2004年7月1日《行政许可法》正式施行，《条例》部分条款已不符合《行政许可法》的相关规定及不能满足排水行政管理的实际需要，2005年7月19日，市第十四届人大常委会第二十一次会议审议通过了《关于修改〈天津市城市排水和再生水利用管理条例〉的决定》，市人大常委会公告第五十四号公布，自公布之日起施行。

新《条例》第二十二条修改为：排水管理部门应当在受理申请后进行排水监测。对符合排放水质标准的，在法定期限内核发排水许可证；轻微超标经治理能够达到排放水质标准的，核发有效期为一年的排水许可证，限期治理。对严重超标不能达到排放水质标准的，不予核发排水许可证。

建设工程施工临时排水的，建设单位应当到排水管理部门办理施工临时排水申请。

第三十条修改为：城市污水集中处理单位应当保证污水处理设施正常运行，不得排放未经处理的污水。

城市污水集中处理单位处理后的水质，应当符合国家和本市规定的污水处理排放标准。

因污水处理设施（设备）改造、维修、更新或者污水处理工艺重大调整，需要减量运行或者停止运行的，城市污水集中处理单位应当向排水管理部门提出申请，排水管理部门应当在法定期限内作出书面答复。

因紧急情况造成城市污水集中处理单位减量运行或者停止运行的，城市污水集中处理单位应当即时向排水管理部门报告并采取相应措施，尽快恢复污水处理设施正常运行。

第四十六条修改为：在排水河防护范围内，新建或者改建专用码头、护岸、道路、桥涵、泵站、排灌口、栈桥，埋设和架设各种管线，占用路堤一体道路建设的，建设单位应当持申请书、建设工程规划许可证及附件、建设工程施工设计图等相关资料到排水管理部门提出申请，排水管理部门应当在法定期限内作出书面答复。

第四十七条修改为：因施工需要临时占用排水河堤防、闸涵、闸桥的，建设单位应当向排水管理部门提出申请，在不影响防汛和排水设施运行、养护、维修的情况下，排水管理部门应当在法定期限内作出书面答复。

施工临时占用排水河堤防、闸涵、闸桥的，应当给予适当补偿，临时占用时间不得超过六个月，防汛需要时，应当立即拆除。

第四十八条修改为：建设工程需要改动或者迁移城市排水和再生水利用设施造成改变排水规划条件的，建设单位应当持申请书、建设工程规划许可证及附件、建设工程施工设计图等相关资料，到排水管理部门提出申请，排水管理部门应当在法定期限内作出书面答复。

改动或者迁移城市排水和再生水利用设施的费用由建设单位支付。

八、《天津市城市供水用水条例》

2006年5月24日，市第十四届人大常委会第二十八次会议审议通过了《天津市城市供水用水条例》（简称《条例》），市人大常委会第七十三号公告公布，2006年9月1日起施行。该《条例》明确了市供水管理部门负责本市城市供水用水的具体行政管理工作；区（县）人民政府按照全市城市供水管理职责分工，负责本辖区内城市供水用水的管理工作。为规范城市供水用水活动，保障城市供水用水安全，维护城市供水企业和用水单位、个人的合法权益提供法律保障。

第二节　政　府　规　章

1991—2010年，为贯彻实施《水法》发布和修订天津市政府规章5部。

一、《天津市引滦工程管理办法》

为加强对引滦工程的管理，保障城市人民生活用水和工业用水，1994年9月8日《天津市引滦工程管理办法》经市政府批准（市政府令28号），公布施行。该办法确立了市水行政主管部门是引滦工程的主管机关，确定了引滦工程的管理范围与保护范围、相关设施及管理措施。1998年1月7日市政府以政府令128号对《天津市引滦工程管理办法》作出修改决定，主要在第二条增加第二款："分支引滦输水工程设施也适用本办法。"将第七条中的"倾倒污物"删除。在第十条增加第二款："禁止非管理人员操作引滦工程的机电设备和手动设备。"将第十五条、第十六条中的"引滦工程管理部门"修改为"引滦工程管理单位"。2003年8月27日《行政许可法》正式颁布，该办法设立的行政许可部分条款已不符合《行政许可法》的相关规定，2004年6月26日市政府以政府令第18号公布了市政府第27次常务会议通过的《关于修改〈天津市引滦工程管理办法〉的决定》，2004年7月1日起施行。

二、《天津市取水许可管理规定》

为加强水资源统一管理，实行计划用水、节约用水，根据《取水许可制度实施办法》和《实施〈水法〉办法》，1995年2月14日《天津市实施〈取水许可制度实施办法〉细则》经市政府批准，以市政府令第36号发布施行。1998年1月6日，市政府以政府令126号对《天津市实施〈取水许可制度实施办法〉细则》作出修改决定，将《天津市实施〈取水许可制度实施办法〉细则》更名为《天津市取水许可管理规定》，为适应水资源管理工作的实际需要，对部分条款主要在法律责任章节进行了修改与完善。

三、《天津市海堤管理办法》

为加强海堤的建设、维护和管理，防御、减轻风暴潮灾害，根据防洪法、水法有关规定，结合天津市实际，2000年9月4日《天津市海堤管理办法》经市政府批准，以政府令第29号公布施行，明确了市和沿海各区水行政主管部门负责本行政区域内海堤的建设、维护和管理工作。确定了海堤的管理和保护范围及其相关的管理措施。它的颁布实施对加强天津市海堤建设、维护与管理提供强有力的法制保障。2003 年 8 月 27 日《行政许可法》正式施行,该办法设立的行政许可部分条款已不符合《行政许可法》的相关规定,2004 年 6 月 26 日市政府以政府令第 20 号公布了 2004 年 5 月 19 日市政府第 27 次常务会议通过的《关于修改〈天津市海堤管理办法〉的决定》,2004 年 7 月 1 日起施行。

四、《天津市引黄济津保水护水管理办法》

为确保城市供水、防止引黄济津水量损失和水质污染,依据《水污染防治法》和《水法》的有关规定,结合天津市多次引黄工作发现的具体问题,起草了《天津市引黄济津保水护水管理办法》,2002 年 10 月 11 日,该办法于 2002 年 10 月 11 日经市政府第 57 次会议通过,以政府令第 62 号公布,2002 年 11 月 11 日起施行。该办法确定了引黄济津输水供水河道及其保护范围,确立了水行政主管部门和其他相关部门的管理职责及管理措施。

五、《天津市水利工程建设管理办法》

为进一步规范水利工程建设活动,维护水利建设市场秩序,确保水利工程质量安全,提高投资效益,2004 年 1 月 9 日市政府以政府令 15 号公布了 2003 年 12 月 15 日经市政府 12 次常务会议通过了《天津市水利工程建设管理办法》,2004 年 3 月 1 日起施行。这是全国第一部规范水利工程建设管理的政府规章。该办法明确规定天津市进行各种水利工程建设时,全面推行项目法人责任制、招标投标制、建设监理制和合同管理制。凡违反规定的,由水行政主管部门依据有关法律、法规和规章予以行政处罚。它的颁布施行,规范了水利工程建设活动,维护了水利工程建设市场秩序,保证了水利工程质量与安全,使水利工程建设管理步入了法制化、规范化的轨道。

第三节　规范性文件

为贯彻实施好水法律、法规、规章,保障各项水行政管理职责落实到位,1991—2010 年,市水利(水务)局先后起草并通过市政府、市政府办公厅转发、批转了 29 部规范性文件。这些规范性文件的颁布实施,基本构建了天津市水法规体系,为天津市水利事业健康发展提供了强有力的政策保障,见表 9-1-3-164。

表 9-1-3-164　　**1991—2010 年天津市水利(水务)局规范性文件**

序号	名　　称	颁布机关	时间	备注
1	关于加快天津市水利事业发展的决定	天津市政府	1994 年	2010 年失效
2	关于发布《天津市防洪工程维护费征收使用办法》的通知	天津市政府	1994 年	2010 年失效

序号	名　　称	颁布机关	时间	备注
3	转发市水利局、财政局拟定的《天津市水利基本建设项目投资包干责任制实施细则》	天津市政府办公厅	1996 年	2010 年失效
4	天津市人民政府批转市财政局、市水利局拟定的《天津市水利建设基金筹集和使用管理办法》的通知	天津市政府	1998 年	有效
5	批转市水利局拟定的《天津市水土保持设施补偿水土流失治理费征收使用管理办法》的通知	天津市政府	1997 年	有效
6	天津市人民政府关于发布《天津市污水处理费管理办法》的通知	天津市政府	2000 年	有效
7	批转市水利局关于小型水利工程产权改革意见的通知	天津市政府	2000 年	2010 年失效
8	印发《天津市月牙河复兴河河道管理办法》的通知	天津市政府	2002 年	2010 年失效
9	关于变更我市用水检查处罚主体的通知	天津市政府	2002 年	2010 年失效
10	天津市北运河综合治理工程管理办法	天津市政府	2002 年	有效
11	批转市市政局关于进一步加强城市污水综合治理意见的通知	天津市政府	2003 年	2010 年失效
12	天津市建设项目用水计划管理规定	天津市政府	2003 年	有效
13	天津市人民政府关于加强海河环境管理的通告	天津市政府	2004 年	2010 年失效
14	批转市水利局拟定的天津市农村饮水工程管理办法（试行）的通知	天津市政府	2005 年	有效
15	批转市发展改革委、市水利局拟定的天津市大中型水库农村移民后期扶持人口核定登记办法的通知	天津市政府	2006 年	有效
16	批转市水利局市发展改革委关于我市围海造陆防潮工程建设与管理意见的通知	天津市政府	2006 年	有效
17	天津市人民政府办公厅转发市物价局、市水利局拟定的《天津市水利工程供水价格实施办法》的通知	天津市政府办公厅	2006 年	有效
18	天津市人民政府批转市水利局拟订的《天津市节水型社会试点建设实施方案》的通知	天津市政府	2007 年	有效
19	关于划定地下水禁采区和限采区范围进一步加强地下水资源管理的通知	天津市政府	2007 年	有效
20	关于在全市加快淘汰非节水型产品的通知	天津市政府办公厅	2007 年	有效
21	批转市水利局拟定的天津市超计划用水累进加价水费征收管理规定的通知	天津市政府	2008 年	有效
22	关于印发《天津市津河等河道管理办法》的通知	天津市政府	2008 年	有效
23	关于印发南水北调中线一期工程天津市投资筹措方案的通知	天津市政府办公厅	2008 年	有效

序号	名　称	颁布机关	时间	备注
24	天津市人民政府办公厅转发市环保局、市南水北调办、市水利局、市国土房管局、市规划局《关于南水北调中线天津干线（天津段）两侧水源保护区划定方案》的通知	天津市政府办公厅	2008 年	有效
25	天津市人民政府批转市水利局关于加强引滦水源保护近期工作意见的通知	天津市政府	2009 年	有效
26	天津市人民政府批转市水利局《关于进一步加强我市地面沉降控制工作意见》的通知	天津市政府	2009 年	有效
27	转发市水务局关于加快天津市农村水利发展实施意见的通知	天津市政府办公厅	2009 年	有效
28	关于加强节约用水的通告	天津市政府	2009 年	有效
29	天津市人民政府批转市水利局拟定的《天津市水利工程管理体制改革验收方案》的通知	天津市政府办公厅	2009 年	有效

第二章　水法制宣传教育

为大力宣传贯彻《水法》，普及水法律知识，促进水法规的贯彻实施，水利部于 1988 年 6 月确定每年的 7 月 1—7 日为"中国水周"，集中开展水法治宣传活动。1993 年 1 月 18 日，联合国第 47 次大会决定从 1993 年开始，每年的 3 月 22 日为"世界水日"。水利部考虑到"世界水日"与"中国水周"的主旨和内容基本相同，从 1994 年开始，将"中国水周"的时间调整到每年的 3 月 22—28 日。

第一节　水法制宣传

一、社会宣传

1993 年与市司法局联合投资 5 万余元，委托市人民艺术剧院摄制以宣传开发利用地下水资源和团结开发利用河道水资源为内容的电视剧《水韵》，录制 100 套光盘发至区（县）水利局和用水户；举办有副市长王德惠、陆焕生，老领导张再旺，以及市人大法工委主任、农村委主任和有关专家学者参加的水法座谈会；与市气象局联合举办纪念"世界水日""世界气象日"座谈会，市人大常委会委员张志森、王劭文，市水利局、气象局领导和水利专家、气象专家、环保专家共 30 余人出席；与团市委联合举办纪念"世界水日""中国水周"和"保护母亲河"大型宣传活动，向青少年志愿者"珍惜水、节约水"宣传示范队授队旗，赠送节水书籍和音像制品；开展送法进大中学院（校）、机关、企事业单位，发放"保护水、珍惜水"的宣传画册及节水执法监督卡活动；在繁华街道设立水法宣传咨询站、设置宣传橱窗，制作宣传展牌，印制散发水法规单行本、宣传手提袋等多项活动，1996—1998 年在市区繁华区的 72 个商业广告电子显示屏幕播出水法宣传内容；2003 年举办"珍惜引滦水，爱护母亲河"青少年讲演会；组织南开区第一幼儿园举办节水知识座谈和文艺表演会，利用节水展牌、墙报向幼儿及家长进行节水宣传；2006 年联合市文化局在天津自然博物馆举办"水与文化"大型科普知识宣传活动；2008 年在海河文化广场举行纪念"世界水日"和"中国水周"暨"迎奥运、保安全、促和谐——河道环境综合整治活动启动仪式"，百名水利干部职工和学生奔赴海河两岸擦洗栏杆、清扫垃圾及河道环境清整义务劳动；2010 年联合团市委、市教委、市广播影视集团和市科协举办纪念"世界水日""中国水周""12355 公益天津"爱水大行动启动仪式暨天津节水科技馆开馆典礼，各参建单位、驻地单位、节水厂商和优秀青少年代表共 400 余人参加启动仪式并参观节水科技馆。

二、新闻媒体宣传

1988 年开始，每年利用新闻媒体开展水法制日常宣传工作，在天津广播电视台"天津晨光"节目中播出市水利局党委书记张志森、局长王耀宗就依法治水问题的答记者问；与市电视台少儿组联合录制以宣传节约用水为内容的少儿节目，在天津电视台"五彩贝"少儿栏目播放。1995 年 12 月至 1996 年 3 月在《天津市法制报》开辟"水法杯"有奖征文活动，共计征文 50 余篇，发表 30 余篇。在《天津日报》刊登"世界水日"和"中国水周"特别报道专版；在《今晚报》面向全市广大群众开展"生命之水"有奖征文活动；制作节水公益广告在天津电视台卫视频道黄金时段连续播放。联合今晚传媒集团（今晚报）在天津图书大厦共同举办《生命之水》图书签字售发仪式，增强了全社会民众的水法制意识与水忧患意识。

三、法律"六进"宣传活动

组织执法人员进入村庄、社区、企业矿点、施工工地、学校和企事业单位进行法律"六进"宣传活动，发放宣传画、宣传资料，宣讲《中华人民共和国水法》《天津市实施〈中华人民共和国水法〉办法》等水法律法规。将法律法规知识编成歌曲、快板等节目，深入乡（镇）演出；将法律法规知识印制成年历画，将水法规知识印制在手提袋、水杯、书包、手电筒、手绢等日常用品上，发放给乡（镇）群众、企事业单位、学校；组织放映队深入农村播放法制宣传专题片；利用处理水事案件的机会，将印制的法律宣传资料送发到管理相对人及有关群众，不断将水法制宣传活动推向深入。

第二节　普及法律法规知识

一、法制教育活动

组织开展水法律法规知识竞赛、水法律培训班、"我与水的故事"演讲比赛及法律法规知识答卷、有奖竞答、水法治专题讲座、专题报告会、"百家网站法律知识竞赛"等活动，提高了依法决策、依法管理、依法办事的能力；围绕宣传主题设置纪念"世界水日""中国水周"法制宣传栏、宣传展牌，图文并茂地介绍水法律法规知识，增强了水利干部职工的法律素质；利用局域网、橱窗、电子滚动屏登载法律法规条文及水法律知识；印制了《水政监察手册》一至七册和《水政监察培训教材》及修订版共计两万余册，将1988—2010年颁布施行公共管理法律法规和水行政管理法律、法规、规章和水政监察规范化制度及常用的执法文书汇编成册，极大地方便各级领导干部与执法人员学法用法。

2008年，组织开展了"依法治水"征文活动，将优秀水法制论文汇集成专刊在《现代水务》上出版。为繁荣水法制文化，组织开展了水法制文艺节目征集活动，举办了"依法治水"征文表彰暨"水之法"文艺汇演，文艺汇演涵盖了歌舞、小品、诗朗诵、男女声二重唱、京剧、相声、三句半、快板、魔术等多种文艺形式，普法的形式新颖，效果显著。为提高学习培训效果，连续开展了学法用法"五个一"活动，即"做一次案例评析""对所使用的法律法规规章进行一次评估""召开一次执法经验交流座谈会""开展一次水法制集中宣传活动""举办一次水法制专题讲座"，以趣味竞答的形式检验水行政执法人员的理论水平与实际办案能力，进一步增强了执法人员自觉学法用法的意识，提高了执法人员学法用法的能力。

二、法律知识培训

为进一步普及广大水利干部职工法律法规知识，邀请市政府法制办公室副主任边疆讲授《行政诉讼法》；邀请市政府法制办主任张秉银讲授《行政许可法》；组织局机关公务员观看《人·水·法》（1～3部）电视普法系列片；为提高执法人员执法能力和执法水平，按照组织全市水政监察骨干（专职）开展法律知识培训，先后组织不同规模、不同层次的业务知识班百余期，培训水政监察人员达万余人次。培训内容涉及《中华人民共和国行政处罚法》《中华人民共和国行政许可法》《中华人民共和国水法》《天津市实施〈中华人民共和国水法〉办法》《天津市河道管理条例》《天津市节约用水条例》和《天津市防洪抗旱条例》等法律法规20余部，提高了执法人员业务知识水平；为提高执法人员实际工作能力，连续多年开展行政许可、行政处罚案卷的评查、交流与观摩，规范了内部运作程序，统一了文书制作标准，提高了实际办案水平。为提高申领执法证件人员的职业道德水平，适应水行政执法工作需要，专门邀请局纪检部门、邀请检察院分管预防职务犯罪的领导对拟从事执法的人员进行廉政教育，预防执法人员职务犯罪。

第三章　水 行 政 执 法

　　1989 年 6 月，水利部发出《关于建立水利执法体系的通知》，提出：在全国水利系统自上而下建立执法体系，建立水利执法队伍。其任务是：贯彻水法和水法规，维护水利秩序，发现和纠正违法行为，依法追究违法者的法律责任，并对下属水利部门或单位的执法情况进行监督检查。并规定水利执法体系是一支专职与兼职相结合的水行政执法队伍，各级政府水利部门的水政机构是专职的执法机构。水利部统一制发水政监察证件、水政监察胸卡、臂章。随着《中华人民共和国水法》及相关法规、规章的颁布实施及水政监察规范化建设的不断完善，天津市基本构建了较为完备的水行政执法体系，严肃查处了各类水事违法行为，有效维护了良好的水事秩序。

第一节　队 伍 及 制 度 建 设

一、队伍建设

　　随着《中华人民共和国水法》及相关法规、规章的颁布实施，水行政执法体系经历了从无到有、从不规范到逐步规范、从摸索到逐步发展壮大的过程。1988 年 8 月，市政府以《关于贯彻〈中华人民共和国水法〉的通知》明确："市水利局是我市的水事行政主管部门，对全市的水事工作实施统一管理"。随之，市编委以《关于市水利局建立水政处的批复》同意市水利局建立水政处。1993 年，按照水利部统一部署，完成了区（县）水利局水利执法体系建设验收工作。1995 年，水利部下发《关于加强水政监察规范化建设的通知》，明确水政监察队伍的名称、水政监察规范化建设的具体目标。1998 年，部分区（县）水利局经当地编委批准成立了水政监察大队。2000 年 5 月 15 日，水利部发布《水政监察工作章程》，明确规定"县级以上人民政府水行政主管部门、水利部所属的流域管理机构或者法律法规授权的其他组织应当组建水政监察队伍，配备水政监察人员，建立水政监察制度，依法实施水政监察"。2001 年 8 月，起草了《关于成立天津市水政监察总队的请示》，向市编委申报。

　　2002 年 1 月 29 日，市编委以《关于成立天津市水政监察总队的批复》，批准市水利局成立水政监察总队。2002 年 8 月 12 日，市水利局印发了《关于建立天津市水政监察总队和支队的通知》，并下发给局属有关单位，明确规定有执法任务的局属单位建立水政监察支队，水政监察总队第一支队设在引滦工管处、第二支队设在节水事务中心、第三支队设在水文水资源中心、第四支队设在河道闸站管理总所、第五支队设在北大港处。2004 年，水政监察总队第六支队（水利工程建设管理支队）成立，设在基建处。2005 年，水政监察总队第七支队（海河管理支队）成立，设在海河处。水政监察总队第八支队（水土保持监督管理支队）成立，设在农水处。2007 年，天津市水政监察总队第九支队（北三河管理支队）成立，设在北三河处，天津市水政监察总队第十支队（海堤管理支队）成立，设在海堤处。水政监察支队根据实际执法需要相继成立水政监察大队。11个区（县）水利（水务）局也相继组建了水政监察大（支）、中（大）队。截至 2010 年，市水务局已成立水政监察总队 1 支、支队 10 支、大队 20 支；区（县）水利（水务）局成立水政监察大（支）队 11 支，中（大）队 35 支。全市拥有水行政执法人员 1516 名，基本形成以水政监察总队为龙头，支队、大队为骨干，中队为基础的覆盖水资源管理、河道管理、水工程管理、防洪抗旱、水土保持管理等众多行政管理领域的水行政执法网络。为激发水行政执法人员工作的积极性、主动性和创造性，进一步落实岗位责任制，2006 年，积极与人事部门协调，将水政监察人员技术职称评定纳入水利工程管理系列，并制定水政监察人员参评水利工程管理技术职称实施意见，开展了水政监察人员技术资格评审工作，解决了水政监察人员技术职称的晋升问题。

2008 年，在海河文化广场举办了"市水利局落实行政执法责任制暨水政监察队伍授牌和行政执法标志颁发仪式"。市政府法制办副主任袁国华出席并讲话，为市水务局成立的水政监察支队和部分水政监察大队授牌，为水行政执法人员代表佩戴天津市行政执法统一标志。水政监察员代表发出倡议，号召全市水行政执法人员加强业务知识学习，努力提高自身素质，加大水行政执法力度，提高水行政管理效能，争做水利忠诚卫士，为促进天津水利和谐发展保驾护航。

二、制度建设

（一）制度建立

为加强水政工作规范化建设，建立健全内部管理制度，自 1995 年相继制定了《行政执法责任制方案》《水政监察工作监督管理规定》《行政执法错案、过错责任追究办法》《行政执法办案奖惩办法（试行）》《关于建立水政监察专职执法队伍的通知》《关于建立天津市水政监察总队和支队的通知》《天津市水政监察员行为规范》《天津市水政监察证件管理办法》《天津市水利局查处水事违法案件责任制度》《天津市水行政执法巡查制度》《关于委托管理和使用有关水行政执法文书的通知》《天津市水利局水政工作监督考核办法》《市水利局立法工作规定》等规范化制度。

2009 年 5 月，成立天津市水务局，统一管理全市水利、供水、排水等水务事宜。2010 年，根据水务体制改革，《天津市水政监察员行为规范》《天津市水政监察证件管理办法》《天津市水利局查处水事违法案件责任制度》《天津市水行政执法巡查制度》《天津市水利局水政工作监督考核办法》《市水利局立法工作规定》等部分规范化制度中执法主体变更为市水务局。市水务局整合原水利、城市排水、供水行政管理内容和执法依据，实行执法人员统一管理，执法案卷统一评查，实行新的水务系统综合执法体系。

（二）水行政执法监督考核和评议制度

从 2005 年起，为推进各区（县）水利局水政工作的监督考核，制定了区（县）水利工作目标考核细则水政工作部分，作为市水利局考核各区（县）水利工作的一部分，主要从推进依法行政、水事违法行政处理、水行政审批、水政监察规范化建设、水法制宣传等 5 方面，监督考核各区（县）水利（水务）局的水政工作，使对各水行政执法队伍的监督管理切实做到有章可循。同时根据工作需要，修订并完善了《天津市水利局水政工作监督考核细则》，从水行政立法、水行政执法、水政监察规范化建设、水法制宣传等四方面对市局属有执法任务的单位开展日常监督考核，将考核的成绩作为评选本年度水政工作先进集体的主要依据，以此规范执法行为，提升执法水平。

为规范执法人员执法行为，履行法定职责，2008 年制定了《水行政执法队伍行风评议工作实施意见》，明确了评议工作的指导思想、工作目标、评议范围、评议内容、评议时间和步骤、主要措施和要求，增强了工作的可操作性。为扎实推进依法行政考核工作，2008 年，根据市政府开展依法行政考核工作要求，制定《天津市水利局开展依法行政考核工作实施意见》，对考核的内容进行了梳理，确定了责任部门，制定《市水利局依法行政工作考核责任分解表》，分阶段落实各项依法行政考核内容。

为贯彻落实国务院《全面推进依法行政实施纲要》和市政府《关于全面推行依法行政的实施意见》，2006 年，分阶段开展了推行行政执法责任制工作。首先，对照所执行的法律、法规、规章和"三定"方案的规定，对行政执法主体、行政执法依据和每项具体行政执法职权开展了清理活动，经市政府法制办审核确定，市水利局具有执法主体资格的单位有 3 个，执行现行有效的水法律法规、规章 65 部，具体行政执法职权 262 项。然后，按照实际执法工作的需要，以局《行政执法责任制方案》和《专职执法队伍职责》规定的职权分解到具体的执法机构。最后，在分解执法职权的基础上，以局发《行政执法错案、过错责任追究办法》和《行政执法办案奖惩办法》，以及执法巡查、案件办理、证件管理等单项工作制度，明确不同执法机构、不同执法岗位执法人员的具体执法责任，并对各执法机构和执法人员违反法定义务的不同情形，依法确定其应当承担责任的种类和内容。

（三）法律法规清理

2008 年，对"三步式"执法的适用范围作了原则上的界定，从优先适用"三步式"程序和不适用"三步式"程序等方面对水法律、法规、规章进行了全面梳理，共梳理 3 部法律、10 部法规、8 部规章，其中必须实行"三步式"程序的 30 条、原则上优先适用"三步式"程序的 44 条和不适用"三步式"程序的 11 条。2009 年 1 月在天津水利局信息网对"三步式"执法梳理结果进行了公开。

（四）自由裁量制度完善

按照市政府《关于开展规范行政处罚自由裁量权工作的意见》（津政发〔2008〕61 号）的要求，制定了《天津市水行政处罚自由裁量权适用办法》和《天津市水行政处罚裁量执行标准》，明确了行政处罚自由裁量权的适用原则、行使实体规则、行使程序规则、行使监督规则等内容，对 2 部法律、4 部行政法规、5 部地方性法规、5 部政府规章进行了梳理。2009 年 3 月 31 日在天津市水利局信息网进行了公布。

第二节　行　政　执　法

1991—2010 年，不断深入贯彻实施水法律法规，加大执法力度，以河道管理、水资源节约与保护、水工程保护为执法工作重点，累计查处各类水事违法案件 11738 起，挽回直接经济损失

8396.25 万元，为水行政执法积累了经验。

一、典型水事违法案件查处

（一）机排河排水水事纠纷

机排河是流经武清区❶、北辰区❷的跨区域河道，开挖于 20 世纪 50 年代，主要承泄杨村空军机场和陆军基地雨、污水，同时兼顾武清县、北郊区农田沥水，控制排水范围 110 平方千米。1970 年，开挖永定新河时在永定新河左岸建芦新河泵站一座，并在泵站出水池东侧建有自流排水闸，其作用是在机排河水位高的情况下，通过泵站和自流排水降低水位，将水排入永定新河。该泵站共有机组 10 台，排水能力 30 立方米每秒。芦新河泵站隶属于市水利局管理，其经费每年由市建委在城市维护费中列支 10 万元，用于该泵站的人员经费、运行维护费和电费。

1987 年，北郊区、武清县先后各建一座水库，采取以蓄代排形式解决排水矛盾。至 20 世纪 90 年代，随着沿河工农业的发展，使泵站排水面积逐步加大，排水范围扩大到杨村军事基地及其周边地区 153 平方千米及沿河流域内 8000 公顷农田排涝。除干旱年外，上游来水常年不断，且永定新河水位常高于机排河水位，自流闸不能泄水，使机排河水位经常达到 2.5～2.7 米的高水位，超过两岸地面 0.5 米以上。地势低洼的北郊区沿岸土地常处于托地状态，影响到麦苗生长和大田地种植，最严重的 333.33 公顷土地自开春后无法进行耕种，当地农民反映强烈。

芦新河泵站除为杨村机场服务外，也为两岸农业服务，但农业收益单位不负担电费。为解决托地问题，势必需泵站增加开车机排，加大电费支出，而市建委 10 万元经费多年未变，加之排水电费价格上涨等原因，更突出了运行经费不足的矛盾。自 1991 年开始，北郊区农民多次到市、区政府上访。北郊区人大代表在市人大、政协"两会"期间连续几年将该问题作为议案提出。为此，市政府提案处连续几年召集两区（县）和有关部门对议案进行办理，市政府副秘书长刘红升几次出面协调，但终因资金不落实，此问题一直没有解决。为解决北郊区托地问题，市政府多次要求市水利局克服困难开泵排水，降低河道水位，其运行电费先由市水利局垫付。

由于芦新河泵站运行维护费、电费等一直无法彻底解决，只能视河道水位情况进行排水，北郊区与武清县在机排河上的水事纠纷逐步升级，1993—1995 年，在高水位期多次发生北辰区村民在机排河两区（县）交界处搭筑拦河坝，武清县村民组织拆坝的水事纠纷，市水利局多次就此问题进行协调，但苦于无资金来源，该矛盾无法彻底解决。

1999 年，为彻底解决机排河芦新河泵站排水问题，市政府副秘书长刘红升再次召开协调会，研究芦新河泵站排水经费问题。市水利局、市财政局根据市政府协调会议要求，就机排河泵站排水经费问题，与有关部门和区（县）反复进行了研究和沟通，经核算，芦新河泵站年运行总费用为 95 万元。经费解决途径：一是关于建委承担经费问题，由于芦新河泵站主要承担杨村机场排水任务，其经费由城市维护费列支，包括人员工资、公用经费、运行费，合计每年 20 万元；二是两区（县）承担费用问题，按该泵站 1994—1998 年平均实际排水量，确定今后每年排水量为 4000 万立方米，合计年需排水费 75 万元，超量时由市水利局自负费用；三是关于费用分担原则问题，

❶　武清区 2000 年 6 月前称武清县。
❷　北辰区 1992 年 3 月前称北郊区。

排水量比例按汛期与非汛期 4∶6 计算，其中汛期占 40％，非汛期占 60％，汛期由市财政、武清县、北辰区各负担 10 万元；非汛期由武清县、北辰区负担，因非汛期排水大部分来自武清县，确定负担比例为武清县 60％，北辰区 40％，即武清县年承担 27 万元，北辰区年承担 18 万元；每年 1 月 1 日和 7 月 1 日，各有关部门将所承担费用统交市财政局监督使用，违约由市财政局核扣，1999 年即按此办法执行；四是本次测算不计算机电设备折旧费，如遇泵站大型机电设备更新改造，请市有关部门考虑专项经费解决。7 月 15 日，市水利局、市财政局以《关于协调机排河芦新河泵站排水经费问题的报告》(津水报〔1999〕44 号、财农联〔1999〕43 号) 联合向市政府上报，7 月 20 日刘红升在该报告上批示"海麟同志，此件如无不妥，经您批示后，发有关部门实施"。7 月 21 日副市长孙海麟批示同意。

按照市领导批示，市水利局与武清区 (2000 年武清县更名为武清区)、北辰区于 2002 年 8 月 30 日签订了机排河芦新河泵站排水费用协议，确定汛期由市财政局、武清区、北辰区各负担 10 万元，非汛期武清区负担 27 万元，北辰区负担 18 万元，合计年排水费 75 万元。超量时市水利局自负费用，未超量费用结转下年使用。资金到位后，芦新河泵站按汛期 1.8 米水位控制排水，非汛期以不托地不倒灌的原则，及时开车排水。由于机排河排水经费得到保障，至此，长达 10 余年的机排河水事纠纷得到解决。

(二) 蓟县下仓镇南赵各庄村违法种植事件

2003 年 10 月 26 日，蓟县下仓镇南赵各庄村赵维光等 7 户村民在蓟运河南赵各庄段 13 公顷河滩地上违法种植了 8500 余棵树木，严重危害了蓟运河行洪安全，市水利局依法给予立案查处。当事人不服局作出的查处决定，向水利部申请行政复议，经水利部认真复核，作出维持局原处理决定的行政复议决定。在法定期限内当事人自行全部清除了 8500 棵树木，而且送上了一面锦旗，表示今后要好好学习水法律法规，全力配合水行政主管部门的河道管理工作。

(三) 地热水、矿泉水专项执法检查

2007 年 3 月 8 日，为加强水资源统一管理，依法规范取用地热水、矿泉水的管理秩序，在全市范围内进行地热水、矿泉水专项执法检查。完成了对全市 164 个地热水、矿泉水用水单位的取水许可专项执法检查，当年依法下达《责令停止水事违法行为通知书》98 份，对 19 个拒不办理取水许可手续的取用水单位进行了立案查处，对 10 个取用水单位作出了行政处罚决定，69 个取用水单位申请了取水许可。另天津环发地热物产开发有限责任公司、天津市万方地热开发有限公司、天津市天源地热开发有限责任公司，不服市水利局因未办理取水许可擅自取用地热水行为对其作出的行政处罚决定，向市政府申请行政复议。在市政府依法作出维持市水利局作出的行政处罚决定后仍然不服，分别向市第二中级人民法院提起行政诉讼，市第二中级人民法院依法作出行政判决，维持市水利局对上述单位作出的行政处罚决定。2008 年，在 2007 年开始的全市范围内的地热水、矿泉水专项执法检查活动基础上，对拒不接受市水利局管理的地热水、矿泉水取用水单位开展专项执法检查。2009 年检查的 130 个中已有 102 个申请办理了取水许可。因不服市水利局作出的行政处罚决定，申请复议、提起诉讼并在市高级法院以存在特殊情况为由中止诉讼长达 15 个月的环发、万方、天源三家地热公司，于 2009 年 5 月申请撤诉。将 30 万元罚款划入市级国库专用账户。至此，地热水、矿泉水取水许可纳管工作取得突破性进展。

为维护当事人的合法权益，依法有效实施行政处罚，2007 年 5 月 17 日，依据《中华人民共和

国行政处罚法》规定，并根据当事人的申请，组织召开了中国石油股份有限公司大港油田分公司违法在子牙新河河滩地内钻取两眼油气开发井危害河岸堤防安全一案的听证会，这次听证会是局实施行政处罚法以来的第一次，由于严格按照《天津市行政处罚听证程序》有关规定进行，达到了预期效果。

（四）阻水坝埝执法拆除

2007 年 12 月，大港区古林街马棚口一村在子牙新河入海口取土堆建阻水土埝，取土和占地面积 5.31 平方千米，阻水埝 52500 延米，该行为严重阻碍子牙新河行洪安全。随即，大清河处先后11 次组织人员现场制止，先后 5 次开展了联合执法，出动执法人员达 480 余人次。2008 年 6 月 30日，马棚口一村出动机械自行拆除了阻水坝埝，恢复原貌。

2010 年 10 月 20 日，滨海新区小王庄镇刘岗村部分村民在北大港水库库区违法修筑长 140 米和 120 米土坝 2 座，阻挠水库蓄水（引黄济津）。市水务局会同公安大港分局对违法当事人进行教育，并依法下达限期拆除决定书。在劝解无效的情况下，为确保引黄济津供水安全，市公安局立案，依法追究相关责任人刑事责任，土坝于 26 日全部拆除。

二、专项执法检查

2005 年，市水利局确定了"三年连续清除海河阻水渔具"的总体工作部署，根据河道管理实际情况，制定了"先教育，后整改，再处罚"分阶段开展清障活动的实施方案。在每年 3 月，水行政执法人员在海河两岸人群较集中地方张贴《关于清除海河阻水渔具的通告》，向群众和过往船只发放《中华人民共和国防洪法》《天津市河道管理条例》和《致海河网箱养鱼户公开信》，为实施清理做好准备。针对某些养鱼户擅自在河道内设置网箱现象，水行政执法人员依法对当事人下达《责令限期清除阻水渔具通知书》，督促违法当事人在规定期限内自行清除。在主汛期到来之际，联合市公安局治安总队、公安引滦治安分局和津南区水利局、东丽区水利局等单位组织执法人员和公安干警开展集中清理。至 2007 年累计出动执法人员 600 余人次、警力 200 余人次、执法车辆 240 余车次、船艇 90 余艘次，清理海河内网箱 1150 余组、插网和地笼 1760 余套，保证海河行洪安全。

依据《天津市河道管理条例》《取水许可制度实施办法》的有关规定，每年会同部分区（县）水利（水务）局，对全市 19 条行洪河道和区（县）地下水资源的开发利用开展了集中联合执法检查。通过检查，有效地遏制了河道内的违章建筑、阻水障碍物、乱挖乱采、乱倒垃圾，以及排放污水、超计划开采地下水、拖欠地下水资源费等违法行为。

自 2002 年《天津市节约用水条例》颁布施行以来，每年会同节水中心对洗车业、洗浴业、建筑工地、市内六区建筑施工临时用水指标申报情况和施工用水中跑冒滴漏现象进行执法检查，对无照洗车点坚决取缔，对建筑施工工地、工厂企业单位不节约用水的，责令其安装节水器具、采取节水措施，对其他地方的跑、冒、滴、漏现象，也责成环卫、园林部门维修。有效地强化了建设单位和建筑施工单位的节水意识，整顿了建筑施工行业的用水秩序。

为保证城市供水安全，每年与有关部门联合发布《关于治理于桥水库库区违法采砂活动的通告》，会同相关部门、单位组成联合执法队伍，出动水行政执法人员、执法车辆、执法船只，对于桥水库库区内违法采砂行为开展了联合专项治理活动，极大地震慑了非法采砂群体，有效地保护了水库的水环境。针对于桥水库水上旅游活动日益增多现象，研究制定了"集中力量，多措并举"的专项治理活动实施方案，组织有关部门会同公安引滦治安分局对库区内船只开展全面调查、依法对库区内的违法旅游船只开展强制清除，严厉打击了于桥水库管理范围内违法旅游活动，基本遏制于桥水库库区违法旅游活动，保障了天津市城市供水安全。

为确保天津市防洪和输水安全，组织引滦沿线各单位对水库、输水明渠、暗渠、河道等水工程管理及保护范围内违章建筑物开展彻底的摸底调查，对从 2003 年隧洞工程洞线周围先后出现的 34 个私挖乱采铁矿点，按照天津市人民政府颁布的《天津市引滦工程管理办法》，划出了隧洞中心线两侧各 40 米为保护范围，埋设了界桩，设立了宣传牌。在地方政府的配合下，取缔和制止了私采乱挖的采矿企业和行为，保护了洞线安全。2010 年，联合迁西、遵化执法部门，对洞线 300～500 米范围内的采矿竖井进行了全面排查，并委托唐山煤矿研究所从技术角度对洞线保护范围进行论证，为划定当地政府认可的工程保护范围奠定了基础。2004—2009 年，处理各种事故隐患共 30 余起，与遵化市和迁西县相关部门，联合执法共 15 次，使私挖乱采威胁隧洞工程安全的行为得到了有效遏制。重点对引滦输水暗渠管理范围内历史遗留的房屋违法占压行为依法进行了查处，经过耐心地说服教育，违法当事人认识到行为的危害性，自行拆除了全部违法建筑物 2000 平方米。2003 年出动 50 名执法人员和 10 余部车辆、摩托艇，依据有关水法律法规、对北大港水库区内 8 处阻水围埝进行了强制拆除，有效地保障了水库供水安全。

三、执法范围拓宽

由管理体制所限，市水利局对市政部门管理的市区二级河道取用水，一直没有开展取水许可工作。为规范市区河道取用水管理，2005 年，根据城市河道用水规律和取水特点，采取有效措施，加强城市河道取水许可管理，依法严肃查处多起水事违法行为，取得了市区河道取用水许可、取用水计量、取用水收费三个从无到有的突破，开创了市区河道取用水管理的新局面，依法维护了河道取水许可管理秩序。

为贯彻实施《天津市水利工程建设管理办法》，连续多年对天津市在建水利工程项目从建设管理、工程质量、安全生产、造价合同管理、资金管理等方面进行了重点执法检查，增强了项目法人、监理、施工等参建单位的法律意识，加强了水利行业管理，提高了天津市水利工程建设管理整体水平。

为贯彻落实《取水许可和水资源费征收管理条例》，制作了《责令限期更换或修复计量设施通知书》的执法文书，加强计量设施管理，严格执法程序；制作了《关于对缓缴水资源费申请的决定》的执法文书，严格依法界定拒不缴纳、拖延缴纳和拖欠水资源费的违法行为，解决当事人因特殊困难申请延期缴纳水资源费的问题。

按照 2009 年市水利局党委提出的建立水政、公安、工程管理人员"三位一体"联合巡控执法机制，严厉打击水事违法行为的要求，下发《关于加强水行政执法与治安管理工作协作配合的通知》，从畅通联系渠道、先期处警、联合巡控、案情沟通、宣传监督等方面建立起水行政执法与治安管理工作协作配合机制。在该工作机制指导之下，联合引滦治安分局依法查处静海县王口镇西岳庄村民李向锐损毁子牙河右堤堤防案和天津名泽基础工程有限公司在潮白新河和蓟运河滩地内未经水行政主管部门批准擅自取土案件。自建立"三位一体"联合巡控执法机制以来，水政、公安、工程管理单位密切配合，共出动水政执法人员 8610 人次，执法车辆 7730 车次，警力 5640 人次，发现并及时有效地处置水事案（事）件 1985 起，检查重点要害部位 481 个次，发现督促整改各类隐患 47 件。

第三节　行　政　许　可

2003 年 8 月 27 日，《中华人民共和国行政许可法》正式颁布，并于 2004 年 7 月 1 日起施行。《行政许可法》规范了行政许可的设定和实施，保护公民、法人和其他组织的合法权益，保障和监督行政机关有效实施行政管理。市水利（水务）局作为市政府水行政主管部门，经市政府法制办审核，截至 2010 年有行政许可事项 27 项，非行政许可事项 4 项，配套服务事项 8 项，共计 39 项。2004—2010 年，审批行政许可、非行政许可及配套服务事项 12233 件，办结率、满意率均达到 100％。

一、行政许可项目清理

按照市政府《批转市法制办关于贯彻实施〈中华人民共和国行政许可法〉安排意见的通知》和市政府办公厅《转发市法制办关于开展行政许可清理工作意见的通知》的要求，市水利（水务）局成立了贯彻实施行政许可法领导小组，制定贯彻实施方案，领导小组办公室设在水政处，负责行政许可清理日常工作。

（一）行政许可项目清理上报

2003 年 12 月至 2004 年 2 月，市水利局开展了水利系统行政许可项目清理工作。先完成摸底工作，然后进行重点审查、逐项研究，并将初步清理结果报送市清理办审核。3 月 24 日，天津市政府法制办公室（简称市法制办）、天津市机构编制委员会办公室（简称市编办）、天津市政府行政审批管理办公室（简称市审批办）、天津市政府清理工作办公室（简称市清理办）、天津市纠正行业不正之风办公室（简称市纠风办）联合检查市水利局行政许可清理工作，根据检查结果，市水利局对行政许可事项进行了调整，调整后行政许可事项共计 79 项，其中建议保留 35 项，待处理 18 项，建议取消 26 项，见表 9-3-3-165～表 9-3-3-167。

（二）市政府审核批复行政许可事项

经市政府法制办对全市行政许可事项的审核，2004 年 10 月 29 日，市政府《关于集中办理行政许可和行政审批事项的决定》，批准各机关部门及单位第一批进入市行政许可服务中心集中办理行政许可事项、非行政许可审批事项及配套服务事项，其中市水利局行政许可事项 26 项，非行政许可审批事项 4 项，共计 30 项，见表 9-3-3-168。

2006 年 4 月 12 日，天津市政府《关于第二批进入行政许可服务中心集中办理行政审批事项的

表9-3-3-165

市水利局保留的行政许可事项

序号	文件名称	许可事项	清理结果	理由	依据	主体	备注
1	《中华人民共和国水法》共6项（法律）	河道管理范围内排污、排水设施建、改、扩（第三十四条第二款）	保留	直接执行国家法律		水行政主管部门	
2		河道管理范围内建设项目（第三十八条第一款）	保留	直接执行国家法律		水行政主管部门	
3		围垦水库河流的审核（第四十条第二款）	保留	直接执行国家法律		市水利部门	
4		取水许可（第七条、第四十八条）	保留	直接执行国家法律		水行政主管部门	
5		水利建设项目和技术改造立项设计（第十九条）	保留	直接执行国家法律		水行政主管部门	
6		排污口的设置或扩大（第三十四条）	保留	直接执行国家法律		水利部门环保部门	
7		护堤护岸林木的砍伐（第二十五条）	保留	直接执行国家法律		河道行政主管部门	
8		采伐许可证（第二十条）	保留	直接执行国家法律		林业行政主管部门委托河道行政主管部门	
9	《中华人民共和国防洪法》共8项（法律）	河道管理范围内整治航道（第二十五条）	保留	直接执行国家法律		水行政主管部门	
10		河道管理范围内修建、引、阻、蓄水工程（第二十七条）	保留	直接执行国家法律		水行政主管部门	
11		防洪规划保留区内国家工矿建设项目占用土地（第十六条）	保留	直接执行国家法律		水行政主管部门	
12		填堵河湖水面（第三十四条第三款）	保留	直接执行国家法律		水行政主管部门	
13		蓄滞洪区内新建、改建、扩建建设项目、做合用做公路、铁路（第十五条）	保留	直接执行国家法律		水行政主管部门	
14		河道工程设施验收（第二十八条）	保留	直接执行国家法律		水行政主管部门	
15	《中华人民共和国河道管理条例》共2项（行政法规）	河道管理范围内采矿、采石、取土（第二十五条）	保留	直接执行国家行政法规		水行政主管部门	
16		河道管理范围内堤顶、改合用做公路、铁路（第十五条）	保留	直接执行国家行政法规		水行政主管部门	
17	《取水许可制度实施办法》共2项（行政法规）	取水许可变更在（第二十二条）	保留	直接执行国家行政法规		水行政主管部门	
18		取水许可延展（第二十六条）	保留	直接执行国家行政法规		水行政主管部门	
19	《中华人民共和国防洪条例》共1项（行政法规）	企业的防洪抗洪措施征得同意（第十二条）	保留	直接执行国家行政法规		水行政主管部门	

续表

序号	文件名称	许可事项	清理结果	理由	依据	主体	备注
20	《建设工程勘察设计管理条例》共2项（行政法规）	水利工程建设规模、建设地点、设计标准、重要仪器设备和主要结构等重大设计变更（第二十八条）	保留	直接执行国家行政法规		水行政主管部门	
21		施工图审查（第三十三条）	保留	直接执行国家行政法规		水行政主管部门	
22	《中华人民共和国水土保持法》共3项（法律）	开发建设项目水土保持方案的审批（第十九条第一款）	保留	直接执行国家法律		水行政主管部门	
23		开发建设项目水土保持建设的验收（第十九条第二款）	保留	直接执行国家法律		水行政主管部门	
24		开垦禁止开垦坡度以下五度以上的荒坡（第十五条）	保留	直接执行国家法律		区（县）水行政主管部门	
25	《中华人民共和国建筑法》共3项（法律）	工程报建备案（第七条、第八十一条）	保留	直接执行国家法律		水行政主管部门	
26		水利工程勘察、设计、施工单位资质审查（第十三条）	保留	直接执行国家法律		水行政主管部门	
27		国家投资水利工程开工报告（第七条）	保留	直接执行国家法律		水行政主管部门	
28	《中华人民共和国招标投标法》共2项（法律）	水利工程项目可以不招标（第六十六条）	保留	直接执行国家法律		水行政主管部门	
29		水利工程建设项目的勘察、设计、施工、监理以及与工程建设有关的重要设备、材料采购的邀请招标（第十一条）	保留	直接执行国家法律		水行政主管部门	
30	《建设工程质量管理条例》共1项（行政法规）	水利工程质量监督手续（第十三条）	保留	直接执行国家行政法规		水行政主管部门	
31	《天津市节约用水条例》（地方性法规）	用水计划指标核定（第九条、第十条、第十一条）	保留	（1）有上位法依据。（2）符合许可法资源配置的规定	法律《水法》第四十七条	市和区（县）节约用水办公室	
32		用水计划指标变更批准（第十三条）	保留	（1）有上位法依据。（2）符合许可法资源配置的规定	法律《水法》第四十七条	市和区（县）节约用水办公室	
33		非生活用水户临时用水计划的核定（第十四条）	保留	（1）有上位法依据。（2）符合许可法资源配置的规定	法律《水法》第四十七条	市和区（县）节约用水办公室	

续表

序号	文件名称	许可事项	清理结果	理　由	依据	主　体	备注
34	《天津市地下水资源管理暂行办法》（政府文件）	凿井审批（第六条）	保留	(1) 符合行政许可资源配置的规定。(2) 符合许可法保护饮用水安全许可。(3) 加入天津市水法中施办法中	依据《行政许可法》第十二条第二项创设	市水利局公用局	主体调整为市水利局
35	《天津市国营排灌站水费征收使用管理办法》（政府文件）	工业污废水向农业渠道的排放（第六条）	保留	(1) 符合许可法普通许可中生态环境安全类许可。(2) 加入天津市水法实施办法中	依据《行政许可法》第十二条第一项创设	区（县）环保部门，区（县）水利（务）局	

表 9-3-166　**市水利局实施的待处理的行政许可事项**

序号	文件名称	许可事项	清理结果	理　由	依据	主　体	备注
1	《取水许可监督管理办法》1项（部门规章）	取水许可证年审（第二十四条、第二十五条、第二十六条）	待处理	待国务院清理结果	直接执行部门规章	水行政主管部门	
2	《水文水资源调查评价资质和建设项目水资源论证资质管理办法（试行）》共2项（部委文件）	建设项目水资源论证乙级资质审批（第十一条）	待处理	待国务院清理结果	直接执行部委文件	水行政主管部门	
3		水文、水资源调查评价乙级资质审批（第十一条）	待处理	待国务院清理结果	直接执行部委文件	水行政主管部门	
4	《水文管理暂行办法》共7项（部委文件）	水文工作单位资质审批（第八条）	待处理	待国务院清理结果	直接执行部委文件	水行政主管部门	
5		水文测站迁移、改级、裁撤审批（第十一条）	待处理	待国务院清理结果	直接执行部委文件	水行政主管部门	
6		水文资料转让审批（第十五条）	待处理	待国务院清理结果	直接执行部委文件	水行政主管部门	
7		水文分析计算成果审定（第十六条）	待处理	待国务院清理结果	直接执行部委文件	水行政主管部门	
8		水资源监测环境保护审批（第二十五条）	待处理	待国务院清理结果	直接执行部委文件	水行政主管部门	
9		水文测站河段保护审批（第三十条）	待处理	待国务院清理结果	直接执行部委文件	水行政主管部门	
10		水文测验河段保护区内修建工程（第二十八条）	待处理	待国务院清理结果	直接执行部委文件	水行政主管部门	

续表

序号	文件名称	许可事项	清理结果	理由	依据	主体	备注
11	《关于加强水文工作的若干意见》1项（部委文件）	水量、水质审核（第一项）	待处理	待国务院清理结果	直接执行部委文件	水行政主管部门	
12	《国务院批转国家计委、财政部、水利部、建设部关于加强公益性水利工程建设管理若干意见的通知》共3项（国务院决定）	水利工程项目建议书（第二条第二项）	待处理	待国务院清理结果	直接执行国务院决定	水行政主管部门	
13		水利工程可行性研究报告（第二条第二项）	待处理	待国务院清理结果	直接执行国务院决定	水行政主管部门	
14		水利工程项目初步设计（第二条第二项）	待处理	待国务院清理结果	直接执行国务院决定	水行政主管部门	
15	《水利工程建设监理规定》1项（部委文件）	水利工程建设监理单位资质审查（第九条）	待处理	待国务院清理结果	直接执行部委文件	水行政主管部门	
16	《工程建设项目可行性研究报告增加招标内容和核准招标事项暂行规定》1项（部委文件）	水利工程建设项目可自行招标（第四条）	待处理	待国务院清理结果	直接执行部委文件	水行政主管部门	
17	《水土保持监测资格证书管理暂行办法》1项（部委文件）	申请水土保持监测资格证书单位资格审核（第一条）	待处理	待国务院清理结果	直接执行部委文件	水行政主管部门	
18	《占用农业灌溉水源、灌排工程设施补偿办法》1项（部委文件）	开发建设项目占用农业灌溉水源、灌排工程设施的审批（第五条）	待处理	待国务院清理结果	直接执行部委文件	水行政主管部门	

表9-3-3-167　市水利局取消地方性法规、政府规章、规范性文件规定、设定的行政许可事项

序号	文件名称	许可事项	清理结果	理由	依据	主体	备注
1	《天津市节约用水条例》1项（地方性法规）	节水设施验收（第二十一条、第二十四条、第三十条）	取消	（1）非政许可。（2）改变管理方式，改为日常监管。	地方创设	市和区（县）节约用水办公室	
2	《天津市河道管理条例》共3项（地方性法规）	河道管理范围内河滩地利用（河滩地内钻探、开采地下资源、考古发掘等）（第三十条）	取消	根据《行政许可法》第十三条第四项的规定（可以改变管理方式）	地方创设	河道行政主管部门	改变管理方式，由主管部门实施许可，许可前征得水行政主管部门同意

续表

序号	文件名称	许可事项	清理结果	理由	依据	主体	备注
3	《天津市河道管理条例》共3项（地方性法规）	河道固定船只、修建水上设施（第三十条）	取消	（1）不符合《行政许可法》第十二条的规定。（2）改变管理方式	地方创设	河道行政主管部门	
4		河道管理范围内临时占、利用河道、堤防、闸桥（第三十六条）	取消	（1）无上位法依据。（2）改变管理方式，改成协议管理方式	地方创设	河道行政主管部门	
5	《天津市引滦工程管理办法》1项（政府规章）	引滦工程管理范围内新建、改建、扩建项目（第十四条）	取消	（1）无上位法依据。（2）按职责分工，由项目主管部门实施许可，许可前征求水行政主管部门意见	地方创设	市水利局	
6	《天津市海堤管理办法》共2项（政府规章）	海堤管理范围内建设项目建设方案（第十七章）	取消	（1）无上位法依据。（2）按职责分工，由项目主管部门实施许可，许可前征求水行政主管部门意见	地方创设	水行政主管部门	
7		海堤管理范围内的建设项目竣工验收（第十七条）	取消	（1）非行政许可。（2）为日常监管措施	地方创设	水行政主管部门	
8		区（县）河道中设置渔具（第三十一条）	取消	（1）无上位法依据。（2）修改为禁止	地方创设	区（县）水行政主管部门	
9	《天津市实施〈中华人民共和国水法〉办法》共3项（地方性法规）	天津港港区涉及防洪、防潮安全的建设（第四十一条）	取消	（1）无上位法依据。（2）由行政许可改为行为规范和事后监管，管理范围应扩大到整个沿海	地方创设	市水利局	
10		利用城市生活备用水域或其他水工程水域设置旅游点审查（第二十五条）	取消	（1）无上位法依据。（2）改变管理方式，养殖调整为合同管理；设置旅游点改为旅游部门许可，许可前征求水利部门意见	地方创设	市水利局	

续表

序号	文件名称	许可事项	清理结果	理　由	依据	主　体	备　注
11	《天津蓄滞洪区管理条例》1项（地方性法规）	蓄滞洪区内原有高地、旧堤的拆毁（第十五条）	取消	(1) 无上位法依据。(2) 改变管理方式	地方创设	区（县）水行政主管部门	
12		水土保持方案的变更（第十二条）	取消	(1) 无上位法依据。(2) 修改为重新申报	地方创设	水行政主管部门	
13	《天津市实施〈中华人民共和国水土保持法〉办法》共3项（地方性法规）	开发建设项目占用、拆除水土保持设施的审批（第十八条）	取消	(1) 无上位法依据。(2) 改变管理方式，征求意见给予相应补偿	地方创设	水行政主管部门	
14		采伐方案水土保持措施的审批（第十条）	取消	(1) 无上位法依据。(2) 修改为与上位法保持一致	地方创设	林业行政主管部门水行政主管部门	
15	《天津市北运河综合治理管理办法》共3项（政府文件）	对北运河综合治理工程范围内堤防、滩地、道路、园林绿地的临时占用（第十四条）	取消	(1) 无上位法依据。(2) 改变管理方式，改为协议管理	地方创设	北运河管理处	主体调整
16		对北运河综合治理工程范围内因抢修地下管线挖掘堤防、道路和绿地的临时占用（第十条）	取消	(1) 无上位法依据。(2) 改变管理方式，改为协议管理	地方创设	北运河管理处	主体调整
17		对北运河综合治理工程范围内航运、旅游景点、娱乐设施、商业网点、户外广告、苗圃经济林等的开发利用（第十六条）	取消	(1) 无上位法依据。(2) 改由主管部门许可，征求水行政主管部门意见	地方创设	北运河管理处	主体调整
18	《天津市节约用水管理办法》共2项（政府文件）	洗车业中水使用资质（第九条）	取消	(1) 该办法废止。(2) 不符合《行政许可法》第十二条第三项的规定	地方创设	市节水办	

续表

序号	文件名称	许可事项	清理结果	理由	依据	主体	备注
19	《天津市节约用水管理办法》共2项（政府文件）	新建、在建楼房附属绿地花园和花水表及节水灌溉设备的安装（第十二条）	取消	该办法废止	地方创设	市节水办	
20		打井施工方案变更（第七条）	取消	无上位法依据，无设立必要	地方创设	市水利局市公用局	主体调整
21		打井工程竣工报告备案（第七条）	取消	(1) 无上位法依据。(2) 改变管理方式，改为事后监管	地方创设	市水利局市公用局	主体调整
22	《天津市地下水资源管理暂行办法》共5项（政府文件）	水井使用许可证（第八条）	取消	(1) 无上位法依据。(2) 归入取水许可中	地方创设	市水利局市公用局	主体调整
23		水井改变使用性质（第十条）	取消	无上位法依据	地方创设	市水利局市公用局	主体调整
24		机井报废（第十一条）	取消	(1) 无上位法依据。(2) 改变管理方式，改成备案	地方创设	市水利局市公用局	主体调整
25	《天津市凿井队管理办法》共2项（发改规范性文件）	凿井队伍资质（第四条、第十五条、第十六条、第十七条）	取消	(1) 无上位法依据。(2) 改变管理方式，改为中介评定	地方创设	市和区（县）抗旱打井办	主体调整
26		《凿井许可证》年审（第十九条）	取消	(1) 无上位法依据。(2) 改变管理方式	地方创设	市和区（县）抗旱打井办	主体调整

表 9 - 3 - 3 - 168　　　　**天津市水利局第一批行政许可审批事项明细**

序号	分类	事 项 名 称
1	行政许可事项	河道管理范围内堤顶、戗台用作公路、铁路审批
2		防洪规划保留区内国家工矿建设项目占地审批
3		河道工程设施竣工验收
4		河道管理范围内整治航道审批
5		围垦水库河流的审核
6		开垦禁止开垦坡度 5 度以上 25 度以下的荒坡审批
7		填垫河湖水面审批
8		取水许可
9		护堤护岸林木砍伐审批
10		河道管理范围内采砂、采石、取土
11		凿井审批
12		用水计划指标核定
13		用水计划指标变更批准
14		非生活用水户临时用水计划的核定
15		取水许可变更
16		取水许可延展
17		企业的防洪抗洪措施征得同意
18		建设项目水资源论证机构乙级资质认定
19		涉及公共利益、公共安全的水利工程建设强制性标准内容施工图审查
20		水文资料使用审批
21		水文、水资源调查评价机构资质认定
22		水利工程质量检测单位资格认定
23		建设项目水资源论证报告书审批
24		占用农业灌溉水源、灌排工程设施审批
25		水利工程开工审批
26		排污口的设置或扩大审核
27	非行政许可事项	收取地下水资源费
28		开发建设项目水土保持方案的审批
29		设立水利旅游事项审批
30		组建公益水利工程建设项目法人审批

决定》，批准各机关部门及单位第二批集中办理行政许可事项，非行政许可审批事项，其中水利局行政许可事项 16 项，非行政许可事项 1 项，共计 17 项，见表 9 - 3 - 3 - 169。

（三）行政许可审批提速

2008 年、2010 年市政府审批办两次对行政许可事项实行减少和下放审批权限，实现审批大提速，即对行政许可事项进行调整、合并。

2008 年，按照国务院办公厅《国务院办公厅关于进一步清理取消和调整行政审批项目的通知》和《国务院办公厅转发监察部等部门关于深入推进行政审批制度改革意见的通知》的要求，以及市审办、市法制办、市监察局联合下发的《关于召开减少和下放审批事项实现审批大提速工

表 9 - 3 - 3 - 169　　　　**天津市水利局第二批行政许可审批事项**

序号	分类	事 项 名 称
1	行政许可事项	河道管理范围内修建排、阻、引、蓄水工程审批
2		河道管理范围内排污、排水设施建、改、扩审批
3		河道管理范围内建设项目工程建设方案审批
4		河道管理范围内建设项目位置和界限审查
5		水工程建设项目工程建设方案审查
6		水利工程建设规模、设计标准、建设地点、重要仪器设备和主要结构调整等重大设计变更审批
7		蓄滞洪区内建设项目审查和验收
8		蓄滞洪区避洪设施建设审批
9		水利基建项目初步设计文件审批
10		农村集体经济组织修建水库批准
11		非防洪建设项目洪水影响评价报告审批
12		河道管理范围内有关活动批准
13		江河故道、旧堤、原有水工程设施填、占用、拆毁批准
14		坝顶兼作公路批准
15		不同行政区域边界水工程批准
16		水利水电建设项目环境影响报告书审核
17	非行政许可事项	开发建设项目水土保持方案备案

作部署会议的通知》精神，市水利局对行政许可审批实现了大提速，经过调整、合并，审批事项由原 46 项调整为 39 项。2009 年 5 月，市水利局更名为市水务局，原隶属市建委管理的供水处和排管处划归市水务局管理。2010 年，行政许可审批再提速，市水务局行政许可事项经合并、调整共计 39 项，其中行政许可事项 27 项，非行政许可事项 4 项，配套服务事项 8 项，见表 9 - 3 - 3 - 170。审批再提速后，市水务局审批工作减少了审批要件 191 件，办理时限由平均 20 个工作日，平均缩短为 8 个工作日，提高了办理效率，得到用户的好评，见表 9 - 3 - 3 - 171 和表 9 - 3 - 3 - 172。

表 9 - 3 - 3 - 170　　　　**2010 年提速后审批事项**

分类	序号	事 项
行政许可事项	1	河道管理范围内有关活动批准
	2	河道管理范围内建设项目建设方案和位置界限审批
	3	河道工程设施竣工验收
	4	围垦填垫水库、河流、湖塘、水面审批
	5	排污口的设置或扩大审批（联办件）
	6	江河故道、旧堤、原有水工程设施填、占用、拆毁批准
	7	非防洪建设项目洪水影响评价报告审批

分类	序号	事　项
行政许可事项	8	取水许可审批
	9	用水计划指标批准
	10	凿井审批
	11	建设项目水资源论证报告书审批
	12	建设项目水务资质认定
	13	水利水电建设项目环境影响报告书审核
	14	水工程建设项目工程建设方案审查
	15	水利基建项目初步设计文件审批
	16	不同行政区域边界水工程批准
	17	水利工程开工审批
	18	防洪规划保留区内国家工矿建设项目占地审批
	19	蓄滞洪区内建设项目审查和验收
	20	开发建设项目水土保持设施的验收
	21	水利工程建设项目（防洪）规划同意书审查
	22	水利工程建设项目勘察设计、施工、监理，以及与工程建设有关的重要设备、材料采购的邀请招标审批
	23	城市供水企业经营、歇业或停业许可审批
	24	连续停水超过 12 小时的行政许可
	25	城市排水许可证核发
	26	城市污水集中处理单位减量运行或者停止运行审批
	27	改动、迁移排水和再生水利用设施及排水河防护范围内新建、改建工程项目或施工临时占用审批
非行政许可事项	28	设立水利旅游事项审批
	29	开发建设项目水土保持方案的审批
	30	组建公益水利工程建设项目法人审批
	31	收取地下水资源费
配套服务事项	32	蓄滞洪区避洪设施建设审批
	33	企业的防汛抗洪措施征得同意
	34	二次供水设施竣工验收报告备案
	35	二次供水设施清洗消毒单位备案
	36	改建、拆除或者迁移城市公共供水设施备案
	37	新建、改建、扩建水厂和跨区县输水配水管网立项前出具意见
	38	因工程施工、设备维修确需降压或停水 12 小时以内的报告
	39	办理排水规划出路手续

二、行政许可管理

按照《行政许可法》规定："行政许可需要行政机关内设的各个机构办理的，请行政机关应当确定一个机构统一受理行政许可申请，统一送达行政许可决定。"2004 年 7 月，天津市水利局从多个具有行政审批职能的处室抽调人员，组建了水利行政许可审批服务大厅，并以《关于天津市水利局水利行政许可审批服务大厅开始办公的通知》印发给局属各单位、机关各处室、各区（县）

表 9-3-3-171　2004—2010 年行政审批事项统计

分类	2004 年	2008 年第一次提速	2010 年第二次提速
行政许可事项	1. 河道管理范围内采砂、采石、取土	1. 河道管理范围内采砂、采石、取土	1. 河道管理范围内有关活动批准
	2. 河道管理范围内有关活动批准	2. 河道管理范围内有关活动批准	
	3. 河道管理范围内建设项目工程建设方案审批	3. 河道管理范围内建设项目工程建设方案审查	2. 河道管理范围内建设项目建设方案和位置界限审批
	4. 河道管理范围内修建排、阻、引、蓄水工程审批		
	5. 河道管理范围内整治航道审批	4. 河道管理范围内堤顶、戗台兼作公路、铁路审批	
	6. 河道管理范围内堤顶、戗台兼作公路、铁路审批		
	7. 坝顶兼作公路批准		
	8. 河道管理范围内建设项目位置和界限审查	5. 河道管理范围内建设项目位置和界限审查	
	9. 河道工程设施竣工验收	6. 河道工程设施竣工验收	3. 河道工程设施竣工验收
	10. 围垦水库河流的审核	7. 围垦水库河流的审核	
	11. 填垫河湖水面审批	8. 填垫河湖水面审批	4. 围垦填垫水库、河流、湖塘、水面审批
	12. 排污口的设置或扩大审核（联办件）	9. 排污口的设置或扩大审批（联办件）	5. 排污口的设置或扩大审批（联办件）
	13. 河道管理范围内排污、排水设施建、改、扩审批	10. 江河故道、旧堤、原有水工程设施填、占用、拆毁批准	6. 江河故道、旧堤、原有水工程设施填、占用、拆毁批准
	14. 江河故道、旧堤、原有水工程设施填、占用、拆毁批准	11. 非防洪建设项目洪水影响评价报告审批	7. 非防洪建设项目洪水影响评价报告审批
	15. 非防洪建设项目洪水影响评价报告审批	12. 护堤护岸林木砍伐审批	不列入
	16. 护堤护岸林木砍伐审批	13. 取水许可审批	8. 取水许可审批
	17. 取水许可		
	18. 取水许可变更		
	19. 取水许可延展		

分类	2004年	2008年第一次提速	2010年第二次提速
行政许可事项	20. 用水计划指标核定	14. 用水计划指标核定	9. 用水计划指标批准
	21. 非生活用水户临时用水计划的核定		
	22. 用水计划指标变更批准	15. 用水计划指标变更批准	
	23. 凿井审批	16. 凿井审批	10. 凿井审批
	24. 建设项目水资源论证报告书审批	17. 建设项目水资源论证报告书审批	11. 建设项目水资源论证报告书审批
	25. 建设项目水资源论证证机构乙级资质认定	18. 建设项目水资源论证证机构乙级资质认定	12. 建设项目水务资质认定
	26. 水文、水资源调查评价机构资质认定	19. 水文、水资源调查评价机构资质认定	不列入
	27. 水利工程质量检测单位资格认定	20. 水利工程质量检测单位资格认定	
	28. 水文资料使用审批	21. 水文资料使用审批	
	29. 水利水电建设项目环境影响报告书审核	22. 水利水电建设项目环境影响报告书审核	13. 水利水电建设项目环境影响报告书审核
	30. 水工程建设项目工程建设方案审查	23. 水工程建设项目工程建设方案审查	14. 水工程建设项目工程建设方案审查
	31. 水利基建项目初步设计文件审批	24. 水利基建项目初步设计文件审批	15. 水利基建项目初步设计文件审批
	32. 农村集体经济组织修建水年批准		
	33. 水利工程建设规模、设计标准、建设地点、重要设备和主要结构调整等重大设计变更审批		
	34. 不同行政区域边界水工程批准	25. 不同行政区域边界水工程批准	16. 不同行政区域边界水工程批准
	35. 水利工程开工审批	26. 水利工程开工审批	17. 水利工程开工审批
	36. 涉及公共利益、公共安全的水利工程建设强制性标准内容施工图审查		
	37. 防洪规划保留区内国家工矿建设项目占地审批	27. 防洪规划保留区内国家工矿建设项目占地审批	18. 防洪规划保留区内国家工矿建设项目占地审批
	38. 蓄滞洪区内建设项目审查和验收	28. 蓄滞洪区内建设项目审查和验收	19. 蓄滞洪区内建设项目审查和验收
	39. 蓄滞洪区避洪设施建设审批	列入配套服务	列入配套服务

续表

分类	2004年	2008年第一次提速	2010年第二次提速
行政许可事项	40. 企业的防汛抗洪措施征得同意	列入配套服务	列入配套服务
	41. 占用农业灌溉水源、灌排工程设施审批	29. 占用农业灌溉水源、灌排工程设施审批	取消
	42. 开垦禁止开垦坡度5度以上25度以下的荒坡审批	30. 开垦禁止开垦坡度5度以上25度以下的荒坡审批	下放区（县）
		31. 开发建设项目水土保持设施的验收	20. 开发建设项目水土保持设施的验收
		32. 水利工程建设项目（防洪）规划同意书审查	21. 水利工程建设项目（防洪）规划同意书审查
		33. 水利工程建设项目勘察设计、施工、监理、以及与工程建设有关的重要设备、材料采购的邀请招标审批	22. 水利工程建设项目勘察设计、施工、监理、以及与工程建设有关的重要设备、材料采购的邀请招标审查
			23. 城市供水企业经营、歇业或停业许可审批
			24. 连续停水超过12小时的行政许可
			25. 城市排水许可证核发
			26. 城市污水集中处理单位减量运行或者停止运行审批
			27. 改动、迁移排水和再生水利用设施及排水河防护范围内新建、改建工程项目或施工临时占用审批
非行政许可事项	1. 设立水利旅游事项审批	1. 设立水利旅游事项审批	1. 设立水利旅游事项审批
	2. 开发建设项目水土保持方案的审批	2. 开发建设项目水土保持方案的审批	2. 开发建设项目水土保持方案的审批
	3. 开发建设项目水土保持方案的备案	3. 组建公益水利工程建设项目法人审批	3. 组建公益水利工程建设项目法人审批
	4. 组建公益水利工程建设项目法人审批	4. 收取地下水资源费	4. 收取地下水资源费
	5. 收取地下水资源费		

续表

分类	2004年	2008年第一次提速	2010年第二次提速	责任处室
配套服务		1. 蓄滞洪区避洪设施建设备案 2. 企业的防汛抗洪措施征得同意	1. 蓄滞洪区避洪设施建设备案 2. 企业的防汛抗洪措施征得同意 3. 二次供水设施竣工验收报告备案 4. 二次供水设施清洗清单单位备案 5. 改建、拆除或者迁移城市公共供水设施备案 6. 新建、改建、扩建水厂和跨区（县）输水配水管网立项前出具意见 7. 因工程施工、设备维修需降压或停水12小时以内的报告 8. 办理排水规划出路手续	工管处 工管处 工管处 工管处 工管处 工管处 工管处 水资源处、水文水资源中心

2010 年提速后审批办理事项时限统计

表 9-3-3-172

分类	序号	事项名称	2004年（工作日）	2010年（工作日）	责任处室
行政许可事项	1	河道管理范围内有关活动批准	20	7	工管处
	2	河道管理范围内建设项目建设方案和位置界限审批	20	8	工管处
	3	河道工程设施竣工验收	20	7	工管处
	4	围垦填塞水库、河流、湖塘、水面审批	30	8	工管处
	5	排污口的设置扩大审批（联办件）	30	8	工管处
	6	江河故道、旧堤、原有水工程设施填、占用、拆毁批准	20	15	工管处
	7	非防洪建设项目洪水影响评价报告审批	20	15	工管处
	8	取水许可审批	20	7	水资源处、水文水资源中心
	9	用水计划指标批准（自来水批准、变更批准、地下水临时用水批准）	20	1, 7, 7	节水中心
	10	凿井审批	20	7	水资源处
	11	建设项目水资源论证报告书审批	30	7	水资源处
	12	建设项目水务水质认定	30	10	水资源处

续表

分类	序号	事　项　名　称	2004年(工作日)	2010年(工作日)	责任处室
	13	水利水电建设项目环境影响报告书审核	60	30	水资源处
	14	水工程建设项目工程建设方案审查	10	3	规划处
	15	水利基建项目初步设计文件审批	15	8	规划处
	16	不同行政区域边界水工程批准	15	8	建设处
	17	水利工程开工审批	7	5	建设处
	18	防洪规划保留区内国家工矿建设项目占地审批	30	8	规划处
行政许可事项	19	蓄滞洪区内建设项目审查和验收	15	8	水调处
	20	开发建设项目水土保持设施的验收		10	水保处
	21	水利工程建设项目(防洪)规划同意书审查		15	规划处
	22	水利工程建设项目勘察设计、施工、监理,以及与工程建设有关的重要设备、材料采购的邀请招标审批	5	3	基建处、建交中心
	23	城市供水企业经营、歇业或停业许可审批	20	8	供水处
	24	连续停水超过12小时的行政许可	4	即办件	供水处
	25	城市排水许可证核发	10	5	排管处
	26	城市污水集中处理单位减量运行或者停止运行审批	4	3	排管处
	27	改动、迁移排水和再生水利用设施及排水河道防护范围内新建、改建工程项目或施工临时占用审批	5	3	排管处
非行政许可事项	28	设立水利旅游事项审批	30	15	工管处
	29	开发建设项目水土保持方案的审查	18	5	水保处
	30	组织公益性水利工程建设项目法人审批	7	5	基建处
	31	收取地下水资源费	3	1	水文水资源中心
	32	蓄滞洪区建洪设施建设备案	15	即办件	水调处
	33	企业的防汛抗洪措施征得同意	20	8	水调处
配套服务事项	34	二次供水设施竣工验收报告备案	1	1	供水处
	35	二次供水设施清洗消毒单位备案	1	1	供水处
	36	改建、拆除或迁移城市公共供水设施备案	1	1	供水处
	37	新建、改建、扩建水厂和跨区(县)输水管网立项前出具意见	20	15	供水处
	38	因工程施工、设备维修确需停水12小时以内的报告	1	1	供水处
	39	办理排水规划出路手续	10	10	排管处

水利（水务）局，明确天津市水利局行政审批服务大厅统一办理水利行政审批事项。大厅办公地址设在水利科技大厦（河西区友谊路 60 号）办公楼 1 层。为了规范行政许可事项审批行为，市水利局制定了《天津市水利局行政许可审批工作管理办法》，并以《关于印发〈天津市水利局行政许可审批工作管理办法〉（试行）的通知》，印发局属各单位、机关各处室、各区（县）水利（水务）局，自 2004 年 7 月起严格按照管理办法履行各自承担的行政许可审批行为。

2004 年 10 月，天津市市政府行政许可服务中心建成并投入使用，为全市具有行政许可审批职能的部门设置了审批窗口，市水利局行政许可服务大厅整建制迁入市行政许可服务中心（河东区红星路 79 号）办公。11 月，市水利局行政许可服务窗口正式办理涉水审批事项。

为做好窗口行政审批工作，对审批窗口加强规范化管理，进行标准化、制度化建设。首先规范水利局的行政许可流程，严把"入口"和"出口"，做到一个窗口对外。按照天津市行政许可服务中心和市水利局的要求，"窗口"从加强制度建设入手，全面规范行政许可事项的管理。在严格执行市行政许可服务中心各项规章制度的同时，结合水利行业特点，先后制定了《天津市水利局窗口工作管理制度》《天津市水利局行政许可审批事项操作程序》《天津市水利局窗口工作人员工作守则》等规章制度，使水利局行政许可审批工作有章可循、有序开展。"窗口"还建立了相应的"预警"机制，及时提醒和督促承办部门按办理时限完成。

2010 年，为加强行政许可的管理工作，市水务局成立了行政许可审批处，进驻行政许可服务大厅，全面负责水务行政许可审批工作。

三、行政许可审批

2004 年，依据《行政许可法》和市政府赋予市水利局行政许可事项审批职能，市水利局行政许可审批工作严格按照《天津市水利局行政许可审批管理办法》要求，对受理的行政许可事项，认真审查申请要件，经审查符合条件的，确定主办业务处室完成审核和办结期限，并确定专人对承办事项进行全程跟踪督办，确保在规定的期限内按时办结。2004—2010 年，共办结行政许可审批事项 9551 件，办结率、满意率均达到 100％，见表 9－3－3－173。2005—2010 年连续 6 年被市政府行政审批管理办公室评为优秀服务窗口。2007 年被市总工会评选为天津市用户满意服务明星班组。

表 9－3－3－173　　　　**2004—2010 年行政审批办理事项统计**　　　　单位：件

序号	项目名称	2004 年	2005 年	2006 年	2007 年	2008 年	2009 年	2010 年	合计
1	用水计划指标批准								
	（1）用水计划指标核定	375	69	387	441	459	1530	2279	5540
	（2）非生活用水户临时用水计划的核定	11	95	117	55	70	25		373
	（3）用水计划指标变更批准	8	62	135	66	71	57	79	478
2	取水许可审批								

序号	项目名称	2004年	2005年	2006年	2007年	2008年	2009年	2010年	合计
	（1）取水许可	19	57	16	88	54	27	32	293
	（2）取水许可变更	6	23	25	15	39	37	22	167
	（3）取水许可延展		36	10	8	34	175	71	334
3	凿井审批		1						1
4	护堤护岸林木砍伐审批		18	25	20	36	12	10	121
5	组建公益水利工程建设项目法人审批	1	1		13	11	25	9	60
6	水利工程开工审批		18	36	35	33	51	35	208
7	建设项目水务资质认定								
	（1）建设项目水资源论证机构乙级资质认定		6		3		2	2	13
8	建设项目水资源论证报告书审批				2	3	3	1	9
9	河道管理范围内建设项目建设方案和位置界限审批								
	（1）河道管理范围内建设项目位置和界限审查			15	46	45	35	7	148
	（2）河道管理范围内建设项目工程建设方案审查			8	23	26	27	51	135
	（3）坝顶兼做公路方案审查						1		1
10	河道管理范围内有关活动批准								
	（1）河道管理范围内采砂、采石、取土			2	2	6	6	8	24
	（2）河道管理范围内有关活动位置界限审批				1			1	2
11	开发建设项目水土保持方案的审批			3	9	11	12	10	45
12	开发建设项目水土保持设施验收						1	2	3
13	非防洪建设项目洪水影响评价报告审批			1	1	2	5	11	20
14	水利基建项目初步设计文件审批			10	9	7			26
15	水工程建设项目工程建设方案审查				8	2			10
16	不同行政区域边界水工程批准								

序号	项　目　名　称	2004 年	2005 年	2006 年	2007 年	2008 年	2009 年	2010 年	合计
	（1）农村集体经济组织修建水库批准				5				5
17	蓄滞洪区避洪设施建设备案								
	（1）防洪工程设施验收			1		1			2
	（2）防洪影响评价报告审查批准					1		7	8
18	排污口的设置或扩大审批							1	1
19	江河故道、旧堤、原有水工程设施填、占用、拆毁方案审查							1	1
20	因工程施工、设备维修确需降压或停水 12 小时以内的报告						486	645	1131
21	因工程施工、设备维修确需降压或停水连续停水超过 12 小时的行政许可审批						8	9	17
22	城市供水企业经营、歇业或停业许可审批								
	（1）A 类：城市供水企业经营许可审批——水厂、管网供水经营许可（产、供、销一体化供水企业）							1	1
	（2）F 类：城市供水企业经营许可审批——区域加压供水经营许可						1		1
	（3）G 类：变更许可审批						1	4	5
	（4）I 类：换证许可审批——水厂、管网供水经营换证（产、供、销一体化供水企业）						8	5	13
	（5）J 类：换证许可审批——管道直饮水供水经营换证						1		1
	（6）L 类：换证许可审批——水厂供水经营换证						2	2	4
	（7）M 类：换证许可审批——管网供水经营换证						1	1	2
	（8）N 类：换证许可审批——区域加压供水经营换证						3	2	5

续表

序号	项 目 名 称	2004 年	2005 年	2006 年	2007 年	2008 年	2009 年	2010 年	合计
23	二次供水设施清洗消毒单位备案						14	41	55
24	二次供水设施竣工验收报告备案						1		1
25	城市排水许可证核发						158	39	197
26	办理排水规划出路手续						33	30	63
27	改动、迁移排水和再生水利用设施及排水河防护范围内新建、改建工程项目审批						11	10	21
28	城市污水集中处理单位减量运行或者停止运行审批						6		6
	合　计	420	386	791	850	911	2765	3428	9551

第十篇

机构及队伍建设

天津市水务局是天津市政府组成部门，主要负责全市城市供水、防汛抗旱、农村水利、水利工程建设与管理、节水用水、城市排水和有关河道堤岸管理等水行政工作。天津市水务局一套班子，4块牌子，即天津市水务局、天津市引滦工程管理局、天津市防汛抗旱指挥部、天津市节约用水办公室。1991年6月，办公地点由天津市河北区海河东路71号迁至天津市河西区围堤道210号（邮编300074）。

1991—2010年，天津市水利（水务）局按照市委、市政府在不同历史时期的中心任务和改革要求，围绕机关机构设置变革、人员编制调控、局属事业单位组建调整开展机构及队伍建设工作。20年间，市水利（水务）局坚持精简统一效能，优化机构设置和职能配置，科学合理确定人员编制，分别在1997年、2001年、2010年完成了三次机构改革任务。有力推动了政府职能转变，组织结构和运行机制更加适应水利改革发展的需要，水利社会管理和公共服务水平进一步提高。

第一章　机　　构

第一节　机关机构设置及人员编制

一、局机关机构设置

1990年2月，市水利局职能调整，将与河闸总所合署办公的天津市水利局工程管理处（简称工管处）列为局机关职能处室，在职人员4名。

1991年1月，市水利局机关在编处室24个，编制271人。工管处4人，水利志编办室（临时机构）4人，两处编制在局机关行政编制内自行调剂。时任局领导：局党委书记、局长张志淼，纪委书记边凤来，副局长刘振邦、何慰祖、单学仪、刘洪武、赵连铭、张玉泉、刘连科。1991年1月天津市水利局机关处室编制见表10-1-1-174。

1993年12月，王耀宗任局长、局党委副书记，免去张志淼局长职务。

1995年3月，王耀宗任局党委书记，免去张志淼局党委书记职务。5月，刘振邦任局长，免去王耀宗局长职务。

1996年1月26日，市委、市政府批复《天津市水利局（天津市引滦工程管理局）职能配置、内设机构和人员编制方案》，明确天津市水利局是市政府主管水行政的职能部门，确定水利局14项工作职责，局机关设20个职能处室，分别是办公室、总工室、水政处（法制室）、规划处、水

表 10-1-1-174　　　　**1991 年 1 月天津市水利局机关处室编制**

机构类型	机关处室	人数/人	机构类型	机关处室	人数/人
党委机构	局领导	10	行政机构	巡视室	1
	党委办公室	6		规划处	16
	组织部	12		计划处	14
	宣传部	12		科技处	13
	老干部处	4		财务处	17
	纪检	3		审计处	5
	监察室	4		人事处	12
	工会	5		劳资处	7
	团委	4		教育处	5
	机关党委	3		保卫处	10
行政机构	办公室	32		水政处	10
	行政处	52		多种经营处	7
	总工室	7	合　计		271

资源处、工管处、科技处、计划处、财务处、审计处、政研室、人事劳动处、保卫处（引滦工程公安处）、监察室、综合经营处、行政处、党委办公室、组织部、宣传部、老干部处。行政编制为 219 人。

　　1996 年 9 月，汛期过后，市水利局落实局机关机构改革工作，机关成立水资源管理处和政策研究室；工管处河道管理工作移交河闸总所；机关人事处、劳资处、教育处合并为人事劳动处；多种经营处更名为综合经营管理处；撤销巡视室。同时制定各处室职责分工。1997 年 9 月，市委、市政府核定编制为 219 名，同年 9 月完成机构调整，市水利局机关控制编制数为 182 人。

　　按照市委、市政府批准的"三定"方案和《天津市水利局国家公务员制度实施方案》文件要求，自 1997 年 9 月至 1998 年 4 月，对"三定"方案批准之日在册、具有国家干部身份、符合公务员过渡条件的机关干部实施国家公务员身份转化工作，未过渡为公务员的机关工作人员，作为分流人员，安置到局属事业单位或局属"三产"企业工作。1997 年 9 月天津市水利局机关处室控制编制人员见表 10-1-1-175。

　　1997 年年底时任局领导：党委书记王耀宗，副书记刘振邦、陆铁宝；纪委书记李伟；局长刘振邦，副局长赵连铭、单学仪、戴崎东、王天生、王宏江、张新景；助理巡视员刘洪武。

　　1998 年 8 月，完成公务员过渡并通过验收，市水利局机关处室共有 24 个：办公室、政研室、总工室、水政处（法制处）、规划处、水资源处、工管处、科技处、计划处、财务处、审计处、人事劳动处、保卫处（引滦工程公安处）、综合经营处、行政处、党委办公室、组织部、宣传部、老干部处、纪委监察室、工会、团委、机关党委、水利志编办室。

　　2001 年 6 月，市委办公厅下发《印发〈天津市水利局（天津市引滦工程管理局）职能配置、内设机构和人员编制规定〉的通知》，明确天津市水利局是主管全市水行政的市政府组成部门，加挂天津市节约用水办公室的牌子，统一负责全市节约用水工作。原天津市城市节约用水

表 10-1-1-175　**1997 年 9 月天津市水利局机关处室控制编制人员**

机构类型	机关处室	人数/人	机构类型	机关处室	人数/人
党委机构	局领导	9	行政机构	水资源处	6
	党委办公室	6		工管处	8
	组织部	6		科技处	7
	老干部处	4		计划处	7
	宣传部	6		财务处	9
	监察室（纪检）	6		审计处	5
	工会	4		政研室	5
	团委	1		人事劳动处	11
	机关党委	2		保卫处	6
行政机构	办公室	19		综合经营处	6
	总工室	6		行政处	23
	水政处	6		水利志编办室（临时机构）	3
	规划处	8	合　计		182

办公室由市建委划归市水利局。市水利局机关机构再次调整：设置了监察室、机关党委、老干部处、工会和团委；撤销党委宣传部，其对外业务宣传职能划入办公室，其余职能划入党委办公室；精简总工室；不再保留综合经营处，其职能划入财务处；行政处整建制转为局属自收自支事业单位，更名为局机关服务中心。核定局机关行政编制 122 人。2001 年 9 月机构调整后，机关处室有 19 个，局机关控编 112 人，实际上岗人数 92 人。2001 年 9 月天津市水利局机关处室编制见表 10-1-1-176。

表 10-1-1-176　**2001 年 9 月天津市水利局机关处室编制**

机构类型	机关处室	人数/人	机构类型	机关处室	人数/人
党委机构	局领导	12	行政机构	水政处（法制室）	5
	总工程师	1		规划处	6
	党委办公室	4		计划处	6
	组织部	5		水资源处（节约用水管理处）	10
	纪检、监察室	3		工管处	6
	机关党委	1		科技处	5
	老干部处	3		财务处	7
	工会	3		人事劳动处	6
	团委	1		审计处	4
行政机构	办公室	14		保卫处（引滦工程公安处）	5
	政研室（含水利志编办室）	5（另聘3人）	合　计		112

2001年年底时任局领导：党委书记王耀宗（12月17日免），副书记刘振邦（12月17日任党委书记），副书记陆铁宝；纪委书记刘同章；局长刘振邦，副局长赵连铭、单学仪、戴崤东、王天生、王宏江、张新景（6月25日免）、李锦绣；助理巡视员刘洪武。

2002年12月朱芳清任副局长。2003年9月，王宏江任局长。2004年7月，景悦、张志颇、陈振飞任副局长。

2005年年底时任局领导：党委书记刘振邦，副书记陆铁宝（12月10日免）、李锦绣、王宏江；纪委书记李锦绣；局长王宏江，副局长单学仪、王天生、朱芳清、景悦、张志颇、陈振飞。

2006年10月，张文波任副巡视员。

2008年3月，朱芳清任局长。8月，李文运任副局长。

2009年5月，根据市委、市政府《关于印发〈天津市机构改革实施方案〉的通知》，决定组建天津市水务局；同年5月7日天津市水务局正式挂牌。

2009年年底时任局领导：党委书记慈树成（5月5日任）、刘振邦（至5月5日），副书记李锦绣（5月5日免）、朱芳清、王志合；纪委书记王志合（5月5日免），纪检组组长丛建华（7月1日任）；局长朱芳清，副局长王天生、景悦（至5月5日）、陈玉恒（5月6日任）、张志颇、陈振飞、李文运、李树根（5月6日任）；巡视员李锦绣（5月5日任），副巡视员张文波、刘长平。

2010年3月，市委、市政府办公厅下发《关于印发〈天津市水务局主要职责内设机构和人员编制规定〉的通知》，通知明确天津市水务局设16个内设机构，即办公室（党委办公室）、政策研究室、水政处（法制室）、规划设计管理处、计划处、水资源管理处、节约用水管理处、工程管理处（水库移民管理处）、水土保持处、行政许可处、科技信息管理处、财务处、审计处、人事劳动处、安全监督处、组织处。机关工勤事业编制另行核定。纪检、监察机构按规定派驻，人员编制另行核定。

市水务局机关行政编制117人（含老干部工作人员编制4名）。其中书记1名，局长1名，专职副书记1名，副局长4名，总工程师1名；处级领导职数17正26副（含机关党委专职副书记1名）。机关工勤事业编制另行核定。纪检、监察机构按规定派驻，人员编制另行核定。

2010年6月，市水务局按照水务体制改革要求，优化内设机构，局机关不再保留保卫处（引滦工程公安处），新组建办公室（党委办公室）、水土保持处、行政许可处、安全监督处，工程管理处更名为工程管理处（水库移民处），科技管理处更名为科技信息管理处。市纪委驻市水务局纪检组，市监察局驻市水务局监察室另行核定职数为5个，副局级1个，正处级1个，副处级1个。市水务局机关设处室19个。2010年6月天津市水务局机关处室编制见表10-1-1-177。

2010年年底局领导：局党委书记慈树成，副书记朱芳清、王志合；驻局纪检组长丛建华；局长朱芳清；副局长王天生、陈玉恒、张志颇、陈振飞、李文运、李树根；副巡视员张文波、刘长平。

二、南水北调办公室

（一）工程规划论证工作领导机构及其办事机构

1994年，市水利局成立天津市南水北调工程办公室，负责组织开展天津市南水北调工程前期工作。

表 10-1-1-177　　　　　　**2010 年 6 月天津市水务局机关处室编制**

机 关 处 室	人数/人	机 关 处 室	人数/人
局领导	13	科技处	6
总工程师、副总工程师	3	财务处	7
办公室（党委办公室）	16	审计处	3
政研室（含水利志编办室）	5（另聘 4 人、借调 1 人）	人事处	6
水政处（法制室）	4	安监处	4
规划处	7	组织处	5
计划处	7	机关党委	2
水资源处（节约用水管理处）	7	老干部处	3
工管处（水库移民处）	7	工会	3
水保处	7	团委	1
许可处	1	合　计	117

1997 年 7 月 24 日，市政府印发《关于成立天津市南水北调工程领导小组的通知》，市长李盛霖任组长，副市长朱连康任副组长。领导小组成员由市计委、市水利局、市建委、市经委、市农委、市财政局、市规划（土地）局、市公安局、市环保局有关负责人组成。领导小组下设工程筹备办公室，负责天津干渠与市内配套工程前期工作，拟定建设资金筹措方案，协调和推动相关工作。办公室设在市水利局，主任由市水利局副局长赵连铭兼任，工作人员由市水利局内部调配解决，市计委派人参加。

2000 年 4 月 27 日，市水利局印发《关于天津市南水北调工程办公室更名及人员调整的通知》，将 1994 年成立的天津市南水北调工程办公室更名为天津市南水北调工程筹备办公室（简称南工办）。市水利局副局长赵连铭任办公室主任，水资源处处长田平分、工管处副处长杜铁锁、市计委副处长闫永兴任副主任。南工办主要工作职责是：负责天津市南水北调工程前期及建设阶段的组织协调；联系国家计委、水利部、市政府等上级机关；承接局及上级领导下达的有关南水北调工作任务，并负责对局有关处室、单位按分工进行统一安排、下达任务及检查、督促和协调有关工作；负责工程专项资金的管理和监督。

2003 年 1 月 17 日，市水利局印发《关于成立天津市水利局南水北调工程办公室的通知》。明确南工办是天津市南水北调工程办公室的日常办事机构，其主要工作职责是：承担天津市南水北调工程办公室的日常工作，负责南水北调前期工作管理，负责联系水利部调水局、长委中线办以及市有关部门，对外代表市水利局提出天津的调水量、调水过程、水位等主要技术指标并配合国家有关部门组织开展中线总干渠的规划设计工作；配合市有关部门研究天津南水北调工程供水价格、工程建设资金筹措方案和有关政策；组织开展天津南水北调建管机构筹建方案的研究；负责有关南水北调文件、档案的收集和保管。编制暂按 10 人控制，人员从局有关单位抽调。主任景金星，副主任杜铁锁、田平分。

（二）工程建设领导机构

2003 年 12 月 18 日，市政府印发《关于成立天津市南水北调工程建设委员会的通知》，市长戴相龙任委员会主任，副市长孙海麟任委员会副主任，成员包括市计委、市水利局、市经委、市建委、市农委、市科委、市财政局、市规划和国土资源局、市公安局、市环保局、市铁路集团、塘沽区政府、蓟县政府等 31 个有关部门、有关单位、有关区（县）政府的主要负责人。委员会的任务是：贯彻执行国家制定的南水北调工程建设的方针、政策、措施，决定天津市南水北调市内配套工程建设的重大问题。委员会下设办公室，为委员会的办事机构。办公室设在市水利局，办公室主任由市水利局局长王宏江兼任。

2008 年 6 月 30 日，鉴于人事变动和工作需要，市政府对天津市南水北调工程建设委员会的组成人员进行了调整，市长任委员会主任，常务副市长和副市长任委员会副主任，成员包括市发展改革委、市水利局、市经委、市建委、市农委、市科委、市财政局、市规划局、市国土房管局、市公安局、市环保局、市铁路集团、塘沽区政府、蓟县政府等 35 个有关部门、有关单位、有关区（县）政府的主要负责人。委员会下设办公室，为委员会的办事机构。办公室设在市水利局，办公室主任由市水利局局长朱芳清兼任。

（三）工程建设领导办事机构（项目行政主管部门）

2004 年 6 月 17 日，市委、市政府印发《关于成立天津市南水北调工程建设委员会办公室的通知》，同意成立天津市南水北调工程建设委员会办公室，为市南水北调工程建设委员会的办事机构，设在市水利局，办公室主任由市水利局局长兼任，副主任由市水利局有关副局长兼任。

2004 年 7 月 28 日，市编委印发《关于天津市南水北调工程建设委员会办公室内设机构和人员编制的批复》，明确天津市南水北调工程建设委员会办公室（简称市调水办）为南水北调工程建设委员会的办事机构，设在市水利局，主要负责：市南水北调工程建设委员会决定事项的落实和督促检查，监督工程建设投资执行情况，协调、落实和监督市南水北调工程建设资金的筹措、管理和使用，对市南水北调工程建设质量监督管理，协调市南水北调工程项目区环境保护、文物保护和生态建设等工作。办公室内设 4 个职能处：综合处、规划设计处、计划财务处、建设管理处；核定事业编制 25 名，核定正副处级领导职数 10 名（含总工程师 1 名）。人员依照国家公务员制度管理。人员经费由市财政实行全额预算管理。

2005 年 6 月 9 日，市调水办印发《关于印发机关各处室主要工作职责的通知》，明确总工程师和综合处、规划设计处、计划财务处、建设管理处、环境移民处的主要职责。其中环境移民处为市调水办因工作需要而设置的临时性工作机构。2014 年 3 月 14 日，市调水办印发《关于市调水办机关有关工作的会议纪要》，明确环境移民处的工作纳入建设管理处（简称建管处）的工作范围之中，人员由建管处统一管理，由建管处统一组织开展工作，对外仍以环境移民处的名义开展相关工作。

2011 年 8 月 10 日，市编委批复天津市水务局，同意增加副局级领导职数 1 名，用于配备市南水北调办专职副主任。

2013 年 3 月 18 日，市调水办印发《关于进一步理顺我市南水北调配套工程建设管理体制和工作机制的意见》的通知，适当调整市调水办规划设计处、计划财务处、环境移民处关于设计变更和预备费使用审批的职责分工，适当调整相关工作程序。

2013 年 12 月 31 日，市编委印发《关于转发天津市水务局所属单位增加 2012 年度军队转业干部事业编制的通知》，增加天津市南水北调工程建设委员会办公室军队转业干部事业编制 1 名。

（四）工程建设管理工作机构

1. 质量安全监督与质量检测工作机构

2005 年 6 月 24 日，国务院南水北调工程建设委员会办公室决定，设立南水北调工程天津质量监督站，具体负责南水北调中线天津干线委托项目的质量监督工作。委托市调水办负责该站的具体组建和日常管理工作。聘任戴峙东为站长。

2006 年 6 月 7 日，市调水办成立天津市南水北调工程质量监督站和天津市南水北调工程质量检测中心站，分别负责实施南水北调天津市配套工程的质量监督和质量检测工作，业务工作均受市调水办领导。

2007 年 8 月 29 日，市编委印发《关于成立天津市南水北调工程质量与安全监督站的批复》，同意成立天津市南水北调工程质量与安全监督站。2007 年 10 月 26 日，市水利局依据市编委批复印发《关于成立天津市南水北调工程质量与安全生产监督站的通知》，明确该站为市调水办管理的科级事业单位，所需人员经费自收自支，人员编制 15 名，主要职责是承担天津市南水北调工程建设的质量与安全生产监督工作。

2009 年 6 月 21 日，市调水办印发《关于进一步完善南水北调工程建设管理体制和工作机制的意见》，明确南水北调工程天津质量监督站挂靠在天津市南水北调工程质量与安全监督站，两块牌子，一套人马。

2. 征地拆迁工作机构

2006 年 6 月 2 日，市调水办设立天津市南水北调工程征地拆迁管理中心，负责组织南水北调天津干线境内工程和配套工程的征地拆迁工作。2007 年 7 月 23 日，市编委印发《关于成立天津市南水北调工程征地拆迁管理中心的批复》，同意成立天津市南水北调工程征地拆迁管理中心，等级规格相当于副处级事业单位，所需人员经费自收自支。核定事业编制 8 名，由天津市水利工程建设监理咨询中心事业编制中划拨，天津市水利工程建设监理咨询中心编制 53 名减至 45 名。市南水北调工程征地拆迁管理中心设主任 1 名。该中心主要负责天津干线天津境内工程和市内配套工程征地拆迁的组织管理，办理有关用地报批手续，负责征地拆迁、专项设施拆建资金的管理。2007 年 8 月 16 日，市水利局依据市编委批复印发《关于成立天津市南水北调工程征地拆迁管理中心的通知》，成立天津市南水北调工程征地拆迁管理中心，为市调水办管理的副处级事业单位。2008 年 11 月 27 日，市调水办及市南水北调工程征地拆迁管理中心、市南水北调工程质量与安全监督站揭牌。

2009 年 6 月 21 日，市调水办印发《关于进一步完善南水北调工程建设管理体制和工作机制的意见》，明确天津市南水北调工程征地拆迁管理中心（简称征迁中心）与天津市水利工程建设管理中心合署办公。

2013 年 3 月 18 日，市调水办印发《关于进一步理顺我市南水北调配套工程建设管理体制和工作机制的意见》，调整征迁中心管理模式，该中心与天津市水利工程建设管理中心不再合署办公，按照市水务局党委《关于印发〈关于将天津市水利工程建设管理中心从天津市水利基建管理处剥离的实施方案〉的通知》精神，挂靠在天津市水务基建管理处，业务工作仍受市调水办领导。

2015 年 8 月 17 日，市水务局党委研究决定，调整征迁中心管理模式。在市调水办的管理下，该中心脱离天津市水务基建管理处，配齐配强工作人员，实体运行；运行经费从既有管理费中列支，财务独立核算。

3. 招标投标工作机构

2006 年 8 月 16 日，市调水办成立天津市南水北调工程招标投标管理站，设在天津市水利工程招标投标管理站，以加强市南水北调工程招标投标监督管理工作。

4. 项目法人与现场建设管理机构

2005 年 12 月 16 日，市调水办下发《关于对南水北调天津配套工程项目法人组建方案的批复》，同意由天津市水利工程建设管理中心（简称建管中心）作为南水北调天津配套工程的项目法人，负责南水北调天津配套工程的建设管理工作，业务上接受市调水办的领导。

2007 年 10 月 24 日，市调水办批复建管中心成立南水北调天津干线工程建设管理处和南水北调天津市内配套工程建设管理处，分别承担天津干线委托建设管理项目和市内配套工程的建设管理任务。

2008 年 11 月 3 日，市政府印发《关于成立天津南水北调工程项目公司的批复》，批准由市水利局成立南水北调水源工程公司。2009 年 1 月 8 日，天津南水北调水源工程建设投资有限责任公司完成注册工作，经市工商局核准成立，公司性质为国有独资公司，经营范围为南水北调水源工程建设、投资及相关管理服务。

2009 年 6 月 21 日，市调水办印发《关于进一步完善南水北调工程建设管理体制和工作机制的意见》，明确天津南水北调水源工程建设投资有限责任公司作为市南水北调工程项目法人，负责市南水北调工程的筹资建设、建设成本控制和投资风险控制以及建设期的管理，同时研究工程建成后的管理运营问题。根据实际情况，委托建管中心承担部分工程建设管理工作。建管中心受南水北调中线干线工程建设管理局的委托，负责天津干线工程委托项目的建设管理；受水源公司的委托，承担部分工程建设管理工作，具体工作内容通过合同约定。

2011 年 9 月 21 日，市政府下发《关于同意将天津南水北调水源工程建设投资有限责任公司更名并组建为天津水务投资有限责任公司的批复》，同意将天津南水北调水源工程建设投资有限责任公司更名并组建为天津水务投资有限责任公司，水务投资公司性质仍为国有独资企业，出资人和监管方式不变，主要业务是：负责市南水北调工程建设、管理、运营等事务；负责对部分市级重点水源工程、供排水工程、治河工程、污水处理等项目进行融资投资及管理，同时开展水力发电、水力科技成果转化、濒水土地整理等业务。

2013 年 3 月 18 日，市调水办印发《关于进一步理顺我市南水北调配套工程建设管理体制和工作机制的意见》的通知。明确了天津水务投资集团有限公司作为天津市南水北调配套工程项目法人的主要工作任务：负责工程建设资金的筹措和有关前期工作的组织，是工程建设和运营的责任主体，承担有关工作制度赋予项目法人的职责。

（五）运行管理机构

2014 年 8 月 13 日，市编委印发《关于成立我市南水北调工程管理机构的批复》，同意为市调水办增设 1 名专职副主任，主要负责天津市南水北调工程的运行管理工作。同意成立天津市南水北调调水运行管理中心（核定事业编制 38 名，其中主任 1 名，副主任 2 名）、天津市南水北调曹庄管理处（核定事业编制 60 名，其中处长 1 名，副处长 2 名）、天津市南水北调北塘管理处（核定事业编制 60 名，其中处长 1 名，副处长 2 名）、天津市南水北调王庆坨管理处（核定事业编制 38 名，其中处长 1 名，副处长 2 名）。上述机构均为市调水办管理的差额拨款处级事业单位，经费来源从南水北调工程水费中列支，等级规格相当于处级。

2014 年 11 月 30 日，市政府批准组建天津水务集团有限公司，天津市南水北调调水运行管理中心、曹庄管理处、王庆坨管理处、北塘管理处以及天津水务投资集团有限公司整建制划入天津水务集团有限公司。

第二节　事业单位机构设置及人员编制

一、局属处级事业单位

1991 年 1 月，市水利局所属处级事业单位有 19 个、编制人数 2719 人，主要承担着水利工程设计、建设、维修、维护、通信、水源调度、防汛抗旱等诸项任务，为水利事业发展发挥保障作用。1991 年 1 月天津市水利局所属处级事业单位统计见表 10-1-2-178。

表 10-1-2-178　**1991 年 1 月天津市水利局所属处级事业单位统计**

序号	单 位 名 称	编制人数/人
1	天津市水利局引滦工程管理处	80
2	天津市引滦工程隧洞管理处	60
3	天津市引滦工程黎河管理处	55
4	天津市引滦工程于桥水库管理处	244
5	天津市引滦工程潮白河管理处	245
6	天津市引滦工程尔王庄管理处	279
7	天津市引滦工程宜兴埠管理处	164
8	天津市北大港水库管理处	313
9	天津市河道闸站管理总所	164
10	天津市水文总站	186
11	天津市水利局通信管理处	30
12	天津市水利科学研究所	134
13	天津市水利局党干校	45
14	天津市水利学校	55
15	天津市水利基建管理处	60
16	天津市水利局物资处	95

序号	单位名称	编制人数/人
17	天津市水利勘测设计院	360
18	天津市水利局农田水利处	90
19	天津市水利局水源调度处	60
	合　计	2719

1991年6月，根据市编办《关于市水利局建立引滦入港工程管理处的批复》，建立天津市水利局引滦入港工程管理处，相当于处级自收自支事业单位，核定事业编为122人。职责是负责已建引滦入港水利工程的运行管理、日常维护、机械设备运行管理、运行安全监督等工作。

1992年3月，根据市编办《关于建立中共天津市水利局委员会党校的批复》，建立中共天津市水利局委员会党校，为局直属自收自支事业单位，相当于处级，核定事业编为25人。职责是承担市水利系统领导干部的培训工作。

1992年，在1989年成立的天津市水利基本建设工程监督中心站（挂靠基建处）的基础上，成立天津市水利建设工程质量监督中心站（简称中心站）。隶属市水利局，自收自支处级事业单位，事业编10人。职责是代表水行政主管部门对水利工程进行强制性质量监督。2003年6月21日，中心站成立引滦工程管理处质量监督站，明确引滦工管处对引滦大修工程实施质量监督职能。

1996年1月，市委、市政府批复《天津市水利局（天津市引滦工程管理局）职能设置、内设机构和人员编制方案》。8月，市水利局组织落实机构改革，局机关成立水资源管理处，同时从农水处的工作职责中，划出部分工作职责，分设农水处和地下水资源管理办公室（简称地资办），11月各处领导任职到位。1997年4月，市水利局下发《关于印发〈局机关各处室职责范围〉的通知》，地资办与水文总站调整了分工，由水资源管理处主管地资办和水文总站两个单位，加强了水资源的统一管理。

1997年年底局属处级单位共23个，即天津市引滦工程隧洞管理处、天津市引滦工程黎河管理处、天津市水利局引滦工程管理处、天津市引滦工程于桥水库管理处、天津市引滦工程潮白河管理处、天津市引滦工程尔王庄管理处、天津市引滦工程宜兴埠管理处、天津市北大港水库管理处、天津市水利局引滦入港工程管理处、天津市河道闸站管理总所、天津市水文总站、天津市水利科学研究所、天津市水利学校、天津市地下水资源管理办公室、天津市水利基建管理处、天津市水利局物资处、天津市水利勘测设计院、天津市水利局农田水利处、天津市水利局水源调度处、天津市水利局通讯管理处、天津市于桥水力发电有限责任公司、天津市水利工程公司、天津振津工程集团有限公司。

1999年7月，天津市水利学校从天津市水利局划出，与市农业学校、市机械工程学校、市经济管理学校合并成一所中专学校，校名为"天津市城乡经济学校"。

2000年5月，根据市编办《关于建立水利部天津水利职工培训中心的批复》，成立水利部天津水利职工培训中心，为市水利局所属自收自支处级事业单位，核定事业编制为18人。职责是负责全局水利职工业务培训，实施继续教育工程。

2001年8月，根据市委办公厅《关于印发〈天津市水利局（天津市引滦工程管理局）职能设置、内设机构和人员编制规定〉的通知》精神，地下水资源管理办公室并入天津市水文总站，成立天津市水文水资源勘测管理中心（天津市地下水资源管理办公室）（简称水文水资源中心）。主要职责是负责全市水文水资源的测验、水质监测工作，地下水开采和节约管理工作，实施取水许可制度，发放取水许可证，负责全市防汛抗旱的水情预报工作；承担市政府抗旱打井办公室的日常工作，负责全市机井建设和规划、打井审批及验收使用等方面的管理工作。

2003年4月23日，市编办下发《关于调整市水文水资源勘测管理机构的批复》，批复"同意将市水利局农田水利处（地下水资源管理办公室）分设，保留市水利局农田水利处，将分设的地下水资源管理办公室与市水文总站合并，组建天津市水文水资源勘测管理中心，为水利局属全额拨款处级事业单位。中心仍保留天津市地下水资源管理办公室的牌子"。人员编制从农水处原编制90人中，分出55人编制由天津市地下水资源管理办公室带入水文水资源管理中心（农田水利处保留编制35人）；原天津市水文总站编制186人，合并归入水文水资源管理中心。调整后天津市水文水资源勘测管理中心（天津市地下水资源管理办公室）人员编制为241人。

2002年1月，根据市编办《关于成立天津市水政监察总队的批复》，成立天津水政监察总队。为局属具有执法职能的处级事业单位，自收自支，事业编制为30人。主要职责：宣传贯彻《中华人民共和国水法》《中华人民共和国水土保持法》《中华人民共和国防洪法》等水法规；按照水法规的有关规定，保护市管水资源、水域、水工程、水土保持生态环境、防汛抗旱和水文监测等有关设施，对水事活动进行监督检查，维护正常的水事秩序，对公民、法人或其他组织违反水法律法规的行为实施行政处罚或者采取其他行政措施，配合公安、司法部门查处水事治安和刑事案件，对区（县）水政监察队伍进行指导和监督。

2002年4月，根据市编委办《关于建立天津市水利局（天津市引滦工程管理局）机关服务中心的批复》，建立天津市水利局（天津市引滦工程管理局）机关服务中心，为局属处级事业单位，自收自支，核定编制40人，财务独立核算。主要职责：机关车辆交通、打字复印、供暖供水供电、电话通信、职工就餐、医疗保健、办公用品、安全保卫、房屋维修及物业管理等后勤服务工作；局系统计划生育、房建、卫生、绿化和机动车辆管理工作。原局综合经营管理站的管理职责及老干部处工勤人员配备和车辆管理一并由服务中心负责。

2002年6月，天津市水利局物资处并入天津市河道闸站管理总所合署办公。

2002年11月，根据市编办《关于城市节约用水办公室和供水管理处划分机构编制问题的通知》，天津市城市节约用水办公室由市建委划归市水利局，更名为天津市节约用水事务管理中心，相当处级的自收自支事业单位。更名后，单位的性质、规格、人员编制和经费渠道不变（原事业编为55人）。职责是推动城市节水工作，负责工业用水量的平衡，确定用水计划及检查、监督计划的落实。节水工作的技术措施的推广及经验交流，工业自备水源、地下水源的开采回灌。

2003年1月17日，根据市编办《关于天津市控制地面沉降办公室变更隶属关系的批复》，天津市控制地面沉降工作办公室整建制由市建委划归市水利局管理，其单位性质、规格级别、人员编制均不变。为相当处级的全额拨款事业单位。事业编制为20人。主要职责：负责全市控沉管理工作，贯彻执行国家和天津市有关控沉工作的各项方针政策，拟定全市控沉工作有关法规并组织实施。

2003年4月1日，根据市编委《关于天津市水利局通讯管理处更名的批复》，天津市水利局通信管理处更名为天津市水利局信息管理中心，新印章即日启用。

2004 年 2 月，根据市编办《关于调整天津市水利工程建设交易管理中心等级规格的批复》，将天津市水利工程建设交易管理中心的等级规格由 1999 年成立时的科级调整为相当处级，自收自支。在成立时批编 5 名工作人员的基础上，再从天津市水利工程建设监理咨询中心划入编制 12 人，核定事业编制 17 人。天津市水利工程建设监理咨询中心的事业编制减至 108 人。主要职责是根据有关规定承担水利工程建设交易管理的相关事务性工作。

2005 年 1 月，根据市编办《关于单独设置天津市水利局海河管理处的批复》，同意单独成立天津市水利局海河管理处。天津市水利局海河管理处为市水利局管理的事业单位，等级规格为处级，核定事业编制为 35 人，其中正处级 1 人，副处级 2 人，所需人员经费自收自支，所需人员编制从天津市北大港水库管理处现有事业编制中划拨。北大港处编制由 313 人减至 278 人。天津市水利局海河管理处的主要职责：负责海河的日常管理工作；负责对海河护栏、河堤、防洪墙、护坡、亲水平台、码头、绿地、河道水体、河床及相关照明设施、水文水质监测设施、通信监控设施、卫生设施、其他附属设施的管理和保护。

2006 年 10 月，局长办公会议决定关于水利工程管理体制改革：天津市海河二道闸管理所、天津市耳闸管理所、天津市北运河管理所由河闸总所整体划归天津市水利局海河管理处管理。

2006 年 12 月，市编办下发《关于市水利局管理的水利工程管理单位机构编制调整问题的批复》，内容如下：

（1）天津市河道闸站管理总所调整为天津市永定河管理处（市水利局物资处）。为市水利局管理的全额拨款事业单位，相当于处级，事业编制为 45 人，其中主任 1 人，副主任 3 人。主要职责：负责所管辖河道、水闸、泵站、蓄滞洪区等水利工程的管理；负责防汛、排涝等工作；对管辖的水利工程进行检查、观测、运行；承担工程维修项目的申报和组织实施工作。原市河道闸站管理总所的 174 名事业编制由市收回。

（2）天津市水利局海河管理处更名为天津市海河管理处，为市水利局管理的全额拨款事业单位，相当于处级，事业编制为 119 人，其中主任 1 人，副主任 3 人。主要职责：负责所管辖河道、水闸、泵站、蓄滞洪区等水利工程的管理，负责防汛、排涝工作；对管辖的水利工程进行检查、观测、运行；承担工程维修项目的申报和组织实施工作；负责海河的日常管理工作，以及水文水质监测、监控设施、其他附属设施的管理和保护。原市水利局海河管理处 35 人自收自支事业编制由市收回。

（3）成立天津市北三河管理处，为市水利局管理的全额拨款事业单位，相当于处级，事业编制为 91 人，其中主任 1 人，副主任 3 人。主要职责：负责所管辖的河道、闸站、蓄滞洪区等水利工程的管理；负责防汛、排涝工作；对管辖的水利工程进行检查、观测、运行；承担工程维修项目的申报和组织实施工作。

（4）成立大清河管理处，为市水利局管理的全额拨款事业单位。相当于处级，事业编制为 57 人，其中主任 1 人，副主任 3 人。主要职责：负责所管辖的河道、闸站、蓄滞洪区等水利工程的管理；负责防汛、排涝工作；对管辖的水利工程进行检查、观测、运行；承担工程维修项目的申报和组织实施工作。

（5）成立天津市海堤管理处，为市水利局管理的全额拨款事业单位，相当于处级。事业编制为 25 人，其中主任 1 人，副主任 2 人。主要职责：负责所管辖海堤水利工程的管理；负责防潮工作，对管辖的水利工程进行检查、观测、运行；承担工程维修项目的申报和组织实施工作。

（6）核减天津市北大港水库管理处的事业编制，由 278 人核减为 118 人。等级规格相当于处级，所需人员经费原渠道不变。

2006 年 12 月，根据市编办《关于市水利局未核定过编制的事业单位机构编制问题的批复》，以下单位人员编制调整：

市水利局机关服务中心的事业编制由批编时的 40 人调整增加为 57 人。其编制由天津市水利综合经营管理站划入 10 人，市水利局（引滦工程管理局）老干部活动中心（1988 年 6 月成立）划入 7 人。

天津市引滦工程隧洞管理处，事业编制为 72 人，相当于处级，差额拨款。

天津市引滦工程黎河管理处，事业编制为 75 人，相当于处级，差额拨款。

天津市水利局引滦工程管理处，事业编制为 80 人，相当于处级，差额拨款。

天津市引滦工程于桥水库管理处，事业编制为 244 人，相当于处级，差额拨款。

天津市引滦工程潮白河管理处，事业编制为 245 人，相当于处级，差额拨款。

天津市引滦工程尔王庄管理处，事业编制为 431 人，相当于处级，差额拨款。

天津市引滦工程宜兴埠管理处，事业编制为 164 人，相当于处级，差额拨款。

天津市水利局水源调度处，事业编制为 50 人，相当于处级，差额拨款。

天津市水利勘测设计院，事业编制为 360 人，相当于处级，自收自支。

天津市水利建设工程质量监督中心站更名为天津市水利建设质量与安全监督中心站，事业编制为 10 人，相当于处级，自收自支。

天津市水利局物资处，事业编制为 95 人（编制数含珠江道仓库、杨柳青仓库人员），相当于处级，全额拨款。

天津市水利科学研究所，事业编制为 115 人，相当于处级，全额拨款。

2007 年 1 月，根据市水利局《关于对北大港水库管理处和大清河管理处合署办公机构设置的批复》，北大港水库管理处和大清河管理处合署办公。2007 年 4 月，局人事处下发调令，将北大港处 74 人调入大清河处，并于 2007 年 4 月 30 日完成上述人员的行政关系、工资关系转移和人事档案转隶。

2007 年 4 月，市编办下发《关于调整市水利局物资处机构编制的批复》，同意市水利局物资处机构编制调整，天津市水利局物资处为市水利局管理的全额拨款事业单位，相当于处级，事业编制为 40 人，领导职数 4 人。主要职责是负责抗洪抢险物资储备、调拨与管理，水利工程和水利系统的物资供应、管理等工作。

2007 年 10 月，市编委批复市水利局（引滦工程管理局）工程管理处加挂水库移民管理处牌子。

2008 年 12 月，根据市编办《关于天津市水利科学研究所更名的批复》，天津市水利科学研究所更名为天津市水利科学研究院。编制为 115 人。主要职责：开展城市供水、城市防洪、水资源利用、农田水利、水工建筑物质量监测及水利信息查询检索等科研工作；开展水利科技信息的研究、咨询、收集、整理，提供对外信息服务；承担天津市水利工程及南水北调工程质量检测和相关工作。

2009 年 5 月，组建天津市水务局，增加供水、排水职能。6 月 1 日，天津市排水管理处整建制由市市政公路管理局划归市水务局管理，办理党员、人事关系交接，接管排水管理处人员 2355 人，编制人数 2906 人。9 月 30 日，市水务局整建制接管市建委天津市供水管理处，完成供水机构、职能、人员及资产交接工作，签订移交备忘录，供水管理处在岗人员 20 人，编制人数 30 人。

截至 2010 年 12 月，天津市水务局所属处级事业单位共 33 个，处属科级单位 22 个，见表 10 - 1 - 2 - 179。

表 10 - 1 - 2 - 179 **2010 年 12 月天津市水务局所属处级事业单位（含处属科级单位）统计**

序号	单 位 名 称	编制人数/人
1	天津市水务局引滦工程管理处	80
2	天津市引滦工程隧洞管理处	72
3	天津市引滦工程黎河管理处	75
4	天津市引滦工程于桥水库管理处	244
5	天津市引滦工程潮白河管理处	245
6	天津市引滦工程尔王庄管理处	421
7	天津市引滦工程宜兴埠管理处	164
8	天津市北大港水库管理处	118
9	天津市水利科学研究院	115
	①　天津市水利建设工程质量检测中心站（天津市南水北调工程质量检测中心）	10
10	天津市水务局党校	25
11	天津市水利基建管理处	52
12	天津市水务局物资处	40
	①　天津市水利局物资处珠江道仓库	38
	②　天津市水利局物资处杨柳青仓库	17
13	天津市水利勘测设计院	360
14	天津市水务局农田水利处	30
	①　天津市水土保持工作站	5
15	天津市水务局水源调度处	51
16	天津市水务局信息管理中心	32
	①　天津市引滦工程通讯站	25
17	天津市水务局引滦入港工程管理处	122
18	水利部天津水利职工培训中心	18
19	天津市水政监察总队	31

序号	单位名称		编制人数/人
20	天津市水务局机关服务中心		58
21	天津市节约用水事务管理中心		55
22	天津市控制地面沉降工作办公室		20
23	天津市水利工程建设交易管理中心		17
24	天津市水文水资源勘测管理中心（天津市地下水资源管理办公室）		96
	①	天津市水平衡测试中心	30
	②	天津市水环境监测中心	30
	③	天津市九王庄水文水资源勘测管理分中心	20
	④	天津市塘沽水文水资源勘测管理分中心	20
	⑤	天津市大港水文水资源勘测管理分中心	25
	⑥	天津市屈家店水文水资源勘测管理分中心	20
25	天津市海河管理处		119
	①	天津市耳闸管理所	9
	②	天津市二道闸管理所	53
26	天津市永定河管理处		45
	①	天津市大张庄闸管理所	13
	②	天津市芦新河泵站管理所	18
	③	天津市金钟河闸管理所	12
	④	天津市宁车沽闸管理所	26
	⑤	天津市蓟运河闸管理所	21
	⑥	天津市永定新河防潮闸管理所	42
27	天津市北三河管理处		61
	①	天津市北三河管理处蓟运河管理所	30
28	天津市大清河管理处		57
	①	天津市九宣闸管理所	13
	②	天津市低水闸管理所	11
29	天津市海堤管理处		25
30	天津市水利建设工程质量监督中心站		10
31	天津市南水北调工程征地拆迁管理中心（拆迁完成后即行撤销）		8

序号	单 位 名 称	编制人数/人
32	天津市供水管理处	30
33	天津市排水管理处	2906
合计（含处属科级单位编制数）		6290

注　处属科级单位编制详述见下文。

二、处属科级单位

1995年10月，根据水利部下发《关于公布具备水利工程建设监理资格单位名单的通知》，批准成立天津市水利工程建设监理咨询中心，隶属于基建处，科级，事业编制120人。职责是负责全市水利工程监理。

1996年9月，根据市水利局《关于成立天津市水利建设工程招标投标管理站的批复》，成立天津市水利建设工程招标投标管理站，暂挂靠在基建处。其人员、经费、办公地点与办公设施由基建处调剂解决。

1999年6月，根据市水利局《关于成立天津市水利工程建设交易管理中心的批复》，批复基建处成立天津市水利工程建设交易管理中心。自收自支事业单位，工作人员5名，负责提供交易场所、发布招投标信息、后勤服务等水利工程有形市场的日常管理工作。2004年调整为处级单位。

2000年11月8日，根据市水利局《关于成立天津市水利工程建设管理中心的通知》，成立天津市水利工程建设管理中心，为科级自收自支事业单位，财务独立核算，事业编制35人，由基建处内部调剂。职责是专业化水利建设管理机构，承担全市重点水利工程建设任务。

天津市水文水资源勘测管理中心下属6个科级事业单位：

（1）2003年12月，根据市编办《关于成立天津市水平衡测试中心的批复》，成立天津市水平衡测试中心：相当于科级，全额拨款，事业编制30人。主要职责：按照有关法律、法规和规定，负责全市水平衡测试工作。

（2）天津市水环境监测中心：相当于科级，全额拨款，事业编制30人。主要职责：负责全市水质监测站网的规划、管理和调整。承担天津市（地表水、地下水、降水、入河排污口）的水环境监测、水资源评价及第三方检测工作；参与重大污染事故的调查。

（3）天津市九王庄水文水资源勘测管理分中心：相当于科级，全额拨款，事业编制20人。主要职责：负责本区域内的水文水资源的测报、水质监测、水文预报、水文水资源调查评价工作。

（4）天津市塘沽水文水资源勘测管理分中心：相当于科级，全额拨款，事业编制20人。主要职责：负责本区域内的水文水资源的测报、水质监测、水文预报、水文水资源调查评价工作。

（5）天津市大港水文水资源勘测管理分中心：相当于科级，全额拨款，事业编制25人。主要职责：负责本区域内的水文水资源的测报、水质监测、水文预报、水文水资源调查评价工作。

（6）天津市屈家店水文水资源勘测管理分中心：相当于科级，全额拨款，事业编制20人。主要职责：负责本区域内的水文水资源的测报、水质监测、水文预报、水文水资源调查评价工作。

2004 年 12 月，根据市编办《关于成立天津市水土保持工作站的批复》，成立天津市水土保持工作站，相当于科级事业单位，隶属农水处。事业编制 5 人，从农水处划拨。农水处编制减为 30 人。主要职责：根据有关法律、法规，开展水土保持建设与管理水土流失预防监督的具体实施工作。

2006 年 12 月，市编委下发《关于市水利局管理的水利工作管理单位机构编制调整问题的批复》，以下单位人员编制调整为：

天津市永定河管理处下属 5 个相当于科级的全额拨款的事业单位：天津市大张庄闸管理所，事业编制 13 人；天津市芦新河泵站管理所，事业编制 18 人；天津市金钟河闸管理所，事业编制 12 人；天津市宁车沽闸管理所，事业编制 26 人；天津市蓟运河闸管理所，事业编制 21 人。上述 5 个管理所工作职责是承担所管辖水利工程的运行管理、日常维护、运行安全检测等工作。

天津市海河管理处下属 2 个相当于科级事业单位：天津市耳闸管理所为全额拨款事业单位，事业编制 9 人；天津市二道闸管理所，事业编制 60 人，所需人员经费原渠道不变。

天津市大清河管理处下属 2 个相当于科级的事业单位：天津市九宣闸管理所，为全额拨款的事业单位，事业编制 13 人；天津市低水闸管理所，为全额拨款的事业单位，事业编制 11 人。

2006 年 12 月，根据市编办《关于市水利局未核定过编制的事业单位机构编制问题的批复》，以下单位人员编制调整为：

天津市水利科学研究院下属 1 个相当于科级、全额拨款的事业单位：天津市水利建设工程质量检测中心站（天津市南水北调工程质量检测中心），编制 10 人。

2007 年 4 月，市编办下发《关于调整市水利局物资处机构编制的批复》，同意市水利局物资处机构编制调整，具体调整情况为：

天津市水利局物资处杨柳青仓库为市水利局物资处管理的全额拨款事业单位，相当于科级，事业编制 17 人，领导职数 2 人。职责是负责防汛物资储备与管理，水利物资储存与管理。

天津市水利局物资处珠江道仓库为市水利局物资处管理的全额拨款事业单位，相当于科级，事业编制 38 人，领导职数 2 人。职责是负责防汛物资储备与管理，水利物资储存与管理。

2007 年 7 月，根据市编办《关于成立天津市北三河管理处蓟运河管理所的批复》，成立天津市北三河管理处蓟运河管理所，为市北三河管理处管理的全额拨款事业单位，相当于科级，事业编制 30 人，从北三河处原事业编制 91 人中划拨。北三河处事业编制减为 61 人。

2007 年 10 月 16 日，根据市水利局《关于天津市水利工程建设监理咨询中心改制方案的批复》，同意天津市水利工程建设监理咨询中心的改制方案，天津市水利工程建设监理咨询中心更名为天津市泽禹工程建设监理有限公司，由基建处所属自收自支科级事业单位改制为有限责任公司，至 2008 年 5 月 19 日，完成改制工作，其中 30 人事业编制划入天津市水利工程建设管理中心，天津市水利工程建设管理中心编制增至 110 人。

2008 年 1 月，根据市编办《关于核定市引滦工程通讯站机构编制的批复》，成立天津市引滦工程通讯站，为信息中心管理的事业单位，相当于科级，事业编制 25 人，自收自支。主要职责：负责引滦沿线信息化通信工程的建设、设备及线路的维护、管理，为防汛、抗旱、抗洪、抢险提供保障。

　　2010 年 11 月，根据市编办《关于成立天津市永定新河防潮闸管理所的批复》，成立天津市永定新河防潮闸管理所，为全额拨款事业单位，相当于科级，事业编制 42 人，其中 7 人由二道闸管理所划拨，二道闸管理所事业编制由 60 人减为 53 人。主要职责：承担永定新河防潮闸的管理工作。

三、局属科级单位

　　1992 年，根据市水利局《关于成立天津市水利综合经营管理站的通知》，成立水利综合经营管理站，科级事业编制 10 人。主要职责：负责局机关综合经营项目的管理、协调工作。

　　1993 年 11 月，根据天津市人才交流服务中心《关于成立天津市水利局人才交流服务中心的批复》，成立天津市水利局人才交流服务中心，相当于科级事业单位，自收自支，事业编制 10 人。职责是按照国家及天津市有关人才流动工作政策、规定开展工作。收集、整理、储存和发布人才供求信息，组织人才招聘，举办人才培训，提供人才咨询，本系统所属单位人事代理。

　　1998 年，市编办下发《关于天津市水利局老干部活动中心机构编制问题的批复》，同意天津市水利局老干部活动中心（1988 年 6 月成立）定编 7 人。

　　1998 年，成立天津市水利建设工程造价管理站，科级事业单位编制 8 人，从基建处划出。职责是负责对全市水利工程建设全过程施行造价管理。2001 年 3 月，市水利局将天津市水利建设经济定额站的职能划入天津市水利建设工程造价管理站。

　　2000 年 7 月，根据市水利局《关于成立天津市水利经济管理办公室的通知》，成立天津市水利经济管理办公室，为独立核算的科级事业法人单位，经费自筹，事业编制 50 人。职责是代局管理所属单位的经营项目和资产运营，负责组织收入和统筹安排支出。

　　2004 年 2 月，市编办下发《关于成立天津市水利建设工程招标投标管理站的批复》，成立天津市水利建设工程招标投标管理站。相当于科级事业单位，由市水利局管理，事业编制 8 人，所属人员从基建处调剂，人员经费渠道不变，仍为全额拨款。基建处编制由 60 人减为 52 人。主要职责：按照有关法律、法规和规定，制定天津市水利建设工程招标投标实施办法或实施细则，指导监督、检查天津市的水利建设工程招标投标工作的实施。

　　2004 年 5 月，根据市水利局人事处《关于成立天津市水利局宣传中心的通知》，成立天津市水利局宣传中心，科级事业单位编制 10 人，经费自筹。主要职责：负责水利对外宣传工作；负责水利通信报道网络的业务指导和通信报道人员的业务培训工作；负责天津水利信息网的管理和监督工作；组织起草全局性重要文稿。

　　2004 年 6 月，根据市水利局人事处《关于成立天津市水利局财务核算中心的通知》，成立天津市水利局财务核算中心。科级事业单位，业务工作受财务处领导。编制为 10 人，经费自筹。主要职责：负责市水利局水利事业费；水利工程水费；行政事业性收费；前期周转金的拨付和日常核算；承担局机关及部分直属事业单位、社团法人单位各项资金的日常核算和财务管理；负责水利经济统计；负责对核算单位预算执行、资金使用情况进行检查监督。

　　2006 年 7 月，根据市水利局《关于将天津市水利综合经营管理站职责划转至天津市水利经济管理办公室的通知》，决定撤销天津市水利综合经营管理站，管理站的职责划转到天津市水利经济管理办公室。

2006 年 12 月，根据市编办下发《关于市水利局未核定过编制的事业单位机构编制问题的批复》，以下科级单位人员编制调整为：

天津市水利工程建设监理咨询中心的事业编制由 108 人减至 53 人，为市水利局管理的事业单位，相当于科级，人员经费自收自支。职责是提供水利工程建设监理、咨询与服务。减少的编制划拨给天津市水利工程建设管理中心 45 人，天津市水利工程建设管理中心编制增至 80 人，主管部门为市水利局。划拨给局财务核算中心 10 人，主管部门为市水利局。

天津市水利科技信息中心，主管部门为市水利局，事业编制 9 人，相当于科级，全额拨款。

天津市水利经济管理办公室，主管部门为市水利局，事业编制 50 人，相当于科级，自收自支。

天津市水利局人才交流中心，主管部门为市水利局，事业编制 10 人，相当于科级，自收自支。

天津市水利局宣传中心，主管部门为市水利局，事业编制 10 人，相当于科级，自收自支。

天津市水利局财务核算中心，主管部门为市水利局，事业编制 10 人（从天津市水利工程建设监理咨询中心划入）相当于科级，自收自支。

天津市水费稽征管理所，主管部门为市水利局，事业编制 8 人，相当于科级，差额拨款。

天津市水利建设工程造价管理站，主管部门为市水利局，事业编制 8 人，相当于科级，自收自支。

天津市水利工程建设管理中心，主管部门为市水利局，事业编制 80 人，相当于科级，自收自支。

撤销天津市水利综合经营管理站，其 10 人自收自支事业单位编制划入水利局机关服务中心；撤销天津市水利局（引滦工程管理局）老干部活动中心（1988 年 6 月成立），其 7 人自收自支事业编制划入局机关服务中心。

2008 年，根据市编委《关于市水利工程建设监理咨询中心并入市水利工程建设管理中心的批复》，将天津市水利工程建设监理咨询中心所含 30 人事业编制一并划入市水利工程建设管理中心，市水利工程建设管理中心事业编制由 80 人增为 110 人，同时撤销天津市水利工程建设监理咨询中心。

2008 年 4 月，根据市编办《关于市水利工程水费稽征管理所机构分设的批复》，将天津市水利工程水费稽征管理所分设为天津市水利工程水费稽征管理一所和二所。均为市水利局管理的差额拨款事业单位，相当于科级。天津市水利工程水费稽征管理所撤销。

一所使用原天津市水利工程水费稽征管理所的事业编制，核定 8 人。主要职责：负责海河及市内二级河道直取河水等用水户的水利工程水费征收工作。

二所核定事业编制 10 人，从尔王庄处划拨。尔王庄处原编制 431 人，减为 421 人。主要职责：负责滨海新区、蓟县、宝坻区等区（县）用水户及自来水集团有限公司的水利工程水费征收工作。

至 2010 年 12 月，局属事业单位总编制人数 6523 人，其中有处级单位 33 个，处属科级单位 22 个，编制人数 6290 人；局属科级单位 10 个，编制人数 233 人。2010 年 12 月天津市水务局局属科级事业单位统计见表 10 - 1 - 2 - 180。

表 10-1-2-180 **2010 年 12 月天津市水务局局属科级事业单位统计**

序号	单 位 名 称	编制人数/人	序号	单 位 名 称	编制人数/人
1	天津市水务局人才交流服务中心	10	7	天津市水利建设工程招标投标管理站	8
2	天津市水利经济管理办公室	50	8	天津市水利建设工程造价管理站	8
3	天津市水务局宣传中心	10	9	天津市水利科技信息中心	9
4	天津市水务局财务核算中心	10	10	天津市水利工程建设管理中心	110
5	天津市水利工程水费稽征一所	8		合 计	233
6	天津市水利工程水费稽征二所	10			

第三节 企业机构设置及人员编制

一、天津振津工程集团有限公司

天津振津工程集团有限公司，原称天津市振津管道工程公司，1988 年成立。1993 年，经建设部审定为一级资质施工企业，3 月组建天津市振津管道工程总公司。公司划小核算单位，组建振津经济技术开发公司、振津贸易实业公司、振津设备制安联合公司、海南工程公司、珠海分公司、惠州分公司、北方工程公司、给排水公司、机电安装公司、建筑工程公司、修造厂等 16 个分公司。

1995 年，公司实施资产重组，1996 年 3 月挂牌运营，天津市振津管道工程总公司变更为天津振津工程有限公司。5 月，组建天津振津工程集团有限公司。

1996 年 5 月 29 日，市体改委、市农委下发《关于同意组建天津水电工程集团的批复》，集团资质等级为一级建安企业。同年 6 月 18 日组建天津水电工程集团。同时，天津振津工程有限公司更名为天津振津工程集团有限公司。天津水电工程集团由三个层次企业组成：即核心层天津振津工程集团有限公司；紧密层由母公司出资设立并控股的法人子公司组成；半紧密层由承认集团章程与核心层、紧密层企业具有长期稳定的经济业务关系的水利系统施工企业，根据自愿原则加入组成。天津振津工程集团有限公司与天津水电工程集团为一套班子，两块牌子。

1997 年，通过股东会和董事会的运作，选举出集团新的领导集体，成立了董事会、监事会、职工代表大会。截至年底，公司共有职工 213 人，其中大学本科以上学历 19 人，取得项目经理资质证书的 22 人。

2002 年，成立天津振津水电工程有限公司，在广州成立天津振津工程集团有限责任公司广州分公司。

2004 年，为增加新的经济增长点，公司通过运作，对天津市农业机械总公司珠江道 55 号仓库土地实行资产重组，筹建天津世纪酒店有限公司，公司业务开始涉足餐饮业领域，实现了公司多领域、集团化和可持续发展的战略目标。

2006 年，成立天津振津市政工程有限公司和天津振津世纪水利水电工程有限公司。

2008 年，市政府下发《关于进一步完善国有资产监管体制工作方案的通知》，文件中提及：市政府组成部门直属独立核算的国有企业，除企业化管理事业单位等非经营性资产暂不纳入 2008 年直接监管范围外，其他经营性企业全部转由市国资委直接监管，按照产业相近，行业相关的思路整合进入集团公司。

2009 年公司共有职工 1575 人，其中大学本科以上学历 189 人，公司下设 18 个部门，即总工办、办公室、党委办公室、监察室、人事部、财务部、审计室、核算中心、投标中心、计划经营部、质量部、工程技术部、企管办、保安部、工会、行政科、保健站、车队。2009 年 3 月，为加强监督，规避经营风险，保证国有资产经营安全，确保国有资产保值增值，公司由市水利局划归市国资委监管。

二、天津市水利工程有限公司

天津市水利工程有限公司是国有控股的专业工程施工公司，其前身为水利建筑工程队，1976 年 10 月 30 日对外办公。1979 年 7 月 31 日，成立天津市海河工程公司，职工为 429 人。1980 年 12 月 23 日，根据市农委《关于市水利局下属机构设置和编制问题的批复》，天津市海河工程公司更名为天津市水利工程公司，职工 687 人，在公司原基础上增设第三工程队，实行党委领导下的经理责任制。

1985 年，公司与日本生命株式会社合资建立天津来福有限公司；1996 年 8 月，按照市水利局党委意见，公司将持有来福公司 40% 的股份转让给天津振津工程集团有限公司。

1987 年，与深圳华为有限公司、天津市西郊区王稳庄乡工业公司成立津深防腐有限公司，一直正常经营。1993 年 7 月，为安置富余人员，开展多种经营，成立海兴综合服务公司。1996 年，市水利局党委对公司领导班子进行调整，新一届领导班子转变企业经营机制，推行项目施工管理，解散二级单位建制，实现公司上下直接领导。1996 年 10 月，兼并了 1988 年 6 月成立的天津津通经济技术服务公司。1998 年 2 月，公司精简机构，各职能科室撤并为 8 个，即经理办公室、生产经营科、安全质量技术科、财务劳资审计科、行政科、保卫科、党委办公室、工会。1999 年 2 月，公司进行机构调整，撤销安全质量技术科，财务劳资审计科，成立安全技术科、质量技术科、财务科、劳资人事科、企管审计科。下属 8 个项目经理部。

2000 年 2 月，根据职代会决议，撤销生产经营科、质量技术科，成立市场开发部、工程技术部、质量科。6 月，实施以产权为核心，以资产为纽带的企业改革，水利工程公司改制为有限责任公司，更名为天津市水利工程有限公司，成为全国水利行业一家中型企业，是天津市首家水利水电工程施工总承包一级企业。拥有市政公用工程施工总承包一级、房屋建筑工程施工总承包一级、管道工程专业承包一级、钢结构工程专业承包二级、水工建筑物基础处理工程专业承包二级、航道工程专业承包二级、起重设备安装工程专业承包二级企业等资质。7 月，撤销财务科，成立财务部。截至年底，公司有职工 461 人，其中专业技术人员 175 人。

2008 年，市政府下发《印发关于进一步完善国有资产监管体制工作方案的通知》。截至年底，公司有职工 534 人，其中专业技术资格人员有 175 人。2009 年 3 月，按照市政府文件要求，完成国资监管工作交接，公司由市水利局划归市国资委监管。

三、天津市于桥水力发电有限责任公司

天津市于桥水力发电有限责任公司（原名于桥水力发电厂）是天津市第一座水电站。经市水利局批准，天津市计委能源办公室组织协调，由市水利局、市电力局、蓟县政府三方分别按50%、30%和20%的比例，于1986年5月20日签订协议，集资兴建。

天津市于桥水力发电厂位于于桥水库大坝下，占地13公顷。区域建筑面积4100平方米。1986年6月开工，1988年12月19日竣工并网发电，电站建成后，隶属于天津市水利局，生产经营由投资三方董事会负责。1990年投入运行后，市水利局委托于桥处代管；公司自主经营，独立行使经营权和管理权。

1995年5月，于桥水力发电厂组建党总支，由市水利局党委统一领导。业务上，由市水利局归口管理，公司共有职工49人，其中大学本科以上学历有10人。同年，公司作为水利部100家、天津市首批106家现代企业改革试点单位，进行企业制度改革，在一年内，完成资产评估、资产核资、产权界定、产业结构调整；按照公司法建立股东会、董事会、监事会、经理层的法人治理机构，形成相互独立、相互监督的现代企业组织制度；改革后，具备产权清晰、权责明确、政企分开，管理科学的现代企业制度特征。1996年4月，于桥水力发电厂改制更名为天津市于桥水力发电有限责任公司（简称于电公司），成为自主经营，自负盈亏、自我发展的法人经济实体和市场竞争主体。

1995年后，实施全员劳动合同制和集体协商集体合同管理。工人和管理人员全部实行竞争上岗和聘任制，对各部门副职以上负责人进行跟踪考核、定期考察、综合考评、动态管理，建立在岗、试岗、待岗和内部退休制度。建立职工基本养老保险和补充养老保险制度。按照责任大小、劳动强度、工作环境、技术难度、工作负荷、安全保障、人才流向七大因素，实行岗位技能工资，职工岗变薪变；制定岗位技能工资晋升考核制度。

2008年5月，于电公司归属于桥处管理，业务上仍独立行使经营权和管理权。截至2010年年底，公司共有职工43人，其中大学本科以上学历有15人。

四、天津市滨海水业集团股份有限公司

天津市滨海水业集团股份有限公司（简称滨海水业），原名天津市滨海供水管理有限公司，成立于2001年7月，注册资金3449万元，是天津市引滦入港工程管理处管理的企业。2005年8月，经引滦工程管理处工会批准，成立基层工会。2006年9月29日，建立中共天津市滨海供水管理有限公司总支部委员会。2009年11月，滨海水业整体改制为股份有限公司，更名为天津市滨海水业集团股份有限公司，股东单位分别是天津市水务局引滦入港工程管理处、市水务局水利经济管理办公室。2010年11月，领取"企业法人营业执照"，公司注册资本为1.55亿元。经营范围：管道输水运输；生活饮用水供应（开采饮用水除外）；供水设施管理、维护和保养；工业企业用水供应及相关水务服务；水务项目投资、设计、建设、管理、经营、技术咨询及配套服务；对水土资源

开发及水务资产利用服务产业进行投资。

滨海水业内部管理机构设置为党群工作部、办公室、总工办公室、人力资源部、生产管理一部、生产管理二部、投资一部、投资二部、工程建设部、资本运营中心、安全监督部。同时，设置8个管理委员会：战略管理委员会、供水投资管理委员会、环境投资管理委员会、资产经营管理委员会、财务管理委员会、监控保障委员会、后勤安保委员会和证券事务委员会。2010年12月，公司在职人员为52人，其中研究生10人，本科40人，平均年龄为35岁。公司下属控股公司、参股公司、泵站、输配水中心等部门或单位，共有在职人员417人，其中研究生7人、本科288人。

滨海水业管理10条原水输水管线：引滦入港输水管线、入开发区输水管线、入汉输水管线、入逸仙园输水管线、入聚酯输水管线、入塘输水（双）管线、天津济技术开发区供水检修备用管线、岳龙输水管线和入津滨供水管线等，管线总长度约610千米。12座泵站：入港小宋庄泵站、入聚酯泵站、入津滨泵站、入开泵站、入汉泵站、入塘泵站、入逸仙园泵站、东嘴泵站、北淮淀泵站、岳龙泵站、化工区泵站和石化园区泵站。4座水厂：安达水厂、龙达水厂、宜达水厂和泉州水厂。2个输配水中心：港西输配水中心、南港输配水中心。原水日供水能力126万立方米，自来水日供水能力21.5万立方米，供水业务覆盖滨海新区及永定新河以北区域，2010年控制资产总额13.6亿元。

五、天津水务投资集团有限公司

天津水务投资集团有限公司（简称水投集团）前身为天津南水北调水源工程建设投资有限责任公司（简称水源公司）。依据市政府《关于成立天津南水北调工程项目公司的批复》，经市政府授权，2009年1月，天津南水北调水源工程建设投资有限责任公司注册成立，市水利局为出资人，公司性质为国有独资企业。专门负责筹措南水北调中线一期天津市内配套工程建设资金，负责天津南水北调工程建设、管理、运营等事务。公司设立董事会、监事会，公司下设综合部、财务部、计划合同部。

2009年1月19日，成立水源公司党支部，挂靠市水利局机关党委。7月14日，成立工会。9月，设总工室和建管部。2010年10月13日，成立党总支，下设综合部党支部和业务部党支部。行政部门增设审计部、资产管理部、人力资源部，公司共有9个管理部门。人员编制为10人。

2011年，市委、市政府出台了加快水利改革发展实施意见。市政府第75次常务会审议通过组建水投公司方案，9月28日，天津南水北调水源工程建设投资有限责任公司更名并组建为天津水务投资有限责任公司，负责天津市南水北调工程建设、管理、运营等事务；负责对部分市级重点水源工程、供排水工程、治河工程、污水处理等项目进行融资投资及管理，同时开展水力发电、水利科技成果转化、濒水土地整理等业务。2011年，公司调整部门职能，新设融资审计部和项目开发部。

2012年7月，天津滨水置业投资有限责任公司成立；11月，天津水投资产运营管理有限责任公司成立；12月，天津兴水投资管理有限责任公司成立。2012年12月，经市工商部门核准，天津水务投资有限责任公司升级成为以天津水务投资集团有限公司为母体，三个全资子公司为成员的天津水务投资集团有限公司，性质为国有独资公司，市水务局作为出资人代表，承担天津市南水北调、部分市级重点水务工程投融资和建设管理任务，市政府赋予了土地一级整理和项目开发的职权。水投集团内设综合部、融资部、建管部等 11 个部门，有员工 80 多人（含子公司），员工中有高级工程师、高级经济师、高级会计师、政工师、造价师等，可以承担水利工程、金融、会计、经济、计算机、项目管理、工程造价、档案管理、行政管理、市场营销等业务工作，基本能够适应水投集团业务发展的需要。

第二章　人事制度改革

第一节　机关机构改革

一、1993 年市水利局机构改革

根据市委、市政府《天津市市级党政机构改革实施方案》，1993 年，市水利局组织实施机关机构改革，成立机构改革领导小组，拟定水利局机关"定岗位、定编制、定职责"机构改革"三定"方案，并上报市委市政府。1996 年 1 月，市委办公厅批复《天津市水利局（天津市引滦工程管理局）职能配置、内设机构和人员编制方案》，市水利局开始实施局机关机构改革工作。

职责转变。批复明确市水利局是市政府主管水行政的职能部门，确定了水利局的 14 条工作职责：加强水利行业管理和水资源的统一管理，加强水利发展规划和政策、法规的研究拟定工作，强化城市供水水源管理、防汛抗旱、农村水利、水土保持等方面职能，进一步搞好规划、协调、监督、管理、服务等工作。

根据工作职责，机关内部重新界定了相关处室的职责，加强综合部门组织协调的职能和职能部门的宏观管理职能。为加强全市水资源管理，机关成立水资源处。为强化水资源权属管理，把与农水处合署办公的地下水资源管理办公室分开，单设一个管理处，并与水文总站调整了分工，水资源处为主管单位，初步建立了城市及市直属企业单位计划用水管理制度，全面开展对天津市地下水、主要行洪河道及引滦水的水质监测工作。为加强工管处的宏观管理职能，把河道的具体管理工作转移给河闸总所。为加强通信处的职能，将引滦工管处管理的引滦通讯站，交由通信处统一管理。

人员编制。此次改革市委、市政府核定水利局行政编制 219 人，其中公务员 197 人，工勤人员 22 人，水利局对各处室人员编制进行调整压缩，控制编制为 182 人，对其他人员分流调整到局属单位。

按照天津市统一部署，在机关机构改革的同时，完成国家公务员制度改革。按照市委、市政

府批准的"三定"方案和《天津市国家公务员制度实施方案》《天津市水利局国家公务员制度实施方案》的要求,1997年9月22日,市水利局召开实施国家公务员制度动员大会,党委书记王耀宗主持,局长刘振邦作实施公务员动员报告,副局长王天生宣布实施方案,市人事局副局长倪平到会并讲话。1998年3月3日,市水利局召开公务员过渡动员大会,开展实施局机关工作人员由一般干部过渡为国家公务员的身份转换工作。3月30日,市水利局机关工作人员向国家公务员过渡首批选任的91人上岗工作。1998年8月完成人员过渡并通过验收。

二、2001年市水利局机构改革

2001年6月,市委办公厅下发《关于印发〈天津市水利局(天津市引滦工程管理局)职能配置、内设机构和人员编制规定〉的通知》,明确:市水利局是主管全市水行政的市政府组成部门,统一负责全市节约用水、地下水资源、控制沉降和海河干流堤防的管理工作;市城市节约用水办公室划归市水利局;划入市防汛抗旱指挥部防潮分部的工作;负责对开采已探明的矿泉水、地热水办理取水许可工作。根据上述职能的调整,市政府批准市水利局(市引滦工程管理局)加挂天津市节约用水办公室的牌子。其主要职责是:

(1)拟定全市水利工作的方针政策、发展战略;组织起草地方性水行政管理法规和规章,并监督实施。

(2)拟定全市水利发展规划及年度计划,并监督实施;组织有关国民经济总体规划、城市规划及重大建设项目的水资源和防洪除涝的论证工作。

(3)组织、指导、协调、监督全市防汛、防潮、除涝、抗旱工作;对河湖、水库、蓄滞洪区和重要水利工程实施防汛抗旱调度;承担市防汛抗旱指挥部的日常工作。

(4)统一管理水资源,组织拟定全市水长期供求计划、水量分配方案,并监督实施;组织实施取水许可制度和水资源费征收制度,对取水许可证实施统一管理;组织指导雨、洪水、再生水的开发利用;负责对开采已探明的矿泉水、地热水办理取水许可证的工作;负责发布市水资源公报;负责全市水文工作。

(5)按照国家资源与环境保护的有关法律法规和标准,拟订水资源保护规划;组织水功能区的划分和向饮水区等水域排污的控制;监测河湖、水库的水量、水质,审定水域纳污能力;提出限制排污总量的意见。

(6)统一负责全市节约用水工作,拟订节约用水政策,编制节约用水规划、用水计划,制定有关标准,并进行组织、指导和监督。

(7)负责全市控制地面沉降管理工作。

(8)组织、指导水政监察和水政执法,查处违法行政案件;协调部门间和本市区域间的水事纠纷;负责水行政复议及应诉等工作;负责水政监察队伍的业务培训和指导。

(9)拟定水利行业的经济调节措施;负责水利资金的安排使用和监督管理;指导水利行业的供水及多种经营工作;管理市水利系统国有资产。

(10)负责全市河道、水库、湖泊管理工作;组织指导水利设施、水域及其岸线的管理和保护;组织指导河湖及河口、海岸滩涂的治理和开发;受市林业行政主管部门委托,负责河道、水库、护堤护岸林木砍伐的审核、发证工作。

（11）负责全市水利工程建设的行业管理和质量监督；编制、审查水利基建项目建议书和可行性报告；负责水利基建和技措项目立项审批的有关工作；负责水利建设工程初步设计和造价管理；审查水利水电勘察设计和施工单位资质。

（12）组织编制水利科学技术发展规划、行业技术质量标准和水利工程的规范、规程，并监督实施；组织水利科学研究和技术推广；负责全市水利行业对外技术合作与交流工作；指导全市水利职工队伍建设。

（13）负责引滦输水、引滦工程管理及其他外调水源的输水和管理工作；办理跨界河流的对外协调工作。

（14）指导农村水利工作，拟定农村水利的方针政策、发展规划，组织指导农田水利基本建设和乡（镇）供水工作；归口管理水库渔业。

（15）指导全市水土保护工作，研究拟定水土保持的工程措施规划，组织水土流失的监测和综合防治。

（16）承办市委、市政府交办的其他事项。

根据上述职责，市水利局（市引滦工程管理局）内设职能处（室）：办公室、政策研究室、水政处（法制室）、规划设计管理处、计划处、水资源管理处（节约用水管理处）、工程管理处、科技管理处、财务处、人事劳动处、审计处、保卫处（引滦工程公安处）、党委办公室、组织部。另外，根据工作需要，按照有关规定，还设置了监察室、机关党委、老干部处、工会和团委。撤销的处室为：原党委宣传部不再保留，其对外业务宣传职能划入办公室，其余职能划入党委办公室。原综合经营处不再保留，其职能划入财务处。原行政处转为局属事业单位，更名为机关服务中心。精简了总工程师室。

按照市委、市政府关于机构改革的部署和要求，市水利局于 2001 年 7 月 26 日市水利局召开机关机构改革动员会，实施机关机构改革；8 月 31 日，召开机关机构改革总结大会，机构改革圆满结束。

此次机关机构改革，市水利局机关定编 122 人，比原编制 219 人减少 44.3％。实际上岗 92 人，其中局领导 11 人，处长 17 人、副处长 16 人、调研员 2 人、助理调研员 6 人、科级干部 19 人、副科级干部 14 人、科办员 6 人，另有 1 名引进的博士研究生。除局领导外，正、副处级领导干部全部通过竞争上岗，其他工作人员均通过双向选择上岗，未上岗人员均妥善分流。

改革后，机关公务员具有大专以上文化程度的占 93.5％，大学本科以上学历的人员占 64.1％，分别比改革前提高了 7.8％和 11.8％；平均年龄为 41.1 岁，比改革前降低了 4 岁。从人员分流情况看，此次机关公务员分流 65 人，占原处级及以下公务员总数的 45.5％，其分流去向为：①3 名处级干部安排到事业单位任职；②38 名公务员申请提前退休；③已到退休年龄的 2 人；④转入机关服务中心的 9 人（其中处级干部 2 人）；⑤分流到事业单位的 11 人；⑥符合参加学习条件的 1 人；⑦1 人不占编制。另外，此次机构改革还有 13 人公勤人员申请提前退休。

在局机关机构改革进行过程中，为加强水资源管理，市水利局党委研究决定，将天津市水文总站与天津市地下水资源管理办公室合并为天津市水文水资源勘测管理中心（天津市地下水资源管理办公室）。

三、2009 年市水务局机构改革

2009 年，市委、市政府下发《关于印发〈天津市机构改革实施方案〉的通知》，决定进行天津市水务体制改革，"组建水务局，为市政府组成部门，挂引滦工程管理局牌子"。2009 年 5 月 7 日，天津市水务局揭牌成立。

2010 年 3 月，市委办公厅下发《关于印发〈天津市水务局主要职责内设机构和人员编制规定〉的通知》，确定天津市水务局工作职责为：①将原天津市水利局的职责划入市水务局；②将原天津市建设管理委员会的城市供水、城市排水及有关河道堤岸管理职责划入市水务局；③加强水资源的节约、保护和合理配置，促进水资源的可持续利用；加强防汛抗旱工作，减轻水旱灾害损失；④加强协同有关部门对水污染防治实施监督管理；⑤取消已由市政府公布取消的行政审批事项。

根据水务局工作职责需要，水务局机关改革内容为：

（1）在原水利局机关处室设置基础上，优化设置调整处室职责分工：原局保卫处整建制划归天津市公安系统；原局长办公室和原局党委办公室合并组建办公室（党委办公室）；原局工程管理处更名为工程管理处（水库移民处）；原局科技管理处更名为科技信息管理处；新组建水土保持处、行政许可处、安全监督处。局机关共有内设处室 17 个，群众机构 2 个。

（2）对 2001 年以来水利局成立的议事协调机构进行全面清理，撤销议事协调机构 48 个，保留 28 个（其中调整 22 个），临时保留 17 个（其中调整 6 个）。

（3）对机构改革后有行政职能的水调处、农水处、基建处、供水处、排管处、节水中心、水文水资源中心、控沉办 8 个局属事业单位的职责进行新一轮的界定，着重理清局机关处室与这些相关单位在工作职责上存在交叉的问题。

（4）2010 年 6 月 1 日，市水务局与天津市市政公路管理局办结天津市排水管理处 2355 人（其中处级干部 12 人）工资关系、人事档案的交接工作。市排水管理处整建制划归市水务局管理，886 名党员组织关系同时转入市水务局党委。新组建的水保处主要负责排水管理工作。

（5）2010 年 9 月 30 日，市建委人事室、市水务局人事处办理天津市供水管理处整建制移交给市水务局管理手续，双方签订了移交备忘录，其供水机构、工作职能、人员及资产，由市水务局管理。供水处人员编制 30 人，内设综合科、供水科、二次供水管理科、市场监察科。至 2010 年年底全处在岗人员 20 人，外聘 2 人，退休人员 4 人。其中研究生 3 人，大学本科 14 人，大学专科 1 人；高级工程师 4 人，工程师 5 人，助理工程师 10 人；党员 13 人（含退休 3 人）。

第二节　事业单位人事制度改革

1990 年年初，天津市水利局处级事业单位共有 19 个。自 1992 年，按照水利部、天津市有关事业单位人事制度改革的相关文件，结合水利工作特点，相继在局属事业单位进行了岗位管理制度、用工制度、职工养老制度等一系列改革，使事业单位人事管理制度更加科学化、规范化。截

至 2010 年年底，市水务局有 33 个处级事业单位，其中全额事业单位 12 个、差额事业单位 9 个、自收自支事业单位 12 个。全部实施了岗位管理制度改革和用工制度改革，部分事业单位实施了职工养老制度改革。

一、岗位管理制度改革

20 世纪 90 年代，市水利局所属事业单位仍沿用传统的人事管理模式，职工按照干部、技术人员、工人身份进行管理，工人被选调到管理或技术专业岗，则为"以工代干"。这种人事管理模式不利于人尽其才，严重影响职工的主动性和创造性。1992 年 8 月 12 日，市水利局出台《关于实行干部聘任制的暂行规定》《关于实行工人劳动合同化管理的暂行规定》《关于实行职工养老保险基金统筹的暂行规定》《维修工程管理办法》等 6 项规定，工人在干部岗位工作的随岗位变化而改变身份，工人取得专业资格证的可聘为专业技术管理人员。给优秀人员脱颖而出提供了平台。2000 年后，市水利局根据所属事业单位各自特点，分别试行人事管理制度改革。

（一）引滦工管单位岗位管理制度改革

引滦入津工程，自河北省迁西县隧洞分水枢纽闸下至天津市宜兴埠泵站，全线实行集中调度，分段管理。沿线设有隧洞处、黎河处、于桥处、潮白河处、尔王庄处和宜兴埠处，每个处下属分设科室、泵站、渠库闸所，6 个处的常设管理机构职能处为引滦工程管理处。7 个单位承担着调水、供水、维护输水河渠的共同任务，具有相同的管理职责、工作职能和人员构成。1991 年年初，共有干部职工 1007 人，截至 2010 年年底，干部职工有 1012 人，其中中专学历有 195 人，占职工总数的 19%；大专学历有 207 人，占职工总数的 20%；本科以上（含硕士研究生）学历有 540 人，占职工总数的 53%。专业技术人员有 631 人，其中具有高级职称 143 人，占职工总数的 14%；具有中级职称 159 人，占职工总数的 16%。技术工人 381 人，其中技师 5 人，中高级工 345 人，占职工总数的 34%。

2000 年年初，市水利局党委决定，在 7 个处试行工管单位企业化管理，以宜兴埠处作为试点单位，先期进行改革探索和实践。

2000 年 4 月 11 日，市水利局在宜兴埠处召开企业化试运行动员大会。启动企业化管理改革试点工作，改革是在现有事业单位性质不变的前提下，引入现代企业管理的先进模式，逐步增加单位的经营自主权。宜兴埠处作为试点单位，对现有人员进行定编、定岗、定责后，双向选择，竞聘上岗，试行待岗制、内退制。具体改革措施如下：

1. 科学设岗

1999 年 12 月底，宜兴埠处在岗实有人数 127 人，2000 年 4 月实施改革后，按市水利局核定的减岗比例核减岗位编制 16 个（含空岗编制 4 个），实际设置岗位编制 111 个，其中处级 5 个，正科级 9 个，副科级 6 个，其他 91 个（另保留空岗编制 4 个）。岗位编制确定后，实施定岗定责。具体做法是在科级岗位和中高级技术岗位职数限额内，重新设置各科室岗位，并制定相应的岗位职责。

2. 竞聘上岗

在实施定编、定岗、定责后，全处员工打破原有干部、工人身份界限，按照公开、公正、公平原则，每个职工都可根据自身条件，选择岗位，参加竞岗（处级岗位由局党委聘任、不在竞岗范围之内）。竞争上岗人员实行岗位聘用合同制，聘期一年，年底按目标责任制考核办法进行年度考核，决定下一年度的续聘或解聘。

随岗定薪。建立随岗定薪的分配制度，首次实施以1999年实际发生工资总额为基数的工资总额包干。在国家和天津市下发调资政策时，按控编数和退休人数调整包干总额。工资总额使用权由单位自行决定，除国家、天津市政策规定发放的工资和补贴项目外，凡由市水利局发放的津贴和奖金项目由各单位自行支配。按照向技术岗位和关键岗位倾斜的原则，实行随岗定薪奖金分配制度。处级干部的岗位定薪标准控制在全处职工平均奖金的1.5倍以内，其他职工岗位定薪标准根据岗位任务制定。

3. 待岗人员管理

对未能竞聘上岗和因故解聘的上岗人员实行待岗制度统一管理，职工待岗期间采取岗位培训，加强多种经营项目开发等有效措施，提高待岗人员工作能力，同时为待岗人员开辟新的就业渠道。每年初重新竞岗或出现新的空岗时，待岗人员可与在岗人员平等参加竞岗。待岗期间只发基本工资，包括职工的职务（等级）工资、津贴、未纳入补贴、未纳入奖金、住房补贴、物价补贴，不发奖金。

4. 职工内退制度

参加工作满20年且年满国家规定退休年龄前5年的及参加工作满25年（不受年龄限制）的职工，经个人申请，单位批准，可以办理内退。

5. 奖金分配

在未实行随岗定薪制度情况下，改革现有的奖金分配方式，全处设定三级奖金档次，生产一线为一档，管理人员为二档，后勤人员为三档。

依照相关改革规定，宜兴埠处在两个月内完成111个岗位的聘任工作，初步建立起竞争激励机制和良性工作秩序。

在宜兴埠处改革试点的基础上，2000年5月，市水利局下发《关于印发〈引滦工管单位企业化管理试运行实施方案（试行）〉的通知》，引滦工管单位企业化管理试运行工作全面推开，各单位在调查研究、广泛征求意见的基础上，研究制定岗位管理改革实施细则。

自愿内退人员发放基本工资，其他工资补贴项目中除误餐补助和防汛津贴两项停发外，其余全部发放，奖金按在岗人员奖金额的50%发放（全年最低发放奖金总额不得低于1500元）。在正式退休前，按照国家和天津市工资调整政策正常增资，达到退休年龄时，办理退休手续，执行退休政策标准。

本次岗位管理改革后，在引滦沿线工管单位实行岗位工作手册管理，推行一日工作法，按照精细化管理标准体系、制度体系、岗位责任体系和人力资源管理培训体系，制订引滦绩效考评管理办法及评分标准，建立网上人才资源绩效考核管理系统，通过员工自评互评、部门负责人点评互评等多种形式，把绩效管理落实在工作岗位上。

2000年6月29日，市水利局召开引滦工管单位企业化管理试运行总结座谈会，总结实施企业化管理工作取得的经验和效果，部署下一步深化管理的工作任务。

2001年4月，市水利局下发《引滦工管单位企业化管理实施方案》，围绕企业化管理实施方案各单位制定出实施细则,并按照相关规定实施落实相关改革措施。2001 年 7 月上旬,引滦工管单位企业化改革结束。7 个工管单位在 2000 年年底在职职工 1019 人的基础上,重新设置岗位 932 个,上岗 917 人,内退 53 人,待岗 22 人,预留岗位 41 个,制定岗位说明书 587 份。

在引滦沿线事业单位中实行的岗位管理改革,建立了岗位体系和岗位薪酬体系,实现了按需定岗,以岗定薪的人事制度改革,平稳实现了用人制度由身份管理向岗位管理的过渡。因引滦沿线单位构成相对整齐,改革推行较为顺利,为全局事业单位人事制度改革起到了示范作用。

(二)局属事业单位岗位管理制度改革

1. 2001 年事业单位改革

按照中组部、人事部联合下发的《关于加快推进事业单位人事制度改革的意见》要求,2001 年 2 月,市水利局召开事业单位人事制度改革动员大会,局属水科所、水源处、通讯处、设计院、地资办、河闸总所、物资处、水文总站、农水处、基建处、入港处、综合经营管理站 12 个事业单位正式启动人事制度改革。

2001 年 3 月,市水利局下发《市水利局事业单位人事制度改革实施方案(试行)》,指导推动局属事业单位人事制度改革的实施。

(1)改革的主要内容:

定编、定岗、定责。在市批准的编制基础上,实行内部控编。12 个事业单位以 2000 年年底实有职工数为局控制编制数,在此基础上减少 10% 作为各单位设置的工作岗位数。拿出 5% 作为预留岗位,在本次竞争上岗中不得使用,留为引进高层次管理和专业技术人才或接收局分配人员专用。

全面聘用,竞争上岗。打破原来干部、工人界限,按照重新设置的工作岗位实行双向选择、竞争上岗。上岗人员一律实行岗位聘用合同制,每年考核一次,考核不合格者不得聘用上岗,待岗培训。

实行内部退休制度。凡参加工作满 20 年且距退休年龄小于 5 年或参加工作满 25 年的职工(不受年龄限制),经个人申请、单位批准,可以办理内退。内退人员不再上岗,按内退人员待遇发放工资。达到国家规定退休年龄时,办理正式退休手续。

实行工资总额包干,建立随岗定薪分配制度。以 2000 年全年实际发生的工资总额为基数,对各事业单位实行工资总额包干,对职工个人按照向技术岗位、关键岗位倾斜的原则,制定随岗定薪分配制度。

(2)改革工作的时间进度:2001 年 3 月 15 日前,各单位完成科级领导竞争上岗工作。3 月 30 日前,完成一般工作人员竞争上岗工作。3 月底,改革工作基本结束。

本次改革 12 个局属事业单位共有 1345 名职工参加,占 2000 年 12 月底在册人数的 98%。设置岗位 1207 个,单位控制岗位 62 个,单位可使用岗位 1145 个,有 1122 名职工实现竞争上岗。223 名未上岗人员中,有 176 名职工办理内退,31 名职工待岗,16 名职工长期病休。本次改革对内退、待岗人员给予比较优厚的工资待遇,内退人员享有 13 项待遇,待岗人员享有 11 项待遇,保证了内退、待岗人员的基本生活水平。

本次改革随岗定薪制度仍在研究探讨中,各单位只对奖金分配实施按岗位标准更新设立发放。其余薪酬未做变动。通过改革,局属事业单位初步建立起人员能进能出、职务能上能下、待遇能升能降，适应水利事业发展需要的用人机制，达到鼓励优秀人才脱颖而出的改革目的。

2. 2003 年事业单位改革

2003 年 7 月，市政府下发《天津市事业单位人员实行聘用制实施办法》，进一步深化事业单位人事制度改革。在全市范围内推行事业单位人员聘任制。根据市政府人事制度改革要求，市水利局进一步完善岗位管理改革和事业单位人员聘任制度。

2004 年 3 月，市水利局下发《关于印发〈天津市水利局事业单位建立并试行岗位管理制度工作方案〉的通知》，方案提出力争用 3~5 年或更长一些时间，初步建立起符合水利事业单位特点，与社会主义市场经济相适应的岗位管理制度和以岗位工资为核心的分配激励机制。

近期目标按照"按需设岗、按岗定酬、按岗聘用、岗位管理"的要求，采用先建机制再逐步完善的办法，建立并试行岗位管理制度。

长期目标：随着事业单位人事制度改革，逐步取消人员档案身份管理，直到完全实行岗位管理。

2004 年 3 月，为推动落实并试行岗位管理制度，市水利局下发《关于印发天津市水利局关于深化事业单位人事制度改革的实施意见的通知》《关于印发天津市水利局事业单位推行人员聘用制实施方案的通知》，明确深化改革的要求，具体改革内容为：

（1）全面推行聘任制，转换用人机制，建立以岗位管理为核心的用人制度。全局所有事业单位按照《天津市事业单位实行人员聘用制实施办法》中的有关规定与员工签订聘用合同，实现人事管理由行政管理任用关系向平等协商聘用关系的转变。

（2）新聘用人员。除处级干部和国家另有政策规定的人员外，全部实行人事代理和社会养老保险制度。建立解聘、辞聘制度，实行人事代理，解决今后人员的进出与社会接轨问题。

（3）建立固定岗位与流动岗位，长期聘用与短期聘用相结合的用人方式。

（4）妥善安置未聘人员，对工作满 20 年距法定退休年龄 5 年以内或工作满 30 年，年满 45 周岁以上的未聘人员，可实行内部退养，离岗待退。

（5）实行岗位管理，打破工人、干部界限，不拘一格，选聘人才。

（6）建立和完善以按劳分配为主体，多种分配方式并存的分配制度，建立重实绩，重贡献，向优秀人才和关键岗位倾斜的分配激励机制。

本轮改革具体要求是：

（1）竞争上岗，签订聘用合同。聘用合同期限：除处级领导实行委任制，暂不签订合同外，其余所有在册人员，一律签订聘用合同。内退人员签到本人实际退休年龄，继续执行内退政策，不再上岗。引进的硕士、博士研究生按人才引进服务年限签订聘用合同。其他人员均签 5 年的聘用合同。

（2）内部退养。在 2001 年局属事业单位改革中已实现提前内退，为保持政策的连续性，局属事业单位统一规定提前 3 年离岗，实行内部退养。

（3）分配制度。不同类型的事业单位在局核定的工资总额内，结合自身性质和特点，自主制定岗位工资标准和其他内部分配形式。

（4）新人新政策。对聘任制改革后来局事业单位工作的应届毕业生及其他人员，均签 3 年或 3 年以下聘用合同，并建立解聘、辞聘、续聘制度，被聘用者的人事档案关系转入局人才交流服务中心，实行人事代理，参加社会养老保险。

　　本次改革在 2001 年 12 个事业单位的基础上，增加了控沉办、节水中心、海河处，局经营管理站合并于机关服务中心，共 15 个局属事业单位参加，在册人员 1598 人，除 87 名处级领导外，应签合同 1511 人，实签合同 1474 人（短期 2 人，中期 943 人，长期 529 人），缓签合同 37 人，其中正在办理或准备办理调动人员 12 人，长期病休 7 人，出国未归 5 人，脱产学习 3 人，停薪留职 5 人，其他原因 5 人。2004 年 5 月底前聘用合同签订工作全部结束，有 58 人符合条件的职工从 7 月起实行内部退养。内部退养形成制度，以后逐年执行。

　　此后，根据人事部有关事业单位改革的相关文件精神，市水利局继续推动事业单位人事制度改革的深化和完善，不断修正改革方案，提出各单位工作岗位总量及结构比例的分配设置意见，探索局属事业单位人事制度改革的深化工作。

　　3. 2007 年事业单位改革

　　2007 年，以北大港处与大清河处合署办公为契机，市水利局以其为改革试点，继续推进事业单位人事制度改革，北大港处按照市局人事制度改革精神，制订《天津市北大港水库管理处关于深化人事制度改革的实施方案》，科学设置管理机构和工作岗位，编制部门职能和岗位说明书，制订竞争上岗的工作流程。2007 年 3 月 13 日改革方案交职工代表大会审议通过后，实施了竞争上岗。2 名科级干部落聘，4 名副科级干部竞聘上正科级岗位，7 名普通职工竞聘到副科级岗位，部分科级干部变换工作岗位，部分职工从技术岗位聘任到管理岗位。

　　竞争上岗完成后，针对工作岗位管理，制订"一日工作程序"和填写"工作日志"等措施，使岗位管理更加规范化。分专业建立应知应会题库，进行全员考核，提高全员业务素质和岗位工作技能。在部门季度考核中，实行单元式考核，把机关科室和基层单位的考核各划分为 12 个单元，发现在某一领域工作突出的部门，及时按单元兑现奖励。不搞综合评价，不埋没部门突出成绩，充分调动出部门抓管理工作的积极性。各部门内部每月进行单项考核，对职工进行分等奖励，以激发职工潜能，提高工作效率。

　　4. 2008 年事业单位人事制度改革

　　2008 年 1 月，市委办公厅下发《天津市事业单位岗位设置管理实施办法》，要求全市所有事业单位的管理人员、专业技术人员和工勤技能人员均应纳入岗位设置管理。事业单位要根据自己的社会功能、职责任务、工作需要设置工作岗位。每个工作岗位应具有明确的岗位名称、所属类别等级、职责任务、工作标准和任职条件。岗位设置的原则是按需设岗、竞聘上岗、按岗聘用、合同管理。事业单位根据批准成立文件规定的主要职责、等级规格和人员编制（含领导职数），按照国家通用岗位类别和等级，确定本单位的岗位总量、结构比例和最高等级，经核准后，自主设置具体工作岗位。

　　2008 年 4 月，市水利局党办下发《转发中共天津市委办公厅关于印发〈天津市事业单位岗位设置管理实施办法〉的通知》，局属事业单位按照通知精神，全面开展岗位设置管理工作，确定管理岗位、专业技术岗位和工勤技能岗位三种类别。

　　管理岗位指担负领导职责或管理任务的工作岗位，包括领导岗位和普通职员岗位；专业技术岗位指从事专业技术工作，具有相应专业技术和能力要求的工作岗位；工勤技能岗位指承担技能操作和维护后勤保障、服务等职责的岗位。局属事业单位在现有员工的基础上，设置岗位类别、岗位等级，规定岗位基本条件。按照岗位设置程序，制订岗位设置方案，报局人事处，由局人事处统一报天津市机构编制管理机关审核审批。根据审核通过的岗位设置方案，使在册员工进入相应类别和等级的岗位，签订聘用合同或变更原聘用合同的相应内容。

2010年年初，局属事业单位改革后的岗位设置方案，报经天津市人力资源和社会保障局批准。为做好方案实施工作，局党委研究制定了《天津市水务局事业单位岗位设置管理实施方案》《天津市水务局事业单位工作人员两类岗位任职管理暂行办法》《天津市水务局事业单位专业技术高级、中级、初级内部不同等级岗位任职条件指导意见（试行）》《天津市水务局局直属科级事业单位岗位设置管理实施方案》等政策性文件，并成立市水务局人事制度改革领导小组，召开了局属事业单位实施岗位聘用工作动员会，落实岗位设置实施工作，签订聘用合同。

2010年8月31日，除排管处、供水处岗位设置实施方案因主管部门调整，尚未审批外，其余局属事业单位均已实施岗位设置管理。2010年8月底，局属事业单位共有在职职工2510人，兼任专业技术职务439人，按照兼任人员以双岗对待的方法，42个法人事业单位首次核定岗位2949个，其中管理岗位756个，专业技术岗位1613个，工勤岗位580个。

在专业技术岗位内部结构比例上，严格执行人事部及天津市统一规定，核定高级工程师（正高）岗位30个，其中二级岗位1个，三级岗位4个，四级岗位25个，比例控制在1∶3∶6范围之内。核定高级工程师岗位484个，其中五级岗位95个，六级岗位185个，七级岗位204个，比例控制在2∶4∶4范围之内。核定工程师岗位446个，其中八级岗位118个，九级岗位146个，十级岗位182个，比例控制在3∶4∶3范围之内。核定助理工程师岗位617个，其中十一级岗位233个，十二级岗位384个，比例控制在1∶1范围之内。核定技术员十三级岗位36个。

按照2008年《天津市事业单位岗位设置管理办法》，于2010年年底，局属事业单位参加岗位竞聘的共有2512人，完成首次岗位设置管理平稳过渡。其中竞聘管理岗位792人（含77名处级干部）；竞聘专业技术岗位1589人（二级岗位1人、三级岗位4人、四级岗位24人、五级岗位92人、六级岗位177人、七级岗位201人、八级岗位111人、九级岗位138人、十级岗位199人、十一级岗位217人、十二级岗位389人、十三级岗位36人）；竞聘工勤岗位577人（二级岗位14人、三级岗位330人、四级岗位126人、五级岗位102人、普通工5人）。同时竞聘管理岗位和专业技术岗位446人。

局属事业单位在以后工作岗位出现空缺时，一律按照公开招聘、竞聘上岗的有关规定择优聘用。至此，局属事业单位从人员身份管理转为岗位管理的人事制度改革工作基本完成。

二、用工制度改革

（一）公开招聘

1991—2000年，按照天津市事业单位传统人员调配管理模式、市水利局局属事业单位录用人员仍以接收大中专应届毕业生和复员、转业、退伍军人为主要方式。2000年，为引进水利局需要的高端科技管理人才，首次面向社会招聘录用3名硕士研究生。

2002年，为提高市水利系统职工文化层次，市水利局相继出台《水利局局属企业录用调入人员条件规定》和《水利局局属事业单位接收应届大学生规定》，首次规定凡录用、接收、调入的人员，其学历要求为大学专科以上。2003 年，接收最后一批局水利中专学校 38 名应届毕业生，以后不再接收中专学历人员入职。2005 年规定，不再接收大专及以下学历人员，招聘人员为全日制普通高校本科及以上层次毕业生。

2006 年 1 月，人事部颁布《事业单位公开招聘人员暂行规定》，要求对单位需要的专业技术人员、管理人员和工勤人员，都要实行公开招聘。并且就人员招聘范围、条件及程序等具体事项做出详细规定。4 月 19 日，市水利局制定《关于贯彻落实事业单位公开招聘人员暂行规定的实施意见》，要求局属事业单位着手建立公开招聘、平等竞争、择优录用员工的运行机制。与此相配套，6 月"天津市水利局网上公开招聘工作人员信息管理系统"研发成功，8 月正式在局外网上运行使用，当年公开招录全日制本科以上学历的应届毕业生 63 名。自 2010 年局属事业单位招聘人员实行面向社会在人力资源和社会保障等官方网上公开招聘。2010 年招录工作人员 57 名。

（二）招聘工作流程

系统软件。天津市水利局网上公开招聘工作人员信息管理系统软件分为两部分：一是报考子系统，其内容为招聘公告查询、报名情况统计、考生注册、报考岗位、资格审查、结果查询；二是后台管理子系统，内容为公告管理、招聘岗位管理、考生审核、考核成绩填写、应届考生资料管理和历届应聘考生资料管理等功能。

招聘流程。各事业单位申报用人岗位→局人事处汇总审核同意后在网上发布招聘公告→报名资料筛选审核→符合条件人员参加市人事局组织的书面考试→考试成绩合格者按规定比例进入面试→优胜合格者招聘成功。整个环节在监督机制下透明运行，充分体现公开、公正、公平的原则。

2006—2009 年，市水利局内网上公开招聘成为局属事业单位招录人员的常规方式。2010 年 1 月 13 日，市水务局下发《关于局属事业单位自 2010 年起实行公开招聘人员有关问题的通知》，进一步对招工计划、面试环节、专业考核等方面加以完善，统一在天津市人力资源和社会保障局网站发布招聘公告，报名、缴费、资格审查等均在网上进行，使公开招聘工作更加规范。

（三）聘用制人员管理

为适应事业单位聘用制改革，2005 年，市水利局成立人才交流服务中心（简称人才中心），负责办理局属各事业单位间的人才派遣、委托人事代理、签订劳动保险合同、管理托管人员档案、为托管人员办理社会保险事宜、协助事业单位招聘特殊用工人才等工作。2005 年，为局属企事业单位新进的 95 人（事业 78 人，企业 17 人）完成人事代理，在推进用人制度转轨中发挥了作用。

2005—2010 年，局人才中心受托与局属 27 个事业单位签订"委托代理协议"，受委托与用人单位自行招聘的 370 人签订了劳动合同，局人才中心管理的社会保险在册人员共 335 人。

三、职工养老制度改革

20 世纪 90 年代初，天津市水利局及局属事业单位职工与工作单位的关系仍是单位终身制管理模式。职工的工资、住房、医疗、福利均由职工所在单位负责，职工退休后，由单位发放养老退休金。

1992 年年初，水利部下发《关于水利企业和企业化管理事业单位职工养老保险基金统筹的意见》，开始探索水利事业单位退休职工养老模式的改革。同年 8 月，市水利局制定《关于实行职工养老保险基金统筹的暂行规定》，并成立养老保险基金办公室，成员由局财务处、人事处各派 1 人兼职组成，负责局水利行业养老保险统筹金的计算、征缴、使用等具体工作，开立水利行业养老保险统筹金专用银行账户，实行统筹基金专项管理。

局属 21 个事业单位自 1992 年 7 月起，上缴水利行业养老保险统筹金。1992—1993 年，各单位水利行业养老保险统筹金规定的缴费比例为：单位缴费比例为本单位上年度人员工资总额的 18％，职工个人缴费比例为上年度本人工资总额的 2％。1994 年 1 月，单位缴费比例增加为单位上年度人员工资总额的 20％，职工个人缴费比例增加为职工上年度工资总额的 4％。

1995 年 5 月，为统一职工参险待遇，市水利局制定《关于统筹系统外调入人员补缴水利行业养老保险基金的暂行办法》，要求从统筹系统外调入事业单位的人员一律补缴水利行业养老保险，补缴标准：1992 年 55 元每人每月，1993 年 67 元每人每月，1994 年 96 元每人每月，1995 年 150 元每人每月。外系统调入局机关的工作人员从 1994 年开始补缴，补缴标准：1994 年 54 元每人每月，1995 年 70 元每人每月。

1995 年 9 月，市水利局要求参加统筹的事业单位，统一建立《职工养老手册》《职工工资收入统计台账》和《职工养老保险缴费名册》。其中《职工养老手册》记载职工年度缴费基数，单位缴纳金额和个人缴纳金额；《职工工资收入统计台账》记载职工全年收入情况，全面准确地记录职工养老保险统筹金额。

1998 年 8 月，国务院颁布《关于实行企业职工基本养老保险省级统筹和行业统筹移交地方管理有关问题的通知》，要求从 1998 年 9 月 1 日起，由地方养老保险经办机构负责收缴行业统筹企业基本养老保险费和发放离退休人员基本养老金。明确规定停止行业统筹养老保险。根据通知精神，市水利局当即停止局水利行业职工养老保险统筹工作，清退了从 1992 年 7 月至 1998 年 7 月收缴的水利行业养老保险统筹金。市水利局事业单位恢复统筹前退休职工由单位发放养老金的管理模式。

2005 年，市政府颁布《关于加强社会保险登记和社会保险费征缴的规定》，要求全市所有自收自支事业单位，办理社会养老保险登记，缴纳社会养老保险，纳入社会保险统筹系统。

2007 年，为推动水利系统事业单位职工养老模式改革，局长办公会决定，局机关服务中心和设计院两家自收自支单位作为试点，纳入天津市社会养老保险统筹系统。

2007 年 9 月，局机关服务中心 61 名在职职工和 4 名退休人员纳入本市自收自支事业单位养老保险统筹系统。从 10 月起，局机关服务中心退休人员按规定标准，由社会保险中心按月发放养老金。12 月，局机关服务中心社保缴费从水利局机关整编制转出，独立开户，一次性补缴以前年度统筹费 157.8213 万元。正式纳入天津市自收自支事业单位养老保险统筹体系。

2007 年 10 月，设计院在职职工 256 人，离退休职工 108 人，一次性补缴 1975—2007 年 12 月应缴的各种养老保险费用 500 多万元后，纳入自收自支事业单位养老保险统筹系统。

局机关服务中心与设计院的退休职工，自 2008 年 1 月起的管理模式为：退休人员由本人退休单位统一管理，退休金按事业单位规定的退休标准每月从市社会保障局领取。离退休职工收入稳定、老有所养，开启了事业单位退休人员管理的新模式。

至 2010 年，市水利局所属事业单位养老制度改革仍处于试点阶段。

第三节 目 标 考 核

目标考核是工作目标责任制考核的简称。1994年，天津市水利局开始对局机关及局属各单位实行工作目标责任制考核管理办法。2006年，又对区（县）水利（水务）局实行工作目标考核。以此推动水利系统各项工作管理水平的提高。

一、市水利（水务）局目标考核

为完成市委组织部、市人事局推行工作目标责任制管理的新要求，1994年2月19日市水利局党委召开扩大会议，部署推行工作目标责任制工作。同时成立工作目标责任制考核领导小组：局党委副书记刘洪武任组长，副局长赵连铭、陆铁宝、霍宝有任副组长，成员由办公室、局党办、组织部、人事处、工管处、引滦工管处、综合经营处、财务处、监察室派人组成。

3月1日，市水利局将1994年六项主要水利工作目标印发局各职能处室，具体内容为：①为城市发展搞好供水工作，加快滨海新区、"南水北调"入津两项重点供水工程前期工作；②为城市安全加强防洪工程的综合治理，切实做好防汛排涝准备工作；③为发展农村经济逐步完善农村水利基础设施，加紧南部缺水地区抗旱规划的实施；④为改善山区人畜饮水分步实施山区人畜饮水规划；⑤加快发展水利经济，不断增加职工收入；1994年综合经营收入比上年增长15％以上；⑥进一步提高水利队伍素质，加强社会主义精神文明建设和党的建设，深入开展反腐败斗争，促进经济发展。并将之层层分解为阶段性工作目标，落实到每位局领导、局机关处室和局属单位直至基层每个工作人员。逐人逐项确定目标责任，签订责任书，实施定时定量的目标管理。

1994—1995年，为市水利局工作目标责任制考核试运行阶段。局机关和局属单位重点抓目标责任制的分解、落实、调研、检查、考核等工作，制定措施、步步推进。

1995年，天津市农口系统首次进行工作目标考核评比，水利局获第一名。同年，市水利局对局属单位首次进行工作目标考核评比，第一名河闸总所，第二名农水处、于桥处，第三名基建处、入港处、管道公司；单项奖为隧洞处。以上被表彰单位同时给予物质奖励。

1996年，工作目标责任制考核工作基本规范。在前两年工作基础上，对整体工作再加完善。首先调整了考核领导小组成员。局党委书记王耀宗任组长，副局长戴峥东任副组长，成员由局党办、局办公室、人事处、财务处、审计处、监察室、组织部、工管处、引滦工管处、综合经营处主要负责人组成。

领导小组工作职责：在局党委的领导下，负责全局工作目标责任制管理整体推动，审核各单位目标完成情况，决定向局党委推荐目标考核先进单位等事宜。

同时成立推动工作目标责任制办公室（简称目标办）。戴峥东任主任，成员由局党办、办公室、人事处、综合经营处主要负责人组成，办公地点：人事处。

目标办职责：在局党委的领导下，按照领导小组的安排，完成全局工作目标责任制管理的日常工作。具体分工：人事处负责组织工作；局办公室负责全局重点工作目标的分解、下达、平时检查指导、年终考核评分、先进单位推荐等工作；党办负责全局精神文明建设目标的分解、下达、平时检查指导、年终考核评分、先进单位推荐等工作；综合经营处负责全局经济发展目标的分解、下达、平时检查指导、年终考核评分、先进单位推荐等工作。

工作目标责任制考核程序：年初，局党委与机关处室及局属单位签订全年工作目标考核责任书；年终，各单位先对本单位本年度重点工作（满分40分）、精神文明建设（满分30分）、经济发展（满分30分）三项工作目标完成情况进行自查，领导小组在各单位自查的基础上，实地考核检查。

1996年，根据市农委、农工委《关于下达农口1996年主要经济指标和社会发展工作目标考核分解意见（草案）的通知》精神，市水利局下发《关于印发局工作目标责任制考核细则的通知》，对工作目标细化分解，逐项考核评分。《局工作目标责任制考核细则》主要内容：

（一）工作目标

1. 重点工作目标

由两部分组成：一部分是单位工作的硬性指标，一般每个单位不超过两项；另一部分是正常业务工作指标，包括主业工作、基础工作、工作效率、财务审计、文档、执行各项规章制度和其他。

2. 精神文明建设目标

由组织建设、思想建设、党风廉政建设、计划生育、协调服务、职工教育培训、社会治安综合治理7项组成，每项均分为硬性指标和正常工作指标。

3. 经济发展工作目标

由总收入、利润、上交局利润、增加值四项组成。"总收入"为单位全年取得综合经营收入的总和；"利润"为单位兴办各类经营实体实现利润总和；"上交局利润"为按局核定的应向局上交的利润部分；"增加值"为单位全部支出的劳动者报酬（包括工资、福利、实物和其他）、应纳税金、提取折旧基金及利润总和。

（二）考核程序

1. 自查

单位按月、季、半年、年终分段进行自查考核。年终工作目标完成情况自查报告归入年度工作总结。报送的年度工作总结中要有全年工作目标任务完成情况的逐项文字说明（其中经济发展目标的指标可报预测数），并附单位与局签订的工作目标任务逐项的分项自评分。

2. 抽查

局机关业务主管处室（没明确业务主管处室的单位由局办公室代管）结合平时为基层服务，对所主管的单位和分管的相关目标任务完成进度进行了解和指导。局考核主管部门给予积极配合。

局目标办负责组织对局属单位进行不定期抽查，及时了解单位工作目标任务完成进度和效果。

单位自查考核情况，局业务主管处室或考核主管部门对单位的抽查情况，均要有专门记录，作为年度考核评比的重要依据之一。

（三）考核细则

重点工作包括1～2项必须确保完成工作和其他工作两大部分。重点工作在考核总目标中共占

40分：确保完成的工作10分，其他工作30分（其中主业工作10分、基础工作4分、工作效率4分、财务审计3分、文档3分、执行规章制度3分、其他3分）。

增分标准（最高不超过6分）：获得部级或市级先进集体荣誉称号的加1分；获得局级先进集体荣誉称号的加0.5分；某一子项或成绩特别突出的加0.5～1分。

精神文明建设任务共30分：组织建设5分、思想建设5分、党风廉政建设5分、计划生育5分、协调服务3分、职工教育培训2分、社会治安综合治理5分。

经济发展目标任务共30分：总收入7分、利润10分、上交局利润10分、增加值3分。

（四）推行工作目标责任制管理的考核细则

（1）工作目标管理组织机构不健全的扣单位总分0.5分。

（2）没有内部考核办法的扣单位总分1分。

（3）平时自查考核发现问题，未按内部考核办法执行的扣单位总分1分。

（4）平时自查考核无记载的扣单位总分0.5分。

（5）不按局规定时间上报单位年度工作总结，上报时间每拖后一个工作日扣单位总分0.1分。

（6）年度内单位发生超计划生育、安全生产死亡事故及其他按有关规定属一票否决问题的，不能评为工作目标考核先进单位。

（7）单位年度考核，重点工作目标得分不足36分、精神文明建设工作目标得分不足27分、经济发展工作目标得分不足27分，或单位总分不足90分，不能评为工作目标考核先进单位。

（8）各项工作目标考核自评分或局考评分加分标准均不能超过各项标准分的15%。即重点工作目标最多可加6分、精神文明建设目标最多可加4.5分、经济发展目标最多可加4.5分。

（五）考核目的

把目标责任与各单位、各岗位的职责结合起来，强化奖惩激励机制，赏罚分明，奖惩明确。推动建立以提高总体管理水平和经济效益为目的的内部管理运转机制，达到管理上水平，经济效益上台阶的考核目的。

1997年工作目标管理考核，总体上沿用上年的考核实施办法。在细则上略作调整：把"重点工作"目标改称为"业务工作"目标。业务工作由"主要工作"和"日常工作"两部分组成。"主要工作"是单位必保完成的硬性指标，"日常工作"属于单位基础工作指标，由财务审计、文档、工作效率、调研和信息、规章制度、科技6项工作组成。业务工作考核细则的调整，更加明确局机关职能部门的考核职责和监督作用。

1997年，市水利局机关结合实施公务员制度，下发《关于做好1997年事业单位工作人员年度考核工作的通知》和《关于做好1997年度局机关工作人员考核工作的通知》，规范制定了考核程序。要求年度考核与平时考核相结合，与完成目标任务相结合，与行政（技术）职务、业绩考核相结合。在考核结果的使用上规定：3%越级晋升工资的人员，必须是从连续两年以上获考核优秀等次的人员中，择优确定。

为强化工作目标考核效果，1997年3月18日，市水利局首次召开局属单位工作目标考核责任书递交大会，市水利局所有局属单位，在会上依次向党委书记王耀宗、局长刘振邦递交本单位1997年工作目标责任书。自此，递交单位工作目标考核责任书形成制度，以后每年第一个季度召开会议。

1998年，工作目标管理考核内容再做调整，在精神文明建设目标7大项后，又增加工会工作、老干部工作、共青团工作3项，共10项内容，考核细则规定的分数分配权重相应调整。

工作目标责任制管理经过4年的运行、完善后，各单位的考核组织机构、内部考核办法、平时自查考核记录等工作都形成制度，1998年局考核领导小组将"推行工作目标责任制管理考核细则"由原八条合并调整为六条；并要求各单位建立台账式管理制度，形成详细记载、按月了解、按季考核的书面资料。

1999年，在上年主要工作考核目标基础上新增科技兴水、改革创新两项内容；新增内容由局机关科技处负责考核。1999年，局考核领导小组决定，考核小组领导组员由局党办、局办公室、人事处、财务处、审计处、纪检监察室、组织部、工管处、引滦工管处、综合经营处主要负责人组成，以后每年随有关处室主要领导变动而自行调整，不再另行公布领导小组组员名单。

2001年，在上年主要工作考核目标基础上新增安全生产、培养引进人才两项内容，新增内容由局人事处负责考核。

因局综合经营处在机关改革中整建制撤销，原综合经营处负责的考核职责，均交由财务处负责。

2002—2005年，考核领导小组组长由局党委副书记陆铁宝担任；2006年，考核领导小组组长由局党委副书记李锦绣担任。

2007年，工作目标责任制考核办法再做调整：①调整考核内容和权重，重点工作30分，由市水利局根据所属单位中心工作下达；日常工作42分，包括财务、审计、文档、工作效率、信息宣传、政策研究（含局修志工作）、人事劳动教育培训、安全生产、水政执法、科技、信息化建设11项内容，无水政执法任务的，将其分数向其他项目中平均分配；精神文明建设28分，包括组织建设、思想建设、党风廉政建设、计划生育、社会治安综合治理、信访、工会、协调服务、老干部工作、共青团工作等10项内容；②调整先进单位评选方式：先进单位的评比按照同类单位互评、局机关处室打分与局主管领导测评相结合的办法进行，考核分数权重分配比例为局主管领导测评占30%；同类单位之间的互评占20%；机关处室打分占50%；③调整表彰奖励办法：局属27个单位按其工作性质分为工管单位、综合管理单位、科研及专业技术较强单位、生产企业单位四类，统一打分，按类排序，评选出先进单位。评选出的考核先进单位不排名次，均为"年度工作目标考核先进单位"。

2009年5月，局党委副书记王志合负责目标考核领导工作。

2010年，市水务局工作目标考核按照水务局工作职能变动重新调整，目标考核领导小组职责并扩大考核范围：

（1）成立水务局目标考核工作领导小组，局党委副书记王志合任组长，局办公室（党委办公室）主任张贤瑞和局人事处长阎孝荣任副组长。目标办主任由张贤瑞兼任。

（2）变动考核工作组织部门。局属单位的工作目标考核工作，由局人事处组织，调整为由局办公室（党委办公室）会同人事处共同组织。

（3）扩大考核范围。将供水处、排水处、水利投资公司和水源公司纳入全局目标考核体系，2010年签订目标考核责任书的局属单位增加为28个。

1995—2010年天津市水利（水务）局目标考核先进单位汇总见表10-2-3-181。

表 10-2-3-181 **1995—2010 年天津市水利（水务）局目标考核先进单位汇总**

年份	第一名	第二名	第三名
1995	河闸总所	农水处 于桥处	基建处 入港处 管道公司
		隧洞处获单项奖	
1996	于桥处	于桥电厂 水科所	潮白河处 工程公司 北大港处
1997	于桥处	于电公司 地资办	河闸总所 基建处 工程公司
1998	尔王庄处	设计院 于电公司	地资办 基建处 宜兴埠处
1999	尔王庄处	基建处 入港处	宜兴埠处 河闸总所 于电公司
2000	尔王庄处	地资办 宜兴埠处	基建处 河闸总所 水文总站
		于桥处、隧洞处分别在开辟水源、计量水位流量工作中获特殊贡献单项奖	
2001	基建处	宜兴埠处 于桥处	河闸总所 入港处 于电公司
2002	基建处	水科所 尔王庄处	河闸总所 入港处 振津公司
2003	尔王庄处	水文水资源中心 于桥处	入港处 水调处 农水处
2004	尔王庄处	水文水资源中心 水调处	设计院 河闸总所 振津公司
2005	尔王庄处	农水处 设计院	入港处 于桥处 工程公司
2006	尔王庄处	入港处 于桥处	农水处 振津公司 水科所
2007		入港处 尔王庄处 大清河处	农水处 引滦工管处 水科所 振津公司
2008		尔王庄处 大清河处 潮白河处	引滦工管处 基建处 水科院 工程公司
2009		尔王庄处 大清河处 潮白河处	基建处 农水处 水科院
2010		水调处 基建处 设计院	潮白河处 尔王庄处 大清河处（北大港处）

二、区（县）水务局目标考核

为提高水利行业管理水平和工作效率，推动区（县）水利事业发展，围绕"建设节水型社会、发展大都市水利"的治水思路和构建"四大体系"治水目标，市水利局从 2006 年对区（县）水利（水务）局业务工作进行考核。

考核内容：农村水利、防汛抗旱、水资源管理、工程管理、基建工程、计划统计、规划设计、水政执法、科技管理、政务工作。

考核方法：以年初市水利局与各区（县）水利（水务）局签订的责任书作为业务考核的依据，采取平时考核与年终考核相结合的办法进行。

组织领导：市水利局组成业务工作考核领导小组，由市水利局办公室组织、局有关处室参加，负责各区（县）水利（水务）局业务工作考核。

奖励办法：市水利局业务工作考核领导小组根据考核成绩向市局推荐业务工作考核先进单位候选名单，经研究产生先进单位三个，市水利局对年终业务工作考核先进单位给予精神和物质奖励。

2007 年，市水利局对《区县水利业务工作考核办法》进行补充和完善，制订出详细的考核内容及分值为：农村水利 21 分，防汛抗旱 14 分，水资源管理 14 分，工程管理 9 分，基建工程 9 分，计划统计 9 分，水政执法 9 分，规划设计 5 分，科技管理 5 分，政务工作 5 分，共计 10 项内容

100 分。对本年度业务工作受到市、部级表彰的单位实行加分制度，每获得一项荣誉加 1 分。对在业务工作考核中发现的问题，将进行相应处理，被考核单位如有再考核指标中弄虚作假、浮夸虚报的行为，在考核中被查出的，取消当年先进参评资格，被评选为先进后再查出的，扣下年度考评总分 5 分，情节严重的取消下年度参评资格；被考评单位出现水利资金使用和工程建设管理严重违规违纪问题、重大工程质量事故、重大安全生产责任事故，实行一票否决，取消当年评奖资格。

　　2010 年，区（县）考核工作进行调整，取消对塘沽、汉沽、大港水务分局的业务考核，改为对滨海新区水务局进行考核。考核方式调整为：不再进行现场检查和签订目标责任书的方式，改由区（县）水务局汇报后，由局机关主管业务处室评分确定优秀等级。2006—2010 年天津市区（县）水务局目标考核先进单位汇总见表 10-2-3-182。

表 10-2-3-182　**2006—2010 年天津市区（县）水务局目标考核先进单位汇总**

年份	先　进　单　位
2006	塘沽区水务局　宝坻区水务局　宁河县水务局
2007	静海县水务局　蓟县水务局　武清区水务局
2008	塘沽区水务局　蓟县水务局　东丽区水务局
2009	武清区水务局　西青区水务局　宝坻区水务局
2010	静海县水务局　宁河县水务局　北辰区水务局

第三章　队　伍　建　设

第一节　队　伍　状　况

一、人员结构

　　1991 年 12 月，市水利局机关、事业单位、企业共有在职职工 3226 人，其中固定职工 3161人，合同制职工 65 人。

　　1992 年 12 月，市水利局共有职工 3286 人，其中固定职工 3146 人，合同制职工 140 人；机关230 人，合同制职工 1 人；事业单位 2353 人，合同制职工 64 人；企业 703 人，合同制职工 75 人。

　　1996 年 1 月 26 日，市委、市政府批复《天津市水利局（天津市引滦工程管理局）职能配置、内设机构和人员编制方案》。1997 年 9 月完成机关机构调整。1997 年 12 月底，市水利局共有在职职工 3197 人。其中局机关 226 人，女职工占 30.08%；45 岁以下占 55.31%，46～60 岁占44.69%；学历本科以上占 29.22%，大专占 29.64%，中专占 7.96%，高中占 15.04%，初中以下占 18.14%。事业单位有职工 2323 人，女职工占 22.94%；45 岁以下占 69.35%，46～60 岁占 30.65%；学历本科以上占 14.21%，大专占 14.33%，中专占 18.77%，高中占 16.53%，初中以下占 36.16%。企业单位有职工 648 人，女职工占 19.75%；45 岁以下占 69.91%，46～60 岁占 30.09%；学历本科以上占 6.49%，大专占 4.78%，中专占 15.43%，高中占 11.88%，初中以下占 61.42%。

2000 年，市水利局首次面向社会招聘录用 3 名硕士研究生。

2001 年 6 月，市委办公厅下发《印发天津市水利局（天津市引滦工程管理局）职能配置、内设机构和人员编制规定的通知》，市水利局再次调整，9 月完成机关人员调整工作。12 月底，市水利局共有在职职工 3402 人。其中局机关职工共 139 人，女职工占 31.65%；45 岁以下占 58.99%，46～60 岁占以上占 41.01%。事业单位有职工 2497 人，女职工占 25.71%；45 岁以下占 64%，46～60 岁占 36%。企业单位有职工 766 人，女职工占 18.54%；45 岁以下占 61.62%，46～60 岁占 38.38%。

2002 年，为提高市水利系统职工文化层次，市水利局相继出台《水利局局属企业录用调入人员条件规定》和《水利局局属事业单位接收应届大学生规定》，首次规定录用、接收、调入人员的学历要求为大学专科以上。2003 年，在接收局水利中专学校的 38 名应届毕业生后，不再接收中专学历人员。2005 年，不再接收大学专科以下学历人员。2006 年 8 月市水利局局属事业单位招聘人员实行局外网公开招聘，当年招聘 63 名全日制本科生。

2006 年 12 月底，市水利局共有在职职工 3887 人。其中局机关职工共 103 人，女职工占 33.98%；40 岁以下占 33.98%，40～60 岁占 66.02%；博士研究生占 4.85%，硕士研究生占 11.65%，本科占 65.05%，大专占 16.5%，中专占 1.95%；具备干部职务的职工 80 人，占总人数的 77.67%，其中处级占 22.33%，副处级占 23.3%，科级占 14.56%，副科级占 17.48%。

调水办有职工 20 人，女职工占 20%；40 岁以下占 25%，40～60 岁占 75%；硕士研究生占 5%，本科占 75%，大专占 15%，中专占 5%；具备干部职务的职工 9 人，占 45%，其中处级占 25%，副处级占 20%。

局属事业单位有职工 2767 人，女职工占 27.86%；40 岁以下占 46.19%，40～60 岁占 53.81%；具备学位学历的职工 2336 人，占 84.42%，其中博士研究生占 0.21%，硕士研究生占 2.93%，本科占 31.59%，大专占 25.91%，中专占 23.78%；具备干部职务的职工 512 人，占 18.5%，其中处级占 1.38%，副处级占 2.96%，科级占 7.84%，副科级占 6.32%。

局属企业单位有职工 997 人，女职工占 19.86%；40 岁以下占 64.79%，40～60 岁占 35.21%；具备学位学历的职工 672 人，占 67.4%，其中硕士研究生占 0.5%，本科占 19.56%，大专占 21.77%，中专占 25.57%；具备干部职务的职工 34 人，占 3.4%，其中处级占 0.2%，副处级占 0.3%，科级占 1.5%，副科级占 1.4%。

2009 年 5 月，天津市水务局正式挂牌。

2010 年 3 月，市委、市政府办公厅下发《关于印发〈天津市水务局主要职责内设机构和人员编制规定〉的通知》，市水务局接管原市建委天津市供水管理处，编制为 30 人；原天津市排水管理处整建制划归市水务局管理，6 月接管排管处人员 2906 人。

2010 年 12 月月底，天津市水务局共有在职职工 5382 人。其中局机关职工 107 人，女职工占

31.78%；45 岁以下占 58.88%，46～60 岁占 41.12%；博士研究生占 4.67%，硕士研究生占 13.08%，本科占 72.90%，大专占 8.42%，中专占 0.93%；具备干部职务的职工共 92 人，占 85.98%，其中处级占 23.36%，副处级占 33.65%，科级占 14.02%，副科级占 14.95%。

调水办有职工 18 人，女职工占 38.89%；45 岁以下占 44.44%，46～60 岁占 55.56%；硕士研究生占 5.56%，其中本科占 83.33%，大专占 5.56%，中专占 5.56%；具备干部职务的职工共 16 人，占 88.88%，处级占 33.33%，副处级占 22.22%，科级占 11.11%，副科级占 22.22%。

局属事业单位有职工 5187 人，女职工占 27.88%；45 岁以下占 55.64%，46～60 岁占 44.36%；具备学位学历的职工共 3844 人，占 74.11%，其中博士研究生占 0.25%，硕士研究生占 3.93%，本科占 40.53%，大专占 14.96%，中专占 14.44%；具备干部职务的职工共 840 人，占 16.19%，其中处级占 1.16%，副处级占 2.08%，科级占 7.15%，副科级占 5.8%。

局属企业单位有职工 70 人，女职工占 18.57%；45 岁以下占 68.57%，46～60 岁占 31.43%；具备学位学历的职工 58 人，占 82.86%，其中硕士研究生占 5.71%，本科占 48.57%，大专占 21.43%，中专占 7.15%；具备干部职务的职工 34 人，占 48.57%，其中处级占 2.86%，副处级占 4.29%，科级占 21.42%，副科级占 20%。

二、市水利（水务）局领导名录

局党委成员

书　　记：张志淼　1986.2—1995.3

　　　　　王耀宗　1995.3—2001.12

　　　　　刘振邦　2001.12—2009.5

　　　　　慈树成　2009.5—

副 书 记：刘洪武　1985.5—1996.1

　　　　　王耀宗　1993.12—1995.3

　　　　　刘振邦　1995.3—2001.12

　　　　　陆铁宝　1996.8—2005.12

　　　　　李锦绣　2002.12—2009.5

　　　　　王宏江　2003.8—2008.3

　　　　　王志合　2006.9—

　　　　　朱芳清　2008.3—

局纪律检查委员会（2009 年 5 月之后为天津市纪律检查委员会驻局纪检组）

　　纪委书记：边凤来　1989.9—1995.3

　　　　　　　戴崿东　1995.3—1996.9

　　　　　　　陆铁宝　1996.9—1998.4

　　　　　　　李　伟　1998.4—1998.12

　　　　　　　刘同章　1998.12—2002.12

　　　　　　　李锦绣　2002.12—2006.9

　　　　　　　王志合　2006.9—2009.5

　　纪检组组长：丛建华　2009.7—

局领导成员

局　　长：张志淼　1988.6—1993.12

　　　　　王耀宗　1993.12—1995.5

　　　　　刘振邦　1995.5—2003.9

　　　　　王宏江　2003.9—2008.3

　　　　　朱芳清　2008.3—

副 局 长：张玉泉　1981.4—1995.6

　　　　　何慰祖　1983.6—1997.4

　　　　　刘连科　1983.6—1991.11

　　　　　刘振邦　1985.5—1995.5

　　　　　赵连铭　1985.5—2003.4

　　　　　单学仪　1990.8—2006.4

　　　　　陆铁宝　1992.6—1996.9

　　　　　霍宝有　1992.6—1994.12

　　　　　王天生　1995.4—2010.8

　　　　　戴崿东　1996.9—2004.12

　　　　　王宏江　1997.6—2003.9

张新景　1997.12—2001.6　　　　　　　　陈玉恒　2009.5—

李锦绣　1999.4—2002.12　　　　　　　　李树根　2009.5—

朱芳清　2002.12—2008.3　　　　巡视员：李锦绣　2009.5—2010.4

景　悦　2004.7—2009.5　　　　副巡视员：刘洪武　1996.1—2003.12

张志颇　2004.7—　　　　　　　　　　　张文波　2006.10—

陈振飞　2004.7—　　　　　　　　　　　刘长平　2008.8—

李文运　2008.8—

三、市水利（水务）局高级工程师（正高）名录

1998—2010 年天津市水利（水务）局高级工程师（正高）名录

姓名	性别	出生年月	籍　贯	工作单位	评定时间
曹大正	男	1945.11	天津市	水科所	1999.3
张相峰	男	1939.3	辽宁省金州	水科所	1999.3
许国树	男	1940.10	河北省定兴县	地资办	1999.3
魏国楫	男	1943.3	天津市	设计院	1999.12
万尧浚	男	1941.2	安徽省滁州市	基建处	1999.12
徐启昆	男	1942.8	辽宁省抚顺市	水科所	1999.12
严晔端	男	1942.5	江苏省无锡市	水科所	1999.12
历志海	男	1941.11	河北省三河市	基建处	2000.12
于子明	男	1953.7	天津市宝坻区	尔王庄处	2000.12
张存民	男	1944.10	山东省无棣县	水科所	2001.12
杨惠东	男	1944.10	河北省易县	农水处	2001.12
万日明	男	1953.9	湖北省广水市	水科所	2002.10
田世炀	男	1945.5	天津市	水科所	2002.10
刘尚为	男	1956.4	河北省大厂回族自治县	引滦工管处	2002.10
张秀亭	女	1950.6	河北省交河县	基建处	2002.10
景　悦	男	1963.8	天津市	入港处	2003.12
郭青平	男	1956.3	山东省青岛市	水科所	2003.12
李惠英	女	1962.11	广东省河源市	设计院	2004.11
许玉景	女	1962.11	山东省荣成县	设计院	2004.11
周潮洪	女	1967.11	浙江省丽水市	水科所	2004.11
杨万龙	男	1964.10	天津市宝坻区	水科所	2004.11
张　伟	男	1958.4	河北省宣化县	水科所	2004.11
李志民	男	1949.3	天津市宁河县	水文水资源中心	2004.11
黄燕菊	男	1958.2	天津市蓟县	于桥处	2005.11
闫海新	男	1962.12	天津市	建交中心	2005.11
娄景悦	男	1947.11	天津市	水利工程公司	2005.11
于德泉	男	1947.8	天津市	基建处	2005.11

续表

姓名	性别	出生年月	籍　贯	工作单位	评定时间
李　振	男	1964.3	天津市	南水北调办规设处	2005.11
佟祥明	男	1957.9	天津市宁河县	信息中心	2006.12
李保国	男	1964.3	天津市武清区	设计院	2006.12
姜衍祥	男	1966.9	山东省龙口市	控沉办	2006.12
景金星	男	1965.11	天津市宝坻区	设计院	2007.10
张金鹏	男	1955.4	天津市	宜兴埠处	2007.10
吴换营	男	1969.11	河北省献县	设计院	2008.12
陈红威	男	1960.1	天津市	设计院	2008.12
张贤瑞	男	1961.12	天津市	市水利局办公室	2008.12
安　宵	男	1956.2	辽宁省大连市	水调处	2008.12
王得军	男	1964.6	河北省玉田县	水文水资源中心	2008.12
刘学功	男	1962.8	天津市	水科院	2008.12
方天纵	男	1963.3	湖南省平江县	农水处	2009.12
胡　翔	男	1960.2	天津市	信息中心	2009.12
周建芝	女	1961.12	天津市武清区	节水中心	2009.12
陈维华	女	1955.1	天津市北辰区	永定河处	2009.12
刘书奇	男	1962.4	天津市武清区	设计院	2009.12
杨建图	男	1963.9	河北省沧州市	控沉办	2009.12
翟培健	女	1963.2	天津市	九河市政工程设计咨询有限公司	2010.12
孙永军	男	1970.5	天津市宝坻区	设计院	2010.12
朱永庚	男	1963.3	天津市蓟县	尔王庄处	2010.12
张亚萍	女	1957.1	河北省涉县	海河处	2010.12
王幸福	男	1961.4	天津市	设计院	2010.12
段志华	女	1957.9	天津市	水调处	2010.12

四、干部挂职锻炼

1991—2010 年，为加大年轻干部的培养力度，加快年轻干部锻炼成长，形成在干中锻炼、考察、选拔、使用优秀干部的培养机制，努力建设一支政治素质好、道德品质优、业务能力强的复合型后备干部队伍，局党委制定了《关于选拔优秀年轻干部挂职锻炼的实施意见》，选派优秀年轻干部到基层挂职锻炼，并加强对挂职干部的跟踪考察，着重考察了解他们挂职期间的思想政治表现、履行职责和完成任务情况、领导能力和工作水平、工作作风和廉洁自律情况。

1998 年，选派 10 名处、科级优秀年轻干部到水利部、海委、区（县）水务局进行挂职锻炼。

2008 年选派 7 名科级优秀年轻干部到水利重点工程项目部挂职锻炼，其中海河处朱峰到南水北调市内配套工程项目部；农水处刘伟和基建处刘昌宁到南水北调干线工程项目部；基建处费守明、隧洞处方志国、黎河处樊建超和北三河处阎凤寨到永定新河治理工程项目部。2009 年选派 5 名科级优秀年轻干部到水利重点工程项目部挂职锻炼，其中引滦工管处李继明到南水北调干线工程（西青区）；于桥处廉铁辉到南水北调市内配套工程（北辰区）；永定河处王瑞海到蓟运河治理工程（汉沽区、塘沽区）；永定河处吴亚斌到金钟河闸拆除重建工程（东丽区）；海堤处范书长到海堤 2009 年加固工程（塘沽区）。

市水务局对接收挂职干部锻炼的单位下发派遣函，挂职锻炼时间为一年，安排挂职干部到技术管理岗位工作，敢于给任务、压担子，最大限度地挖掘干部潜能，在跟踪考察上，做到期间考察和期满考察相结合，挂职结束后，挂职干部撰写挂职锻炼个人总结，填报挂职干部鉴定表。

同时，市水务局也接收外省（自治区、直辖市）和其他单位挂职锻炼的干部。2003 年 5 月，接收大港区水务局元绍峰挂职锻炼，挂职期间任局工管处副处长，挂职时间为 3 个月，8 月 29 日免去现任职务；按照市委组织部关于做好外省（自治区、直辖市）选派干部来津挂职锻炼工作的通知要求，2010 年 5 月，接收河北省保定水务局吴剑松挂职锻炼，时间为 6 个月，挂职期间任天津市水务局（引滦工程管理局）局长助理（挂职），挂职期满后所任职务自行免职。

五、援建干部

为促进新疆、西藏干部人才队伍建设，按照市委要求，市水利（水务）局作为支援单位，1991—2010 年共选派 5 名技术干部支援新疆地区水利工程建设，选派 1 名行政干部支援西藏地区经济建设。

1997 年 2 月，选派天津市水利勘测设计院高级工程师杨玉刚赴新疆喀什地区水利局支援当地水利工作，任喀什地区水利局副总工程师，负责地区重点水利水电工程建设项目前期审查及在建工程质量监督管理工作。1999 年 6 月完成援疆任务回局。期间，主持或参与完成的审查项目达 20 多项，主要包括：库山河输水干渠、社教干渠、毛拉干渠修改初设；盖孜河北排水干渠、阿加排水干渠项目审查；喀什一级水电站、盖孜河风口闸等枢纽工程的项目审查；苏库恰克水库及河汗水库除险加固工程项目审查；英吉沙乔尔旁水源地、伽师夏甫吐勒水源地、岳善湖阿其克水源地工程项目审查。主持完成英吉沙及疏勒县地下水资源开发利用规划、伽师水利总体规划、地区大中型病险水库及水闸除险加固规划和大型灌区改造规划。完成地区重点水利工程质量监督任务 10 余项。

1998 年 5 月，选派天津市水利科学研究所高级工程师滕金贵赴新疆喀什地区莎车县支援当地水利工作，任莎车县水利局副局长，2000 年 1 月完成援疆任务回局。期间，完成莎车县孜尔恰克节制闸、新流渠节制闸、渠，红卫渠渡槽，喀尔扎克桥，孜尔恰克护岸，恰热克防渗渠，孜热甫夏提防渗渠，叶尔羌河重点防洪坝段帕提曼卡西防洪坝水毁修复，霍什拉甫箱涵防渗渠，乌达其力克防洪桥等工程设计审核、施工监督及竣工验收。完成莎车县托木吾斯塘乡 40 公顷棉花膜下滴灌节水灌溉的试验。主持完成了莎车县农村改水防病工程的招投标及抗旱井配套设备（启动箱、变压器）的招标。

1999年6月，选派天津市地下水资源管理办公室副主任张建民赴新疆喀什地区支援当地水利工作，任新疆喀什水利局副总工程师，2002年6月完成援疆任务回局。期间，审查、评审《喀什地区水资源评价报告》等各种水利规划、设计报告200多份。在质量监督检查工作中，抓住监理和施工队伍自身质量保证体系这个重要环节，完善施工期的质量保证措施；坚持按设计要求、技术规范检查施工质量，不放过任何一个有质量问题的项目。招标投标过程中，严格遵守国家的招标投标法，本着公开、公平、公正的原则，择优选择施工单位。

2001年6月，选派局组织部副部长李向东作为天津市第三批援藏干部赴西藏昌都地区江达县任县委副书记。2004年6月完成援藏任务回局。期间，天津市水利局为支援少数民族地区经济建设，投资35万元，为江达县建设一座桥梁，名"连心桥"，并购置汽车一辆。

2002年8月，选派天津市水利基建管理处副处长、高级工程师李刚赴新疆喀什地区支援当地水利工作，任喀什地区水利局副局长，分管喀什地区水利工程基本建设管理与质量监督、农村电气化建设工作，2005年完成援疆任务回局。期间，主持完成常规节水项目8项，地下水开发利用项目2项，完成工程项目投资近5亿元。李刚积极推动投资5.7亿元的病险水库除险加固工程全面开工，2005年已完成投资1.2亿元。借鉴天津工作经验制定了《喀什地区执行〈新疆塔里木河流域近期综合治理工程建设管理办法〉实施细则》，编写了《喀什地区水利工程建设施工招投标操作程序管理办法》，建立健全了喀什地区水利水电工程质量监督工作制度，为工程建设及质量保证创造了条件。同时，一批专业技术人员在李刚的带领和帮助下，已成为喀什地区水利行业的业务骨干。

2005年7月，选派天津市水源调度处副处长张岳松赴新疆喀什地区支援当地水利工作，任喀什地区水利局副局长，分管水利工程基本建设管理、水利水电工程质量监督和农村电气化建设工作。2008年7月完成援疆任务回局。期间，主抓的塔里木河流域综合治理和病险水库除险加固等项目，实施进度有较大进展，截至2007年年底，塔里木河流域综合治理开工51项，完工44项，有28项工程已通过竣工验收，建设任务和验收任务均超额完成塔管局下达的任务。在2006年和2007年塔里木河流域综合治理项目评比中，分别获得一等奖和二等奖。全区22项病险水库除险加固工程也已全部完成，5座水库已通过自治区水利厅的验收，其他水库的验收工作也正在有序展开。参与质量监督的水利工程项目120余项，这些水利工程质量均达到合格以上标准，地区水利工程施工质量得到明显提高；在工程建设施工、监理、质量检测、招投标、验收等各个环节均有了相应的管理办法。

第二节　职　称　评　聘

天津市水利专业技术职称评审工作分为几个阶段：1980年至1983年9月，职称由评定产生，是技术人员技术等级的标志；1986—1991年，职称由评定或评审产生，技术人员申请聘任技术职务时必须具备的专业资格；1991—1999年，组建高、中、初三级专业技术职称评审机构，试行专业技术资格评审与专业技术职务聘任分轨运行；2000—2010年，职称由认定、审定、评审三种方式产生，专业技术职务聘任制全面实施。

一、职称沿革

1980 年，市政府批转由市农委、市科委联合上报的《关于贯彻执行〈农业技术干部技术职称暂行规定〉意见的报告》。据此，市农委组建天津市农业技术干部技术职称评定委员会，负责天津市农业系统高级技术职称评定工作。在市水利局组建天津市水利局工程技术干部职称评定委员会，负责水利局工程技术水利专业中级职称评定和高级职称人选推荐工作。职称评定委员会对参评人员的知识水平、业务能力、工作业绩进行综合评定后，授予职称。技术人员经评定取得的职称，只表明本人的技术等级，没有任期时间、不与工资挂钩，在单位里没有名额限制。

1983 年 9 月，全国职称评定工作暂停，市水利局职称评定工作随之暂停。

1986 年上半年，国务院出台《关于实行专业技术职务聘任制度的规定》。按照国务院规定，天津市职称评定工作恢复并加以改革：把专业技术职称资格评审与专业技术职务设置结合起来。改革提出的专业技术职务是一个新概念，即在单位编制人数内，按照技术职称的等级分设出高、中、初三级专业技术职务；专业技术职务的数量按照单位实际需要设置；专业技术职务有严格的职称资格等级、有明确的权利职责范围、有规定地任期时间。专业技术职务由单位行政领导择优聘任；被聘人员核发聘任工资；聘任的技术职务在本单位有效。

1987 年，市农委在市水利局组建天津市农业系统工程技术干部技术职称评定委员会，负责农委系统水利专业工程技术中级及初级职称评审工作。

1983—1988 年，市水利局有 117 人经评定取得高级工程师职务。

1991 年，市人事局下发《人事部关于职称改革评聘分开试点工作的有关事项的通知》，通知要求在天津市所属的高等院校、科研、设计单位的范围内选出试点单位，组织落实职称改革评聘分开的试点工作。试行职称评定和职务聘任分开制度。评聘分开制度要求单位在评定技术人员的职称资格时不设指标限制，职称资格只表明技术人员的技术水平资格，具备任职资格而未被聘任技术职务者，其资格不与本人工资及待遇挂钩；经单位聘任的专业技术职务的技术人员，按职称资格核发工资，享受待遇。

1992 年，市水利局水科所和设计院被人事部确定为全国工程系列技术职称改革 4 个试点单位之一，即职称改革评聘分开试点单位。试行职称改革，探索制定评聘分开和落实技术职务管理的规章制度。1993 年年底，水科所、设计院在本单位专业技术人员管理中，均完成了分等分级设置技术职务的工作，建立有关机制，把技术资格评审和技术职务聘任分开运行。在试点单位取得经验的基础上，1993 年 10 月，市水利局召开职称改革工作会议，并制定出《关于在事业单位实行专业技术资格、职务评聘分开管理工作的实施意见》和《关于在企业单位实行专业技术资格、职务评聘分开管理工作的实施意见》，指导局属各单位相继开展评聘分开、实行专业技术职称聘任制的职称改革工作。

1993 年，天津市职称改革领导小组根据国家《工程技术人员职务试行条例》要求，重新组建起天津市专业职务聘任工作领导小组。按照天津市专业职务聘任工作领导小组要求，市水利局负责天津市水利专业工程技术系列技术资格的评审工作。该系列职称资格评审职责的分工为：正高级职称由天津市职称改革办公室组建的正高级任职资格评审委员会评审。市水利局组建的天津市工程技术水利专业高级评审委员会，负责高级工程师（副高）资格的评审和正高级职称资格的人选推荐；市水利局组建的天津市工程技术水利专业中级任职资格评审委员会，负责工程师资格的评审工作。

1994年年底，市水利局局长办公会研究决定，组建工程技术水利专业（工程管理）初级资格评审委员会和工程技术水利专业（科研、设计、施工）初级资格评审委员会。负责水利局工程技术水利专业初级技术资格的评审工作。

1999年，按照市人事局印发《天津市专业技术职务聘任管理指导意见》要求，市水利局全面实行专业技术职务聘任制。在专业技术职务岗位设置上，规定各单位在编制核定人数内，核定专业技术职务岗位数量，合理安排系统配套的专业技术职务岗位，按规定比例设置高级、中级、初级专业技术职务和最高专业技术职务档次；在专业技术职务竞聘上，规定具备职称资格的技术人员，通过竞争上岗程序，选择专业技术职务，由单位行政领导根据竞聘结果，择优聘任。根据设置要求和单位实有职称资源，可以实施低职高聘或高职低聘。被聘任者颁发聘书，签订聘约，按照聘任岗位发放工资。被聘任者距离退休年龄不足一年时，解聘后依然保持聘任工资直到退休。

2000年，市人事局印发《天津市职称系列分级分类管理意见》，明确从2000年开始专业技术人员的初级职称资格，实行以考代评或按照本人学历管理认定，不再经初级技术资格评审委员会评审。依据文件要求，市水利局工程技术水利专业（工程管理）初级资格评审委员会和市水利局工程技术水利专业（科研、设计、施工）初级资格评审委员会同时撤销。1994—1999年，两个评审委员会评审通过工程技术水利专业初级资格309人。

2000—2010年，水利局工程技术水利专业初级资格实行认定和审定两种方式。

认定方式：全日制院校毕业生，在局工作见习期满，经单位考核合格后，按照以下标准聘任专业技术职务。中专毕业见习期满聘任技术员；大专毕业见习期满，再工作两年聘任助理工程师；大学毕业见习期满，聘任助理工程师。

审定方式：大学毕业工作见习期满，或大专毕业见习期满再工作两年后，本人从事工作与所学专业不对口的，由本人申报，参加市水利局人事处举办的"不具备规定专业培训班"培训合格后，交天津市工程技术水利专业中级资格评审委员会审定批准后，取得助理工程师资格。

中专学历人员由技术员资格申报助理工程师资格的，由本人申报，经天津市工程技术水利专业中级资格评审委员会审定批准后，取得助理工程师资格。

2000—2010年，聘任工程技术水利专业初级职称1258人。

天津市工程技术水利专业技术职称高级、中级评审机构，1993—2010年，每年组织一次技术人员技术职称（资格）的评审工作，共评审高级职称924人。中级职称1403人。

1998—2010年，天津市水利局共有48人通过天津市正高级任职资格评审委员会评审，取得水利专业高级工程师（正高）职称资格。

二、职称评审机构

（一）天津市工程技术水利专业高级资格评审委员会

1993年，根据《关于组建天津市工程技术水利专业高级资格评审委员会的通知》精神，天津市职称改革办公室组建天津市工程技术水利专业高级资格评审委员会。高级评审委员会设在天津市水利局，聘请天津市具有高级职称的30名水利专家担任评审委员会委员，负责天津市工程技术水利专业高级工程师资格的评审工作。

高级评审委员会下设水工水电专业评审组、农田水利专业评审组、水资源专业评审组。

高级评审委员会成员

主任委员：张玉泉

副主任委员：张荣栋

委　　员：赵广德　练达仁　程文焕　张凤泽　施庆镛　顾有弟　曹希尧　吕庆浩

　　　　　胡济民　任铁如　谭仲平　孙亚民　王平章　刘乃基　康　济　沈海涵

　　　　　杜　浩　张永平　邹谷泉　董汉生　王宏斌　闵家驹　季国威

秘　　书：谷英涛　练达仁

水工水电专业评审组：

　　　　　练达仁　赵广德　张凤泽　胡济民　董汉生　王宏斌　季国威　杜　浩

农田水利专业评审组：

　　　　　顾有弟　施庆镛　任铁如　吕庆浩　沈海涵　张永平　闵家驹

水资源专业评审组：

　　　　　程文焕　曹希尧　谭仲平　王平章　刘乃基　邹谷泉　孙亚民

1997年，市人事局要求建立天津市工程技术水利专业高级资格评审委员会专家库，市水利局按照专家库入选条件，选拔水利专家30人，设立天津市工程技术水利专业高级资格评审委员会专家库，并从1997年启用。每年组织职称评审时，市水利局按照规定的评委人数，从专家库随机抽取专家，组成当年的评审委员会，完成高级资格职称的评审工作。专家库主任委员由市水利局练达仁担任。

专家库成员：

　　　　　练达仁　张凤泽　米春年　杨惠东　张世大　吴国栋　姚宇坚　李学前

　　　　　魏国楫　张相峰　谭仲平　顾有弟　施庆镛　曹大正　王述天　万尧浚

　　　　　郑裕君　王运洪　许树国　许学伟　李彦东　胡小湘　周年生　魏文国

　　　　　陈　森　陈福庆　张功权　田世炀　徐启昆　严晔端

1997年天津市工程技术水利专业（高级）评审委员会及分组名单：

主　　任：练达仁

委　　员：张凤泽　米春年　杨惠东　张世大　吴国栋　姚宇坚　李学前　魏国楫

　　　　　张相峰　谭仲平　顾有弟　施庆镛　曹大正　王述天

成　　员：万尧浚　郑裕君　王运洪　许树国　许学伟　李彦东　胡小湘　周年生

　　　　　魏文国　陈　森　陈福庆　张功权　田世炀　徐启昆　严晔端

水工机电专业评审组：

　　　　　张凤泽　米春年　杨惠东　张世大　吴国栋　李学前　魏国楫　顾有弟

　　　　　谭仲平　胡小湘　周年生　陈　森　陈福庆　张功权　姚宇坚

农田水利及水资源专业评审组：

曹大正　万尧浚　郑裕君　王运洪　严晔端　许树国　许学伟　李彦东

张相峰　王述天　施庆镛　魏文国　田世炀　徐启昆

2003 年，根据评审工作要求，天津市工程技术水利专业高级资格评委会专家库调整，聘请的专家共 56 人。主任委员由水利局练达仁担任。调整后专家库成员为：

练达仁　张凤泽　米春年　杨惠东　张世大　吴国栋　姚宇坚　李学前　魏国楫

张相峰　谭仲平　顾有弟　施庆镛　曹大正　王述天　万尧浚　郑裕君　王运洪

许树国　许学伟　李彦东　胡小湘　周年生　魏文国　陈森　张功权　田世炀

徐启昆　严晔端　王均　刘尚为　朱芳清　田平分　王作友　于子明　陈福庆

闫学军　张伟　安宵　景金星　杨建图　聂荣智　万日明　胡翔　姜衍祥

李慧英　吴换营　赵考生　张贤瑞　杜铁锁　徐道金　李志伟　邢华　金锐

张胜利

此后至 2008 年，天津市工程技术水利专业（高级）评审委员会成员均从该专家库中抽取专家组成。

2009 年，专家库中有 15 人退休，19 人因工作岗位调整不再任评委。在专家库留任 22 人的基础上，新增专家 34 名，组成 2009 年天津市工程技术水利专业高级技术资格专家库，主任委员由市水利局于子明担任。此后每年度的评委会成员由新的专家库随机产生。

2009 年天津市工程技术水利专业高级技术资格评审委员会专家名单见表 10 - 3 - 2 - 183。

表 10 - 3 - 2 - 183　　**2009 年天津市工程技术水利专业高级技术**

资格评审委员会专家名单

序号	姓名	专业	现从事专业	职称	委员会职务	备注
1	于子明	水工	水利工程管理、施工管理	高级工程师（正高）	主任	
2	闫学军	陆地水文	水文水资源管理、节水管理	高级工程师	副主任	
3	杨玉刚	水工	水利规划、水利设计	高级工程师	副主任	新增
4	钟水清	工程水文及水资源	输水管理、防汛	高级工程师	副主任	新增
5	张伟	水文地质工程	工程地质、水文水资源	高级工程师（正高）	委员	
6	安宵	水电工程建筑	防汛、水利工程管理	高级工程师（正高）	委员	
7	景金星	水文水资源 工商管理	水利工程设计、水利规划	高级工程师（正高）	委员	
8	刘尚为	电器工程	水利机电及自动化工程	高级工程师（正高）	委员	
9	杨建图	水文与水资源	水资源、控沉管理	高级工程师	委员	
10	聂荣智	水工	水利科技管理	高级工程师	委员	
11	万日明	农田水利工程	水利科研、农田水利	高级工程师（正高）	委员	
12	胡翔	无线电与技术	水利信息化、通信技术	高级工程师	委员	
13	姜衍祥	水文地质	控沉管理、水资源管理	高级工程师（正高）	委员	
14	李惠英	水利建筑工程	水利工程设计、水利规划	高级工程师（正高）	委员	
15	吴换营	水工结构工程	水利工程设计、水利规划	高级工程师（正高）	委员	

序号	姓名	专业	现从事专业	职　称	委员会职务	备　注
16	赵考生	农田水利	水利工程管理、农田水利	高级工程师	委员	
17	张贤瑞	农田水利	农田水利工程计划管理	高级工程师（正高）	委员	
18	杜铁锁	水工	水利工程规划设计	高级工程师	委员	
19	徐道金	水工建筑	水利工程管理	高级工程师	委员	
20	李志伟	城市燃气及热能供应工程	水利工程施工	高级工程师	委员	
21	邢华	水工	水利工程管理、河道管理	高级工程师	委员	
22	金锐	系统工程	水利政策研究	高级工程师	委员	
23	黄燕菊	土木工程	建设管理、水工建筑	高级工程师（正高）	委员	新增
24	曹野明	焊接	水利工程施工与管理	高级工程师	委员	新增
25	张胜利	水利水电工程	水利工程建设管理	高级工程师	委员	
26	周建芝	给水排水工程	节水管理	高级工程师	委员	新增
27	方天纵	水电工程建筑	农田水利、水土保持	高级工程师	委员	新增
28	李雪	法律	水利工程招投标、水利工程管理	高级工程师	委员	新增
		工商管理				
29	刘学功	工商管理	水利科研、科技管理	高级工程师（正高）	委员	新增
30	王朝阳	电工理论新技术	水利工程招投标、工程管理	高级工程师	委员	新增
31	李保国	水文水资源	水利规划、设计	高级工程师（正高）	委员	新增
32	李振	水利建设工程	水利科研	高级工程师（正高）	委员	新增
33	佟祥明	无线电	水利信息化、科技管理	高级工程师（正高）	委员	新增
34	杨万龙	机电排灌	农田水利、水利科研	高级工程师（正高）	委员	新增
35	郭青平	环境工程	水资源、水环境、科研	高级工程师（正高）	委员	新增
36	陈红威	水利建筑工程	水利规划、设计	高级工程师（正高）	委员	新增
37	许玉景	农田水利	水利工程设计、管理	高级工程师（正高）	委员	新增
38	周潮洪	水利学及河流动力学	防洪、水利科研	高级工程师（正高）	委员	新增
39	王得军	陆地水文	水文、水资源管理	高级工程师	委员	新增
40	陈维华	水工	河道管理、闸涵管理	高级工程师	委员	新增
41	张建民	水文地质	地下水资源管理	高级工程师	委员	新增
42	唐广鸣	行政管理	水文、水资源、地下水管理	高级工程师	委员	新增
43	朱永庚	土木工程	水利工程管理、输水管理	高级工程师	委员	新增
44	杨树生	工商管理	农村水利、抗旱	高级工程师	委员	新增
45	冯永军	农田水利	农村水利、抗旱	高级工程师	委员	新增
46	赵天佑	水工	防汛、水源调度	高级工程师	委员	新增
47	赵宝骏	机电	泵站管理、输水管理	高级工程师	委员	新增

序号	姓名	专业	现从事专业	职称	委员会职务	备注
48	刘裕辉	水利机械	泵站管理、输水管理	高级工程师	委员	新增
49	李刚	水工	水利工程管理	高级工程师	委员	新增
50	邵明力	水利工程	施工技术、施工管理	高级工程师	委员	新增
51	刘国伟	工商管理	河道管理、闸涵管理	高级工程师	委员	新增
52	王维君	陆地水文	河道管理	高级工程师	委员	新增
53	杜学君	水利水电建筑工程	河道管理	高级工程师	委员	新增
54	程君敏	水文与地质	水利工程管理、水库管理	高级工程师	委员	新增

（二）天津市工程技术水利专业中级资格评审委员会

1993 年，根据《天津市专业技术资格评审委员会组织办法》和《关于重新组建中级专业技术资格评审委员会的工作方案》要求，天津市职称改革办公室组建天津市工程技术水利专业中级资格评审委员会。中级资格评审委员会设在天津市水利局，聘请天津市水利专家 15 人组成评审委员会，负责天津市工程技术水利专业工程师职称评审工作。评审委员会设水工水电专业评审组、农田水利及水资源专业评审组。

天津市工程技术水利专业中级资格评审委员会委员：

主任委员：张玉泉

副主任委员：何慰祖 章叔岑

委　员：赵广德 练达仁 米春年 王述天 曹大正 李凤翔 胡小湘 杨保庆
　　　　安　钰 万尧浚 谷世杰 王运洪 赵恩荣 贾佐汉

水工水电专业评审组：

组　长：章叔岑

成　员：赵广德 练达仁 申元勋 米春年 李凤翔 胡小湘 谷世杰 赵恩荣

农田水利及水资源专业评审组：

组　长：何慰祖

成　员：王述天 曹大正 杨保庆 安　钰 万尧浚 郑裕君 王运洪 贾佐汉

1997 年，天津市工程技术水利专业中级资格评审委员会成员调整，调整后仍为 15 人。设水工机电专业评审组和农田水利及水资源专业评审组。调整后的评审委员会委员为：

主任委员：练达仁

副主任委员：曹大正

委　员：胡小湘 陈福庆 刘尚为 王　均 朱芳清 田平分 万尧浚 郑裕君
　　　　王作友 于子明 王运洪 许树国 魏国楫

水工机电专业评审组：

组　长：练达仁

成　员：胡小湘 陈福庆 刘尚为 王　均 朱芳清 魏国楫

农田水利及水资源专业评审组：

组　　长：曹大正

成　　员：田平分　万尧浚　郑裕君　于子明　王运洪　许树国　王作友

2005 年，因部分评审委员退休和工作变动，评审委员再度调整，调整后评审委员会委员为：

主任委员：练达仁

副主任委员：曹大正

委　　员：于子明　刘尚为　朱芳清　杨建图　黄燕菊　闫学军　张　伟　安　宵

　　　　　景金星　聂荣智　张胜利　张贤瑞　曹野明

2009 年，天津市工程技术水利专业中级技术资格评审委员有 5 人因退休不再担任评委，新增 7 名专家进入评审委员会。调整后，评审委员会成员为 17 人，负责 2009 年及以后年度天津市工程技术水利专业中级技术资格的评审工作，评审委员会成员名单见表 10 - 3 - 2 - 184。

表 10 - 3 - 2 - 184　　　　**2009 年天津市工程技术水利专业中级技术**

资格评审委员会名单

序号	姓名	专业	现从事专业	职　称	委员会职务	备　注
1	于子明	水工	水利工程管理、施工管理	高级工程师（正高）	主任	
2	闫学军	陆地水文	水文水资源管理、节水管理	高级工程师	副主任	
3	杨玉刚	水工	水利规划、水利设计	高级工程师	副主任	新增
4	张　伟	水文地质工程	工程地质、水文水资源	高级工程师（正高）	委员	
5	安　宵	水电工程建筑	防汛、水利工程管理	高级工程师（正高）	委员	
6	景金星	水文水资源　工商管理	水利工程设计、水利规划	高级工程师（正高）	委员	
7	刘尚为	电器工程	水利机电及自动化工程	高级工程师（正高）	委员	
8	黄燕菊	土木工程	建设管理、水工建筑	高级工程师（正高）	委员	
9	杨建图	水文与水资源	水资源、控沉管理	高级工程师	委员	
10	聂荣智	水工	水利科技管理	高级工程师	委员	
11	张胜利	水利水电工程	水利工程建设管理	高级工程师	委员	
12	万日明	农田水利工程	水利科研、农田水利	高级工程师（正高）	委员	新增
13	陈维华	水工	河道管理、闸涵管理	高级工程师	委员	新增
14	邵明力	水利工程	施工技术、施工管理	高级工程师	委员	新增
15	周建芝	给水排水工程	节水管理	高级工程师	委员	新增
16	胡　翔	无线电与技术	水利信息化、通讯技术	高级工程师	委员	新增
17	方天纵	水电工程建筑	农田水利、水土保持	高级工程师	委员	新增

（三）天津市水利局工程技术水利专业初级资格评审委员会

1994 年 11 月，天津市水利局局长办公会研究决定，按照天津市职称改革办公室规定的专业技术资格评审委员会组织办法，组建天津市水利局工程技术水利专业工程管理初级资格评委会和科研、设计、施工初级资格评委会，负责市水利局工程技术水利专业初级职称的评审工作。

天津市水利局工程技术水利专业工程管理初级资格评审委员会成员为：

主任委员：田平分

副主任委员：王　均

委　　员：刘　然　马春生　运兆均　魏文国　于子明　孙宝德　杨振国　郑裕君

　　　　　周成章　于凤良　许树国　曹洪春

天津市水利局工程技术水利专业科研、设计、施工初级资格评审委员会成员为：

主任委员：陈茂升

副主任委员：严晔端

委　　员：张存民　王瑞玲　刘振湖　田世炀　李树楷　傅思恭　寇玉贵　刘德勤

　　　　　赵学栋　张尊祥

　　天津市水利局工程技术水利专业初级资格评审委员会自 1993 年开展工作至 1999 年年底结束。2000 年年初，依据天津市人事局印发《天津市职称系列分级分类管理意见》，2000 年以后，不再组织各种专业技术初级职称资格的评审。市水利局工程技术水利专业初级资格评审委员会撤销。

三、技术职称评审

　　天津市水利工程专业技术职称评审委员会于 1992—2010 年评定的技术职称人数明细情况见表 10-3-2-185。

表 10-3-2-185　**1992—2010 年天津市水利工程专业技术职称评审情况**　　　　单位：人

年份	高级职称		中级职称	初级职称		总计
	高级工程师（正高）	高级工程师	工程师	助理工程师	技术员	
1992—1996	无	75	96	147		318
1997	无	78	100			178
1998	3（1999 年 3 月晋升）	13	31	19		66
1999	4	47	72	45	98	266
2000	2	33	40			75
2001	2	52	73			127
2002	4	59	73			136
2003	2	55	116	66	25	264
2004	6	70	86	129	26	317
2005	5	54	80	80	11	230
2006	3	75	76	98	24	276
2007	2	82	110	188	31	413
2008	6	75	103	245	24	453
2009	6	71	161	135	6	379
2010	6	85	186	163	7	447
合计	51	924	1403	1315	252	3945

第四章 水 利 教 育

为提高水利系统职工队伍的文化知识和专业技术水平，1991—2010 年，天津市水利（务）局采取多类型、讲实效的教育形式：有中专、大专及更高学历的学历取证教育；有针对经营管理和业务技术管理干部的专业继续教育；有专门为处级领导干部举办的政治理论培训；有为提高水利行业特有工种技术水平举办的技能培训。同时，注重全方位、多层次开发教育资源：有全日制的教育机构——水利学校；有借助各种社会办学形式的成人教育及自学考试；有脱产、半脱产的长期或短期培训；有业余学习、定期定点组织考试的专业性培训。

截至 2010 年，市水务局 3027 名职工（不含排管处、供水处职工），拥有中专以上学历的人数为 2775 人。其中博士学历 18 人、硕士研究生学历 205 人、本科学历 1697 人、大专学历 470 人、中专学历 385 人。拥有中专及以上学历人数占职工队伍人数的 92％。

第一节 全 日 制 教 育

天津水利学校（简称水校）是天津市水利局专业教育机构，于 1974 年 9 月成立，隶属于天津市水利局和天津市第二教育局双重领导。

水校设党政办公室、财务科、学生科、教务科、招生就业指导科、总务科。学校以中专学历教育为主。自 1978 年起，不定期举办水利局干部、职工短期专业培训班及水利系统不具备规定学历人员培训班。1996 年 3 月，根据市水利局党委要求，增设职教科和培训部，实行水校、党校、培训中心"三位一体"制合署办公。水校承担普通水利中专学生的教育工作；党校承担水利局直属单位对党员领导干部和普通党员的教育培训；培训中心承担水利职工业务培训和水利特有工种工人技能考核鉴定工作。

1996 年，水校拥有教职员工 81 人，其中校领导 8 人，科级干部 14 人，教师 42 人。教师中有高级讲师 7 人，讲师 13 人，助理讲师 18 人，教员 4 人。水校开设专业有水工建筑、农田水利工程、企业供电、工业与民用建筑、财务会计、水利工程自动化、水利工程管理 7 个专业。水校教学设备有教学用电工实验室、土力学实验室、物理实验室、材料力学实验室、化学实验室、建材实验室、电机实验室、地质实验室、微机室、电化教学室。水校图书馆藏书约 2 万册。1997 年建立水校广播电视中心。

一、校务管理

坚持把思想教育与严格管理相结合，把制度建设与经常性有益活动相结合，把教书、管理、服务与育人相结合，倡导努力学习、积极向上的良好校风和学风。先后举办学雷锋、参观周邓纪念馆、请老干部讲传统、学习人民解放军抗洪精神等不同主题的活动。学校广播电视中心以反映学生中发生的事情为题材，制作播出《水校新闻》，促进学生队伍的精神文明建设；制定了《教学及教辅各岗位职责与指标》《教师考核办法》《天津市水利学校教师教学基本要求》《关于加强学生管理的决定》《水利学校学生日常行为规范》《关于对违纪学生处理的补充规定》《学生宿舍楼管理规定》《在校学生一日考核制度》《关于教室宿舍公物使用及管理的暂行规定》《广播电视中心管理办法》《文明宿舍、文明教室标准》等 12 项水校管理制度。

二、教务管理

学校制定出《教学管理的补充规定》《关于加强教研活动的办法》《奖学金的改革办法》3 项教学研究管理规定。为提高水校毕业生的专业适用性，满足用工单位需要，组织教师走访用人单位、召开专题调研会。在外出调研基础上，水校撰写《关于水利工程建筑专业课程改革的试行意见》，荣获水利部和市教委教改科研论文三等奖，并在 98 级水工专业班成为实施教材。水校教研组实地考察、自行编写出《引水工程管理》，作为水校正式教材印刷出版使用。完成了《关于建立试题库制度的办法》，建立并完成 28 门课程共计 18 万字的试题库建设工作。采用《关于加强教学质量评估的办法》，对教师的教学工作质量进行三级检查、考评教学工作效果、结果与结构工资挂钩。

三、教学成果

（一）全日制中专班

1991—1999 年，共招收全日制中专学生 10 批，1428 人。毕业人数 901 人，其中含河北、河南水利系统委培生 208 人。1999 年，在校生 901 名随水校调整合并到天津市城乡经济学校继续学习。

（二）自学考试

根据水利部 1997 年 7 月陕西省西安自考工作会议精神，1997 年水校与潮白河处等 8 个单位签订《关于建立中专自考助学工作站协议》。水校为指导学校，在潮白河管理站等 8 个单位设水利中专自学考试辅导站，学习科目为《水利工程制图》《工程力学》《工程测量》《实用水利学》等。水校教师定期去自学考试辅导站指导助学。1999 年，水利中专自学考试辅导站共有 521 人参加中专自学毕业考试，其中 437 人成绩及格，取得中专毕业证书。

（三）定向培养

1991 年，受山西省水利职工大学委托，于 1990 年招收的山西省水利系统在职职工大专班，水利工程自动化专业 7 名学生毕业。1996 年定向培养水利工程管理专业 21 人。1996 年，成立北京水利水电函授学院天津面授工作站，开办水利水电工程建筑专业班，应届招生 36 人；1997 届招生 35 人；1998 届招生 100 人；1999 届招生 133 人，四届共招生 332 人。

（四）职工培训

岗前培训。1997—1999 年，培训全局新分配来的大学毕业生 90 人；培训引滦入汉泵站运行工 33 人；培训新招的工人 40 人；培训引滦三大泵站特有工种技术工人 171 人。

水利行业特有技术工种工人培训。1997—1999 年，全市水利工程特有工种共有 2410 名技术工人参加升级培训，通过考核取得合格证书。引滦泵站有 17 名技师参加培训，通过资格考试。

（五）党校培训

1996—1999 年，市水利局举办入党积极分子培训班，共 6 期，培训 204 人；处级干部理论学习进修班，共 14 期，培训 632 人次；青年干部培训班，共 3 期，培训 103 人。

1999 年 7 月，市政府以《关于同意对 4 所农业中等专业学校布局结构进行调整的批复》，对市农业学校、水利学校、机械工程学校、经济管理学校 4 所中等专业学校进行调整，合并为 1 所中专学校，校名为天津市城乡经济学校。至此天津水利学校脱离市水利局。

第二节　在职人员学历教育

一、职工研究生教育

开发社会教育资源，有针对性地培养大本以上高学历人才。市水利局人事处委托天津大学、河海大学等国家重点院校，联合举办水利工程管理硕士研究生考前辅导班，选拔局系统内的优秀人才参加。1998—2003 年，共有 60 人通过考试进入重点院校攻读水利工程专业，取得在职硕士研究生学位。

二、职工大学教育

组织职工参加成人高考，获取大学学历。1998—2010 年，两年均有职工通过自学考取成人高校，参加系统学习。共有 232 人获得大学本科毕业证；271 人获得大学专科毕业证。

与北京工业大学联合办学，市水利局设水工建筑专业面授辅导站，2005—2008 年，每年招收一批学生。参加该专业本科学习的共 352 人，专科学习的共 280 人。

根据实际工作需要，定向定点培养职工。2003 年，局人事处在全局范围选拔一线优秀青年技术骨干 35 人，送到河北省工程技术高等专科学校，脱产三年，学习水文水资源等水利专业大专课程，结业后参加天津市相关专业自学考试取得大专证书，回到原单位工作。

第三节　职工岗位业务培训

为适应水利事业不断发展的需要，市水利局在加强职工培训工作中，不断扩大培训范围、丰富培训种类、充实培训内容，以提升水利职工队伍的精神文明程度、经营管理水平、专业技术能力。

1991—2010年，市水利（水务）局全体公务员、行政管理干部及专业技术干部以及技术工人均按工作需要分别参加了岗前培训、继续教育培训、适应性培训，学习形式有脱产、半脱产、业余学习、集中辅导、统一考试。

一、公务员培训

公务员上岗前培训。为实施国家公务员制度，做好人员思想过渡准备，市水利局自1993年7月起，组织局机关人员分期分批参加国家公务员共修课培训。1993年，与天津市行政管理学院联合办班，一期一个半月，96个课时，学习《国家公务员制度》《公共行政管理》等四门课程，共办两期；1994—1995年，天津市公务员培训改由天津市人事局和天津市北方市场人才培训部联合办班，每期一个半月，56个课时，学习《国家公务员制度》《行政管理》《行政法》三门课程。1993年7月至1995年12月，水利局机关共有197人参加培训并取得培训合格证书。

1998年，局机关完成公务员过渡，定编公务员197人。2001年机构改革后，机关公务员定编122人。2003—2010年，共有44名新录用的公务员和新调任的公务员处级干部，参加公务员初任及公务员任职培训，取得相关证书。

公务员岗位适应性教育培训。市水利局全体公务员分期分批参加了2003年市人事局举办的"公务员应用口语培训班"；2004年"行政许可法培训班"；2006年"公共管理（MPA）知识培训"和"信息化及电子政务培训"。

二、行政管理干部及专业技术干部培训

（一）上岗证培训

按照天津市有关管理部门的要求，局系统职工凡进入会计、统计、审计等有上岗证要求的行业工作的，参加相关业务培训班，经考核合格取得上岗证后上岗工作。每年新到水利系统工作的大中专毕业生，参加为期一周的水利专题岗前培训班，实地考察参观水利工地和水利工程，了解水利局工作概况。

（二）继续教育培训

继续教育培训覆盖局机关和局属各单位的管理及业务技术岗位。1991—2010年，为提高局系

统办公室人员业务工作能力，每年举办档案管理培训班、公文写作培训班；为宣传统计工作的法律知识，每年举办统计知识和统计报表填报培训班、不定期地举办面向全局处级干部的统计知识培训和普法考试。为强化财务知识后续教育、规范财务报表统计工作，每年举办两次财务管理知识和财务报表填报培训，2000年，专题举办了新会计制度培训班，2003年专题举办了基建财务结算培训班。为更新审计知识、强化审计力度，每年举办审计人员培训班。每年举办水利科技管理知识培训班，配合局水利协会开展水利科技成果论文征集和评比工作。1997—2010年，每年举办监理工程师培训班，每年举办水法知识培训班，并不定期举办节水知识普及宣传活动。

（三）适应性培训

申报水利专业职称不具备规定学历培训班。局人事处自1991年起开始的专项课程培训，每年一期。凡不具备规定学历又申报水利职称的职工，参加学习培训考核合格后，可参加相应的水利专业职称评审。

大学非水利专业毕业生水利基础知识培训班。2008年起，每年一期，凡大学学历非水利专业的职工，学习培训考核合格后，可以参加相应的水利专业职称评审。

计算机技术培训。随着计算机技术的发展和更新，局科技处相应举办的，由局系统所有管理与技术人员参加的专题培训：1997年举办计算机应用能力培训；1999年举办计算机网络知识应用培训、计算机电子制表应用培训；2003年举办计算机绘图应用培训、引滦入津水源保护工程质量管理及系统软件培训；2007年举办计算机信息网络技术培训。

人事工作及工资制度改革培训。局人事处每年为各处人事劳资干部举办人事劳资报表培训班，在天津市出台工资制度改革时，举办相应的政策培训及实际操作工作培训。

三、工人岗位培训

按照水利行业职业技能鉴定的要求，根据市人事局的安排部署，2000—2010年，局人事处每年组织全局泵站运行工、泵站机电设备维修工、钻探灌浆工、闸门运行工、河道修防工、水文勘测工、渠道维护工、混凝土维修工、灌排工程8个天津市水利系统特有技术工种和汽车驾驶员、电工、司炉工等技术工人参加天津市劳动局组织的相关技术培训班，更新知识、提高技术等级。10年间，共有水利技术工人763人次，经过脱产一周的专业培训学习，通过工人技术等级晋升考核，获得技术等级晋升。其中晋升为高级工668人，晋升为中级工707人，晋升为初级工507人。

第十一篇

水利经济

随着国家经济体制改革的不断深入，政府行政职能发生了较大的转变，相伴着水利经济工作管理体制机制发生了较大的变化。预算管理模式是在计划经济体制下形成的，持续实行 40 余年。到 21 世纪初，随着改革的深入，市场经济的发展，建立起新的预算管理模式，使预算管理方式由粗放型模式转向集约型模式，财务管理水平提高到一个新的高度。局审计部门承担着对系统内单位的有关经济业务活动的审计职责，经过 30 余年的工作实践，内审事业有了长足的发展。审计方法由最初的事后审计，逐步发展到事前审计、事中审计、跟踪审计，由静态审计转变为动态审计，及时纠正工作中出现的问题。审计职责由监督查处向审计咨询服务拓展，标本兼治，重在预防，为天津市水利事业的快速发展起到保驾护航的作用。本篇主要从财务、审计、综合经营和企业管理等四个方面记述水利经济管理沿革。

第一章　财　　务

第一节　预　算　管　理

一、预算管理沿革

20 世纪 90 年代，市水利局沿用计划经济体制下形成的预算管理模式。该种预算编制方式为自上而下的代编方式，只反映预算内收支。每年 11 月前后布置预算编制工作，编制预算时间大约为 2 个月，预算编制基本上沿用"基数加增长"的方法编制，这种预算编制方法较为粗放，是与计划经济体制相伴随的。随着改革开放，市场经济的发展，传统预算编制不再适合社会经济的发展，尤其是预算编制中的预算分配未能细化到具体项目，缺乏对不同单位的职能特点和工作需要分类分档制定定员定额标准，大量预算外资金只报账甚至不报账，使得预算编制缺少计划性和前瞻性，不能与部门的事业发展规划有机地结合。为解决传统预算方法存在的问题，1998 年国家提出构建适应社会主义市场经济发展要求的，具有中国特色的公共财政框架体系，并相继进行了以部门预算、政府采购、国库集中支付，绩效评价为主要内容的公共财政体制改革。同年，市财政局制定下达《天津市实施备选项目管理办法》，要求各单位切实增强项目预算编制的计划性和前瞻性，使项目预算的确定与部门的事业发展规划有机地结合起来，使财政资金安排和使用合理、高效。

2000 年，天津市实施部门预算改革，市教委、市公安局、市劳动和社会保障局、市农林局四部门试编部门预算，上报市人大财经委员会。2001 年，参加部门预算的单位由 4 个增加到 34 个，市水利局开始按照新的财政要求参与编报部门预算，2001 年，市水利局部门预算中只包含水利局机关核算中心、农水处、物资处、基建处、水科所、水文总站 6 个二级预算单位，计 9400 余万元的财政拨款。

2002 年，市财政局成立预算编审中心，指导全市各单位部门预算的编制工作。市水利局为适应财政管理体制改革要求，按照"确保重点，统筹兼顾"的方针，细化部门预算，把人员经费按国家规定的支出项目标准和编制核定落实到用款单位，水利建设基金及各类财政专项资金按实际业务量核定落实到具体项目，对一些临时性的业务所需资金，根据往年惯例，也进行了预测。市水利局的部门预算编制逐渐得到丰富和加强。

2003 年，为加大预算外资金纳入预算管理的力度，市政府下发《批转市财政局关于加强"收支两条线"管理意见的通知》，推动实行综合预算的进程。2004 年，市水利局事业单位的全部收支纳入预算管理体系。各项支出严格按照批复的预算执行。同时做好备选项目库建设。做到项目计划和预算编制内容统一，提高资金的使用效益。

2005 年，按照市财政局统一安排，市水利局所属全额预算单位全部纳入部门预算管理，建立起预算单位、人员、资产等基础资料的数据库，使单位预算编制更加规范。

根据 2006 年市财政局相继出台的天津市部门预算的管理办法、编制规程、政府采购管理办法、绩效评价办法、项目预算管理办法等。2007 年，市水利局陆续出台《天津市水利局预算管理办法》《关于实行项目预算执行情况月报表制度的通知》《关于建立未来三年水利建设项目库的通知》等规定，明确了各部门在预算管理中的职责和预算报送、审查、批复等程序。自此，市水利局财政预算管理走向正轨。

根据市政府收支分类改革工作要求，市水利局纳入市政府收支分类改革的首批单位。2007 年，市水利局一级、二级预算单位全部纳入国库集中支付。是年，市水利局通过国库集中支付资金占全部预算资金的 98%。

2008 年，为加强工程项目的前期工作，市水利局初步筹建起 2009—2011 年预算备选项目库，将 2009 年的河道维修维护及除险加固资金全部细化到具体单位和具体河道，使项目预算编制的准确性进一步加强，一批符合水利发展实际和预算管理要求的项目被优先申报，使水利投入得到切实的财政保障。

2010 年，排管处、供水处经费纳入市水务局部门预算。市水务局部门预算单位达 15 个。全年落实财政资金 27.29 亿元，局属单位生产、生活急需解决的资金得到落实。

二、预算内容

市水务局预算分为部门预算和供水预算两部分。

部门预算安排主要原则：

第一，确保人员支出。

工资和津贴补贴，行政单位以财政工资统发金额为依据，考虑职务职级变动等因素核定。事业单位财政预算按照国家及天津市规定的工资和津贴补贴平均标准，考虑岗位、薪级变动因素核定。

住房公积金和补充住房公积金。

防暑降温费和取暖补贴。

社会保障缴费，包括基本医疗保险、生育保险、失业保险和工伤保险。

第二，公用支出预算继续执行零增长政策。严格控制一般性、消耗性开支，大力压缩公务购车、公务接待、出国出境等经费支出。

第三，财政专项资金的使用应当以需求定项目，以项目定资金。财政专项资金在专款专用的基础上由局统筹安排，优先用于关系全市水利事业和水利经济发展的重点项目。

供水预算安排主要原则：

第一，确保基本支出和供水设施日常维修养护。

第二，确保人员和社保经费。

第三，确保公用经费继续保持零增长。

第四，在确保供水设施日常维修养护和水利信息化项目建设维护资金投入的同时，大修改造资金重点用于供水设施的续建和生产性水利设施的大修改造，不断提升供水保障能力。

三、预算编制方法

改革后的预算编制方法为：

预算编制方法为自下而上的汇总方式。从基层预算单位开始编制预算，将预算分配细化到具体项目上。

采取综合预算编制方法，要求部门将所有收支统一纳入部门预算中反映。即把原预算内资金、预算外资金一律纳入部门预算中。

制定定员定额标准，在对历年决算数据进行分析对比的基础上，针对不同单位的职能特点和工作需要分类分档制定定员定额标准。

做好工程项目的前期工作，将项目预算细化到具体单位和工程，更加准确地编制项目预算。

四、预算编制程序

市水利（水务）局预算编制采取"二上二下"的工作程序。

"一上"（预算建议）：每年7月申报各单位基础信息，包括编制、人员、资产等信息；9月底以前各预算单位调整基础信息，申报建议预算、收入预算和基本支出预算，报财务处负责审核；项目支出预算报局业务主管部门，由业务主管部门根据职责范围会同有关部门进行审核，并根据局重点工作和发展目标按轻重缓急排序，报经主管副局长同意后送财务处；财务处对各单位基本支出预算和项目支出预算进行综合平衡，形成市水利（水务）局年度建议预算，报局长或局长办公会议批准后报送市财政局。

"一下"（预算控制数下达）：每年10月底根据市财政局下达的基本支出预算控制数，11月中旬下达项目支出预算控制数，财务处负责将预算控制数下达各单位，项目支出预算同时抄送局有关业务主管部门。

"二上"（预算草案）：每年 11—12 月，各单位根据局下达的预算控制数，以及测算的非财政补助收入与支出数，编制本单位年度预算草案，并在通知规定的时间内报局，经财务处审核、汇总后，形成局年度预算草案报送市财政局。

"二下"（预算批复）：根据市财政局批复市水利（水务）局的年度预算，财务处在 15 日内行文批复所属二级单位预算，项目支出预算同时抄送局有关业务主管部门。局预算批复方案在预算批复后 15 个工作日内财务处报市财政局备案。对市财政局批复的年度预算在局长办公会议上通报。

第二节　价　费　改　革

一、水费价格管理

1983 年 9 月，引滦入津工程建成通水，该调水工程成为天津城市供水的重要水源。天津市的水利工程供水价格在 1984 年市政府确定的临时水费标准的基础上先后进行了多次调增，特别是 1990—2010 年为水价改革的重要时期。

1990 年 3 月 1 日，国务院下发贯彻执行《水利工程水费核定、计收和管理办法》的通知。为摸清水利工程供水成本，1991 年，市水利局对天津市水利工程水费成本重新测算，并组织引滦入港水费测算工作。1992 年，市水利局、市物价局、市财政局共同完成水利工程水费价格核定标准。1993 年经市政府批准，自 3 月 1 日起，水利工程供工业及自来水公司用水调增价格，并调整引滦入港水价。1994 年经市物价局批准，自 7 月 1 日起，引滦入大港油田、乙烯厂等水价调整。为加强对天津水利工程水费成本的核定和水费计收工作，1994 年 12 月 31 日，市政府出台《天津市水利工程水价核定及水费计收管理暂行办法》，以便合理利用水资源，促进节约用水，保障供水工程正常运行。

1997 年 10 月，国务院下发《关于印发〈水利产业政策〉的通知》，按照规定，原有水利供水工程供水价格应在三年内调整到位。为此，市水利局着手测算 1998 年引滦工程供水水价调整方案，并做好引滦入大港区、入汉沽区、入塘沽开发区、入杨村的水价核定工作，对引滦工程供水有关各项费用的定额进行调研，建立科学、规范、合理的定额标准，为水价的调整到位做好准备。

1998 年 9 月，市水利局与市物价局共同向市政府报送《关于解决引滦供水价格的请示》，提出在现行源水价和电价不变的情况下，引滦成本水价为 0.53 元每立方米，解决引滦供水价格达到供水成本水平，可采取在现水价 0.25 元每立方米的基础上，分三年把水价调增到位的办法。

自市水利局重新测算水利工程供水成本后，水价标准分年逐步提高，1993—1999 年末，五次调增水价，水价的提高，使水费收入明显增加，逐步解决了工程运行中存在的问题，相对缓解了工程运行的压力。

2000 年后，水资源短缺问题日益突出，为节约用水，国家不断推进水价改革，促使供水价格由福利型向商品型转变。天津市的水价调整工作按照"迈小步、不停步"的工作思路逐步推进，连年调增水费。

2002年，市水利局在与市物价部门协调，搞好水价测算的情况下，结合天津市水资源状况，对源水水费的结算方式进行改革，由现行的按售水量结算改为按购水量的90%结算，从而结束了水利工程供水按自来水公司的销售量向市水利局缴纳水费的历史，该项措施的实施，更加便于水费的征收。

2003年，为建立合理的水价形成机制，水价调整经过天津市价格听证程序，使市民更多地了解到天津市水资源短缺，利用价格杠杆促进节约用水，加快建设节水型城市的情况。2003年再次调整了水利工程供水价格。

2004年4月，国务院办公厅下发《推进水价改革促进节约用水保护水资源的通知》，继续深入推动水价改革，促进节水型水价机制的形成。同年，为进一步明确水利工程供水的经营性质，充分体现水利部门供水收费的专业性和特殊性，市水利局开始准备启用"天津市水利工程供水专用发票"的工作。

经天津市国家税务局河西分局批准，原水利工程供水收费使用的"天津市商业零售专用发票"从2005年1月1日起，改为自印"天津市水利工程供水专用发票"。新发票采用自带复写方式，符合现代票据管理和防伪要求，金额以百万位计，满足了收费开具发票的要求。提高了发票的使用效率，为水费的收缴提供了便利条件。

2005年，根据市物价局《关于调整我市水价的通知》，经市委、市政府批准，再次调整了源水结算的比例，市水利局与市自来水集团源水费的结算比例，由现行按购水量的90%结算改为按购水量的100%结算。

2006年7月，市政府办公厅转发市物价局、市水利局《天津市水利工程供水价格实施办法的通知》，规范了水利工程供水价格管理。

2006年，为规范全市水利工程供水行为，市水利局与市国税局联合下发《关于启用天津市水利工程供水专用发票的通知》，在全市范围内启用了新版水利工程供水专用发票，使供水收费票据的使用更加规范合理。

2008年，按照2006年《天津市水利工程供水价格实施办法》和成本监审办法，推进水价改革，市水利局完成2006年、2007年两年供水成本监审认定和2008年水价调整的测算、调价方案申报及听证工作，为水价调整做好前期准备工作。

2009年，天津市水价和水资源费进行调整，上调部分作为南水北调基金和用于缓解供排水单位的经营困难。

2010年3月26日，市政府第46次常务会议研究天津市2010年水价调整方案，会议认为，为缓解天津市严重缺水状况，倡导节约用水，疏导水价矛盾，筹集南水北调基金，市政府曾决定从2009—2011年实施全市水价调整三年方案。市发展改革委等部门提出2010年水价调整符合这个方案。决定先调整非居民用水价格，再调整居民用水价格的方案，要求相关部门依法履行相关程序，做好宣传解释；同时加大对使用地下水资源的管理力度，科学运用价格杠杆等手段，控制地下水的开采使用。市水务局牵头，会同市发展改革委、市建委、市财政局等有关部门组织专门班子，深入现场，调查研究，摸清全市地下水开采使用情况；全市范围（包括滨海新区）水价调增部分按照统一比例提取作为南水北调基金。2010年4月1日，天津市调整非居民自来水价格和提高部分水资源费征收标准。8月1日，调整部分区域供水管线水资源费标准。11月1日，调整居民自来水价格和调整天津市部分水利工程供水价格。12 月 31 日，调整引滦入滨海新区等管线水利工程供水价格和调整部分区域水资源费征收标准。

2010 年，天津市完成城市供水价格调整、水利工程供水价格调整和水资源费调整。

二、水价调整

1993 年 9 月 1 日，经市政府批准，调整引滦入津供水价格。市水利局供市自来水公司用水每立方米由 0.108 元调整为 0.149 元；供菜田用水每立方米由 0.006 元调整为 0.04 元；供直取河水（包括水库）企、事业的循环用水每立方米由 0.04 元调整为 0.06 元。

1996 年 3 月 1 日，经市政府批准，调整天津市引滦入津供水价格。供市自来水公司（含塘沽自来水公司）、引滦入港处和直取河水企事业单位的水价每立方米由 0.149 元调整为 0.22 元；供农业用水每立方米由 0.02 元调整为 0.04 元；供菜田用水每立方米由 0.04 元调整为 0.08 元；供直取河水（包括水库）企、事业单位的循环用水每立方米由 0.06 元调整为 0.09 元。

1997 年 8 月 1 日，经市政府批准，调整天津市引滦入津供水价格。供市自来水公司、塘沽自来水公司、引滦入港处和直取河水企事业单位的水价每立方米由 0.22 元调整为 0.25 元；供农业和菜田用水价格不调整，仍为每立方米 0.04 元和 0.08 元；供直取河水的企事业单位循环水价格由每立方米 0.09 元调整为 0.10 元。

1998 年 12 月 1 日，经市政府批准，市物价局以《关于调查地下水资源费收费标准的通知》，调整地下水水资源费收费标准。乡（镇）企业取用地下水由每立方米 0.05 元调整为 0.50 元；天津石化公司在宝坻、蓟县水源地开采的优质地下水由每立方米 0.12 元调整为 0.50 元；其他企业取用地下水由每立方米 0.0968 元调整为 0.50 元。

1999 年 11 月 1 日，根据市物价局《关于调整引滦入津供水价格的通知》，经市政府批准，调整引滦入津供水价格。供市自来水公司、塘沽自来水公司、引滦入港处和直取河水的企事业单位水价由每立方米 0.25 元调整为 0.40 元，供直取河水（包括水库）的企事业单位循环水价格由每立方米 0.10 元调整为 0.13 元，供菜田用水价格由每立方米 0.08 元调整为 0.10 元，供农业用水价格不调整。

2000 年 9 月 1 日，根据市物价局《关于调整引滦入津供水价格的通知》，经市政府批准，调整引滦入津供水价格。供市自来水公司、塘沽自来水公司、引滦入港处和直取河水的企事业单位水价由每立方米 0.40 元调整为 0.55 元，供直取河水（包括水库）的企事业单位循环水价格由每立方米 0.13 元调整为 0.18 元，供菜田用水价格由每立方米 0.10 元调整为 0.12 元，供农业用水价格不调整。

2001 年 7 月 1 日，根据市物价局《关于调整引滦入津供水价格的通知》，经市政府批准，调整引滦入津供水价格。供市自来水集团、塘沽自来水公司、引滦入港处和直取河水的企事业单位水价由每立方米 0.55 元调整为 0.91 元，供直取河水（包括水库）的企事业单位循环水价格由每立方米 0.18 元调整为 0.30 元，供菜田和农业用水价格不调整。

从 2001 年开始，使用商业零售专用发票收取工程水费。

2002 年 1 月 1 日，使用商业零售专用发票收取工程水费。9 月 1 日，根据市物价局《关于调整水价的通知》，经市政府批准，天津市水价改革和水价调整的有关事项明确为：一是开征地表水资源费，征收的标准为每立方米 0.06 元，水资源费属于行政事业性收费，纳入财政预算，实行"收支两条线"管理。二是将现行价外征收的库区基金每立方米 0.03 元纳入地表水资源费系列。三是改革源水水费结算方式。将市自来水集团与市水利局源水费的结算方式，由按售水量结算改为按购水量的 90％ 结算。调整后的自来水销售价格自 2002 年 9 月 1 日起执行。11 月 1 日，根据市物价局、市财政局《关于调整地下水资源费收费标准的通知》，经市政府批准，调整地下水资源费收费标准。凡已具备自来水水源的用水户，地下水资源费由现行的 0.50 元每立方米调整为 1.90 元每立方米；不具备自来水水源的用水户，地下水资源费由现行的 0.50 元每立方米调整为 1.30 元每立方米。11 月 8 日，根据市物价局、市财政局《关于制定水资源费收费标准的补充通知》，对征收水价资源费的有关事项进行了明确，自 2002 年 11 月 1 日起，供塘沽自来水公司、引滦入港处和直取河水的企事业单位，水资源费的标准为每立方米 0.06 元；供直取河水（包括水库）企事业单位循环水的水资源费标准为每立方米 0.02 元。

2003 年 3 月，城市居民生活用水由每立方米 2.2 元调到 2.6 元。10 月 1 日，根据市物价局《关于我市 2003 年调整水价的通知》，经市政府批准，适当调整天津市水价：一是调整水利工程供水价格，市水利局供市自来水集团的地表水价格由现行每立方米 0.91 元提高到 1.00 元。二是调整地表水资源费标准，地表水资源费由每立方米 0.06 元调整为 0.22 元。其收费标准含在自来水价格中，并随水费一并收取。自 2003 年，使用自印的水利工程供水专用发票收取水费。2004 年 3 月由 2.6 元调到 2.9 元。

自 2005 年 1 月 1 日起，经市国家税务局批准，改为使用《天津市水利工程供水专用发票》，新发票采用了自带复写方式，符合现代票据管理和防伪要求，并且金额以百万位计，满足了收费开具发票的要求，提高了发票的使用效率，为水费的收缴提供了便利条件。

2005 年 12 月 1 日，根据市物价局《关于调整我市水价的通知》，经市政府批准，决定适当调整天津市水价：一是调整地表水水资源费标准，非居民用水的水资源费标准由现行的每立方米 0.22 元调整为 0.70 元；居民用水的水资源费标准仍按每立方米 0.22 元执行，不做调整。二是调整源水水费结算比例。市自来水集团与市水利局源水费的结算比例，由按购水量的 90％ 结算改为按购水量的 100％ 结算。

2006 年 1 月 1 日，根据市物价局《关于调整我市部分水利工程供水价格的通知》，市水利局供引滦入港处的用水价格每立方米由 0.91 元调整为 1.00 元，供塘沽自来水公司的用水价格每立方米由 1.00 元调整为 1.10 元。

2007 年 3 月 1 日，根据市物价局《关于调整水价的通知》，经市政府批准，调整非居民生活用水价格。其中调整部分水利工程供水价格，供市自来水集团的水利工程供水价格由每立方米 1.00 元调整为 1.03 元。同日，根据市物价局、市财政局《关于调整水资源费征收标准的通知》，为筹集南水北调基金，全市范围内适当调整水资源费征收标准。调整后的地表水水资源费征收标准为：①市自来水集团供非居民用水价格中的水资源费每立方米由 0.70 元调整为 1.03 元，供居民用水价格中的水资源费每立方米由 0.22 元调整为 0.25 元；②供塘沽区、汉沽区、大港区、开发区等区域水利工程供水价格中的水资源费每立方米由 0.06 元调整为 0.10 元；③对直接从江河、湖泊（包括水库）取水，用于消耗使用的水资源费标准每立方米由 0.06 元调整为 0.10 元，用于循环使用的水资源费标准每立方米仍为 0.02 元不变。调整后的地下水水资源费征收标准为：①市内六区、塘沽、汉沽、大港、东丽、西青、津南和北辰行政区域内的地下水资源费在现有基础上每立方米提高 0.70 元，即城市公共供水范围内提高到 2.60 元，城市公共供水范围外提高到 2.00 元；②武清区、宝坻区、静海县、蓟县和宁河县行政区域内的地下水资源费在现有基础上每立方米提高 0.30 元，即城市公共供水范围内提高到 2.2 元，城市公共供水范围外提高到 1.6 元；③以地下水为水源的城市公共自来水厂，其用水每立方米开征 0.10 元水资源费。9 月 1 日，根据《关于调整引滦入塘输水管线供水价格的通知》，对引滦入塘输水管线供水价格进行调整。将塘沽区在源水价格外支付的每立方米 0.05 元运行费纳入引滦入塘供水价格。在此基础上，将引滦入塘供水价格由每立方米 1.15 元调整到 1.30 元，上调 0.15 元。同时，将引滦入塘水利工程供水中的地表水水资源费（南水北调基金），由原来按售水量结算改为按杨北泵站计量的供水水量结算。

2007 年，市水利局与市国税局联合下发了《关于启用天津市水利工程供水专用发票的通知》，在全市范围内启用了新版的水利工程供水专用发票，使供水票据的使用更加规范。

2008 年 4 月，水费收费使用天津市服务行业专用发票，并缴纳营业税。

2009 年 1 月 1 日，根据《财政部　国家发展改革委关于公布取消和停止征收 100 项行政事业性收费项目的通知》规定和《中共天津市委关于印发〈关于当前促进经济发展的 30 条措施〉的通知》要求，取消工程质量监督费、工程定额测定费、海河二道闸车辆通行费等 3 项行政性收费。4 月 1 日，根据市物价局《关于调整水价的通知》，经市政府批准，调整水价。其中调整部分水利工程供水价格，供市自来水集团的水利工程供水价格每立方米由 1.03 元调整为 1.05 元，提高 0.02 元。同日，根据市物价局、市财政局《关于调整水资源费征收标准的通知》，在全市范围内适当提高水资源费征收标准，调整后的地表水水资源费征收标准为：①市自来水集团供居民用水价格中的水资源费由每立方米 0.25 元调整为 0.63 元，供非居民用水价格中的水资源费由每立方米 1.03 元调整为 1.41 元，均提高 0.38 元；②对直接从江河、湖泊（包括水库）取水，用于消耗使用的水资源费每立方米由 0.10 元调整为 0.20 元，提高 0.10 元。调整后的地下水水资源费征收标准为：①市内六区、塘沽、汉沽、大港、东丽、西青、津南和北辰行政区域内的地下水资源费每立方米提高 0.80 元；②武清区、宝坻区、静海县、蓟县和宁河县行政区域内的地下水资源费每立方米提高 0.40 元；③以地下水为水源的城市公共自来水厂，其水资源费征收标准每立方米由 0.10 元调整为 0.20 元，提高 0.10 元。新调增的地表水资源费、地下水资源费将专项用于南水北调工程基金。6 月 1 日，经市政府批准，调整引滦入塘输水管线的供水价格，塘沽自来水公司的引滦水利工程供水价格每立方米由 1.30 元调整为 1.50 元，提高 0.20 元。

2009 年，按照市财政局《关于启用"天津市非税收入统一缴款书"的通知》的要求，将地表水资源费、水土保持设施补偿费、水土流失防治费三项行政事业性收费和水政执法罚没收入统一纳入全市非税收入收缴系统。

2010 年 4 月 1 日，根据市物价局下发《关于调整非居民自来水价格的通知》，全市调整非居民自来水价格。市自来水集团及静海水务公司、津南水务公司、西青开发区赛达水务公司供非居民用水价格每立方米上调 0.8 元，即工业、行政事业、经营服务用水每立方米由 6.70 元调整为 7.50 元，特种行业用水每立方米由 21.10 元调整为 21.90 元。同日，根据市物价局和市财政局联合下发《关于提高部分水资源费征收标准的通知》，全市适当提高部分水资源费征收标准。市中心六区、环城四区和滨海新区区域的地下水资源费征收标准每立方米提高 1.20 元。即城市公共供水范围内的地下水资源费征收标准每立方米由 3.40 元调整为 4.60 元，城市公共供水范围外的地下水资源费征收标准每立方米由 2.80 元调整为 4.00 元。武清区、宝坻区、静海县、蓟县和宁河县行政区域的地下水资源费征收标准每立方米提高 0.40 元。即城市公共供水范围内的地下水资源费征收标准每立方米由 2.60 元调整为 3.00 元，城市公共供水范围外的地下水资源费征收标准每立方米由 2.00 元调整为 2.40 元。市自来水集团供非居民用水价格中的水资源费每立方米由 1.41 元调整为 2.17 元，提高 0.76 元。滨海新区等区域的地表水资源费也相应提高，具体标准另行下达。对农村中的农民生活用水和农业生产用水继续免收水资源费，暂不征收南水北调工程基金。

2010 年 8 月 1 日，根据市物价局和市财政局联合下发《关于调整部分区域供水管线水资源费标准的通知》，全市适当调整部分区域供水管线水资源费标准。塘沽、汉沽、大港、开发功能区水利工程供水价格中的地表水资源费每立方米由 0.20 元分别调整为 0.61 元、0.64 元、0.44 元和 0.69 元；津南、静海、临港工业区、空港物流加工区、西青开发区自来水趸售价格中的地表水资源费每立方米由 0.30 元分别调整为 0.50 元、0.48 元、0.93 元、0.94 元和 0.85 元。宝坻、宁河、武清、蓟县以地下水为水源的公共自来水厂，其地下水资源费标准每立方米由 0.20 元分别调整为 0.46 元、0.35 元、0.54 元和 0.34 元。

2010 年 11 月 1 日，根据市物价局下发《关于调整居民自来水价格的通知》，全市调整居民自来水价格。居民自来水价格由每立方米 3.90 元调整至 4.40 元，提高 0.50 元。居民自来水价格中，南水北调基金标准由每立方米 0.63 元调整到 1.01 元，提高 0.38 元；污水处理费标准每立方米由 0.82 元调整为 0.90 元，提高 0.08 元。供市自来水集团的水利工程供水价格每立方米由 1.05 元调整为 1.08 元，提高 0.03 元。静海水务公司、津南水务公司、西青开发区赛达水务公司居民自来水销售价格也按以上规定的价格水平执行。同日，根据市物价局下发《关于调整我市部分水利工程供水价格的通知》，全市调整水利工程供水价格和自来水销售价格。利用河（渠）道、水库、输水管线直接供应工业、火力发电的消耗水价格，由每立方米 1.00 元调整为 1.03 元；循环水价格由每立方米 0.30 元调整为 0.31 元。自 2010 年 12 月 31 日起，供市自来水集团的水利工程供水价格，由每立方米 1.05 元调整为 1.08 元；供滨海水业集团有限公司的水利工程供水价格，由每立方米 1.00 元调整为 1.03 元；供京津新城东山自来水厂的水利工程供水价格，由每立方米 1.35 元调整为 1.38 元。

2010 年 12 月 31 日，根据市物价局下发《关于调整引滦入滨海新区等管线水利工程供水价格的通知》，全市调整水利工程供水价格。供塘沽中法供水公司、汉沽龙达水务公司、大港供水站与安达供水有限公司、泰达津联自来水公司、武清开发区自来水公司与逸仙园水厂的水利工程供水价格，分别调整为每立方米 1.60 元、1.71 元、2.00 元、1.75 元、1.73 元。供大港油田与中石化乙烯公司、大无缝钢管厂与军粮城电厂、天铁炼焦化工厂与天铁冷轧薄板有限公司和天津国电津能热电有限公司的水利工程供水价格，分别由现行的每立方米 2.13 元、2.00 元、2.05 元统一调整为 2.20 元。同日，根据市物价局和市财政局联合下发《关于调整调整部分区域水资源费征收标准的通知》，全市调整部分区域水资源费征收标准。调整塘沽、汉沽、大港、开发区水利工程供水环节水资源费征收标准，分别为每立方米 0.70 元、0.69 元、0.58 元和 0.74 元；调整津南、静海、临港、空港、西青区供水环节水资源费征收标准，分别为每立方米 0.72 元、0.69 元、0.93

元、0.94 元和 0.90 元；调整宝坻、宁河、武清、蓟县以地下水为水源的公共自来水厂水资源费征收标准，分别为每立方米 0.56 元、0.49 元、0.60 元和 0.49 元。

第三节　资　产　管　理

一、行政事业单位国有资产管理

1991—2010 年，天津市水利（水务）局国有资产的管理，严格执行国有资产管理规章制度，强化国有资产管理责任制，资产管理水平和资产使用效率不断提高：一是严格按照固定资产配置标准和政府采购有关规定，严把资产入口关；二是积极建账立制，完善固定资产账目，建立固定资产卡片，定期进行固定资产清理；三是严格国有资产处置审核、审批，把好资产出口关。

2001 年，市水利局组织引滦工程管理相关事业单位委托中介评估事务所对具备土地证的土地进了价值评估及入账工作。经评估入账的无形资产价值达到 3.47 亿元，保证了资产的完整性。

2004 年 9 月 24 日，市水利局印发《天津市水利局机关固定资产管理办法》，进一步加强了水利局机关固定资产的管理，规范资产管理程序，建立严格的资产清查制度，确保了国有资产的安全和完整。

2007 年 3 月 5 日，市水利局印发《关于开展行政事业单位资产清查工作的通知》，组织开展行政事业单位清产核资工作。本次清查工作时点为 2006 年 12 月 31 日，清查了 19 个行政事业单位，计 32 个预算单位，清查行政事业单位资产 41065 万元。通过清查工作彻底摸清了家底，为更好地加强市水利局行政事业单位国有资产监督管理奠定了基础。

2009 年 6 月，成立天津市水务局"小金库"专项治理工作领导小组，并召开全局"小金库"专项治理工作会议，对全局开展"小金库"专项治理工作进行动员部署，按照《天津市水利局"小金库"专项治理工作实施方案》安排部署，组织局机关和局属 65 个事业单位完成自查自纠、重点检查、整改落实及"回头看"各阶段工作。

2009 年 12 月 15 日，经市水务局第六次局长办公会议研究决定，将引滦入塘供水管线由引滦工管处划转至引滦入港处。划转固定资产的账面原值约 9756.42 万元、累计折旧约 6166.85 万元、净值约 3589.57 万元；划转无形资产——土地使用权的账面价值约 253.41 万元，已摊销价值约 30.41 万元、净值约 223 万元。

2010 年 4 月 22 日，根据市财政局《关于实施行政事业单位资产管理信息系统有关问题的通知》要求，实施行政事业单位资产管理信息系统。本系统是在 2007 年行政事业单位资产清查的基础上建立的，是财政部实施的"金财工程"的重要组成部分。系统的建立是为了真实、完整地反映各行政事业单位的资产和财务状况，实现资产管理与预算管理的有机结合，是实现国有资产监管动态化、预算编制精细化的重要举措。市水务局实施范围包括 2 个行政单位（局机关、市调水办）和 15 个事业单位（农水处、物资处、基建处、水科院、水文水资源中心、招投标站、永定河处、海河处、北三河处、大清河处、海堤处、节水中心、控沉办、供水处、排管处）。

二、企业国有资产管理

1991 年以来，在企业清产核资的基础上，市水利局加强事业单位国有资产对外投资管理，强化事业单位出资人的职责。将对外投资与企业监管紧密联系，规范设立企业及对外投资的审核审批流程，加强资产收益管理，确保国有资产保值增值。

2004 年，按照市政府《批转市国资委拟定的天津市国有企业清产核资工作方案的通知》要求，市水利局开展国有企业清产核资工作，并成立了天津市水利局国有企业清产核资领导小组，领导小组下设办公室。办公室设在局财务处，负责此次全局企业清产核资的具体组织和日常工作。本次清产核资工作以 2004 年 8 月 31 日为资产清查基准日，对市水利局直属企业及局属事业单位下属三产企业中国有独资及国有控股企业和企业化管理事业单位，进行全面清产核资，共涉及 28 个企业。

2006 年 7 月 3 日，市水利局以《关于天津市水利工程建设监理咨询中心进行改制的批复》文件，同意基建处所属的自收自支事业单位天津市水利工程建设监理咨询中心，按照《水利工程建设监理单位体制改革指导意见》的要求，改制为有限责任公司。2008 年 5 月，天津市水利工程建设监理咨询中心改制完成，同时更名为天津市泽禹工程建设监理有限公司。

2007 年 5 月 9 日，市水利局以《关于天津市九河水利建筑工程公司进行改制的批复》，同意永定河处将天津市九河水利建筑工程公司由国有企业改制为有限责任公司。2008 年 8 月，公司改制完成，实现国有股权全部退出，企业民营化。

2007 年 11 月 23 日，市水利局出台《天津市水利局经济实体管理办法》，明确了经济实体的审批、监督管理等方面的职责，进一步加强了市水利局经济实体的管理，促进了经济实体的规范运营。

2008 年 8 月 21 日，成立天津市水利局经济工作领导小组。围绕"建设节水型社会，发展大都市水利"的发展思路，以坚持发展水利经济为目标，以服务服从于水利中心工作为重点，开展水利经济政策和方法研究，集中审议重大经济事项的必要性和可行性，有针对性地提出意见和建议，为重大经济决策发挥参谋和助手作用，确保水利国有资产保值增值。

2008 年 9 月 16 日，市水利局印发《关于开展经济实体清查核实工作的通知》，对全局范围内的经济实体开展一次全面的清查核实。截至 2008 年 8 月底，市水利局直属企业（含企业化管理事业单位）及事业单位所属经济实体共 52 个。其中国有、国有控股及国有参股企业 36 个；集体性质 15 个；三资性质 1 个。主要行业为建筑业、工业、服务业等。

2009 年 2 月 19 日，按照市委、市政府关于推进市国有资产监管体制工作的整体部署及"政企分开、政资分开、政事分开"的要求，市水利局与市国资委签署《市国资委、水利局关于部门所属国企监管事项的工作纪要》，明确天津市水利工程有限公司、天津振津工程集团有限公司、汇诚发展总公司、水利经济技术开发公司、天水科技发展有限公司、大禹机电贸易公司 6 个企业的经营管理、干部管理、组织关系等整建制交由市国资委监管。3 月 11 日，市水利局与市国资委就以上企业进行了移交。同时，滨海水业集团公司等 25 户企业暂由市国资委委托市水务局监管。

2010 年 6 月 30 日，完成引滦入塘输水管线和滨海水业集团股份有限公司资产评估备案。其中引滦入塘输水管线评估前账面价值为 3501.27 万元，评估后价值为 9741.81 万元；滨海水业集团股份有限公司评估前账面净资产价值为 19175.39 万元，评估后净资产价值为 35043.95 万元。10 月 18 日，经市国资委批准同意，由滨海水业集团股份有限公司股东引滦入港工程管理处以引滦入塘输水管线评估价值和 4000 万元现金对公司增资扩股，滨海水业集团股份有限公司总股本由 11000 万股增至 15500 万股，注册资本由 11000 万元增至 15500 万元。

2010 年 7 月 27 日，市水利局召开 2010 年"小金库"专项治理工作会议，对市水利局 2010 年"小金库"专项治理工作进行了动员部署，局属有关事业单位主要负责人、纪委书记、局属社会团体和企业主要负责人，局"小金库"专项治理工作领导小组成员参加会议。按照《天津市水务局社会团体和国有企业"小金库"专项治理实施方案》安排部署，组织完成全局 64 家社会团体和企业"小金库"专项检查自查自纠、重点检查、整改落实等各阶段的工作。

截至 2010 年年底，局经济工作领导小组陆续召开 11 次工作会议，认真研究局机关"三产"及局属企业（含局属各单位所属经济实体）清查和清理，制定《天津市水利投资建设发展有限公司实施方案》和《天津市南水北调水源工程建设投资有限责任公司组建方案》，以及滨海水业集团公司股改上市、水务投资集团组建等事宜，积极献言献策，为市水利局企业深化改革起到了积极推动作用。

第二章 审   计

第一节 机 构 建 制

一、内审体系

1984 年 3 月，天津市水利局下发《关于成立审计筹备组的通知》，市水利局审计筹备组成立，挂靠局财务处。筹备组期间，主要工作是对部分局属单位的财务收支、经济效益进行试审，积累开展审计工作的经验；与纪检监察部门共同查处一些案件；与财务、劳资部门联合开展财务税收大检查。

1987 年 7 月，天津市水利局下发《关于设立审计处的通知》，审计处正式成立，编制为 5 人。主要承担市水利系统内部审计工作。协助配合各级审计机关对市水利局的审计工作。

20 世纪 90 年代，市水利系统单位陆续建立内审机构。1991 年，全系统 12 个区（县）水利局、19 个局直属单位中，建立内审机构的区（县）水利局 8 个、局直属单位 5 个。设专兼职人员单位 10 个，其中区（县）水利局 4 个，局直属单位 6 个。全系统配备专兼职审计人员 43 人，其中区（县）水利局 25 人，局直属单位 18 人，初步形成水利系统内审网络体系。

1992 年，区（县）水利局内审机构增建到 9 个，审计人员增加到 28 人。没有审计机构的单位均配备专兼职审计人员，专兼职审计人员达 33 人。全系统审计机构 15 个，审计人员 61 人。

2001 年 6 月 11 日，市委办公厅发出《印发〈天津市水利局（天津市引滦工程管理局）职能配置、内设机构和人员编制规定〉的通知》，根据市水利局职能调整，2001 年 7 月 26 日，市水利局开始实施机关机构改革，局审计处定编 4 人。2007 年，按照市水利局《关于建立健全我局内部审计机构配备内部审计人员的通知》精神，市水利审计部门全面推动落实系统内审计人员的配备，使水利系统内部审计网络建设进一步加强。截至 2010 年，市水务局局属单位有审计机构 16 个，审计人员 106 名。

二、审计事务所

1995 年，海威审计事务所成立，局审计处对事务所给予宏观指导。海威审计事务所作为市水利局审计工作的补充，完成 1995—1998 年市水利局局属单位维护费的审计。1998 年增量资金以外安排的基建工程竣工决算审计。还先后完成 5 个单位财务收支审计，4 个单位"三产"审计，22 个具体基建工程项目及水毁工程审计。

根据市财政局、市工商局、国有资产管理局文件精神，1999 年 7 月海威审计事务所停业，2000 年 1 月 31 日，海威审计事务所注销。

三、制度建设

市水利（水务）局审计部门在内部审计工作中，不断制定、完善和修订以往的内审制度，使审计工作有章可循，审计质量和内审人员的执业水平不断提高。

1992 年 5 月，市水利局出台《防汛工程决算审计试行办法》《水利审计工作程序》《水利审计档案管理办法》《对水利行业审计巡视检查的有关规定》《审计例会制度》等审计相关制度。

1996 年，市水利局出台《天津市水利局直属事业单位法人代表离任经济责任审计实施办法》。1998 年，市水利局对《天津市水利局直属事业单位法人代表离任经济责任审计实施办法》进行修订。出台《天津市水利局直属企事业单位法人代表离任经济责任审计实施办法》，印发局属企事业单位。2001 年 6 月，市水利局修订并出台《天津市水利局企事业单位领导干部（人员）任期经济责任审计实施办法》；10 月出台了《天津市水利经济责任审计联席会议制度》，将领导干部任期经济审计工作常规化，有效地对领导干部任期经济责任实施监督。

2003 年，市水利局制定《天津市水利局内部审计工作规定》《天津市水利局内部审计质量考核办法》《天津市水利局关于审计组组长负责制的规定》《天津市水利局审计方案准则》《天津市水利局审计工作底稿准则》《天津市水利局审计证据准则》《天津市水利局审计报告准则》7 项规定，使内审工作进一步规范化。

2004 年，市水利局制定出台《天津市水利基本建设项目竣工决算审计暂行办法》《天津市水利经济合同审计签证和备案办法》，对审计项目做出具体规定。

2007年，市水利局印发《建立健全我局内部审计机构配备内部审计人员的通知》；修订了《天津市水利经济合同签证和备案暂行办法》《天津市水利局内部审计质量考核办法》。

截至2010年，一系列内部审计制度的制定与完善，规范了审计行为，使市水务局内审工作纳入正轨。

第二节　审　计　项　目

20世纪90年代，市水利局审计工作开展初期，按照市审计局、审计署驻水利部审计局关于对内审及水利审计工作要求，结合水利工作任务，实施相应审计项目。1991年，市水利局主要实施对预算执行情况和财务收支定期审计、企业经济效益审计、审计调查等。对审计查出的问题提出整改意见，对违纪问题均下达审计结论，予以纠正。

1992年，市水利局审计部门开展对基建工程的审计，对基建工程项目实施开工前审计，并进行跟踪审计。1993年，市水利局开始对离任处级领导干部实施经济责任审计，对领导干部加强了管理与监督。截至1996年，6年共完成53项审计项目，审计单位230个次，审计资金257357万元，审查出有问题资金5959万元，纠正违纪金额639万元，挽回经济损失737万元，提出意见建议158条。

1997年，市水利审计部门依据市水利局《关于加强综合经营财务决算审计工作的通知》精神，对局属单位开办"三产"项目进行审计，以了解市水利局三产项目财务决算的真实情况。

1998年是国家审计署确定的"水利审计年"，为配合此项工作，市水利局专门责成财务处、审计处、基建处组成三个检查小组，分别对局直属单位、区（县）水利局及水利基建工程实施自查中的检查、指导、监督和督促工作。并在完成常规项目审计的同时，进行专项审计。

2004年，为保证局领导对审计工作的批示和审计意见落到实处，市水利局审计部门开始对所有的审计项目实施后续审计，以提高被审计单位对审计意见的落实率。同时，全面开展内部审计质量考核，促进审计质量和审计人员执业水平的提高。

2005年，为加强和规范对合同的管理，市水利局开展对经济合同的审计签证工作，以防范合同签订中的风险。

2007年，审计范围进一步拓展，开始对局属企业的经营管理情况进行探索性的审计，促进内部审计向服务型、效益型、管理型的转变。

截至2010年，市水务审计部门实施的审计项目主要有财务收支审计、预算执行审计、经济责任审计、基建审计、合同审签、水利专项审计、审计调查、经营管理审计、经济效益审计、案件查处和上级交办的各种审计，共开展审计项目420个。纠正违规资金7468万元，提出合理化建议603条。

一、预算执行情况、财务收支审计

预算执行情况和财务收支审计是审计中的常规工作，每年有季度审、半年审、年审、定期完成。对于审查出来的问题，市水利局审计部门均提出处理意见，对违纪问题下达审计结论，予以纠正。

1991年，市水利局审计部门完成对北大港处、水源处、物资处、水利学校、设计院、水科所、农水处、基建处、河闸总所、潮白河处、于桥处、引滦工管处、黎河处、隧洞处、宜兴埠处、尔王庄处、水文总站17个直属单位审计。

1992年，在对17个单位审计的基础上，增加通讯处、引滦入港处两单位，共计完成对19个单位的审计。

1993年2月，在对财务收支情况进行定期审计的同时，进行了财务决算审计。

1994年，审计单位扩大到社会团体单位，完成包括天津市水利学会、天津市水利会计审计学会在内的21个单位的财务审计。并增加了债权债务、职工人均纯收、现金及银行存款存取、借贷合理、合规、合法审计的内容，以全面了解各单位财务、经营成果等情况。

1997年，国家审计署将预算执行情况审计列为重点审计项目，自此预算执行情况审计得到加强，资金的管理与使用情况得到有效的监督。财务收支审计也成为市水利审计经常性、基础性工作。

2002年，继续对预算执行情况进行重点审计。同时，摸清了预算单位银行开户状况，查清了资金底数和整体运作情况，加强了对资金的预算管理。

截至2010年，市水务局预算执行情况审计、财务收支审计工作不断完善，有效地纠正了被审计单位预算资金使用上存在的问题，减少了预算执行中和财务收支中的随意性，加强了对预算资金和日常财务支出的管理。

二、任期经济责任审计

为加强对领导干部（人员）的管理，客观评价领导干部（人员）任期经济责任，保护国有资产的安全完整，自1993年起，市水利局对处级领导干部实施离任经济责任审计，客观、公正地对领导干部任期内单位的财务收支、债权债务、财产物资等情况进行审计评价，指出存在的问题，提出处理意见和建议。1996年，市水利局制定出台《天津市水利局直属事业单位法人代表离任经济责任审计实施办法》，自此，领导干部离任经济责任审计工作有章可循。1997年，市水利局直属中层单位的行政主要领导调任、退休等职位变动，均对其任职期间经济责任情况进行审计。同年，宝坻县、武清县、塘沽区等区（县）水利局也开展了离任审计。1999年，中共中央办公厅、国务院办公厅下发《领导干部（人员）任期经济责任审计暂行规定》后，市水利局相应修改了《天津市水利局直属事业单位法人代表离任经济责任审计实施办法》。2001年，出台《天津市水利局企事业单位领导干部（人员）任期经济责任审计实施办法》，完善领导干部离任经济责任审计制度。自此，领导干部离任经济责任审计工作走向正轨。截至 2010 年，市水务局对调任、退休领导干部经济责任审计达 71 人（次），促使领导干部（人员）在任期内依法履行行政职责和经济管理职责。

第三节 外 部 审 计

市水利（水务）局审计部门在组织内部审计的同时，还承担着配合各级审计部门对市水利（水务）局的审计工作。在历次外审工作中，发挥了内审部门应有的作用。

1999 年，国家发展计划委员会、水利部、审计署京津冀特派员办事处、审计署太原特派员办事处、财政部驻天津市财政监察专员办事处、市审计局等有关单位先后对天津市水利增量资金的管理与使用情况进行审计检查。为能够掌握全市增量资金的管理与使用情况，及时纠正存在的问题，市水利局审计部门先行严格的自查，在自查中，弥补不足，纠正错误，对资金管理与使用做到心中有数。使外部审计工作顺利展开，保证审计结论的客观公正。

2003 年，中国内部审计协会颁布《内部审计具体准则第 10 号—内部审计与外部审计的协调》，该准则的实施，促使内审与外审工作向更为紧密配合，更加协调方向发展。自 2003 年，市审计局对水利基本建设、天津市人畜饮水解困工程、外环河改造、引滦水源保护工程等项目进行审计。2004 年，国家审计署对海河流域水环境污染治理计划落实情况等项目进行审计。

2007 年，国家审计署对南水北调中线天津干线可行性研究报告及征地移民审计。市审计局组织对海河开发项目、农村饮水安全与管网入户等项目的审计。

2008 年，水利部对病险水库除险加固项目审查。水利部移民局对于桥水库库区移民项目审查，市发展改革委重大项目稽查特派员办公室对农村饮水安全及管网入户项目审查，审计署京津冀特派员办事处对水环境治理项目审计调查。

2009 年，市水务局审计部门参与中央拉动内需资金中央检查组、天津市检查小组对永定新河防潮闸改建、蓟运河改造项目的检查。参与水利部检查组对天津病险水库改造项目的检查，接待国家移民局对蓟县库区移民建设项目的检查和天津市财政局检查分局对宝坻桥闸涵改造项目的检查。

2010 年，完成配合外部审计及检查部门对市水务局的审计和检查工作，配合完成市财政局稽查分局对市水务局历时 3 个月的财政预算及基本建设情况审计，配合中央检查组对水利工程专项治理检查，配合审计署及市审计局对政府性债务专项审计调查，配合国家移民局开展移民后期扶持政策稽查。

截至 2010 年，针对各级审计部门对市水务局的审计，市水务局审计部门均参加接待与配合，协调解决审计中出现的问题。在保证客观的前提下，沟通对问题的认识，维护水利合法利益，督促相关部门上报审计整改意见，有效地发挥了内审部门应有的作用。

第三章　综　合　经　营

天津市水利（水务）局综合经营工作始于 1978 年，中央十一届三中全会以后，综合经营项目从养殖、租赁、加工业起步，到 20 世纪 90 年代初，经营企业发展到近百家。随着市场经济的深入发展，产品单一、科技含量低、缺乏市场竞争力的经营项目优胜劣汰。1997 年，《水利产业政策》出台，水利经济工作重点转移到行政事业性收费和水土资源开发、水利工程施工等水利优势行业上。2002 年，水利部出台《关于进一步加强水利综合经营的工作的若干意见》，确立了要立足于围绕水利自身的需求发展综合经营的思路。截至 2010 年，市水务局综合经营项目已形成以城市供水、水利施工、水库养殖、水利项目服务为重点的水利经济发展格局。

第一节　企　　业

市水利（水务）局综合经营最早是由边远闸站开始起步的，到 1991 年综合经营规模不断扩大，局属各单位利用各自的优势，相继办起招待所、商店，大规模开展水产、家禽养殖、果树种植等利用本地资源的经营项目，以及生产加工、水利施工等项目。

1991 年，局属单位共有综合经营项目 84 个，从业人员 2000 余人，利税 710 万元。经济效益比较好的项目有：①尔王庄处利用闲置的土地资源办起的养鸡场，养鸡规模 3 万只，并建成种鸡场、孵化车间，形成从种鸡孵化、育雏到蛋鸡养成一条龙生产能力，每年利润 10 万元以上；②潮白河处与天津汽车制造厂合作成立的车窗厂，为大发车加工车门和车窗，年利润由 10 万元，发展到四五十万元；③北大港处成立的消防化工厂，与市消防部门挂钩，专业生产消防干粉，年利润达 30 多万元，三年收回全部投资；④物资处成立水利设备租赁站和物资站，利用物资流通渠道的业务人员优势，开展钢板桩租赁业务，取得持续稳定的经济效益。

1994 年，根据市水利局水利经济工作会议"沿着水路找出路，顺着水路找财路"的精神，市水利局综合经营确定出将从单一的加工业、种植业发展成以城市供水、水利施工、水库渔业、水利技术服务为重点的水利经济。并对局属各单位经营项目进行全面检查清理，对亏损企业采取关、停、并措施，改善经济格局，提高经济效益。

通过清理，在企业数量大幅减少的同时，总收入和利润保持相对稳定，企业由 1989 年最高峰时的 96 家，减到 2001 年的 61 家，其中施工企业 14 家，从事技术咨询服务的实体 13 家，生产加工 15 家，商业贸易和租赁业 14 家，绝大部分是依托行业优势经营的项目。

2001 年的综合经营项目中，市水利局机关有三产企业 9 家。

一、天津市天龙皮革公司（原名为天龙贸易公司）

该公司于 1992 年 8 月成立，为国有独资，注册资金 300 万元，原主要从事商品贸易，后经营皮革制品印花。法人代表：赵杰。由于经营不善，企业长期亏损，经局批准，该企业于 2007 年启动破产程序。

二、沃特激光全息影像公司

该公司于 1992 年 5 月成立，是以生产销售激光防伪标志为主的工贸公司，性质为国有独资。注册资金 120 万元，法人代表：龚战震。公司经营状况基本稳定，每年保持产值约 100 万元。2002 年该公司为拓展业务，增加包装装潢印刷项目，2006 年公司承揽公安部的证照防伪膜的生产任务，由于产品质量不稳定，废品率较高，资金回笼缓慢，造成企业资金周转困难，企业处于停产状态。

三、天水超净水开发制备有限公司

1998 年 8 月，公司由水利综合经营站与开发区翔隆置业有限公司合资成立。注册资金 300 万元，实际到位 128.9193 万元，其中现金 75 万元、固定资产 53.9193 万元。性质为有限责任公司。主营纯净水的生产和销售，法人代表：王安民。由于饮用水市场竞争日趋激烈，管理部门增多，企业管理不善等原因，企业亏损严重。2003 年 6 月该公司关闭。

四、英特泰克灌溉技术有限公司

该公司于 1993 年 1 月成立，注册资金 317.4 万元，其中市水利局投资 206.25 万元，占 65%，美国英特泰克公司以技术和设备投资占 35%。1998 年，美方为奖励管理者，主动将其所持股份的 49%（即总股本的 17%）无偿转让给管理层。公司主要生产、销售节水型林业、绿化灌溉配套器材及提供相关技术咨询服务。法人代表：葛津一。经过 10 多年的经营，该公司在国内同行业中具有一定的知名度，且产品符合节水形势发展的需要，潜力较大。

五、双翔家用电器批发有限公司（后更名为沃特装饰工程有限公司）

该公司于 1997 年 11 月成立，公司由水利综合经营站与大连市北方家电批发有限公司合资成立。原以经营家电批、零销售业务为主。2002 年将经营范围变更为室内外装饰，主要承揽局内的一些装修工程。公司注册资金 150 万元，综合经营管理站投资 60 万元，占 40%，其他为个人股。法人代表：王建洲。

六、大禹机电贸易公司

该公司于1993年4月成立，为集体所有制，注册资金100万元，实际投资55万元。经营范围：商业零售贸易。法人代表：王津建。公司负责出租局机关一楼办公房、楼顶广告及为机关处室购置电脑，收入较稳定，并有资金积累。自1997年起，因该公司没有合适的经营项目，一直处于半停业状态。

七、汇诚发展总公司

该公司于1993年11月成立，为国有独资，注册资金500万元，实际投资300万元。经营范围：餐饮娱乐。法人代表：张宏林。该公司先后经营名都夜总会、出租车公司、商品贸易、饭馆等，均不太成功，没有经营项目。

八、天水科技发展有限公司（原名为天水建筑装饰服务公司）

1993年7月，经局机关工会呈请市总工会经济实业发展中心批准成立，注册资金30万元。2002年，天水建筑装饰服务公司改制为天水科技发展有限公司，由集体所有制改为有限责任。改制后，公司法人代表：王安民，注册资金60万元。主要经营：园林工程、房屋租赁、建筑材料。该公司于2011年注销。

九、天津水利经济技术开发公司

该公司于1992年12月成立，为国有独资，注册资金150万元。该公司在历年的经营过程中一直处于亏损局面，曾一度停止各项经营活动。2000年，该公司法人代表改为董学明，公司主要从事公交运营、广告制作、承揽内装工程、开展与水利相关的技术开发。

2009年3月，按照市政府《印发关于进一步完善国资监管体制工作方案的通知》要求，市国有资产管理委员会和市水利局联合下发《市国资委市水利局关于部门所属国企监管事项的工作纪要》，将大禹机电贸易公司、汇诚发展总公司、天水科技发展有限公司和天津市水利经济技术开发公司四个企业整建制纳入国资委直接监管。其他国有企业委托市水利局监管。

截至2010年年底，市水务局共有在册各级企业63家，基本都是依托水利建设、供水服务、技术咨询等行业优势特点的企业。

第二节　经　营　管　理

1991年9月，市水利局召开水利综合经营工作会议。局党委书记、局长张志森作《振奋精神顽强拼搏开创水利综合经营新局面》的讲话，在总结水利综合经营发展情况的基础上，深入研究水利综合经营发展方向和对策。1992 年，市水利局制定《关于加强综合经营管理工作规定》《关于综合经营周转金使用和管理办法》和《关于促进企业经营转换机制的实施办法》，推动了全局综合经营的发展。成立了综合经营管理站，负责局机关经营项目的管理协调工作。

1994 年 7 月 4 日，市水利局召开水利经济工作会议，确立"沿着水路找出路，顺着水路找财路"的指导思想，明确了围绕着水利经济发展的道路。1995 年 7 月，市水利局召开水利经济工作会议，会议传达了全国水利经济工作会议精神，表彰了天津市在全国水利经济工作会议上受到表彰的先进单位和先进个人，研究部署天津水利经济工作，提出综合经营作为水利经济的重要组成部分，要继续拓宽经营领域，努力兴办第三产业，形成农、工、商、科、贸、金融、房地产、旅游、科技咨询等全方位开发经营的新格局，重点是依靠水利自身优势开展综合经营。会议要求市水利局和各区（县）水利局要研究制定综合经营奖惩办法，建立激励和制约机制，完善和规范各项规章制度及审批程序，清理现有经营项目，对经营不善的项目尽快提出解决方案。

1997 年，市水利局制定出《关于综合经营实体考核奖励办法》和《关于水利经济先进单位和先进个人表彰奖励实施办法》。进一步鼓励发展综合经营，并理顺局机关综合经营管理站的职责，自 3 月起，管理站正式行使职责，负责局机关经营实体的经营管理工作。同时，确立了经营实体出资人的权利和义务，对经营者实行风险抵押承包办法，使经营者依法经营，注重实效。

2000 年，根据加强综合经营管理的需要，市水利局重新修改和制定出《关于加强综合经营工作管理的规定》《综合经营实体财务管理办法》《关于加强综合经营财务决算审计工作的意见》《综合经营实体考核奖惩办法》，7 月 26 日以正式文件下发执行。7 月成立天津市水利经济管理办公室，代局管理所属单位的经营项目和资产运营，负责组织收入和统筹安排支出。

2001 年 6 月，市水利局机关进行机构改革，综合经营处撤销，其经营管理职责划入局财务处，至此综合经营正式纳入水利经济的大范畴。2001 年天津市水利局局属单位经营实体名单见表 11 - 3 - 2 - 186。

表 11 - 3 - 2 - 186　　**2001 年天津市水利局局属单位经营实体名单**

序号	主办单位	企业名称	成立时间/（年.月）	法人代表	注册资金/万元	经营范围	坐落地点
1	黎河处	遵化市发达水利工程建筑队	2000.3	刘广洲	450	水利工程建设	河北省遵化市
2	于桥处	宏安建筑队	1990.5	黄力强	10	土木、水利工程建设	蓟县城东于桥处内
3	潮白河处	潮白河汽车车窗厂	1985	陈玉国	14	汽车门窗制造	宝坻区石桥乡
4	尔王庄处	天津市腾跃水利工程建筑队	2000.1	刘国	100	土木工程建筑	宝坻区尔王庄乡
5	引滦工管处	宇航计算机应用技术有限公司	2000.11	程昌杰	80	计算机软件开发、网络工程	蓟县逮庄子乡东五环路 16 号
6		天津市康泰建筑工程有限公司	2000.3	陈振飞	2008	水利水电工程建筑	蓟县逮庄子乡东五环路 16 号

序号	主办单位	企业名称	成立时间/(年.月)	法人代表	注册资金/万元	经营范围	坐落地点
7	北大港处	津水塑编集装袋厂	1991.5	赵金才	8	塑编织袋制造	大港区东千米桥
8		有机硅化工厂	1988.5	赵桂廷	12.9	有机硅油制造销售	大港区东千米桥
9		姚塘子供电站	1994.4	徐道金	81.71	非、普工业用电	大港区西千米桥
10		大港宏达建筑队	1993.8	于凤良	40	建筑、修理	大港区东千米桥
11	河闸总所	天津市汉沽蓟运河挖泥船队	1998.7	刘树森	80	清淤	塘沽区北塘街八一路1号
12		天津市津南海河二道闸五交化营业部	1991.3	尹国占	10	五金交电化工零售	津南区东泥沽
13		舜天水利工程技术咨询服务有限公司	2001.5	杨树知	30	水利专业技术服务	红桥区勤俭道38号
14		津南区二道闸建筑工具租赁站	2001.6	杜敬曾	8	建筑工具租赁	津南区东泥沽
15		天津市九河水利建筑工程公司	1992.10	穆恩祥	169	水工建筑	红桥区勤俭道38号
16		天津市九河水电设备经销公司	1992.10	王文生	50	机电设备经销	河北区堤头大街115号
17		天津市大张庄闸所五金综合加工厂	1987.10	王永军	48.7	五金制造	北辰区大张庄闸内
18		天津市美蓉日用化工厂	1990.3	马鼎喜	15.7	日用化工	北辰区大张庄闸内
19		天津市二道闸高频焊管厂	1998.7	阎俊华	40.7	焊管生产	津南区二道闸所内
20	通讯处	高信电子技术开发公司	1995	金锐	30	计算机、通信自动化	河西区围堤道210号
21	水源处	河西区昕光文印服务部	1999.8	刘铁民	3	复印、打字、名片	河西区围堤道210号
22		宏源水利物资公司	1993.2	刘铁民	30	有色金属	南开区红旗路228号
23		汛源水利技术咨询开发公司	1998.7	安宵	20	咨询开发服务	南开区鞍山西道44号
24	农水处	惠津农村排灌技术咨询服务中心	2001.4	陈俊尧	10	水利排灌技术咨询	河西区围堤道210号
25	物资处	兴益水利设备租赁站	1990.7	许鸿文	88	通用施工设备、水利设备及钢板桩租赁	河西区马场道217号
26		水利物资站	1992.6	李宝成	51	钢材、木材、电线、电缆、聚乙烯、机械电器设备等	河西区马场道217号
27	基建处	金帆工程建设监理公司	1994.10	何朝晖	100	水利建筑工程监理	河西区马场道217号

续表

序号	主办单位	企业名称	成立时间/(年.月)	法人代表	注册资金/万元	经营范围	坐落地点
28	水科所	天津市津水工程新技术开发公司	1992.6	刘学功	120	水利施工技术服务	河西区友谊路 60 号
29	水文水资源中心	水文水资源技术开发公司	1993.2	岳光耀	30	水文水资源情报预测	河北区张兴庄大道北
30		宏文建筑施工队	1998.5	魏立和	20	土木工程建筑	河北区张兴庄大道北
31		金水酒楼	1999.9	何敏铃	10	餐饮、会议、服务	河西区体院北环湖南道 5 号
32		天津市凿井总公司	1992.11	李志民	40	供水井勘察设计施工	河西区体院北环湖南道 5 号
33		天津市国强地下水资源节水工程队	1994.9	焦志东	30	节水工程技术，水平衡测试	河北区中山门街同强里 6 条 2 号
34		宏淼科技开发中心	2000.4	戈建民	30	计算机软件开发咨询	河北区中山门街同强里 6 条 2 号
35		水利节水技术服务站	1997.5	尹英宏	35	水利工程节水技术	河北区中山门街同强里 6 条 2 号
36		天津市矿泉水总公司	2001.4	张树生	250	矿泉水	河西区体院北环湖南道 5 号
37	设计院	水利水电设备开发公司	1988	代红专	29	通用设备、电器设备	河西区马场道 217 号
38		卫水建筑装饰有限公司	1996	米春年	30	室内外装饰	河西区马场道 217 号
39		龙淼水利机电设备开发中心	1997	张宝祥	30	机电产品、建筑材料	河西区马场道 217 号
40		水苑印刷服务中心	1997	霍东海	20	复印打字、晒图	河西区马场道 217 号
41		顺帆工程技术咨询有限公司	1997.11	米春年	50	水利技术咨询	河西区马场道 217 号
42		开发水新基泰建筑事务所	1994.4	曲林昌	10	技术咨询、开发、转让	天津开发区金商苑 21 号 309 室
43	入港处	天津市金滦宾馆	1995.11	佟阜功	206.3	住宿、饮食服务	东丽区津塘公路 268 号
44		天津市钧燕商贸公司	1993.7	佟阜功	30	商业、物资供销业	东丽区津塘公路 268 号
45		天津市腾飞工程公司	1993.7	姚青岭	66	建筑业	东丽区津塘公路 268 号
46	市水利局	天津市于桥水力发电有限责任公司	1996.4	赵连铭	1420	水力发电	蓟县城东
47	水利工程公司	水利工程公司招待所	1984.12	王淑敏	92	旅店服务	河西区珠江道 29 号

续表

序号	主办单位	企业名称	成立时间/(年.月)	法人代表	注册资金/万元	经营范围	坐落地点
48		天津振津经济技术开发公司	1993	张洪彦	30	水工结构、焊接咨询信息服务	和平区河北路信义里2号
49		天津市振津设备制造联合公司	1993	宋志昌	136.4	管道设备制造安装	河西区西园道1号
50	振津集团公司	天津来福有限公司	1986	神吉佑浦	2736.7	建筑用预埋件、加工镀锌	河西区洞庭路52号
51		天津必埃姆建材有限公司	1994	陈建	2182.5	建筑用金属结构、预埋件制造、镀锌加工	河西区洞庭路52号
52		天津市水利局振津管道修理厂	1995	李来忠	6.5	建筑安装	河西区洞庭路46号
53		天津市天龙皮革公司	1992.8	赵杰	350	皮革制品印花	河东区六玮路85号（万隆大厦B-19-03）
54		天水建筑装饰服务公司	1993.7	叶春发	30	室内外装饰	河西区围堤道210号
55		天津市水利经济技术开发公司	1997.12	董学明	150	开展与水利技术工程相关的技术开发、技术服务	河北区靖江路（金沙江路口）
56		沃特激光全息影像公司	1992.5	龚站震	120	感光材料制造、激光防伪商标、装潢	南开区王顶堤艳阳路4号
57	水利综合经营管理站	天水超净水开发制备有限公司	1998.8	王安民	300	超净水、超净水设备制造	河西区围堤道210号
58		英特泰克灌溉技术有限公司	1993.1	葛津一	317.4	生产、销售脉冲微灌系统设备及系列农业灌溉设备	南开区迎水道7号
59		双翔家用电器批发有限公司	1997.11	王建州	150	家用电器、舞台音响安装、空调器安装、五金、交电、化工	河西区佟楼文静路36号
60		大禹机电贸易公司	1993.4	王津建	100	建筑材料、汽车配件机械电器设备	河西区围堤道210号
61		汇诚发展总公司	1993.11	张宏林	500	餐饮	天津开发区欣园小区1-4-101室

2002 年，水利部制定出台《关于进一步加强水利经营管理工作的若干意见》，提出今后一个时期"水利经营管理要立足水利行业自身的优势，重点发展和壮大供水、水电、水利旅游、水利建筑施工、水利渔业、种植业和水利技术咨询等优势产业"，再次确认综合经营在水利经济中的重要作用。

2006 年 7 月，撤销综合经营管理站，职责划转到天津水利经济管理办公室。

2007 年，市水利局出台《天津市水利局经济实体管理办法》，明确了对局属单位开办经济实体的审批、监管职责。至 2010 年，天津市水务局水利经济稳定发展。2010 年天津市水利局局属企业名单见表 11-3-2-187。

表 11-3-2-187   **2010 年天津市水利局局属企业名单**

序号	主管单位	单 位 名 称	企业性质
1	水务局	天津南水北调水源工程建设投资有限责任公司	国有
2		天津市水利勘测设计院（企业化管理）	国有
3		天津市滨海水业集团股份有限公司	国有
4		天津市水利投资建设发展有限公司	国有
5	滨海水业集团	天津市泉州水务有限公司	国有
6		天津德维津港水业有限公司	国有
7		天津市安达供水有限公司	国有
8		天津宜达水务有限公司	国有
9		天津泰达水务有限公司	国有
10		天津市德维投资担保有限公司	国有
11		天津瀚博管道工程有限公司	国有
12		天津龙达水务有限公司	国有
13	水利投资公司	天津津海水利建设开发有限公司	国有
14	设计院	天津市顺帆工程技术咨询有限公司	国有
15		天津市水苑印刷服务中心	国有
16		天津市龙淼水利机电设备开发中心	集体
17	于桥处	天津市于桥水力发电有限责任公司	国有
18		天津市森森建筑工程有限公司	集体
19	入港处	天津市金滦酒店	国有
20		天津市腾飞工程公司	集体
21		天津市滨水水质检测中心	集体
22		天津七色阳光生态科技有限公司	国有
23	工管处	天津市宇航计算机应用技术有限公司	国有
24		天津市万盛达建筑工程有限公司	国有
25	隧洞处	迁西县惠达水利工程有限公司	集体
26	宜兴埠处	天津市滦腾达建筑工程有限公司	国有
27	潮白河处	天津市鑫硕金属设备有限公司	国有
28	尔王庄处	天津市腾跃水利工程中心	集体

序号	主管单位	单 位 名 称	企业性质
29	北大港处	天津市大港宏达建筑队	集体
30		天津市大港姚塘子供电站	集体
31	机关服务中心	天津市沃特激光全息影像公司	国有
32		天津市沃特装饰工程有限公司	国有
33	北三河处	天津市宝坻区润立建筑工程队	集体
34	海河处	天津市津水旅游开发有限公司	国有
35		天津市津南区二道闸水利设施维护中心	集体
36	水科院	天津华水水景喷泉测试中心	国有
37		天津市津水工程新技术开发公司	国有
38		天津英特泰克灌溉技术有限公司	国有
39	控沉办	天津市紫川科技开发有限公司	国有
40	永定河处	天津市舜天水利工程技术咨询服务有限公司	国有
41		天津市水利物资站	国有
42		天津市汉沽区蓟运河挖泥船队	国有
43	节水中心	天津市节水技术管理服务中心	集体
44		天津市宝源水科技研究开发中心	集体
45	水文水资源中心	天津市矿泉水开发总公司	国有
46		天津市凿井总公司	国有
47		天津市水利节水技术服务站	国有
48		天津市国强地下水资源节水工程队	集体
49		天津市龙脉水资源咨询中心	集体
50		天津广哲科技开发服务有限公司	国有
51	农水处	天津市惠津农村排灌技术咨询服务中心	集体
52	水调处	天津市河西区昕光文印服务部	集体
53		天津市汛源水利技术咨询开发中心	集体
54	排管处	天津市排水公司	国有
55		天津市九河市政工程设计咨询有限公司	国有
56		天津市开源污水处理公司	国有
57		天津开发区经纬设备安装有限公司	国有
58		天津市排水工程公司	国有
59		天津市圆梦建筑装饰有限公司	国有
60		天津怡通达非开挖工程有限公司	国有
61		天津市中兴天泰市政结构非开挖工程有限公司	国有
62		天津市四方排水技术咨询服务公司	国有
63		天津市排水生产服务公司	集体

第四章　企　业　管　理

第一节　天津振津工程集团有限公司

　　天津振津工程集团有限公司，前身天津市振津管道工程公司，1993年，天津市振津管道工程公司变更为天津市振津管道工程总公司，先后组建16个分公司。1996年3月，天津市振津管道工程总公司变更为天津振津工程有限公司。5月组建天津振津工程集团有限公司。6月组建天津水电工程集团，同时天津振津工程有限公司更名为天津振津工程集团有限公司。2009年3月，划归市国资委监管。

一、工程项目

　　天津振津工程集团有限公司从1988年以燃气管道为主逐步向多元化发展，经营范围涉及市

图11-4-1-15　新建州河暗渠Z10标段

政、建筑、水利水电、堤防、金属结构制作安装、给排水、煤气管道、热力管网、装饰装修、机电安装、南水北调、引黄济津等领域。工程项目遍及天津、广州、海南、梅州、上海、温州、张家口、吉林、河北廊坊、沧州、石家庄等城市。1991—2010年，公司主要完成的重点工程有：天津市新建州河暗渠工程见图11-4-1-15，独流减河抗渗加固防渗墙工程，于桥水库坝基加固水工混凝土浇筑5.22万立方米，海河干流防洪治理工程38千米，永定新河应急加固工程20千米，海挡防洪建设工程25千米，永定新河清淤工程230万立方米，引滦供水小宋庄泵站、引滦供水管线工程近100千米及引黄济津工程，津河改造工程、北运河治理工程以及北大港十号口门建设工程，耳闸重建、马圈闸改造工程建设及主体金属结构闸门制造及安装工程，珠海市斗门给水泵站工程，天津市重点工程海河堤岸和景观工程建设，北大港除险加固工程、南水北调市内配套应急施工段、芦新河除险加固工程、永定新河治理等工程。

　　1998年与天津市水利科学研究所共同研制开发出港湾吹填快速疏干技术——静力拉压式插板机，获得国家专利，专利号ZL00243875.5，在大港水库马圈闸更新改造工程中采用了新型防渗涂料新工艺。2003年，在耳闸除险加固工程施工中，首次采用ST复合聚合物防腐防碱化涂料，该

涂料具有耐污水侵蚀和一定的抗裂、抗老化性，见图 11-4-1-16。2004 年，公司承建的新开河综合治理耳闸工程获 2003 年度天津市建设工程海河杯奖。2005 年，在海河堤岸改造工程北安桥至大沽桥段施工中，对插板桩和地下连续墙的施工工艺进行创新，将深层搅拌施工工艺改为抓斗成槽施工工艺，使施工成本降低 1/3，施工速度提高 1 倍。2006 年，公司承建的海河堤岸景观工程（2 标、5 标、6 标）获"2006 年度天津市建设工程金奖海河杯"。2007 年，公司承建的西青节水园厂房、海河两岸基础设施项目堤岸工程（结构部分）第 4 标段、尔王庄处泵站机电设备安装工程，均获 2007 年天津市用户满意工程称号；同年，公司承建的南水北调天津干线分流井到西河泵站输水工程外环线以内应急施工段第一标段被评为"全国水利系统用户满意工程"。

市政工程及工民建、装饰、装修工程：完成天津市堆山造景工程、津保高速路辅线、天津市海挡道路工程、滦水园广场工程、石化聚酯供水管道、天津市节水科技园工程、集宁市尔兰察布盟行署综合办公楼工程、天津市水利局物资处杨柳青仓库工程、惠州市桥西区麦地路花园工程和安徽省马鞍山市苛化制碱厂房屋工程。

公司在开发全国领域内管道安装市场方面做出艰苦努力，先后在全国各地安装各种市政管道、石油管道、化工管道 1300 千米、气化站、储气罐若干座，煤气入户 23 万户。工程竣工一次合格率 100%，优良品率 45%，管道工程遍及全国各地，如广州、海口、珠海、张家口等地区，见图 11-4-1-17。

图 11-4-1-16　新开河综合治理耳闸工程

图 11-4-1-17　管道工程

二、经营状况

天津振津工程集团有限公司从 1991 年产值 3230.60 万元，利润 184.80 万元到 2009 年产值 6.60 亿元，利润 493.00 万元，产值增长 1943%，利润增长 166.77%。1991—2009 年天津振津工程集团有限公司完成产值见表 11-4-1-188。

三、公司管理

1991 年，公司对照国家二级企业标准及水利部升级领导小组评审的规定，对公司作了整顿和完善工作，8 月，通过国家二级企业的复评工作。1993 年，经建设部审定为一级资质施工企业。1994 年 12 月，公司被列为天津市首批 106 家、水利部 100 家实行现代化企业制度改革的试点企业之一。

表 11-4-1-188 **1991—2009 年天津振津工程集团有限公司完成产值**

年份	产值/万元	利润/万元	年份	产值/万元	利润/万元
1991	3230.60	184.80	2001	16100.00	139.20
1992	3400.00	112.00	2002	21900.00	141.00
1993	4036.00	122.00	2003	35000.00	292.00
1994	4100.00	94.00	2004	30000.00	290.00
1995	4802.00	103.60	2005	30000.00	225.00
1996	5131.00	92.66	2006	40000.00	280.00
1997	10722.00	163.00	2007	40200.00	286.00
1998	10087.00	103.57	2008	51600.00	303.00
1999	11910.64	133.00	2009	66000.00	493.00
2000	12399.00	136.00			

1995 年 9 月，公司制定出《现代企业制度试点实施方案》，通过协调、论证和资产重组，依据公司法和有关政策及本公司发展目标，对公司管理制度进行改革，制定出公司章程，使公司的组织和行为规范化，主要做法：①公司以 1994 年清产核资为基础，进行资产评估，核定企业资本金，建立法人财产占用制度，保护出资人和债权人的合法权益，从而转换经营机制，逐步建立"产权清晰、权责明确、政企分开、管理科学"的现代企业制度；②依据公司法建立法人治理结构，本着相互独立、相互制约的原则，组建公司董事会、监事会和经理层；③公司着眼于中长期发展目标，结合天津市委提出的在 8 年内把国有大、中型企业嫁接、改造、调整一遍的要求，在"试点实施方案"中拟定了包括产业结构调整和资产重组方案、企业内部管理制度等方面的改制内容。经上级主管部门和天津市经济体制改革委员会对该方案的论证，落实的具体办法为实施资产重组，从资本组成结构的单一国家资本改组为由国家资本、职工持股和其他法人单位参股的多元化形式，使企业成为以全部法人资产享有民事权力和承担民事责任的经济实体。

1996 年 5 月 29 日，市体改委、市农委批准组建天津振津工程集团有限公司。

1996 年 8 月 20 日，天津市水利工程公司将持有的天津来福有限公司 40％的股权转让给天津振津工程集团有限公司。

1997 年，通过股东会和董事会，选举出集团新的领导班子，成立了董事会、监事会、职工代表大会。

2002 年，公司广泛联系各优秀企事业单位，强强联合，投资 1500 万元，吸收入股资金 1900 万元，注册 3400 万元。同年 4 月 15 日，经建设部和市建委审核，取得机电设备安装专业承包一级、堤防工程专业承包一级资质。10 月 24 日取得水利水电总承包二级、市政公用工程总承包二级、房屋建筑总承包二级资质。取得了市场准入资格。

2003 年，随着国家建筑市场的规范化和准入制度的建立，公司进行资产重组，重新进行资质申报，经建设部批准，取得水利水电工程总承包一级、市政公用工程总承包一级、管道工程专业承包一级和机电设备安装工程专业承包一级、堤防工程专业承包一级资质。为公司实现多元化、集团化发展奠定基础。

2005年，公司被中国水利企业协会评为"全国优秀水利企业"。2006年，公司被水利部和市水利局评为"文明单位"。

在股份制改革继续深入的过程中，吸收民营企业进入公司，使公司成为国有、集体、民营多种形式共存的有限公司。

此外，以天津振津经济技术开发公司、天津振津设备联合制造公司为试点，进行股份制改革，把原有的两个子公司改制为有限责任公司，使职工人人参与经营，风险共担，既扩大公司的注册资金，又拓展经营范围，更进一步调动了职工的积极性，使集团规模逐步壮大。

（一）目标管理

1991年，公司制定出"工程创优质、管理上等级、以实干求实效、确保企业稳步发展"的目标，逐步走向项目管理的道路。1999年，在推行项目法施工中，各项目经理部从抓好基础管理和现场管理入手，完善各项规章制度，落实岗位责任制，通过挖潜降耗，合理控制施工成本，获得较好的经济效益。工程一次交验合格率逐年提高，从未发生任何质量和安全事故。2003年，公司被评为天津市"质量效益型先进企业"；同年，被天津市人民政府评为"引滦保护饮用水安全先进集体"。2004年，公司被中国质量协会评为"全国质量效益先进企业"；同年，获"2004年度全国水利系统质量管理奖"。2007年，公司获"2007年全国水利系统质量奖""全国水利系统用户满意企业""全国水利系统卓越绩效模式先进单位"和"2007年天津市用户满意企业"称号。2008年，公司获"天津市质量管理奖"。

（二）标准化管理

天津振津工程集团有限公司不断建立和完善标准化管理体系，1998年，全面推广贯彻ISO 9000标准工作，1999年12月17日通过第三方认证机构认证，取得ISO 9000质量管理体系的认证。2000年，公司被中国水利电力质量管理协会授予"水利系统部级质量管理小组"称号。2002年10月14日，通过ISO 9001质量管理体系、ISO 14001环境管理体系、OHSAS 18001职业健康安全三合一管理体系的认证。2002年12月，公司通过GB/T 19001、GB/T 24001和GB/T 28001三合一管理体系认证。通过认证使公司各部门管理人员的管理水平进一步提高，施工质量、环境保护、安全意识得到加强。

（三）职工管理

1. 职工任用

按照"积极发现人才、真诚尊重人才、诚信吸引人才、科学使用人才、重点培养人才、大胆提拔人才"的36字用人原则，把具有高素质、懂业务、善管理、重奉献的人选拔到重要工作岗位，为选好、用好人才，公司还制定出相关职责制度，作为选人用人的保障。

制定职责。公司人事劳资部根据各部门的具体情况，制定出各部门领导职责19份，出台中层干部聘任制度、富余人员管理办法等，细化岗位职能，提出上岗要求和备件，为岗位考核、竞争上岗打下基础。

竞争上岗。公司采用自上而下与自下而上结合的方法，对中层干部岗位实行竞争上岗。公司19个管理部门的领导岗位，面向全体职工，公开竞聘，人尽其才，鼓励优秀人员脱颖而出。

2. 人才管理

凡是参加领导岗位竞聘人员的资料统归入人才库，对于公司各部门、各层次提出的岗位数量及要求，人事劳动部汇总提出的内部调剂，经培训后充实岗位及招聘的具体情况，以及人力资源现状，人事劳动部门在充分调研的基础上，结合企业发展任务和长远目标，制定出与企业发展战略适应的人力资源规划。

3. 岗位定责

为加强企业管理，公司岗位设置本着因事设岗、精简高效、结构合理、群体优化；岗责对应；重点导向、适时调整；根据分类管理的原则，制定出定岗定编及职称聘任方案的讨论稿，发放到职工代表手中，由职工代表征求广大职工的意见反馈给工会和劳资部门，劳资部门也主动到各部门听取职工的意见，期间经过四次改稿，最终确定公司科室设置岗位 116 个，定员 92 人。公司颁布《定岗定编管理办法》。在实施定岗定员、竞争上岗、岗位考评等措施后，企业管理不断得到加强。

截至 2009 年，公司共有技术人员 424 人，员工 1575 人，本科 189 人，大专 177 人，其他 1209 人。公司已培养造就出一支以高素质的企业家、优秀项目经理（建造师）为主体的高级管理人才、专业技术人才队伍和以技师、高级技工为主体的技术精湛的技工队伍。

第二节　天津市水利工程有限公司

天津市水利工程有限公司，前身水利建筑工程队。1979 年 7 月 31 日组建成立天津市海河工程公司，国有制企业，编制 3000 人。1980 年 12 月更名为天津市水利工程公司。2000 年，天津市水利工程公司改制为有限责任公司，国有企业，是全国水利行业的一家中型企业，天津市首家水利水电工程施工总承包一级企业，隶属市水利局。2009 年 3 月划归市国资委监理。

一、经营状况

公司始终致力于推动经营效益的增长和经营范围的扩大。1990 年，公司完成土石方 150 多万立方米，混凝土 12.5 万立方米，金属构件安装 200 吨，产值过亿，利税 760 万元。

在稳固主营业务的同时，公司主业经营范围从水利水电工程延伸至市政公用工程、工业与民用建筑工程。内容涉及河道疏浚，压力管道、水库、泵站、供水厂工程施工，金属结构制作安装，机电设备安装，运输工程机械租赁、修理，工程材料试验，金属防腐工程施工等。

在天津地区市场相对稳固后，公司努力拓展外埠市场，工程已遍及北京、河北、河南、山东、山西、江西、江苏、广西、浙江、新疆、内蒙古等省（自治区、直辖市）。2005 年，公司承揽斯里兰卡瓦拉维河左岸灌溉改造扩建工程，公司业务开始走进国际市场。2009 年，又承接到尼日利亚工程。经过 20 年的发展，2010 年，产值超过 10 亿元，公司范围逐步开拓斯里兰卡、尼日利亚市场，足迹遍布海内外。1990—2010 年公司部分承揽项目见表 11－4－2－189。

表 11 - 4 - 2 - 189　　　　　**1990—2010 年公司部分承揽项目**

年份	项　目　名　称
1990	引滦入港管道工程　市官港公园工程
1991	引滦入港南、北线管道工程　大张庄明渠护坡工程
1992	乙烯管道工程　引滦明渠护砌
1993	自来水公司锅炉房工程　开发区金燕拔丝车间工程
1994	津南区输水管道工程　天津开发区金燕焊条综合车间工程
1995	屈家店闸改建工程　引滦入开发区一期输水管道工程
1996	海河干流应急治理工程（杨惠庄段）　于桥水库溢洪道闸门维修工程
1997	永定新河深槽蓄水工程　北大港水库十号门闸门改建工程
1998	市海挡治理工程（一期）塘沽路挡结合段　独流减河进洪闸收费站工程
1999	陕气进津管道工程　蛏头沽海挡维修工程
2000	永定新河右堤应急度汛工程　海河明珠泵站工程
2001	永定新河进洪闸　于桥水库坝基补充加固工程
2002	引滦暗渠 11 标　杨柳青南运河护坡　内蒙古引黄入东泵站
2003	月牙河 1 标段工程　宁车沽闸工程　水科所海河管理处办公楼工程
2004	斯里兰卡瓦拉维渠左岸灌溉改造扩建二期工程　引滦入津水源改造　海河清淤
2005	海河堤岸景观工程　引滦入津水源保护新建州河暗渠工程　永定新河清淤
2006	海河堤岸二期景观工程第 2 标段、5 标段、6 标段　引滦水源保护工程新建州河暗渠 Z1 标
2007	海委海河档案馆及流域水土保持监测中心站工程　南水北调天津干线箱涵工程
2008	尼日利亚索科托公路　嶂山闸除险加固工程
2009	南水北调中线一期工程天津干线天津市 1 段工程 TJ5 - 1 标　尼日利亚工程
2010	天津比克新能源研究院有限责任公司研发中心项目综合楼　金钟河防潮闸枢纽拆除重建工程

二、公司管理

公司在经营发展中，十分重视加强企业管理。1999 年，公司在天津市同行业企业中率先通过
ISO 9000 认证，2003 年，通过换版认证，又通过 OHSAS 18000 职业健康安全管理体系、ISO
14000 环境管理体系认证。2009 年，又一次通过换版认证，基础管理得到加强。至 2009 年，公司
拥有水利水电工程施工总承包一级、市政公用工程施工总承包一级、房屋建筑工程施工总承包一
级、管道工程专业承包一级、钢结构工程专业承包二级、水工建筑物基础处理工程专业承包二级、
航道工程专业承包二级、起重设备安装工程专业承包二级企业等资质。

"人才兴企"战略不断得到重视，公司注重挖掘员工潜力，2010 年，投入 47 万元，组织 28
项，585 人次参加的各项培训。提高人的素养，提高企业竞争力。

2001 年 2 月 23 日，公司晋升为水利水电工程施工一级企业。

2002 年 1 月 16 日，公司被国家建设部批准为水利水电工程施工总承包一级资质企业，成为天津市第一家获此资质的施工企业。

2003 年，公司获抗击非典新长征突击队，同年，被中国水利水电质量管理协会、水利分会评为"全国水利系统优秀质量管理单位"；另外，公司多次被天津市质量管理协会用户委员会评为"天津市用户满意企业"，资信等级被中国联合资信评估有限公司天津分公司评为 AAA 级；2007 年，被评为"建设系统安全生产先进集体""天津市政府命名为 2006—2007 年度重合同守信用单位"。2008 年、2009 年，获天津市优秀诚信施工企业称号。

2001 年，屈家店枢纽永定新河进洪闸工程获天津市优质工程称号；永定新河进洪闸项目部 QC 小组被授予"水利系统部级优秀质量管理小组"称号。2002 年，于桥水库坝基补充加固工程获市级文明工地；引滦入津水源保护工程获市级文明工地。2003 年，天津市月牙河（一期）——南围堤河改造市政金杯示范工程，潮白新河宁车沽闸天津市水利系统文明工地。2004 年，凉水河干流综合整治工程文明工地，天津市引滦水源保护工程新建州河暗渠工程 2004 年度市级文明工地。2005 年，海河两岸基础设施项目景观工程 2004—2005 年度天津市水利系统文明工地。2006 年，独流减河进洪闸除险加固工程市级文明工地，海河堤岸二期景观工程（2 标段、5 标段、6 标段）天津市建设工程"金奖海河杯"。2007 年，天津市海河两岸基础设施项目堤岸工程（景观部分）施工第 1 标段天津市建设工程"金奖海河杯"，独流减河进洪闸南闸工程 2007 年度天津市建设工程"海河杯"奖。2008 年，天津市海河两岸基础设施项目堤岸工程（景观部分）合江路—赤峰桥段工程天津市建筑工程"金奖海河杯"，嶂山闸除险加固工程治淮文明建设工地。2009 年，南水北调中线一期工程天津干线天津市 1 段工程 TJ5-1 标段工程市级文明工地，天津比克新能源研究院有限责任公司研发中心项目办公楼天津市建筑工程"结构海河杯"。2010 年，天津比克新能源研究院有限责任公司研发中心项目综合楼天津市建筑工程"结构海河杯"，金钟河闸枢纽拆除重建工程市级文明工地。

三、自主创新

2002 年，先后引进、完善引滦暗渠工程模板台车工艺、钢筋接卸连接接头工艺、模板边肋开口技术、海河清淤液压抓斗工艺、密肋梁板工艺、模壳混凝土支护工艺、地下混凝土防渗墙工艺技术等，据不完全统计，仅引滦暗渠水源保护工程中模板台车和钢筋接头剥肋直螺纹套筒连接两项工艺就能节省工程成本 200 多万元。

2003 年，在海河清淤施工中，公司技术人员根据海河复杂的水下施工条件，制订出一套环保型三位一体循环往复内河清淤程序，采用液压抓斗、半仓式泥驳、水路两栖挖泥船，均通过水利专家组论证，开创了国内内河清淤施工技术的先河。

2006 年，公司员工在实际施工中持续改进工艺，完善清水混凝土工艺标准，如淮委的宿迁闸、嶂山闸工程、海河堤岸改造工程主体三期工程、独流减河进洪闸工程等，分别引入"无垫块混凝土"施工工艺、混凝土二次振捣施工工艺、混凝土配合比优化设计及生产系统改进工艺、模板漆代替隔离剂工艺、启闭机零误差安装工艺等，通过多次工艺改革和不断创新，公司承接的大型水闸工程已形成独特的品牌产品，处于国内领先水平；北大港水库除险加固工程对"补强自流平混凝土贴面工艺"的创新，既提高了工效，又增强了混凝土的品质。

2007年，在宝坻橡胶坝工程中引进的锯槽成槽垂直铺塑技术收到良好效果；为解决工业厂房屋面防水问题，在永昌厂房工程中引进新型屋面防水保温层工艺材料和"轻质混凝土保温层新技术"，厂房外檐抹灰在原工艺基础上引进"研砂晶"替代白灰膏，解决了外檐抹灰长期以来难以解决的龟裂问题。公司在引进新材料、新工艺的同时，与工程结合，注重完善与应用，取得多项创新成果：南水北调S49标，为满足混凝土衬砌质量，引进了大型摊铺设备，并在试运行中对该设备的振捣频率、提浆及机械磨面系统等及时改进，保证了施工进度和质量；在南水北调实验项目中对大掺量磨细矿粉混凝土的应用进行实体应用性研究，通过不同的配比设计和大量试验数据的采集，全面掌握该技术及其施工特性，填补了公司在该技术领域的空白；配合市水利局基建处对南水北调天津干线箱涵工程伸缩缝内外止水施工工艺及双组分聚硫胶、聚氨酯密封胶、ECB卷材等新型防水材料的特性、施工工艺、质量保证措施进行了尝试和探讨，积累了伸缩缝施工经验和大量施工应用理论，提升了公司技术水平和开拓常新能力。

2008年，汉沽供水管网改造工程两次穿越蓟运河，DN800管材一次穿越长达450米，若按沉管工艺，风险大、工期长，该工程公司进行了非开挖微控定向钻越施工技术一次敷设成功，提前工期90天，保证了施工质量和进度，该项大口径拉管技术填补了公司在该施工领域的一项空白；潮汐河道淤泥质软基条件下，大型充填砂袋梭体坝施工围堰设计、施工及龙口封堵技术，通过公司专业技术人员的工艺创新和技术探索，突破了堰体劈裂、滑动位移、土体崩解流失、沉降速率等一系列技术难题，积累了丰富经验；永定新河防潮闸工程软基加固，在预压分块多、凌空面多、真空预压闭气困难、工期紧迫的条件下，实行低位真空预压新技术，较之真空射流泵工艺工期缩短60天；南水北调东线穿黄工程7.5米内径现浇混凝土管涵双模台车应用技术研究，公司技术人员第一次通过有线元计算和工艺设计。

2009年，在应用大掺量磨细矿粉混凝土施工技术中，结合大体积混凝土温控防裂技术的研究，参加永定新河防潮闸施工的技术人员，通过采取多项技术措施和大量的数理统计分析，摸清大掺量磨细矿粉的内在规律，解决了混凝土中心温度过高的难题，混凝土成本降低，品质得到保证。

此外，还有对津保高速穿越、津同公路穿越浅埋暗挖技术进行的探索和尝试、南港工业区东三区造陆工程新吹填淤泥的固结技术完善、南水北调中线一期天津干线TJ5-2标穿越京沪高速公路工程中的大型管幕支护、箱涵顶进施工工艺技术的实践以及永定新河治理一期防潮闸工程倒拉式液压启闭机安装技术的应用与改进等，这些工艺的改进实施，不仅填补公司以往施工中的空白，而且也取得较好的经济效益，同时为公司进入该施工领域市场奠定了基础。

第三节　天津市于桥水力发电有限责任公司

天津市于桥水力发电有限责任公司（原名于桥水力发电厂）为天津市第一座水电站，1989年

4 月 30 日，经市农委批准于桥水利发电厂为中型企业，隶属市水利局，生产经营由投资三方董事会负责。1990 年投入运行后，市水利局委托于桥处代管，公司自主经营，独立行使经营权和管理权。

一、公司管理

1990 年，于桥水力发电厂投产，电厂重视运行管理，执行各种设备的操作规程和电力行业管理标准，并结合电站运行工作实际，制定出一套适合自身运行管理的一系列规章制度，使运行管理水平不断提高。

1990—1995 年，电厂在计划经济体制下运行，经营管理水平相对滞后。1995 年 5 月，电厂组建党总支，归市水利局党委统一领导，业务上由市水利局归口管理。同年，电厂率先参加水利部 100 家、天津市首批 106 家现代企业改革试点单位，用一年时间完成企业转机建制工作。1996 年 4 月，改制更名为天津市于桥水力发电有限责任公司，实现经济体制改革，成为自主经营、自负盈亏、自我发展的法人经济实体和市场竞争主体。按照现代企业制度产权清晰、权责明确、政企分开、管理科学的特征，结合企业实际，着力于企业制度全面创新。2008 年 5 月 26 日，于电公司归属市水利局于桥处管理，业务上仍独立行使经营权和管理权。

在改制过程中，采取的主要措施：

（1）理顺产权关系，建立和完善企业法人制度。在转机建制中，严格按照有关法规进行资产评估、资产核资、界定产权。针对公司的实际情况，冲破单纯依靠发电创收格局，调整产业结构。1995 年 5 月 1 日吸收资金 50 万元，开发建设硅钙厂（1999 年 12 月停产），成为公司下属连锁企业；筑巢引凤，走电力发、供、用自产自销新路，提高度电产值，增加企业效益。

（2）建立科学规范的公司法人治理结构。根据公司法按照权力机构、决策机构、执行机构和监督机构相互制衡、相互协调的原则，建立股东会、董事会、监事会、经理层的法人治理机构，形成相互独立、相互监督的现代企业组织制度。在经理层，1997 年 5 月 30 日，以民主的形式，选用三名年富力强、德才兼备的年轻干部进班子，增加活力，使企业经济工作出现新起色。

（3）建立系统、科学的企业管理制度。着眼于公司内部深挖潜力，对企业实施规范化、标准化、科学化管理，推动企业管理现代化。

建立现代企业用工制度、分配制度和保险制度，从 1995 年起实施全员劳动合同制和集体协商集体合同管理，打破干部与工人的界限，按照"公开、平等、民主、择优"的原则，对工人和管理人员全部实行竞争上岗和聘任制，对各部门副职以上负责人跟踪考核、定期考察、综合考评、动态管理，破除干部终身制。建立在岗、试岗、待岗和内部退休制度，职工基本养老保险制度和补充养老保险制度。坚持兼顾公平、按劳分配的原则，彻底破除大锅饭，实行收入凭贡献的岗位技能工资。按照责任大小、劳动强度、工作环境、技术难度、工作负荷、安全保障、人才流向等七大因素，实行岗位工资，岗变薪变；制定技能工资晋升考核制度，形成"上岗靠竞争，收入凭贡献，管理有合同"的现代用工和分配机制，提高员工工作积极性、主动性、创造性及生产效率。

（4）全面推行目标责任制管理。以先进的定额为基础，建立健全包括基本制度、工作制度、生产技术规程和岗位规范等76种系统保障体系，作为全体员工行动规范和准则，做到人人事事有法可依，有章可循。公司将生产任务、可控成本、利润、安全工作、职工培训、党的建设、精神文明建设、计划生育等多项指标任务层层分解到各部门，实行综合目标承包并分解到人头，使人人都明确工作任务、责任指标，形成全员责任制体系。

（5）于电公司把安全生产工作列入公司工作的议事日程，逐步建立健全安全生产工作制度。1999年5月，编写《运行规程》。同年10月编写《检修工作规程》。2006年8月，编撰《于桥水电公司安全生产管理标准汇编》，实现安全生产工作的科学化、规范化、精细化管理。2009年，先后出台《制度管理汇编》《岗位责任汇编》《工作标准汇编》，对《于桥水电公司检修规程》《于桥水电公司运行规程》进行修改和编写，从安全理念、安全制度、安全管理、安全行为、安全环境五大体系入手，构建"安全文化工程"新格局。1995年被评为全国水利系统电力安全工作先进单位，2006—2008年连续三年被蓟县政府评为"安全生产工作先进单位"。

二、厂务公开

为推进公司的民主建设，公司坚持厂务公开，先后制定出《厂务公开、民主管理暂行办法》《民主评议监督领导干部暂行办法》等，使员工更加关注企业发展。1998年，于电公司职工提出技改技革合理化建议25项，被采纳8项，增加效益35万元。2000年，在技术创新活动中，职工又提出合理化建议和技术创新项目40多项，有7项付诸实施，创经济效益30多万元。2004年9月20日，于电公司筹划劳动用工制度和劳动分配制度的改革完成。

由于实行厂务公开、民主管理，经营管理水平提高，职工责任心增强。因用电量有峰谷和峰荷之分，峰荷的电价是峰谷电价的3倍，因此于电公司利用电站机组启动快的优势，尽量担任调峰负荷的任务，多利用峰荷时间发电。电站运行的原则是"输水为主、发电为辅；发电服从输水、输水考虑发电"。做到输水发电两不误，使效益不断增加。

于电公司是天津市厂务公开工作首批单位。1998年、1999年两年被天津市纪委、天津市组织部、天津市总工会联合评为天津市"厂务公开民主管理先进单位"。

三、继续教育

于电公司建厂初期，职工大部分来自于桥处。青年多，文化低，初中以下文化程度的职工占全厂人数的50％。1991—1996年，于电公司加大对职工的培训力度，增加教育经费，从4个方面提高职工的综合素质：①全员培训；②选送人才到大学深造，1995年3月至1996年7月派技术骨干去武汉水利电力大学学习；③请技术人员到厂讲课；④聘请教师举办培训班，1991—1996年先后有150多人次参加过各种类型的培训班，有3人获得中专学历，有12人获得大专以上学历。运行和检修车间的职工全部取得电网进网作业许可证。到1997年具有中专文化程度的职工已达79％，大专以上文化程度的职工已达32％以上。1999年于电公司被市人事局评为"天津市继续教育先进单位"。

四、自主创新

公司注重科技进步，着力培养自己的科技人才，储备自己的技术力量，以科技带动企业的发展，促进企业各方面的水平不断提升。

1989年公司投入运行后，1990年10月对2号水轮发电机组进行解体大修，从此每年都要对一台机组进行大修。1994年10月至1995年2月，于电公司组织13名技术人员，根据水头情况可挖掘设备潜能，请专家会诊，对1号、3号机组进行增容改造，使单机出力从1250千瓦提升到1650千瓦，每年可增加发电量41.6万～69.3万千瓦时。1995年5—6月，针对励磁变压器易损的难题，投资20万元，由13名科技骨干组成科技攻关小组，反复试验，攻克励磁变压器易损的难题。1995年9月被水利部授予"全国水利系统企业技术先进单位"。1996年，投资20万元，同天津市电器传动研究所合作，将1～4号机组电液调速器改造成TDYBWT步进电机PLC微机调速器，各种运行参数全部屏幕显示。1990—1996年，大修工作都请水电部二分局和潘家口电站检修人员进行检修，共请外援检修7次，投资140万元。

1996年10月至2001年，于电公司投资10万元，同天津市电器传动研究所合作，对发电机组励磁装置进行技术改造，项目中的《SFZL-30A逆变灭磁和续流二极管在小水电站的应用》成果，参加水利部举办的北京1999年国际水利技术装备展览会，2001年11月被天津市政府授予天津市科技进步三等奖。

1997年11月3日，于电公司首次依靠自己的技术力量，独立完成4号机组大修工作，结束了依靠外援的历史，并实现一次性回装完成、一次性试车成功、一次性并网发电，各项指标数据符合运行标准，此次大修节约资金16万元。1997—2009年，共完成机组大修13次，节约资金100万元。

公司长期坚持高标准、严要求，争创一流的企业。1989年，全员劳动生产率1.4万元，1997年突破10万元，人均利税由0.7万元增加到4.8万元，在全国小水电行业中处于领先水平。1988年，公司资产总值1400万元，1997年达到2600万元。1991—2010年，共发电28707.54万千瓦时，总产值7261万元，获利润204.1万元，全员劳动生产率达10万元，人均实际利税近5万元，固定资产2489万元。

2002年9月，公司投资10万元，自主研发的OLC-10型微机励磁控制系统，通过天津市水利局专家组的技术鉴定，系统已投入使用。

2004年10—11月，完成调压池4台快速门和尾水闸门维修；完成升压站内CT、PT线路、220伏配电柜、集油箱冷却器、天车配电柜及技术供水泵等的技术改造，为企业节省资金3万多元。

在放水洞泄水闸的基础上，2005年8月，利用公司闲置的设备和废旧原材料，建造一座水草提升装置。此两项工程节省资金10余万元。

公司与水电部机电研究所合作，2006年8月，投资10万元，对1～4号快速门电器控制系统进行更新改造，由原来靠机械节点操作控制闸门升降，改造成为PLC微机控制闸门升降。增加机组运行可靠性和稳定性，减少运行人员的操作强度。

2007 年 7 月，完成引滦系统局域网专用光缆和网线的敷设。

1991—2010 年，于电公司年产值、利润、税金统计情况见表 11－4－3－190。

表 11－4－3－190　**1991—2010 年于电公司年产值、利润、税金统计表**

年份	发电量/万千瓦时	年产值/万元	利润/万元	税金/万元
1991	1903	205	78.6	11
1992	1854.6	220	81.6	12
1993	1427	227	71.7	12
1994	2058	385	185	33
1995	2027	488	189	30
1996	2102	510	184	33
1997	1890	491	188	29
1998	1924	511	174	36
1999	1808	462	115	28
2000	1375	359	13	26
2001	745	195	－63	12
2002	1294	372	0	24
2003	819	240	－153	16
2004	41.1	12	－387	—
2005	719	230	－179	14
2006	1276.7	410	－29	24
2007	1373.2	440	－53	26
2008	1437.3	488	－56	29
2009	1445.01	533	－47.6	32
2010	1188.63	483	－108.2	34
合计	28707.54	7261	204.1	461

第四节　天津市滨海水业集团股份有限公司

天津市滨海水业集团股份有限公司，由 2001 年 7 月成立的滨海供水管理有限公司，于 2009 年 11 月整体改制为天津市滨海水业集团股份有限公司，股东单位分别是天津市水务局引滦入港工程管理处、市水务局水利经济管理办公室。经营范围：管道输水运输；生活饮用水供应（集中式供水、开采饮用水除外）；供水设施管理、维护和保养；工业企业用水供应以及相关水务服务；水务项目投资、设计、建设、管理、经营、技术咨询及配套服务；对水土资源开发及水务资产利用服务产业进行投资。2004年，滨海水业被中国水利经济研究会评为第六届全国水利经济研究工作先进集体。

一、工程建设

2001年，滨海水业仅有1条原水输水管线为入聚酯输水管线。2010年滨海水业管理10条原水输水管线，即引滦入港输水管线、入天津经济技术开发区输水管线、入汉输水管线、入逸仙园输水管线、入聚酯输水管线、入塘输水（双）管线、天津济技术开发区供水检修备用管线、岳龙输水管线和入津滨供水管线等，管线总长度约610千米；12座泵站，即入港小宋庄泵站、入聚酯泵站、入津滨泵站、入开泵站、入汉泵站、入塘泵站、入逸仙园泵站、东嘴泵站、北淮淀泵站、岳龙泵站、化工区泵站、石化园区泵站；4座水厂，即安达水厂、龙达水厂、宜达水厂和泉州水厂；2个输配水中心。原水日供水能力126万立方米，自来水日供水能力21.5万立方米。经过10年的经营，滨海水业在优化水资源配置，建设重点供水服务项目工程，建立合作共赢的水务控股公司，创新合理适宜的供水模式等方面，逐步走上一条从管线到管网，由单一到多元，从介入到掌控，由资源经营到品牌经营的发展道路，成为天津市唯一一家经营多水源供应的水业集团公司，供水业务覆盖滨海新区及永定新河以北区域，并承担起滨海新区全部的原水供水，至2010年控制资产总额达到13.6亿元。

随着滨海新区的快速发展和市水务局的挂牌成立，给滨海水业供水事业带来更大的发展空间，滨海水业调整供水结构，开发重点工程建设项目，拓展供水服务领域，到2010年完成重点工程建设项目17项，即开发区供水检修备用管线供水工程、天铁供水工程、引滦入港小宋庄泵站改造工程、港西输配水中心工程、南港输配水中心工程、大港经济开发区（东区）供水管网工程、中塘开发区供水管网工程、北疆电厂应急供水工程、龙达水厂第二条出厂干管工程、中新生态城应急供水配套工程（龙达）、中新生态城应急供水配套工程（泰达）、中心渔港供水工程、玖龙纸业供水工程、北辰科技园区供水建设工程、北辰大张庄镇综合实验区供水工程、杨家泊物流产业园区供水工程、汉沽高新技术产业园区供水工程等，重点工程建设项目的投入运行，为滨海新区建设和发展对水资源的需要提供了重要的保障。

二、公司管理

滨海水业成立初期，只管理1条引滦入聚酯输水管线。原水供应单一，用水户较少。为解决投资巨大的原水输水管线供水能力闲置问题，2003年，滨海水业提出并确定"立足滨海、服务大局、拓宽领域、协调发展"的企业发展思路和"立足于天津，以提供水务解决方案为重点，通过资本运作、横向合作等手段，扩展水务业务，发展成为水务一体化方案解决的专业公司，国内一流的水业集团"总体发展目标。滨海水业在分析滨海新区供水现状、用水需求及各功能区、工业园区、重点企业和供水项目基础上，实践并建立合作共赢的水务控股公司，建设重点供水服务项目工程和新型的供水模式，拓宽供水业务领域，实现水资源利用效率和效益。

2009年，推进事企分离改革，滨海水业公司与入港处事企不分、人员和职能交叉重叠所带来的体制弊端得到解决，促进公司企业化运营体系效能的充分发挥。12月底，顺利完成事企分离、资产重组、股份制改造等体制改革，并实现了人员、业务、资产完全独立的市场化运营。

按照建立现代企业的管理机制，规范股东大会、董事会、监事会、经理层的议事规则和管理职责，逐步形成决策层、执行层、监督层有机分离、运转协调的领导体制和运行机制；整合调整集团公司总部和控股公司；按投资管理型公司定位，重新成立相应滨海水业职能部门，逐步健全法人治理结构。

在强化内部管理的基础上，规范企业运作、建立管控渠道，按照现代化企业管理标准，健全完善企业制度，公司先后出台一系列规章制度，加大督查的力度和频率，严格考核，使滨海水业总体目标在各个环节得到顺利推进和有效落实。

2003年12月至2010年8月，滨海水业投资22445万元，与原大港区、汉沽区及开发区、北辰区、宝坻区等地开展区域合作，相继组建7个控股公司、1个全资公司和2个参股公司。7个控股公司是：与天津市大港区水利工程公司共同组建天津市安达供水有限公司，滨海水业投资占70%；与天津泰达投资控股有限公司组建天津泰达水务有限公司，滨海水业投资占60%；与天津市汉沽区自来水公司共同组建天津龙达水务有限公司，滨海水业投资占51%；与大港区供水站、海洋石化科技园区服务中心共同组建天津德维津港水业有限公司，滨海水业投资占51%；与天津市引滦工程宜兴埠管理处、天津市兴辰水电工程建筑安装有限公司共同组建天津宜达水务有限公司，滨海水业投资占45%；与天津市宝坻区自来水管理所共同组建天津市泉州水务有限公司，滨海水业投资占51%；与天津市水利局引滦入港工程管理处共同组建天津德维投资担保有限公司，滨海水业投资占80%。1个全资公司是天津瀚博管道工程公司。2个参股公司是天津滨海新区投资控股有限公司和天津市南港工业区水务有限公司。通过资本运作、扩大横向合作组建的水务控股、水务合作公司，形成全面服务滨海新区，重点服务永定新河以北地区的供水网络。

三、安全供水

公司始终把保障供水安全作为企业承担社会责任的主要载体，围绕滨海水业公司发展、安全需求和行业形势，不断优化管理措施、完善保障体系、推进科技创新，实现连年无供水安全事故、无服务责任事故，综合管网压力合格率100%，综合水质合格率100%，泵站节能运行降低电耗10%；自主研发并投资建设的输水管网智能化远程测控中心和输水管网信息管理系统，实现了输水管线24小时实时监测及远程供水调度控制；自主开发的地下输水管道（混凝土）漏水快速封堵技术，在国内处于领先水平。

建立水政、公安和工程"三位一体"管理机制、安全供水和群防群控的管线安全巡查体系。对600多千米供水管线实行护管队伍分单元管理的责任机制，真正做到为安全输水保驾护航，构建标准推动管理升级。

坚持科技兴水理念，注重新工艺、新设备、新技术的开发应用，走创新之路。开展《滨海新区原水管网节能降耗及优化配置研究》《紫外线抑制蓝藻生长的研究》《河道水资源化新技术应用研究与示范》等项目研究及相关试验，为新技术的推广运用奠定基础。自主研发的拖拉式水下吸盘清淤设备，从根本上解决了淤泥沉积导致源水水质受污染的问题，在保障水质方面效果显著。

优化输水管网智能化远程测控系统，实现了供水远程管理和统一调度。

天津市滨海新区智能化安全供水系统，被天津市信息中心评为 2006 年度天津市经济信息系统优秀研究成果三等奖，被天津市水利局评为 2007 年度天津市水利科学技术进步二等奖。

2008 年，经天津市供水管理处批准建成的天津滨水水质监测中心，2009 年，通过天津市级资质认定。同时引进美国、以色列先进设备建设原水水质在线监测实验站，使滨海水业的水产品监测能力进一步提升。2009 年，被中华全国工商业联合会评为环境服务业商会会员单位。被中国水博览会组织委员会、中国水利学会、中国水利报社联合评为 2009 知名水务企业。《以为滨海新区提供高效服务为目标的供水安全管理》被天津市企业管理现代化创新成果审定委员会评为第十六届天津市企业管理现代化创新成果一等奖，被中国水利企业协会评为 2008—2009 年度全国优秀水利企业。

建立以输配水中心为中枢的多水源优化配置、分质供水模式。在保障市政供水和中新生态城高品质用水需求的基础上，通过 OEM 等合作形式，生产经营优质优用的袋装水、瓶装水。配合北疆电厂海水淡化一期日产海水 10 万吨送出项目，统一调配水资源，协调有关部门研究淡化海水进入城市供水管网工作。截至 2010 年，先后投资建设的港西输配水中心、南港输配水中心，优先配置粗制水、再生水等低质水源，充分发挥了输配水中心分质供水作用，提高了用水效率和效益。

介入供水工程建设材料的生产加工环节，寻求污水处理和再生水回用的发展机会，向产业链上下游延伸。通过加入中华环保联合会、环境商会等行业协会，多渠道收集行业信息，拓宽业务领域。开展新水源产品开发利用，河道水资源化新技术应用。介入供水工程建设材料的生产加工环节，寻求污水处理和再生水回用等方面的发展机会，拓宽业务领域，不断创造新的经济增长点。

2010 年，滨海水业引进瑞典 PREDECT 水微生物在线检测、取样和警告系统，解决了供水行业对水中病原菌控制的滞后问题；引进美国毒性检测仪技术，能够精确快速地发现饮水被污染的紧急情况，为水质安全提供可靠保障。

2010 年，被中国水博览会组委会、中国水利学会、中国水利报社评为 2010 年最具成长力水业品牌，被天津市企业管理现代化创新成果审定委员会评为第十七届国家级企业管理现代化创新成果二等奖、第十七届天津市企业管理现代化创新成果一等奖，被中华环保联合会评为会员单位。

第五节　天津水务投资集团有限公司

天津水务投资集团有限公司为国有独资企业，隶属市水务局。自 2009 年成立后，企业经营发展顺利。

一、经营状况

2009 年，公司主要业务是南水北调工程建设管理，之后，逐渐扩大为全市重点水务工程在内的项目融资、建设及管理。

2010年，完成投资6.44亿元，超额年初董事会确定的总额为6.3亿元投资计划的2%；完成融资8.7亿元，其中落实注册资本金2.7亿元，银团贷款5亿元，短期贷款1亿元，实现了资本金与贷款资金的合理匹配，满足了工程建设资金的需求，有效节省了贷款利息。

二、工程项目

2010年，确立了市内配套工程2014年通水前的管理体制和运营体制，研究制定已建工程维护养护管理办法和标准。在所有工程施工中没有出现任何质量、安全生产事故。

组织完成南水北调天津市内配套工程中尔王庄水库至津滨水厂供水工程建设任务，并完成试通水工作。该工程于2010年2月10日正式启动，累计完成永久征地0.14公顷、交付临时占地195公顷，拆迁各类房屋1.8万平方米，搬迁企事业单位和村组副业24家，切改、迁建或保护各类专项设施84条，完成管材安装44180米，百分之百完成总投资49885.66万元（含征迁独立费用等）。2010年12月，尔王庄水库至津滨水厂工程完成验收工作，单元工程平均优良率达到93.5%。2011年1月，组织完成该工程资产接收工作，签订尔王庄水库至津滨水厂供水工程委托运行管理协议，委托滨海水业进行运营管理。

尔王庄水库至津滨水厂引滦入聚酯加压泵站改造工程于2010年1月27日开工建设，全年完成投资1849.88万元，占总投资的100%。完成聚酯泵站主、副厂房改造、电气一次变配电及二次电气控制安装等工程建设。2010年12月，尔王庄水库至津滨水厂引滦入聚酯加压泵站改造工程完成验收工作，单元工程全部合格，其中优良单元48个，优良率82.8%；分部工程全部合格，其中10个分部按水利标准评定，评定结果全部为优良，另外4个分部其中三个按建筑标准评定，一个按电力标准评定，评定结果为合格。主要分部全部优良，水利类分部工程优良率100%。2011年1月，组织完成工程资产移交工作，委托滨海水业进行运营管理。

市内配套中心城区供水工程于2009年6月正式开工建设，截至2010年年底，累计完成投资54777.3万元，占总投资的100%，累计完成土方开挖112.64万立方米，钢筋结构制安10329.81吨，混凝土浇筑13.27万立方米，土方回填81.54万立方米。2013年5月，完成验收工作，单元工程平均优良率达到95.9%，施工中没有出现任何质量、安全生产事故。2013年7月，组织完成移交工作，确定宜兴埠处作为日常运行维护管理单位。

滨海新区供水一期工程包括输水管线工程和曹庄供水加压泵站工程两个项目。输水管线工程于2011年6月14日开工建设，截至2012年年底，累计完成投资140744.49万元，占投资计划的100%，于2013年12月30日完成主体工程。2014年10月23日，输水管线工程设计单元通过通水验收。曹庄泵站工程于2011年9月15日开工建设，截至2012年年底，累计完成投资30717.34万元，占投资计划的100%，于2014年10月14日完成主体工程。2014年10月21日，曹庄泵站工程设计单元通过通水验收。

三、公司管理

2010年完成市级特定目的公司认证工作，成为全市首批十三家市级特定目的公司之一。按照市政府相关要求，进一步健全借、用、管、还各项融资制度，修订确认了建设管理、财务管理、合同管理、内部管理等方面制度 50 余项；完善公司法人治理结构，经局党委提名、公司董事会通过，重新任命了公司的处级领导干部。对内设机构进行调整优化。建立健全了企业规章制度和工作机制。加强工会组织建设，增加了工会干部，针对薪酬体系、内部管理、职工健身等议题召开职工大会，民主管理工作进一步加强。按照市总工会的要求，开展工资集体协商工作，维护职工的合法权益。组织干部职工开展政治理论、专业知识等培训 20 余次。财务管理严格执行建设资金拨付程序，加强公司、银行、委托建管单位三方之间工程建设资金专户管理，公司的财务管理工作得到外审部门充分肯定。

第十二篇

科技与信息化

1991—2010 年，全市围绕水利建设开展科学研究和技术开发，在防汛抗旱减灾、水资源开发保护、农村水利、工程建设等重点领域取得一批重大科技成果，科技兴水亮点纷呈。尤其是天津市水务改革以来，水利科研工作开创了新局面，科研课题不仅有局级和市部级，而且还承担了国家级重大专项一系列科研课题。在科研投入方面，水务局除了每年固定安排一定数量的专项科研及推广经费外，不断加大科技专项资金的投入力度，水利科研、开发和推广的经费逐年增加。科技人才队伍不断壮大，人才梯队建设得到进一步加强，专业科研队伍学历层次有了较大提升。科技推广服务体系得到不断完善，科研成果推广转化的数量和规模不断扩大。

随着信息化技术不断创新，信息化建设和管理对社会发展起到了深远影响。天津水利信息化建设围绕着水利行业的重点任务，以业务需求为导向，开展计算机网络信息系统等基础设施建设，电子政务和防汛抗旱、水资源综合利用等重点业务系统建设一系列工作。电子政务稳步展开，成为水利系统转变政府职能、提高行政效率的有效手段；网站功能日益完善，成为天津水利面向社会提供管理和服务的重要窗口；重点业务系统建设成效显著，成为增强水利行政监管能力、改善公共服务的重要支撑。

第一章 科 技

第一节 科 学 研 究

1991—2010 年，全局共开展各类科研及成果推广项目 421 项。其中成果推广项目 35 项，占科技项目总数的 8.3％。自 1998 年以来科技项目数量每年都在 20 余项。项目承担单位涵盖市水务局所有局属企事业单位。在所有科技项目中，市部级及以上重大项目多数是由水科所（水科院）来承担，其他单位主要是结合工程建设和管理实际，有针对性地提出并开展一些科研和技改项目。

1991—2010 年，科技投入共计 9394.34 万元。其中局级投入 3871.75 万元（专项投入 376.7 万元），市级投入 664.70 万元（专项投入 229 万元），水利部投入 904.60 万元，国家级投入 840 万元，其他单位科技投入 3113.29 万元。

一、科研机构

天津市水利（水务）局水利专业科研机构只有天津市水利科学研究所，2008 年 11 月 27 日更名为天津市水利科学研究院，办公地点在河西区友谊路60号。

（一）机构设置

1991—1995年，机构有：农田水利研究室（一室）、水利工程结构和材料研究室含水利工程质量检测中心（二室）、河道治理研究室（三室）、水资源和环境水利研究室（四室）、机电应用研究室（五室）、水利科技信息中心、科研管理办公室、党委办公室、人事保卫科、财务科和总务科。1995年7月建立技术开发办公室，水利工程结构和材料研究室更改为水利工程质量检测中心（含水利工程结构和材料研究室）。

1996年1月，增设水利探测量测技术研究室。

2000年3月，机构调整为：农田水利研究室、水工建筑材料研究室（含质量检测中心）、防洪减灾研究室、水资源与水环境水利研究室、水利量测技术研究室、科技信息中心、财务科、综合办公室和总务科。

2007年7月，机构调整为：农村水利与节水技术研究中心、天津市水利建设工程质量检测中心站（南水北调工程建设质量检测中心）、防洪减灾研究中心、水资源与水环境研究中心、水工程研究中心、岩土工程研究中心、水利科技信息中心、水利科技推广中心、综合管理办公室、财务科和总务科。

2009年1月，机构调整为：水务研究所、天津市水利建设工程质量检测中心站（南水北调工程建设质量检测中心）、防洪减灾研究所、水资源与环境研究所、水利量测研究所、水工程研究所、岩土工程研究所、科技信息中心、水利科技推广中心、财务中心和综合管理办公室。截至2010年年底，机构没有变动。

（二）人员编制

1991年，人员编制134人，在职人员123人。其中管理人员16人，专业技术人员89人，工勤人员18人。高级工程师11人，工程师25人，助理工程师43人，其他专业技术人员10人。具有研究生学历2人，大学本科学历57人，大学专科学历17人，中专及以下学历47人。退休人员23人。

1995年，人员编制134人，在职人员124人。其中管理人员20人，专业技术人员89人，工勤人员25人。高级工程师22人，工程师34人，助理工程师33人。享受政府特殊津贴7人。具有研究生学历4人，大学本科学历54人，大学专科学历18人，中专及以下学历48人。退休人员37人。

2005年，人员编制134人，在职人员126人。其中管理人员16人，专业技术人员89人，工勤人员21人。高级工程师40人，工程师29人，助理工程师20人。享受政府津贴总人数10人，突出贡献专家1人，授衔专家1人。具有研究生学历11人，大学本科学历54人，大学专科学历27人，中专及以下学历34人。退休人员53人。

2010年，人员编制134人，在职人员130人。其中管理人员13人，专业技术人员102人，工勤人员15人。享受政府津贴2人，突出贡献专家1人，授衔专家1人，水利部青年科技英才1人，高级工程师50人（含正高级工程师7人），工程师32人，助理工程师19人，其他专业技术人员1人。具有研究生学历41人，大学本科学历52人，大学专科学历19人，中专及以下学历18人。退休人员61人。

（三）科技开发及服务机构

津水灌排新技术开发公司，成立于 1992 年 6 月，经营范围：技术开发、水利科技成果推广、技术咨询、服务、合作、水利灌排工程设计与施工，水利灌排技术设备，材料与配件。2000 年，津水灌排新技术开发公司变更为天津市津水工程新技术开发公司。经营范围：水利施工及技术咨询服务，网络工程技术软件开发、工程建设监理、工程管理、新型建筑材料批发兼零售。

天津英特泰克灌溉技术有限公司，由天津市津水灌排新技术开发公司与美国英特泰克公司签订经营合同，合资建立天津英特泰克灌溉技术有限公司，成立于 1992 年 12 月。经营范围：合资生产脉冲微灌产品。经营地点：南开区迎水道 7 号。2000 年 4 月，经营地点变更为河东区振中路 118 号，经营范围：节水灌溉设备生产及安装。2006 年，经营地移至西青经济开发区大寺工业园津荣道 17 号。2009 年 1 月，市水利局下达《关于明确天津英特泰克灌溉技术有限公司中方出资主体及有关的批复》，明确天津市津水工程新技术开发公司为中方投资主体，占 65%，行使相应股东权利和义务。

天津市水利科技情报中心站，1976 年成立，1992 年更名为天津市水利科技信息中心，人员编制 10 人。业务范围：信息研究开发（含信息网工作）、《天津水利》编辑出版、文献管理（含数据库开发、管理）。2010 年业务范围：水利科技信息研究咨询、信息收集处理、对外提供服务，《现代水务》编辑出版、查新检索服务、电子刊物网络维护、文献管理。

天津市水利建设工程质量检测中心站，于 1990 年组建，是天津市水利局唯一工程质量检测机构，承担天津市水利建设工程质量检测任务。2006 年依据市编委《关于市水利局未核定过编制的事业单位机构编制问题的批复》和市水利局《关于成立天津市水利建设工程质量检测中心站（天津市南水北调工程质量检测中心）的通知》，由水科所在天津市水利建设工程质量检测中心站基础上组建天津市水利建设工程质量检测中心站（天津市南水北调工程质量检测中心），为独立法人检测机构，相当于科级，核定全额拨款事业编制 10 人。天津市水利建设工程质量检测中心站于 1995 年通过天津市质量技术监督局的计量认证，并按照规定通过了历次复评审。2006 年通过中国合格评定国家认可委员会的实验室认可，2009 年取得水利部水利工程质量检测混凝土工程甲级资质。

二、科技实力

随着研究内容的拓展、研究水平的深化，研究手段也在不断的充实、发展。截至 2010 年年底，设置的试验室有质量监测中心、水土污染控制与防治实验室、农业节水实验室与泵站测试中心、水利量测实验室及水景喷泉测试中心。

质量监测中心房屋面积 700 平方米。现有各种检测仪器 90 台（套），检测内容包括水泥、钢材、集料、墙体材料、防水材料、外加剂及掺和料、土工合成材料、沥青及沥青混合料、泡沫塑料、混凝土结构工程、土工及无机结合料共 54 个产品 126 个参数。

水土污染控制与防治实验室是水源地保护、供水水质、农村饮水安全等众多领域进行科研的重点实验室，该实验室在水环境研究中已经突破了传统的水质分析，拓展到了整个水生态、水环境领域，涵盖了水体的理化性质研究以及水生生物、微生物的分析研究。在保证科研课题需求的基础上，逐步开展对外服务。截至 2010 年已具备以下功能：

水环境监测：已具备化学需氧量（COD）、生化需氧量（BOD）、溶解氧（DO）、氨氮（NH_3 - N）、硝酸盐氮（NO_3 - N）、亚硝酸盐（NO_2 - N）、总氮（TN）、可溶性固体悬浮物（SS）、磷酸盐（PO_4^{3-}）、总磷（TP）、总硬度、氯化物（Cl^-）、pH 值等近 40 多个水质指标的快速及常规监测能力。

生物监测：已具备水体中的叶绿素、水深、水温和植株中的氮、磷、钾、亚硝酸盐等指标的监测能力。

农业节水实验室与泵站测试中心在都市农业高效节水技术研究与推广、非常规水开发利用、农村污水处理与水环境改善技术研究和泵站效能测试与安全检测等众多领域进行科研的重点实验室。

农业节水实验室为开展农业节水技术研究提供科学的实验手段，为节水设备的开发和性能测试提供了场所和仪器设备。泵站测试中心可以承担大中型泵站机泵性能、电气设备性能、水工建筑物和金属结构破损情况的现场检测，为泵站的经济运行、泵站改造方案制定和泵站改造效果的评估提供技术依据。

水利量测试验室配置了 DF - 500 双频测深仪、GPS 全球定位仪、E60B 高密度电阻率勘测仪、WZG - 24 工程浅震仪、LZSD - C 型电法探测仪等多套国内外量测设备。可以开展水库、河道、水下地形的快速量测及堤防质量裂缝、空洞、软弱层等无损检测。

水景喷泉测试中心受中国建筑金属结构协会水景喷泉委员会委托在水科院建立全国唯一指定的喷泉产品测试机构。主要承接该委员会委托的喷泉水景行业的各种测试任务。中心拥有高精度粗糙度测试仪、镀层厚度仪硬度测试仪、水利性能测试场等先进的测试设备。可作水景喷泉效果数值模拟，通过数模建立测试设备的各个参数之间的关系，为设计和建立企业标准及行业标准提供技术依据；同时开展喷泉设备研发。

至 2010 年年底，水利科学研究院有正高级工程师 7 人，高级工程师 43 人。具有博士、硕士研究生学历的 41 人，还有 15 人在职读博士、硕士学位。

三、获奖项目

（一）省部级科研奖项

1991—2010 年，全局共有 49 个科研项目获水利部、科技部、国家环保局、天津市政府授予的省部级科研奖项，见表 12 - 1 - 1 - 191。

（二）主要奖项项目简介

1. 低位抽真空吹填土及其下软土地基加固技术

低位抽真空吹填土及其下软土地基加固技术是水科院的技术人员自 20 世纪 80 年代以来经多次试验后发明的，应用于淤泥疏干、软基加固的专利技术。研究成果能使滨海地区的淤泥变为可以利用的土地，为沿海开发带来巨大的经济效益和社会效益。该工法比传统的真空预压法节省投资 10%～20%，比其他施工方法节省投资 20%～30%。而且可以大大缩短工期。该技术在天津开发区吹填造陆工程中推广，为国家节省投资达到 4000 万元。先后在天津、河北、上海、江苏、浙江、福建、广东等省（直辖市）推广应用，技术水平达到国际先进水平。推广领域由最初的造陆、

表12-1-1-191　1991—2010年获省部级科研奖项

序号	奖励编号	项目名称	授奖单位	授奖时间（年.月）	获奖类别	主要完成人员
1	水2-003-05	低压管道输水灌溉技术研究利推广	国家科技部	1991.11	国家科技进步二等奖	朱利贞 万日明 孙忠杰 杨万龙 薛霞
2	91T-3-062	浅层地下水资源合理开发利用技术研究	天津市政府	1991.10	天津市科技进步二等奖	南鸿飞 张福山 王作友 王继正
3	91T-3-090	闸门流量自动控制系统级研究	天津市政府	1991.10	天津市科技进步三等奖	田世杨 惠应 杨春智 聂荣长 苑广祥
4	91C-2-004	于桥水库富营养化及防治研究	天津市政府	1992.7	天津市科技进步二等奖	王运洪 秘兆兰 何雅丽 周春喜 史学彬
5	91C-2-030	潮白河双层橡胶坝技术研究	天津市政府	1992.7	天津市科技进步三等奖	柴旬 秦春萱 闫海新 惠应
6	91R-3-197	大清河洪水灾害研究	天津市政府	1992.7	天津市科技进步三等奖	魏玉苓 贾福慧 张胜利 干天一 郭书英
7	92C-3-161	天津市微喷灌技术试验研究	天津市政府	1993.7	天津市科技进步三等奖	葛淑芳 杨国彬 王善昌 赵世敏 贾玉元
8	93093-4	天津城市污水土地处理与利用系统研究	国家环保局	1993.11	国家环保局科技进步二等奖	严晖端
9	93C-2-023	天津市风力提水灌、排试验研究及其应用	天津市政府	1994.8	天津市科技进步二等奖	孙忠杰 杨春长 周春喜 史学彬
10	S943050	于桥水库湖流特性研究	水利部	1994.12	水利部科技进步三等奖	王运洪 秘兆兰 薛霞 庞少青 芮桂君
11	94C-3-095	农田工程节水技术研究	天津市政府	1995.9	天津市科技进步三等奖	朱利贞 葛淑芳 黄松岩 刘振强
12	95C-2-023	天津市蔬菜生产现代综合技术的应用	天津市政府	1996.10	天津市科技进步三等奖	葛淑芳 郭青平
13	95C-2-029	海河（市区段）污染控制技术的研究	天津市政府	1996.10	天津市科技进步二等奖	曹大正 宋世良 马淑玲 张文清 王守霆
14	97C-2-006	低位抽真空加固吹填土及其下地基研究	天津市政府	1998.10	天津市科技进步二等奖	南鸿飞 张福山 王铭霞 曹希尧
15	97C-3-058	天津北部平原平三水优化运用研究	天津市政府	1998.10	天津市科技进步二等奖	朱利贞 汪绍盛 薛霞 朱德民 苏义兴 刘增篇
16	99C-3-083	天津市干旱地区水源开发利用研究	天津市政府	2000.10	天津市科技进步三等奖	张素荣 王铭霞 魏玉苓
17	99C-3-139	天津市蓄滞洪区不同分洪水位下蓄洪量及灾害损失研究	天津市政府	2000.10	天津市科技进步三等奖	周潮洪 常春权 王照洪 夏中华 孔照沛 许光样
18	99C-3-178	天津市灌排泵站节能测试技术研究	天津市政府	2000.10	天津市科技进步三等奖	万日明 郭素清 杨万龙 宋世良 王志刚 艾冲
19	99C-3-192	引滦入港地下水输水管道检测方法研究	天津市政府	2000.10	天津市科技进步三等奖	汪长余 米景跃 刘瑞深 田世杨 李娟 景悦 姚青岭
20	99C-3-213	混凝土联锁板技术应用开发研究	天津市政府	2000.10	天津市科技进步三等奖	李振 张大衡 王宏江 周军 张玉素 张彤宇
21	2000JB-3-128	渠灌区管道灌溉系关键技术研究	天津市政府	2001.11	天津市科技进步三等奖	万日明 杨万龙 胡宝泽 杨惠东 宋士良 李娟 科娟

续表

序号	奖励编号	项目名称	授奖单位	授奖时间/(年.月)	获奖类别	主要完成人员
22	2000JB-3-105	DWLZ-3B系列同步电动机励磁装置研制开发	天津市政府	2001.11	天津市科技进步三等奖	刘尚为 杨彦杰 于子明 安东 王树春 吕伟杰 王宏江
23	2000JB-3-1	天津市大清河水系（含海河干流）防汛信息系统	天津市政府	2001.11	天津市科技进步三等奖	魏玉琴 贾福慧 魏素清
24	JB2001-3-130	天津市微灌技术推广应用	天津市政府	2002.9	天津市科技进步三等奖	赵世敏 张贤端 冯永军 李悦 李娟 李洁 杨万龙
25	JB2001-3-211	引滦入津尔王庄枢纽工程自动检测系统	天津市政府	2002.9	天津市科技进步三等奖	于子明 刘尚为 崔宝金 王志高 董树本 王树春 魏晓东 谷守刚
26	JB2001-2-060	永定河防汛调度系统的建立与应用	天津市政府	2002.9	天津市科技进步二等奖	朱芳清 周潮洪 张长青 刘哲 常守权 杜林媛 张胜利 钟水清 韩民安 邱玉良 杨洪书 杨素亭
27	2002JB-3-139	堤防隐患综合探测技术研究	天津市政府	2003.8	天津市科技进步三等奖	田世杨 高洪芬 聂荣智 肖承华 赵树茂 李东丽 赵玉明
28	2002JB-3-077	天津市滨海近岸流浪潮特性及工程应用研究	天津市政府	2003.8	天津市科技进步三等奖	郭青平 杨应健 张芳 安丽丽 王银生 张冬然 刘洪涛
29	2002JB-3-181	引滦入港输水管道自动监测系统研究	天津市政府	2003.8	天津市科技进步三等奖	杨春长 刘学功 刘立深 董立新 米景跃 任四海 任秀萍
30	2003JB-3-077	微咸水农田灌溉综合利用技术研究	天津市政府	2004.11	天津市科技进步三等奖	严晔端 同学军 张伟 李悦 安玉钗 高曼
31	2003JB-3-065	渠灌区管道输水灌溉节水技术推广	天津市政府	2004.11	天津市科技进步三等奖	姚慧兰 张贤端 万日明 杨万龙 王贵珠 李桐 李娟 冯永军 刘春来 李健中 杨惠东 高天宝 赵连宝 宋世良
32	2003JB-3-175	淤泥质河道清淤效果分析及工程泥沙问题研究	天津市政府	2004.11	天津市科技进步三等奖	马树军 周潮洪 马树长 张胜利 崔绍丰 高曼 侯析平
33	2003JB-3-087	天津市海岸带大断面海挡工程植物护坡技术研究	天津市政府	2004.11	天津市科技进步三等奖	王银生 张茶然 常守权
34	2004JB-3-087	温室滴灌施肥智能化控制系统研制	天津市政府	2005.5	天津市科技进步三等奖	宋世良 张贤端 刘春来 李娟 合硕 杨世鹏 杨科
35	2004JB-2-045	低位抽真空吹填土及其下软土地基加固技术	天津市政府	2005.5	天津市科技进步二等奖	曹大正 宋世良 马淑玲 张文清 王守霆 顾立军 阎树旺 秦玉生 阎海新 孙永军

续表

序号	奖励编号	项 目 名 称	授奖单位	授奖时间/(年.月)	获奖类别	主要完成人员
36	2005JB-3-091	干桥水库大坝安全监测系统研究	天津市政府	2005	天津市科技进步三等奖	黄燕菊　王士军　程君敏　葛从兵　秦继辉
37	2006JB-3-166	天津地下水主要污染物分布规律及形成机理	天津市政府	2007.1	天津市科技进步三等奖	闫学军　张伟　张国立　唐广鸣　王鸿
38	2006JB-3-165	天津市地面沉降对水利工程的影响研究	天津市政府	2007.1	天津市科技进步三等奖	周潮红　杨建图　王守斌　董树龙　刘波
39	DYJ20070309I	南水北调工程（PCCP）输水阻力试验研究	水利部	2007.10	水利部大禹三等奖	田世炀　朴铁锁　彭新民　吴换昝　李东丽　王松庆　纪俊松
40	DYJ20080211	天津市洪沥水资源化与生态恢复对策研究	水利部	2008.10	水利部大禹三等奖	郭青平　董立新　周潮红　杨应健　谢润起
41	2007JB-3-174	天津市湿地生态保护水资源保障措施研究	天津市政府	2008.1	天津市科技进步三等奖	周潮洪　刘红艳　唐广鸣　王得军　常守权　魏立和　焦飞宇　何兴东
42	2007JB-3-194	城市再生水灌溉农田安全技术体系与示范工程	天津市政府	2008.1	天津市科技进步三等奖	贾兰英　田丽梅　程波　刘春来　成振华
43	2008JB-3-142	智能型节水控制系统推广应用	天津市政府	2008.12	天津市科技进步三等奖	闫学军　周建芝　王全忠　荣维铨　王伟　赵世敏　张雁　唐宗
44	2008JB-3-135	渗灌节水关键技术研究	天津市政府	2008.12	天津市科技进步三等奖	杨万龙　李娟　刘春来　王剑波　冯思忠　袁景臣　张守强
45	DYJ20090214	天津市南蓄洪水预报及实时调度系统的建立与应用	水利部	2009.11	水利部大禹三等奖	周浩华　魏素清　周潮洪　李大鸣　郭青平　韩民安
46	2009JB-3-070	环保型绿色植根混凝土开发应用研究	天津市政府	2010.1	天津市科技进步三等奖	孙学军　刘学功　梁宝双　程庆臣　张岳松　田宏娟　刘伟
47	2009JB-3-114	天津市农业高效节水技术研究与示范	天津市政府	2010.1	天津市科技进步三等奖	杨万龙　刘克祥　张洪立　李娟　李爱军　刘春来　耿以工
48	DYJ20100203	平原水利工程病害诊治技术研究	水利部	2010.10	水利部大禹三等奖	朱永庚　董树本　王志高　杨德龙　杨进良　李建芹　李飒　黄九权　王玉珍　王超　高学平　王铁成　郝凤明　刘维伟
49	DYJ20100115	城市水环境改善与水源保护示范工程研究	水利部	2010.10	水利部大禹二等奖	刘学功　李金中　江浩　汪长余　孙井梅　唐运平　梁宝双　杨运军　孙永军　文科军　时绍玮　罗智能　袁春波　李学菊　杨洁
	2010JB-2-024		天津市政府	2010	天津市科技进步二等奖	

清淤、海挡加固工程推广到新土源开发（上海的河湾造土工程）、路基加固工程、海域造港工程、河道堤防除险加固工程、运动场地快速排水工程。该技术在不断的实践应用过程中，又有了新的发明点和技术突破，先后被国家知识产权局授予3项国家发明专利和2项实用新型专利，以及市政府颁发的"天津市发明专利优秀奖"和中国发明协会颁发的"第十四届全国发明展览会金奖"，2005年获天津市科技进步二等奖，被国家科技部列为"十五"全国重点推广项目。

2. 天津市蔬菜生产现代化综合技术的应用及研究

该项目为天津市重点科研项目，被列入1990年天津市政府为城乡人民办的20件实事之一，参加研究工作的有4个单位。该项目是多学科综合性的研究项目，主要研究内容：蔬菜工厂化育苗技术、蔬菜综合生产栽培技术、蔬菜先进的节水灌溉技术、园田机械化技术、蔬菜的化学除草技术等6项子课题。试验区位于西青区地域内，面积390公顷。其中保护地菜田地100公顷；露地菜田290公顷。历经4年潜心研究，试验区从整体上提高了蔬菜生产的技术和生产力水平，创造了可观的经济和社会效益。并全部达到了预期的目标，为天津市蔬菜生产现代化提供了大量的综合的科学依据，并为天津市蔬菜工厂化生产建设打下了坚实的基础。该项目获天津市科技进步二等奖。

3. 海河（市区段）污染控制技术的研究

该项目为市科委重点攻关项目，由天津市环境保护研究所等5个单位共同完成。项目研究对象为海河干流，主要内容是分析海河干流水体污染现状，调查海河两岸工厂、居民生活对海河造成的影响，调查海河两岸排污口数量、位置等基本情况，通过模型计算分析营养物质在海河水体输入、输出情况。根据存在的问题，进行海河污染控制的研究，包括进行一维、二维冲污数学模型计算，通过对海河水流特性的研究及合理的调度运行，使海河水达到一定的水质标准。该项目获天津市科技进步二等奖。

4. 永定河防汛调度系统的建立与应用

该项目于1999年由水利部和天津市防办共同组织立项，水科所研究完成，2001年通过市科委鉴定，成果的整体水平达到国际先进水平。成果为卢沟桥以下洪水调度提供参考，并为减轻永定河卢沟桥以下河段的洪灾损失探索出一条新路子。成果在海委防办、海委下游局防办、天津市防办推广应用。2004年防汛演习期间，再次利用该系统提供决策支持。该系统利用河网数学模型、二维洪水演进模型、灾害评估模型、GIS技术及计算机技术，集数值模拟计算与成果分析为一体，以界面、菜单等友好的人机对话方式，把众多的控制条件、可变参数及成果分析简化到可视化界面中，并与空间地理位置相结合，使用者通过简单的界面操作就可以进行河网模型和二维演进模型计算，并很容易获得所关心的成果。该项目获天津市科技进步二等奖。

5. 城市水环境改善与水源保护示范工程研究

该项目是2005年天津市重大科技攻关课题，成果经市科委鉴定达到国际领先水平。该项目针对天津市城市水环境污染严重、水源地水体富营养化等问题深入开展研究，集成潜流湿地、人工沉床、人工投菌、人工浮床、喷泉曝气等关键技术与设备，构建出高效的链式生物生态净化系统，在进水水质为劣Ⅴ类且波动较大的情况下，建成了占地2.667公顷、水处理规模为4000～8000立方米每日的示范工程，出水水质可达到地表水Ⅳ类。示范工程被列为水利部科技推广示范基地。对改善城市水环境、建设生态宜居城市、保障城市供水安全具有重要意义。该集成技术还具有投资成本低、运行费用少的显著优势。取得了多项自主创新和集成创新成果，获得 17 项国家专利授权，解决了城市水环境改善与水源保护的技术难题，成果达到国际领先水平，已在天津滨海新区、上海等地区城市水环境治理和于桥水库水源地保护中得到应用，取得了显著的社会效益、经济效益和生态环境效益，具有广阔推广应用前景。该项目获天津市科技进步二等奖、水利部大禹二等奖。

6. 天津市风力提水灌溉试验研究

该项目主要是在减少污染和开发新能源的思想指导下在天津地区利用风力提水进行农田灌溉的试验研究。主要包括三方面的内容：一是根据天津地区风能分布情况、水源情况、现有风力机泵情况及天津农作物的种类、灌溉定额、灌水量、灌水次数、输灌周期等综合分析研究、计算提出了天津地区利用风力提水灌溉的可行性并有广阔的应用前景。二是解决适合天津地区风力提水灌溉机泵是非常重要的，根据中国当时的风力提水机组，一类是扬程高流量小，另一类是流量大但扬程低均不能满足天津地区的要求；为此选择了 FDG‑5 风机和 XB‑125 旋板泵，但仍流量偏低，因而对风力机的传动机构进行了计算并加以改进，经过试验解决了扬程低、流量小的难题。三是为了对风力提水灌溉提供可靠的数据，研制了一套现场微机监测系统，自动测量风速、转速扬程和流量并自动打印出结果，为风力提水灌溉提供了先进的测试手段和可靠的科学依据。该项目获天津市科技进步三等奖。

7. 闸门流量自动控制系统研究

该系统采用流量控制，自动调整闸门开度，使流量保持在指定值。控制流量误差在 5% 以内。系统功能齐全、工作可靠、自动化程度高。过水流量的计算方法简单可靠，对封洞水跃流的计算有所突破。系统采用可编程序控制器作为中心控制部件，并在软件开发中对其计算功能有所扩展。利用原状原有电话线路完成了控制柜与主机（距离 13 千米）之间通讯。主机可随时召测有关数据并直接控制闸门的运行状态。实现了远程通讯，已具备联网功能。该系统还具有一定的自检功能，可自动报警并显示故障码。该系统在大型输水工程的闸门流量自动控制方面已达到国内领先水平。对提高输水精度，提高工效及管理水平，减轻劳动强度。该项目获天津市科技进步三等奖。

8. 农田工程节水技术研究

该项目是从天津市地处九河下梢滨海平原区的特点出发，扬水站灌区灌溉面积达 26.67 公顷（占总耕地 60% 以上），灌溉水利用率 40%，提出该专题研究内容：大口径 PVC 肋式卷绕管应用技术研究，吨田灌水量化指标研究，低压管道输水灌溉工程优化配水技术研究。建成考核试区 3.51 公顷其中管材研制考核等可行性研究 1.56 公顷，示范 1.96 公顷，经过近五年试验应用于考核，提出取水、输水、配水成套节水灌溉工程模式及规划、设计、施工安装、运行管理等成套技术。工程实施后可节水 40%，节电 25%，节地 3.5%～8.5%，增产 18% 以上。该项目获天津市科技进步三等奖。

9. 天津市北部平原区"三水"优化运用研究

该项目研究基地设在蓟县山前冲积平原—礼明庄乡张王庄村，主要研究内容为小区域浅层地下水资源评价及新农用机井研制，通过地下水位长年观测资料和定流量非稳定流抽水试验，以及水文资料等对区浅层地下水含水层的水文地质参数进行了求解及分析，并求出了该区的降雨入渗，潜水蒸发等主要水文要素，进而对该区浅层地下水资源进行了评价，为井灌种稻提供了科学依据并在该区试种水稻 2.67 公顷，全部使用井灌获得高产。在井型研制方面，在中国首先研制成功钢筋骨架竹笼包网井，单井涌水量与同条件多孔混凝土管井相比提高 40％以上。该项目获天津市科技进步三等奖。

10. 天津市干旱地区水源开发利用研究

该项目通过井汇、管汇模型试验及与节水灌溉工程相关的模型试验，确定汇水、输水、配水工程形式。建立数学模型，结合农艺措施进行田间灌水试验，提出咸淡混合水优化灌溉制度。建立了咸淡水混合节水灌溉工程模式及微咸水优化灌溉制度和相应的农艺措施等系列配套技术，提出浅层地下水水文地质参数及灌溉工程设计的相关参数，为干旱地区浅层地下水开发利用提供了科学依据和样板。该成果节省水资源利用率 42.4％，省地 3％，提高灌溉水利用率 47％，平均粮食增产率 37.2％。研究总体水平国内领先，部分成果国内首创。该项目获天津市科技进步三等奖。

11. 天津市蓄滞洪区不同分洪水位下蓄量及灾害损失研究

该项目完成了天津市十三个蓄滞洪区不同蓄滞洪水位下面积、蓄量及淹没损失计算。运用大量的地形资料、社会资料、进行统计计算、将电子地图、地理信息系统、办公自动化结合起来，形成一套完整的具有灵活快速检索、查询、统计分析功能的蓄滞洪区管理系统。还编制出一套先进的计算机软件，具有直观简洁、迅速方便的特点。今后还可根据实际需要对地图进行修改补充，对基本资料和有关参数进行修改补充，对统计计算的范围、内容进行选择。该研究成果具有很强的实用性和灵活性，可为蓄滞洪区的规划、安全建设、预案及防洪调度等各方面工作服务，研究水平为国际先进水平。该项目获天津市科技进步三等奖。

12. 天津市灌排泵站节能测试技术研究

该研究的测试技术包括适合于天津市各类泵站流量、功率、扬程及转速诸参数的测试方法、技巧，测试精度分析；选定三种测流方法：流速面积法、盐水浓度法和差压法；研制多种测试仪表设备：ZN3－64D 型测流仪、ZN4－Ⅱ型测压仪、抽真空系统水柱差压计、单泵流量微机日常监测系统、流速仪测架及其起吊装置、电动机功率测试柜等。该成果应用于泵站改造前后对装置效率的测试，为国内领先水平，已在天津市各类泵站中推广应用。从 1998 年开始在天津市新建及改造前后泵站效率测试。科研人员对水库泵站进行效率测试，如图 12－1－1－18 所示。具备泵站流量、功率、扬程、振动、噪声、转速等参数的测试能力，先后承担引滦尔王庄泵站、潮白河泵站、

图 12－1－1－18 科研人员对水库泵站进行效率测试

大张庄泵站等共计 50 余座泵站的效率测试和安全鉴定任务，为泵站改扩建提供技术依据。该项目获天津市科技进步三等奖。

13. 渠灌区管道灌溉系统关键技术研究

该项目是天津市"九五"农业攻关计划，成果用于农田节水灌溉，已得到大面积推广应用。试验研究采取室内外相结合，在武清建设试验工程 100 公顷。提供工程模式，系统控制面积 13.33～66.67 公顷，管网三级，工作压力 0.15 兆帕；研发了直径 110～250 毫米 5 种规格轻型双壁农用塑料管材；研发了 40 余种大口径配套管件、移动闸管系统，"多功能安全阀"为国家实用新型专利；提出了大口径双壁塑料管道施工工艺；研发了微机管理系统；改进田间节水技术。该项目获天津市科技进步三等奖。

14. 引滦入港输水管道自动监测系统

该系统于 1998 年立项，2001 年通过市级鉴定。系统实现了引滦入港管道输水的自动监测。已经在引滦入塘、入汉、入杨、入石化等供水管道上推广应用。本系统由中心站和用户测站等组成，中心站建立局域网并与各测站通过公共网络实现数据通信。测站实现数据采集、数据传输等功能，监测流量、水位、压力和累积水量。系统利用 C/S 和 B/S 结构，可实现召测、巡测、自报功能；远程对测站进行初值设置；测站拥有本地数据库，传数失败时下次传数一并传出；防雷击、浪涌保护技术、稳压、UPS 智能开关机技术；信号滤波调理技术。在管道中途各管段上安装压力计、流量计，实现管道输水安全监测。该项目获天津市科技进步三等奖。

15. 天津市海岸带大断面海挡工程植物护坡技术研究

该项目于 1998 年立项，2003 年通过市级鉴定，达国际先进水平。该项成果不仅可以在水利、铁路、公路、城建等工程领域中作为边坡防护措施加以推广应用，而且可以在盐碱地改造、滨海滩涂开发、环保、园林绿化等工程中发挥作用，并于 2004 年在大港区海挡工程上进行了推广应用。试验区选在土壤含盐量 1.12%～1.19%、高程 2.0～7.5 米的大断面海挡坡面上进行，面积 15000 平方米。按照植物的生育习性和生物功能以及海挡不同部位的防护要求，自下而上种植了互花米草、柽柳或碱茅、狗牙根等植物，成活率达 95% 以上，有效地保护了坡面土体的稳定。该项目获天津市科技进步三等奖。

16. 温室滴灌施肥智能化控制系统研制

该技术是天津市科委重点研究项目，将灌溉与施肥有机结合，通过计算机控制，按作物对水肥的需求实现精确供给，单系统控制面积可达 10 公顷。节水 63%、节电 49%、节肥 30%、增产 30%，价格比进口产品低 30%～40%。先后开发研制了适用于日光温室、现代温室应用的国产化温室滴灌施肥智能化控制系统和与之配套的自冲洗过滤器、文丘里注肥器、pH－Ee 监测仪等关键设备。可替代进口产品，解决了中国该项技术长期依靠进口的技术难题。系统的控制规模 1～10 公顷，操作简便，性能可靠，功能完善，成果可广泛应用于设施农业蔬菜、花卉、果树等灌溉施肥的自动化控制，产品在国内得到推广应用。研究成果被国家授予一项发明专利、二项实用新型专利。成果达国际先进水平，该技术被国家科技部列为全国重点推广应用项目，已在天津站前广场绿地排灌工程中应用，并推广至上海等地。该项目获天津市科技进步三等奖、天津市优秀专利奖。无土栽培滴灌施肥智能化控制系统如图 12－1－1－19 所示；日光温室滴灌施肥智能化控制系统如图 12－1－1－20 所示。

 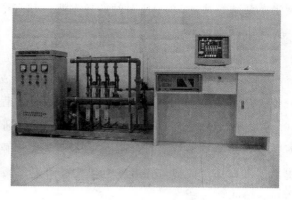

图 12-1-1-19　无土栽培滴灌施肥智能化　　　图 12-1-1-20　日光温室滴灌施肥智能化
　　　　　　　　控制系统　　　　　　　　　　　　　　　　控制系统

17. 天津市滨海近岸流浪潮特性及工程应用

该项目 1998 年立项，2002 年通过市科委鉴定，研究成果达国际先进水平。该项研究成果通过资料分析、现场观测、模型实验等手段，针对天津市位于渤海湾顶部，有着 155 千米的海岸线。从海挡建设的需要来看，对天津滨海近岸的海流、波浪、潮汐的特性进行了研究与分析。得出了不同标准下的潮位、波高以及海流特性，并依此推算了天津海挡的顶高程。用模糊数学对风浪预报公式综合分析，同时用诺谟图、量纲分析方法解决或简化风浪预报经验公式中的因子指数。为海挡设计提供了技术依据。在流场数模计算中采用虚拟流动的计算技术，该项技术是较为先进的边界处理技术，很好地处理了在水未到前或尚未上岸前与其后发生的水流结构。为准确模拟渤海湾的实际海况打下了坚实的基础。对河岸冲刷及淤积现象也做了理论分析，演变趋势解释。研究成果得到广泛应用、经济效益及社会效益显著。该项目获天津市科技进步三等奖。

18. 混凝土联锁板技术应用开发研究

该项目于 1995 年立项，由天津市水利科学研究所、引滦工程黎河管理处、引滦工程管理处共同研究完成。混凝土联锁板护坡作为一种新兴的水利工程领域应用的护坡新技术、新材料，在 20 世纪 80 年代末期传入中国。市水利科学研究所结合市引滦工程特点，进行开发试验应用研究工作。该研究项目经过大量的室内实验研究，通过几期实际试验工程的现场应用，经过多次的模具设计改进，成功地开发了两大类七个品种的混凝土联锁板，为开展多用途应用提供了可靠的保证。通过该项目的研究，总结出混凝土联锁板护坡其特点能够满足水利工程应用的要求，并且较传统浆砌石护坡具有体积小、质量轻、施工质量易于控制、施工速度很快并且适应地形变化、施工成本较低等优点。1998 年通过市科委鉴定，课题研究水平达到国内领先水平。成果用于防洪河道、海挡海岸等护岸、护坡工程中。该项目获市水利局科技进步二等奖、天津市科技进步三等奖。

19. 微咸水农田灌溉综合利用技术研究

该项目涵盖浅层地下水微碱水开发利用技术、微咸水农田安全灌溉技术和土壤改良农业技术等一整套集成技术。在浅咸井工艺，在黏重土条件下持续安全直接灌溉微咸水，建立微咸水灌溉安全指标体系和工程模式，在研发新型土壤改良剂诸方面均有创新和突破，总体研究水平达到国际先进。该项技术利用每升 5 克以内咸水进行农田直接灌溉，为水资源紧缺地区利用咸水灌溉开辟了新途径。研究表明，利用高氯离子浓度的每升 3～5 克微咸水，在有淡水冬灌的前提下，冬小麦亩产不低于 350～400 千克。通过汛期伏雨淋盐，达到微咸水安全持续灌溉的目标。该项目获天津市科技进步三等奖。

20. 引滦入港地下输水管线检测方法研究

地下非金属管道的探测一直是多方面探索的难题。该项目充分分析了被测物体的特性，大胆采用了浅震原理进行探测，根据被测物体的不同（材料、规模、现场情况等）适当的选择不同参数，可以有效地完成对不同材质掩埋体的探测。该研究填补了国内地下非金属管道检测的空白，探索了利用地震波探测地下掩埋体的方法。为以后地下物体的探测积累了宝贵的经验。根据现场实测，不但适用钢筋混凝土管道，也适合其他各种材料管道的检测。

项目创新点：①首次利用地震波的方法成功的应用到地下掩埋物体探测研究中，探索了以地震波为特征的地下掩埋体的检测方法；②该方法经现场实测验证，操作简单、准确可靠。研究成果可在类似检测工程中推广应用，方法先进，技术水平为国内领先。该项目获天津市科技进步三等奖。

21. 天津市大清河水系（含海河干流）防汛信息系统

"天津市大清河水系（含海河干流）防汛信息系统"课题以天津市大清河系及海河干流为示范区域，从防汛实际工作特点出发，利用多种计算机技术，对防汛有关的实时水文信息、防汛工程信息、灾情险情信息、防汛调度信息、历史资料信息及社会经济信息进行统一管理。建立标准统一、规范化的综合数据库系统，研制图、表、数字及文字多种形式的查询系统，开发具有空间查询特点的会商大屏幕系统。通过三个子系统为防洪调度和决策服务，从而提高天津市防洪工作的科学决策水平。该项目技术路线正确、方法先进，信息量大、内容丰富、实用性强，可直接为防汛决策服务，其研究成果总体具有国内领先水平，在综合性方面达到国际先进水平。该项目获天津市科技进步三等奖。

22. 堤防隐患综合探测技术研究

该技术是针对行洪河道堤防和平原水库围堤解决内部隐患快速连续探测的实际应用方法。技术可连续滚动测量、定性定量解释推断可靠、有利于堤防探测的高效、经济、使用。经验公式的确定在物探参数和土力学参数之间建立起联系，是堤防物探向量化和半量化发展，同时也为寻找土工参数和物探参数间量化关系开辟了新的研究途径。研究成果已在天津市城市防洪堤的永定新河、独流减河、蓟运河堤防和北大港水库围堤的部分地段探测中得到实际应用，效果良好。该项目获天津市科技进步三等奖。

23. 天津市地面沉降对水利工程的影响研究

该项目深入分析了地下水开采导致地面沉降及地面沉降对天津水工建筑物及防洪、排涝、蓄水、供水的影响，建立了水利工程沉降灾害损失的指标体系和评估体系，对沉降导致水利工程的影响程度和经济损失进行了评估。建立了沉降预测模型，提出了减少沉降损失的建议。同时，该项研究采用理论分析、普查评价、规律总结、数值模拟、仿真计算、地理信息技术相结合，首次对水利工程沉降的有关问题进行较全面深入的研究，为提高地面沉降危害性的认识，加强防灾减灾措施提供理论依据，为天津市水利工程的规划、设计、建设管理和水资源开发利用管理等方面提供技术支持，研究成果总体上达到国际先进水平。

该成果对天津市其他领域和全国受地面沉降影响的其他地区具有推广应用价值。专家组和与会领导建议该项目应结合实际工程的运行，加强监测分析，对灾害损失进行及时的评估，在有条件时对风险设计、风险管理、预警预报等方面开展进一步的研究。特别是要针对滨海新区地面沉降对该区的影响和控沉措施进行深入研究，为滨海新区的发展提供技术保障。该项目获天津市科技进步三等奖。

24. 天津市湿地生态保护水资源保障措施研究

该项目对天津市重要湿地进行了调查分析，提出了湿地生态干旱的定义，划分了干旱等级，重点研究了湖泊湿地生态干旱指标，计算了不同季节、不同湖泊湿地的生态需水量，研究编制了"天津市生态干旱监测规划及抗旱预案"，同时，该项目研究具有多项创新点，首次提出了湿地生态干旱的定义、湖泊湿地生态干旱的判别指标等理论。项目密切结合天津市湿地生态现状，研究成果使湿地生态抗旱工作有据可依、有序进行，对天津市乃至北方地区湿地的保护具有借鉴意义和推广价值，为天津市湿地保护工作提供了科学依据，项目成果达到国际先进水平。该项目获天津市科技进步三等奖。七里海生态湖泊湿地如图 12-1-1-21 所示；天津市重点湿地分布如图 12-1-1-22 所示。

图 12-1-1-21　七里海生态湖泊湿地

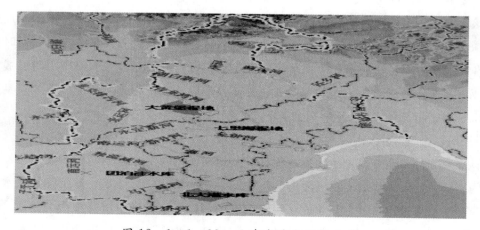

图 12-1-1-22　天津市重点湿地分布

25. 环保型绿色植被混凝土开发应用研究

该项目作为天津市自然科学基金项目开发研制，2004 年通过天津市科学技术委员会组织的专家鉴定，并获得了国家发明专利。为了促进环保型绿色植被混凝土技术在天津农村水利建设中的推广应用，2005 年在天津市农委作为农业科技成果转化与推广项目进行推广示范。2009 年 9 月通过水利部综合事业局组织专家在天津市召开"环保型绿色混凝土"产品鉴定会。专家认真审查了鉴定资料，经讨论一致认为该产品鉴定资料齐全、规范，产品技术先进、生态环保、创新性强，总体达到国内领先水平，符合《水利部新产品鉴定管理办法》的规定，批准鉴定通过。已制定出企业标准，具备了批量生产的条件。产品已在上海、天津、北京、山西等地的水利、市政等工程中成功应用 10 多万平方米，用户反映良好，环境效益、社会效益和经济效益突出，具有广泛的应用前景。该项目获天津市专利金奖、天津市科技进步三等奖。环保型绿色植被混凝土试验基地如图 12-1-1-23 所示。

图 12-1-1-23　环保型绿色植被混凝土试验基地

26. 南水北调工程（PCCP）输水阻力试验研究

该项目结合南水北调天津输水工程设计的实际需要，针对大流量、低糙度、大管径混凝土输水管道的输水阻力开展研究，建立了专用试验场，开展了现场实测，并进行了实测数据的处理分析，各项功能及指标满足实验室的精度要求，且采取了平水稳压、调整流态等提高精度的各项措施，形成了完整的输水阻力测试系统，为提高测试精度提供了可靠保证。另外，该成果有效解决了大流量、长管线、大管径 PCCP 管道输水阻力测试的关键技术，并进行了实际测试，试验管径1.6 米，根据科学理论，由实测管径推算出工程中各种管径（最大 5 米）的糙率值，为工程设计选用关键水利参数提供了可靠的依据。此项研究在现场试验达到室内试验精度，在国内外未见报道，这对中国管道输水工程建设具有非常重要的价值，研究成果总体上达到国际先进水平。

专家组认为该项研究对 PCCP 输水阻力测试在规模、流量范围、测试精度和数据处理分析等方面均有所突破创新，提供了准确的糙率值，对于工程的设计、安全运行管理意义重大。研究成果表明，所测试的糙率值较工程设计按规范取值降低约 20%，这将是管道设计的一次突破，将大大降低工程规模和工程投资。为解决 PCCP 管腐蚀问题，成功研制出了电位测量专用探头，解决了 PCCP 阴极保护电位测量不正确的问题，已应用于南水北调市内配套工程尔王庄至津滨水厂供水管线工程中。该技术对保证输水供水安全具有重要意义。该项目获水利部大禹三等奖。

27. 天津市洪沥水资源化与生态恢复及对策研究

该项目分析了南北两系河网不同洪水频率下的洪水调度方式及蓄滞洪区的水量调蓄，并首次探讨了不同频率洪水的资源利用方案。针对北系河网纵横、洼淀密布的特点，建立了多洼淀统一调度的河网模型，分析了不同洪水频率下的统一调度方案，考虑了水质的影响，具有创新性，为北系河网洪水资源利用的实施提供了理论依据。同时，以 ArcGIS 为平台，利用 VB 语言开发了洪水资源利用可视化系统,解决了以往蓄滞洪区蓄洪过程模拟二维显示的局限性并利用净效益最大化原则和模糊优选理论对蓄滞洪区最优蓄水位进行了综合比选。采用了洪旱对比分析法,对南北地区的干旱和淹没损失进行了联合对比,提出了淹没损失小于干旱损失的互补方案。将于桥水库的汛期划分为汛前期、汛前过渡期、主汛期、汛后过渡期和汛后期,采用汛期描述的模糊理论,确定不同时段水库的汛限水位,为充分发挥水库的兴利效益提供了技术支撑,对河道和湿地生态需水量进行了分析计算,为生态修复提供了可行的依据。该成果对天津市洪沥水资源的利用及具体实施有较高的技术指导作用,对缓解天津市的缺水压力、改善生态环境具有重要意义,提出的洪沥水资源利用方案合理可行,实用性强,研究成果达到了国内领先水平。该项目获获水利部大禹三等奖。

第二节　科技成果推广

　　2005 年,市水利局批准成立了天津市新禹水利科学与技术推广中心。主要工作是科技信息收集、发布,新技术推广宣传和科技咨询、技术服务等。2007 年年底"水利部推广中心天津推广工作站"在天津市水利科学研究院挂牌成立,水利部科技推广中心天津推广工作站由水利部推广中心和天津市水利局共同设立,依托单位是天津市新禹水利科学与技术推广中心和天津市水利科学研究院,是全国首批通过水利部审查获得批准成立的省市级水利科技推广工作站之一。

　　主要工作内容是:收集、发布国内外重大水利科技动态信息;开展水利科技动态交流与宣传活动;调研跟踪水利行业急需解决的技术问题;举办水利科技培训班;承办科技咨询、技术服务;参与水利部天津推广基地建设工作;推广体系的完善为水利科研成果的良好转化提供了帮助。

一、推广项目

　　1991—2010 年,科研成果主要推广项目有 16 项,其项目名称和项目主要完成人员见表 12 - 1 - 2 - 192。

表 12 - 1 - 2 - 192　　　　　　　　科研成果主要推广项目表

编号	项目名称	主要完成人员
1	低位抽真空加固吹填土及其下地基技术	曹大正　宋世良　马淑玲　张文清　王守霆
2	运动场地新型快速排水系统	张存民　曹大正　赵　斌　罗　莎　程庆臣
3	环保型绿色植被混凝土技术	孙永军　程庆臣　罗智能
4	混凝土联锁板护坡技术	李　振　张玉泰　王宏江　刘广洲　徐　勤　周　军　张彤宇　钱　强　李建芹　张大衡　曹大正
5	水工混凝土建筑物病害治理技术	刘学功　王俊岭　孙永军
6	渠灌区管道输水灌溉节水技术	姚慧兰　张贤瑞　万日明
7	井灌区低压管道输水灌溉技术	朱利贞　万日明　薛　霞　杨万龙

编号	项目名称	主要完成人员
8	天津市微灌技术	田佩琦 严晔端 郑俊元 曹大正 吕庆浩
9	现代农业高效节水技术	赵士敏 张贤瑞 杨万龙 孙永军 李悦 李娟 李洁
10	温室滴灌施肥智能化控制系统	杨万龙 张贤瑞 宋世良 刘春来 李娟 谷硕 杨世鹏 杨科 万日明
11	天津市灌排泵站节能测试技术	万日明 杨万龙 宋世良 李娟 艾冲 杨科 郭素清
12	喷泉技术	张存民 汪长余 米景跃 蔡冲
13	输水管道自动化监测系统	杨春长 刘学功
14	堤防隐患综合探测技术	田世炀
15	天津市海岸带大断面海挡工程植物护坡技术	王银生 张东然
16	防洪减灾科研成果	魏素清 夏中华

二、主要项目成果推广介绍

1. 低位抽真空加固吹填土及其下地基技术的推广

该项技术是"低位抽真空加固吹填土及其下地基研究"课题的研究成果。为解决沿海开发土源紧缺矛盾，同时解决清淤土综合利用等实际问题，发明"低位抽真空加固吹填土技术"。1991年完成该项技术工艺流程试验和工程材料选取、造压工艺。1992年完成4500平方米野外中间试验。试验证明：对渤海湾极细粒吹填土（小于0.005毫米粒径占65％以上）1.20～1.50米厚，经低位预压抽真空在120～150天内可完成80％固结度加固效果。施工简便、成本低、最小单元控制面积4万平方米，适合大面积吹填造陆。1993年该技术正式在天津经济开发区实施推广，至2010年已在天津、河北、上海、江苏、浙江、福建、广东等省（直辖市）共完成工程21项。累计吹填造陆面积10平方千米，获得良好的经济效益和社会效益。该项目获天津市水利局科技进步一等奖，天津市科技进步二等奖。国家专利9111663－X97100652.0。

2. 运动场地新型快速排水系统的研究开发推广应用

该项技术是"运动场地新型排水系统的研究开发"课题的研究成果。2000年通过水利部、国家体育总局专家鉴定，2001年获国家发明专利。该项技术成功地把暗管排水、负压疏干与反冲洗三项技术集成组装配套，有所创新，明显地加快了排水速度。试验表明与传统的重力排水技术相比，疏干时间快3倍以上。特别是负压疏干用于运动场地排水属于国内首创，排水功能得到明显地增强。该项技术适用性强，投资少，效果好，有良好的推广应用前景。1999—2005年，先后完成广东惠州超能足球场、国家足球队香河训练基地球场、苏州体育中心主体育场、宜兴体育中心体育场、南京奥体中心主体育场的设计与施工，北京2008奥运会主体育场已完成设计。2010年，天津团泊松江体育场应用这项专利技术。这项具有中国自主知识产权的运动场排水结构型式先后被中国城市规划设计研究院、建设部建筑设计院、北京建筑设计研究院、天津市建筑设计院、国家体育总局建筑设计所、上海同济规划建筑设计研究院等9家设计单位采纳。宜兴市体育场强制排水系统如图12-1-2-24所示；真空负压排水装置如图12-1-2-25所示。

图 12－1－2－24　宜兴市体育场强制排水系统　　　图 12－1－2－25　真空负压排水装置

3. 环保型绿色植被混凝土技术的推广

该项技术是"环保型绿色植被混凝土开发应用研究"课题的研究成果。该技术致力于在混凝土中建立适合绿色植物生长发育所需要的水、肥、气、热环境的研究，是集岩土工程力学、生物学、土壤学、肥料学、硅酸盐化学、园艺学和环境生态学于一体的综合环保技术，应用于河流边坡防护，公路两侧护坡及大型绿色广场铺砌，解决了河道整治中传统片面追求河岸的硬化覆盖，忽略河流的资源功能和生态功能，破坏自然河流生态链的矛盾，使堤防安全护砌与自然环境保护相融合，推动传统水利向环境水利和大都市水利的转变。环保型绿色植被混凝土已向国家专利局提出专利申请，并顺利通过初审。该技术已在山西太原和上海奉贤两地建立 3 万平方米的示范区，对固坡、环保、水体净化起到了较好的作用，不仅改善生态环境、而且美化了景观。该项技术具有客观的经济效益和生态效益。

4. 混凝土联锁板护坡技术的应用开发推广

该项技术是"混凝土联锁板技术应用开发研究"课题的科研成果，于 1998 年通过由天津市科委组织的科技成果鉴定。混凝土联锁板护坡作为一种新兴的水利工程领域应用的护坡新技术、新材料，其应用结构具有体积小、质量轻、施工质量易于控制、施工速度很快并且适应地形变化、施工成本较低等优点，成功的推广应用到天津市北水南调重点工程、蓟运河防汛抢险工程及黎河河道治理工程。该技术经过几期实际试验工程的现场应用，经过多次的模具设计改进，成功地开发了两大类七个品种的混凝土联锁板，积极推广应用到河道、渠道、沿海海挡工程等领域，截至 2005 年，已推广应用几十万平方米，节省工程投资数百万元。该项技术具有广阔的应用前景和可观的经济效益（图 12－1－2－26）。

5. 水工混凝土建筑物病害治理技术的开发推广

该课题推广的关键技术包括钢筋锈蚀检测修复技术、裂缝检测处理技术、渗漏检测处理技术、碳化检测处理技术、化学灌浆技术。主要新材料为聚合物类砂浆、纤维类砂浆、聚氨酯类浆材。主要施工方法和工艺为钢筋再钝化法、表面防锈法、表面处理法、裂缝填充法、复试灌浆法等。通过在十几座建筑物的推广，治理效果明显，延长建筑物耐久性寿命至少 20 年以上。推广期间，完成建筑物耐久性评估 20 余座，水闸补强加固 5 座，扬水站 3 座，倒虹吸 1 座，涵洞 2 处。平均可延长建筑物耐久性年限 20 余年，确保了水工建筑物的安全运行。特别是在引滦工程中采取的带

图 12-1-2-26 混凝土联锁板护坡技术

水作业施工技术，为在不影响向城市正常供水的前提下保质保量按时完成工程施工提供了技术保证，投入少见效快，效果明显。由此产生的经济效益和社会效益十分显著。该项目获天津市水利局科技进步二等奖。

6. 渠灌区管道输水灌溉节水技术的推广

该项目于 2000 年列为市科委、市农委农业重点成果推广项目，2001 年列为国家科技部农业科技成果转化项目，分别于 2003 年、2004 年通过市级和国家级验收。其成果来源于"九五"农业攻关项目"渠灌区管道系统关键技术研究"，应用于渠灌区农田灌溉、劣质水利用等领域。在推广中有所创新，成功研发出 315～500 毫米轻型双壁塑料管、实用新型专利"出水方位可调式防盗给水栓"，引入变频技术控制及研发挖沟机械，编写"渠灌区管道输水灌溉工程技术规范"。该成果已成为全市农业节水首选技术，在全市各区（县）推广面积约 1.33 万公顷。每亩节水 100 立方米，节地 3%～15%，增产 10%～20%，已累积节水 6000 万立方米，增收 8000 万元。国家财政部资助天津市推广这项技术约 1 亿元，促进了天津市节水型社会的建立。该项目获天津市水利局科技进步一等奖、天津市科技进步三等奖。

7. 井灌区低压管道输水灌溉技术的推广

该项目在"八五"期间列为国家推广项目，同时列为天津市推广项目。成果来源于国家"七五"科技攻关项目"井灌区低压管道输水灌溉技术"。推广管灌技术是缓解北方地区水资源严重短缺的矛盾，为粮食生产提供良好的基础设施条件。该项技术首先在中国天津、新疆、甘肃、内蒙古、辽宁等省（自治区、直辖市）推广，面积约 333.33 万公顷。这项先进节水技术的普及被称为农田灌溉的一场革命。每亩节水 80～100 立方米、节地 2%～3%、增产 10%～20%，便于机耕，维修量小，年增收约 50 亿元，年节水约 50 亿立方米，有效遏制了地下水位的下降，经济效益和社会效益显著（图 12-1-2-27）。该项目获国家科技进步（推广）二等奖。

8. 天津市微灌技术的推广应用

该项目是市农业科技成果重点推广项目。以成果推广应用与技术培训为主，并结合天津实际，按照不同水源、不同栽培模式和不同作物品种下微灌系统优化布置形式，建立 4 个具有一定规模的示范区。项目组以区（县）基层水利科技骨干为对象，举办两期微灌技术培训班，达到培训微灌技术推广应用骨干的作用。在推广过程中总结经验，针对天津市中南部农田地下水位偏高，土壤盐碱，土质黏重等的特点建立起应用微灌技术的灌排工程模式（图 12-1-2-28）。该项目获天

图 12-1-2-27 低压管道输水灌溉技术

图 12-1-2-28 微灌技术

津市科技进步三等奖。

9. 现代农业高效节水技术的示范推广

该项目提出了地表水、浅层微咸水、深井淡水混合灌溉模式；研发出"IC卡机井灌溉收费管理系统"；制定了小麦非充分灌溉制度；筛选出适宜天津市种植的冬小麦耐旱品种；提出滴灌条件下作物的节水、节肥模式。项目实施期间，在天津市干旱地区开展了集成节水技术推广示范，示范作物涉及保护地蔬菜、小麦和棉花，推广示范面积2033.33公顷，年每亩平均节水47立方米，每亩平均增产60千克，每亩平均增效177元。示范区应用农业高效节水技术后，灌溉水的利用系数达到0.93，与传统的灌溉方式相比节水50%～64%，实现年节水40.88万立方米。项目实施期间，示范区年累计综合效益356.65万元。示范表明，该成果是一项适合天津地区综合高效节水技术，具有较强的实用性和推广性，将加快天津市农业用水由传统的粗放灌溉向现代化的精准灌溉转型，推动节水型农业的快速发展，为发展高效农业提供技术支撑，成果达到国内领先水平。该项目采用成熟的节水技术成果，以节水、节能、低投、高效为原则，与郊区（县）水利、农业部门相结合，通过节水示范工程建设、技术培训和现场应用指导、辐射推广三个步骤开展推广工作，以示范促推广。建立市、区（县）、镇三级农业节水技术推广网络，共同开展推广工作。建不同高效节水形式的示范工程，召开现场会，进行现场技术培训和经验交流，发挥示范的辐射带动作用。系统地讲解现代高效节水技术，为工程建设单位免费提供节水工程的规划设计、设备选型和施工指导。该项目获天津市科技进步三等奖。

10. 温室滴灌施肥智能化控制系统的推广

温室滴灌施肥智能化控制系统是中国首次研制成功的高科技产品，符合中国设施农业的市场需求，具有较好的产业化前景。已在天津的津南区、武清区、塘沽区和上海的宝山区、松江区等6个花卉、水稻、蔬菜等生产基地推广应用，推广面积100公顷。与进口产品相比，性能优越、价格低廉、实用性强。应用该系统可节水60%、节肥30%、节电50%、增产30%，节省人工，提高自动化管理水平。3年累计创效219万元，取得了显著的经济效益（图12-1-2-29）。

图12-1-2-29 滴灌施肥智能化控制系统

11. 天津市排灌泵站节能测试技术的推广

1999年，该项目在水利局立项。成果来源于通过天津市级鉴定并获市科技进步三等奖的"天津市排灌泵站节能测试技术"。成果在天津市引滦入津工程、农田排灌等大中型各类泵站推广应用，测试泵站达15座。现已具备泵站测试的各种仪器、设备、专业测试队伍，建立泵站测试中心，结束了天津市泵站测试长期依靠外部力量的历史。通过测试，确定了泵站机电装置效率，为泵站是否改造或改造后是否达到设计指标，以及泵站经济运行提供科学依据，为天津市泵站管理单位实施《泵站技术规范》提供了技术支撑，提升了泵站管理水平。通过成果推广，减少改造费用，降低测试经费，减少运行费用，争取泵站改造投入，提高供水保证率和改善农业生产条件（图12-1-2-30）。

12. 输水管道自动化监测系统

系统实现引滦入港管道输水水情数据和管道安全状况的自动监测。由中心站和11个测站组成，中心站管理各测站数据，利用双服务器局域网络与测站实现数据通信。测站实现数据采集、传输等功能，接收与执行中心站指令。利用C/S和B/S结构，实现召测、巡测、自报功能，对测站进行初值设置，测站拥有本地数据库，传输失败时，下次传输一并传出。采用防雷击、浪涌保护技术、稳压、UPS电源智能开关机技术，并在采集模块前进行信号滤波调理技术处理。在管道的不同管段上安装压力计、流量计，实现管道输水安全监测。现又在引滦入塘、入汉、入杨、入

图 12-1-2-30　节能测试技术

开发区、入石化管道共计 22 个站上推广应用。系统实施后更好地保证了各用户的生产生活用水，根据各用户反馈每年减少数次管道抢修，可增效益几百万元（图 12-1-2-31）。

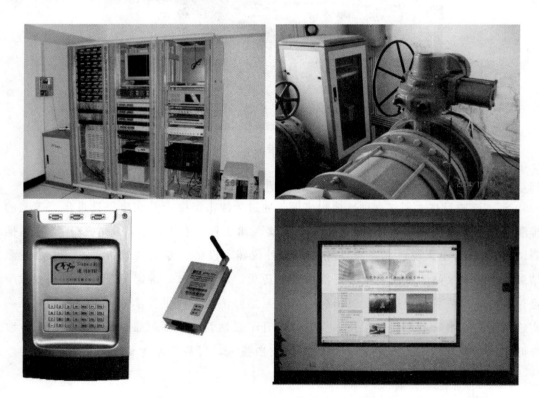

图 12-1-2-31　输水管道自动化监测

13. 堤防隐患综合探测技术推广

成果源于 1998—2002 年的"堤防隐患综合探测技术研究"，成果推广主要采用综合探测技术对天津市主要行洪河道进行堤防隐患探测，并对隐患做出评估；建立主要行洪河道中长期基准探测剖面，积累堤防探测的基础数据资料，探寻河道堤防物探参数的分布情况及内在规律，并对这些基础数据进行相关的统计分析，建立量化关系。采用综合探测技术可实现堤防的连续探测，平均每千米较传统探测方法节约费用 1 万元左右，此次成果推广对永定新河、独流减河、蓟运河和北大港围堤选择 60 千米堤段进行探测，直接经济效益 60 万元左右。采用综合探测技术可以及时发现堤防存在的隐患，及时进行处理，避免因汛期出现险情而造成抢险工程的大量人力和物力投入（图 12-1-2-32）。

图 12-1-2-32　堤防隐患综合探测技术

14. 天津市海岸带大断面海挡工程植物护坡技术

该项技术是"低位抽真空加固吹填淤泥及软土地基"专利技术在水利工程建设领域中应用的扩展，是"天津海岸带大断面海挡植物护坡技术研究"课题的成果。该技术是集水力学、植物学、土壤学、海洋水文学等多学科理论研发的大断面海挡植物综合护坡技术。植物护坡在大断面海挡上的应用，起到了较好的缓冲消浪和防冲固土的效果，防止和减轻了海浪及风、雨等外力对坡面土体的侵蚀，保护了海挡安全。同时可以减弱风速、拦截径流、降低地温、改善土壤结构。该技术为天津市海挡工程建设提供了一种全新的、经济合理的护坡形式。该项技术的应用对防潮减灾、绿化海滨、改善生态环境等方面，可发挥重大作用，具有良好的推广应用前景，具有极大的生态效益、社会效益和经济效益。该项目获天津市水利局科技进步一等奖。

15. 防洪减灾科研成果

运用水文学、水力学及电子计算机等方面的先进技术，解决天津市防洪、防潮、排沥、供水等方面的信息管理及调度决策支持技术等问题。30 年来，完成了 10 多项防洪减灾科研任务。研究成果涵盖了河网、蓄滞洪区、滨海潮汐河道等多个方面，是服务水利、服务社会的具有公益性的杰出代表，创造了巨大的社会效益和一定的经济效益，多次获得天津市科技进步奖和天津市水利局科技进步奖。所有开发研制成果均被天津市防汛部门采用（图 12-1-2-33）。

三、技术服务

水利工程质量检测。天津市水利建设工程质量检测中心站（天津市南水北调工程质量检测中心）承担着天津市水利建设工程质量检测任务，为高质量地完成水利建设工程提供严格的技术检测保障和高效有力的服务。检测中心站 2006 年定编 10 人，2010 年有职工 21 人，其中高级职称 7 人，中级职称 5 人，各种仪器设备 90 多套。检测内容包括水泥、钢材、集料、墙体材料、防水材料、外加剂及掺和料、土工合成材料、沥青及沥青混合料、泡沫塑料、混凝土结构

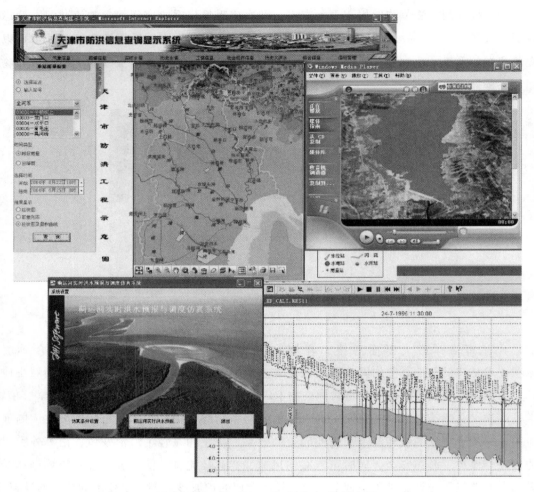

图 12 - 1 - 2 - 33 防洪减灾科研成果

工程、土工及无机结合料，共 54 个产品 126 个参数。

水利科技信息咨询服务。水利科技信息咨询服务主要为水利科技信息中心，管理文献和《天津水利》的编辑出版。《天津水利》期刊自 1991—2008 年共出版发行 96 期，2009 年《天津水利》期刊进行了更名和改版，更名改版后的《现代水务》每期增加 25％的信息量，由季刊改为双月刊，主办单位为天津市水利科学研究院、天津市水利学会。同时实现了网上投稿、审稿、出版、阅览。2009—2010 年《现代水务》出版发行 11 期。

2009 年更新"中国学术光盘数据库"，导入数据库总容量增加至 300 吉字节，利用中国学术期刊镜像站网络每天向用户提供 1000 多种刊物、几万篇科技论文。建立了水科院对外网站，为水科院宣传水利科技成果提供交流平台。

泵站测试。在"天津市灌排泵站节能测试技术研究"项目成果的基础上，农村水务研究所研制配备了多种专用测试仪表设备，先后为引滦尔王庄泵站、大张庄泵站、潮白河泵站、小宋庄泵站、高庄泵站，以及蓟县、武清、北辰、宝坻、津南、西青、大港等区（县）20 余座大、中型灌排泵站进行测试，测试精度满足《泵站现场测试规程》（SD 140—85）规定的指标。测试结果对这些泵站建设和管理水平的提高提供了有力的技术支撑。

喷泉喷头测试。接受中国建筑金属结构协会喷泉水景委员会的委托，水利量测研究所专门建立了喷泉喷头测试场和室内检测室。为喷泉水景行业 30 多家骨干企业的各类型喷泉喷头进行了水力参数和工艺质量、防腐蚀等多项检测，为保障喷泉喷头产品质量和实用效果提供了技术支持。

提供人才智库。市水科院组织技术骨干参加了由水利部和市水利局组织的"水利监理工程师"的多批次培训。这些骨干为水利建设工程招标评审、水利建设工程监理、水利建设工程咨询服务提供了可靠的人才保障。

四、专利授权

1991—2010 年，市水利（水务）局获国家知识产权局授权发明专利 20 项、实用新型专利 22 项，市政府专利金奖 1 项、优秀奖 3 项，5 项专利技术被列入市政府重点扶持推广应用项目，见表 12 - 1 - 2 - 193 和表 12 - 1 - 2 - 194。

表 12 - 1 - 2 - 193　**1991—2010 年天津市水利（水务）局专利项目汇总表**

序号	专利号	专利名称	专利类别	授权日期	发明、设计人
1	ZL91.11663.X	低位抽真空加固吹填土及其下地基研究	发　明	1993 年 4 月 2 日	曹大正
2	ZL97100652.0	低位真空预压软土地基加固法	发　明	2000 年 8 月 12 日	曹大正　顾立军
3	ZL00243875.5	静力拉压式插板机	实用新型	2001 年 4 月 19 日	曹大正　艾庆有 张存民　朱书金
4	ZL98102003.8	运动场强制快速排水方法及排水系统	发　明	2001 年 8 月 15 日	张存民　曹大正 周卫平
5	ZL02293523.1	温室大棚微灌装置用反冲洗自动过滤器	实用新型	2003 年	宋世良
6	ZL03203792.9	带单向阀的文丘里注肥器	实用新型	2003 年 12 月 31 日	杨万龙　宋世良 李　娟　刘春来
7	03244350.1	劲芯深层喷射搅拌桩	实用新型	2004 年 5 月 26 日	张　振　李广智 闫海新
8	200420029718.5	出水方位可调式防盗给水栓	实用新型	2005 年 9 月 7 日	万日明　王国华 宋世良　杨万龙 谷　硕
9	200420085644.7	管道用封堵止漏器件	实用新型	2005 年 11 月 30 日	汪长余　刘学功 刘瑞深
10	ZL02116692.7	环保型绿色植被混凝土	发　明	2006 年 2 月 8 日	孙永军　刘学功 刘启军　程庆臣 张岳松　刘　伟 隋　涛
11	03104695.9	温室滴灌施肥智能化控制系统的管路结构及其控制方法	发　明	2006 年 3 月 7 日	杨万龙　张贤瑞 宋世良　刘春来 李　娟　杨　科 谷　硕
12	200410072996.3	管道用封堵止漏器件	发　明	2007 年 1 月 17 日	汪长余　刘学功 刘瑞深

续表

序号	专利号	专利名称	专利类别	授权日期	发明、设计人
13	200710056493.0	扰动型人工潜流湿地水体净化处理设备及净化方法	发 明	2007年1月19日	刘学功　李金中　江　浩　梁宝双
14	200620026027.9	分布式水量计读器	实用新型	2007年5月16日	张　伟　蔡　旭　方淑芬
15	200720095015.6	反冲洗、曝气型潜流湿地水体净化设备	实用新型	2008年1月9日	刘学功　李金中　江　浩　孙宝玉
16	200720095013.7	污水生物处理模块化气浮式人工沉床	实用新型	2008年1月30日	李金中　刘学功　刘起军　李学菊
17	200720095010.3	扰动型人工潜流湿地水体净化处理设备	实用新型	2008年3月5日	刘学功　李金中　江　浩　梁宝双
18	200720095011.8	污水生物处理可升降人工植物浮床	实用新型	2008年3月5日	江　浩　刘学功　吴　涛
19	200720095012.2	污水净化处理用曝气、水景曝气装置	实用新型	2008年3月5日	汪长余　刘学功
20	200720095014.1	多组份填料基质潜流湿地净化处理设备	实用新型	2008年3月5日	刘学功　李金中　江　浩　杨玉刚
21	200720095176.5	混凝土箱涵用数控压力测试仪	实用新型	2008年3月5日	刘学功　程庆臣　张志颜　赵考生　靳文泽　汪长余
22	200720095769.1	一卡多井农业灌溉计量收费控制装置	实用新型	2008年5月7日	杨万龙　刘春来　李　娟　王宪平
23	200720097904.6	防偷盗、防盗水灌溉用水给水栓	实用新型	2008年10月8日	李　娟　杨万龙　王剑波　刘春来
24	200810153628.X	双层低位真空预压加固装置及软土地基加固方法	发 明	2008年11月28日	顾立军　曹大正　冯伟骞　刘学功　何雅丽　赵维江
25	200810154027.0	反渗透制水设备以及制水方法和清洗、维护反渗透制水设备的方法	发 明	2008年12月12日	张　凯　曹大正　张贤瑞　张　伟　刘　波　周潮洪　何雅丽　汪绍盛
26	200820144424.5	反渗透制水设备	实用新型	2008年12月12日	张　凯　曹大正　张贤瑞　张　伟　刘　波　周潮洪　何雅丽　汪绍盛
27	200720098927.9	生态护坡植被砌块	实用新型	2009年1月7日	孙永军　刘学功　张　振　杨　慧　孙浩培　高　军
28	200710056491.1	污水生物处理可升降人工植物浮床及制作方法和使用方法	发 明	2009年4月8日	江　浩　刘学功　吴　涛
29	200710056489.4	多组份填料基质潜流湿地净化处理设备及潜流湿地净化方法	发 明	2009年6月10日	刘学功　李金中　江　浩　杨玉刚
30	200710056490.7	污水生物处理模块化气浮式人工沉床及制作方法和净化方法	发 明	2009年6月10日	李金中　刘学功　刘起军　李学菊

续表

序号	专利号	专利名称	专利类别	授权日期	发明、设计人
31	200710056492.6	反冲洗、曝气型潜流湿地水体净化设备及水体净化方法	发 明	2009 年 6 月 10 日	刘学功 李金中 江 浩 孙宝玉
32	200710056494.5	污水净化处理用曝气、水景曝气装置及制作方法和使用方法	发 明	2009 年 6 月 10 日	汪长余 刘学功
33	200910069609.3	喷泉曝气喷头及制作方法和使用方法	发 明	2009 年 7 月 6 日	汪长余 刘学功 罗智能
34	200920098543.6	复合型自粘止水带	实用新型	2009 年 8 月 31 日	刘学功 孙永军 张 振 杨 慧
35	200710056721.4	混凝土箱涵用数控压力测试仪及检测方法	发 明	2009 年 9 月 9 日	刘学功 程庆臣 张志颇 赵考生 靳文泽 汪长余
36	200820143621.5	双层低位真空预压加固装置	实用新型	2009 年 9 月 9 日	顾立军 曹大正 冯伟骞 刘学功 何雅丽 赵维江
37	200710151031.7	生态护坡植被砌块及制作方法和施工工艺	发 明	2009 年 10 月 21 日	孙永军 刘学功 张 振 杨 慧 孙浩培 高 军
38	20091007294.4	屋面用绿化无土草坪及制作方法和使用方法	发 明	2010 年 2 月 10 日	孙永军 刘学功 杨树生 张 振 齐 勇 杨 慧 武靖源 袁春波 刘 桐 郝志香 何雅丽 齐 伟 张 华 王建波 么 旺
39	200910070295.9	复合型自粘止水带及制作方法和施工方法	发 明	2010 年 4 月 7 日	刘学功 孙永军 张 振 杨 慧
40	200920097641.8	喷泉曝气喷头	发 明	2010 年 7 月 21 日	汪长余 刘学功 罗智能
41	200920098542.1	屋面用绿化无土草坪	实用新型	2010 年 7 月 21 日	孙永军 刘学功 杨树生 张 振 齐 勇 杨 慧 武靖源 袁春波 刘 桐 郝志香 何雅丽 齐 伟 张 华 王建波 么 旺
42	ZL201020155997.5	阴极保护监测探头及阴极保护监测探头监测系统	实用新型	2010 年 12 月 1 日	罗 莎 刘学功 程庆臣 李广智 杜铁锁 赵考生 张卫华 许光禄 曹野明 刘国庆 焦丽娜 吴树香

表 12-1-2-194　　　　　　　**天津市专利获奖项目表**

序号	证书编号	项目名称	等级	授奖单位	授奖时间
1	97 1 00652.0	低位真空预压软土地基加固法	优秀	天津市政府	2004 年
2	03104695.9	温室滴灌施肥智能化控制系统的管路结构及其控制方法	优秀	天津市政府	2007 年
3	2009ZJ-010-08	环保型绿色植被混凝土	金奖	天津市政府	2009 年 7 月
4	2010ZY	混凝土箱涵用数控压力测试仪及检测方法	优秀	天津市政府	2010 年

第三节　水　利　学　会

一、组织建设

1957 年，天津市成立水利学会，并组成第一届理事会。1963 年选举产生第二届理事会，1983 年选举产生第三届理事会，1987 年选举产生第四届理事会。1990 年有会员 1814 人。

1991 年 4 月，选举产生第五届理事会，理事长何慰祖；副理事长高雪涛、曹楚生、姚勤农、崔广涛、曹希尧；秘书长曹希尧，同时召开第五次会员代表大会。1991 年，市水利学会按照《社会团体登记管理条例》完成复查登记工作，领取了社会团体登记证。水利学会在原有施工、泥沙、水文、岩土力学、水工结构、水力学、工程管理、农田水利、水利经济、环境水利、水利史志、规划、计算机应用 13 个专业委员会的基础上，又成立了机电、水法水资源、减灾、通信 4 个专业委员会。

1995 年 4 月，选举产生第六届理事会，理事长何慰祖；副理事长张锁柱、曹楚生、高钟璞、李树芳、崔广涛、曹希尧、王宏斌；秘书长曹希尧，同时召开第六次会员代表大会。1997 年成立了水利建设管理专业委员会，1998 年成立了水利工程造价专业委员会，天津市水利学会共有 19 个专业委员会。

2002 年 7 月，选举产生第七届理事会，名誉理事长曹楚生；理事长刘振邦；常务副理事长赵连铭；副理事长曹寅白、郭宏宇、王宏斌、宗敦峰、练继建；秘书长姚慧兰，同时召开第七次会员代表大会。

2002 年，根据中国水利学会的部署，天津市水利学会开展了会员重新登记认证工作，编制了一套会员管理软件，为可查询、修改、呈报、互动的网络版软件，对已故、调出、退休等原水利学会会员进行了调整，同时按水利学会章程发展了一批新会员，会员人数从总体上有所缩减，会员更加年轻化。

2008 年 12 月，选举产生了第八届理事会，理事长朱芳清，常务副理事长景悦，副理事长曹寅白、杜雷功、赵存厚、练继建，秘书长佟祥明。同时天津市水利学会召开第八次会员代表大会。

历届会员代表大会上，听取和审议了本届工作报告，讨论修改了天津市水利学会章程，选举产生了新一届理事会。天津市水利学会每年召开一次理事会，汇报年度学会工作情况及会费的收缴和使用情况，提出并讨论下一年工作思路，讨论通过理事人员的变更等有关事项，并对一些重要事项进行决策。

1999 年 3 月，在中国水利学会第七次会员代表大会上，天津市水利局副局长赵连铭当选为中国水利学会第七届理事；2004 年 4 月在中国水利学会第八次会员代表大会上，天津市水利局党委书记刘振邦、天津市水利局副局长朱芳清当选为中国水利学会第八届理事；2009 年 3 月在中国水利学会第九次全国会员代表大会，天津市水利局局长朱芳清当选为第九届理事会理事。

二、学术活动

（一）学术年会

1991 年和 1992 年天津市水利学会分别举行了第四届和第五届青年学术年会。市水利学会五届四次理事会决定，将青年学术年会改为会员学术年会，会上 35 岁以下的青年科技工作者，不论是否会员均可发表、宣讲论文并参加评选。1993—1996 年举办了天津市水利学会第六届、第七届、第八届学术年会，1998 年、1999 年、2000 年、2001 年分别举办了第九届、第十届、第十一届、第十二届学术年会。2003 年起每隔一年召开一次学术交流会，因受专业限制，原来的分会场人数很少，因此会议改为集中交流，不再设立分会场。每届学术年会都交流宣读论文，并从中评选出优秀论文。

（二）跨省市学会交流协作会

1999 年 6 月，市水利局承办了第六届华北水利学会协作会议，华北五省（自治区、直辖市）水利学会的有关领导、专家和学会专职干部 30 余人参加了会议，就水利可持续发展、防洪、水资源及学会工作等问题进行了交流。

2004 年 9 月 24—26 日，市水利局主办了华北地区水利学会协作研讨会，来自北京、河北、山西、内蒙古及天津 30 余名代表以围绕"科学发展观与水利可持续发展"主题，进行了论文交流及学术讨论，副局长朱芳清参加研讨会。本次会议还就华北地区水利学会的协作与共同发展进行了研讨，交流开展学会工作的思路、方法、经验，探索学会发展的成功之路。

2005 年 8 月 30 日至 9 月 1 日，2005 年全国控制地面沉降学术研讨会在津召开。会议由中国水利学会水资源专业委员会、中国地质学会工程地质专业委员会和天津市控制地面沉降工作办公室联合举办。中国科学院院士、南京大学教授薛禹群，中国工程院院士、中国科学院地质研究所研究员王思敬，水利部水资源管理司副司长孙雪涛，以及来自水利部、18 个省（自治区、直辖市）、各流域机构、高等院校、科研单位的专家学者 170 余人参加了会议。市水利局党委副书记、纪检委书记李锦绣到会致辞。

2009 年 9 月 9—11 日，第二十一届华北地区水利科技研讨会暨第十六届华北地区水利学会协作会在天津召开，市水利学会承办。市水务局副局长张志颇、水利部科技推广中心副主任许平、天津市科协的领导及来自中国水科院、水利部海委、北京、天津、河北、山西、内蒙古、山东、河南等省（自治区、直辖市）水利（务）厅（局）、科研院所和水利学会的 40 余名代表参加了会议。与会代表在科技管理、科研成果与推广、水科院发展、水利学会工作进展等方面充分进行了交流与探讨，会议组织与会代表考察了海河治理工程、于桥水库水体修复工程、空客 A320 总装线和滨海新区建设规划展览等天津风貌。本次交流活动还获得市科协的学术交流活动经费资助 5000 元。

（三）学术研讨和技术交流

1991 年，淮河流域发生特大洪水灾害，市水利学会邀请中国水利学会副理事长徐乾清介绍了在抗洪斗争中水利工程发挥的巨大作用及采取的对策。还邀请中国水利学会环境水利研究会副主任沈坩卿教授做“水利与生态环境——生态经济型的环境水利模式”的学术报告，邀请国务院三峡工程审查委员会办公室高级工程师姚俊明介绍了三峡工程论证情况等。

1992 年，市水利学会和中国水利学会水利学专业委员会联合举办全国城市防洪研讨会，市水利学会名誉理事长陆焕生、水利部副部长王守强出席并讲话，专家在学术交流后对天津市的防洪工程进行了考察。

1996 年，市水利学会举办了“96 天津市防洪问题学术研讨会”，来自市科协、水利部海委、水利部天津院、河北省廊坊市及天津市区（县）有关部门 60 多位专家参加了会议。副市长朱连康出席并讲话。市水利学会还会同中国水利学会和开封流量计厂联合举办了量测技术研讨会及产品涨势会，天津市水利管理、科研、设计及用水单位的 120 多位专家参加了会议。

1997 年，市水利学会邀请河海大学教授、著名土坝专家顾涂臣到天津讲学。组织以学会副理事长高钟璞为团长的部分学会理事对黄河小浪底枢纽工程设计、施工管理、工程投标、招标、建立及新技术应用、特殊情况处理等方面技术进行考察学习。

1998 年 2 月，市水利学会邀请武汉水电学院崀智教授来津做“水稻节水灌溉增产技术”讲座，天津市区（县）主管农业的副县长、水利局长及重点水稻种植乡（镇）的乡（镇）长 150 多人参加了讲座。6 月，市水利学会和天津大学水利系、中国水利学会水利学专委会共同举办了“全国城市水利学术研讨会”，来自全国和本市的 100 多位专家学者参加了交流，会议征集论文 39 篇，征集出版了《全国城市水利学术讨论会论文集》。10 月，市水利学会先后邀请了中国水利科学院水力所总工教授刘树坤、湖北省防汛抗旱办公室高级工程师赵民政来津做“1998 年长江洪水经验教训”的专题报告。

2000 年 11 月，市水利学会组织环境水利专业委员会部分委员参加的中美学术交流，交流的主要内容包括水源地的保护技术方法，美国加州萨克拉门托水质调查，地理信息系统技术在水质保护上的应用等。

2001 年 5 月，市水利学会同市灾害防御协会、地震学会、地质学会、气象学会等单位联合举办天津市水资源及综合减灾研讨会研讨会，研讨会围绕天津市水资源开发利用及减轻和防御灾害问题进行研讨，共有 14 位专家宣讲了学术论文。

2005 年，推荐会员参加中国科协 2005 年年会，共有 5 篇论文入选；推荐会员参加中国水利学会 2005 年年会，共有 5 篇论文入选；推荐会员参加中国水利学会青年论坛，共有 3 篇论文入选，为鼓励会员写出更多更好的论文，学会为所有推荐入选的论文担负了版面费。

2006 年 5 月，举办南水北调工程大型报告会，邀请市调水办总工赵考生向与会人员介绍了南水北调工程的基本概况和重要意义，来自全市水利系统及相关单位的 100 余人参加了报告会；邀请中国水利学会水力学专业委员会刘树坤等 10 位专家来津，就滨海新区水资源现状进行了座谈，并参观了滨海新区规划展览及污水处理厂的建设情况。

2007 年，中国科协组织全国有关方面专家开展环渤海地区 2006—2015 年经济社会发展环境承载力研究，天津市水利学会推荐农田水利专家万日明进行了多媒体演示汇报，并回答了有关问题提问；组织中国水利学会年会的论文选送工作，推选 10 篇，入选 4 篇，学会承担入选论文的版面费。

2008 年，天津市水利学会与北京水利学会、河北水利学会共同举办了城市供水水源突发污染应急处置高研班，组织相关单位共 14 人参加了研讨；与天津大学和水利部海委共同举办了江河治理与开发国际学术研讨会；组织会员参加中国水利学会年会和青年论坛的论文征集，有 10 篇入选论文集，学会承担入选论文的版面费，并组织论文作者参加会议。

2010 年，市水利学会举办了"地理信息系统技术培训班"，邀请天津市八三五七所的高级工程师徐伯夏做了题为《无人机遥感在水利行业的应用》的报告，邀请北京美科科技公司徐洪做了《GPS 原理及应用》的报告；学会在天津市科协申报的战略性课题的研究项目《天津市再生水资源利用战略研究》和天津市科协学术活动资助项目《"3S"技术应用及水利信息化学术交流报告会》获批准，得到 4 万元经费资助。

三、科学普及

科普活动主要围绕历年科技周活动主题开展，2002 年科技周的主题是"科技·入世·发展"，市水利学会邀请水利部发展研究中心主任刘松深做了《WTO 知识及对策》报告。2003 年科技周主题是"依靠科学，战胜非典"，水利学会在宣传橱窗布置了"预防非典"专题宣传栏；向会员发放"防非典完全攻略"宣传手册，并组织会员参加"依靠科学，战胜非典"网上知识竞答。2008 年科技周的主题是"节能环保、安全健康"，水利学会请专家做了《"3S"技术在城市地下管道管理上的应用》《SUPERMAP 自主创新服务水利信息化建设》《遥感技术应用水利》等三个专题报告。

2004 年，参与了气象学会组织的"气象与水"的科普知识讲座，水利专家讲述了气象与水的关系，呼吁人们要做到与水的和谐相处。在每年的科技周期间积极组织活动，连续被天津市科协评为科技周活动先进集体。

为增加社会各界人士对天津控沉工作的了解和对控沉知识的普及，2005 年 8 月，中国水利学会水资源专业委员会、中国地质学会工程地质专业委员会和天津市控制地面沉降工作办公室在天津联合召开了"全国控制地面沉降学术研讨会"。中国科学院院士、南京大学教授薛禹群，中国工程院院士、中国科学院地质研究所研究员王思敬，水利部水资源管理司副司长孙雪涛，以及来自水利部、18 个省（自治区、直辖市）、各流域机构、高等院校、科研单位的专家学者 170 余人参加了会议。研讨会从控沉综合研究、专题研究、监测技术、技术方法、实例分析等方面共征集论文 37 篇。

1991—1997 年，市水利学会共举办了四次水利科技夏令营活动，先后共有 200 多名中学生参加了活动；2004 年市水利学会协助天津市天文学会举办了"滦水源草原晨星科技夏令营"，共有100 多名中小学生参加。

1991—2009 年，市水利学会连续对参加工作满 30 年的会员进行了表彰，2010 年后根据中国水利学会精神，对工作满 50 周年的资深会员进行表彰。1991—2000 年，市水利学会对天津大学、天津市水利学校的部分优秀学生、教师进行了奖励。

第四节　国际交流与合作

1991—2010 年，天津市水利（务）局广泛与国外政府、科研机构、高等院校开展合作交流，积极参加各类学术研讨、合作研究等活动，对国外先进技术和管理经验进行学习考察，先后与荷兰、丹麦、美国、以色列、德国、新加坡、英国、日本等国家建立了良好的合作关系，致力于解决全局性、战略性和前沿性的重大水利科技问题，为做好天津"水资源、水环境、水安全"的大文章提供了坚实的科技保障。

一、依托政府间合作开展对外交流合作

1993 年，在中国、莫桑比克两国政府间合作的背景下，为把中国先进农田水利工程技术引入该国，1997 年 6 月至 1998 年年底，天津市水利局派水科所高级工程师万日明作为中国水利专家，参加由天津市外经贸委组织的赴非洲莫桑比克援建工作。援建项目为莫桑比克国家农业综合开发，规划开垦百万亩土地种植棉花（图 12-1-4-34），在莫桑比克建设了全国第一个完善的农田水利工程。万日明作为唯一一名水利工程技术人员，考察了 13333.33 公顷土地，了解当地自然状况和社会经济概况，承担水利工程勘测、规划、设计和施工任务，编写实地考察工作大纲、关于机械化试种 300 公顷棉田的考察报告、关于扩种区机械化植棉的考察报告及万公顷植棉水利规划报告等。完成了 200 公顷试种区选地、圈界、地形测量工作，编写试种区规划设计报告（图 12-1-4-35）。负责试种区施工组织、施工指导和工程建设质量控制等工作。面对自然环境恶劣、流行疾病严重、生活条件艰苦、技术资料缺乏、人手不足等种种困难，建成了一个完整的农田水利工程，工程正常运用，为棉花成功种植发挥了重要作用，受到该国政府的高度肯定。莫桑比克为东非重要的农业生产国，多年来在农业灌溉方面也总结出大量宝贵的技术和经验，在工程实施过程中，技术人员也从当地汲取到农田灌溉方面的技术经验，实现了优势互补，是水利科技工作依托政府间合作开展交流的典型方式。

二、借助民间组织、团体、协会开展对外交流

在国际科技合作方面借助各国民间组织、团体、协会力量，有效整合国内外水务领域的科

图 12-1-4-34　技术人员考察莫桑比克
植棉灌溉情况

图 12-1-4-35　技术人员
开展工程勘察

技资源，为高水平专业技术人员创造良好的科技研发及交流平台。市水务局于 2009 年 5 月引进澳大利亚先进的富营养化水体及底泥修复技术，开展锁磷剂控制富营养化水体蓝藻暴发的技术研究，经过大量的室内试验及在空港物流区水环境治理中的现场应用，完成了技术的引进、消化、吸收及相关产品在用量和用法上的优化。对该技术在安全性、有效性及经济性等方面进行了综合评价，为天津市类似的缓流水体富营养化治理提供技术储备，并为其在饮用水源水库蓝藻防治中的应用提供科技支撑。

该项目开展过程中，市水务局水科院与国际水协（IWA）、澳大利亚环境生物技术合作研究中心（EBCRC）、澳大利亚锁磷剂环境技术有限公司（PWS）等组织均建立了良好的技术交流及项目合作关系，其中 2009 年 12 月，市水务局水科院与澳大利亚环境生物技术合作研究中心 EBCRC 签署了《科研机构合作及科研人员学术交流谅解备忘录》，双方确定了合作领域，搭建起了良好的平台，以便扩大加强双方各种合作和交流，为双方经济与社会利益服务；2010 年 11 月，天津市水务局水科院与澳大利亚锁磷剂环境技术有限公司（PWS）签署了合作谅解备忘录，在科技交流及项目合作的基础上，实现了富营养化水体治理及底泥修复技术的双方共享（图 12-1-4-36）。

图 12-1-4-36　澳大利亚锁磷剂技术在天津市的推广使用

三、科研合作开发

2002 年，市水利局水科院承担了"天津市城市防洪决策支持系统项目"的研制开发工作，该项目采用先进的 GIS 技术、网络发布技术，建立天津市城市防洪信息数据库系统和信息查询显示系统。在课题实施过程中，天津市水科院通过与丹麦水力研究所（DHI Water and Environment）合作，先后派出科研人员赴丹麦学习调研，与丹麦技术人员一道利用 MIKE 11 模型，首次为蓟运河流域建立起实时洪水预报和调度仿真系统，形成了"共同开发、联合攻关"的对外科级合作机制（图 12 - 1 - 4 - 37 和图 12 - 1 - 4 - 38）。

图 12 - 1 - 4 - 37 与丹麦专家进行技术探讨　　　　图 12 - 1 - 4 - 38 系统调试现场

四、科技引进、消化吸收及再创新

围绕引进计划项目，开展国际间科技合作交流，在引进、消化吸收的基础上，实现再创新，成为开展对外科技合作交流的首要模式。2006 年，市水利局承担了水利部"948"引进计划项目"含氟苦咸水饮用安全技术"，这是中国首次引进国际上先进的苦咸水淡化技术及相关设备，并将其应用到饮用水水质问题严重的农村地区进行示范验证的科研项目。

项目实施期间，市水利局水科院与以色列泰合集团（Tahal Group，Israel）进行多次技术交流座谈，当时正值高氟水、苦咸水等饮用水水质不达标问题被列为国家"十一五"重点解决问题之际，结合天津市农村饮用水水质不安全（高氟、苦咸）的具体情况，引进以色列泰合集团拥有的先进苦咸水淡化技术（图 12 - 1 - 4 - 39 和图 12 - 1 - 4 - 40）。该技术的淡化处理成本低廉，有良好的市场前景。同时，根据中国农村人口居住分散型的特点，专门设计研发了小型的机动式苦咸水淡化处理系统 BWDU - 1（处理规模为 1 吨每小时）和 BWDU - 3（处理规模为 3 立方米每小时）。经过调研，选择了静海中旺镇、唐官屯镇和北大港农场等 3 个示范点，对国外先进饮用水质处理技术进行引进、消化、吸收，并结合中国农村实际情况，对设备进行优化配置和创新，进一步降低水质淡化的成本，使该技术和设备具有更优越的先进性。该项目于 2008 年通过水利部主持的验收后，着手开展了苦咸水设备的国产化研制，拟在天津市广大饮水不安全的农村地区进行大力推广。

图 12-1-4-39　引进以色列苦咸水淡化装置　　　　图 12-1-4-40　高氟水淡化设备

　　2009 年，市水务局水科院承担了水利部"948"计划引进项目"反应性自粘止水带的引进、研究与开发"，在实施过程中，派专业技术人员赴日本吉田建设工业株式会社学习参观考察，引进了"反应性自粘止水材料"，与止水带复合开发出新型自粘止水带，该止水带能够通过自身活性离子与现浇混凝土中的离子发生化学反应，使止水带与混凝土紧密结合成一个整体，形成不透永久性防水层，从而提高大型输水工程变形缝渗漏水问题，提高输水箱涵的输水安全性。该项技术2010 年成功申报国家专利"复合自粘止水带"，并在南水北调天津干线混凝土箱涵变形缝止水工程中应用，起到了良好的止水效果（图 12-1-4-41～图 12-1-4-44）。

图 12-1-4-41　引进的反应性自粘止水带　　　　图 12-1-4-42　进行复合加工

图 12-1-4-43　发明专利证书　　　　　　　图 12-1-4-44　在天津市
　　　　　　　　　　　　　　　　　　　　南水北调工程中应用

　　2010年承担水利部"948"计划引进项目"混凝土水灰比测定仪的引进、研究与开发"，在与日本知名企业的合作下，引进日本先进的混凝土水灰比测定仪，在消化吸收的基础上实现了国产化，破解了混凝土质量的预控制这一关键性难题，为水利工程建设施工质量提供有力的保障（图12-1-4-45）。

图12-1-4-45　引进的混凝土水灰比测定仪与天津自主研发的国产化样机

五、世行项目及相关对外考察

　　为缓解海河流域水资源供需矛盾，促进水资源与水环境综合管理水平的提高，推进水资源与水环境综合管理体制的整合，优化配置水资源，提高用水效率，降低对渤海的污染，全球环境基金（GEF）为海河流域提供一笔赠款，实施水资源与水环境综合管理项目。天津市作为GEF项目区之一，负责编制全市及宝坻、宁河、汉沽三个重点区（县）的水资源与水环境综合管理规划（IWEMP）。

　　根据2005年GEF项目年度实施计划安排，天津市水利局组成16人考察组对荷兰、法国和德国的水务管理情况进行了为期10天的考察活动。考察团到法国巴黎拉菲特商务中心，了解了法国水利工程的建设情况及资金筹备运作情况；在法国水资源部，了解了城市水利建设的管理情况、政策和经验，以及水资源管理可持续发展方面的情况，并实地考察了塞纳河治理情况；之后赴德国慕尼黑考察了河流水利工程。

第二章　信　息　化

第一节　信息化管理

一、沿革

　　1991年9月14日，在市水利局信息工作座谈会上明确局科技处为计算机管理部门，负责局计算机和信息系统建设管理工作。2001年机构改革明确了由科技处负责水利科技信息管理交流，同年成立市水利信息化工作领导小组，由科技处承担具体管理工作。2006年印发的《天津市水利信息化建设和管理办法》明确规定：局科技处是局水利信息化的主管部门，负责全局水利信息化工作的归口管理，其职责是组织编制全市水利信息化发展规划、相关标准、规章制度并推动实施；贯彻落实信息系统安全保密规定；负责审查或会同审查信息化项目；组织实施信息化项目的督促、检查、验收工作；负责水利系统有较大影响的信息系统的推广工作；组织信息化培训与考核等工作。局党委办公室负责党务信息上网审查，指导、监督、检查信息化保密工作。局办公室负责电子政务网络系统及其网上信息的管理工作，负责政务信息上网审查，推动政务网建设和信息资源的共享与利用。局有关处室、单位分别负责各口和本单位的信息化管理工作。

2006年2月28日召开全市水利系统信息化工作推动会，各区（县）水利（水务）局、局属各单位、机关有关处室的负责人及信息化工作部门负责人参加了会议。主管信息化工作的副局长朱芳清在会上强调要遵循规划，抓住重点，全面搞好防汛抗旱指挥系统建设、引滦工程信息管理系统建设、政务网完善、网络优化、水利信息资源开发利用等重点项目，高质量建设信息化工程。要坚决贯彻落实《天津市水利信息化建设和管理办法》，分工负责，加强对信息化工作的组织领导；要切实加强信息化建设项目的管理，严格遵循规划，统筹安排信息化建设项目；要下大力气抓好系统运行管理，充分发挥系统效益；要高度重视网络安全与信息保密工作，严格执行有关规定；要加强人才队伍建设，大力引进和培养信息化人才；要妥善处理好建设与管理、局部与全局、先上与后建、实用与先进4个关系，统筹规划、统一标准，需求主导、注重实效，分步实施、急用先建，共同建设、资源共享，全面做好水利信息化建设与管理工作。

至2006年，局属各单位均明确了信息化工作主管领导和负责部门，水调处、引滦工管处、于桥处、水文水资源中心、建交中心成立了信息科，其他单位也都确定了负责本单位的信息化建设与管理工作部门。

2009年，确定信息化工作的业务主管部门是局科技处，负责水务信息化建设与管理工作，组织编制全市水务信息化发展规划，并监督实施，负责水务信息化项目审查、验收工作，组织信息化培训与考核，指导区（县）水务科技和信息化工作。

1990年10月通讯处成立，2003年1月22日，更名为天津市水利局信息管理中心（简称信息中心），为局属事业单位，主要职责：负责全市水利系统信息化和通信技术的业务指导、业务培训及水利系统信息工程的建设和管理工作。2010年，信息中心设办公室、财务科、综合计划科、通讯科、计算机科、资源开发科、通讯站7个科室。管理人员从建立初期的13人筹备组，至2010年职工总数78人。其中在职职工54人，退休职工24人；博士研究生学历1人，硕士研究生学历2人，取得硕士学位5人，大学本科学历32人，大专学历6人，高中及以下学历8人；具有高级以上技术职称20人（正高级1人），中级技术职称10人，初级职称8人。

二、制度建设

1990年转发《国家统计信息自动化系统计算机系统安全及病毒防治工作暂行规定》，1992年印发实施《现代办公设备（系统）保密、管理制度》，1993年印发加强计算机病毒防控工作通知，1998年印发《实施〈天津市预防和控制计算机病毒办法〉的通知》，1998年印发实施《天津市水利局机关计算机管理暂行办法》，2005年9月出台印发《天津市水利信息化建设和管理办法》（试行）规定，2007年印发《天津市水利局关于加强计算机信息系统及办公自动化设备安全和保密管理若干规定》，2009年出台《天津市水利局政务信息主动公开操作规程》《天津市水务局门户网站管理办法》，2010年印发《天津市水务局机关中间机和非涉密移动存储介质使用规定》等用于保证信息系统的安全运行。每年根据实际情况制定《天津市水务局综合办公系统应急预案》《天津市水务局网络应急预案》《天津市防汛通信保障预案》等应急预案。

三、规划编制

2002年4月组织编制《天津水利信息化"十五"规划纲要》，2006年2月编制印发《天津市水利信息化"十一五"发展规划》，2011年编制《天津市水务信息化发展"十二五"规划》，用以指导全市水务信息化建设。

第二节 信息化建设

1986年之前天津水利建设信息的采集、整理、保存由工作人员手工完成，1986年，局机关开始配备计算机，用于人事管理，1990年之后水利信息化建设取得了重要进展。水利信息化工作组织机构初步建立时，明确了局科技处负责全局水利信息化工作的归口管理，局属各单位、各部门都建立起了信息化管理机构。

基础设施从最初引进单机用于数据处理，到后来建立局域网实现公文流转，最终建成承载全市水务公文流转的局骨干网络基础平台，实现了千兆骨干带宽、百兆到桌面的高速连接，完成了局机构与局属各单位、各区（县）水利（水务）局的光纤互联。2010年建有政务网站1个，行政许可审批53项全部实现网上办理。

重点业务系统建设。1991—2010年建设了国家防汛抗旱指挥系统一期、天津市城市防洪信息系统、引滦入津工程管理信息系统、天津水务办公广域网光纤互连等一系列信息化工程。建有数据库11个，共拥有空间、监测、业务、基础、水利普查和多媒体等227个数据；建有雨量自动采集点227处、水位自动采集点286处、流量自动采集点57处、地下水自动采集点183处、水质自动采集点20处，视频监视219处，水务信息自动采集监测站网初具规模。为社会公众了解天津水务现状和接受天津水务服务的提供了重要窗口。

一、计算机网络基础设施建设

1999年开始建设天津市水利局办公自动化软件系统一期工程，建成局机关计算机网络，实现了计算机硬件设备的连接，各业务部门配置了联网计算机，为局机关内部信息共享提供了高速信息通道。

2001年完成了与市政府办公厅公文联网系统的升级改造工作，保证了市政府公文的正常传输。向天津市数据局申请开通了帧中继专线，完成了水文总站、于桥水库、水科所、地资办与局中心网的互联工作。

在原有信息网的基础上，2002年扩建形成了天津水利系统内部办公广域网，以局机关局域网为中心，连接覆盖了局属各单位和区（县）水利（水务）局。

通过帧中继专线2004年实现了与入港处、北大港处及天津市行政许可中心网络互联，中心端网络带宽由128千字节升至1兆。

天津市水利办公广域网光纤互连一期、二期工程。随着局办公网网上信息量的不断增加，原有帧中继和电话拨号的联网方式，在网络带宽和网络稳定性方面已经不能满足全局办公自动化的需要，为保证网上公文运转、档案管理、信息发布等网上业务的稳定运行，进行该工程建设，自2006年年底，分两期实施，实现了天津市水利局与各单位信息系统的光纤互联，标志着局骨干网络基础平台基本形成。

天津市水利办公广域网光纤互连一期工程。2006年11月12日至12月30日基本完成并投入试运行，2007年3月21日通过竣工验收。建设内容包括水利局中心局Cisco 7206的安装和调试；设计院、建交中心等6个分点Cisco 2821的安装和调试；河闸总所Cisco 2611升级调试；节水中心、入港处和北大港处共3个分点Cisco 2621的升级调试。将设计院等12家局属单位的与局网络中心之间的互联方式替换为光纤，其中水利科技大厦内水科所、水文水资源中心和控沉办共用一个连接接口，升级接入带宽为4兆；其余设计院、基建处、建交中心等9家单位，接入带宽为2兆。局网络中心Cisco 7206路由器一端与局内相连，另一端将路由器配置的CPOS口与光端机155兆光口相连，实现155兆接入。局属单位光缆铺设到机房，通过SDH光端机接入网络系统上路由器。在局网络中心内网上新增加3台服务器，用来满足农水处、服务中心及信息中心办公自动化的需要。

天津市水利办公广域网光纤互连二期工程。2007年11月30日开工，2008年1月25日竣工并投入运行，2008年2月29日通过竣工验收。工程建设内容包括引滦工管处新购置的Cisco 3825路由器（含3个双口光纤转换器）的安装和调试；北三河处和市行政许可服务中心窗口新购置的Cisco 2821路由器（含单口光纤转换器）的安装和调试；海堤处原有路由器的配置调试；局网络中心端核心路由器Cisco 7206的扩展配置；整体功能测试；以及对新购置的监控移动工作站进行硬件测试并安装系统环境。工程完成后，实现了天津市引滦入津水源保护工程管理信息系统与局网络中心端的4兆带宽连接；北三河处和市行政许可服务中心窗口与局网络中心端的2兆带宽连接；海堤处与局网络中心端的2兆带宽连接。由于网络带宽的增加，满足了局属单位之间互相访问的需要，提升了网络办公平台的性能。

天津水利信息化机关办公楼网络系统优化工程。工程是在充分利用现有设备的基础上，将办公自动化、城市防洪等网络优化为一个局内部水利专用网络系统，建成覆盖全局系统、具备承载各类信息能力、布局合理、信息畅通的内网基础平台，满足信息资源共享的需要。同时组建与市政务专网相连的局电子政务专网，完善天津水利外部信息网，组建起一个基于安全隔离机制的内网、外网及国家防汛抗旱骨干网（天津）系统，达到整合资源，提高安全运行效率，建成实用性强、布局合理、安全可靠的天津水务电子网络系统。主要建设内容包括天津水利专业内网改造、建立网管系统、组建防汛专网及外网改造、机房改造等，同时，利用局内网改造替换下来的设备替代外网陈旧设备，升级更新外网防火墙 1 台，增加天融信主动入侵防御设备和梭子鱼电子邮件安全设备，防御黑客、病毒入侵和垃圾邮件的攻击，保护网络系统和网上邮件安全。该工程的建设对天津水务基础网络系统进行了优化、整合，规范、整合了现有的天津水务信息资源，实现了天津水务系统各单位的联网，业务数据的共享、交换和信息的快速传递，提高了水务信息的数字化程度，满足了各单位各部门对信息的及时了解和掌握的要求，消除了信息孤岛现象，最大化地减少了水利信息的闲置浪费，最大化地提高办事效率。

该工程于 2008 年 4 月完成前期工作，12 月 29 日完成该项目的招投标工作。2009 年 3 月 13 日开工，6 月 11 日全部完工，系统开始试运行。2010 年 2 月 8 日通过竣工验收，投入运行。

天津市防汛信息业务楼信息系统工程，包括防汛会商、会议报告及多功能运用的综合系统工程，工程建设分为综合布线系统、计算机网络系统、智能会议系统、UPS 不间断电源系统 4 个部分。工期为 2004 年 10 月 9 日至 2005 年 5 月 30 日。

局属各单位局域网建设。2003 年完成天津水利科技大厦局域网的建设；2008 年完成海河管理处办公局域网和海堤处办公自动化系统的建设；2009 年完成北三河处办公自动化基础设施建设和引滦供水抢修中心会议系统及院区视频监视系统的建设。

外网建设。2000 年完成了天津水利信息网网站建设，于 2000 年 2 月 1 日正式上网开通运行。市水利局作为天津市首批"政府上网工程"单位之一和海河流域水利行业中较早的上网单位之一，实现了天津水利信息网与天津政务网、海河流域中国水利网的联通。根据市政府信息化办公室电子政务网上办公百项工程项目立项的通知，2005 年 1 月建设了天津市电子政务网上办公百项工程第三期、第四期项目，实现了网上辅助办公的建设目标。2005 年天津水利信息网网站改造，该项目的建设提高了系统响应速度和安全性，水利信息资源的应用水平和共享程度，同时增加了电子邮件服务，完成了天津市水利局网上办公项目的建设，并举办了"天津市节水网上展览"。2008 年对照天津市政府网站评测标准，突出政府信息公开、网上办事、网上互动等关键功能，对原有网站进行了全面升级改造，形成了新闻中心、政务中心、水利专题、政府信息公开、水利百科和网上互动等六大版块内容。在 2008 年天津市政府网站评测活动中被评为"天津市政府网站建设先进单位"。

2009 年 5 月，随着水务业务职能的增加，对天津市水利信息网网站进行了第二次改版升级，升级后的网站为水务工作者和社会公众提供了更广阔地服务平台，并建立了局长专用信箱，为局领导建立了了解基层情况的直接通道。该项目 2009 年 10 月 20 日通过了竣工验收。在 2009 年度水利部行业网站测评中被命名为"全国水利行业优秀政府网站"。

经市网络安全协调小组办公室检查，发现门户网站系统存在安全隐患，网络安全措施有待加强。于 2009 年 9 月开始建设天津水务信息网络安全运维保障系统，加强网络安全保障措施。建设内容包括：结构调整。购置服务器，调整网站数据库系统与 Web 应用系统共用一台服务器的现状，构架 Web 服务、数据库服务、发布服务、内容管理服务各自独立的服务器网络布局，现有网站服务器作为备份服务器使用。更新软件解决代码漏洞。购置 Weblogic

Server，安装在 Web 服务器上，替换存在安全隐患的 Tomcat。增加安全设备。购置安装具有防 SQL 注入、防篡改网页、防跨站攻击、抗网络攻击等功能的网站防攻击系统，以加强网站信息系统安全保障；购置安装外网流量控制系统，实现局外网系统流量过滤和监控统计等功能，完善网络安全措施。

网络安全防病毒体系的建立和天津水务信息网络安全运维保障系统建设。自系统建成以来一直坚持对病毒的监控、防护和查杀，建立了网上预报和专杀工具下载区，对网络安全知识进行了多方位宣传，提高了全局用户的安全意识，提高了天津市水利局网络系统的安全防护功能，保障了网络的安全高效运行。

2010 年，根据天津水务局网络系统现状与安全需要，结合信息安全保护要求，进行相应的网络信息安全运维保障措施的调整与规划，实现天津水务局网络信息系统安全稳定运行。建设内容包括：外网服务器购置、安装、调试；天津水务外网网站迁移到新的服务器组工作；网站保护系统和外网流量控制系统安装。提高了天津水务局内网网站和外网的整体安全性能。顺利地通过了天津市政府组织的政府网站安全漏洞专项检查组检查，评为政府合格网站。

完成天津水务网络运行保障系统软件开发工作，包括网络集中监控管理和服务管理软件定制工作，以及整体系统门户的设计工作。

二、通信设施建设

（一）一点多址通信网工程建设项目

1989 年 9 月，项目立项。1990 年 9 月，市农委计划处批复了计划任务书。1990 年 10 月由邮电部北京邮电设计院进行设计，12 月与外商签定购买设备合同。1991 年 6 月市农委计划处批准了项目初步设计，工程总投资 589 万元之后，追加了 19.4 万元，工程总投资 608.4 万元。

该系统是引进意大利 TELETTRA 公司先进数字微波通信设备于 1993 年 4 月建成水利主干网。主干网由 1 个中心站，即水调中心（市水利局）；3 个中继站，即引滦宜兴埠通讯站、津南区水利局、塘沽区水利局；7 个终端站，即水文总站、武清县水利局、万家码头水文站、低水闸仓库、海河二道闸、金钟河闸、蓟运河闸组成。传输速率为 64 千字节每秒，可同时提供 30 个数字信道和 2 个用于信令监视和控制的信道。系统容量 256 个用户，可扩展至 512 个用户。允许设置 64 个终端站，每个终端在用户不超过系统容量的状况下可接 64 个用户。

工程于 1991 年 9 月 14 日开工建设，1993 年 4 月 10 日，天津市防汛通信一点多址数字微波通信系统开通并投入试运行。1994 年 11 月 23 日，系统正常运行，11 月 28 日，工程通过验收。

（二）蓄滞洪区信息反馈系统项目建设

1998 年，在宁河县西七里海投资 30.3 万元。建设三座铁塔（在潘庄乡、造甲城乡各建自立式 30 米铁塔一座，在淮淀乡建 20 米斜拉式铁塔一座），为北辰区防办（4 部手持机）、静海县防办（14 部手持机）购买配套设备以补充所辖蓄滞洪区反馈设备的不足。

（三）数字微波传输系统和 800 兆数字集群移动通信系统

2002 年完成了数字微波传输系统和 800 兆数字集群移动通信系统的建设任务，包括 15 个集群基站的安装、6 个站点的国产微波设备安装、11 个站点的进口微波系统的天馈线及配套的微波通信塔、综合防雷、机房装修、直流供电等项目的建设。

400兆超短波准集群通信系统，2004年年初建成，该系统基本覆盖了天津市大部分地区，提供防汛调度、抢险、应急等方面的通信服务。网络内可实现群呼、单呼和选呼，实现与局内线电话互联互通。

（四）蓟县山区水库无线通信预警反馈系统工程

2006年1月至6月28日完成《蓟县山区水库及青淀洼蓄滞洪区预警反馈系统项目建议书》和《天津市蓟县山区水库预警反馈系统初步设计》编制工作，建立一套以同频同播技术为基础的蓟县山区水库预警反馈系统，系统由盘山和八仙山两个基站组成，并配置30部手持机、6部车载台。项目总投资50万元。于2007年9月开工，12月26日项目通过验收。为蓟县防办和库区涉及的各乡（镇）、村与水库看护人之间提供可靠的无线电通信联络，使水库的防洪调度决策和指挥救灾抢险更加现代化，并能向市防办及时反馈山区水库的预警信息，对保证蓟县山区水库安全乃至天津市的防洪具有十分重要的意义。

（五）天津市防汛通信应急指挥系统（车）

为了提高天津市防汛应急处置能力，能够在突发事件的情况下，把现场各个不同角度的实况实时地传送至局防汛调度指挥中心，为领导做紧急决策和调度提供依据。2008年建设防汛通信应急指挥系统项目（即防汛通信应急指挥车）。项目建设目标是：采用现代化的卫星及图像等通信技术、计算机软/硬件技术、电子及自动化控制技术，建成一个先进实用、灵活机动的集现场实况信息采集传输与指挥于一体的通信应急系统。该系统的主要信息流程：通过现场单兵视频采集系统将现场图像传输至应急车内，再由应急车载卫星设备将相应信息上传输至水利部卫星地面接收站，经过光纤通道将应急车采集的信号传送至市水利局防汛会商平台，实现防汛决策部门对远端实况的实时观看和信息交互。同时，应急车载超短波系统可完成车辆方圆5～10千米的语音调度指挥任务。

2008年5月8日进行前期工作，7月15日完成政府采购，2009年1月18日完成建设任务，开始系统联调，2月26日完成系统出厂验收；3月26日车辆移交市水利局信息中心，开始试运行。11月10日通过竣工验收。该应急通信指挥系统在2009年、2010年多次参加局、防办通信组、应急办组织的演练中均发挥了重要的作用，传输话音、图像清晰、整体效果良好。

三、应用系统建设

（一）办公自动化软件系统开发利用

1. 电子政务系统

2000年启动办公自动化二期工程建设，成立由科技处、局办公室、通讯处、国家信息中心国家计委学术委员会评测研究中心、天津市天师高新技术发展总公司参加的办公自动化软件编制小组，开始办公自动化软件建设。2003年1月1日，办公自动化系统二期工程正式投入运行，开通的网上功能主要有公文运转、近期新闻、专用信息、信息发布、会议管理、档案管理、消息快递、电子邮件等。自此局机关完全实现了网上办公，全市水利系统实现了公文网上传递。

2．天津市水利办公自动化软件系统应用

2004—2006年，信息中心开发出一套具有自主知识产权的适应水利办公自动化需要的办公软件平台——天津市水利办公自动化软件系统。

2006年3月，在水利系统内开始推广应用天津市水利办公自动化软件系统，2007年继续深入开展"天津市水利办公自动化软件系统"的推广应用工作，于2007年12月完成验收。

项目推广应用两年过程中，通过调查研究、技术交流、流程设计、安装调试和系统培训等有效手段，在天津水利系统中入港处、控沉办、节水中心、设计院、信息中心、河闸总所、引滦工管处、于桥处、隧洞处、黎河处、潮白河处、尔王庄处、宜兴埠处、永定河处、大清河处、振津公司、海河处、滨海办等22个具备网络条件的基层单位推广应用。各单位软件系统的使用普及率达到90%以上。

3．天津市水务局办公系统升级改造

2008年对局机关办公自动化软件系统升级进行调研，2009年确定升级版本。2010年对局办公自动化系统进行更新改造，项目以适应信息技术的发展和水务业务的需求，实现网上综合办公、全员办公、协同办公为目标，主要建设公文、档案、信息网站、短信服务等内容。

天津市水务局办公自动化系统自启用以来，在公文运转、档案管理、信息发布、文件传输等方面发挥着重要作用。2010年年初，开始局办公系统升级改造项目建设，构建全局的统一办公系统应用支撑平台，为水务局综合办公系统提供统一的身份认证、组织机构管理、访问控制等基础服务，以升级完善公文管理系统、档案管理系统、信息发布系统。同时建设综合信息系统，包括文件收发、督察督办、会议管理、值班管理、内部邮件、图片新闻等信息管理系统，能够快速实现水务局各部门的信息传递，整体推进市水务局的政务协同和信息联动。该项目于2010年年底全部完成。

（二）天津市水务局财务管理信息系统

2009年11月，天津市水务局财务管理系统开始建设，完成财务管理信息系统专用数据库、应用服务器、磁盘阵列的购置、安装、调试工作，完成局属二级单位财务部门专用计算机和打印机的购置安装工作。

2009—2010年，建设了天津市水务局财务管理信息系统，系统是在局内网平台上，建设一套网络版财务软件，建成覆盖全局各单位、具有财务核算、报表管理、项目库管理、决策分析等功能的财务管理信息系统。

完成财务管理信息系统网络环境的建立工作，软件系统基本开发完成，项目分为核算会计与管理会计两大部分，分别包括总账、报表、固定资残、预算、工资，以及行政事业单位预算、水管预算、自筹预算、工资预算体系和水务局整体财务管控分析等部分的开发工作。完成了培训环境的系统搭建和网络环境的搭建和调试工作，并对局属单位的系统使用人员进行了四次培训，所有模块系统已上线运行，运行情况良好。

（三）防汛抗旱系统

卫星云图接收系统。1991年，市防办投资10万元，建设安装卫星云图接收系统，系统包括卫星天线、高频终端机、数据接收卡、数据处理显示软件及计算机、不间断电源等设备，可以自动接收、处理并显示气象卫星云图，通过该系统，市防办防汛工作人员可以及时、准确地获取第一手气象资料，了解天气变化趋势，为天津市的防洪调度提供科学依据。2002 年由于设备老化对该系统进行了更新改造，更换了高频接收机和计算机，并且开发了网络发布系统，把卫星云图信息发布在办公网上，各级领导和调度人员能够更加方便快捷地了解气象云图信息。

气象雷达资料接收系统。该系统 1993 年建设，包括接收处理计算机、彩色打印机、调制解调器、不间断电源等设备，是通过 PSTN 远程登录到天津市气象台计算机网络中，把相关的气象雷达资料下载传输到市防办的接收机中显示打印。

防汛计算机广域网。该网络 1995 年建设，经 X.25 专线与水利部水利信息中心实现了互联。1997 年采用 X.25 通信技术及计算机网络技术建成的防汛信息专用系统，该系统可使 12 个区（县）防办和市财政局、市水利局有关部门远程访问天津市防办服务器上的气象、卫星云图及实时水雨情等防汛信息。保障了防汛信息及时、可靠的接收与传递。

天津市防汛实时水情调度信息电子显示屏系统。该系统 1996 年建成，包括一块主屏显示防汛广域网上的天津市及相关流域主要报汛站点的实时水雨情信息，一块副屏显示单站的水雨情过程信息及重要防汛信息（以上两块屏设在市水利局七楼防汛调度中心信息监视室），三块远端屏（分别设在天津市水利局一楼电梯厅、二楼多功能厅、六楼电梯厅）显示重要的防汛信息。该系统研制项目获得 1997 年度天津市水利科技进步二等奖。

城市防洪信息系统。1997 年申请立项，2000 年 12 月市计委批准了该项目的可行性研究报告，2001 年 4 月市建委批准了项目的初步设计报告，工程建设期为三年（2001—2003 年）。自 2001 年 1 月开工，2002 年建设了九宣闸自动测流缆道和水文遥测系统、完成了城市防洪水文信息采集系统年度任务。2004 年天津市城市防洪信息系统建设完成，建设了 19 个水文测站的水文信息（包括 19 个雨量断面、42 个水位断面）自动采集、传输系统。2005 年正式投入运行。

天津市防汛水情会商系统。2003 年建设，该系统采用 B/S 三层体系结构，以实时水情数据库为核心，地理信息系统为平台，在水情实时数据库的基础上补充图片、视频数据库。将大量的水雨情信息和相关的历史水情、统计分析结果，在网络环境下通过浏览器（IE）以 WebGIS 的方式进行水雨情信息的查询、分析、发布，以及云图、气象预报、各类水情表的发布。2006 年实行新的水情编码标准后，该系统进行了升级。

国家防汛抗旱指挥系统。2004—2009 年，建设了国家防汛抗旱指挥系统一期天津项目，国家防汛抗旱指挥系统是由国家防总统一组织设计、建设的全国性的防汛抗旱信息系统。包括计算机网络、水情分中心及决策支持系统，决策支持系统按照“两台一库”的系统架构完成了信息汇集平台、应用支撑平台、综合数据库的建设，以及水情会商系统、洪水预报系统、信息服务系统、业务管理系统、气象服务系统及抗旱管理系统等应用系统的建设。国家防汛抗旱指挥系统一期天津项目建设共分水情信息采集系统、计算机网络系统、防汛决策支持系统及 2003 年实施方案四大部分。

2003 年，实施方案于 2004 年 7 月 14 日开工建设。完成路由器、VoIP 语音系统、网络测试仪等设备购置、安装调试及系统集成；完成交换机、防火墙等设备购置、安装调试；完成入侵检测、安全监控、身份认证、安全漏洞扫描等系统集成和建设；完成水利部信息中心至天津市水利局通信信道建设，以及异地会商视频会议系统建设；完成网络管理系统建设。2007 年 5 月 30 日完工。

2007 年，该项目中的信息采集系统建设启动，建设了 1 个水情分中心、31 个中央报汛站，其中含雨量观测 23 处，水位观测 78 处，流量测验断面 29 处，实现了观测点信息自动采集、传输到水情分中心及局水情中心。自 2007 年 9 月至 2008 年年底，此系统建设内容基本完成，2009 年 6 月 22—23 日通过预验收。

2008 年 4 月，该项目中计算机网络系统的政府采购招、投标工作开始进行，7 月初进行国家防汛抗旱指挥系统一期工程天津工情中心、水情中心网络项目的建设实施工作，7 月底完成了该项目的全部建设任务并投入试运行。

2009 年 8 月，完成该项目决策支持系统的应用支撑平台建设，包括服务器及外设等硬件设备购置安装，中间件、GIS 软件、全文检索系统、数据库管理系统等软件购置安装。9 月底，完成天津应用系统定制、洪水预报系统定制工作，包括软硬件设备的安装调试。

2009 年 12 月 25 日，信息采集系统、决策支持系统项目建设通过了单项工程验收，同时，天津项目建设整体工程通过竣工验收。

天津市防汛重点工程视频监视系统。天津市防汛重点工程视频监视系统第一期和第二期工程建设包括：共新建视频监视站 4 个（23 个监视点位），分别为里自沽蓄水闸（9 个监视点位）、宁车沽闸（8 个监视点位）、北京排污河防潮闸（4 个监视点位）、秦营闸（2 个监视点位），整合水利部海委 5 个监视站（61 个监视点位），整合武清区水务局筐儿港枢纽 3 个监视摄像点位。

2008 年 7 月 7 日，一期工程开工建设，包括新建里自沽蓄水闸视频监控站（新建视频监控点 9 个），新建宁车沽闸视频监控站（新建 2 个视频监控点和集成已建的 6 个视频监控点），建设局监控中心，并实现与武清视频监控站点、海委视频监控系统的互联。于 7 月 25 日项目竣工。2009 年 1 月 14 日通过竣工验收。2009 年 5 月，二期工程开工建设，包括武清区秦营进水闸 2 个视频点位，北京排污河防潮闸 4 个视频点位，新建视频监控站点网络互联及系统集成。于 6 月 29 日工程竣工并投入试运行，11 月 24 日通过竣工验收。

（四）水资源监测系统

1993 年，建设于桥水库大坝安全监测系统，2001 年，建设隧洞自动化安全监测与评估系统。2003—2009 年，建成了引滦工程管理信息系统工程。2003 年 9 月完成《引滦入津水源保护工程管理信息系统初步设计》，并于 10 月通过专家评审，12 月，进行了工程建设咨询及建设监理招标。2005 年，引滦工管处先后完成了引滦管理信息系统需求分析报告、总体方案设计和各分系统方案设计的初稿，信息系统集成商的招标工作、引滦信息中心大屏幕显示系统的建设。2006 年，先后完成了引滦管理信息系统需求分析报告、总体方案设计和各分系统方案设计，招投标文件的编制工作、信息系统集成商的招标工作、引滦信息中心大屏幕显示系统和部分流量计量、工程监测系统的建设。2008 年系统投入试运行。2009 年，作为引滦工程管理信息系统的一个重要应用层面，引滦沿线 7 个管理处建成了比较完善的信息化管理应用平台，至此系统建设顺利竣工并通过验收。天津市引滦入津工程管理信息系统建立了涵盖引滦全线主要业务的工程管理信息系统，主要由引供水业务系统、引滦 MIS 系统和综合信息服务系统三大部分组成，并在引滦工程管理信息系统中建立了统一的业务门户，实现了对各业务信息系统和业务资源的统一访问。2010 年，建设了尔王庄水库水质预警系统，系统是在现有引滦信息系统和尔王庄水质实验室已有数据基础上，建设了基于 GIS 的水质监测数据采集、整理、分析、查询系统，建立了尔王庄水库的二维水动力及水质模型，自动实现当天水质的评价报告并预测水质发展趋势，实现预警功能的主要建设目标。

1993 年，建设天津市国家水文数据库，2001 年 4 月通过了水利部水文局组织的专家评审验收，数据库存储了 1960—2001 年全部的水量、降雨、蒸发量等数据。2000 年天津水文总站开始建设天津市实时水情数据库，数据库存储了天津市各测站的水位、流量、雨量、特征值等水情信息，包含了 2000—2002 年的全部实时数据，2002 年完成上年度整编成果数据表逐日、月年水位、流量、含沙量、蒸发量等 336 站年装载入库工作，2002 年改为网络版，以 Web 方式在局广域办公网上实时浏览、查询。

1997 年，水文总站将大清河北支预报方案计算机程序化，改变了过去的手工翻阅图册的预报方式，使预报作业变得简单、快捷、方便。1998 年，开发了单机版的北运河洪水预报系统，主要功能是根据输入信息，完成北运河下段预报节点的洪水预报工作。2006 年，引进了中国洪水预报系统，实现了与水利部水文局、海委及流域其他水文部门的网络洪水预报信息共享。在该系统建立了统一的实时水情数据库、预报数据库，采用标准的输入和输出方式，在一个系统平台上完成了多种水文预报模型和方案的集成。2006 年，将《于桥水库实用预报方案》程序化后加入到该系统中，成为该系统的一个预报方案，可以完成洪水预报作业并可以通过专用局域网上传预报成果，同时可以浏览其他预报部门上传的其他预报节点成果，为洪水预报会商服务。

1999 年年初，水文总站针对海河闸水文站的重要性及现状，提出了《关于海河闸水文站基础设施的改造计划》，于 2002 年 8 月根据天津市滨海委关于海河闸水文站改造的精神（2002 年 5 月 24 日会议）提出了《海河闸数字水文站初步建设方案》，该方案得到了天津市滨海管理委员会和市水利局的肯定和支持。经过多次研究，决定实施"天津市海河闸数字水文站示范工程"项目。2005 年建设完成。

2002 年，建成引滦入港输水自动监测系统，覆盖引滦入港输水管道数据采集、监测作业的各个环节，涉及全市各个输水监测测站。2003 年，建成引滦入港工程管网信息管理系统，系统利用地理信息系统技术、WebGIS 技术、通信技术、数据库技术、网络技术等最新成果，建设了供水管网信息系统，将整个供水管网如实的显现在系统之中，为管线的安全维护提供了有力的保障。2006 年，引滦入港工程管网信息管理系统被天津市科学技术委员会确认为天津市科学技术成果。2007 年，在上述两个系统的基础上，建成天津市滨海新区智能化安全供水系统，系统采用测控设备 RTU、GPRS 通信系统、控制设备和应用软件等对滨海新区供水系统远程监测、控制和调度，构建了供水远程自动监控系统，实施范围涵盖全部 6 条供水管线。建立沿线 22 个数据采集站点，其中包括供水泵站 6 座、管道出口控制节点 11 个及中途辅助监测站点 5 个。

2003 年，建成智能型节水控制系统，从解决公共场所浪费水现象和节水挖潜的角度出发，通过在用水器具上加入智能控制，集各种用水信息于一卡，达到控、用一体，即方便用户，又增强了用水户的节水意识。2005—2007 年，在全市高教系统大专院校推广普及智能 IC 卡控水系统，通过对 18 家院校的改造，以点带面的形式促进天津市 34 家高等院校及高职高专完成改造。项目推广中实现了由单机版向网络化转换，接触式智能卡向非接触式智能卡的技术升级，采用了高效安全的数据库设计，不仅提高了系统的安全性和稳定性，而且为该项目技术在其他行业、部门的推广应用创造了良好的条件。该系统的推广应用 2008 年获天津市科技进步三等奖。

2004 年，开发了基于 GIS 的平差及沉降量快速计算信息系统。2005 年，建立了分层沉降监测标组的自动化远传监测系统，实现了全市分层标的信息化管理，可及时掌握不同季节各分层标组的沉降情况和地下水水位情况，为科学制定地下水开采计算和控沉决策提供科学依据。

2004 年 9 月至 2010 年 4 月，建设了天津市 GEF 海河流域水资源与水环境综合管理项目中知识管理系统（简称 KM 系统），为水资源管理工作提供了有效的管理工具。KM 系统包括了基础平台、数据库和应用系统开发三部分。基础平台实现数据的安全控制、权限管理、程序访问控制、通用模块处理等功能。数据库有管理空间数据、水资源数据、水环境数据、成果数据等信息，实现水资源和水环境管理信息的规范化、系统化和科学化，保证管理、分析和决策需要。应用系统包括信息管理、节水目标管理、污染物排放目标管理、水量水质联合评价、取水许可管理、排污许可管理等子系统，实现信息查询、统计分析、业务管理等功能，主要为水资源处管理人员提供有效的管理工具。2011 年 10 月，天津市水资源管理系统建设实施方案通过水利部专家审查，系统是在国家水资源管理系统框架内，利用信息化技术手段为天津市严格实行用水总量控制、提高用水效率、实行入河污染物总量控制提高决策支持，最终实行天津市水资源可持续利用。

2005—2006 年，建立水情短消息信息发布平台，以实时水情数据库为后台，自动或人工编制水雨情短信息，发送给用户（防汛有关领导和工作人员，可自动订制、取消）。水情信息发布的途径包括纸介、网页发布、短信息等。2007—2008 年，建立天津市防汛信息移动查询系统，防汛有关领导可以通过专用的移动终端设备查询最新的防汛水情动态。

（五）工程管理信息系统

2005 年，建成天津市水利工程建设交易业务管理信息系统，加速了水利招标投标信息化进程，实现信息收集、处理标准化，政务公开化，日常办公自动化，为各级领导决策科学提供有效的支持，为社会公众、企业提供优质、高效的服务。系统自运行以来，在远程数据上报、工程项目在线审批、实时项目信息查询等方面均取得了一定的成绩。

2005 年建成的海河示范段视频监视系统，监视范围全长 2.4 千米，在金刚桥、狮子林桥、金汤桥、北安桥 4 座桥梁上共安装 10 个摄像机，监视中心设在耳闸。监视中心对所有视频进行 24 小时录像，监视中心人员可以实时监视河两岸人员行为，对企图破坏公共设施的人员进行喊话，制止其违法行为。

2007—2008 年，建设天津市水利工程建设管理信息系统一期工程，系统利用先进的计算机网络技术、信息技术，实现水利工程建设项目的远程数据上报、工程项目的在线审批、信息分类、信息管理、实时项目信息和最新政策法规查询等功能。

（六）农村水利信息系统

2008 年，建设天津市农村饮水安全管理信息系统。系统按照水利部的部署，结合天津市实际情况，利用水利部免费提供的应用软件，形成天津市农村饮水安全信息共享与服务体系，实现农村饮水安全项目网上申报、计划下达、项目建设和工程管护的动态监管与公告。2009 年建设天津市农村水利管理信息系统，系统通过收集整理"十五"以来天津市农村水利建设项目的相关基础信息，研究制作农村水利基础电子地图和专题地图，并建立相关空间数据库和属性数据库；建立和水利部农水司对接的农村水利建设项目管理系统。最终为农村水利各级业务主管部门提供先进、高效的信息管理和信息共享的技术平台工具。

（七）排水信息系统

排水信息化在原有基础上整合了排水处视频监视系统，将市水务局成立后的排管处已建市区积水监视系统接入局防汛调度中心，以便局领导和防汛有关指挥部门对市区防汛工作做出科学的指挥决策。2010年实施排水监测综合信息管理系统建设。系统将实现天津市排水监测数据信息化、流程信息化、决策信息化的工作目标，为建设城市排水在线监测信息系统、严格控制超标污水排放提供有力保障。

第十三篇

治水人物

　　1991—2010 年，期间涌现了许多为天津市水利事业做出重要贡献的治水人物，包括水利系统党政管理人员，水利行业专家学者，以及部市级的劳动模范、先进个人和先进集体。本篇分人物简介和人物名录予以记述。

第一章　人　物　简　介

第一节　党　政　领　导

一、正局级领导干部

　　张志淼（1931 年 9 月至 2010 年 8 月）　　男，汉族，河北省冀县人。曾用名张文波。1948 年 9 月参加革命工作并加入中国共产党。曾任青年团天津市六区工委、河西区团委书记、共青团天津市委统战部副部长、青农部部长。1965 年后，历任天津市南郊区水利局局长，天津市抗旱打井办公室处长，市水利局副局长兼市抗旱打井办公室副主任、局党委常委、副书记，水电部海河下游管理局党委书记、局长，市水利局党委书记，市水利局、引滦工程管理局局长。市第十二届人民代表大会代表、常委会委员。1998 年 8 月离休。

　　王耀宗　　男，汉族，1940 年 1 月出生，河北省唐山市人，中共党员。1963 年 9 月河北水利学院水利系农水专业毕业，大专学历。同年参加工作。1963 年 9 月至 1973 年 9 月，任天津市水利电力局水利处干部、北大港区水利局技术员、天津市南郊区农林水利局水利科科长；1973 年 9 月至 1981 年 11 月，任天津市南郊区农林水利局副局长、天津市大港区水利局副局长（1980 年 3 月至 1981 年 11 月主持全面工作）；1981 年 11 月至 1983 年 12 月，任天津市大港区水利局局长；1983 年 6 月至 1993 年 2 月，任天津市大港区副区长（1983 年 6—12 月，同时任天津市大港区水利局局长）；1993 年 2—12 月，任天津市大港区人大常委会副主任；1993 年 12 月至 2001 年 12 月，任天津市水利局（引滦工程管理局）局长、党委副书记、党委书记。政协天津市第十届委员会委员。2001 年 12 月退休。

　　刘振邦　　男，汉族，1947 年 11 月出生，北京市人，中共党员，高级工程师（正高）。1980 年 9 月至 1983 年 7 月，河北水利专科学校农田水利系陆地水文专业毕业，大专学历。1964 年 9 月在河北省水文总站天津市水文分站参加工作。1968 年 1 月至 1973 年，北京军区炮兵某部战士。1973 年至 1985 年 6 月，任天津市水利局宣传处干事、市水文总站副主任、主任。1985 年 6 月至 2009 年 5 月，任天津市水利局（引滦工程管理局）副局长、党委副书记、局长、党委书记，1989—1990 年在中央党校学习一年。天津市第十三届、第十四届、第十五届人民代表大会代表。2008 年 1 月当选为天津市人大农业与农村委员会副主任。2011 年 4 月退休。

慈树成   男，汉族，1950 年 6 月出生，天津市武清区人，中共党员。1970 年 7 月在武清八一农机修造厂参加工作。1974 年 9 月至 1977 年 9 月在天津财经学院财政金融系金融专业学习，大学普通班学历。1977 年 9 月至 1979 年 2 月，任中国人民银行武清支行政工组干事；1979 年 2 月至 1980 年 11 月，任天津市蓟县工商局办公室干事；1980 年 11 月至 1984 年 7 月，任天津市蓟县政府人事科干事、副科长。1984 年 7 月至 1985 年 1 月任天津市蓟县劳动人事局副局长。1985 年 1 月至 1990 年 4 月，任天津市蓟县县委组织部副部长（期间 1983 年 10 月至 1985 年 7 月在天津市委党校党政领导与管理专业学习）。1990 年 4 月至 1992 年 12 月，任天津市蓟县县委组织部副部长、编制办主任。1992 年 12 月至 1997 年 12 月，任天津市蓟县县委常委、组织部部长。1997 年 12 月至 1998 年 3 月，任天津市蓟县县委副书记、组织部部长。1998 年 3 月至 2002 年 3 月，任天津市蓟县县委副书记。2002 年 3 月至 2006 年 3 月，任天津市蓟县县委副书记、县长。2006 年 3 月至 2009 年 5 月任天津市蓟县县委书记（正局级）。2009 年 5 月，任天津市水务局党委书记。

王宏江   男，汉族，1965 年 9 月出生，天津市蓟县人，中共党员，高级工程师。1983 年 7 月于天津市水利学校毕业，中专学历，同年参加工作；2003 年于河海大学水文水资源专业在职博士研究生毕业，博士学位。1983 年 9 月至 1994 年 7 月，任天津市引滦工程隧洞管理处干部、副科长、科长。1994 年 7 月至 1997 年 6 月，任天津市引滦工程管理处副书记、副处长、书记、处长。1997 年 6 月至 2008 年 3 月，历任天津市水利局（引滦工程管理局）副局长、党委副书记、局长；天津市南水北调工程建设委员会办公室主任。2008 年 3 月调出。

朱芳清   男，汉族，1956 年 1 月出生，湖北省孝感市人，中共党员，高级工程师。1982 年 1 月毕业于武汉水利电力学院农田水利专业，本科学历，学士学位，同年参加工作。2002 年中央党校经济学专业在职研究生毕业，中央党校研究生学历，2004 年天津大学水利水电工程专业在职硕士研究生毕业，工学硕士学位。1982 年 2 月至 1991 年 4 月，任天津市北郊区水利局助理工程师、工程师。1991 年 4 月至 1994 年 11 月，任天津市水利局规划处工程师、副主任科员。1994 年 11 月至 2002 年 12 月，任规划处副处长、处长，工管处处长，水源处党总支副书记、处长、党总支书记。2002 年 12 月至 2008 年 3 月，任天津市水利局（引滦工程管理局）副局长、党委副书记。2008 年 3 月至 2009 年 5 月，任天津市水利局（引滦工程管理局）党委副书记、局长。2009 年 5 月，任天津市水务局（引滦工程管理局）党委副书记、局长。

李锦绣（1950 年 11 月至 2010 年 4 月）   男，汉族，河北省崇礼县人，中共党员。1968 年 2 月参加工作。1998 年中央党校函授学院经济管理专业毕业，大学文化。1968 年 2 月在内蒙古军区独立师六团入伍当战士。1969 年 3 月至 1999 年 4 月，任天津警备区独立师步兵一团政治处干事；政治部组织处干事；天津陆军预备役一师一团政治处主任；天津市汉沽区人民武装部副政委；天津警备区政治部纪委办公室副团职干事、干部处副处长、处长；北京军区步兵 196 师政治部任主任（大校军衔）。1999 年 4 月至 2009 年 5 月，任天津市水利局（引滦工程管理局）副局长、副书记、纪委书记。2009 年 5 月至 2010 年 4 月，任天津市水务局（引滦工程管理局）巡视员。

二、副局级领导干部

张玉泉（1925年10月至2004年10月）　　　　　男，汉族，山东省济南市人。中共党员，高级工程师（正高）。1952年毕业于山东农学院水利系。曾任华北行政委员会水利局技术员、天津市农林水利局技术员，市水利电力局、市水利局工程师，市根治海河指挥部、市水利局规划处副处长，1981年4月至1995年6月，任天津市水利局副局长、技术委员会主任。曾当选为天津市第八届人大代表，中国水利学会第五届理事。1963年被评为天津市防汛模范，1976年获马达加斯加国家级骑士勋章，1985年、1986年连续被授予市农业系统劳动模范、市优秀共产党员、市先进科技工作者称号，1989年被评为全国水利系统劳动模范。曾参加"京津地区水资源政策与管理的研究"项目，担任课题综合研究组组长，获1989年国家科技进步二等奖、天津市科技进步一等奖（集体奖）。1995年6月退休。

何慰祖　　　男，汉族，1937年1月出生，浙江省黄岩区人，中共党员。1958年北京大学地质地理系毕业，本科学历。曾在兰州大学地质地理系任教。1962年后，在天津市水利局从事水利工作，历任水文总站副主任。1983年6月至1997年4月，任天津市水利局（引滦工程管理局）副局长。1997年4月退休。

赵连铭　　　男，汉族，1942年11月出生，天津市人，中共党员，工程师。1961年10月毕业于天津工学院给排水专业。1961年10月至1983年3月，历任天津市宝坻县水利局技术员、工程师、工程队副队长、副局长、引滦工程宝坻县分指挥部副指挥。1983年3月至1985年5月，任天津市水利局潮白河处副处长、处长。1985年5月至2003年4月，任天津市水利局（引滦工程管理局）副局长。在引滦入津工程建设中荣立一等功。2003年4月退休。

刘洪武（1943年6月至2011年5月）　　　　　男，汉族，辽宁省大连市人，中共党员，工程师。1967年毕业于大连工学院工程系水工建筑物专业，本科学历，1967年7月至1975年12月，先后在辽宁省双台子河闸工程局、辽阳汤河水库、盖县石门水库、辽宁葠窝水库指挥部、铁岭柴河水库政治部、碧流河水库二团辽阳基地任施工员、干事、秘书。1975年12月，在天津市水利局组织处、人事处工作，1983年10月至1985年5月，任天津市水利局人事处处长。1985年5月至2003年12月，任天津市水利局局党委副书记、副局级巡视员。曾任市秘书学研究会客座研究员，水利电力部政策研究中心研究员。1988年被市科委评为继续教育先进个人。2003年12月退休。

边凤来（1932年12月至2016年11月）　　　　　男，汉族，天津市人，中共党员。1950年1月天津市财经学校毕业。1950年1月至1955年5月，任天津市税务一分局、六分局科员。1955年5月至1965年5月，任中共河西区委宣传部干事、副组长、组长。1965年5月至1966年11月，任天津四清工作队副队长。1966年11月至1967年4月，任天津市河西区委宣传部组长。1967年4月至1973年6月，任天津市根治海河指挥部政工组副组长。1973年7月至1989年9月，任天津市水利局党委委员、宣传处副处长、处长。1989年9月至1995年3月，任天津市水利局（引滦工程管理局）纪委书记。1996年3月退休。

单学仪（1945年11月至2010年12月）　　　　　男，汉族，天津市人，中共党员。1961年9月参加工作。天津市管理干部学院企业管理专业毕业，大专学历。1961 年 9 月至 1965 年 6 月，天津市新华书店业务员。1965 年 6 月至 1967 年 3 月，天津市宣传系统四清工作队干部。1967 年 3 月至 1990 年 8 月，历任天津市根治海河指挥部干部；天津市北大港水利工程指挥部干部、副指挥；天津市根治海河指挥部办公室主任；天津市水利局水源处处长；天津市水利工程公司党委书记；天津市水利局物资处处长；天津市水利局办公室主任。1990 年 8 月至 2006 年 4 月，任天津市水利局（引滦工程管理局）副局长。2006 年 4 月退休。

戴崚东　男，汉族，1944 年 9 月出生，河北省蠡县人，中共党员，高级工程师（正高）。1968 年 7 月，天津大学水利工程系水港专业毕业，本科学历，同年参加工作。1968 年 12 月至 1970 年 3 月，天津塘沽盐场一分厂工人。1970 年 3 月至 1973 年 5 月，天津市根治海河指挥部规划设计组技术员。1973 年 5 月至 1975 年 7 月，天津市水利局工程设计处技术员。1975 年 7 月至 1985 年 12 月，任天津市水利勘测设计院技术员、助理工程师、工程师、设计组长。1983 年 11 月至 1986 年 1 月，天津市水利局组织部干事。1986 年 1 月至 1995 年 3 月，任组织部副部长、部长。1995 年 3 月至 2004 年 12 月，任天津市水利局（引滦工程管理局）纪委书记、副局长。2004 年 12 月退休。

王天生　男，汉族，1950 年 7 月出生，河北省宣化区人，中共党员，1968 年 8 月参加工作。1984 年 8 月至 1986 年 8 月天津市委党校党政领导管理专业毕业，大专学历。1968 年 8 月至 1972 年 6 月，内蒙古自治区呼盟鄂温克旗巴彦塔公社知青，1972 年 6 月至 1974 年 12 月，在黑龙江水利工程学校学习。1974 年 12 月至 1980 年 3 月，任内蒙古自治区呼盟鄂温克旗水利局技术员。1980 年 3 月至 1983 年 11 月，任天津市水利局基建处技术员。1983 年 11 月至 1995 年 4 月，任天津市北大港水库管理处副处长、副书记，局行政处副处长、处长。1995 年 4 月至 2009 年 5 月，任天津市水利局（引滦工程管理局）副局长。2009 年 5 月至 2010 年 8 月，任天津市水务局（引滦工程管理局）副局长。2010 年 8 月退休。

陆铁宝　男，汉族，1944 年 12 月出生，北京市人，中共党员，高级工程师。1968 年毕业于北京地质学院地质勘探专业，本科学历，同年参加工作。1968 年 7 月至 1974 年 8 月在甘肃省地质局第四地质队工作。1974 年 8 月至 1983 年 12 月，任天津市水利勘测设计院技术员、勘测队副队长。1983 年 12 月至 1992 年 6 月，任天津市北大港水库管理处副处长、处长、党委书记。1992 年 6 月至 2005 年 12 月，历任天津市水利局（引滦工程管理局）副局长、党委副书记、纪委书记。2005 年 12 月退休。

张新景（1948 年 10 月至 2003 年 4 月）　男，汉族，河南省延津县人，中共党员，助理工程师。1969 年 3 月参加工作，1969 年 3 月至 1973 年 9 月在哈尔滨太平区民主公社插队。1977 年 1 月，毕业于清华大学水利系农田水利专业，大学普通班学历。1977 年 1 月至 1986 年 3 月，任天津市北郊区水利局干部、副局长；1986 年 3 月至 1987 年 3 月，任天津市北郊区农业经济委员会副主任；1987 年 3 月至 1997 年 12 月，任天津市北郊区（北辰区）副区长；1997 年 12 月至 2001 年 6 月，任天津市水利局（引滦工程管理局）副局长。2001 年 6 月调出。

刘同章（1942 年 2 月至 2014 年 5 月）　男，汉族，河北省定县人，中共党员。1961 年 8 月天津铁路中学毕业。1961 年 8 月至 1966 年 3 月，部队战士。1966 年 3 月至 1967 年 1 月，天津市四清工作团和平区分团工作。1967 年 1 月至 1974 年 12 月，任天津市一机局组合夹具厂车间党支部书记。1974年12月至1986年4月，任天津市水利局组织处、局纪委干事。1986年4月至1998年12月，任天津市水利局（引滦工程管理局）纪委委员、监察室副主任、监察室主任、纪委副书记。1998年12月至2002年12月，任天津市水利局（引滦工程管理局）纪委书记。2002年12月退休。

景　悦　　男，汉族，1963年8月出生，天津市人，中共党员，高级工程师（正高）。1983年天津大学水利系水工专业毕业，本科学历，学士学位，同年参加工作。2002年天津大学建筑学院结构工程专业在职博士研究生毕业，工学博士学位。1983年8月至1993年5月，任天津市大港区水利局工程科副科长、设计室副主任，大港水利工程公司副经理、工程师。1993年5月至2004年7月，任天津市水利局引滦入港工程管理处财务科科长，天津市水利局办公室副主任，天津市水利局引滦入港工程管理处处长、党总支书记，局组织部部长，期间2003年12月被评为高级工程师（正高）。2004年7月至2009年5月，任天津市水利局（引滦工程管理局）副局长。2009年5月调出。

张志颀　　男，汉族，1965年2月出生，河北省昌黎县人，中共党员，工程师。1985年武汉水利电力学院农田水利工程专业毕业，本科学历，学士学位，同年参加工作。2008年5月，天津大学建筑工程学院水利水电工程专业在职研究生毕业，工学硕士学位。1985年7月至1992年9月，在天津市水利局农水处工作。1992年9月至1995年9月，借调市政府办公厅六处、九处工作。1995年9月至2004年7月，任农水处副处级调研员，局办公室主任、政研室主任。期间，1998年3月至1999年8月兼任农水处党支部书记、处长。2004年7月至2009年5月，任天津市水利局（引滦工程管理局）副局长。2009年5月，任天津市水务局（引滦工程管理局）副局长。

王志合　　男，汉族，1953年6月出生，天津市人，中共党员。1972年1月参加工作。1998年8月于中央党校党政管理专业毕业，大专学历。1972年1月至1980年9月在天津市宁河县赵本中学任教。1980年9月至1981年6月，在天津市宁河县教育局工作。1981年6月至1987年11月，任天津市宁河县赵本公社（乡）党委组织干部、党委副书记。1987年11月至1992年8月，任天津市宁河县岳龙乡党委书记、乡长。1992年8月至2002年10月，任天津市宁河县委、组织部副部长、老干部局局长（兼）、县委常委、组织部部长。2002年10月至2006年9月，任天津市宁河县委副书记。2006年9月至2009年5月，任天津市水利局（引滦工程管理局）党委副书记、纪委书记。2009年5月，任天津市水务局（引滦工程管理局）党委副书记。

李文运　　男，汉族，1971年6月出生，山东省鱼台县人，中共党员。1993年7月毕业于河海大学农田水利工程专业，本科学历，工学学士学位，同年参加工作。2002年9月至2005年6月，在天津大学建工学院水利水电工程专业在职硕士研究生毕业，工学硕士学位。1993年7月至1994年12月，在天津市水利科学研究所任助理工程师。1994年12月至2001年3月，任天津市水利局办公室科员、副科长、科长。2001年3月至2008年8月，任局办公室副主任、主任。2008年8月至2009年5月，任天津市水利局（引滦工程管理局）副局长。2009年5月，任天津市水务局（引滦工程管理局）副局长。

陈玉恒　　男，汉族，1960年2月出生，河北省黄骅县人，中共党员，高级工程师。1983年8月毕业于天津大学建筑分校给排水专业，本科学历，学士学位。同年参加工作。1983年8月至

1996 年 11 月，任天津市建委计划处干部、科员、副主任科员、主任科员。1996 年 11 月至 2001 年 7 月，任天津市安居工程办公室副主任、常务副主任（正处级）。2001 年 7 月至 2006 年 10 月，任天津市建设管理委员会城建管理处处长、副总工程师兼城建管理处处长。2006 年 10 月至 2009 年 5 月，任天津市建设管理委员会总工程师。2009 年 5 月，任天津市水务局（引滦工程管理局）副局长。

李树根　　　男，汉族，1957 年 2 月出生，天津市静海县人，中共党员，高级工程师（正高）。1999 年 9 月于天津市委党校经济管理专业毕业，党校大学学历，1980 年 12 月参加工作。1980 年 12 月至 1997 年 9 月，任天津市道桥处桥管所工程师、副所长、所长、处长。1997 年 9 月至 2001 年 1 月，任疏港高速公路有限公司总经理（期间，1997 年 9 月至 1999 年 9 月在天津市委党校经济管理专业本科学习）。2001 年 1 月至 2008 年 6 月，任天津市市政工程总公司设施管理处处长、副总工程师兼设施管理处处长。2008 年 6 月至 2009 年 5 月，任天津市市政公路管理局副总工程师兼管理处处长。2009 年 5 月，任天津市水务局（引滦工程管理局）副局长。

丛建华　　　男，汉族，1954 年 9 月出生，山东省威海市人，中共党员。2007 年 7 月于中央党校经济学专业毕业，中央党校研究生学历。1972 年 11 月至 1977 年 3 月，任海军高射炮兵第一司令部文书。1977 年 3 月至 1989 年 5 月，任天津市建材局研究所、武装部、纪检委干部、纪检委副主任科员（期间，1983 年 5 月至 1986 年 2 月，在天津市高自考汉语言文学专业专科学习；1986 年 2 月至 1988 年 12 月在天津市高自考汉语言文学专业本科学习）；1989 年 5 月至 2001 年 10 月，任天津市委城建工委干部处副主任科员、主任科员、副调研员、副处长（期间，1999 年 9 月至 2002 年 7 月，在中央党校经济学专业在职研究生班学习）。2001 年 10 月至 2006 年 1 月，任天津市委规划建设工委干部处副处长（正处级）、组织处处长。2006 年 11 月至 2009 年 7 月，任天津市园林管理局党委副书记。2009 年 7 月，任天津市纪委驻市水务局纪检组组长。

张文波　　　男，汉族，1963 年 3 月出生，山东省荣成县人，中共党员，高级工程师。1985 年 9 月，武汉测绘学院工程测量系工程测量专业毕业，本科学历，学士学位；1988 年 7 月，武汉测绘科技大学工程测量系工程测量专业毕业，硕士研究生学历，工学硕士学位。同年在交通部第一航务工程勘察设计院参加工作，至 1996 年 12 月，任助理工程师、工程师。1996 年 12 月至 1998 年 11 月，任天津市塘沽区城乡建设委员会副主任。1998 年 11 月至 2006 年 10 月，任天津市政府办公厅副处级秘书、七处处长、三处处长。2006 年 10 月至 2009 年 5 月，任天津市水利局（引滦工程管理局）副巡视员。2009 年 5 月，任天津市水务局（引滦工程管理局）副巡视员。

刘长平　　　男，汉族，1959 年 2 月出生，山东省蒙阴县人，中共党员。2000 年 7 月于解放军汽车管理学院运输管理专业毕业，大专学历。1978 年 12 月入伍，至 1985 年 3 月基建工程兵六十一支队战士、排长。1985 年 3 月至 2003 年 9 月任武警水电第一总队一支队排长、副连长、连长、副股长、股长、副参谋长、参谋长、副支队长、支队长（期间，1994 年 9 月至 1997 年 7 月在空军政治学院经济管理专业学习；1997 年 9 月至 2000 年 7 月在解放军汽车管理学院运输管理专业学习）。2003 年 9 月至 2008 年 8 月任武警水电第一总队代理参谋长、参谋长（副师职）、副总队长（副师职）。2008 年 8 月至 2009 年 5 月任天津市水利局（引滦工程管理局）副巡视员。2009 年 5 月，任天津市水务局（引滦工程管理局）副巡视员。

第二节　劳　动　模　范

一、省部级劳模

刘文栋　　男，汉族，1949 年 12 月出生，山东省宁津县人，中共党员。1969 年毕业于天津市红旗一中，初中文化，1969 年 4 月参加工作，2004 年 12 月退休。

在职期间曾在排水管理处第五排水管理所西南楼班担任班长，多次带领职工主动走向社会，义务为学校、托幼园所等单位服务，并定期进行回访，心系排水，造福人民，充分体现了"敬业爱岗、奉献在排水；拼搏进取、服务社会"的企业精神。1992 年被评为天津市劳动模范。

刘书勤　　男，汉族，1943 年 6 月出生，天津市北辰区人，中共党员。初中文化。1966 年参加工作，先后在市水利局芦新河泵站、大张庄闸管理所当工人，1976 年后任大张庄闸管理所主任。2003 年 6 月退休。

刘书勤带领职工完成大张庄闸维护管理任务的同时，大力开展综合经营，面向市场，敢闯敢干，引进人才，加强管理，至 1992 年办起了四个经济实体，累计创产值 1000 多万元，创利 110 余万元，当年人均创利税 2 万元，昔日一个人心涣散的闸所，成为队伍稳定的水利前沿阵地。1988 年获天津市"七五"立功奖章，1991 年被水利部评为水利部综合经营先进个人，同年获天津市"八五"立功奖章。1992 年被评为天津市劳动模范。

张荣栋（1993 年 11 月至 2020 年 8 月）　　男，汉族，河北省沧州市人，中共党员，高级工程师。1958 年毕业于武汉水利电力学院，本科学历。同年参加工作，先后在河北省天津地区水利局、沧州地区水利局、天津市水利局农田水利处、工程设计处、基建处工作。1986 年 8 月至 1991 年 6 月，在引滦尔王庄管理处任副处长、副书记、处长，1991 年 6 月任天津市水利局副总工程师。1997 年 7 月退休。

曾参与抵御 1963 年特大洪水。积极响应毛主席"一定要根治海河"的号召，以认真务实的科学态度和饱满的热情积极投入治理海河工作。先后参与了子牙新河、赵王新渠、大清河、北运河、蓟运河等河道的修建和治理。1967—1969 年，参与岳城水库、白洋淀、枣林庄枢纽（泄洪闸、溢流堰、船闸）工程建设。1984—1985 年，在海河干流的二道闸工程建设中，作为建设方的第一代表，深入施工现场，克服和解决了施工中的困难，保证了工程建设如期优质地完成。在蓄水、引水、供水方面，参加了引滦入津和引黄入津的输水河渠、于桥水库、北大港水库、尔王庄水库的堤坝和涵洞等建筑物的施工管理工作，大胆采用新技术新工艺，成绩显著。1993 年被水利部与中国水利电力工会全国委员会评为全国水利系统劳动模范。

刘云波　　男，回族，1939 年 11 月出生，天津市宁河县人，中共党员，高级政工师。1960 年 1 月毕业于蓟县师范学校，中专学历；1995 年 12 月毕业于中央党校领导干部函授班，中央党校大专学历。1960 年 2 月分配到唐山市于桥水库管理处工作，1975 年 6 月于桥水库划归天津市。历任于桥水库管理处党支部副书记、副主任、党支部书记、代主任，1983 年 11 月任副处长，1993

年 7 月任于桥水电公司书记、总经理。2002 年 3 月退休。

刘云波带领职工艰苦奋斗，克服干旱少水等困难，实行机组增容改造方案，年发电由 1989 年的 1300 万千瓦时，提高到 1997 年的 2100 万千瓦时，把一片工程废地建成绿色产业示范园区。十年累计向社会送电 1.82 亿千瓦时，创收 3671 万元，实现利税 1433.9 万元，较 10 年前建设投资 1400 万元还多 33.9 万元。狠抓两个文明建设，重视教育，实施科技兴企，提升企业管理水平，企业多次被授予天津市先进企业、全国水利系统先进企业、天津市精神文明建设先进单位等荣誉称号。刘云波于 1994 年 11 月被评为民族团结进步先进工作者，1995 年 4 月被评为 1994 年度天津市优秀企业家，1995 年 4 月被评为 1994 年度天津市劳动模范，1999 年 4 月被评为 1998 年度天津市劳动模范，1999 年被评为全国水利系统水电先进个人，2001 年 3 月被评为 2000 年度天津市优秀企业家，获天津市"八五""九五"立功奖章。

李贺峰　　男，回族，1947 年 9 月出生，天津市人，中共党员。1964 年 9 月毕业于天津五十一中学，初中文化。1964 年 9 月上山下乡，1979 年 6 月在排水六所参加工作，在职期间曾经担任排水六所管理部部长、邵公庄班班长等职务。2007 年 9 月退休。

在工作岗位上，以身作则、吃苦在前，享受在后，严格管理，执法公正。特别是在汛期，经常深入到积水点，打开井盖排放积水，坚持做到"水不退净、人不离岗"。在邵公庄班担任班长期间，还将天津民族中学作为义务支教服务基地，定期为该校进行义务疏通，确保为师生们创造一个干净整洁的学习环境，赢得了社会的广泛赞誉。1994 年被评为天津市劳动模范。

曹大正　　男，汉族，1945 年 12 月出生，天津市人，民革成员，高级工程师（正高）。1970 年 8 月毕业于北京地质学院水文地质工程地质专业，本科学历，1999 年 3 月晋升为高级工程师（正高）。1970—1976 年在河北省地质十大队工作。1976 年调入天津水利科学研究所工作，1995 年 4 月任水科所副所长，1996 年 11 月任所长，1999 年 3 月晋升为高级工程师（正高），2006 年 9 月任名誉所长，2008 年 12 月水科所更名为水科院，名誉所长更名为名誉院长。1996—2002 年当选政协天津市第十届委员会委员、政协常委；2002 年当选民革中央委员、民革天津市委会副主任、城环委主任、科教委委员。2016 年 3 月退休。

主持或参与多项科研项目，其中"暗管排水改造盐碱地应用"1991 年获市科技推广应用二等奖；"吹填土真空预压快速疏干固结法"1993 年被授予国家发明专利；"低位真空软土地基加固抬高法"2000 年被授予国家发明专利；"静海两万亩扩大试验研究"1988 年获天津市科技进步三等奖；"运动场强制快速排水方法及其排水系统"1998 年被授予国家发明专利；"静力拉压式插板机"2000 年授予国家实用新型专利；"低位抽真空加固吹填土及其下地基研究"1998 年获天津市科技进步二等奖，并列为国家科委"九五"全国重点推广项目，该专利技术已在温州、湖州、无锡、上海等地推广，珠海、厦门已达成框架协议。2001 年主持的"利用海水改善滨海新区水环境规划"于 2002 年通过专家审查，并得到市领导的充分肯定，被市政府采纳、批复。2000 年主持的"化肥厂污水土地种植生态处理技术可行性研究"被列入重点研究项目，该研究已得到德国伯茨坦大学重视，并与德方达成框架合作协议。

先后发表论文 30 余篇，其中《同位素示踪弥散试验预评价海水入侵海河后对两岸环境影响》《黄淮海平原地下水人工补给》《细粒吹填土低位抽真空排水固结技术》等多篇论文在《中国地质水利学报》《疏浚与吹填》等国家级刊物上发表。

1992 年享受国务院政府津贴；1993 年获天津市"八五"立功奖章；1994 被人事部评为中青年突出贡献专家；1996 年被市委、市政府授予优秀中青年知识分子标兵称号；1996 年被评为天津市劳动模范。

李福汉　男，汉族，1957 年 8 月出生，天津市人，中共党员，下水道高级工。2006 年 7 月毕业于天津广播电视大学，大专学历，1977 年 12 月参加工作，1995 年天塔站成立任排管处排水二所天塔站站长，2007 年任排管处排水十所天塔站站长。2012 年 8 月退休。李福汉在排水岗位有 30 多年之久，工作中任劳任怨，不怕吃苦，熟练掌握了管道通挖的技巧，熟知排水管道通挖知识，熟悉辖区排水管网的分布情况及地下排水设施情况。责任心强，爱岗敬业，先后提出了"本地区排水有困难找我天塔站"的服务承诺和"早接报、快赶到、守纪律、不打扰、干彻底、请签条、要回访、监督好"24 字服务操作法，印发了"信誉卡、优惠卡、联系卡"，制定了天塔站服务品牌的五大措施等，多年来为辖区群众主动服务已无计其数，为保障奥运，多次为奥体中心及周边地区搞好排水服务活动，得到了市、区、街和社会百姓的好评。提出的 24 字"操作法"被天津市总工会评为《天津市职工先进操作法》之一。1998 年被评为天津市劳动模范，2002 年被评为天津市特等劳动模范，2006 年被评为全国劳动模范，2007 年获得全国"五一"劳动奖章。

马连三　男，回族，1950 年 8 月出生，天津市静海县人，中共党员。初小文化。1970 年 5 月上山下乡，1979 年 5 月到排水管理处工作。在职期间任排水管理处第一排水管理所小白楼站站长，2005 年 8 月退休。

为促进和提高对外排水服务质量，主动向社会公布了小白楼站的电话和地址，详细地介绍小白楼站服务内容，对外开通了 24 小时热线服务电话，为辖区内的中小学校、幼儿园、政府机关及孤老户、军烈属发放了服务卡，实行优先服务。1994 年、1995 年获天津市"八五"立功奖章，1996 年获天津市"九五"立功奖章，1998 年被评为天津市劳动模范。

万日明　男，汉族，1953 年 9 月出生，湖北省广水市人，中共党员，高级工程师（正高）。1982 年 1 月毕业于武汉水利电力学院农田水利工程专业，本科学历，学士学位。1982—1986 年在天津市武清县水利局工作，1986 年调入天津市水利科学研究所，2000 年任天津市水利科学研究所总工程师。2002 年 10 月晋升为高级工程师（正高）。三次担任国际研讨会和天津市青年学术交流会执行主席。曾作为水利专家赴莫桑比克主持大型农业综合开发水利工程建设项目。2013 年 9 月退休。

主持或承担 4 项国家级、6 项部市级课题：国家"六五"科技攻关项目"黄淮海平原综合治理和综合发展"、国家"七五"科技攻关项目"低压塑料输水管道工程技术研究"、国家科技部农业科技成果转化项目"渠灌区管道输水节水灌溉工程技术生产性试验"、国家重大科技专项"天津市滨海新区城市水环境质量改善技术与综合示范"、水利部技术创新基金项目"应用生态方法治理于桥水库污染示范工程研究"、天津市攻关项目"渠灌区管道灌溉系统关键技术研究"、天津市科技发展战略研究计划项目"天津市水资源开发利用及节水对策研究""天津市排灌泵站节能测试技术研究"等。研究成果在天津市及全国大面积推广，产生了巨大的社会经济效益。"低压塑料输水管道工程技术研究"课题分别获国家科技部、水利部、天津市科技进步二等奖。"渠灌区管道灌溉系统关键技术研究"和"天津市排灌泵站节能测试技术研究"分别获天津市科技进步三等奖和天津市水利局科技进步一等奖。

编写技术报告和论文 30 余篇。其中合著书《天津青年学术精粹》，论文 "New Technology On Water Saving Irrigation in Channeled Irrigation Areq" 等 10 多篇参加国际学术交流或在各级刊物上发表。

2000 年被评为天津市劳动模范，同年，获天津市技术创新明星个人称号和天津市"九五"立功奖章。

纪振荣　　男，汉族，1952 年 9 月出生，天津市人，中共党员，高级工程师。1998 年 4 月参加南开大学在职大专班学习，取得大专学历。1969 年 5 月参加兵团建设，1979 年走上排水岗位。自 1981 年先后任排管处河道一所、排水六所、排水二所所长，2000 年 12 月任排管处排水工程公司第二分公司经理兼党支部书记，2007 年任排管处排水十所所长兼党支部副书记，2009 年 10 月任排管处排水十所所长兼党支部书记。2012 年 9 月退休。

作为一名基层领导干部，带领全所职工在排水养护、施工管理市场中敢于开拓、善于创新、勇于打拼，甘于奉献。将天塔站"管一方排水，便一方百姓"的一体化管理新模式一举打响，赢得了辖区百姓的认可。纪振荣闯市场开发施工项目，精心施工，周密管理，百余项工程评为优质工程，打出了排水专业施工队伍的优质品牌，取得了社会效益和经济效益的双丰收。纪振荣把防汛排水工作奉为天职，统筹安排，科学指挥，在全处开展的汛前短途劳动竞赛活动中获全处第一名的好成绩。多年来，为百姓、为社会履行着排水人的职责和义务，廉洁自律，朴实无华，发挥着一名优秀共产党员的模范带头作用。2000 年被评为天津市劳动模范，2003 年获天津市"十五"立功奖章。

王得军　　男，汉族，1964 年 6 月出生，河北省玉田县人，中共党员，高级工程师（正高）。1983 年 7 月毕业于河北水利专科学校陆地水文专业，大专学历；工作期间于 1988 年 8 月至 1990 年 9 月在河海大学陆地水文专业大专起点本科二年制学习，取得本科学历，学士学位；1995 年 4 月至 1996 年 10 月参加全国高等教育自学考试，获计算机及其应用专业大专毕业证书。1983 年 8 月分配在河北省水文总站工作。1996 年 11 月调天津市水文总站，历任工程师、高级工程师、副科长，副主任工程师。2003 年 4 月任天津市水文水资源勘测管理中心副总工程师。2008 年 12 月被评为高级工程师（正高）。

工作中王得军充分发挥自己的专业优势，努力工作，1996 年被河北省政府记三等功。主持完成的《天津市水文资料微机整编管理系统》获 2002 年度天津市水利科技进步二等奖，还应邀在全国水文系统进行交流。参加完成的《引滦入津水量减少原因分析及对策研究》项目，获 2007 年度天津水利科技进步一等奖；《天津市湿地生态保护水资源保障措施研究》项目获 2007 年度天津市科技进步三等奖、2007 年度天津水利科技进步一等奖。

在 2000—2001 年、2002—2003 年两次引黄济津工作中，日夜坚守在一线测报岗位，在最低气温曾达到 -20 摄氏度的时候，每天凌晨王得军率先站在薄薄的冰面上施测流量。在输水的日日夜夜里，过度劳累终使体力不支，在唐官屯卫生院连续输液 8 小时，高烧不退，只好转院到市级医院治疗，病情刚有好转，就返回引黄一线。在王得军的"传、帮、带"下，打造出了一支技术过硬、作风顽强的引黄测报队伍。优异的工作业绩得到了各级领导的表彰。2001 年 5 月被市委、市政府授予引黄济津先进个人荣誉称号，2002 年被评为天津市劳动模范。

李惠英 女，汉族，1962年11月出生，广东省河源市人，中共党员，高级工程师（正高）。1984年7月毕业于天津大学水利系水利建筑工程专业，本科学历，学士学位。同年进入天津市水利勘测设计院工作，1999年6月任设计院副院长。2004年11月评为高级工程师（正高）。

主持国家和市重点工程规划设计30余项，获天津市优秀设计奖15项，优秀工程咨询奖2项，国家发明专利1项。作为项目负责人主持南水北调中线一期工程天津干线设计工作，在设计中提出的采用分段设置"保水堰井"的工程措施，实现了自动调节水头、分段控制管涵内压、自动保水、自动适应流量变化、方便运行管理的目的，解决了长距离管涵输水工程中的水头调节难题，具有创新性和先进性，获国家发明专利。主持完成防洪防潮等市级重点工程的设计主持完成市级重点工程"北运河防洪综合治理工程"、海河堤岸和清淤工程、新开河综合治理工程、永定新河治理工程、城市防洪堤、引黄济津工程的设计工作和南水北调天津市内配套工程等供水工程的设计工作，为天津供水安全提供技术保障。

曾发表多篇论文，其中《架空钢筋混凝土管引水管道的内力计算》《现浇混凝土的设计与施工》《水泥土搅拌组合桩受力机理探讨》等国家级刊物上发表。

先后被评为1998年、1999年天津市"三八"红旗手；1999年度天津市职工技术明星标兵；1999年度天津市"九五"立功奖章；2001年度天津市优秀共产党员；2004年度天津市劳动模范；2006年度天津市优秀共产党员；2009年被水利部评为全国水利系统奉献水利先进个人。

张秀亭 女，汉族，1950年6月出生，河北省交河县人，中共党员，高级工程师（正高）。1975年7月毕业于华北水利水电学院河川枢纽专业，大学普通班学历。同年7月在内蒙古自治区水利勘测设计院参加工作，1980年调入天津市水利局办公室工作，1988年10月调入基建处工作，历任副主任工程师，从事重点工程的工程建设管理和质量监督管理工作。2002年10月晋升为高级工程师（正高）。2010年9月退休。

主持9项市重点水利工程项目的建设管理和工程管理。主要参研了新拌制混凝土、砂浆强度快速检测技术应用研究；核子密度在地方检测中的应用研究；水泥强度快速检测技术研究报告；结构混凝土强度检测技术研究报告等4项实际应用技术问题。在省部级科技刊物上发表《蓟运河防潮闸基础防渗处理》《逻辑框架法在水利工程项目后评价中的应用》等5篇论文。参加了全国水利系统《水利水电工程施工手册》的编写。2006年被评为天津市劳动模范。

孙连起 男，汉族，1950年5月出生，天津市人，中共党员，高级工程师、高级经济师。1996年2月参加南开大学在职大专班学习，大专学历。1966年12月参加工作，历任市政工程局集体经济办公室副主任、市政生产服务公司副书记、副经理、多种经营处处长、市政生产服务公司书记、经理、市政教育中心主任、市政工程协会副书记、副会长、排水管理处党委书记、处长等职，2011年5月退休。

面对排管处投资费用不足，经济困难、养管工作任务十分繁重的局面，作为市政排水养护行业的主要领导，坚持以"自主创新、科技强处"引领排管处的养护管理工作适应时代发展需要，带领全处干部职工，以改革促发展，向管理要效益，内强素质，外树形象，打造铁军队伍，树立良好形象，为振兴排水事业千方百计寻求新的经济增长点，取得了良好的经济效益和社会效益。得到了各级领导的认可和社会及百姓的赞誉。2005年获天津市"十五"立功奖章，同年被评为天津市"十五"期间防汛抗旱工作先进个人，2006 年被评为天津市劳动模范。

周潮洪   女，汉族，1967 年 11 月出生，浙江省丽水市人，民革党员，高级工程师（正高）。1992 年武汉水利电力大学硕士研究生毕业，1999 年考取武汉大学水利学院水利学及河流动力学专业博士研究生，2002 年毕业，获博士学位。1992 年分配到天津市水利科学研究所工作，2004 年 11 月被评为高级工程师（正高），2006 年任水科院副院长，2010 年 5 月任天津市水务局副总工，11 月兼任水科院总工。2003 年当选政协天津市第十一届委员会委员。

周潮洪主持和参加的尖端科研任务多达 30 余项，其中《永定河防汛调度系统的建立与应用》获天津市科技进步二等奖，《南水北调北大港水库水质保护措施研究》获 1998 年天津市水利科技进步一等奖，《含氟苦咸水饮用安全技术研究》于 2009 年获天津市水利科技进步一等奖。

周潮洪于 2000 年获"天津杰出青年人才"称号，2004 年获国务院政府特殊津贴，2007 年获水利部"水利青年科技英才"称号，2008 年被评为天津市劳动模范，2010 年被评为民革全国优秀女党员，获 2010 年度全国"五一"劳动奖章。

邓象进   男，汉族，1958 年 7 月出生，天津市人，中共党员，1977 年毕业于天津市土城中学，高中文化。1977 年 12 月参加工作。在职期间任排水管理处第四排水管理所泵站检修组组长，主要负责排水四所管辖范围内泵站机组维护、检修和防汛抢险等工作。

在三十余年的泵站检修岗位上，悉心钻研业务，大胆实践，勇于奉献，在实践中归纳总结出望、闻、听、切维修四字诀，能够快速、准确找出和排除设备故障。为了减少机组损耗，延长机组使用寿命，坚持"治小病，防大病"，根据各泵站运行情况和特点，有针对的对机组进行检修，力争以高效维护代替高投入检修，有力地保证了各泵站的良好运行。每当遇到检修中如果有整套替换的组件，都会拆开把可以自用的部件擦净保存，留待其他机组检修时替换使用，单修旧利废这一项就节约资金上万元。邓象进多次获局级优秀共产党员、先进个人、局首届"金牌技工"等荣誉，2008 年被评为天津市劳动模范，2007 年、2008 年、2009 年获天津市"五一"劳动奖章。

二、全国水利系统先进工作者

王英才   男，汉族，1937 年 7 月出生，山西省平遥市人，中共党员。高中毕业后在太原铁路管理局当工人。1957 年参军，1976 年转业到天津市公安局组织处任副处长，1980 年 12 月调天津市水利局组织部任副部长，1986 年 1 月任河闸总所党委书记，1993 年 3 月兼任河闸总所主任，1996 年 11 月至 1997 年 8 月河闸总所任调研员，1997 年 8 月退休。

河闸总所管辖八闸一站，其单位分布在四郊五县，职工队伍不稳定，管理难度大。王英才团结"一班人"，从实际出发，敢于对过去不合理的体制进行改革。1987 年河闸总所在全局率先实行对闸站主任和机关科长聘任制。几年来，有 7 名工人被聘任科级干部，有 8 名闸站主任和科长被解聘，对解聘的干部妥善安排，做好思想工作，让解聘干部安心在新的岗位工作。在各闸站分别建立岗位责任制，把单位的各项工作与职工的实际收入紧紧捆在一起，实行责任挂钩，极大调动了职工积极性。1988 年，在王英才的提议下，经处党委讨论，对河闸总所机关职工医药费报销制度进行改革，大大降低了开支。为丰富职工文化生活，为闸站配备彩电、冰箱、太阳能淋浴设施，解决了闸站职工冬季取暖问题。王英才在生活上关心职工，在政治上爱护干部，1993年让两位青年干部到闸站锻炼，使他们在政治上健康成长，这两位青年干部都被提升为副处长。1995年被水利部、人事部评为全国水利系统先进工作者。

隆永法 男，汉族，1951年10月出生，江苏省常熟市人，中共党员。1969年12月参军，1977年8月毕业于徐州工程兵学院，工兵参谋专业，中专学历。1988年3月转业至天津市水利局水调处工作，1995年1月任水调处书记，1999年12任宣传部部长，2001年8月任水调处书记，2010年4月任水调处调研员，2011年10月退休。

在防汛工作中，既为领导当好参谋，提供决策信息，又组织本处职工认真完成防汛各项工作，使防汛措施得到落实，使领导的意图体现在实际工作中。根据本市防汛工作进度及形势变化情况向领导提出涉及全局的建设性意见，组织有关人员制定《防洪调度规程》《防汛风险图》等各项防汛预案。与天津警备区及驻天津各部队建立密切联系，取得驻津部队对天津市防汛工作的大力支持，每年都要组织同部队一起到现场勘察地形，制定分洪爆破方案和具体部署抢险兵力。通过他们努力，驻津各部队历年来都能主动、热情支持天津的防汛工作。

工作中主动协调上、下游之内，友邻之间，兄弟单位之间的关系。如沙井子行洪道工程，涉及单位多，关系比较复杂。他主动找大港区政府和大港油田领导，从防汛大局出发各自做好工作，使这项重要的防洪工程顺利进行，按期完成。1998年7月29日2时45分，值班人员接到河北省水利厅防汛物资站电话，称要给江苏发运救灾物资，请求天津支援运输车辆。隆永法接报后，当即答复，将以最快的速度给予支援，并当即与天津市交通局和交管局联系，物资站所需车辆比要求时间提前40分钟赶到了指定地点。以此为开始，汛期市防汛抗旱办公室为河北防汛物资站共完成21批车辆保障。确保了各类防洪救灾物资送达有关省。

1998年12月31日被水利部、人事部评为全国水利系统先进工作者。

马树军 男，汉族，1955年2月出生，天津市宁河县人，中共党员，高级工程师。1974—1975年在天津大学与北大港指挥部合办的"七二一"大学学习，大学普通班学历。1976年12月在水利工程公司参加工作，历任天津市水利工程公司团委副书记，第三工程队党支部书记、政工科副科长、宣传科科长。1984年6月至1986年1月在南开大学哲学系脱产学习，大学本科毕业；后读中国社会科学院在职研究生。1990年8月至1996年5月任市水利局办公室副主任，1996年5月至2004年7月历任基建处党总支书记、处长。2004年7月任南水北调建管处处长。2015年2月退休。

工作中开拓进取，在全局目标考核中，基建处连续四年进入前三名，连续两次被评为市级精神文明建设先进集体，个人连续四年被评为局级优秀党务工作者。1999年根据水利部有关规定，提出并经水利部、市水利局批准成立了"天津市水利工程建设交易管理中心"，作为天津市甲类水利建设项目的项目法人，同时组建天津市广泽水利投资公司，使天津市水利建设规范化管理迈上了一个大台阶。全国第一家水利建设招标投标有形市场——天津市水利工程建设交易管理中心运行以来，天津市100万元以上的水利基建项目的报建率、应公开招标的招标率、合同审查率、质量监督率、工程监理率和开工报告审批率达到6个100%。倡议在全市水行业聘请特邀监督员，实施监督。主编出版《监理工程师手册》。被评为2000年度天津市技术创新活动明星个人，同年获天津市"九五"立功奖章；被评为2001年度全国水利系统先进工作者。

　　刘学功　　男，汉族，1962年8月出生，天津市人，中共党员，高级工程师（正高）。1981年8月毕业于天津市水利学校，中专学历，同年在天津市水利科学研究所参加工作。1984年8月至1987年8月在河海大学机械学院脱产学习，取得大专学历。2000年5月任水科所副所长。2001年9月至2004年6月参加三峡大学水利水电建筑工程专业学习，取得本科学历。2004年8月获澳门科技大学工商管理硕士学位。2006年9月任水科所所长。2008年12月被评为高级工程师（正高）。

　　主持完成的部市级科研项目有《城市水环境治理与水源保护示范工程研究》等10余项，参加了《环保型绿色植被混凝土》等研究项目20余项。发表了《生物生态技术在城市景观河道水环境改善中的应用研究》等科技论文20余篇。参加完成的《低位真空吹填土及其下软土地基加固研究技术》获得天津市级科技进步二等奖，《引滦入港输水管道自动化检测系统建设》获得天津市科技进步奖三等奖，完成的《天津市城市防洪决策支持系统》获市天津市科技信息成果奖。参加完成的《城市水环境治理与水源保护示范工程研究》等14项课题获得国家专利。1999年、2000年连续两次获天津市"九五"立功奖章，2004年被评为全国水利系统先进工作者，2008年被评为全国水利科技先进个人。

　　高桂贤　　女，汉族，1966年1月出生，天津市静海县人，中共党员。1987年毕业于天津市水利学校，1994年毕业于海河大学陆地水文专业（函授），成人大专学历。1987年分配到天津市水文总站大港分站（现天津市水文水资源勘测管理中心大港分中心），从事工农兵闸水文站的水文测报工作。1996年调大港分中心万家码头水文站，2001年3月任大港分中心马圈闸水文站站长。

　　高桂贤在水文工作第一线虚心向老职工请教，利用业余时间，查阅了大量的水文资料和与实际工作相关的水文书籍，将各种设备的操作方法、注意事项熟练掌握，在实际工作中积累经验，工作独挡一面，从1991年担任工农兵闸水文站站长，是当时18个测站中最年轻、也是唯一一位女站长。

　　1989—1996年，天津市经历了5次较大洪水的度汛年，高桂贤在办公、生活条件比较艰苦的工农兵闸水文站，始终坚守在防汛一线。1993年婚后3天就回站上班。1994年春节期间，怀孕近8个月仍留站值班，在前往海边观测潮位时，不慎滑倒在雪后的河坡上，导致孩子早产。1996年调大港分中心万家码头水文站，在2000年"引黄"输水期间，先后前往十一堡和九宣闸两个站协助水量监测工作，面对紧急工作任务，从不计较个人得失，以工作为重，圆满完成检测任务。

　　2001年调任马圈闸水文站，担任着仅有两个人编制的水文站站长。每到汛期，日夜坚守在岗位上，每逢急风暴雨的时候，为防止出现不可预见的雨量自计故障而导致的降水资料的缺失，常常一直站在气象场的仪器旁观测，直到降雨停止，在值班期间，从未出现过测报失误。每逢节假日都主动留站值班，曾连续六个春节在水文站过节。马圈闸站被大港分中心评为环境卫生、站容站貌先进站。2006年马圈闸水文站站房和测流缆道房新建工程动工，受分中心领导的委派担任工程监理。工程施工不久就进入汛期，除完成正常的测报工作外，为做好施工监理，历时8个月坚守在施工工地上，高标准完成了工程监理任务。

2009年获天津市"五一"劳动奖章。2009年被人事部、水利部评为全国水利系统先进工作者。

杨 军 男，汉族，1952年8月出生，山东省平度市人，中共党员。1997年毕业于南开大学经济管理学院（在职）企业管理专业，大专学历。1970年8月在天津市排水管理处参加工作。1988年任排管处泵管所工段长，1995年任排管处泵管所副所长，1998—2004年排管处调度中心副主任，2004—2010年兼任防汛抗旱指挥部市区分部防汛排水总调度。

主持完成《天津市市区防汛抢险预案》《汛期排水调度方案》《排水突发性事件应急处置预案》等5个预案的编制。发挥自身的技术专长，为泵站检修解决了许多技术难题，使每个泵站在汛前达到闸门启闭个个灵，泵站机组台台转，确保排水设施以最佳状态进入主汛期。对重点工程如河道治理、地铁、京沪高铁、京秦铁路、快速路建设等，由于工程时间长、涉及面广、影响防汛的问题多，杨军主动到每个工地现场勘察，为建设单位制定调水方案，帮助建设单位制定防汛临时排水方案，确保了施工区域内和周边地区汛期降雨排水。杨军与研发人员到泵站、河道调研，制定探测头、采集点的安装位置方案，完成了气象信息预测分析系统、自动雨量采集系统等6大会商决策指挥系统，为防汛排水应急处置提供快速准确的信息。

2003—2004年，被评为天津市防汛抗旱先进个人；2006年被评为天津市政府"十五"防汛抗旱工作先进个人；2010年被国家防汛抗旱总指挥部、人力资源和社会保障部、解放军总政治部评为全国防汛抗旱先进个人。

三、全国抗洪模范

周景成 男，汉族，1962年8月出生，天津市宝坻区人，中共党员。1981年7月毕业于天津市水利学校，10月分配至天津市水文总站工作。1984年9月至1987年7月在河北省水利专科学校农田水利工程系陆地水文专业学习，大专学历。1990年任九王庄站站长，1993年10月在塘沽水文中心站工作，任该中心站技术负责人，1997年6月任九王庄中心站副主任，1998年2月任九王庄中心站主任。

任塘沽水文中心站技术负责人期间，主持参加了永定新河淤积问题分析研究课题工作，承担天津市地下水井口高程测量报告编写工作。1994年，针对海河清淤做出了清淤前后出流对比分析，为防汛工作提供了依据，在防汛工作中做出了较大贡献。在九王庄中心站工作期间，先后承担海委下达的沟河河道测量和引滦沿线水准点测量、蓟运河测量、天津市地下水井口高程测量、引滦明渠带状地形图测量等外业工作及报告编写工作。

1994年获国家防总、水利部等四部委授予的"全国抗洪模范"荣誉称号。

邱玉良 男，汉族，1960年7月出生，天津市人，高级工程师。1983年天津大学分校机电专业毕业，本科学历，工学学士。同年8月在天津市水利局水调处参加工作。2004年1月任水调处综合技术科科长。

邱玉良长期从事城市防洪、供水调度及防汛组织推动工作。参与4次引黄济津和多次引滦调水工作。组织和参与了 2000—2004 年度的《天津市应急供水预案》《引黄济津实施方案》《引黄济津九宣闸以下输水调度方案》等编制。在防御 2005 年第 9 号台风"麦莎"和历年风暴潮及强降雨的过程中，坚守在工作第一线，圆满完成了各项任务。担任科长后，带领全科人员，提出了2004—2007 年度天津市防汛抗旱工作安排意见。组织完成了近年来《天津市防汛预案》的修订完善工作，主持编制了《天津市水利局防汛工作规程》。完成了 2004 年永定河系、2005 年大清河系、2006 年潮白河系和 2007 年蓟县山区防汛综合演习方案的拟订及现场组织实施工作。完成了国家防总、总参作战部联合举行的 2007 年永定河军地联合防汛演习中的永定河泛区（天津段）人员撤退转移和永定新河洪水调度演习方案的制订与现场组织实施工作。

2006 年被市政府评为"十五"期间防汛抗旱工作先进个人，2007 年 11 月获国家防总、人事部、中国人民解放军总政治部联合授予"全国防汛抗旱模范"荣誉称号。

第三节 水利行业专家

张相峰   男，汉族，1939 年 3 月出生，辽宁省金州人，中共党员。1964 年 8 月毕业于武汉水利水电学院，本科学历。1964—1976 年在中国水利水电科学院工作，1976 年调入天津市水利科学研究所工作，1995—2000 年任天津市水利科学研究所总工程师。1999 年 3 月晋升为高级工程师（正高），享受国务院政府津贴。2000 年 5 月退休。

张相峰主要从事工程泥沙、河床演变及河道整治等方面的课题研究。曾被聘为中国水利学会泥沙专业委员会和水力学专业委员会委员。主持开展了"海河的河流泥沙研究"项目，特别是对于泥质河口，从淤泥特性、淤积规律及防淤减淤措施进行了系统的模型试验和计算分析。同时，对引滦入津工程输水明渠和天然河道的演变和治理，进行了深入的研究。其部分成果被有关单位用于指导工程实践。

编写的研究报告和论文达 40 余篇，主要论文《电站进水口门前防止淤堵措施》《海河口模型试验研究》《海河口淤积形态初步分析》《海河口演变特性》《黎河输水河道治理浅析》在《水利水电技术》《泥沙研究》等刊物上发表。

许树国   男，汉族，1940 年 10 月出生，河北省定兴县人，九三学社会员。1966 年 7 月毕业于北京地质学院水文地质工程地质系，本科学历。1966 年毕业后在河北省地质局第八地质大队从事水文地质工程地质勘探工作。1977 年起，先后在天津市打井办公室、市水利局农水处、市地下水资源管理办公室从事地下水资源管理工作。1996 年 11 月任市地资办主任工程师，兼任中国地质灾害研究会地面变形专业委员会委员，天津市地质学会理事，天津市地质学会水文地质、工程地质、环境地质专业委员会副主任，天津市水利学会理事，九三学社天津市委科技委员会委员，天津市水利局技术委员会委员，是国土资源部和劳动人事部批准的矿产储量评估师，天津市全国矿产资源委员会首批公布的矿产储量审查专家。1999 年 3 月晋升为高级工程师（正高）。2001 年12 月退休。

许树国曾主持过全市地下水动态监测、资料整编、动态预报、地下水资源评价、咸水微咸水开发利用、井灌区规划、建设与管理、取水许可、计划用水、工业节水技术改造及与地下水开发利用有关的环境问题的研究控制与治理工作。

20世纪80年代初期主持完成的"天津市地下水资源调查评价报告"是天津市水利系统首次全市范围的地下水资源评价，获水电部资源评价三等奖。主持完成的"天津石化公司水源地地区地裂成因研究"为地裂控制和水源地保护提供了重要技术依据。1989年，主持承担的国家重点科技攻关项目"天津市地下水资源评价"达到国内先进水平。主持完成的"天津市地下水水质调查评价及与地表水污染关系的分析研究"达国内领先水平，获天津市水利局科技进步二等奖。主持完成的"天津市北部地区基岩地下水微量组份研究"，获天津市科技进步三等奖。主持市重点科技攻关项目"微咸水农田灌溉综合技术研究"。发表学术论文20余篇。退休前与荷兰IF公司合作，主持引进荷兰地下水储能技术项目。

魏国楫　男，汉族，1943年3月出生，天津市人。1966年9月毕业于天津大学水利系河道及港口专业，本科学历，学士学位。同年进入江苏连云港港务局工作，1975年调入天津市水利勘测设计院，1993年获国务院颁发政府特殊津贴，1997年7月任天津市水利勘测设计院总工程师，1999年12月晋升为高级工程师（正高）。2002年10月任副调研员。2003年3月退休。

魏国楫作为设计院的总工程师，主要负责全院的技术管理和质量管理工作。在完成技术管理和质量管理的同时，主持和指导了多项国家和天津市重点工程设计工作。其主持的市重点工程天津市石化公司聚酯供水工程的设计及施工技术管理工作，获2001年天津市优秀勘察设计一等奖。2000年后，由其主持设计的天津市武清区供水工程完工并正式供水。2001年主持天津市宁河北地下水水源地至天津经济开发区供水工程的设计，并在该项工程中解决了用混凝土管直接输送生活饮用水而不影响水质的技术疑难问题。

万尧浚　男，汉族，1941年2月出生，安徽省滁州市人，中共党员。1964年8月毕业于安徽水利电力学院农田水利工程专业，本科学历；1983—1985年在天津市科学技术进修学院管理系统工程研究生班学习，取得研究生学历。1964年9月在河北省霸县水利局参加工作。1974年调天津市北大港水利工程指挥部工程处，1981年调天津市引滦工程指挥部规划设计室工作。1985年调天津市水利基建管理处工作，历任副科长、副处长、处长、主任工程师。1998年被国家科委审核认定为国家级科技成果评审专家。1999年12月晋升为高级工程师（正高）。2000年兼任天津普泽咨询有限责任公司总工程师。2002年5月退休。

在北大港指挥部工作期间，承担水库围坝一段施工管理，北大港泵站枢纽初设，主持编制概算；参加马圈涵闸设计工作，担任设计代表；独立承担十号口门调节闸施工管理及闸管所房建设计和施工管理；承担北围堤混凝土路面施工管理与预结算审查。在引滦工程建设中，主管进口枢纽、隧洞进口闸、黎河整治、于桥水库库区遗留等工程的设计管理；主持汇总编写引滦工程初步设计综合说明书。在基建处工作期间，主持全市水利基建工程和全市水利工程建设管理和质量监督工作。主持制定、修订、完善天津市水利建设管理方面的技术标准和有关规定17个，分别以天津市政府办公厅、天津市建委和水利局及天津市水利局的名义办法实施，并纳入2000年6月出版的《天津市水利工程建设管理文件选编》。

主持过海河干流治理（1996—1998年）和援藏松达水电站、北运河防洪综合治理、引黄济津北大港水库排咸闸等市重点工程建设，总投资近 12 亿余元。结合工程实践，先后提出"混凝土、砂浆强度快速检测""核子密度仪在堤防质量检测应用""结构混凝土强度检测"等质量检测新技术、新办法的研究课题。由基建处与水科所合作立项，进行研究，并用于工程实践，提高了市水利工程建设中的科技含量，取得加快进度、保证质量的良好效果。主持制定了《天津市水利工程有形市场实施方案》。经水利部批准，建立了全国第一家水利工程有形市场。

主要著作和论文有：《层次分析法在水利基建评标中的应用》《浅谈水利建设工程实施项目法人责任制》等 6 篇，分别在 ISAHP 国际学术会议论文集（英文版）《中国水利》《水利水电施工手册》等刊物上发表。

在担任基建处处长期间，基建处 1994 年、1996 年被水利部评为全国水利建设系统先进单位，在引滦入津工程建设中荣立二等功。1996 年获全国水利系统建设监理管理先进工作者、2001 年获天津市引黄济津先进个人、2002 年获天津市北运河防洪治理先进个人等荣誉。

徐启昆　　男，汉族，1942 年 8 月出生，辽宁省抚顺市人，中共党员。1964 年 7 月毕业于河北农业大学水利系农田水利工程专业，本科学历。1964—1977 年在河北省中捷人民友谊农场工作，1978—1989 年在河北省沧州地区水利局工作，1989 年 2 月调入天津市水利科学研究所工作，1992 年 3 月任副所长，2000 年 5 月任副调研员。1999 年 12 月晋升为高级工程师（正高）。2002 年 7 月退休。

徐启昆从事排水河道及其配套水工建筑物的勘测、设计、施工、技术开发、科研规划、技术管理和试验研究工作。主持了"北排污河防潮闸工程"建设；主持建设"沧州水利工程质量检测站"工作；1976 年主持完成了援助"索马里抽水站工程的设计"工作；参加国家科委攻关项目"华北水资源战略措施研究"；主持"付庄经济灌溉定额试验""果树滴灌及经济效益分析"等试验研究；参加"黄淮海平原盐碱地综合治理模式研究"；主持完成的"杨家寺旱涝碱综合治理模式研究"项目获水利部技术改进三等奖。

在技术开发方面，开发了混凝土补强、防渗灌浆等新技术研究，在"尔王庄倒虹吸出口管涌处理工程""引滦暗渠维修工程"等项目中得到应用。根据工作的需要，先后主持了"天津市农业现代化水利规划""天津市水资源生态环境建设规划""天津市再生水灌溉农田工程总体规划""纪庄子污水处理厂再生水灌溉农田示范工程可行性研究报告"等规划项目，均已通过主管部门和上级部门的审查和验收。

发表论文 20 余篇，其中《地表水与地下水联合运用的多年调节计算与分析》等 4 篇论文在《水利与水电技术》上发表。

严晔端　　男，汉族，1942 年 5 月出生，江苏省无锡市人，中共党员。1965 年 8 月毕业于武汉水利电力学院农田水利工程专业，本科学历。1965—1979 年在甘肃省武威地区水利局、计委、建委工作。1980 年调入天津市水利科学研究所工作，1988 年任主任工程师，1999 年 12 月晋升为高级工程师（正高），享受国务院政府津贴。2004 年 1 月退休。

参加主持国家"六五"科技攻关项目"天津市低洼易涝地区农田暗管排水技术研究"、国家"七五"科技攻关项目"天津市城市污水土地处理利用技术研究"；主持编写水利部部颁标准"引水工程技术管理规程"；主持天津市农业重点科技攻关项目"微咸水农田灌溉综合利用技术研究"；主持"引滦入津 20 年综合经济效益评价"局级课题和"天津市水资源总量控制和定额管理政策研究"部级课题。

"天津市低洼易涝地区农田暗管排水技术研究"项目获水利部科技进步三等奖、天津市科技进步二等奖、天津市成果推广二等奖;"天津市城市污水土地处理利用技术研究"获国家环保局科技进步二等奖;"天津市城市污水湿地处理技术研究"获天津市科技进步二等奖。先后编著《盐渍土绿化》《引水工程技术管理》及多篇论文。

厉志海 男,汉族,1941年11月出生,河北省三河市人,中共党员。1966年7月毕业于天津大学河川枢纽及水电站建筑专业,本科学历,同年参加工作。1966—1975年在水电部七局工作;1975年调天津市北大港水利工程指挥部工作;1976—1992年调天津市水利工程公司工作;1992—2002年调基建处工作,2000年兼任天津普泽咨询有限责任公司副总工程师。2000年12月晋升为高级工程师(正高)。2001年11月退休。

在北大港水利工程指挥部工作期间,担任过"七二一"大学教学工作。在水利工程公司工作期间,独立承担马圈闸、十号口门过船闸、西河泵站和天津市引滦入津部分工程等施工管理,主持工程预算、工程技术、工程质量、安全及试验管理等工作。在基建处工作期间主持永定新河、独流减河治理、除险加固及区(县)水利建设工程的建设管理;主持市援藏建设项目松达水电站、独流减河左堤加固、沙井子行洪道及北围堤、海河干流治理、海挡建设、永定新河右堤应急度汛和加固及疏浚、津南水库、袁家河泵站枢纽、引滦入津水源保护工程等十项市重点水利工程项目的质量监督工作。在工程管理过程中,推广使用新材料、新技术,在解决小断面隧洞衬砌施工和防浪墙墙体温度裂缝处理、水工建筑物止水失效处理等关键性的技术问题中起到了主要作用。

主持并编写了《天津市水利工程验收实施办法(试行)》等7个管理办法和《天津市堤防工程施工技术要求和质量标准》《天津市堤防工程项目划分和质量评定办法》等5个地方行业技术要求和质量标准,以天津市水利局名义颁发实施。主持了天津市水利建设工程质量检验评定用表软件开发和利用电脑进行质量评定的程序文件的编制工作,此项技术开发在天津市为首例。编写培训教材《中小型水利工程质量控制》和专题培训班讲义,共14万字,多次在全市水利工程质量管理人员、监理工程师和监督工程师培训中使用。主要著作和论文有《有效开展QC小组活动,搞好全面质量管理活动》《复合土工膜在永定新河防渗处理工程中的应用》《永定新河防洪墙裂缝原因分析及防治措施》《蓟运河防潮闸基础防渗处理》等8篇,分别在《中国当代社科研究文库》《中国水利水电发展文库》《中国水利》《水利建设与管理》等刊物上发表。

曾获全国水利建设系统1994年度优秀水利建设管理工作者称号。2000年获中国水利水电质量管理协会"水利系统部级质量管理小组活动优秀推进者"称号。

于子明 男,汉族,1953年7月出生,天津市宝坻区人,中共党员。1976年8月毕业于华北水电学院农田水利专业,大学普通班学历,毕业后留校从事教学和科研工作。1983年5月在潮白河处工作,1993年7月任潮白河处副处长。1996年11月任尔王庄处处长。2004年7月任潮白河处书记、处长,2006年11月任主任工程师。2007年12月任天津市水利局副总工程师。2000年12月晋升为高级工程师(正高)。2013年7月退休。

在潮白河处工作期间主管的泵站运行管理工作,引滦三大泵站中潮白河泵站第一个被评为达到市级管理标准的泵站;在尔王庄处工作期间,尔王庄处于1998年、1999年、2000年取得市水务局目标责任制考核和引滦工程管理考核双第一。作为项目提出人、主要研究人员完成"引滦尔王庄明渠渠首闸门自动控制系统研究"，获天津市科技进步三等奖；"DWLZ－3B型同步电动机数字励磁装置研制"达到国内领先水平，获天津市科技进步三等奖、天津市水利局科技进步一等奖，并被国家经贸委列为 2000 年度国家级新产品并取得证书；"引滦尔王庄枢纽工程优化调度系统研究"获天津市科技进步三等奖、天津市水利局科技进步一等奖。作为项目负责人完成的"引滦尔王庄枢纽工程自动监测系统"获天津市水利局科技进步一等奖；"引滦工程系统水工建筑物输水计量方法研究"获天津市水利局科技进步二等奖；"引滦尔王庄明渠泵站液压闸门自动控制系统研究"获天津市水利局科技进步二等奖；"潮白河泵站自流道水位、流量远距离集中监测"获天津市水利局科技进步三等奖；"水库库容量测计算新技术应用研究"获天津市水利局科技进步三等奖。

所著《关于尔王庄暗渠泵站更新改造工程施工组织管理的实践经验》《健全引滦输水管理体制，建立水质自动监测系统》《引滦工程尔王庄管理处科技创新经验介绍》《关于加强引滦基建工程管理的几点建议》《引滦水质保护现状分析和建议》等 7 篇，在《中国农村水利水电技术》《中国科技信息》《水利建设与管理》等刊物上发表。

张存民　男，汉族，1944 年 10 月出生，山东省无棣县人，中共党员。1970 年 7 月毕业于北京水利水电学院机械专业，本科学历。同年 8 月分配至陕西省火电三公司工作。1975 年 9 月调入天津市水利科学研究所，历任副所长、主任工程师。2001 年 12 月晋升为高级工程师（正高）。2006 年 12 月退休。

主持的"DT－01喷灌管道设计研制"获天津市科技进步二等奖。在水利部、轻工业部组织的"塑料喷灌设备全国联合设计"的喷头组任副组长，设计的 PYS15、PYS15A、PYS20、PYS20A 喷头在全国广泛应用，该项目获水利部优秀科技成果三等奖。主持 10 余种喷泉、喷头设计，主持了 40 余处大、中型水景喷泉工程设计，主持的"喷泉测试场及自动控制系统研制"项目，获天津市科技进步三等奖。主持完成"寒冷地区、流动水域、高水头喷泉"项目，在吉林市松花江中建成百米高喷泉，在当时为国内最高喷泉，具国内领先水平。主持灌溉排水新技术研究，主持的"运动场强制快速排水方法及系统研究"获国家发明专利（ZL98102003.8）；主持了"静力拉压式插板机"获实用新型专利（ZL00243875.5）。还主持了"城市雨洪水利用研究"项目；"运动场快速排水系统"专利，在国家足球队香河训练基地、苏州市体育中心、宜兴市体育中心、义乌体育中心、南京市奥体中心、天津市团泊西区足球场等多地得到推广应用；主持建设部"喷泉喷头"标准制定及水景行业的有关技术工作。曾发表 20 多篇论文、译文，并参与有关喷灌的规范、标准制定工作。

1986 年评选为天津市劳动模范、1987 年获天津市"七五"立功奖章、1988 年被评选为天津市优秀科技工作者。

杨惠东　男，满族，1944 年 10 月出生，河北省易县人，中共党员。1968 年 11 月毕业于天津大学水利系，本科学历。1968 年 12 月至 1970 年 2 月，河南太康某部队战士。1970 年 3 月至 1971 年 2 月在河南省南乐县近德固公社常庄大队工作，1971 年 3 月至 1972 年 2 月在河南市南乐县政工组帮助工作，1972 年 3 月至 1975 年 4 月在河南安阳地区电气设备修造厂生产组工作。1975 年 5 月调入天津市水利局农水处工作。1995 年 1 月任农水处副处长，1999 年 8 月任主任工程师。2001 年 12 月晋升为高级工程师（正高）。2004 年 10 月退休。

主持编写的《喷灌区划》获水利部科技进步二等奖；主持完成的"十万亩低压管道输水灌溉

技术推广""天津市水稻节水灌溉技术推广"项目分别获 1997 年、1999 年天津市科技进步三等奖；参加"渠灌区管道灌溉技术研究"项目获 2000 年天津市科技进步三等奖。多项科技成果获局科技进步奖励。根据国内外农水先进技术，结合本市实际，积极推进与农村种植结构、经济体制、农业现代化等相适应的综合节水、灌溉水遥测实时计量、灌溉恒压变频供水自控等先进的实用技术。起草及参与起草的《天津市水土保持设施补偿费、水土流失治理费征收使用管理办法》《关于小型水利工程产权制度改革意见》已由市政府颁布实施。

1995 年、1996 年被评为天津市防汛工作先进个人；2001 年被科技部、水利部等四部授予全国农业科技先进工作者称号。

田世炀　男，汉族，1945 年 5 月出生，天津市人。1968 年 9 月毕业于北京矿业学院工业企业自动化电气化专业，本科学历。1968—1975 年在贵州省贵阳煤矿工作。1975 年 11 月调入天津市水利科学研究所。2002 年 10 月晋升为高级工程师（正高）。2006 年 8 月退休。

完成"引滦隧洞微机系统研究"获天津市科技进步三等奖，"闸门流量自动控制系统"获天津市科技进步三等奖。"堤防隐患综合探测技术研究""SW－Ⅱ水位计研究"获天津市水利局科技进步一等奖，"堤防隐患综合探测技术研究""引滦工程系统水工建筑物输水计量方法研究""尔王庄明渠泵站液压闸门控制方法研究"获天津市水利局科技进步二等奖。

主持"抽咸井自动化试验研究""深井水位仪试验研究""宜兴埠水源厂流量数据采集传输工程方案""引滦出水口计量设施选型选点研究"等项目。参加"天津市中心广场喷泉设计研制""洛阳市西工喷泉设计研制""库区蒸发量自动测量系统研制""吉林市松花江百米喷泉研制""海河干流水下地形及浮泥测量研究"等项目，作为主要技术完成人，解决其中技术关键问题。

主持或参加"尔王庄水库扩建工程围坝稳定性试验研究""引滦隧洞安全检测""尔王庄管理处输水调度管理监测系统设计""大港区独流减河左堤质量检测""永定新河右堤检测""北大港水库堤防隐患探测""天津市行洪河道堤防综合探测技术研究""GPS 定位及水下地形测量技术推广应用""堤防隐患综合探测技术推广应用"等项目。

发表《堤防土体各因素对物探参数的影响》《引渠明渠输水特点及稳定输水方法》《专用输水工程计量设施浅析》《综合探测技术在天津地区堤防探测中应用》等论文 7 篇。

1996 年被评为天津市科教兴农先进个人，1998 年获天津市"九五"立功奖章。

刘尚为　男，汉族，1956 年 4 月出生，河北省大厂回族自治县人，中共党员。1982 年 4 月毕业于河北工业大学工业电气自动化专业，本科学历。1982 年 5 月参加工作，1984 年 10 月至 1998 年 2 月在引滦工管处工作，1998 年 3 月至 2001 年 11 月在尔王庄管理处工作，2001 年 11 月调回引滦工管处任副处长兼主任工程师。2002 年 10 月晋升为高级工程师（正高）。2016 年 4 月退休。

主持多项重要机电工程、自动化工程的设计施工和多项科研课题。1999 年主持研制出国内第一台 16 位 CMOS 工艺微控制器和集成度可编程系统器件的全数字化微机励磁装置，通过天津市科委授权科技成果鉴定，技术水平国内领先，被国家经贸委定为 2000 年国家级新产品，获 2000 年度天津市科技进步三等奖。1999 年 3 月至 2000 年 6 月主持"尔王庄引供水枢纽工程优化调度研究"通过天津市科委授权科技成果鉴定，技术水平国内领先，获 2001 年度天津市科技进步三等奖。发表论文《引滦入津引供水枢纽泵站机组的优化调度》《引滦管理信息系统总体设计》等

14 篇。

郭青平 男，汉族，1956 年 3 月出生，山东省青岛市人，中共党员。1982 年 6 月毕业于中国海洋大学，本科学历。1975 年 8 月至 1978 年在山东省乳山县上山下乡，1978 年 9 月在中国海洋大学物理海洋专业。1982 年 6 月分配到天津市水利科学研究所从事环境水利、水资源专业科研、规划等技术工作。1995 年任高级工程师，1999 年被选为市水利局科学技术带头人。2005—2010 年任水科所（水科院）水资源研究室主任。2003 年 12 月被评为高级工程师（正高）。2016 年 4 月退休。

主持完成市级课题 6 项，局级科研课题及项目 22 项。完成"海河污染控制技术研究"获天津市科技进步二等奖，并获国家环保局科技成果奖完成者证书；"南水北调实施前天津城市供水措施及对策研究"鉴定为国内先进水平、创新的预测理论为国内领先水平；"天津市海岸堤防结构与植物护坡技术研究"鉴定为国际先进水平；"天津市综合水资源合理开发利用"鉴定为国内领先水平；主持"天津市滨海近岸流浪潮特性及工程应用研究"，获天津市科技进步三等奖；"海河河道水流特性及其在水质方面应用研究""南水北调北大港水库水质保护措施研究""天津市滨海近岸流浪潮特性及工程应用研究"，获天津市水利科技进步一等奖。

发表论文多篇，其中《天津工业缺水经济损失风险分析》于 1999 年被评为第 12 届全国水系污染与保护大会优秀论文。《天津市用水定额方法探讨》与《海河多功能运行需水量探讨》均被评为 2003 年水利年会优秀论文。2003 年在第一届全国水利学会发表论文《打造海河环境建设探讨》。《天津市洪水资源化探讨》《天津市工业用水定额方法探讨》均发表在《海河水利》2003 年第 2 期。

2001 年被评为天津市"九五"期间科技兴水先进个人。

许玉景 女，汉族，1962 年 11 月出生，山东省荣成县人。1984 年 7 月毕业于合肥工业大学农田水利专业并参加工作，本科学历，学士学位；2005 年 12 月毕业于天津大学水利工程专业，硕士学位。1984 年 7 月至 1985 年 9 月于天津发电设备厂职工大学任教。1985 年 9 月至 2006 年 12 月于天津市水利勘测设计院从事水工设计工作，历任主任工程师、副总工程师。2007 年 1 月调入天津市水务工程建设管理中心从事工程建设管理工作。2004 年 11 月被评为高级工程师（正高）。

曾主持国家级重点工程设计 1 项，省部级重点工程设计 8 项。2000 年引黄济津天津市内应急输水工程设计，获 2001 年天津市级优秀勘察设计特别奖；海河干流排沥应急措施实施方案工程设计，获 2000 年天津市级优秀勘察设计三等奖；2000 年海河干流治理工程设计，获 2002 年天津市级优秀勘察设计三等奖。曾担任项目技术负责人参加国家级重点工程建设管理 1 项，省部级重点工程建设管理 4 项。1996 年被评为天津市防汛抗洪抢险先进个人，2000 年被评为引黄济津工程天津市先进个人。

撰写的《海河干流治理工程抛石堤基钻孔灌浆防渗处理》刊登于《合肥工业大学学报》；《SANYS 软件在土坝渗流稳定计算中的应用》刊登于中国电力出版社《水力发电》；《天津滨海地区平原水库软土坝基稳定分析》刊登于《海河水利》；《天津滨海地区平原水库软土堤基沉降分析》刊登于《海河水利》。

杨万龙 男，汉族，1964 年 10 月出生，天津市宝坻区人，中共党员。1987 年 7 月毕业于武汉水利电力学院农水系机电排灌专业，本科学历，学士学位。1987 年 7 月在天津市水利科学研究所参加工作，2000—2008 年任水科所农田水利研究室主任，2009—2010 年任水科院节水技术研究所主任。2004 年 11 月被评为高级工程师（正高）。

1996—1997 年参加市科委项目"工厂化农业科技示范区建设可行性研究"，1998 年获天津市科技进步三等奖。1995—1998 年主持"天津市灌排泵站节能测试技术研究"，2000 年获天津市科技进步三等奖。1996—2000 年主持市科委攻关项目"渠灌区管道灌溉关键技术研究"，2001 年获天津市科技进步三等奖。2000—2003 年主持市科委重大攻关项目"温室滴灌施肥智能化控制系统研制"，2004 年获天津市科技进步三等奖。2003—2006 年主持"渗灌节水关键技术研究"，2008 年获天津市科技进步三等奖。2006—2008 年主持市科委攻关项目"天津市农业高效节水技术研究与示范"，2009 年获天津市科技进步三等奖。1999—2001 年参加市农委项目"天津市微灌技术推广应用"，2002 年获天津市科技进步三等奖。2000—2002 年参加科技部成果转化项目"渠灌区管道输水灌溉节水技术推广"，2003 年获天津市科技进步三等奖。2008—2010 年主持科技部成果转化项目"设施农业滴灌施肥智能化控制系统中试"，2011 年获天津市科技进步三等奖。

《温室滴灌施肥智能化控制系统研制》发表在《节水灌溉》2004 年第 5 期。《设施蔬菜水肥耦合技术试验研究》发表在《节水灌溉》2009 年第 12 期。

1999 年获天津市"九五"立功奖章，被评为天津市科教兴农先进个人。

张　伟　男，满族，1958 年 4 月出生，河北省宣化县人，中共党员、九三社员。1982 年 6 月毕业于河北地质学院水文地质与工程地质系，工学学士；1990 年 6 月毕业于中国地质大学水文地质专业，硕士学位；2002 年 6 月毕业于中国矿业学院地质类地质矿产勘查专业，工学博士学位。1977 年 1 月在宣化造纸厂参加工作。1982 年 7 月至 1987 年 9 月任河北地质学院水工系教师、讲师；1988 年 9 月至 1990 年 6 月在中国地质大学水文地质专业学习；1990 年 6 月至 1996 年 10 月任河北地质学院水工系教师、讲师；1996 年 10 月至 1998 年 10 月任石家庄经济学院资源环境系教师、副教授，1997 年 6 月评为副教授；1998 年 10 月至 2002 年 6 月在中国矿业学院地质类地质矿产勘查专业学习；2002 年 6 月调天津市水文水资源勘测管理中心任主任工程师。2004 年 11 月被评为高级工程师（正高）。2018 年 4 月退休。

主要业绩有：编制《天津市水文事业发展"十三五"规划》《天津市地下水开发利用与保护规划》。主持并完成"地下水关键控制水位理论方法及应用""天津市深层地下水水文地质条件数字化及开采状况模拟和预测"等 13 项科研项目，其中参与完成的"微咸水农田灌溉综合利用技术研究"获 2004 年度天津市科技进步三等奖，主持完成的"天津市地下水主要污染物分布规律及形成机理"项目 2005 年获天津市科技进步三等奖、"于桥水库入库水量水质演变趋势分析及控制措施研究"项目获 2010 年天津市科技进步三等奖。"分布式水量计读器"获国家实用新型专利，专利号 ZL200620026027.9。

2008 年被评为全国水利科技工作先进个人。

李志民　男，汉族，1949 年 3 月出生，天津市宁河县人。1975 年 8 月毕业于河北地质学院水文地质工程地质专业，大学普通班学历。1969 年 2 月至 1972 年在河北省宁河县俵口乡洛里坨村插队。1975 年 8 月至 1978 年在天津市水利局水文总站工作；1979—1985 年调天津市政府抗旱打井办公室水文地质处工作；1986—1996 年在天津市水利局农水处工作；1996 年成立天津市地下水资源办公室，1996 年至 2001 年 3 月在地资办工作，1998 年任天津市凿井公司经理（地资办下属单位）；2001 年地资办与水文总站合并成立天津市水文水资源勘测管理中心，

2001—2009 年任水文水资源中心副总工程师。2004 年 11 月被评为高级工程师（正高）。2009 年 3 月退休。

2003 年负责地下水资源管理，水文地质技术，主持"地下咸水调查与开发利用研究"项目；2004—2005 年主持《天津市西龙虎峪水源地应急开发工程地下水资源评价》课题；主持承担天津市水文水资源勘测管理中心下达的《采灌井技术和回灌技术研究》课题等。在多年资料积累和工程勘查的基础上，撰写了《南水北调天津水利工程对地下水运动影响评价》论文等。

黄燕菊　　男，汉族，1958 年 2 月出生，天津市蓟县人，中共党员。1983 年 7 月毕业于河北水利专科学校水利水工程建筑专业，大专学历。1975 年 9 月于天津市引滦工程于桥水库管理处参加工作，历任于桥处副处长、主任工程师、处长、党委副书记、书记。2005 年 11 月被评为高级工程师（正高）。2018 年 3 月退休。

主持、参建完成 1996 年大洪水后于桥水库防洪工程建设、引滦住宅楼建设、于桥水库大坝除险加固前期工作、于桥水库溢洪道闸房改造等工程项目；主持完成"于桥水库水情遥测自动化系统设计""盘山电厂取水口数据自动采集系统""于桥水库大坝安全监测系统研究""于桥水库与上游中小型水库联合调度""堤坝隐患快速探测技术在于桥水库大坝开发运用""于桥水库工程管理自动化系统"等科技项目；参加中国政府与加拿大政府合作的中国城市发展项目"于桥水库污染管理""天津市于桥水库污染综合治理方案"、国家重点科研"应用生态方法之真理于桥水库污染示范工程研究"等；主持完成的"于桥水库大坝安全监测系统研究"2005 年获天津市水利局科技进步二等奖，"于桥水库放水洞安全监测评估""于桥水库洪水预报与优化调度"项目均获得天津市水利局科技进步三等奖。

主要著作及论文有：《于桥水库大坝安全鉴定和除险加固技术》《于桥水库混凝土防渗墙应变观测资料分析》《于桥水库网络化信息系统设计》《提高于桥水库放水洞泄流能力的研究》等 10 余篇论文。

闫海新　　男，汉族，1962 年 12 月出生，天津市人，中共党员。1984 年 7 月毕业于天津大学水利建筑工程专业，本科学历，硕士学位。同年 7 月在天津市水利科学研究所参加工作，2000 年 5 月任天津市水利科学研究所副所长，2006 年 9 月调建交中心任党委书记，2010 年 5 月任建交中心调研员。2005 年 11 月被评为高级工程师（正高）。

主持完成了水工建筑物老化病害检测与治理技术研究（市水利项目）；担当完成了马来西亚玻璃市港吹填陆域加固工程设计；主持完成了新加坡某镇吹填陆域加固示范工程设计；主持完成了天津海岸堤防结构与植物护坡技术研究（市科委重点攻关项目）；参加了低位抽真空吹填土及其下软土地基加固技术研究；主持完成了引滦黎河治理丁坝挑流模型试验；主持完成了青龙河荒凌庄段水工及泥沙模型试验；主持完成了堤坝垂直防渗无损检测技术研究；主持完成了大港独流减河左堤隐患检测及质量评估；主持完成了振动沉模法加固堤防技术震动及影响评价；主持完成编制了天津市水利工程管理发展规划；主持编制了天津市滨海新区水资源、水环境规划；主持编制完成了水利专业实验室建设可行性研究报告；主持完成了北运河绿化节水灌溉和滦水园喷泉工程设计、施工工作；参加了于桥水库移民规划编制工作；参加了海河堤岸改造景观设计工作。

主要著作和论文有：参与编写了《大港独流减河左堤质量评估》《水泥搅拌土防渗墙无损检测标准的实验研究》《水泥土组合桩荷载传递规律研究》《低位真空预压技术在海挡筑堤加固中应用》

《倒虹吸管》和《海湾淤泥，筑起绿色长堤》。

于德泉　　男，汉族，1947 年 8 月出生，天津市人，中共党员。1976 年 7 月毕业于河北水利水电学院，大学普通班学历；1988 年 2 月毕业于华北水利水电学院，硕士研究生学历，硕士学位。1976 年 12 月至 1991 年 6 月在华北水利水电学院任教，1991 年 7 月至 1997 年 6 月在天津市水利学校任教，1997 年 7 月调天津市水源调度处任副处长，1999 年 1 月任基建处副处长，2002 年 3 月任基建处副调研员。1994 年 11 月被评为高级讲师，2005 年 11 月被评为高级工程师（正高）。2007 年 9 月退休。

1999 年之后，任基建处副处长期间，主管工程建设管理、建交中心、工程监理工作。主持筹建了"天津市水利工程建设有形市场"。作为水利部试点之一，在全国水利行业率先建立"水利工程建设有形市场"，起草了有关管理制度、实施办法、相关技术性文件等。主持负责天津市海河干流治理工程（国家"九五"重点项目）、海河明珠泵站工程（天津市重点工程）、天津市北运河治理"跨越"等景观工程（天津市重点项目）3 项重点工程。负责天津市引滦水源保护工程（天津市重点项目）的现场指挥。

主持编写了《天津市水利工程建设监理手册》（天津人民出版社出版），该手册在水利工程建设中得到广泛应用；《天津市引滦入津水源保护工程项目划分和质量评定办法》等多项技术性文件，并在工程中应用。

主持研究"南水北调中线总干渠梁式渡槽结构设计与实验研究"项目。参与研究南水北调总干渠左岸排水河西沟渡槽设计研究、区域水资源可持续利用管理及软件开发、天津市引滦水源保护工程设计变更可行性研究、天津市引滦水源保护工程施工索赔可行性研究和水泥搅拌土防渗墙无损检测新技术研究等项目。

参与编写出版的书籍有《天津市水利工程建设监理工程师手册》《施工招投标标底编制指南》《水利工程招投标指导全书》3 部。发表论文有《引滦水源保护工程安全集料找矿研究》《引滦水源保护工程安全集料碱活性试验研究》《论工程施工索赔的处理》。

李振　　男，汉族，1964 年 3 月出生，天津市人，中国民主同盟盟员。1986 年 7 月毕业于天津大学水利水电工程专业，本科学历；2007 年获得三峡大学工程硕士学位。1986 年 7 月在天津市水利科学研究所参加工作，2005 年 12 月任天津市南水北调工程建设委员会办公室规划设计处主任科员，2007 年 6 月任天津市水利科学研究所副所长，2009—2010 年任天津市水利科学研究院副院长。2009 年获得民盟天津市盟务工作先进支部称号。2005 年 11 月被评为高级工程师（正高）。

参加完成"织物模袋混凝土在引滦明渠上的应用研究"获 1990 年天津市科技进步三等奖；主持完成"混凝土联锁板在引滦工程上的应用研究"获 2000 年天津市科技进步三等奖；"混凝土联锁板技术在引滦工程上的推广应用"获 2000 年度天津市水利局科技进步一等奖，获 2000 年中国第七届农业高新技术博览会后稷金像奖。

论文《天津市引滦工程中的土工织物性能分析》发表在《水利水电技术》2003 年第 6 期；《引滦工程黎河下游河道治理技术措施应用》发表在《水利水电技术》2005 年第 5 期；《模袋混凝土技术在天津水利上的应用发展》发表在《水利水电技术》2002 年第 3 期。论文《引滦黎河底泥污染物释放模拟试验研究》发表在《海河水利》2009 年第 5 期；《外部荷载对引滦入津隧洞的作用及影响分析》发表在《海河水利》2010 年第 4 期。在《中国水利》《水利水电技术》等刊物公开发表论文 20 余篇。

佟祥明　　男，满族，1957 年 9 月出生，天津市宁河县人，无党派人士。1982 年 1 月毕业于南开大学物理系无线电专业，学士学位。大学毕业后分配到第四机械工业部第 1017 研究所（现改为 54 所），曾任红外扫描仪分机负责人、8101 工程红外扫描成像系统副总设计师。而后曾在陕西钢铁研究所、水利部海委海河下游管理局工作。2003 年 6 月调入天津市水利局信息中心，任副主任，2004 年 2 月兼主任工程师，2007 年 12 月任科技处处长。2006 年 12 月被评为高级工程师（正高）。2017 年 9 月退休。

主持建设了城市防洪信息系统计算机网络等多项重要工作。作为天津市政府采购专家库专家多次参加政府采购的招标评标工作，部分评标任首席评委。作为水利部、海委专家库专家参加了多项水利部、海委和水利系统的信息化工程建设的评标审查、技术论证和工程验收。在国家和省部级科技刊物上发表 5 篇文章，其中独著 3 篇，合著 2 篇。2004—2005 年主持编制了《天津市水利信息化"十一五"发展规划》。2005 年 6 月参加了水利部《水利信息系统项目建议书编制规范》和《水利信息网络建设指南》两个标准的咨询。

李保国　　男，汉族，1964 年 3 月出生，天津市武清区人，中共党员。1986 年 7 月毕业于河海大学陆地水文专业，本科学历，学士学位。1986 年 7 月至 2001 年 12 月在长春市水利勘测设计研究院工作，曾任副院长、院长、党委书记等职务；1990 年、1991 年在西藏山南地区援藏；1994 年、1995 年在云南从事水库设计和水电站监理。2002 年 1 月调入天津市水利勘测设计院工作，2002 年 10 月任副院长。2010 年 11 月任水科院副院长。2006 年 12 月被评为高级工程师（正高）。

主持过国家及省部级重点工程规划设计 15 项，获省市级以上优秀勘察设计奖 4 项。《西藏雅砻河东干渠灌区设计》《吉林省双阳水库安全加固设计》获吉林省优秀工程设计三等奖，《天津市中心城区河湖水系沟通与循环规划》获天津市优秀工程咨询三等奖，《南水北调天津城市水源合理配置规划》获天津市优秀工程咨询二等奖。主要著作和论文有《长春市地下水管理系统研究》《天津滨海新区水资源配置研究》《南水北调中线天津市备用及调蓄水库规模研究》《新开河水位异常情况分析及治理方案》《海河流域水文预报面临的问题及对策》，分别在《海河水利》《河北水利》等刊物上发表。获 1998 年、2000 年、2001 年长春市政府嘉奖；被评为 2006 年度天津市青年志愿者行动"十杰百优"先进个人。

姜衍祥　　男，汉族，1966 年 9 月出生，山东省龙口市人，中共党员。1988 年 6 月毕业于华北水利水电学院地质系水文地质与工程地质专业，本科学历；1991 年 6 月毕业于中国科学院地质研究所，硕士学位。同年 9 月在冶金部天津地质研究院水文室工作。1996 年 3 月至 1998 年 12 月在中国矿业大学（北京校区）岩土工程专业读博士，获工学博士学位。1999 年 3 月至 2001 年 7 月在天津市地下水资源管理办公室任总工办主任，2002 年 3 月任总工程师；2004 年 2 月至 2010 年 8 月历任天津市控制地面沉降工作办公室副主任、常务副书记、副书记。2006 年 12 月被评为高级工程师（正高）。

1996 年 7 月至 1998 年 12 月参与"软岩巷道支护研究及其工程应用"，获煤炭部科技进步一等奖。2003 年 9 月至 2006 年 1 月主持"天津市地面沉降对水利工程的影响研究"，获天津市科技进步三等奖。2005 年 9 月至 2006 年 12 月主持"天津市地面沉降经济损失评价"，获天津市水利科技进步二等奖。2003 年 6 月至 2007 年 7 月参与"天津市堆山造景工程山体稳定性研究"，获天津市科技进步三等奖。2005 年 1 月至 2007 年 12 月主持国家自然科学基金项目"融合 INSAR/GPS 和角反射器监测城市地面沉降的研究"。2009 年 5 月至 2010 年 4 月主持局级科研项目"利用 GPS 技术建立滨海新区地面沉降监测基准研究",获天津市水务科技进步三等奖。

论文《地下工程围岩互形和破坏的力学机理研究》发表在《工程地质学报》2000 年第 8 期。天津—惠灵顿城下防灾与减灾研讨会宣讲论文《Study on Correlativity of Land Subsidence and Groundwater Yield in Tianjin》。《地面沉降对海河行洪能力影响分析》《GPS 连续站在地面沉降监测中的应用》发表在《工程地质学报》2005 年第 13 期。《天津市地下水资源管理信息网络总体构想》发表在《天津水利》2001 年第 2 期。《天津市西青区地面沉降与地下水开采相关关系研究》发表在《天津水利》2003 年第 3 期。《GPS 测量地面沉降的可靠性及精度分析》发表在《大地测量与地球动力学》第 26 卷第 1 期。

景金星　男,汉族,1965 年 11 月出生,天津市宝坻区人,中共党员。1986 年 7 月毕业于河海大学水文水资源系陆地水文专业并参加工作,本科学历,学士学位。1986 年 7 月至 2002 年 11 月在化工部第一勘察设计院任助理工程师、工程师、室主任、高级工程师、院长助理、副院长、院长、党委书记等职务。2002 年 11 月任天津市水文水资源勘测管理中心调研员兼市水利局南水北调工程办公室主任。2003 年 4 月任天津市水利勘测设计院院长、党委书记。2007 年 10 月被评为高级工程师(正高)。

曾主持国家级重点工程项目设计 1 项,省部级重点工程设计和规划项目 5 项,主管和参加其他工程项目 11 项。"BHA Aero 联合项目工程勘察(详勘)"获河北省优秀工程勘察三等奖;《南水北调中线一期工程天津干线可行性研究阶段工程建设征地移民规划设计修订报告》和《南水北调一期工程天津干线水土保持方案报告书》获天津市优秀工程咨询成果三等奖;"天津市海河两岸基础设施项目海河堤岸一期结构工程"获 2005 年度天津市优秀勘察设计(市政类)二等奖。

撰写的《村落径流污水的生态处置方法沟塘系统记述介绍》《河道清淤工程水质改善预测分析》《天津市建设项目水资源论证特点分析》《努力和不断创新水利勘测设计单位的发展之路》《南水北调中线一期天津干线规模分析》,分别在《海河水利》《中国勘察设计》《水利规划与设计》等刊物发表。

获 2005 年度天津市"十五"立功奖章。

张金鹏　男,汉族,1955 年 4 月出生,天津市人,中共党员。1975 年 7 月至 1976 年 10 月在清华大学水利系泥沙专业学习,大专学历。1980 年 2 月毕业于武汉水利电力学院河流泥沙工程专业,大学普通班学历。1970 年 12 月在根治海河防汛指挥部参加工作,1976 年到天津水利科学研究所工作,1997 年调天津市水利局科技处工作,2001 年 8 月任科技处副处长,2003 年 4 月任宜兴埠处副处长。2007 年 10 月被评为高级工程师(正高)。2015 年 3 月退休。

主持"纤维筋混凝土水工闸门"和"复合纤维环筋"均获得国家专利。主持"水工建筑物病害治理技术推广"和"智能化安防管理系统"项目分别获 2002 年、2007 年天津市水利局科技进步二等奖。参加"现代无金属水工闸门研究与应用"和"居民小区节水技术推广"项目 2006 年获天津市水利局科技进步三等奖。

撰写《现代无金属水工闸门开发应用》2005 年在《水利学报》(增刊)发表,《现代无金属水工闸门承载力模拟测试与分析》在《硅酸盐通报》发表,《智能化安防管理系统开发与应用》在

《中国水利水电市场》发表。

　　吴换营　　男，汉族，1969 年 11 月出生，河北省献县人，中共党员。1992 年 7 月毕业于华北水利水电学院水利水电工程专业，本科学历；1995 年 7 月毕业于华北水利水电学院水工结构工程专业，硕士学位。毕业后进入天津市水利勘测设计院工作，1999 年 7 月至 2001 年 3 月历任水工设计所副所长、所长、水工设计二所主任工程师，2002 年 10 月任设计院总工程师。2008 年 12 月被评为高级工程师（正高）。

　　主持、组织和指导的主要工程项目中，国家级重点工程项目 1 项、省部（市）级重点工程项目 4 项。主持、组织完成多项设计工作，南水北调天津干线工程中有很多技术难题，首次提出保水堰井这一新型水工建筑物，巧妙地采用了分段设置保水堰井的工程措施，实现了自动调节水头、分段控制管涵内压、自动保水、自动适应输送不同流量及流量变化、保证安全输水、方便运行管理的目的，解决了长距离管涵输水工程中水头调节的难题，具有创新性和先进性。在控制性建筑物设计中，提出诸多新的设计思路和水力控制措施。主持完成的大口径 PCCP 的糙率测试研究，为南水北调中线工程天津市市内配套工程节省投资 4200 万元，经济效益显著。主持完成的《现代调水工程水力控制理论及关键技术研究》，获得水利部"大禹水利科学技术"一等奖；一种"品"字形均流防涡装置，另一种带有自动调节堰井的重力有压输水装置 2 项获国家发明专利。

　　《设置保水堰管涵输水系统的水力瞬变数值仿真》《大流量长距离输水工程中大口径管涵的评析》等 10 篇论文在《水利学报》《水利规划与设计》等期刊发表。作为主编，参加了《长距离输水工程》设计丛书的编制工作。

　　2004 年获水利部南水北调工程规划设计先进个人；2007 年获"2006 年度天津市'五一'劳动奖章"；2009 年被评为天津市廉政勤政优秀党员干部、被水利部评为全国水利系统知识型职工先进个人；2010 年获得天津夏季达沃斯论坛市民代表。

　　陈红威　　男，汉族，1960 年 1 月出生，天津市人。1982 年 7 月毕业于天津大学水利系水利建筑工程专业，本科学历；2002—2005 年在天津大学建筑工程学院读研究生并结业。1982 年 10 月至 1985 年 5 月在天津市北大港水库管理处工作，1985 年 5 月调入天津市水利勘测设计院，从事水利工程设计工作，1999 年任设计院副总工程师。2008 年 12 月被评为高级工程师（正高）。

　　主持过 7 项省市级重点工程项目，其中"天津石化公司聚酯供水及大港油田供水工程"获2001 年度天津市优秀勘察设计一等奖；"天津经济技术开发区供水工程"获 2000 年度天津市优秀勘察设计二等奖；"天津市海河两岸基础设施项目刘庄桥——光华桥段结构部分"获 2006 年度天津市优秀勘察设计二等奖；"天津市外环河整治工程 2002 年河道贯通与河水循环工程"获 2006 年度天津市优秀勘察设计三等奖。

　　主要著作和论文有《预应力混凝土管在滨海软土地基上的应用》《预应力混凝土输水管道夹气量与渗水量分析》《天津市饮用水源保护工程设计》《于桥水库污染源的调查及水源保护对策的探讨》分别在《中国给排水》《水利水电工程设计》《海河水利》等刊物上发表。

　　张贤瑞　　男，汉族，1961 年 12 月出生，天津市人，中共党员。1984 年 7 月毕业于北京农业机械化学院（现中国农业大学）农田水利工程专业，本科学历，学士学位。1984 年 7 月分配到天津市水利局农水处工作，1996 年 1 月任农水处副处长，1999 年 8 月任处长兼书记；2008 年 9 月任天津市水利局办公室主任。2008年12月被评为高级工程师（正高）。

参加完成的天津微灌技术推广应用科研项目，获2001年度天津市水利局科技进步一等奖、2002年度天津市科技进步三等奖。主持"温室滴灌施肥智能化控制系统研制"项目获2005年度天津市科技进步三等奖、2004年度天津市水利局科技进步一等奖，参加"微咸水农田灌溉综合利用技术研究"项目获2004年度天津市科技进步三等奖、2003年度天津市水利局科技进步一等奖；"天津市蓟县小流域水土流失综合治理技术示范与推广（含信息系统建设）""小城镇生活污水低成本处理及农灌回用示范工程"等项目获天津市水利局科技进步二等奖。参加完成的《温室滴灌施肥智能化控制系统的管路机构及其控制方法》课题，获2008年度天津市优秀专利奖。

主要著作和论文有《天津市建设节水型农业的对策研究》获天津市第八届优秀调研成果三等奖；《于桥水库周边水土流失监测信息系统初步研究》《白马泉小流域水土流失规律研究》获天津市水利学会2003年学术年会优秀论文；《天津市水土保持工作现状和今后工作重点》《甘肃张掖节水型社会建设调研报告》获天津市水利系统优秀调研论文。

安宵 男，汉族，1956年2月出生，辽宁省大连市人，中共党员。1981年12月毕业于大连工学院水利水电建筑工程专业，本科学历，工学学士。1974年在吉林市汽车配件厂参加工作，1982年5月调入天津市水利局水调处工作，历任副科长、科长，1995年1月任副处长，1996年11月任主任工程师。2008年12月被评为高级工程师（正高）。2016年2月退休。

组织实施了"永定新河右堤应急度汛工程"等十多项大中型水利工程建设项目；完成了多项科研项目并获奖，其中"天津市城市防洪——蓄滞洪区管理地理信息系统"获天津市科技进步三等奖；"天津市城市防洪决策支持系统"获2005年度天津市经济信息系统优秀研究成果三等奖；"天津市海河西溪洪水灾害研究"等获天津市水利局科技进步一等奖；"天津市城市防洪决策支持系统"等获天津市水利局科技进步二等奖；"天津市实时水情调度信息电子显示屏系统"获天津市水利局科技进步三等奖。

主要著作和论文有《于桥水库"96·8"洪水调度回顾》在1996年全国水库防洪专业组交流，获优秀论文奖；《2010年前天津市城市引水问题思考》获中国科协2005年学术年会水利分会场优秀论文，在《水力学报》2005年增刊中发表；《MIKE11模型在蓟运河实时洪水预报的应用》论文获优秀论文奖，在《第四届亚太地区DH1软件技术论坛》论文集发表。

方天纵 男，汉族，1963年3月出生，湖南省平江县人，中共党员。1988年10月毕业于内蒙古农业大学，硕士研究生学历，硕士学位，毕业后留校任教；1996年10月至1997年9月在埃及开罗大学做访问学者，研究方向为水土资源保护与利用。1998年9月考入北京林业大学水土保持专业，2001年6月毕业，博士研究生学历，博士学位。2001年6月在天津市水利局农水处工作，2006年10月至2007年10月挂职任甘肃省成县副县长；2007年12月任天津市水利局农水处主任工程师。2010年5月任水保处副处长。2009年12月被评为高级工程师（正高）。方天纵是中国水土保持学会第三届理事会理事、中国水土保持学会预防监督委员会和监测委员会委员、天津市水资源与水环境重点实验室专家委员会委员、天津市水务局技术委员会委员。

主持"引滦水源保护林防蚀控制机理及模拟研究"获2009年天津市水利局科技进步三等奖；主要参加"天津市蓟县小流域期工程"（天津干线）项目的水土保持方案勘测、设计，获天津市优秀工程咨询成果三等奖。主编参加"海河流域综合规划修编"水土保持部分、"天津市水土流失重点治理工程规划（2009—2011）"及"天津市水土保持规划（2006—2020）"编制等工作；主持了南水北调天津市内配套项目、滨海国际机场扩建工程等 50 余个大、中型工程项目的水土保持方案审查和编写工作；参加"天津市农业综合节水技术示范推广""农村生活污水的土地渗滤处理技术引进与示范"和"设施农业现代节水灌溉新技术示范"等科研工作。参加了水利部组织的水土保持法修改调研、全国水土保持监测相关技术标准、规范制定及咨询工作，参与修改、论证天津市水土保持监测网络建设方案等工作。

撰写的《于桥水库周边水土流失监测信息系统初步研究》《蓟县白马泉小流域产流规律初步研究》《于桥水库水土流失监测中 3S 技术的应用》《石质丘陵山地水土流失时空变化初步研究》《基于 GIS 的天津市水土流失监测信息系统建设》《蓟县山区水土保持生态环境建设规划初步研究》《京津城市生态建设中的景观异质性原理应用》《北京地区における防砂治砂のための実践的对策モデルについて》《Effects of Desertification Control Project Based on Windbreak System in Daxing County，Beijing》等 20 余篇论文分别在《水土保持研究》《昆明理工大学学报（理工版）》《FORESTRY STUDIES IN CHINA》等刊物上发表。

胡　翔　男，汉族，1960 年 2 月出生，天津市人，中共党员。1982 年 7 月毕业于大连工学院无线电技术专业，本科学历，学士学位。1982 年 7 月分配到天津市助听器厂技术科工作。1990 年 12 月调入天津市水利局通讯管理处（现信息管理中心），1999 年 8 月任副主任。2009 年 12 月被评为高级工程师（正高）。

主持规划设计和建设了"天津市城市防洪信息系统 PDH 数字微波主干网和 800 兆数字集群指挥调度网"等十多项大中型水利信息化项目。其中"天津市城市防洪信息系统"2006 年获天津市"十五"信息化优秀项目奖；"800 兆数字集群在水文自动测报系统中的数据传输应用"获天津市科学技术成果奖；2007 年"军地联动应急指挥信息系统"获全军科技进步一等奖（地方主要参加人）；2008 年"引滦输水安全可视系统应用研究"通过市水利局科技成果验收。

主要著作和论文有：《TETRA 数字集群在水利通信专网中的应用》发表在《移动通信》2002 年第 9 期（总第 149 期，刊号 ISSN1006 - 1010）；《800 兆数字集群通信技术在水利自动化管理中的应用与展望》发表在《中国无线通信》2003 年第 9 卷第 6 期（刊号 ISSN1025 - 7004）；《北斗在水文监测系统中的应用》发表于《无线电工程》2009 年第 10 期（总第 245 期，刊号 ISSN1003 - 3106）。

1984 年参加援藏"43 项工程"建设，作为分项负责人出色完成任务，获国务院表彰（证书，第 4716 号）。2003 年被评为引滦入津二十周年保护饮用水安全先进个人；2006 年被评为天津市"十五"防汛抗旱工作先进个人。

周建芝　女，汉族，1961 年 12 月出生，天津市武清区人，中共党员。1983 年 8 月毕业于天津市城市建设学院给排水专业，本科学历，学士学位。1983 年毕业后分配到天津市自来水集团公司芥园水厂工作，1996 年调天津市城市节约用水办公室（现天津市节约用水事务管理中心）工作，2002 年 8 月任副主任，2008 年 9 月任主任，2010 年 8 月兼任副书记。2009 年 12 月被评为高级工程师（正高）。

曾独立完成了芥园水厂多项工艺改造工程的设计及施工质量审核，主持完成"工业节水技术推广示范""智能型节水控制系统的推广应用""天津市企业节水综合技术推广与示范"市级科技推广项目；参与编写国家标准《城镇污水处理厂污泥处置土地改良用泥质》；主持编写地方标准有《天津市二次供水工程设计规程》《节水型居民生活小区标准》《节水型生态校园标准》《节水型产品技术指标评价》《水平衡测试》；与市发展改革委、市经委、市农委联合编制《节水型区县考核标准》下发执行。主持"节水淋浴喷头""工业冷却水循环利用系统及其工作方法""工业冷却水循环利用设备"研究项目获国家专利。"智能型节水控制系统推广应用"项目获 2008 年度天津市科技进步三等奖，"曝气生物滤地污水再生处理新技术研究与设备开发""天津市机井工程管理信息系统""居民生活小区节水型器具改造工程"研究项目获天津市水利局科技进步三等奖。

主要著作和论文有：合作翻译英文著作《地下水可持续管理政策研究》，合作编写《节约用水知识问答》。发表了《加强游泳场馆用水管理，提高节水管理水平》《全面推进居民生活节水工作进程》《天津近岸海水淡化问题的探讨》《节水型居民生活小区标准》简介、《从智能型节水控制系统的推广应用谈科技节水的重要性》等 10 余篇论文。

陈维华　　女，汉族，1955 年 1 月出生，天津市北辰区人。1978 年 8 月毕业于天津大学水利系水工建筑物专业，大学普通班学历。1970 年 11 月至 1975 年 10 月在耳闸水文站工作，1978 年毕业后分配到天津市河道闸站管理总所工作，2005 年 5 月任天津市永定河管理处（原天津市河道闸站管理总所）主任工程师。2009 年 12 月被评为高级工程师（正高）。2014 年 12 月退休。

主要负责大中型水闸、扬水站的维修养护、安全运行、除险加固等技术管理工作。曾组织 8 座大中型闸站的安全鉴定工作；主持 4 座大中型闸站的拆除重建工程；研究"纤维筋混凝土水工闸门及制作方法""复合纤维筋制作方法"分别获国家发明专利和实用新型专利；主持省部级科研、设计项目 3 项，局级科研项目 7 项。其中"天津市潮白新河宁车沽防潮闸加固工程设计"获2008 年度天津市优秀勘察设计（市政类）二等奖；"天津市河务管理信息系统"和"预应力锚杆在软土地基基础加固工程中的应用研究"获天津市水利局科技进步一等奖；"水工建筑物老化病害评估及对策研究"获天津市水利局科技进步二等奖。"水工钢结构腐蚀处理技术研究与示范"等四项科研项目获天津市水利局科技进步三等奖。

撰写的《变废为宝的海泥制砖技术》《预应力锚杆加固防潮闸基础的长期承载力分析》《宁车沽防潮闸流量显示系统设计》《天津市宁车沽防潮闸基础加固设计与施工》《海河堤岸改造工程预应力锚杆的试验研究及承载力分析》等 10 篇论文，分别在《中国水利》《中国农村水利水电》《水利建设与管理》《水利水电工程设计》《海河水利》等刊物上发表。

刘书奇　　男，汉族，1962 年 4 月出生，天津市武清区人，中共党员。1983 年 7 月毕业于天津大学机电分校工业自动化专业，本科学历，学士学位。同年毕业后分配到天津市水利勘测设计院工作。2009 年 12 月被评为高级工程师（正高）。

主持 20 余项工程电气设计，其中包括国家级重点工程 1 项，省部级重点工程 10 项。参加天津市援藏松达水电站工程建设；主持引滦尔王庄暗渠泵站改造工程、天津港南疆码头污水泵站工程、引滦大张庄泵站电气设备更新改造工程、于桥水库溢洪道闸改造工程、津南区葛沽泵站工程、2000 年引黄济津天津市内输水工程、引滦入津工程尔王庄变电站改造工程、于桥水库大坝安全加固工程、天津市外环河整治工程示范段和 2002 年河道贯通与循环工程、宁河北地下水源地天津开发区供水工程、华维斯特 35 千伏变电站工程、天津市海河堤岸改造工程慈海桥至金钢桥至金汤桥景观照明、南水北调中线一期工程天津干线、京津新城工业园区扬水站工程、引滦入塘高庄户泵站改造、南水北调市内配套工程滨海新区供水工程和引滦完善配套工程津滨水厂供水加压泵站工程、引滦入开发区泵站改造工程、引滦入港、入聚酯二级加压泵站工程、天津市北辰泵站更新改造工程淀南、永青渠、大兴水库及温家房泵站等工程设计工作。

杨建图 男，汉族，1963年9月出生，河北省沧州市人，中共党员。1985年7月毕业于清华大学水资源工程专业，本科学历，学士学位。1985年毕业后分配到天津市水利勘测设计院工作；1996年11月任水资源处副处长，2003年4月任处长；2004年7月任控沉办常务副主任，兼任党总支书记；2010年4月任规划处处长。2009年12月被评为高级工程师（正高）。

曾主持"天津市地面沉降对水利工程的影响研究""天津市地面沉降经济损失评估"科研项目，分别获2006年天津市科技进步三等奖和2009年天津市水利局科技进步二等奖。1996年晋升为高级工程师后，先后主持编写了《天津市地下水资源开发利用规划》《海河流域天津市水污染防治规划》《二十一世纪初期水资源支持天津市可持续发展规划》《天津市控制地面沉降实施方案》《天津市地下水保护行动计划》等多个水利方面的规划。2004年主持编写了《城市生活用水定额》《工业产品取水定额》。

撰写的《GPS测量地面沉降的可靠性及精度分析》《天津市地面沉降现状与防治对策》《天津市地面沉降防治对策战略研究》《天津市塘沽区地面沉降模拟研究Ⅱ——地面沉降模型应用研究》《RTK替代水准监测地面沉降的试验研究》《利用GPS监测地面沉降的精度分析》，分别在《大地测量与地球动力学》《城市地质》《工程地质学报》《测绘通报》《测绘科学》等刊物发表。

翟培健 女，汉族，1963年2月出生，天津市人，中共党员。1984年7月毕业于天津市市政工程局职工大学排水工程专业，2009年1月毕业于哈尔滨工业大学工程管理专业，本科学历。1980年9月参加工作，1980年9月至1981年7月在天津市排水管理处办公室工作，1981年7月至1984年7月在天津市市政局职工大学学习，1984年7月至2000年11月在天津市排水管理处工作，2000年3月至2003年11月任天津市九河市政工程设计咨询有限公司副经理，2003年11月任天津市九河市政工程设计咨询有限公司副经理、工会主席。2010年12月被评为高级工程师（正高）。

组织完成"西南楼污水泵站改建工程"，2000年获天津市优秀设计三等奖；"功能多元化新型城市排水泵站的设计与研究"，2005年获天津市科委科技成果奖；"埋地玻璃纤维增强塑料夹砂排水管道技术规程"，2005年获天津市科委科技成果奖；"功能多元化新型城市排水泵站的设计与研究"，2005年获天津市总工会职工技术成果二等奖；"全地下式城市排水泵站设计与研究"，2007年获天津市职工优秀技术创新成果；"城市道路质量通病防治图集——普通混凝土砌块排水检查井"，2009年获天津市优秀设计三等奖。

撰写了《全地下城市雨水泵站进水闸门控制研究》《地下雨水泵站三维湍流数值模拟研究》发表在天津市市政公路协会《2010市政公路工程经济技术论文集》；撰写的《全地下式雨水泵站的设计》发表在中国给水排水杂志社《中国给水排水》2006年第14期。

孙永军 男，汉族，1970年5月出生，天津市宝坻区人，中共党员。1993年7月毕业于河海大学水工建筑专业，本科学历，2004年获澳门科技大学工商管理硕士学位。1993年8月在天津市水利科学研究所工作，2010年12月任天津市水利勘测设计院副院长。2010年12月被评为高级工程师（正高）。

主持完成的《天津海岸带大断面海挡工程植物护坡技术研究》获 2004 年度天津市科技进步三等奖；《环保型绿色植被混凝土》获 2009 年度天津市专利金奖；《城市水环境改善与水源保护示范研究》获 2010 年度水利部大禹水利科学技术二等奖；《天津海岸堤防结构与植物护坡技术研究》获 2004 年度天津水利局科技进步一等奖；《环保型绿色植被混凝土》《生态护坡植被砌块及制作方法和施工工艺》获发明专利；《生态护坡植被砌块》《屋面用绿化无土草坪》《复合自粘止水带》获实用新型专利。

撰写了《环保型绿色植被混凝土的开发与应用》发表在《水利水电技术》期刊上，《混凝土矿物掺和料对饮用水水质的影响研究》发表在《低温建筑技术》期刊上，《硅烷浸渍防腐技术在海工混凝土中的应用研究》发表在《水利科技与经济》期刊上，《基于动态随机前沿生产函数的水资源边际效益研究》发表在《第七届全国混凝土耐久性学术交流会论文集》等论文。

朱永庚（1963 年 3 月至 2019 年 1 月）　　男，汉族，天津市蓟县人，中共党员。1982 年 7 月毕业于天津水利学校水工建筑专业，中专学历；2003 年 7 月湖北农学院土木工程专业毕业，本科学历；2007 年 5 月三峡大学水利工程专业工程硕士学位。1982 年毕业后在隧洞处参加工作，历任副处长、处长；2004 年 7 月调尔王庄处工作，历任处长、副书记、书记。2010 年 12 月被评为高级工程师（正高）。

主持完成隧洞补强加固、尔王庄水库除险加固，引滦入塘、入汉、入开发区泵站和小宋庄泵站、明渠泵站改造等建设项目。参与完成"引滦入津工程引水隧洞安全检测评估""尔王庄水库大坝渗流稳定及渗流量分析研究""天津市行洪河道堤防植物护坡技术研究""平原水库病害诊治技术研究""尔王庄水库安全监测自动化系统研究"科研项目，获水利部大禹水利科学技术三等奖 1 项，天津市水利局科技进步二等奖 2 项、三等奖 3 项；主持完成"泵站真空临界点控制及自动开机系统"装置获国家专利。

撰写了《平原水库病害诊治技术》、《泵站实用技术与管理》、《水管单位精细化管理系列丛书》（共计 14 册）、《引水工程现代化系列丛书》（共计 3 册）、《输水枢纽工程信息安全保证体系设计》、《围堤防渗加固及其效果分析》、《引滦信息管理系统数据库体系结构分析》、《尔王庄水库除险加固工程建设特点及经验分析》、《尔王庄水库自动化安全监测系统的研制和开发》、《抑制电力谐波的有源滤波技术》、《输水枢纽工程信息网络监测管理分析》等。

张亚萍　　女，汉族，1957 年 1 月出生，河北省涉县人，中共党员。1974 年 4 月在邯郸市成安县赵杰城村下乡。1976 年 9 月至 1978 年 12 月在河北省水利专科学校水利工程建筑专业学习，大学普通班学历。1978 年分配华北水利水电学院工作，1983 年 10 月调入河北省水利水电勘测设计研究院工作，2005 年 6 月调入海河处。2010 年 12 月被评为高级工程师（正高）。

主持完成了 17 项大、中型水利枢纽工程设计，其中国家级重点工程南水北调中线总干渠特大型渡槽设计 4 项，大型排洪渡槽设计 5 项，省部级重点工程设计 2 项。主持的"南水北调中线工程特大型预应力混凝土渡槽结构与应用"项目，获河北省水利科技进步一等奖。"低水灰比水泥浆体中水泥后期水化行为的研究"项目，获河北省科学技术成果证书，成果鉴定为"国际先进"。参加完成的"石材专用清洗剂"获国家实用新型专利，于 2007 年 12 月申请专利，2011 年 9 月授权，专利号 ZL200710060303.2。

译文《透水河床对河床上紊动水流的影响》在《水利科技译文集》上发表；《明渠水流河床糙率对紊动强度分布的影响》被《国外大型调水工程技术》译著收录，由西安地图出版社出版发行。论文《南水北调京石段左岸排水建筑物上下游防洪影响分析》在《河北水利》上发表。主编的《建筑工程技术资料编写指南》一书由知识产权出版社出版发行。

王幸福　　男，汉族，1961 年 4 月出生，天津市人，中共党员。1983 年 7 月毕业于南开大学化学系分析专业，本科学历。1998 年 9 月至 2000 年 7 月参加北京大学环境规划专业研究生班学习。1983 年 7 月在天津市水文总站工作，1996 年 9 月调天津市水利勘测设计院工作。2010 年 12 月被评为高级工程师（正高）。

主持完成《南水北调天津城市水资源规划》获 2003 年度天津市优秀工程咨询成果二等奖；《天津市饮用水源保护工程可研报告》获 2006 年度天津市优秀工程咨询成果一等奖；《五百户医院污水处理示范工程设计》获 2005 年天津市市级优秀市政公用工程设计三等奖；《于桥水库水污染治理和水环境保护工程技术方案》获 2010 年天津市优秀工程咨询成果一等奖；《南水北调天津干线工程（一期）水土保持方案报告书》获 2006 年度天津市优秀工程咨询成果三等奖；《天津北塘热电厂（2×330 兆瓦）一期工程水土保持方案》获 2010 年度天津市优秀工程咨询成果三等奖。

撰写的主要论文有《水源地水土保持植被措施布置探讨》在《海河水利》上发表（2005 年第 3 期，第一作者），《绿化造林改善煤矸石山环境效益的研究》在《海河水利》上发表（2005 年第 5 期，第一作者），《村落径流污水的生态处置方法——沟塘系统技术》在《海河水利》上发表（2004 年 5 期，第二作者），《城市住宅改造项目环境影响评价技术探讨》在《海河水利》上发表（2005 年增刊，第二作者）等。

段志华　　女，汉族，1957 年 9 月出生，天津市人，中共党员。1975 年在天津市水文总站参加工作。1983 年 7 月毕业于河北水利专科学校陆地水文专业，大专学历；2005 年毕业于北京中山学院计算机应用专业，本科学历。1988 年调入水调处工作。2010 年 12 月被评为高级工程师（正高）。

参与的《天津市于桥水库富营养化及防治研究》课题获天津市科技进步二等奖；《于桥水库洪水预报》等方案编入《海河流域实用水文预报》获海委系统一等奖；《天津市城市防洪决策支持系统》获天津市经济信息系统优秀研究成果三等奖；《大黄堡蓄滞洪区风险管理研究》获天津市经济信息系统优秀成果一等奖；《天津市防汛信息保障系统建设》《天津市 1∶1 万水利基础空间数据库建库及其应用研究》《天津市实时水情调度信息电子显示屏系统》《天津市主要河道行洪能力计算》等分别获天津市水利局科技进步二、三等奖。

撰写的《天津渤海沿岸风暴潮特性分析及防御对策》获水利部系统优秀论文奖，在《海洋预报》上发表；《天津市防汛实时水情调度信息电子显示屏系统研制》获水利学会优秀论文奖；《2010 年前天津城市引水问题思考》在《水利学报》2005 年增刊上发表；《海河流域水环境退化定量分析》参加"第七届中国水论坛"交流；《天津市蓄滞洪区保险机制建设探索》在《水利经济》上发表；《天津市洪涝灾害监控与预警系统》在《中国公共安全（综合卷）》上发表；《于桥水库产汇流分析》《"92·9"特大风暴潮危害和预防》《天津市城市防洪信息系统工程决策支持系统项目的建设和管理》《天津市水利数字地图的研制及前景展望》《海河流域洪水保险机制的探讨》等均在《海河水利》上发表。

第二章 人 物 名 录

第一节 先进个人和先进集体名录

一、天津市水利（水务）局获部、市级先进个人

1991—2010 年天津市水利（水务）局获部、市级先进个人称号共 122 人次，其中部级先进个人 40 人次，天津市劳动模范 21 人次，市级先进个人 61 人次。详情见表 13-2-1-195~表 13-2-1-197。

表 13-2-1-195　**1991—2010 年天津市水利（水务）局获部级先进个人称号名录**

序号	姓名	性别	工作单位	颁奖单位	荣誉称号	获奖年度
1	张荣栋	男	局机关	水利部与中国水利电力工会全国委员会	全国水利系统劳动模范	1993
2	周景成	男	水文总站	国家防总、水利部等四部委	全国抗洪模范	1994
3	曹大正	男	水科所	国家人事部及四部委	青年突出贡献专家	1994
4	王英才	男	河闸总所	水利部、人事部	全国水利系统先进工作者	1995
5	李福汉	男	排管处	中华全国总工会	全国劳动模范	2006
6	李福汉	男	排管处	中华全国总工会	全国"五一"劳动奖章	2007
7	周潮洪	女	水科院	中华全国总工会	全国"五一"劳动奖章	2010
8	刘书勤	男	大张庄闸所	水利部	综合经营先进个人	1991
9	陈丽珠	女	局党办	国家保密局	全国保密工作先进工作者	1992
10	王金凤	女	局办公室	国家档案局中央档案馆	全国模范档案工作者	1995
11	何慰祖	男	局机关	国家防汛抗旱总指挥部	全国抗洪抗旱模范	1996
12	胡晓湘	男	设计院	水利部	全国水利系统优秀干部	1996
13	张凤泽	男	设计院	水利部	全国水利系统优秀干部	1996
14	赵永刚	男	河闸总所	水利部	全国水利系统模范工人	1996
15	孙克勤	男	于桥水库	水利部	全国水利系统模范工人	1996
16	耿连波	男	局行政处	水利部	全国水利系统模范工人	1996
17	万尧浚	男	基建处	水利部	全国水利系统建设监理管理先进工作者	1996
18	隆永法	男	水源处	水利部、人事部	全国水利系统先进工作者	1998
19	魏立和	男	水文中心	水利部	全国水文系统先进个人	1998
20	杨惠东	男	农水处	国家科技部、水利部等四部委	全国农业科技先进工作者	2001

续表

序号	姓名	性别	工作单位	颁奖单位	荣誉称号	获奖年度
21	钟水清	男	水资源处	国家防汛抗旱总指挥部	全国防汛抗旱先进个人	2004
22	刘学功	男	水科所	水利部	全国水利系统先进工作者	2005
23	赵翰华	男	局工会	国家体育总局	全国群众体育工作先进个人	2005—2008年度
24	宁云龙	男	基建处	水利部	全国水利建设与管理先进个人	2006
25	顾立军	男	水科所	水利部	全国农林水利行业劳动奖章	2006
26	王金智	男	基建处	国务院南水北调建设委员会办公室	南水北调工程建设质量安全管理先进个人	2006
27	邱玉良	男	水源处	国家防汛抗旱总指挥部、人事部、中国人民解放军总政治部	全国防汛抗旱模范	2007
28	张卫华	男	审计处	国家审计署	全国内部审计先进工作者	2007
29	周潮洪	女	水科院	水利部	全国十大水利青年科技英才	2008
30	高桂贤	女	水文水资源中心	水利部	全国水利系统先进工作者	2009
31	李惠英	女	设计院	水利部	全国水利系统奉献水利先进个人	2009
32	杨军	男	排管处	国家防汛抗旱总指挥部、人力资源和社会保障部、解放军总政治部	全国防汛抗旱先进个人	2010
33	刘玉宝	男	北大港处	水利部	全国水利系统优秀政研工作者	2010
34	丛英	女	政研室	中国地方志指导小组	全国方志系统先进工作者	2010
35	蔡淑芬	女	财务处	水利部	全国水利财务工作先进个人	2010
36	赵燕飞	女	局办公室	水利部	全国水利信访工作先进个人	2010
37	肖承华	男	工管处	人社部、国家发展改革委、财政部和水利部	全国水库移民后期扶持工作先进工作者	2010
38	史学军	男	潮白河处	水利部	全国水利建设与管理先进个人	2010
39	赵树茂	男	大清河处	水利部	全国水利建设与管理先进个人	2010
40	刘海辰	男	局工会	全国农林水利工会	全国农林水利系统优秀工会工作者	2010

表13-2-1-196　**1991—2010年天津市水利（水务）局获天津市劳动模范荣誉称号名录**

序号	姓名	性别	工作单位	颁奖单位	荣誉称号	获奖年度
1	刘文栋	男	排管处	市委、市政府	天津市劳动模范	1992
2	刘书勤	男	河闸总所	市委、市政府	天津市劳动模范	1992
3	李贺峰	男	排管处	市委、市政府	天津市劳动模范	1994
4	刘云波	男	于桥电厂	市委、市政府	天津市劳动模范	1994
5	曹大正	男	水科所	市委、市政府	天津市劳动模范	1996
6	马连三	男	排管处	市委、市政府	天津市劳动模范	1998

序号	姓名	性别	工作单位	颁奖单位	荣誉称号	获奖年度
7	李福汉	男	排管处	市委、市政府	天津市劳动模范	1998
8	刘云波	男	于桥电厂	市委、市政府	天津市劳动模范	1998
9	纪振荣	男	排管处	市委、市政府	天津市劳动模范	2000
10	万日明	男	水科所	市委、市政府	天津市劳动模范	2000
11	李福汉	男	排管处	市委、市政府	天津市特等劳动模范	2002
12	王得军	男	水文中心	市委、市政府	天津市劳动模范	2002
13	万日明	男	水科所	市委、市政府	天津市劳动模范	2002
14	李惠英	女	设计院	市委、市政府	天津市劳动模范	2004
15	周里智	男	排管处	市委、市政府	天津市劳动模范	2005
16	孙连起	男	排管处	市委、市政府	天津市劳动模范	2006
17	张秀亭	女	基建处	市委、市政府	天津市劳动模范	2006
18	邓象进	男	排管处	市委、市政府	天津市劳动模范	2008
19	周潮洪	女	水科院	市委、市政府	天津市劳动模范	2008
20	吴换营	男	设计院	市委、市政府	天津市劳动模范	2010
21	王玉庭	男	排管处	市委、市政府	天津市劳动模范	2010

表 13-2-1-197　**1991—2010 年天津市水利（水务）局获市级先进个人荣誉称号名录**

序号	姓名	性别	工作单位	颁奖单位	荣誉称号	获奖年度
1	安宵	男	水源处	市委、市政府	防汛抗洪先进个人	1994
2	杨惠东	男	农水处	市政府	天津市防汛工作先进个人	1995
3	马文才	男	北大港处	市政府	天津市防汛工作先进个人	1995
4	蔡杰	男	信息中心	市政府	天津市防汛工作先进个人	1995
5	魏立和	男	水源处	市委、市政府	防汛抗洪先进个人	1996
6	刘哲	男	水源处	市委、市政府	防汛抗洪先进个人	1996
7	段志华	女	水源处	市委、市政府	防汛抗洪先进个人	1996
8	杨惠东	男	农水处	市委、市政府	防汛抗洪先进个人	1996
9	田世炀	男	水科所	市委、市政府	天津市科教兴农先进个人	1996
10	刘呈波	男	北大港处	市政府	天津市防汛工作先进个人	1996
11	杨万龙	男	水科所	市委、市政府	天津市科教兴农先进个人	1999
12	杨万龙	男	水科所	市委、市政府	天津市科教兴农先进个人	2001
13	刘俊杰	男	北大港处	市委、市政府	引黄济津工作先进个人	2001
14	赵树茂	男	北大港处	市委、市政府	引黄济津工作先进个人	2001
15	唐永杰	男	北大港处	市委、市政府	引黄济津工作先进个人	2001
16	邢树岗	男	北大港处	市委、市政府	引黄济津工作先进个人	2001
17	刘哲	男	水源处	市委、市政府	引黄济津工作先进个人	2001
18	万尧浚	男	基建处	市委、市政府	引黄济津工作先进个人	2001
19	王得军	男	水文总站	市委、市政府	引黄济津工作先进个人	2001
20	李振	男	水科所	市委、市政府	天津市科教兴农先进个人	2002

序号	姓名	性别	工作单位	颁奖单位	荣誉称号	获奖年度
21	马建光	男	局办公室	市委、市政府	天津市农村人畜饮水解困工作先进个人	2004
22	魏立和	男	水源处	市委、市政府	天津市农村人畜饮水解困工作先进个人	2004
23	万日明	男	水科所	市科委、人事局	天津市优秀科技工作者	2005
24	景金星	男	设计院	市总工会	天津市"五一"劳动奖章	2005
25	李惠英	女	设计院	市委	天津市优秀共产党员	2006
26	李国强	男	尔王庄处	市总工会	天津市"五一"劳动奖章	2006
27	李福汉	男	排管处	市总工会	天津市"五一"劳动奖章	2006
28	吴换营	男	设计院	市总工会	天津市"五一"劳动奖章	2006
29	孙永军	男	水科所	市总工会	天津市"五一"劳动奖章	2006
30	运如广	男	水利公司	市总工会	天津市"五一"劳动奖章	2006
31	黎雪峰	男	振津集团	市总工会	天津市"五一"劳动奖章	2006
32	孙连起	男	排管处	市总工会	天津市"五一"劳动奖章	2006
33	周里智	男	排管处	市总工会	天津市"五一"劳动奖章	2006
34	赵树茂	男	北大港处	市政府	天津市防汛抗旱先进个人	2006
35	赵玉明	男	北大港处	市政府	天津市防汛抗旱先进个人	2006
36	张金华	男	设计院	市总工会	天津市"五一"劳动奖章	2007
37	刘志新	男	尔王庄处	市总工会	天津市"五一"劳动奖章	2007
38	李福汉	男	排管处	市总工会	天津市"五一"劳动奖章	2007
39	邓象进	男	排管处	市总工会	天津市"五一"劳动奖章	2007
40	马文义	男	水利公司	市总工会	天津市"五一"劳动奖章	2007
41	侯和平	男	基建处	市总工会	天津市"五一"劳动奖章	2007
42	张志泉	男	振津集团	市总工会	天津市抗震救灾"五一"劳动奖章	2007
43	张岳松	男	水调处	市委组织部、市人事局	天津市优秀援疆干部	2008
44	何丽丽	女	设计院	市总工会	天津市"五一"劳动奖章	2008
45	高桂贤	女	水文中心	市总工会	天津市"五一"劳动奖章	2008
46	王相佐	男	于桥处	市总工会	天津市"五一"劳动奖章	2008
47	李福汉	男	排管处	市总工会	天津市"五一"劳动奖章	2008
48	邓象进	男	排管处	市总工会	天津市"五一"劳动奖章	2008
49	顾立军	男	水科院	市总工会	天津市"五一"劳动奖章	2008
50	何桂琴	女	统计处	市统计局、市人事局、国家统计局天津调查总队	天津市统计系统先进个人	2008
51	元绍江	男	统计处	市统计局、市人事局、国家统计局天津调查总队	天津市统计系统先进个人	2008
52	王永早	男	尔王庄处	市总工会	天津市"五一"劳动奖章	2009
53	王玉庭	男	排管处	市总工会	天津市"五一"劳动奖章	2009
54	邓象进	男	排管处	市总工会	天津市"五一"劳动奖章	2009
55	孙连起	男	排管处	市总工会	天津市"五一"劳动奖章	2009

序号	姓名	性别	工作单位	颁奖单位	荣誉称号	获奖年度
56	刘玉宝	男	北大港处	市总工会	天津市"五一"劳动奖章	2009
57	方志国	男	隧洞处	市总工会	天津市"五一"劳动奖章	2009
58	刘洪涛	男	设计院	市总工会	天津市"五一"劳动奖章	2009
59	黄燕菊	男	于桥处	市政府办公厅	天津市 2007—2010 年度绿化工作先进个人	2010
60	康燕玲	女	工管处	市政府办公厅	天津市 2007—2010 年度绿化工作先进个人	2010
61	邵继彭	男	永定河处	市政府办公厅	天津市 2007—2010 年度绿化工作先进个人	2010

二、天津市水利（水务）局获部、市级先进集体

1991—2010 年天津市水利（水务）局获部、市级先进集体称号共 262 次，其中获部级先进集体 83 次，天津市模范集体 3 次，市级先进集体 176 次，见表 13 - 2 - 1 - 198～表 13 - 2 - 1 - 200。

表 13 - 2 - 1 - 198　**1991—2010 年天津市水利（水务）局获部级先进集体称号名录**

序号	先进集体	颁奖单位	荣誉称号	获奖年度
1	水源处	国家防总、人事部、水利部、解放军总政部	全国抗洪先进集体	1994
2	潮白河处明渠所鲍丘河站	中华全国总工会	全国模范职工小家	1995
3	市防办	国家防总	全国抗洪抗旱先进集体	1996
4	排管处排水二所天塔站	中华全国总工会	全国模范职工小家	2001
5	尔王庄处	中华全国总工会	全国模范职工之家	2003
6	宜兴埠处	共青团中央、全国绿化委员会、全国人大环境与资源保护委员会、全国政协人口资源环境委员会、水利部、农业部、国家环保总局、国家林业局	全国保护母亲河行动先进集体	2004
7	局工会	国家体育总局	全国全民健身周先进单位	2004
8	设计院	水利部、人事部	全国水利系统先进集体	2005
9	排管处机修所电试组	中华全国总工会	全国学习型优秀班组	2006
10	局工会	国家体育总局	全国全民健身活动先进单位	2006
11	于桥处	全国绿化委员会和人事部、国家林业局	全国绿化先进集体	2006
12	振津集团抗震救灾突击队	中华全国总工会	全国工人先锋号	2007
13	排管处排水十所天塔站	中华全国总工会	全国工人先锋号	2007
14	排管处工会	中华全国总工会	全国模范职工之家	2007
15	黎河处前毛庄水文站	中华全国总工会	全国模范职工小家	2007
16	排管处排水一所小白楼站	中华全国总工会	全国素质工程学习型先进班组	2007
17	排管处	中华全国总工会	全国"五一"劳动奖状	2008
18	建管中心	国务院	南水北调系统宣传工作先进体	2009

续表

序号	先进集体	颁奖单位	荣誉称号	获奖年度
19	天津市水务局	中华全国总工会	全国亿万职工健身活动月活动先进单位	2009
20	建管中心	国务院	南水北调系统资金管理先进集体	2010
21	于桥处	水利部	全国水利管理先进单位	1991
22	设计院	水利部	全国水利系统综合经营先进单位	1991
23	隧洞处	水利部	全国水利系统综合经营先进单位	1991
24	河闸总所大张庄闸所	水利部	全国水利系统综合经营先进单位	1991
25	设计院	建设部	全国工程勘察先进单位	1992
26	基建处	水利部	全国水利建设系统先进单位	1994
27	局纪委监察室	水利部	全国水利系统先进纪检监察组织	1994
28	于桥电厂	水利部、人事部	全国水利系统先进集体	1995
29	于桥电厂	水利部	全国水利系统先进企业	1996
30	于桥电厂	水利部	全国水利系统电力安全工作先进单位	1996
31	于桥处	水利部	全国水利系统水库管理先进集体	1996
32	基建处	水利部	全国水利建设系统先进单位	1996
33	基建处	水利部	全国水利系统建设监理管理先进单位	1996
34	审计处	水利部	全国水利行业审计工作先进集体	1996
35	市水利局	中国水利体育协会	全国水利系统职工体育工作先进单位	1996
36	于桥处	水利部	全国水利系统水利管理先进集体	1997
37	海河二道闸管理所	水利部	全国水利系统水利管理先进集体	1997
38	基建处	水利部	全国水利建设系统先进单位	1997
39	于桥处	全国绿化委员会	全国造林绿化400佳单位	1997
40	局工会	全国农林水利工会	全国水利系统工会工作先进单位	1999
41	于桥水力发电有限责任公司	水利部	全国水利系统劳动工作先进集体	1999
42	局工会	全国农林水利工会	全国水利系统工会工作先进单位	2000
43	局纪委	水利部	1997—2000年度全国水利系统纪检监察工作先进集体	2000
44	基建处职工技协	水利部	全国职工技协先进集体	2001

序号	先进集体	颁奖单位	荣誉称号	获奖年度
45	市防办	水利部	黄河、黑河、塔里木河和引黄济津先进单位	2001
46	局工会	全国农林水利工会	全国水利系统工会工作先进单位	2001
47	局工会	全国农林水利工会	全国水利系统工会工作先进单位	2002
48	水利公司	水利部、人事部	全国水利系统工会工作先进集体	2002
49	局集邮协会	中国集邮协会	全国集邮工作先进集体	2002
50	建管中心 监理咨询中心	水利部	2002年度水利系统文明建设工地	2002
51	建管中心 金帆监理公司	水利部	2002年度水利系统文明建设工地	2002
52	局工会	全国农林水利工会	全国水利系统工会工作先进单位	2003
53	设计院工会女职工委员会	全国农林水利工会	全国农林水利系统工会先进女职工集体	2003
54	基建处	水利部	全国水利建设先进集体	2003
55	金帆监理公司	水利部	全国水利建设先进集体	2003
56	局工会	全国农林水利工会	全国水利系统工会工作先进单位	2004
57	设计院	水利部	南水北调工程规划设计先进集体	2004
58	局工会	全国农林水利工会	全国水利系统工会工作先进单位	2005
59	宜兴埠处	全国农林水利工会	全国农林水利系统模范职工之家	2005
60	基建处	水利部	全国水利工程建设稽查先进集体	2005
61	振津集团	中国水利企业协会	全国优秀水利企业	2005
62	建管中心	水利部	全国水利建设与管理先进集体	2006
63	宜兴埠处	中国水利企业协会、 中国水利职工思想政治工作研究会	全国水利企业文化优秀奖	2006
64	设计院	中国水利企业协会、 中国水利职工思想政治工作研究会	全国水利企业文化优秀奖	2006
65	设计院勘测总队	全国农林水利工会	全国水利系统模范职工小家	2007
66	局工会	全国农林水利工会	全国水利系统职工文化工作先进集体	2007
67	尔王庄处	全国农林水利工会	全国水利系统职工文化工作先进集体	2007
68	设计院	全国农林水利工会	全国农林水利产（行）业劳动奖状	2007
69	设计院	全国农林水利工会	全国农林水利系统和谐事业单位	2007

续表

序号	先进集体	颁奖单位	荣誉称号	获奖年度
70	振津集团	水利部	全国水利抗震救灾先进集体	2007
71	审计处	水利部	2005—2007 年度全国内审先进集体	2007
72	审计处	国家审计署	2005—2007 年度全国内部审计工作先进单位	2007
73	北大港处	水利部精神文明建设指导委员会	2006—2007 年度全国水利文明单位	2007
74	水科所	水利部	全国水利科技工作先进集体	2008
75	尔王庄处	水利部、人事部	全国水利系统模范集体	2009
76	市水务局门户网站	水利部	全国水利行业优秀政府网站	2009
77	设计院	水利部、人事部	全国水利系统先进集体	2010
78	水调处	水利部	全国防汛抗旱先进集体	2010
79	建管中心南水北调天津干线工程建设管理处	国务院南水北调委员会办公室、青年文明号创建活动指导委员会	南水北调办青年文明号	2010
80	基建处	水利部	全国水利建设与管理先进集体	2010
81	尔王庄处	水利部	全国水利建设与管理先进集体	2010
82	于桥水力发电责任有限公司	全国农林水利工会	全国水利系统和谐企事业单位先进集体	2010
83	北大港水库（大清河）管理处	全国农林水利工会	全国水利系统和谐企事业单位先进集体	2010

表 13-2-1-199 **1991—2010 年天津市水利（水务）局获天津市模范集体荣誉称号名录**

序号	先进集体	颁奖单位	荣誉称号	获奖年度
1	排管处排水二所天塔站	市委、市政府	天津市特等模范集体	1998
2	排管处机修所泵站高压电器试验组	市委、市政府	天津市模范集体	2008
3	尔王庄处泵站所	市委、市政府	天津市模范集体	2010

表 13-2-1-200 **1991—2010 年天津市水利（水务）局获市级先进集体荣誉称号名录**

序号	先进集体	颁奖单位	荣誉称号	获奖年度
1	北大港处	市政府	绿化先进单位	1991
2	北大港处	市政府	绿化先进单位	1992
3	北大港处	市政府	绿化先进单位	1993
4	水科所	市总工会	天津市"八五"立功先进集体	1993
5	天津市汽车制造厂潮白河管理处车窗厂	市总工会	天津市"八五"立功先进集体	1993
6	水文总站塘沽分中心	市总工会	天津市"八五"立功先进集体	1993
7	水科所	市委、市政府	科教兴农先进集体	1994

序号	先进集体	颁奖单位	荣誉称号	获奖年度
8	引滦工管处	市政府	1994 年度防汛工作先进集体称号	1994
9	北大港处	市政府	绿化先进单位	1994
10	于桥电厂	市政府	1993 年度天津优秀企业	1994
11	入港处	市政府	天津市最佳合建组织单位	1994
12	引滦工管处	市政府	1994 年度天津市水利建设系统先进集体	1995
13	市防办	市政府	天津市防洪工作先进集体	1995
14	市水利局	市政府	天津市综合治理先进单位	1995、1996
15	北大港处	市政府	天津市绿化百佳单位	1995—1996
16	设计院勘测队测量分队	市总工会	天津市"八五"立功先进集体	1995
17	潮白河处	市档案局	天津市档案管理先进集体	1995
18	设计院	市委、市政府	天津市防汛抗洪先进集体	1996
19	水科所	市委、市政府	科教兴农先进集体	1996
20	水调处	市政府	天津市防汛抗洪抢险先进集体	1996
21	于桥电厂	市总工会	天津市"八五"立功先进单位	1996
22	水利公司第三项目经理部	市总工会	天津市安全生产先进班组	1996
23	水科所	市总工会	天津市"九五"立功先进集体	1997
24	排管处排水一所小白楼站	市总工会	天津市"九五"立功先进集体	1997
25	于桥水力发电有限责任公司	市纪委、市委组织部、市总工会	"厂务公开、民主管理"先进单位	1998
26	市水利局	市政府	办理市人大代表建议和政协提案优秀承办单位	1998
27	排管处排水二所天塔站	市总工会	天津市"九五"立功先进集体	1998
28	水利公司海河治理项目经理部	市总工会	天津市"九五"立功先进班组	1998
29	尔王庄处泵站所	市总工会	天津市安全生产先进班组	1998
30	局工会	市总工会	天津市群体活动先进单位	1998
31	市水利局	市政府地方志编修委员会	天津市修志工作先进单位	1998
32	于桥水力发电有限责任公司	中共天津市委	天津市先进党组织	1999
33	于桥水力发电有限责任公司	市纪委、市委组织部、市总工会	"厂务公开、民主管理"先进单位	1999
34	水科所农田水利研究室	市委、市政府	科教兴农先进集体	1999
35	水利公司器材设备租赁站	市总工会	天津市"九五"立功先进集体	1999
36	尔王庄处泵站管理所	市总工会	天津市"九五"立功先进集体	1999
37	振津集团第一施工处	市总工会	天津市"九五"立功先进集体	1999
38	局工会	市总工会	天津市群体活动先进单位	1999

续表

序号	先进集体	颁奖单位	荣誉称号	获奖年度
39	水文总站工会	市总工会	天津市工会工作先进集体	1999
40	引滦工管处	天津市人事局	1996—1998 年天津市继续教育第三周期先进单位	1999
41	引滦工管处	市爱国卫生运动委员会	市级卫生先进单位	1999
42	引滦工管处	市政府	贯彻落实《天津市道路交通安全责任制规定》工作先进集体	2000
43	局纪委	市纪委、监察局	名誉"十佳"纪检监察组织	2000
44	振津集团第四施工处	市总工会	天津市"九五"立功先进集体	2000
45	局工会	市总工会	天津市群体活动先进单位	2000
46	尔王庄处滨海新区泵站所	市总工会	天津市安全先进班组	2000
47	排管处排水二所天塔站	市总工会	天津市技术创新明星集体	2000
48	设计院蓟运河橡胶坝项目组	市总工会	天津市技术创新先进集体	2000
49	振津集团第四施工处	市总工会	天津市技术创新先进集体	2000
50	排管处信息中心	市总工会	天津市技术创新先进集体	2000
51	局工会	市总工会	市推进职工代表大会工作先进单位	2000
52	水科所	市委、市政府	节约用水先进单位	2001
53	设计院	市政府	引黄济津先进集体	2001
54	水调处	市政府	引黄济津先进集体	2001
55	基建处	市政府	引黄济津先进集体	2001
56	振津集团第十三分公司	市总工会	天津市"十五"立功先进集体	2001
57	局工会	市总工会	天津市群体活动先进单位	2001
58	振津集团	市安委会	天津市安康杯竞赛先进企业	2001
59	引滦工管处	市交通安全办公室	2000 年度交通安全先进单位	2001
60	水科所	市总工会	天津市"十五"立功先进集体	2002
61	科研所技术研究开发办公室	市总工会	天津市"十五"立功先进集体	2002
62	振津集团第十二分公司	市总工会	天津市"十五"立功先进集体	2002
63	市水利局	市委、市政府	天津市社会治安综合治理先进单位（连续 10 年）	2003
64	设计院	市政府	引滦入津 20 周年保护饮用水安全先进集体	2003
65	水调处	市政府	引滦入津 20 周年保护饮用水安全先进集体	2003
66	基建处	市政府	引滦入津 20 周年保护饮用水安全先进集体	2003
67	引滦工管处	市政府	引滦入津 20 周年保护饮用水安全先进集体	2003
68	振津集团第八分公司	市总工会	天津市"十五"立功先进集体	2003

序号	先进集体	颁奖单位	荣誉称号	获奖年度
69	设计院海干综合开发堤岸改造工程设计组	市总工会	天津市"十五"立功先进集体	2003
70	尔王庄处滨海新区供水泵站管理所	市总工会	天津市"十五"立功先进集体	2003
71	排管处排水二所天塔站	市总工会	天津市"十五"立功先进集体	2003
72	水利公司第四分公司	市总工会	天津市工会工作先进集体	2003
73	局工会	市总工会	天津市群体活动先进单位	2002
74	局工会	市总工会	天津市群体活动先进单位	2003
75	振津集团第八分公司	市总工会	天津市安全生产先进班组	2003
76	水利公司第八分公司	市总工会	天津市安全生产先进班组	2003
77	河闸总所	市总工会 市体育局	天津市职工体育工作先进基层单位	2003
78	局办公室	市政府	天津市政府系统先进办公室	2004
79	振津集团	市政府	天津市优秀企业	2004
80	水利公司第四分公司	市总工会	天津市"十五"立功先进集体	2004
81	设计院南水北调中线一期工程天津干线项目组	市总工会	天津市"十五"立功先进集体	2004
82	局工会	市总工会	天津市群体活动先进单位	2004
83	尔王庄处滨海新区泵站所	市总工会	天津市安全标兵班组	2004
84	尔王庄处滨海新区泵站所	市总工会	天津市职工素质工程学习型班组	2004
85	局工会	市总工会	天津市区县农林系统工作先进集体	2004
86	振津集团	市安委会	天津市安康杯竞赛先进企业	2004
87	排管处排水二所天塔站	市总工会	天津市"五一"劳动奖状	2005
88	水利公司	市总工会	天津市"十五"立功先进单位	2005
89	局机关宣传中心	市总工会	天津市"十五"立功先进集体	2005
90	排管处机修所泵站高压电气试验组	市总工会	天津市"十五"立功先进集体	2005
91	局工会	市总工会	天津市群体活动先进单位	2005
92	局工会	市总工会	天津市工会工作先进集体	2005
93	入港处工会	市总工会	天津市工会工作先进集体	2005
94	排管处机修所泵站高压电气试验组	市总工会	天津市"学习型班组"先进集体	2005
95	水利公司第四分公司	市总工会	天津市百佳班组	2005
96	局工会	市体育局	天津市群众体育先进单位	2005
97	水利公司	市厂务公开民主管理工作领导小组	"厂务公开、民主管理"工作先进单位	2005
98	引滦治安分局	市政府	天津市"十五"期间防汛抗旱工作先进集体	2006

续表

序号	先进集体	颁奖单位	荣誉称号	获奖年度
99	市水利局	市政府	天津市"十五"期间防汛抗旱工作先进集体	2006
100	水调处	市政府	天津市"十五"期间防汛抗旱工作先进集体	2006
101	农水处	市政府	天津市"十五"期间防汛抗旱工作先进集体	2006
102	信息中心	市政府	天津市"十五"期间防汛抗旱工作先进集体	2006
103	水文水资源中心	市政府	天津市"十五"期间防汛抗旱工作先进集体	2006
104	河闸总所	市政府	天津市"十五"期间防汛抗旱工作先进集体	2006
105	基建处	市政府	天津市"十五"期间防汛抗旱工作先进集体	2006
106	水科所	市政府	天津市"十五"期间防汛抗旱工作先进集体	2006
107	设计院	市政府	天津市"十五"期间防汛抗旱工作先进集体	2006
108	水利公司	市政府	天津市"十五"期间防汛抗旱工作先进集体	2006
109	振津集团第八分公司	市政府	天津市"十五"期间防汛抗旱工作先进集体	2006
110	引滦工程处水管科	市政府	天津市"十五"期间防汛抗旱工作先进集体	2006
111	于桥处水管科	市政府	天津市"十五"期间防汛抗旱工作先进集体	2006
112	北大港处	市政府	天津市"十五"期间防汛抗旱工作先进集体	2006
113	排管处	市政府	天津市"十五"期间防汛抗旱工作先进集体	2006
114	排管处第一排水管理所	市政府	天津市"十五"期间防汛抗旱工作先进集体	2006
115	排管处第三排水管理所	市政府	天津市"十五"期间防汛抗旱工作先进集体	2006
116	排管处机电安装维修所	市政府	天津市"十五"期间防汛抗旱工作先进集体	2006
117	水调处	市政府	天津市创建国家环境保护模范城市先进单位	2006
118	节水中心法规宣传科	市总工会	天津市"五一"劳动奖状	2006
119	于桥处信息工程管理科	市总工会	天津市"五一"劳动奖状	2006
120	排管处机修所泵站高压电气试验组	市总工会	天津市"五一"劳动奖状	2006
121	排管处九河设计公司	市总工会	天津市"五一"劳动奖状	2006
122	局工会	市总工会	天津市群体活动先进单位	2006

序号	先进集体	颁奖单位	荣誉称号	获奖年度
123	局工会	市总工会等	天津市"文艺展赛"优秀组织单位	2006
124	水科所	市妇联	妇女节健身活动先进单位	2006
125	引滦工管处	天津市爱国卫生运动委员会	市级卫生先进单位	2006
126	水利公司	市厂务公开民主管理工作领导小组	市厂务公开民主管理工作先进单位	2006
127	水政监察总队第七支队（海河管理处支队）	市总工会	天津市"五一"劳动奖状	2007
128	排管处排水一所小白楼站	市总工会	天津市"五一"劳动奖状	2007
129	振津集团	市总工会	天津市"五一"劳动奖状	2007
130	排管处	市总工会	天津市"五一"劳动奖状	2007
131	设计院工会	市总工会	天津市工会工作先进集体	2007
132	入港处工会机关分会	市总工会	天津市工会工作先进集体	2007
133	排管处工会	市总工会	天津市工会工作先进集体	2007
134	入港处工会	市总工会	天津市工会工作先进集体	2007
135	设计院工会	市总工会	天津市工会工作先进集体	2007
136	排管处	市总工会	天津市节能减排活动先进集体	2007
137	排管处排水工程公司	市总工会	天津市节能减排活动先进集体	2007
138	水利公司	市总工会	市职工素质工程目标管理星级单位	2007
139	排管处排水一所小白楼站	市总工会	天津市素质工程学习型标兵班组	2007
140	排管处退休职工管理所	市总工会、市退管会、市劳动社会保障局、市财政局	天津市退休职工管理服务工作先进集体	2007
141	水文水资源中心水政收费服务大厅	市质量管理协会、市总工会、市团委、市妇联	天津市用户满意服务明星班组	2007
142	建交中心业务科	市质量管理协会、市总工会、市团委、市妇联	天津市用户满意服务明星班组	2007
143	节水中心计划科	市质量管理协会、市总工会、市团委、市妇联	天津市用户满意服务明星班组	2007
144	行政许可中心水利局窗口	市质量管理协会、市总工会、市团委、市妇联	天津市用户满意服务明星班组	2007
145	尔王庄处泵站所暗渠泵站	市总工会、市安全生产监督管理局	天津市安康杯竞赛优胜班组	2007
146	振津集团	市总工会、市安全生产监督管理局	天津市安康杯竞赛优胜企业	2007
147	水利公司	市劳动保障局、市总工会、国资委	天津市A级劳动关系和谐企业	2007
148	振津集团	市劳动保障局、市总工会、国资委	天津市A级劳动关系和谐企业	2007
149	局办公室	市信访办	天津市信访系统先进集体	2007

序号	先进集体	颁奖单位	荣誉称号	获奖年度
150	北大港处党委	市委农工委	2006—2007 年度农村系统"强基创先"活动红旗党组织	2007
151	尔王庄处	市政府办公厅	天津市 2007—2008 年度人口和计划生育工作先进集体	2008
152	市水务局	市政府	天津市依法行政优秀单位	2008
153	排管处	市总工会	天津市"五一"劳动奖状	2008
154	尔王庄处	市总工会	天津市"五一"劳动奖状	2008
155	基建处永定新河治理一期工程建管部	市总工会	天津市"五一"劳动奖状	2008
156	排管处机修所泵站高压电气试验组	市总工会	天津市"五一"劳动奖状	2008
157	人事处	市人事局	天津市人事系统先进集体	2008
158	引滦工管处	天津市爱国卫生运动委员会	2008 年度天津市卫生先进单位	2008
159	大清河处南运河输水线保水护水巡查队	市防洪抗旱指挥部	引黄济津应急调水工作先进集体	2009
160	排管处	市总工会	天津市"五一"劳动奖状	2009
161	潮白河处	市总工会	天津市"五一"劳动奖状	2009
162	南水北调干线建管部（基建处）	市总工会	天津市"五一"劳动奖状	2009
163	市水利局	天津市地方志编修委员会	《天津通志》编修工作先进集体	2009
164	引滦工管处	市政府办公厅	天津市 2007—2010 年度绿化工作先进单位	2010
165	北三河处	市政府办公厅	天津市 2007—2010 年度绿化工作先进单位	2010
166	水调处	市防洪抗旱指挥部	引黄济津应急调水工作先进集体	2010
167	排管处排水七所北仓班	市总工会	天津市"五一"劳动奖状	2009
168	尔王庄处工会	市总工会	天津市工会工作先进集体	2009
169	水文水资源中心工会	市总工会	天津市工会工作先进集体	2009
170	排管处工会	市总工会	天津市工会工作先进集体	2009
171	尔王庄处泵站所	市委、市政府	天津市模范集体	2010
172	建管中心南水北调干线建管部	市总工会	天津市"五一"劳动奖状	2010
173	设计院	市人社局	天津市企业人力资源管理工作先进单位	2010
174	引滦工管处	市政府办公厅	天津市 2007—2010 年度绿化工作先进集体	2010
175	北三河处	市政府办公厅	天津市 2007—2010 年度绿化工作先进集体	2010
176	引滦工管处	天津市爱国卫生运动委员会	2010 年度天津市卫生先进单位	2010

第二节　党代表、人大代表、政协委员名录

一、中国共产党代表大会代表

1991—2010 年天津市水利（水务）局历次当选为中共天津市代表大会代表人员名录见表 13 - 2 - 2 - 201。

表 13 - 2 - 2 - 201　**1991—2010 年历次中共天津市代表大会代表人员名录**

届　序	会议时间	姓名	工作单位	职务	备　注
中共天津市第六次代表大会	1993 年 5 月	张志森	天津市水利局	党委书记	
中共天津市第七次代表大会	1998 年 4 月	王耀宗	天津市水利局	党委书记	
中共天津市第八次代表大会	2002 年 4 月	刘振邦	天津市水利局	党委书记	
中共天津市第九次代表大会	2007 年 5 月	刘振邦	天津市水利局	党委书记	
	2007 年 5 月	李惠英	天津市水利勘测设计院	副院长	

二、人民代表大会代表

1991—2010 年天津市水利（水务）局历届当选全国人民代表大会代表人员名录见表 13 - 2 - 2 - 202。历届当选天津市人民代表大会代表人员名录见表 13 - 2 - 2 - 203。

表 13 - 2 - 2 - 202　**1991—2010 年历届全国人民代表大会代表人员名录**

届　序	起止时间	姓名	工作单位	职务	备　注
第十届全国人民代表大会	2003 年 3 月至 2008 年 3 月	曹大正	天津市水利科学研究所	所长	
第十一届全国人民代表大会	2008 年 3 月至 2013 年 3 月	曹大正	天津市水利科学研究所	院长	2008 年 12 月水科所更名为水科院

表 13 - 2 - 2 - 203　**1991—2010 年历届天津市人民代表大会代表人员名录**

届　序	起止时间	姓名	工作单位	职务	备　注
天津市第十二届人民代表大会	1993 年 6 月至 1998 年 5 月	张志森	天津市水利局	党委书记	1986 年至 1995 年 3 月任局党委书记
天津市第十三届人民代表大会	1998 年 5 月至 2003 年 1 月	刘振邦	天津市水利局	局长	
天津市第十四届人民代表大会	2003 年 1 月至 2008 年 1 月	刘振邦	天津市水利局	党委书记	
		郑洪君	天津市水利工程公司	董事长	

届　序	起止时间	姓名	工作单位	职务	备　注
天津市第十五届 人民代表大会	2008 年 1 月至 2013 年 1 月	刘振邦	天津市水务局	党委 书记	2001 年 12 月至 2009 年 5 月任局党委书记
		郑洪君	天津市水利工程公司	董事长	
		马吉利	天津市排水管理处 排水三所	所长	

三、天津市政协委员

1991—2010 年天津市水利（水务）局经提名、协商、审议通过的历届政协天津市委员会委员人员名录见表 13 - 2 - 2 - 204。

表 13 - 2 - 2 - 204　**1991—2010 年历届政协天津市委员会委员人员名录**

届　序	起止时间	姓名	工作单位	职务	备　注
政协天津市 第十届委员会	1998 年 5 月至 2003 年 1 月	王耀宗	天津市水利局	党委书记	
		孙业勤	天津市水利局	副总工程师	
		刘维钧	天津市水利局政研室	副调研员	
		曹大正	天津市水利科学研究所	所长	常委
政协天津市 第十一届委员会	2003 年 1 月至 2008 年 1 月	练达仁	天津市水利局	总工程师	
		周潮洪	天津市水利科学研究所	副所长	
政协天津市 第十二届委员会	2008 年 1 月至 2013 年 1 月	周潮洪	天津市水利科学研究所	总工程师	

附　录

附录一　治　水　遗　迹

一、南塘遗址

南塘遗址在天津市滨海新区大港小王庄镇北大港水库内刘岗庄东北侧约3000米高台上，遗址呈椭圆形，面积为14000平方米，高出周围地面约1.5米，高台由西南向东北倾斜。高台上有石碑1通（碑高2.4米、宽0.9米、厚0.27米），已倒，碑阳文字漫漶不清，仅可识读"大定□年壬字"等字，碑阴有纹饰，碑边缘有纹饰和残缺不全的文字。碑旁有莲花形石碑座1个（莲花座长1.14米、宽0.75米、高0.5米），石座上雕有莲花、麒麟和双兽浮雕。碑四周散布有大量汉、唐、宋、金、元、明等时期碎瓦片、碎瓷残片。遗址正南35米处另有一不规则高台，高约0.5米。

按照历史价值、艺术价值和科学价值，经专家论证筛选，天津市政府于2013年1月批准确定南塘遗址为第四批天津市文物保护单位。该遗址的发现填补了天津市南部无唐代历史记载的空白。

二、青池遗址

青池遗址在天津市蓟县五百户镇青池一村马头山，为新石器时代、商、西周。古遗址面积为6300平方米，文化层厚度1～2.4米，遗址现在部分文化层被淹，当于桥水库的水位下降时，遗址可见范围较以前增大。青池遗址出土遗物以新石器时代为主，石器有磨盘、磨棒、斧、锛、砍砸器和少量细石器；陶器有夹砂红褐陶之字纹筒腹罐、盆、豆、圈足碗、褐陶鸟首状支脚形器和夹蚌壳素面红陶盆。商代遗物有夹砂褐陶绳纹鬲和钵。西周时期遗物有夹砂灰陶绳纹叠唇平足鬲和罐等。

青池遗址是研究燕地区新石器至商周时期古文化遗存的重要资料。它的发掘填补了天津市新石器时代人类文化活动的空白，遗址出土的大量石器、骨器、陶器、角器等，为研究古代人类的生产和生活习性提供了有力的佐证。按照历史价值、艺术价值和科学价值，经专家论证筛选，天津市政府于2013年1月批准确定青池遗址为第四批天津市文物保护单位。

附录二 水利风景区

一、北运河水利风景区

北运河水利风景区是 2001 年 9 月 28 日北运河防洪综合治理工程竣工后所形成的集河道输水、泄洪，两岸生态环境改善、环保、绿化、美化、交通、游人休闲、旅游、娱乐、节水教育等功能为一体的具有水利特色的风景区。该工程实现了工程水利、资源水利、环境水利的有机结合，开创了水利工程由单一功能向综合功能发展的先河。

北运河是天津市的防洪河道，工程治理前主河槽宽只剩下 50～80 米，过流能力由原设计的 400 立方米每秒下降到不足 50 立方米每秒。2000 年，天津市委、市政府决定对北运河进行综合治理，防洪综合治理工程于 2000 年 12 月 20 日开工，总投资 4.7 亿元，治理范围从屈家店闸至子牙河、北运河汇流口，河道全长 15.017 千米，新建橡胶坝 1 座、桥梁 3 座、码头 12 个，沿河新增绿地 90 万平方米，河道水面和绿化总面积达 210 万平方米，新修道路 20 余千米，两岸堤距拓宽至 120 米，河道过流恢复至 400 立方米每秒。两岸新建了带状公园，全线铺设近 70 万平方米的草地，栽植 10 万余株的云杉、桧杉、刺柏、丝兰等常绿植物和紫薇、木槿、美人梅等花冠乔木，以及山桃、石榴、柿树等果树，形成运河两岸绿化美化带，成为一条绿色通道。沿河新建滦水园、御河园、北洋园、娱乐园匀称地分布于运河两岸。

御河园位于北运河左岸马庄，占地 3.3 万平方米，由浮龙顺水、风帆、浮雕景墙、诗词之路、传说之路、古锚、仿古码头等 7 个景观组成，展示运河的漕运文化。娱乐园位于北运河右岸王庄，占地 17 万平方米，由希望、运河之子、音乐驳岸、趣味铺装、装饰柱 5 个景观组成。滦水园位于北运河左岸南仓，占地 6.88 万平方米，成北运河风景区最大的园林景观，由引滦入津微缩景观、城市聚景、繁花似锦、花坛、"跨越"雕塑和金光大道 6 个景观构成，寓意天津依水而立、因水而兴。北洋园位于北运河右岸河北工业大学旁，占地 3 万平方米，由飞彩凝辉、斜阳忆旧、名人墙、北洋大学旧址、开辟鸿蒙、鸿鹜逐浪、西学走廊、桃溪柳荫、古炮、扇形广场等 10 个景观组成。

经过综合治理的北运河，河水清澈，堤岸翠绿，泄洪畅通，环境幽雅，被建设部评为 2002 年度"中国人居环境范例奖"，2003 年 10 月 8 日被水利部评为第三批"国家水利风景区"。

二、东丽湖水利风景区

东丽湖水利风景区是以水上活动、温泉疗养、度假为主，兼有娱乐、购物、美食等多功能的水利风景区，位于天津市东丽区东丽湖，东邻津汉公路，南旁北环铁路，西临新地河，北距金钟河 1.5 千米。东丽湖原名新地河水库，1977 年兴建，1978 年完工，占地面积 863.6 公顷，水面面积 726.7 公顷，总库容为 2200 万立方米。

东丽湖是天津市湿地保护区之一，大面积草滩湿地构成了良好的生物体系，保持了生物的多样性。鸟类几十种十几万只，其中白天鹅、黑嘴鸥、白额雁、秃鹫、白尾鹞、小鸥、猫头鹰等是国家重点保护鸟类。东丽湖地热资源十分丰富，井深 1842 米，地热水温 97 摄氏度，井深 2327 米地热温度达 100 摄氏度的温泉井，水中含有偏硅酸、锂、锶等多种微量元素。宾馆供热、特种水产养殖及康体理疗均依靠地热提供。区域内设有室内外温泉游泳池、沙滩游泳场、按摩池、水滑梯、豪华游艇、快艇、摩托艇等游乐设施 20 余公顷。建有四星级宾馆 1 座、三星级宾馆 1 座，总面积 3.3 万平方米，设有高中档客房、大中小型会议室和桑拿浴、保龄球、棋牌室等娱乐设施。2002 年 8 月首届世界大学生滑水比赛和 2005 年第 29 届世界滑水锦标赛均在东丽湖举行。

东丽湖空气清新，环境优美，NO_2、TSP、SO_2 三项指标均低于市区及周边乡镇地区，基本没有噪声污染，1999 年被天津市北方调查策划事务所授予"天津市喜爱的消费场所"称号，2000 年被天津市政府确定为滨海新区旅游度假区域，2003 年 10 月 8 日被水利部评为第三批"国家水利风景区"，2009 年在全国浅层地热能和地热资源管理工作会上，被命名为"中国温泉之乡"。

附录三　天津市水利（水务）局处级领导名录

总工程师室（2001 年 8 月撤销总工室，只设总工程师、副总工程师）

总 工 程 师：	练达仁	2001.8—2008.5
	杨玉刚	2010.4—
副总工程师：	王冲晓	1984.1—1992.8
	赵广德	1985.1—1995.1
	王永涛	1985.4—1992.9
	张荣栋	1991.6—1997.7
	练达仁	1992.10—2001.8
	章叔岑	1992.10—1997.7
	周年生	1994.6—2001.9
	谭仲平	1995.1—2000.10
	施庆埔	1996.9—1999.12
	孙业勤	1998.3—2001.9
	张凤泽	2000.4—2001.8
	于子明	2007.12—
	杨玉刚	2008.5—2010.4
	闫学军	2008.5—
	钟水清	2009.1—
	周潮洪	2010.4—
	赵考生	2010.8—
	杨宪云	2010.8—
副调研员：	周鸿翔	1993.9—1997.11

办公室（2010 年 5 月局党委办公室并入）

主 任：	单学仪	1989.1—1991.3
	施庆埔	1991.3—1996.9
	张志颇	1996.9—2004.7
	李文运	2004.7—2008.9
	张贤瑞	2008.9—
副 主 任：	李秉敦	1983.11—1991.8
	李思恭	1987.6—1992.10
	练达仁	1990.8—1992.10
	李 伟	1992.10—1995.7
	景 悦	1994.12—1996.11
	刘国安	1995.11—1998.3
	马树军	1990.8—1996.5
	时春贵	1996.11—1999.8
	张绍庆	1997.3—1997.9
	张炳臻	1999.8—2005.4
		（正处级）—2009.2
	张胜利	1998.3—1999.8
	李文运	2001.3—2004.7
	刘长让	2001.8—2004.2
	董树龙	2005.11—2008.5
	王永强	2007.6—
	孟祥和	2009.1—
	李 悦	2009.1—
	王洪府	2010.4（正处级）—
调 研 员：	刘长让	2004.2—2004.4
副调研员：	王金凤	1995.11—1996.10
	张炳臻	1996.11—1999.8
	刘维钧	1997.7—1997.9
	宋玉萍	2002.11—2005.11
	董树龙	2004.3—2005.11

穆怀明 2007.6—
许津茹 2008.9—
张建华 2008.9—
贺金玲 2008.9—
徐　相 2010.4—
李宝军 2010.4—

政研室

主　　任：张志颇 1996.9（兼）—1998.3
张绍庆 1999.1—2003.4
李相德 2003.4—2004.2
金　锐 2004.2—
副 主 任：张绍庆 1997.9—1999.1
丛　英 2010.5—
副调研员：刘维钧 1997.9—2000.2
丛　英 2002.11—2010.5
辛长爽 2010.11—

水政处

处　　长：李占才 1995.9—1999.8
时春贵 1999.8—2009.10
严　宇 2010.4—
副 处 长：李占才 1989.12—1995.9
李相德 1995.9—1996.11
运起胜 1996.11—2010.5
调 研 员：程文焕 1988.11—1992.4
王中明 1997.12—1999.12
李占才 1999.8—2000.11
副调研员：王中明 1991.3—1997.12
李思恭 1992.10—1996.2
高培田 1995.3—1996.1
李荣印 2002.11—2003.8
刘　威 2009.11—

规划处

处　　长：章叔岑 1983.10—1993.3
张凤泽 1993.8—2000.4
朱芳清 2001.8—2003.4
杨玉刚 2003.4—2010.4
杨建图 2010.4—
副 处 长：张凤泽 1990.8—1993.8
孙业勤 1983.10—1994.11
朱芳清 1994.11—1996.11
邢　华 1996.11—2001.8
杜铁锁 2001.8—2004.7
隋　涛 2004.6—
调 研 员：孙业勤 1994.11—1996.11
张凤泽 2001.8—2004.3
李胜军 2002.8—2010.8
阎　达 2008.9—2010.5
副调研员：刘开旭 1994.11—1996.1
艾　冲 2002.9—2002.11
阎　达 2001.11—2008.9

水资源处

处　　长：田平分 1996.11—2001.9
李相德 2001.8—2003.4
杨建图 2003.4—2004.7
闫学军 2004.7—
副 处 长：杨建图 1996.11—2003.4
魏素清 2004.10—2010.4
董国凤 2004.2—2010.4
何云雅 2010.11—
调 研 员：孙业勤 1996.11—1998.3
副调研员：郑裕君 1998.3—2004.3
杨应健 2002.11—2010.4
徐　相 2003.4—2010.4
张　艳 2007.6—

工管处（2008年9月成立移民处，与工管处合署办公）

处　　长：田平分 1994.6—1996.11
朱芳清 1996.11—1998.3
朱志强 1998.3—2001.8
邢　华 2001.8—2008.9
梁宝双 2008.9—
副 处 长：米春年 1990.2—1994.6
田平分 1990.2—1994.6
邢　华 1994.10—1996.11
杨宝庆 1995.3—1996.7
高洪芬 1996.11—2010.5
杜铁锁 1999.6—2001.8
肖承华 2008.9—
郭宝顺 2010.4—
副调研员：魏文国 1998.3—2001.9
孔昭沛 2002.11—
康燕玲 2010.11—

科技处

处　　长：顾有弟 1991.6—1995.6
练达仁 1995.7—1996.11
姚慧兰 1999.1—2008.1
佟祥明 2007.12—
副 处 长：常燕蓉 1983.10—1992.8
王述天 1991.11—1997.12
姚慧兰 1996.5—1999.1
张金鹏 2001.8—2003.4
聂荣智 2003.4—
刘承斌 2010.5—
调 研 员：王述天 1997.12—1998.4
聂荣智 2010.4—
副调研员：刘承斌 2002.11—2010.5
杨　军 2010.11—

计划处

处　　长：申元勋 1986.8—1996.1
梁宝双 1997.7—2006.12
赵国强 2006.12—2008.5

孙　津　2008.5—

副　处　长：梁宝双　1994.11—1997.7

　　　　　　孙　津　1996.11—2004.7

　　　　　　朱士权　2004.5—2009.1

　　　　　　李建芹　2006.12—

　　　　　　李　煦　2010.5—

调　研　员：何桂琴　2008.9—2010.5

副调研员：梁若英　1992.10—2001.1

　　　　　　何桂琴　1998.3—2008.9

财务处

处　　　长：申春阳　1983.10—1992.4

　　　　　　孙家慧　1992.4—1997.7

　　　　　　刘逸荣　2001.8—2003.4

　　　　　　张志生　2004.5—2004.7

　　　　　　蔡淑芬　2006.9—

副　处　长：孙家慧　1983.10—1992.4

　　　　　　赵　杰　1991.12—1994.1

　　　　　　王文彬　1995.3—1999.5

　　　　　　王桂生　1996.11—1999.5

　　　　　　滕　健　1997.7—1999.5

　　　　　　刘逸荣　1999.5—2001.8

　　　　　　戴永安　1999.5—2007.6

　　　　　　张志生　2003.4—2004.5

　　　　　　蔡淑芬　2004.2—2006.9

　　　　　　唐卫永　2004.7—2008.9

　　　　　　赵金会　2007.6—

　　　　　　陈　菁　2010.5—

副调研员：王文藻　1987.6—1995.1

　　　　　　刘德珍　1995.3—1998.6

　　　　　　蔡淑芬　2002.11—2004.2

　　　　　　戴永安　2007.6—2009.4

审计处

处　　　长：孙家慧　1997.7—2001.1

　　　　　　张卫华　2001.8—2008.9

　　　　　　唐卫永　2008.9—

副　处　长：刘维钧　1991.3—1997.7

　　　　　　张卫华　1996.11—2001.8

　　　　　　刘惠芝　2004.6—

调　研　员：王继尧　1992.4—1993.3

　　　　　　王桂生　2006.8—2006.10

副调研员：王桂生　2001.8—2006.8

人事处

处　　　长：滕学益　1983.10—1992.10

　　　　　　谷英涛　1996.11—2001.9

　　　　　　阎孝荣　2001.8—

副　处　长：谷英涛　1987.6—1996.11

　　　　　　阎孝荣　1993.3—2001.8

　　　　　　韦振宇　2001.8—

　　　　　　谢永才　2010.5—

调　研　员：张乐仪　2004.5—2004.6

　　　　　　韦振宇　2010.4—

副调研员：严宝树　1996.11—2001.9

　　　　　　张乐仪　1998.3—2004.5

　　　　　　李莉玲　1998.3—2001.9

　　　　　　谢永才　2001.11—2010.5

　　　　　　解小林　2004.6—

水保处

处　　　长：魏素清　2010.4—

副　处　长：顾世刚　2010.5—

　　　　　　方天纵　2010.5—

副调研员：杨应健　2010.4—

许可处

处　　　长：运起胜　2010.4—

安监处

处　　　长：高洪芬　2010.4—

副　处　长：刘昌宁　2010.5—

保卫处（引滦工程公安处）（2010年6月不再保留）

副　书　记：李康捷　2010.5—

处　　　长：胡学俊　1994.11—

副　处　长：姜春发　1986.4—1993.3

　　　　　　胡学俊　1993.3—1994.11

　　　　　　韩星友　1994.11—1999.1

副调研员：姜春发　1993.3—1994.11

　　　　　　黄　奎　1996.11—1999.10

经营处（2001年8月撤销）

处　　　长：王化歧　1991.4—1995.5

　　　　　　范义忠　1995.11—2001.9

副　处　长：韩福来　1989.2—1992.10

　　　　　　范义忠　1993.1—1995.11

　　　　　　王安民　1995.11—2001.8

　　　　　　王桂生　1999.5—2001.8

调　研　员：韩福来　1992.10—1992.11

　　　　　　王化歧　1997.7—1999.5

副调研员：武宇澄　1993.3—1997.8

　　　　　　黄月光　1996.11—2001.9

　　　　　　张东山　1997.12—2000.6

行政处（2001年8月改为机关服务中心）

处　　　长：王天生　1991.6—1995.4

　　　　　　郝　杰　1997.7—2002.3

副　处　长：王天生　1990.8—1991.6

　　　　　　邢清河　1994.12—1999.6

　　　　　　韩富强　1995.11—2001.9

　　　　　　郝　杰　1996.11—1997.7

　　　　　　尚鸿镖　1990.11—1996.11

　　　　　　张志生　1999.6—2002.3

调　研　员：邢清河　1999.6—2001.9

副调研员：叶春发　1991.4—1998.8

　　　　　　寇绍普　1991.12—1994.6

　　　　　　曲春香　1991.12—1992.1

　　　　　　胡成林　1993.3—1996.1

张本盛　1996.11—2001.9
魏润英　1998.3—2001.9

机关服务中心

书　　　记：张志生　2007.6—
副 书 记：尹英宏　2010.8—
主　　　任：郝　杰　2002.3—2004.7
　　　　　　张志生　2004.7—2007.6
　　　　　　尹英宏　2007.6—
副 主 任：张志生　2002.3—2003.4
　　　　　　王安民　2002.3—2004.5
　　　　　　滕金贵　2003.4—2004.5
　　　　　　宋静茹　2003.4—2006.12
　　　　　　尹英宏　2004.10—2007.6
　　　　　　陈　菁　2007.6—2010.5
　　　　　　李　鹏　2007.6—
调 研 员：孙占元　2004.6—2005.9
副调研员：闫会荣　2004.5—2009.7
　　　　　　韩建国　2004.5—
　　　　　　端献社　2010.12—

党委办公室（2010 年并入办公室）

主　　　任：侯忠润　1983.10—1995.7
　　　　　　李　伟　1995.7—1998.12
　　　　　　朱铁岭　1999.1—2003.4
　　　　　　张绍庆　2003.4—2008.5
　　　　　　刘士阳　2008.5—2010.4
副 主 任：陈巧林　1996.1—1997.4
　　　　　　朱铁岭　1997.5—1999.1
　　　　　　刘德胜　2002.3—2004.6
　　　　　　王洪府　2009.1—2010.4
调 研 员：董忠树　1993.9—1996.1
副调研员：邢朝文　1988.12—1991.3
　　　　　　陈丽珠　1995.11—1997.9
　　　　　　刘土岭　1998.3—2001.9
　　　　　　李宝军　2007.6—2010.4

组织部（2010 年 6 月改为组织处）

部　　　长：戴峙东　1990.11—1996.8
　　　　　　侯广恩　1996.8—2003.4
　　　　　　景　悦　2003.4—2006.12
　　　　　　刘广洲　2006.12—
副 部 长：戴峙东　1985.12—1990.11
　　　　　　杨槐忠　1986.1—1993.3
　　　　　　孙明忠　1993.3—1996.11
　　　　　　朱铁岭　1995.11—1997.5
　　　　　　李向东　2001.5—2005.4
　　　　　　刘华君　2002.3—2003.4
　　　　　　（正处级）—2007.6
　　　　　　刘士阳　2005.4—2008.5
　　　　　　王太忠　2008.9—
　　　　　　于健丽　2010.5—
调 研 员：杨槐忠　1993.3—1995.1

副调研员：李治法　1983.11—1993.5
　　　　　　胡学俊　1992.10—1993.3
　　　　　　孙占元　1996.11—1999.1
　　　　　　刘德胜　1999.11—2002.3

宣传部（2001 年 8 月撤销）

部　　　长：刘长让　1990.12—2001.8
　　　　　　隆永法　1999.12—2001.8
副 部 长：王津建　1990.11—1992.10
　　　　　　陈巧林　1994.9—1996.1
　　　　　　崔广真　1984.5—1995.11
　　　　　　时春贵　1995.11—1996.11
　　　　　　高培田　1996.1—1999.12
　　　　　　邢耀华　1999.1—2001.9
　　　　　　苑克兰　2000.5—2001.8
副调研员：张熙明　1991.4—1995.1
　　　　　　刘土岭　1992.10—1998.3
　　　　　　崔广真　1995.11—1998.5

老干部处

处　　　长：何振林　1989.12—1992.10
　　　　　　常玉兰　1996.11—2001.8
　　　　　　李福强　2002.12—2008.1
　　　　　　于健丽　2007.12—
副 处 长：常玉兰　1987.6—1996.11
　　　　　　闫顺江　1992.10—2001.9
　　　　　　李福强　1996.11—2002.12
　　　　　　李玉凤　2006.12—
调 研 员：何振林　1995.11—1996.5
　　　　　　常玉兰　2001.8—2006.10
副调研员：何振林　1995.4—1995.11
　　　　　　王丽梅　2010.11—

纪委、监察室（2010 年 5 月改称市纪委驻局纪检组、市监察局驻局监察室，原纪委副书记改为驻局纪检组副组长，监察室主任、副主任改称为驻局监察室主任、副主任）

纪委

副 书 记：杨树银　1986.8—1993.3
　　　　　　刘同章　1994.12—1998.12
　　　　　　曹贵良　1999.8—2004.12
　　　　　　侯广恩　2005.9—2010.5
副 组 长：樊建军　2010.7—

监察室

主　　　任：杨树银　1988.9—1992.10
　　　　　　刘同章　1992.9—1998.8
　　　　　　曹贵良　1998.8—2003.4
　　　　　　侯广恩　2003.4—2010.5
　　　　　　樊建军　2010.7—
副 主 任：刘同章　1988.9—1992.9
　　　　　　曹贵良　1996.11—1998.8
　　　　　　苑克兰　1997.7—1999.1

陈 维 2001.8—2003.4
李向东 2005.4（正处级）—
2010.4
樊建军 2005.4—2010.7
刘学红 2010.7—
副监察员：曹贵良 1992.10—1996.11
姜春发 1994.11—2001.9
王义山 1996.11—1997.9
陈 维 1999.8—2001.8
刘学红 2009.11—2010.7

工会
主 席：赵翰华 1997.8—
副 主 席：王树义 1983.11—1992.12
高凤琴 1992.12—1997.8
调 研 员：董忠树 2000.4—2001.9
副调研员：苑克兰 2001.8—2002.12
蔡春凤 2003.4—2007.6

团委
书 记：于健丽 1997.7（副处级）—
2005.4（正处级）—
2006.12
副 书 记：王津建 1990.11（副处级）—
1992.10
高孟川 1992.10（科级）—
1995.5
于健丽 1995.5（科级）—
1997.7
孙 轶 2010.5（科级）—

机关党委
书 记：侯忠润 1983.10—1995.10
邢朝文 1995.11—1995.12
董忠树 1996.1—2000.4
陆铁宝 2000.4（兼）—
2003.9
李锦绣 2003.9—2006.11
王志合 2006.11—
副 书 记：张熙明 1983.10—1991.3
邢朝文 1991.3—1995.11
何玉星 2000.4—2002.9
孙明忠 2002.10—2010.5
王洪府 2010.4—
赵翰华 2010.4—

水利志编办室
负 责 人：王金榜 1986.12（正处级）—
1991.4
金 荫 1991.4（副处级）—
1993.8（正处级）—
1999.2

调水办（2004年6月为局级单位，之前为水利局下属单位）

局调水办
主 任：杜铁锁 2003.4（正处级）—
2004.7
总 工 程 师：赵考生 2004.7—

综合处
处 长：周 军 2004.7—2006.12
于健丽 2006.12—2007.12
闫志新 2008.2—2008.9
董树龙 2008.9—
副 处 长：杨 忠 2006.12—2010.5
董树龙 2008.5—2008.9
陈 维 2008.9（正处级）—
石敬皓 2009.11（正处级）—
调 研 员：闫志新 2008.9—2009.2
副调研员：陈绍强 2007.6—

规设处
处 长：杜铁锁 2004.7—

计财处
处 长：孙 津 2004.7—2008.9
张卫华 2008.9—
副 处 长：徐宝山 2004.7—
副调研员：许光禄 2010.11—

建管处
处 长：马树军 2004.7—
副 处 长：靳文泽 2006.12—
高怀英 2006.12—2010.4
（正处级）—

移民处
处 长：闫志新 2004.7—2008.2

党校
常务副校长：刘广洲 2008.12—
副 校 长：张宝昆 1992.8—2001.1
魏 宏 2006.12—2010.5
王志高 2009.1—
刘学军 2009.1—
车玉华 2010.5—
副调研员：魏 宏 2010.5—

隧洞处
书 记：全国珍 1983.4—1993.5
李景泰 1993.5—1997.8
么炳恩 1997.8—2004.5
朱永庚 2004.5—2004.7
李 烽 2004.7—2008.5
全继群 2008.5—
副 书 记：李 烽 1996.11—2002.3
骆学军 2010.8—
处 长：剧开云 1993.5—1997.8
么炳恩 1997.8—2002.3

朱永庚　2002.3—2004.7

王志高　2004.7—2006.12

阚兴起　2006.12—2008.9

骆学军　2008.9—

副　处　长：徐作文　1990.11—1999.8

李景泰　1990.11—1993.5

朱永庚　1996.11—2002.3

李　烽　2002.3—2004.7

全继群　2005.4—2008.5

杨宝伶　2006.12—

付国群　2006.12—

方志国　2010.10—

调　研　员：全国珍　1993.5—1995.1

李景泰　1997.8—1998.12

剧开云　1997.8—1998.1

么炳恩　2004.5—2005.11

李　烽　2008.5—2009.7

副调研员：刘呈祥　1993.1—1995.1

陈庆玉　1993.1—1997.7

徐作文　1999.8—2002.1

黎河处

书　　　记：刘印江　1994.12—1995.1

刘广洲　1996.11—2004.7

王俊华　2004.7—2010.4

唐志聪　2010.4—

副　书　记：贾佐汉　1982.5—1993.7

刘广洲　1994.12—1996.11

张　慧　1996.11—2008.9

阚兴起　2010.8—

处　　　长：刘印江　1983.12—1993.7

贾佐汉　1993.7—1994.12

刘广洲　1996.11—2004.7

王俊华　2004.7—2008.9

阚兴起　2008.9—

副　处　长：贾佐汉　1983.12—1993.7

王明珠　1989.7—1999.4

张大衡　1994.12—1999.12

阚兴起　1999.12—2006.12

骆学军　1999.12—2008.9

贾立忠　2008.9—

王玉宝　2010.4—

沈爱生　2010.4—

调　研　员：贾佐汉　1994.12—1996.1

王俊华　2010.4—

副调研员：汪志远　1993.1—1995.1

王玉田　1993.1—1996.1

引滦工管处

书　　　记：王宏江　1995.4—2000.1

王　增　2000.1—2002.3

陈振飞　2002.3—2004.7

刘广洲　2004.7—2006.12

王志高　2006.12—

副　书　记：张荣玉　1983.11—1994.7

周　军　1998.3—2000.1

王宏江　1994.7—1995.4

宋志谦　1998.8—2000.1

刘玉宝　2002.6—2006.12

张　慧　2008.9—

处　　　长：张荣玉　1987.6—1994.7

王宏江　1996.5—2000.1

周　军　1998.3—2000.1

陈振飞　2000.1—2004.7

刘广洲　2004.7—2006.12

王志高　2006.12—

副　处　长：刘广芳　1983.11—1998.3

伏文甫　1990.6—1996.11

王宏江　1994.7—1996.5

闫凤新　1994.7—1996.5

周　军　1996.11—1998.3

陈振飞　1996.11—2000.1

杜学君　1998.3—2006.12

宋志谦　2000.1—2002.6

刘尚为　2001.11—

唐克聪　2002.6—2010.4

王立义　2006.12—

刘学军　2009.1—

李继明　2010.10—

主任工程师：刘尚为　2001.11—2008.9

（正处级）—

调　研　员：伏文甫　1996.11—1999.1

刘广芳　1998.3—2001.11

王　增　2008.5—2009.10

于桥处

书　　　记：张绍宽　无档案—1995.4

王　增　1997.2—2000.1

周　军　2000.1—2002.6

邢建民　2002.6—2004.5

黄燕菊　2004.5—2010.4

周建玉　2010.4—

副　书　记：王　增　1995.4—1997.2

周长全　2007.6—

黄燕菊　2010.8—

纪委书记：刘　荣　1990.11—1995.4

金振海　1995.4—2000.1

周长全　2000.1—

处　　　长：鲁文萃　1983.11—1995.4

王　增　1997.2—2000.1

周　军　2000.1—2002.6

黄燕菊　2002.6—

副　处　长：马春生　1983.11—1996.1

	王俊华	1991.3—1997.7
	王　增	1995.4—1997.2
	黄燕菊	1996.1—2002.6
	温志国	1998.3—2000.1
	王相佐	1998.3—
	黄力强	2000.1—2001.11
	徐　勤	2001.11—2008.9
	程君敏	2002.6—
	温志国	2006.12—
	刘长军	2008.5—
主任工程师：	黄燕菊	2000.1—
调 研 员：	乔增山	1995.2—1998.9
	鲁文萃	1995.4—1996.4
	邢建民	2004.5—2004.12
副调研员：	刘　荣	1995.4—1998.2
	马春生	1996.1—1999.2
	金振海	2000.1—

潮白河处

书　　记：	郭景连	1990.3—1999.8
	王俊华	1999.8—2004.7
	于子明	2004.7—2006.12
	宋志谦	2006.12—
副 书 记：	毕乐山	1987.6—1995.12
	王志高	1996.5—1997.7
	赵立红	2010.8—
纪委书记：	毕乐山	1987.6—1995.12
	王志高	1996.5—1997.7
	周建玉	1999.8—2001.11
	王　深	2001.11—2007.6
	赵立红	2007.6—2010.11
	王永辉	2010.11—
处　　长：	郭景连	1989.7—1997.7
	王俊华	1997.7—2004.7
	于子明	2004.7—2006.12
	宋志谦	2006.12—
副 处 长：	梁义芳	1983.11—1993.7
	毕乐山	1987.6—1995.12
	薄万铎	1990.11—2003.10
	于子明	1993.7—1996.11
	闫凤新	1996.5—2006.12
	黄力强	1997.7—2000.1
	温志国	2000.1—2006.12
	周建玉	2001.11—2010.4
	陈玉国	2007.6—
	刘洪兴	2007.6—
	刘伟旺	2008.9—
	伏久利	2010.5—
主任工程师：	杨　宽	1987.6—1993.7
调 研 员：	刘德全	1997.8—1999.4
	郭景连	1999.8—2002.5

副调研员：	梁义芳	1993.7—1995.1
	杨　宽	1993.7—1996.1
	薄万铎	2003.10—2005.1
	王　深	2007.6—2010.1

尔王庄处

书　　记：	闫维昌	1983.11—1994.6
	邢建民	1994.6—2002.6
	宋志谦	2002.6—2006.12
	朱永庚	2006.12—2010.4
	刘士阳	2010.4—
副 书 记：	朱永庚	2004.7—2006.12
	于文恒	2007.6—
	朱永庚	2010.8—
纪委书记：	李振友	1991.9—1999.4
	王　深	1999.8—2001.11
	于文恒	2001.11—
处　　长：	张荣栋	1987.6—1991.6
	王焕章	1993.8—1995.12
	邢建民	1995.12—1998.3
	刘德全	1996.11—1997.8
	于子明	1998.3—2004.7
	朱永庚	2004.7—
副 处 长：	刘乃基	1983.12—1994.6
	刘德全	1990.2—1996.11
	王焕章	1990.11—1993.8
	李富祥	1994.6—去世
	黄力强	1995.12—1997.7
	于子明	1996.11—1998.3
	王志高	1997.7—2004.7
	刘尚为	1998.3—2001.11
	于文恒	1999.8—2001.11
	刘裕辉	2003.3—2006.7
	董树本	2004.5—2010.4
	杨德龙	2006.9—
	王立林	2007.6—
	邢占岑	2008.9—
	敬玉华	2010.10—
主任工程师：	于子明	2006.11—2007.12
调 研 员：	刘长福	1983.12—1991.9
	闫维昌	1994.6—1995.1
副调研员：	刘乃基	1994.6—1995.1

宜兴埠处

书　　记：	王春青	1990.11—1995.12
	毕乐山	1995.12—1999.8
	刘国安	1999.8—2002.8
	汪绍盛	2002.8—2006.12
	杨秀富	2006.12—
副 书 记：	陈俊尧	1989.2—1995.1
	徐　勤	2010.8—
处　　长：	赵有田	1987.6—1991.9

王春青　　1991.9—1995.12
毕乐山　　1995.12—1998.3
刘国安　　1998.3—2002.8
汪绍盛　　2002.8—2006.12
杨秀富　　2006.12—2008.9
徐　勤　　2008.9—

副　处　长：张翰清　　1987.6—2003.4
杨振国　　1990.11—1998.3
陈俊尧　　1989.2—1995.1
杨秀富　　1995.4—1996.11
刘恒洲　　1996.11—
王志强　　1998.3—2005.11
张金鹏　　2003.4—
刘久贤　　2006.12—

调　研　员：赵有田　　1991.9—1996.12
毕乐山　　1999.8—2000.6
张翰清　　2003.4—2004.3
陈希才　　2007.6—

副调研员：刘久贤　　2004.6—2006.12

北大港处

书　　　记：陆铁宝　　1990.2—1992.6
马文才　　1992.8—2001.11
刘俊杰　　2001.11—2006.12
刘玉宝　　2006.12—2007.6

副　书　记：王德福　　1990.8—1997.7
黄力强　　2001.11—2007.6

纪委书记：王德福　　1990.8—1997.7
姚玉庆　　1997.7—2004.7
李国良　　2004.7—2007.6

处　　　长：马文才　　1990.8—1997.7
刘俊杰　　1997.7—2001.11
黄力强　　2001.11—2007.6

副　处　长：刘俊杰　　1987.6—1997.7
于凤良　　1991.9—2007.6
赵树茂　　1997.7—2007.6

主任工程师：夏允宝　　1987.6—1992.8
吴长盛　　1996.11—2001.11
徐道金　　2004.5—2007.6

调　研　员：马文才　　2001.11—2004.7

副调研员：王德福　　1997.7—1999.5
肖承华　　2004.6—2008.9
姚玉庆　　2004.7—2007.6

北大港处（2007 年 6 月大清河处成立与北大港处
合署办公）

书　　　记：刘玉宝　　2007.6—

副　书　记：黄力强　　2007.6—2010.4
赵树茂　　2010.4—

纪委书记：李国良　　2007.6—2010.4
杨志炼　　2010.4—

处　　　长：黄力强　　2007.6—2010.4
赵树茂　　2010.4—

副　处　长：于凤良　　2007.6—2008.10
赵树茂　　2007.6—2010.4
李国良　　2010.4—
王春生　　2010.4—
王建国　　2010.8—

主任工程师：徐道金　　2007.6—2010.5
唐永杰　　2010.11—

调　研　员：于凤良　　2008.10—

副调研员：徐道金　　2010.5—

入港处

书　　　记：王　均　　1991.7—1997.7
景　悦　　1997.7—2003.4
刘逸荣　　2003.4—

副　书　记：宋志谦　　1997.7—1998.8
王义山　　1998.12—2004.5
刘德友　　2004.10—2005.4
刘瑞深　　2010.8—

纪委书记：高　喆　　2007.12—2009.7
张志泉　　2010.8—

处　　　长：王　均　　1991.7—1996.11
景　悦　　1996.11—2003.4
刘逸荣　　2003.4—2005.4
刘瑞深　　2005.4—

副　处　长：王廷彦　　1991.7—1996.11
刘克忠　　1994.6—1996.11
刘瑞深　　1996.11—2005.4
王义山　　1998.12—2004.5
徐宝山　　2001.11—2004.7
刘德友　　2005.4—
刘裕辉　　2006.7—

主任工程师：赵宝骏　　2007.12—

调　研　员：王　均　　1997.7—2000.4

副调研员：王廷彦　　1996.11—1998.5
王义山　　2004.5—2005.7

滨海水业（2006 年 9 月成立）

书　　　记：刘逸荣　　2006.9—

河闸总所（2007 年 6 月撤销）

书　　　记：王英才　　1986.1—1996.11
杨秀富　　1996.11—2003.4
朱铁岭　　2003.4—2006.12

副　书　记：张立成　　1996.11—1999.8
李佐安　　1999.8—2004.5
杨秀富　　2003.4—2006.12

纪委书记：张立成　　1991.11—1997.7
李佐安　　1997.7—1998.8
李树元　　1999.8—2007.6

主　　　任：王英才　　1993.3—1996.11

　　　　　　　　　杨秀富　1996.11—2006.12

副　主　任：沈海涵　1984.1—1996.1

　　　　　　　穆恩祥　1987.6—1993.3

　　　　　　　董学明　1990.11—1992.10

　　　　　　　刘树森　1993.7—1994.10

　　　　　　　刘国伟　1994.10—2007.6

　　　　　　　王维君　1995.3—2004.2

　　　　　　　高云峰　1997.7—2007.6

　　　　　　　高孟川　2002.6—2007.6

　　　　　　　金国海　2004.10—2007.6

主任工程师：谷世杰　1993.3—1995.1

　　　　　　　穆恩祥　1993.3—2000.7

　　　　　　　陈维华　2005.5—2007.6

调　研　员：王英才　1996.11—1997.8

　　　　　　　何振林　1996.5—1997.12

　　　　　　　冯凤岐　2002.6—2007.1

　　　　　　　高凤琴　2002.6—2004.10

副调研员：刘树森　1994.10—2007.6

　　　　　　　杨振国　1998.3—2001.10

　　　　　　　张立成　1999.8—2002.1

　　　　　　　高培田　1999.12—2007.6

　　　　　　　胡汉桥　2002.6—2007.6

　　　　　　　李佐安　2004.5—2007.6

永定河处（2007 年 6 月成立）

书　　　记：朱铁岭　2006.12—2010.4

　　　　　　　黄力强　2010.4—

副　书　记：闫凤新　2006.12—

纪委书记：李树元　2007.6—2008.5

　　　　　　　王春燕　2008.5—

处　　　长：闫凤新　2006.12—

副　处　长：刘国伟　2007.6—2010.8

　　　　　　　金国海　2007.6—

　　　　　　　高孟川　2007.6—2010.8

　　　　　　　高培田　2008.5—

　　　　　　　朱　峰　2010.8—

　　　　　　　韩　英　2010.8—

　　　　　　　胡汉桥　2010.11—

主任工程师：陈维华　2007.6—2010.5

调　研　员：朱铁岭　2010.4—

副调研员：李树森　2007.6—2007.10

　　　　　　　高培田　2007.6—2008.5

　　　　　　　胡汉桥　2007.6—2010.11

　　　　　　　李树元　2008.5—

　　　　　　　陈维华　2010.5—

水文总站（2001 年 8 月与地资办合并为水文水资源中心）

书　　　记：霍宝有　1989.12—1992.6

　　　　　　　王化歧　1995.5—1997.7

　　　　　　　闫学军　1997.7—2001.8

副　书　记：金　荫　1988.5—1991.4

　　　　　　　　　　（主持工作）

　　　　　　　王继福　1988.4—1995.5

　　　　　　　金国海　1997.9—2001.8

主　　　任：王继福　1993.8—1995.5

　　　　　　　王化歧　1995.5—1996.11

　　　　　　　闫学军　1996.11—2001.8

代理主任：王继福　1988.4—1993.8

副　主　任：金　荫　1988.5—1991.4

　　　　　　　马奎东　1990.11—1996.1

　　　　　　　孙鲁琪　1992.10—1996.5

　　　　　　　高孟川　1995.5—1996.11

　　　　　　　闫学军　1996.5—1996.11

　　　　　　　唐广鸣　1996.11—2001.8

　　　　　　　张志生　1996.11—1999.6

　　　　　　　魏立和　1999.6—2001.8

　　　　　　　刘德友　2000.1—2001.8

主任工程师：郑裕君　1991.12—1998.3

副调研员：孙鲁琪　1996.5—1997.12

地资办（2001 年 8 月与水文总站合并为水文水资源中心）

书　　　记：李相德　1996.11—2001.8

副　书　记：宋福增　1996.11—2001.8

副　主　任：李相德　1996.11—2001.8

　　　　　　　曹洪春　1996.11—1997.7

　　　　　　　张建民　1997.7—2001.8

　　　　　　　杨国彬　1997.7—2001.8

　　　　　　　滕　健　1999.5—2001.8

主任工程师：许树国　1996.11—2001.11

副调研员：刘中元　1996.11—2002.8

　　　　　　　张世琏　1998.3—2002.7

　　　　　　　韩星友　1999.1—2001.8

水文水资源中心

书　　　记：宋福增　2001.8—2004.5

　　　　　　　闫学军　2004.5—2004.7

　　　　　　　郝　杰　2004.7—2010.4

　　　　　　　董树本　2010.4—

副　书　记：闫学军　2001.8—2004.5

　　　　　　　刘德友　2001.8—2004.10

　　　　　　　唐广鸣　2004.7—

　　　　　　　杨国彬　2004.10—2005.11

纪委书记：刘德友　2001.8—2004.10

　　　　　　　杨国彬　2004.10—2005.11

　　　　　　　宋玉萍　2005.11—2008.9

　　　　　　　吴宗华　2009.1—

主　　　任：闫学军　2001.8—2004.7

　　　　　　　唐广鸣　2004.7—

副　主　任：金国海　2001.8—2004.10

　　　　　　　唐广鸣　2001.8—2004.7

<table>
<tr><td></td><td>杨国彬</td><td>2001.8—2004.10</td></tr>
<tr><td></td><td>张建民</td><td>2001.8—</td></tr>
<tr><td></td><td>滕　健</td><td>2001.8—2007.6</td></tr>
<tr><td></td><td>魏立和</td><td>2001.8—2009.1</td></tr>
<tr><td></td><td>杨国彬</td><td>2005.11—</td></tr>
<tr><td>主任工程师：</td><td>姜衍祥</td><td>2002.3—2004.2</td></tr>
<tr><td></td><td>张　伟</td><td>2004.6—</td></tr>
<tr><td>调　研　员：</td><td>景金星</td><td>2002.12—2003.4</td></tr>
<tr><td></td><td>宋福增</td><td>2004.5—2006.4</td></tr>
<tr><td></td><td>郝　杰</td><td>2010.4—</td></tr>
<tr><td>副调研员：</td><td>韩星友</td><td>2001.8—</td></tr>
<tr><td></td><td>魏　安</td><td>2001.11—</td></tr>
<tr><td></td><td>付烈海</td><td>2001.12—2002.9</td></tr>
<tr><td></td><td>宋洪来</td><td>2007.12—</td></tr>
</table>

水科所（2008 年 12 月更名为水科院）

<table>
<tr><td>书　　　记：</td><td>周建华</td><td>1975.7—1991.8</td></tr>
<tr><td></td><td>顾有弟</td><td>1995.6—2000.2</td></tr>
<tr><td></td><td>刘文莉</td><td>2000.5—2007.6</td></tr>
<tr><td></td><td>代红专</td><td>2007.6—2008.12</td></tr>
<tr><td>副　书　记：</td><td>董相玉</td><td>1990.6—1996.1</td></tr>
<tr><td></td><td>刘文莉</td><td>1996.5—2000.5</td></tr>
<tr><td>纪委书记：</td><td>苑克兰</td><td>2002.12—2004.5</td></tr>
<tr><td></td><td>李建芹</td><td>2004.6—2006.12</td></tr>
<tr><td></td><td>李　悦</td><td>2007.12—2008.12</td></tr>
<tr><td>所　　　长：</td><td>曹希尧</td><td>1983.11—1995.6</td></tr>
<tr><td></td><td>曹大正</td><td>1996.11—2006.9</td></tr>
<tr><td></td><td>刘学功</td><td>2006.9—2008.12</td></tr>
<tr><td>名誉所长：</td><td>曹大正</td><td>2006.9—2008.12</td></tr>
<tr><td>副　所　长：</td><td>王述天</td><td>1983.11—1991.11</td></tr>
<tr><td></td><td>张存民</td><td>1988.12—1996.10</td></tr>
<tr><td></td><td>徐启昆</td><td>1992.3—2000.5</td></tr>
<tr><td></td><td>刘文莉</td><td>1998.3—2000.5</td></tr>
<tr><td></td><td>聂荣智</td><td>1998.3—2003.4</td></tr>
<tr><td></td><td>闫海新</td><td>2000.5—2006.9</td></tr>
<tr><td></td><td>刘学功</td><td>2000.5—2006.9</td></tr>
<tr><td></td><td>滕金贵</td><td>2000.5—2002.3</td></tr>
<tr><td></td><td>魏素清</td><td>2004.3—2004.10</td></tr>
<tr><td></td><td>周潮洪</td><td>2006.7—</td></tr>
<tr><td></td><td>李广智</td><td>2007.6—</td></tr>
<tr><td></td><td>李　振</td><td>2007.6—</td></tr>
<tr><td>总工程师：</td><td>吕庆浩</td><td>1983.11—1995.6</td></tr>
<tr><td></td><td>张相峰</td><td>1995.6—2000.5</td></tr>
<tr><td></td><td>万日明</td><td>2000.5—</td></tr>
<tr><td>调　研　员：</td><td>刘文莉</td><td>2007.6—2008.12</td></tr>
<tr><td>副调研员：</td><td>徐启昆</td><td>2000.5—2002.7</td></tr>
<tr><td></td><td>苑克兰</td><td>2004.5—2006.12</td></tr>
<tr><td></td><td>王贵珠</td><td>2005.11—</td></tr>
</table>

水科院

<table>
<tr><td>书　　　记：</td><td>代红专</td><td>2008.12—2010.4</td></tr>
<tr><td></td><td>李向东</td><td>2010.4—</td></tr>
<tr><td>副　书　记：</td><td>刘学功</td><td>2010.8—</td></tr>
<tr><td>纪委书记：</td><td>李　悦</td><td>2008.12—2009.1</td></tr>
<tr><td></td><td>顾立军</td><td>2010.11—</td></tr>
<tr><td>名誉院长：</td><td>曹大正</td><td>2008.12—</td></tr>
<tr><td>院　　　长：</td><td>刘学功</td><td>2008.12—</td></tr>
<tr><td>副　院　长：</td><td>周潮洪</td><td>2008.12—2010.11</td></tr>
<tr><td></td><td>李广智</td><td>2008.12—</td></tr>
<tr><td></td><td>李　振</td><td>2008.12—</td></tr>
<tr><td></td><td>李保国</td><td>2010.11—</td></tr>
<tr><td>总工程师：</td><td>万日明</td><td>2008.12—2010.11</td></tr>
<tr><td></td><td>周潮洪</td><td>2010.11—</td></tr>
<tr><td>调　研　员：</td><td>刘文莉</td><td>2008.12—2009.7</td></tr>
<tr><td></td><td>代红专</td><td>2010.4—</td></tr>
<tr><td></td><td>李胜军</td><td>2010.8—</td></tr>
<tr><td>副调研员：</td><td>王贵珠</td><td>2008.12—</td></tr>
<tr><td></td><td>万日明</td><td>2010.11—</td></tr>
</table>

水利学校（1999 年 7 月整建制划出）

<table>
<tr><td>书　　　记：</td><td>金占涛</td><td>1979.7—1995.12</td></tr>
<tr><td></td><td>王春青</td><td>1995.12—1999.7</td></tr>
<tr><td>校　　　长：</td><td>冯玉海</td><td>1984.7—1995.1</td></tr>
<tr><td></td><td>王春青</td><td>1995.12—1999.7</td></tr>
<tr><td>代　校　长：</td><td>张乃禾</td><td>1995.1—1995.12</td></tr>
<tr><td>副　校　长：</td><td>刘毓林</td><td>1993.7—1997.7</td></tr>
<tr><td></td><td>张乃禾</td><td>1995.12（正处级）—
1999.7</td></tr>
<tr><td></td><td>钟建权</td><td>1995.12—1999.7</td></tr>
<tr><td></td><td>王焕章</td><td>1996.11（正处级）—
1997.7</td></tr>
<tr><td></td><td>王　磊</td><td>1997.7—1999.7</td></tr>
<tr><td></td><td>邢耀华</td><td>1997.7—1999.1</td></tr>
<tr><td></td><td>苑克兰</td><td>1999.1—2000.5</td></tr>
<tr><td>调　研　员：</td><td>金占涛</td><td>1995.12—1996.9</td></tr>
<tr><td></td><td>王焕章</td><td>1997.7—1999.10</td></tr>
<tr><td>副调研员：</td><td>刘毓林</td><td>1997.7—1999.7</td></tr>
</table>

基建处（质量监督中心站）

<table>
<tr><td>书　　　记：</td><td>康　济</td><td>1983.10—1991.9</td></tr>
<tr><td></td><td>王永发</td><td>1991.9—1996.5</td></tr>
<tr><td></td><td>马树军</td><td>1996.5—2004.7</td></tr>
<tr><td></td><td>刘国安</td><td>2004.7—2008.5</td></tr>
<tr><td></td><td>张绍庆</td><td>2008.5—</td></tr>
<tr><td>副　书　记：</td><td>张胜利</td><td>2004.7—</td></tr>
<tr><td>纪委书记：</td><td>陈　维</td><td>2003.4—2008.9</td></tr>
<tr><td></td><td>宋玉萍</td><td>2008.9—</td></tr>
<tr><td>处　　　长：</td><td>康　济</td><td>1983.10—1992.4</td></tr>
<tr><td></td><td>万尧浚</td><td>1993.8—1999.1</td></tr>
<tr><td></td><td>马树军</td><td>1999.1—2004.7</td></tr>
<tr><td></td><td>张胜利</td><td>2004.7—</td></tr>
</table>

副 处 长：王　均　1983.10—1991.7
　　　　　万尧浚　1990.2—1993.8
　　　　　王瑞玲　1991.3—1996.12
　　　　　孙伯铭　1992.4—1995.1
　　　　　刘克忠　1996.11—2010.5
　　　　　于德泉　1999.1—2002.3
　　　　　张胜利　1999.8—2004.7
　　　　　赵国强　2002.3—2005.11
　　　　　李　刚　2002.6—
　　　　　张会金　2005.4—
　　　　　刘振东　2007.12—
　　　　　王志华　2007.12—
　　　　　王洪府　2007.12—2009.1
　　　　　宁云龙　2009.1—
主任工程师：万尧浚　1999.1—2002.5
调 研 员：翟力业　1991.4—1995.1
　　　　　郑洪君　2005.4—2008.5
　　　　　刘国安　2008.5—2010.5
副调研员：于德泉　2002.3—2007.8
　　　　　刘克忠　2010.5—

建交中心

书　记：李　雪　2005.11—2006.9
　　　　　阎海新　2006.9—2010.5
　　　　　李　雪　2010.5—
主　任：李　雪　2005.11—
副 主 任：李　雪　2002.3—2005.11
　　　　　王朝阳　2006.12—
　　　　　王祎望　2008.9—
调 研 员：阎海新　2010.5—

物资处（2002 年 6 月撤销总支部委员会，书记、委员自行免除）

书　记：黑祖光　1988.8—1991.4
　　　　　李家祥　1991.4—1998.3
　　　　　冯凤岐　1998.3—2002.6
副 书 记：赵　杰　　　—1991.12
处　长：李家祥　1993.8—1998.3
　　　　　冯凤岐　1998.3—2002.6
　　　　　杨秀富　2002.9—2006.12
　　　　　闫凤新　2006.12—
副 处 长：赵　杰　　　—1991.12
　　　　　范义忠　1983.12—1993.1
　　　　　冯凤岐　1993.1—1998.3
　　　　　高孟川　1996.11—2002.6
调 研 员：李家祥　1998.3—1998.10
　　　　　高凤琴　1999.1—2002.6
副调研员：胡汉桥　2001.9—2002.6

设计院

书　记：李凤翔　1983.10—1995.6
　　　　　米春年　1995.6—1996.11
　　　　　孙明忠　1996.11—2002.10

　　　　　杨玉刚　2002.10—2003.4
　　　　　景金星　2003.4—
副 书 记：王景秀　1983.10—1996.10
　　　　　米春年　1994.6—1995.6
　　　　　代红专　1996.5—2002.10
　　　　　王义山　1997.9—1998.12
　　　　　陈希才　2002.10—2007.6
纪委书记：王景秀　1991.10—1996.5
　　　　　代红专　1997.2—1997.9
　　　　　王义山　1997.9—1998.12
　　　　　刘华君　1999.6—2002.3
　　　　　陈希才　2002.10—2007.6
　　　　　刘桂荣　2007.12—2009.4
院　长：李凤翔　1988.8—1994.6
　　　　　米春年　1994.6—2002.3
　　　　　杨玉刚　2002.3—2003.4
　　　　　景金星　2003.4—
副 院 长：王景秀　1987.6—1996.10
　　　　　陈茂升　1983.10—1995.6
　　　　　姚慧兰　1992.3—1996.5
　　　　　陈　森　1995.6—2001.1
　　　　　代红专　1997.2—2002.10
　　　　　杨玉刚　1999.6—2002.3
　　　　　李惠英　1999.6—
　　　　　李保国　2002.10—2010.11
　　　　　屈永强　2005.11—
　　　　　杨　忠　2010.5—
　　　　　孙永军　2010.11—
总工程师：任铁如　1988.8—1997.7
　　　　　魏国楫　1997.7—2002.10
　　　　　吴换营　2002.10—
调 研 员：米春年　2002.3—2002.9
副调研员：魏国楫　2002.10—2003.2
　　　　　刘桂荣　2009.4—

农水处

书　记：李家祥　1985.9—1991.2
　　　　　贡集福　1991.2—1994.5
　　　　　刘　云　1994.5—1998.3
　　　　　张志颛　1998.3（兼）—1999.8
　　　　　张贤瑞　1999.8—2008.9
　　　　　汪绍盛　2008.9—
副 书 记：曹洪春　1988.5—1996.11
　　　　　陈俊尧　1995.1—1996.11
　　　　　杜　宁　2009.1—
处　长：李家祥　1985.9—1991.2
　　　　　贡集福　1991.2—1994.5
　　　　　刘　云　1994.5—1998.3
　　　　　张志颛　1998.3（兼）—1999.8
　　　　　张贤瑞　1999.8—2008.9

汪绍盛 2008.9—
副 处 长：侯长新 1983.10—1992.10
曹洪春 1988.5—1996.11
孙亚民 1992.10—1994.5
安 钰 1984.9—1994.5
朱志强 1994.5—1995.1
杨惠东 1995.1—1999.8
张贤瑞 1996.1—1999.8
陈俊尧 1996.11—2004.5
赵考生 1999.8—2004.7
滕金贵 2002.3—2003.4
滕金贵 2004.5—2005.4
冯永军 2004.7—
杜 宁 2005.4—2009.1
杨树生 2005.4—
朱士权 2009.1—
主任工程师：杨惠东 1999.8—2004.10
方天纵 2007.12—2010.5
调 研 员：刘 云 1998.3—1999.7
朱志强 2001.8—
副调研员：侯长新 1992.10—1999.11
孙亚民 1994.5—1996.1
安 钰 1994.5—1996.1
张志颇 1995.9—1996.9
陈俊尧 2004.5—2007.2

水调处

书 记：王永涛 1986.8—1992.9
隆永法 1995.1—1999.12
朱芳清 1999.12—2001.8
隆永法 2001.8—2010.4
副 书 记：隆永法 1993.1—1995.1
郝 杰 1995.1—1996.11
处 长：谭仲平 1990.2—1995.1
朱志强 1995.1—1998.3
朱芳清 1998.3—2001.8
钟水清 2002.3—2009.1
魏立和 2009.1—
副 处 长：隆永法 1990.2—1995.1
郝 杰 1995.1—1996.11
杨宝庆 1986.4—1995.3
安 宵 1995.1—1996.11
尚鸿镖 1996.11—2004.5
于德泉 1997.7—1999.1
刘 哲 1997.7—
钟水清 2000.10—2002.3
赵天佑 2005.4—
张岳松 2005.7—
张化亮 2010.4（正处级）—
主任工程师：安 宵 1996.11—

调 研 员：郭书海 2001.11—2008.10
刘德胜 2005.11—
隆永法 2010.4—
副调研员：郭书海 1996.11—2001.11
李书博 1998.3—2001.2
尚鸿镖 2004.5—2007.4

通讯处（2003 年 4 月更名信息中心）

书 记：宋福增 1993.9—1994.6
宋生儒 1994.6—1995.12
邢朝文 1995.12—2001.11
金 锐 2001.11—2003.3
代红专 2003.3—2003.4
副 书 记：陈希才 2000.12—2002.10
代红专 2002.10—2003.3
处 长：宋生儒 1994.6—1995.12
王运洪 1995.12—2000.10
邢朝文 2000.10—2001.8
金 锐 2001.8—2003.4
副 处 长：周鸿翎 1990.11—1993.9
宋福增 1990.11—1996.11
王运洪 1991.4—1995.12
刘裕辉 1997.7—2003.3
胡 翔 1999.8—2003.4
金 锐 2000.10—2001.8
陈希才 2001.11（正处级）—
2002.10
代红专 2002.10—2003.3
主任工程师：王运洪 1986.12—2000.10
副调研员：杜 宁 2001.11—2003.4

信息中心

书 记：代红专 2003.4—2007.6
汪绍盛 2007.6—2008.9
邢 华 2008.9—
副 书 记：汪绍盛 2006.7—2007.6
滕金贵 2007.6—2009.4
主 任：金 锐 2003.4—2004.2
汪绍盛 2006.12—2008.9
邢 华 2008.9—
副 主 任：胡 翔 2003.4—
佟祥明 2003.5（正处级）—
2007.12
滕金贵 2005.4（正处级）—
2007.6
蔡 杰 2006.7—
主任工程师：佟祥明 2004.2（兼）—
2007.12
调 研 员：滕金贵 2009.4—
副调研员：杜 宁 2003.4—2005.4

水政监察总队

队 长：时春贵 2002.4—2009.10

严　宇　2010.4—

副 队 长：严　宇　2004.3—2010.4

　　　　　张　震　2010.11—

节水办（2004 年 7 月更名为节水中心）

书　　记：刘志达　2002.8—2004.6

　　　　　刘德胜　2004.6—2004.7

主　　任：刘国安　2002.8—2004.7

副 主 任：刘志达　2002.8（正处级）—

　　　　　　　　　2004.6

　　　　　周建芝　2002.8—2004.7

副调研员：王恩祥　2003.3—2004.7

节水中心

书　　记：刘德胜　2004.7—2005.11

　　　　　王志强　2005.11—

副 书 记：周建芝　2010.8—

主　　任：刘国安　2004.7—2004.7

　　　　　闫学军　2004.7（兼）—2008.9

　　　　　周建芝　2008.9—

副 主 任：周建芝　2004.7—2008.9

　　　　　孟祥和　2005.4—2009.1

　　　　　王志强　2005.11—2008.9

　　　　　韩　英　2009.1—2010.8

　　　　　高孟川　2010.8—

副调研员：王恩祥　2004.7—2007.10

控沉办

书　　记：匡绍君　2003.3—2004.8

　　　　　杨建图　2004.7—2010.4

　　　　　董国凤　2010.4—

副 书 记：姜衍祥　2010.8—

常务副主任：匡绍君　1997.7—2004.8

　　　　　杨建图　2004.7—2010.4

　　　　　姜衍祥　2010.4—

副 主 任：董国凤　2001.2—2004.2

　　　　　姜衍祥　2004.2—2010.4

　　　　　董克刚　1998.12—2009.4

副调研员：董克刚　2009.4—

海河处

书　　记：李相德　2005.4—

副 书 记：刘志达　2007.6（正处级）—

处　　长：李相德　2004.2—

副 处 长：王维君　2004.2—2008.9

　　　　　刘志达　2004.6（正处级）—

　　　　　顾柏军　2006.12—

　　　　　滕　健　2007.6—

　　　　　艾庆有　2008.3（正处级）—

　　　　　朱　峰　2008.9—2010.8

　　　　　刘国伟　2010.8—

海堤处

书　　记：宋静茹　2006.12—

副 书 记：王维君　2010.8—

处　　长：梁宝双　2006.12—2008.9

　　　　　王维君　2008.9—

副 处 长：崔绍丰　2007.6—

　　　　　范书长　2010.10—

调 研 员：刘俊杰　2006.12—

北三河处

书　　记：周　军　2006.12—

副 书 记：杜学君　2010.8—

处　　长：杜学君　2006.12—

副 处 长：李跃科　2007.6—

　　　　　刘振宇　2007.12—

　　　　　伏久利　2007.12—2010.5

　　　　　阎凤寨　2010.10—

于桥水电公司

书　　记：刘云波　1993.7—2002.3

　　　　　王　增　2002.3—2008.5

　　　　　王相佐　2008.5（副处级）

　　　　　（兼）—

总 经 理：刘云波　1993.7（正处级）—

　　　　　　　　　2002.3

　　　　　刘长军　2002.3（副处级）—

　　　　　　　　　2008.7

　　　　　王相佐　2008.7—

津海公司

书　　记：赵国强　2005.12—

总 经 理：赵国强　2005.11—2006.12

　　　　　艾庆有　2006.12—

副 总 经 理：艾庆有　2005.11—2006.12

水利投资公司

董 事 长：赵国强　2008.7—

总 经 理：赵国强　2008.7—

副 总 经 理：刘昌宁　2008.7—2010.5

水源公司

筹备组

组　　长：曹野明　2008.9（正处级）—

　　　　　　　　　2008.11

计划合同部

部　　长：刘国庆　2008.9（副处级）—

董 事 长：朱芳清　2008.11—

总 经 理：张志颇　2008.11—

副 总 经 理：曹野明　2008.11—

　　　　　刘国庆　2010.11—

　　　　　张振军　2010.11—

　　　　　杨作津　2010.11—

总 经 济 师：唐卫永　2008.11—

总 工 程 师：张振军　2010.11—

水利工程公司（2009 年 3 月整建制划出）

书　　记：宋生儒　1988.8—1994.6

　　　　　赵翰华　1994.6—1997.8

　　　　　高凤琴　1997.8—1999.1

　　　　　孙占元　1999.1—2004.5

郑洪君 2004.6—2005.4
马文义 2005.4—
副 书 记：孙继誉 1989.7—1993.7
　　　　　苑克兰 1992.10—1997.7
　　　　　赵翰华 1993.9—1997.8
　　　　　郑洪君 2000.6—2004.6
　　　　　马文义 2004.6—2005.4
　　　　　运如广 2005.4—
纪委书记：刘振旺 1990.4—1991.3
　　　　　赵翰华 1991.3—1993.9
　　　　　苑克兰 1993.9—1996.11
　　　　　陈文 1996.11—
董 事 长：郑洪君 2000.6—2005.4
　　　　　马文义 2005.4—
经 理：赵翰华 1993.7—1996.5
　　　　郑洪君 1996.5—2000.6
总 经 理：郑洪君 2000.6—2004.6
　　　　　马文义 2004.6—2005.4
　　　　　运如广 2005.4—
副 经 理：朱栋才 1983.11—1991.3
　　　　　吴长盛 1990.4—1996.11
　　　　　郑洪君 1993.7—1996.5
　　　　　傅思恭 1993.10—1999.2
　　　　　娄景悦 1996.7—1999.2
　　　　　刘光谱 1996.7—
　　　　　闫志新 1996.8—2004.7
　　　　　马文义 1999.2—2005.4
　　　　　运如广 2001.11—2005.4
　　　　　鲁桂祥 2001.11—
　　　　　刘振东 2003.9—2007.12
　　　　　邵明力 2006.7—2010.11
　　　　　张振军 2006.7—2010.11
　　　　　姜勇 2008.9—
工会主席：杨伯洪 1987.6—1992.8
　　　　　苑克兰 1992.10—1997.7
总工程师：邓裕然 1983.11—1993.7
　　　　　傅思恭 1993.7—1999.2
　　　　　娄景悦 1999.2—2007.8
　　　　　鲁桂祥 2010.12—
总经济师：鲁文萃 1991.3—1991.3
　　　　　朱栋才 1991.3—1995.1

振津集团（2009 年 3 月整建制划出）

书 记：于立新 1987.6—1997.8
　　　　陈建 1997.9—
副 书 记：李来忠 1988.6—1995.1
　　　　　金国海 1996.5—1997.9
　　　　　邢耀华 1996.12—1997.7
　　　　　田玉贵 1997.9—2002.11
　　　　　王巨华 2002.11—
　　　　　曹野明 2004.2—2008.9
纪委书记：钟建权 1993.9—1995.12

金国海 1996.5—1997.9
田玉贵 1997.9—2002.11
王巨华 2002.11（兼）—2008.9
张志泉 2008.11—2010.8
董 事 长：于立新 1995.12—1997.8
　　　　　陈建 1997.9—
总 经 理：艾庆有 1997.9—2004.2
　　　　　曹野明 2004.2—2008.9
　　　　　王巨华 2008.9—
副总经理：赵恩荣 1988.6—1995.1（正处级）
　　　　　高振才 1989.4—1992.8
　　　　　陈建 1993.10—1997.9
　　　　　艾庆有 1994.8—1997.9
　　　　　金国海 1994.8—1997.9
　　　　　刘元梁 1995.1—2007.8
　　　　　张谦奇 1995.1—1998.5
　　　　　邢耀华 1996.12—1997.7
　　　　　曹野明 1997.2—2004.2
　　　　　王巨华 2000.6—2008.9
　　　　　李志伟 2004.2—
　　　　　王志华 2005.11—2007.12
　　　　　张志泉 2005.11—2008.11
　　　　　李林海 2007.8—
　　　　　王建国 2007.8—2010.8
总会计师：杨益三 1989.10—1992.8
　　　　　唐卫永 2004.2—2004.7
工会主席：李来忠 1988.6—1995.1
　　　　　田玉贵 1995.7—2002.11
总工程师：赵恩荣 1988.6—1995.1
　　　　　李志伟 2002.11—2004.2
　　　　　李林海 2004.2—

供水处（2010 年 10 月整建制划入）

书 记：张迎五 2010.10—
副 书 记：姚振远 2010.11—
副 处 长：马信 2010.11—

排水处（2010 年 6 月整建制划入）

书 记：刘爽 2010.8—
副 书 记：刘玉霞 2010.8—
　　　　　孙连起 2010.8—
纪委书记：孙德敏 2010.8—
处 长：孙连起 2010.8—
常务副处长：张俊生 2010.8—
副 处 长：王令凡 2010.8—
　　　　　陈政 2010.8—
　　　　　陈岩 2010.8—
总工程师：杨宪云 2010.8—
总会计师：谭兆甫 2010.8—
总经济师：梁晶 2010.8—
工会主席：穆浩学 2010.8—

附录四　天津市水利（水务）著作拾零

1991—2010 年天津市水利（水务）著作拾零相关出版物

序号	著作名称	主要作者	出版社	出版时间/（年.月）	字数/千字	内容简介	备注
1	天津水利志	天津市水利局水利志编纂委员会	天津科学技术出版社	2003.12	1786	本书为天津水利专业志书，共十一篇，翔实而全面地记述了天津水利事业发展的巨大成就，上限追溯到有文字历史可查的年代，下限断至1990年。记述了河道整治，开挖沟渠，修筑水库、堤坝，建设闸涵、泵站，新建的一大批骨干水利工程。记载了天津区域内的水资源、河流、洼淀、蓄滞洪区及水库的现状和管理情况，城区供水与排水、农田水利及水利工程的兴建与管理，水利机构的沿革及治水人物传略等内容	天津水利志丛书共十七卷，包括《天津水利志》专业志四卷，区（县）水利志十二卷
2	引滦入津工程志	张荣玉刘广芳陈宝龄	天津科学技术出版社	1999.12	351	《引滦入津工程志》系天津水利志丛书中的专业志，本书全面系统地记述了引滦入津工程的历史与现状，分勘测设计、施工、管理运用、工程现状及工程建设、管理先进人物五大章节，翔实准确地记录了引滦入津工程从筹建、设计、施工，到管理运用的历史和现状	天津水利志丛书专志一
3	于桥水库志	王俊华黄燕菊武德华	天津科学技术出版社	1998.3	185	《于桥水库志》系天津水利志丛书中的专业志，本书全面准确地记述了于桥水库从筹建、设计、施工，到管理运用的历史和现状，涵盖了于桥水库的防洪、灌溉、供水、发电等综合功能及维护于桥水库工程设施、工程监测、查水护水等内容	天津水利志丛书专志二
4	北大港水库志	马文才夏允宝王士奇	天津科学技术出版社	1998.5	170	《北大港水库志》系天津水利志丛书中的专业志，全面系统真实地记述了北大港水库的形成演变、规划设计、工程施工、管理运用的历史和现状，总结了北大港水库建设和管理的经验与教训，揭示了调度、运用、管理的规律，提出了今后设想和建议	天津水利志丛书专志三
5	海河干流志	金荫徐宏钧丛英	天津科学技术出版社	2003.8	182	《海河干流志》系天津水利志丛书中的专业志，本书上限追溯到有文字历史可查的年代，下限断至1990年，全面系统地记述了海河干流的形成、气象水文工作的发展沿革及现状、河道与河口的治理情况，以及农田灌溉与排水等内容	天津水利志丛书专志四

序号	著作名称	主要作者	出版社	出版时间/（年.月）	字数/千字	内容简介	备注
6	蓟县水利志	阮德寿 王松 吴桂芹	天津科学技术出版社	1998.10	220	该书本着"详今略古"借古鉴今的原则，如实对蓟县水利建设的成就作了较全面的记述，对全县的自然特点及所采取的治理方针和措施，也作了扼要叙述，必将对今后推动水利建设的发展起到积极的作用	天津水利志丛书卷一
7	宝坻县水利志	徐学春 王长庚	天津科学技术出版社	2001.8	392	本书准确翔实记述了宝坻人民与洪、涝、旱、碱等自然灾害进行斗争的史实，对宝坻水利建设的历史和各历史阶段水利的主要成就、经验和教训进行了系统的整理和记述	天津水利志丛书卷二
8	武清县水利志	杜江 崔玉山	天津科学技术出版社	1998.3	311	本书完整、系统地记录了武清人民与水奋斗的历史，把过去一些断断续续的治水过程有机地连接起来，有平直、有起伏、有弯道，一条清晰地治水之路展现在读者面前	天津水利志丛书卷三
9	宁河县水利志	曹永龙 化新田 刘丽华	天津科学技术出版社	1996.10	388	本书准确翔实记述了宁河县人民对洪、涝、旱、碱等自然灾害的治理，并对修筑大量的水利工程，及进行科学的维护和管理的重要史实进行了整理和记述	天津水利志丛书卷四
10	静海县水利志	元景池 段宝俊 高德珍	天津科学技术出版社	1998.11	308	本书如实记述了静海县水文地理的形成、演变过程和历代水利兴废、社会盛衰，特别是翔实记载了1949年以后静海人民在党和政府的领导下，战天斗地、改土治水，大力发展水利事业的艰苦过程和辉煌成就，为后人研究静海县兴修水利、改造自然提供了专门史料和丰富经验	天津水利志丛书卷五
11	塘沽区水利志	蒋崇平 杜文权 祝子明	天津科学技术出版社	1995.7	252	本书以纪实的方式记述了塘沽水利事业的主要发展过程，展示出经验、教训，是一部资料性、时代性和科学性相结合的志书	天津水利志丛书卷六
12	汉沽区水利志	苏秀华 闫朝	天津科学技术出版社	2000.8	222	本书记述了汉沽区历届党政领导依靠群众防汛、抗潮，大搞农田水利建设，建水库、引滦河水入汉等重要史实	天津水利志丛书卷七
13	大港区水利志	刘捷清 李承元 孙宗伯	天津科学技术出版社	2000.10	291	本书记述了大港区历届党政领导依靠群众开展大规模的水利建设，先后开挖兴建了许多行洪排涝骨干河道，根治了水患，大搞农田水利建设，改土治碱，打井抗旱，垦荒种稻，发展农田灌溉等重要史实	天津水利志丛书卷八
14	东丽区水利志	何振遐 王仁岭 杨树军	天津科学技术出版社	1996.12	149	本书对东丽区人民在各个历史阶段开展的水利建设、浚河筑堤、挖渠打井、建站配套、综合治理旱涝碱等进行了系统的整理和记述	天津水利志丛书卷九

序号	著作名称	主要作者	出版社	出版时间/(年.月)	字数/千字	内 容 简 介	备 注
15	津南区水利志	傅嗣江 薛春渭 刘金榜	天津科学技术出版社	1996.3	283	本书对津南区在各个历史阶段水利建设的主要成就、经验、教训等进行了系统的整理和记述,内容翔实、资料可靠。汇思想性、科学性、资料性一体,是领导决策者和水利工作者不可多得的参考资料	天津水利志丛书卷十
16	西青区水利志	房学勇 岳会通	天津科学技术出版社	1997.9	296	本书翔实记载了西青区人民挑河筑堤、引水修渠、排咸治碱、兴修水利、根治水患等治水史实	天津水利志丛书卷十一
17	北辰区水利志	张佩良 孙肇明 杨立赏	天津科学技术出版社	1999.4	266	本书记载了北辰区人民历史上修建的水利工程,记述了在历届区委和区政府领导下进行的大规模水利建设,并使这些水利工程在防洪、抗旱、排涝及各个历史时期发挥了显著效益,为总结水利建设经验,汲取历史教训提供了依据,充分体现了志书的时代性、科学性和资料性	天津水利志丛书卷十二
18	天津防汛系统工程	刘裕辉	天津科学技术出版社	1998.9	200	本书系统地阐述了建设天津防汛系统工程的原则、目标、组成与方法,着重介绍了防汛指挥系统的四个核心组成:信息采集、通信、计算机网络、决策支持系统的设计内容、建设、运行、管理、维护及评价	
19	水利信息管理系统工程	刘裕辉	天津科学技术出版社	2000.4	660	本书系统地阐述了水利信息管理系统工程的基本概念、基础理论、关键技术及建管方法,并论述了水利信息管理中几个主要系统的建设原则、组织内容、设计方案及开发内容	上、中、下三册
20	天津市水利工程建设管理文件选编	万尧浚	天津人民出版社	2000.6	910	全书共九部分,包括综合管理、前期工作、项目管理、质量管理、招投标、建设监理、合同管理、财务与审计及其他有关文件共104篇。该书可供水利部门各级领导和项目法人、勘测、设计、施工、科研单位有关人员查考使用	
21	天津水旱灾害专著	何慰祖 金荫 丛英	天津人民出版社	2001.7	400	本书是论述天津水旱灾害的专著,较为系统而详细地记述了天津水旱灾害的成因、特性、规律和灾害状况,对社会经济环境造成的影响,以及防治水旱灾害的措施和效益,并对典型年的水旱灾害状况做了较详细的描述。本书共分六篇,即概论、洪水灾害、涝碱灾害、干旱灾害、水污染灾害和综合对策。本书对天津水利建设和社会经济建设,特别对防御水旱灾害将起重大指导作用,可供水利专业人员及各级领导使用参考	

序号	著作名称	主要作者	出版社	出版时间/(年.月)	字数/千字	内容简介	备注
22	引水工程管理考核办法及评分标准	刘广洲	中国水利水电出版社	2005.3	105	本书主要包括专业管理小组工作章程；评委考核办法及评分标准；专业管理考核办法及评分标准三部分内容	
23	滦水园水利史组雕画册	邢　华丛　英	中国艺术出版社	2005.9	260	本书为滦水园内的水利史组雕画册简介，旨在使参观浏览者对滦水园水利史组雕丰富内涵有更多的了解	
24	倒虹吸管	陈德亮李惠英田文铎	中国水利水电出版社	2006	323	本书共有十章，全面系统地阐述了倒虹吸管的总体布置，水力设计，荷载计算，并对现浇、钢制、预应力、玻璃钢夹砂等各种管材的应力计算方法、结构稳定分析、支墩构造及施工工艺进行详细介绍。内容比较全面、实用，既有系统的理论分析，又有多年工程经验的积累，各章节中均引用工程实例做参考，特别适合于各地水利设计部门参考使用。也可供水利工程设计、施工、管理等技术人员学习使用，同时也可用作水利院校师生的教学参考书	
25	生命之水	贾长华	天津社会科学院出版社	2006.3	200	本书是天津市水利局与《今晚报》、天津市节约用水办公室联合节水征文汇编	
26	水之缘	刘逸荣	中国水利水电出版社	2006.12	201	本书全面展现了天津市水利局入港处及滨海公司如何做大水利产业；如何做好供水服务等内容	
27	制度精细管理	朱永庚	中国水利水电出版社	2008.8	261	本书借鉴水管单位工程管理和运行操作中的规范化管理经验，细化和延伸引水工程现代化管理系列丛书《制度管理》的相关内容，归纳了党务、行政、财务、人事等方面的制度	水管单位精细化管理系列丛书之一
28	职责量化管理	朱永庚	中国水利水电出版社	2008.8	285	本书细化和延伸了引水工程现代化管理系列丛书《岗位管理》的相关内容。注重工作职责的细化、工作任务的分解、职责描述的准确性、职责量化的合理性及联系实际的紧密性	水管单位精细化管理系列丛书之二
29	标准细化管理	朱永庚	中国水利水电出版社	2008.8	296	本书是指导职工做好本职工作，履行好岗位职责，使管理工作更加清晰有序的准则	水管单位精细化管理系列丛书之三
30	考评实证管理	朱永庚	中国水利水电出版社	2008.8	332	本书是对岗位工作标准完成程度进行评价的尺度，反映某一岗位工作完成的程度、质量	水管单位精细化管理系列丛书之四

序号	著作名称	主要作者	出版社	出版时间/(年.月)	字数/千字	内容简介	备注
31	泵站精良管理	朱永庚 王立林 董树本	天津大学出版社	2009.6	200	本书围绕泵站实际，结合泵站多年管理经验，阐述了泵站在巡视检查、应急管理、设备清扫、倒闸操作、设备维修及考核管理中的经验做法及日常管理工作的流程化管理模式	水管单位精细化管理系列丛书之五
32	工程精益管理	朱永庚 王立林 董树本	天津大学出版社	2009.6	362	本书从工程管理、科技管理、考核管理及日常管理等方面系统阐述了工程管理在精益管理方面的做法	水管单位精细化管理系列丛书之六
33	财务精确管理	朱永庚 王立林 于文恒	天津大学出版社	2009.6	175	本书具体讲述尔王庄处财务工作和审计工作的基本情况，反映了财务管理与会计核算的具体内容、要求、标准及方法，明确了审计工作的基本任务和根本目的	水管单位精细化管理系列丛书之七
34	水源优化管理	朱永庚 王立林 杨德龙	天津大学出版社	2009.6	268	本书围绕水管工作重点，细化和量化各项管理工作，结合实际工作经验，阐述了输水调度管理、水文测验工作管理、水质监测管理、水污染防治、应急滚利、防汛工作、考核管理及日常管理等方面的管理经验和做法	水管单位精细化管理系列丛书之八
35	渠库规范管理	朱永庚 王立林 董树本	天津大学出版社	2009.6	163	本书结合实际工作，总结归纳了尔王庄处管辖的明渠、水库、暗渠及水政管理工作中的经验	水管单位精细化管理系列丛书之九
36	党群协同管理	朱永庚 王立林 于文恒	天津大学出版社	2010.6	256	本书结合党务管理工作实际，比较详细地叙述了党务、工会、纪检、共青团等日常工作内容及工作程序	水管单位精细化管理系列丛书之十
37	信息支撑管理	朱永庚 王立林 谷守刚	天津大学出版社	2009.11	198	本书阐述了管理机构设置、信息系统设备管理、应用系统设备管理、信息系统安全管理、信息工程管理、考核管理、日常管理中的经验、做法和管理模式	水管单位精细化管理系列丛书之十一
38	人力资源管理	朱永庚 王立林 邢占岑	天津大学出版社	2009.11	220	本书结合实际工作，总结归纳了岗位管理、薪酬管理、培训管理、安全生产管理、考核管理、人事档案管理等方面的过程和管理经验	水管单位精细化管理系列丛书之十二
39	政务沟通管理	朱永庚 王立林 邢占岑	天津大学出版社	2010.6	274	本书结合工作实际，并借鉴相关单位的管理经验，从办公室的职责量定、工作细化、从业素质、工作要求、员工考核和业务标准等方面进行了总结归纳	水管单位精细化管理系列丛书之十三
40	后勤流程管理	朱永庚 王立林 杨德龙	天津大学出版社	2009.9	263	本书将繁琐的后勤管理工作内容分门别类，细致规范地阐述并以流程的形式表达出来，反映了尔王庄处的基本经验和做法	水管单位精细化管理系列丛书之十四
41	洁洁讲节水	闫学军	天津教育出版社	2008.9	50	本书通过天津节水宣传吉祥物"洁洁"讲故事向学龄前和低龄小学生普及水资源保护知识	学龄前儿童节水教育读本

序号	著作名称	主要作者	出版社	出版时间/(年.月)	字数/千字	内容简介	备注
42	内部审计具体准则解读与实际应用	张卫华	原子能出版社	2008.12	300	本书针对中国内部审计协会 2003—2008 年陆续发布的 27 个具体准则，从理论与实践相结合的角度，对每一个准则逐条进行了解析，并着重从实践和应用的角度提出了作者的观点、方法，以便于广大内部审计人员系统学习、全面掌握内部审计准则。该书对于准则中的难点分析透彻，较好地体现了标准与实际的统一、现状与发展的统一、理论与实践的统一。是水利部内部审计后续教育的指定丛书，也是天津市内部审计后续教育指定丛书之一	
43	流程管理体系	刘玉宝赵树茂	中国水利水电出版社	2008.12	264	全书分为两大部分，第一部分通过对流程管理概念、目的意义及设计再造的阐述，使读者对流程管理有了整体的概念和轮廓；第二部分根据水利事业单位实际情况，分别对行政管理类流程、人力资源类流程、财务与经营管理类流程、防汛与水资源类流程、工程管理类流程及水政监察类流程进行了阐述，打破了部门壁垒，减少了岗位、部门间的扯皮，优化了各种资源，协调好各种组织角色，实现了流程的优化	水利精细化管理系列丛书
44	管理标准体系	黄力强刘玉宝赵树茂	中国水利水电出版社	2009.12	249	全书分三部分，第一部分介绍了河道堤防工程、水库堤防工程、水闸工程、泵站工程及输变电工程等工程设施管理执行的具体标准；第二部分介绍了巡视检查、维修养护、工程观测、安全鉴定、水闸工程运行管理、泵站运行管理、变电站运行管理、防汛调度、水资源与水环境管理及水政监察等运行操作管理执行的具体标准；第三部分列举了工程管理表单、水管理表单及水政管理表单	水利精细化管理系列丛书
45	岗位管理体系	刘玉宝黄力强	中国水利水电出版社	2009.12	269	本书分为五章，概述了岗位管理的概念、目的、内容意义等，并结合水务事业管理单位实际，以典型案例详细阐述了岗位管理的组织结构与职能划分、岗位设置与岗位说明书、工作标准与绩效考核、岗位培训与人的发展等。该书的出版，为同行和读者提供了新型事业单位岗位管理的借鉴	水利精细化管理系列丛书

序号	著作名称	主要作者	出版社	出版时间/(年·月)	字数/千字	内容简介	备注
46	管理制度体系	刘玉宝 赵树茂	中国水利水电出版社	2010.11	239	本书分两部门,共十篇。第一篇为第一部分,从管理制度体系的内涵、意义,管理制度的监督、考核等方面对全书作了一个简要概述。从第二篇至第十篇为第二部分,主要涵盖行政办公管理、人力资源管理、财务管理及内控、工程管理、防汛管理、水资源管理、水政监察、安全生产管理、思想政治管理等九个方面的制度,每个方面的制度分别进行了概述,描述了体系架构,选择了典型的制度作为范例	水利精细化管理系列丛书
47	水利工程招标投标工作指导手册	朱芳清	中国电力出版社	2009.1	738	系统介绍水利工程有关招标投标方面业务知识、操作程序、编制招标文件和投标文件的方法等	
48	海河堤岸工程建设与管理	赵国强	中国水利水电出版社	2009.8	433	本书记述了海河堤岸工程景观规划设计和结构规划设计及工程施工。从管理角度记述了堤岸工程建设组织、工程招标与合同管理,以及文明工程建设等内容	
49	工程建设管理	孙 津	中国水利水电出版社	2009.12	446	本卷由直接参与工程建设管理的人员编写,详细介绍了工程建设的缘由、基本概况、项目管理、工程招投标工作、工程现场建设管理、工程技术保障体系、工程投资管理、工程合同管理、国际工程咨询服务、工程实施中的精神文明建设与宣传工作以及工程档案管理情况。本书可供工程建设管理和该工程运行管理人员参考使用	天津市引滦入津水源保护工程系列丛书(第一卷)
50	工程设计	孙 津	中国水利水电出版社	2009.12	526	本卷由直接参与工程设计的人员编写,书中详细介绍了工程设计的内容,同时也纳入了设计人员在工程设计中对一些关键技术问题的研究和思考,增强了本书的理论性。本书内容翔实全面,可供设计人员和该工程运行管理人员参考使用	天津市引滦入津水源保护工程系列丛书(第二卷)
51	工程施工与监理	孙 津	中国水利水电出版社	2009.12	471	本卷由直接参与施工与监理的人员编写,书中介绍了引滦暗渠、专用明渠的施工全貌、于桥库区综合治理和工程全程的监理工作以及工程大事记。全书完整、简明、扼要地做了充分记述,其中一些篇事附有案例分析、专题研究、经验体会介绍等,可供工程施工与监理和该工程运行管理人员参考使用	天津市引滦入津水源保护工程系列丛书(第三卷)

续表

序号	著作名称	主要作者	出版社	出版时间/(年.月)	字数/千字	内 容 简 介	备　注
52	天津市水利工程建设质量与安全监督工作手册	朱芳清	中国水利水电出版社	2010.2	172	本书将监督工作从理论、政策、法规与实践经验相结合，从质量安全监督机构建设、制度建设、工作程序等方面进行论述。系统全面地介绍监督工作的全过程，为监督工作提供一套操作简便、方法实用、原则清晰、经济实用的科学方法	
53	泵站应用技术	朱永庚王立林	天津大学出版社	2010.8	398	泵站运行管理和机电设备安全运行及维修维护方法等，重在实际操作	

索　引

说明：1. 本索引采用主题分析索引方法，主题词词首按汉语拼音音序排列。

2. 主题词后的数字表示该题材所在的页码，a、b 分别表示在左栏、右栏。

3. 综述、大事记、附录等篇章未作索引。

编　后　记

　　《天津水务志（1991—2010年）》（简称《水务志》），是按照2007年市政府批转的《〈天津通志〉第二轮编修工作规划（2006—2015年）》的总体部署及水利部办公厅续修志书的工作要求，在完成第一轮修志任务的基础上，于2009年启动第二轮修志工作。2009年4月，天津市水利局召开了全市水利系统二轮修志（续志）工作会议，局长朱芳清出席并讲话，主管修志工作的局领导张文波主持会议，并总结了全市水利系统首轮修志工作，安排部署了二轮修志任务。至此，天津市水利系统二轮修志工作全面展开。

　　二轮修志，我局确定完成天津水务志系列丛书13部，即《天津水务志》及12个区县水务志。局领导高度重视修志工作，始终坚持党委领导，编委会组织实施的管理体制和工作机制，深入贯彻落实《地方志工作条例》，做到"一纳入，八到位"。2009年年初，经第一次局长办公会议研究决定，成立天津水利志编辑办公室（简称编办室），充实修志人员，改善办公条件，落实续志经费。会议明确了编办室工作职责，并要求全市水利系统有编写任务的各修志单位都要成立由在职、兼职、聘任人员组成的修志班子，切实做好续志工作。

　　2009年3月，市水利局调整了水利志编纂委员会和编办室成员，确定市水利局局长朱芳清任编委会主任委员，局领导张文波，副总工程师于子明，编办室主任丛英任副主任委员。编委会下设编办室，丛英任编办室主任。随即，全市水利系统承担修志任务的61个单位、12个区县按照要求，对续志工作加强了领导，成立了修志组织，配备了由在职、兼职、聘任人员组成的修志班子，参加修志人员约140人。4月28日，举办了全市水利系统续志培训班，相继下发了《关于做好续修天津水利志编纂工作的通知》《关于成立天津市水利局续修天津水利志委员会的通知》和《关于征求续修天津水利志工作大纲征求意见稿意见的通知》。同时，编办室起草了《续修〈天津水利志〉工作规范》和《〈天津水利志〉工作实施方案》，印发了《续志编纂工作文件汇编》，供续志全体撰稿人、审稿人和编辑人员学习参考，为续志工作的开展奠定了良好基础。

　　2009年5月机构改革，成立了天津市水务局，天津市水利局水利志编纂委员会及《水利志》相继由水利更名为水务。

　　为使《水务志》编纂大纲更科学、更准确，组织召开了不同形式、不同层次的座谈会、研讨会，广泛听取有关领导、专家对编纂大纲的意见和建议，做到横不缺项，纵不断线，经反复修改，报局领导审批，确定了编纂大纲。《水务志》上限1991年，下限2010年，全书设12篇，37章。按照各处室分工职责，将修志任务按编章节落实到每个承编单位，并分解到每个人，做到任务落实，目标到位。

工作期间，局领导定期听取修志工作进展情况汇报，主持召开推动会，督促工作进度，强化工作质量，及时解决编纂过程中的问题，编办室针对各承编单位在修志工作中出现的问题，充分发挥组织协调的作用，采取不同形式深入基层具体指导志书的体例要求，资料搜集和筛选的方法，志稿编纂方法等，使撰稿人思路更明确。同时编发21期《续志工作专刊》，专刊的创办，为修志人员搭建了探讨修志理论，交流修志经验的信息平台，起到了指导和沟通的作用。

二轮修志非常注重资料工作，在以《天津水务年鉴》《水资源公报》《水利统计公报》为基础的同时，先后查阅了1991—2010年全局文书档案和工程档案，查阅了市档案馆、市图书馆的有关水利资料，还多次专程拜访老领导、老水利人员。再有，组织召开专家座谈会，拓展资料收集的范围，寻找资料线索，反复核实、筛选，避免失实，做到去伪存真。编办室搜集资料5000余万字，为完成900余万字的资料长篇打下了坚实的资料基础。

下笔之前，根据资料长编和水利工作所涵盖的内容，再次修订篇目，力求在结构上做到横排门类，不缺要项，内容上做到纵述史实，不断主线。二轮修志记述的水利（水务）内容广、跨度大，我们采取每篇志稿完成后，立刻征求各处室及离退休老领导、老水利工作者的意见，然后进行核实、筛选、调整、修改，做到完成一篇，审定一篇。最后完稿的是南水北调工程，为记述一个完整的南水北调工程，突破了下线，截至2015年12月引江通水运行一周年。在初审的同时，2017年5月，我们将志稿报市地方志办公室市志指导处处长张月光审查，张月光处长对《水务志》从体例、语言文字到内容记述予以把脉，提出修改建议，以突出时代特色和专业特色。

通过全体修志人员的共同努力，经数易其稿。完成13篇45章150万字的《水务志》（送审稿）的编纂任务，于2017年10月13日天津市地方志办公室组织有关专家进行复审。经过专家组评议审定，专家评审组组长于子明宣读了《水务志》的评审意见，一致同意通过评审。遵照专家、学者在评审过程中所提建议，我们再次修改，2018年3月，经市地志办及局领导终审，同意交付出版。

2018年3月29日，我局组织召开《水务志》出版招标会，确定出版单位。7月11日完成经济合同审计，7月30日与中国水利水电出版社签定出版合同。8月28日《水务志》稿交中国水利水电出版社，再经三审四校后出版发行。至此，完成《水务志》二轮修志任务。

本志书在编修过程中始终得到市地志办的高度重视，得到关树锋、罗澍伟、谭汝为、张月光等专家的悉心指导，得到全市相关部门和单位的支持与帮助。在各级领导和历任编委会领导的重视与关心下，水务系统全体修志人员的积极参与配合，提供大量相关资料，确保了志书编纂工作的有序进行。在此，谨向所有参与、关心和帮助《水务志》编纂出版的同志致以衷心感谢！

《水务志》记述了20年天津水务（水利）的发展奋斗足迹，由于涉及内容广，时间跨度长，机构、人员变化较多，以及编纂人员水平有限，难免存在疏漏和不足之处，敬请读者不吝指正。

编者

2019年6月